俄罗斯数学物理学校教学参考书

俄罗斯
平面几何问题集

（第6版）

波拉索洛夫　编著

周春荔　译

哈尔滨工业大学出版社

内容简介

本书提供了俄罗斯在中学,其中包括在专门化的学校学习的几乎所有平面几何的问题及各题的提示.本书适用于大学、中学师生和数学奥林匹克选手及教练员.

图书在版编目(CIP)数据

俄罗斯平面几何问题集/(俄罗斯)波拉索洛夫编著;
周春荔译.—哈尔滨:哈尔滨工业大学出版社,2009.8(2025.2 重印)
ISBN 978-7-5603-2922-2

Ⅰ.俄… Ⅱ.①波… ②周… Ⅲ.平面几何 Ⅳ.O123.1

中国版本图书馆 CIP 数据核字(2009)第 108052 号

书名:Задачи по планиметрии. Частъ1. Частъ2.
作者:Прасолов В. В
ⓒ Прасолов В. В

Исключительное авторское право Произведения перевода на китайский язык приобретено издательством《Харбинский политехнический университет》при посредничестве Китайского агентства по авторским правам и Российского авторского общества.

本作品中文专有出版权由中华版权代理中心和俄罗斯著作权协会代理取得,由哈尔滨工业大学出版社独家出版.
版权登记号 黑版贸审字 08-2009-066 号

版权所有 侵权必究

策划编辑	刘培杰 甄淼淼	
责任编辑	唐 蕾	
出版发行	哈尔滨工业大学出版社	
社 址	哈尔滨市南岗区复华四道街 10 号 邮编 150006	
传 真	0451-86414749	
网 址	http://hitpress.hit.edu.cn	
印 刷	哈尔滨圣铂印刷有限公司	
开 本	720mm×1000mm 1/16 印张 50.5 字数 621 千字	
版 次	2009 年 8 月第 1 版 2025 年 2 月第 4 次印刷	
书 号	ISBN 978-7-5603-2922-2	
定 价	88.00 元	

(如因印装质量问题影响阅读,我社负责调换)

第四版序言

在这本问题集中提供了在中学,其中包括在专门化的学校①学习的几乎所有平面几何的题材.来源于各个不同时期的数学奥林匹克问题,以及文献中数学竞赛和数学小组的问题,是编写本书的基础.

为了方便读者,在书中按照惯用的栏目将问题分类整理为30章,在每章中又分为若干节(由2到14).分类法的根据是通常问题的解法.这样分类的主要目的是为了帮助读者在如此大量的问题组成中确定方向.在新版中增加了类似的"对象索引"也是为了这个目的.

在新版中包含了70个补充的问题,这是我一年后知道的,也改变了某些问题的解法.高难度的问题在新版中作了"*"的标记.还增加了"补充"讨论某些比单独问题更为广泛的问题.

第28章由А.Ю.瓦因特洛勃完成,第29和30章由С.Ю.奥列弗阔夫完成.这些章内容的许多定义来自И.М.雅格洛姆的书——《几何变换》的第2卷,第3部分"线性和圆的变换"(莫斯科:国家技术出版社,1956).

在第一版的准备中А.В.波格列洛夫,А.М.阿勃拉莫夫,А.Ю.瓦因特洛勃,Н.Б.瓦西里耶夫,Н.П.朵尔比林,С.Ю.奥列弗阔夫院士提出的建议和意见给予我极大的帮助,我对他们表示真挚的感谢.

---

① 俄罗斯特有的数学及物理奥林匹克学校,这是俄罗斯数学教育的一个特点和成功之处.(编者注)

第五版序言[①]

在前面的版本中,在第三版排印的文本里,发生了大量的刊误.在新版中这些刊误得到了改正.其中 И.杰伊曼和莫斯科第 57 中学的学生小组:Д.扎果斯金,А.尼基钦,К.波普果夫,А.富尔索夫,Л.沙伽玛给我以大量帮助.С.马尔科洛夫不仅指出了我的错误,而且提供了某些问题的解法.

由通讯处为 planimatry_bug©mccme.ru 的读者来信帮我改正了提示中的某些错误.例如,Дарий Гринберг 指出了我在施泰纳点坐标计算中的错误和在问题 5.137 提示中的错误,而 А.卡尔波夫引导我注意问题 30.34 的条件的简述是不正确的.

在新版中填加了 200 个问题,还补进了与椭圆、抛物线、双曲线联系的新的第 31 章(在本书的第一版有过这样的章节,但在以后的版本中撤掉了).

为了方便读者,我给出新添加的问题的目录:2.11,2.40,2.84,3.9,3.49,3.50,3.57,3.62,3.65,3.76~3.82,4.33,4.57,5.13,5.17,5.24,5.37,5.53,5.70,5.71,5.77,5.96,5.97,5.126,5.127,5.129~5.161,6.41,6.57,7.71,7.43,8.45,8.58~8.60,9.10,9.27,9.48,9.85,9.95,10.20,10.58,10.21,12.17,12.31,12.77,12.78,12.83,13.14,13.15,13.39,14.38,14.42,14.44~

[①] 第六版没有新的序言,用的是第五版序言.

14.49,14.53,15.4,17.23,17.33,17.40,17.41,17.42,18.26,18.31,19.50~19.52,20.11,20.28,20.33,22.3,22.7,22.14,22.15~22.23,22.24~22.31,22.34,23.16,24.5,24.6,24.8,24.10,24.16,24.17,25.26,25.37,25.42,28.8,29.14~29.19,29.31,29.32,29.34,29.40,29.42,30.34,31.1~31.84.

就前面版本的问题目录中,对问题的叙述或它们的提示进行了修订的有: 2.5,5.125,10.46,12.41,14.60,20.7,23.15,23.22,24.7,24.15,24.18,25.16,25.63.

本书的电子版在因特网中可以找到,其网址是 http://www.mccme.ru/prasolov/. 在电子版中没有换掉曾经出现过的印刷错误.

目 录

第1章 相似三角形 ... (1)
- §1 夹在平行线之间的线段 ... (2)
- §2 相似三角形边的比 ... (8)
- §3 相似三角形面积之比 ... (14)
- §4 辅助的全等三角形 ... (16)
- §5 高线足构成的三角形 ... (21)
- §6 相似形 ... (23)
- §7 供独立解答的问题 ... (27)

第2章 圆周角 ... (29)
- §1 对等弧的角 ... (30)
- §2 两弦之间夹角的度数 ... (35)
- §3 切线与弦之间的角 ... (37)
- §4 弦和弧长与角的量数的联系 ... (40)
- §5 四点共圆 ... (43)
- §6 圆周角与相似三角形 ... (47)
- §7 平分弧的角平分线 ... (52)
- §8 对角线垂直的圆内接四边形 ... (53)
- §9 三个外接圆交于一点 ... (56)
- §10 密克点 ... (59)
- §11 杂题 ... (61)
- §12 供独立解答的问题 ... (63)

第3章 圆 ... (65)
- §1 圆的切线 ... (66)
- §2 弦的线段长的乘积 ... (69)
- §3 相切的圆 ... (71)
- §4 相同半径的三个圆 ... (75)
- §5 由一点引的两条切线 ... (77)

§6 三角形高线定理的应用 .... (79)
§7 曲线图形的面积 .... (80)
§8 内切于弓形中的圆 .... (82)
§9 杂 题 .... (86)
§10 根 轴 .... (87)
§11 圆 束 .... (94)
§12 供独立解答的问题 .... (96)

第4章 面 积 (97)

§1 中线平分三角形面积 .... (98)
§2 面积的计算 .... (100)
§3 分四边形所成的三角形的面积 .... (103)
§4 分四边形所得部分的面积 .... (104)
§5 杂 题 .... (107)
§6 分图形为等积部分的直线和曲线 .... (111)
§7 四边形的面积公式 .... (114)
§8 辅助面积 .... (116)
§9 面积割补(重新布置) .... (121)
§10 供独立解答的问题 .... (123)

第5章 三 角 形 (125)

§1 内切圆与外接圆 .... (126)
§2 直角三角形 .... (132)
§3 正三角形 .... (135)
§4 带有60°或120°的三角形 .... (138)
§5 整数三角形 .... (140)
§6 杂 题 .... (143)
§7 梅涅劳斯定理 .... (153)
§8 塞瓦定理 .... (159)
§9 西摩松线 .... (167)
§10 垂足三角形 .... (172)
§11 欧拉线与九点圆 .... (175)
§12 布罗卡尔点 .... (179)
§13 列姆扬点 .... (185)
§14 供独立解答的问题 .... (191)

第6章 多边形 ……………………………………………… (192)
- §1 内接与外切四边形 ……………………………… (192)
- §2 四边形 ……………………………………………… (201)
- §3 托勒密定理 ………………………………………… (207)
- §4 五边形 ……………………………………………… (211)
- §5 六边形 ……………………………………………… (213)
- §6 正多边形 …………………………………………… (216)
- §7 内接与外切多边形 ………………………………… (225)
- §8 任意凸多边形 ……………………………………… (230)
- §9 帕斯卡定理 ………………………………………… (232)
- §10 供独立解答的问题 ………………………………… (235)

第7章 点的轨迹 …………………………………………… (237)
- §1 轨迹是直线或线段 ………………………………… (238)
- §2 轨迹是圆或圆弧 …………………………………… (241)
- §3 圆周角 ……………………………………………… (243)
- §4 辅助的全等或相似的三角形 ……………………… (245)
- §5 位似 ………………………………………………… (246)
- §6 轨迹方法 …………………………………………… (248)
- §7 具有非零面积的轨迹 ……………………………… (249)
- §8 卡诺定理 …………………………………………… (251)
- §9 费马-阿波罗尼圆 ………………………………… (253)
- §10 供独立解答的问题 ………………………………… (255)

第8章 作 图 ……………………………………………… (256)
- §1 轨迹法 ……………………………………………… (256)
- §2 圆周角 ……………………………………………… (258)
- §3 相似三角形与位似 ………………………………… (260)
- §4 根据不同的元素作三角形 ………………………… (261)
- §5 根据不同的点作三角形 …………………………… (264)
- §6 三角形 ……………………………………………… (266)
- §7 四边形 ……………………………………………… (269)
- §8 圆 …………………………………………………… (272)
- §9 阿波罗尼圆 ………………………………………… (275)
- §10 各种问题 …………………………………………… (276)

§11 非常规的问题 (277)
§12 一把直尺的作图 (279)
§13 借助双侧直尺的作图 (282)
§14 借助直角的作图 (283)
§15 供独立解答的问题 (285)

第9章 几何不等式 (286)

§1 三角形的中线 (287)
§2 在三角形不等式中的代数问题 (288)
§3 四边形对角线长的和 (291)
§4 三角形不等式的各种问题 (294)
§5 三角形的面积不超过两边乘积的一半 (297)
§6 关于面积的不等式 (299)
§7 面积,一个图形在另一个图形的内部 (305)
§8 正方形内的折线 (312)
§9 四边形 (314)
§10 多边形 (317)
§11 各种问题 (324)
§12 供独立解答的问题 (327)
§13 某些不等式 (328)

第10章 三角形元素的不等式 (330)

§1 中线 (330)
§2 高线 (332)
§3 角平分线 (334)
§4 边长 (336)
§5 外接圆、内切圆、旁切圆的半径 (337)
§6 对于三角形角的对称不等式 (341)
§7 对于三角形角的不等式 (344)
§8 对于三角形面积的不等式 (347)
§9 大角对大边 (350)
§10 三角形内部的线段小于最大边 (351)
§11 对于直角三角形的不等式 (353)
§12 对于锐角三角形的不等式 (355)
§13 在三角形中的不等式 (358)

§14　供独立解答的问题 ································· (362)
　第 11 章　最大与最小问题 ································· (363)
　　§1　三 角 形 ··· (363)
　　§2　三角形的极值点 ································· (369)
　　§3　角 ··· (373)
　　§4　四 边 形 ··· (375)
　　§5　多 边 形 ··· (377)
　　§6　各类杂题 ······································· (378)
　　§7　正多边形的极值性质 ····························· (381)
　　§8　供独立解答的问题 ······························· (383)
　第 12 章　计算与度量的关系 ······························· (384)
　　§1　正弦定理 ······································· (384)
　　§2　余弦定理 ······································· (387)
　　§3　内切、外接和旁切圆及它们的半径 ················· (389)
　　§4　边、高、角平分线的长 ··························· (394)
　　§5　三角形的角的正弦与余弦 ························· (396)
　　§6　三角形的角的正切与余切 ························· (399)
　　§7　角的计算 ······································· (401)
　　§8　圆 ··· (404)
　　§9　各类问题 ······································· (408)
　　§10　坐标方法 ······································ (411)
　　§11　供独立解答的问题 ······························ (413)
　第 13 章　向　　量 ······································· (415)
　　§1　多边形的边向量 ································· (416)
　　§2　数量积、对应 ··································· (419)
　　§3　不　等　式 ····································· (423)
　　§4　向量的和 ······································· (426)
　　§5　辅助射影 ······································· (429)
　　§6　均值方法 ······································· (431)
　　§7　伪数量积 ······································· (434)
　　§8　供独立解答的问题 ······························· (438)
　第 14 章　质量中心 ······································· (439)
　　§1　质量中心的基本性质 ····························· (439)

§2 质量的归组定理 ·· (440)
§3 惯性矩 ·· (446)
§4 杂题 ·· (449)
§5 重心坐标 ·· (451)
§6 三线性坐标 ··· (457)

第15章 平移 ··· (463)
§1 平移帮助解题 ·· (463)
§2 作图与点的轨迹 ······································· (466)
§3 供独立解答的问题 ···································· (470)

第16章 中心对称 ·· (471)
§1 中心对称帮助解题 ···································· (472)
§2 中心对称的性质 ······································· (474)
§3 在作图问题中的中心对称 ·························· (476)
§4 供独立解答的问题 ···································· (478)

第17章 轴对称 ··· (479)
§1 轴对称帮助解题 ······································· (479)
§2 作图 ·· (480)
§3 不等式与极值 ·· (484)
§4 对称的合成 ··· (485)
§5 轴对称的性质与对称轴 ····························· (488)
§6 沙里定理 ·· (489)
§7 供独立解答的问题 ···································· (492)

第18章 旋转 ·· (493)
§1 旋转 90° ··· (494)
§2 旋转 60° ··· (496)
§3 旋转任意角 ··· (501)
§4 旋转的合成 ··· (505)
§5 供独立解答的问题 ···································· (508)

第19章 位似与旋转位似 ·································· (510)
§1 位似的多边形 ·· (511)
§2 位似的圆 ·· (513)
§3 作图和轨迹 ··· (515)
§4 位似的合成 ··· (516)

§5　旋转位似 ……………………………………………… (518)
　　§6　旋转位似中心 ………………………………………… (522)
　　§7　旋转位似的合成 ……………………………………… (524)
　　§8　三个图形的相似圆 …………………………………… (525)
　　§9　供独立解答的问题 …………………………………… (529)

第20章　极端性原理 ………………………………………… (531)
　　§1　最小角或最大角 ……………………………………… (531)
　　§2　最小或最大距离 ……………………………………… (533)
　　§3　最小或最大面积 ……………………………………… (535)
　　§4　最大的三角形 ………………………………………… (536)
　　§5　凸包和支撑直线 ……………………………………… (537)
　　§6　杂　题 ………………………………………………… (540)

第21章　狄利克雷原则 ……………………………………… (543)
　　§1　有限个数的点，直线及其他 ………………………… (543)
　　§2　角度和长度 …………………………………………… (547)
　　§3　面　积 ………………………………………………… (551)

第22章　凸与非凸的多边形 ………………………………… (556)
　　§1　凸多边形 ……………………………………………… (556)
　　§2　等周不等式 …………………………………………… (562)
　　§3　施泰纳对称化 ………………………………………… (567)
　　§4　闵可夫斯基和 ………………………………………… (568)
　　§5　赫利定理 ……………………………………………… (570)
　　§6　非凸多边形 …………………………………………… (572)

第23章　整除性、不变性、染色 ……………………………… (579)
　　§1　奇数与偶数 …………………………………………… (579)
　　§2　整除性 ………………………………………………… (582)
　　§3　不变量 ………………………………………………… (583)
　　§4　在棋盘次序中辅助染色 ……………………………… (587)
　　§5　其他的辅助染色 ……………………………………… (589)
　　§6　关于染色的问题 ……………………………………… (593)

第24章　整数格点 …………………………………………… (596)
　　§1　以格点为顶点的多边形 ……………………………… (596)
　　§2　皮卡公式 ……………………………………………… (598)

§3　杂　题 ……………………………………………………… (600)
　　§4　围绕闵可夫斯基定理 ………………………………………… (602)
第25章　分割、划分、覆盖 ……………………………………………… (606)
　　§1　等组成的图形 ………………………………………………… (606)
　　§2　分割为具有专门性质的部分 ………………………………… (609)
　　§3　分割所得到部分的性质 ……………………………………… (613)
　　§4　分割为平行四边形 …………………………………………… (615)
　　§5　用直线分割的平面 …………………………………………… (617)
　　§6　分割的杂题 …………………………………………………… (621)
　　§7　划分图形为线段 ……………………………………………… (624)
　　§8　覆　盖 ………………………………………………………… (625)
　　§9　铺设骨牌和方块 ……………………………………………… (628)
　　§10　在平面上图形的放置 ………………………………………… (633)
第26章　点系与线段系、例与反例 ……………………………………… (634)
　　§1　点　系 ………………………………………………………… (634)
　　§2　线段、直线和圆系 …………………………………………… (636)
　　§3　例与反例 ……………………………………………………… (638)
第27章　归纳法与组合分析 ……………………………………………… (642)
　　§1　归纳法 ………………………………………………………… (642)
　　§2　组合分析 ……………………………………………………… (644)
第28章　反　演 …………………………………………………………… (647)
　　§1　反演的性质 …………………………………………………… (648)
　　§2　圆的作图 ……………………………………………………… (650)
　　§3　一支圆规的作图 ……………………………………………… (652)
　　§4　作反演 ………………………………………………………… (654)
　　§5　共圆点与共点圆 ……………………………………………… (657)
　　§6　圆　链 ………………………………………………………… (661)
第29章　仿射变换 ………………………………………………………… (664)
　　§1　仿射变换 ……………………………………………………… (664)
　　§2　借助仿射变换解题 …………………………………………… (673)
　　§3　复　数 ………………………………………………………… (676)
　　§4　施泰纳椭圆 …………………………………………………… (687)

第30章 射影变换 (689)

- §1 直线的射影变换 (689)
- §2 平面的射影变换 (693)
- §3 变已知直线为无穷远 (700)
- §4 射影变换的应用,保圆性 (704)
- §5 直线的射影变换在证明问题中的应用 (707)
- §6 直线的射影变换在作图问题中的应用 (708)
- §7 借助一根直尺作图的不可能性 (711)

第31章 椭圆、抛物线、双曲线 (713)

- §1 二次曲线的分类 (713)
- §2 椭 圆 (715)
- §3 抛物线 (724)
- §4 双曲线 (727)
- §5 圆锥曲线束 (730)
- §6 作为点的轨迹的圆锥曲线 (734)
- §7 有理参数化 (737)
- §8 圆锥曲线,同三角形的联系 (739)

附 录 (744)

- 附录1 三次方程与几何的联系 (744)
- 附录2 正多边形对角线的交点 (746)
- 附录3 三次曲线与三角形的联系 (749)

名词索引 (756)

几何选择的课程计划 (769)

第1章 相似三角形

基础知识

1. 当且仅当下列等价条件中的一个成立,就说 $\triangle ABC$ 相似于 $\triangle A_1B_1C_1$(记作 $\triangle ABC \backsim \triangle A_1B_1C_1$).

   (1) $AB : BC : CA = A_1B_1 : B_1C_1 : C_1A_1$.

   (2) $\dfrac{AB}{BC} = \dfrac{A_1B_1}{B_1C_1}$,并且 $\angle ABC = \angle A_1B_1C_1$.

   (3) $\angle ABC = \angle A_1B_1C_1$ 且 $\angle BAC = \angle B_1A_1C_1$.

2. 如果平行的直线截顶点为 A 的角成 $\triangle AB_1C_1$ 和 $\triangle AB_2C_2$(点 B_1 和 B_2 在角的一边上,C_1 和 C_2 在角的另一边上),则这两个三角形相似,并且 $\dfrac{AB_1}{AB_2} = \dfrac{AC_1}{AC_2}$.

3. 联结三角形两边中点的线段叫做三角形的中位线,这个线段平行于三角形的第三边并且等于第三边长度的一半.

   联结梯形两腰中点的线段叫做梯形的中位线,这个线段平行于梯形的两底且等于两底长度和的一半.

4. 相似三角形面积之比等于相似系数的平方,也就是对应边长之比的平方.由公式 $S_{\triangle ABC} = \dfrac{1}{2} AB \cdot AC \sin A$ 可以推出这个结果.

5. 在多边形 $A_1A_2\cdots A_n$ 和 $B_1B_2\cdots B_n$ 中,如果 $A_1A_2 : A_2A_3 : \cdots : A_nA_1 = B_1B_2 : B_2B_3 : \cdots : B_nB_1$ 并且在顶点 $A_1,\cdots,A_n$ 处的角分别等于在顶点 $B_1,\cdots,B_n$ 处的角,则多边形 $A_1A_2\cdots A_n$ 和 $B_1B_2\cdots B_n$ 叫做相似多边形.

   相似多边形对应的对角线之比等于相似比.对于圆外切相似多边形,内切圆半径之比也等于相似比.

引导性问题

1. 在锐角 $\triangle ABC$ 中引高线 AA_1 和 BB_1,证明:$A_1C \cdot BC = B_1C \cdot AC$.

2. 在直角 $\triangle ABC$ 中 $\angle C$ 是直角,引高线 CH,证明:$AC^2 = AB \cdot AH$ 且 $CH^2 = AH \cdot BH$.

3. 证明:三角形的三条中线交于一点且这点分中线由顶点算起的比是 $2:1$.

4. 在 $\triangle ABC$ 的边 BC 上取点 A_1,使得 $\dfrac{BA_1}{A_1C} = 2$,则线段 AA_1 分中线 CC_1 为怎样的比?

5. 在 $\triangle ABC$ 中内接正方形 $PQRS$,使得顶点 P 和 Q 位于边 AB 和 AC 上,而顶点 R 和 S 位于边 BC 上,试用边 a 和高线 h_a 表示正方形的边长.

§1 夹在平行线之间的线段

1.1 梯形 $ABCD$ 的底 AD 和 BC 等于 a 和 $b(a > b)$.

(1) 求两对角线截中位线所成线段之长.

(2) 线段 MN 的端点分两边 AB 和 CD 为 $\dfrac{AM}{MB} = \dfrac{DN}{NC} = \dfrac{p}{q}$,求线段 MN 的长.

提示 (1) 设 P 和 Q 分别是边 AB 和 CD 的中点,K 和 L 是直线 PQ 同对角线 AC 与 BD 的交点,则

$$PL = \frac{a}{2}, PK = \frac{b}{2}.$$

所以

$$KL = PL - PK = \frac{a-b}{2}$$

(2) 在边 AD 上取点 F,使得 $BF \parallel CD$. 设 E 是线段 MN 与 BF 的交点,则

$$MN = ME + EN = \frac{qAF}{p+q} + b = \frac{q(a-b)+(p+q)b}{p+q} = \frac{qa+pb}{p+q}$$

1.2 证明:任意四边形四个边的中点恰是一个平行四边形的顶点. 对于怎样的四边形,这个平行四边形是矩形?对于怎样的四边形,这个平行四边形是菱形?对于怎样的四边形,这个平行四边形是正方形?

提示 在四边形 $ABCD$ 中,点 K, L, M, N 分别是 AB, BC, CD, DA 的中点,所以 $KL = MN = \dfrac{1}{2}AC$,并且 $KL \parallel MN$,即 $KLMN$ 是平行四边形,显然,如果对角线 AC 与 BD 垂直,则 $KLMN$ 是矩形;如果 $AC = BD$,则 $KLMN$ 是菱形;如果对角

线 AC 和 BD 垂直且相等,则 $KLMN$ 是正方形.

1.3 (1) 点 A_1 和 B_1 分 $\triangle ABC$ 的边 BC 和 AC 所成的比例是 $\dfrac{BA_1}{A_1C} = \dfrac{1}{p}$, $\dfrac{AB_1}{B_1C} = \dfrac{1}{q}$,则线段 BB_1 分线段 AA_1 的比是什么?

(2) 在 $\triangle ABC$ 的边 BC 和 AC 上取点 A_1 和 B_1,线段 AA_1 和 BB_1 相交于点 D. 设由点 A_1, B_1, C 和 D 到直线 AB 的距离分别为 a_1, b_1, c 和 d,证明:$\dfrac{1}{a_1} + \dfrac{1}{b_1} = \dfrac{1}{c} + \dfrac{1}{d}$.

提示 (1) 设线段 AA_1 与 BB_1 的交点为 O. 在 $\triangle B_1BC$ 中作线段 $A_1A_2 \parallel BB_1$,则 $\dfrac{B_1C}{B_1A_2} = 1 + p$,所以
$$\frac{AO}{OA_1} = \frac{AB_1}{B_1A_2} = \frac{B_1C}{qB_1A_2} = \frac{1+p}{q}$$

(2) 设 $\dfrac{BA_1}{A_1C} = \dfrac{1}{p}$ 且 $\dfrac{AB_1}{B_1C} = \dfrac{1}{q}$,则 $\dfrac{AD}{DA_1} = \dfrac{1+p}{q}$,且 $\dfrac{BD}{DB_1} = \dfrac{1+q}{p}$,所以
$$a_1 = \frac{1+p+q}{1+p}d, \quad b_1 = \frac{1+p+q}{1+q}d, \quad c = (1+p+q)d$$

1.4 过 $\triangle ABC$ 的中线 CC_1 上的点 P 引直线 AA_1 和 BB_1(点 A_1 和 B_1 分别位于边 BC 和 CA 上),证明:$A_1B_1 \parallel AB$.

提示 设 A_2 是线段 A_1B 的中点,联结 A_2C_1,则
$$\frac{CA_1}{A_1A_2} = \frac{CP}{PC_1}, \quad \frac{A_1A_2}{A_1B} = \frac{1}{2}$$

所以
$$\frac{CA_1}{A_1B} = \frac{CP}{2PC_1}$$

类似可得
$$\frac{CB_1}{B_1A} = \frac{CP}{2PC_1} = \frac{CA_1}{A_1B}$$

1.5 联结四边形 $ABCD$ 的对角线交点 P 与直线 AB 和 CD 的交点 Q 的直线平分边 AD,证明:该直线也平分边 BC.

提示 点 P 位于 $\triangle AQD$ 的中线 QM(或它的延长线)上.容易验证,当 P 在中线的延长线上时,变为问题 1.4 的情况,因此 $BC \parallel AD$.

1.6 在 $\square ABCD$ 的边 AD 上取点 P,使得 $\dfrac{AP}{AD} = \dfrac{1}{n}$,点 Q 是直线 AC 与 BP 的交点,证明:$\dfrac{AQ}{AC} = \dfrac{1}{n+1}$.

提示 因为 $\triangle AQP \backsim \triangle CQB$,所以
$$\frac{AQ}{QC} = \frac{AP}{BC} = \frac{1}{n}$$
故
$$AC = AQ + QC = (n+1)AQ$$

1.7 $\square A_1B_1C_1D_1$ 的顶点位于 $\square ABCD$ 的边上(点 A_1 位于边 AB 上,点 B_1 位于边 BC 上,依此类推),证明:这两个平行四边形的中心是重合的.

提示 $\square A_1B_1C_1D_1$ 的中心是线段 B_1D_1 的中点,它属于联结边 AB 和 CD 中点的线段.类似的,它也属于联结边 BC 和 AD 中点的线段,而这两条线段的交点正是 $\square ABCD$ 的中心.

1.8 在 $\square ABCD$ 的对角线 BD 上取点 K.直线 AK 交直线 BC 和 CD 于点 L 和 M,证明:$AK^2 = LK \cdot KM$.

提示 显然,$\dfrac{AK}{KM} = \dfrac{BK}{KD} = \dfrac{LK}{AK}$,也就是 $AK^2 = LK \cdot KM$.

1.9 圆内接四边形的一条对角线是直径,证明:对边在另一条对角线上的射影相等.

提示 $ABCD$ 是已知的四边形,AC 是 $ABCD$ 外接圆的直径.引 AA_1 和 CC_1 垂直于 BD(图 1.1).需要证明 $BA_1 = DC_1$.由外心 O 引 BD 的垂线 OP,显然,P 是线段 BD 的中点.直线 AA_1, OP, CC_1 互相平行,且 $AO = OC$,所以 $A_1P = PC_1$,因为 P 是 BD 中

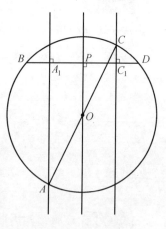

图 1.1

第1章　相似三角形
DIYIZHANG　XIANGSI SANJIAOXING

点,所以 $BA_1 = DC_1$.

1.10　在梯形 $ABCD$ 的底 AD 上取点 E,使得 $AE = BC$.线段 CA 和 CE 分别交对角线 BD 于点 O 和 P.如果 $BO = PD$,证明:$AD^2 = BC^2 + AD \cdot BC$.

提示　因为 $BO = PD$,则
$$\frac{BO}{OD} = \frac{DP}{PB} = k$$
设 $BC = 1$,则
$$AD = k, ED = \frac{1}{k}$$
所以
$$k = AD = AE + ED = 1 + \frac{1}{k}$$
也就是 $k^2 = 1 + k$.剩下代换 $k^2 = AD^2$ 和 $1 + k = BC^2 + BC \cdot AD$.

1.11　点 A 和点 B 将中心为 O 的圆分出 $60°$ 的一段弧.在这弧上取点 M,证明:过线段 MA 和 OB 中点引的直线垂直于过线段 MB 和 OA 中点引的直线.

提示　设 C, D, E, F 是四边形 $AOBM$ 的边 AO, OB, BM, MA 的中点.因为 $AB = MO = R$,其中 R 是已知圆的半径,则正如我们由问题 1.2 知道的那样,$CDEF$ 是菱形,所以直线 CE 垂直于直线 DF.

1.12　(1)点 A, B 和 C 在一条直线上,而点 A_1, B_1 和 C_1 在另一条直线上,如果 $AB_1 \parallel BA_1$ 且 $AC_1 \parallel CA_1$,证明:$BC_1 \parallel CB_1$.

(2)点 A, B 和 C 在一条直线上,而点 A_1, B_1 和 C_1 使得 $AB_1 \parallel BA_1$,$AC_1 \parallel CA_1$ 和 $BC_1 \parallel CB_1$,证明:点 A_1, B_1 和 C_1 在一条直线上.

提示　(1)如果给定点所在的直线平行,则问题论断显然.我们认为这两条直线交于点 O,则
$$\frac{OA}{OB} = \frac{OB_1}{OA_1}$$
且
$$\frac{OC}{OA} = \frac{OA_1}{OC_1}$$

所以
$$\frac{OC}{OB} = \frac{OB_1}{OC_1}$$

这意味 $BC_1 \parallel CB_1$(线段的比是有向线段之比).

(2) 设直线 AB_1 和 CA_1, CB_1 和 AC_1 的交点为 D 和 E,则
$$\frac{CA_1}{A_1D} = \frac{CB}{BA} = \frac{EC_1}{C_1A}$$

因为 $\triangle CB_1D \backsim \triangle EB_1A$,所以点 A_1, B_1 和 C_1 共线.

1.13 在 $\triangle ABC$ 中引角平分线 AA_1 和 BB_1,证明:线段 A_1B_1 上任一点 M 到直线 AB 的距离等于由 M 到直线 AC 和 BC 的距离之和.

提示 位于角平分线上的点到角的两边距离相等.设 a 是点 A_1 到直线 AC 和 AB 的距离,b 是点 B_1 到直线 AB 和 BC 的距离.再设 $\frac{A_1M}{B_1M} = \frac{p}{q}$ 且 $p + q = 1$,则点 M 到直线 AC 和 BC 的距离分别等于 qa 和 pb.另一方面,根据问题 1.1(2),点 M 到直线 AB 的距离等于 $qa + pb$.

1.14 在矩形 $ABCD$ 中,点 M 是边 AD 的中点,N 是边 BC 的中点.在线段 CD 的延长线上点 D 的外面取点 P.用 Q 表示直线 PM 和 AC 的交点,证明:$\angle QNM = \angle MNP$.

提示 设过所给矩形 $ABCD$ 的中心 O 引直线平行于 BC,这条直线交线段 QN 于点 K(图1.2).因为 $MO \parallel PC$,则
$$\frac{QM}{MP} = \frac{QO}{OC}$$

因为 $KO \parallel BC$,则
$$\frac{QO}{OC} = \frac{QK}{KN}$$

因此
$$\frac{QM}{MP} = \frac{QK}{KN}$$

即 $KM \parallel NP$

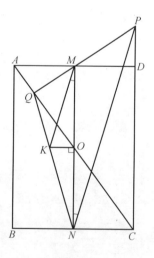

图 1.2

第1章 相似三角形

所以 $\angle MNP = \angle KMO = \angle QNM$

1.15 在梯形 $ABCD$ 的底 AD 和 BC 的延长线上点 A 和 C 的外侧取点 K 和 L. 线段 KL 交边 AB 和 CD 于点 M 和 N,交对角线 AC 和 BD 于点 O 和 P,证明:如果 $KM = NL$,则 $KO = PL$.

提示 过点 M 引直线 EF 平行于 CD(点 E 和 F 分别在直线 BC 和 AD 上),则

$$\frac{PL}{PK} = \frac{BL}{KD}$$

且

$$\frac{OK}{OL} = \frac{KA}{CL} = \frac{KA}{KF} = \frac{BL}{EL}$$

因为 $KD = EL$,则有

$$\frac{PL}{PK} = \frac{OK}{OL}$$

即

$$PL = OK$$

1.16* 在凸四边形 $ABCD$ 的边 AB,BC,CD 和 DA 上分别取点 P,Q,R 和 S,使得 $\frac{BP}{AB} = \frac{CR}{CD} = \alpha$ 且 $\frac{AS}{AD} = \frac{BQ}{BC} = \beta$,证明:线段 PR 和 QS 被它们的交点分成的比分别是 $\frac{\beta}{1-\beta}$ 和 $\frac{\alpha}{1-\alpha}$.

提示 考查辅助 $\square ABCD_1$. 可以认为点 D 与 D_1 不重合(若 D 与 D_1 重合,则问题结论显然). 在边 AD_1 和 CD_1 上取点 S_1 和 R_1,使得 $SS_1 \parallel DD_1$ 且 $RR_1 \parallel DD_1$. 设 N 是线段 PR_1 和 QS_1 的交点,过点 N 引平行于 DD_1 的直线交线段 PR 和 QS 于点 N_1 和 N_2,则

$$\overrightarrow{N_1N} = \beta \overrightarrow{RR_1} = \alpha\beta \overrightarrow{DD_1}, \quad \overrightarrow{N_2N} = \alpha \overrightarrow{SS_1} = \alpha\beta \overrightarrow{DD_1}$$

所以 $N_1 = N_2$ 是线段 PR 和 QS 的交点. 显然有

$$\frac{PN_1}{PR} = \frac{PN}{PR_1} = \beta$$

且

$$\frac{QN_2}{QS} = \alpha$$

注 当 $\alpha = \beta$ 时,有更简单的解法.

因为 $\frac{BP}{BA} = \frac{BQ}{BC} = \alpha$,所以 $PQ \parallel AC$ 且 $\frac{PQ}{AC} = \alpha$. 类似有 $RS \parallel AC$ 且 $\frac{RS}{AC} =$

$1-\alpha$,所以线段 PR 和 QS 被它们的交点分成的两部分之比是 $\dfrac{\alpha}{1-\alpha}$.

§2 相似三角形边的比

1.17 (1) 在 $\triangle ABC$ 中引内角或外角的平分线 BD,证明:$\dfrac{AD}{DC}=\dfrac{AB}{BC}$.

(2) $\triangle ABC$ 的内切圆圆心 O 分角平分线 AA_1 为 $\dfrac{AO}{OA_1}=\dfrac{b+c}{a}$,其中 a,b,c 是三角形的边长.

提示 (1) 由顶点 A 和 C 分别向直线 BD 引垂线 AK 和 CL,因为
$$\angle CBL=\angle ABK,\angle CDL=\angle KDA$$
所以
$$\triangle BLC\backsim\triangle BKA,\triangle CLD\backsim\triangle AKD$$
所以
$$\frac{AD}{DC}=\frac{AK}{CL}=\frac{AB}{BC}$$

(2) 考虑到 $\dfrac{BA_1}{A_1C}=\dfrac{BA}{AC}$ 且 $BA_1+A_1C=BC$,得到 $BA_1=\dfrac{ac}{b+c}$.因为 BO 是 $\triangle ABA_1$ 的一条角平分线,所以
$$\frac{AO}{OA_1}=\frac{AB}{BA_1}=\frac{b+c}{a}$$

1.18 三角形两条边的长等于 a,而第三条边的长等于 b,计算这个三角形的外接圆的半径.

提示 设 O 是等腰 $\triangle ABC$ 的外接圆圆心,B_1 是底边 AC 的中点,A_1 是腰 BC 的中点.因为
$$\triangle BOA_1\backsim\triangle BCB_1$$
所以
$$\frac{BO}{BA_1}=\frac{BC}{BB_1}$$
即
$$R=BO=\frac{a^2}{\sqrt{4a^2-b^2}}$$

1.19 过正方形 $ABCD$ 的顶点 A 引的直线交边 CD 于点 E,交直线 BC

于点 F,证明: $\dfrac{1}{AE^2} + \dfrac{1}{AF^2} = \dfrac{1}{AB^2}$.

提示 如果 $\angle EAD = \varphi$,那么

$$AE = \dfrac{AD}{\cos \varphi} = \dfrac{AB}{\cos \varphi}$$

且

$$AF = \dfrac{AB}{\sin \varphi}$$

所以

$$\dfrac{1}{AE^2} + \dfrac{1}{AF^2} = \dfrac{\cos^2 \varphi + \sin^2 \varphi}{AB^2} = \dfrac{1}{AB^2}$$

1.20 在 $\triangle ABC$ 的高线 BB_1 和 CC_1 上取点 B_2 和 C_2,使得 $\angle AB_2C = \angle AC_2B = 90°$,证明: $AB_2 = AC_2$.

提示 容易确认, $AB_2^2 = AB_1 \cdot AC = AC_1 \cdot AB = AC_2^2$.

1.21 梯形 $ABCD(BC /\!/ AD)$ 的内切圆,分别切两腰 AB 和 CD 于点 K 和 L,切两底 AD 和 BC 于点 M 和 N.

(1) 设线段 BM 与 CN 的交点为 Q,证明: $KQ /\!/ AD$.

(2) 证明: $AK \cdot KB = CL \cdot LD$.

提示 (1) 因为 $\dfrac{BQ}{QM} = \dfrac{BN}{AM} = \dfrac{BK}{AK}$,则 $KQ /\!/ AM$.

(2) 设 O 是内切圆圆心. 因为 $\angle CBA + \angle BAD = 180°$,则 $\angle ABO + \angle BAO = 90°$,所以 $\triangle AKO \backsim \triangle OKB$,即 $\dfrac{AK}{KO} = \dfrac{OK}{KB}$,因此 $AK \cdot KB = KO^2 = R^2$,其中 R 是内切圆的半径,类似可得 $CL \cdot LD = R^2$.

1.22 在 $\square ABCD$ 中,向边 BC 和 CD(或者它们的延长线上)引垂线 AM 和 AN,证明: $\triangle MAN \backsim \triangle ABC$.

提示 如果 $\angle ABC$ 是钝角(或锐角),则 $\angle MAN$ 也是钝角(或锐角). 此外,这些角的边互相垂直,所以 $\angle ABC = \angle MAN$. 直角 $\triangle ABM$ 和直角 $\triangle ADN$ 具有相等的锐角 $\angle ABM$ 和 $\angle ADN$,所以 $\dfrac{AM}{AN} = \dfrac{AB}{AD} = \dfrac{AB}{CB}$,也就是 $\triangle ABC \backsim \triangle MAN$.

1.23 直线 l 分别交 $\square ABCD$ 的边 AB 和 AD 于点 E 和 F. 设 G 是 l 与对角线 AC 的交点, 证明: $\dfrac{AB}{AE} + \dfrac{AD}{AF} = \dfrac{AC}{AG}$.

提示 在对角线 AC 上取点 D' 和 B', 使得 $BB' \parallel l, DD' \parallel l$, 则 $\dfrac{AB}{AE} = \dfrac{AB'}{AG}$ 且 $\dfrac{AD}{AF} = \dfrac{AD'}{AG}$. 因为 $\triangle ABB'$ 和 $\triangle CDD'$ 的边互相平行且 $AB = CD$, 这两个三角形全等且 $AB' = CD'$, 所以

$$\frac{AB}{AE} + \frac{AD}{AF} = \frac{AB'}{AG} + \frac{AD'}{AG} = \frac{CD' + AD'}{AG} = \frac{AC}{AG}$$

1.24 设 AC 是 $\square ABCD$ 的对角线中较大的一条. 由点 C 向边 AB 和 AD 的延长线上引垂线 CE 和 CF, 证明: $AB \cdot AE + AD \cdot AF = AC^2$.

提示 由顶点 B 向 AC 引垂线 BG(图 1.3). 由 $\triangle ABG \backsim \triangle ACE$, 得到 $\dfrac{AC}{AE} = \dfrac{AB}{AG}$, 即 $AC \cdot AG = AE \cdot AB$. 直线 $AF \parallel CB$, 所以 $\angle GCB = \angle CAF$ 并且直角 $\triangle CBG$ 和直角 $\triangle ACF$ 相似. 由这些三角形相似, 得到 $\dfrac{AC}{AF} = \dfrac{BC}{CG}$, 即 $AC \cdot CG = AF \cdot BC$, 相加得到等式 $AC(AG + CG) = AE \cdot AB + AF \cdot BC$, 因为 $AG + CG = AC$, 即可得到要证的等式.

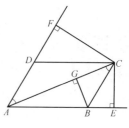

图 1.3

1.25 $\triangle ABC$ 的内角满足关系式 $3\alpha + 2\beta = 180°$, 证明: $a^2 + bc = c^2$.

提示 因为 $\alpha + \beta = 90° - \dfrac{\alpha}{2}$, 则

$$\gamma = 180° - \alpha - \beta = 90° + \frac{\alpha}{2}$$

所以在边 AB 上可以选取点 D, 使得 $\angle ACD = 90° - \dfrac{\alpha}{2}$, 即 $AC = AD$, 则 $\triangle ABC \backsim \triangle CBD$, 这就意味着 $\dfrac{BC}{BD} = \dfrac{AB}{CB}$, 即 $a^2 = c(c - b)$.

1.26 线段 AB 和 CD 的端点沿着已知角的两边移动, 移动的同时直线

AB 和 CD 的每一条都与自身保持平行,M 是线段 AB 和 CD 的交点,证明:$\frac{AM \cdot BM}{CM \cdot DM}$ 是个常数.

提示 在线段 AB 和 CD 平移过程中,△AMC 变为与原三角形相似的三角形,所以 $\frac{AM}{CM}$ 保持不变.类似的,$\frac{BM}{DM}$ 也保持不变.

1.27 过△ABC 的边 AC 上任一点 P 引分别平行于它的中线 AK 和 CL 的直线,交边 BC 于点 E,交边 AB 于点 F,证明:中线 AK 和 CL 分线段 EF 为三等份.

提示 用 O 表示中线的交点.中线 AK 与直线 FP 和 FE 的交点分别用 Q 和 M 表示,中线 CL 与直线 EP 和 FE 的交点分别用 R 和 N 表示(图1.4)显然 $\frac{FM}{FE} = \frac{FQ}{FP} = \frac{LO}{LC} = \frac{1}{3}$,即 $FM = \frac{1}{3} FE$.类似地有,$EN = \frac{1}{3} FE$.

1.28 在直角的平分线上取点 P,过点 P 引任一直线截角的边为长 a 和 b 的两条线段,证明:$\frac{1}{a} + \frac{1}{b}$ 的值与这条直线无关.

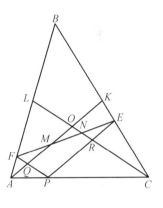

图1.4

提示 设 C 是已知角的顶点,A 与 B 是已知直线同角的边的交点.在线段 AC 和 BC 上取点 K 和 L,使得 $PK \parallel BC$,$PL \parallel AC$.因为△$AKP \backsim$ △PLB,所以 $\frac{AK}{KP} = \frac{PL}{LB}$,这意味着 $(a-p)(b-p) = p^2$,其中 $p = PK = PL$,因此 $\frac{1}{a} + \frac{1}{b} = \frac{1}{p}$.

1.29 以等边 △ABC 的边 BC 为直径向形外作半圆.在这半圆上取点 K 和 L 分半圆为相等的三段弧,证明:直线 AK 和 AL 分线段 BC 为相等的三部分.

提示 用 O 表示边 BC 的中点,用 P 和 Q 表示 AK,AL 与边 BC 的交点.可以认为 $BP < BQ$,因为点 K 和 L 分半圆为相等的部分,△LCO 是等边三角形且 $LC \parallel AB$,因此△$ABQ \backsim$ △LCQ,即 $\frac{BQ}{QC} = \frac{AB}{LC} = 2$.因此 $BC = BQ + QC = 3QC$,类似地有 $BC = 3BP$.

1.30 点 O 是 $\triangle ABC$ 的内切圆的中心. 在边 AC 和 BC 上分别选择点 M 和 K, 使得 $BK \cdot AB = BO^2$, $AM \cdot AB = AO^2$, 证明: M, O, K 三点共线.

提示 因为 $\dfrac{BK}{BO} = \dfrac{BO}{AB}$, $\angle KBO = \angle ABO$, 有

$$\triangle KOB \backsim \triangle OAB$$

所以 $\quad\quad\quad\quad\quad\quad \angle KOB = \angle OAB$

类似地有 $\quad\quad\quad\quad \angle AOM = \angle ABO$

因此

$\angle KOM = \angle KOB + \angle BOA + \angle AOM = \angle OAB + \angle BOA + \angle ABO = 180°$

也就是点 K, O 和 M 共线.

1.31* 证明: 图 1.5 中, 如果 $a_1 = a_2$ 且 $b_1 = b_2$, 则 $x = y$.

提示 作已知线段 $a_1 = a_2 = a$ 和 $b_1 = b_2 = b$ 所在直线的平行线为辅助线(图 1.6). 由三角形相似得出等式

$$\frac{x}{b} = \frac{x + z_1}{\beta}, \frac{a + z_3}{a} = \frac{\beta}{b + z_2}$$

$$\frac{y + z_1}{\alpha} = \frac{y}{a}, \frac{\alpha}{a + z_3} = \frac{b + z_2}{b}$$

这些等式相乘, 得出 $x(y + z_1) = y(x + z_1)$, 这意味着 $x = y$.

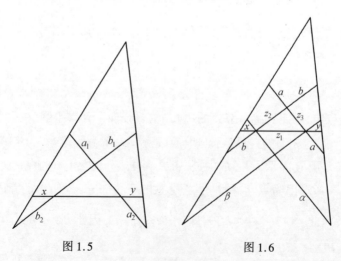

图 1.5　　　　　图 1.6

第1章 相似三角形
DIYIZHANG XIANGSI SANJIAOXING

1.32* 在线段 MN 上作同一定向的相似的 $\triangle AMN$, $\triangle NBM$ 和 $\triangle MNC$ (图 1.7), 证明: 这三个三角形都与 $\triangle ABC$ 相似, 而它们的外接圆圆心与点 M 和 N 等远.

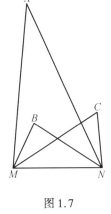

图 1.7

提示 因为
$$\angle AMN = \angle MNC, \angle BMN = \angle MNA$$
所以 $\quad \angle AMB = \angle ANC$

此外 $\quad \dfrac{AM}{AN} = \dfrac{NB}{NM} = \dfrac{BM}{CN}$

所以 $\quad \triangle AMB \backsim \triangle ANC$

得 $\quad \angle MAB = \angle NAC$

因此 $\quad \angle BAC = \angle MAN$

对于另外的角类似可证.

设点 B_1, C_1 是 B 和 C 关于线段 MN 的中垂线的对称点. 因为
$$\dfrac{AM}{NB} = \dfrac{MN}{BM} = \dfrac{MC}{NC}$$
所以 $\quad MA \cdot MC_1 = AM \cdot NC = NB \cdot MC = MB_1 \cdot MC$

因此, 点 M, A, C_1 共线且点 M, B_1, C 共线. 因此, 点 A 位于梯形 BB_1CC_1 的外接圆上.

1.33 线段 BE 分 $\triangle ABC$ 为两个相似的三角形. 同时相似系数等于 $\sqrt{3}$, 求 $\triangle ABC$ 各角的度数.

(参见同样的问题 5.52.)

提示 $\angle AEB + \angle BEC = 180°$, 所以这两个角不能是相似三角形 $\triangle ABE$ 与 $\triangle BEC$ 的不同的角, 也就是它们相等且 BE 是边 BC 的垂线.

现在可以有两个方案: $\angle ABE = \angle CBE$ 或 $\angle ABE = \angle BCE$. 第一种方案的情况应予排除, 因为在这种情况下 $\triangle ABE \cong \triangle BCE$, 剩下第二种方案的情况. 在这种情况下 $\angle ABC = \angle ABE + \angle CBE = \angle ABE + \angle BAE = 90°$. 在直角 $\triangle ABC$ 中直角边之比为 $\dfrac{1}{\sqrt{3}}$, 所以它的角分别等于 $90°, 60°$ 和 $30°$.

§3 相似三角形面积之比

1.34 在 $\triangle ABC$ 的边 AC 上取点 E. 过点 E 引直线 DE 平行于边 BC，引直线 EF 平行于边 AB（D, F 是边上的点），证明：$S_{BDEF} = 2\sqrt{S_{\triangle ADE} \cdot S_{\triangle EFC}}$.

提示 很清楚

$$\frac{S_{BDEF}}{2S_{\triangle ADE}} = \frac{S_{\triangle BDE}}{S_{\triangle ADE}} = \frac{DB}{AD} = \frac{EF}{AD} = \sqrt{\frac{S_{\triangle EFC}}{S_{\triangle ADE}}}$$

所以 $S_{BDEF} = 2\sqrt{S_{\triangle ADE} \cdot S_{\triangle EFC}}$.

1.35 在梯形 $ABCD$ 的两腰 AB 和 CD 上分别取点 M 和 N，使得线段 MN 平行于梯形的底并且平分梯形的面积. 如果 $BC = a, AD = b$，求 MN 的长.

提示 设 $MN = x$，E 是直线 AB 和 CD 的交点. $\triangle EBC$，$\triangle EMN$ 和 $\triangle EAD$ 相似，所以

$$S_{\triangle EBC} : S_{\triangle EMN} : S_{\triangle EAD} = a^2 : x^2 : b^2$$

因为 $S_{\triangle EMN} - S_{\triangle EBC} = S_{MBCN} = S_{MADN} = S_{\triangle EAD} - S_{\triangle EMN}$

所以 $x^2 - a^2 = b^2 - x^2$

即 $x^2 = \dfrac{a^2 + b^2}{2}$

1.36 过 $\triangle ABC$ 内部的某一点 Q 引平行于三角形三边的三条直线. 这些直线分三角形为六个部分，其中三个部分是面积为 S_1, S_2 和 S_3 的三角形，证明：$\triangle ABC$ 的面积等于 $(\sqrt{S_1} + \sqrt{S_2} + \sqrt{S_3})^2$.

提示 过点 Q 引直线 DE, FG 和 HI 分别平行于 BC, CA 和 AB，使得点 F, H 在 BC 边上，点 E, I 在 AC 上，点 D, G 在 AB 上（图 1.8），记 $S = S_{\triangle ABC}$，$S_1 = S_{\triangle GDQ}, S_2 = S_{\triangle IEQ}, S_3 = S_{\triangle HFQ}$，则

$$\sqrt{\frac{S_1}{S}} + \sqrt{\frac{S_2}{S}} + \sqrt{\frac{S_3}{S}} = \frac{GQ}{AC} + \frac{IE}{AC} + \frac{FQ}{AC} =$$

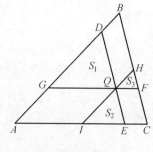

图 1.8

第1章 相似三角形
DIYIZHANG XIANGSI SANJIAOXING

也就是
$$\frac{AI+IE+EC}{AC}=1$$
$$S=(\sqrt{S_1}+\sqrt{S_2}+\sqrt{S_3})^2$$

1.37 证明：以面积为 S 的三角形的三条中线为边的三角形的面积等于 $\frac{3S}{4}$.

提示 设 M 是 $\triangle ABC$ 三条中线的交点，点 A_1 是点 M 关于线段 BC 中点的对称点. $\triangle CMA_1$ 的边长与 $\triangle ABC$ 三中线之比是 $\frac{2}{3}$，所以所求面积等于 $\frac{9S_{\triangle CMA_1}}{4}$. 显然，$S_{\triangle CMA_1}=\frac{S}{3}$（问题 4.1 的提示）.

1.38 (1) 证明：以凸四边形 $ABCD$ 各边中点为顶点的四边形的面积，等于 $ABCD$ 面积的一半.

(2) 证明：如果凸四边形的对角线相等，那么它的面积等于两条对边中点连线长的乘积.

提示 设 E,F,G 和 H 是边 AB,BC,CD 和 DA 的中点.

(1) 显然
$$S_{\triangle AEH}+S_{\triangle CFG}=\frac{S_{\triangle ABD}}{4}+\frac{S_{\triangle CBD}}{4}=\frac{S_{ABCD}}{4}$$

类似可得
$$S_{\triangle BEF}+S_{\triangle DGH}=\frac{S_{ABCD}}{4}$$

所以
$$S_{EFGH}=S_{ABCD}-\frac{S_{ABCD}}{4}-\frac{S_{ABCD}}{4}=\frac{S_{ABCD}}{2}$$

(2) 因为 $AC=BD$，所以 $EFGH$ 是菱形（问题 1.2）.根据问题(1) 有
$$S_{ABCD}=2S_{EFGH}=EG\cdot FH$$

1.39 点 O 是面积为 S 的凸四边形内的一点.作点 O 关于四边形各边中点的对称点，求以所得四个点为顶点的四边形的面积.

提示 设 E,F,G 和 H 是四边形 $ABCD$ 各边的中点，点 O 关于这些点的对称点是 E_1,F_1,G_1 和 H_1. 因为 EF 是 $\triangle E_1OF_1$ 的中位线，则

$$S_{\triangle E_1OF_1} = 4S_{\triangle EOF}$$

类似有 $S_{\triangle F_1OG_1} = 4S_{\triangle FOG}, S_{\triangle G_1OH_1} = 4S_{\triangle GOH}, S_{\triangle H_1OE_1} = 4S_{\triangle HOE}$

所以
$$S_{E_1F_1G_1H_1} = 4S_{EFGH}$$

根据问题 1.38(1),有
$$S_{ABCD} = 2S_{EFGH}$$

所以
$$S_{E_1F_1G_1H_1} = 2S_{ABCD} = 2S$$

§4 辅助的全等三角形

1.40 直角 $\triangle ABC$($\angle C$ 是直角)的直角边 BC 被点 D,E 分为三等份,证明:如果 $BC = 3AC$,则 $\angle AEC, \angle ADC$ 和 $\angle ABC$ 的和等于 $90°$.

提示1 考查正方形 $BCMN$,且点 P,Q 分它的边 MN 为三等份(图 1.9),则
$$\triangle ABC \cong \triangle PDQ, \triangle ACD \cong \triangle PMA$$
所以 $\triangle PAD$ 是等腰直角三角形,$\angle ABC + \angle ADC = \angle PDQ + \angle ADC = 45°$.

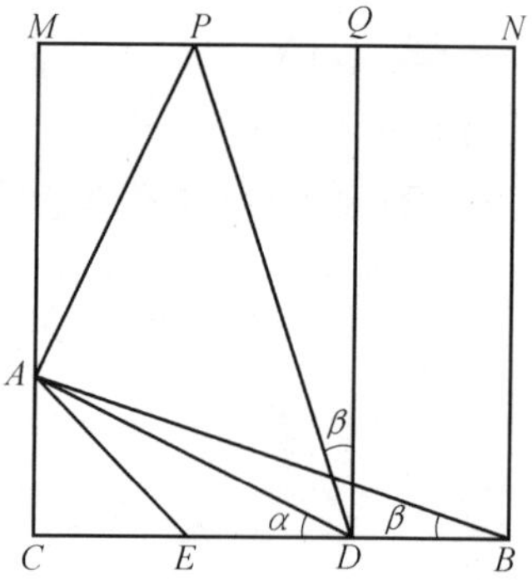

提示2 因为
$$DE = 1, EA = \sqrt{2}, EB = 2, AD = \sqrt{5}, BA = \sqrt{10}$$
则
$$\frac{DE}{AE} = \frac{EA}{EB} = \frac{AD}{BA}$$
$$\triangle DEA \backsim \triangle AEB$$

因此 $\angle ABC = \angle EAD$

此外 $\angle AEC = \angle CAE = 45°$

所以
$$\angle ABC + \angle ADC + \angle AEC = (\angle EAD + \angle CAE) + \angle ADC = \angle CAD + \angle ADC = 90°$$

图 1.9

1.41 点 K 是正方形 $ABCD$ 中边 AB 的中点.点 L 分对角线 AC 的比为 $\frac{AL}{LC} = 3$,证明:$\angle KLD$ 是直角.

提示 由点 L 引边 AB 的垂线 LM,引边 AD 的垂线 LN,则有

第1章 相似三角形

$$KM = MB = ND, KL = LB = DL$$

所以直角 △KML 和直角 △DNL 全等,因此 ∠DLK = ∠NLM = 90°.

1.42 通过正方形 ABCD 的顶点 A 引直线 l_1 和 l_2 与它的边相交.由点 B 和 D 引这两条直线的垂线 BB_1, BB_2, DD_1 和 DD_2,证明:线段 B_1B_2 和 D_1D_2 垂直且相等.

提示 因为 $D_1A = B_1B, AD_2 = BB_2, \angle D_1AD_2 = \angle B_1BB_2$
所以 $\triangle D_1AD_2 \cong \triangle B_1BB_2$
这两个三角形的边 AD_1 和 BB_1(还有 AD_2 和 BB_2)垂直,所以 $B_1B_2 \perp D_1D_2$.

1.43 在等腰直角 △ABC 的直角边 CA 和 CB 上取点 D 和 E,使得 CD = CE.由点 D 和 E 向直线 AE 引垂线并延长交斜边 AB 于点 K 和 L,证明:KL = LB.

提示 在线段 AC 延长线上点 C 的外侧取点 M,使得 CM = CE(图 1.10),则 △ACE 以 C 为中心旋转 90° 变为 △BCM,所以直线 MB 与直线 AE 垂直,这意味着,直线 MB 与直线 CL 平行.因为 MC = CE = DC 且直线 DK, CL 与 MB 平行,所以 KL = LB.

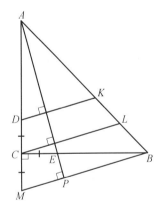

图 1.10

1.44* 圆内接四边形 ABCD 的四条边 AB, BC, CD, DA 的长分别等于 a, b, c, d.在边 AB, BC, CD 和 DA 上向形外作长方形 a × c, b × d, c × a 和 d × b,证明:所作四个长方形的中心是一个长方形的四个顶点.(注:长方形 a × c 表示长为 a 宽为 c,从而面积为 a × c 的长方形,其余类同.)

提示 设在边 AB 和 BC 上作矩形 ABC_1D_1 和 A_2BCD_2;P, Q, R 和 S 是在边 AB, BC, CD 和 DA 上所作长方形的中心.

因为 ∠ABC + ∠ADC = 180°,则有 △ADC ≅ $\triangle A_2BC_1$.我们考查在这些全等三角形边上作的长方形,得到 △RDS ≅ △PBQ 且 RS = PQ.类似可得 QR =

PS,所以 $PQRS$ 是平行四边形,同时 $\triangle RDS$ 和 $\triangle PBQ$ 一个作在它边上向形外另一个向形内.类似的论断对 $\triangle QCR$ 和 $\triangle SAP$ 也是正确的.因为 $\angle PQB = \angle RSD$ 且 $\angle RQC = \angle PSA$,所以 $\angle PQR + \angle RSP = \angle BQC + \angle DSA = 180°$,所以 $PQRS$ 是长方形.

1.45* 六边形 $ABCDEF$ 内接于一个以 O 为圆心,以 R 为半径的圆.并且 $AB = CD = EF = R$,证明:$\triangle BOC$,等腰 $\triangle DOE$ 和等腰 $\triangle FOA$ 的外接圆两两相交的异于点 O 的交点,是一个边长为 R 的正三角形的三个顶点.

提示 设 K, L, M 是 $\triangle FOA$ 和 $\triangle BOC$,$\triangle BOC$ 和 $\triangle DOE$,$\triangle DOE$ 和 $\triangle FOA$ 的外接圆的交点;2α,2β 和 2γ 是等腰 $\triangle BOC$,等腰 $\triangle DOE$ 和等腰 $\triangle FOA$ 的顶角(图1.11).点 K 位于等腰 $\triangle BOC$ 的外接圆的弧 OB 上,所以

$$\angle OKB = 90° + \alpha$$

类似可得 $\angle OKA = 90° + \gamma$

因为 $\alpha + \beta + \gamma = 90°$

所以 $\angle AKB = 90° + \beta$

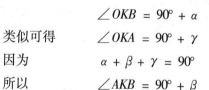

图 1.11

正 $\triangle AOB$ 内存在唯一的点 K,由它看这个正三角形三边为给定的角.类似的论断对位于 $\triangle COD$ 内的点 L 也成立,$\triangle OKB \cong \triangle CLO$.现在证明,$\triangle KOL \cong \triangle OKB$.实际上,$\angle COL = \angle KBO$,所以

$$\angle KOB + \angle COL = 180° - \angle OKB = 90° - \alpha$$

即 $\angle KOL = 2\alpha + (90° - \alpha) = 90° + \alpha = \angle OKB$

因此 $KL = OB = R$

类似地 $LM = MK = R$

1.46 在 $\square ABCD$ 的边 BC 和 CD 上向形外作正 $\triangle BCK$ 和正 $\triangle DCL$,证明:$\triangle AKL$ 是正三角形.

提示 设 $\angle A = \alpha$,容易验证,两个角 $\angle KCL$ 和 $\angle ADL$ 都等于 $240° - \alpha$(或 $120° + \alpha$),因为 $KC = BC = AD, CL = DL$,所以 $\triangle KCL \cong \triangle ADL$,这意味着

第1章 相似三角形

$KL = AL$. 类似可得 $KL = AK$.

1.47 以平行四边形的各边为边向形外作四个正方形,证明:这四个正方形的中心是一个正方形的四个顶点.

提示 设 $\square ABCD$ 的锐角 α 的顶点为 A, 在边 DA, AB 和 BC 上作的正方形中心是 P, Q 和 R. 容易验证 $\angle PAQ = 90° + \alpha = \angle RBQ$, 这意味着 $\triangle PAQ \cong \triangle RBQ$. 这两个三角形的边 AQ 和 BQ 垂直, 所以 $PQ \perp QR$.

1.48* 在任意 $\triangle ABC$ 的边上向形外作等腰 $\triangle A'BC$, 等腰 $\triangle B'CA$, 等腰 $\triangle C'AB$, 使得顶角 $\angle A'$, $\angle B'$, $\angle C'$ 分别等于 2α, 2β 和 2γ, 并且 $\alpha + \beta + \gamma = 180°$, 证明: $\triangle A'B'C'$ 的内角等于 α, β, γ.

提示 首先发现, 六边形 $AB'CA'BC'$ 中以 A, B, C 为顶点的三个角之和等于 $360°$, 原因是, 根据问题条件它在其余顶点处三个角之和等于 $360°$. 在边 AC' 上向形外作 $\triangle AC'P$ 与 $\triangle BC'A'$ 全等(图1.12). 因为

$$AB' = CB', AP = CA'$$

且 $\angle PAB' = 360° - \angle PAC' - \angle C'AB' =$
$360° - \angle A'BC' - \angle C'AB' = \angle A'CB'$

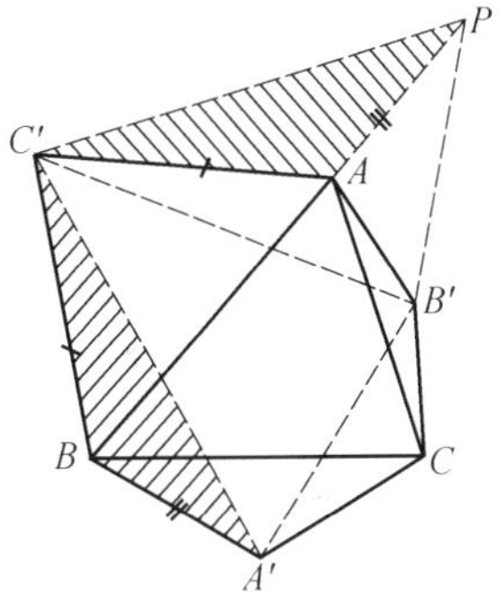

所以 $\triangle AB'P \cong \triangle CB'A'$

因此 $\triangle C'B'A' \cong \triangle C'B'P$

因为 $\angle PB'A = \angle A'B'C$, 而 $\angle AB'A'$ 公用, 这意味着 $2\angle A'B'C' = \angle PB'A = \angle AB'C$.

图 1.12

1.49* 以 $\triangle ABC$ 的边为底边作三个相似的等腰三角形, 其中 $\triangle AB_1C$ 和 $\triangle AC_1B$ 向形外作, $\triangle BA_1C$ 向形内作, 证明: $AB_1A_1C_1$ 是平行四边形.

提示 因为 $\dfrac{BA}{BC} = \dfrac{BC_1}{BA_1}$

且 $\angle ABC = \angle C_1BA_1$

所以 $\triangle ABC \backsim \triangle C_1BA_1$. 类似有 $\triangle ABC \backsim \triangle B_1A_1C$. 又因为 $BA_1 = A_1C$, 所以 $\triangle C_1BA_1 \cong \triangle B_1A_1C$, 所以 $AC_1 = C_1B = B_1A_1$ 且 $AB_1 = B_1C = C_1A_1$, 显然, 四边形 $AB_1A_1C_1$ 是凸四边形, 因此 $AB_1A_1C_1$ 是平行四边形.

1.50* (1) 在 $\triangle ABC$ 的边 AB 和 AC 上向形外作直角 $\triangle ABC_1$ 和直角 $\triangle AB_1C$, 同时 $\angle C_1 = \angle B_1 = 90°$, $\angle ABC_1 = \angle ACB_1 = \varphi$, M 是 BC 中点, 证明: $MB_1 = MC_1$ 且 $\angle B_1MC_1 = 2\varphi$.

(2) 以 $\triangle ABC$ 的边作为边向形外作正三角形, 证明: 所作三个正三角形的中心是一个正三角形的顶点. 同时, 这个正三角形的中心与 $\triangle ABC$ 的三条中线的交点相重合.

提示 (1) 设 P 和 Q 是边 AB 和 AC 的中点, 则有
$$MP = \frac{AC}{2} = QB_1, MQ = \frac{AB}{2} = PC_1$$
且 $\angle C_1PM = \angle C_1PB + \angle BPM = \angle B_1QC + \angle CQM = \angle B_1QM$
因此 $\triangle MQB_1 \cong \triangle C_1PM$
这意味着 $MC_1 = MB_1$
此外 $\angle PMC_1 + \angle QMB_1 = \angle QB_1M + \angle QMB_1 = 180° - \angle MQB_1$
而 $\angle MQB_1 = \angle A + \angle CQB_1 = \angle A + (180° - 2\varphi)$
因此 $\angle B_1MC_1 = \angle PMQ + 2\varphi - \angle A = 2\varphi$
(对 $\angle C_1PB + \angle BPM > 180°$ 的情况, 类似分开处理.)

(2) 在边 AB 和 AC 上取点 B' 和 C', 使得 $\frac{AB'}{AB} = \frac{AC'}{AC} = \frac{2}{3}$. 线段 $B'C'$ 的中点与 $\triangle ABC$ 中线的交点重合.

在边 AB' 和 AC' 上向形外作直角 $\triangle AB'C_1$ 和直角 $\triangle AB_1C'$, 使顶点 B' 和 C' 处的角为 $60°$, 则 B_1 和 C_1 是在边 AB 和 AC 上所作的正三角形的中心; 另一方面, 根据问题(1) $MB_1 = MC_1$ 且 $\angle B_1MC_1 = 120°$.

注 问题(1)和(2)的结论对向形内作三角形仍然正确.

1.51* 在 $\triangle ABC$ 的不等边 AB 和 AC 上向形外作顶角为 φ 的等腰 $\triangle AC_1B$ 和等腰 $\triangle AB_1C$.

(1) 中线 AA_1 或它延长线上一点 M 与点 B_1 和 C_1 的距离等远,证明: $\angle B_1MC_1 = \varphi$.

(2) 线段 BC 中垂线上一点 O 与点 B_1 和 C_1 的距离相等,证明: $\angle B_1OC_1 = 180° - \varphi$.

提示 (1) 设 B' 是直线 AC 与由点 B_1 引的直线 AB_1 的垂线的交点,点 C' 类似作出. 因为 $\dfrac{AB'}{AC'} = \dfrac{AC_1}{AB_1} = \dfrac{AB}{AC}$,所以 $B'C' \parallel BC$. 如果 N 是线段 $B'C$ 的中点,则正如由问题 1.50(1) 推得 $NC_1 = NB_1$(即 $N = M$)且 $\angle B_1NC_1 = 2\angle AB'B_1 = 180° - 2\angle CAB_1 = \varphi$.

(2) 在边 BC 上向形外作等腰 $\triangle BA_1C$,使其顶点 A_1 处的角为 $360° - 2\varphi$(如果 $\varphi < 90°$,则向形内作角为 2φ 的三角形). 因为三个所作等腰三角形顶角之和等于 $360°$,$\triangle A_1B_1C_1$ 有角 $180° - \varphi$,$\dfrac{\varphi}{2}$ 和 $\dfrac{\varphi}{2}$(见问题 1.48). 特别是这个三角形是等腰三角形,而这就是说 $A_1 = O$.

1.52* 以凸四边形 $ABCD$ 的边为一边向形外作相似的菱形,并且这些菱形的锐角都以 A 和 C 为顶点,证明:联结相对菱形中心的线段相等,并且它们之间的角等于 α.

(见同样的问题 1.23,3.1,3.22,5.15,5.16,7.24 ~ 7.26,8.45.)

提示 设在边 AB,BC,CD 和 DA 上所作菱形的中心为 O_1,O_2,O_3 和 O_4. M 是对角线 AC 的中点,则 $MO_1 = MO_2$ 且 $\angle O_1MO_2 = \alpha$(问题 1.50(1)),类似可得 $MO_3 = MO_4$ 且 $\angle O_3MO_4 = \alpha$,因此 $\triangle O_1MO_3$ 关于点 M 旋转角 α 可以变为 $\triangle O_2MO_4$.

§5 高线足构成的三角形

1.53 设 AA_1 和 BB_1 是 $\triangle ABC$ 的高线,证明:$\triangle A_1B_1C$ 相似于 $\triangle ABC$ 并求出它们的相似系数.

提示 因为 $A_1C = AC|\cos C|$,$B_1C = BC|\cos C|$ 且 $\angle C$ 对 $\triangle ABC$ 和 $\triangle A_1B_1C$ 是公用的,所以这两个三角形相似,其相似系数为 $|\cos C|$.

1.54 由锐角 $\triangle ABC$ 的顶点 C 引高线 CH. 由点 H 向边 BC 和 AC 分别引垂线 HM 和 HN, 证明: $\triangle MNC \backsim \triangle ABC$.

提示 因为点 M 和 N 在以 CH 为直径的圆上, 则 $\angle CMN = \angle CHN$, 又因为 $AC \perp HN$, 所以 $\angle CHN = \angle A$, 类似可得 $\angle CNM = \angle B$.

1.55 在 $\triangle ABC$ 中引高线 BB_1 和 CC_1.

(1) 证明: 在点 A 作的 $\triangle ABC$ 外接圆的切线平行于直线 B_1C_1.

(2) 证明: $B_1C_1 \perp OA$, 其中 O 是 $\triangle ABC$ 的外心.

提示 (1) 设 l 是外接圆上点 A 处的切线. 对于有向角, 得到 $\angle(l, AB) = \angle(AC, CB) = \angle(C_1B_1, AC_1)$, 这意味着 $l \parallel B_1C_1$.

(2) 因为 $OA \perp l$ 且 $l \parallel B_1C_1$, 所以 $OA \perp B_1C_1$.

1.56 在锐角 $\triangle ABC$ 的三条边上取点 A_1, B_1 和 C_1, 使得线段 AA_1, BB_1 和 CC_1 相交于一点 H, 证明: $AH \cdot A_1H = BH \cdot B_1H = CH \cdot C_1H$, 当且仅当 H 是三角形三条高线的交点.

提示 如果 AA_1, BB_1 和 CC_1 是三条高线, 则 $\triangle A_1BH \backsim \triangle B_1AH$, 于是 $AH \cdot A_1H = BH \cdot B_1H$. 类似有 $BH \cdot B_1H = CH \cdot C_1H$ (假定已知, 三角形的三条高线交于一点). 如果 $AH \cdot A_1H = BH \cdot B_1H = CH \cdot C_1H$, 则 $\triangle A_1BH \backsim \triangle B_1AH$, 即 $\angle BA_1H = \angle AB_1H = \varphi$, 所以 $\angle CA_1H = \angle CB_1H = 180° - \varphi$. 类似地有 $\angle AC_1H = \angle CA_1H = 180° - \varphi$ 和 $\angle AC_1H = \angle AB_1H = \varphi$, 所以 $\varphi = 90°$, 即 AA_1, BB_1 和 CC_1 是高线.

1.57 (1) 证明: 锐角 $\triangle ABC$ 的高线 AA_1, BB_1 和 CC_1 平分 $\triangle A_1B_1C_1$ 的各角.

(2) 在锐角 $\triangle ABC$ 的边 AB, BC 和 CA 上分别取点 C_1, A_1 和 B_1, 证明: 如果 $\angle B_1A_1C = \angle BA_1C_1, \angle A_1B_1C = \angle AB_1C_1$ 且 $\angle A_1C_1B = \angle AC_1B_1$, 则点 A_1, B_1 和 C_1 是 $\triangle ABC$ 的三个高线足.

提示 (1) 根据问题 1.53, $\angle C_1A_1B = \angle CA_1B_1 = \angle A$. 因为 $AA_1 \perp BC$, 则

$\angle C_1A_1A = \angle B_1A_1A$. 类似可证, 射线 B_1B 和 C_1C 是 $\angle A_1B_1C_1$ 和 $\angle A_1C_1B_1$ 的平分线.

(2) 直线 AB, BC 和 CA 是 $\triangle A_1B_1C_1$ 外角的平分线, 所以 A_1A 是 $\angle B_1A_1C_1$ 的平分线, 这意味着 $AA_1 \perp BC$. 对于直线 BB_1 和 CC_1 类似可证.

1.58 在锐角 $\triangle ABC$ 中引高线 AA_1, BB_1 和 CC_1, 证明: A_1 关于直线 AC 的对称点, 位于直线 B_1C_1 上.

提示 由问题 1.57(1) 的结果得出, 直线 B_1A_1 关于直线 AC 对称后变为直线 B_1C_1.

1.59 在锐角 $\triangle ABC$ 中引高线 AA_1, BB_1 和 CC_1, 证明: 如果 $A_1B_1 \parallel AB$ 且 $B_1C_1 \parallel BC$, 则 $A_1C_1 \parallel AC$.

提示 根据问题 1.53, $\angle B_1A_1C = \angle BAC$. 因为 $A_1B_1 \parallel AB$, 所以 $\angle B_1A_1C = \angle ABC$, 所以 $\angle BAC = \angle ABC$. 类似有 $B_1C_1 \parallel BC$, 推出等式 $\angle ABC = \angle BCA$, 所以 $\triangle ABC$ 是等边三角形并且 $A_1C_1 \parallel AC$.

1.60* 设 p 是锐角 $\triangle ABC$ 的半周长, q 是 $\triangle ABC$ 的三条高线足形成的三角形的半周长, 证明: $\dfrac{p}{q} = \dfrac{R}{r}$, 其中 R 和 r 是 $\triangle ABC$ 的外接圆半径和内切圆半径.

提示 设 O 是 $\triangle ABC$ 的外心. 因为 $OA \perp B_1C_1$(见问题 1.55(2)), 则 $S_{\triangle AOC_1} + S_{\triangle AOB_1} = \dfrac{R \cdot B_1C_1}{2}$. 对顶点 B 和 C 类似讨论得出 $S_{\triangle ABC} = qR$. 另一方面 $S_{\triangle ABC} = pr$.

§6 相 似 形

1.61 在三角形中有半径为 r 的内切圆, 平行于三角形的边作这内切圆的切线截出三个小的三角形. 设 r_1, r_2, r_3 分别是这些小三角形的内切圆的半径, 证明: $r_1 + r_2 + r_3 = r$.

提示 平行于边 BC 的直线截得三角形的周长等于由点 A 到内切圆与边 AB 和 AC 的切点的距离之和,所以三个小三角形周长之和等于 $\triangle ABC$ 的周长,即 $P_1 + P_2 + P_3 = P$. 由三角形的相似,显然

$$\frac{r_1}{r} = \frac{P_1}{P}, \frac{r_2}{r} = \frac{P_2}{P}, \frac{r_3}{r} = \frac{P_3}{P}$$

所以

$$\frac{r_1}{r} + \frac{r_2}{r} + \frac{r_3}{r} = \frac{P_1}{P} + \frac{P_2}{P} + \frac{P_3}{P} = 1$$

即

$$r_1 + r_2 + r_3 = r$$

1.62 给定 $\triangle ABC$,求作两条直线 x 和 y,满足过边 AC 上的任意一点 M 引平行于 x 和 y 的直线,并同三角形的边 AB 和 BC 交于 X_M 和 Y_M,其截出的线段 MX_M 和 MY_M 长度之和等于 1.

提示 设 $M = A$,则 $X_M = A$,所以 $AY_A = 1$,类似地 $CX_C = 1$. 我们证明,$x = AY_A$ 且 $y = CX_C$ 是所求直线,在边 BC 上取点 D,使得 $AB // MD$(图 1.13). 设 E 是直线 CX_C 和 MD 的交点,则 $X_M M + Y_M M = X_C E + X_M M$. 因为 $\triangle ABC \backsim \triangle MDC$,$CE = Y_M M$,所以 $X_M M + Y_M M = X_C E + CE = X_M C = 1$.

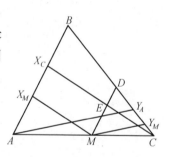

图 1.13

1.63 在等腰 $\triangle ABC$ 中,由底边 BC 的中点 H 引腰 AC 的垂线 HE,O 是线段 HE 的中点,证明:直线 AO 和 BE 垂直.

提示 设 D 是线段 BH 的中点,因为 $\triangle BHA \backsim \triangle HEA$,所以 $\frac{AD}{AO} = \frac{AB}{AH}$ 且 $\angle DAH = \angle OAE$,因此 $\angle DAO = \angle BAH$. 这意味着 $\triangle DAO \backsim \triangle BAH$ 且 $\angle DOA = \angle BHA = 90°$.

1.64 证明:三角形的高线足在夹它的两边上的射影及另外两条高线上的射影,这四点共线.

提示 设 AA_1,BB_1 和 CC_1 是 $\triangle ABC$ 的高线. 由点 B_1 向边 AB 和 BC 引垂线

第1章 相似三角形
DIYIZHANG XIANGSI SANJIAOXING

B_1K 和 B_1N，向高 AA_1 和 CC_1 引垂线 B_1L 和 B_1M．因为

$$\frac{KB_1}{CC_1} = \frac{AB_1}{AC} = \frac{LB_1}{A_1C}$$

所以 $\triangle KLB_1 \backsim \triangle C_1A_1C$，即 $KL \parallel C_1A_1$．类似可证 $MN \parallel C_1A_1$，此外 $KN \parallel C_1A_1$（问题 1.53 和 1.54），所以 K,L,M 和 N 在一条直线上．

1.65 在线段 AC 上取点 B，以线段 AB,BC,CA 为直径在 AC 的同一侧作半圆周 S_1,S_2,S_3．D 是 S_3 上一点，它在 AC 上的射影与点 B 重合．S_1 和 S_2 的公切线分别切这两个半圆于点 F 和 E．

（1）证明：直线 EF 平行于由点 D 引的 S_3 的切线．

（2）证明：$BFDE$ 是矩形．

提示 （1）设 O 是 AC 中点，O_1 是 AB 中点，O_2 是 BC 中点，我们认为 $AB \leqslant BC$，过点 O_1 引直线 O_1K 平行于 EF（K 是线段 EO_2 上的点）．我们证明，直角 $\triangle DBO$ 与直角 $\triangle O_1KO_2$ 全等．实际上

$$O_1O_2 = DO = \frac{1}{2}AC, BO = KO_2 = \frac{1}{2}(BC - AB)$$

由 $\triangle DBO \cong \triangle O_1KO_2$ 得出

$$\angle BOD = \angle O_1O_2E$$

也就是直线 DO 平行于 EO_2 且过点 D 引的切线平行于直线 EF．

（2）因为直径 AC 和对圆周在点 F,D,E 的切线之间的角相等，即

$$\angle FAB = \angle DAC = \angle EBC$$

且

$$\angle FBA = \angle DCA = \angle ECB$$

即 F 位于线段 AD 上，E 在线段 DC 上．此外，$\angle AFB = \angle BEC = \angle ADC = 90°$，所以 $FDEB$ 是矩形．

1.66* 由矩形 $ABCD$ 外接圆上的任意点 M 向它的两对边引垂线 MQ 和 MP．向矩形另外两边的延长线上引垂线 MR 和 MT，证明：直线 PR 与 QT 垂直，且它们的交点在矩形的一条对角线上．

提示 设 MQ 和 MP 是引向边 AD 和 BC 的垂线．MR 和 MT 是引向边 AB 和

CD 延长线上的垂线. 用 M_1 和 P_1 表示直线 RT 和 QP 同圆的第二个交点.

因为 $TM_1 = RM = AQ$, 且 $TM_1 /\!/ AQ$, 所以 $AM_1 /\!/ TQ$. 类似地, $AP_1 /\!/ RP$. 因为 $\angle M_1AP_1 = 90°$, 则 $RP \perp TQ$.

用 E, F, G 分别表示直线 TQ 和 RP, M_1A 和 RP, P_1A 和 TQ 的交点(图 1.14). 为了证明点 E 在直线 AC 上, 必须证明, 矩形 $AFEG$ 和 AM_1CP_1 相似. 因为

$$\angle ARF = \angle AM_1R = \angle M_1TE = \angle M_1CT$$

用字母 α 表示这些角的值, 则

$$AF = RA\sin\alpha = M_1A\sin^2\alpha$$

$$AG = M_1T\sin\alpha = M_1C\sin^2\alpha$$

也就是矩形 $AFEG$ 与矩形 AM_1CP_1 相似.

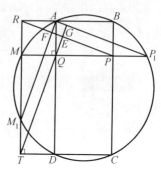

图 1.14

1.67* 两个不相交的圆, 对这两圆引一条外公切线和一条内公切线. 考查这样的两条直线, 其中每一条都过属于其中一个圆的两个切点, 证明: 这两条直线的交点位于两圆的连心线上.

提示 用 O_1 和 O_2 表示圆的中心. 外公切线切第一个圆于点 K, 切第二个圆于点 L. 内公切线切第一个圆于点 M, 切第二个圆于点 N. 设直线 KM 和 LN 分别交直线 O_1O_2 于点 P_1 和 P_2. 需要证明, $P_1 = P_2$. 再分别研究直线 KL 和 MN, KM 和 O_1A, LN 和 O_2A 的交点 A, D_1, D_2(图 1.15). $\angle O_1AM + \angle NAO_2 = 90°$, 所以直角 $\triangle O_1MA$ 和直角 $\triangle ANO_2$ 相似, $AO_2 /\!/ KM$, $AO_1 /\!/ LN$. 由这些直线的平行得

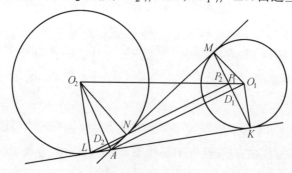

图 1.15

第1章 相似三角形
DIYIZHANG XIANGSI SANJIAOXING

出，$\frac{AD_1}{D_1O_1} = \frac{O_2P_1}{P_1O_1}$ 及 $\frac{D_2O_2}{AD_2} = \frac{O_2P_2}{P_2O_1}$. 由四边形 AKO_1M 与 O_2NAL 相似，得到 $\frac{AD_1}{D_1O_1} = \frac{D_2O_2}{AD_2}$，因此 $\frac{O_2P_1}{P_1O_1} = \frac{O_2P_2}{P_2O_1}$，也就是 $P_1 = P_2$.

注 另外的解法见问题 3.70.

§7 供独立解答的问题

1.68 等腰三角形的底是它整个周长的 $\frac{1}{4}$. 由底的任一点引平行于两腰的直线. 三角形的周长是所截得的平行四边形的周长的多少倍？

1.69 梯形的对角线互相垂直, 证明: 梯形两底长的乘积等于以对角线交点为分点所分一条对角线所得两线段之积与所分另一对角线所得的两线段之积的和.

1.70 正方形的边长等于1, 通过它的中心引一条直线. 计算由正方形的四个顶点到这条直线距离的平方和.

1.71 $\triangle ABC$ 的外接圆中心关于三角形三条边的对称点分别是 A_1, B_1, C_1, 证明: $\triangle ABC \backsim \triangle A_1B_1C_1$.

1.72 证明: 在 $\triangle ABC$ 中, 如果 $\angle BAC = 2\angle ABC$, 则 $BC^2 = (AC + AB) \cdot AC$.

1.73 在直线 l 上给定 A, B, C, D 四点. 过 A 和 B 引平行直线, 再过 C 和 D 引另一组平行直线, 证明: 用这种方式得到的平行四边形的对角线（或它们的延长线）与直线 l 相交于两个固定的点.

1.74 在 $\triangle ABC$ 中引角平分线 AD 和中位线 A_1C_1, 直线 AD 和 A_1C_1 相交于点 K, 证明: $2A_1K = |b - c|$.

1.75 在 $\square ABCD$ 的边 AD 和 CD 上取点 M 和 N, 使得 $MN \parallel AC$, 证明: $S_{\triangle ABM} = S_{\triangle CBN}$.

1.76 在 $\square ABCD$ 的对角线 AC 上取点 P 和 Q, 使得 $AP = CQ$. 又有这样的一点 M, 使得 $PM \parallel AD$ 且 $QM \parallel AB$, 证明: 点 M 位于对角线 BD 上.

1.77 延长底边为 AD 与 BC 的梯形的两腰,相交于点 O.过对角线交点引底的平行线段 EF 的端点分别在腰 AB 和 CD 上,证明: $\dfrac{AE}{CF} = \dfrac{AO}{CO}$.

1.78 平行于已知三角形各边的三条直线截出三个三角形,同时剩下一个等边六边形.如果已知三角形三边长为 a,b 和 c,求等边六边形的边长.

1.79 平行于三角形边的三条直线,相交于一点,同时,三角形的边在这些直线上都截出长为 x 的线段.如果三角形的边长为 a,b 和 c,求 x.

1.80 P 为 $\triangle ABC$ 内的点,同时 $\angle ABP = \angle ACP$.在直线 AB 和 AC 上取点 C_1 和 B_1,使得 $\dfrac{BC_1}{CB_1} = \dfrac{CP}{BP}$,证明:两边位于直线 BP 和 CP 上,另两边(或它们的延长线)过点 B_1 和 C_1 的平行四边形的一条对角线平行于 BC.

第 2 章　圆 周 角

基础知识

1. 若 $\angle ABC$ 的顶点在圆上,边与这个圆相交,则称 $\angle ABC$ 为圆的内接角(圆周角).设 O 是圆心,如果点 B 和 O 在边 AC 的同一侧,则 $\angle ABC = \frac{1}{2}\angle AOC$;如果点 B 和 O 在边 AC 的不同侧,则 $\angle ABC = 180° - \frac{1}{2}\angle AOC$.最重要和最经常使用的是对等弧的圆周角相等,而在等弦上对的两个圆周角的度数要么相等,要么其和为 $180°$.

2. 弦 AB 与过点 A 所引圆的切线之间的角(弦切角)的度数等于弧 AB 度数的一半.

3. 夹在平行弦之间的弧的度数相等.

4. 正如已经说过的,对一条弦的两个角的度数,可能相等,也可能其和为 $180°$.对此,为了不考查点在圆上位置的不同方案,我们引入两条直线之间有向角的概念.直线 AB 和 CD 之间有向角的度数(记作 $\angle(AB,CD)$)是指在其中逆时针旋转直线 AB,使它与直线 CD 平行时,这个旋转角的度数,在此情况下,相差 $n \cdot 180°$ 的角认为是相等的.我们注意到,直线 CD 和 AB 之间的有向角不等于直线 AB 和 CD 之间的有向角(它们组成的和是 $180°$,或者按照我们的意见,也是 $0°$).

容易检验有向角有下列的性质:

(1) $\angle(AB,BC) = -\angle(BC,AB)$.

(2) $\angle(AB,CD) + \angle(CD,EF) = \angle(AB,EF)$.

(3) 点 A,B,C,D 不共线,当且仅当 $\angle(AB,BC) = \angle(AD,DC)$ 时它们共圆.(为了证明这个性质,需要考查两个情况:点 B 和 D 在 AC 的同一侧,点 B 和 D 在 AC 的不同侧).

引导性问题

1.(1) 由圆外一点 A 引射线 AB 和 AC 与圆相交,证明:$\angle BAC$ 的度数等于这角内部所夹的两段圆弧度数之差的一半.

(2) $\angle BAC$ 的顶点在圆的内部,证明:$\angle BAC$ 的度数等于 $\angle BAC$ 内部和关于顶点 A 与它对称的角的内部所包含的圆弧的度数之和的一半.

2. 由位于锐角 $\angle BAC$ 内部的点 P 向直线 AB 和 AC 引垂线 PC_1 和 PB_1,证明:$\angle C_1AP = \angle C_1B_1P$.

3. 证明:正 n 边形的边与对角线形成的全部角都是 $\dfrac{180°}{n}$ 的倍数.

4. $\triangle ABC$ 内切圆中心与外接圆中心关于边 AB 对称,求 $\triangle ABC$ 各角的度数.

5. $\triangle ABC$ 的顶点 C 处的外角平分线交三角形的外接圆于点 D,证明:$AD = BD$.

§1 对等弧的角

2.1 锐角 $\triangle ABC$ 的顶点 A 与外心 O 用线段联结,由顶点 A 作高线 AH,证明:$\angle BAH = \angle OAC$.

提示 作直径 AD,$\angle CDA = \angle CBA$.因为 $\angle BHA = \angle ACD = 90°$,也就是 $\angle BAH = \angle DAC$.

2.2 两圆相交于点 M 和 K.过 M 和 K 分别引直线 AB 和 CD,交第一圆于点 A 和 C,交第二圆于点 B 和 D,证明:$AC \parallel BD$.

提示 为了不区分点的位置的不同情况,利用有向角的性质,得
$\angle(AC, CK) = \angle(AM, MK) = \angle(BM, MK) = \angle(BD, DK) = \angle(BD, CK)$
也就是 $AC \parallel BD$.

2.3 由顶点为 A 的已知角内任一点 M 向角的两边引垂线 MP 和 MQ.由点 A 向线段 PQ 引垂线 AK,证明:$\angle PAK = \angle MAQ$.

提示 点 P 和 Q 位于以线段 AM 为直径的圆上.作为对同弧的圆周角,

第2章 圆周角
DIERZHANG YUANZHOUJIAO

$\angle QMA = \angle QPA$. $\triangle PAK$ 与 $\triangle MAQ$ 都是直角三角形,因此 $\angle PAK = \angle MAQ$.

2.4 (1) 延长 $\triangle ABC$ 中 $\angle B$ 的平分线交外接圆于点 M,O 是 $\triangle ABC$ 的内心,O_b 是与边 AC 相切的旁切圆的圆心,证明:点 A,C,O 和 O_b 在以 M 为圆心的一个圆上.

(2) $\triangle ABC$ 内一点 O 具有如下性质:直线 AO,BO 和 CO 过 $\triangle BCO$,$\triangle ACO$ 和 $\triangle ABO$ 的外接圆圆心,证明:点 O 是 $\triangle ABC$ 内切圆的圆心.

提示 (1) 因为 $\angle AOM = \angle BAO + \angle ABO = \dfrac{\angle A + \angle B}{2}$

且 $\angle OAM = \angle OAC + \angle CAM = \dfrac{\angle A}{2} + \angle CBM = \dfrac{\angle A + \angle B}{2}$

所以 $MA = MO$

类似可证 $MC = MO$

因为 $\triangle OAO_b$ 是直角三角形,且 $\angle AOM = \angle MAO = \varphi$,那么

$$\angle MAO_b = \angle MO_bA = 90° - \varphi$$

也就是 $MA = MO_b$

类似可得 $MC = MO_b$

(2) 设 P 是 $\triangle ACO$ 的外心,则

$$\angle COP = \dfrac{180° - \angle CPO}{2} = 90° - \angle OAC$$

所以 $\angle BOC = 90° + \angle OAC$

类似地有 $\angle BOC = 90° + \angle OAB$

即 $\angle OAB = \angle OAC$

类似证得点 O 在 $\angle B$ 和 $\angle C$ 的平分线上.

2.5 直角 $\triangle ABC$($\angle BAC = 90°$)沿平面这样运动:它的顶点 B 和 C 沿着给定直角的两边滑动,证明:点 A 的轨迹是线段,并求这条线段的长.

提示 设 O 是给定直角的顶点,那么点 O 和 A 位于以 BC 为直径的圆上,所以 $\angle AOB = \angle ACB$. 由此推出点 A 沿着与给定直角的边 OB 形成的角等于 $\angle ACB$ 的直线上运动. 点 A 到点 O 距离的边界位置等于斜边 BC 和最小直角边 BA. 实际

上,$OA = BC\sin\varphi$,其中 $\varphi = \angle OCA$. $\angle\varphi$ 的变化由 $\angle C$ 到 $90° + \angle C = 180° - \angle B$,所以 $\sin\varphi$ 的最大值等于1,而最小值等于数 $\sin C$ 和 $\sin B$ 中的最小者. 因此,点 A 沿着运动的线段长等于直角三角形斜边之长与最小直角边长的差.

注 1. 类似的结论对于任意 $\triangle ABC$,当它的顶点沿着等于 $180° - \angle A$ 的 $\angle MON$ 的边上滑动时也是对的.

2. 在 $\angle A$ 不是直角的情况,顶点 A 沿椭圆运动(问题 31.63).

2.6 正方形 $ABCD$ 的对角线 AC 同直角 $\triangle ACK$ 的斜边重合,同时点 B 和 K 在直线 AC 的同侧,证明:$BK = \dfrac{|AK - CK|}{\sqrt{2}}$ 且 $DK = \dfrac{AK + CK}{\sqrt{2}}$.

提示 点 B,D 和 K 在以 AC 为直径的圆上. 为确定起见,设 $\angle KCA = \varphi \le 45°$,则

$$BK = AC\sin(45° - \varphi) = \frac{AC(\cos\varphi - \sin\varphi)}{\sqrt{2}}$$

$$DK = AC\sin(45° + \varphi) = \frac{AC(\cos\varphi + \sin\varphi)}{\sqrt{2}}$$

显然 $AC\cos\varphi = CK, AC\sin\varphi = AK$.

2.7 在 $\triangle ABC$ 中引中线 AA_1 和 BB_1. 如果 $\angle CAA_1 = \angle CBB_1$,证明:$AC = BC$.

提示 因为 $\angle B_1AA_1 = \angle A_1BB_1$,所以点 A,B,A_1 和 B_1 四点共圆. 平行直线 AB 和 A_1B_1 在圆上截出等弦 AB_1 和 BA_1,所以 $AC = BC$.

2.8 $\triangle ABC$ 的内角都小于 $120°$,证明:在三角形内存在一点,由这点看三边的视角都是 $120°$. (问题 2.8 的点称为托里拆利点.)

提示 在 $\triangle ABC$ 的边 BC 上向形外作正 $\triangle A_1BC$. 设 P 是直线 AA_1 同 $\triangle A_1BC$ 的外接圆的交点,则点 P 位于 $\triangle ABC$ 内部且 $\angle APC = 180° - \angle A_1PC = 180° - \angle A_1BC = 120°$. 类似可得 $\angle APB = 120°$.

2.9 一个圆被它的 n 条直径分成相等的弧段,证明:由圆内任意一

第2章 圆周角
DIERZHANG YUANZHOUJIAO

点向这些直径引垂线的垂线足是一个正多边形的顶点.

提示 由点 M 向这些直径引垂线的垂足在以线段 OM 为直径的圆上(O 是已知圆中心).除去点 O 的已知这些直径同圆 S 的交点分 S 为 n 段弧,因为不包含点 O 的所有弧都对着 $\frac{180°}{n}$ 的圆周角.这些弧的度数等于 $\frac{360°}{n}$,所以点 O 所在弧段的度数等于 $360° - (n-1)\frac{360°}{n} = \frac{360°}{n}$,因此垂线足分圆 S 为 n 段等弧.

2.10 在圆上给出点 A, B, M 和 N.由点 M 引弦 MA_1 和 MB_1 分别垂直于直线 NB 和 NA,证明:$AA_1 \parallel BB_1$.

提示 显然
$$\angle(AA_1, BB_1) = \angle(AA_1, AB_1) + \angle(AB_1, BB_1) = \angle(MA_1, MB_1) + \angle(AN, BN)$$
因为 $MA_1 \perp BN$ 和 $MB_1 \perp AN$,所以
$$\angle(MA_1, MB_1) = \angle(BN, AN) = -\angle(AN, BN)$$
所以 $\qquad\qquad\qquad\angle(AA_1, BB_1) = 0°$
也就是 $\qquad\qquad\qquad AA_1 \parallel BB_1$

2.11 两圆相交于点 P 和 Q.以 P 为圆心的第三个圆交第一个圆于点 A 和 B,又交第二个圆于点 C 和 D,证明:$\angle AQD = \angle BQC$.

提示 很清楚
$$\angle(AQ, QD) = \angle(AQ, QP) + \angle(PQ, QD) = \angle(AB, BP) + \angle(PC, CD)$$
$$\angle(CQ, QB) = \angle(CQ, QP) + \angle(PQ, QB) = \angle(CD, DP) + \angle(PA, AB)$$
$\triangle APB$ 和 $\triangle CPD$ 都是等腰三角形,所以
$$\angle(AB, BP) = \angle(PA, AB), \angle(PC, CD) = \angle(CD, DP)$$
因此 $\qquad\qquad\qquad \angle(AQ, QD) = \angle(CQ, QB)$

2.12 $ABCDEF$ 是圆内接六边形,同时 $AB \parallel DE$,且 $BC \parallel EF$,证明:$CD \parallel AF$.

提示 因为 $AB \parallel DE$,所以 $\angle ACE = \angle BFD$.又因为 $BC \parallel EF$,所以 $\angle CAE = \angle FDB$.$\triangle ACE$ 和 $\triangle BDF$ 中有两个角相等,所以它们的第三个角也相

等.由这两个角相等,得出弧 AC 和 DF 相等,也就是弦 CD 和 AF 平行.

2.13* $A_1A_2\cdots A_{2n}$ 是圆内接 $2n$ 边形,它的所有对边组成的对子中,除一对外,都是平行的,证明:当 n 为奇数时,剩下的一对边也是平行的;当 n 为偶数时,剩下的一对边的长度相等.

提示 对 n 进行归纳证明,对四边形结论显然.对六边形,它在上个问题中已经证明了.假设结论对 $2(n-1)$ 边形已经证明了,下面对 $2n$ 边形来证明.

设 $A_1\cdots A_{2n}$ 是 $2n$ 边形,其中 $A_1A_2 \parallel A_{n+1}A_{n+2},\cdots,A_{n-1}A_n \parallel A_{2n-1}A_{2n}$.考查 $2(n-1)$ 边形 $A_1A_2\cdots A_{n-1}A_{n+1}\cdots A_{2(n-1)}$.根据归纳假设,当 n 为奇数时,得到 $A_{n-1}A_{n+1} = A_{2n-1}A_1$;当 n 为偶数时,有 $A_{n-1}A_{n+1} \parallel A_{2n-1}A_1$.

我们研究 $\triangle A_{n-1}A_nA_{n+1}$ 和 $\triangle A_{2n-1}A_{2n}A_1$,设 n 为偶数,则向量 $\overrightarrow{A_{n-1}A_n}$ 和 $\overrightarrow{A_{2n-1}A_{2n}}$,$\overrightarrow{A_{n-1}A_{n+1}}$ 和 $\overrightarrow{A_{2n-1}A_1}$ 平行且方向相反,所以 $\angle A_nA_{n-1}A_{n+1} = \angle A_1A_{2n-1}A_{2n}$,且作为对等弧的弦有 $A_nA_{n+1} = A_{2n}A_1$,这正是所要证明的.设 n 是奇数,当 $A_{n-1}A_{n+1} = A_{2n-1}A_1$,也就是 $A_1A_{n-1} \parallel A_{n+1}A_{2n-1}$.在六边形 $A_{n-1}A_nA_{n+1}A_{2n-1}A_{2n}A_1$ 中,有 $A_1A_{n-1} \parallel A_{n+1}A_{2n-1}$ 和 $A_{n-1}A_n \parallel A_{2n-1}A_{2n}$,所以根据前题结论,有 $A_nA_{n+1} \parallel A_{2n}A_1$,这正是所要证明的.

2.14* 给定 $\triangle ABC$,证明:存在两簇正三角形,它们的边(或边的延长线)过点 A,B 和 C.再证明:这两簇三角形的中心在两个同心圆上.

(见同样的问题 1.54.)

提示 设直线 FG,GE 和 EF 过点 A,B 和 C,并且 $\triangle EFG$ 是正三角形,也就是

$$\angle(GE,EF) = \angle(EF,FG) = \angle(FG,GE) = \pm 60°$$

则

$$\angle(BE,EC) = \angle(CF,FA) = \angle(AG,GB) = \pm 60°$$

选择一个符号,得到三个圆 S_E,S_F,S_G,在它们上应该有点 E,F 和 G.圆 S_E 的任意点 E 唯一地确定 $\triangle EFG$.

设 O 是 $\triangle EFG$ 的中心;P,R 和 Q 分别是直线 OE,OF 和 OG 同圆 S_E,S_F 和 S_G 的交点.我们证明,P,Q 和 R 是以 $\triangle ABC$ 边上作的正三角的中心(向外作是一簇,向内作是另一簇),而点 O 位于 $\triangle PQR$ 的外接圆上.显然

第2章 圆周角
DIERZHANG YUANZHOUJIAO

$$\angle(CB,BP) = \angle(CE,EP) = \angle(EF,EO) = \mp 30°$$

而
$$\angle(BP,CP) = \angle(BE,EC) = \angle(GE,EF) = \pm 60°$$

所以
$$\angle(CB,CP) = \angle(CB,BP) + \angle(BP,CP) = \pm 30°$$

因此 P 是以 AB 为边的正三角形的中心. 对于点 Q 和 R 的证明类似. $\triangle PQR$ 是正三角形, 同时它的中心与 $\triangle ABC$ 的中线的交点重合(问题 1.50(2)), 可以验证, $\angle(PR,RQ) = \mp 60° = \angle(OE,OG) = \angle(OP,OQ)$, 也就是点 O 在 $\triangle PQR$ 的外接圆上.

§2 两弦之间夹角的度数

下面的事实帮助我们解本节中的习题. 设 A,B,C,D 是一个圆上按指定次序的点, 则弦 AB 和 CD 之间的角的度数等于 $\frac{1}{2}|\overset{\frown}{AD} - \overset{\frown}{CB}|$ 的度数, 弦 AC 和 BD 之间的角等于 $\frac{1}{2}(\overset{\frown}{AB} + \overset{\frown}{CD})$ 的度数. (为了证明必须通过一条弦的端点引另一条弦的平行线)

2.15 在圆周上按指定次序给出点 A,B,C,D,M 是弧 AB 的中点, 用 E 和 K 表示弦 MC 和 MD 与弦 AB 的交点, 证明: $KECD$ 是圆内接四边形.

提示 显然
$$\overset{\frown}{MB} = \overset{\frown}{AM}, 2(\angle KEC + \angle KDC) = (\overset{\frown}{MB} + \overset{\frown}{AC}) + (\overset{\frown}{MB} + \overset{\frown}{BC}) = 360°$$

2.16 在正三角形的一个边上切有一个半径等于正三角形的高的圆, 证明: 三角形的两边夹圆的弧段的角的度数, 永远等于 $60°$.

提示 用 α 表示三角形的边截圆所得弧段的度数. 考虑三角形边的延长线截圆所得的弧, 并用 α' 表示它的度数, 则 $\frac{1}{2}(\alpha + \alpha') = \angle BAC = 60°$. 但 $\alpha = \alpha'$, 因为这两段弧关于过圆心平行于三角形底边 BC 的直线对称, 所以 $\alpha = \alpha' = 60°$.

2.17 一腰为 AB 的等腰梯形 $ABCD$ 的对角线交点为 P, 证明: 这个梯

形的外接圆圆心 O 在 $\triangle APB$ 的外接圆上.

提示 因为 $\angle APB = \frac{1}{2}(\overparen{AB} + \overparen{CD}) = \angle AOB$,所以点 O 在 $\triangle APB$ 的外接圆上.

2.18 在圆周上依指出的次序给定点 $A,B,C,D.A_1,B_1,C_1,D_1$ 分别是弧 AB,BC,CD,DA 的中点,证明:$A_1C_1 \perp B_1D_1$.

提示 设 O 是直线 A_1C_1 和 B_1D_1 的交点,α,β,γ 和 δ 是弧 AB,BC,CD 和 DA 的度数,则

$$\angle A_1OB_1 = \frac{1}{2}(\overparen{A_1B} + \overparen{BB_1} + \overparen{C_1D} + \overparen{DD_1}) = \frac{1}{4}(\alpha + \beta + \gamma + \delta) = 90°$$

2.19 在 $\triangle ABC$ 内取点 P,使得 $\angle BPC = \angle A + 60°$,$\angle APC = \angle B + 60°$ 和 $\angle APB = \angle C + 60°$.直线 AP,BP 和 CP 交 $\triangle ABC$ 的外接圆于点 A',B' 和 C',证明:$\triangle A'B'C'$ 是正三角形.

提示 等式 $\overparen{C'A} + \overparen{CA'} = 2(180° - \angle APC) = 240° - 2\angle B$ 和 $\overparen{AB'} + \overparen{BA'} = 240° - 2\angle C$ 相加,然后由它们的和减去等式 $\overparen{BA'} + \overparen{CA'} = 2\angle A$,得出 $\overparen{C'B'} = \overparen{C'A} + \overparen{AB'} = 480° - 2(\angle A + \angle B + \angle C) = 120°$.类似可得 $\overparen{B'A'} = \overparen{C'A'} = 120°$.

2.20 在圆周上按指出的顺序 A,C_1,B,A_1,C,B_1 取点.

(1) 证明:如果直线 AA_1,BB_1 和 CC_1 是 $\triangle ABC$ 的角平分线,则它们是 $\triangle A_1B_1C_1$ 的高线.

(2) 证明:如果直线 AA_1,BB_1 和 CC_1 是 $\triangle ABC$ 的高线,则它们是 $\triangle A_1B_1C_1$ 的角平分线.

提示 (1) 证明 $AA_1 \perp C_1B_1$.用 M 表示这些线段的交点,有

$$\angle AMB_1 = \frac{1}{2}(\overparen{AB_1} + \overparen{A_1B} + \overparen{BC_1}) = \angle ABB_1 + \angle A_1AB + \angle BCC_1 =$$

$$\frac{1}{2}(\angle ABC + \angle CAB + \angle BCA) = 90°$$

(2) 用 M_1 和 M_2 分别表示线段 AA_1 和 BC,BB_1 和 AC 的交点.

第2章 圆周角

直角 $\triangle AM_1C$ 和直角 $\triangle BM_2C$ 具有公共角 $\angle C$，所以 $\angle B_1BC = \angle A_1AC$，即 $\overset{\frown}{B_1C} = \overset{\frown}{A_1C}$ 且 $\angle B_1C_1C = \angle A_1C_1C$. 也就是 CC_1 是 $\angle A_1C_1B_1$ 的平分线.

2.21* 在圆中内接有两个三角形 T_1 和 T_2，并且三角形 T_2 的顶点是三角形 T_1 的顶点分圆所得弧的中点，证明：在三角形 T_1 和 T_2 交成的六边形中，联结相对顶点的三条对角线平行于三角形 T_1 的边并且相交于一点.

提示 三角形 T_1 的顶点记为 A,B,C；弧 AB,CA,AB 的中点记为 A_1,B_1,C_1，则 $T_2=\triangle A_1B_1C_1$. 直线 AA_1,BB_1,CC_1 是三角形 T_1 的角平分线，所以它们相交于一点 O. 设直线 AB 和 C_1B_1 交于点 K. 只需验证 $KO \parallel AC$. 在 $\triangle AB_1O$ 中，直线 B_1C_1 是角平分线和高线（问题 2.20(1)），所以这个三角形是等腰三角形. 因此，$\triangle AKO$ 也是等腰三角形. 因为 $\angle KOA = \angle KAO = \angle OAC$，直线 KO 和 AC 平行.

§3 切线与弦之间的角

切线与弦之间的角（即"弦切角"——译注）以有向角理论的语言可如下表述：如果 AB 是圆的弦，l 是过点 A 引的切线，那么对已知圆上任意的点 X，成立等式 $\angle(l,AB)=\angle(XA,XB)$.

2.22 两圆相交于点 P 和 Q，过第一个圆上的点 A 引直线 AP 和 AQ，交第二个圆于点 B 和 C，证明：在点 A 所作第一个圆的切线平行于直线 BC.

提示 设 l 是在点 A 对第一个圆的切线，则
$$\angle(l,AP)=\angle(AQ,PQ)=\angle(BC,PB)$$
即
$$l \parallel BC$$

2.23 圆 S_1 和 S_2 相交于点 A 和 P. 过点 A 引圆 S_1 的切线 AB，过点 P 作直线 CD 平行于 AB（点 B 和 C 在 S_2 上，点 D 在 S_1 上），证明：$ABCD$ 是平行四边形.

提示 因为 $\angle(AB,AD)=\angle(AP,PD)=\angle(AB,BC)$，则 $BC \parallel AD$.

2.24 圆 S_1 和 S_2 相交于点 A 和 B. 过点 A 引圆 S_1 的切线 AQ(点 Q 在 S_2 上),而过点 B 引圆 S_2 的切线 BS(点 S 在 S_1 上). 直线 BQ 和 AS 交圆 S_1 和 S_2 于点 R 和 P,证明: $PQRS$ 是平行四边形.

提示 显然 $\angle(AB,BS) = \angle(AQ,QB), \angle(BA,AQ) = \angle(BS,SA)$,所以 $\angle(BA,AS) = \angle(AB,BQ)$,也就是 $PS \parallel QR$. 进一步, $\angle(AP,PQ) = \angle(AB, BQ) = \angle(AS,SR)$,所以 $PQ \parallel SR$.

2.25 过点 A 作 $\triangle ABC$ 的外接圆的切线交直线 BC 于点 E,AD 是 $\triangle ABC$ 的角平分线,证明: $AE = ED$.

提示 为确定起见,设点 E 在射线 BC 上,则 $\angle ABC = \angle EAC$,且 $\angle ADE = \angle ABC + \angle BAD = \angle EAC + \angle CAD = \angle DAE$.

2.26 圆 S_1 和 S_2 的一个交点为 A. 过 A 引直线交 S_1 于点 B,交 S_2 于点 C. 在点 C 和 B 对两圆引的切线相交于点 D,证明: $\angle BDC$ 与过点 A 直线的选取无关.

提示 设 P 是两圆的第二个交点,则
$$\angle(AB,DB) = \angle(PA,PB)$$
且
$$\angle(DC,AC) = \angle(PC,PA)$$
这两个等式相加,得到
$$\angle(DC,DB) = \angle(PC,PB) = \angle(PC,CA) + \angle(BA,PB)$$
最后的两个角是定弧上的圆周角.

2.27 两圆相交于点 A 和 B. 过点 A 引这两圆的切线 AM 和 AN(M 和 N 是两圆上的点),证明:

(1) $\angle ABN + \angle MAN = 180°$.

(2) $\dfrac{BM}{BN} = \left(\dfrac{AM}{AN}\right)^2$.

提示 (1) 因为 $\angle MAB = \angle BNA$,则 $\angle ABN$ 和 $\angle MAN$ 的和等于 $\triangle ABN$ 的内角和.

第 2 章　圆周角
DIERZHANG　YUANZHOUJIAO

(2) 因为　　　　　$\angle BAM = \angle BNA, \angle BAN = \angle BMA$

所以　　　　　　　　$\triangle AMB \backsim \triangle NAB$

也就是　　　　　　　$\dfrac{AM}{NA} = \dfrac{MB}{AB}$

且　　　　　　　　　$\dfrac{AM}{NA} = \dfrac{AB}{NB}$

这两个等式相乘,得到要证的结果.

2.28　两圆内切于点 M,设大圆的弦 AB 切小圆于点 T,证明:MT 是 $\angle AMB$ 的平分线.

提示　设 A_1 和 B_1 是直线 MA 和 MB 同小圆的交点,因为 M 是两圆的位似中心,所以

$$A_1 B_1 \parallel AB$$

所以　　　　$\angle A_1 MT = \angle A_1 TA = \angle B_1 A_1 T = \angle B_1 MT$

2.29　过圆 S 内一点 M 作弦 AB,由点 M 向过点 A,B 引的切线作垂线 MP 和 MQ,证明:$\dfrac{1}{PM} + \dfrac{1}{QM}$ 与过点 M 的弦的选取无关.

提示　设 φ 是弦 AB 和过它的一个端点引的圆的切线之间的角,则 $AB = 2R\sin\varphi$,其中 R 是圆 S 的半径.此外,$PM = AM\sin\varphi$ 且 $QM = BM\sin\varphi$,所以

$$\dfrac{1}{PM} + \dfrac{1}{QM} = \dfrac{AM + BM}{AM \cdot BM \cdot \sin\varphi} = \dfrac{2R}{AM \cdot BM}$$

而 $AM \cdot BM$ 与弦 AB 的选取无关.

2.30　圆 S_1 切 $\angle ABC$ 的边于点 A 和 C.过点 B 的圆 S_2 切直线 AC 于点 C,交圆 S_1 于点 M,证明:直线 AM 平分线段 BC.

提示　设直线 AM 与圆 S_2 的第二个交点是 D.于是 $\angle MDC = \angle MCA = \angle MAB$,所以 $CD \parallel AB$,进一步 $\angle CAM = \angle MCB = \angle MDB$,所以 $AC \parallel BD$.因此,$ABCD$ 是平行四边形,它的对角线 AD 被对角线 BC 所平分.

2.31　圆 S 切圆 S_1 和 S_2 于点 A_1 和 A_2;B 是圆 S 上的点,K_1 和 K_2 是

直线 A_1B 和 A_2B 同圆 S_1 和 S_2 的第二个交点,证明:如果直线 K_1K_2 与圆 S_1 相切,那么它与圆 S_2 也相切.

(参见同类问题 1.55(1),6.49.)

提示 引直线 l_1 切 S_1 于点 A_1,当且仅当 $\angle(K_1K_2, K_1A_1) = \angle(K_1A_1, l_1)$ 时,直线 K_1K_2 与 S_1 相切.这样很清楚 $\angle(K_1A_1, l_1) = \angle(A_1B, l_1) = \angle(A_2B, A_1A_2)$.类似的,直线 K_1K_2 与 S_2 相切,当且仅当 $\angle(K_1K_2, K_2A_2) = \angle(A_1B, A_1A_2)$.剩下发现,如果 $\angle(K_1K_2, K_1A_1) = \angle(A_2B, A_1A_2)$,则

$$\angle(K_1K_2, K_2A_2) = \angle(K_1K_2, A_2B) =$$
$$\angle(K_1K_2, A_1B) + \angle(A_1B, A_1A_2) + \angle(A_1A_2, A_2B) =$$
$$\angle(A_1B, A_1A_2)$$

§4 弦和弧长与角的量数的联系

2.32 在圆中内接的等腰梯形 $ABCD$ 与 $A_1B_1C_1D_1$ 的边对应平行,证明:$AC = A_1C_1$.

提示 在弦 AC 和 A_1C_1 上张有等角 $\angle ABC$ 和 $\angle A_1B_1C_1$,所以 $AC = A_1C_1$.

2.33 AB 和 CD 是一个圆的两条直径,由这个圆上的点 M 向直线 AB 和 CD 引垂线 MP 和 MQ,证明:线段 PQ 的长与点 M 的位置无关.

提示 用 O 表示圆的中心,点 P 和 Q 在以半径 OM 为直径的圆上,也就是点 O,P,Q,M 在半径为 $\dfrac{OM}{2}$ 的圆上.在此情况下,$\angle POQ = \angle AOD$ 或 $\angle POQ = \angle BOD = 180° - \angle AOD$.也就是,弦 PQ 的长是常量.

2.34 在 $\triangle ABC$ 中,$\angle B$ 等于 $60°$.角平分线 AD 和 CE 相交于点 O,证明:$OD = OE$.

提示 因为 $\angle AOC = 90° + \dfrac{\angle B}{2}$(问题 5.3),则

$$\angle EBD + \angle EOD = 90° + \dfrac{3\angle B}{2} = 180°$$

第2章 圆周角
DIERZHANG YUANZHOUJIAO

也就是四边形 $BEOD$ 是圆内接四边形. 在弦 EO 和 OD 上对的圆周角 $\angle EBO$ 和 $\angle OBD$ 相等,所以 $EO = OD$.

2.35 在 $\triangle ABC$ 中,顶点 B 与 C 的内角都等于 $40°$. BD 是 $\angle B$ 的平分线,证明:$BD + DA = BC$.

提示 在线段 BD 的延长线上点 D 的外面取点 Q,使 $\angle ACQ = 40°$. 设 P 是直线 AB 与 QC 的交点,则 $\angle BPC = 60°$ 且点 D 是 $\triangle BCP$ 内角平分线的交点. 根据问题 2.34 有 $AD = DQ$. 此外 $\angle BQC = \angle BCQ = 80°$,所以 $BC = BD + DQ = BD + DA$.

2.36 在以 O 为圆心的圆 S 的弦 AB 上取点 C. $\triangle AOC$ 的外接圆交圆 S 于点 D,证明:$BC = CD$.

提示 只需验证,$\triangle BCD$ 的外角 $\angle ACD$ 是顶点在 B 的内角的 2 倍,显然 $\angle ACD = \angle AOD = 2\angle ABD$.

2.37 在正方形 $ABCD$ 内取点 M,使得 $\angle MAC = \angle MCD = \alpha$,求 $\angle ABM$ 的度数.

提示 如果点 M 在 $\triangle ABC$ 内部,则 $\angle MAC < 45° < \angle MCD$. 容易检验,点 M 也不能在 $\triangle ABC$ 和 $\triangle ACD$ 的边上,所以点 M 在 $\triangle ACD$ 内部,在这种情况下,$\angle AMC = 180° - \angle MAC - (45° - \angle MCD) = 135°$,也就是点 M 在以 B 为圆心,AB 为半径的圆弧上,所以根据与圆有关的角的理论,$\angle ABM = 2\angle ACM = 90° - 2\alpha$.

2.38 正 $\triangle ABC$ 的顶点 A 和 B 在圆 S 上,而顶点 C 在这个圆的内部. 点 D 在圆 S 上,并且 $BD = AB$,直线 CD 与圆 S 的第二个交点为点 E,证明:线段 EC 的长等于圆 S 的半径.

提示 设 O 是圆 S 的圆心,点 B 是 $\triangle ACD$ 外接圆圆心,所以
$$\angle CDA = \frac{\angle ABC}{2} = 30°$$

即
$$\angle EOA = 2\angle EDA = 60°$$
也就是 △EOA 是等边三角形,此外,∠AEC = ∠AED = ∠AOB = 2∠AOC,所以点 E 是 △AOC 的外心,因此 EC = EO.

2.39* 在一不动圆内放一半径为它的半径的一半的圆沿不动圆无滑动的滚动,动圆上固定点 K 所描述的轨迹是什么?

提示 考查动圆的两个状态:在第一时刻,点 K 与不动的圆重合(在这瞬间圆的切点可以用 K_1 表示)和某个另外(第二个)瞬间,设 O 是不动圆的中心,O_1 与 O_2 分别是第一和第二瞬间动圆中心的位置.K_2 是在第二瞬间点 K 的位置.A 是在第二瞬间两圆的切点.因为圆是无滑动的滚动,弧 K_1A 的长等于弧 K_2A 的长.因为动圆的半径是不动圆半径之半,$\angle K_2O_2A = 2\angle K_1OA$.点 O 位于动圆上,所以 $\angle K_2OA = \frac{1}{2}\angle K_2O_2A = \angle K_1OA$,也就是点 K_2,K_1 和 O 共线.(我们认为,点 K_2,K_1 和 A 是不同的,点 K_2 能同点 A 重合,只当 A = K_1 或 A 与 K_1 为对径点.)

运动的轨迹是不动圆的直径.

2.40* 在 △ABC 中 ∠A 是最小角.过顶点 A 引的与线段 BC 相交的直线交三角形的外接圆于点 X.而边 AC 和 AB 的中垂线交该直线于点 B_1 和 C_1.直线 BC_1 与 CB_1 相交于点 Y,证明:BX + CY = AX.

提示 在 △ABC 中 BC 是最小边,所以边 AC 和 AB 的中垂线与边 AB 和 AC 相交,而不是交在它们的延长线上,由此推得点 Y 在 △ABC 内部.

设直线 BC_1 和 CB_1 与外接圆交于点 B_2 和 C_2.点 B_1 在边 AC 的中垂线上,所以
$$\angle XAC = \angle B_1AC = \angle B_1CA = \angle C_2CA$$
类似可得 $\angle XAB = \angle B_2BA$.因此,$\overparen{BC} = \overparen{B_2C_2}$,也就是说,弦 BC_2 与 B_2C 平行,所以 $BY = YC_2$,因为线段 CC_2 与 AX 关于线段 AC 的中垂线对称,即
$$BY + CY = CY + YC_2 = CC_2 = AX$$

第 2 章 圆周角
DIERZHANG YUANZHOUJIAO

§5 四点共圆

2.41 由直角 △ABC 的直角边 BC 上任意一点 M 向斜边 AB 引垂线 MN,证明:∠MAN = ∠MCN.

提示 点 N 和 C 在直径为 AM 的圆上,∠MAN 和 ∠MCN 是同弧上的圆周角,所以它们相等.

2.42 梯形 ABCD 中 AD 和 BC 是底边,两对角线交点为 O. 点 B′ 和 C′ 是顶点 B 和 C 关于 ∠BOC 的平分线的对称点,证明:∠C′AC = ∠B′DB.

提示 彼此相交的直线关于 ∠BOC 的平分线对称,所以需要证明 $\angle C'AB' = \angle B'DC'$. 因为 $BO = B'O, CO = C'O, \dfrac{AO}{DO} = \dfrac{CO}{BO}$,所以 $AO \cdot B'O = DO \cdot C'O$,也就是四边形 $AC'B'D$ 内接于圆,$\angle C'AB' = \angle B'DC'$.

2.43 延长圆内接四边形 ABCD 的边 AB 和 CD 交于点 P,延长边 BC 和 AD 交于点 Q,证明:∠AQB 与 ∠BPC 的平分线同四边形边的四个交点是一个菱形的顶点.

提示 两个角的交点按图 2.1 所示标记,必须检验 $x = 90°$. 四边形 BMRN 的角等于 $180° - \varphi, \alpha + \varphi, \beta + \varphi$ 和 x,所以等式 $x = 90°$ 等价于 $(2\alpha + \varphi) + (2\beta + \varphi) = 180°$. 剩下发现,$2\alpha + \varphi = \angle BAD$ 和 $2\beta + \varphi = \angle BCD$.

2.44* △ABC 的内切圆切边 AB 和 AC 于点 M 和 N. 设 P 是直线 MN 与 ∠B 的平分线(或它的延长线)的交点,证明:

(1) ∠BPC = 90°.

(2) $\dfrac{S_{\triangle ABP}}{S_{\triangle ABC}} = \dfrac{1}{2}$.

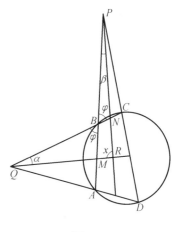

图 2.1

提示 (1) 必须证明,如果点 P_1 是 $\angle B$ 的平分线(或它延长线)上的点,由点 P_1 看线段 BC 的视角为 $90°$,则 P_1 在直线 MN 上,点 P_1 和 N 位于以 CO 为直径的圆上,其中 O 是角平分线的交点,所以

$$\angle(P_1N,NC) = \angle(P_1O,OC) = \frac{180°-\angle A}{2} = \angle(MN,NC)$$

(2) 因为 $\angle BPC = 90°$,所以

$$BP = BC\cos\frac{B}{2}$$

所以
$$\frac{S_{\triangle ABP}}{S_{\triangle ABC}} = \frac{BP\sin\frac{B}{2}}{BC\sin B} = \frac{1}{2}$$

2.46* 在四边形 $ABCD$ 内部取点 M,使得 $ABMD$ 是平行四边形,证明:如果 $\angle CBM = \angle CDM$,则 $\angle ACD = \angle BCM$.

提示 取点 N,使得 $BN \parallel MC, NC \parallel BM$,则 $NA \parallel CD, \angle NCB = \angle CBM = \angle CDM = \angle NAB$,即 A,B,N 和 C 四点共圆,所以 $\angle ACD = \angle NAC = \angle NBC = \angle BCM$.

2.46* 直线 AP,BP 和 CP 交 $\triangle ABC$ 的外接圆于点 A_1,B_1 和 C_1.在直线 BC,CA 和 AB 上取点 A_2,B_2 和 C_2,使得 $\angle(PA_2,BC) = \angle(PB_2,CA) = \angle(PC_2,AB)$,证明:$\triangle A_2B_2C_2 \backsim \triangle A_1B_1C_1$.

提示 四个点 A_2,B_2,C 和 P 共圆,所以

$$\angle(A_2B_2,B_2P) = \angle(A_2C,CP) = \angle(BC,CP)$$

类似可得
$$\angle(B_2P,B_2C_2) = \angle(AP,BA)$$

所以
$$\angle(A_2B_2,B_2C_2) = \angle(BC,CP) + \angle(AP,AB) =$$
$$\angle(B_1B,B_1C_1) + \angle(A_1B_1,B_1B) = \angle(A_1B,B_1C_1)$$

类似地可检验,$\triangle A_1B_1C_1$ 和 $\triangle A_2B_2C_2$ 的所有角的弧相等或组成和为 $180°$,因此这两个三角形相似(问题 5.48).

第2章 圆周角
DIERZHANG YUANZHOUJIAO

2.47* 在长方形 $ABCD$ 内,内接有正 $\triangle APQ$,其中点 P,Q 分别在边 BC 和 CD 上. P' 和 Q' 是边 AP 和 AQ 的中点,证明: $\triangle BQ'C$ 和 $\triangle CP'D$ 都是正三角形.

提示 点 Q' 和 C 位于以 PQ 为直径的圆上,所以
$$\angle Q'CQ = \angle Q'PQ = 30°$$
因此
$$\angle BCQ' = 60°$$
类似有
$$\angle CBQ' = 60°$$
即 $\triangle BQ'C$ 是正三角形.类似可证 $\triangle CP'D$ 是正三角形.

2.48* 证明:如果圆内接四边形 $ABCD$ 中成立等式 $CD = AD + BC$,则 $\angle A$ 和 $\angle B$ 的平分线的交点在边 CD 上.

提示 设 $\angle BAD = 2\alpha, \angle CBA = 2\beta$;为确定起见,认为 $\alpha \geqslant \beta$.在边 CD 上取点 E,使得 $DE = DA$,则 $CE = CD - AD = CB$.等腰 $\triangle BCE$ 的顶 $\angle C$ 等于 $180° - 2\alpha$,所以 $\angle CBE = \alpha$.类似可得 $\angle DAE = \beta$. $\angle B$ 的平分线交 CD 于某个点 F.因为 $\angle FBA = \beta = \angle AED$,四边形 $ABFE$ 是圆内接四边形,即有 $\angle FAE = \angle FBE = \alpha - \beta$,因此 $\angle FAD = \beta + (\alpha - \beta) = \alpha$,也就是 AF 为 $\angle A$ 的平分线.

2.49* 正六边形 $ABCDEF$ 的对角线 AC 和 CE 用点 M 和 N 分成比例,使得 $\dfrac{AM}{AC} = \dfrac{CN}{CE} = \lambda$.如果已知点 B,M 和 N 共线,求 λ.

提示 因为 $ED = CB, EN = CM$,且 $\angle DEC = \angle BCA = 30°$(图 2.2),所以 $\triangle EDN$ 与 $\triangle CBM$ 全等,设 $\angle MBC = \angle NDE = \alpha, \angle BMC = \angle END = \beta$,显然, $\angle DNC = 180° - \beta$.我们研究 $\triangle BNC$,得到 $\angle BNC = 90° - \alpha$.因为 $\alpha + \beta = 180° - 30° = 150°$,所以 $\angle DNB = \angle DNC + \angle CNB = (180° - \beta) + (90° - \alpha) = 270° - (\alpha + \beta) = 120°$,所以点 B,O,N,D(O 是六边形中心)共圆.在这种情况下, $CO = CB = CD$,

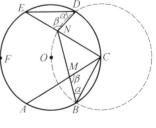

图 2.2

也就是, C 是这个圆的中心,因此 $\lambda = \dfrac{CN}{CE} = \dfrac{CB}{CA} = \dfrac{1}{\sqrt{3}}$.

2.50* $\triangle ABC$ 与 $\triangle A_1B_1C_1$ 的边分别平行,同时 AB 和 A_1B_1 在同一直线上,证明:联结 $\triangle A_1BC$ 和 $\triangle AB_1C$ 外接圆交点的直线包含点 C_1.

提示 设 D 是 $\triangle A_1BC$ 和 $\triangle AB_1C$ 的外接圆的第二个交点,则
$$\angle(AC,CD) = \angle(AB_1,B_1D), \angle(DC,CB) = \angle(DA_1,A_1B)$$
所以
$$\angle(A_1C_1,C_1B_1) = \angle(AC,CB) = \angle(AC,CD) + \angle(DC,CB) =$$
$$\angle(AB,B_1D) + \angle(DA_1,A_1B) = \angle(A_1D,DB_1)$$
也就是点 A_1, B_1, C_1 和 D 四点共圆,因此
$$\angle(A_1C_1,C_1D) = \angle(A_1B_1,B_1D) = \angle(AC,CD)$$
考虑到 $A_1C_1 \parallel AC$,即可得证.

2.51* 在 $\triangle ABC$ 中引高线 AA_1, BB_1 和 CC_1. 直线 KL 平行于 CC_1,并且点 K 和 L 分别在直线 BC 和 B_1C_1 上,证明:$\triangle A_1KL$ 的外心在直线 AC 上.

提示 设点 M 是点 A_1 关于直线 AC 的对称点,根据问题 1.58,点 M 在直线 B_1C_1 上,所以
$$\angle(LM,MA_1) = \angle(C_1B_1,B_1B) = \angle(C_1C,CB) = \angle(LK,KA_1)$$
也就是点 M 在 $\triangle A_1KL$ 的外接圆上. 因此,这个圆的圆心在线段 A_1M 的中垂线 AC 上.

2.52* 过 $\triangle ABC$ 角平分线的交点 O 引直线 MN 垂直于 CO,并且 M 和 N 分别在边 AC 和 BC 上. 直线 AO 和 BO 交 $\triangle ABC$ 的外接圆于点 A' 和 B',证明:直线 $A'N$ 和 $B'M$ 的交点在外接圆上.

提示 设 PQ 是垂直于 AB 的直径,并且 Q 和 C 在边 AB 的同一侧,L 是直线 QO 同外接圆的交点,M' 和 N' 是直线 LB' 和 LA' 与边 AC 和 BC 的交点. 只需验证 $M' = M, N' = N$. 因为 $\overset{\frown}{PA} + \overset{\frown}{AB'} + \overset{\frown}{B'Q} = 180°$,则 $\overset{\frown}{B'Q} = \angle A$,也就是 $\angle B'LQ = \angle M'AO$,因此四边形 $AM'OL$ 是圆内接四边形,$\angle M'OA = \angle M'LA = \dfrac{\angle B}{2}$,所以 $\angle CM'O = \dfrac{1}{2}(\angle A + \angle B)$,即 $M' = M$. 类似可证 $N' = N$.

第 2 章　圆周角
DIERZHANG　YUANZHOUJIAO

§6　圆周角与相似三角形

2.53　在圆上取点 A,B,C 和 D.直线 AB 和 CD 相交于点 M,证明:
$$\frac{AC \cdot AD}{AM} = \frac{BC \cdot BD}{BM}.$$

提示　因为 $\triangle ADM \backsim \triangle CBM$,$\triangle ACM \backsim \triangle DBM$,所以 $\frac{AD}{CB} = \frac{DM}{BM}$,且 $\frac{AC}{DB} = \frac{AM}{DM}$.剩下将这两个等式相乘即可.

2.54　在圆上给定三点 A,B 和 C,并且点 B 比点 C 到过点 A 的圆的切线 l 更远一些.直线 AC 交过点 B 引的与 l 平行的直线于点 D,证明:$AB^2 = AC \cdot AD$.

提示　设 D_1 是直线 BD 同圆的不是 B 的交点,则 $\overset{\frown}{AB} = \overset{\frown}{AD_1}$,所以 $\angle ACB = \angle AD_1B = \angle ABD$.$\triangle ACB$ 和 $\triangle ABD$ 有公用角为 $\angle A$,此外 $\angle ACB = \angle ABD$,所以 $\triangle ACB \backsim \triangle ABD$,因此 $\frac{AB}{AC} = \frac{AD}{AB}$.

2.55　直线 l 切以 AB 为直径的圆于点 C,点 A 和 B 在直线 l 上的射影为 M 和 N,点 C 在 AB 上的射影为 D,证明:$CD^2 = AM \cdot BN$.

提示　设 O 是圆心,因为
$$\angle MAC = \angle ACO = \angle CAO$$
所以
$$\triangle AMC \cong \triangle ADC$$
类似可得 $\triangle CDB \cong \triangle CNB$.因为 $\triangle ACD \backsim \triangle CDB$,所以
$$CD^2 = AD \cdot DB = AM \cdot NB$$

2.56　在 $\triangle ABC$ 中,AH 是高线,由顶点 B 和 C 向过点 A 的直线引垂线 BB_1 和 CC_1,证明:$\triangle ABC \backsim \triangle HB_1C_1$.

提示　点 B_1 和 H 在以 AB 为直径的圆上,所以

$$\angle(AB, BC) = \angle(AB, BH) = \angle(AB_1, B_1H) = \angle(B_1C_1, B_1H)$$

类似可得 $\quad\angle(AC, BC) = \angle(B_1C_1, C_1H)$

2.57 在等边 $\triangle ABC$ 的外接圆的弧 BC 上取任一点 P，线段 AP 和 BC 相交于点 Q，证明：$\dfrac{1}{PQ} = \dfrac{1}{PB} + \dfrac{1}{PC}$.

提示 在线段 BP 延长线上点 P 外取点 D，使得 $PD = CP$，则 $\triangle CDP$ 是正三角形且 $CD \parallel QP$，所以

$$\frac{BP}{PQ} = \frac{BD}{DC} = \frac{BP + CP}{CP}$$

也就是 $\quad\dfrac{1}{PQ} = \dfrac{1}{CP} + \dfrac{1}{BP}$

2.58 在正方形 $ABCD$ 的边 BC 和 CD 上取点 E 和 F，使得 $\angle EAF = 45°$. 线段 AE 和 AF 交对角线 BD 于点 P 和 Q，证明：$\dfrac{S_{\triangle AEF}}{S_{\triangle APQ}} = 2$.

提示 由点 A 和 B 对线段 QE 的视角都是 $45°$，所以四边形 $ABEQ$ 内接于一个圆，又因为 $\angle ABE = 90°$，所以 $\angle AQE = 90°$，因此 $\triangle AQE$ 是等腰直角三角形且 $\dfrac{AE}{AQ} = \sqrt{2}$. 类似可得 $\dfrac{AF}{AP} = \sqrt{2}$.

2.59 过等腰 $\triangle ABC$ 的顶点 C 的直线交底边 BC 于点 M，交外接圆于点 N，证明：$CM \cdot CN = AC^2$ 且 $\dfrac{CM}{CN} = \dfrac{AM \cdot BM}{AN \cdot BN}$.

提示 因为 $\quad\angle ANC = \angle ABC = \angle CAB$

所以 $\quad\triangle CAM \backsim \triangle CNA$

也就是 $\quad\dfrac{CA}{CM} = \dfrac{CN}{CA}$

即 $\quad CM \cdot CN = AC^2$

且 $\quad\dfrac{AM}{NA} = \dfrac{CM}{CA}$

类似可得 $\quad\dfrac{BM}{NB} = \dfrac{CM}{CB}$

第 2 章　圆周角
DIERZHANG　YUANZHOUJIAO

所以
$$\frac{AM \cdot BM}{AN \cdot BN} = \frac{CM^2}{CA^2} = \frac{CM^2}{CM \cdot CN} = \frac{CM}{CN}$$

2.60 已知顶点 A 处的角是锐角的 $\square ABCD$. 在射线 AB 和 CB 上分别取点 H 和 K, 使得 $CH = BC$ 且 $AK = AB$, 证明：

(1) $DH = DK$.

(2) $\triangle DKH \backsim \triangle ABK$.

提示　因为 $AK = AB = CD$, $AD = BC = CH$, $\angle KAD = \angle DCH$, 所以 $\triangle ADK \cong \triangle CHD$ 且 $DK = DH$. 我们证明点 A, K, H, C 和 D 五点共圆. 作 $\triangle ADC$ 的外接圆. 在这个圆中引平行于 AD 的弦 CK_1 和平行于 DC 的弦 AH_1, 则 $K_1A = DC$ 且 $H_1C = AD$, 即 $K_1 = K$ 和 $H_1 = H$. 也就是所画的圆过点 K 和 H, 因为 $\angle KAH$ 和 $\angle KDH$ 对同一条弧, 所以相等. 此外, 已经证明 $\triangle KDH$ 是等腰三角形.

2.61 (1) 顶点为 C 的角的两边切圆于点 A 和 B. 由圆上一点 P 向直线 BC, CA 和 AB 引垂线 PA_1, PB_1 和 PC_1, 证明：$PC_1^2 = PA_1 \cdot PB_1$ 且 $\dfrac{PA_1}{PB_1} = \dfrac{PB^2}{PA^2}$.

(2) 由 $\triangle ABC$ 的外接圆上任意一点 O, 向 $\triangle ABC$ 的边引垂线 OA', OB' 和 OC', 同时向以顶点为切点的三角形引垂线 OA'', OB'' 和 OC'', 证明：$OA' \cdot OB' \cdot OC' = OA'' \cdot OB'' \cdot OC''$.

提示　(1) $\angle PBA_1 = \angle PAC_1$, $\angle PBC_1 = \angle PAB_1$, 所以直角 $\triangle PBA_1$ 和直角 $\triangle PAC_1$ 相似, $\triangle PAB_1$ 和 $\triangle PBC_1$ 相似, 即 $\dfrac{PA_1}{PB} = \dfrac{PC_1}{PA}$, $\dfrac{PB_1}{PA} = \dfrac{PC_1}{PB}$. 这两个等式相乘可得到 $PA_1 \cdot PB_1 = PC_1^2$, 它们相除可得 $\dfrac{PA_1}{PB_1} = \dfrac{PB^2}{PA^2}$.

(2) 根据 (1), $OA'' = \sqrt{OB' \cdot OC'}$, $OB'' = \sqrt{OA' \cdot OC'}$, $OC'' = \sqrt{OA' \cdot OB'}$. 这些等式相乘, 即得所证.

2.62 五边形 $ABCDE$ 内接于圆, 由点 E 到直线 AB, BC 和 CD 的距离分别等于 a, b 和 c, 求点 E 到直线 AD 的距离.

提示　设 K, L, M 和 N 是由点 E 引向直线 AB, BC, CD 和 DA 的垂足. 点 K

和 N 在以 AE 为直径的圆上,所以
$$\angle(EK,KN)=\angle(EA,AN)$$
类似地有 $\angle(EL,LM)=\angle(EC,CM)=\angle(EA,AN)$
即 $\angle(EK,KN)=\angle(EL,LM)$
类似地有 $\angle(EN,NK)=\angle(EA,AK)=\angle(EC,CB)=\angle(EM,ML)$
所以 $\triangle EKN \backsim \triangle ELM$
即 $$\frac{EK}{EN}=\frac{EL}{EM}$$
即 $$EN=\frac{EK\cdot EM}{EL}=\frac{ac}{b}$$

2.63 在 $\triangle ABC$ 中引高线 AA_1,BB_1 和 CC_1;B_2 和 C_2 是高 BB_1 和 CC_1 的中点,证明:$\triangle A_1B_2C_2 \backsim \triangle ABC$.

提示 设 H 是高线的交点,M 是边 BC 的中点.点 A_1,B_2 和 C_2 在以 MH 为直径的圆上,所以
$$\angle(B_2A_1,A_1C_2)=\angle(B_2M,MC_2)=\angle(AC,AB)$$
此外
$\angle(A_1B_2,B_2C_2)=\angle(A_1H,HC_2)=\angle(BC,AB)$,$\angle(A_1C_2,C_2B_2)=\angle(BC,AC)$

2.64 在 $\triangle ABC$ 的高线上取点 A_1,B_1 和 C_1,由顶点算起,分各高线的比为 $2:1$,证明:$\triangle A_1B_1C_1 \backsim \triangle ABC$.

提示 设 M 是 $\triangle ABC$ 的中线的交点,H 是高线的交点.点 A_1,B_1 和 C_1 是点 M 在三条高线上的射影,所以它们位于以 MH 为直径的圆上,因此 $\angle(A_1B_1,B_1C_1)=\angle(AH,HC)=\angle(BC,AB)$.对于另外的角可类似写出等式,即可得证.

2.65* 以 AB 为直径的圆 S_1 交圆心为 A 的圆 S_2 于点 C 和 D.过点 B 引直线交圆 S_2 于位于 S_1 内的点 M,又交 S_1 于点 N,证明:$MN^2=CN\cdot ND$.

提示 设直线 BM 和 DN 与圆 S_2 的第二个交点分别为 L 和 C_1.我们证明,直线 DC_1 和 CN 关于直线 AN 对称,只需检验,$\angle CNB=\angle BND$.但弧 CB 与弧 BD

第2章 圆周角
DIERZHANG YUANZHOUJIAO

相等.弧 C_1M 和弧 CL 关于直线 AN 对称,所以它们相等,也就是 $\angle MDC_1 = \angle CML$.此外,$\angle CNM = \angle MND$,所以 $\triangle MCN \backsim \triangle DMN$,因此 $\dfrac{CN}{MN} = \dfrac{MN}{DN}$.

2.66* 过圆的任意弦 AB 的中点 C 引两条弦 KL 和 MN(点 K 和 M 在 AB 的同侧).线段 KN 和 ML 交 AB 于点 Q 和 P,证明:$PC = QC$.(蝴蝶问题)

提示 由点 Q 向 KL 和 NM 引垂线 QK_1 和 QN_1,由点 P 向 NM 和 KL 引垂线 PM_1 和 PL_1,显然

$$\dfrac{QC}{PC} = \dfrac{QK_1}{PL_1} = \dfrac{QN_1}{PM_1}$$

也就是

$$\dfrac{QC^2}{PC^2} = \dfrac{QK_1 \cdot QN_1}{PL_1 \cdot PM_1}$$

因为 $\angle KNC = \angle MLC, \angle NKC = \angle LMC$,有

$$\dfrac{QN_1}{PL_1} = \dfrac{QN}{PL}, \dfrac{QK_1}{PM_1} = \dfrac{QK}{PM}$$

所以

$$\dfrac{QC^2}{PC^2} = \dfrac{QK \cdot QN}{PL \cdot PM} = \dfrac{AQ \cdot QB}{PB \cdot AP} = \dfrac{(AC - QC)(AC + QC)}{(AC - PC)(AC + PC)} = \dfrac{AC^2 - QC^2}{AC^2 - PC^2}.$$

由此得出

$$QC = PC$$

2.67* (1) 过 $\triangle ABC$ 的顶点 C 的圆交边 BC 和 AC 于点 A_1 和 B_1,交 $\triangle ABC$ 的外接圆于点 M,证明:$\triangle AB_1M \backsim \triangle BA_1M$.

(2) 在 $\triangle ABC$ 中的射线 AC 和 BC 上标出等于三角形半周长的线段 AA_1 和 BB_1.M 是 $\triangle ABC$ 的外接圆上一点,使得 $CM \;/\!/\; A_1B_1$,证明:$\angle CMO = 90°$,这里点 O 是 $\triangle ABC$ 的外心.

(见同样的问题 2.27(2).)

提示 (1) 因为 $\angle CAM = \angle CBM, \angle CB_1M = \angle CA_1M$,所以
$$\angle B_1AM = \angle A_1BM, \angle AB_1M = \angle BA_1M$$

(2) 设 M_1 是以 CO 为直径的圆 S 上的点,使得 $CM_1 \;/\!/\; A_1B_1$,M_2 是圆 S 同

$\triangle ABC$ 的外接圆的交点. A_2 和 B_2 是内切圆同边 BC 和 AC 的切点. 只需验证, $M_1 = M_2$. 根据问题(1)$\triangle AB_2M_2 \backsim \triangle BA_2M_2$, 所以

$$\frac{B_2M_2}{A_2M_2} = \frac{AB_2}{BA_2}.$$

又因为 $CA_1 = p - b = BA_2, CB_1 = AB_2$, 所以

$$\frac{B_2M_1}{A_2M_1} = \frac{\sin\angle B_2CM_1}{\sin\angle A_2CM_1} = \frac{\sin\angle CA_1B_1}{\sin\angle CB_1A_1} = \frac{CB_1}{CA_1} = \frac{AB_2}{BA_2}.$$

在圆 S 的弧 A_2CB_2 上存在唯一的点 X, 有 $\frac{B_2X}{A_2X} = k$(问题 7.14), 所以 $M_1 = M_2$.

§7 平分弧的角平分线

2.68 在 $\triangle ABC$ 中边 AC 和 BC 不等, 证明: 当且仅当 $\angle C = 90°$ 时, $\angle C$ 的平分线平分由这个顶点引的中线与高线之夹角.

提示 设 O 是三角形的外接圆中心, M 是边 AB 的中点, H 是高线 CH 的垂足, D 是用点 A 和 B 给出的没有点 C 在其上的弧的中点. $OD \parallel CH$, 所以 $\angle DCH = \angle MDC$. 角分线平分中线与高线之间的角, 当且仅当 $\angle MCD = \angle DCH = \angle MDC = \angle ODC = \angle OCD$, 也就是 $M = O$ 且 AB 是圆的直径.

2.69 已知在 $\triangle ABC$ 中, 由顶点 C 引的中线、角平分线和高线分 $\angle C$ 为四个相等的部分, 求这个三角形各角的度数.

提示 设 $\alpha = \angle A < \angle B$. 根据上面的问题, $\angle C = 90°$. 中线 CM 分 $\triangle ABC$ 为两个等腰三角形. $\angle ACM = \angle A = \alpha, \angle MCB = 3\alpha$. 这意味着, $\alpha + 3\alpha = 90°$, 即 $\alpha = 22.5°$, 所以 $\angle A = 22.5°, \angle B = 67.5°, \angle C = 90°$.

2.70 证明: 在任意 $\triangle ABC$ 中角平分线 AE 位于中线 AM 与高 AH 之间.

提示 设 D 是直线 AE 与外接圆的交点, 则 D 是弧 BC 的中点, 所以 $MD \parallel AH$. 同时点 A 与 D 在直线 MH 的不同侧, 所以点 E 位于线段 MH 上.

第2章 圆周角

2.71 已知 $\triangle ABC$,在它的边 AB 上取点 P 并过它引直线 PM 和 PN 分别平行于 AC 和 BC(点 M 和 N 在边 BC 和 AC 上).点 Q 是 $\triangle APN$ 和 $\triangle BPM$ 的外接圆的交点,证明:所有直线 PQ 都过一个固定的点.

提示 显然 $\angle(AQ,QP) = \angle(AN,NP) = \angle(PM,MB) = \angle(QP,QB)$,所以点 Q 在外接圆上,由 Q 对线段 AB 的视角为 $2\angle(AC,CB)$,同时直线 QP 平分这个圆的弧 AB.

2.72 延长锐角 $\triangle ABC$ 的角平分线 AD 交外接圆于点 E.由点 D 向边 AB 和 AC 引垂线 DP 和 DQ,证明:$S_{\triangle ABC} = S_{APEQ}$.

提示 点 P 和 Q 在以 AD 为直径的圆上,这个圆交边 BC 于点 F(如果 $AB \neq AC$,F 不与 D 重合).显然

$$\angle(FC,CE) = \angle(BA,AE) = \angle(DA,AQ) = \angle(DF,FQ)$$

即 $\qquad\qquad\qquad\qquad EC \parallel FQ$

类似可得 $\qquad\qquad\qquad BE \parallel FP$

为了完成证明,剩下需发现,以一个梯形两腰为底,对角线交点为第三顶点的两个三角形的面积是相等的.

§8 对角线垂直的圆内接四边形

在本节中 $ABCD$ 是圆内接四边形,它的对角线互相垂直.我们将利用下面的记号表示:O 是四边形 $ABCD$ 外接圆中心,P 是对角线的交点.

2.73 证明:折线 AOC 分 $ABCD$ 所成的两个图形有相等的面积.

提示 设 $\angle AOB = \alpha, \angle COD = \beta$,则

$$\frac{\alpha}{2} + \frac{\beta}{2} = \angle ADP + \angle PAD = 90°$$

又因为 $2S_{\triangle AOB} = R^2\sin\alpha$,$2S_{\triangle COD} = R^2\sin\beta$,其中 R 是外接圆的半径,所以 $S_{\triangle AOB} = S_{\triangle COD}$.类似有 $S_{\triangle BOC} = S_{\triangle AOD}$.

2.74 已知外接圆的半径为 R.

(1) 求 $AP^2 + BP^2 + CP^2 + DP^2$.

(2) 求四边形 $ABCD$ 边的平方和.

提示 设 $\angle AOB = 2\alpha, \angle COD = 2\beta$,则
$$\alpha + \beta = \angle ADP + \angle PAD = 90°$$
所以
$$(AP^2 + BP^2) + (CP^2 + DP^2) = AB^2 + CD^2 = 4R^2(\sin^2\alpha + \cos^2\alpha) = 4R^2$$
类似可得
$$BC^2 + AD^2 = 4R^2$$

2.75 如果已知线段 OP 的长和外接圆半径 R,求对角线平方和.

提示 设 M 是 AC 中点,N 是 BD 中点,则
$$AM^2 = AO^2 - OM^2, BN^2 = BO^2 - ON^2$$
因为 $OM^2 + ON^2 = OP^2$,所以
$$AC^2 + BD^2 = 4(R^2 - OM^2) + 4(R^2 - ON^2) = 8R^2 - 4(OM^2 + ON^2) =$$
$$8R^2 - 4OP^2$$

2.76 由顶点 A 和 B 向边 CD 引垂线,分别交直线 BD 和 AC 于点 K 和 L,证明: $AKLB$ 是菱形.

提示 锐角 $\angle BLP$ 和 $\angle BDC$ 的边分别互相垂直,所以这两个角相等,因此 $\angle BLP = \angle BDC = \angle BAP$. 此外, $AK \parallel BL, AL \perp BK$,所以 $AKLB$ 是个菱形.

2.77 证明:四边形 $ABCD$ 的面积等于 $\dfrac{AB \cdot CD + BC \cdot AD}{2}$.

提示 在外接圆上取点 D',使 $DD' \parallel AC$. 因为 $DD' \perp BD$,所以 BD' 是直径,也就是 $\angle D'AB = \angle D'CB = 90°$,所以
$$S_{ABCD} = S_{ABCD'} = \frac{AD' \cdot AB + BC \cdot CD'}{2} = \frac{AB \cdot CD + BC \cdot AD}{2}.$$

2.78 证明:由点 O 到边 AB 的距离等于边 CD 之长的一半.

提示 引直径 AE,有
$$\angle BEA = \angle BCP$$

第2章 圆周角
DIERZHANG YUANZHOUJIAO

且 $\angle ABE = \angle BPC = 90°$

所以 $\angle EAB = \angle CBP$

对弦 EB 和 CD 的圆周角相等,所以 $EB = CD$. 因为 $\angle EBA = 90°$,所以点 O 到 AB 的距离等于 $\frac{1}{2}EB$.

2.79 证明:由点 P 引垂直于 BC 的直线平分边 AD.

提示 设由点 P 向 BC 引垂线交 BC 于点 H,交 AD 于点 M(图2.3). $\angle BDA = \angle BCA = \angle BPH = \angle MPD$. 由 $\angle MDP = \angle MPD$,得出,MP 是直角 $\triangle APD$ 的中线. 实际上,$\angle APM = 90° - \angle MPD = 90° - \angle MDP = \angle PAM$,即 $AM = PM = MD$.

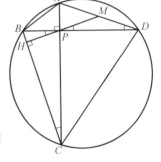

图 2.3

2.80 证明:四边形 $ABCD$ 四边的中点和点 P 在四边上的射影这八个点共圆.

提示 四边形 $ABCD$ 各边的中点是矩形的四个顶点(问题1.2),所以它们共圆. 设 K 和 L 是边 AB 和 CD 的中点,M 是直线 KP 与 CD 的交点. 根据问题2.79,$PM \perp CD$,也就是 M 是点 P 在边 CD 上的射影,点 M 在以 KL 为直径的圆上. 对于其余的射影类似可证.

2.81 (1) 通过顶点 A, B, C 和 D 引外接圆的切线,证明:它们形成的四边形是圆内接四边形.

(2) 四边形 $KLMN$ 同时具有内切圆和外接圆;A 和 B 是内切圆同边 KL 和 LM 的切点,证明:$AK \cdot BM = r^2$,其中 r 是内切圆的半径.

(见类似的问题 5.45.)

提示 (1) 下面注意,因为点 A, B, C 和 D 分外接圆的弧小于 $180°$,则所作的四边形包含这个圆. 过点 A 和 B 引的切线之间的角 φ 等于 $180° - \angle AOB$,而过点 C 和 D 引的切线之间的角 ψ 等于 $180° - \angle COD$. 因为 $\angle AOB + \angle COD = 180°$,所以 $\varphi + \psi = 180°$.

注 反过来,由等式 $\varphi + \psi = 180°$ 推出,$\angle AOB + \angle COD = 180°$,也就是

$AC \perp BD$.

(2)设 O 是内切圆圆心,因为 $\angle AKO + \angle BMO = 90°$,所以 $\angle AKO = \angle BOM$,且 $\triangle AKO \sim \triangle BOM$,因此 $AK \cdot BM = BO \cdot AO = r^2$.

§9 三个外接圆交于一点

2.82 在 $\triangle ABC$ 的边上向形外作 $\triangle ABC'$,$\triangle AB'C$ 和 $\triangle A'BC$,同时在顶点 A',B' 和 C' 的三个角的和是 $180°$ 的倍数,证明:所作的三角形的外接圆交于一点.

提示 首先假设,$\triangle A'BC$ 和 $\triangle AB'C$ 的外接圆不相切,且 P 是它们异于 C 的公共点,则

$$\angle(PA, PB) = \angle(PA, PC) + \angle(PC, PB) =$$
$$\angle(B'A, B'C) + \angle(A'C, A'B) = \angle(C'A, C'B)$$

也就是点 P 在 $\triangle ABC'$ 的外接圆上.

在 $\triangle A'BC$ 和 $\triangle AB'C$ 的外接圆相切的情况,也就是 $P = C$.需要不很大的改变,直线 PC 必须取公切线.

2.83 (1)在 $\triangle ABC$ 的边 BC,CA 和 AB(或其延长线)上,取异于三角形顶点的三个点 A_1,B_1 和 C_1,证明:$\triangle AB_1C_1$,$\triangle A_1BC_1$ 和 $\triangle A_1B_1C$ 的外接圆相交于一点.

(2)点 A_1,B_1 和 C_1 沿直线 BC,CA 和 AB 移动,使得所有 $\triangle A_1B_1C_1$ 都与同一个三角形相似,证明:$\triangle AB_1C$,$\triangle A_1BC_1$ 和 $\triangle A_1B_1C$ 的外接圆的交点是一个不动点.(假设三角形不仅相似,而且有一致的定向.)

提示 (1)运用问题 2.82 的结论对在 $\triangle A_1B_1C_1$ 上作的 $\triangle AB_1C_1$,$\triangle A_1BC_1$ 和 $\triangle A_1B_1C$ 的情况,即得所证.

(2)设 P 是指出的圆的交点,我们证明,$\angle(AP, PC)$ 的度数是常数.因为 $\angle(AP, PC) = \angle(AP, AB) + \angle(AB, BC) + \angle(BC, PC)$,而 $\angle(AB, BC)$ 是常数,则剩下检验 $\angle(AP, AB) + \angle(BC, PC)$ 是常数.显然,$\angle(AP, AB) + \angle(BC, CP) = \angle(AP, AC_1) + \angle(CA_1, CP) = \angle(B_1P, B_1C_1) + \angle(B_1A_1, B_1P) =$

第2章 圆周角
DIERZHANG YUANZHOUJIAO

$\angle(B_1A_1,B_1C_1)$,根据条件最后角的度数是常数. 类似可证 $\angle(AP,PB)$ 和 $\angle(BP,PC)$ 的度数是常数. 因此,点 P 成为不动点.

2.84 点 A_1,B_1 和 C_1 沿直线 BC,CA,AB 运动,使得所有 $\triangle A_1B_1C_1$ 与同一个三角形相似(假设三角形不仅相似而且有一致的定向),证明:当且仅当由点 A_1,B_1,C_1 对直线 BC,CA,AB 引的垂线共点时,$\triangle A_1B_1C_1$ 具有最小的面积.

提示 根据问题 2.83(2) $\triangle AB_1C_1$,$\triangle A_1BC_1$ 和 $\triangle A_1B_1C$ 的外接圆相交于一个固定点 P. $\triangle A_1B_1C_1$ 的面积与线段 PA_1 的长成比例. 这个线段的长当它垂直于直线 BC 时最小. 在这种情况下,线段 PB_1 和 PC_1 也应是最小的.

2.85 $\triangle ABC$ 内取点 X,直线 AX,BX 和 CX 与三角形的边交于点 A_1,B_1 和 C_1,证明:如果 $\triangle AB_1C_1$,$\triangle A_1BC_1$ 和 $\triangle A_1B_1C$ 的外接圆交于一点 X,那么 X 是 $\triangle ABC$ 高线的交点.

提示 $\triangle AB_1C_1$ 的外接圆过点 X,所以 $\angle BXC = 180° - \angle A$. 这意味着点 X 在 $\triangle ABC$ 的外接圆关于边 BC 对称的圆上. 很清楚,三角形外接圆关于它三边对称的三个圆不能有多于一个的公共点.

2.86* 在 $\triangle ABC$ 的边 BC,CA 和 AB 上取点 A_1,B_1 和 C_1,证明:如果 $\triangle A_1B_1C_1$ 和 $\triangle ABC$ 相似,并且定向相反,那么 $\triangle AB_1C_1$,$\triangle A_1BC_1$ 和 $\triangle A_1B_1C$ 的外接圆过 $\triangle ABC$ 的外接圆圆心.

提示 正如由问题 2.83(2) 得出的,只需对一个这样的 $\triangle A_1B_1C_1$ 证明就够了,例如,$\triangle A_1B_1C_1$ 是以 $\triangle ABC$ 各边中点为顶点的三角形. 设 H 是 $\triangle A_1B_1C_1$ 高线的交点,也就是 $\triangle ABC$ 的外接圆圆心. 点 A_1 和 B_1 在以 CH 为直径的圆上,所以点 H 在 $\triangle A_1B_1C_1$ 的外接圆上. 类似可证,点 H 在 $\triangle A_1BC_1$ 和 $\triangle AB_1C_1$ 的外接圆上.

2.87* 点 A',B' 和 C' 是某点 P 关于 $\triangle ABC$ 的边 BC,CA 和 AB 的对称点.

(1)证明:$\triangle AB'C'$,$\triangle A'BC'$,$\triangle A'B'C$ 和 $\triangle ABC$ 的外接圆共点.

(2) 证明：$\triangle A'BC$，$\triangle AB'C$，$\triangle ABC'$ 和 $\triangle A'B'C'$ 的外接圆具有公共点 Q.

(3) 设 I, J, K 和 O 是 $\triangle A'BC$，$\triangle AB'C$，$\triangle ABC'$ 和 $\triangle A'B'C'$ 的外接圆圆心，证明：$\dfrac{QI}{OI} = \dfrac{QJ}{OJ} = \dfrac{QK}{OK}$.

(参见同类问题 28.33, 28.34, 28.38.)

提示 (1) 设 X 是 $\triangle ABC$ 和 $\triangle AB'C'$ 外接圆的交点，则
$$\angle(XB', XC) = \angle(XB', XA) + \angle(XA, XC) = \angle(C'B', C'A) + \angle(BA, BC)$$
因为 $AC' = AP = AB'$，所以 $\triangle C'AB'$ 是等腰三角形，同时 $\angle C'AB' = 2\angle A$，所以
$$\angle(C'B', C'A) = \angle A - 90°$$
因此 $\angle(XB', XC) = \angle A - 90° + \angle B = 90° - \angle C = \angle(A'B', A'C)$
也就是点 X 在 $\triangle A'B'C$ 的外接圆上.

对于 $\triangle A'BC'$ 的外接圆类似可证.

(2) 设 X 是 $\triangle A'B'C'$ 和 $\triangle A'BC$ 外接圆的交点. 我们证明，它位于 $\triangle ABC'$ 的外接圆上，很清楚
$$\angle(XB, XC') = \angle(XB, XA') + \angle(XA', XC') = \angle(CB, CA') + \angle(B'A', B'C')$$
设 A_1, B_1, C_1 是线段 PA', PB' 和 PC' 的中点，则
$$\angle(CB, CA') = \angle(CP, CA_1) = \angle(B_1P, B_1A_1)$$
$$\angle(B'A', B'C') = \angle(B_1A_1, B_1C_1)$$
$$\angle(AB, AC') = \angle(AP, AC_1) = \angle(B_1P, B_1C_1)$$
因此 $\angle(XB, XC') = \angle(AB, AC')$

类似可证，点 X 在 $\triangle AB'C$ 的外接圆上.

(3) 因为 QA' 是以 O 和 I 为圆心的两圆的公共弦，则 $QA' \perp OI$. 类似有 $QB' \perp OJ$ 和 $QC \perp IJ$，所以 $\angle OJI$ 和 $\angle B'QC$ 的边，也是 $\angle OIJ$ 和 $\angle A'QC$ 的边，互相垂直，这就是说，$\sin\angle QJI = \sin\angle B'QC$，$\sin\angle OIJ = \sin\angle A'QC$，因此
$$\dfrac{OI}{OJ} = \dfrac{\sin\angle OJI}{\sin\angle OIJ} = \dfrac{\sin\angle B'QC}{\sin\angle A'QC}$$

同样显然
$$\dfrac{QI}{QJ} = \dfrac{\sin\angle QJI}{\sin\angle QIJ} = \dfrac{\sin\dfrac{\angle QJC}{2}}{\sin\dfrac{\angle QIC}{2}} = \dfrac{\sin\angle QB'C}{\sin\angle QA'C}$$

第 2 章　圆 周 角
DIERZHANG　YUANZHOUJIAO

因为点 C 与 Q 关于直线 IJ 对称,又点 Q, B' 和 C 在以 J 为圆心的圆上.顾及

$$\frac{\sin\angle B'QC}{\sin\angle QB'C} = \frac{B'C}{QC}, \frac{\sin\angle A'QC}{\sin\angle QA'C} = \frac{A'C}{QC}$$

得到

$$\frac{OI}{OJ} : \frac{QI}{QJ} = \frac{B'C}{QC} : \frac{A'C}{QC} = 1$$

§10　密 克 点

2.88　四条相交直线形成四个三角形.

(1) 证明:这四个三角形的四个外接圆共点(密克点).

(2) 证明:这四个三角形的外接圆的圆心,位于通过密克点的一个圆上.

提示　(1) 由问题条件得出,任意三条直线不共点.设直线 AB, AC, BC 分别交第四条直线于点 D, E, F(图 2.4).用 P 表示 $\triangle ABC$ 和 $\triangle CEF$ 的外接圆的不同于点 C 的交点.我们证明,点 P 属于 $\triangle BDF$ 的外接圆.为此,必须检验 $\angle(BP, PF) = \angle(BD, DF)$.显然

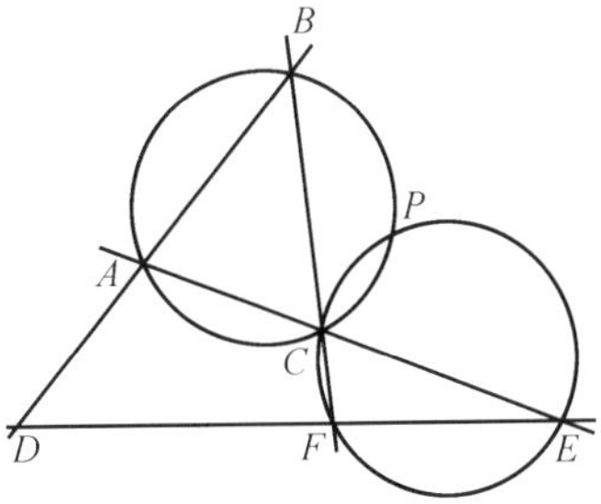

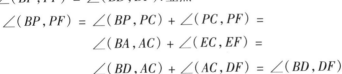

$$\angle(BP, PF) = \angle(BP, PC) + \angle(PC, PF) =$$
$$\angle(BA, AC) + \angle(EC, EF) =$$
$$\angle(BD, AC) + \angle(AC, DF) = \angle(BD, DF)$$

图 2.4

类似可证,点 P 属于 $\triangle ADE$ 的外接圆.

注　在问题 19.46 的解中引入另外的证明.

(2) 利用图 2.4 中的表记.根据问题(1) $\triangle ABC$, $\triangle ADE$ 和 $\triangle BDF$ 的外接圆过点 P,所以它们可以看做 $\triangle ABP$, $\triangle ADP$ 和 $\triangle BDP$ 的外接圆,因此它们的圆心在过点 P 的圆上(问题 5.106).类似可证,给定的圆中任意三个的圆心在过点 P 的圆上,因此全部四个圆心在过点 P 的圆上.

2.89* 　一直线截 $\triangle ABC$ 的边 AB, BC 和 CA(或它们的延长线)于点 C_1, B_1 和 A_1. $\triangle ABC$, $\triangle AB_1C_1$, $\triangle A_1BC_1$ 和 $\triangle A_1B_1C$ 的外接圆圆心是 O, O_a, O_b 和

O_c;这些三角形的垂心是 H, H_a, H_b 和 H_c,证明:

(1) $\triangle O_a O_b O_c \sim \triangle ABC$.

(2) 线段 $OH, O_a H_a, O_b H_b$ 和 $O_c H_c$ 的中垂线相交于一点.

提示 (1) 设 P 是直线 AB, BC, CA 和 $A_1 B_1$ 的密克点. 直线 PA, PB, PC 与在点 P 的圆 S_a, S_b, S_c 的切线之间的角分别等于 $\angle(AB_1, B_1 P) = \angle(AC_1, C_1 P)$, $\angle(BC_1, C_1 P), \angle(CA_1, A_1 P)$. 又因为 $\angle(AC_1, C_1 P) = \angle(BC_1, C_1 P) = \angle(CA_1, A_1 P) = \varphi$, 所以当以 P 为中心旋转角 φ 时,直线 PA, PB 和 PC 变为圆 S_a, S_b 和 S_c 的切线. 也就是,在旋转角 $90° - \varphi$ 的情况下,这些直线变为直线 PO_a, PO_b 和 PO_c. 此外 $\dfrac{PO_a}{PA} = \dfrac{PO_b}{PB} = \dfrac{PO_c}{PC} = \dfrac{1}{2\sin\varphi}$, 因此在旋转角 $\varphi - 90°$ 并且以 P 为中心位似系数为 $\dfrac{1}{2\sin\varphi}$ 的位似变换下, $\triangle ABC$ 变为 $\triangle O_a O_b O_c$.

(2) 在问题(1)的解法中考查的变换使 $\triangle ABC$ 的外心 O 变为 $\triangle O_a O_b O_c$ 的外心 O', 而 $\triangle ABC$ 的垂心 H 变为 $\triangle O_a O_b O_c$ 的垂心 H'. 添加 $\triangle OO'H'$ 作成 $\square OO'H'M$. 因为 $\dfrac{OH}{OM} = \dfrac{OH}{O'H'} = 2\sin\varphi, \angle HOM = \angle(HO, O'H') = \varphi - 90°$, 所以 $MH = MO$, 即 M 在线段 OH 的中垂线上. 剩下注意,对于圆内接四边形 $OO_a O_b O_c$, 点 M 是单值确定的: 由点 O_a, O_b, O_c 中任一个替换点 O, 得到同一个点 M(问题 13.35).

2.90* 四边形 $ABCD$ 是圆内接四边形,证明:包含它的边的直线的密克点,位于联结延长边所得交点的线段上.

提示 可以认为,射线 AB 和 DC 相交于点 E, 射线 BC 和 AD 相交于点 F. 设 P 是 $\triangle BCE$ 和 $\triangle CDF$ 的外接圆的交点,则
$$\angle CPE = \angle ABC, \angle CPF = \angle ADC$$
所以
$$\angle CPE + \angle CPF = 180°$$
即点 P 在线段 EF 上.

2.91* 点 A, B, C 和 D 位于以 O 为圆心的圆上. 直线 AB 和 CD 相交于点 E, 又 $\triangle AEC$ 和 $\triangle BED$ 的外接圆相交于点 E 和 P, 证明:

第 2 章　圆 周 角
DIERZHANG　YUANZHOUJIAO

(1) 点 A,D,P 和 O 四点共圆.

(2) $\angle EPO = 90°$.

提示　(1) 因为 $\angle(AP,PD) = \angle(AP,PE) + \angle(PE,PD) = \angle(AC,CD) + \angle(AB,BD) = \angle(AO,OD)$,点 A,P,D 和 O 共圆.

(2) 显然, $\angle(EP,PO) = \angle(EP,PA) + \angle(PA,PO) = \angle(DC,CA) + \angle(DA,DO) = 90°$,因为这些角所对的弧组成半个圆周.

2.92* 已知四条直线,证明:密克点在这些直线上的射影共线.

(参见同类问题 19.46,28.34,28.36,28.37.)

提示　利用图 2.4 的表记. 点 P 在直线 CA 和 CB 上的射影与它在 EF 和 CF 上的射影重合,因此点 P 关于 $\triangle ABC$ 和 $\triangle CEF$ 的西摩松线是重合的(问题 5.105(1)).

§11　杂　题

2.93 在 $\triangle ABC$ 中引高线 AH, O 是三角形的外心,证明: $\angle OAH = |\angle B - \angle C|$.

提示　设点 A' 是点 A 关于线段 BC 的中垂线的对称点,则

$$\angle OAH = \frac{\angle AOA'}{2} = \angle ABA' = |\angle B - \angle C|$$

2.94 设 H 是 $\triangle ABC$ 的高线的交点, AA' 是它外接圆的直径,证明:线段 $A'H$ 被边 BC 所平分.

提示　因为 AA' 是直径,所以 $A'C \perp AC$,所以 $BH \parallel A'C$. 类似有 $CH \parallel A'B$,所以 $BA'CH$ 是平行四边形.

2.95 过 $\triangle ABC$ 的顶点 A 和 B 引两条平行的直线. 又它们关于对应角平分线的对称直线是 m 和 n,证明:直线 m 和 n 的交点在 $\triangle ABC$ 的外接圆上.

提示　设 l 是与两条平行直线平行的直线, D 是直线 m 和 n 的交点,则

$\angle(AD, DB) = \angle(m, AB) + \angle(AB, n) = \angle(AC, l) + \angle(l, CB) = \angle(AC, CB)$
这就是说,点 D 在 $\triangle ABC$ 的外接圆上.

2.96 (1) 由点 A 引直线切圆 S 于点 B 和 C,证明:$\triangle ABC$ 的内心和三角形的与边 BC 相切的旁切圆的圆心,位于圆 S 上.

(2) 证明:过任意 $\triangle ABC$ 的顶点 B 和 C 及它的内心 O 的圆,在直线 AB 和 AC 上截出相等的弦.

提示 (1) 设 O 是位于 $\triangle ABC$ 内部的圆 S 的弧的中点,则 $\angle CBO = \angle BCO$.根据弦切角的性质 $\angle BCO = \angle ABO$,所以 BO 是 $\angle ABC$ 的平分线,即 O 是 $\triangle ABC$ 的内心.

类似可证,在 $\triangle ABC$ 外面的圆 S 的弧的中点是它的旁心.

(2) 需要证明,所考查的圆 S 的圆心在 $\angle BAC$ 的平分线上.设 D 是这个角的平分线同 $\triangle ABC$ 外接圆的交点,则 $DB = DO = DC$(问题 2.4(1)),即 D 是圆 S 的圆心.

2.97* 在 $\triangle ABC$ 的边 AC 和 BC 上向外侧作正方形 ACA_1A_2 和 BCB_1B_2,证明:直线 A_1B,A_2B_2 和 AB_1 相交于一点.

提示 如果 $\angle C$ 是直角,则问题的解是显然的,C 是直线 A_1B,A_2B_2,AB_1 的交点.如果 $\angle C \neq 90°$,则正方形 ACA_1A_2 和 BCB_1B_2 的外接圆除 C 外还有一个公共点 C_1,则 $\angle(AC_1, A_2C_1) = \angle(A_2C_1, A_1C_1) = \angle(A_1C_1, C_1C) = \angle(C_1C, C_1B_1) = \angle(C_1B_1, C_1B_2) = \angle(C_1B_2, C_1B) = 45°$.(或者 $-45°$,重要的是所有的角具有同一个符号),所以 $\angle(AC_1, C_1B_1) = 4 \times 45° = 180°$,也就是直线 AB_1 过点 C_1,类似可证,A_2B_2 和 A_1B 过点 C_1.

2.98* 圆 S_1 和 S_2 相交于点 A 和 B,同时在这两点对 S_1 的切线是 S_2 的两条半径.在 S_1 的内弧上取点 C 并且用直线同点 A 和 B 相连,证明:这两条直线同 S_2 的第二个交点是一条直径的端点.

提示 设 P 和 O 是圆 S_1 和 S_2 的圆心,$\alpha = \angle APC$,$\beta = \angle BPC$,直线 AC 和 BC 交 S_2 于点 K 和 L.因为

第2章 圆周角
DIERZHANG YUANZHOUJIAO

$$\angle OAP = \angle OBP = 90°$$

所以 $\angle AOB = 180° - \alpha - \beta$

进一步 $\angle LOB = 180° - 2\angle LBO = 2\angle CBP = 180° - \beta$

类似可得 $\angle KOA = 180° - \alpha$

所以 $\angle LOK = \angle LOB + \angle KOA - \angle AOB = 180°$

即 KL 是直径.

2.99* 由圆的中心 O 向直线 l 引垂线 OA,在直线 l 上取点 B 与 C,使得 $AB = AC$.过 B 和 C 引两条割线,其中第一条交圆于点 P 和 Q,第二条交圆于点 M 和 N.直线 PM 和 QN 交直线 l 于点 R 和 S,证明:$AR = AS$.(蝴蝶问题)

提示 考查点 M, P, Q 和 R 关于直线 OA 的对称点 M', P', Q' 和 R'.因为点 C 关于 OA 的对称点是点 B,直线 $P'Q'$ 过点 C.容易检验下列等式:$\angle(CS, NS) = \angle(Q'Q, NQ) = \angle(Q'P', NP') = \angle(CP', NP'), \angle(CR', P'R') = \angle(MM', P'M') = \angle(MN, P'N) = \angle(CN, P'N)$.由这些等式得到,点 C, N, P', S 和 R' 在同一圆上,但因点 S, R' 和 C 共线,所以 $S = R'$.

§12 供独立解答的问题

2.100 在 $\triangle ABC$ 中,引高线 AA_1 和 BB_1,M 是边 AB 的中点,证明:$MA_1 = MB_1$.

2.101 在凸四边形 $ABCD$ 中,$\angle A$ 和 $\angle C$ 都是直角,证明:$AC = BD \cdot \sin\angle ABC$.

2.102 圆内接六边形 $ABCDEF$ 的对角线 AD, BE 和 CF 相交于一点,证明:$AB \cdot CD \cdot EF = BC \cdot DE \cdot AF$.

2.103 在凸四边形 $ABCD$ 中,$AB = BC = CD$.M 是对角线的交点,K 是 $\angle A$ 和 $\angle D$ 的平分线的交点,证明:A, M, K 和 D 四点共圆.

2.104 中心为 O_1 和 O_2 的两圆相交于点 A 和 B.直线 O_1A 交中心为 O_2 的圆于点 N,证明:O_1, O_2, B 和 N 四点共圆.

2.105 圆 S_1 和 S_2 相交于 A, B 两点,直线 MN 切圆 S_1 于点 M 并且切

圆 S_2 于点 N. 设 A 是交点中离 MN 较远的一个, 证明: $\angle O_1AO_2 = 2\angle MAN$.

2.106 给定四边形 $ABCD$ 内接于一个圆中, 同时 $AB = BC$, 证明: $S_{ABCD} = \frac{1}{2}(DA + CD)h_b$, 其中 h_b 是 $\triangle ABD$ 的由顶点 B 引出的高线.

2.107 四边形 $ABCD$ 是圆内接四边形, 同时 AC 是 $\angle DAB$ 的平分线, 证明: $AC \cdot BD = AD \cdot DC + AB \cdot BC$.

2.108 在直角 $\triangle ABC$ 中由直角顶 C 引角平分线 CM 和高线 CH. HD 和 HE 是 $\triangle AHC$ 和 $\triangle CHB$ 中的角平分线, 证明: 点 C, D, H, E 和 M 五点共圆.

2.109 过一个角的顶点和它角平分线上的点画两个圆, 证明: 两圆在角的边上截出的线段相等.

2.110 $\triangle ABC$ 的垂心为 H. 由 $\triangle BHC$ 添加成 $\square BHCD$, 证明: $\angle BAD = \angle CAH$.

2.111 在正 $\triangle ABC$ 的外面, $\angle BAC$ 的内部取点 M, 使 $\angle CMA = 30°$, $\angle BMA = \alpha$, $\angle ABM$ 等于多少度?

2.112 证明: 如果对角线互相垂直的四边形有外接圆也有内切圆, 则它关于一条对角线对称.

第3章 圆

基础知识

1.与圆恰有一个公共点的直线叫做圆的切线.

过圆外任意一点 A，可以向圆引两条切线.设 B 与 C 是切点，O 是圆心，则

(1)$AB = AC$.

(2)$\angle BAO = \angle CAO$.

(3)$OB \perp AB$.

(有时不是将直线 AB，而是将线段 AB 叫做切线.例如,性质(1)可以简述为"由一点向圆引的两条切线相等".)

2.设过点 A 引出的直线 l_1 与 l_2 分别交圆于点 B_1，C_1 和 B_2，C_2，则 $AB_1 \cdot AC_1 = AB_2 \cdot AC_2$.实际上，按照三个角相等有 $\triangle AB_1C_2 \backsim \triangle AB_2C_1$（请读者独立证明它，利用圆周角的性质分 A 在圆外以及 A 在圆内两种情况研究）.

如果直线 l_2 与圆相切，也就是 $B_2 = C_2$，则 $AB_1 \cdot AC_1 = AB_2^2$.证明像上面一样地进行，只是现在必须利用弦切角的性质.

3.联结相切的两圆圆心的直线过它们的切点.

4.过两个相交圆的一个交点向两圆引的切线之间的角的值叫做两个相交圆之间的角的值.这时选择两圆两个交点中的哪一个都是一样的.

相切的两圆之间的角等于 0°.

5.在解 §6 问题时利用一个与圆不具有直接关系的性质：三角形的三条高线交于一点.这个事实的证明可以在解问题 5.51 和 7.42 时找到.

6.早在公元前 5 世纪中叶，由希沃斯岛的希波克拉特（不要与稍晚一些的科斯的著名医生希波克拉底弄混了）以及毕达哥达斯学派的门徒已经开始解"圆方问题".这个问题简述如下：借助于圆规和直尺作一个正方形具有给定的圆的面积.在1882年日耳曼数学家林德曼证明了数 π 是超越数，也就是，不是整系数

多项式的根.由此,特别地推得"圆方问题"是不可解的.

就外表看,问题 3.39("希波克拉特月形"问题):圆弧形成的图形面积等于三角形面积,给出了"圆方问题"的可能性以很多指望.请解这个问题,并且力求理解,为什么在所给的情况下类似的指望没有基础.

引导性问题

1. 证明:由圆外一点 A 恰能向圆作两条切线,并且这两条切线的长(即由 A 到切点的距离)相等.

2. 两圆相交于点 A 和 B.点 X 在直线 AB 上但不在线段 AB 上,证明:由点 X 向两圆引的所有切线的长都相等.

3. 半径为 R 和 r 的两圆相外切(即它们无论哪一个都不在另一个内部).求对这两个圆的公切线的长.

4. 设 a 和 b 是直角三角形两直角边的长,c 是它斜边的长.

(1) 证明:这个三角形内切圆的半径等于 $\frac{1}{2}(a+b-c)$.

(2) 证明:与斜边和直角边的延长线相切的圆(斜边上的旁切圆 —— 译注)的半径等于 $\frac{1}{2}(a+b+c)$.

§1 圆的切线

3.1 直线 PA 和 PB 与中心为 O 的圆相切(A 和 B 是切点).对圆引第三条切线交线段 PA 和 PB 于点 X 和 Y,证明:$\angle XOY$ 的值与第三条切线的选取无关.

提示 设直线 XY 切已知圆于点 Z.$\triangle XOA$ 和 $\triangle XOZ$ 的对应边相等,所以 $\angle XOA = \angle XOZ$.类似有,$\angle ZOY = \angle BOY$,因此

$$\angle XOY = \angle XOZ + \angle ZOY = \frac{1}{2}(\angle AOZ + \angle ZOB) = \frac{1}{2}\angle AOB$$

3.2 三角形的内切圆切边 BC 于点 K,而旁切圆切 BC 于点 L,证明:$CK = BL = \dfrac{a+b-c}{2}$,其中 a,b,c 是三角形的边长.

第3章 圆
DISANZHANG YUAN

提示 设 M 和 N 是内切圆与边 AB 和 AC 的切点,则
$$BK + AN = BM + AM = AB$$
所以
$$CK + CN = a + b - c$$
设 P 和 Q 是旁切圆同边 AB 和 AC 延长线的切点,则
$$AP = AB + BP = AB + BL, AQ = AC + CQ = AC + CL$$
所以
$$AP + AQ = a + b + c$$
因此
$$BL = BP = AP - AB = \frac{a+b-c}{2}$$

3.3 在等腰 $\triangle ABC$ 的底边 AB 上取点 E,在 $\triangle ACE$ 和 $\triangle ECB$ 中的内切圆切线段 CE 于点 M 和 N.如果已知线段 AE 和 BE 的长,求线段 MN 的长.

提示 根据问题 3.2,有
$$CM = \frac{AC + CE - AE}{2}, CN = \frac{BC + CE - BE}{2}$$
考虑 $AC = BC$,得到
$$MN = |CM - CN| = \frac{|AE - BE|}{2}$$

3.4 四边形 $ABCD$ 具有这样的性质,在 $\angle BAD$ 中存在与角两边相切的圆且与边 BC,CD 的延长线也相切,证明:$AB + BC = AD + DC$.

提示 设直线 AB,BC,CD 和 DA 切圆于点 P,Q,R 和 S,则
$$CQ = CR = x$$
所以 $BP = BC + CQ = BC + x, DS = DC + CR = DC + x$
因此 $AP = AB + BP = AB + BC + x, AS = AD + DS = AD + DC + x$
考虑到 $AP = AS$,即得所要证明的结果.

3.5 半径为 R 和 r 的两圆的两条内公切线交与其中一圆切于点 C 的外公切线于点 A 和 B,证明:$AC \cdot CB = Rr$.

提示 设直线 AB 切圆心为 O_1 和 O_2 的圆于点 C 和 D.因为 $\angle O_1AO_2 = 90°$,直角 $\triangle AO_1C$ 和直角 $\triangle O_2AD$ 相似,所以 $\frac{O_1C}{AC} = \frac{AD}{DO_2}$.此外,$AD = CB$(问题3.2),因此 $AC \cdot CB = Rr$.

3.6* 对半径不相等的两个圆引外公切线 AB 和 CD,证明:当且仅当这两个圆相切时,四边形 $ABCD$ 是个圆外切四边形.

提示 设直线 AB 和 CD 相交于点 O.为确定起见,认为点 A 和 D 属于第一个圆,而 B 和 C 属于第二个圆,并且 $OB < OA$(图 3.1)四边形 $ABCD$ 的 $\angle A$ 和 $\angle D$ 的平分线的交点 M 是第一个圆的位于 $\triangle AOD$ 的内部的这段弧的中点,又 $\angle B$ 和 $\angle C$ 的平分线的交点 N 是在 $\triangle BOC$ 外的第二个圆的那段弧的中点(问题 2.96(1)).当且仅当点 M 和 N 重合时,四边形 $ABCD$ 有内切圆.

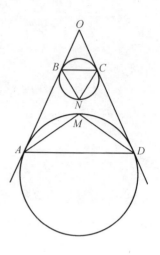

图 3.1

3.7* 已知 $\square ABCD$. $\triangle ABD$ 的旁切圆与边 AD 和 AB 的延长线切于点 M 和 N,证明:线段 MN 与 BC 和 CD 的交点在 $\triangle BCD$ 的内切圆上.

提示 设 R 是旁切圆同边 BD 的切点,P 和 Q 是边 BC 和 CD 与线段 MN 的交点(图 3.2). 因为 $\angle DMQ = \angle BPN, \angle DQM = \angle BNP, \angle DMQ = \angle BNP$,所以 $\triangle MDQ$,$\triangle PBN$ 和 $\triangle PCQ$ 都是等腰三角形,所以 $CP = CQ, DQ = DM = DR, BP = BN = BR$,因此 P,Q 和 R 是 $\triangle BCD$ 的内切圆同它三边的切点(问题 5.1).

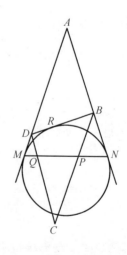

图 3.2

3.8* 在四边形 $ABCD$ 的每条边上取两个点,将它按图 3.3 所示联结起来,证明:如果所有五个阴影四边形都是圆外切四边形,则四边形 $ABCD$ 也是个圆外切四边形.

提示 表示的某些切点如图 3.4 所示.中间的四边形的一组对边长度之和等于另一组对边长度之和.延长这个四边形的各边到其余四个四边形的内切圆的切点(比如,得到其中一个线段 ST).此时,两对相对线段长度之和都增加了同

第3章 圆
DISANZHANG YUAN

一个数.每条所得线段都是一对"角上小圆"的公切线.它们可以用另外一条外公切线来替换(即 ST 换成 QR).为了证明等式 $AB + CD = BC + AD$.剩下要利用形如 $AP = AQ$ 的等式.

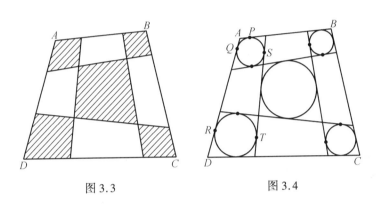

图 3.3 图 3.4

3.9* 给定一个圆和它外面一点.由这个点完成一个闭折线的道路,它由与圆相切的直线的线段组成,并且道路结束在初始点.沿着路段逼近圆心的记为"+",而沿着它远离圆心的记为"−",证明:对于任意的这样的道路,取指定符号的路段长度之和等于 0.

(见同样的问题 1.21(1),1.61,1.65,1.67.)

提示 设 $ABCD \cdots YZ$ 是指出的折线,$t_A, t_B, \cdots, t_Z$ 是由折线顶点引向圆的切线的长.按照关于符号的规定,由 A 到 B 的路段的代数长度等于 $t_A - t_B$,所以带有指定符号的路段长度的代数和等于

$$(t_A - t_B) + (t_B - t_C) + \cdots + (t_Y - t_Z) + (t_Z - t_A) = 0$$

§2 弦的线段长的乘积

3.10 过两个相交圆的公共弦 AB 上的点 P 引第一个圆的弦 KM 和第二个圆的弦 LN,证明:四边形 $KLMN$ 可内接于一个圆.

提示 设 O 是凸四边形 $ABCD$ 对角线的交点.四边形 $ABCD$ 是圆内接的,当且仅当 $\triangle AOB \backsim \triangle DOC$,也就是 $OA \cdot OC = OB \cdot OD$.因为四边形 $ALBN$ 和 $AMBK$ 是圆内接四边形,所以 $PL \cdot PN = PA \cdot PB = PM \cdot PK$,所以四边形 $KLMN$

是圆内接四边形.

3.11 两圆相交于点 A 和 B, MN 是它们的公切线,证明:直线 AB 平分线段 MN.

提示 设 O 是直线 AB 与线段 MN 的交点,则 $OM^2 = OA \cdot OB = ON^2$,即 $OM = ON$.

3.12 直线 OA 切圆于点 A,而弦 BC 平行于 OA. 直线 OB 和 OC 与圆的第二个交点为 K 和 L,证明:直线 KL 平分线段 OA.

提示 为确定起见,设 OA 和 BC 平行, M 是直线 KL 和 OA 的交点,则
$$\angle LOM = \angle LCB = \angle OKM$$
也就是 $\triangle KOM \backsim \triangle OLM$

因此 $$\frac{OM}{KM} = \frac{LM}{OM}$$

即 $$OM^2 = KM \cdot LM$$

此外 $$MA^2 = MK \cdot ML$$

所以 $$MA = OM$$

3.13 在 $\square ABCD$ 中,对角线 AC 大于对角线 BD, M 是对角线 AC 上,使得四边形 $BCDM$ 内接于圆的一点,证明:直线 BD 是 $\triangle ABM$ 和 $\triangle ADM$ 的外接圆的公切线.

提示 设 O 是对角线 AC 和 BD 的交点,则
$$MO \cdot OC = BO \cdot OD$$
因为 $$OC = OA, BO = OD$$
所以 $$MO \cdot OA = BO^2, MO \cdot OA = DO^2$$
这两个等式意味着, OB 与 $\triangle ABM$ 的外接圆相切以及 OD 同 $\triangle ADM$ 的外接圆相切.

3.14 已知圆 S 和它外面的点 A 和 B. 过点 A 引的每条直线 l 交圆 S 于

第3章 圆

点 M 和 N. 考查 $\triangle BMN$ 的外接圆,证明:所有这些圆具有不同于点 B 的公共点.

提示 设 C 是直线 AB 同 $\triangle BMN$ 的外接圆的不同于 B 的交点, AP 是圆 S 的切线,则
$$AB \cdot AC = AM \cdot AN = AP^2$$
也就是
$$AC = \frac{AP^2}{AB}$$
即点 C 对所有的直线 l 是同一点.

注 应除去当由 A 引向 S 的切线长等于 AB 的情况.

3.15 已知圆 S 和它上面的点 A 和 B 及弦 AB 上的点 C. 每个切弦 AB 于点 C 的圆 S' 交圆 S 于点 P 和 Q. 直线 AB 和 PQ 的交点为 M,证明:点 M 的位置与圆 S' 的选取无关.

(见同样的问题 1.32, 2.29.)

提示 显然 $MC^2 = MP \cdot MQ = MA \cdot MB$,并且当 $AC > BC$ 时,点 M 在射线 AB 上;当 $AC < BC$ 时,点 M 在射线 BA 上.

为确定起见,设点 M 在射线 AB 上,则
$$(MB + BC)^2 = (MB + BA) \cdot MB$$
因此
$$MB = \frac{BC^2}{AB - 2BC}$$
这就是说,点 M 的位置与圆 S' 的选取无关.

§3 相切的圆

3.16 两圆外切于点 A,引两圆的外公切线分别切两圆于点 C 和 D,证明:$\angle CAD = 90°$.

提示 设 M 是直线 CD 和切圆于点 A 的圆的切线的交点,则 $MC = MA = MD$,所以点 A 在以 CD 为直径的圆上.

3.17 中心分别为 O_1 与 O_2 的两圆 S_1 与 S_2 相切于点 A. 过点 A 引直线交 S_1 于点 A_1,交 S_2 于点 A_2,证明:$O_1A_1 /\!/ O_2A_2$.

提示 点 O_1, A 和 O_2 在一条直线上,所以
$$\angle A_2AO_2 = \angle A_1AO_1$$
$\triangle AO_2A_2$ 和 $\triangle AO_1A_1$ 都是等腰三角形,所以
$$\angle A_2AO_2 = \angle AA_2O_2, \angle A_1AO_1 = \angle AA_1O_1$$
因此 $\qquad\qquad \angle AA_2O_2 = \angle AA_1O_1$
也就是 $\qquad\qquad O_1A_1 \;/\!/\; O_2A_2$

3.18 三个圆 S_1, S_2 和 S_3 彼此两两相切于三个不同的点,证明:联结 S_1 及 S_2 的切点与另外两个切点的直线交圆 S_3 的点是 S_3 直径的两个端点.

提示 用 O_1, O_2, O_3 表示圆 S_1, S_2, S_3 的圆心.圆 S_2 和 S_3, S_1 和 S_3, S_1 和 S_2 的切点分别用 A, B, C 表示.直线 CA 和 CB 同圆 S_3 的交点用 A_1 和 B_1 表示.根据题 3.17, $B_1O_3 \;/\!/\; CO_1, A_1O_3 \;/\!/\; CO_2$,因为点 O_1, C 和 O_2 在一条直线上,点 A_1, O_3 和 B_1 也在一条直线上,也就是 A_1B_1 是圆 S_3 的直径.

3.19 圆心为 O_1 与 O_2 的相切的两个圆内切于中心为 O,半径为 R 的圆,求 $\triangle OO_1O_2$ 的周长.

提示 用 A_1, A_2, B 表示圆心为 O 和 O_1, O 和 O_2, O_1 和 O_2 的圆的切点.因为两圆的切点在它们的连心线上,所以
$$O_1O_2 = O_1B + BO_2 = O_1A_1 + O_2A_2$$
$OO_1 + OO_2 + O_1O_2 = (OO_1 + O_1A_1) + (OO_2 + O_2A_2) = OA_1 + OA_2 = 2R$

3.20 圆 S_1 和 S_2 内切于圆 S,切点为 A 和 B,同时圆 S_1 与 S_2 的一个交点在线段 AB 上,证明:圆 S_1 和 S_2 的半径之和等于圆 S 的半径.

提示 设 O, O_1 和 O_2 是圆 S, S_1 和 S_2 的圆心,C 是圆 S_1 和 S_2 位于线段 AB 上的公共点.$\triangle AOB, \triangle AO_1C$ 和 $\triangle CO_2B$ 是等腰三角形,所以 OO_1CO_2 是平行四边形且 $OO_1 = O_2C = O_2B$,也就是 $AO = AO_1 + O_1O = AO_1 + O_2B$.

3.21 相切于点 A 的圆 S_1 和 S_2 的半径等于 R 和 $r(R > r)$. B 为圆 S_1

第 3 章　圆

上的点,已知 $AB = a$,求由点 B 向圆 S_2 引的切线的长.(分内切与外切两种情形)

提示　设 O_1 和 O_2 是圆 S_1 和 S_2 的圆心,X 是直线 AB 与圆 S_2 的第二个交点,所求切线长的平方等于 $BA \cdot BX$.根据问题 3.17,有
$$BO_1 \parallel XO_2$$
所以
$$\frac{AB}{BX} = \frac{O_1 A}{O_1 O_2}$$
且
$$AB \cdot BX = \frac{AB^2 \cdot O_1 O_2}{R} = \frac{a^2(R \pm r)}{R}$$
其中,在内切的情况下取"$-$".

3.22　在线段 AB 上取一点 C,过点 C 的直线与直径为 AC 和 BC 的圆交于点 K 和 L,交直径为 AB 的圆于点 M 和 N,证明:$KM = LN$.

提示　设 O,O_1 和 O_2 是直径为 AB,AC 和 BC 的圆的圆心.只需检验 $KO = OL$.我们证明,$\triangle O_1 KO \cong \triangle O_2 OL$.实际上,$O_1 K = \frac{AC}{2} = O_2 O$,$O_1 O = \frac{BC}{2} = O_2 L$,且 $\angle KO_1 O = \angle OO_2 L = 180° - 2\alpha$,其中 α 是直线 KL 和 AB 之间的角.

3.23　已知四个圆 S_1,S_2,S_3 和 S_4,同时圆 S_i 与 S_{i+1} 相外切($i = 1,2,3,4$,$S_5 = S_1$),证明:四个切点是圆内接四边形的顶点.

提示　设 O_i 是圆 S_i 的圆心,A_i 是圆 S_i 和 S_{i+1} 的切点.四边形 $O_1 O_2 O_3 O_4$ 是凸四边形.设 $\alpha_1, \alpha_2, \alpha_3$ 和 α_4 是它的四个内角的量值,容易检验 $\angle A_{i-1} A_i A_{i+1} = \frac{\alpha_i + \alpha_{i+1}}{2}$,所以
$$\angle A_1 + \angle A_3 = \frac{\alpha_1 + \alpha_2 + \alpha_3 + \alpha_4}{2} = \angle A_2 + \angle A_4$$

3.24*　(1)圆心为 A, B, C 的三个圆彼此相切且与直线 l 相切,位置如图 3.5 所示.圆心为 A, B, C 的圆的半径分别用 a, b, c 表示,证明
$$\frac{1}{\sqrt{c}} = \frac{1}{\sqrt{a}} + \frac{1}{\sqrt{b}}$$

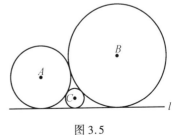

图 3.5

(2) 四个圆两两相外切(有六个不同的点). 设 a, b, c 和 d 是这四个圆的半径, $\alpha = \dfrac{1}{a}, \beta = \dfrac{1}{b}, \gamma = \dfrac{1}{c}$ 和 $\delta = \dfrac{1}{d}$, 证明
$$2(\alpha^2 + \beta^2 + \gamma^2 + \delta^2) = (\alpha + \beta + \gamma + \delta)^2$$

提示 (1) 点 A, B, C 在直线 l 上的射影分别为 A_1, B_1, C_1. 设 C_2 是点 C 在直线 AA_1 上的射影. 对 $\triangle ACC_2$ 应用勾股定理, 得到
$$CC_2^2 = AC^2 - AC_2^2$$
也就是 $A_1C_1^2 = (a+c)^2 - (a-c)^2 = 4ac$

类似可得 $B_1C_1^2 = 4bc, A_1B_1^2 = 4ab$

因为 $A_1C_1 + C_1B_1 = A_1B_1$

有 $\sqrt{ac} + \sqrt{bc} = \sqrt{ab}$

即 $\dfrac{1}{\sqrt{b}} + \dfrac{1}{\sqrt{a}} = \dfrac{1}{\sqrt{c}}$

(2) 设 A, B, C 是"外面"圆的圆心, D 是"里面"圆的圆心(图 3.6). $\triangle BDC$ 的半周长等于 $b + c + d$, 所以(问题 12.13)

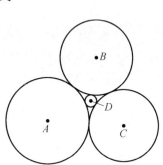

图 3.6

$$\cos^2 \dfrac{\angle BDC}{2} = \dfrac{d(b+c+d)}{(b+d)(c+d)}, \cos^2 \dfrac{\angle BDC}{2} = \dfrac{bc}{(b+d)(c+d)}$$

如果 $\alpha' + \beta' + \gamma' = 180°$, 则
$$\sin^2 \alpha' + \sin^2 \beta' - \sin^2 \gamma' + 2\sin \beta' \sin \gamma' \cos \alpha' = 0$$
(这个结论等价于余弦定理). 在这个公式中代换 $\alpha' = \dfrac{\angle BDC}{2}, \beta' = \dfrac{\angle ADC}{2}, \gamma' = \dfrac{\angle ADB}{2}$, 得到

$$\dfrac{bc}{(b+d)(c+d)} - \dfrac{ac}{(a+d)(c+d)} - \dfrac{ab}{(a+d)(b+d)} + 2\dfrac{a\sqrt{bcd(b+c+d)}}{(a+d)(b+d)(c+d)} = 0$$

即
$$\dfrac{a+d}{a} - \dfrac{b+d}{b} - \dfrac{c+d}{c} + 2\sqrt{\dfrac{d(b+c+d)}{bc}} = 0$$

除以 d, 有

$$\alpha - \beta - \gamma - \delta + 2\sqrt{\beta\gamma + \gamma\delta + \delta\beta} = 0$$

所以
$$(\alpha + \beta + \gamma + \delta)^2 = (\alpha - \beta - \gamma - \delta)^2 + 4(\alpha\beta + \alpha\gamma + \alpha\delta) =$$
$$4(\beta\gamma + \gamma\delta + \delta\beta) + 4(\alpha\beta + \alpha\gamma + \alpha\delta) =$$
$$2(\alpha + \beta + \gamma + \delta)^2 - 2(\alpha^2 + \beta^2 + \gamma^2 + \delta^2)$$

即
$$2(\alpha^2 + \beta^2 + \gamma^2 + \delta^2) = (\alpha + \beta + \gamma + \delta)^2$$

§4 相同半径的三个圆

3.25 三个半径为 R 的圆均过点 H. A, B, C 是它们两两相交的不同于 H 的交点,证明:

(1) H 是 $\triangle ABC$ 高线的交点.

(2) $\triangle ABC$ 外接圆的半径也等于 R.

提示 设 A_1, B_1 和 C_1 是已知圆的圆心(图 3.7),则 A_1BC_1H 是菱形,这意味着 $BA_1 \underline{\parallel} HC_1$. 类似可得 $B_1A \underline{\parallel} HC_1$,所以 $B_1A \underline{\parallel} BA_1$,所以 B_1ABA_1 是平行四边形.

(1) 因为 $A_1B_1 \perp CH$, $A_1B_1 \parallel AB$,所以 $AB \perp CH$,类似可证 $BC \perp AH$, $CA \perp BH$.

(2) 这样已证明了 $B_1A \parallel BA_1$,可以证明,$B_1C \parallel BC_1$ 和 $A_1C \parallel AC_1$;此外,所有这六条线段的长都等于 R. 添加 $\triangle BA_1C$ 到菱形 BA_1CO,则 AB_1CO 也是菱形,所以 $AO = BO = CO = R$,也就是 O 是 $\triangle ABC$ 的外心,它的半径等于 R.

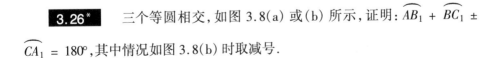

图 3.7

3.26* 三个等圆相交,如图 3.8(a) 或 (b) 所示,证明:$\widehat{AB_1} + \widehat{BC_1} \pm \widehat{CA_1} = 180°$,其中情况如图 3.8(b) 时取减号.

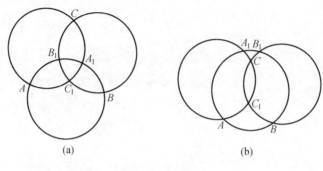

图 3.8

提示 容易检验

$$\overparen{AB_1} \pm \overparen{B_1A_1} = \overparen{AC_1} + \overparen{C_1A_1}, \overparen{BC_1} + \overparen{C_1B_1} = \overparen{BA_1} \pm \overparen{B_1A_1}$$

$$\overparen{C_1A_1} \pm \overparen{CA_1} = \overparen{C_1B_1} \pm \overparen{B_1C}$$

其中仅在图 3.8(b) 的情况下取减号. 这些等式相加,得到

$$\overparen{AB_1} + \overparen{BC_1} \pm \overparen{CA_1} = \overparen{AC_1} + \overparen{BA_1} \pm \overparen{CB_1}$$

另一方面,△ABC 内角的 2 倍等于 $\overparen{BA_1} \pm \overparen{CA_1}, \overparen{AB_1} \pm \overparen{CB_1}$ 和 $\overparen{BC_1} + \overparen{AC_1}$,而它们的和等于 360°.

3.27* 三个同一半径的圆均过点 P. A, B 和 Q 是它们两两相交的不同于 P 的交点. 过点 Q 作同样半径的第四个圆,交另外两个圆于点 C 和 D. 此时 △ABQ 和 △CDP 是锐角三角形而四边形 ABCD 是凸四边形(图 3.9),证明:ABCD 是平行四边形.

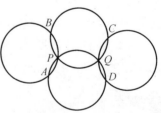

图 3.9

提示 因为 $\overparen{AP} + \overparen{BP} + \overparen{PQ} = 180°$(问题 3.26),所以 $\overparen{AB} = 180° - \overparen{PQ}$. 类似地有 $\overparen{CD} = 180° - \overparen{PQ}$,即 $\overparen{AB} = \overparen{CD}$,这意味着 $AB = CD$. 此外, $PQ \perp AB, PQ \perp CD$(问题 3.25),所以 $AB \parallel CD$.

第3章 圆
DISANZHANG YUAN

§5 由一点引的两条切线

3.28 由点 A 向圆心为 O 的圆引切线 AB 和 AC，证明：如果点 M 对线段 AO 的视角为 $90°$，则 M 对线段 OB 和 OC 的视角相等．

提示 点 M,B 和 C 在以 AO 为直径的圆上．此外这个圆的弦 OB 和 OC 相等．

3.29 由点 A 向圆心为 O 的圆引切线 AB 和 AC．过线段 BC 的点 X 引直线 KL 垂直于 XO（点 K 和 L 在直线 AB 和 AC 上），证明：$KX = XL$．

提示 点 B 和 X 在以 KO 为直径的圆上，所以 $\angle XKO = \angle XBO$．类似地有 $\angle XLO = \angle XCO$．因为 $\angle XBO = \angle XCO$，则 $\triangle KOL$ 是等腰三角形，并且 OX 是它的高．

3.30 在以 O 为圆心的圆的弦 KL 的延长线上取一点 A．由 A 引切线 AP 和 AQ，M 是线段 PQ 的中点，证明：$\angle MKO = \angle MLO$．

提示 必须检验 $AK \cdot AL = AM \cdot AO$．实际上，此时 K,L,M 和 O 共圆，所以 $\angle MKO = \angle MLO$．因为 $\triangle AOP \sim \triangle APM$，所以 $AM \cdot AO = AP^2$，同样显然，$AK \cdot AL = AP^2$．

3.31* 由点 A 引圆的切线 AB 和 AC 及割线交圆于点 D 和 E．M 是线段 BC 的中点，证明：$BM^2 = DM \cdot ME$ 且 $\angle DME$ 是 $\angle DBE$ 或 $\angle DCE$ 的 2 倍，此外 $\angle BEM = \angle DEC$．

提示 为确定起见，认为 $\angle DBE$ 是锐角．设 O 是圆心，点 D' 和 E' 是点 D 和 E 关于直线 AO 的对称点．根据问题 28.7，直线 ED' 和 $E'D$ 相交于点 M，所以 $\angle BDM = \angle EBM$ 且 $\angle BEM = \angle DBM$，这意味着 $\triangle BDM \sim \triangle EBM$，所以 $\frac{BM}{DM} = \frac{EM}{BM}$．此外 $\angle DME = \overset{\frown}{DE} = 2\angle DBE$．

由等式 $\angle BEM = \angle DMB$ 得出 $\angle BEM = \angle DBC = \angle DEC$.

3.32* 四边形 $ABCD$ 内接于圆,同时切圆于点 B 和 D 的切线的交点 K 在直线 AC 上.

(1) 证明:$AB \cdot CD = BC \cdot AD$.

(2) 平行于 KB 的直线交直线 BA,BD 和 BC 于点 P,Q 和 R,证明:$PQ = QR$.

提示 (1) 因为 $\triangle KAB \backsim \triangle KBC$,所以 $\dfrac{AB}{BC} = \dfrac{KB}{KC}$. 类似可得 $\dfrac{AD}{DC} = \dfrac{KD}{KC}$. 考虑到 $KB = KD$,即得所证结果.

(2) 问题归结为上面的问题,因为

$$\dfrac{PQ}{BQ} = \dfrac{\sin\angle PBQ}{\sin\angle BPQ} = \dfrac{\sin\angle ABD}{\sin\angle KBA} = \dfrac{\sin\angle ABD}{\sin\angle ADB} = \dfrac{AD}{AB}, \dfrac{QR}{BQ} = \dfrac{CD}{CB}$$

* * *

3.33 已知圆 S 和直线 l 没有公共点. 由沿直线 l 运动的点 P 引圆的切线 PA 和 PB,证明:所有的弦 AB 具有公共点.

如果点 P 位于圆 S 的外面,又 PA 和 PB 是圆的切线,则直线 AB 是点 P 关于圆 S 的极线.

提示 由圆 S 的中心 O 向直线 l 引垂线 OM. 证明,点 X 作为 AB 和 OM 的交点,是个不动点. 点 A,B 和 M 在以 PO 为直径的圆上,所以 $\angle AMO = \angle ABO = \angle BAO$,也就是 $\triangle AMO \backsim \triangle XAO$,因为在这两个三角形中,顶点为 O 的角是公用角,所以 $\dfrac{AO}{MO} = \dfrac{XO}{AO}$,也就是 $OX = \dfrac{OA^2}{MO}$ 是个常量.

* * *

3.34 圆 S_1 与 S_2 相交于点 A 和 B,并且圆 S_1 的圆心 O 在圆 S_2 上. 过点 O 的直线交线段 AB 于点 P,交圆 S_2 于点 C,证明:点 P 在点 C 关于圆 S_1 的极线上.

提示 因为 $\angle OBP = \angle OAB = \angle OCB$,所以

$$\triangle OBP \backsim \triangle OCB$$

第3章 圆

即
$$OB^2 = OP \cdot OC$$
由点 C 向圆 S_1 引切线 CD,则
$$OD^2 = OB^2 = OP \cdot OC$$
所以
$$\triangle ODC \backsim \triangle OPD$$
且
$$\angle OPD = \angle ODC = 90°$$

§6 三角形高线定理的应用

3.35 点 C 和 D 在以 AB 为直径的圆上.直线 AC 与 BD,AD 与 BC 的交点是 P 和 Q,证明:$AB \perp PQ$.

提示 直线 BC 和 AD 是 $\triangle APB$ 的高线,所以过它们交点 Q 的直线 PQ 垂直于直线 AB.

3.36* 直线 PC 和 PD 与以 AB 为直径的圆相切(C,D 是切点),证明:联结 P 与直线 AC 同 BD 的交点的直线垂直于 AB.

提示 用 K 和 K_1 表示直线 AC 和 BD,BC 和 AD 的交点.根据题 3.35,$KK_1 \perp AB$,所以必须证明切点 C 和 D 处的切线的交点在直线 KK_1 上.

我们证明,在点 C 处的切线过线段 KK_1 的中点.设 M 是在点 C 处的切线和线段 KK_1 的交点.$\angle ABC$ 和 $\angle CKK_1$ 的边分别垂直,所以它们相等.类似有 $\angle CAB = \angle CK_1K$.同样清楚,有 $\angle KCM = \angle ABC$(弦切角的性质),所以 $\triangle CMK$ 是等腰三角形.类似地,$\triangle CMK_1$ 也是等腰三角形,并且 $KM = CM = K_1M$,也就是,M 是线段 KK_1 的中点.

类似可证,在点 D 处的切线过线段 KK_1 的中点,也就是,在点 C 和 D 处切线的交点是线段 KK_1 的中点.

3.37 已知圆的直径 AB 和不在直线 AB 上的点 C.

(1) 如果点 C 不在圆上,借助一把直尺(没有圆规)由点 C 向 AB 引垂线.

(2) 如果点 C 在圆上,借助一把直尺(没有圆规)由点 C 向 AB 引垂线.

提示 (1) 直线 AC 交圆于点 A 和 A_1,直线 BC 交圆于点 B 和 B_1.如果 $A =$

A_1(或 $B = B_1$),则直线 $AC(BC)$ 为所求的垂线. 如果不是这样, 则 AB_1 和 BA_1 是 $\triangle ABC$ 的高线, 过点 C 及直线 AB_1 和 BA_1 的交点引的直线就是所求的直线.

(2) 取不在圆上的点 C_1, 由它向 AB 引垂线, 设它交圆于点 D 和 E. 作直线 DC 与 AB 的交点 P, 然后用直线 PE 同圆交于点 F. 点 C 关于 AB 对称变为点 F, 所以 CF 是所求的垂线.

3.38* 设 O_a, O_b 和 O_c 是 $\triangle PBC$, $\triangle PCA$ 和 $\triangle PAB$ 的外接圆的圆心, 证明: 如果 O_a 和 O_b 在直线 PA 与 PB 上, 则点 O_c 在直线 PC 上.

提示 因为 $PA \perp O_bO_c$, 所以当且仅当直线 PO_a 过 $\triangle O_aO_bO_c$ 的高的交点时, 直线 PA 过点 O_a. 类似的结论对点 B 和 C 也是对的. 由问题的条件得, P 是 $\triangle O_aO_bO_c$ 的高的交点, 即 $PO_c \perp O_aO_b$.

§7 曲线图形的面积

3.39 在直角三角形的斜边及两条直角边上作半圆, 位置如图 3.10 所示, 证明: 形成的两个"月形"面积之和等于已知直角三角形的面积.

提示 设 $2a$ 和 $2b$ 是直角边的长, $2c$ 是斜边的长, "月形"面积之和等于 $\pi a^2 + \pi b^2 + S_{\triangle ABC} - \pi c^2$, 显然 $\pi(a^2 + b^2 - c^2) = 0$.

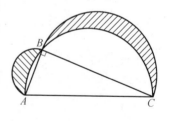

图 3.10

3.40* 在圆中作两条互相垂直的直径, 即四条半径. 然后以这四条半径为直径作四个圆, 证明: 这四个圆两两公共部分面积的和等于已知圆中位于这四个圆外面部分的面积(图 3.11).

提示 只需对直径分原来已知圆的四个部分在每一个进行证明(图 3.12). 研究图中的弓形, 它截得的弦对的圆心角为 $90°$. 设 S 和 s 分别是对已知圆和 $\frac{1}{4}$ 圆的这些弓形的面积, 显然 $S = 4s$. 剩下注意带有一种影线部分的面积等于 $S - 2s = 2s$, 而带两重影线部分的面积等于 $2s$.

第3章 圆
DISANZHANG YUAN

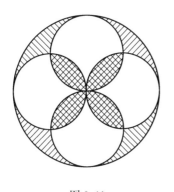

图 3.11

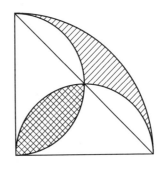

图 3.12

3.41 以三条一样长的线段 OA, OB, OC(点 B 在 $\angle AOC$ 内部)为直径作三个圆,证明:由这些圆的弧限定的不包含点 O 的曲边三角形的面积,等于(普通)$\triangle ABC$ 面积的一半.

提示 在线段 OB 和 OC,OA 和 OC,OA 和 OB 上作的圆的交点分别记为 A_1,B_1,C_1(图 3.13). $\angle OA_1B = \angle OA_1C = 90°$,所以点 B,A_1 和 C 共线. 又因为这些圆有相等的半径,所以 $BA_1 = A_1C$. 点 A_1,B_1,C_1 是 $\triangle ABC$ 各边的中点,所以 $BA_1 = C_1B_1$, $BC_1 = A_1B_1$. 因为这些圆具有相同的半径,则相等的弦 BA_1 和 C_1B_1 截圆的部分有相等的面积. 又相等的弦 C_1B 和 B_1A_1 也截圆部分有相等的面积. 所以曲边 $\triangle A_1B_1C_1$ 的面积等于 $\square A_1B_1C_1B$ 的面积,即等于 $\triangle ABC$ 面积的一半.

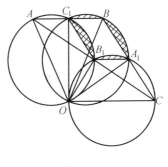

图 3.13

3.42 以任意锐角 $\triangle ABC$ 的三边为直径作圆. 此时形成三个"外部的"曲边三角形和一个"内部的"曲边三角形(图 3.14),证明:如果用"外部的"曲边三角形面积之和减去"内部的"曲边三角形的面积,则得到原 $\triangle ABC$ 面积的 2 倍.

提示 考查的圆过三角形高线的垂足. 这意味着它们的交点在三角形的边

上. 设 x,y,z 和 u 是考查的曲边三角形的面积,a,b,c,d,e 和 f 是三角形的边截圆所得弓形的面积,p,q 和 r 是三角形中内部曲边三角形外部的面积(图 3.15),则

$$x + (a + b) = u + p + q + (c + f)$$
$$y + (c + d) = u + q + r + (e + b)$$
$$z + (e + f) = u + r + p + (a + d)$$

这些等式相加,得到

$$x + y + z = 2(p + q + r + u) + u$$

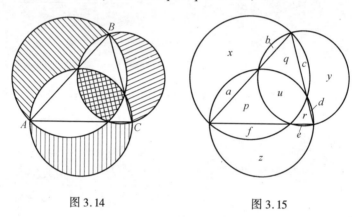

图 3.14　　　　　　图 3.15

§8　内切于弓形中的圆

3.43　圆 S 的弦 AB 分圆为两段弧. 圆 S_1 切弦 AB 于点 M 和其中一段弧切于点 N,证明:

(1) 直线 MN 过第二段弧的中点 P.

(2) 过 P 的圆 S_1 的切线 PQ 等于 PA.

提示　(1) 设 O 和 O_1 是圆 S 和 S_1 的圆心. $\triangle MO_1N$ 和 $\triangle PON$ 是等腰三角形,同时 $\angle MO_1N = \angle PON$,因此点 P,M 和 N 共线.

(2) 显然　　　$PQ^2 = PM \cdot PN = PM \cdot (PM + MN)$

设 K 是弦 AB 的中点,则

$$PM^2 = PK^2 + MK^2, PM \cdot MN = AM \cdot MB = AK^2 - MK^2$$

所以　　　　　　　$PQ^2 = PK^2 + AK^2 = PA^2$

第3章　圆

3.44　由圆 S 的点 D 向直径 AB 引垂线 DC. 圆 S_1 切线段 CA 于点 E，同时也与线段 CD 和圆 S 相切，证明：DE 是 $\triangle ADC$ 的角平分线.

提示　根据问题 3.43(2) 有
$$BE = BD$$
所以　　　　$\angle DAE + \angle ADE = \angle DEB = \angle BDE = \angle BDC + \angle CDE$
又因为　　　　$\angle DAB = \angle BDC$
所以　　　　$\angle ADE = \angle CDE$

3.45* 在已知圆的弓形 AB 中内切的两圆相交于点 M 和 N，证明：直线 MN 过与已知弓形弧 AB 相补的那段弓形弧的中点 C.

提示　设 O_1 和 O_2 是弓形内切圆的圆心，CP 和 CQ 是对这两圆的切线，则
$$CO_1^2 = CP^2 + PO_1^2 = CP^2 + O_1M^2$$
并且因为 $CQ = CA = CP$（问题 3.43(2)），$CO_2^2 = CQ^2 + QO_2^2 = CP^2 + O_2M^2$，所以
$$CO_1^2 - CO_2^2 = MO_1^2 - MO_2^2$$
即直线 CM 垂直于 O_1O_2（问题 7.6），所以直线 MN 过点 C.

注　如果两圆不变而是相切，结论仍是对的. 在这种情况下，直线 MN 必须用两圆在它们公共点的切线代替.

3.46* 在圆 S 的直径 AB 上取点 K，并且由 K 作 AB 的垂线交圆 S 于点 L. 圆 S_A 和 S_B 都与圆 S，线段 LK 和直径 AB 相切，即圆 S_A 切线段 AK 于点 A_1，圆 S_B 切线段 BK 于点 B_1，证明：$\angle A_1LB_1 = 45°$.

提示　设 $\angle LAB = \alpha, \angle LBA = \beta(\alpha + \beta = 90°)$. 根据问题 3.43(2) 有
$$AB_1 = AL$$
所以　　　　$\angle AB_1L = 90° - \dfrac{\alpha}{2}$

类似地有　　　　$\angle BA_1L = 90° - \dfrac{\beta}{2}$

因此　　　　$\angle A_1LB_1 = \dfrac{\alpha + \beta}{2} = 45°$

3.47* 一个圆与 $\triangle ABC$ 的边 AC 和 BC 相切于点 M 和 N,且与它的外接圆也相切(内切),证明:线段 MN 的中点与 $\triangle ABC$ 的内心重合.

提示 设 A_1 和 B_1 是弧 BC 和弧 AC 的中点,O 是内切圆的圆心,则 $A_1B_1 \perp CO$(问题 2.20(1)),$MN \perp CO$,这意味着,$MN \parallel A_1B_1$.沿射线 CA 和 CB 移动点 M' 和 N',使得 $M'N' \parallel A_1B_1$. M' 和 N' 只移动到直线 B_1M' 和 A_1N' 的交点 L 落在 $\triangle ABC$ 的外接圆上.另一方面,如果线段 MN 过点 O,点 L 落在这个圆上(问题 2.52).

3.48* $\triangle ABC_1$ 和 $\triangle ABC_2$ 内接在圆 S 中,同时弦 AC_2 与 BC_1 相交.圆 S_1 切弦 AC_2 于点 M_2,切弦 BC_1 于点 N_1 且与圆 S 相切,证明:$\triangle ABC_1$ 和 $\triangle ABC_2$ 的内心在线段 M_2N_1 上.

提示 本题的解是前面问题解的推广. 只需证明, $\triangle ABC_1$ 的内心 O_1 在线段 M_2N_1 上. 设 A_1 和 A_2 是弧 BC_1 和弧 BC_2 的中点,B_1 和 B_2 是弧 AC_1 和弧 AC_2 的中点;PQ 是圆 S 的垂直于弦 AB 的直径,并且 Q 和 C_1 在直线 AB 的同侧.点 O_1 是弦 AA_1 和 BB_1 的交点,而圆 S_1 和 S_2 的切点 L 根据问题 3.43(1) 是直线 A_1N_1 和 B_2M_2 的交点(图 3.16). 设 $\angle C_1AB = 2\alpha$, $\angle C_1BA = 2\beta$, $\angle C_1AC_2 = 2\varphi$,则

$$\widehat{A_1A_2} = 2\varphi = \widehat{B_1B_2}$$

即
$$A_1B_2 \parallel B_1A_2$$

弦 A_1B_2 与 BC_1 之间的角等于

$$\frac{\widehat{B_2C_1} + \widehat{A_1B}}{2} = \beta - \varphi + \alpha$$

进一步,弦 BC_1 和 AC_2 之间的角等于

$$\frac{\widehat{C_1C_2} + \widehat{AB}}{2} = 2\varphi + 180° - 2\alpha - 2\beta$$

所以弦 M_2N_1 与切线 BC_1 和 AC_2 形成的角为 $\alpha + \beta - \varphi$,即 $M_2N_1 \parallel A_1B_2$.

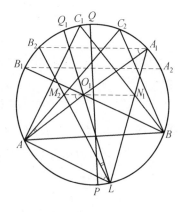

图 3.16

现在假设,点 M'_2 和 N'_1 沿弦 AC_2 和 BC_1 移动,使得 $M'_2N'_1 \parallel A_1B_2$. 设直线 $A_1N'_1$ 和 $B_2M'_2$ 交于点 L'. 点 L' 在圆 S 上只当 M'_2 和 N'_1 的一个位置,所以必须指出,在弧 AB 上这样的点 L_1,如果 M''_2, N''_1 是弦 AC_2 和 L_1B_2, BC_1 和 L_1A_1 的交点,则 $M''_2N''_1 \parallel A_1B_2$ 且点 O_1 在线段 $M''_2N''_1$ 上. 设 Q_1 是圆 S 上使 $2\angle(PQ, PQ_1) = \angle(PC_2, PC_1)$ 和 L_1 是直线 Q_1O_1 同圆 S 的交点的点. 我们证明,点 L_1 即为所求. 因为 $\overset{\frown}{B_1Q} = 2\alpha$, 所以 $\overset{\frown}{B_2Q_1} = 2(\alpha - 2\varphi) = \overset{\frown}{C_2A_1}$, 所以四边形 $AM''_2O_1L_1$ 是圆内接的,也就是 $\angle M''_2O_1A = \angle M''_2L_1A = \angle B_2A_1A$, 即 $M''_2O_1 \parallel B_2A_1$. 类似有 $N''_1O_1 \parallel B_2A_1$.

3.49* 在 $\triangle ABC$ 的边 BC 上取点 D. 圆 S_1 与线段 BD 和 DA 相切,同时与外接圆相切,圆 S_2 与线段 CD 和 DA 相切同时与外接圆相切. 设 I, I_1, I_2 和 r, r_1, r_2 是内切圆及圆 S_1 和 S_2 的圆心和半径, $\varphi = \angle ADB$, 证明: 点 I 在线段 I_1I_2 上,并且 $\dfrac{I_1I}{I_2I} = \tan^2\dfrac{\varphi}{2}$. 再证明: $r = r_1\cos^2\dfrac{\varphi}{2} + r_2\sin^2\dfrac{\varphi}{2}$ (捷伯).

提示 设 E_1 和 E_2 是由点 I_1 和 I_2 向直线引的垂线的垂足. 根据问题 3.48, 点 I 是过点 E_1 和 AD 与圆 S_1 的切点的直线同过点 E_2 和 AD 与圆 S_2 的切点的直线的交点. 设 F_1 是直线 E_1I_1 和 E_2I 的交点, F_2 是直线 E_2I_2 和 E_1I 的交点, 显然
$$DI_1 \perp E_1I, DI_2 \perp E_2I, DI_1 \perp DI_2$$
所以
$$I_1D \parallel F_1E_2, I_2D \parallel F_2E_1$$
因此
$$\frac{E_1I_1}{I_1F_1} = \frac{E_1D}{DE_2} = \frac{F_2I_2}{I_2E_2}$$
这意味着,点 I 在线段 I_1I_2 上,同时
$$\frac{I_1I}{I_2I} = \frac{E_1F_1}{E_2F_2} = \frac{E_1E_2\tan\dfrac{\varphi}{2}}{E_1E_2\cot\dfrac{\varphi}{2}} = \tan^2\dfrac{\varphi}{2}$$

设 E 是点 I 在直线 BC 上的射影,则 $r = IE$. 根据问题 1.1(2) 有
$$IE = \frac{I_1E_1\cot\dfrac{\varphi}{2} + I_2E_2\tan\dfrac{\varphi}{2}}{\tan\dfrac{\varphi}{2} + \cot\dfrac{\varphi}{2}} = r_1\cos^2\dfrac{\varphi}{2} + r_2\sin^2\dfrac{\varphi}{2}$$

3.50* 四边形 $ABCD$ 内接于圆. 设 r_a, r_b, r_c, r_d 是 $\triangle BCD, \triangle ACD$, $\triangle ABD, \triangle ABC$ 的内切圆的半径,证明:$r_a + r_c = r_b + r_d$.

(见同样的问题 5.102,6.104,19.15,28.23,28.26.)

提示 设 $\varphi = \angle AOB$,其中 O 是对角线 AC 和 BD 的交点. 再设 r_{ab}, r_{bc}, r_{cd}, r_{ad} 是与四边形 $ABCD$ 的外接圆及线段 CO 与 DO,DO 与 AO,AO 与 BO,BO 与 CO 相切的圆的半径. 根据捷伯定理(问题 3.49)

$$r_a = r_{ad}\sin^2\frac{\varphi}{2} + r_{ab}\cos^2\frac{\varphi}{2}, \quad r_b = r_{ab}\cos^2\frac{\varphi}{2} + r_{bc}\sin^2\frac{\varphi}{2}$$

$$r_c = r_{bc}\sin^2\frac{\varphi}{2} + r_{cd}\cos^2\frac{\varphi}{2}, \quad r_d = r_{cd}\cos^2\frac{\varphi}{2} + r_{ad}\sin^2\frac{\varphi}{2}$$

所以 $\quad r_a + r_c = (r_{ad} + r_{bc})\sin^2\frac{\varphi}{2} + (r_{ab} + r_{cd})\cos^2\frac{\varphi}{2} = r_b + r_d$

§9 杂 题

3.51 两个半径为 R_1 和 R_2 的圆,它们圆心距等于 d,证明:当且仅当 $d^2 = R_1^2 + R_2^2$ 时,这两个圆正交.

提示 设圆心在 O_1 和 O_2 的圆均过点 A,互相垂直的半径 O_1A 和 O_2A 是在点 A 两圆的切线,所以两圆当且仅当 $\angle O_1AO_2 = 90°$,也就是 $O_1O_2^2 = O_1A^2 + O_2A^2$ 时正交.

3.52 三个圆两两外切于点 A, B 和 C,证明:$\triangle ABC$ 的外接圆与这三个圆都正交.

提示 设 A_1, B_1 和 C_1 是已知圆的圆心,并且点 A, B 和 C 分别在线段 B_1C_1, C_1A_1 和 A_1B_1 上. 由于 $A_1B = A_1C, B_1A = B_1C, C_1A = C_1B$,所以 A, B 和 C 是 $\triangle A_1B_1C_1$ 的内切圆同它的边的切点(问题 5.1),因此已知圆的半径 A_1B, B_1C 和 C_1A 和 $\triangle ABC$ 的外接圆相切.

3.53 圆心为 O_1 和 O_2 的两个圆相交于点 A 和 B. 过点 A 的直线交第一圆于点 M_1,交第二圆于点 M_2,证明:$\angle BO_1M_1 = \angle BO_2M_2$.

提示 容易检验,由向量 $\overrightarrow{O_iB}$ 到向量 $\overrightarrow{O_iM_i}$ 的旋转角(逆时针)等于 $2\angle(AB, AM_i)$,同样显然,$\angle(AB, AM_1) = \angle(AB, AM_2)$.

§10 根 轴

3.54 给定平面上的一个圆 S 和点 P. 过点 P 的直线交圆于点 A 和 B,证明:$PA \cdot PB$ 与直线的选取无关.

这个量,当点 P 在圆外时取"+",当点 P 在圆内时取"−",称为点 P 关于圆 S 的幂.

提示 过点 P 引另一直线交圆于点 A_1 和 B_1,则
$$\triangle PAA_1 \backsim \triangle PB_1B$$
所以
$$\frac{PA}{PA_1} = \frac{PB_1}{PB}$$

3.55 证明:当点 P 在圆 S 外部时,它关于圆 S 的幂等于由这点引的切线长的平方.

提示 过点 P 引切线 PC. $\triangle PAC \backsim \triangle PCB$,所以
$$\frac{PA}{PC} = \frac{PC}{PB}$$

3.56 证明:点 P 关于圆 S 的幂等于 $d^2 - R^2$,其中 R 是圆 S 的半径,d 是由点 P 到圆 S 的圆心的距离.

提示 设过点 P 和圆心引的直线交圆于点 A 和 B,则
$$PA = d + R, PB = |d - R|$$
所以
$$PA \cdot PB = |d^2 - R^2|$$
同样显然,$d^2 - R^2$ 与点 P 关于圆 S 的幂的符号是一致的.

3.57 已知圆的方程 $f(x, y) = 0$,其中 $f(x, y) = x^2 + y^2 + ax + by + c$,证明:点 (x_0, y_0) 关于这个圆的幂等于 $f(x_0, y_0)$.

提示 设 $\alpha = -\dfrac{a}{2}, \beta = -\dfrac{b}{2}, R = \sqrt{\alpha^2 + \beta^2 - c}$,则
$$f(x,y) = (x-\alpha)^2 + (y-\beta)^2 - R^2$$
也就是 (α, β) 是已知圆 S 的圆心,R 是它的半径.因此由点 (x_0, y_0) 到圆 S 的圆心的距离等于 $(x-\alpha)^2 + (y-\beta)^2$,所以根据问题 3.56,点 (x_0, y_0) 关于圆 S 的幂等于 $f(x_0, y_0)$.

3.58* 在平面上给出两个不同心的圆 S_1 和 S_2,证明:对圆 S_1 的幂等于对圆 S_2 的幂的点的轨迹是一条直线.

(这条直线叫做圆 S_1 和 S_2 的根轴.)

提示 设 R_1 和 R_2 是圆的半径.我们考查的坐标系,使圆心的坐标为 $(-a, 0)$ 和 $(a, 0)$.根据问题 3.56,坐标为 (x, y) 的点关于已知圆的幂分别等于 $(x+a)^2 + y^2 - R_1^2$ 和 $(x-a)^2 + y^2 - R_2^2$.使两个表达式相等,得到 $x = \dfrac{R_1^2 - R_2^2}{4a}$.这个方程给出的直线,垂直于联结两圆中心的线段.

3.59* 证明:两个相交圆的根轴过它们的两个交点.

提示 两圆交点关于每个圆的幂都等于 0,所以它位于根轴上.如果交点是两个,则它们唯一地给出了根轴.

3.60* 在平面上给出三个圆,它们的圆心不在同一条直线上.对这三个圆每两个都作根轴,证明:所作的三个根轴交于一点.

(这个点叫做这三个圆的根心.)

提示 因为圆心不在一条直线上,第一和第二两圆的根轴同第二和第三两圆的根轴相交,交点对于这三个圆的幂都相等,所以它在第一与第三个圆的根轴上.

3.61* 在平面给定三个两两相交的圆.过它们任两圆的交点引直线,证明:这三条直线要么交于一点,要么互相平行.

提示 根据问题 3.59,包含弦的直线是根轴.根据问题 3.60,如果三圆圆心不共线,则根轴交于一点,在相反情况下,根轴都垂直于这条直线(三圆心共的一

条线——译注).

3.62* 作两个不相交的圆 S_1 和 S_2 的根轴.

提示 作与已知两圆相交的辅助圆 S,然后过圆 S_1 和 S 的公共点引直线并且过圆 S_2 和 S 的公共点引直线,这两条直线的交点是圆 S_1,S_2 和 S 的根心.再过另一个辅助圆再作出一个根心.两个根心的连线就是所求的直线.

3.63* 给定两个不同心的圆 S_1 和 S_2,证明:与这两个圆相交成直角的圆心的集合是它们的根轴.如果给定两圆相交,需从根轴上除去它们的公共弦.

提示 设 O_1 和 O_2 是给定圆的圆心,r_1 和 r_2 是它们的半径.圆心为 O 半径为 r 的圆 S,当且仅当 $r^2 = OO_i^2 - r_i^2$,即圆 S 的半径的平方等于点 O 关于圆 S_i 的幂时与圆 S_i 正交,所以所求圆心的集合是根轴上关于给定圆的幂是正的的点的集合.

3.64* (1) 证明:两个不相交的圆的四条公切线的中点共线.

(2) 过两个圆外公切线的切点中的两个引一条直线与两个圆都相交,证明:这两个圆截这直线的弦相等.

提示 (1) 所指出的点位于根轴上.

(2) 两圆外公切线的切点是以 AB 为底的梯形 $ABCD$ 的四个顶点.腰 AD 和 BC 的中点在根轴上,所以 AC 的中点 O 也在根轴上.如果直线 AC 交圆于点 A_1 和 C_1,则 $OA_1 \cdot OA = OC_1 \cdot OC$,即 $OA_1 = OC_1$ 且 $AA_1 = CC_1$.

3.65* 在以 AB 为直径的圆 S 上取点 C.由点 C 作 AB 的垂线 CH,证明:圆 S 和以 C 为圆心 CH 为半径的圆 S_1 的公共弦平分 CH.

提示 设 M 是线段 CH 的中点.需要证明,点 M 在圆 S 和 S_1 的根轴上,也就是它关于这些圆的幂相等.设圆 S 和 S_1 的半径等于 $2R$ 和 $2r$,则点 M 关于圆 S_1 的幂等于 $CM^2 - 4r^2 = -3r^2$,而它关于圆 S 的幂等于 $OM^2 - 4R^2$,其中 O 是线段 AB 的中点.显然,$OH^2 = 4R^2 - 4r^2$,所以 $OM^2 = OH^2 + HM^2 = 4R^2 - 4r^2 + r^2 = 4R^2 - 3r^2$,所以 $OM^2 - 4R^2 = -3r^2$.

3.66* 在 $\triangle ABC$ 的边 BC 和 AC 上取点 A_1 和 B_1. l 是过以 AA_1 和 BB_1 为直径的两圆公共点的直线,证明:

(1) 直线 l 过 $\triangle ABC$ 高线的交点 H.

(2) 当且仅当直线 l 过点 C 时,有 $\dfrac{AB_1}{AC} = \dfrac{BA_1}{BC}$.

提示 (1) 设 S_A 和 S_B 是以 AA_1 和 BB_1 为直径的圆,S 是以 AB 为直径的圆.圆 S 和 S_A,S 和 S_B 的公共弦是高线 AH_a 和 BH_b,所以它们(或它们的延长线)相交于点 H.根据问题 3.61 得,圆 S_A 和 S_B 的公共弦过弦 AH_a 和 BH_b 的交点.

(2) 当且仅当 $CB_1 \cdot CH_b = CA_1 \cdot CH_a$(线段长认为是有方向的),圆 S_A 和 S_B 的公共弦过直线 A_1H_a 和 B_1H_b 的交点(也即过点 C),因为

$$CH_b = \frac{a^2 + b^2 - c^2}{2b}, CH_a = \frac{a^2 + b^2 - c^2}{2a}$$

得到

$$\frac{CB_1}{b} = \frac{CA_1}{a}$$

3.67* 四边形 $ABCD$ 的边 AB 和 CD 的延长线交于点 F,而 BC 和 AD 的延长线交于点 E,证明:以 AC,BD 和 EF 为直径的圆有共同的根轴,并且 $\triangle ABE$,$\triangle CDE$,$\triangle ADF$ 和 $\triangle BCF$ 的垂心在这根轴上.

提示 在 $\triangle CDE$ 中作高线 CC_1 和 DD_1,设 H 是高线的交点.以 AC 和 BD 为直径的圆分别过点 C_1 和 C_2,所以点 H 对于这两个圆的每一个的幂等于它对于以 CD 为直径的圆的幂(这个圆过点 C_1 和 D_1).类似可证,点 H 关于以 AC,BD 和 EF 为直径的圆的幂相等,也就是这些圆的根轴过点 H.对其余的三个三角形高线的交点类似可证.

注 我们考查的圆的圆心在高斯直线上(问题 4.56),所以它们公共的根轴垂直于高斯直线.

3.68* 三个圆两两相交于点 A_1 和 A_2,B_1 和 B_2,C_1 和 C_2,证明:$A_1B_1 \cdot B_1C_2 \cdot C_1A_2 = A_2B_1 \cdot B_2C_1 \cdot C_2A_1$.

提示 直线 A_1A_2,B_1B_2 和 C_1C_2 相交于某个点 O(问题 3.61).因为

$$\triangle A_1OB_2 \backsim \triangle B_1OA_2$$

第3章 圆

所以
$$\frac{A_1B_2}{A_2B_1} = \frac{OA_1}{OB_1}$$

类似地有
$$\frac{B_1C_2}{B_2C_1} = \frac{OB_1}{OC_1}, \frac{C_1A_2}{C_2A_1} = \frac{OC_1}{OA_1}$$

这些等式相乘,即得所证.

3.69* 在 $\triangle ABC$ 的边 BC 上取点 A'. 对线段 $A'B$ 作中垂线交边 AB 于点 M,而对线段 $A'C$ 引的中垂线交边 AC 于点 N,证明:点 A' 关于直线 MN 的对称点在 $\triangle ABC$ 的外接圆上.

提示 用 B' 和 C' 表示直线 $A'M$ 和 $A'N$ 同过点 A 引的平行于直线 BC 的直线的交点.(图 3.17).因为 $\triangle A'BM$ 和 $\triangle A'NC$ 是等腰三角形,$\triangle ABC$ 和 $\triangle A'B'C'$ 全等.因为 $AM \cdot BM = A'M \cdot B'M$,点 M 关于 $\triangle ABC$ 和 $\triangle A'B'C'$ 相应的外接圆 S 和 S' 的幂相等.这对点 N 同样正确,所以直线 MN 是圆 S 和 S' 的根轴.圆 S 和 S' 具有同一个根轴,所以它们的根轴是圆 S 和 S' 的对称轴.点 A' 在圆 S' 上,在关于直线 MN 对称时变作位于圆 S 上的点.

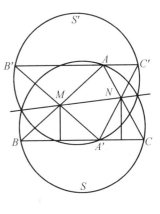

图 3.17

3.70* 借助根轴的性质解问题 1.67.

提示 设 AC 和 BD 是切线,E 和 K 是直线 AC 和 BD,AB 和 CD 的交点. O_1 和 O_2 是两个圆的圆心(图 3.18).

因为 $AB \perp O_1E, O_1E \perp O_2E, O_2E \perp CD$,所以 $AB \perp CD$,也就是 K 是以线段 AC 和 BD 为直径作的两圆 S_1 和 S_2 的交点.我们得到,点 K 在圆 S_1 和 S_2 的根轴上,剩下检验,直线 O_1O_2 是圆 S_1 和 S_2 的根轴.半径 O_1A 和 O_1B 是圆 S_1 和 S_2 的切线,所以点 O_1 在根轴上,类似有,点 O_2 也在根轴上.

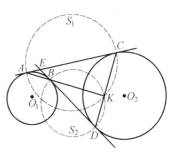

图 3.18

3.71* 在凸多边形内部放置某些两两不交的不同半径的圆,证明:多边形可以分割为小的多边形,使得它们全是凸多边形且它们每一个里恰包含一个已知圆.

提示 用 $S_1,S_2,\cdots,S_n$ 表示已知圆,对每一个圆 S_i,考查由这样的点 X 组成的集合 M_i,对于它关于 S_i 的幂不大于关于 $S_1,\cdots,S_n$ 的幂,则 M_i 是个凸集合.实际上,设 M_{ij} 是点 X 的集合,为此它关于 S_i 的幂不大于关于 S_j 的幂.M_{ij} 是由位于圆 S_i 的在圆 S_i 和 S_j 的根轴的一侧的点组成的半平面.集合 M_i 是凸集合 M_{ij} 的交,所以它本身是凸集.此外,因为集 M_{ij} 每一个都包含圆 S_i,M_i 包含 S_i.因为对平面上每一点,某一点关于 $S_1,\cdots,S_n$ 的幂是最小的,集合 M_i 覆盖整个平面.考查集合 M_i 的位于原来多边形内部的那个部分,即可得到需要的分割.

3.72* (1)在 $\triangle ABC$ 中引高线 AA_1,BB_1 和 CC_1.直线 AB 和 A_1B_1,BC 和 B_1C_1,CA 和 C_1A_1 相交于点 C',A' 和 B',证明:点 A',B' 和 C' 在九点圆与外接圆的根轴上.

(2)$\triangle ABC$ 外角的平分线同对边延长线的交点为 A',B' 和 C',证明:点 A',B' 和 C' 共线,同时,这条直线垂直于联结三角形内心与外心的直线.

提示 (1)点 B_1 和 C_1 在直径为 BC 的圆上,所以点 A' 关于 $\triangle A_1B_1C_1$ 与 $\triangle ABC$ 的外接圆的幂等于点 A' 关于这个圆的幂,即点 A' 位于 $\triangle ABC$ 的九点圆与外接圆的根轴上.对于 B' 和 C' 证明类似.

(2)考查 $\triangle ABC$ 的外角平分线形成的 $\triangle A_1B_1C_1$($\triangle A_1B_1C_1$ 是锐角三角形).根据问题(1)点 A',B' 和 C' 位于 $\triangle ABC$ 与 $\triangle A_1B_1C_1$ 外接圆的根轴上.这两圆的根轴与它们的连心线垂直,也就是 $\triangle A_1B_1C_1$ 的欧拉线.剩下注意,$\triangle A_1B_1C_1$ 高线的交点是 $\triangle ABC$ 内角平分线的交点(问题 1.57(1)).

3.73* 证明:圆外切六边形 $ABCDEF$ 的对角线 AD,BE,CF 相交于一点.(布列安桑)

提示 设凸六边形 $ABCDEF$ 切圆于点 R,Q,T,S,P,U(点 R 在 AB 上,点 Q 在 BC 上等等).

选择任意数 $a>0$,在直线 BC 和 EF 上作点 Q' 和 P',使得 $QQ'=PP'=a$,

第3章 圆
DISANZHANG YUAN

而向量 $\overrightarrow{QQ'}$ 和 $\overrightarrow{PP'}$ 同向量 $\overrightarrow{CB}$ 和 $\overrightarrow{EF}$ 同方向. 类似地作点 R', S', T', U'(图 3.19, $RR' = SS' = TT' = UU' = a$). 作圆 S_1 切直线 BC 和 EF 于点 P' 和 Q'. 类似地作圆 S_2 和 S_3.

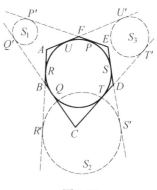

图 3.19

我们证明,点 B 和 E 在圆 S_1 和 S_2 的根轴上. $BQ' = QQ' - BQ = RR' - BR = BR'$(如果 $QQ' < BQ$,则 $BQ' = BQ - QQ' = BR - RR' = BR'$)和 $EP' = EP + PP' = ES + SS' = ES'$. 类似地可证,直线 FC 和 AD 分别是圆 S_1 和 S_3, S_2 和 S_3 的根轴. 因为三个圆的根轴相交于一点,因此直线 AD, BE 和 CF 相交于一点.

3.74* 给定四个圆 S_1, S_2, S_3 和 S_4,并且圆 S_i 与 S_{i+1} 相外切($i = 1, 2, 3, 4, S_5 = S_1$),证明:圆 S_1 和 S_3 的根轴过对 S_2 和 S_4 外公切线的交点.

提示 设 A_i 是圆 S_i 和 S_{i+1} 的交点,X 是直线 A_1A_4 和 A_2A_3 的交点,则 X 是圆 S_2 和 S_4 外公切线的交点(问题 5.73). 又因为四边形 $A_1A_2A_3A_4$ 是圆内接四边形(问题 3.23),所以 $XA_1 \cdot XA_4 = XA_2 \cdot XA_3$,也就是点 X 在圆 S_1 和 S_3 的根轴上.

3.75* (1)圆 S_1 和 S_2 的交点为 A 和 B. 圆 S_1 上的点 P 关于圆 S_2 的幂等于 p,由点 P 到直线 AB 的距离等于 h,又圆心距等于 d,证明:$|p| = 2dh$.

(2)点 A 和 B 关于 $\triangle BCD$ 和 $\triangle ACD$ 的外接圆的幂等于 p_a 和 p_b,证明:$|p_a| S_{\triangle BCD} = |p_b| S_{\triangle ACD}$.

(见同样的问题 3.76~3.82, 8.90, 14.56(2), 28.6.)

提示 (1)考查原点 O 在联结圆心线段的中点,Ox 轴沿着这个线段的坐标系. 设点 P 的坐标为 (x, y),R 和 r 是圆 S_1 和 S_2 的半径,$a = \dfrac{d}{2}$,则
$$(x + a)^2 + y^2 = R^2$$
$$p = (x - a)^2 + y^2 - r^2 = ((x + a)^2 + y^2 - R^2) - 4ax - r^2 + R^2 = R^2 - r^2 - 4ax$$
设点 A 坐标为 (x_0, y_0),则
$$(x_0 + a)^2 + y_0^2 - R^2 = (x_0 - a)^2 + y_0^2 - r^2$$

即
$$x_0 = \frac{R^2 - r^2}{4a}$$
所以
$$2dh = 4a \mid x_0 - x \mid = \mid R^2 - r^2 - 4ax \mid = \mid p \mid$$

(2) 设 d 是 △ACD 和 △BCD 的外心之间的距离,h_a 和 h_b 是点 A 和 B 到直线 CD 的距离. 根据问题(1) 有
$$\mid p_a \mid = 2dh_a, \mid p_b \mid = 2dh_b$$
顾及
$$S_{\triangle BCD} = \frac{h_b \cdot CP}{2}, S_{\triangle ACD} = \frac{h_a \cdot CD}{2}$$
即得所需证明.

§11 圆 束

具有如下性质的圆簇叫做圆束:这簇圆中任一对的根轴都是某条固定的直线. 此时是指,在这个意义下,这一簇是最大的,在不失去指出的性质的情况下,不能再添加圆了.

3.76* (1) 证明:圆束的完全性由一对圆给出.

(2) 证明:圆束的完全性由一个圆与根轴给出.

提示 两个圆给出根轴,所以(1) 由(2) 推出. 设给定圆心为 O 半径为 R 的圆 S 和直线 l. 圆心为 O_1 半径为 R_1 的圆 S_1 和 S 具有根轴 l,当且仅当点 O_1 在过点 O 垂直于直线 l 的直线上,此外,对于任意点 A,直线 l 成立等式 $AO^2 - R^2 = AO_1^2 - R_1^2$,即 $R_1^2 = AO_1^2 - AO^2 + R^2$(勾股定理证明,这个量与点 A 在直线 l 上的选取无关). 容易看到,圆心在指出直线上,而半径满足指出关系式的所有圆形成圆束. 实际上,如果 $AO^2 - R^2 = AO_1^2 - R_1^2, AO^2 - R^2 = AO_2^2 - R_2^2$,则 $AO_1^2 - R_1^2 = AO_2^2 - R_2^2$,所以直线 l 是圆 S_1 和 S_2 的根轴.

3.77* 设 $f(x,y) = x^2 + y^2 + a_1 x + b_1 y + c_1$
$$g(x,y) = x^2 + y^2 + a_2 x + b_2 y + c_2$$
证明:对于任意实数 $\lambda \neq 1$,方程 $f - \lambda g = 0$ 给出由圆 $f = 0$ 和 $g = 0$ 生成的圆束中的圆.

提示 如果 $\lambda \neq 1$,则

第3章 圆
DISANZHANG YUAN

$$\frac{1}{1-\lambda}(f - \lambda g) = x^2 + y^2 + \frac{a_1 - \lambda a_2}{1-\lambda}x + \frac{b_1 - \lambda b_2}{1-\lambda}y + \frac{c_1 - \lambda c_2}{1-\lambda}$$

所以根据问题 3.57,圆 $f - \lambda g = 0$ 和 $f - \mu g = 0$ 的根轴由方程 $\frac{1}{1-\lambda}(f - \lambda g) = \frac{1}{1-\mu}(f - \mu g)$ 给出. 如果 $\lambda \neq \mu$,则最后经过明显的变形后得出方程 $f = g$. 因此,这些圆的根轴与圆 $f = 0$ 和 $g = 0$ 的根轴重合.

3.78* 证明:圆束中任意的圆要么与根轴相交于固定的两个点(椭圆束),要么与根轴相切于固定的点(抛物束),要么与根轴不相交(双曲束).

圆束的极限点,称它属于零半径的圆(也就是点).

提示 由问题 3.76 的提示见到,如果圆束中一个圆过根轴的点,则该束中所有其余的圆也通过这个点.

3.79* 证明:双曲束包含两个极限点,抛物束含有一个极限点,而椭圆束没有极限点.

提示 在椭圆束中任意的圆交根轴于两个固定的点,这个圆的半径大于零. 在抛物束中任意一个圆与根轴切于固定的点,这个点是极限点. 现在考查双曲束. 设 A 是根轴与直线 m 的交点,在 m 上有束中圆的圆心. 再设,k 是点 A 关于所有束中圆的幂,如果 $AO^2 = k$,对于双曲束 $k > 0$,直线 m 的点 O 是零半径的圆的圆心,这样的点有两个.

3.80* 证明:如果一个圆与圆束中的两个圆正交,则它与束中其他的所有圆正交.

提示 设 S 是圆心为 O 半径为 R 的圆,S_1 是圆心为 O_1 半径为 R_1 的圆. 这两圆的正交性等价于 $OO_1^2 = R^2 + R_1^2$. 点 O 关于圆 S_1 的幂等于 $OO_1^2 - R_1^2$,所以圆 S 和 S_1 的正交性等价于点 O 关于圆 S_1 的幂等于 R^2. 假设圆 S 与 S_1 和 S_2 正交,则点 O 关于 S_1 和 S_2 的幂等于 R^2,所以点 O 在它们的根轴上. 点 O 关于由圆 S_1 和 S_2 产生的束中任意圆的幂,都等于 R^2.

3.81* 证明:与给定圆束的圆正交的所有圆簇形成一个圆束. 这个圆束叫做正交束.

提示 设圆心为 O 半径为 R 的圆 S 属于给定的束,则由问题 3.80 的解推出,点 O 关于任意正交于 S 的圆的幂等于 R^2,所以给定束中圆的圆心所在的直线是正交圆簇的根轴.

3.82* 证明:圆束中的极限点是正交束的圆的公共点,反之也成立.

提示 只当且仅当点 O 关于与束正交的任意圆的幂等于 0 时,它是束的极限点,即点 O 属于正交束中的任意的圆.显然,正交束的正交束与原来的束是重合的.

§12 供独立解答的问题

3.83 摇椅具有以 R 为半径的圆的扇形的形状,放在水平的面上摆动,它的顶点按什么轨迹运动?

3.84 由半径为 R 的圆外一点 A 对它引两条切线 AB 和 AC,其中 B 和 C 是切点.设 $BC = a$,证明:$4R^2 = r^2 + r_a^2 + \dfrac{a^2}{2}$,其中 r 和 r_a 是 $\triangle ABC$ 的内切圆和旁切圆的半径.

3.85 两圆内切.过小圆圆心引的直线交大圆于点 A 和 D,交小圆于点 B 和 C.已知 $AB:BC:CD = 2:4:3$,求两圆半径之比.

3.86 半径为 R 的三个圆的圆心形成边长为 2 的正三角形(其中 $1 < R < 2$).位于这个三角形外面的这三个圆的交点之间的距离等于什么?

3.87 在线段 AB 上取点 C 且以 AB, AC 和 BC 为直径(在直线 AB 的一侧)作半圆,求这些半圆围成的曲边三角形面积与这些半圆弧的中点连成的三角形面积之比.

3.88 一个圆交 $\triangle ABC$ 的边 BC 于点 A_1 和 A_2,交边 AC 于点 B_1 和 B_2,交边 AB 于点 C_1 和 C_2,证明:$\dfrac{AC_1}{C_1B} \cdot \dfrac{BA_1}{A_1C} \cdot \dfrac{CB_1}{B_1A} = \left(\dfrac{AC_2}{C_2B} \cdot \dfrac{BA_2}{A_2C} \cdot \dfrac{CB_2}{B_2A} \right)^{-1}$.

3.89 由点 A 向圆引切线 AB 和 AC,PQ 是圆的直径,直线 l 切圆于点 Q.直线 PA, PB 和 PC 交直线 l 于点 A_1, B_1 和 C_1,证明:$A_1B_1 = A_1C_1$.

第4章 面 积

基础知识

1. $\triangle ABC$ 的面积 S 可以用下列公式计算：

(1) $S = \dfrac{1}{2} a h_a$，其中 $a = BC, h_a$ 是在边 BC 上的高线的长.

(2) $S = \dfrac{1}{2} bc \sin A$，其中 b,c 是三角形的边，A 是这两边的夹角.

(3) $S = pr$，其中 p 是半周长，r 是内切圆的半径. 实际上，如果 O 是内切圆的中心，则 $S = S_{\triangle ABO} + S_{\triangle AOC} + S_{\triangle OBC} = \dfrac{1}{2}(c+b+a)r = pr$.

2. 如果一个多边形被分为某些个多边形，则这些多边形面积之和等于原多边形的面积.

3. 具有相等面积的图形叫做等积形.

引导性问题

1. 证明：凸四边形的面积等于 $\dfrac{1}{2} d_1 d_2 \sin \varphi$，其中，$d_1$ 和 d_2 是两对角线的长，φ 是它们之间的夹角.

2. 设 E 和 F 是 $\square ABCD$ 的边 BC 和 AD 的中点. 如果已知 $\square ABCD$ 的面积等于 S，求直线 AE,ED,BF,FC 形成的四边形的面积.

3. 多边形外切于一个半径为 r 的圆，证明：这个多边形的面积等于 pr，其中 p 是多边形的半周长.

4. 点 X 在 $\square ABCD$ 的内部，证明：$S_{\triangle ABX} + S_{\triangle CDX} = S_{\triangle BCX} + S_{\triangle ADX}$.

5. 设 A_1, B_1, C_1, D_1 是面积等于 S 的正方形 $ABCD$ 的边 CD,DA,AB,BC 的中点，求由直线 AA_1, BB_1, CC_1, DD_1 形成的四边形的面积.

§1 中线平分三角形面积

4.1 证明:三条中线分割三角形为六个等积的三角形.

提示 设 M 是三角形三条中线的交点.直线 BM 分 $\triangle ABC$ 和 $\triangle AMC$ 的每一个都为两个等积的三角形,所以 $S_{\triangle ABM} = S_{\triangle BCM}$.类似可得 $S_{\triangle BCM} = S_{\triangle CAM}$.

4.2 已知 $\triangle ABC$,求所有使得 $\triangle ABP$,$\triangle BCP$ 和 $\triangle ACP$ 的面积相等的点 P.

提示 由 $\triangle ABP$ 和 $\triangle BCP$ 面积相等,推出由点 A 和 C 到直线 BP 的距离相等,所以直线 BP 要么过线段 AC 的中点,要么与 AC 平行.所求的点如图 4.1 所示.

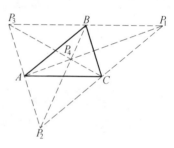

图 4.1

4.3 在已知 $\triangle ABC$ 内部求一个 O,使得 $\triangle BOL$,$\triangle COM$ 和 $\triangle AON$ 的面积相等(点 L,M,N 分别在边 AB,BC 和 CA 上,同时 $OL \parallel BC$,$OM \parallel AC$ 和 $ON \parallel AB$)(图 4.2).

提示 用 L_1 表示直线 LO 同边 AC 的交点.因为

$$S_{\triangle LOB} = S_{\triangle MOC}, \triangle MOC \cong \triangle L_1OC$$

所以

$$S_{\triangle LOB} = S_{\triangle L_1OC}$$

$\triangle LOB$ 和 $\triangle L_1OC$ 的高线相等,所以 $LO = L_1O$.也就是点 O 在由顶点 A 引的中线上.类似可证,点 O 在由顶点 B 和 C 引的中线上.也就是,O 是三角形中线的交点.所进行的讨论同样指明了,三角形中线的交点具有所需要的性质.

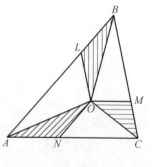

图 4.2

4.4 在 $\triangle ABC$ 各边的延长线上取点 A_1,B_1 和 C_1,使得 $\overrightarrow{AB_1} = 2\overrightarrow{AB}$,

第4章 面 积
DISIZHANG MIANJI

$\overrightarrow{BC_1} = 2\overrightarrow{BC}, \overrightarrow{CA_1} = 2\overrightarrow{AC}$. 如果已知 $\triangle ABC$ 的面积等于 S, 求 $\triangle A_1B_1C_1$ 的面积.

提示 因为 $\quad S_{\triangle A_1BB_1} = S_{\triangle A_1AB} = S_{\triangle ABC}$

所以 $\quad S_{\triangle AA_1B_1} = 2S$

类似有 $\quad S_{\triangle BB_1C_1} = S_{\triangle CC_1A_1} = 2S$

所以 $\quad S_{\triangle ABC} = 7S$

4.5 在凸四边形 $ABCD$ 的边 DA, AB, BC, CD 的延长线上取点 A_1, B_1, C_1, D_1, 使得 $\overrightarrow{DA_1} = 2\overrightarrow{DA}, \overrightarrow{AB_1} = 2\overrightarrow{AB}, \overrightarrow{BC_1} = 2\overrightarrow{BC}, \overrightarrow{CD_1} = 2\overrightarrow{CD}$. 如果已知四边形 $ABCD$ 的面积等于 S, 求所得到的四边形 $A_1B_1C_1D_1$ 的面积.

提示 因为 $AB = BB_1$, 所以
$$S_{\triangle BB_1C} = S_{\triangle BAC}$$

又因 $BC = CC_1$, 所以
$$S_{\triangle B_1C_1C} = S_{\triangle BB_1C} = S_{\triangle BAC}, S_{\triangle BB_1C_1} = 2S_{\triangle BAC}$$

类似有 $\quad S_{\triangle DD_1A_1} = 2S_{\triangle ACD}$

所以 $\quad S_{\triangle BB_1C_1} + S_{\triangle DD_1A_1} = 2S_{\triangle ABC} + 2S_{\triangle ACD} = 2S_{ABCD}$

类似有 $\quad S_{\triangle AA_1B_1} + S_{\triangle CC_1D_1} = 2S_{ABCD}$

所以
$$S_{A_1B_1C_1D_1} = S_{ABCD} + S_{\triangle AA_1B_1} + S_{\triangle BB_1C_1} + S_{\triangle CC_1D_1} + S_{\triangle DD_1A_1} = 5S_{ABCD}$$

4.6* 六边形 $ABCDEF$ 内接于圆. 对角线 AD, BE 和 CF 是这个圆的三条直径, 证明: 六边形 $ABCDEF$ 的面积等于 $\triangle ACE$ 面积的 2 倍.

提示 设 O 是外接圆的中心, 因为 AD, BE 和 CF 是直径, 所以
$$S_{\triangle ABO} = S_{\triangle DEO} = S_{\triangle AEO}, S_{\triangle BCO} = S_{\triangle EFO} = S_{\triangle CEO}, S_{\triangle CDO} = S_{\triangle AFO} = S_{\triangle ACO}$$

同样显然
$$S_{ABCDEF} = 2(S_{\triangle ABO} + S_{\triangle BCO} + S_{\triangle CDO})$$
$$S_{\triangle ACE} = S_{\triangle AEO} + S_{\triangle CEO} + S_{\triangle ACO}$$

因此 $\quad S_{ABCDEF} = 2S_{\triangle ACE}$

4.7* 凸四边形 $ABCD$ 内存在这样的点 O,使得 $\triangle OAB$,$\triangle OBC$,$\triangle OCD$ 和 $\triangle ODA$ 的面积相等,证明:四边形的一条对角线平分另一条对角线.

提示 设 E 和 F 是对角线 AC 和 BD 的中点.因为 $S_{\triangle AOB} = S_{\triangle AOD}$,点 O 在直线 AF 上.类似地有点 O 在直线 CF 上.假设对角线的交点不是任一对角线的中点,则直线 AF 与 CF 具有唯一的公共点 F,所以 $O = F$.类似可证,$O = E$,得出矛盾.

§2 面积的计算

4.8 对角线互相垂直的梯形的高等于 4.如果已知梯形一条对角线的长等于 5,求梯形的面积.

提示 设以 AD 为底的梯形 $ABCD$ 的对角线 $AC = 5$.添加 $\triangle ACB$ 得到 $\square ACBE$.梯形 $ABCD$ 的面积等于直角 $\triangle DBE$ 的面积.设 BH 为 $\triangle DBE$ 的高线,则

$$EH^2 = BE^2 - BH^2 = 5^2 - 4^2 = 3^2, ED = \frac{BE^2}{EH} = \frac{25}{3}$$

所以

$$S_{\triangle DBE} = \frac{ED \cdot BH}{2} = \frac{50}{3}$$

4.9 凸五边形的每条对角线都由五边形中截出一个具有单位面积的三角形,试计算五边形 $ABCDE$ 的面积.

提示 因为 $S_{\triangle ABE} = S_{\triangle ABC}$,所以 $EC \parallel AB$.其余的对角线也平行于相应的边.设 P 是 BD 和 EC 的交点.如果 $S_{\triangle BPC} = x$,(因为 $ABPE$ 是平行四边形 $S_{\triangle EPB} = S_{\triangle ABE} = 1$)则

$$S_{ABCDE} = S_{\triangle ABE} + S_{\triangle EPB} + S_{\triangle EDC} + S_{\triangle BPC} = 3 + x$$

因为

$$\frac{S_{\triangle BPC}}{S_{\triangle DPC}} = \frac{BP}{DP} = \frac{S_{\triangle EPB}}{S_{\triangle EPD}}$$

所以

$$\frac{x}{1-x} = \frac{1}{x}$$

这意味着

$$x = \frac{\sqrt{5}-1}{2}, S_{ABCDE} = \frac{\sqrt{5}+5}{2}$$

第4章 面 积
DISIZHANG MIANJI

4.10 在矩形 $ABCD$ 中内接两个在边 AB 上有公共顶点 K 的矩形,证明:这两个内接矩形面积之和等于矩形 $ABCD$ 的面积.

提示 全部三个矩形的中心重合(问题 1.7),所以两个小矩形具有共同的对角线 KL. 设 M 和 N 是这两个矩形位于边 BC 上的顶点,则 M 和 N 在以 KL 为直径的圆上. 设 O 是这个圆的中心,O_1 是点 O 在 BC 上的射影,则

$$BO_1 = CO_1, MO_1 = NO_1$$

这意味着
$$BM = NC$$

为了证明 $S_{\triangle KLM} + S_{\triangle KLN} = S_{KBCL}$,必须检验

$$(S_{\triangle KBM} + S_{\triangle LCM}) + (S_{\triangle KBN} + S_{\triangle LCN}) = S_{KBCL} = \frac{BC(KB+CL)}{2} = \frac{BC \cdot AB}{2}$$

剩下发现
$$KB \cdot BM + KB \cdot BN = KB \cdot BC, LC \cdot CM + LC \cdot CN = LC \cdot BC$$
$$KB \cdot BC + LC \cdot BC = AB \cdot BC$$

4.11* 在 $\triangle ABC$ 中点 E 是边 BC 的中点,点 D 在边 AC 上. $AC = 1$, $\angle BAC = 60°$, $\angle ABC = 100°$, $\angle ACB = 20°$, $\angle DEC = 80°$ (图 4.3). $\triangle ABC$ 的面积与 $\triangle CDE$ 面积的 2 倍之和等于什么?

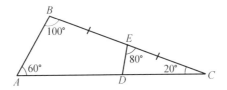

图 4.3

提示 由点 C 向 AB 引垂线 l. 设 A',B',E' 是点 A,B,E 关于直线 l 的对称点,则 $\triangle AA'C$ 是等边三角形,同时 $\angle ACB = \angle BCB' = \angle B'CA' = 20°$. $\triangle EE'C$ 和 $\triangle DEC$ 是顶角为 $20°$,都以 EC 为腰的等腰三角形,因此

$$S_{\triangle ABC} + 2S_{\triangle EDC} = S_{\triangle ABC} + 2S_{\triangle EE'C}$$

因为 E 是边 BC 的中点,$2S_{\triangle EE'C} = S_{\triangle BE'C} = \frac{1}{2} S_{\triangle BB'C}$,所以

$$S_{\triangle ABC} + 2S_{\triangle EDC} = \frac{1}{2} S_{\triangle AA'C} = \frac{\sqrt{3}}{8}$$

4.12* 在三角形 $T_a = \triangle A_1A_2A_3$ 中内接有三角形 $T_b = \triangle B_1B_2B_3$，又在三角形 T_b 中内接有三角形 $T_c = \triangle C_1C_2C_3$，并且三角形 T_a 和 T_c 的边平行．通过三角形 T_a 和 T_c 的面积来计算三角形 T_b 的面积．

提示 设三角形 T_a，T_b 和 T_c 的面积等于 a，b 和 c．三角形 T_a 和 T_c 位似，所以联结它们对应顶点的直线交于一点 O．这两个三角形的相似系数等于 $\sqrt{\dfrac{a}{c}}$．显然 $\dfrac{S_{\triangle A_1B_3O}}{S_{\triangle C_1B_3O}} = \dfrac{A_1O}{C_1O} = k$．写出类似的等式并将它们相加，得出 $\dfrac{a}{b} = k$，也就是 $b = \sqrt{ac}$．

4.13* 在 $\triangle ABC$ 的各边上取点 A_1，B_1 和 C_1，分它所在的边的比为 $\dfrac{BA_1}{A_1C} = p$，$\dfrac{CB_1}{B_1A} = q$ 和 $\dfrac{AC_1}{C_1B} = r$．线段 AA_1，BB_1 和 CC_1 的交点位置如图 4.4 所示，求 $\triangle PQR$ 与 $\triangle ABC$ 的面积之比．

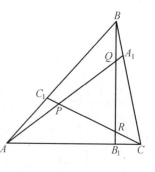

图 4.4

提示 利用问题 1.3(1) 的结果，容易检验
$$\frac{BQ}{BB_1} = \frac{p+pq}{1+p+pq}, \frac{B_1R}{BB_1} = \frac{qr}{1+q+qr}$$
$$\frac{CR}{CC_1} = \frac{q+qr}{1+q+qr}, \frac{CP}{CC_1} = \frac{pr}{1+r+pr}$$

同样显然
$$\frac{S_{\triangle PQR}}{S_{\triangle RB_1C}} = \frac{QR}{RB_1} \cdot \frac{PR}{RC}, \frac{S_{\triangle RB_1C}}{S_{\triangle ABC}} = \frac{B_1C}{AC} \cdot \frac{B_1R}{BB_1}$$

所以
$$\frac{S_{\triangle PQR}}{S_{\triangle ABC}} = \frac{QR}{BB_1} \cdot \frac{PR}{RC} \cdot \frac{B_1C}{AC} = \frac{QR}{BB_1} \cdot \frac{PR}{CC_1} \cdot \frac{CC_1}{CR} \cdot \frac{B_1C}{AC}$$

顾及
$$\frac{QR}{BB_1} = 1 - \frac{p+pq}{1+p+pq} - \frac{qr}{1+q+rq} = \frac{1}{1+p+pq} - \frac{rq}{1+q+rq} =$$

第4章 面积
DISIZHANG MIANJI

$$\frac{(1+q)(1-pqr)}{(1+p+pq)(1+q+qr)}$$

$$\frac{PR}{CC_1} = \frac{(1+r)(1-pqr)}{(1+q+qr)(1+r+pr)}$$

我们得到

$$\frac{S_{\triangle PQR}}{S_{\triangle ABC}} = \frac{(1-pqr)^2}{(1+p+pq)(1+q+qr)(1+r+pr)}$$

§3 分四边形所成的三角形的面积

4.14 四边形 $ABCD$ 的对角线相交于点 O,证明:当且仅当 $BC \parallel AD$ 时,有 $S_{\triangle AOB} = S_{\triangle COD}$.

提示 如果 $S_{\triangle AOB} = S_{\triangle COD}$,则 $AO \cdot BO = CO \cdot DO$,所以 $\triangle AOD \backsim \triangle COB$ 且 $AD \parallel BC$.这些讨论可以反过来进行.

4.15 (1)凸四边形的对角线相交于点 P.已知 $\triangle ABP$,$\triangle BCP$,$\triangle CDP$ 的面积,求 $\triangle ADP$ 的面积.

(2) 凸四边形被它的对角线分为四个三角形,这四个三角形的面积都是整数,证明:这四个数的乘积是个完全平方数.

提示 (1) 因为

$$\frac{S_{\triangle ADP}}{S_{\triangle ABP}} = \frac{DP}{BP} = \frac{S_{\triangle CDP}}{S_{\triangle BCP}}$$

所以

$$S_{\triangle ADP} = S_{\triangle ABP} \cdot \frac{S_{\triangle CDP}}{S_{\triangle BCP}}$$

(2) 根据问题(1) $S_{\triangle ADP} \cdot S_{\triangle CBP} = S_{\triangle ABP} \cdot S_{\triangle CDP}$,所以

$$S_{\triangle ABP} \cdot S_{\triangle CBP} \cdot S_{\triangle CDP} \cdot S_{\triangle ADP} = (S_{\triangle ADP} \cdot S_{\triangle CBP})^2$$

4.16* 四边形 $ABCD$ 的对角线相交于点 P,且 $S^2_{\triangle ABP} + S^2_{\triangle CDP} = S^2_{\triangle BCP} + S^2_{\triangle ADP}$,证明:$P$ 是一条对角线的中点.

提示 约简 $\frac{\sin^2\varphi}{4}$ 以后,其中 φ 是对角线之间的角,已知面积的等式变为

也就是
$$(AP \cdot BP)^2 + (CP \cdot DP)^2 = (BP \cdot CP)^2 + (AP \cdot DP)^2$$
$$(AP^2 - CP^2)(BP^2 - DP^2) = 0$$

4.17* 在凸四边形 $ABCD$ 中存在三个不共线的内点 P_1, P_2, P_3，它们具有这样的性质，对于 $i = 1, 2, 3$ 都有 $\triangle ABP_i$ 与 $\triangle CDP_i$ 的面积之和等于 $\triangle BCP_i$ 与 $\triangle ADP_i$ 面积之和，证明：$ABCD$ 是平行四边形。

提示 假设四边形 $ABCD$ 不是平行四边形。例如，直线 AB 和 CD 相交。根据问题 7.2，位于四边形 $ABCD$ 的内部的点 P 的集合满足条件 $S_{\triangle ABP} + S_{\triangle CDP} = S_{\triangle BCP} + S_{\triangle ADP} = \dfrac{S_{ABCD}}{2}$，是条线段，因此点 P_1, P_2 和 P_3 在一条直线上，得出矛盾。

§4 分四边形所得部分的面积

4.18 设 K, L, M 和 N 是凸四边形 $ABCD$ 的边 AB, BC, CD 和 DA 的中点，线段 KM 和 LN 相交于点 O，证明：$S_{AKON} + S_{CLOM} = S_{BKOL} + S_{DNOM}$。

提示 显然

$$S_{AKON} = S_{\triangle AKO} + S_{\triangle ANO} = \frac{S_{\triangle AOB} + S_{\triangle AOD}}{2}$$

类似有
$$S_{CLOM} = \frac{S_{\triangle BCO} + S_{\triangle COD}}{2}$$

所以
$$S_{AKON} + S_{CLOM} = \frac{S_{ABCD}}{2}$$

4.19 点 K, L, M 和 N 在 $\square ABCD$ 的边 AB, BC, CD 和 DA 上，并且线段 KM 和 LN 平行于平行四边形的边。这两线段的交点为 O，证明：当且仅当点 O 在对角线 AC 上时，$\square KBLO$ 和 $\square MDNO$ 的面积相等。

提示 如果 $\square KBLO$ 和 $\square MDNO$ 的面积相等，则

$$OK \cdot OL = OM \cdot ON$$

顾及
$$ON = KA, OM = LC$$

得出
$$\frac{KO}{KA} = \frac{LC}{LO}$$

第4章 面 积
DISIZHANG MIANJI

因此 $\triangle KOA \backsim \triangle LCO$

也就是点 O 在对角线 AC 上. 这些讨论可逆之进行.

4.20 在四边形 $ABCD$ 的边 AB 和 CD 上取点 M 和 N,使得 $\dfrac{AM}{MB} = \dfrac{CN}{ND}$. 线段 AN 和 DM 相交于点 K,线段 BN 和 CM 相交于点 L,证明:$S_{KMLN} = S_{\triangle ADK} + S_{\triangle BCL}$.

提示 设 h_1, h 和 h_2 是由点 A, M 和 B 到直线 CD 的距离. 根据问题 1.1(2),$h = ph_2 + (1-p)h_1$,其中 $p = \dfrac{AM}{AB}$,所以

$$S_{\triangle DMC} = \frac{h \cdot DC}{2} = \frac{h_2 p \cdot DC + h_1(1-p) \cdot DC}{2} = S_{\triangle BCN} + S_{\triangle ADN}$$

由这个等式的两边计算 $S_{\triangle DKN} + S_{\triangle CLN}$,即得所要证明的结论.

4.21 在四边形 $ABCD$ 的边 AB 上取点 A_1 和 B_1,又在边 CD 上取点 C_1 和 D_1,同时 $AA_1 = BB_1 = pAB$ 和 $CC_1 = DD_1 = pCD$,其中 $p < 0.5$,证明:$\dfrac{S_{A_1 B_1 C_1 D_1}}{S_{ABCD}} = 1 - 2p$.

提示 根据问题 4.20,$S_{\triangle ABD_1} + S_{\triangle CDB_1} = S_{ABCD}$,所以

$$S_{A_1 B_1 C_1 D_1} = S_{\triangle A_1 B_1 D_1} + S_{\triangle C_1 D_1 B_1} =$$
$$(1-2p)S_{\triangle ABD_1} + (1-2p)S_{\triangle CDB_1} =$$
$$(1-2p)S_{ABCD}$$

4.22* 凸四边形的每边都分为五等份并且与对边上相应的点用线段联结(图 4.5),证明:中间(阴影的)四边形的面积是原四边形面积的 $\dfrac{1}{25}$.

提示 根据问题 4.21,由联结边 AB 和 CD 的分点的线段给出的中间四边形的面积,是原四边形面积的 $\dfrac{1}{5}$. 又因为所考查的线段被联结另一组对边对

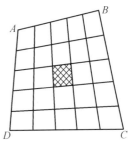

图 4.5

应分点的线段分为五等份(问题1.16),则再一次利用问题4.21的结果,即得所证.

4.23* 在平行四边形每条边上取一点.使以这四个点为顶点的四边形的面积等于平行四边形面积的一半,证明:这个四边形至少有一条对角线与平行四边形的边平行.

提示 在 $\square ABCD$ 的边 AB,BC,CD 和 AD 上分别取点 K,L,M 和 N.假设对角线 KM 不平行于边 AD.固定点 K,M,N 且沿边 BC 移动点 L.在这种情况下 $\triangle KLM$ 的面积严格单调地改变.此外,如果 $LN \parallel AB$,则成立等式 $S_{\triangle AKN} + S_{\triangle BKL} + S_{\triangle CLM} + S_{\triangle DMN} = \dfrac{S_{ABCD}}{2}$,也就是 $S_{KLMN} = \dfrac{S_{ABCD}}{2}$.

4.24* 点 K 和 M 是凸四边形 $ABCD$ 的边 AB 和 CD 的中点,点 L 和 N 在边 BC 和 AD 上,且 $KLMN$ 是平行四边形,证明:四边形 $ABCD$ 的面积是 $\square KLMN$ 的面积的 2 倍.

提示 设 L_1 和 N_1 分别是边 BC 和 AD 的中点,则 KL_1MN_1 是平行四边形且它的面积等于四边形 $ABCD$ 面积的一半(问题1.38(1)),所以只需证明,$\square KLMN$ 和 $\square KL_1MN_1$ 的面积相等就足够了.如果这两个平行四边形重合,那么也不需要证明什么了;而如果它们不重合,那么因为线段 KM 的中点是它们的对称中心,$LL_1 \parallel NN_1$ 和 $BC \parallel AD$.在这种情况,梯形 $ABCD$ 的中位线 KM 平行于它的底边 BC 和 AD,所以 $\triangle KLM$ 和 $\triangle KL_1M$ 的引向边 KM 的高线相等,也就是 $\square KLMN$ 和 $\square KL_1MN_1$ 的面积相等.

4.25* 一个正方形被交点在正方形内部的两条垂直的直线,分为四个部分,证明:如果这四个部分中的三个部分的面积相等,则这四个部分的面积都相等.

提示 设所给直线 l_1 和 l_2 分正方形的四个部分的面积等于 S_1,S_2,S_3 和 S_4,并且对第一条直线来说它分正方形两部分的面积等于 $S_1 + S_2$ 和 $S_3 + S_4$,而对第二条直线来说分正方形的两部分面积等于 $S_2 + S_3$ 和 $S_1 + S_4$.因为根据条件

有 $S_1 = S_2 = S_3$,所以 $S_1 + S_2 = S_2 + S_3$.这意味着,直线 l_1 关于正方形的中心旋转 $+90°$ 或 $-90°$ 的像不是简单地平行于直线 l_2,而是与直线 l_2 重合.

剩下证明,直线 l_1(也意味着直线 l_2)过正方形中心.假设这个结论不对,考查直线 l_1 和 l_2 在旋转 $±90°$ 时的像,并且它们分正方形区域的面积如图4.6所示(在这个图中画出了两种直线位置的不同变式).直线 l_1 和 l_2 分正方形为四个部分,它们的面积等于 $a, a+b, a+2b+c$ 和 $a+b$,并且 a,b 和 c 都不为0,显然所指出的四个数中的三个不能相等,得出矛盾.

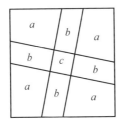 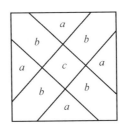

图4.6

§5 杂 题

4.26 已知 $\square ABCD$ 和某个点 M,证明:$S_{\triangle ACM} = |S_{\triangle ABM} \pm S_{\triangle ADM}|$.

提示 所有三个考查的三角形有公用的底边 AM.设 h_b, h_c 和 h_d 是点 B, C 和 D 到直线 AM 的距离.因为 $\overrightarrow{AC} = \overrightarrow{AB} + \overrightarrow{AD}$,所以 $h_c = |h_b \pm h_d|$.

4.27 在 $\triangle ABC$ 的边 AB 和 BC 上向形外作平行四边形,延长它们平行于 AB 和 BC 的边相交于点 P.在边 AC 上作一个平行四边形,它的第二条边平行且等于 BP,证明:后作的平行四边形的面积等于前面所作两个平行四边形的面积之和.

提示 可以认为,P 为在边 AB 和 BC 上作的平行四边形的公共点.也就是这两个平行四边形具有形式 $ABPQ$ 和 $CBPR$,显然

$$S_{ACPQ} = S_{ABPQ} + S_{CBPR}$$

4.28* 将位于正六边形的内部的点 O 与各顶点相连.此时将产生的六

个三角形轮流染成红色和蓝色,证明:红色三角形面积之和等于蓝色三角形的面积之和.

提示 设已知六边形的边长等于 a. 延长六边形的红边形成一个边长为 $3a$ 的正三角形,并且红色三角形的面积和等于 a 与由点 O 到这个三角形三边距离之和的乘积的一半,所以它等于 $\dfrac{3\sqrt{3}a^2}{4}$(问题 4.47). 类似可计算蓝色三角形面积之和.

4.29* 凸四边形 $ABCD$ 的边 AD 和 BC 的延长线交于点 O. M 和 N 是边 AB 和 CD 的中点, P 和 Q 是对角线 AC 和 BD 的中点,证明:

(1) $S_{PMQN} = \dfrac{|S_{\triangle ABD} - S_{\triangle ACD}|}{2}$.

(2) $S_{\triangle OPQ} = \dfrac{S_{ABCD}}{4}$.

提示 (1) $\square PMQN$ 的面积等于 $\dfrac{BC \cdot AD \sin \alpha}{4}$,其中 α 是直线 AD 和 BC 之间的角. $\triangle ABD$ 和 $\triangle ACD$ 中由顶点 B 和 C 引的高线等于 $OB \sin \alpha$ 和 $OC \sin \alpha$,所以

$$|S_{\triangle ABD} - S_{\triangle ACD}| = \dfrac{|OB - OC| \cdot AD \sin \alpha}{2} = \dfrac{BC \cdot AD \sin \alpha}{2}$$

(2) 为确定起见,设射线 AD 和 BC 相交. 因为 $PN \parallel AO$, $QN \parallel CO$,点 N 位于 $\triangle OPQ$ 的内部,所以

$$S_{\triangle OPQ} = S_{\triangle PQN} + S_{\triangle PON} + S_{\triangle QON} = \dfrac{S_{PMQN}}{2} + \dfrac{S_{\triangle ACD}}{4} + \dfrac{S_{\triangle BCD}}{4} =$$

$$\dfrac{S_{\triangle ABD} - S_{\triangle ACD} + S_{\triangle ACD} + S_{\triangle BCD}}{4} = \dfrac{S_{ABCD}}{4}$$

4.30* 在凸四边形 $ABCD$ 的边 AB 和 CD 上取点 E 和 F. 设 K, L, M 和 N 是线段 DE, BF, CE 和 AF 的中点,证明:四边形 $KLMN$ 是凸的且它的面积与点 E 和 F 的选取无关.

提示 线段 KM 和 LN 是 $\triangle CED$ 和 $\triangle AFB$ 的中位线,所以它们具有公共点——线段 EF 的中点. 此外, $KM = \dfrac{CD}{2}$, $LN = \dfrac{AB}{2}$ 以及直线 KM 和 LN 之间的

角等于直线 AB 和 CD 之间的角 α,所以四边形 $KLMN$ 的面积等于 $\dfrac{AB \cdot CD\sin\alpha}{8}$.

4.31* 凸六边形 $ABCDEF$ 的对角线 AC,BD,CE,DF,EA,FB 的中点形成凸六边形,证明:这个六边形的面积是原来六边形面积的 $\dfrac{1}{4}$.

提示 六边形 $ABCDEF$ 对角线中点的字母标记如图4.7所示. 我们证明,四边形 $A_1B_1C_1D_1$ 的面积是四边形 $ABCD$ 面积的 $\dfrac{1}{4}$. 为此利用四边形的面积等于对角线的长与它们的夹角正弦的乘积的一半. 因为 A_1C_1 和 B_1D_1 是 $\triangle BDF$ 和 $\triangle ACE$ 的中位线,即得所证. 类似地可以证明,四边形 $D_1E_1F_1A_1$ 的面积是四边形 $DEFA$ 面积的 $\dfrac{1}{4}$.

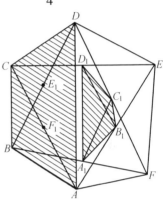

图 4.7

4.32* 直径 PQ 与垂直它的弦相交于点 A. 点 C 在圆上,而点 B 在圆内,并且 $BC \parallel PQ$,$BC = RA$. 由点 A 和 B 向直线 CQ 引垂线 AK 和 BL,证明:$S_{\triangle ACK} = S_{\triangle BCL}$.

提示 设 $\alpha = \angle PQC$. 因为
$$PC \parallel AK$$
所以
$$CK = AP\cos\alpha$$
所以
$$2S_{\triangle ACK} = CK \cdot AK = (AP\cos\alpha) \cdot (AQ\sin\alpha) =$$
$$AR^2\sin\alpha\cos\alpha = BC^2\sin\alpha\cos\alpha =$$
$$BL \cdot CL = 2S_{\triangle BCL}$$

4.33* 凸四边形 $ABCD$ 的对角线相交于点 O,P 和 Q 是任意点,证明:
$$\dfrac{S_{\triangle AOP}}{S_{\triangle BOQ}} = \dfrac{S_{\triangle ACP}}{S_{\triangle BDQ}} \cdot \dfrac{S_{\triangle ABD}}{S_{\triangle ABC}}$$

提示 显然,$\dfrac{S_{\triangle CBD}}{S_{\triangle ABD}} = \dfrac{CO}{AO}$. 在这个等式两边都加1,得到

$$\frac{S_{ABCD}}{S_{\triangle ABD}} = \frac{AC}{AO} = \frac{S_{\triangle ACP}}{S_{\triangle AOP}} \qquad (1)$$

类似可证
$$\frac{S_{ABCD}}{S_{\triangle ABC}} = \frac{BD}{BO} = \frac{S_{\triangle BDQ}}{S_{\triangle BOQ}} \qquad (2)$$

等式(2)除以(1),即得所证.

* * *

4.34* 过 $\triangle ABC$ 内部的一点 O 引平行于各边的线段.线段 AA_1,BB_1 和 CC_1 分 $\triangle ABC$ 为四个三角形和三个四边形(图 4.8),证明:分别以 A,B,C 为顶点的三个阴影三角形的面积之和等于第四个阴影三角形的面积.

提示 设 S_a,S_b 和 S_c 是毗邻顶点 A,B 和 C 的三角形的面积,S 是第 4 个考查的三角形的面积.显然

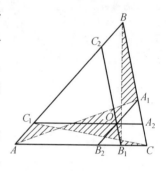

图 4.8

$$S_{\triangle ACC_1} + S_{\triangle BAA_1} + S_{\triangle CBB_1} = S_{\triangle ABC} - S + S_a + S_b + S_c$$

此外 $S_{\triangle ABC} = S_{\triangle AOC} + S_{\triangle AOB} + S_{\triangle BOC} = S_{\triangle ACC_1} + S_{\triangle BAA_1} + S_{\triangle CBB_1}$

4.35* 在 $\triangle ABC$ 的 $\angle A$ 的平分线上取点 A_1,使得 $AA_1 = p - a = \frac{b+c-a}{2}$,过点 A_1 引直线 l_a 垂直于角平分线.如果类似地引直线 l_b 和 l_c,则三角形分得的部分中有四个三角形,证明:这四个三角形中一个的面积等于另外三个的面积之和.

(参见问题 3.39 ~ 3.42,13.55 ~ 13.59,16.5,24.7.)

提示 设 O 是 $\triangle ABC$ 内切圆的圆心,B_1 是内切圆切边 AC 的切点.由 $\triangle ABC$ 中切下 $\triangle AOB_1$ 并且将它关于 $\angle OAB_1$ 的平分线反射地放回.在这种情况下,直线 OB_1 变为直线 l_a.

对于其余的三角形也完成这种操作.此时所得三角形的公共部分是三个考查分法中的三角形,而 $\triangle ABC$ 中没被盖住的部分是第四个三角形.同样显然,没盖住部分的面积等于覆盖部分面积之和的 2 倍.

第4章 面积
DISIZHANG MIANJI

§6 分图形为等积部分的直线和曲线

4.36 平行于四边形 $ABCD$ 的边 CD 的线段 MN 平分四边形的面积(点 M 和 N 在边 BC 和 AD 上).由点 A 和 B 引平行于 CD 与直线 BC 和 AD 相交的线段的长等于 a 和 b,证明:$MN^2 = \dfrac{ab+c^2}{2}$,其中 $c = CD$.

提示 为确定起见,设射线 AD 和 BC 交于点 O,$x = MN$,则

$$\frac{S_{\triangle CDO}}{S_{\triangle MNO}} = \frac{c^2}{x^2}$$

且

$$\frac{S_{\triangle ABO}}{S_{\triangle MNO}} = \frac{ab}{x^2}$$

因为

$$\frac{OA}{ON} = \frac{a}{x}, \frac{OB}{OM} = \frac{b}{x}$$

所以

$$x^2 - c^2 = ab - x^2$$

也就是

$$2x^2 = ab + c^2$$

4.37 三条直线中的每一条都平分图形的面积,证明:这三条直线形成的三角形内包含的图形的部分的面积不超过整个图形面积的 $\dfrac{1}{4}$.

提示 图形被三条直线分割所成部分的面积的标记如图 4.9 所示.整个图形的面积用 S 表示.因为

$$S_3 + (S_2 + S_7) = \frac{S}{2} = S_1 + S_6 + (S_2 + S_7)$$

所以 $\quad S_3 = S_1 + S_6$

将这个等式与等式 $\dfrac{S}{2} = S_1 + S_2 + S_3 + S_4$ 相加,得到

$$\frac{S}{2} = 2S_1 + S_2 + S_4 + S_6 \geqslant 2S_1$$

也就是 $\quad S_1 \leqslant \dfrac{S}{4}$

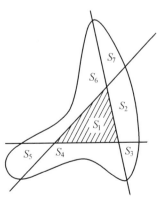

图 4.9

4.38* 直线 l 平分一个凸多边形的面积,证明:这条直线分已知多边形在垂直于 l 的直线上的射影之比不超过 $1+\sqrt{2}$.

提示 直线 l 的射影用 B 来表示.用 A 和 C 表示多边形射影的临界点.设 C_1 是多边形上射影为 C 的点.直线 l 交多边形于点 K 和 L,而 K_1 和 L_1 是直线 C_1K 和 C_1L 上投影在点 A 的点(图4.10).

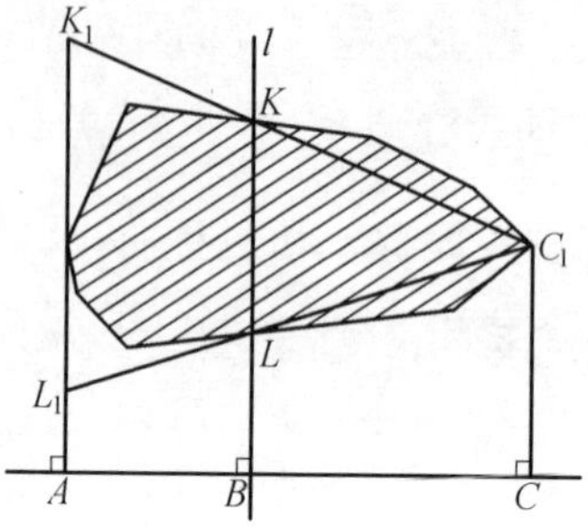

直线 l 分多边形的一个部分包含于梯形 K_1KLL_1 中,另一部分包含 $\triangle C_1KL$,所以

$$S_{K_1KLL_1} \geq S_{\triangle C_1KL}$$

即

$$AB \cdot (KL + K_1L_1) \geq BC \cdot KL$$

因为

$$K_1L_1 = KL \cdot \frac{AB+BC}{BC}$$

有

$$AB \cdot \left(2 + \frac{AB}{BC}\right) \geq BC$$

解这个二次不等式,得到

$$\frac{BC}{AB} \leq 1+\sqrt{2}$$

类似有 $\frac{AB}{BC} \leq 1+\sqrt{2}$ (需要交换 A 和 C 的位置进行同样的讨论).

图 4.10

4.39* 证明:任意的凸多边形都可以用两条互相垂直的直线分为四个面积相等的图形.

提示 用 S 表示多边形面积.设 l 是任意一条直线.以直线 l 为 Ox 轴引入坐标系.设 $S(a)$ 是多边形中位于直线 $y=a$ 下方的区域的面积.当 a 由 $-\infty$ 变化到 $+\infty$ 时 $S(a)$ 由 0 连续变化到 S,所以对某个 a 有 $S(a) = \frac{1}{2}S$,即直线 $y=a$ 平分多边形的面积.类似地,存在着垂直于 l 的直线也平分多边形的面积.这两条直线分多边形为面积等于 S_1, S_2, S_3, S_4 的四个部分(图 4.11).因为

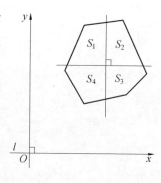

图 4.11

第 4 章 面 积
DISIZHANG MIANJI

$$S_1 + S_2 = S_3 + S_4, S_1 + S_4 = S_2 + S_3$$

所以 $$S_1 = S_3 = A, S_2 = S_4 = B$$

直线 l 旋转 $90°$, A 被 B 代替, 而 B 被 A 代替. 因为在旋转 l 时 A 与 B 的变化是连续的, 所以对直线的某个位置有 $A = B$, 即所有这四个图形的面积都相等.

4.40* (1) 证明: 平分一个三角形的面积和周长的任意直线都过三角形的内心.

(2) 对任意的圆外切多边形证明类似的论断.

提示 (1) 设平分 $\triangle ABC$ 面积与周长的直线分别交边 AC 和 BC 于点 P 和 Q. 用 O 表示 $\triangle ABC$ 内切圆的中心, r 表示内切圆的半径, 则

$$S_{ABQOP} = \frac{1}{2}r(AP + AB + BQ), S_{OQCP} = \frac{1}{2}r(QC + CP)$$

因为直线 PQ 平分周长, 即

$$AP + AB + BQ = QC + CP$$

所以 $$S_{ABQOP} = S_{OQCP}$$

此外, 根据条件, $S_{ABQP} = S_{\triangle QCP}$, 所以 $S_{\triangle OQP} = 0$, 也即直线 QP 过点 O.

(2) 证明与 (1) 类似进行.

4.41* 联结圆 S_1 的点 A 和 B 的圆 S_2 的弧, 分圆 S_1 所界限的圆的面积为相等两部分, 证明: 联结点 A 和 B 的圆 S_2 的弧, 其长度大于圆 S_1 的直径.

提示 考查圆 S_2 关于圆 S_1 的圆心进行对称变换下的像并且考虑到面积相等, 可以证明, 圆 S_1 的直径 AA_1 交圆 S_2 于某个异于 A 的点 K, 同时 $AK > A_1K$. 以 K 为圆心, KA_1 为半径的圆切圆 S_1 于点 A_1, 所以 $BK > A_1K$, 即 $BK + KA > A_1A$. 很明显, 线段 BK 和 KA 长度的和小于 S_2 中以 A 和 B 为端点的弧长.

4.42* 曲线 Γ 分正方形为面积相等的两部分, 证明: 在曲线上可以选取到两个点 A 和 B, 使得直线 AB 过正方形的中心 O.

(参见同样的问题 2.73, 6.55, 6.56, 16.8, 18.33.)

提示 点 O 属于 Γ 的情况结论显然正确, 所以假设 O 不属于 Γ. 设 Γ' 是曲

线 Γ 关于点 O 对称的像. 如果曲线 Γ 和 Γ' 不相交, 那么曲线 Γ 不能分正方形为面积相等的部分. 设 X 是 Γ 与 Γ' 的交点, 又点 X' 是 X 关于点 O 的对称点. 由于在关于点 O 对称的情况下曲线 Γ' 变为 Γ, 则 X' 属于 Γ, 所以直线 XX' 为所求.

§7 四边形的面积公式

4.43 四边形 $ABCD$ 的对角线交于点 P. 点 A,B 和 P 到直线 CD 的距离等于 a,b 和 p, 证明: 四边形 $ABCD$ 的面积等于 $\dfrac{ab \cdot CD}{2p}$.

提示 设 $\triangle APB$, $\triangle BPC$, $\triangle CPD$ 和 $\triangle DPA$ 的面积等于 S_1, S_2, S_3 和 S_4, 则

$$\frac{a}{p} = \frac{S_3 + S_4}{S_3}, \frac{b \cdot CD}{2} = S_3 + S_2$$

也就是

$$\frac{ab \cdot CD}{2p} = \frac{(S_3 + S_4)(S_3 + S_2)}{S_3}$$

顾及 $S_2 S_4 = S_1 S_3$, 即得所证.

4.44 四边形 $ABCD$ 内接于半径为 R 的圆, φ 是它的对角线之间的角, 证明: 四边形 $ABCD$ 的面积 S 等于 $2R^2 \sin A \sin B \sin \varphi$.

提示 对 $\triangle ABC$ 和 $\triangle ABD$ 运用正弦定理, 得出

$$AC = 2R \sin B, BD = 2R \sin A$$

所以

$$S = \frac{1}{2} AC \cdot BD \sin \varphi = 2R^2 \sin A \sin B \sin \varphi$$

4.45* 证明: 对角线不互相垂直的四边形的面积等于 $\dfrac{\tan \varphi \cdot |a^2 + c^2 - b^2 - d^2|}{4}$, 其中 a,b,c 和 d 顺次为四边形的边长, φ 是对角线之间的角.

提示 因为四边形的面积等于 $\dfrac{d_1 d_2 \sin \varphi}{2}$, 其中 d_1 和 d_2 是对角线的长, 则剩下检验

$$2d_1 d_2 \cos \varphi = |a^2 + c^2 - b^2 - d^2|$$

设 O 是四边形 $ABCD$ 对角线的交点, $\varphi = \angle AOB$, 则

第4章 面 积
DISIZHANG MIANJI

$$AB^2 = AO^2 + BO^2 - 2AO \cdot BO\cos\varphi, BC^2 = BO^2 + CO^2 + 2BO \cdot CO\cos\varphi$$

所以 $$AB^2 - BC^2 = AO^2 - CO^2 - 2BO \cdot AC\cos\varphi$$

类似可得 $$CD^2 - AD^2 = CO^2 - AO^2 - 2DO \cdot AC\cos\varphi$$

这两个等式相加,即得所证.

注 因为 $16S^2 = 4d_1^2 d_2^2 \sin^2\varphi = 4d_1^2 d_2^2 - (2d_1 d_2 \cos\varphi)^2$,所以 $16S^2 = 4d_1^2 d_2^2 - (a^2 + c^2 - b^2 - d^2)$.

4.46* (1) 证明:凸四边形 $ABCD$ 的面积可用公式 $S^2 = (p-a)(p-b)(p-c)(p-d) - abcd\cos^2\dfrac{B+D}{2}$ 求出,其中 p 是半周长,a, b, c, d 是边长.

(2) 证明:如果四边形 $ABCD$ 内接于圆,则 $S^2 = (p-a)(p-b)(p-c)(p-d)$.

(3) 证明:如果四边形 $ABCD$ 外切于圆,则 $S^2 = abcd\sin^2\dfrac{B+D}{2}$.

(参见问题 11.34.)

提示 (1) 设 $AB = a, BC = b, CD = c, AD = d, S_{ABCD} = S$. 很明显

$$S = S_{\triangle ABC} + S_{\triangle ADC} = \frac{1}{2}(ab\sin B + cd\sin D)$$

$$a^2 + b^2 - 2ab\cos B = AC^2 = c^2 + d^2 - 2cd\cos D$$

所以

$$16S^2 = 4a^2b^2 - 4a^2b^2\cos^2 B + 8abcd\sin B\sin D + 4c^2d^2 - 4c^2d^2\cos^2 D$$

$$(a^2 + b^2 - c^2 - d^2)^2 + 8abcd\cos B\cos D = 4a^2b^2\cos B + 4c^2d^2\cos^2 D$$

将第二个等式代入第一个中,得到

$$16S^2 = 4(ab + cd)^2 - (a^2 + b^2 - c^2 - d^2)^2 - 8abcd(1 + \cos B\cos D - \sin B\sin D)$$

显然

$$4(ab + cd)^2 - (a^2 + b^2 - c^2 - d^2)^2 = 16(p-a)(p-b)(p-c)(p-d)$$

$$1 + \cos B\cos D - \sin B\sin D = 2\cos^2\dfrac{B+D}{2}$$

(2) 如果 $ABCD$ 是圆内接四边形,则

$$\angle B + \angle D = 180°$$

所以
$$\cos^2\frac{B+D}{2}=0$$

(3) 如果 $ABCD$ 是圆外切四边形,则
$$a+c=b+d$$
所以
$$p=a+c=b+d$$
$$p-a=c, p-b=d, p-c=a, p-d=b$$
因此
$$S^2=abcd\left(1-\cos^2\frac{B+D}{2}\right)=abcd\sin^2\frac{B+D}{2}$$

如果四边形 $ABCD$ 同时是圆内接四边形也是圆外切四边形,则 $S^2=abcd$.

§8 辅助面积

4.47 证明:正三角形内任一点到它各边距离之和是常量(等于正三角形的高).

提示 由正 $\triangle ABC$ 内的点 O 分别向边 BC, AC, AB 引垂线 OA_1, OB_1, OC_1. 设 a 是正 $\triangle ABC$ 的边长,h 是高的长.因为
$$S_{\triangle ABC}=S_{\triangle BCO}+S_{\triangle ACO}+S_{\triangle ABO}$$
所以
$$\frac{1}{2}ah=\frac{1}{2}a\cdot OA_1+\frac{1}{2}a\cdot OB_1+\frac{1}{2}a\cdot OC_1$$
也就是
$$h=OA_1+OB_1+OC_1$$

4.48 证明:$\triangle ABC$ 的角平分线 AD 的长等于 $\dfrac{2bc}{b+c}\cos\dfrac{\alpha}{2}$.

提示 设 $AD=l$,则
$$2S_{\triangle ABD}=cl\sin\frac{\alpha}{2}, 2S_{\triangle ACD}=bl\sin\frac{\alpha}{2}, 2S_{\triangle ABC}=bc\sin\alpha$$
因此
$$cl\sin\frac{\alpha}{2}+bl\sin\frac{\alpha}{2}=bc\sin\alpha=2bc\sin\frac{\alpha}{2}\cos\frac{\alpha}{2}$$

4.49 在 $\triangle ABC$ 内部取点 O,直线 AO, BO 和 CO 交三角形的边于点 A_1, B_1 和 C_1,证明:

第4章 面 积
DISIZHANG MIANJI

(1) $\dfrac{OA_1}{AA_1} + \dfrac{OB_1}{BB_1} + \dfrac{OC_1}{CC_1} = 1.$

(2) $\dfrac{AC_1}{C_1B} \cdot \dfrac{BA_1}{A_1C} \cdot \dfrac{CB_1}{B_1A} = 1.$

提示 (1) 设点 A 和 O 到直线 BC 的距离等于 h 和 h_1，则

$$\frac{S_{\triangle OBC}}{S_{\triangle ABC}} = \frac{h_1}{h} = \frac{OA_1}{AA_1}$$

类似可得 $\dfrac{S_{\triangle OAC}}{S_{\triangle ABC}} = \dfrac{OB_1}{BB_1}, \dfrac{S_{\triangle OAB}}{S_{\triangle ABC}} = \dfrac{OC_1}{CC_1}$

将这三个等式相加，注意到 $S_{\triangle OBC} + S_{\triangle OAC} + S_{\triangle OAB} = S_{\triangle ABC}$，即得所证。

(2) 设由点 B 和 C 到直线 AA_1 的距离等于 d_b 和 d_c，则

$$\frac{S_{\triangle ABO}}{S_{\triangle ACO}} = \frac{d_b}{d_c} = \frac{BA_1}{A_1C}$$

类似可得 $\dfrac{S_{\triangle ACO}}{S_{\triangle BCO}} = \dfrac{AC_1}{C_1B}, \dfrac{S_{\triangle BCO}}{S_{\triangle ABO}} = \dfrac{CB_1}{B_1A}$

剩下把这三个等式相乘即可。

4.50 已知 $(2n-1)$ 边形和点 O。直线 A_kO 和 $A_{n+k-1}A_{n+k}$ 交于点 B_k，证明：$\dfrac{A_{n+k-1}B_k}{A_{n+k}B_k}$ $(k=1,\cdots,n)$ 的乘积等于 1。

提示 容易检验，线段 $A_{n+k-1}B_k$ 与 $A_{n+k}B_k$ 的比等于 $\triangle A_{n+k-1}OA_k$ 和 $\triangle A_kOA_{n+k}$ 面积之比。这些等式相乘，即得所证。

4.51 已知凸多边形 $A_1A_2\cdots A_n$。在边 A_1A_2 上取点 B_1 和 D_2，在边 A_2A_3 上取点 B_2 和 D_3，依此类推。这样一来，如果作 $\square A_1B_1C_1D_1,\cdots,\square A_nB_nC_nD_n$，则直线 $A_1C_1,\cdots,A_nC_n$ 交于一点 O，证明

$$A_1B_1 \cdot A_2B_2 \cdot \cdots \cdot A_nB_n = A_1D_1 \cdot A_2D_2 \cdot \cdots \cdot A_nD_n$$

提示 因为 $A_iB_iC_iD_i$ 是平行四边形且点 O 在它的对角线 A_iC_i 的延长线上，所以 $S_{\triangle A_iB_iO} = S_{\triangle A_iD_iO}$，也就是 $\dfrac{A_iB_i}{A_iD_i} = \dfrac{h_i}{h_{i-1}}$，其中 h_i 是点 O 到边 A_iA_{i+1} 的距离。剩下对 $i=1,2,\cdots,n$ 将这些等式相乘即得所证。

4.52 三角形的三边长形成算术级数,证明:它的内切圆的半径等于它的一条高线长的 $\frac{1}{3}$.

提示 设 $\triangle ABC$ 的边长等于 a, b 和 c,同时 $a \leq b \leq c$,则
$$2b = a + c, 2S_{\triangle ABC} = r(a + b + c) = 3rb$$

其中 r 是内切圆的半径.另一方面,$2S_{\triangle ABC} = h_b b$,所以 $r = \frac{h_b}{3}$.

4.53 $\triangle ABC$ 的边 BC 上的点 X 到直线 AB 和 AC 的距离等于 d_b 和 d_c,证明:$\frac{d_b}{d_c} = \frac{BX \cdot AC}{CX \cdot AB}$.

提示 必须察觉 $d_b \cdot AB = 2S_{AXB} = BX \cdot AX \sin \varphi$,其中 $\varphi = \angle AXB$,$d_c \cdot AC = 2S_{\triangle AXC} = CX \cdot AX \sin \varphi$.

4.54* 将外切于半径等于 r 的圆的多边形(以任意方式)分为三角形,证明:这些三角形的内切圆半径之和大于 r.

提示 设 $r_1, \cdots, r_n$ 是所得到的三角形的内切圆的半径,$P_1, \cdots, P_n$ 是它们的周长,又 $S_1, \cdots, S_n$ 是它们的面积.原来的多边形的面积与周长分别用 S 和 P 来表示.我们发现 $P_i < P$(问题 9.26(2)),所以

$$r_1 + \cdots + r_n = 2\frac{S_1}{P_1} + \cdots + 2\frac{S_n}{P_n} > 2\frac{S_1}{P} + \cdots + 2\frac{S_n}{P} = 2\frac{S}{P} = r$$

4.55* 过 $\square ABCD$ 内的点 M,引直线 PR 和 QS 平行于边 BC 和 AB(点 P, Q, R 和 S 分别位于边 AB, BC, CD 和 DA 上),证明:直线 BS, PD 和 MC 相交于一点.

提示 过直线 BS 和 CM 的交点 N 引平行于直线 QS 和 PR 的直线 $Q_1 S_1$ 和 $P_1 R_1$(点 P_1, Q_1, R_1 和 S_1 位于边 AB, BC, CD 和 DA 上).设 F 和 G 是直线 PR 和 $Q_1 S_1, P_1 R_1$ 和 QS 的交点.因为点 M 在 $\square NQ_1 CR_1$ 的对角线 NC 上,所以 $S_{FQ_1QM} = S_{MRR_1G}$(问题 4.19),也就是 $S_{NQ_1QG} = S_{NFRR_1}$.点 N 在 $\square ABQS$ 的对角线 BS 上,所以 $S_{AP_1NS_1} = S_{NQ_1QG} = S_{NFRR_1}$,因此点 N 在 $\square APRD$ 的对角线 PD 上.

第4章 面积

DISIZHANG MIANJI

4.56* 证明：如果四边形中任何边都不平行，则联结对边交点的线段的中点在联结对角线中点的直线上.（高斯直线）

提示 设 E 和 F 是已知四边形边的延长线的交点. 我们这样表记四边形的顶点，使得 E 是延长边 AB 和 CD 在点 B 和 C 外面的交点，F 是射线 BC 和 AD 的交点. 添加 $\triangle AEF$ 和 $\triangle ABD$ 成为 $\square AERF$ 和 $\square ABLD$.

在以 A 为中心，位似系数为 2 的位似变换下，对角线 BD 的中点，对角线 AC 的中点和线段 EF 的中点分别变为点 L,C 和 R，所以只需证明，点 L,C 和 R 在一条直线上. 这个事实在问题 4.55 中已经证明了.

4.57* 在 $\square ABCD$ 的边 BC 和 DC 上选取点 D_1 和 B_1，使得 $BD_1 = DB_1$. 线段 BB_1 和 DD_1 相交于点 Q，证明：AQ 是 $\angle BAD$ 的平分线.

提示 显然，$S_{\triangle BQD} = S_{\triangle BD_1D} - S_{\triangle BQD_1} = \frac{1}{2} d_1 \cdot D_1B$，其中 d_1 是点 Q 到直线 AD 的距离. 类似可得 $S_{\triangle BQD} = \frac{1}{2} d_2 \cdot DB_1$，其中 d_2 是点 Q 到直线 AB 的距离，所以由等式 $BD_1 = DB_1$ 推得 $d_1 = d_2$.

4.58* 在锐角 $\triangle ABC$ 中引高线 BB_1 和 CC_1，在边 AB 和 AC 上取点 K 和 L，使得 $AK = BC_1, AL = CB_1$，证明：直线 AO 平分线段 KL，其中 O 是 $\triangle ABC$ 的外心.

提示 必须检验，$S_{\triangle AKO} = S_{\triangle ALO}$，也就是
$$AO \cdot AL\sin\angle OAL = AO \cdot AK\sin\angle OAK$$
显然
$$AL = CB_1 = BC\cos C, \sin\angle OAL = \cos B$$
$$AK = BC_1 = BC\cos B, \sin\angle OAK = \cos C$$

4.59* $\triangle ABC$ 的中线 AA_1 和 CC_1 相交于点 M，证明：如果四边形 A_1BC_1M 是圆外切四边形，则 $AB = BC$.

提示 因为四边形 A_1BC_1M 是圆外切四边形，则它的对边长度之和相等：$\frac{a}{2} + \frac{m_c}{2} = \frac{c}{2} + \frac{m_a}{2}$，且它的内切圆同时也是具有相等面积的 $\triangle AA_1B$ 和 $\triangle CC_1B$

的内切圆. 所以，这两个三角形的周长相等：$c + m_a + \dfrac{a}{2} = a + m_c + \dfrac{c}{2}$. 第一个等式乘以 3 和第二个等式相加，即得所证.

4.60* 在 $\triangle ABC$ 内取点 O，用 d_a, d_b, d_c 表示点 O 到三角形的边 BC, CA, AB 的距离，用 R_a, R_b, R_c 表示点 O 到顶点 A, B, C 的距离，证明：

(1) $aR_a \geqslant cd_c + bd_b$.

(2) $d_a R_a + d_b R_b + d_c R_c \geqslant 2(d_a d_b + d_b d_c + d_c d_a)$.

(3) $R_a + R_b + R_c \geqslant 2(d_a + d_b + d_c)$ (埃尔德什 – 莫德尔).

(4) $R_a R_b R_c \geqslant \dfrac{R}{2r}(d_a + d_b)(d_b + d_c)(d_c + d_a)$.

(参见这样的问题 1.60, 5.5, 5.34, 6.5, 6.31, 6.38, 6.40, 6.83, 9.26, 10.6, 10.52, 10.99, 11.21, 12.35, 22.49.)

提示 首先证明一个一般的结论，利用这个结论来证明问题 (1) ~ (4). 在射线 AB 和 AC 上任取点 B_1 和 C_1 并且由它们向直线 AO 引垂线 $B_1 K$ 和 $C_1 L$. 因为
$$B_1 C_1 \geqslant B_1 K + C_1 L$$
所以
$$B_1 C_1 \cdot R_a \geqslant B_1 K \cdot R_a + C_1 L \cdot R_a = 2S_{\triangle AOB_1} + 2S_{\triangle AOC_1} = AB_1 \cdot d_c + AC_1 \cdot d_b$$

(1) 令 $B_1 = B$ 和 $C_1 = C$，即得所证.

(2) 不等式 $aR_a \geqslant cd_c + bd_b$ 的两边乘以 $\dfrac{d_a}{a}$，得出 $d_a R_a \geqslant \dfrac{c}{a} d_a d_c + \dfrac{b}{a} d_a d_b$. 这个不等式与对 $d_b R_b$ 和 $d_c R_c$ 的类似的不等式相加，并且顾及 $\dfrac{x}{y} + \dfrac{y}{x} \geqslant 2$，即得所证.

(3) 取点 B_1 和 C_1，使得 $AB_1 = AC, AC_1 = AB$，则 $aR_a \geqslant bd_c + cd_b$，也就是 $R_a \geqslant \dfrac{b}{a} d_c + \dfrac{c}{a} d_b$. 这个不等式与对 R_b 和 R_c 的类似的不等式相加，并顾及 $\dfrac{x}{y} + \dfrac{y}{x} \geqslant 2$，得到所需证明的结论.

(4) 取点 B_1 和 C_1 使得 $AB_1 = AC_1 = 1$，则 $B_1 C_1 = 2\sin\dfrac{A}{2}$，也就是 $2\sin\dfrac{A}{2} \cdot R_a \geqslant d_c + d_b$. 这个不等式与对 R_b 和 R_c 类似的不等式相乘并且注意到

第4章 面积
DISIZHANG MIANJI

$\sin\dfrac{A}{2}\sin\dfrac{B}{2}\sin\dfrac{C}{2}=\dfrac{r}{4R}$(问题 12.38(1)),即得所证.

§9 面积割补(重新布置)

4.61 证明:正八边形的面积等于它最长的对角线与最短的对角线的乘积.

提示 由正八边形切下三角形移它们到图 4.12 所示的位置,作为所得到的矩形,它的边等于八边形的最长与最短的对角线.

4.62 由锐角三角形每边的中点引另外两边的垂线,证明:由这些垂线限定的六边形的面积等于原来的三角形面积的一半.

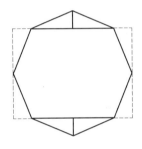

图 4.12

提示 设 A_1,B_1 和 C_1 是 $\triangle ABC$ 的边 BC,CA 和 AB 的中点.所引的线段是 $\triangle AB_1C_1$,$\triangle A_1BC_1$ 和 $\triangle A_1B_1C$ 的高线.设 P,Q 和 R 是这些三角形高线的交点,又 O 是 $\triangle A_1B_1C_1$ 高线的交点(图 4.13).考查由 $\triangle A_1B_1C_1$ 和 $\triangle B_1C_1P$,$\triangle C_1A_1Q$ 和 $\triangle A_1B_1R$ 组成的六边形.显然,$\triangle B_1C_1P \cong \triangle C_1B_1O$,$\triangle C_1A_1Q \cong \triangle A_1C_1O$,$\triangle A_1B_1R \cong \triangle B_1A_1O$.所以,考查的六边形的面积等于 $\triangle A_1B_1C_1$ 面积的 2 倍.剩下要注意 $S_{\triangle ABC}=4S_{\triangle A_1B_1C_1}$.

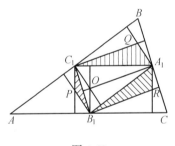

图 4.13

4.63* 面积为 1 的 $\square ABCD$ 的边 AB 和 CD 被分为 n 等份,边 AD 和 BC 被分为 m 等份.

(1) 联结分点如图 4.14(a) 所示.
(2) 联结分点如图 4.14(b) 所示.
在这两种情况下,形成的小平行四边形的面积等于什么?

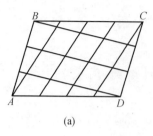 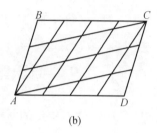

(a) (b)

图 4.14

提示 (1) 由平行四边形切下两个部分(图 4.15(a))并且移放到图 4.15(b)所示的位置. 在这种情况下得到由 $(mn+1)$ 个小平行四边形组成的图形, 所以小平行四边形的面积等于 $\dfrac{1}{mn+1}$.

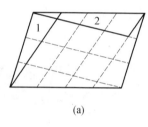 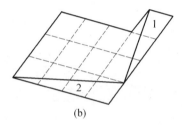

(a) (b)

图 4.15

(2) 由平行四边形切下三个部分(图 4.16(a))并且移放它们到图 4.16(b)所示的位置. 在这种情况下得到由 $(mn-1)$ 个小平行四边形组成的图形, 所以小平行四边形的面积等于 $\dfrac{1}{mn-1}$.

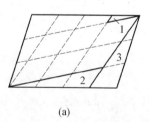 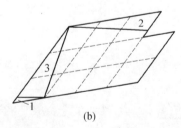

(a) (b)

图 4.16

4.64* (1) 正十二边形的四个顶点落在正方形边的中点(图 4.17), 证

第4章 面积
DISIZHANG MIANJI

明:阴影部分的面积是正十二边形面积的 $\frac{1}{12}$.

(2) 证明:内接于半径为 1 的圆中的正十二边形的面积等于 3.

(参见这样的问题 2.77,3.41,4.35,9.44.)

提示 (1) 将原来的正方形剪为四个小正方形,考查其中的一个(图 4.18). 设点 B' 是点 B 关于直线 PQ 的对称点. 我们证明,$\triangle APB \cong \triangle OB'P$. $\triangle OPC$ 是等边三角形,即 $\triangle APB$ 是等腰三角形,同时它的底角等于 15°,所以 $\triangle BPQ$ 是等边三角形,因此 $\angle OPB' = \angle OPQ - \angle B'PQ = 75° - 60° = 15°$,$\angle POB' = \frac{\angle POQ}{2} = 15°$. 此外 $AB = OP$. 类似可证 $\triangle BQC \cong \triangle OB'Q$. 因此,图 4.17 中阴影部分的面积等于 $\triangle OPQ$ 的面积.

(2) 设内接于半径为 1 的圆中的正十二边形的面积等于 $12x$. 根据问题(1),这个圆的外切正方形面积等于 $12x + 4x = 16x$. 另一方面,这个正方形面积等于 4,所以 $x = \frac{1}{4}$ 并且 $12x = 3$.

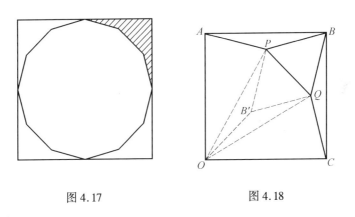

图 4.17　　　　图 4.18

§10　供独立解答的问题

4.65　圆内接四边形 $ABCD$ 的边满足关系式 $AB \cdot BC = AD \cdot DC$,证明:$\triangle ABC$ 与 $\triangle ADC$ 的面积相等.

4.66　能否过三角形的两个顶点引两条分割直线,分三角形为四个部分,使得(由这些部分中的)三个三角形等积?

4.67 证明:具有共同的对边中点连线的所有凸四边形等积.

4.68 证明:如果延长凸四边形的边到它们相交得到的两个三角形等积,则一条对角线平分另一条对角线.

4.69 三角形的面积等于 S,周长等于 P.在三角形外边距离各边为 h 的地方放有三条直线,求这三条直线形成的三角形的周长和面积.

4.70 在 $\triangle ABC$ 的边 AB 上取点 D 和 E,使得 $\angle ACD = \angle DCE = \angle ECB = \varphi$.如果已知边 AC 和 BC 的长以及角 φ,求 $\dfrac{CD}{CE}$.

4.71 设 AA_1,BB_1 和 CC_1 是 $\triangle ABC$ 的三条角平分线,证明:
$$\frac{S_{\triangle A_1 B_1 C_1}}{S_{\triangle ABC}} = \frac{2ab}{(a+b)(b+c)(c+a)}.$$

4.72 点 M 和 N 是梯形 $ABCD$ 的腰 AB 和 CD 的中点,证明:如果梯形的面积等于 $AN \cdot NB + CM \cdot MD$ 的 2 倍,则 $AB = CD = BC + AD$.

4.73 如果具有两两不同边长的四边形内接于半径为 R 的圆中,则还存在两个不同于它的四边形,有着同样的边长且内接于同一个圆中,这些四边形具有不多于三种不同长度的对角线 d_1,d_2 和 d_3,证明:四边形的面积等于 $\dfrac{d_1 d_2 d_3}{4R}$.

4.74 在 $\triangle ABC$ 的边 AB,BC 和 CA 上取点 C_1,A_1 和 B_1,这些点关于所在边中点的对称点为 C_2,A_2 和 B_2,证明:$S_{\triangle A_1 B_1 C_1} = S_{\triangle A_2 B_2 C_2}$.

4.75 在 $\triangle ABC$ 内部取点 P.过 P 和三角形的顶点引直线,交三角形的边于点 A_1,B_1 和 C_1,证明:由线段 AA_1,BB_1 和 CC_1 的中点形成三角形的面积等于 $\triangle A_1 B_1 C_1$ 面积的 $\dfrac{1}{4}$.

第5章 三角形

基础知识

1.与三角形所有边相切的圆叫做此三角形的内切圆.角平分线的交点是内切圆的圆心.

与 $\triangle ABC$ 其中一边及另两边延长线相切的圆叫做 $\triangle ABC$ 的旁切圆.每个三角形都恰有三个旁切圆. $\angle C$ 的平分线和 $\angle A, \angle B$ 的外角平分线的交点是和 AB 相切的旁切圆的圆心.

通过三角形各顶点的圆叫做此三角形的外接圆.三角形各边中垂线的交点,是此三角形的外接圆的圆心.

2.对于 $\triangle ABC$ 的元素,经常使用下列记号:

a, b, c 表示 $\triangle ABC$ 的边 BC, CA, AB 的长;

α, β, γ 表示 $\triangle ABC$ 的顶点 A, B, C 的角的大小;

p 表示 $\triangle ABC$ 的半周长;

R 表示 $\triangle ABC$ 的外接圆的半径;

r 表示 $\triangle ABC$ 的内切圆的半径;

r_a, r_b 和 r_c 表示分别与边 BC, CA 和 AB 相切的旁切圆的半径;

h_a, h_b, h_c 表示过 $\triangle ABC$ 顶点 A, B, C 引的高线的长度.

3.若 AD 为 $\triangle ABC$ 的 $\angle A$ 的平分线(或 $\angle A$ 外角的平分线),则 $\dfrac{BD}{CD} = \dfrac{AB}{AC}$.
(参见问题 1.17)

4.直角三角形中,由直角顶点引的中线等于斜边的一半.(问题 5.19)

5.为了证明某些直线的交点共线,经常利用梅涅劳斯定理.(问题 5.69)

为了证明某些直线共点,经常利用塞瓦定理.(问题 5.85)

引导性问题

1.证明:(1)如果三角形的中线与高线重合,则这个三角形是等腰三角形.

(2) 如果三角形的角平分线与高线重合,则这个三角形是等腰三角形.

2. 证明:三角形的角平分线相交于一点.

3. 在 $\triangle ABC$ 的高 AH 上取点 M,证明:$AB^2 - AC^2 = MB^2 - MC^2$.

4. 在正 $\triangle ABC$ 的边 AB, BC, CA 上取点 P, Q, R,使得 $\dfrac{AP}{PB} = \dfrac{BQ}{QC} = \dfrac{CR}{RA} = 2$,证明:$\triangle PQR$ 的边垂直于 $\triangle ABC$ 的边.

§1 内切圆与外接圆

5.1 在 $\triangle ABC$ 的边 BC, CA 和 AB 上取点 A_1, B_1 和 C_1,使 $AC_1 = AB_1$,$BA_1 = BC_1$,$CA_1 = CB_1$,证明:A_1, B_1 和 C_1 是内切圆与边的切点.

提示 设 $AC_1 = AB_1 = x$,$BA_1 = BC_1 = y$,$CA_1 = CB_1 = z$,则
$$a = y + z, b = z + x, c = x + y$$
用前两个等式的和减去第三个等式,得到
$$z = \frac{a + b - c}{2}$$
所以如果 $\triangle ABC$ 给定了,则点 A_1 和 B_1 的位置唯一确定.类似地,点 C_1 的位置唯一确定.剩下注意,内切圆与边的切点满足问题条件指出的关系.

5.2 设 O_a, O_b 和 O_c 是 $\triangle ABC$ 的三个旁切圆的圆心,证明:点 A, B 和 C 是 $\triangle O_a O_b O_c$ 三条高的垂足.

提示 射线 CO_a 和 CO_b 是在顶点 C 处的外角平分线,所以点 C 在直线 $O_a O_b$ 上并且 $\angle O_a CB = \angle O_b CA$.因为 CO_c 是 $\angle BCA$ 的平分线,所以 $\angle BCO_c = \angle ACO_c$.这两个等式相加得 $\angle O_a CO_c = \angle O_c CO_b$,也就是 $O_c C$ 是 $\triangle O_a O_b O_c$ 的高线.类似可证,$O_a A$ 和 $O_b B$ 也是这个三角形的高线.

5.3 证明:由 $\triangle ABC$ 的外心 O 看边 BC 的视角为 $90° + \dfrac{\angle A}{2}$,而由旁心 O_a 看边 BC 的视角为 $90° - \dfrac{\angle A}{2}$.

提示 显然

第 5 章 三角形
DIWUZHANG SANJIAOXING

$$\angle BOC = 180° - \angle CBO - \angle BCO = 180° - \frac{\angle B}{2} - \frac{\angle C}{2} = 90° + \frac{\angle A}{2}$$

因为 $\angle OBO_a = \angle OCO_a = 90°$，所以
$$\angle BO_aC = 180° - \angle C$$

5.4 在 $\triangle ABC$ 内部取点 P，使得 $\dfrac{\angle PAB}{\angle PAC} = \dfrac{\angle PCA}{\angle PCB} = \dfrac{\angle PBC}{\angle PBA} = x$，证明：$x = 1$.

提示 设 AA_1，BB_1 和 CC_1 是三角形的角平分线，O 是它们的交点. 假设 $x > 1$，那么 $\angle PAB > \angle PAC$，即点 P 在 $\triangle AA_1C$ 内部. 类似地，点 P 在 $\triangle CC_1B$ 和 $\triangle BB_1A$ 内部. 但这三个三角形的唯一公共点是点 O. 得出矛盾，$x < 1$ 的情况类似分析.

5.5* 设 A_1，B_1 和 C_1 是 $\triangle ABC$ 的某个内点 O 在三条高线上的射影，证明：如果线段 AA_1，BB_1 和 CC_1 的长相等，则它们都等于 $2r$.

提示 设 d_a，d_b 和 d_c 是点 O 到边 BC，CA 和 AB 的距离，则
$$ad_a + bd_b + cd_c = 2S, ah_a = bh_b = ch_c = 2S$$
如果
$$h_a - d_a = h_b - d_b = h_c - d_c = x$$
则 $(a + b + c)x = a(h_a - d_a) + b(h_b - d_b) + c(h_c - d_c) = 6S - 2S = 4S$
所以
$$x = \frac{4S}{2p} = 2r$$

5.6* 一个角绕着自己的顶点 O——等腰 $\triangle ABC$ 底边 AC 的中点，旋转 $\alpha = \angle BAC$ 的度数，这个角的边交线段 AB 和 BC 于点 P 和 Q，证明：$\triangle PBQ$ 的周长是个常数.

提示 我们证明，点 O 是 $\triangle PBQ$ 与边 PQ 相切的旁切圆圆心. 实际上，$\angle POQ = \angle A = 90° - \dfrac{\angle B}{2}$，这也是由旁心看线段 PQ 的视角（问题 5.3）. 此外，点 O 在 $\angle B$ 的平分线上，因此 $\triangle PBQ$ 的半周长等于线段 OB 在直线 CB 上的射影的长.

5.7* 在非等腰 $\triangle ABC$ 中过边 BC 的中点 M 与内心 O 引直线 MO,交高 AH 于点 E,证明: $AE = r$.

提示 设 P 是内切圆与边 BC 的切点. PQ 是内切圆的直径, R 是直线 AQ 和 BC 的交点. 因为 $CR = BP$(问题 19.11(1)), M 是边 BC 的中点,所以 $RM = PM$. 此外, O 是直径 PQ 的中点,所以 $MO \parallel QR$,又因为 $AH \parallel PQ$,所以 $AE = OQ$.

5.8* 一个圆与顶点为 A 的角的两边切于点 P 和 Q. 点 P,Q 和 A 到这个圆的某条切线的距离等于 u,v 和 w,证明: $\dfrac{uv}{w^2} = \sin^2\dfrac{A}{2}$.

提示 已知圆可以是由相切角截出的 $\triangle ABC$ 的内切圆,也可以是旁切圆. 利用问题 3.2 的结果,两种情况容易验证

$$\frac{uv}{\omega^2} = \frac{(p-b)(p-c)\sin B \sin C}{h_a^2}$$

剩下注意, $h_a = b\sin C = c\sin B$ 和 $\dfrac{(p-b)(p-c)}{bc} = \sin^2\dfrac{A}{2}$ (问题 12.13).

5.9* (1) 在 $\triangle ABC$ 的边 AB 上取点 P. 设 r, r_1 和 r_2 是 $\triangle ABC, \triangle BCP$ 和 $\triangle ACP$ 的内切圆的半径, h 是由顶点 C 引的高线,证明: $r = r_1 + r_2 - \dfrac{2r_1 r_2}{h}$.

(2) 点 $A_1, A_2, A_3, \cdots$,在一条直线上(按指出的次序),证明: 如果所有 $\triangle BA_i A_{i+1}$ 的内切圆半径都等于同一个数 r_1,则所有 $\triangle BA_i A_{i+k}$ 的内切圆半径等于同一个数 r_k.

提示 (1) 设 $p = CP, x_1 = BP, x_2 = AP$,则

$$r_1 = \frac{x_1 h}{a+p+x_1}, r_2 = \frac{x_2 h}{b+p+x_2}, r = \frac{(x_1+x_2)h}{a+b+x_1+x_2}$$

所需等式经过不复杂的变换化为 $x_2(p^2 + x_1^2 - a^2) + x_1(p^2 + x_2^2 - b^2) = 0$ 的形式. 剩下注意, $p^2 + x_1^2 - a^2 = 2px_1\cos\angle BPC$, $p^2 + x_2^2 - b^2 = 2px_2\cos\angle APC$ 和 $\cos\angle BPC = -\cos\angle APC$.

(2) 根据问题(1) $r_{k+1} = r_1 + r_k - \dfrac{2r_1 r_k}{h}$,其中 h 是由点 B 到直线 $A_1 A_2$ 的距离.

第 5 章 　三 角 形
DIWUZHANG　SANJIAOXING

5.10　证明:$\triangle ABC$ 的高线的交点 H 关于它的边的对称点在三角形的外接圆上.

提示　设 A_1, B_1 和 C_1 是点 H 分别关于边 BC, CA 和 AB 的对称点.因为
$$AB \perp CH, BC \perp AH$$
所以
$$\angle(AB, BC) = \angle(CH, HA)$$
又因为 $\triangle AC_1H$ 是等腰三角形,所以
$$\angle(CH, HA) = \angle(AC_1, C_1C)$$
因此
$$\angle(AB, BC) = \angle(AC_1, C_1C)$$
也就是点 C_1 在 $\triangle ABC$ 的外接圆上.类似可证,点 A_1 和 B_1 也在这个圆上.

5.11*　从三角形外接圆的弧 BC 上的点 P 向边 BC, CA, AB 引垂线 PX, PY, PZ,证明:$\dfrac{BC}{PZ} = \dfrac{AC}{PY} + \dfrac{AB}{PZ}$.

提示　点 X, Y 和 Z 在一条直线上(问题 5.105(1)),所以
$$S_{\triangle PYZ} = S_{\triangle PXZ} + S_{\triangle PXY}$$
因为 $PY \perp CA, PZ \perp AB, S_{\triangle PYZ} = \dfrac{1}{2} PY \cdot PZ \sin \alpha$,对两个另外的面积作类似的代换,得到
$$\frac{\sin \alpha}{PX} = \frac{\sin \beta}{PY} + \frac{\sin \gamma}{PZ}$$
剩下注意,$\sin \alpha : \sin \beta : \sin \gamma = BC : CA : AB$.

*　　　*　　　*

5.12*　设 O 是 $\triangle ABC$ 的外心,I 是它的内心,I_a 是与边 BC 相切的旁切圆圆心,证明:

(1) $d^2 = R^2 - 2Rr$,其中 $d = OI$(欧拉).

(2) $d_a^2 = R^2 + 2Rr_a$,其中 $d_a = OI_a$.

提示　(1) 设 M 是直线 AI 同外接圆的交点.过点 I 引外接圆的直径,得到
$$AI \cdot IM = (R + d)(R - d) = R^2 - d^2$$
因为 $IM = CM$(问题 2.4(1)),所以

$$R^2 - d^2 = AI \cdot CM$$

剩下注意 $AI = \dfrac{r}{\sin\dfrac{A}{2}}, CM = 2R\sin\dfrac{A}{2}$.

(2) 设 M 是直线 AI_a 同外接圆的交点,此时 $AI_a \cdot I_a M = d_a^2 - R^2$. 因为 $I_a M = CM$(问题 2.4(1)),所以 $d_a^2 - R^2 = AI_a \cdot CM$. 剩下注意 $AI_a = \dfrac{r}{\sin\dfrac{A}{2}}, CM = 2R\sin\dfrac{A}{2}$.

5.13* 设 O 是 $\triangle ABC$ 的外心,I 是它的内心,证明:$OI \perp BI$(或者也可 O 与 I 重合),当且仅当 $b = \dfrac{a+c}{2}$.

提示 在 $\triangle OIB$ 中,当且仅当 $OB^2 = OI^2 + BI^2$ 时,顶点 I 的角是直角. 显然,$OB = R, BI = \dfrac{r}{\sin\dfrac{B}{2}}$. 此外,根据问题 5.12(1) 有 $OI^2 = R^2 - 2Rr$,所以得到等式 $r = 2R\sin^2\dfrac{\beta}{2}$. 根据问题 12.38(1) 有 $r = 4r\sin\dfrac{\alpha}{2}\sin\dfrac{\beta}{2}\sin\dfrac{\gamma}{2}$. 所以,得到的等式可以改变形如 $2\sin\dfrac{\alpha}{2}\sin\dfrac{\gamma}{2} = \sin\dfrac{\beta}{2}$. 这个等式等价于等式 $2\sin\beta = \sin\alpha + \sin\gamma$. 实际上,最后的等式可以通过下面的变换得到

$$4\cos\dfrac{\beta}{2}\sin\dfrac{\beta}{2} = 2\sin\dfrac{\alpha+\gamma}{2}\cos\dfrac{\alpha-\gamma}{2}$$

$$2\sin\dfrac{\beta}{2} = \cos\dfrac{\alpha-\gamma}{2}$$

$$\sin\beta = \cos\dfrac{\alpha-\gamma}{2} - \cos\dfrac{\alpha+\gamma}{2}$$

$$\sin\dfrac{\beta}{2} = 2\sin\dfrac{\alpha}{2}\sin\dfrac{\gamma}{2}$$

5.14* 延长 $\triangle ABC$ 的三条角平分线交它的外接圆于点 A_1, B_1, C_1, M 是角平分线的交点,证明:

(1) $\dfrac{MA \cdot MC}{MB_1} = 2r$.

第5章 三角形
DIWUZHANG SANJIAOXING

(2) $\dfrac{MA_1 \cdot MC_1}{MB} = R$.

提示 (1) 因为 B_1 是 $\triangle AMC$ 外接圆的圆心(问题 2.4(1)),所以
$$AM = 2MB_1 \sin\angle ACM$$

同样显然
$$MC = \dfrac{r}{\sin\angle ACM}$$

所以
$$MA \cdot \dfrac{MC}{MB_1} = 2r$$

(2) 因为 $\angle MBC_1 = \angle BMC_1 = 180° - \angle BMC$,$\angle BC_1M = \angle A$,所以
$$\dfrac{MC_1}{BC} = \dfrac{BM}{BC} \cdot \dfrac{MC_1}{BM} = \dfrac{\sin\angle BCM}{\sin\angle BMC} \cdot \dfrac{\sin\angle MBC_1}{\sin\angle BC_1M} = \dfrac{\sin\angle BCM}{\sin A}$$

此外,$MB = 2MA_1 \sin\angle BCM$,所以
$$MC_1 \cdot \dfrac{MA_1}{MB} = \dfrac{BC}{2\sin A} = R$$

5.15* 已知 $\triangle ABC$ 的边长成算术级数,并且 $a < b < c$. $\angle B$ 的平分线交外接圆于点 B_1,证明:内切圆圆心 O 平分线段 BB_1.

提示 设 M 是边 AC 的中点,N 是内切圆切边 BC 的切点,则 $BN = p - b$(问题 3.2),因为根据条件 $p = \dfrac{3b}{2}$,所以 $BN = AM$. 此外,$\angle OBN = \angle B_1AM$,即 $\triangle OBN \cong \triangle B_1AM$,因此 $OB = B_1A$. 但 $B_1A = B_1O$(问题 2.4(1)).

5.16* 在 $\triangle ABC$ 中,BC 是最小边,在射线 BA 和 CA 上截取线段 BD 和 CE 等于 BC,证明:$\triangle ADE$ 外接圆的半径等于 $\triangle ABC$ 的内心与外心之间的距离.

提示 设 O 和 O_1 是 $\triangle ABC$ 的内切圆圆心和外接圆圆心.考查圆心为 O,半径 $d = OO_1$ 的圆.在这个圆中作弦 O_1M 和 O_1N,分别与边 AB 和 AC 平行.设 K 是内切圆同边 AB 的切点,L 是边 AB 的中点.因为 $OK \perp AB$,$O_1L \perp AB$,$O_1M \parallel AB$,所以
$$O_1M = 2KL = 2BL - 2BK = c - (a + c - b) = b - a = AE$$

类似有 $O_1N = AD$,也就是 $\triangle MO_1N \cong \triangle EAD$.因此,$\triangle EAD$ 的外接圆半径等于 d.

* * *

5.17* $\triangle ABC$ 被它的三条中线分成6个三角形,证明:这些三角形的外接圆圆心位于一个圆上.

提示 设 AA_1,BB_1,CC_1 是中线,M 是它们的交点,A_+,B_-,C_+,A_-,B_+,C_- 是 $\triangle B_1MC, \triangle CMA_1, \triangle A_1MB, \triangle BMC_1, \triangle C_1MA, \triangle AMB_1$ 的外接圆圆心.点 B_+ 和 B_- 在直线 AA_1 上的射影是线段 AM 和 MA_1 的中点,所以向量 $\overrightarrow{B_+B_-}$ 在直线 AA_1 上的射影等于 $\frac{1}{2}\overrightarrow{AA_1}$.类似地,这个向量在直线 CC_1 上的射影等于 $\frac{1}{2}\overrightarrow{CC_1}$.类似的结论对向量 $\overrightarrow{A_+A_-}$ 和 $\overrightarrow{C_+C_-}$ 也是对的.

向量 $\overrightarrow{AA_1},\overrightarrow{BB_1}$ 和 $\overrightarrow{CC_1}$ 的和等于零向量(问题 13.1),所以存在 $\triangle A_2B_2C_2$,对于它有 $\overrightarrow{AA_1} = \overrightarrow{B_2C_2},\overrightarrow{BB_1} = \overrightarrow{C_2A_2},\overrightarrow{CC_1} = \overrightarrow{A_2B_2}$.对任意点 X,向量在直线 B_2A_2 和 B_2C_2 上的射影完全确定.另一方面,向量 $\overrightarrow{B_2O}$(其中 O 是 $\triangle A_2B_2C_2$ 的外心)也具有如向量 $\overrightarrow{B_+B_-}$ 在这些直线上的射影.因此,向量 $\overrightarrow{A_+A_-},\overrightarrow{B_+B_-}$ 和 $\overrightarrow{C_+C_-}$ 的长相等(它们等于 $\triangle A_2B_2C_2$ 外接圆的半径).

六边形 $A_+B_-C_+A_-B_+C_-$ 的对边平行,又它的对角线 A_+A_-,B_+B_- 和 C_+C_- 相等.根据问题 6.57 这个六边形内接于圆.

§2 直角三角形

5.18 在 $\triangle ABC$ 中 $\angle C$ 是直角,证明:$r = \dfrac{a+b-c}{2}, r_c = \dfrac{a+b+c}{2}$.

提示 设内切圆切边 AC 于点 K,旁心圆切边 AC 的延长线于点 L,则 $r = CK, r_c = CL$.剩下再利用问题 3.2 的结果.

5.19 设 M 是 $\triangle ABC$ 中边 AB 的中点,证明:$CM = \dfrac{AB}{2}$ 当且仅当 $\angle ACB = 90°$.

第 5 章　三　角　形
DIWUZHANG　SANJIAOXING

提示　因为 $\frac{AB}{2} = AM = BM$，所以当且仅当点 C 在以 AB 为直径的圆上时 $CM = \frac{AB}{2}$.

5.20　已知底为 AD 的梯形 $ABCD$. 顶点 A 和 B 的外角平分线交于点 P，而顶点 C 和 D 的外角平分线交于点 Q，证明：线段 PQ 的长等于梯形周长的一半.

提示　设 M 和 N 是边 AB 和 CD 的中点. △APB 是直角三角形，所以
$$PM = \frac{AB}{2}, \angle MPA = \angle PAM$$
这意味着 $PM \ /\!/ \ AD$. 类似地讨论指出，点 P,M,N 和 Q 在一条直线上且
$$PQ = PM + MN + NQ = \frac{AB + (BC + AD) + CD}{2}$$

5.21　在底边为 AC 的等腰 △ABC 中引角平分线 CD. 过点 D 引 DC 的垂线交 AC 于点 E，证明：$EC = 2AD$.

提示　设 F 是直线 DE 和 BC 的交点，K 是线段 EC 的中点. 线段 CD 是 △ECF 的角平分线与高线，所以 $ED = DF$，即 $DK \ /\!/ \ FC$. 直角 △EDC 的中线 DK 等于斜边 EC 的一半（问题 5.19），所以 $AD = DK = \frac{EC}{2}$.

5.22　在 △ABC 的中线 BM 和角平分线 BK（或它们的延长线）上取点 D 和 E，使得 $DK \ /\!/ \ AB$，$EM \ /\!/ \ BC$，证明：$ED \perp BK$.

提示　直线 EM 过边 AB 的中点，所以它过线段 DK 的中点 O. 此外
$$\angle EKO = \angle ABK = \angle KBC = \angle KEO$$
所以
$$OE = OK = OD$$
根据问题 5.19 有 $\angle DEK = 90°$.

5.23　梯形下底的两个底角的和等于 $90°$，证明：联结上、下底中点的线段等于两底之差的一半.

提示　设梯形 $ABCD$ 的在底 AD 上的两个角的和等于 $90°$. 直线 AB 和 CD 的

交点记为 O. 点 O 在过两底中点的直线上. 过点 C 引这条直线的平行线 CK, 引直线 AB 的平行线 CE (点 K 和 E 在底 AD 上), 则 CK 是直角 $\triangle ECD$ 的中线, 所以 $CK = \dfrac{ED}{2} = \dfrac{AD - BC}{2}$ (问题 5.19).

5.24 ▱$ABCD$ 的对角线相交于点 O. 点 M 在直线 AB 上, 且 $\angle AMO = \angle MAD$, 证明: 点 M 与点 C 和 D 等远.

提示 设 P 和 Q 是边 AB 和 CD 的中点. 为确定起见, 考查当点 M 不在线段 AP 上的情况 (当点 M 在线段 AP 上的情况可类似分析). 显然, $\angle MPO = \angle MAD = \angle PMO$, 这意味着 $MO = OP = OQ$, 所以根据问题 5.19 有 $MQ \perp MP$, 因此 MQ 是线段 CD 的中垂线.

5.25 在直角 $\triangle ABC$ 中由直角顶点 C 引高线 CK, 又在 $\triangle ACK$ 中引角平分线 CE, 证明: $CB = BE$.

提示 显然, $\angle CEB = \angle A + \angle ACE = \angle BCK + \angle KCE = \angle BCE$.

5.26 在 $\triangle ABC$ 中, $\angle C$ 是直角, 作高线 CD 和角平分线 CF. DK 和 DL 是 $\triangle BDC$ 和 $\triangle ADC$ 中的角平分线, 证明: $CLFK$ 是正方形.

提示 线段 CF 和 DK 是相似 $\triangle ACB$ 和 $\triangle CDB$ 的角平分线, 所以 $\dfrac{AB}{FB} = \dfrac{CB}{KB}$. 因此 $FK \parallel AC$. 类似可证 $LF \parallel CB$, 所以 $CLFK$ 是矩形, 它的对角线 CF 是 $\angle LCK$ 的平分线, 也就是它是正方形.

5.27* 在直角 $\triangle ABC$ 的斜边 AB 上向形外作正方形 $ABPQ$. 设 $\alpha = \angle ACQ, \beta = \angle QCP, \gamma = \angle PCB$, 证明: $\cos \beta = \cos \alpha \cos \gamma$.

(参见同样的问题 1.40, 1.43, 1.50(1), 2.5, 2.41, 2.68, 2.69, 3.39, 5.18 ~ 5.27, 5.35, 5.43, 5.46, 5.75, 5.157, 6.82, 11.14.)

提示 因为 $\dfrac{\sin ACQ}{AQ} = \dfrac{\sin AQC}{AC}$, 所以

$$\dfrac{\sin \alpha}{a} = \dfrac{\sin(180° - \alpha - 90° - \varphi)}{a \cos \varphi} = \dfrac{\cos(\alpha + \varphi)}{a \cos \varphi}$$

其中 a 是正方形 $ABPQ$ 的边,$\varphi = \angle CAB$,所以
$$\cot \alpha = 1 + \tan \varphi$$
类似地有 $\quad\cot \gamma = 1 + \tan(90° - \varphi) = 1 + \cot \varphi$

因此 $\quad\tan \alpha + \tan \gamma = \dfrac{1}{1 + \tan \varphi} + \dfrac{1}{1 + \cot \varphi} = 1$

即 $\quad\cos \alpha \cos \gamma = \cos \alpha \sin \gamma + \cos \gamma \sin \alpha = \sin(\alpha + \gamma) = \cos \beta$

§3 正三角形

5.28 由正 $\triangle ABC$ 内的点 M 分别向边 AB, BC 和 CA 引垂线 MP, MQ 和 MR,证明
$$AP^2 + BP^2 + CR^2 = PB^2 + QC^2 + RA^2$$
$$AP + BQ + CR = PB + QC + RA$$

提示 根据勾股定理有
$$AP^2 + BQ^2 + CR^2 = (AM^2 - PM^2) + (BM^2 - QM^2) + (CM^2 - RM^2)$$
$$PB^2 + QC^2 + RA^2 = (BM^2 - PM^2) + (CM^2 - QM^2) + (AM^2 - RM^2)$$
这两个表达式相等.因为
$$AP^2 + BQ^2 + CR^2 = (a - PB)^2 + (a - QC)^2 + (a - RA)^2 =$$
$$3a^2 - 2a(PB + QC + RA) + PB^2 + QC^2 + RA^2$$
其中 $a = AB$,则
$$PB + QC + RA = \dfrac{3a}{2}$$

5.29 点 D 和 E 分正 $\triangle ABC$ 的边 AC 和 AB 为 $\dfrac{AD}{DC} = \dfrac{BE}{EA} = \dfrac{1}{2}$.直线 BD 和 CE 相交于点 O,证明:$\angle AOC = 90°$.

提示 设点 F 分线段 BC 为 $\dfrac{CF}{FB} = \dfrac{1}{2}$;线段 AF 与 BD 和 CE 的交点是 P 和 Q.显然,$\triangle OPQ$ 是正三角形.利用问题 1.3(1) 的结果,容易检验
$$\dfrac{AP}{PF} = \dfrac{3}{4}, \dfrac{AQ}{QF} = 6$$
因此 $\quad AP : PQ : QF = 3 : 3 : 1$

即
$$AP = PQ = OP$$
所以
$$\angle AOP = 30°, \angle AOC = 90°$$

*　　*　　*

5.30 一个圆分三角形的每条边都为三等份,证明:这个三角形是正三角形.

提示 设 A 和 B, C 和 D, E 和 F, 是圆与 $\triangle PQR$ 的边 PQ, QR, RP 的交点. 考查中线 PS, 它联结着平行弦 FA 和 DC 的中点, 所以和这两弦垂直, 因此 PS 是 $\triangle PQR$ 的高线, 即 $PQ = PR$. 类似地有 $PQ = QR$.

5.31 证明:如果一个锐角三角形高线的交点分三条高线为同一个比例,则这个三角形是正三角形.

提示 设 H 是 $\triangle ABC$ 的高线 AA_1, BB_1 和 CC_1 的交点. 根据条件 $A_1H \cdot BH = B_1H \cdot AH$. 另一方面, 因为点 A_1 和 B_1 在以 AB 为直径的圆上, 则 $AH \cdot A_1H = BH \cdot B_1H$, 因此 $AH = BH$, $A_1H = B_1H$, 也即 $AC = BC$. 类似地有 $BC = AB$.

5.32 (1) 证明:如果 $a + h_a = b + h_b = c + h_c$, 则 $\triangle ABC$ 是正三角形.

(2) 在 $\triangle ABC$ 中内接有三个正方形, 其一的两个顶点在边 AC 上, 其二的两个顶点在边 BC 上, 其三的两个顶点在边 AB 上, 证明:如果这三个正方形相等, 则 $\triangle ABC$ 是正三角形.

提示 (1) 假设 $\triangle ABC$ 不是正三角形, 例如 $a \neq b$. 因为
$$a + h_a = a + b\sin\gamma, b + h_b = b + a\sin\gamma$$
所以
$$(a - b)(1 - \sin\gamma) = 0$$
因为 $\sin\gamma = 1$, 即 $\gamma = 90°$. 但当 $a \neq c$, 类似讨论证得 $\beta = 90°$, 得到矛盾.

(2) 两个顶点在边 BC 上的正方形的边用 x 表记. 由 $\triangle ABC$ 和 $\triangle APQ$ 相似, 其中 P 和 Q 是正方形在 AB 和 AC 上的顶点, 得出

第5章 三角形
DIWUZHANG SANJIAOXING

即
$$\frac{x}{a} = \frac{h_a - x}{h_a}$$
$$x = \frac{ah_a}{a + h_a} = \frac{2S}{a + h_a}$$

类似地讨论对另外的正方形得出
$$a + h_a = b + h_b = c + h_c$$

5.33 在 $\triangle ABC$ 中内切圆与它的三边的切点为 A_1, B_1, C_1,证明:如果 $\triangle ABC$ 与 $\triangle A_1 B_1 C_1$ 相似,则 $\triangle ABC$ 是正三角形.

提示 如果 α, β 和 γ 是 $\triangle ABC$ 的内角,则 $\triangle A_1 B_1 C_1$ 的内角等于 $\frac{\beta + \gamma}{2}$, $\frac{\gamma + \alpha}{2} \geqslant \frac{\alpha + \beta}{2}$. 为确定起见,设 $\alpha \geqslant \beta \geqslant \gamma$,则
$$\frac{\alpha + \beta}{2} \geqslant \frac{\alpha + \gamma}{2} \geqslant \frac{\beta + \gamma}{2}$$

因此
$$\alpha = \frac{\alpha + \beta}{2}, \gamma = \frac{\beta + \gamma}{2}$$

即
$$\alpha = \beta, \beta = \gamma$$

5.34 三角形的内切圆半径等于1,高线的长是整数,证明:这个三角形是正三角形.

(参见同样的问题 1.29,1.45,1.46,1.50,1.59,2.14,2.16,2.19,2.38,2.47,2.57,4.47,5.64,5.65,6.48,6.61,6.82,7.16(2),7.18,7.23,7.39,7.47,10.3,10.80,11.3,11.5,14.21(1),16.7,18.10 ~ 18.16,18.18 ~ 18.21,18.23 ~ 18.25,18.42,18.43,24.1,29.34,29.42,29.46,29.47,31.44,31.70.)

提示 在任意三角形中,高大于内切圆的直径,所以高线的长是大于2的整数,即它们全部不小于3.设 S 是三角形的面积,a 是它的最大边,h 是对应的高线.

假设三角形不是正三角形,则它的周长 P 小于 $3a$,所以 $3a > P = Pr = 2S = ha$,即 $h < 3$. 得出矛盾.

§4 带有 60° 或 120° 的三角形

5.35 在 $\triangle ABC$ 中,$\angle A$ 等于 $120°$,作角平分线 AA_1,BB_1 和 CC_1,证明:$\triangle A_1B_1C_1$ 是直角三角形.

提示 因为 $\triangle ABA_1$ 中顶点 A 处的外角等于 $120°$ 和 $\angle A_1AB_1 = 60°$,所以 AB_1 是这个外角的平分线.此外,BB_1 是在顶点 B 处的内角的平分线,所以 A_1B_1 是 $\angle AA_1C$ 的平分线.类似地有 A_1C_1 是 $\angle AA_1B$ 的平分线,所以

$$\angle B_1A_1C_1 = \frac{\angle AA_1C + \angle AA_1B}{2} = 90°$$

5.36 在 $\triangle ABC$ 中,$\angle A$ 等于 $120°$,角平分线 AA_1,BB_1 和 CC_1 相交于点 O,证明:$\angle A_1C_1O = 30°$.

提示 根据问题 5.35 的解,射线 A_1C_1 是 $\angle AA_1B$ 的平分线.设 K 是 $\triangle A_1AB$ 角平分线的交点,则

$$\angle C_1KO = \angle A_1KB = 90° + \frac{\angle A}{2} = 120°$$

所以
$$\angle C_1KO + \angle C_1AO = 180°$$

即四边形 $AOKC_1$ 是圆内接四边形,因此
$$\angle A_1C_1O = \angle KC_1O = \angle KAO = 30°$$

5.37 在 $\triangle ABC$ 中引角平分线 BB_1 和 CC_1,证明:如果 $\triangle ABB_1$ 和 $\triangle ACC_1$ 的外接圆的交点在边 BC 上,则 $\angle A = 60°$.

提示 设 $\triangle ABB_1$ 和 $\triangle ACC_1$ 的外接圆相交于边 BC 上的点 X,则

$$\angle XAC = \angle CBB_1 = \frac{1}{2}\angle B, \angle XAB = \angle BCC_1 = \frac{1}{2}\angle C$$

所以
$$\angle A = \frac{1}{2}(\angle B + \angle C)$$
即
$$\angle A = 60°$$

第 5 章　三　角　形

DIWUZHANG SANJIAOXING

5.38　(1) 证明：如果 $\triangle ABC$ 中 $\angle A$ 等于 $120°$，则三角形的外心与垂心关于 $\angle A$ 的外角平分线成对称.

(2) 在 $\triangle ABC$ 中，$\angle A$ 等于 $60°$，O 是外心，H 是垂心，I 是内心，而 I_a 是与边 BC 相切的旁心，证明：$IO = IH$，$I_aO = I_aH$.

提示　(1) 设 S 是 $\triangle ABC$ 的外接圆，S_1 是与 S 关于直线 BC 对称的圆. $\triangle ABC$ 的垂心在圆 S_1 上(问题 5.10). 我们验证，圆 S 的圆心 O 也属于 S_1，并且 $\angle A$ 外角平分线过圆 S_1 的圆心.

设 PQ 是与直线 BC 垂直的圆 S 的直径，并且点 P 与 A 在直线 BC 的同一侧，则 AQ 是 $\angle A$ 的平分线，而 AP 是 $\angle A$ 外角的平分线. 因为 $\angle BPC = 120° = \angle BOC$，所以点 P 是圆 S_1 的圆心，又点 O 属于圆 S_1，因为 $PO \parallel HA$，则 $POAH$ 是个菱形.

(2) 设 S 是 $\triangle ABC$ 的外接圆，Q 是 $\angle BAC$ 的平分线与圆 S 的交点，容易检验，点 Q 是与圆 S 关于直线 BC 对称的圆 S_1 的圆心. 此外，点 O 和 H 在圆 S_1 上，又因为 $\angle BIC = 120°$，$\angle BI_aC = 60°$(习题 5.3)，则 I_aI 是圆 S_1 的直径. 同样显然，因为 $OQ \parallel AH$，$HA = QO = QH$，$\angle OQI = \angle QAH = \angle AQH$，所以点 O 与 H 关于直线 I_aI 为对称.

5.39　在 $\triangle ABC$ 中 $\angle A$ 等于 $120°$，证明：由长为 a，b，$b + c$ 的三条线段为边可以组成一个三角形.

提示　在 $\triangle ABC$ 的边 AC 上向形外作正 $\triangle AB_1C$. 因为 $\angle A = 120°$，点 A 在线段 BB_1 上，所以 $BB_1 = b + c$，此外 $BC = a$，$B_1C = b$，也就是 $\triangle BB_1C$ 为所求.

5.40*　在锐角 $\triangle ABC$ 中 $\angle A$ 等于 $60°$，三条高线的交点为 H.

(1) 设 M 和 N 分别是线段 BH 和 CH 的中垂线与边 AB 和 AC 的交点，证明：点 M，N 和 H 三点共线.

(2) 证明：三角形的外心 O 也在 M，N 和 H 所在的直线上.

提示　(1) 设 M_1 和 N_1 是线段 BH 和 CH 的中点，BB_1 和 CC_1 是高线. 直角 $\triangle ABB_1$ 和直角 $\triangle BHC_1$ 在顶点 B 具有公共的锐角，所以 $\angle C_1HB = \angle A = 60°$. 因为 $\triangle BMH$ 是等腰三角形，$\angle BHM = \angle HBM = 30°$，因此 $\angle C_1HM = 60° -$

$30° = 30° = \angle BHM$,也就是点 M 在 $\angle C_1HB$ 的平分线上. 类似地,点 N 在 $\angle B_1HC$ 的平分线上.

(2) 利用问题(1) 的表记,此外,设 B' 和 C' 是边 AC 和 AB 的中点. 因为 $AC_1 = AC\cos A = \dfrac{AC}{2}$,所以 $C_1C' = \dfrac{|AB - AC|}{2}$. 类似可证 $B_1B' = \dfrac{|AB - AC|}{2}$,也即 $B_1B' = C_1C'$. 因此,平行的直线 BB_1 和 $B'O$,CC_1 和 $C'O$ 形成的不单是平行四边形,而是个菱形,所以它的对角线 HO 是顶点为 H 的角的平分线.

5.41* 在 $\triangle ABC$ 中作角平分线 BB_1 和 CC_1,证明:如果 $\angle CC_1B_1 = 30°$,则要么 $\angle A = 60°$,要么 $\angle B = 120°$.

(参见同类的问题 2.34,2.35,12.55.)

提示 因为 $\angle BB_1C = \angle B_1BA + \angle B_1AB > \angle B_1BA = \angle B_1BC$,所以 $BC > B_1C$,所以 B_1 关于角平分线 CC_1 的对称点 K 在边 BC 上,而不在它的延长线上. 因为 $\angle CC_1B = 30°$,所以 $\angle B_1C_1K = 60°$,这意味 $\triangle B_1C_1K$ 是正三角形,在 $\triangle BC_1B_1$ 和 $\triangle BKB_1$ 中,边 BB_1 是公用边,边 C_1B 和 KB_1 相等,$\angle C_1BB_1$ 和 $\angle KBB_1$ 也相等,但这两角不是相等边和夹角,所以可分两种情况:

① $\triangle BC_1B_1 \cong \triangle BKB_1$,则

$$\angle BB_1C_1 = \angle BB_1K = \dfrac{60°}{2} = 30°$$

因此如果 O 是角平分线 BB_1 和 CC_1 的交点,所以

$$\angle BOC = \angle B_1OC_1 = 180° - \angle OC_1B_1 - \angle OB_1C_1 = 120°$$

另一方面,$\angle BOC = 90° + \dfrac{\angle A}{2}$(问题 5.3),即 $\angle A = 60°$.

② $\angle BC_1B_1 + \angle BKB_1 = 180°$,则四边形 BC_1B_1K 是内接于圆的,又因为 $\triangle B_1C_1K$ 是正三角形,所以 $\angle B = 180° - \angle C_1B_1K = 120°$.

§5 整数三角形

5.42 三角形的边长是顺序的整数. 如果已知三角形的一条中线与一条角平分线垂直,求边长的整数值.

第5章 三角形

DIWUZHANG SANJIAOXING

提示 设 BM 是三角形的中线,AK 是角平分线且 $BM \perp AK$.直线 AK 是 $\triangle ABM$ 的角平分线和高线,所以 $AM = AB$,即 $AC = 2AM = 2AB$,因此 $AB = 2$,$BC = 3$,$AC = 4$.

5.43 直角三角形的边长都是整数,同时这些数的最大公约数等于1,证明:它的直角边等于 $2mn$ 和 $m^2 - n^2$,而斜边等于 $m^2 + n^2$,其中 m 和 n 是自然数.

边长为整数的直角三角形叫做毕达哥拉斯三角形.

提示 设 a 和 b 是已知三角形的两条直角边,c 是斜边.如果 a 和 b 是奇数,则 $a^2 + b^2$ 被4除余2,并且不能是整数的平方,所以数 a 和 b 中的一个是偶数,而另一个是奇数.为确定起见,假设 $a = 2p$,数 b 和 c 是奇数,所以 $c + b = 2q$,$c - b = 2r$,因此 $4p^2 = a^2 = c^2 - b^2 = 4qr$.如果 q 和 r 具有最大公约数 d,则 d 整除数 $a = 2\sqrt{qr}$,$b = q - r$,$c = q + r$,所以数 q 和 r 互质,又因为 $p^2 = qr$,所以 $q = m^2$,$r = n^2$.结果得到 $a = 2mn$,$b = m^2 - n^2$,$c = m^2 + n^2$.

也容易验证,如果 $a = 2mn$,$b = m^2 - n^2$,$c = m^2 + n^2$,则 $a^2 + b^2 = c^2$.

5.44* 三角形的内切圆半径等于1,而它的三边长都是整数,证明:这些整数等于3,4,5.

提示 设 p 是三角形的半周长,而 a,b,c 是三角形的边长.根据海伦公式 $S^2 = p(p-a)(p-b)(p-c)$.另一方面,因为 $r = 1$,$S^2 = p^2 r^2 = p^2$,所以 $p = (p-a)(p-b)(p-c)$.如果引入未知数 $x = p-a$,$y = p-b$,$z = p-c$,则这个方程改写为形如 $x + y + z = xyz$.我们发现,数 p 是整数或是半整数(即形如 $\frac{2n+1}{2}$ 的数,其中 n 是整数),所以 x,y,z 全部同时是整数或半整数.但如果它们是半整数,则数 $x + y + z$ 是半整数,而数 xyz 具有形式 $\frac{m}{8}$,其中 m 是奇数.因此,数 x,y,z 是整数.为确定起见,设 $x \leqslant y \leqslant z$,则 $xyz = x + y + z \leqslant 3z$,即 $xy \leqslant 3$.可能有三种情况:

① $x = 1$,$y = 1$,则 $2 + z = z$,这是不可能存在的.

② $x = 1$,$y = 2$,则 $3 + z = 2z$,即 $z = 3$.

③ $x=1, y=3$,则 $4+z=3z$,即 $z=2<y$,这也不可能.

于是 $x=1, y=2, z=3$,所以 $p=x+y+z=6, a=p-x=5, b=4, c=3$.

5.45* 构作一个圆内接四边形的例子,使得它的边是两两不等的整数,它的两条对角线的长,面积和外接圆半径都是整数.(婆罗摩笈多)

提示 设 a_1 和 b_1, a_2 和 b_2 是两个不同的整数勾股形的直角边,c_1 和 c_2 是它们的斜边.取两条互相垂直的直线并在它们上面作线段 $OA=a_1a_2$, $OB=a_1b_2, OC=b_1b_2$ 和 $OD=a_2b_1$(图 5.1),因为 $OA \cdot OC=OB \cdot OD$,则四边形 $ABCD$ 是圆内接的四边形.根据问题 2.74(1) 有 $4R^2=OA^2+OB^2+$

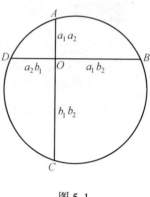

图 5.1

$OC^2+OD^2=(c_1c_2)^2$,即 $R=\dfrac{c_1c_2}{2}$.将四边形 $ABCD$ 放大 2 倍,即可得需要所求的四边形.

5.46* (1)指出两个直角三角形,由它们可以拼成一个边长和面积都是整数的三角形.

(2)证明:如果三角形的面积是整数,而边长是连续的自然数,则这个三角形可以由两个边长都是整数的直角三角形来拼成.

提示 (1)直角边为 5 和 12,9 和 12 的两个直角三角形的斜边等于 13 和 15.将这两个三角形的相等直角边重合而彼此放在一起,所得三角形的面积是 $\dfrac{12(5+9)}{2}=84$.

(2)首先假设给定三角形最小的边长是偶数,即三角形的边长等于 $2n, 2n+1, 2n+2$,则按照海伦公式 $16S^2=(6n+3)(2n+3)(2n+1)(2n-1)=4(3n^2+6n+2)(4n^2-1)+4n^2-1$.因为等式右边的数不被 4 整除,得出矛盾.因此三角形的边长等于 $2n-1, 2n$ 和 $2n+1$.同时 $S^2=3n^2(n^2-1)$,所以 $S=nk$,其中 k 是整数,$k^2=3(n^2-1)$.同样显然,k 是引向边 $2n$ 上的高线长.这条高

第 5 章 三角形
DIWUZHANG SANJIAOXING

线分原来的三角形为有公共直角边 k, 斜边分别等于 $2n+1$ 和 $2n-1$ 的两个直角三角形. 这两个三角形另一直角边的长度的平方等于 $(2n\pm1)^2 - k^2 = 4n^2 \pm 4n + 1 - 3n^2 + 3 = (n\pm2)^2$.

5.47* (1) 在边长为有理数的 $\triangle ABC$ 中引高线 BB_1, 证明: 线段 AB_1 和 CB_1 的长也是有理数.

(2) 凸四边形的边和对角线的长都是有理数, 证明: 对角线分它所得的四个三角形的边长也是有理数.

(参见问题 26.7.)

提示 (1) 因为 $AB^2 - AB_1^2 = BB_1^2 = BC^2 - (AC \pm AB_1)^2$, 所以
$$AB_1 = \frac{\pm(AB^2 + AC^2 - BC^2)}{2AC}.$$

(2) 设对角线 AC 与 BD 相交于点 O. 我们证明, 比方说数 $q = \frac{BO}{OD}$ 是有理数 (则数 $OD = \frac{BD}{q+1}$ 也是有理数). 在 $\triangle ABC$ 和 $\triangle ADC$ 中引高线 BB_1 和 DD_1. 根据问题(1) 知, 数 AB_1 和 CD_1 是有理数, 而这意味着, 数 B_1D_1 也是有理数. 设 E 是直线 BB_1 与过点 D 引的平行于 AC 的直线的交点. 在直角 $\triangle BDE$ 中直角边 $ED = B_1D$ 和斜边 BD 都是有理数, 所以数 BE^2 也是有理数. 由 $\triangle ABB_1$ 和 $\triangle CDD_1$ 得到数 BB_1^2 和 DD_1^2 是有理数. 而因为 $BE^2 = (BB_1 + DD_1)^2 = BB_1^2 + DD_1^2 + 2BB_1 \cdot DD_1$, 所以 $BB_1 \cdot DD_1$ 是有理数, 因此数 $\frac{BO}{OD} = \frac{BB_1}{DD_1} = \frac{BB_1 \cdot DD_1}{DD_1^2}$ 是有理数.

§6 杂 题

5.48 $\triangle ABC$ 和 $\triangle A_1B_1C_1$ 的对应角相等或者和为 $180°$, 证明: 实际上, 所有的对应角都相等.

提示 在 $\triangle ABC$ 和 $\triangle A_1B_1C_1$ 中不能有两对对应角之和为 $180°$, 因为那样的话, 它们的和等于 $360°$, 且三角形的第三个角应当是零. 现在假设, 第一个三角形的角等于 α, β 和 γ, 而第二个的角等于 $180° - \alpha, \beta$ 和 γ. 两个三角形角的总和等于 $360°$, 所以 $180° + 2\beta + 2\gamma = 360°$, 即 $\beta + \gamma = 90°$. 因此 $\alpha = 90° = 180° - \alpha$.

5.49 △ABC 内部取点 O. 作点 O 关于边 BC, CA 和 AB 的中点的对称点 A_1, B_1 和 C_1, 证明: △$ABC \cong$ △$A_1B_1C_1$ 并且 AA_1, BB_1 和 CC_1 相交于一点.

提示 显然, $\overrightarrow{A_1C} = \overrightarrow{BO}$, $\overrightarrow{CB_1} = \overrightarrow{OA}$, 所以 $\overrightarrow{A_1B_1} = \overrightarrow{BA}$. 类似地有 $\overrightarrow{B_1C_1} = \overrightarrow{CB}$, $\overrightarrow{C_1A_1} = \overrightarrow{AC}$, 即 △$ABC \cong$ △$A_1B_1C_1$. 此外, ABA_1B_1 和 ACA_1C_1 是平行四边形, 即线段 BB_1 和 CC_1 过线段 AA_1 的中点.

5.50 过 △ABC 的角平分线的交点 O 引平行于各边的直线. 平行于 AB 的直线交 AC 和 BC 于点 M 和 N, 而平行于 AC 和 BC 的直线交 AB 于点 P 和 Q, 证明: $MN = AM + BN$ 且 △OPQ 的周长等于线段 AB 的长.

提示 因为 $\angle MAO = \angle PAO = \angle AOM$, 所以 $AMOP$ 是菱形. 类似地有 $BNOQ$ 是菱形. 因此

$$MN = MO + ON = AM + BN$$
$$OP + PQ + QO = AP + PQ + QB = AB$$

5.51 (1) 证明: 三角形的三条高线相交于一点.

(2) 设 H 是 △ABC 高线的交点, R 是外接圆的半径, 证明: $AH^2 + BC^2 = 4R^2$ 并且 $AH = BC |\cot \alpha|$.

提示 (1) 过 △ABC 的各顶点引平行于它对边的直线, 得到 △$A_1B_1C_1$, 点 A, B, C 是它各边的中点. △ABC 的高线是 △$A_1B_1C_1$ 各边的中垂线, 所以 △$A_1B_1C_1$ 的外心是 △ABC 高线的交点.

(2) 点 H 是 △$A_1B_1C_1$ 外接圆圆心, 所以

$$4R^2 = B_1H^2 = B_1A^2 + AH^2 = BC^2 + AH^2$$

因此 $$AH^2 = 4R^2 - BC^2 = \left(\frac{1}{\sin^2\alpha} - 1\right)BC^2 = (BC\cot\alpha)^2$$

5.52 设 $x = \sin 18°$, 证明: $4x^2 + 2x = 1$.

提示 设 AD 是底边为 AB, 顶 $\angle C$ 为 $36°$ 的等腰三角形的角平分线, 则 △ACD 是等腰三角形且 △$ABC \sim$ △BDA, 所以

$$CD = AD = AB = 2xBC$$

第5章 三角形

DIWUZHANG SANJIAOXING

且
$$DB = 2xAB = 4x^2 BC$$
这意味着
$$BC = CD + DB = (2x + 4x^2)BC$$

5.53 在 $\triangle ABC$ 中边 AB 大于边 BC. 设 A_1 和 B_1 是边 BC 和 AC 的中点, 而 B_2 和 C_2 是内切圆与边 AC 和 AB 的切点, 证明: 线段 A_1B_1 和 B_2C_2 的交点 X 在 $\angle B$ 的平分线上.

提示 显然, $B_1C - B_2C = \dfrac{b}{2} - \dfrac{a+b-c}{2} = \dfrac{c-a}{2} > 0$. 由此得出, 线段 A_1B_1 和 B_2C_2 相交于某个点 X. $\triangle XB_1B_2$ 相似于等腰 $\triangle C_2AB_2$, 所以

$$XB_1 = B_1B_2 = \frac{c-a}{2}$$

因此
$$A_1X = \frac{c}{2} - \frac{c-a}{2} = \frac{a}{2} = A_1B$$

这样一来, $\triangle XA_1B$ 是等腰三角形, 即

$$\angle XBA_1 = \angle A_1XB = \angle ABX$$

5.54 证明: $\triangle ABC$ 的顶点 A 在顶点为 B 和 C 的角的内角平分线与外角平分线上的射影在一条直线上.

提示 设 B_1 和 B_2 是点 A 在 $\angle B$ 的内角平分线和外角平分线上的射影, M 是边 AB 的中点. 因为一个角的内角平分线与外角平分线垂直, 则 AB_1BB_2 是长方形, 且它的对角线过点 M. 此外, $\angle B_1MB = 180° - 2\angle MBB_1 = 180° - \angle B$, 因此, $B_1B_2 \parallel BC$, 即直线 B_1B_2 与联结边 AB 和 AC 中点的直线 l 重合. 类似可证, 点 A 在 $\angle C$ 的角平分线上的射影在直线 l 上.

5.55* 证明: 如果三角形的两条内角平分线相等, 则这个三角形是等腰三角形.

提示 假设 $\angle A$ 和 $\angle B$ 的角平分线相等, 但 $a > b$, 则

$$\cos\frac{A}{2} < \cos\frac{B}{2}, \frac{1}{c} + \frac{1}{b} > \frac{1}{c} + \frac{1}{a}$$

也就是
$$\frac{bc}{b+c} < \frac{ac}{a+c}$$

上述不等式相乘即得出矛盾. 原因是 $l_a = \dfrac{2bc\cos\dfrac{A}{2}}{b+c}, l_b = \dfrac{2ac\cos\dfrac{B}{2}}{a+c}$ (参见问题 4.48).

5.56* (1) 在 $\triangle ABC$ 和 $\triangle A'B'C'$ 中, 边 AC 和 $A'C'$, 顶点为 B 和 B' 的角和它们的角平分线都相等, 证明: 这两个三角形全等(精确地说, $\triangle ABC \cong \triangle A'B'C'$ 或者 $\triangle ABC \cong \triangle C'B'A'$).

(2) 过 $\angle ABC$ 的平分线 BB_1 上的点 D 引直线 AA_1 和 CC_1 (点 A_1 和 C_1 在三角形的边上), 证明: 如果 $AA_1 = CC_1$, 则 $AB = BC$.

提示 (1) 根据问题 4.48, $\triangle ABC$ 中 $\angle B$ 的平分线的长等于 $\dfrac{2ac\cos\dfrac{B}{2}}{a+c}$, 所以只需验证, 方程组 $\dfrac{ac}{a+c} = p, a^2 + c^2 - 2ac\cos B = q$ 具有唯一的正数解(精确到用数 a 和 c 来表示). 设 $a + c = u$, 则 $ac = pu, q = u^2 - 2pu(1+\cos B)$. 这个关于 u 的二次方程的根的乘积等于 $-q$, 所以它具有唯一的正根. 显然, 方程组 $a + c = u, ac = pu$ 有唯一解.

(2) 在 $\triangle AA_1B$ 与 $\triangle CC_1B$ 中, 边 AA_1 和 CC_1, 在顶点 B 的角和在顶点 B 的角的平分线相等, 因此这两个三角形全等, 也就是说, $AB = BC$ 或者 $AB = BC_1$. 第二个等式是不能成立的.

5.57* 证明: 一直线平分三角形的周长和面积, 当且仅当这条直线过三角形的内心.

提示 设点 M 和 N 在边 AB 和 AC 上. 如果 r_1 是圆心在线段 MN 上与边 AB 和 AC 相切的圆的半径, 则 $S_{\triangle AMN} = qr_1, q = \dfrac{AM + AN}{2}$. 直线 MN 过内切圆圆心, 当且仅当 $r_1 = r$, 即

$$\dfrac{S_{\triangle AMN}}{q} = \dfrac{S_{\triangle ABC} - S_{\triangle AMN}}{p - q} = \dfrac{S_{BCMN}}{p - q}.$$

5.58* 点 E 是 $\triangle ABC$ 外接圆上点 C 所在的弧 AB 的中点, C_1 是边 AB

第5章 三角形

的中点. 由点 E 向 AC 作垂线 EF,证明:

(1) 直线 C_1F 平分 $\triangle ABC$ 的周长(阿基米得).

(2) 对三角形的每条边作这样的直线,三条这样的直线相交于一点.

提示 (1) 在线段 AC 延长线上点 C 外面取这样的点 B',使得 $CB' = CB$. $\triangle BCB'$ 是等腰三角形,所以 $\angle AEB = \angle ACB = 2\angle CBB'$,即 E 是 $\triangle ABB'$ 的外心. 因此,点 F 平分线段 AB',所以直线 C_1F 平分 $\triangle ABC$ 的周长.

(2) 容易检验,过点 C 引的平行于 BB' 的直线,是 $\angle ACB$ 的平分线. 又因为 $C_1F \parallel BB'$,则直线 C_1F 是顶点在 $\triangle ABC$ 各边中点的三角形的角平分线. 这个三角形的角平分线相交于一点.

5.59* 在锐角 $\triangle ABC$ 的边 AB 和 BC 上向形外作正方形 ABC_1D_1 和 A_2BCD_2,证明:直线 AD_2 和 CD_1 的交点在高 BH 上.

提示 设 X 是直线 AD_2 和 CD_1 的交点,M,E_1 和 E_2 是点 X,D_1 和 D_2 在直线 AC 上的射影,则

$$CE_2 = CD_2\sin\gamma = a\sin\gamma, AE_1 = c\sin\alpha$$

因为
$$a\sin\gamma = c\sin\alpha$$

所以
$$CE_2 = AE_1 = q$$

所以
$$\frac{XM}{AM} = \frac{D_2E_2}{AE_2} = \frac{a\cos\gamma}{b+q}, \frac{XM}{CM} = \frac{c\cos\alpha}{b+q}$$

因此
$$\frac{AM}{CM} = \frac{c\cos\alpha}{a\cos\gamma}$$

高线 BH 分边 AC 也是这个比.

5.60* 在 $\triangle ABC$ 各边上向形外作的正方形的中心是 A_1,B_1 和 C_1. 设 a_1,b_1 和 c_1 是 $\triangle A_1B_1C_1$ 的边长,S 和 S_1 是 $\triangle ABC$ 和 $\triangle A_1B_1C_1$ 的面积,证明:

(1) $a_1^2 + b_1^2 + c_1^2 = a^2 + b^2 + c^2 + 6S$.

(2) $S_1 - S = \dfrac{a^2 + b^2 + c^2}{8}$.

提示 (1) 根据余弦定理有

$$B_1C_1^2 = AC_1^2 + AB_1^2 - 2AC_1 \cdot AB_1 \cdot \cos(90° + \alpha)$$

也就是
$$a_1^2 = \frac{c^2}{2} + \frac{b^2}{2} + bc\sin\alpha = \frac{b^2 + c^2}{2} + 2S$$

类似地,对 b_1^2 和 c_1^2 写出等式,将三个等式相加,即得所证.

(2) 对锐角 $\triangle ABC$,对 S 添加 $\triangle ABC_1$,$\triangle AB_1C$ 和 $\triangle A_1BC$ 的面积,对 S_1 添加 $\triangle AB_1C_1$,$\triangle A_1BC_1$ 和 $\triangle A_1B_1C$ 的面积,得到一样的数量(对 $\angle A$ 为钝角的 $\triangle AB_1C_1$ 的面积取负号),所以

$$S_1 = S + \frac{a^2 + b^2 + c^2}{4} - \frac{ab\cos\gamma + ac\cos\beta + bc\cos\alpha}{4}$$

剩下注意, $ab\cos\gamma + bc\cos\alpha + ac\cos\beta = 2S(\cot\gamma + \cot\alpha + \cot\beta) = \frac{a^2 + b^2 + c^2}{2}$ (参见问题 12.46(1)).

5.61* 在 $\triangle ABC$ 的边 AB,BC 和 CA(或在它们的延长线)上取点 C_1,A_1 和 B_1,使得 $\angle(CC_1, AB) = \angle(AA_1, BC) = \angle(BB_1, CA) = \alpha$. 直线 AA_1 和 BB_1,BB_1 和 CC_1,CC_1 和 AA_1 分别相交于点 C',A',B',证明:

(1) $\triangle ABC$ 高线的交点与 $\triangle A'B'C'$ 的外心重合.

(2) $\triangle A'B'C' \sim \triangle ABC$,其相似系数等于 $2\cos\alpha$.

提示 首先证明,点 B' 在 $\triangle AHC$ 的外接圆上,其中 H 是 $\triangle ABC$ 高线的交点. $\angle(AB', B'C) = \angle(AA_1, CC_1) = \angle(AA_1, BC) + \angle(BC, AB) + \angle(AB, CC_1) = \angle(BC, AB)$. 但正如由问题 5.10 解推出的,$\angle(BC, AB) = \angle(AH, HC)$,所以点 A,B',H 和 C 在一个圆上,并且这个圆与 $\triangle ABC$ 的外接圆关于直线 AC 为对称,因此这两个圆的半径都是 R,即 $B'H = 2R\sin\angle B'AH = 2R\cos\alpha$. 类似可得 $A'H = 2R\cos\alpha = C'H$. 问题(1)的证明已经完成,而为了证明问题(2)仍需注意 $\triangle A'B'C' \sim \triangle ABC$,因为 $\triangle A'B'C'$ 旋转角 α 后它的边将平行于 $\triangle ABC$ 的边.

5.62* 在 $\triangle ABC$ 的每个角都与一个小圆相切. 由一个顶点看切另外两个角的圆的视角相等,由另一个顶点看切于其他两个角的圆的视角也相等,证明:由第三个顶点看切于其他两个角的圆的视角相等.

第5章 三角形

DIWUZHANG SANJIAOXING

提示 设由顶点 A 看在 $\angle B$ 和 $\angle C$ 内切的圆的视角为 α_b 和 α_c,而这两个圆的半径等于 r_b 和 r_c,则

$$b = r_c\left(\cot\frac{\gamma}{2} + \cot\frac{\alpha_c}{2}\right), c = r_b\left(\cot\frac{\beta}{2} + \cot\frac{\alpha_b}{2}\right).$$

所以等式 $\alpha_b = \alpha_c$ 等价于等式

$$\frac{b}{r_c} - \cot\frac{\gamma}{2} = \frac{c}{r_b} - \cot\frac{\beta}{2},$$

即

$$\frac{b}{r_c} - \frac{a+b-c}{2r} = \frac{c}{r_b} - \frac{a-b+c}{2r}.$$

经过不复杂的变换后得到等式

$$\frac{b}{\frac{1}{r_b} - \frac{1}{r}} = \frac{c}{\frac{1}{r_c} - \frac{1}{r}}.$$

显然,由这个等式和等式 $\dfrac{c}{\frac{1}{r_c} - \frac{1}{r}} = \dfrac{a}{\frac{1}{r_a} - \frac{1}{r}}$ 推出等式

$$\frac{a}{\frac{1}{r_a} - \frac{1}{r}} = \frac{b}{\frac{1}{r_b} - \frac{1}{r}}.$$

5.63* 在 $\triangle ABC$ 的边上取点 A_1, B_1 和 C_1,使得 $\dfrac{AB_1}{B_1C} = \dfrac{c^n}{a^n}, \dfrac{BC_1}{C_1A} = \dfrac{a^n}{b^n}$,$\dfrac{CA_1}{A_1B} = \dfrac{b^n}{c^n}$ (a, b, c 是三角形的边长). $\triangle A_1B_1C_1$ 的外接圆在 $\triangle ABC$ 的边上截出的线段长为 $\pm x, \pm y$ 和 z(符号的选取对应三角形的定向),证明: $\dfrac{x}{a^{n-1}} - \dfrac{y}{b^{n-1}} - \dfrac{z}{c^{n-1}} = 0$.

提示 设 $a_1 = BA_1, a_2 = A_1C, b_1 = CB_1, b_2 = B_1A, c_1 = AC_1$ 和 $c_2 = C_1B$. 由一点引的割线段的乘积相等,所以 $a_1(a_1 + x) = c_2(c_2 - z)$,即 $a_1x + c_2z = c_2^2 - a_1^2$. 类似地得到对 x, y 和 z 的还有两个方程 $b_1y + a_2x = a_2^2 - b_1^2$ 和 $c_1z + b_2y = b_2^2 - c_1^2$. 第一个方程乘以 b^{2n},第二个乘以 c^{2n},第三个乘以 a^{2n} 相加得到的方程.因为,例如,根据条件 $c_2b^n - c_1a^n = 0$,则方程右部等于 0. 在左部,例如 x

的系数等于 $a_1 b^{2n} + a_2 c^{2n} = \dfrac{ac^n b^{2n} + ab^n c^{2n}}{b^n + c^n} = ab^n c^n$，所以 $ab^n c^n x + ba^n c^n y + ca^n b^n z = 0$. 等式两边同除以 $(abc)^n$ 即得要证的结果.

5.64* 在 $\triangle ABC$ 中引三等分线（把每个角分成三等份的线）.离边 BC 最近的 $\angle B$ 和 $\angle C$ 的三等分线交于点 A_1，类似地确定点 B_1 和 C_1（图 5.2），证明：$\triangle A_1 B_1 C_1$ 是等边三角形.（莫莱定理）

提示 设在原三角形中 $\angle A = 3\alpha, \angle B = 3\beta, \angle C = 3\gamma$. 取等边 $\triangle A_2 B_2 C_2$ 并且以它的边为底边作等腰 $\triangle A_2 B_2 R$，等腰 $\triangle B_2 C_2 P$ 和等腰 $\triangle C_2 A_2 Q$，它们的底角分别是 $60° - \gamma, 60° - \alpha, 60° - \beta$（图 5.3）.在点 A_2, B_2 和 C_2 外面延长这些三角形的腰线，用 A_3 标记边 RB_2 和 QC_2 延长线的交点，记 PC_2 和 RA_2 延长交于点 B_3，QA_2 和 PB_2 延长交于点 C_3. 过点 B_2 引平行于 $A_2 C_2$ 的直线，并记它与 QA_3 和 QC_3 的交点为 M 和 N. $B_2 Q$ 是 $\triangle QMN$ 的高，这个三角形相似于等腰 $\triangle QA_2 C_2$，所以 B_2 是 NM 的中点. 下面计算 $\triangle B_2 C_3 N$ 和 $\triangle B_2 A_3 M$ 的角度

$$\angle C_3 B_2 N = \angle PB_2 M = \angle C_2 B_2 M - \angle C_2 B_2 P = \alpha$$

$$\angle B_2 NC_3 = 180° - \angle C_2 A_2 Q = 120° + \beta$$

即

$$\angle B_2 C_3 N = 180° - \alpha - (120° + \beta) = \gamma$$

同理

$$\angle A_3 B_2 M = \gamma, \angle B_2 A_3 M = \alpha$$

从而 $\triangle B_2 C_3 N$ 与 $\triangle A_3 B_2 M$ 相似，即

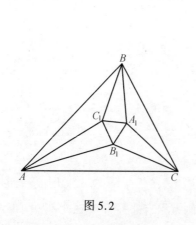

图 5.2

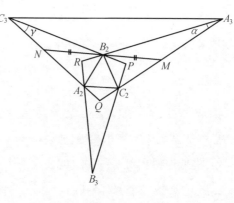

图 5.3

第 5 章 三角形
DIWUZHANG SANJIAOXING

$$\frac{C_3B_2}{B_2A_3} = \frac{C_3N}{B_2M}$$

又因 $\qquad B_2M = B_2N, \angle C_3B_2A_3 = \angle C_3NB_2$

故 $$\frac{C_3B_2}{B_2A_3} = \frac{C_3N}{B_2N}$$

即 $\triangle C_3B_2A_3$ 与 $\triangle C_3NB_2$ 相似，从而

$$\angle B_2C_3A_3 = \gamma$$

同理 $\qquad \angle A_2C_3B_3 = \gamma$

即 $\angle A_3C_3B_3 = 3\gamma = \angle C$，且 C_3B_2, C_3A_2 是 $\triangle A_3B_3C_3$ 的 $\angle C_3$ 的三等分线. 类似的论证应用于 $\triangle A_3B_3C_3$ 的另两个顶点 A_3 和 B_3，即知 $\triangle ABC$ 和 $\triangle A_3B_3C_3$ 相似，而 $\triangle A_3B_3C_3$ 的三等分线交点产生正 $\triangle A_2B_2C_2$.

5.65* 以正 $\triangle ABC$ 的边作底边向形内作等腰 $\triangle A_1BC$，等腰 $\triangle AB_1C$ 和等腰 $\triangle ABC_1$，它们的底角分别为 α,β 和 γ 且 $\alpha+\beta+\gamma=60°$. 直线 BC_1 和 B_1C 的交点为 A_2，AC_1 和 A_1C 的交点为 B_2，AB_1 和 A_1B 的交点为 C_2，证明：$\triangle A_2B_2C_2$ 的角等于 $3\alpha, 3\beta$ 和 3γ.

提示 点 A_1 在 $\angle BAC$ 的平分线上，所以点 A 在 $\angle B_2A_1C_2$ 平分线的延长线上. 此外，$\angle B_2AC_2 = \alpha = \dfrac{180° - \angle B_2A_1C_2}{2}$，所以 A 是 $\triangle B_2A_1C_2$ 旁切圆的圆心（问题 5.3）. 设 D 是直线 AB 和 CB 的交点，则

$$\angle AB_2C_2 = \angle AB_2D = 180° - \angle B_2AD - \angle ADB_2 =$$
$$180° - \gamma - (60° + \alpha) = 60° + \beta$$

又因为 $\qquad \angle AB_2C = 180° - (\alpha+\beta) - (\beta+\gamma) = 120° - \beta$

所以 $\qquad \angle CB_2C_2 = \angle AB_2C - \angle AB_2C_2 = 60° - 2\beta$

类似可得 $\qquad \angle AB_2A_2 = 60° - 2\beta$

所以 $\qquad \angle A_2B_2C_2 = \angle AB_2C - \angle AB_2A_2 - \angle CB_2C_2 = 3\beta$

类似可得 $\qquad \angle B_2A_2C_2 = 3\alpha, \angle A_2C_2B_2 = 3\gamma$

5.66* 在 $\triangle ABC$ 中与 $\angle A$ 两边相切半径为 u_a 的圆和与 $\angle B$ 两边相切半径为 u_b 的圆彼此外切，证明：边长为 $a_1 = \sqrt{u_a \cot \dfrac{\alpha}{2}}, b_1 = \sqrt{u_b \cot \dfrac{\beta}{2}}$ 和 $c_1 =$

$\sqrt{c}$ 的三角形的外接圆的半径等于 $\frac{\sqrt{p}}{2}$,其中 p 是 $\triangle ABC$ 的半周长.

提示 已知圆公切线的长等于 $2\sqrt{u_a u_b}$,所以

$$u_a \cot \frac{\alpha}{2} + 2\sqrt{u_a u_b} + u_b \cot \frac{\beta}{2} = c$$

即

$$a_1^2 + 2a_1 b_1 \sqrt{\tan \frac{\alpha}{2} \tan \frac{\beta}{2}} + b_1^2 = c_1^2$$

根据问题 12.38(2),有

$$\tan \frac{\alpha}{2} \tan \frac{\beta}{2} = \frac{r}{p} \cot \frac{\gamma}{2} = \frac{r}{p} \cdot \frac{p-c}{r} < 1$$

所以存在角 γ'_1,对它有 $\cos \gamma'_1 = -\sqrt{\tan \frac{\alpha}{2} \tan \frac{\beta}{2}} = -\sqrt{\frac{r}{p} \cot \frac{\gamma}{2}}$. 我们检验了,边为 a_1, b_1, c_1 的三角形实际存在,此外,边 a_1 和 b_1 之间的角等于 γ_1,因为有 $c = p - r\cot \frac{\gamma}{2}$,所以所考查的三角形外接圆的直径等于

$$\frac{c_1}{\sin \gamma_1} = \sqrt{\frac{c}{1 - \frac{r}{p}\cot \frac{\gamma}{2}}} = \sqrt{p}$$

5.67* $\triangle ABC$ 中圆 S_1 内切于 $\angle A$(与 $\angle A$ 的两边相切),圆 S_2 内切于 $\angle B$ 且与 S_1 相(外)切,圆 S_3 内切于 $\angle C$ 且与 S_2 相切,圆 S_4 内切于 $\angle A$ 且与 S_3 相切,依此类推,证明:圆 S_7 与圆 S_1 重合.

提示 设 u_1 和 u_2 是圆 S_1 和 S_2 的半径. 根据问题 5.66,边长为 $\tilde{u}_1 = \sqrt{u_1 \cot \frac{\alpha}{2}}, \tilde{u}_2 = \sqrt{u_2 \cot \frac{\beta}{2}}, \tilde{c} = \sqrt{c}$ 的三角形的外接圆半径等于 $\frac{\sqrt{p}}{2}$. 此外,在这个三角形中边 $\tilde{u}_1$ 和 $\tilde{u}_2$ 之间的角是钝角. 设 φ_1, φ_2 和 γ' 是在弦 $\tilde{u}_1, \tilde{u}_2$ 和 $\tilde{c}$ 上对的锐角,则 $\varphi_1 + \varphi_2 = \gamma'$. 此时 u_1 和 u_2 按 φ_1 和 φ_2 是单值的. 类似得到等式

$$\varphi_1 + \varphi_2 = \gamma' = \varphi_4 + \varphi_5 \tag{1}$$

$$\varphi_2 + \varphi_3 = \alpha' = \varphi_5 + \varphi_6 \tag{2}$$

$$\varphi_3 + \varphi_4 = \beta' = \varphi_6 + \varphi_7 \tag{3}$$

等式(1)和(3)相加再减去等式(2),得到 $\varphi_1 = \varphi_7$.

由此得出,圆 S_1 和 S_7 的半径相等.

第 5 章　三 角 形

DIWUZHANG　SANJIAOXING

5.68* △ABC 中圆 S_1 内切于 ∠A. 由顶点 C 对圆 S_1 引(不同于 CA)的切线,在与顶点 B 组成的三角形中内切有圆 S_2. 由顶点 A 向圆 S_2 引的切线同顶点 C 形成的三角形中内切有圆 S_3,依此类推,证明:圆 S_7 与圆 S_1 重合.

提示 设 r_i 是圆 S_i 的半径,在 △ABC 中,当 $i = 3k+1$ 时,h_i 是由顶点 A 引的高线;当 $i = 3k+2$ 时,h_i 是由顶点 B 引的高线;当 $i = 3k$ 时,h_i 是由顶点 C 引的高线. 问题 5.9(1) 的公式可以写为

$$\left(\frac{r}{r_i} - 1\right)\left(\frac{r}{r_{i+1}} - 1\right) = 1 - \frac{2r}{h_{i+2}} \tag{i}$$

等式 (i) 与 ($i+2$) 相乘,然后它们的乘积除以 ($i+1$),得到

$$\left(\frac{r}{r_i} - 1\right)\left(\frac{r}{r_{i+3}} - 1\right) = \frac{\left(1 - \frac{2r}{h_{i+1}}\right)\left(1 - \frac{2r}{h_{i+2}}\right)}{1 - \frac{2r}{h_i}}$$

所得表达式右边当 i 变为 $i+3$ 时不改变,所以

$$\left(\frac{r}{r_i} - 1\right)\left(\frac{r}{r_{i+3}} - 1\right) = \left(\frac{r}{r_{i+3}} - 1\right)\left(\frac{r}{r_{i+6}} - 1\right)$$

假设所有三角形都是非退化的,在这种情况下,两边可以约去 $\frac{r}{r_{i+3}} - 1 \neq 0$,所以 $r_i = r_{i+6}$.

§7　梅涅劳斯定理

设 $\overrightarrow{AB}$ 和 $\overrightarrow{CD}$ 是共线的向量. 用 $\dfrac{\overrightarrow{AB}}{\overrightarrow{CD}}$ 表记量值 $\pm \dfrac{AB}{CD}$,其中当向量 $\overrightarrow{AB}$ 和 $\overrightarrow{CD}$ 同向的情况下取"+",而当向量 $\overrightarrow{AB}$ 和 $\overrightarrow{CD}$ 反向时取"−",这个量值称为线段 AB 和 CD 的有向比.

5.69 在 △ABC 的边 BC, CA, AB (或它们的延长线)上分别取点 A_1, B_1, C_1,证明:当且仅当 $\dfrac{\overrightarrow{BA_1}}{\overrightarrow{CA_1}} \cdot \dfrac{\overrightarrow{CB_1}}{\overrightarrow{AB_1}} \cdot \dfrac{\overrightarrow{AC_1}}{\overrightarrow{BC_1}} = 1$ 时,点 A_1, B_1, C_1 位于同一直线上. (梅涅劳斯定理)

提示 设点 A, B 和 C 在垂直于直线 $A_1 B_1$ 的直线上的射影为点 A', B' 和 C',点 C_1 变为 Q,而两个点 A_1 和 B_1 变为同一点 P. 因为

$$\overline{\frac{A_1B}{A_1C}} = \overline{\frac{PB'}{PC'}}, \overline{\frac{B_1C}{B_1A}} = \overline{\frac{PC'}{PA'}}, \overline{\frac{C_1A}{C_1B}} = \overline{\frac{QA'}{QB'}}$$

所以 $\overline{\dfrac{A_1B}{A_1C}} \cdot \overline{\dfrac{B_1C}{B_1A}} \cdot \overline{\dfrac{C_1A}{C_1B}} = \overline{\dfrac{PB'}{PC'}} \cdot \overline{\dfrac{PC'}{PA'}} \cdot \overline{\dfrac{QA'}{QB'}} = \overline{\dfrac{PB'}{PA'}} \cdot \overline{\dfrac{QA'}{QB'}} = \dfrac{b'}{a'} \cdot \dfrac{a'+x}{b'+x}$

其中 $|x| = PQ$. 等式 $\dfrac{b'}{a'} \cdot \dfrac{a'+x}{b'+x} = 1$ 等价于 $x = 0$(需要顾及因为 $A' \neq B'$, 则 $a' \neq b'$). 而等式 $x = 0$ 意味着 $P = Q$, 即点 C_1 在直线 A_1B_1 上.

5.70* (1) 在 $\triangle ABC$ 中引外角平分线 AA_1, BB_1 和 CC_1(点 A_1, B_1 和 C_1 在直线 BC, CA 和 AB 上), 证明: 点 A_1, B_1 和 C_1 共线.

(2) 在 $\triangle ABC$ 中引角平分线 AA_1 和 BB_1 以及外角平分线 CC_1, 证明: 点 A_1, B_1 和 C_1 共线.

提示 根据问题 1.17(1) 有

$$\frac{BA_1}{CA_1} \cdot \frac{CB_1}{AB_1} \cdot \frac{AC_1}{BC_1} = \frac{BA}{CA} \cdot \frac{CB}{AB} \cdot \frac{AC}{BC} = 1$$

剩下注意, 在问题(1)中全部三个点都在三角形边的延长线上, 而在问题(2)中在边的延长线上有一个点.

5.71* 对非等腰 $\triangle ABC$ 的外接圆引三条切线, 切点分别为点 A, B 和 C, 切线交边的延长线于点 A_1, B_1 和 C_1, 证明: 点 A_1, B_1 和 C_1 共线.

提示 由弦切角的性质得出 $\angle A_1BA = \angle CAA_1$, 所以 $\triangle ABA_1 \backsim \triangle CAA_1$, 因此 $\dfrac{BA_1}{CA_1} = \dfrac{AB}{CA}$. 这样一来

$$\frac{BA_1}{CA_1} \cdot \frac{CB_1}{AB_1} \cdot \frac{AC_1}{BC_1} = \frac{BA}{CA} \cdot \frac{CB}{AB} \cdot \frac{AC}{BC} = 1$$

5.72* 借助梅涅劳斯定理解问题 5.105(1).

提示 设点 P 在 $\triangle ABC$ 外接圆的弧 BC 上, A_1, B_1 和 C_1 是由点 P 向直线 BC, CA 和 AB 引的垂线足, 则

$$\overline{\frac{BA_1}{CA_1}} = -\frac{BP\cos\angle PBC}{CP\cos\angle PCB}, \overline{\frac{CB_1}{AB_1}} = -\frac{CP\cos\angle PCA}{AP\cos\angle PAC}, \overline{\frac{AC_1}{BC_1}} = -\frac{AP\cos\angle PAB}{PB\cos\angle PBA}$$

第5章 三角形
DIWUZHANG SANJIAOXING

将这些等式相乘并顾及 $\angle PAC = \angle PBC, \angle PAB = \angle PCB, \angle PCA + \angle PBA = 180°$, 得到

$$\frac{\overline{BA_1}}{\overline{CA_1}} \cdot \frac{\overline{CB_1}}{\overline{AB_1}} \cdot \frac{\overline{AC_1}}{\overline{BC_1}} = 1$$

5.73* 圆 S 切圆 S_1 和 S_2 于点 A_1 和 A_2, 证明: 直线 A_1A_2 过圆 S_1 和 S_2 的内公切线或外公切线的交点.

提示 设 O, O_1 和 O_2 是圆 S, S_1 和 S_2 的中心, X 是直线 O_1O_2 和 A_1A_2 的交点. 对 $\triangle OO_1O_2$ 和点 A_1, A_2 和 X 应用梅涅劳斯定理, 得到

$$\frac{O_1X}{O_2X} \cdot \frac{O_2A_2}{OA_2} \cdot \frac{OA_1}{O_1A_1} = 1$$

这意味着 $\frac{O_1X}{O_2X} = \frac{R_1}{R_2}$, 其中 R_1 和 R_2 是圆 S_1 和 S_2 的半径. 因此, X 是圆 S_1 和 S_2 的外公切线或内公切线的交点.

5.74* (1) $\triangle ABC$ 的角平分线 AD 的中垂线交直线 BC 于点 E, 证明: $\frac{BE}{CE} = \frac{c^2}{b^2}$.

(2) 证明: 三角形角平分线的中垂线与对应边延长线的交点在一条直线上.

提示 (1) 为确定起见, 设 $\angle B < \angle C$, 则

$$\angle DAE = \angle ADE = \angle B + \frac{\angle A}{2}$$

即
$$\angle CAE = \angle B$$

因为
$$\frac{BE}{AB} = \frac{\sin\angle BAE}{\sin\angle AEB}, \frac{AC}{CE} = \frac{\sin\angle AEC}{\sin\angle CAE}$$

所以
$$\frac{BE}{CE} = \frac{c\sin\angle BAE}{b\sin\angle CAE} = \frac{c\sin(A+B)}{b\sin B} = \frac{c\sin C}{b\sin B} = \frac{c^2}{b^2}$$

(2) 在问题(1)中点 E 在边 BC 的延长线上, 因为 $\angle ADC = \angle BAD + \angle B > \angle CAD$, 所以利用问题(1)的结果和梅涅劳斯定理, 即得证明结果.

5.75* 在 $\triangle ABC$ 的直角顶点 C 引高线 CK,在 $\triangle ACK$ 中引角平分线 CE. 过点 B 引平行于 CE 的直线交 CK 于点 F,证明:直线 EF 平分线段 AC.

提示 因为 $\angle BCE = 90° - \dfrac{\angle B}{2}$,所以 $\angle BCE = \angle BEC$,也就是 $BE = BC$,所以

$$\frac{CF}{KF} = \frac{BE}{BK} = \frac{BC}{BK}, \frac{AE}{KE} = \frac{CA}{CK} = \frac{BC}{BK}$$

设直线 EF 交 AC 于点 D. 根据梅涅劳斯定理 $\dfrac{AD}{CD} \cdot \dfrac{CF}{KF} \cdot \dfrac{KE}{AE} = 1$,顾及 $\dfrac{CF}{KF} = \dfrac{AE}{KE}$,即得所需结果.

5.76* 在直线 BC,CA 和 AB 上取点 A_1,B_1 和 C_1,并且满足点 A_1,B_1 和 C_1 在一条直线上. 直线 AA_1,BB_1 和 CC_1 关于 $\triangle ABC$ 对应的角平分线对称的直线交直线 BC,CA 和 AB 于点 A_2,B_2 和 C_2,证明:点 A_2,B_2 和 C_2 共线.

提示 证明类似于问题 5.95 的解答,仅必须考查有向线段与角的关系.

5.77* 在 $\triangle ABC$ 的边(或它们的延长线)上取点 A_1,B_1 和 C_1 在一条直线上,证明:$\dfrac{AB}{BC_1} \cdot \dfrac{C_1B_1}{B_1A_1} \cdot \dfrac{A_1B}{BC} \cdot \dfrac{CB_1}{B_1A} = 1$.

提示 对 $\triangle AC_1B_1$,$\triangle C_1A_1B$,$\triangle A_1CB_1$ 和 $\triangle CAB$ 应用梅涅劳斯定理,得

$$\frac{AB}{BC_1} \cdot \frac{C_1A_1}{A_1B_1} \cdot \frac{B_1C}{CA} = 1, \frac{C_1B_1}{B_1A_1} \cdot \frac{A_1C}{CB} \cdot \frac{BA}{AC_1} = 1$$

$$\frac{A_1B}{BC} \cdot \frac{CA}{AB_1} \cdot \frac{B_1C_1}{C_1A_1} = 1, \frac{CB_1}{B_1A} \cdot \frac{AC_1}{C_1B} \cdot \frac{BA_1}{A_1C} = 1$$

这些等式相乘,得出

$$\left(\frac{AB}{BC_1} \cdot \frac{C_1B_1}{B_1A_1} \cdot \frac{A_1B}{BC} \cdot \frac{CB_1}{B_1A}\right)^2 = 1$$

* * *

5.78* 直线 AA_1,BB_1,CC_1 相交于点 O,证明:直线 AB 和 A_1B_1,BC 和 B_1C_1,AC 和 A_1C_1 的交点共线.(笛沙格)

第 5 章 三 角 形
DIWUZHANG SANJIAOXING

提示 设 A_2, B_2, C_2 是直线 BC 和 B_1C_1, AC 和 A_1C_1, AB 和 A_1B_1 的交点. 对下列三角形和它们边上的点应用梅涅劳斯定理: $\triangle OAB$ 和 (A_1, B_1, C_2), $\triangle OBC$ 和 (B_1, C_1, A_2), $\triangle OAC$ 和 (A_1, C_1, B_2), 则

$$\frac{\overline{AA_1}}{\overline{OA_1}} \cdot \frac{\overline{OB_1}}{\overline{BB_1}} \cdot \frac{\overline{BC_2}}{\overline{AC_2}} = 1, \frac{\overline{OC_1}}{\overline{CC_1}} \cdot \frac{\overline{BB_1}}{\overline{OB_1}} \cdot \frac{\overline{CA_2}}{\overline{BA_2}} = 1, \frac{\overline{OA_1}}{\overline{AA_1}} \cdot \frac{\overline{CC_1}}{\overline{OC_1}} \cdot \frac{\overline{AB_2}}{\overline{CB_2}} = 1$$

这些等式相乘,得到

$$\frac{\overline{BC_2}}{\overline{AC_2}} \cdot \frac{\overline{AB_2}}{\overline{CB_2}} \cdot \frac{\overline{CA_2}}{\overline{BA_2}} = 1$$

由梅涅劳斯定理得, A_2, B_2, C_2 在一条直线上.

5.79* 在一条直线上取点 A_1, B_1 和 C_1, 而在另一直线取点 A_2, B_2 和 C_2. 直线 A_1B_2 和 A_2B_1, B_1C_2 和 B_2C_1, C_1A_2 和 C_2A_1 分别交于点 C, A 和 B, 证明: 点 A, B 和 C 三点共线.(帕普斯)

提示 考查由直线 A_1B_2, B_1C_2 和 C_1A_2 形成的 $\triangle A_0B_0C_0$ (A_0 是直线 A_1B_2 和 A_2C_1 的交点,依此类推),并且对它及下列五个三点组: (A, B_2, C_1), (B, C_2, A_1), (C, A_2, B_1), (A_1, B_1, C_1) 和 (A_2, B_2, C_2) 应用梅涅劳斯定理,得到

$$\frac{\overline{B_0A}}{\overline{C_0A}} \cdot \frac{\overline{A_0B_2}}{\overline{B_0B_2}} \cdot \frac{\overline{C_0C_1}}{\overline{A_0C_1}} = 1, \frac{\overline{C_0B}}{\overline{A_0B}} \cdot \frac{\overline{B_0C_2}}{\overline{C_0C_2}} \cdot \frac{\overline{A_0A_1}}{\overline{B_0A_1}} = 1, \frac{\overline{A_0C}}{\overline{B_0C}} \cdot \frac{\overline{C_0A_2}}{\overline{A_0A_2}} \cdot \frac{\overline{B_0B_1}}{\overline{C_0B_1}} = 1$$

$$\frac{\overline{B_0A_1}}{\overline{A_0A_1}} \cdot \frac{\overline{C_0B_1}}{\overline{B_0B_1}} \cdot \frac{\overline{A_0C_1}}{\overline{C_0C_1}} = 1, \frac{\overline{A_0A_2}}{\overline{C_0A_2}} \cdot \frac{\overline{B_0B_2}}{\overline{A_0B_2}} \cdot \frac{\overline{C_0C_2}}{\overline{B_0C_2}} = 1$$

这些等式相乘,得到

$$\frac{\overline{B_0A}}{\overline{C_0A}} \cdot \frac{\overline{C_0B}}{\overline{A_0B}} \cdot \frac{\overline{A_0C}}{\overline{B_0C}} = 1$$

这就是说,点 A, B 和 C 在一条直线上.

5.80* 在四边形 $ABCD$ 的边 AB, BC 和 CD (或它们的延长线)上取点 K, L 和 M. 直线 KL 和 AC 交于点 P, LM 和 BD 交于点 Q, 证明: 直线 KQ 和 MP 的交点在直线 AD 上.

提示 设 N 是直线 AD 和 KQ 的交点, P' 是直线 KL 和 MN 的交点. 对 $\triangle KBL$

和 △NDM 应用笛沙格定理，得到点 P'，A 和 C 在一条直线上，即 $P' = P$.

5.81* 延长四边形 ABCD 的边 AB 和 CD 交于点 P，延长边 BC 和 AD 交于点 Q. 过点 P 引直线交边 BC 和 AD 于点 E 和 F，证明：四边形 ABCD，ABEF 和 CDFE 的对角线的交点位于过点 Q 的一条直线上.

提示 只需对 △AED 和 △BFC 应用笛沙格定理，并且对三点组 (B, E, C) 和 (A, F, D) 应用巴士定理.

5.82* (1) 过点 P 和 Q 各引三条直线，这些直线的交点如图 5.4 所示，证明：直线 KL, AC 和 MN 交于一点（或平行）.

(2) 进一步证明，如果点 O 在直线 BD 上，则直线 KL, AC 和 MN 的交点在直线 PQ 上.

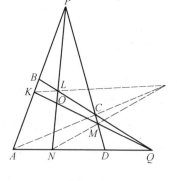

图 5.4

提示 (1) 设 R 是直线 KL 和 MN 的交点. 对三点组 (P, L, N) 和 (Q, M, K) 应用巴士定理得出，点 A, C 和 R 在一条直线上.

(2) 对 △NDM 和 △LBK 应用笛沙格定理，得到直线 ND 和 LB，DM 和 BK，NM 和 LK 的交点在一条直线上.

5.83* 在直线 BC, CA 和 AB 上取点 A_1, B_1 和 C_1. 设 P_1 是直线 BC 上任一点，P_2 是直线 $P_1 B_1$ 与 AB 的交点，P_3 是直线 $P_2 A_1$ 与 CA 的交点，P_4 是直线 $P_3 C_1$ 与 BC 的交点，依此类推，证明：点 P_7 和 P_1 重合.

提示 利用问题 5.82(1) 的结果. 作为点 P 和 Q，取点 P_2 和 P_4；作为 A 和 C，取点 C_1 和 P_1；作为 K, L, M 和 N，取点 P_5, A_1, B_1 和 P_3. 结果得出，直线 $P_6 C_1$ 过点 P_1.

5.84* 六边形 ABCDEF 的对角线 AD, BE 和 CF 相交于一点. 设 A' 是直线 AC 和 FB 的交点，B' 是 BD 与 AC 的交点，C' 是 CE 与 BD 的交点，依此类推，证明：直线 $A'B'$ 与 $D'E'$，$B'C'$ 与 $E'F'$，$C'D'$ 与 $F'A'$ 的交点共线.

第 5 章 三角形

(参见问题 6.106, 14.43.)

提示 根据笛沙格定理, 直线 AC 和 DF, CE 和 FB, EA 和 BD 的交点在一条直线上, 这意味着, 直线 $A'B'$ 和 $D'E'$, $C'D'$ 和 $F'A'$, $E'F'$ 和 $B'C'$ 的交点在一条直线上.

§8 塞瓦定理

5.85* 给定 $\triangle ABC$. 在直线 AB, BC 和 CA 上取点 C_1, A_1 和 B_1, 并且, 其中 k 个在三角形的边上和 $(3-k)$ 个在边的延长线上. 设 $R = \dfrac{BA_1}{CA_1} \cdot \dfrac{CB_1}{AB_1} \cdot \dfrac{AC_1}{BC_1}$, 证明:

(1) 当且仅当 $R=1$ 且 k 是偶数时, 点 A_1, B_1 和 C_1 共线(梅涅劳斯).

(2) 当且仅当 $R=1$ 且 k 是奇数时, 直线 AA_1, BB_1 和 CC_1 共点或平行(塞瓦).

提示 (1) 这个问题是改变形式的问题 5.69, 因为如果 A_1 在线段 BC 上, 数 $\dfrac{\overline{BA_1}}{\overline{CA_1}}$ 具有负号, 而如果点 A_1 不在线段 BC 上时, 这个比值取正号.

(2) 首先假设, 直线 AA_1, BB_1 和 CC_1 相交于点 M, 在平面上任意三个向量是线性相关的, 即存在这样的数 λ, μ 和 γ(不全为零), 使得 $\lambda\overrightarrow{AM} + \mu\overrightarrow{BM} + \nu\overrightarrow{CM} = \mathbf{0}$. 考查在直线 BC 上平行于直线 AM 的射影. 在这种射影下点 A 和 M 变为 A_1, 而 B 和 C 变为自身, 所以 $\mu\overrightarrow{BA_1} + \nu\overrightarrow{CA_1} = 0$, 也就是 $\dfrac{\overline{BA_1}}{\overline{CA_1}} = \dfrac{-\nu}{\mu}$. 类似有 $\dfrac{\overline{CB_1}}{\overline{AB_1}} = \dfrac{-\lambda}{\nu}$ 和 $\dfrac{\overline{AC_1}}{\overline{BC_1}} = \dfrac{-\mu}{\lambda}$. 这些等式相乘, 得到所需证明的结果. 在直线 AA_1, BB_1 和 CC_1 平行的情况, 为了证明, 注意 $\dfrac{\overline{BA_1}}{\overline{CA_1}} = \dfrac{\overline{BA}}{\overline{C_1A}}$, $\dfrac{\overline{CB_1}}{\overline{AB_1}} = \dfrac{\overline{C_1B}}{\overline{AB}}$ 就足够了.

现在假设, 成立所指出的关系式, 我们证明, 直线 AA_1, BB_1 和 CC_1 相交于一点. 设 C_1^* 是直线 AB 同过点 C 与直线 AA_1 和 B_1B 的交点的直线的交点. 对于点 C_1^* 成立有如对点 C_1 这样的关系式, 所以 $\dfrac{\overline{C_1^*A}}{\overline{C_1^*B}} = \dfrac{\overline{C_1A}}{\overline{C_1B}}$, 因此 $C_1^* = C_1$, 也就是直线 AA_1, BB_1 和 CC_1 交于一点.

也可以检验,如果成立所指出的关系式并且直线 AA_1, BB_1 和 CC_1 中有两条平行,则第三条直线与它们平行.

5.86* △ABC 的内切(或旁切)圆切直线 BC, CA 和 AB 于点 A_1, B_1 和 C_1,证明:直线 AA_1, BB_1 和 CC_1 相交于一点.

联结三角形顶点同内切圆切点的直线的交点称为热尔刚点.

提示 显然, $AB_1 = AC_1$, $BA_1 = BC_1$, $CA_1 = CB_1$,同时在内切圆的情况,在 △ABC 的边上有三个点,而在旁切圆的情况有一个点,剩下利用塞瓦定理.

5.87* 证明:联结三角形顶点与旁切圆与边的切点的直线相交于一点(纳格尔点).

提示 设旁切圆切边 BC, CA 和 AB 于点 A_1, B_1 和 C_1,则

$$\frac{BA_1}{CA_1} \cdot \frac{CB_1}{AB_1} \cdot \frac{AC_1}{BC_1} = \frac{p-c}{p-b} \cdot \frac{p-a}{p-c} \cdot \frac{p-b}{p-a} = 1$$

5.88* 证明:锐角三角形的高线相交于一点.

提示 设 AA_1, BB_1 和 CC_1 是 △ABC 的高线,则

$$\frac{AC_1}{C_1B} \cdot \frac{BA_1}{A_1C} \cdot \frac{CB_1}{B_1A} = \frac{b\cos A}{a\cos B} \cdot \frac{a\cos B}{b\cos C} \cdot \frac{a\cos C}{c\cos A} = 1$$

5.89* 直线 AP, BP 和 CP 交 △ABC 的边(或它们的延长线)于点 A_1, B_1 和 C_1,证明:

(1)过 BC, CA 和 AB 的中点所引平行于 AP, BP 和 CP 的直线相交于一点.

(2)联结边 BC, CA 和 AB 的中点同线段 AA_1, BB_1 和 CC_1 中点的直线相交于一点.

提示 设 A_2, B_2 和 C_2 是边 BC, CA 和 AB 的中点.考查过 △$A_2B_2C_2$ 的顶点的直线,并且在问题(1)中,它们分它的边和直线 AP, BP 和 CP 分 △ABC 的边的比是一样的.又在问题(2)中它们分它为相反的关系.剩下利用塞瓦定理.

第 5 章 三角形
DIWUZHANG SANJIAOXING

5.90* 在 $\triangle ABC$ 的边 BC, CA 和 AB 上取点 A_1, B_1 和 C_1, 使得线段 AA_1, BB_1 和 CC_1 相交于一点. 直线 A_1B_1 和 A_1C_1 分别交过顶点 A 引的平行于边 BC 的直线于点 C_2 和 B_2, 证明: $AB_2 = AC_2$.

提示 因为 $\triangle AC_1B_1 \backsim \triangle BC_1A_1$, $\triangle AB_1C_2 \backsim \triangle CB_1A_1$, 所以
$$AB_2 \cdot C_1B = AC_1 \cdot BA_1, \quad AC_2 \cdot CB_1 = A_1C \cdot B_1A$$
所以
$$\frac{AB_2}{AC_2} = \frac{AC_1}{C_1B} \cdot \frac{BA_1}{A_1C} \cdot \frac{CB_1}{B_1A} = 1$$

5.91* (1) 设 α, β 和 γ 是任意角, 并且它们中任两个角的和都小于 $180°$. 在 $\triangle ABC$ 的边上向外作 $\triangle A_1BC$, $\triangle AB_1C$ 和 $\triangle ABC_1$, 在顶点 A, B 和 C 处的角是 α, β 和 γ, 证明: 直线 AA_1, BB_1 和 CC_1 共点.

(2) 对在 $\triangle ABC$ 的边上向形内作三角形的情形证明类似的论断.

提示 设直线 AA_1, BB_1 和 CC_1 交直线 BC, CA 和 AB 于点 A_2, B_2 和 C_2.
(1) 如果 $\angle B + \beta < 180°$, $\angle C + \gamma < 180°$, 则
$$\frac{BA_2}{A_2C} = \frac{S_{\triangle ABA_1}}{S_{\triangle ACA_1}} = \frac{AB \cdot BA_1 \sin(B+\beta)}{AC \cdot CA_1 \sin(C+\gamma)} = \frac{AB}{AC} \cdot \frac{\sin\gamma}{\sin\beta} \cdot \frac{\sin(B+\beta)}{\sin(C+\gamma)}$$

最后的表达式在所有情况下等于 $\overline{\dfrac{BA_2}{A_2C}}$. 类似地写出对于 $\overline{\dfrac{CB_2}{B_2A}}$, $\overline{\dfrac{AC_2}{C_2B}}$ 的表达式, 将它们相乘. 剩下利用塞瓦定理.

(2) 点 A_2 在线段 BC 外, 只当恰有角 β 和 γ 之一大于它对应的 $\angle B$ 或 $\angle C$, 所以
$$\overline{\frac{BA_2}{A_2C}} = \frac{AB}{AC} \cdot \frac{\sin\gamma}{\sin\beta} \cdot \frac{\sin(B-\beta)}{\sin(C-\gamma)}$$

5.92* $\triangle ABC$ 的边 BC, CA 和 AB 切圆心为 O 的圆于点 A_1, B_1 和 C_1. 在射线 OA_1, OB_1 和 OC_1 上取相等的线段 OA_2, OB_2 和 OC_2, 证明: 直线 AA_2, BB_2 和 CC_2 相交于一点.

提示 容易检验, 这个问题是问题 5.91 的特殊情况.

注 类似的论断对旁切圆也是对的.

5.93* 直线 AP, BP 和 CP 交直线 BC, CA 和 AB 于点 A_1, B_1 和 C_1. 在直线 BC, CA 和 AB 上取点 A_2, B_2 和 C_2, 使得 $\overline{\dfrac{BA_2}{A_2C}} = \overline{\dfrac{A_1C}{BA_1}}$, $\overline{\dfrac{CB_2}{B_2A}} = \overline{\dfrac{B_1A}{CB_1}}$, $\overline{\dfrac{AC_2}{C_2B}} = \overline{\dfrac{C_1B}{AC_1}}$, 证明: 直线 AA_2, BB_2 和 CC_2 也相交于一点 Q(或者平行).

这样的点 P 和 Q 称为关于 $\triangle ABC$ 是等截(изожомически)共轭的.

提示 问题的解显然由塞瓦定理得出.

5.94* 在 $\triangle ABC$ 的边 BC, CA 和 AB 上取点 A_1, B_1 和 C_1, 证明

$$\frac{AC_1}{C_1B} \cdot \frac{BA_1}{A_1C} \cdot \frac{CB_1}{B_1A} = \frac{\sin\angle ACC_1}{\sin\angle C_1CB} \cdot \frac{\sin\angle BAA_1}{\sin\angle A_1AC} \cdot \frac{\sin\angle CBB_1}{\sin\angle B_1BA}$$

提示 对 $\triangle ACC_1$ 和 $\triangle BCC_1$ 应用正弦定理, 得出

$$\frac{AC_1}{C_1C} = \frac{\sin\angle ACC_1}{\sin A}, \quad \frac{CC_1}{C_1B} = \frac{\sin B}{\sin\angle C_1CB}$$

即

$$\frac{AC_1}{C_1B} = \frac{\sin\angle ACC_1}{\sin\angle C_1CB} \cdot \frac{\sin B}{\sin A}$$

类似可得 $\dfrac{BA_1}{A_1C} = \dfrac{\sin\angle BAA_1}{\sin\angle A_1AC} \cdot \dfrac{\sin C}{\sin B}$, $\dfrac{CB_1}{B_1A} = \dfrac{\sin\angle CBB_1}{\sin\angle B_1BA} \cdot \dfrac{\sin A}{\sin C}$

剩下将这些式子相乘即得结论.

注 对于有向线段和角的关系, 当且仅当点取在边的延长线上时, 类似的结论是正确的.

5.95* 在 $\triangle ABC$ 的边 BC, CA 和 AB 上取点 A_1, B_1 和 C_1, 使 AA_1, BB_1 和 CC_1 相交于一点, 证明: 这些直线关于对应角平分线对称的直线 AA_2, BB_2 和 CC_2 也相交于一点 Q.

这样的点 P 和 Q 称为关于 $\triangle ABC$ 是等角共轭的.

提示 可以认为点 A_2, B_2 和 C_2 在 $\triangle ABC$ 的边上. 根据问题 5.94 有

$$\frac{AC_2}{C_2B} \cdot \frac{BA_2}{A_2C} \cdot \frac{CB_2}{B_2A} = \frac{\sin\angle ACC_2}{\sin\angle C_2CB} \cdot \frac{\sin\angle BAA_2}{\sin\angle A_2AC} \cdot \frac{\sin\angle CBB_2}{\sin\angle B_2BA}$$

因为直线 AA_2, BB_2 和 CC_2 与直线 AA_1, BB_1 和 CC_1 关于角平分线对称, 所以

$$\angle ACC_2 = \angle C_1CB, \angle C_2CB = \angle ACC_1$$

第5章 三角形
DIWUZHANG SANJIAOXING

依此类推,所以

$$\frac{\sin\angle ACC_2}{\sin\angle C_2CB} \cdot \frac{\sin\angle BAA_2}{\sin\angle A_2AC} \cdot \frac{\sin\angle CBB_2}{\sin\angle B_2BA} = \frac{\sin\angle C_1CB}{\sin\angle ACC_1} \cdot \frac{\sin\angle A_1AC}{\sin\angle BAA_1} \cdot \frac{\sin\angle B_1BA}{\sin\angle CBB_1} =$$

$$\frac{C_1B}{AC_1} \cdot \frac{A_1C}{BA_1} \cdot \frac{B_1A}{CB_1} = 1$$

所以 $$\frac{AC_2}{C_2B} \cdot \frac{BA_2}{A_2C} \cdot \frac{CB_2}{B_2A} = 1$$

也就是直线 AA_2,BB_2 和 CC_2 相交于一点.

注 当点 A_1,B_1 和 C_1 在边的延长线上时,如果点 P 不在 $\triangle ABC$ 的外接圆上,结论仍然是对的;如果点 P 在外接圆上,则直线 AA_2,BB_2 和 CC_2 平行(问题 2.95).

5.96* 证明:在等角共轭的情况下,过顶点 B 和 C 的不同于外接圆的圆变为过顶点 B 和 C 的圆.

提示 设点 P 和 Q 关于 $\triangle ABC$ 是等角共轭的,则
$$\angle(AB,BP) = \angle(QB,BC), \angle(CP,BC) = \angle(AC,QC)$$
显然
$$\angle(CP,BP) = \angle(CP,BC) + \angle(BC,AB) + \angle(AB,BP)$$
$$\angle(QB,QC) = \angle(QB,BC) + \angle(BC,AC) + \angle(AC,QC)$$
所以
$$\angle(CP,BP) = \angle(QB,QC) + \angle(AC,AB)$$
因此,如果 $\angle(CP,BP)$ 是常量,则 $\angle(QB,QC)$ 也是常量.

5.97* 对 $\triangle ABC$ 的外接圆在点 B 和 C 的切线相交于点 P,点 Q 是点 A 关于线段 BC 中点的对称点,证明:点 P 和 Q 是等角共轭的.

提示 我们证明,直线 BP 和 BQ 关于 $\angle B$ 的平分线对称,即 $\angle PBC = \angle A'BQ$,其中 A' 是在 AB 延长线上点 B 外部的点.根据弦切角的性质,$\angle PBC = \angle BAC$.直线 AC 和 BQ 平行,所以 $\angle BAC = \angle A'BQ$.类似可证,直线 CP 和 CQ 关于 $\angle C$ 的平分线对称.

5.98* 凸六边形的对边两两平行,证明:联结对边中点的直线相交于

一点.

提示 设已知六边形 $ABCDEF$ 的对角线 AD 和 BE 相交于点 P,K 和 L 是边 AB 和 ED 的中点.因为 $ABDE$ 是梯形,线段 KL 过点 P(问题19.2).根据余弦定理,有

$$\frac{\sin\angle APK}{\sin\angle AKP} = \frac{AK}{AP}, \frac{\sin\angle BPK}{\sin\angle BKP} = \frac{BK}{BP}$$

因为
$$\sin\angle AKP = \sin\angle BKP, AK = BK$$

所以
$$\frac{\sin\angle APK}{\sin\angle BPK} = \frac{BP}{AP} = \frac{BE}{AD}$$

对于联结另外两对对边中点的线段可以写出类似的关系式.这些关系式相乘并且对直线 AD,BE 和 CF 形成的三角形应用问题 5.94 的结果,即得所需的结论.

5.99* 由某点 P 向 $\triangle ABC$ 的边 BC 引垂线 PA_1 和 PA_2 及高 AA_3,对点 B_1,B_2 和 C_1,C_2 类似地确定,证明:直线 A_1A_2,B_1B_2 和 C_1C_2 共点或者平行.

提示 考查以 P 为中心系数为 2 的位似.因为 $PA_1A_3A_2$ 是长方形,则在这个位似下直线 A_1A_2 变为通过点 A_3 的直线 l_a,并且直线 l_a 和 A_3P 关于直线 A_3A 对称.直线 A_3A 平分 $\angle B_3A_3C_3$(问题 1.57(1)).类似可证,直线 l_b 和 l_c 与直线 B_3P 和 C_3P 关于 $\triangle A_3B_3C_3$ 的角平分线对称.因此直线 l_a,l_b 和 l_c 交于一点或者平行(问题 5.95),而这意味着,直线 A_1A_2,B_1B_2,C_1C_2 交于一点.

5.100* 过在圆上的点 A 和 D 引的切线交于点 S.在弧 AD 上取点 B 和 C,直线 AC 和 BD 交于点 P,AB 和 CD 交于点 Q,证明:直线 PQ 过点 S.

提示 根据问题 5.94 和 5.85(2) 有

$$\frac{\sin\angle ASP}{\sin\angle PSD} \cdot \frac{\sin\angle DAP}{\sin\angle PAS} \cdot \frac{\sin\angle SDP}{\sin\angle PDA} = 1 = \frac{\sin\angle ASQ}{\sin\angle QSD} \cdot \frac{\sin\angle DAQ}{\sin\angle QAS} \cdot \frac{\sin\angle SDQ}{\sin\angle QDA}$$

但 $\angle DAP = \angle SDQ, \angle SDP = \angle DAQ, \angle PAS = \angle QDA, \angle PDA = \angle QAS$

所以
$$\frac{\sin\angle ASP}{\sin\angle PSD} = \frac{\sin\angle ASQ}{\sin\angle QSD}$$

由此推出,点 S,P 和 Q 在一条直线上.因为函数 $\frac{\sin(\alpha - x)}{\sin x}$ 对 x 是单调的,所以

$$\frac{d}{dx}\left(\frac{\sin(\alpha - x)}{\sin x}\right) = -\frac{\sin \alpha}{\sin^2 x}$$

第5章 三角形
DIWUZHANG SANJIAOXING

5.101* △ABC 的内切圆切它的边于点 A_1, B_1 和 C_1. 在 △ABC 内取点 X. 直线 AX 交内切圆的弧 B_1C_1 于点 A_2,点 B_2 和 C_2 类似地确定,证明:直线 A_1A_2, B_1B_2 和 C_1C_2 共点.

提示 问题2.61(1)的第二个等式意味着

$$\left(\frac{\sin\angle A_2A_1C_1}{\sin\angle A_2A_1B_1}\right)^2 = \frac{\sin\angle A_2AC_1}{\sin\angle A_2AB_1}$$

所以
$$\left(\frac{\sin\angle A_2A_1C_1}{\sin\angle A_2A_1B_1}\cdot\frac{\sin\angle B_2B_1A_1}{\sin\angle B_2B_1C_1}\cdot\frac{\sin\angle C_2C_1B_1}{\sin\angle C_2C_1A_1}\right)^2 = 1$$

5.102* 在 △ABC 内取点 X. 直线 AX 交外接圆于点 A_1. 在边 BC 截出的弓形中内切一个圆,切弧 BC 于点 A_1,切边 BC 于点 A_2. 点 B_2 和 C_2 类似地确定,证明:直线 AA_2, BB_2 和 CC_2 共点.

提示 根据问题3.43(1),线段 A_1A_2 是 △A_1BC 的角平分线,所以

$$\frac{BA_2}{CA_2} = \frac{BA_1}{CA_1} = \frac{\sin\angle BAA_1}{\sin\angle CAA_1}$$

由此,直线 AA_1, BB_1 和 CC_1 相交于一点,推得

$$\frac{\sin\angle BAA_1}{\sin\angle CAA_1}\cdot\frac{\sin\angle CBB_1}{\sin\angle ABB_1}\cdot\frac{\sin\angle ACC_1}{\sin\angle BCC_1} = 1$$

所以
$$\frac{BA_2}{CA_2}\cdot\frac{CB_2}{AB_2}\cdot\frac{AC_2}{BC_2} = 1$$

这意味着,直线 AA_2, BB_2 和 CC_2 相交于一点.

5.103* (1) 在底边为 AB 的等腰 △ABC 的边 BC, CA, AB 上,取点 A_1, B_1, C_1,使得直线 AA_1, BB_1, CC_1 相交于一点,证明:

$$\frac{AC_1}{C_1B} = \frac{\sin\angle ABB_1\sin\angle CAA_1}{\sin\angle BAA_1\sin\angle CBB_1}.$$

(2) 在底边为 AB 的等腰 △ABC 的内部取点 M 和 N,使得

$$\angle CAM = \angle ABN, \angle CBM = \angle BAN$$

证明:点 C, M, N 共线.

提示 （1）根据塞瓦定理有

$$\frac{AC_1}{C_1B} = \frac{CA_1}{A_1B} \cdot \frac{AB_1}{B_1C}$$

又根据正弦定理，有

$$CA_1 = \frac{CA\sin\angle CAA_1}{\sin\angle AA_1B}, A_1B = \frac{AB\sin\angle BAA_1}{\sin\angle AA_1B}$$

$$AB_1 = \frac{AB\sin\angle ABB_1}{\sin\angle AB_1B}, B_1C = \frac{BC\sin\angle CBB_1}{\sin\angle AB_1B}$$

在上面等式中代入这四个等式并且顾及 $AC = BC$，即得所证。

（2）直线 CM 和 CN 与底 AB 的交点用 M_1 和 N_1 来标记，必须证明，$M_1 = N_1$。
由(1)得出，$\frac{AM_1}{M_1B} = \frac{AN_1}{N_1B}$，也即 $M_1 = N_1$。

5.104* 在 $\triangle ABC$ 中作角平分线 AA_1, BB_1 和 CC_1。角平分线 AA_1 和 CC_1 交线段 C_1B_1 和 B_1A_1 于点 M 和 N，证明：$\angle MBB_1 = \angle NBB_1$。

（参见问题 4.49(2)，10.59，14.7，14.43。）

提示 设线段 BM 和 BN 交边 AC 于点 P 和 Q，则

$$\frac{\sin\angle PBB_1}{\sin\angle PBA} = \frac{\sin\angle PBB_1}{\sin\angle BPB_1} \cdot \frac{\sin\angle APB}{\sin\angle PBA} = \frac{PB_1}{BB_1} \cdot \frac{AB}{PA}$$

如果 O 是 $\triangle ABC$ 角平分线的交点，则

$$\frac{AP}{PB_1} \cdot \frac{B_1O}{OB} \cdot \frac{BC_1}{C_1A} = 1$$

也就是

$$\frac{\sin\angle PBB_1}{\sin\angle PBA} = \frac{AB}{BB_1} \cdot \frac{B_1O}{OB} \cdot \frac{BC_1}{C_1A}$$

注意 $\frac{BC_1}{C_1A} = \frac{BC}{CA}$，并且对关系 $\frac{\sin\angle QBB_1}{\sin\angle QBC}$ 进行类似的计算，得到

$$\frac{\sin\angle PBB_1}{\sin\angle PBA} = \frac{\sin\angle QBB_1}{\sin\angle QBC}$$

又因为 $\angle ABB_1 = \angle CBB_1$，所以 $\angle PBB_1 = \angle QBB_1$（问题 5.100 的提示）。

第5章 三角形

§9 西摩松线

5.105* （1）由三角形外接圆上的点 P 向三角形的边或它们的延长线引的垂线足,在一条直线上.(西摩松线)①

（2）由某点 P 向三角形的边或它们的延长线上所引垂线的垂足共线,证明:点 P 在这个三角形的外接圆上.

提示 （1）设点 P 在 $\triangle ABC$ 外接圆的弧 AC 上.由点 P 向直线 BC, CA 和 AB 引垂线,垂足为 A_1, B_1 和 C_1.四边形 A_1BC_1P 在顶点 A_1 和 C_1 的两角之和为 $180°$,所以 $\angle A_1PC_1 = 180° - \angle B = \angle APC$.因此, $\angle APC_1 = \angle A_1PC$,并且点 A_1 和 C_1 中的一个(例如 A_1)在三角形的边上,而另一个在边的延长线上.四边形 AB_1PC_1 和 A_1B_1PC 都是圆内接四边形,所以 $\angle AB_1C_1 = \angle APC_1 = \angle A_1PC = \angle A_1B_1C$,这意味着,点 B_1 在线段 A_1C_1 上.

（2）正如在问题(1)那样,得到
$$\angle(AP, PC_1) = \angle(AB_1, B_1C) = \angle(CB_1, BA_1) = \angle(CP, PA_1)$$
添加 $\angle(PC_1, PC)$,得到
$$\angle(AP, PC) = \angle(PC_1, PA_1) = \angle(BC_1, BA_1) = \angle(AB, BC)$$
即点 P 在 $\triangle ABC$ 的外接圆上.

5.106* 点 A, B 和 C 在一条直线上,点 P 在这直线外,证明: $\triangle ABP$, $\triangle BCP$, $\triangle ACP$ 的外心和点 P 四点共圆.

提示 设 A_1, B_1 和 C_1 是线段 PA, PB 和 PC 的中点, O_a, O_b 和 O_c 是 $\triangle BCP$, $\triangle ACP$ 和 $\triangle ABP$ 的外心.由点 P 向 $\triangle O_aO_bO_c$ 的边(或它们的延长线)引垂线,垂足记为点 A_1, B_1 和 C_1.点 A_1, B_1 和 C_1 在一条直线上,所以点 P 在 $\triangle O_aO_bO_c$ 的外接圆上(参见问题 5.105(2)).

5.107* 在 $\triangle ABC$ 中引角平分线 AD 并且由点 D 向直线 AC 和 AB 引垂线

---

① 这条直线长久以来认为发现者是西摩松(1687—1768),但实际上它只在1797年为窝利斯所发现,所以传统上这条直线经常利用历史上更正确的名称——窝利斯线.

DB' 和 DC'. 点 M 在直线 $B'C'$ 上,同时 $DM \perp BC$,证明:点 M 在中线 AA_1 上.

提示 设 $\triangle ABC$ 的角平分线 AD 交它的外接圆于点 P. 由点 P 向直线 BC, CA 和 AB 引垂线 PA_1, PB_1 和 PC_1. 显然,A_1 是线段 BC 的中点. 中心为 A 的位似变 P 为 D,点 B_1 和 C_1 变为 B' 和 C', 即点 A_1 变为 M, 因为它在直线 B_1C_1 上且 $PA_1 \parallel DM$.

5.108* (1) 由 $\triangle ABC$ 外接圆上的点 P 引直线 PA_1, PB_1 和 PC_1 分别对直线 BC, CA 和 AB 成已知(有向)角 α (点 A_1, B_1 和 C_1 在直线 BC, CA 和 AB 上),证明:点 A_1, B_1 和 C_1 三点共线.

(2) 证明:在西摩松线定义中的 $90°$ 角代换为 α 角时,对应角 α 的"西摩松直线"可由西摩松线绕点 P 旋转 $90° - \alpha$ 而得到.

提示 (1) 问题 5.105(1) 的解在这种情况没有变化地进行.

(2) 设 A_1 和 B_1 是由点 P 引向直线 BC 和 CA 的垂线的垂足,点 A_2 和 B_2 是由 P 引向直线 BC 和 AC 的垂线的垂足. 这样一来,$\angle (PA_2, BC) = \alpha = \angle (PB_2, AC)$,则 $\triangle PA_1A_2 \sim \triangle PB_1B_2$, 所以在以 P 为中心,同时 $\angle A_1PA_2 = 90° - \alpha$ 为旋转角的位似旋转下点 A_1 和 B_1 变为 A_2 和 B_2.

5.109* (1) 由 $\triangle ABC$ 外接圆上的点 P 向直线 BC 和 AC 引垂线 PA_1 和 PB_1,证明:$PA \cdot PA_1 = 2Rd$,其中 R 是外接圆的半径,d 是由点 P 到直线 A_1B_1 的距离.

(2) 设 α 是直线 A_1B_1 和 BC 之间的角,证明:$\cos \alpha = \dfrac{PA}{2R}$.

提示 (1) 设直线 PC 和 AC 之间的角等于 φ,则 $PA = 2R\sin \varphi$. 因为点 A_1 和 B_1 在以 PC 为直径的圆上,直线 PA_1 和 A_1B_1 之间的角也等于 φ,所以 $PA_1 = \dfrac{d}{\sin \varphi}$, 即 $PA \cdot PA_1 = 2Rd$.

(2) 因为 $PA_1 \perp BC$,所以 $\cos \alpha = \sin \varphi = \dfrac{d}{PA_1}$. 剩下要注意 $PA_1 = \dfrac{2Rd}{PA}$.

5.110* 设 A_1 和 B_1 是 $\triangle ABC$ 的外接圆上的点 P 在直线 BC 和 AC 上的

第5章 三角形
DIWUZHANG SANJIAOXING

射影,证明:线段 A_1B_1 的长等于线段 AB 在直线 A_1B_1 上射影的长.

提示 点 A_1 和 B_1 在以 PC 为直径的圆上,所以 $A_1B_1 = PC\sin\angle A_1CB_1 = PC\sin C$. 设直线 AB 和 A_1B_1 之间的角等于 γ 且 C_1 在直线 A_1B_1 上的射影是点 P. 直线 A_1B 和 B_1C_1 重合,所以 $\cos\gamma = \dfrac{PC}{2R}$(问题 5.109). 因此,线段 AB 在直线 A_1B_1 上射影的长等于 $AB\cos\gamma = \dfrac{(2R\sin C)PC}{2R} = PC\sin C$.

5.111* 在圆上有固定的点 P 和 C. 点 A 和 B 沿圆移动,使得 $\angle ACB$ 保持常值,证明:点 P 关于 $\triangle ABC$ 的西摩松线与一个固定的圆相切.

提示 设 A_1 和 B_1 是由点 P 向直线 BC 和 AC 引垂线的垂线足. 点 A_1 和 B_1 在以 PC 为直径的圆上. 因为 $\sin\angle A_1CB_1 = \sin\angle ACB$,这个圆的弦 A_1B_1 具有固定的长,因此直线 A_1B_1 与固定的圆相切.

5.112* 点 P 沿 $\triangle ABC$ 的外接圆运动,证明:在这种情况下,点 P 关于 $\triangle ABC$ 的西摩松线的旋转角,等于点 P 运动的弧的角的度数的一半.

提示 设 A_1 和 B_1 是由点 P 向直线 BC 和 CA 引的垂线的垂足,则 $\angle(A_1B_1, PB_1) = \angle(A_1C, PC) = \dfrac{\overparen{BP}}{2}$. 同样显然,对所有的点 P 直线 PB_1 具有同一个方向.

5.113* 证明:$\triangle ABC$ 的外接圆上两个对径点的西摩松线互相垂直,它们的交点在这个三角形的九点圆上(问题 5.129).

提示 设 P_1 和 P_2 是 $\triangle ABC$ 外接圆的对径点,A_i 和 B_i 是由点 P_i 向直线 BC 和 AC 引的垂线的垂足,M 和 N 是边 AC 和 BC 的中点,X 是直线 A_1B_1 和 A_2B_2 的交点. 根据问题 5.112 得 $A_1B_1 \perp A_2B_2$. 剩下检验,$\angle(MX, XN) = \angle(BC, AC)$. 因为 $AB_2 = B_1C$,所以 XM 是直角 $\triangle B_1XB_2$ 的中线,所以
$$\angle(XM, XB_2) = \angle(XB_2, B_2M)$$
类似可得
$$\angle(XA_1, XN) = \angle(A_1N, XA_1)$$
因此 $\angle(MX, XN) = \angle(XM, XB_2) + \angle(XB_2, XA_1) + \angle(XA_1, XN) =$

$$\angle(XB_2, B_2M) + \angle(A_1N, XA_1) + 90°$$

又因为 $\angle(XB_2, B_2M) + \angle(AC, CB) + \angle(NA_1, A_1X) + 90° = 0°$

所以 $\angle(MN, XN) + \angle(AC, CB) = 0°$

5.114* 点 A, B, C, P 和 Q 在以 O 为圆心的圆上,并且向量 $\overrightarrow{OP}$ 与向量 $\overrightarrow{OA}, \overrightarrow{OB}, \overrightarrow{OC}$ 和 $\overrightarrow{OQ}$ 之间的角等于 α, β, γ 和 $\frac{1}{2}(\alpha + \beta + \gamma)$,证明:点 P 关于 $\triangle ABC$ 的西摩松线平行于 OQ.

提示 如果已知圆的点 R 使得 $\angle(\overrightarrow{OP}, \overrightarrow{OR}) = \frac{\beta + \gamma}{2}$,则 $OR \perp BC$. 剩下验证,$\angle(OR, OQ) = \angle(PA_1, A_1B_1)$. 但 $\angle(OR, OQ) = \frac{\alpha}{2}$,而 $\angle(PA_1, A_1B_1) = \angle(PB, BC_1) = \frac{\angle(\overrightarrow{OP}, \overrightarrow{OA})}{2} = \frac{\alpha}{2}$.

5.115* 点 A, B, C 和 P 在以 O 为圆心的圆上. $\triangle A_1B_1C_1$ 的边平行于直线 PA, PB, PC($PA \parallel B_1C_1$,以此类推).过 $\triangle A_1B_1C_1$ 的顶点引直线平行于 $\triangle ABC$ 的边.

(1) 证明:这些直线相交于位于 $\triangle A_1B_1C_1$ 外接圆上的点 P_1.

(2) 证明:点 P_1 的西摩松线平行于直线 OP.

提示 不失一般性,可以认为 $\triangle ABC$ 和 $\triangle A_1B_1C_1$ 的外接圆重合. 角 α, β 和 γ 正如问题 5.114 的条件来决定. 我们证明,角坐标为 $\frac{\alpha + \beta + \gamma}{2}, \frac{-\alpha + \beta + \gamma}{2}, \frac{\alpha - \beta + \gamma}{2}$ 和 $\frac{\alpha + \beta - \gamma}{2}$ 的点可以取作为点 P_1, A_1, B_1 和 C_1. 实际上,$\angle A_1OB_1$ 的平分线可以用角坐标 $\frac{\gamma}{2}$ 给出,也就是 $A_1B_1 \parallel PC$;$\angle P_1OA_1$ 的平分线用角坐标 $\frac{\beta + \gamma}{2}$ 给出,也就是 $P_1A_1 \parallel BC$.

5.116* $\triangle ABC$ 外接圆的弦 PQ 垂直于边 BC,证明:点 P 关于 $\triangle ABC$ 的西摩松线平行于直线 AQ.

提示 设直线 AC 和 PQ 相交于点 M. 在 $\triangle MPC$ 中引高线 PB_1 和 CA_1,则

第 5 章 三角形
DIWUZHANG SANJIAOXING

A_1B_1 是点 P 关于 $\triangle ABC$ 的西摩松线. 此外,根据问题 1.53,得 $\angle(MB_1,B_1A_1) = \angle(CP,PM)$. 同样显然,$\angle(CP,PM) = \angle(CA,AQ) = \angle(MB_1,AQ)$,因此 $A_1B_1 \parallel AQ$.

5.117* $\triangle ABC$ 的高线交于点 H,P 是它外接圆上一点,证明:点 P 关于 $\triangle ABC$ 的西摩松线平分线段 PH.

提示 引垂直于 BC 的弦 PQ,设点 H' 和 P' 是点 H 和 P 关于直线 BC 的对称点,点 H' 在 $\triangle ABC$ 的外接圆上(问题 5.10). 首先证明,$AQ \parallel P'H$. 实际上,$\angle(AH',AQ) = \angle(PH',PQ) = \angle(AH',P'H)$. 点 P 的西摩松线平行于 AQ(问题 5.116),即它过 $\triangle PP'H$ 的边 PP' 的中点且平行于边 $P'H$,也就是它过边 PH 的中点.

5.118* 四边形 $ABCD$ 内接于圆,l_a 是点 A 关于 $\triangle BCD$ 的西摩松线,直线 l_b,l_c 和 l_d 类似定义,证明:这四条直线相交于一点.

提示 设 H_a,H_b,H_c 和 H_d 是 $\triangle BCD,\triangle CDA,\triangle DAB$ 和 $\triangle ABC$ 的垂心. 直线 l_a,l_b,l_c 和 l_d 过线段 AH_a,BH_b,CH_c 和 DH_d 的中点(问题 5.117). 这些线段的中点同这样的点 H 重合,有 $2\overrightarrow{OH} = \overrightarrow{OA} + \overrightarrow{OB} + \overrightarrow{OC} + \overrightarrow{OD}$,其中 O 是圆心(问题 13.35).

5.119* (1) 证明:四边形 $ABCD$ 的外接圆上一点 P 在 $\triangle BCD,\triangle CDA,\triangle DAB$ 和 $\triangle BAC$ 的西摩松线上的射影位于一条直线上(圆内接四边形的西摩松线).

(2) 证明:依归纳法可以类似定义圆内接 n 边形的西摩松直线,作为包含点 P 在由 n 边形一个选出的顶点得到的全部 $(n-1)$ 个三角形的西摩松线上的射影所共在的直线.

(参见问题 2.88(2),2.92,5.11,5.72,19.61,29.40.)

提示 (1) 设 B_1,C_1 和 D_1 是点 P 在直线 AB,AC 和 AD 上的射影. 点 B_1,C_1 和 D_1 在以 AP 为直径的圆上. 直线 B_1C_1,C_1D_1 和 D_1B_1 分别是点 P 关于 $\triangle ABC$,$\triangle ACD$ 和 $\triangle ADB$ 的西摩松线,所以点 P 在这些三角形的西摩松线上的射影在一

条直线上,它是 $\triangle B_1C_1D_1$ 的西摩松线,类似可证,任意三个考查的点在一条直线上.

(2) 设 P 是 n 边形 $A_1\cdots A_n$ 外接圆上的点,$B_2,B_3,\cdots,B_n$ 是点 P 在直线 $A_1A_2,\cdots,A_1A_n$ 上的射影,则 $B_2,\cdots,B_n$ 在以 A_1P 为直径的圆上. 按照归纳法证明,点 P 关于 n 边形 $A_1\cdots A_n$ 的西摩松线同点 P 关于 $(n-1)$ 边形 $B_2\cdots B_n$ 的西摩松线重合(对 $n=4$,这是问题(1)已经证明了的). 按归纳假设 $(n-1)$ 边形 $A_1A_3\cdots A_n$ 的西摩松线同 $(n-2)$ 边形 $B_3\cdots B_n$ 的西摩松线重合,所以点 P 在 $(n-1)$ 边形的西摩松线上的射影(这个 $(n-1)$ 边形的顶点是由 $A_1,\cdots,A_n$ 中顺次除去点 $A_2,\cdots,A_n$ 得到的),在 $(n-1)$ 边形 $B_2\cdots B_n$ 的西摩松线上,而点 P 在 $(n-1)$ 边形 $A_2\cdots A_n$ 的西摩松线上的射影也在这条直线上,我们的讨论指明,所讨论的 n 个点中任意 $(n-1)$ 个射影在一条直线上.

§10 垂足三角形

设 A_1,B_1 和 C_1 是由点 P 引向直线 BC,CA 和 AB 的垂足. $\triangle A_1B_1C_1$ 称为点 P 关于 $\triangle ABC$ 的垂足三角形. 垂足三角形的外接圆叫做垂足圆.

5.120 设 $\triangle A_1B_1C_1$ 是点 P 关于 $\triangle ABC$ 的垂足三角形,证明:$B_1C_1 = \dfrac{BC \cdot AP}{2R}$,其中 R 是 $\triangle ABC$ 的外接圆半径.

提示 点 B_1 和 C_1 在以 AP 为直径的圆上,所以
$$B_1C_1 = AP\sin\angle B_1AC_1 = AP \cdot \dfrac{BC}{2R}$$

5.121* 直线 AP,BP 和 CP 交 $\triangle ABC$ 的外接圆于点 A_2,B_2 和 C_2. $\triangle A_1B_1C_1$ 是点 P 关于 $\triangle ABC$ 的垂足三角形,证明:$\triangle A_1B_1C_1 \backsim \triangle A_2B_2C_2$.

提示 这个问题是问题 2.46 的特殊情况.

5.122* P 为锐角 $\triangle ABC$ 内的给定点. 由它引边的垂线 PA_1,PB_1 和 PC_1,得到 $\triangle A_1B_1C_1$. 对它作同样的操作,得到 $\triangle A_2B_2C_2$,然后得到 $\triangle A_3B_3C_3$,证明:$\triangle A_3B_3C_3 \backsim \triangle ABC$.

第5章 三角形
DIWUZHANG SANJIAOXING

提示 显然，$\angle C_1AP = \angle C_1B_1P = \angle A_2B_1P = \angle A_2C_2P = \angle B_3C_2P = \angle B_3A_3P$(等式中的第一、第三和第五个由对应的圆内接四边形得到,其余的等式显然)。类似地有 $\angle B_1AP = \angle C_3A_3P$，所以 $\angle B_3A_3C_3 = \angle B_3A_3P + \angle C_3A_3P = \angle C_1AP + \angle B_1AP = \angle BAC$。类似可得 $\triangle ABC$ 和 $\triangle A_1B_1C_1$ 中其余的角的等式.

5.123* $\triangle ABC$ 内接于圆心在 O 半径为 R 的圆,证明:点 P 关于 $\triangle ABC$ 的垂足三角形的面积等于 $\dfrac{1}{4}\left|1 - \dfrac{d^2}{R^2}\right| S_{\triangle ABC}$，其中 $d = PO$.

提示 设 A_1, B_1 和 C_1 是由点 P 向直线 BC, CA 和 AB 引垂线的垂足；A_2, B_2 和 C_2 是直线 PA, PB 和 PC 同 $\triangle ABC$ 外接圆的交点. 设 S_1, S_2 和 S_3 是 $\triangle ABC$，$\triangle A_1B_1C_1$ 和 $\triangle A_2B_2C_2$ 的面积. 容易检验, $a_1 = a \cdot \dfrac{AP}{2R}$(问题5.120), $a_2 = a \cdot \dfrac{B_2P}{CP}$. $\triangle A_1B_1C_1$ 和 $\triangle A_2B_2C_2$ 相似(问题5.121), 所以 $\dfrac{S_1}{S_2} = k^2$，其中 $k = \dfrac{a_1}{a_2} = \dfrac{AP \cdot CP}{2R \cdot B_2P}$. 又因为

$$B_2P \cdot BP = |d^2 - R^2|$$

所以
$$\frac{S_1}{S_2} = \frac{(AP \cdot BP \cdot CP)^2}{4R^2(d^2 - R^2)^2}$$

$\triangle A_2B_2C_2$ 和 $\triangle ABC$ 内接于同一个圆中,所以 $\dfrac{S_2}{S} = \dfrac{a_2b_2c_2}{abc}$(问题12.1). 同样显然, 例如 $\dfrac{a_2}{a} = \dfrac{B_2P}{CP} = \dfrac{|d^2 - R^2|}{BP \cdot CP}$, 因此

$$\frac{S_2}{S} = \frac{|d^2 - R^2|^3}{(AP \cdot BP \cdot CP)^2}$$

所以
$$\frac{S_1}{S} = \frac{S_1}{S_2} \cdot \frac{S_2}{S} = \frac{|d^2 - R^2|}{4R^2}$$

5.124* 由点 P 向 $\triangle ABC$ 的边引垂线 PA_1, PB_1 和 PC_1. 直线 l_a 联结线段 PA 和 B_1C_1 的中点. 直线 l_b 和 l_c 可类似确定, 证明:这三条直线相交于一点.

提示 点 B_1 和 C_1 在以 PA 为直径的圆上,所以线段 PA 的中点是 $\triangle AB_1C_1$

外接圆的圆心,因此 l_a 是线段 B_1C_1 的中垂线,所以直线 l_a, l_b 和 l_c 过 $\triangle A_1B_1C_1$ 的外心.

5.125* 点 P_1 和 P_2 关于 $\triangle ABC$ 等角共轭.

(1)证明:它们的垂足圆重合,并且这个垂足圆的圆心是线段 P_1P_2 的中点.

(2)证明:如果点 P_1 和 P_2 不是与边垂直而是引与边成已知(有向)角的直线时,论断仍是对的.

(3)证明:点 P_1 的垂足三角形的各边,垂直于点 P_2 同 $\triangle ABC$ 各顶点的连线.

提示 (1)由点 P_1 和 P_2 向 AC 引垂线 P_1B_1 和 P_2B_2 和向 AB 引垂线 P_1C_1 和 P_2C_2. 我们证明, 点 B_1, B_2, C_1 和 C_2 在一个圆上. 其实, $\angle P_1B_1C_1 = \angle P_1AC_1 = \angle P_2AB_2 = \angle P_2C_2B_2$. 又因为 $\angle P_1B_1A = \angle P_2C_2A$, 所以 $\angle C_1B_1A = \angle B_2C_2A$. 这些指定的点所在圆的圆心是线段 B_1B_2 和 C_1C_2 的中垂线的交点,又这些垂线中的两条过线段 P_1P_2 的中点 O, 即 O 是这个圆的圆心. 特别地, 由点 O 到点 B_1 和 C_1 等远. 类似地, 由点 O 到点 A_1 和 B_1 等远, 即 O 是 $\triangle A_1B_1C_1$ 的外心. 此外 $OB_1 = OB_2$.

注 如果点 P_1 在三角形的外接圆上,则它的垂足圆退化为直线,也就是点 P_1 的西摩松线. 这个点的等角共轭点 P_2 在这种情况下是无穷远. 这个无穷远点的方向垂直于点 P_1 的西摩松线. 实际上,如果点 P'_2 趋近于点 P_2, 则点 P'_2 的垂足圆逼近于直径为 P'_2X 的圆, 这里 X 是 $\triangle ABC$ 的任意点.

(2)上述证明在这种情况下几乎没有变化.

(3)设 B_1 和 C_1 是点 P_1 在边 AC 和 AB 上的射影. 线段 AP_1 是 $\triangle AB_1C_1$ 外接圆的直径. 设 O 是这个圆的圆心(即线段 AP_1 的中点), K 是线段 AB_1 的中点, H 是直线 AP_2 和 B_1C_1 的交点, 则

$$\angle KOA = \angle HC_1A, \angle KAO = \angle HAC_1$$

所以

$$\angle AHC_1 = \angle AKO = 90°$$

5.126* 已知 $\triangle ABC$ 和 $\triangle A_1B_1C_1$. 由点 A, B, C 引向直线 B_1C_1, C_1A_1, A_1B_1 的垂线相交于一点, 证明: 由点 A_1, B_1, C_1 引向直线 BC, CA, AB 的垂线也相交于一点. (施泰纳)

第5章 三角形

对于成立问题 5.126 条件的 △ABC 和 △$A_1B_1C_1$,称为正交的.

提示 设由点 A,B,C 向直线 B_1C_1,C_1A_1,A_1B_1 引的垂线交于点 P. 过 △ABC 的顶点引 △$A_1B_1C_1$ 边的平行线.结果得到 △$A'B'C'$.设 P' 是点 P 关于 △$A'B'C'$ 的等角共轭点.根据问题 5.125(3) 得,联结 △$A'B'C'$ 的顶点同点 P' 的直线垂直于 △ABC 的边.△$A_1B_1C_1$ 与 △$A'B'C'$ 位似;设 P_1 是点 P' 在对应位似下的像,则联结 △$A_1B_1C_1$ 同点 P_1 的直线,垂直于 △ABC 的边,即 P_1 是所求的点.

注 另外的证明,在问题 7.45 的提示中给出.

5.127* 已知 ▱ABCD,证明:点 D 关于 △ABC 的垂足圆过它的对角线的交点.

(参见问题 5.162,5.163,14.21(2).)

提示 如果给定的平行四边形是长方形,则点 D 的垂足圆退化为直线 AC,这条直线过对角线的交点,所以我们认为,已知的平行四边形不是长方形,则根据问题 5.97,点 D(关于 △ABC) 等角共轭点是点 P,它是 △ABC 的外接圆在点 A 和 C 的切线的交点,所以根据问题 5.125(1),点 P 和 D 的垂足圆重合.由点 P 向直线 AC 引的垂线的垂足是线段 AC 的中点,所以点 P 的垂足圆过对角线 AC 的中点.

§11 欧拉线与九点圆

5.128* 设 H 是 △ABC 高线的交点,O 是外心,M 是中线的交点,证明:点 M 在线段 OH 上,并且 $\dfrac{OM}{MH} = \dfrac{1}{2}$(包含点 O,M 和 H 的直线叫做欧拉线).

提示 设 A_1,B_1 和 C_1 是边 BC,CA 和 AB 的中点.△$A_1B_1C_1$ 和 △ABC 相似,并且相似比等于 2,△$A_1B_1C_1$ 的高线交于点 O,所以

$$\frac{OA_1}{HA} = \frac{1}{2}$$

设 M' 是线段 OH 和 AA_1 的交点,则

$$\frac{OM'}{M'H} = \frac{OA_1}{HA} = \frac{1}{2}$$

同时
$$\frac{AM'}{M'A} = \frac{OA_1}{HA} = \frac{1}{2}$$
即
$$M' = M$$

5.129* 证明:三角形各边的中点,三个高线足和联结高线交点与各顶点线段的中点,在一个圆上(九点圆),并且这个圆的圆心是线段 OH 的中点.

提示 设 A_1,B_1 和 C_1 是边 BC,CA 和 AB 的中点;A_2,B_2 和 C_2 是高线的垂足;A_3,B_3 和 C_3 是联结顶点与高线交点的线段的中点.因为 $A_2C_1 = C_1A = A_1B_1$ 和 $A_1A_2 \parallel B_1C_1$,点 A_2 在 $\triangle A_1B_1C_1$ 的外接圆上.类似地,点 B_2 和 C_2 在 $\triangle A_1B_1C_1$ 的外接圆上.

现在考查直径为 A_1A_3 的圆 S.因为 $A_1B_3 \parallel CC_2$,$A_3B_3 \parallel AB$,则 $\angle A_1B_3A_3 = 90°$,即点 B_3 在圆 S 上,类似可证,点 C_1,B_1 和 C_3 在圆 S 上.圆 S 过 $\triangle A_1B_1C_1$ 的顶点,所以它是 $\triangle A_1B_1C_1$ 的外接圆.

在中心为 H,相似系数为 $\frac{1}{2}$ 的位似下,$\triangle ABC$ 的外接圆变为 $\triangle A_3B_3C_3$ 的外接圆,即变为九点圆.这意味着,在这个位似下点 O 变为九点圆的圆心.

5.130* $\triangle ABC$ 的高线交于点 H.

(1) 证明:$\triangle ABC$,$\triangle HBC$,$\triangle AHC$ 和 $\triangle ABH$ 具有共同的九点圆.

(2) 证明:$\triangle ABC$,$\triangle HBC$,$\triangle AHC$ 和 $\triangle ABH$ 的欧拉线相交于一点.

(3) 证明:$\triangle ABC$,$\triangle HBC$,$\triangle AHC$ 和 $\triangle ABH$ 的外接圆圆心形成的四边形与四边形 $HABC$ 形成中心对称.

提示 (1) 我们证明,例如,$\triangle ABC$ 和 $\triangle HBC$ 具有共同的九点圆,实际上,两个三角形的九点圆过边 BC 的中点以及线段 BH 和 CH 的中点.

(2) 欧拉线过九点圆的圆心,又这两个三角形的九点圆是共同的.

(3) 这两个三角形的九点圆的圆心是对称中心.

5.131* 在锐角和钝角三角形中欧拉线都与三角形怎样的边相交?

提示 设 $AB > BC > CA$.容易检验,锐角与钝角三角形高线的交点 H 与外接圆圆心 O 的位置如图 5.5 所示(也就是对锐角三角形点 O 在 $\triangle BHC_1$ 内部,

第5章 三角形
DIWUZHANG SANJIAOXING

而对钝角三角形点 O 和 B 位于直线 CH 的同一侧),所以在锐角三角形中欧拉线交最大边 AB 与最小边 AC,而在钝角三角形中,欧拉线交最大边 AB 和按长度来说是中间的边 BC.

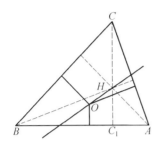 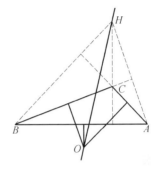

图5.5

5.132 (1) 证明:△ABC 的外接圆是 △ABC 的三个旁心为顶点的三角形的九点圆.

(2) 证明:外接圆平分联结内心与旁心的线段.

提示 (1) 设 O_a,O_b 和 O_c 是 △ABC 的三个旁心. △ABC 的顶点是 △$O_aO_bO_c$ 的高线足(问题 5.2),所以 △$O_aO_bO_c$ 的九点圆过点 A,B 和 C.

(2) 设 O 是 △$O_aO_bO_c$ 的高线的交点,即 △ABC 角平分线的交点. △$O_aO_bO_c$ 的九点圆平分线段 OO_a.

5.133* 证明:当且仅当 $\tan B \tan C = 3$ 时,△ABC 的欧拉线与边 BC 平行.

提示 设 AA_1 是高线,H 是高线的交点. 根据问题 5.51(2),$AH = 2R|\cos A|$. 它们的交点分中线为 $1:2$,所以欧拉线平行于 BC,当且仅当 $\dfrac{AH}{AA_1} = \dfrac{2}{3}$. 并且向量 $\overrightarrow{AH}$ 和 $\overrightarrow{AA_1}$ 共向,即 $\dfrac{2R\cos A}{2R\sin B\sin C} = \dfrac{2}{3}$. 考虑到 $\cos A = -\cos(B+C) = \sin B\cos C - \cos B\cos C$,所以 $\sin B\sin C = 3\cos B\cos C$.

5.134* 证明:由九点圆圆心看锐角 $\triangle ABC$ 的九点圆截边 AB 所得的线段的视角为 $2|\angle A - \angle B|$.

提示 设 CD 是高线,H 是高线的交点,O 是外心,N 是边 AB 的中点,又点 E 平分联结 C 与高线交点的线段,则 $CENO$ 是平行四边形,所以 $\angle NED = \angle OCH = |\angle A - \angle B|$(问题 2.93).点 N,E 和 D 在九点圆上,所以由它的中心看线段 ND 的视角为 $2\angle NED = 2|\angle A - \angle B|$.

5.135* 证明:如果欧拉线过三角形的内心,则三角形是等腰三角形.

提示 设 O 和 I 是 $\triangle ABC$ 的外心和内心,H 是高线的交点,直线 AI 和 BI 交外接圆于点 A_1 和 B_1.假设 $\triangle ABC$ 不是等腰三角形,则

$$\frac{OI}{IH} = \frac{OA_1}{AH}, \frac{OI}{IH} = \frac{OB_1}{BH}$$

因为 $OB_1 = OA_1$,所以 $AH = BH$,即 $AC = BC$.得出矛盾.

5.136* 内切圆切 $\triangle ABC$ 的边于点 A_1,B_1 和 C_1,证明:$\triangle A_1B_1C_1$ 的欧拉线过 $\triangle ABC$ 的外心.

提示 设 O 和 I 是三角形的外心和内心.H 是 $\triangle A_1B_1C_1$ 的垂心.在 $\triangle A_1B_1C_1$ 中引高线 A_1A_2,B_1B_2 和 C_1C_2.$\triangle A_1B_1C_1$ 是锐角三角形(例如,$\angle B_1A_1C_1 = \dfrac{\angle B + \angle C}{2} < 90°$),所以 H 是 $\triangle A_2B_2C_2$ 的内切圆圆心(问题 1.57(1)).$\triangle ABC$ 与 $\triangle A_2B_2C_2$ 的边平行(问题 1.55(1)),所以存在位似变换,变 $\triangle ABC$ 为 $\triangle A_2B_2C_2$.在这个位似下,点 O 变为点 I,而点 I 变为点 H,所以直线 IH 过点 O.

5.137* 在 $\triangle ABC$ 中引高线 AA_1,BB_1 和 CC_1.设 A_1A_2,B_1B_2 和 C_1C_2 是 $\triangle ABC$ 的九点圆的三条直径,证明:直线 AA_2,BB_2 和 CC_2 交于一点(或者平行).

(参见问题 3.72(1),5.12,8.34,13.36(2),14.55,14.58,28.31,29.40,31.42,31.59,31.80.)

提示 设 H 是 $\triangle ABC$ 的高线的交点,E 和 M 是线段 CH 和 AB 的中点(图 5.6),则 C_1MC_2E 是个长方形.设直线 CC_2 交直线 AB 于点 C_3,我们证明,$\dfrac{\overline{AC_3}}{\overline{C_3B}} = \dfrac{\tan 2\beta}{\tan 2\alpha}$.容易检验

$$\dfrac{\overline{C_3M}}{\overline{C_2E}} = \dfrac{\overline{MC_2}}{\overline{EC}}, \overline{EC} = R\cos\gamma$$

$$\overline{MC_2} = \overline{C_1E} = 2R\sin\alpha\sin\beta - R\cos\gamma$$

$$\overline{C_2E} = \overline{MC_1} = R\sin(\beta - \alpha)$$

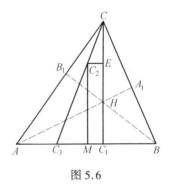

图 5.6

所以

$$\overline{C_3M} = \dfrac{R\sin(\beta-\alpha)(2\sin\beta\sin\alpha - \cos\gamma)}{\cos\gamma} =$$

$$\dfrac{R\sin(\beta-\alpha)\cos(\beta-\alpha)}{\cos\gamma}$$

因此

$$\dfrac{\overline{AC_3}}{\overline{C_3B}} = \dfrac{\overline{AM} + \overline{MC_3}}{\overline{C_3M} + \overline{MB}} = \dfrac{\sin 2\gamma + \sin 2(\alpha-\beta)}{\sin 2\gamma - \sin 2(\alpha-\beta)} = \dfrac{\tan 2\beta}{\tan 2\alpha}$$

类似的讨论告诉我们

$$\dfrac{\overline{AC_3}}{\overline{C_3B}} \cdot \dfrac{\overline{BA_3}}{\overline{A_3C}} \cdot \dfrac{\overline{CB_3}}{\overline{B_3A}} = \dfrac{\tan 2\beta}{\tan 2\alpha} \cdot \dfrac{\tan 2\gamma}{\tan 2\beta} \cdot \dfrac{\tan 2\alpha}{\tan 2\gamma} = 1$$

§12 布罗卡尔点

5.138* (1) 证明:$\triangle ABC$ 内存在这样的点 P,使得 $\angle ABP = \angle CAP = \angle BCP$.

(2) 在 $\triangle ABC$ 的边上向形外作相似于它的 $\triangle CA_1B$,$\triangle CAB_1$ 和 $\triangle C_1AB$(全部四个三角形第一个顶点的角相等,依此类推),证明:直线 AA_1,BB_1 和 CC_1 相交于一点,并且这个点与问题(1)中的点 P 重合.

点 P 称为 $\triangle ABC$ 的布罗卡尔点.类似可证,还存在第二个布罗卡尔点 Q,对于它满足 $\angle BAQ = \angle ACQ = \angle CBQ$.

提示 立刻解问题(2). 首先证明, 直线 AA_1, BB_1 和 CC_1 相交于一点. 设 $\triangle A_1BC$ 和 $\triangle AB_1C$ 的外接圆相交于点 O, 则

$$\angle(BO,OA) = \angle(BO,OC) + \angle(OC,OA) = \angle(BA_1,A_1C) + \angle(CB_1,B_1A) =$$
$$\angle(BA,AC_1) + \angle(C_1B,BA) = \angle(C_1B,AC_1),$$

即 $\triangle ABC_1$ 的外接圆也过点 O, 所以

$$\angle(AO,OA_1) = \angle(AO,OB) + \angle(BO,OA_1) =$$
$$\angle(AC_1,C_1B) + \angle(BC,CA_1) = 0°.$$

也就是直线 AA_1 过点 O. 类似可证, 直线 BB_1 和 CC_1 过点 O.

现在证明, 点 O 与所求的点 P 重合. 因为 $\angle BAP = \angle A - \angle CAP$, 所以等式 $\angle ABP = \angle CAP$ 等价于等式 $\angle BAP + \angle ABP = \angle A$, 即 $\angle APB = \angle B + \angle C$. 对于点 O 最后的等式是显然的, 因为它位于 $\triangle ABC_1$ 的外接圆上.

5.139* (1) 过 $\triangle ABC$ 的布罗卡尔点引直线 AP, BP 和 CP, 交外接圆于点 A_1, B_1 和 C_1, 证明: $\triangle ABC \cong \triangle B_1C_1A_1$.

(2) $\triangle ABC$ 内接于圆 S, 证明: 使直线 PA, PB 和 PC 与圆 S 的交点形成的三角形与 $\triangle ABC$ 全等的不同的点 P 不少于 8 个(假设直线 PA, PB 和 PC 与圆的交点不同于点 A, B 和 C).

提示 (1) 我们证明, $\overparen{AB} = \overparen{B_1C_1}$, 即 $AB = B_1C_1$. 实际上, $\overparen{AB} = \overparen{AC_1} + \overparen{C_1B}$, 而 $\overparen{C_1B} = \overparen{AB_1}$, 所以 $\overparen{AB} = \overparen{AC_1} + \overparen{AB_1} = \overparen{B_1C_1}$.

(2) 我们认为 $\triangle ABC$ 和 $\triangle A_1B_1C_1$ 内接于一个圆中, 并且 $\triangle ABC$ 是固定的, 而 $\triangle A_1B_1C_1$ 旋转. 直线 AA_1, BB_1 和 CC_1 交于一点不比 $\triangle A_1B_1C_1$ 的一个位置多(问题 7.21(2)). 在此情况下可以产生 12 个不同的 $\triangle A_1B_1C_1$ 类: $\triangle ABC$ 和 $\triangle A_1B_1C_1$ 可以使旋转或轴对称结合在一起; 除此之外, 三角形顶点的记号 A_1, B_1 和 C_1 可以对照六种不同的方法.

这 12 类不同三角形中有 4 类永远不能给出所求的点 P. 对于一致有向三角形的除去 $\triangle ABC \cong \triangle A_1C_1B$, $\triangle ABC \cong \triangle C_1B_1A_1$ 和 $\triangle ABC \cong \triangle B_1A_1C_1$ 的情况(例如, 在 $\triangle ABC \cong \triangle A_1C_1B$ 的情况, 点 P 是直线 BC 与 B_1C_1 的交点且对圆切于点 $A = A_1$; $\triangle ABC$ 和 $\triangle A_1B_1C_1$ 此时重合). 对于相反定向的三角形除去

第5章 三角形
DIWUZHANG SANJIAOXING

$\triangle ABC \cong \triangle A_1B_1C_1$ 的情况(在这种情况下 $AA_1 \parallel BB_1 \parallel CC_1$).

注 布罗卡尔点对应于相反定向三角形;对第一布罗卡尔点 $\triangle ABC \cong \triangle B_1C_1A_1$,而对第二布罗卡尔点 $\triangle ABC \cong \triangle C_1A_1B_1$.

5.140* (1) 设 P 是 $\triangle ABC$ 的布罗卡尔点,角 $\varphi = \angle ABP = \angle BCP = \angle CAP$ 称为这个三角形的布罗卡尔角,证明:$\cot \varphi = \cot \alpha + \cot \beta + \cot \gamma$, $\sin^3 \varphi = \sin(\alpha - \varphi)\sin(\beta - \varphi)\sin(\gamma - \varphi)$.

(2) 证明:$\triangle ABC$ 的布罗卡尔点是等角共轭的.

(3) 切 $\triangle ABC$ 的外接圆于点 C 的切线与过点 B 平行于 AC 的直线相交于点 A_1,证明:$\triangle ABC$ 的布罗卡尔角等于 $\angle A_1AC$.

提示 (1) 因为
$$PC = \frac{AC\sin\angle CAP}{\sin\angle APC}, PC = \frac{BC\sin\angle CBP}{\sin\angle BPC}$$

所以
$$\frac{\sin\varphi\sin\beta}{\sin\gamma} = \frac{\sin(\beta - \varphi)\sin\alpha}{\sin\beta}$$

顾及
$$\sin(\beta - \varphi) = \sin\beta\cos\varphi - \cos\beta\sin\varphi$$

得到
$$\cot\varphi = \cot\beta + \frac{\sin\beta}{\sin\alpha\sin\gamma}$$

剩下注意 $\sin\beta = \sin(\alpha + \gamma) = \sin\alpha\cos\gamma + \sin\gamma\cos\alpha$.

变换等式 $\frac{AP}{BP} = \frac{\sin\varphi}{\sin(\alpha - \varphi)}, \frac{BP}{CP} = \frac{\sin\varphi}{\sin(\beta - \varphi)}, \frac{CP}{AP} = \frac{\sin\varphi}{\sin(\gamma - \varphi)}$ 得到第二个恒等式.

(2) 对于第二布罗卡尔角得到同样精确的表达式,正如在问题(1)中那样. 同样显然,两个布罗卡尔角都是锐角.

(3) 因为 $\angle A_1BC = \angle BCA$,$\angle BCA_1 = \angle CAB$,所以 $\triangle CA_1B \sim \triangle ABC$,所以布罗卡尔点 P 在线段 AA_1 上(问题 5.139(2)).

5.141* (1) 证明:任意三角形的布罗卡尔角不超过 $30°$.

(2) 在 $\triangle ABC$ 内取点 M,证明:$\angle ABM$,$\angle BCM$ 和 $\angle CAM$ 之一不超过 $30°$.

提示 (1) 根据问题 10.40(1) 有
$$\cot\varphi = \cot\alpha + \cot\beta + \cot\gamma \geq \sqrt{3} = \cot 30°$$

所以 $\varphi \leq 30°$

(2) 设 P 是 $\triangle ABC$ 的第一布罗卡尔点. 点 M 在 $\triangle ABP$,$\triangle BCP$ 和 $\triangle CAP$ 之一的内部(或边界上). 如果点 M 在 $\triangle ABP$ 内部,则 $\angle ABM \leq \angle ABP \leq 30°$.

5.142* 设 Q 是 $\triangle ABC$ 的第二布罗卡尔点,O 是外心,A_1,B_1 和 C_1 是 $\triangle CAQ$,$\triangle ABQ$ 和 $\triangle BCQ$ 的外心,证明:$\triangle A_1 B_1 C_1 \backsim \triangle ABC$ 且 O 是 $\triangle A_1 B_1 C_1$ 的第一布罗卡尔点.

提示 直线 $A_1 B_1$,$B_1 C_1$ 和 $C_1 A_1$ 是线段 AQ,BQ 和 CQ 的中垂线,所以 $\angle B_1 A_1 C_1 = 180° - \angle AQC = \angle A$,对于另外的角证明类似.

此外,直线 $A_1 O$,$B_1 O$ 和 $C_1 O$ 是线段 CA,AB 和 BC 的中垂线,所以锐角 $\angle OA_1 C_1$ 和 $\angle ACQ$ 有着互相垂直的边,所以它们相等. 类似的讨论表明, $\angle OA_1 C_1 = \angle OB_1 A_1 = \angle OC_1 B_1 = \varphi$,其中 φ 是 $\triangle ABC$ 的布罗卡尔角.

5.143* 设 P 是 $\triangle ABC$ 的布罗卡尔点,R_1,R_2 和 R_3 是 $\triangle ABP$,$\triangle BCP$,$\triangle CAP$ 的外接圆半径,证明:$R_1 R_2 R_3 = R^3$,其中 R 是 $\triangle ABC$ 的外接圆的半径.

提示 根据正弦定理有

$$R_1 = \frac{AB}{2\sin\angle APB},\ R_2 = \frac{BC}{2\sin\angle BPC},\ R_3 = \frac{CA}{2\sin\angle CPA}$$

同样显然 $\sin\angle APB = \sin A$,$\sin\angle BPC = \sin B$,$\sin\angle CPA = \sin C$

5.144* 设 P 和 Q 是 $\triangle ABC$ 的第一与第二布罗卡尔点. 直线 CP 和 BQ,AP 和 CQ,BP 和 AQ 交于点 A_1,B_1 和 C_1,证明:$\triangle A_1 B_1 C_1$ 的外接圆过点 P 和 Q.

提示 $\triangle ABC_1$ 是等腰三角形,同时它的底边 AB 处的角等于布罗卡尔角 φ,所以

$$\angle(PC_1, C_1 Q) = \angle(BC_1, C_1 A) = 2\varphi$$

类似可得 $\angle(PA_1, A_1 Q) = \angle(PB_1, B_1 Q) = \angle(PC_1, C_1 Q) = 2\varphi$

5.145* 在锐角 $\triangle ABC$ 的边 CA,AB 和 BC 上取点 A_1,B_1 和 C_1,使得 $\angle AB_1 A_1 = \angle BC_1 B_1 = \angle CA_1 C_1$,证明:$\triangle A_1 B_1 C_1 \backsim \triangle ABC$,并且将一个三角形

第5章 三角形
DIWUZHANG SANJIAOXING

变为另一个的位似旋转中心,与两个三角形的第一布罗卡尔点重合.

提示 因为 $\angle CA_1B_1 = \angle A + \angle AB_1A_1, \angle AB_1A_1 = \angle CA_1C_1$,所以 $\angle B_1A_1C_1 = \angle A$.类似可证,$\triangle ABC$ 和 $\triangle A_1B_1C_1$ 剩下的角相等.

$\triangle AA_1B_1, \triangle BB_1C_1$ 和 $\triangle CC_1A_1$ 的外接圆相交于一点 O(问题 2.83(1)).显然 $\angle AOA_1 = \angle AB_1A_1 = \varphi$,类似可得 $\angle BOB_1 = \angle COC_1 = \varphi$,所以 $\angle AOB = \angle A_1OB_1 = 180° - \angle A$.类似地,$\angle BOC = 180° - \angle B, \angle COA = 180° - \angle C$,也就是 O 是两个三角形的第一布罗卡尔点.因此,在中心为 O,比例系数为 $\dfrac{AO}{A_1O}$,旋转角为 φ 的旋转位似下 $\triangle A_1B_1C_1$ 变为 $\triangle ABC$.

5.146* 证明:对于布罗卡尔角 φ 成立下面的不等式:

(1) $\varphi^3 \leqslant (\alpha - \varphi)(\beta - \varphi)(\gamma - \varphi)$.

(2) $8\varphi^3 \leqslant \alpha\beta\gamma$ (尤弗不等式).

提示 (1) 考查函数 $f(x) = \ln\left(\dfrac{x}{\sin x}\right) = \ln x - \ln \sin x$. 显然,函数 $f'(x) = \dfrac{1}{x} - \cot x$ 和 $f''(x) = \dfrac{1}{\sin^2 x} - \dfrac{1}{x^2}$ 当 $0 < x < \pi$ 时是正的.因此,函数 $f(x)$ 在 x 由 0 增加到 π 时是单调增的,此外,在这个区间是凸的,即

$$f(\lambda_1 x_1 + \cdots + \lambda_n x_n) \leqslant \lambda_1 f(x_1) + \cdots + \lambda_n f(x_n)$$

其中 $0 \leqslant x_i \leqslant \pi, 0 \leqslant \lambda_i, \lambda_1 + \cdots + \lambda_n = 1$.特别地,因为 $\varphi \leqslant \dfrac{\pi}{6}$

$$f\left(\dfrac{\pi}{6}\right) = f\left(\dfrac{\varphi + (\alpha - \varphi) + \varphi + (\beta - \varphi) + \varphi + (\gamma - \varphi)}{6}\right) \leqslant$$

$$\dfrac{1}{6}(f(\varphi) + f(\alpha - \varphi) + f(\varphi) + f(\beta - \varphi) + f(\varphi) + f(\gamma - \varphi))$$

所以 $$f(\varphi) \leqslant f\left(\dfrac{\pi}{6}\right)$$

利用对数函数的单调性,这些不等式可以改写为如下形式

$$\left(\dfrac{\varphi}{\sin \varphi}\right)^6 \leqslant \left(\dfrac{\dfrac{\pi}{6}}{\sin \dfrac{\pi}{6}}\right)^6 \leqslant \dfrac{\varphi^3(\alpha - \varphi)(\beta - \varphi)(\gamma - \varphi)}{\sin^3 \varphi \sin(\alpha - \varphi)\sin(\beta - \varphi)\sin(\gamma - \varphi)}$$

考虑到 $\sin(\alpha - \varphi)\sin(\beta - \varphi)\sin(\gamma - \varphi) = \sin^3 \varphi$,得到

183

$$\varphi^3 \leqslant (\alpha - \varphi)(\beta - \varphi)(\gamma - \varphi)$$

(2) 由不等式 $\varphi^3 \leqslant (\alpha - \varphi)(\beta - \varphi)(\gamma - \varphi)$ 得出

$$64\varphi^6 \leqslant 4^3 \varphi(\alpha - \varphi)\varphi(\beta - \varphi)\varphi(\gamma - \varphi)$$

同样显然

$$4\varphi(\alpha - \varphi) \leqslant \alpha^2, 4\varphi(\beta - \varphi) \leqslant \beta^2, 4\varphi(\gamma - \varphi) \leqslant \gamma^2$$

5.147* 设三角形的顶点 B 和 C 是固定的,而顶点 A 是运动的,使得 $\triangle ABC$ 的布罗卡尔角保持常值,证明:点 A 在半径为 $\frac{a}{2}\sqrt{\cot^2\varphi - 3}$ 的圆上运动,其中 $a = BC$. (涅别尔格圆)

提示 根据问题 12.46(1),有

$$\cot \varphi = \frac{a^2 + b^2 + c^2}{4S}$$

其中 S 是三角形的面积. 这样一来,对顶点坐标为 $\left(\pm \frac{a}{2}, 0\right)$ 和 (x, y) 的三角形的布罗卡尔角 φ 由等式 $\cot \varphi = \dfrac{a^2 + \left(\frac{a}{2} + x\right)^2 + y^2 + \left(-\frac{a}{2} + x\right)^2 + y^2}{2ay}$ 来确定.

也就是 $2x^2 + 2y^2 + \dfrac{3a^2}{2} = 2ay\cot\varphi$. 最后的方程给出了中心为 $\left(0, \dfrac{a}{2}\cot\varphi\right)$,半径是 $\dfrac{a}{2}\sqrt{\cot^2\varphi - 3}$ 的圆.

5.148* 由点 M 向直线 BC, CA 和 AB 引垂线 MA_1, MB_1 和 MC_1,证明:对于固定的 $\triangle ABC$,对 $\triangle A_1B_1C_1$ 的布罗卡尔角等于已知值的点 M 的集合由两个圆组成,并且其中一个圆位于 $\triangle ABC$ 的外接圆内部,而另一个在外部. (斯霍乌特圆)

(参见问题 14.15, 14.52, 19.59.)

提示 设 a_1, b_1, c_1 是已知 $\triangle A_1B_1C_1$ 的边长,S_1 是它的面积. 在理论上说关于点 M 的集合成立等式

$$4S_1\cot\varphi = a_1^2 + b_1^2 + c_1^2$$

点 B_1 和 C_1 在以 AM 为直径的圆上,所以

$$a_1 = B_1C_1 = AM\sin\angle B_1AC_1 = \frac{aAM}{2R}$$

其中 R 是 $\triangle ABC$ 的外接圆的半径. 这样一来

$$a_1^2 + b_1^2 + c_1^2 = \frac{a^2AM^2 + b^2BM^2 + c^2CM^2}{4R^2}$$

所以, 如果 (x,y) 是点 M 在某个直角坐标系中的坐标, 则

$$a_1^2 + b_1^2 + c_1^2 = \frac{a^2 + b^2 + c^2}{4R^2}(x^2 + y^2) + px + qy + r$$

其中 p,q,r 是常数.

对于 S_1 也能够通过点 M 的坐标 (x,y) 得出表达式. 此时坐标系的原点选在 $\triangle ABC$ 的外心 O 是方便的, 在这种情况 $S_1 = \frac{S_{\triangle ABC}}{4R^2} \mid R^2 - x^2 - y^2 \mid$. (问题 5.123).

方程 $S_1 = 0$ 确定 $\triangle ABC$ 的外接圆. 这个集合对应于零布罗卡尔角, 布罗卡尔角 φ 对应于集合

$$\pm \cot\varphi \frac{S_{\triangle ABC}}{4R^2}(R^2 - x^2 - y^2) = \frac{a^2 + b^2 + c^2}{4R^2}(x^2 + y^2) + px + qy + r$$

在此时, 对外接圆内的点取 "+", 对外接圆外的点取 "-". 容易检验, 所得的方程每一个都是圆的方程. 问题在于, 如果 $f = 0$ 且 $g = 0$ (它们是圆的方程), 则 $\lambda f = g$ 也是圆的方程. 进一步, 圆 $\lambda f = g$ 的中心在联结圆 $f = 0$ 和 $g = 0$ 中心的直线上. 在我们的情况一个圆的中心是 $\triangle ABC$ 的外心, 而第二个圆的中心是使 $a^2AM^2 + b^2BM^2 + c^2CM^2$ 取最小值的点 (列姆扬点).

§13 列姆扬点

设 AM 是 $\triangle ABC$ 的中线, 又直线 AS 是直线 AM 关于 $\angle A$ 平分线的对称直线 (点 S 在线段 BC 上). 则线段 AS 称为 $\triangle ABC$ 的似中线, 有时称射线 AS 为似中线.

三角形似中线相交于中线交点的等角共轭点. 三角形似中线的交点叫做列姆扬点.

5.149 直线 AM 和 AN 关于 $\triangle ABC$ 的 $\angle A$ 的边的平分线对称 (点 M 和 N 在直线 BC 上), 证明: $\frac{BM \cdot BN}{CM \cdot CN} = \frac{c^2}{b^2}$. 特别地, 如果 AS 是似中线, 则 $\frac{BS}{CS} = \frac{c^2}{b^2}$.

提示 根据正弦定理有

$$\frac{AB}{BM} = \frac{\sin\angle AMB}{\sin\angle BAM}, \frac{AB}{BN} = \frac{\sin\angle ANB}{\sin\angle BAN}$$

也就是

$$\frac{AB^2}{BM \cdot BN} = \frac{\sin\angle AMB \sin\angle ANB}{\sin\angle BAM \sin\angle BAN} = \frac{\sin\angle AMC \sin\angle ANC}{\sin\angle CAN \sin\angle CAM} = \frac{AC^2}{CM \cdot CN}$$

5.150 用 $\triangle ABC$ 的边长表示似中线的长.

提示 因为 $\angle BAS = \angle CAM$，所以

$$\frac{BS}{CM} = \frac{S_{\triangle BAS}}{S_{\triangle CAM}} = \frac{AB \cdot AS}{AC \cdot AM}$$

即

$$\frac{AS}{AM} = \frac{2b \cdot BS}{ac}$$

剩下注意，$BS = \frac{ac^2}{b^2 + c^2}, 2AM = \sqrt{2b^2 + 2c^2 - a^2}$（参见问题 5.149 和 12.11(1)）.

5.151 点 B_1 和 C_1 在射线 AC 和 AB 上，如果 $\angle AB_1C_1 = \angle ABC$，且 $\angle AC_1B_1 = \angle ACB$，则线段 B_1C_1 叫做与边 BC 是逆平行的.

(1) 证明：似中线 AS 平分与边 BC 逆平行的任意线段 B_1C_1.

(2) 证明：如果似中线 AS 平分线段 B_1C_1，则这个线段与边 BC 是逆平行的.

提示 (1) 在关于 $\angle A$ 平分线对称下线段 B_1C_1 变为平行于边 BC 的线段，而直线 AS 变为直线 AM，其中 M 是边 BC 的中点.

(2) 考查以 A 为中心的位似，它变线段 B_1C_1 的中点为 S. 在这个位似下线段 B_1C_1 变为中心是点 S，而两边是沿着 $\angle A$ 的边的平行四边形的对角线，因此有向线段 B_1C_1 唯一确定. 再利用问题(1)的结果.

5.152 证明：如果线段 B_1C_1 逆平行于边 BC，则 $B_1C_1 \perp OA$，其中 O 是外接圆圆心.

提示 根据问题2.1，在关于 $\angle A$ 的平分线对称下直线 OA 变为垂直于 BC 的直线(在非锐角 $\angle A$ 的情况证明类似). 同样显然，在这种对称下线段 B_1C_1 变

第5章 三角形

为平行于 BC 的线段.

5.153 切 $\triangle ABC$ 的外接圆 S 于点 B 的切线交直线 AC 于点 K. 由点 K 对圆 S 引第二条切线 KD, 证明: BD 是 $\triangle ABC$ 的似中线.

提示 在线段 BC 和 BA 上取点 A_1 和 C_1, 使得 $A_1C_1 \parallel BK$. 因为 $\angle BAC = \angle CBK = \angle BA_1C_1$, $\angle BCA = \angle BC_1A_1$, 所以线段 A_1C_1 逆平行于边 AC. 另一方面, 根据问题 3.32(2) 直线 BD 平分线段 A_1C_1.

5.154* 与 $\triangle ABC$ 的外接圆切于点 B 和 C 的切线相交于点 P, 证明: 直线 AP 包含似中线 AS.

提示 利用问题 3.31 的结果证明.

5.155* 过点 A 和 B 的圆 S_1 与直线 AC 相切, 过点 A 和 C 的圆 S_2 与直线 AB 相切, 证明: 过这两圆公共点的直线包含 $\triangle ABC$ 的似中线.

提示 设 AP 是所考查的圆的公共弦, Q 是直线 AP 和 BC 的交点, 则

$$\frac{BQ}{AB} = \frac{\sin\angle BAQ}{\sin\angle AQB}, \frac{AC}{CQ} = \frac{\sin\angle AQC}{\sin\angle CAQ}$$

即

$$\frac{BQ}{CQ} = \frac{AB\sin\angle BAP}{AC\sin\angle CAP}$$

因为 AC 和 AB 是对圆 S_1 和 S_2 的切线, 所以

$$\angle CAP = \angle ABP, \angle BAP = \angle ACP$$

即

$$\angle APB = \angle APC$$

所以

$$\frac{AB}{AC} = \frac{AB}{AP} \cdot \frac{AP}{AC} = \frac{\sin\angle APB}{\sin\angle ABP} \cdot \frac{\sin\angle ACP}{\sin\angle APC} = \frac{\sin\angle ACP}{\sin\angle ABP} = \frac{\sin\angle BAP}{\sin\angle CAP}$$

因此

$$\frac{BQ}{CQ} = \frac{AB^2}{AC^2}$$

5.156* $\triangle ABC$ 的在顶点 A 的内角和外角平分线交直线 BC 于点 D 和 E. 以 DE 为直径的圆交 $\triangle ABC$ 的外接圆于点 A 和 X, 证明: 直线 AX 包含 $\triangle ABC$ 的

似中线.

提示 设 S 是直线 AX 和 BC 的交点,则
$$\frac{AS}{AB} = \frac{CS}{CX}, \frac{AS}{AC} = \frac{BS}{BX}$$

也就是
$$\frac{CS}{BS} = \frac{AC}{AB} \cdot \frac{XC}{XB}$$

剩下注意 $\frac{XC}{XB} = \frac{AC}{AB}$,因为以 DE 为直径的圆是对点 B 和 C 的阿波罗尼圆.

* * *

5.157* 证明: $\angle C$ 为直角的 $\triangle ABC$ 的列姆扬点是高 CH 的中点.

提示 设 L,M 和 N 是线段 CA,CB 和 CH 的中点,因此 $\triangle BAC \backsim \triangle CAH$,所以 $\triangle BAM \backsim \triangle CAN$,即 $\angle BAM = \angle CAN$.类似可得 $\angle ABL = \angle CBN$.

5.158* 过 $\triangle ABC$ 内的点 X 引三条逆平行于它的边的线段,证明:当且仅当 X 是列姆扬点时,这三条线段相等.

提示 设 B_1C_1, C_2A_2 和 A_3B_3 是已知线段,则 $\triangle A_2XA_3, \triangle B_1XB_3$ 和 $\triangle C_1XC_2$ 是等腰三角形.设它们的腰为 a,b 和 c.当且仅当直线 AX 包含似中线时,直线 AX 平分线段 B_1C_1,所以如果 X 是列姆扬点,则 $a = b, b = c, c = a$.而如果 $B_1C_1 = C_2A_2 = A_3B_3$,则 $b + c = c + a = a + b$,也就是 $a = b = c$.

5.159* 点 A_1 和 A_2, B_1 和 B_2, C_1 和 C_2 位于 $\triangle ABC$ 的边 BC,CA,AB 上 (A_1 比 A_2 靠近 C, B_1 靠近 A, C_1 靠近 B).

(1) 证明:如果这些点是 $\triangle ABC$ 的边与由 $\triangle ABC$ 经过以列姆扬点为中心的位似变换所得的 $\triangle A'B'C'$ 的边的交点,则点 $A_1, B_2, B_1, C_2, C_1, A_2$ 在一个圆上 (杜凯尔圆).

(2) 证明:如果线段 A_1B_2, B_1C_2 和 C_1A_2 相等且这些线段逆平行于边 AB, BC 和 CA,则点 $A_1, B_2, B_1, C_2, C_1, A_2$ 在一个圆上.

提示 容易检验,无论由(1)的条件还是由(2)的条件推出:四边形 $A_2B_1C_2C_1, C_2A_1B_2B_1$ 和 $B_2C_1A_2A_1$ 是等腰梯形.在情况(1)必须利用问题

第5章 三角形
DIWUZHANG SANJIAOXING

5.151(2)的结果；在情况(2)这是显然的.同样清楚这些梯形底边的中垂线交于一点,这个点是所求圆的圆心.

5.160* 证明:杜凯尔圆的圆心在直线 KO 上,其中 K 是列姆扬点,O 是外接圆的圆心.

提示 利用问题 5.159 中的标记,设 O' 是 $\triangle A'B'C'$ 的外接圆的中心.显然,点 O' 在直线 KO 上.考查线段 OO' 的中点 O_1.我们证明,O_1 是杜凯尔圆的中心.设 O_1M 是梯形 $AOO'A'$ 的中位线,则 $O_1M \mathbin{/\mkern-5mu/} AO$.又因为 $AO \perp B_1C_2$(问题 5.152),所以 O_1M 是线段 B_1C_2 的中垂线.这样一来,O_1 是线段 B_1C_2,C_1A_2 和 A_2B_2 的中垂线的交点.

5.161* (1) 过列姆扬点 K 引平行于三角形各边的直线,证明:这些直线与三角形边的交点在一个圆上(第一列姆扬圆).

(2) 过列姆扬点 K 引逆平行于三角形各边的直线,证明:这些直线与三角形边的交点在一个圆上(第二列姆扬圆).

提示 (1) 利用问题 5.159 中的标记,在我们考查的位置中,线段 A_1B_2,B_1C_2 和 C_1A_2 的长相等,因为它们等于过点 K 引的逆平行线的长度的一半,而这些逆平行线根据问题 5.158 是相等的.这样一来,第一个列姆扬圆是杜凯尔圆之一.这个圆对应于当 $\triangle A'B'C'$ 退化为点 K 的情况,所以根据问题 5.160,第一个列姆扬圆的中心是线段 KO 的中点.

(2) 由问题 5.158 直接得出,因为列姆扬点平分过它引的每条逆平行线.第二个列姆扬圆的中心是列姆扬点 K.

5.162* 设 A_1,B_1 和 C_1 是列姆扬点 K 在 $\triangle ABC$ 边上的射影,证明:K 是 $\triangle A_1B_1C_1$ 三条中线的交点.

提示 设 M 是 $\triangle ABC$ 中线的交点;a_1,b_1,c_1 和 a_2,b_2,c_2 是点 K 和 M 到三角形的边的距离.因为点 K 和 M 是等角共轭的,所以 $a_1a_2 = b_1b_2 = c_1c_2$.此外,$aa_2 = bb_2 = cc_2$(问题 4.1),因此 $\dfrac{a}{a_1} = \dfrac{b}{b_1} = \dfrac{c}{c_1}$.利用这个等式并且考虑到

$\triangle A_1B_1K$, $\triangle B_1C_1K$ 和 $\triangle C_1A_1K$ 的面积等于 $\frac{a_1b_1c}{4R}$, $\frac{b_1c_1a}{4R}$ 和 $\frac{c_1a_1b}{4R}$, 其中 R 是 $\triangle ABC$ 的外接圆半径, 得到, 这些三角形的面积相等. 此外, 点 K 在 $\triangle A_1B_1C_1$ 内部, 因此, K 是 $\triangle A_1B_1C_1$ 的中线的交点(问题 4.2).

5.163* 设 A_1, B_1 和 C_1 是 $\triangle ABC$ 的列姆扬点 K 在边 BC, CA 和 AB 上的射影,证明: $\triangle ABC$ 的中线 AM 垂直于直线 B_1C_1.

提示 $\triangle A_1B_1C_1$ 的中线交于点 K(问题 5.162), 所以 $\triangle ABC$ 的边垂直于 $\triangle A_1B_1C_1$ 的中线. 在旋转 90° 以后 $\triangle ABC$ 的边变为平行于 $\triangle A_1B_1C_1$ 的中线, 也就是说 $\triangle ABC$ 的中线变为平行于 $\triangle A_1B_1C_1$ 的边(问题 13.2), 所以 $\triangle ABC$ 的中线垂直于 $\triangle A_1B_1C_1$ 的边.

5.164* K 为 $\triangle ABC$ 的列姆扬点, 直线 AK, BK 和 CK 交三角形的外接圆于点 A_1, B_1 和 C_1, 证明: K 是 $\triangle A_1B_1C_1$ 的列姆扬点.

提示 设 A_2, B_2 和 C_2 是点 K 在直线 BC, CA 和 AB 上的射影, 则 $\triangle A_1B_1C_1 \backsim \triangle A_2B_2C_2$(问题 5.121), K 是 $\triangle A_2B_2C_2$ 的中线的交点(问题 5.162), 所以在相似变换下, $\triangle A_2B_2C_2$ 变为 $\triangle A_1B_1C_1$, 交点 K 变为 $\triangle A_1B_1C_1$ 的中线的交点 M. 此外, $\angle KA_2C_2 = \angle KBC_2 = \angle B_1A_1K$, 即点 K 和 M 关于 $\triangle A_1B_1C_1$ 等角共轭, 即 K 是 $\triangle A_1B_1C_1$ 的列姆扬点.

5.165* 联结三角形边的中点与对应高线的中点的直线, 相交于列姆扬点.

(参见问题 6.41, 7.17, 11.22, 19.58~19.60.)

提示 设 K 是 $\triangle ABC$ 的列姆扬点; A_1, B_1 和 C_1 是点 K 在 $\triangle ABC$ 边上的射影; L 是线段 B_1C_1 的中点; N 是直线 KL 和中线 AM 的交点; O 是线段 AK 的中点(图 5.7). 点 B_1 和 C_1 在以 AK 为直径的圆上, 所以 $OL \perp B_1C_1$. 此外, $AN \perp B_1C_1$(问题 5.163), O 是线段 AK 的中点, 这意味着, OL 是

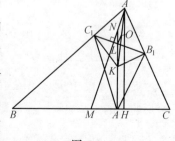

图 5.7

△AKN 的中位线且 $KL = LN$. 因此, K 是线段 A_1N 的中点. 剩下注意, 在以 M 为中心的位似下, N 变为 A, 线段 NA_1 变为高线 AH.

§14 供独立解答的问题

5.166 证明:垂直于三角形一边的外接圆的直径,在包含第二条边的直线上的投影等于第三边的长.

5.167 证明:顶点在 △ABC 的三个旁心的三角形的面积等于 $2pR$.

5.168 底边为 a 腰为 b 的等腰三角形与底边为 b 腰为 a 的等腰三角形都内接于半径为 R 的圆,证明:如果 $a \neq b$,那么 $ab = \sqrt{5}R^2$.

5.169 直角 △ABC 的内切圆切斜边 AB 于点 P. CH 是 △ABC 的高,证明:△ACH 的内切圆圆心在由点 P 引向 AC 的垂线上.

5.170 △ABC 的内切圆切边 CA 和 AB 于点 B_1 和 C_1, 而旁切圆切边的延长线于点 B_2 和 C_2, 证明:边 BC 的中点与直线 B_1C_1 和 B_2C_2 等远.

5.171 在 △ABC 中引角平分线 AD. 设 O, O_1 和 O_2 是 △ABC, △ABD 和 △ACD 的外心,证明:$OO_1 = OO_2$.

5.172 (1) 由三角形三条中线组成的三角形相似于 △ABC, 那么 △ABC 的边长应满足怎样的关系?

(2) 由 △ABC 的三条高线组成的三角形相似于 △ABC, 那么 △ABC 的边长应满足怎样的关系?

5.173 过正三角形的中心 O 引的直线交直线 BC, CA 和 AB 于点 A_1, B_1 和 C_1, 证明:$\frac{1}{OA_1}, \frac{1}{OB_1}$ 和 $\frac{1}{OC_1}$ 中的一个等于另外两个之和.

5.174 在 △ABC 中引高线 BB_1 和 CC_1, 证明:如果 $\angle A = 45°$, 则 B_1C_1 是 △ABC 的九点圆的直径.

5.175 △ABC 的角满足关系式 $\sin^2 A + \sin^2 B + \sin^2 C = 1$, 证明:它的外接圆和九点圆相交成直角.

第6章 多边形

基础知识

1. 如果多边形位于任何联结它的相邻两顶点的直线的同侧,则称该多边形为凸的.

2. 如果凸多边形的各边和同一个圆相切,则称该凸多边形为外切的.当且仅当 $AB+CD=BC+AD$ 时,凸四边形 $ABCD$ 是外切的.

如果凸多边形的所有顶点都在同一个圆上,则称该凸多边形为内接的.当且仅当 $\angle ABC+\angle CDA=\angle DAB+\angle BCD$ 时,凸四边形 $ABCD$ 是内接的.

3. 如果凸多边形的各边都相等,各角也都相等,则称该凸多边形为正的.

当且仅当凸多边形以某点 O 为中心旋转 $\dfrac{2\pi}{n}$ 角能够与原来的图形重合时,称该凸 n 边形是正的.点 O 称为正多边形的中心.

引导性问题

1. 证明:当且仅当 $\angle ABC+\angle CDA=180°$ 时,凸四边形 $ABCD$ 能够内接于圆.

2. 证明:当且仅当 $AB+CD=BC+AD$ 时,凸四边形 $ABCD$ 能够外切于圆.

3. (1) 证明:正多边形的对称轴相交于一点.

(2) 证明:正 $2n$ 边形有对称中心.

4. (1) 证明:凸 n 边形各内角的和等于 $(n-2)\cdot 180°$.

(2) 凸 n 边形被在其内部不相交的对角线分割成若干个三角形,证明:这些三角形的个数等于 $n-2$.

§1 内接与外切四边形

6.1 证明:如果四边形的内切圆的圆心和四边形的对角线的交点重

第6章 多边形
DILIUZHANG DUOBIANXING

合,那么这个四边形是菱形.

提示 设 O 是内切圆圆心并且是四边形 $ABCD$ 对角线的交点,则 $\angle ACB = \angle ACD$, $\angle BAC = \angle CAD$. 因为边 AC 是它们的公用边,所以 $\triangle ABC$ 和 $\triangle ADC$ 全等,因此,$AB = DA$. 类似可得 $AB = BC = CD = DA$.

6.2 四边形 $ABCD$ 的内切圆的圆心为 O,证明:$\angle AOB + \angle COD = 180°$.

提示 显然

$$\angle AOB = 180° - \angle BAO - \angle ABO = 180° - \frac{\angle A + \angle B}{2}$$

$$\angle COD = 180° - \frac{\angle C + \angle D}{2}$$

所以 $\angle AOB + \angle COD = 360° - \dfrac{\angle A + \angle B + \angle C + \angle D}{2} = 180°$

6.3 证明:如果存在一圆和凸四边形 $ABCD$ 的各边相切,还存在一圆和该四边形的各边的延长线相切,那么这个四边形的对角线互相垂直.

提示 考查与已知四边形的边和它们延长线相切的两个圆. 四边形的边所在的直线是这两个圆的内公切线或外公切线. 联结圆心的直线包含四边形的对角线,此外,它是四边形的对称轴,即第二条对角线与这条直线垂直.

6.4 圆截一个四边形的各边成相等的弦,证明:这个四边形必有内切圆.

提示 设 O 是已知圆的中心,R 是它的半径,a 是圆在四边形的边上截得的弦长,则由点 O 到四边形各边的距离等于 $\sqrt{R^2 - \dfrac{a^2}{4}}$,即点 O 到四边形各边的距离相等,它是内切圆的圆心.

6.5 证明:如果在四边形中可以内切一个圆,则这个圆的圆心在联结对角线中点的一条直线上.

提示 对于平行四边形来说问题的结论显然,所以可以认为直线 AB 和 CD 相交. 设 O 是四边形 $ABCD$ 的内切圆圆心. M 和 N 是对角线 AC 和 BD 的中点,则

$$S_{\triangle ANB} + S_{\triangle CND} = S_{\triangle AMB} + S_{\triangle CMD} = S_{\triangle AOB} + S_{\triangle COD} = \frac{S_{ABCD}}{2}$$

剩下利用问题 7.2 的结果.

6.6 四边形 $ABCD$ 外切于中心为 O 的圆. 在 $\triangle AOB$ 中引高线 AA_1 和 BB_1,又在 $\triangle COD$ 中引高线 CC_1 和 DD_1,证明:点 A_1,B_1,C_1 和 D_1 在一条直线上.

提示 设内切圆分别切边 DA,AB 和 BC 于点 M,H 和 N,则 OH 是 $\triangle AOB$ 的高线且在关于直线 AO 和 BO 的对称变换下,点 H 分别变为点 M 和 N,所以根据问题 1.58,点 A_1 和 B_1 在直线 MN 上,类似可得点 C_1 和 D_1 也在直线 MN 上.

6.7 不是平行四边形的梯形 $ABCD$ 在底 AD 的两个角等于 2α 和 2β,证明:当且仅当 $\dfrac{BC}{AD} = \tan\alpha\tan\beta$ 时,梯形是圆外切的.

提示 设 r 是 $\angle A$ 与 $\angle D$ 的角平分线的交点到底边 AD 的距离,r' 是 $\angle B$ 和 $\angle C$ 的平分线的交点到底边 BC 的距离,则

$$AD = r(\cot\alpha + \cot\beta), BC = r'(\tan\alpha + \tan\beta)$$

所以当且仅当 $\dfrac{BC}{AD} = \dfrac{\tan\alpha + \tan\beta}{\cot\alpha + \cot\beta} = \tan\alpha \cdot \tan\beta$ 时,$r = r'$. 如果 $r = r'$,则所考查的角平分线的交点与梯形的腰的距离都是 r. 但对于不是平行四边形的梯形而言,与两腰的距离是 r 的点只有一个.

6.8 在 $\triangle ABC$ 中引平行于边 AC 的线段 PQ 和 RS 以及线段 BM(图 6.1). 梯形 $RPKL$ 和 $MLSC$ 是圆外切的,证明:梯形 $APQC$ 也是圆外切的.

提示 设 $\angle A = 2\alpha$,$\angle C = 2\beta$,$\angle BMA = 2\varphi$. 根据问题 6.7 有

$$\frac{PK}{RL} = \tan\alpha\tan\varphi, \frac{LS}{MC} = \cot\varphi\tan\beta$$

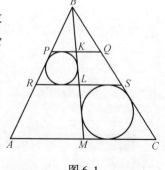

图 6.1

第6章 多边形
DILIUZHANG DUOBIANXING

因为
$$\frac{PQ}{RS} = \frac{PK}{RL}, \frac{RS}{AC} = \frac{LS}{MC}$$

所以
$$\frac{PQ}{AC} = \frac{PK}{RL} \cdot \frac{LS}{MC} = \tan\alpha \tan\beta$$

因此梯形 $APQC$ 是圆外切的.

6.9* 已知凸四边形 $ABCD$. 射线 AB 和 DC 相交于点 P，而射线 BC 和 AD 相交于点 Q，证明：当且仅当下列条件之一成立时，四边形 $ABCD$ 是圆外切的：$AB + CD = BC + AD$，$AP + CQ = AQ + CP$ 或 $BP + BQ = DP + DQ$.

提示 首先证明，如果四边形 $ABCD$ 是圆外切的，则所有条件都是成立的. 设 K, L, M 和 N 是内切圆与边 AB, BC, CD 和 DA 的切点，则

$$AB + CD = AK + BK + CM + DM = AN + BL + CL + DN = BC + AD$$

$$AP + CQ = AK + PK + QL - CL = AN + PM + QN - CM = AQ + CP$$

$$BP + BQ = AP - AB + BC + CQ = (AP + CQ) + (BC - AB) =$$
$$AQ + CP + CD - AD = DP + DQ$$

现在证明，如果 $BP + BQ = DP + DQ$，则四边形 $ABCD$ 是圆外切四边形. 考查的这个圆切边 BC，射线 BA 和 CD. 假设直线 AD 不与这个圆相切；移动这条直线，使得它与圆接触（图6.2）. 设 S 是直线 AQ 上使得 $Q'S \parallel DD'$ 的点. 因为

$$BP + BQ = DP + DQ, BP + BQ' = D'P + D'Q'$$

所以
$$QS + SQ' = QQ'$$

得出矛盾. 另外两种情况的证明与此类似.

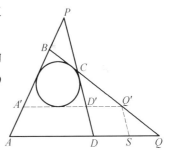

图6.2

6.10* 过凸四边形 $ABCD$ 边的延长线的交点引两条直线分四边形为四个小四边形，证明：如果靠近顶点 B 和 D 的两个小四边形是圆外切的，则四边形 $ABCD$ 也是圆外切的.

提示 设射线 AB 和 DC 相交于点 P，射线 BC 和 AD 相交于点 Q，过点 P 和 Q 引的已知直线相交于点 O. 根据问题 6.9 有

$$BP + BQ = OP + OQ, OP + OQ = DP + DQ$$

因此
$$BP + BQ = DP + DQ$$
这意味着,四边形 $ABCD$ 是圆外切的.

6.11* 在 $\triangle ABC$ 的边 BC 上取点 K_1 和 K_2,证明:$\triangle ABK_1$ 和 $\triangle ACK_2$ 内切圆的外公切线与 $\triangle ABK_2$ 和 $\triangle ACK_1$ 的内切圆的外公切线交于一点.

提示 设 O 是 $\triangle ABK_1$ 和 $\triangle ACK_2$ 的内切圆的外公切线的交点(图 6.3).由点 O 向直线 AK_1 和 AK_2 以及 $\triangle ABK_1$ 和 $\triangle ABK_2$ 的内切圆的不同于直线 BC 的外公切线所形成的三角形的内切圆引切线 l.设直线 l 交直线 AB 和 AK_2 于点 B' 和 K_2'.根据问题 6.10,四边形 $BK_2K_2'B'$ 是圆外切的.这就是说,直线 l 与 $\triangle ABK_2$ 的内切圆相切,类似可证,直线 l 与 $\triangle ACK_1$ 的内切圆相切.

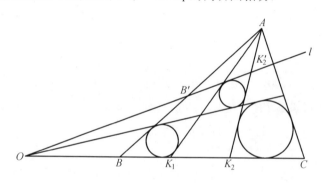

图 6.3

6.12* 过凸四边形 $ABCD$ 的边的延长线的每个交点引两条直线,这些直线分四边形为九个小四边形.

(1) 证明:如果靠近顶点 A,B,C,D 的小四边形中有三个是圆外切的,则第四个小四边形也是圆外切的.

(2) 证明:如果 r_a, r_b, r_c, r_d 是靠近顶点 A,B,C,D 的四个小四边形的内切圆半径,则 $\dfrac{1}{r_a} + \dfrac{1}{r_c} = \dfrac{1}{r_b} + \dfrac{1}{r_d}$.

提示 (1) 对照圆 $(x-a)^2 + (y-b)^2 = r^2$ 同它的坐标为 $(a,b,\pm r)$ 的定向(绕环路方向),其中 r 前面的符号对应圆的定向.

考查一对相交的直线,以它给出定向(方向).容易确信,与已知直线相切的

第6章 多边形

有向的圆簇在切点的定向一致,对照在空间中通过平面 $r=0$ 的点引的直线对应于已知两直线的交点.设直线 AB 和 CD 相交于点 P,而直线 BC 和 AD 相交于点 Q.假设邻接顶点 A,B 和 C 的四边形是圆外切的,给出在内切于它们的圆一致形式的定向,并且转移这些定向于切线上.设这些定向圆对应点 O_a,O_b 和 O_c,则点 O_a,O_b 和 P 在一条直线上,点 O_b,O_c 和 Q 也在一条直线上,因此所有这些点在一个平面上,所以直线 O_aQ 和 O_cP 相交于某个点 O_d.(一般说来,这些直线可以是平行的.为了排除这种可能,必须利用假设,例如,点 B 在 A 和 P 之间,那么点 O_b 在 O_a 和 P 之间.)点 O_d 对应的圆内切于邻近顶点 D 的小四边形中.

(2) 半径 r_a, r_b, r_c, r_d 与点 O_a, O_b, O_c, O_d 到直线 PQ 的距离成比例,所以必须利用问题 1.3(1) 的结果.

6.13* 圆 S_1 和 S_2,S_2 和 S_3,S_3 和 S_4,S_4 和 S_1 是相外切的,证明:在圆的切点的四条公切线要么相交于一点,要么与一个圆相切.

提示 在圆与切线上可以选取定向一致的形式(图 6.4).设 A_i 是对圆 S_i 的切线的交点.切线的定向给出四边形 $A_1A_2A_3A_4$ 的定向(这个四边形可以是非凸的).由点 A_i 向圆 S_i 引的切线长相等,得出

$$A_1A_2 + A_3A_4 = A_2A_3 + A_1A_4 \qquad (1)$$

利用问题 6.9 的结果,得出四边形 $A_1A_2A_3A_4$ 的边(或它们的延长线)与一个圆相切,只要这个四边形是非退化的.

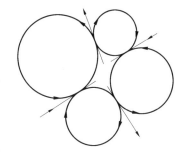

图 6.4

如果三条切线交于一点,那么由等式(1)得出四边形 $A_1A_2A_3A_4$ 退化为线段或一个点.它不能退化为线段,因为如果两条切线合并为一条直线 l,那么它们应对应于四边形的对边,在这种情况所有切线相交于一点(在直线 l 上切点截出线段的中点).

6.14* 证明:圆外切四边形的对角线的交点与已知四边形的边与内切圆的切点为顶点的四边形的对角线的交点相重合.

提示 设四边形 $ABCD$ 的边 AB,BC,CD,DA 切内切圆于点 E,F,G,H. 首先证明,直线 FH,EG 和 AC 相交于一点. 用 M 和 M' 分别表示直线 FH 和 EG 与直线 AC 的交点. 因为作为弦 HF 的弦切角有 $\angle AHM = \angle BFM$, 所以
$$\sin\angle AHM = \sin\angle CFM$$

所以 $\qquad \dfrac{AM \cdot MH}{PM \cdot MC} = \dfrac{S_{\triangle AMH}}{S_{\triangle FMC}} = \dfrac{AH \cdot MH}{FC \cdot FM}$

即 $\qquad \dfrac{AM}{MC} = \dfrac{AH}{FC}$

类似可得 $\qquad \dfrac{AM'}{M'C} = \dfrac{AE}{CG} = \dfrac{AH}{FC} = \dfrac{AM}{MC}$

所以 $\qquad M = M'$

也就是直线 FH,EG 和 AC 相交于一点.

类似的讨论指明, 直线 FH,EG 和 BD 也相交于一点, 所以直线 AC,BD,FH 和 EG 相交于一点.

* * *

6.15* 四边形 $ABCD$ 是圆内接的, H_c 和 H_d 是 $\triangle ABD$ 和 $\triangle ABC$ 的垂心, 证明: CDH_cH_d 是平行四边形.

提示 因为线段 CH_d 和 DH_c 垂直于直线 AB, 所以 $CH_d \parallel DH_c$. 此外, 因为 $\angle BCA = \angle BDA = \varphi$, 这些线段的长等于 $AB|\cot\varphi|$ (参见问题 5.51(1)).

6.16* 四边形 $ABCD$ 是圆内接的, 证明: $\triangle ABC, \triangle BCD, \triangle CDA$ 和 $\triangle DAB$ 的内切圆的圆心形成一个长方形.

提示 设 O_a, O_b, O_c 和 O_d 分别是 $\triangle BCD, \triangle ACD, \triangle ABD$ 和 $\triangle ABC$ 的外接圆圆心. 因为 $\angle ADB = \angle ACB$, 所以 $\angle AO_cB = 90° + \dfrac{\angle ADB}{2} = 90° + \dfrac{\angle ACB}{2} = \angle AO_dB$ (参见问题 5.3), 所以四边形 ABO_dO_c 是圆内接的, 即 $\angle O_cO_dB = 180° - \angle O_cAB = 180° - \dfrac{\angle A}{2}$. 类似地, $\angle O_aO_dB = 180° - \dfrac{\angle C}{2}$. 因为 $\angle A + \angle C = 180°$, 所以 $\angle O_cO_dB + \angle O_aO_dB = 270°$, 也就是 $\angle O_aO_dO_c = 90°$. 类似可证, 四边形 $O_aO_bO_cO_d$ 的其余角等于 $90°$.

第6章 多边形
DILIUZHANG DUOBIANXING

6.17* 中心为 O 的圆的内接四边形 $ABCD$ 的边的延长线相交于点 P 和 Q，又它的对角线交于点 S．

(1) 点 P,Q 和 S 到点 O 的距离分别等于 p,q 和 s，而外接圆半径等于 R，求 $\triangle PQS$ 的边长．

(2) 证明：$\triangle PQS$ 的高线相交于点 O．

提示 (1) 设射线 AB 和 DC 相交于点 P，而射线 BC 和 AD 相交于点 Q．我们证明，$\triangle CBP$ 和 $\triangle CDQ$ 的外接圆的交点 M 在线段 PQ 上．实际上

$$\angle CMP + \angle CMQ = \angle ABC + \angle ADC = 180°$$

所以 $\qquad PM + QM = PQ$

又因为 $\qquad PM \cdot PQ = PD \cdot PC = p^2 - R^2$

$$QM \cdot PQ = QC \cdot QB = q^2 - R^2$$

所以 $\qquad PQ^2 = PM \cdot PQ + QM \cdot PQ = p^2 + q^2 - 2R^2$

设 N 是 $\triangle ACP$ 和 $\triangle ABS$ 的外接圆的交点．我们证明点 S 位于线段 PN 上．其实

$$\angle ANP = \angle ACP = 180° - \angle ACD = 180° - \angle ABD = \angle ANS$$

所以 $\qquad PN - SN = PS$

又因为 $PN \cdot PS = PA \cdot PB = p^2 - R^2, SN \cdot PS = SA \cdot SC = R^2 - s^2$

所以 $\qquad PS^2 = PN \cdot PS - SN \cdot PS = p^2 + s^2 - 2R^2$

类似有 $\qquad QS^2 = q^2 + s^2 - 2R^2$

(2) 根据问题(1) $PQ^2 - PS^2 = q^2 - s^2 = OQ^2 - OS^2$，因此 $OP \perp QS$（参见问题 7.6）．类似可证，$OQ \perp PS$，$OS \perp PQ$．

*　　*　　*

6.18 对角线 AC 分四边形 $ABCD$ 为两个三角形，这两个三角形的内切圆切对角线 AC 为一点，证明：$\triangle ABD$ 和 $\triangle BCD$ 的内切圆也切对角线 BD 于一点，又它们与四边形边的切点位于一个圆上．

提示 设 $\triangle ABC$ 和 $\triangle ACD$ 的内切圆分别切对角线 AC 于点 M 和 N，则 $AM = \dfrac{AC + AB - BC}{2}$，$AN = \dfrac{AC + AD - CD}{2}$（参见问题3.2）．当且仅当 $AM = AN$ 时点

199

M 和 N 重合，也就是 $AB + CD = BC + AD$. 于是，如果点 M 和 N 重合，则四边形 $ABCD$ 是圆外切的，并且类似的讨论指出，$\triangle ABD$ 和 $\triangle BCD$ 的内切圆与对角线 BD 的切点也重合.

设 $\triangle ABC$ 的内切圆切边 AB, BC 和 CA 于点 P, Q 和 M，而 $\triangle ACD$ 的内切圆切边 AC, CD 和 DA 于点 M, R 和 S，因为 $AP = AM = AS, CQ = CM = CR$，所以 $\triangle APS, \triangle BPQ, \triangle CQR$ 和 $\triangle DRS$ 是等腰三角形. 设 α, β, γ 和 δ 是这些等腰三角形的底角. 这些三角形的内角之和等于

$$2(\alpha + \beta + \gamma + \delta) + \angle A + \angle B + \angle C + \angle D$$

所以 $\qquad \alpha + \beta + \gamma + \delta = 180°$

因此 $\qquad \angle SPQ + \angle SRQ = 360° - (\alpha + \beta + \gamma + \delta) = 180°$

也就是四边形 $PQRS$ 是圆内接的.

6.19* 证明：圆内接四边形对角线的交点在它各边上的射影是一个圆外切四边形的顶点，如果射影不落在它边的延长线上.

提示 设 O 是对角线 AC 和 BD 的交点，点 O 在边 AB, BC, CD 和 DA 上的射影是 A_1, B_1, C_1 和 D_1. 点 A_1 和 D_1 在直径为 AO 的圆上，所以 $\angle OA_1D_1 = \angle OAD_1$. 类似有 $\angle OA_1B_1 = \angle OBB_1$. 又因为 $\angle CAD = \angle CBD$，所以 $\angle OA_1D_1 = \angle OA_1B_1$. 类似可证，$B_1O, C_1O$ 和 D_1O 是四边形 $A_1B_1C_1D_1$ 的角平分线，也就是 O 是它的内切圆圆心.

6.20* 证明：如果四边形的对角线互相垂直，则对角线交点在各边的射影是圆内接四边形的顶点.

（参见同样的问题 1.9, 1.44, 2.15, 2.18, 2.43, 2.48, 2.73 ~ 2.81, 2.90, 2.91, 3.6, 3.8, 3.10, 3.23, 3.32, 3.50, 4.46, 4.59, 5.45, 5.118, 6.24, 6.31, 6.37, 6.38, 6.101, 6.102, 7.50, 8.50, 8.54, 13.35, 13.36, 16.4, 17.5, 30.35, 30.44.）

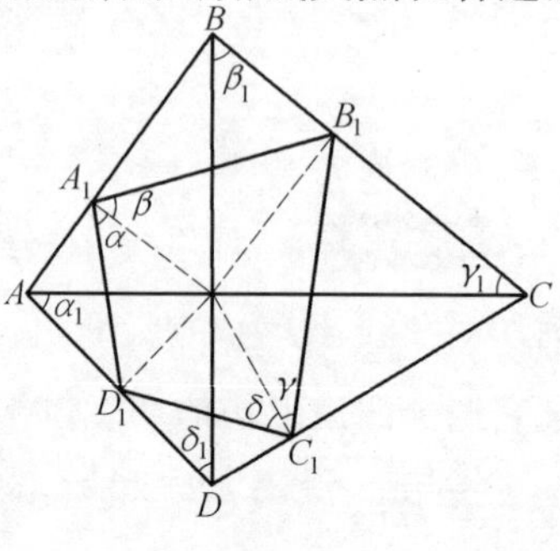

提示 利用图 6.5 中的字母标记. 四边形 $A_1B_1C_1D_1$ 是圆内接的条件等价于 $(\alpha + \beta) +$

图 6.5

$(\gamma + \delta) = 180°$,而对角线 AC 和 BD 垂直,$(\alpha_1 + \delta_1) + (\beta_1 + \gamma_1) = 180°$,同样显然 $\alpha = \alpha_1, \beta = \beta_1, \gamma = \gamma_1, \delta = \delta_1$.

§2 四边形

6.21 四边形 $ABCD$ 的边 AB 和 CD 之间的角等于 φ,证明:$AD^2 = AB^2 + BC^2 + CD^2 - 2(AB \cdot BC \cos B + BC \cdot CD \cos C + CD \cdot AB \cos \varphi)$.

提示 根据余弦定理有
$$AD^2 = AC^2 + CD^2 - 2AC \cdot CD \cdot \cos \angle ACD, AC^2 = AB^2 + BC^2 - 2AB \cdot BC \cos B$$

又因为线段 AC 在垂直于 CD 的直线 l 上的射影长等于线段 AB 和 BC 在直线 l 上射影长的和,所以
$$AC \cos \angle ACD = AB \cos \varphi + BC \cos C$$

6.22 在四边形 $ABCD$ 中,边 AB 和 CD 相等,同时射线 AB 和 DC 相交于点 O,证明:联结对角线中点的直线垂直于 $\angle AOD$ 的平分线.

提示 设 $\angle AOD = 2\alpha$,则由点 O 到对角线 AC 和 BD 的中点在 $\angle AOD$ 的平分线上射影的距离分别等于 $\dfrac{\cos \alpha(OA + OC)}{2}$ 和 $\dfrac{\cos \alpha(OB + OD)}{2}$.因为 $OA + OC = AB + OB + OC = CD + OB + OC = OB + OD$.这些射影是重合的.

6.23 在四边形 $ABCD$ 的边 BC 和 AD 上取点 M 和 N,使得 $\dfrac{BM}{MC} = \dfrac{AN}{ND} = \dfrac{AB}{CD}$.射线 AB 和 DC 相交于点 O,证明:直线 MN 平行于 $\angle AOD$ 的平分线.

提示 添加 $\triangle ABM$ 和 $\triangle DCM$ 得到 $\square ABMM_1$ 和 $\square DCMM_2$.因为
$$\frac{AM_1}{DM_2} = \frac{BM}{MC} = \frac{AN}{DN}$$
所以 $\triangle ANM_1 \backsim \triangle DNM_2$

所以点 D 在线段 M_1M_2 上并且 $\dfrac{MM_1}{MM_2} = \dfrac{AB}{CD} = \dfrac{AN}{ND} = \dfrac{M_1N}{M_2N}$,也就是 MN 是 $\angle M_1MM_2$ 的平分线.

6.24 证明:凸四边形的四个内角平分线交成一个圆内接四边形.

提示 设 a, b, c 和 d 是在顶点 A, B, C 和 D 处的角平分线. 必须检验 $\angle(a,b) + \angle(c,d) = 0°$,显然

$$\angle(a,b) = \angle(a,AB) + \angle(AB,b)$$

$$\angle(c,d) = \angle(c,CD) + \angle(CD,d)$$

因为四边形 $ABCD$ 是凸的,由等式

$$\angle(a,AB) = \frac{\angle(AD,AB)}{2}, \angle(AB,b) = \frac{\angle(AB,BC)}{2}$$

$$\angle(c,CD) = \frac{\angle(CB,CD)}{2}, \angle(CD,d) = \frac{\angle(CD,DA)}{2}$$

得

$$\angle(a,b) + \angle(c,d) =$$

$$\frac{\angle(AD,AB) + \angle(AB,BC) + \angle(BC,CD) + \angle(CD,DA)}{2} = \frac{360°}{2} = 0°$$

(根据直线之间有向角的理由,参见本书第2章的基础知识)

6.25 对应边平行的两个不同的 $\square ABCD$ 和 $\square A_1B_1C_1D_1$ 内接于四边形 $PQRS$ 中(点 A 和 A_1 在边 PQ 上,B 和 B_1 在边 QR 上,依此类推),证明:四边形的对角线平行于平行四边形的边.

提示 为确定起见,设 $AB > A_1B_1$. 在以向量 $\overrightarrow{CB}$ 的平移中,$\triangle SD_1C_1$ 移到 $\triangle S'D'_1C'_1$,而线段 CD 移到 BA. 因为

$$\frac{QA_1}{QA} = \frac{A_1B_1}{AB} = \frac{D'_1C'_1}{AB} = \frac{S'D'_1}{S'A}$$

所以 $QS' \ /\!/ \ A_1D'_1$

因此 $QS \ /\!/ \ AD$

类似有 $PR \ /\!/ \ AB$

6.26 M 和 N 是凸四边形 $ABCD$ 的对角线 AC 和 BD 的中点,且 M, N 不重合. 直线 MN 分别交边 AB 和 CD 于点 M_1 和 N_1,证明:如果 $MM_1 = NN_1$,那么 $AD \ /\!/ \ BC$.

第6章 多边形
DILIUZHANG DUOBIANXING

提示 假设直线 AD 和 BC 不平行. 设 M_2, K, N_2 分别是边 AB, BC, CD 的中点. 如果 $MN \parallel BC$, 因为 $AM = MC, BN = ND$, 则 $BC \parallel AD$, 所以将认为直线 MN 和 BC 不平行, 也就是 $M_1 \neq M_2, N_1 \neq N_2$. 很清楚, $\overrightarrow{M_2M} = \dfrac{\overrightarrow{BC}}{2} = \overrightarrow{NN_2}$, $\overrightarrow{M_1M} = \overrightarrow{NN_1}$, 所以 $M_1M_2 \parallel N_1N_2$, 因此 $KM \parallel AB \parallel CD \parallel KN$, 即 $M = N$. 得出矛盾.

6.27* 证明:当且仅当两个四边形的四个对应角相等且对角线间的夹角对应相等时,它们相似.

提示 可作相似变换,把四边形的一组对应边重合在一起,这样只需分析四边形 $ABCD$ 和 ABC_1D_1 即可, 在这里点 C_1 和 D_1 分别在射线 BC 和 AD 上, 且 $CD \parallel C_1D_1$.

设四边形 $ABCD$ 和 ABC_1D_1 的对角线的交点分别为 O 和 O_1.

假设点 C 和 D 的位置比点 C_1 和 D_1 的位置距 B 和 A 近. 我们将证明 $\angle AOB > \angle AO_1B$. 实际上, $\angle C_1AB > \angle CAB, \angle D_1BA > \angle DBA$, 因此
$\angle AO_1B = 180° - \angle C_1AB - \angle D_1BA < 180° - \angle CAB - \angle DBA = \angle AOB$
得出矛盾. 因此 $C_1 = C, D_1 = D$.

6.28* 四边形 $ABCD$ 是凸的. 点 A_1, B_1, C_1 和 D_1 使得 $AB \parallel C_1D_1$, $AC \parallel B_1D_1$, 对所有的顶点对, 依此类推, 证明: 四边形 $A_1B_1C_1D_1$ 也是凸的, 并且 $\angle A + \angle C_1 = 180°$.

提示 任意四边形以自己的边和对角线的方向来确定是完全相似的, 所以只需检验一个带有需要的边与对角线方向的四边形 $A_1B_1C_1D_1$ 的例子. 设 O 是对角线 AC 与 BD 的交点. 在射线 OA 上取任意一点 D_1 且作 $D_1A_1 \parallel BC, A_1B_1 \parallel CD, B_1C_1 \parallel DA$ (图 6.6). 因为

$$\dfrac{OC_1}{OB_1} = \dfrac{OD}{OA}, \dfrac{OB_1}{OA_1} = \dfrac{OC}{OD}, \dfrac{OA_1}{OD_1} = \dfrac{OB}{OC}$$

所以 $\dfrac{OC_1}{OD_1} = \dfrac{OB}{OA}$

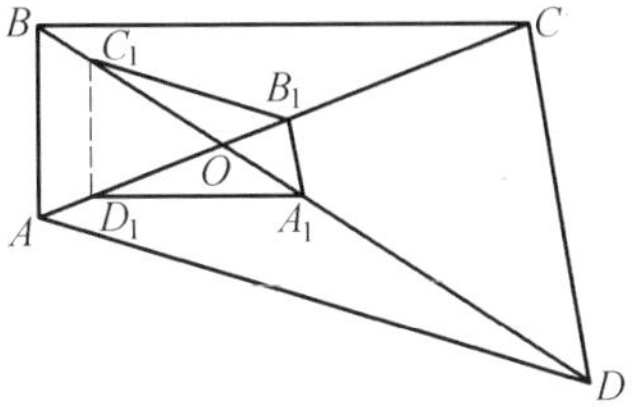

图 6.6

203

这意味着 $C_1D_1 \parallel AB$. 由图中很明显地得出 $\angle A + \angle C_1 = 180°$.

6.29* 由凸四边形的顶点向对角线引垂线,证明:垂足所形成的四边形与原四边形相似.

提示 设 O 是四边形 $ABCD$ 对角线的交点. 不失一般性可以认为 $\alpha = \angle AOB < 90°$. 向四边形 $ABCD$ 的对角线上引垂线 AA_1, BB_1, CC_1 和 DD_1. 因为 $OA_1 = OA\cos\alpha$, $OB_1 = OB\cos\alpha$, $OC_1 = OC\cos\alpha$, $OD_1 = OD\cos\alpha$, 所以在关于 $\angle AOB$ 的平分线对称的情况下,四边形 $ABCD$ 变为与四边形 $A_1B_1C_1D_1$ 位似的四边形(位似比为 $\dfrac{1}{\cos\alpha}$).

6.30* 凸四边形被两对角线分为四个三角形,证明:联结两个相对三角形中线交点的直线垂直于联结另两个三角形高线交点的直线.

提示 设四边形 $ABCD$ 的对角线相交于点 O, H_a 和 H_b 是 $\triangle AOB$ 和 $\triangle COD$ 的垂心, K_a 和 K_b 是边 BC 和 AD 的中点, P 是对角线 AC 的中点. $\triangle AOD$ 和 $\triangle BOC$ 中线的交点分线段 K_aO 和 K_bO 为 $1:2$,所以需要证明, $H_aH_b \perp K_aK_b$.

因为 $OH_a = AB|\cot\varphi|$, $OH_b = CD|\cot\varphi|$, 其中 $\varphi = \angle AOB$(参见问题 5.51(2)), 所以 $\dfrac{OH_a}{OH_b} = \dfrac{PK_a}{PK_b}$, 因此 $\angle H_aOH_b$ 与 $\angle K_aPK_b$ 的边垂直. 除此之外, 向量 $\overrightarrow{OH_a}$ 和 $\overrightarrow{OH_b}$ 对直线 AB 和 CD 的方向垂直, 当 $\varphi < 90°$ 和当 $\varphi > 90°$ 时, 这些直线的方向垂直, 所以 $\angle H_aOH_b = \angle K_aPK_b$. 并且 $\triangle H_aOH_b \backsim \triangle K_aPK_b$, 因此 $H_aH_b \perp K_aK_b$.

6.31* 圆外切梯形 $ABCD$ 的底为 AD 和 BC,其对角线交于点 O. $\triangle AOD, \triangle AOB, \triangle BOC$ 和 $\triangle COD$ 的内切圆半径分别等于 r_1, r_2, r_3 和 r_4,证明: $\dfrac{1}{r_1} + \dfrac{1}{r_3} = \dfrac{1}{r_2} + \dfrac{1}{r_4}$.

提示 设 $S = S_{\triangle AOD}$, $x = AO$, $y = DO$, $a = AB$, $b = BC$, $c = CD$, $d = DA$, k 是 $\triangle BOC$ 和 $\triangle AOD$ 的相似系数,则

第6章 多边形
DILIUZHANG DUOBIANXING

$$2\left(\frac{1}{r_1}+\frac{1}{r_3}\right) = \frac{d+x+y}{S} + \frac{b+kx+ky}{k^2 S}$$

$$2\left(\frac{1}{r_2}+\frac{1}{r_4}\right) = \frac{a+x+ky}{kS} + \frac{c+kx+y}{kS}$$

因为 $S_{\triangle BOC} = k^2 S, S_{\triangle AOB} = S_{\triangle COD} = kS$

所以

$$\frac{x+y}{S} + \frac{x+y}{kS} = \frac{x+ky}{kS} + \frac{kx+y}{kS}$$

剩下发现,$a + c = b + d$.

6.32* 半径为 r_1 的圆与凸四边形 $ABCD$ 的边 DA,AB 和 BC 相切,半径为 r_2 的圆与边 AB,BC 和 CD 相切,类似地,定义 r_3 和 r_4,证明:$\dfrac{AB}{r_1} + \dfrac{CD}{r_3} = \dfrac{BC}{r_2} + \dfrac{AD}{r_4}$.

提示 显然

$$AB = r_1\left(\cot\frac{A}{2} + \cot\frac{B}{2}\right), CD = r_3\left(\cot\frac{C}{2} + \cot\frac{D}{2}\right)$$

所以 $\dfrac{AB}{r_1} + \dfrac{CD}{r_3} = \cot\dfrac{A}{2} + \cot\dfrac{B}{2} + \cot\dfrac{C}{2} + \cot\dfrac{D}{2} = \dfrac{BC}{r_2} + \dfrac{AD}{r_4}$

6.33* 凸四边形 $ABCD$ 中,已知在 $\triangle ABC$,$\triangle BCD$,$\triangle CDA$ 和 $\triangle DAB$ 中,内切圆的半径彼此相等,证明:$ABCD$ 是长方形.

提示 添加 $\triangle ABD$ 和 $\triangle DBC$ 到 $\square ABDA_1$ 和 $\square DBCC_1$. 联结点 D 与 $\square ACC_1A_1$ 的顶点的线段分它为四个三角形,等于 $\triangle DAB$,$\triangle CDA$,$\triangle BCD$ 和 $\triangle ABC$,所以这些三角形内切圆的半径相等. 我们证明,点 D 与平行四边形对角线的交点 O 重合. 如果 $D \neq O$,则可以认为,点 D 在 $\triangle AOC$ 的内部. 那么 $r_{ADC} < r_{AOC} = r_{A_1OC_1} < r_{A_1DC_1} = r_{ABC}$(参见问题 10.90). 得出矛盾,所以 $D = O$.

因为 $p = \dfrac{S}{r}$,而对角线分 $\square ACC_1A_1$ 所得的三角形的内切圆半径和面积相等,所以它们的周长相等,所以 ACC_1A_1 是菱形,而 $ABCD$ 是矩形.

6.34* 已知凸四边形 $ABCD$. A_1, B_1, C_1 和 D_1 是 $\triangle BCD, \triangle CDA$, $\triangle DAB$ 和 $\triangle ABC$ 的外接圆圆心. 类似地,对四边形 $A_1B_1C_1D_1$ 定义点 A_2, B_2, C_2 和 D_2, 证明:四边形 $ABCD$ 和 $A_2B_2C_2D_2$ 相似,而相似系数等于
$$\left|\frac{(\cot A+\cot C)(\cot B+\cot D)}{4}\right|.$$

提示 点 C_1 和 D_1 在线段 AB 的中垂线上,所以 $AB \perp C_1D_1$. 类似地, $C_1D_1 \perp A_2B_2$,这就是说 $AB \parallel A_2B_2$. 类似可证,四边形 $ABCD$ 和 $A_2B_2C_2D_2$ 其余对应边和对角线分别平行,因此这两个四边形相似.

设 M 是线段 AC 的中点,则
$$B_1M = |AM\cot D|, D_1M = |AM\cot B|$$
同时
$$B_1D_1 = \frac{|\cot B+\cot D|AC}{2}$$
四边形 $A_1B_1C_1D_1$ 转动 $90°$,则利用问题 6.28 的结果,得出这个四边形是凸的,并且 $\cot A = -\cot C_1$ 依此类推,所以
$$A_2C_2 = \frac{|\cot A+\cot C|B_1D_1}{2} = \frac{|(\cot A+\cot C)(\cot B+\cot D)|AC}{4}$$

6.35* 以凸四边形 $ABCD$ 的边 AB 和 CD 为直径的圆分别与边 CD 和 AB 相切,证明: $BC \parallel AD$.

提示 设 M 和 N 是边 AB 和 CD 的中点. 由点 D 向直线 MN 引垂线 DP, 又由点 M 向 CD 引垂线 MQ,则 Q 是直线 CD 与直径为 AB 的圆的切点,直角 $\triangle PDN$ 和直角 $\triangle QMN$ 相似,所以 $DP = \frac{ND \cdot MQ}{MN} = \frac{ND \cdot MA}{MN}$. 类似有点 A 到直线 MN 的距离等于 $\frac{ND \cdot MA}{MN}$, 因此 $AD \parallel MN$. 类似可证 $BC \parallel MN$.

6.36* 四条直线给出四个三角形,证明:这四个三角形的垂心在一条直线上.

(参见同样的问题 1.2, 1.5, 1.16, 1.38, 1.39, 1.52, 2.45, 3.4, 3.67, 4.5, 4.7, 4.14 ~ 4.25, 4.29, 4.30, 4.33, 4.36, 4.43 ~ 4.46, 4.56, 4.57(2), 5.80 ~ 5.82, 7.2, 7.10(2), 7.32, 7.36, 8.6, 8.46 ~ 8.54, 9.33, 9.34, 9.40, 9.65 ~ 9.76, 10.64,

第6章 多边形

11.29 ～ 11.34,13.6,14.5,14.8,14.50,14.51,15.12,15.15,16.5,17.4,17.19,
18.38,18.41,19.1,20.19 ～ 20.21,26.14,26.15,29.38,30.24,30.28,30.30,
30.45.）

提示 必需检验,已知的四个三角形中的任三个的垂心在一条直线上.设一条直线分别交直线 B_1C_1, C_1A_1 和 A_1B_1 于点 A, B 和 C;$\triangle A_1BC, \triangle AB_1C$ 和 $\triangle ABC_1$ 的垂心分别为 A_2, B_2 和 C_2.直线 AB_2 和 A_2B 与直线 A_1B_1 垂直,所以它们平行.类似可得 $BC_2 \parallel B_2C$ 和 $CA_2 \parallel C_2A$.点 A, B 和 C 在一条直线上,所以点 A_2, B_2 和 C_2 也在一条直线上(参见问题 1.12(2)).

§3 托勒密定理

6.37* 四边形 $ABCD$ 是圆内接的,证明:$AB \cdot CD + AD \cdot BC = AC \cdot BD$.（托勒密）

提示 在对角线上取点 M,使得 $\angle MCD = \angle BCA$,则 $\triangle ABC \backsim \triangle DMC$,因为 $\angle BAC$ 和 $\angle BDC$ 对同弧,所以
$$AB \cdot CD = AC \cdot MD$$
因为 $\angle MCD = \angle BCA$,所以
$$\angle BCM = \angle ACD$$
且
$$\triangle BCM \backsim \triangle ACD$$
因为 $\angle CBD$ 和 $\angle CAD$ 对同弧,所以
$$BC \cdot AD = AC \cdot BM$$
因此 $AB \cdot CD + AD \cdot BC = AC \cdot MD + AC \cdot BM = AC \cdot BD$

6.38* 四边形 $ABCD$ 是圆内接的,证明:$\dfrac{AC}{BD} = \dfrac{AB \cdot AD + CB \cdot CD}{BA \cdot BC + DA \cdot DC}$.

提示 设 S 是四边形 $ABCD$ 的面积,R 是它外接圆的半径,则(问题12.1)
$$S = S_{\triangle ABC} + S_{\triangle ADC} = \frac{AC(AB \cdot BC + AD \cdot DC)}{4R}$$
类似有
$$S = \frac{BD(AB \cdot AD + BC \cdot CD)}{4R}$$
这两个等式对 S 相等,得到所需证明.

6.39* 设 $\alpha = \dfrac{\pi}{7}$，证明：$\dfrac{1}{\sin \alpha} = \dfrac{1}{\sin 2\alpha} + \dfrac{1}{\sin 3\alpha}$.

提示 设正七边形 $A_1 \cdots A_7$ 内接于一个圆. 对四边形 $A_1 A_3 A_4 A_5$ 运用托勒密定理，得到
$$A_1 A_3 \cdot A_5 A_4 + A_3 A_4 \cdot A_1 A_5 = A_1 A_4 \cdot A_3 A_5$$
即
$$\sin 2\alpha \sin \alpha + \sin \alpha \sin 3\alpha = \sin 3\alpha \sin 2\alpha$$

6.40* 由锐角三角形的外心到它各边的距离等于 d_a, d_b 和 d_c，证明：$d_a + d_b + d_c = R + r$.

提示 设 A_1, B_1 和 C_1 是边 BC, CA 和 AB 的中点. 根据托勒密定理有
$$AC_1 \cdot OB_1 + AB_1 \cdot OC_1 = AO \cdot B_1 C_1$$
其中 O 是外接圆圆心，所以
$$cd_b + bd_c = aR$$
类似有
$$ad_c + cd_a = bR, \quad ad_b + bd_a = cR$$
此外
$$ad_a + bd_b + cd_c = 2S = (a + b + c)r$$
所有这些等式相加，约去 $a + b + c$ 即得所证.

6.41* $\triangle ABC$ 的内切圆切边 BC, CA 和 AB 于点 A_1, B_1 和 C_1. 设 Q 是线段 $A_1 B_1$ 的中点，证明：$\angle B_1 C_1 C = \angle Q C_1 A_1$.

提示 设 P 是线段 CC_1 与内切圆的第二交点，则
$$\angle AB_1 C_1 = \angle B_1 P C_1$$
所以
$$\triangle CPB_1 \sim \triangle CB_1 C_1$$
即
$$\dfrac{PB_1}{B_1 C_1} = \dfrac{CP}{CB_1}$$
类似可证
$$\dfrac{CP}{CA_1} = \dfrac{PA_1}{A_1 C_1}$$
考虑到 $CA_1 = CB_1$，得出
$$PB_1 \cdot A_1 C_1 = PA_1 \cdot B_1 C_1$$
根据托勒密定理有
$$PB_1 \cdot A_1 C_1 + PA_1 \cdot B_1 C_1 = PC_1 \cdot A_1 B_1$$

第6章 多边形

即
$$2PB_1 \cdot A_1C_1 = 2PC_1 \cdot QA_1$$
同样显然,$\angle B_1PC_1 = \angle QA_1C_1$,所以
$$\triangle B_1PC_1 \sim \triangle QA_1C_1$$
即
$$\angle BC_1P = \angle QC_1A_1$$

注 问题的结论可以简述为下面形式:$\triangle ABC$ 的热尔刚点与 $\triangle A_1B_1C_1$ 的列姆扬点重合.

6.42* $\triangle ABC$ 的 $\angle A$ 的平分线交外接圆于点 D,证明:$AB + AC \leqslant 2AD$.

提示 根据托勒密定理有
$$AB \cdot CD + AC \cdot BD = AD \cdot BC$$
考虑到 $CD = BD \geqslant \dfrac{BC}{2}$,即得所证.

6.43* 在正方形 $ABCD$ 的外接圆的弧 CD 上取点 P,证明:$PA + PC = \sqrt{2}PB$.

提示 对四边形 $ABCP$ 运用托勒密定理并且约去正方形的边长,即得所证.

6.44* 已知 $\square ABCD$. 过点 A 的圆分别交线段 AB, AC 和 AD 于点 P, Q 和 R,证明:$AP \cdot AB + AR \cdot AD = AQ \cdot AC$.

提示 对四边形 $APQR$ 运用托勒密定理,得出
$$AP \cdot RQ + AR \cdot QP = AQ \cdot PR$$
因为 $\angle ACB = \angle RAQ = \angle RPQ, \angle RQP = 180° - \angle PAR = \angle ABC$
所以
$$\triangle RQP \sim \triangle ABC$$
即
$$RQ : QP : PR = AB : BC : CA$$
剩下注意
$$BC = AD$$

6.45* 在正 $(2n+1)$ 边形 $A_1 \cdots A_{2n+1}$ 的外接圆 S 上的弧 A_1A_{2n+1} 上取点 A,证明:

(1) $d_1 + d_3 + \cdots + d_{2n+1} = d_2 + d_4 + \cdots + d_{2n}$,其中 $d_i = AA_i$.

(2) $l_1 + \cdots + l_{2n+1} = l_2 + \cdots + l_{2n}$,其中 l_i 是由点 A 向切圆 S(全部同时内切或外切)于点 A 的半径为 r 的圆引的切线的长.

提示 (1) 对所有的四边形从顶点在 A 和三个已知多边形顺序的顶点写出托勒密定理,使得带有偶数角码的因子 d_i 总在右边:$d_1 a + d_3 a = d_2 b, d_3 b = d_2 a + d_4 b, \cdots, d_{2n-1} a + d_{2n+1} a = d_{2n} b, d_1 b + d_{2n+1} b = d_{2n} a, d_1 b + d_{2n+1} a = d_2 a$(这里 a 是已知多边形的边,b 是它最短的对角线). 这些等式相加,得到

$$(2a + b)(d_1 + \cdots + d_{2n+1}) = (2a + b)(d_2 + \cdots + d_{2n}).$$

(2) 设 R 是圆 S 的半径,则 $l_i = d_i \sqrt{\dfrac{R \pm r}{R}}$ (参见问题 3.21). 剩下利用问题 (1) 的结果.

6.46* 半径为 x 和 y 的圆切半径为 R 的圆,并且切点间的距离等于 a. 计算下列的对前面两圆公切线的长:

(1) 如果两圆同时外切或内切,求外公切线的长.

(2) 如果一个圆是内切,而另一个是外切,求内公切线的长.

提示 设两圆外切并且 $x \leqslant y$. 过半径为 x 的圆心 O 引直线平行于联结切点的线段交半径为 $y - x$ 的圆(以半径为 y 的圆的圆心为圆心)于点 A 和 B(图 6.7),则

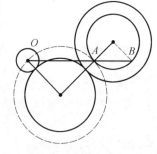

图 6.7

$$OA = \frac{a(R + x)}{R}$$

$$OB = OA + \frac{a(y - x)}{R} = \frac{a(R + y)}{R}$$

所求的外公切线长的平方等于

$$OA \cdot OB = \left(\frac{a}{R}\right)^2 (R + x)(R + y).$$

类似的讨论指出,如果两圆内切,则外公切线长的平方等于 $\left(\dfrac{a}{R}\right)^2 (R - x)(R - y)$,而如果半径为 x 的圆外切,半径为 y 的圆内切,则内公切线长的平方

第 6 章　多 边 形

DILIUZHANG　DUOBIANXING

等于 $\left(\dfrac{a}{R}\right)^2 (R-y)(R+x)$.

注　在圆内切的情况假设 $R>x$ 且 $R>y$.

6.47* 圆 α, β, γ 和 δ 切已知圆于凸四边形 $ABCD$ 的顶点 A, B, C 和 D. 设 $t_{\alpha\beta}$ 是对圆 α 和 β 的公切线的长（如果两圆同时内切或外切，是外公切线的长；如果一个内切，另一个外切，是内公切线的长），$t_{\beta\gamma}, t_{\gamma\delta}$ 等，类似可确定，证明：$t_{\alpha\beta} t_{\gamma\delta} + t_{\beta\gamma} t_{\delta\alpha} = t_{\alpha\gamma} t_{\beta\gamma}$.（托勒密定理的推广）

（参见这样的问题 9.70.）

提示　设 R 是四边形 $ABCD$ 的外接圆半径，r_a, r_b, r_c 和 r_d 是圆 α, β, γ 和 δ 的半径. 进一步设 $a = \sqrt{R \pm r_a}$，并且在外切的情况取 "+"，在内切的情况取 "-". 数 b, c 和 d 的定义类似，则 $t_{\alpha\beta} = \dfrac{abAB}{R}$（参见问题 6.46），$t_{\beta\gamma}, t_{\gamma\delta}$ 等依此类推. 所以以 $\dfrac{abcd}{R^2}$ 乘等式 $AB \cdot CD + BC \cdot DA = AC \cdot BD$，即得所证.

§4　五　边　形

6.48* 在等边（非正的）五边形 $ABCDE$ 中，$\angle ABC$ 是 $\angle DBE$ 的 2 倍，求 $\angle ABC$ 的度数.

提示　因为 $\angle EBD = \angle ABE + \angle CBD$，所以在边 ED 上可以取到点 P，使得

$$\angle EBP = \angle ABE = \angle AEB$$

即$$BP \;/\!/\; AE$$

则$$\angle PBD = \angle EBD - \angle EBP = \angle CBD = \angle BDC$$

即$$BP \;/\!/\; CD$$

因此 $AE \;/\!/\; CD$. 又因为 $AE = CD$，所以 $CDEA$ 是平行四边形，所以 $AC = ED$，即 $\triangle ABC$ 是等边三角形，$\angle ABC = 60°$.

6.49* (1) 正五边形 $ABCDE$ 的对角线 AC 和 BE 相交于点 K，证明：$\triangle CKE$ 的外接圆与直线 BC 相切.

(2) 设 a 是正五边形的边长，d 是它的对角线的长，证明：$d^2 = a^2 + ad$.

提示 (1) 设 O 是 $\triangle CKE$ 的外接圆圆心. 必须检验 $\angle COK = 2\angle KCB$. 这两个角容易计算

$$\angle COK = 180° - 2\angle OKC = 180° - \angle EKC = 180° - \angle EDC = 72°$$

$$\angle KCB = \frac{180° - \angle ABC}{2} = 36°$$

(2) 因为 BC 是 $\triangle CKE$ 的外接圆的切线，所以

$$BE \cdot BK = BC^2$$

即

$$d(d-a) = a^2$$

6.50* 证明：在正五边形中可以这样内接一个正方形，使它的顶点在五边形的四条边上.

提示 设对直线 AB 在点 A 和 B 作垂线交边 DE 和 CD 于点 P 和 Q. 线段 CQ 的任一点是在五边形 $ABCDE$ 中内接矩形的一个顶点(这个矩形的边平行于 AB 和 AP)，并且这个点由 Q 到 C 的变化使矩形的边长之比由 $\frac{AP}{AB}$ 变化到 0. 因为 $\angle AEP$ 是钝角，所以 $AP > AE = AB$，所以在线段 QC 上的某个点能使矩形边长之比等于 1.

6.51* 边长为 a 的正五边形 $ABCDE$ 内接在圆 S 中. 过它的顶点引边的垂线，形成一个边长为 b 的正五边形(图 6.8). 圆 S 的外切正五边形的边长等于 c，证明：$a^2 + b^2 = c^2$.

(参见这样的问题 2.62, 4.9, 6.60, 6.95, 9.24, 9.46, 9.77, 9.78, 10.66, 10.70, 12.8, 13.10, 13.59, 20.12, 29.7.)

提示 设点 $A_1, \cdots, E_1$ 是点 $A, \cdots, E$ 关于圆 S 的圆心的对称点；P, Q 和 R 是直线 BC_1 和 AB_1, AE_1 和 BA_1, BA_1 和 CB_1 的交点(图 6.9)，则 $PQ = AB = a$ 且 $QR = b$. 因为 $PQ \parallel AB$, $\angle ABA_1 = 90°$，所以 $PR^2 = PQ^2 + QR^2 = a^2 + b^2$. 直线 PR 过圆 S 的圆心且 $\angle AB_1C = 4 \times 18° = 72°$，所以 PR 是一个正五边形的边，这个正五边形内接于圆心为 B_1 半径 B_1O 等于圆 S 的半径的圆.

第6章 多边形

DILIUZHANG DUOBIANXING

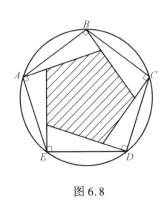

图 6.8

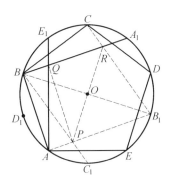

图 6.9

§5 六 边 形

6.52* 凸六边形 $ABCDEF$ 中,相对的边两两平行,证明:

(1) $\triangle ACE$ 的面积不小于六边形面积的一半.

(2) $\triangle ACE$ 和 $\triangle BDF$ 的面积相等.

提示 过点 A,C 和 E 分别引平行于 BC, DE 和 FA 的直线 l_1,l_2 和 l_3. l_1 和 l_2,l_2 和 l_3,l_3 和 l_1 的交点分别记为 P,Q,R(图 6.10),则

$$S_{\triangle ACE} = \frac{S_{ABCDEF} - S_{\triangle PQR}}{2} + S_{\triangle PQR} =$$

$$\frac{S_{ABCDEF} + S_{\triangle PQR}}{2} \geqslant \frac{S_{ABCDEF}}{2}$$

类似有 $S_{\triangle BDF} = \dfrac{S_{ABCDEF} + S_{\triangle P'Q'R'}}{2}$

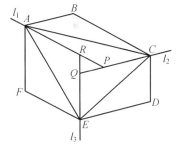

图 6.10

显然 $PQ = |AB - DE|$,$QR = |CD - AF|$,$PR = |EF - BC|$,所以 $\triangle PQR$ 与 $\triangle P'Q'R'$ 全等,因此 $S_{\triangle ACE} = S_{\triangle BDF}$.

6.53* 凸六边形 $ABCDEF$ 的所有内角都相等,证明: $|BC - EF| = |DE - AB| = |AF - CD|$.

提示 正如上题一样作 $\triangle PQR$. 这个三角形是正三角形,且

$$PQ = |AB - DE|, QR = |CD - AF|, PR = |EF - BC|$$
所以
$$|AB - DE| = |CD - AF| = |EF - BC|$$

6.54* 边长相等的凸六边形 $ABCDEF$ 在顶点 A, C, E 的内角和与以 B, D, F 为顶点的内角和相等,证明:这个六边形的对边平行.

提示 在顶点 A, C 和 E 的角的和等于 $360°$,所以等腰 $\triangle ABF$,等腰 $\triangle CBD$ 和等腰 $\triangle EDF$ 使 AB 对 CB,而 ED 和 EF 对 CD 和 AF 符合在一起可以拼加成三角形.所得三角形的边等于 $\triangle BDF$ 的边,因此在关于直线 FB, BD 和 DF 对称下点 A, C 和 E 变为 $\triangle BDF$ 的外接圆圆心 O,也就是 $AB \parallel OF \parallel DE$.

6.55* 证明:如果在凸六边形中,联结相对顶点的三条对角线的每一条都平分六边形的面积,那么这三条对角线相交于一点.

提示 假设六边形对角线所在直线形成 $\triangle PQR$.用下面的方式标记六边形的顶点:顶点 A 在射线 QP 上,B 在射线 RP 上,C 在射线 RQ 上,依此类推.因为直线 AD 和 BE 平分六边形的面积,所以

$$S_{APEF} + S_{\triangle PED} = S_{PDCB} + S_{\triangle ABP}$$
$$S_{APEF} + S_{\triangle ABP} = S_{PDCB} + S_{\triangle PED}$$

所以
$$S_{\triangle ABP} = S_{\triangle PED}$$
即
$$AP \cdot BP = EP \cdot DP = (ER + RP)(DQ + QR) > ER \cdot DQ$$
类似有
$$CQ \cdot DQ > AP \cdot FR, FR \cdot ER > BP \cdot CQ$$
这些不等式相乘,得
$$AP \cdot BP \cdot CQ \cdot DQ \cdot FR \cdot ER >$$
$$ER \cdot DQ \cdot AP \cdot FR \cdot BP \cdot CQ$$

这是不可能的,所以六边形的对角线相交于一点.

6.56* 证明:如果在凸六边形中联结对边中点的三条线段的每一条都平分六边形的面积,那么这三条线段相交于一点.

提示 按图 6.11 所示表记凸六边形 $ABCDEF$ 边的中点.设 O 是线段 KM 和 LN 的交点.联结点 O 和顶点与边的中点的线段分六边形所得三角形的面积的

第6章 多边形
DILIUZHANG DUOBIANXING

表记也在图中指出. 容易检验 $S_{KONF} = S_{LOMC}$, 即 $a + f = c + d$. 因此, 折线 POQ 分六边形所成两部分有相等的面积, 也就是, 线段 PQ 过点 O.

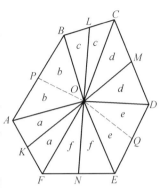

图 6.11

6.57* (1) 凸六边形 $ABCDEF$ 的对边两两平行, 证明: 当且仅当这个六边形的对角线 AD, BE 和 CF 相等时, 它是圆内接的.

(2) 对非凸(可以是自交的)六边形证明类似的论断.

(参见这样的问题 1.45, 2.12, 2.21, 2.49, 3.73, 4.6, 4.28, 4.31, 5.17, 5.84, 5.98, 6.97, 9.47(1), 9.79 ~ 9.81, 13.3, 14.6, 18.16, 18.17, 18.24, 18.25, 29.37(1), 30.41, 30.42.)

提示 (1) 圆内接梯形是等腰的, 所以如果已知六边形是圆内接的, 则它的对角线相等. 现在假设已知六边形 $ABCDEF$ 的对角线相等, 那么, 例如, $ABDE$ 是等腰梯形, 并且联结它的底边 AB 和 ED 中点的直线是直线 AD 与 BE 之间的角的平分线, 所以联结六边形 $ABCDEF$ 对边中点的直线相交于一点 O——是对角线 AD, BE 和 CF 形成的三角形的角平分线的交点(如果对角线交于一点, 则点 O 可以是这个点).

(2) 作为非凸六边形 $ABCDEF$ 的情况唯一存在的差别在于, 现在联结边 AB 和 ED 中点的直线可以不仅是对角线 AB, BE 和 CF 形成的三角形的内角平分线, 而且是外角平分线. 而三角形的三条角平分线, 其中有内角平分线, 或是外角平分线, 不总交于一点(外角平分线应当是偶数条), 所以, 必须补充证明, 在所考查的形势下, 三条角平分线永远交于一点. 为此给三条观察的角平分线编号为 l_1, l_2, l_3. 对称的合成 $(S_{l_1}^0 S_{l_2}^0 S_{l_3}^0)^2$ 下点 A 保持位置不变: $A \to B \to C \to D \to E \to F \to A$. 实际上, 根据问题 17.39 变换 $S_{l_1}^0 S_{l_2}^0 S_{l_3}^0$ 是滑动对称, 又根据问题 17.23, 这个变换是对称变换, 当且仅当直线 l_1, l_2 和 l_3 相交于一点.

§6 正多边形

6.58 多边形 $A_1\cdots A_n$ 的边数是奇数,证明:

(1) 如果这个多边形是内接的且它的所有角都相等,则它是正多边形.

(2) 如果这个多边形是外切的且它的所有边都相等,则它是正多边形.

提示 (1)设 O 是外接圆的圆心.因为 $\angle A_kOA_{k+2} = 360° - 2\angle A_kA_{k+1}A_{k+2} = \varphi$ 是个常量,则在以 O 为中心转角为 φ 的旋转变换下,点 A_k 变为 A_{k+2}.对于 n 是奇数,由此得出,多边形 $A_1\cdots A_n$ 的所有边相等.

(2) 设 a 是已知多边形的边长.如果它的一条边被内切圆的切点分得的线段的长是 x 和 $a-x$,则与它相邻边也被分为长是 x 和 $a-x$ 的线段(相邻边上邻近的线段相等),依此类推.对于奇数 n 由此得出多边形 $A_1\cdots A_n$ 所有的边被内切圆的切点所平分,即它所有内角都相等.

6.59 凸多边形 $A_1\cdots A_n$ 的所有角都相等,由它内部某个点 O 对它的所有边的视角都相等,证明:这个多边形是正多边形.

提示 多边形 $A_1\cdots A_n$ 的边平行于正 n 边形的边.在射线 $OA_1,\cdots,OA_n$ 的一边放置相等线段 $OB_1,\cdots,OB_n$,则多边形 $B_1\cdots B_n$ 是正的与多边形 $A_1\cdots A_n$ 的边形成相等的角,因此

$$\frac{OA_1}{OA_2} = \frac{OA_2}{OA_3} = \cdots = \frac{OA_n}{OA_1} = k$$

即
$$OA_1 = kOA_2 = k^2OA_3 = \cdots = k^nOA_1$$

也就是
$$k = 1$$

6.60* 固定宽度的纸条打个简单的结,然后系紧,使它成为平面的结(图 6.12),证明:结具有正五边形的形式.

提示 按图 6.13 所示表示五边形的顶点.

如果三角形的两条高相等,那么和这两条高垂直的边也相等.研究 $\triangle EAB$,$\triangle ABC$,$\triangle BCD$,得

第6章 多边形
DILIUZHANG DUOBIANXING

$$EA = AB, AB = BC, BC = CD$$

因此 $EABC$ 和 $ABCD$ 是等腰梯形,即

$$\angle A = \angle B = \angle BCD$$

研究 $\triangle ABD$ 和 $\triangle BCE$,得

$$AD = BD, BE = CE$$

因为 $\triangle EAB \cong \triangle ABC \cong \triangle BCD$

所以 $BE = AC = BD$

因此 $AD = BE, BD = CE$

即 $DEAB$ 和 $BCDE$ 是等腰梯形,于是

$$ED = AB = BC = CD = AE, \angle A = \angle B = \angle C = \angle D = \angle E$$

即 $ABCDE$ 是正五边形.

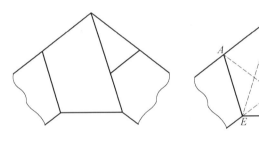

图 6.12   图 6.13

6.61* 在正方形 $ABCD$ 的边 AB, BC, CD, DA 上向正方形的内侧作正 $\triangle ABK$,正 $\triangle BCL$,正 $\triangle CDM$,正 $\triangle DAN$,证明:这些三角形的边(不包括正方形的边)的中点和线段 KL, LM, MN, NK 的中点组成一个正十二边形.

提示 $\triangle BMC$ 是顶角为 $30°$,底角为 $\dfrac{180° - 30°}{2} = 75°$ 的等腰三角形,因此 $\triangle BAM$ 和 $\triangle BCN$ 是底角为 $15°$ 的等腰三角形,所以 $\triangle BMN$ 是正三角形.设 O 是正方形的中心,P 和 Q 是线段 MN 和 BK 的中点(图 6.14).因为 OQ 是

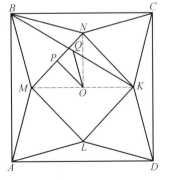

图 6.14

△MBK 的中位线,所以

$$OQ = \frac{BM}{2} = MP = OP$$

且
$$\angle QON = \angle MBA = 15°$$

即
$$\angle POQ = \angle PON - \angle QON = 30°$$

以下的证明类似.

6.62* 存在使一条对角线的长等于另两条对角线长的和的正多边形吗?

提示 考查正十二边形 $A_1\cdots A_{12}$,它内接于半径为 R 的圆.显然,$A_1A_7 = 2R$,$A_1A_3 = A_1A_{11} = R$,所以 $A_1A_7 = A_1A_3 + A_1A_{11}$.

6.63* 正$(4k+2)$边形内接于圆心为 O 半径为 R 的圆中,证明:$\angle A_kOA_{k+1}$ 在直线 $A_1A_{2k},A_2A_{2k-1},\cdots,A_kA_{k+1}$ 上截出的线段之和等于 R.

提示 对 $k=3$ 问题的解由图 6.15 显然.其实,$A_3A_4 = OQ, KL = QP, MN = PA_{14}$,所以 $A_3A_4 + KL + MN = OQ + QP + PA_{14} = OA_{14} = R$.对任意 k 的证明类似进行.

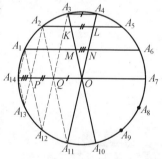

图 6.15

6.64* 在正十八边形 $A_1\cdots A_{18}$ 中引对角线 A_aA_d, A_bA_e 和 A_cA_f.设 $k=a-b, p=b-c, m=c-d, q=d-e, n=e-f$ 和 $r=f-a$,证明:在下列任意情况下,所指出的对角线相交于一点:

(1)$\{k,m,n\} = \{p,q,r\}$.

(2)$\{k,m,n\} = \{1,2,7\}$ 且 $\{p,q,r\} = \{1,3,4\}$.

(3)$\{k,m,n\} = \{1,2,8\}$ 且 $\{p,q,r\} = \{2,2,3\}$.

注 等式 $\{k,m,n\} = \{x,y,z\}$ 意味着指出的选择的数一致(重合);在这时不考虑它写法的顺序.

提示 为了证明,必须对 △$A_aA_cA_e$ 和直线 A_aA_d, A_cA_f, A_eA_b 应用问题 5.94 和

第6章 多边形

5.85(2) 的结果. 在解问题(2)时还必须注意 $\sin 20°\sin 70° = \sin 20°\cos 20° = \dfrac{\sin 40°}{2} = \sin 30°\sin 40°$,而在解问题(3)时必须注意 $\sin 10°\sin 80° = \sin 30°\sin 20°$.

6.65* 在正三十边形中引三条对角线. 定义对它的选取 $\{k,m,n\}$ 和 $\{p,q,r\}$ 有如上题,证明:如果 $\{k,m,n\} = \{1,3,14\}$,$\{p,q,r\} = \{2,2,8\}$,则对角线相交于一点.

注 三条对角线相交于一点,更详细的讨论在本书最后的附录2中.

提示 正如上面的问题一样,必须检验等式
$$\sin 2\alpha \sin 2\alpha \sin 8\alpha = \sin \alpha \sin 3\alpha \sin 14\alpha$$

其中 $\alpha = \dfrac{180°}{30} = 6°$. 显然,$\sin 14\alpha = \cos \alpha$,所以
$$2\sin \alpha \sin 3\alpha \sin 14\alpha = \sin 2\alpha \sin 3\alpha$$

剩下检验
$$\sin 3\alpha = 2\sin 2\alpha \sin 8\alpha = \cos 6\alpha - \cos 10\alpha = 1 - 2\sin^2 3\alpha - \dfrac{1}{2}$$

即(参见问题 5.52) $\quad 4\sin^2 18° + 2\sin 18° = 1$

6.66* 在正 $n(n \geqslant 3)$ 边形标识出所有边和对角线的中点. 标识的点在一个圆上的最大数是多少?

提示 首先设 $n = 2m$. 正 $2m$ 边形的对角线和边有 m 个不同的长度. 因此标出的点或者在 $(m-1)$ 个不同心圆上(n 个点位在每个圆上),或者在这些同心圆的公共圆心处. 因为不同的圆,最多有两个公共点,不属于这个同心圆簇的圆,至多包含有 $1 + 2(m-1) = 2m - 1 = n - 1$ 个标出的点.

现在设 $n = 2m + 1$. 正$(2m+1)$边形的对角线和边有 m 个不同的长度. 因此标出的点放在 m 个同心圆上,每个圆上都有,共有 n 个点. 不属于这个同个圆簇的圆,包含不多于 $2m = n - 1$ 个标出的点.

在这两种情况里,标出的点在一个圆上的最大数等于 n.

6.67* 正 n 边形的顶点染上某些颜色,使得任一正多边形的顶点染的

是同一种颜色,证明:在这些多边形中存在两个相等的.

提示 设正多边形的中心为 O,顶点为 $A_1,\cdots,A_n$.假设在同样颜色顶点的多边形中没有相同的,即它们分别有 $m = m_1 < m_2 < m_3 < \cdots < m_k$ 个边.

研究变换 f,它定义在 n 边形顶点的集合上,把顶点 A_k 变为顶点 A_{mk}:$f(A_k) = A_{mk}$(假定 $A_{p+qn} = A_p$).在这种变换下,正 m 边形的顶点变为一个点 B,因此向量 $\overrightarrow{Of(A_i)}$ 的和等于 $m\overrightarrow{OB} \neq \mathbf{0}$,其中 A_i 是 m 边形的顶点.

因为 $\angle A_{mi}OA_{mj} = m\angle A_iOA_j$,具有边数大于 m 的任意正多边形的顶点,在所考虑的变换之下变为正多边形的顶点,因此沿 n 边形的所有顶点的向量 $\overrightarrow{Of(A_i)}$ 的和等于零,类似地沿 m_2 边形,m_3 边形,$\cdots$,m_k 边形的顶点的向量的和都等于零.这样,就与 m 边形顶点的向量 $\overrightarrow{Of(A_i)}$ 的和不等于零矛盾,因此在同样颜色顶点的多边形中间可找到两个相同的.

6.68* 证明:当 $n \geq 6$ 时,正 $(n-1)$ 边形不能内接在正 n 边形中,使得在 n 边形的所有边上,除去一个之外,都恰有一个 $(n-1)$ 边形的顶点.

提示 设正 $(n-1)$ 边形 $B_1\cdots B_{n-1}$ 内接在正 n 边形 $A_1\cdots A_n$ 中.可以认为,A_1 与 B_1 是两个多边形顶点彼此最小的距离,且点 B_2,B_3,B_4 和 B_5 在边 A_2A_3,A_3A_4,A_4A_5 和 A_5A_6 上.设 $\alpha_i = \angle A_{i+1}B_iB_{i+1}, \beta_i = \angle B_iB_{i+1}A_{i+1}$,其中 $i = 1,2,3,4$.根据正弦定理,有

$$\frac{A_2B_2}{B_1B_2} = \frac{\sin \alpha_1}{\sin \varphi}, \frac{B_2A_3}{B_2B_3} = \frac{\sin \beta_2}{\sin \varphi}$$

其中 φ 是正 n 边形的顶点处的角,因此

$$\sin \alpha_1 + \sin \beta_2 = \frac{a_n \sin \varphi}{a_{n-1}}$$

其中 a_n 和 a_{n-1} 是已知多边形的边.类似的讨论指出

$$\sin \alpha_1 + \sin \beta_2 = \sin \alpha_2 + \sin \beta_3 = \sin \alpha_3 + \sin \beta_4$$

现在注意 $\sin \alpha_i + \sin \beta_{i+1} = 2\sin \frac{\alpha_i + \beta_{i+1}}{2} \cos \frac{\alpha_i - \beta_{i+1}}{2}$

并顺便计算 $\alpha_i + \beta_{i+1}$ 和 $\alpha_i - \beta_{i+1}$.因为

$$\alpha_i + \beta_i = \frac{2\pi}{n}, \alpha_{i+1} + \beta_i = \frac{2\pi}{n-1}$$

第6章 多边形
DILIUZHANG DUOBIANXING

所以 $\alpha_{i+1} = \alpha_i + \dfrac{2\pi}{n(n-1)}, \beta_{i+1} = \beta_i - \dfrac{2\pi}{n(n-1)}$

即 $\alpha_i + \beta_{i+1} = \dfrac{2\pi}{n} - \dfrac{2\pi}{n(n-1)}$ 是个常量,且

$$\alpha_i - \beta_{i+1} = \alpha_{i-1} - \beta_i + \dfrac{4\pi}{n(n-1)}$$

因此 $\cos\theta = \cos\left(\theta + \dfrac{2\pi}{n(n-1)}\right) = \cos\left(\theta + \dfrac{4\pi}{(n-1)n}\right)$

这里 $\theta = \dfrac{\alpha_1 - \beta_2}{2}$.因为在长度小于 2π 的区间内余弦不能在三个不同的点取同一个值,得出矛盾.

注 在正五边形中内接正方形是可能的(参见问题 6.50).

* * *

6.69 设 O 是正 n 边形 $A_1\cdots A_n$ 的中心, X 是任意一点,证明:
$\overrightarrow{OA_1} + \cdots + \overrightarrow{OA_n} = \mathbf{0}$ 且 $\overrightarrow{XA_1} + \cdots + \overrightarrow{XA_n} = n\overrightarrow{XO}$.

提示 设 $\boldsymbol{a} = \overrightarrow{OA_1} + \cdots + \overrightarrow{OA_n}$.当绕点 O 旋转 $\dfrac{360°}{n}$ 角时,点 A_i 变为点 A_{i+1},这意味着向量 $\boldsymbol{a}$ 变为自身,即 $\boldsymbol{a} = \mathbf{0}$.因为

$$\overrightarrow{XA_i} = \overrightarrow{XO} + \overrightarrow{OA_i}, \overrightarrow{OA_1} + \cdots + \overrightarrow{OA_n} = \mathbf{0}$$

所以 $\overrightarrow{XA_1} + \cdots + \overrightarrow{XA_n} = n\overrightarrow{XO}$

6.70 证明:在正 n 边形的顶点能够放置全不为 0 的实数 $x_1,\cdots,x_n$,使得对任意正 k 边形,它的顶点是原 n 边形的顶点,在它顶点放置的实数的和等于零.

提示 过正多边形 $A_1\cdots A_n$ 的中心引直线 l,但不经过它的顶点.设 x_i 等于向量 $\overrightarrow{OA_i}$ 在垂直于直线 l 的垂线上的投影.那么所有 x_i 非零,因为对应的向量 $\overrightarrow{OA_i}$ 等于零(参看问题 6.69),所以位于正 k 边形顶点的数字 x_i 的和等于零.

6.71 点 A 在正十边形 $X_1\cdots X_{10}$ 的内部,而点 B 在它的外部.设 $\boldsymbol{a} = \overrightarrow{AX_1} + \cdots + \overrightarrow{AX_{10}}$ 和 $\boldsymbol{b} = \overrightarrow{BX_1} + \cdots + \overrightarrow{BX_{10}}$.能表示 $|\boldsymbol{a}| > |\boldsymbol{b}|$ 吗?

提示 根据问题 6.69, $\boldsymbol{a} = 10\overrightarrow{AO}$ 和 $\boldsymbol{b} = 10\overrightarrow{BO}$,其中 O 是多边形 $X_1\cdots X_{10}$

的中心.显然,如果点 A 的位置很靠近多边形的顶点,又点 B 很靠近边的中点,则 $AO > BO$.

6.72 正多边形 $A_1 \cdots A_n$ 内接在圆心为 O 半径为 R 的圆中,X 是任意一点,证明:$A_1 X^2 + \cdots + A_n X^2 = n(R^2 + d^2)$,其中 $d = OX$.

提示 因为 $A_i X^2 = |\overrightarrow{A_i O} + \overrightarrow{OX}|^2 = A_i O^2 + OX^2 + 2(\overrightarrow{A_i O}, \overrightarrow{OX}) = R^2 + d^2 + 2(\overrightarrow{A_i O}, \overrightarrow{OX})$,则有 $\sum A_i X^2 = n(R^2 + d^2) + 2(\sum \overrightarrow{A_i O}, \overrightarrow{OX}) = n(R^2 + d^2)$(参见问题 6.69).

6.73 求内接在半径为 R 的圆中的正 n 边形的所有边和对角线长的平方之和.

提示 设从顶点 A_k 到所有其余顶点距离的平方和为 S_k,则
$$S_k = A_k A_1^2 + A_k A_2^2 + \cdots + A_k A_n^2 =$$
$$A_k O^2 + 2(\overrightarrow{A_k O}, \overrightarrow{OA_1}) + A_1 O^2 + \cdots + A_k O^2 + 2(\overrightarrow{A_k O}, \overrightarrow{OA_n}) + A_n O^2 = 2nR^2$$

因为 $\sum_{i=1}^{n} \overrightarrow{OA_i} = \mathbf{0}$.因此 $\sum_{k=1}^{n} S_k = 2n^2 R^2$.

因为每条边和每条对角线的平方在这个和里出现了两次,故所求的和等于 $n^2 R^2$.

6.74 证明:由任意一点 X 到正 n 边形顶点距离之和,当 X 是正 n 边形中心时取得最小值.

提示 设 X_k 是在已知 n 边形中关于中心 O 使 A_k 变为 A_1 的旋转下点 X 的像.在这个旋转下线段 $A_k X$ 变为 $A_1 X_k$,因此
$$A_1 X + \cdots + A_n X = A_1 X_1 + \cdots + A_1 X_n$$
又因为 n 边形 $X_1 \cdots X_n$ 是正的,所以 $\overrightarrow{A_1 X_1} + \cdots + \overrightarrow{A_1 X_n} = n \overrightarrow{A_1 O}$(参见问题 6.69),即 $A_1 X_1 + \cdots + A_1 X_n \geq n A_1 O$.

6.75 正 n 边形 $A_1 \cdots A_n$ 内接于圆心为 O 半径为 R 的圆中;$e_i = \overrightarrow{OA_i}$,

第6章 多边形

$x = \overrightarrow{OX}$ 是任意向量,证明:$\sum (e_i, x)^2 = \dfrac{n}{2} R^2 \cdot OX^2$.

提示 设 B_i 是点 X 在直线 OA_i 上的射影,则
$$(e_i, x) = (\overrightarrow{OA_i}, \overrightarrow{OB_i} + \overrightarrow{B_1X}) = (\overrightarrow{OA_i}, \overrightarrow{OB_i}) = \pm R \cdot OB_i$$
点 $B_1, \cdots, B_n$ 在以 OX 为直径的圆上且当 n 是奇数时是正 n 边形的顶点,当 n 为偶数时,取一半,是 $\dfrac{n}{2}$ 边形的顶点(参见问题 2.9),所以 $\sum OB_i^2 = \dfrac{nOX^2}{2}$(参见问题 6.72).

6.76 求内接于半径为 R 的圆中的正 n 边形的顶点到过正 n 边形中心引的直线的距离的平方之和.

提示 设 $e_1, \cdots, e_n$ 是由已知 n 边形中心向它的顶点引的向量;x 是垂直于直线 l 的单位向量,所求的和等于 $\sum (e_i, x)^2 = \dfrac{nR^2}{2}$(参见问题 6.75).

6.77 由点 X 到正 n 边形的中心的距离等于 d,r 是 n 边形外接圆的半径,证明:由点 X 到 n 边形边所在直线的距离之平方和等于 $n\left(r^2 + \dfrac{d^2}{2}\right)$.

提示 设 $e_1, \cdots, e_n$ 是由正 n 边形中心 O 方向指向它边的中点的单位向量;$x = \overrightarrow{OX}$,则由点 X 到第 i 条边的距离等于 $|(x, e_i) - r|$,所以所求的和等于 $\sum ((x, e_i)^2 - 2r(x, e_i) + r^2) = \sum (x, e_i)^2 + nr^2$. 根据问题 6.75 有 $\sum (x, e_i)^2 = \dfrac{nd^2}{2}$.

6.78 证明:正 n 边形的边在任意直线上射影长的平方和等于 $\dfrac{na^2}{2}$,其中 a 是正 n 边形的边长.

提示 设 x 是平行于直线 l 的单位向量. $e_i = \overrightarrow{A_iA_{i+1}}$,则边 A_iA_{i+1} 在直线 l 上射影长的平方等于 $(x, e_i)^2$. 根据问题 6.75,$\sum (x, e_i)^2 = \dfrac{nd^2}{2}$.

6.79* 正 n 边形 $A_1 \cdots A_n$ 内接于半径为 R 的圆中,X 是这圆上的点,证

明:$XA_1^4 + \cdots + XA_n^4 = 6nR^4$.

提示 设 $a = \overrightarrow{XO}, e_i = \overrightarrow{OA_i}$,则

$$XA_i^4 = |a + e_i|^4 = (|a|^2 + 2(a, e_i) + |e_i|^2)^2 =$$
$$4(R^2 + (a, e_i))^2 = 4(R^4 + 2R^2(a, e_i) + (a, e_i)^2)$$

显然
$$\sum(a, e_i) = (a, \sum e_i) = \mathbf{0}$$

根据问题 6.75 有

$$\sum(a, e_i)^2 = \frac{nR^4}{2}$$

所以所求的和等于
$$4\left(nR^4 + \frac{nR^4}{2}\right) = 6nR^4$$

6.80* (1) 正 n 边形 $A_1 \cdots A_n$ 内接于圆心为 O 半径是 1 的圆;$e_i = \overrightarrow{OA_i}$, u 是任意向量,证明:$\sum(u, e_i)e_i = \frac{nu}{2}$.

(2) 由任意点 X 向正 n 边形的边(或边的延长线)上引垂线 $XA_1, \cdots, XA_n$,证明:$\sum \overrightarrow{XA_i} = \frac{n\overrightarrow{XO}}{2}$,其中,$O$ 是正 n 边形的中心.

提示 (1) 首先证明对 $u = e_1$ 时所求的关系.设 $e_i = (\sin \varphi_i, \cos \varphi_i)$ 并且 $\cos \varphi_1 = 1$,则

$$\sum(e_1, e_i)e_i = \sum \cos \varphi_i e_i = \sum(\sin \varphi_i \cos \varphi_i, \cos^2 \varphi_i) =$$
$$\sum\left(\frac{\sin 2\varphi_i}{2}, \frac{1 + \cos 2\varphi_i}{2}\right) = \left(0, \frac{n}{2}\right) = \frac{ne_1}{2}$$

对于 $u = e_2$ 类似可以证明.剩下注意任意向量 u 可以表为 $u = \lambda e_1 + \mu e_2$ 的形式.

(2) 设 $B_1 \cdots B_n$ 是已知多边形各边的中点,$e_i = \frac{\overrightarrow{OB_i}}{|\overrightarrow{OB_i}|}, u = \overrightarrow{XO}$,则

$$\overrightarrow{XA_i} = \overrightarrow{OB_i} + (u, e_i)e_i$$

又因为 $\sum \overrightarrow{OB_i} = \mathbf{0}$,所以

$$\sum \overrightarrow{XA_i} = \sum(u, e_i)e_i = \frac{nu}{2} = \frac{n\overrightarrow{XO}}{2}$$

第6章 多边形

DILIUZHANG DUOBIANXING

6.81* 证明：如果数 n 不是质数的幂,则存在凸 n 边形,它的边长是 1, $2,\cdots,n$,所有的内角都相等.

(参见这样的问题 2.9,2.49,4.28,4.61,4.64,6.39,6.45,6.49 ~ 6.51,8.69, 9.51,9.79,9.87,9.88,10.66,11.46,11.48,13.15,17.32,18.34,19.48,23.8, 24.2,25.3,25.4,27.11,30.34.)

提示 设 $e_0,\cdots,e_{n-1}$ 是正 n 边形的边向量,只需证明,这些向量重新包装,可以得到这样的向量组成 $\{a_1,\cdots,a_n\}$,使得 $\sum_{k=1}^{n} ka_k = 0$. 数 n 不是质数的幂,可以表为 $n = pq$ 的形式,其中 p 和 q 是互质的数. 现在证明,组成 $\{e_0,e_p,\cdots,e_{(q-1)p};e_q,e_{q+p},\cdots,e_{q+(q-1)p};\cdots;e_{(p-1)q},\cdots,e_{(p-1)q+(q-1)p}\}$ 为所求. 首先注意, 如果 $x_1 q + y_1 p \equiv x_2 q + y_2 p \pmod{pq}$,则 $x_1 \equiv x_2 \pmod{p}$ 和 $y_1 \equiv y_2 \pmod{q}$,所以在考查的组成中向量 $e_0,\cdots,e_{n-1}$ 的每一个恰好遇到一次.

具有共同始点的向量 $e_q,e_{q+p},\cdots,e_{q+(q-1)p}$ 的端点形成正 q 边形,所以它们的和等于 0,此外,在旋转角度 $\varphi = \dfrac{2\pi}{p}$ 时,向量 $e_0,e_p,\cdots,e_{(q-1)p}$ 变为 $e_q, e_{q+p},\cdots,e_{q+(q-1)p}$,所以如果

$$e_0 + 2e_p + \cdots + qe_{(q-1)p} = b$$

那么

$$(q+1)e_q + (q+2)e_{q+p} + \cdots + 2qe_{q+(q-1)p} =$$
$$q(e_q + \cdots + e_{q+(q-1)p}) + e_q + 2e_{q+p} + \cdots + qe_{q+(q-1)p} = R^\varphi b$$

其中 $R^\varphi b$ 是由向量 b 旋转角 $\varphi = \dfrac{2\pi}{p}$ 所得的向量. 类似的讨论指出,对于所考查的向量组成 $\sum_{k=1}^{n} ka_k = b + R^\varphi b + \cdots + R^{(p-1)\varphi} b = 0$.

§7 内接与外切多边形

6.82* 在三角形的边上向形外作三个正方形.为使这些正方形异于三角形顶点的六个顶点在一个圆上,三角形的角应取怎样的值?

提示 假设在 $\triangle ABC$ 的边上向形外作正方形 $ABB_1A_1, BCC_2B_2, ACC_3A_3$,顶点 $A_1, B_1, B_2, C_2, C_3, A_3$ 在同一个圆 S 上. 线段 A_1B_1, B_2C_2, A_3C_3 的垂直平分线

过圆 S 的圆心.显然线段 A_1B_1, B_2C_2, A_3C_3 的垂直平分线同 $\triangle ABC$ 的边的垂直平分线重合.因此圆 S 的圆心同三角形外接圆的圆心重合.

设 $\triangle ABC$ 外接圆的圆心为 O.从点 O 到直线 B_2C_2 的距离等于 $R\cos A + 2R\sin A$,其中 R 是 $\triangle ABC$ 的外接圆的半径,因此
$$OB_2^2 = (R\sin A)^2 + (R\cos A + 2R\sin A)^2 = R^2[3 + 2(\sin 2A - \cos 2A)] = R^2[3 - 2\sqrt{2}\cos(45° + 2A)].$$

显然,要使三角形具有要求的性质,必须且只需 $OB_2^2 = OC_3^2 = OA_1^2$,即
$$\cos(45° + 2A) = \cos(45° + 2B) = \cos(45° + 2C)$$
这个等式在 $\angle A = \angle B = \angle C = 60°$ 时,显然成立.如果 $\angle A \neq \angle B$,那么
$$(45° + 2\angle A) + (45° + 2\angle B) = 360°$$
即 $\angle A + \angle B = 135°$.那么 $\angle C = 45°$,$\angle A = \angle C = 45°$,$\angle B = 90°$(或 $\angle B = 45°$,$\angle A = 90°$).我们看到,三角形应当或者是等边的,或者是等腰直角的.

6.83* 在圆中内接有 $2n$ 边形 $A_1\cdots A_{2n}$.设 $p_1,\cdots,p_{2n}$ 是由圆上任意一点 M 到边 $A_1A_2, A_2A_3,\cdots, A_{2n}A_1$ 的距离,证明:$p_1p_3\cdots p_{2n-1} = p_2p_4\cdots p_{2n}$.

提示 在任意三角形中成立关系式 $h_c = \dfrac{ab}{2R}$(问题 12.35),所以
$$p_k = \frac{MA_k \cdot MA_{k+1}}{2R}$$
因此 $p_1p_3\cdots p_{2n-1} = \dfrac{MA_1 \cdot MA_2 \cdot \cdots \cdot MA_{2n}}{(2R)^n} = p_2p_4\cdots p_{2n}$

6.84* 圆内接多边形用不相交的对角线分成三角形,证明:在这些三角形中所有内切圆半径之和与分法无关.

提示 设 $\triangle ABC$ 是在圆 S 的内接三角形.由圆心 O 到边 BC, CA 和 AB 的距离分别用 a, b 和 c 来表记.那么如果点 O 在 $\triangle ABC$ 内,则 $R + r = a + b + c$,如果点 O 和 A 在直线 BC 的不同侧,则 $R + r = -a + b + c$(参见问题 12.40).

分法中的每条对角线属于分法的两个三角形.对于这些三角形之一.点 O 和剩下的顶点在对角线的一侧,对另一个则在不同侧.用不相交的对角线分 n 边形为 $(n-2)$ 个三角形,所以和 $(n-2)R + r_1 + \cdots + r_{n-2}$ 等于由点 O 到 n 边形

第6章 多边形

边的距离之和(到边的距离取对应的符号).由此看到,和 $r_1 + \cdots + r_{n-2}$ 与分法无关.

6.85* 两个 n 边形内接于同一个圆中,并且它们的边长的取值是一样的,但不一定要对应边相等,证明:这两个多边形的面积相等.

提示 设多边形 $A_1\cdots A_n$ 内接于圆.考查点 A_2 关于线段 A_1A_3 的中垂线的对称点 A'_2,则多边形 $A_1A'_2A_3\cdots A_n$ 是圆内接的且它的面积等于多边形 $A_1\cdots A_n$ 的面积.这样一来,可以任意放置两个相邻边的位置,这意味着可以任意放置两边的位置,所以以任意一边都能与其余的边"交换",依此类推,因此,内接于已知圆中 n 边形的面积,只与边长的选取有关,而与边的次序无关.

6.86* 正数 $a_1,\cdots,a_n$,使得对所有的 $i = 1,\cdots n$,都有 $2a_i < a_1 + \cdots + a_n$,证明:存在圆内接 n 边形,它的边长等于 $a_1,\cdots,a_n$.

提示 不失一般性可以认为,a_n 是数 $a_1,\cdots,a_n$ 中的最大数.设 n 边形 $A_1\cdots A_n$ 内接于圆心为 O 的圆,则

$$\frac{A_iA_{i+1}}{A_iA_n} = \frac{\sin\dfrac{\angle A_iOA_{i+1}}{2}}{\sin\dfrac{\angle A_1OA_n}{2}}$$

所以用下面的方式建构,由关系式 $\dfrac{\sin\dfrac{\varphi_i}{2}}{\sin\dfrac{\varphi}{2}} = \dfrac{a_1}{a_n}$,如果 $\varphi_i < \pi$,角 φ_i 用 φ 单值表示.

在半径为1的圆上固定点 A_n 并且考查这样的变动点 $A_1,\cdots A_{n-1},A'_n$,使得 $\widehat{A_nA_1} = \varphi, \widehat{A_1A_2} = \varphi_1,\cdots,\widehat{A_{n-2}A_{n-1}} = \varphi_{n-2},\widehat{A_{n-1}A'_n} = \varphi_{n-1}$,并且这些点的位置以两种不同的方法表示在图 6.16 中.第一种方法(图 6.16(a)) 对应的 n 边形包含圆心,而第二种方法(图6.16(b)) 对应的 n 边形不包含圆心).剩下证明,当 φ 由 0 到 π 变化中,由这些情况之一点 A'_n 与 A_n 重合(实际上,精确到相似得到所求的 n 边形).假设,在第一种情况当 $0 \leqslant \varphi \leqslant \pi$ 时,点 A'_n 和 A_n 任何时候都不重合,即当 $\varphi = \pi$ 时成立不等式 $\varphi_1 + \cdots + \varphi_{n-1} < \pi$.图 6.16(b) 需要某些注释:当小的角

$\sin \alpha \approx \alpha$ 时,所以由问题的条件得出,因为 $\varphi_1 + \cdots + \varphi_{n-1} > \varphi$,当小角的情况下点 A_n 实际在弧 $A_1A'_n$ 上. 于是当小角情况 $\varphi_1 + \cdots + \varphi_{n-1} > \varphi$,又如果 $\varphi = \pi$,则根据假设有 $\varphi_1 + \cdots + \varphi_{n-1} < \pi = \varphi$,所以在某个时刻有 $\varphi = \varphi_1 + \cdots + \varphi_{n-1}$,即点 A_n 与 A'_n 重合.

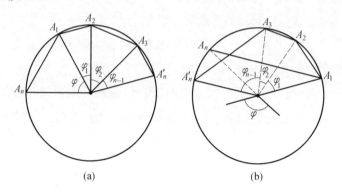

图 6.16

*　　　*　　　*

6.87 圆外切 n 边形的内部一点同所有顶点和切点联结线段. 在形成的三角形中轮流染上红色和蓝色,证明:红色三角形面积的乘积等于蓝色三角形面积的乘积.

提示 设 $h_1, \cdots, h_n$ 是已知点到对应的边的距离. $a_1, \cdots, a_n$ 是多边形顶点到切点的距离,则无论红色三角形面积的乘积还是蓝色三角形面积的乘积都等于 $\dfrac{a_1 \cdots a_n h_1 \cdots h_n}{2^n}$.

6.88* $2n$ 边形(n 为奇数) $A_1A_2 \cdots A_{2n}$ 的外接圆的圆心为 O,对角线 $A_1A_{n+1}, A_2A_{n+2}, \cdots, A_{n-1}A_{2n-1}$ 过点 O,证明:对角线 A_nA_{2n} 过点 O.

提示 设 OH_i 是 $\triangle OA_iA_{i+1}$ 的高,则
$$\angle H_{i-1}OA_i = \angle H_iOA_i = \varphi_i$$
从问题的条件得知,$\varphi_1 + \varphi_2 = \varphi_{n+1} + \varphi_{n+2}, \varphi_{n+2} + \varphi_{n+3} = \varphi_2 + \varphi_3, \varphi_3 + \varphi_4 = \varphi_{n+3} + \varphi_{n+4}, \cdots, \varphi_{n-2} + \varphi_{n-1} = \varphi_{2n-2} + \varphi_{2n-1}$(从最后的等式着手写,$n$ 为奇数),

第6章 多边形

DILIUZHANG DUOBIANXING

且 $\varphi_{n-1} + 2\varphi_n + \varphi_{n+1} = \varphi_{2n-1} + 2\varphi_{2n} + \varphi_1$. 所有这些等式相加,得到 $\varphi_{n-1} + \varphi_n = \varphi_{2n-1} + \varphi_{2n}$. 这就是需要证明的.

6.89* 半径为 r 的圆切多边形的边于点 $A_1, \cdots, A_n$,并且点 A_i 所在的边长等于 a_i. 点 X 离圆心的距离为 d,证明: $a_1XA_1^2 + \cdots + a_nXA_n^2 = P(r^2 + d^2)$,其中 P 是多边形的周长.

提示 设 O 是已知圆的中心,则
$$\overrightarrow{XA_i} = \overrightarrow{XO} + \overrightarrow{OA_i}$$
即 $XA_i^2 = XO^2 + OA_i^2 + 2(\overrightarrow{XO}, \overrightarrow{OA_i}) = d^2 + r^2 + 2(\overrightarrow{XO}, \overrightarrow{OA_i})$
因为 $a_1\overrightarrow{OA_1} + \cdots + a_n\overrightarrow{OA_n} = \mathbf{0}$(参见问题 13.4),所以
$$a_1XA_1^2 + \cdots + a_nXA_n^2 = (a_1 + \cdots + a_n)(d^2 + r^2)$$

6.90* 圆的周围外切有 n 边形 $A_1 \cdots A_n$;l 是圆的不过 n 边形顶点的任一切线. 设 a_i 是由顶点 A_i 到直线 l 的距离,b_i 是边 A_iA_{i+1} 与圆的切点到直线 l 的距离,证明:

(1) $\dfrac{b_1 \cdots b_n}{a_1 \cdots a_n}$ 与直线 l 的选取无关.

(2) 如果 $n = 2m$,$\dfrac{a_1 a_3 \cdots a_{2m-1}}{a_2 a_4 \cdots a_{2m}}$ 与直线 l 的选取无关.

提示 根据问题 5.8 有 $\dfrac{b_{i-1}b_i}{a_i^2} = \sin^2\dfrac{A_i}{2}$. 为了解问题(1),需要将所有这些等式相乘,而为了解问题(2) 带偶数角码的等式的积必须除以带奇数角码等式的积.

6.91* 凸多边形的某些边是红色的,其他边是蓝色的. 红色边长的和小于周长的一半,且没有一对相邻的蓝色边,证明:这个多边形不可能有内切圆.

(参见这样的问题 1.45,2.12,2.13,2.62,4.40,4.54,5.119(1),9.36,11.36, 11.46(2),11.48(2),13.38,19.6,22.13.)

提示 设 BC 是蓝色的边,AB 和 CD 是同边 BC 相邻的. 依题意边 AB 和 CD 是红色.

假设多边形有内切圆；P,Q,R 是边 AB,BC,CD 同内切圆的切点．显然 $BP = BQ, CR = CQ$，且线段 BP, CR 只相邻于一个蓝色的边．因此红色边长的和不小于蓝色边长的和．这和已知的，红色边长的和小于周长一半是矛盾的，因此在多边形里不能有内切圆．

§8 任意凸多边形

6.92 凸多边形中锐角个数最大值可以是多少？

提示 设凸 n 边形有 k 个锐角，则它的内角和小于 $k \cdot 90° + (n-k) \cdot 180°$．另一方面，$n$ 边形内角和等于 $(n-2) \cdot 180°$，所以 $(n-2) \cdot 180° < k \cdot 90° + (n-k) \cdot 180°$，即 $k < 4$．因为 k 是整数，$k \le 3$．

对任意 $n \ge 3$，存在有三个内角是锐角的凸 n 边形（图 6.17）．

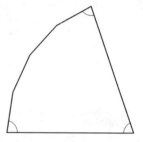

图 6.17

6.93* 在凸多边形中能有多少条边等于最长的对角线？

提示 假设不相邻的边 AB 和 CD 的长度等于最长的对角线，则 $AB + CD \ge AC + BD$．但根据问题 9.15，$AB + CD < AC + BD$，得出矛盾，所以等于最长对角线的边应是相邻的，即这样的边不多于 2 条．

具有两条边等于最长对角线的多边形的例子如图 6.18 所示．显然，对任意的 $n > 3$，这样的 n 边形都存在．

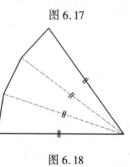

图 6.18

6.94* 对于怎样的 n，存在凸 n 边形，它的一条边等于1，而所有对角线的长是整数？

提示 我们证明，$n \le 5$．设 $AB = 1$，而 C 是既不邻近 A 也不邻近 B 的顶点．则 $|AC - BC| < AB = 1$，所以 $AC = BC$，即点 C 在边 AB 的中垂线上．因此，除顶点 A, B, C 外多边形可以还具有两个顶点．

具有所需性质的五边形的例子如图 6.19 所示. 它的作法是很清楚的. ACDE 是矩形, AC = ED = 1 和 ∠CAD = 60°. 点 B 由条件 BE = BD = 3 给出.

具有所需性质的四边形的例子是图中的矩形 ACDE.

6.95* 能够有凸的非正的五边形恰有四条边长度一样也恰有 4 条对角线长度一样吗?

在这样的五边形中第五条边能与第五条对角线具有公共点吗?

提示 满足问题条件的五边形的例子已在图 6.20 中引入. 它的作法是清楚的. 取等腰直角 △EAB, 对边 EA, AB 作中垂线且在它们上面取点 C 和 D, 使得 ED = BC = AB(即直线 BC 和 ED 分别与中垂线形成 30° 的角)显然

$$DE = BC = AB = EA < EB < DC$$

且 $$DB = DA = CA = CE > EB$$

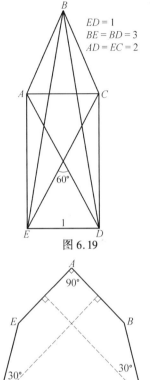

图 6.19

图 6.20

现在证明, 第五条边和第五条对角线没有公共点. 假设第五条边 AB 同第五条对角线有公共点 A, 那么第五条对角线是 AC 或者 AD. 这有两种情况:

(1) △AED ≌ △CDE, 因此在关于线段 ED 的垂直平分线对称的情况下, 点 A 变为点 C. 由于 BE = BD, 故点 B 在这种对称的情况下不动. 因此线段 AB 变为 CB, 即 AB = CB. 这是矛盾的.

(2) △ACE ≌ △EBD, 因此在关于 ∠AED 的平分线对称的情况下, 线段 AB 转到 DC, 即 AB = CD. 得到矛盾.

6.96* 凸多边形内的一点 O, 同它的每两个顶点形成等腰三角形, 证明: 点 O 与这个多边形各顶点等远.

(参见这样的问题 4.50, 4.51, 9.86, 9.89, 9.90, 11.35, 13.16, 14.28, 16.8,

17.35,17.36,19.9,23.13,23.15.)

提示 考查两个相邻的顶点是 A_1 和 A_2,如果 $\angle A_1OA_2 \geq 90°$,因为等腰三角形的底角不能是直角或钝角,那么 $OA_1 = OA_2$.

现在设 $\angle A_1OA_2 < 90°$.过点 O 引垂直于直线 OA_1 和 OA_2 的直线 l_1 和 l_2.这些直线分平面为某些区域,如图 6.21 所示.如果在区域③中有顶点 A_k,因为 $\angle A_1OA_k \geq 90°$,$\angle A_2OA_k \geq 90°$,所以 $A_1O = A_kO = A_2O$.如果在区域③中没有多边

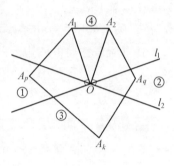

图 6.21

形的顶点,则在区域①有顶点 A_p 和在区域②有顶点 A_q(如果区域①,②之一没有多边形顶点,则点 O 在多边形外).因为 $\angle A_1OA_q \geq 90°$,$\angle A_2OA_p \geq 90°$,$\angle A_pOA_q \geq 90°$,所以 $A_1O = A_qO = A_pO = A_2O$.

剩下注意,如果从点 O 到多边形的任意一对相邻顶点的距离相等,那么由点 O 到多边形顶点的所有距离都相等.

§9 帕斯卡定理

6.97* 证明:圆内接六边形的对边(如果不平行)的交点在一条直线上.(帕斯卡)

提示 设直线 AB 和 DE 相交于点 G,BC 和 EF 相交于点 H,CD 和 FA 相交于点 K.再设 X 和 Y 是 $\triangle EBH$ 的外接圆与直线 AB 和 DE 的交点.我们证明,$\triangle ADK$ 和 $\triangle XYH$ 的对应边平行.(由此推出,直线 KH 过点 G.)

由等式
$$\angle(YX, AB) = \angle(YX, XB) = \angle(YE, EB) = \angle(DE, EB) = \angle(DA, AB)$$
得出 $\qquad AD \parallel XY$

此后由等式
$$\angle(XY, YH) = \angle(XB, BH) = \angle(AB, BC) = \angle(AD, DC) = \angle(AD, DK)$$
得 $\qquad DK \parallel YH$

而由等式

第6章 多边形

DILIUZHANG DUOBIANXING

$\angle(YX, XH) = \angle(YE, EH) = \angle(DE, EF) = \angle(DA, AF) = \angle(DA, AK)$
得出 $AK \parallel XH$

我们发现,任何一处都没利用六边形 $ABCDEF$ 是凸的,六边形的地方可以取顶点在圆上的自交的六角折线.

6.98* 点 M 在 $\triangle ABC$ 的外接圆上,R 是任意一点,直线 AR, BR 和 CR 交外接圆于点 A_1, B_1 和 C_1,证明:直线 MA_1 和 BC,MB_1 和 CA,MC_1 和 AB 的交点在过点 R 的一条直线上.

提示 设 A_2, B_2 和 C_2 是指出的直线的交点.对点 M, A_1, A, C, B, B_1 应用帕斯卡定理,得点 A_2, B_2 和 R 在一条直线上.类似地,点 A_2, C_2 和 R 在一条直线上.因此,点 A_2, B_2, C_2 和 R 在一条直线上.

6.99* 已知 $\triangle ABC$ 和某个点 T.设 P 和 Q 是由点 T 分别向直线 AB 和 AC 引垂线的垂足,而 R 和 S 是由点 A 分别向直线 TC 和 TB 引垂线的垂足,证明:直线 PR 和 QS 的交点在直线 BC 上.

提示 因为 $\angle APT, \angle ART, \angle AST$ 和 $\angle AQT$ 是直角,所以点 A, P, R, T, S, Q 在以线段 AT 为直径的圆上.因此根据帕斯卡定理,点 B, C 以及直线 PR 和 QS 的交点在一条直线上.

6.100* 在 $\triangle ABC$ 中引高线 AA_1 和 BB_1,引角平分线 AA_2 和 BB_2;内切圆切边 BC 和 AC 于点 A_3 和 B_3,证明:直线 A_1B_1, A_2B_2 和 A_3B_3 共点或者平行.

提示 点 A_1 和 B_1 在以 AB 为直径的圆 S 上.设 A_4 和 B_4 是直线 AA_2 和 BB_2 同直线 A_3B_3 的交点.根据问题2.44(1)可得,这些点在圆 S 上.直线 A_1B 和 A_4A 交于点 A_2,而直线 BB_4 和 AB_1 交于点 B_2,所以对点 B_1, A_1, B, B_4, A_4, A 应用帕斯卡定理,得出直线 B_1A_1 和 B_4A_4(最后的直线与 A_3B_3 重合)的交点在直线 A_2B_2 上.

6.101* 四边形 $ABCD$ 内接于圆 S 中.X 是任意一点,M 和 N 是直线 XA 和 XD 同圆 S 的第二个交点.直线 DC 和 AX,AB 和 DX 相交于点 E 和 F,证明:直

线 MN 和 EF 的交点在直线 BC 上.

提示 设 K 是直线 BC 和 MN 的交点.对点 A,M,N,D,C,B 应用帕斯卡定理,得出点 E,K 和 F 在一条直线上,即 K 是直线 MN 和 EF 的交点.

6.102* 四边形 $ABCD$ 内接于圆心为 O 的圆中.点 X 使得 $\angle BAX = \angle CDX = 90°$,证明:四边形 $ABCD$ 对角线的交点在直线 XO 上.

提示 设点 B_1 和 C_1 是点 B 和 C 关于点 O 的对称点,则点 X 在直线 AB_1 和 C_1D 上.对六边形 AB_1BDC_1C 应用帕斯卡定理.直线 AB_1 和 DC_1 交于点 X,直线 BB_1 和 CC_1 交于点 O;直线 BD 和 AC 是四边形的对角线.

6.103* 点 A 和 A_1 在以 O 为中心的圆的内部,且关于点 O 对称.射线 AP 和 A_1P_1 共线,射线 AQ 和 A_1Q_1 也共线,证明:直线 P_1Q 和 PQ_1 的交点在直线 AA_1 上(点 P,P_1,Q 和 Q_1 在圆上).

提示 设射线 PA 和 QA 交圆于点 P_2 和 Q_2,即 P_1P_2 和 Q_1Q_2 是已知圆的直径.对六边形 $PP_2P_1QQ_2Q_1$ 运用帕斯卡定理.直线 PP_2 和 QQ_2 交于点 A,而直线 P_1P_2 和 Q_1Q_2 交于点 O,所以直线 P_1Q 和 Q_1P 的交点在直线 AO 上.

6.104* 两圆与 $\triangle ABC$ 的外接圆相切于弧 BC(不包含点 A)上的点 K;此外,其中一个圆切边 AB 于点 M,而另一个圆切边 AC 于点 N,证明:$\triangle ABC$ 的内切圆圆心在直线 MN 上.

提示 设 B_1 和 C_1 是弧 AC 和弧 AB 的中点(这两个弧中分别不含点 B 和 C).根据问题 3.43(1) 得出点 M 和 N 在线段 KC_1 和 KB_1 上.

对六边形 C_1CABB_1K 运用帕斯卡定理.直线 CC_1 是角平分线,直线 CA 和 B_1K 相交于点 N,直线 AB 和 C_1K 相交于点 M.

注意,问题 3.47 是这个问题的特殊情况.

6.105* 已知某个圆上五个点.借助一个直尺作出这个圆上的第六个点.

提示 设已知点 A,B,C,D,E 在一个圆上.假设作点 F 也在这个圆上.用点 K,L,M 分别表示直线 AB 和 DE,BC 和 EF,CD 和 FA 的交点.那么根据帕斯卡

定理点 K, L, M 在一条直线上.

由此得出下面的作法,过点 E 引任意直线 a 且用 L 表示它同直线 BC 的交点. 然后作直线 AB 和 DE 的交点 K 以及直线 KL 和 CD 的交点 M.最后,作直线 AM 和 a 的交点 F.我们证明, F 在圆上.设 F_1 是圆与直线 a 的交点,由帕斯卡定理推出, F_1 在直线 AM 上,即 F_1 是直线 a 和 AM 的交点,所以 $F_1 = F$.

6.106* 点 $A_1, \cdots, A_6$ 在一个圆上,而点 K, L, M 和 N 分别在直线 $A_1 A_2$, $A_3 A_4$, $A_1 A_6$ 和 $A_4 A_5$ 上,并且 $KL \parallel A_2 A_3$, $LM \parallel A_3 A_6$ 和 $MN \parallel A_6 A_1$,证明: $NK \parallel A_5 A_2$.

(参见这样的问题 5.84, 30.33, 30.42, 30.49, 31.52.)

提示 设 P 和 Q 是直线 $A_3 A_4$ 与 $A_1 A_2$ 和 $A_1 A_6$ 的交点,又 R 和 S 是直线 $A_4 A_5$ 同 $A_1 A_6$ 和 $A_1 A_2$ 的交点,则

$$\frac{A_2 K}{A_3 L} = \frac{A_2 P}{A_3 P}, \frac{A_3 L}{A_6 M} = \frac{A_3 Q}{A_6 Q}, \frac{A_6 M}{A_5 N} = \frac{A_6 R}{A_5 R}$$

所以所需的关系式 $\dfrac{A_2 K}{A_5 N} = \dfrac{A_2 S}{A_5 S}$ 改写为

$$\frac{A_2 P}{A_3 P} \cdot \frac{A_3 Q}{A_6 Q} \cdot \frac{A_6 S}{A_5 R} \cdot \frac{A_5 S}{A_2 S} = 1$$

设 T 是直线 $A_2 A_3$ 和 $A_5 A_6$ 的交点.根据帕斯卡定理,点 S, Q 和 T 在一条直线上. 对 $\triangle PQS$ 和点 T, A_2 和 A_3,及对 $\triangle RQS$ 和点 T, A_5 和 A_6 运用梅涅劳斯定理(参见问题 5.69)得出

$$\frac{A_2 P}{A_2 S} \cdot \frac{A_3 Q}{A_3 P} \cdot \frac{TS}{TQ} = 1$$

及

$$\frac{TQ}{TS} \cdot \frac{A_5 S}{A_5 R} \cdot \frac{A_6 R}{A_6 Q} = 1$$

这两个等式相乘即得所证.(线段的关系认为是有向的)

§10 供独立解答的问题

6.107 证明:如果 $ABCD$ 是矩形,而 P 为任意一点,则 $AP^2 + CP^2 = DP^2 + BP^2$.

6.108 凸四边形 $ABCD$ 的对角线互相垂直. 在它的各边上向形外作正方形, 正方形的中心为 P,Q,R 和 S, 证明: 线段 PR 过对角线 AC 与 BD 的交点, 并且 $PR = \dfrac{AC+BD}{\sqrt{2}}$.

6.109 在 $\triangle ABC$ 的最大边 AC 上取点 A_1 和 C_1, 使得 $AC_1 = AB$ 和 $CA_1 = CB$, 又在边 AB 和 BC 上取点 A_2 和 C_2, 使得 $AA_1 = AA_2$ 和 $CC_1 = CC_2$, 证明: 四边形 $A_1A_2C_2C_1$ 是圆内接四边形.

6.110 在圆中内接一个凸七边形, 证明: 如果它的角中有 3 个等于 $120°$, 则它有两条边相等.

6.111 在平面上给出正 n 边形 $A_1\cdots A_n$ 和点 P, 证明: 线段 $A_1P,\cdots,A_nP$ 可以组成闭合的线.

6.112 四边形 $ABCD$ 内接于圆 S_1 并且外切于圆 S_2. K,L,M 和 N 是它的边同圆 S_2 的切点, 证明: $KM \perp LN$.

6.113 五边形 $ABCDE$ 外切于圆, 它的边长是整数并且 $AB = CD = 1$, 求线段 BK 的长, 其中 K 是边 BC 与圆的切点.

6.114 证明: 在正 $2n$ 边形 $A_1\cdots A_{2n}$ 中, 对角线 A_1A_{n+2}, $A_{2n-1}A_3$ 和 $A_{2n}A_5$ 相交于一点.

6.115 证明: 在正 24 边形 $A_1\cdots A_{24}$ 中对角线 A_1A_7, A_3A_{11} 和 A_5A_{21} 相交于直径 A_4A_{16} 上的一点.

第7章　点的轨迹

基础知识

1. 具有某种性质的点的轨迹,是具有这个性质的所有点形成的图形.

2. 解答轨迹问题应该包含:

(1) 证明,具有所要求性质的点都属于问题答案的图形 Φ.

(2) 证明,在图形 Φ 上的所有点都具有所要求的性质.

3. 具有两个性质的点的轨迹是两个图形的交集(即公共部分):第一个图形是具有第一个性质的点的轨迹,第二个图形是具有第二个性质的点的轨迹.

4. 三个重要的点的轨迹.

(1) 到两个已知点 A 和 B 的距离相等的点的轨迹,是线段 AB 的垂直平分线.

(2) 到已知点 O 的距离等于定长 R 的点的轨迹,是以 O 为圆心,R 为半径的圆.

(3) 对已知线段 AB 的视角为已知角的点的轨迹,是关于直线 AB 对称的两个圆弧的并(点 A 和 B 不属于该轨迹).

引导性问题

1. (1) 求到两条平行线距离相等的点的轨迹.

(2) 求到两条相交直线距离相等的点的轨迹.

2. 求端点在两条已知平行直线上的线段的中点的轨迹.

3. 已知 $\triangle ABC$,求满足不等式 $AX \leqslant BX \leqslant CX$ 的点 X 的轨迹.

4. 求向已知圆所作切线是定长的点 X 的轨迹.

5. A 是圆上的定点,求把以 A 为端点的弦分成 $1:2$(从点 A 算起)的点 X 的轨迹.

§1 轨迹是直线或线段

7.1 两个半径为 r_1 和 r_2 的车轮沿着直线 l 滚动,求它们内公切线交点 M 的集合.

提示 设 O_1 和 O_2 分别是半径为 r_1 和 r_2 的轮子的中心. 如果 M 是内公切线的交点,那么 $\dfrac{O_1 M}{O_2 M} = \dfrac{r_1}{r_2}$. 从这个条件借助问题 1.1(2) 容易得到,从点 M 到直线 l 的距离等于 $\dfrac{2r_1 r_2}{r_1 + r_2}$,因此所有内公切线的交点在平行于直线 l 且到 l 的距离等于 $\dfrac{2r_1 r_2}{r_1 + r_2}$ 的直线上.

7.2 面积为 S 的四边形 $ABCD$ 的边 AB 和 CD 不平行,求在四边形内部的使得 $S_{\triangle ABX} + S_{\triangle CDX} = \dfrac{S}{2}$ 的点 X 的轨迹.

提示 设 O 是直线 AB 和 CD 的交点. 在射线 OA 和 OD 上分别放置等于 AB 和 CD 的线段 OK, OL,联结 KL,则 $S_{\triangle ABX} + S_{\triangle CDX} = S_{\triangle KOX} + S_{\triangle LOX} = S_{\triangle KOL} \pm S_{\triangle KXL}$,因此,$\triangle KXL$ 的面积是常数,即 X 在平行于 KL 的直线上.

7.3 已知两条直线相交于点 O,求这样的点 X 的轨迹,对于点 X 线段 OX 在这两直线上的射影长的和是个常数.

提示 设 $\boldsymbol{a}$ 和 $\boldsymbol{b}$ 是平行于已知直线的单位向量;$\boldsymbol{x} = \overrightarrow{OX}$. 向量 $\boldsymbol{x}$ 在已知直线上射影长的和等于 $|(\boldsymbol{a}, \boldsymbol{x})| + |(\boldsymbol{b}, \boldsymbol{x})| = |(\boldsymbol{a} \pm \boldsymbol{b}, \boldsymbol{x})|$,同时符号的更换由点 O 向已知直线作的垂线来进行,所以所求点的轨迹是个矩形,它的边平行于已知直线之间的角的平分线,而顶点在所指出的垂线上.

7.4 已知矩形 $ABCD$,求使得 $AX + BX = CX + DX$ 成立的点 X 的轨迹.

提示 设 l 是过 BC 和 AD 的中点的直线. 假设点 X 不在直线 l 上,例如,点 A 和 X 在直线 l 的同侧,则 $AX < DX$ 且 $BX < CX$,即 $AX + BX < CX + DX$,所

第7章 点的轨迹
DIQIZHANG DIAN DE GUIJI

以直线 l 为所求点的轨迹.

7.5* 求位于菱形 $ABCD$ 内并且具有性质 $\angle AMD + \angle BMC = 180°$ 的点 M 的轨迹.

提示 设 N 是这样的点,使得 $\overrightarrow{MN} = \overrightarrow{DA}$,则 $\angle NAM = \angle DMA$ 且 $\angle NBM = \angle BMC$,所以四边形 $AMBN$ 是圆内接的,圆内接四边形 $AMBN$ 的对角线相等,所以 $AM /\!/ BN$ 或者 $BM /\!/ AN$.在第一种情况 $\angle AMD = \angle MAN = \angle AMB$,而在第二种情况 $\angle BMC = \angle MBN = \angle BMA$.如果 $\angle AMB = \angle AMD$,则 $\angle AMB + \angle BMC = 180°$.并且点 M 在对角线 AC 上,而如果 $\angle BMA = \angle BMC$,则点 M 在对角线 BD 上.同样显然,如果点 M 位于一条对角线上,则 $\angle AMD + \angle BMC = 180°$.

* * *

7.6 在平面上给定点 A 和 B,求使得线段 AM 和 BM 长的平方差是常数的点 M 的轨迹.

提示 建立坐标系,选取点 A 为坐标原点沿射线 OA 为 Ox 轴的方向.设点 M 的坐标为 (x, y),则 $AM^2 = x^2 + y^2$ 且 $BM^2 = (x-a)^2 + y^2$,其中 $a = AB$.所以 $AM^2 - BM^2 = 2ax - a^2$.对于坐标为 $\left(\dfrac{a^2 + k}{2a}, y\right)$ 的点 M 这个量等于 k,所有这样的点在垂直于 AB 的直线上.

7.7 给定圆 S 和它外面一点 M.过点 M 作与圆 S 相交的所有可能的圆 S_1.点 M 对圆 S_1 的切线与圆 S 和 S_1 公共弦延长线的交点为 X,求点 X 的轨迹.

提示 设 A 和 B 是圆 S 和 S_1 的交点,则
$$XM^2 = XA \cdot XB = XO^2 - R^2$$
其中 O 和 R 是圆 S 的中心和半径,所以
$$XO^2 - XM^2 = R^2$$
即点 X 在直线 OM 的垂线上(参见问题 7.6).

7.8 已知两个不相交的圆,求平分已知圆的圆的圆心的轨迹(即交已知圆于直径的相对两个端点).

提示 设 O_1 和 O_2 是已知两个圆的圆心,R_1 和 R_2 是它们的半径.以 X 为圆心半径为 r 的圆当且仅当 $r^2 = XO_1^2 + R_1^2$ 时,交第一个圆于对径点,所以所求的轨迹由这样的点 X 组成,使得 $XO_1^2 + R_1^2 = XO_2^2 + R_2^2$,所有这样的点 X 在垂直于 O_1O_2 的直线上(问题 7.6).

7.9 在圆内取点 A,求过包含点 A 的所有可能的弦的端点引圆的切线的交点轨迹.

提示 设 O 是圆心,R 是它的半径,M 是由包含点 A 的弦的端点引的切线的交点,P 是这条弦的中点,则
$$OP \cdot OM = R^2, OP = OA\cos\varphi$$
其中 $\varphi = \angle AOP$,所以
$$AM^2 = OM^2 + OA^2 - 2OM \cdot OA\cos\varphi = OM^2 + OA^2 - 2R^2$$
也就是 $OM^2 - AM^2 = 2R^2 - OA^2$ 是个常量,因此所有的点 M 位于垂直于 OA 的直线上(问题 7.6).

7.10* (1) 给定 $\square ABCD$,证明:$AX^2 + CX^2 - BX^2 - DX^2$ 的值与点 X 的选取无关.

(2) 四边形 $ABCD$ 不是平行四边形,证明:满足关系式 $AX^2 + CX^2 = BX^2 + DX^2$ 的所有点 X 在垂直于联结对角线中点的线段的一条直线上.

(参见这样的问题 2.39,3.45,3.58,6.5,6.17,7.28,7.30,8.6,12.82,15.16,30.24,30.37.)

提示 设 P 和 Q 是对角线 AC 和 BD 的中点,则(参见问题 12.11(1))
$$AX^2 + CX^2 = 2PX^2 + \frac{AC^2}{2}, BX^2 + DX^2 = 2QX^2 + \frac{BD^2}{2}$$
所以在问题(2)所求轨迹由使得 $PX^2 - QX^2 = \frac{BD^2 - AC^2}{4}$ 的点 X 组成,而在问题(1) $P = Q$,所以研究的量等于 $\frac{AC^2 - BD^2}{2}$.

第7章 点的轨迹

§2 轨迹是圆或圆弧

7.11 定长线段的端点在平面上沿着直角 $\angle ABC$ 的边移动. 这个线段中点的轨迹是什么?

提示 设 M 和 N 是已知线段的端点,O 是它的中点,点 B 在以 MN 为直径的圆上,所以 $OB = \frac{1}{2}MN$. 点 O 的轨迹是以 B 为圆心,$\frac{MN}{2}$ 为半径的圆上的包含在 $\angle ABC$ 内的部分.

7.12 求过给定点引的已知圆的弦的中点的轨迹.

提示 设 M 是已知点,O 是已知圆的中心. 如果 X 是弦 AB 的中点,则 $XO \perp AB$,因此所求的轨迹是以 MO 为直径的圆.

7.13 已知点 A 和 B. 与直线 AB 相切的两个圆(一个切于点 A,另一个切于点 B)且彼此相切于点 M,求点 M 的轨迹.

提示 过点 M 对两个圆引公切线. 设 O 是这条切线与直线 AB 的交点,则 $AO = MO = BO$,即 O 是线段 AB 的中点. 点 M 在以 O 为圆心半径为 $\frac{AB}{2}$ 的圆上. 点 M 的集合是以 AB 为直径的圆(点 A 和 B 不包含在内).

7.14 在平面上给定两点 A 和 B,求使得 $\frac{AM}{BM} = k$ 的点 M 的轨迹.(阿波罗尼圆)

提示 设 $k = 1$,得到线段 AB 的中垂线. 在下面认为 $k \neq 1$. 引入平面直角坐标系,使得点 A 和 B 的坐标分别为 $(-a, 0)$ 和 $(a, 0)$. 如果 M 的坐标为 (x, y),则

$$\frac{AM^2}{BM^2} = \frac{(x+a)^2 + y^2}{(x-a)^2 + y^2}$$

方程 $\frac{AM^2}{BM^2} = k^2$ 化为形式

$$\left(x + \frac{1+k^2}{1-k^2}a\right)^2 + y^2 = \left(\frac{2ka}{1-k^2}\right)^2$$

这个方程是圆心为 $\left(-\dfrac{1+k^2}{1-k^2}a, 0\right)$ 半径为 $\dfrac{2ka}{|1-k^2|}$ 的圆.

*　　　*　　　*

7.15　设 S 是对点 A 和 B 的阿波罗尼圆,同时点 A 在圆 S 外部.由点 A 向圆 S 引切线 AP 和 AQ,证明: B 是线段 PQ 的中点.

提示　设直线 AB 交圆 S 于点 E 和 F,并且点 E 在线段 AB 上,则 PE 是 $\triangle APB$ 的角平分线,所以 $\angle EPB = \angle EPA = \angle EFP$. 又因为 $\angle EPF = 90°$,所以 $PB \perp EF$.

7.16*　设 AD 和 AE 是 $\triangle ABC$ 的内角平分线与外角平分线. S_a 是直径为 DE 的圆,圆 S_b 和 S_c 的定义类似,证明:

(1) 圆 S_a, S_b 和 S_c 具有两个公共点 M 和 N. 并且直线 MN 过 $\triangle ABC$ 的外接圆圆心.

(2) 点 M(和点 N) 在 $\triangle ABC$ 边上的射影形成一个正三角形.

问题 7.16 中的点 M 和 N 叫做三角形的等力心.

提示　(1) 考查的圆是对 $\triangle ABC$ 一对顶点的阿波罗尼圆,所以如果 X 是圆 S_a 和 S_b 的公共点,则

$$\frac{XB}{XC} = \frac{AB}{AC}, \frac{XC}{XA} = \frac{BC}{BA}$$

即

$$\frac{XB}{XA} = \frac{CB}{CA}$$

这意味着点 X 属于圆 S_c,同样显然,如果 $AB > BC$,则点 D 位于圆 S_b 的内部,而点 A 在它外部,因此,圆 S_a 和 S_b 交于两个不同的点.

为了完成证明剩下要利用问题 7.51 的结果.

(2) 根据问题(1) 有

$$MA = \frac{\lambda}{a}, MB = \frac{\lambda}{b}, MC = \frac{\lambda}{c}$$

设 B_1 和 C_1 是点 M 在直线 AC 和 AB 上的射影. 点 B_1 和 C_1 在以 MA 为直径的圆上,所以

第7章 点的轨迹

$$B_1C_1 = MA\sin\angle B_1A_1C_1 = \left(\frac{\lambda}{a}\right)\left(\frac{a}{2R}\right) = \frac{\lambda}{2R}$$

其中 R 是 $\triangle ABC$ 外接圆的半径. 类似可得 $A_1C_1 = A_1B_1 = \frac{\lambda}{2R}$.

7.17* 证明:等力心位于直线 KO 上,其中 O 是外接圆圆心,K 是列姆扬点.

提示 在问题 7.16(1) 中已经证明,直线 MN 过点 O. 剩下证明,它过点 K. 根据问题 5.156,圆 S_a 与 $\triangle ABC$ 的外接圆的公共弦过点 K. 类似地,圆 S_b 和外接圆的公共弦也过点 K,所以 K 是外接圆与圆 S_a 和 S_b 的根心,因此圆 S_a 和 S_b 的公共弦过点 K.

7.18* $\triangle ABC$ 是正三角形,M 是某一点,证明:如果 AM,BM 和 CM 成几何级数,则这个级数的公比小于 2.

(参见这样的问题 2.14,2.67(2),5.156,7.27,7.29,14.21(1),18.15,28.23,28.24.)

提示 设 O_1 和 O_2 是这样的点,使得 $\overrightarrow{BO_1} = \frac{4}{3}\overrightarrow{BA}$,$\overrightarrow{CO_2} = \frac{4}{3}\overrightarrow{CB}$. 容易检验,如果 $BM > 2AM$,则点 M 位于圆心为 O_1 半径为 $\frac{2AB}{3}$ 的圆 S_1 内(问题 7.14),而如果 $CM > 2BM$,则点 M 位于以 O_2 为圆心半径为 $\frac{2AB}{3}$ 的圆 S_2 内. 因为 $O_1O_2 > BO_1 = \frac{4AB}{3}$,而圆 S_1 和 S_2 两圆半径之和等于 $\frac{4AB}{3}$,所以这两个圆不相交,因此,如果 $BM = qAM$,$CM = qBM$,则 $q < 2$.

§3 圆周角

7.19 A 和 B 是圆上的两个定点,而点 C 沿这个圆移动,求:

(1) $\triangle ABC$ 高线交点的轨迹.

(2) $\triangle ABC$ 角平分线交点的轨迹.

提示 (1) 设 O 是高线 AA_1 和 BB_1 的交点. 点 A_1 和 B_1 在以 CO 为直径的圆

上，因此 $\angle AOB = 180° - \angle C$，所以所求的轨迹是和已知圆关于直线 AB 对称的圆(注意点 A 和 B 除外).

(2) 如果 O 是 $\triangle ABC$ 的角平分线的交点，则 $\angle AOB = 90° + \dfrac{\angle C}{2}$. 在两个弧 AB 的每一个上 $\angle C$ 是常量，所以所求的轨迹是对线段 AB 的视角为 $90° + \dfrac{\angle C}{2}$ 的两个圆弧(点 A 和 B 除外).

7.20 点 P 沿着正方形 $ABCD$ 的外接圆移动. 直线 AP 和 BD 相交于点 Q，而过点 Q 引平行于 AC 的直线交直线 BP 于点 X，求点 X 的轨迹.

提示 点 P 和 Q 在以 DX 为直径的圆上，所以
$$\angle(QD, DX) = \angle(QP, PX) = \angle(AP, PB) = 45°$$
即 X 在直线 CD 上.

7.21 (1) 点 A 和 B 是圆上的定点，而点 A_1 和 B_1 沿着这个圆运动，使得弧 A_1B_1 的度数保持一个常值. M 是直线 AA_1 和 BB_1 的交点，求点 M 的轨迹.

(2) 在圆中内接有 $\triangle ABC$ 和 $\triangle A_1B_1C_1$，同时 $\triangle ABC$ 不动，而 $\triangle A_1B_1C_1$ 转动，证明：使直线 AA_1，BB_1 和 CC_1 交于一点的 $\triangle A_1B_1C_1$ 的位置不多于一个.

提示 (1) 如果点 A_1 沿着圆上度数为 2φ 的弧运动，则点 B_1 也沿度数为 2φ 的弧运动，这就是说，直线 AA_1 和 BB_1 转动角 φ 并且它们之间的角不变，所以点 M 沿着包含点 A 和 B 的圆上移动.

(2) 设直线 AA_1，BB_1 和 CC_1 在某个时刻相交于点 P，则例如直线 AA_1 和 BB_1 的交点沿 $\triangle ABP$ 的外接圆移动. 同样显然，$\triangle ABP$，$\triangle BCP$ 和 $\triangle CAP$ 的外接圆具有唯一的公共点 P.

7.22* 在平面上已知四个点，求分别过已知点的四条直线所构成的矩形中心的轨迹.

提示 假设点 A 和 C 分别在矩形的对边上. 设 M 和 N 分别是线段 AC 和 BD 的中点. 过点 M 作直线 l_1，使它和点 A，C 所在的矩形的边平行；过点 N 作直线 l_2，使它和点 B，D 所在的矩形的边平行. 设 O 是直线 l_1 和 l_2 的交点. 显然，点 O 在

以线段 MN 为直径的圆 S 上. 另一方面, 点 O 是矩形的中心. 显然, 对于圆 S 上的任意点 O 能够作出矩形.

应注意, 矩形的对边可以放点 A 和 B, A 和 D, 因此所求的点的轨迹是三个圆的并.

7.23* 求位于正 $\triangle ABC$ 内部的且具有性质 $\angle XAB + \angle XBC + \angle XCA = 90°$ 的点 X 的轨迹.

(参见这样的问题 2.5, 2.39.)

提示 容易检验, $\triangle ABC$ 高线上的点具有所要求的性质. 假设点 X 具有所要求的性质, 但不在 $\triangle ABC$ 的任一条高线上, 那么直线 BX 交高线 AA_1 和 CC_1 于点 X_1 和 X_2. 因为

$$\angle XAB + \angle XBC + \angle XCA = 90° = \angle X_1AB + \angle X_1BC + \angle X_1CA$$

所以 $\angle XAB - \angle X_1AB = \angle X_1CA - \angle XCA$

即 $\angle(XA, AX_1) = \angle(X_1C, CX)$

因此点 X 在 $\triangle AXC'$ 的外接圆上, 其中 C' 是 C 关于直线 BX 的对称点. 类似可证, 点 X_2 在这个圆上, 即直线 BX 与这个圆交于三个不同的点, 得出矛盾.

§4 辅助的全等或相似的三角形

7.24 已知点 O 是半圆的圆心, 从半圆直径的延长线上任一点 X 引半圆的切线, 且在此切线上截取线段 XM 等于线段 XO, 求这样得到的点 X 的轨迹.

提示 设 K 是切线 MX 和已知半圆的切点, 而 P 是点 M 在直径上的投影. 在直角 $\triangle MPX$ 和直角 $\triangle OKX$ 中, 斜边相等 ($MX = OX$), $\angle PXM = \angle OXK$, 因此这两个三角形全等, 特别地, $MP = KO = R$, 其中 R 是已知半圆的半径. 于是点 M 在平行于半圆的直径, 且和半圆相切的直线 l 上. 设 AB 是半圆直径在直线 l 上的投影线段. 直线 l 上的线段 AB 以外的直线 l 上的点不能另引已知半圆的切线, 因为那样的点向圆引的切线将切于另一个半圆.

所求的点的轨迹是线段 AB, 其中去掉点 A, B 及它的中点.

7.25* 设 A 和 B 是平面上的定点. 求具有以下性质的点 C 的轨迹:

△ABC 的高线 h_b 等于 b.

提示 设 H 是 △ABC 底边上的高 h_b 的垂足,且 $h_b = b$. 设点 B' 是过点 A 所作的直线 AB 的垂线和过点 C 所作的直线 AH 的垂线的交点. 因为 $\angle AB'C = \angle BAH$, $AC = BH$, 所以 △$AB'C \cong$ △BAH, 且 $AB' = AB$, 即点 C 在已确定的 AB' 为直径的圆上.

作以 AB 为直径的圆 S, 并设 S_1, S_2 是以点 A 为中心旋转 ±90° 后得到的两个圆(图7.1). 我们证明了,与 A 不同的点 C 属于圆 S_1 和 S_2 的并集. 相反的,设与 A 不同的点 C 属于圆 S_1 或 S_2, AB' 是对应的圆的直径,那么 $\angle AB'C = \angle HAB$, 且 $AB' = AB$, 因此 $AC = HB$.

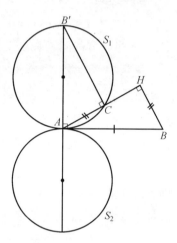

图 7.1

7.26* 已知圆和它内部一点 P, 过圆上每一点 Q 引切线. 由圆心作直线 PQ 的垂线,交切线于点 M, 求点 M 的轨迹.

提示 设 O 是圆心, N 是直线 OM 和 QP 的交点. 从点 M 向直线 OP 引垂线 MS. 由

$$\triangle ONQ \backsim \triangle OQM, \triangle OPN \backsim \triangle OMS$$

得

$$\frac{ON}{OQ} = \frac{OQ}{OM}, \frac{OP}{ON} = \frac{OM}{OS}$$

将这些等式相乘,得

$$\frac{OP}{OQ} = \frac{OQ}{OS}$$

因此 $OS = \dfrac{OQ^2}{OP}$ 是不变的量. 而因为点 S 在直线 OP 上,它的位置不依赖于点 Q 的选取. 所求的点的轨迹是过点 S 且垂直于直线 OP 的一条直线.

§5 位 似

7.27 点 A 和 B 是圆上的定点. 点 C 沿着这个圆移动,求 △ABC 中线的交点(重心)的轨迹.

第7章 点的轨迹
DIQIZHANG DIAN DE GUIJI

提示 设 O 是线段 AB 的中点,M 是 $\triangle ABC$ 的中线的交点(重心).在以 O 为中心位似系数为 $\frac{1}{3}$ 的位似变换下点 C 变为点 M,所以 $\triangle ABC$ 的中线的交点在圆 S 上,其中圆 S 是原来的圆在以 O 为中心系数为 $\frac{1}{3}$ 的位似变换下的像.为了得到所求的轨迹必须从圆 S 中去掉点 A 和 B 的像.

7.28 已知 $\triangle ABC$,求矩形 $PQRS$ 的中心的轨迹,其中顶点 Q 和 P 在边 AC 上,顶点 R 和 S 分别在边 AB 和 BC 上.

提示 设 O 是高 BH 的中点,M 是线段 AC 的中点,D 和 E 分别是边 RQ 和 PS 的中点(图 7.2).

点 D 和 E 分别在直线 AO 和 CO 上.线段 DE 的中点是矩形 $PQRS$ 的中心.显然,它在线段 OM 上.所求的点的轨迹是线段 OM,但除去它的端点.

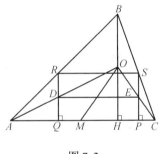

图 7.2

7.29 两个圆相交于点 A 和 B.过点 A 作割线同圆相交于点 P 和 Q.假如割线环绕着顶点 A 转动,线段 PQ 的中点描绘什么样的曲线?

提示 设 O_1 和 O_2 是已知的两圆的圆心(点 P 在以 O_1 为圆心的圆上),O 是线段 O_1O_2 的中点;P',Q' 和 O' 是点 O_1,O_2 和 O 在直线 PQ 上的正投影.当转动直线 PQ 时,点 O' 跑过以线段 AO 为直径的圆 S.显然,在以 A 为位似中心位似系数为2的位似下,线段 $P'Q'$ 变为线段 PQ,即点 O' 变为线段 PQ 的中点,所以所求的轨迹是在这个位似下圆 S 的像.

7.30 点 A,B 和 C 在一条直线上并且 B 在 A 和 C 之间,求使得 $\triangle AMB$ 和 $\triangle CMB$ 的外接圆的半径相等的点 M 的轨迹.

(参见这样的问题 19.10,19.22,19.39.)

提示 设 P 和 Q 是 $\triangle AMB$ 和 $\triangle CMB$ 的外接圆的圆心.如果 $BPMQ$ 是菱形,点 M 属于所求的轨迹,即点 M 是线段 PQ 的中点在以 B 为位似心位似系数为2的位似变换下的像. 又因为点 P 和 Q 在直线 AC 上的射影是线段 AB 和 BC 的中点，所有线段 PQ 的中点在一条直线上(由所得的轨迹除掉直线 AC 的点).

§6 轨迹方法

7.31 两个点 P 和 Q 以同样的不变的速度，沿着相交于点 O 的两条直线运动，证明：在平面上存在不动点 A，在任何时刻由点 A 到点 P 和 Q 的距离总相等.

提示 点 P 在时刻 t_1 过点 O，点 Q 在时刻 t_2 过点 O，那么在时刻 $\dfrac{t_1+t_2}{2}$ 点 P 和 Q 到点 O 的距离相同，都等于 $\dfrac{|t_1-t_2|}{2}v$. 在这个时刻，在点 P 和 Q 作直线的垂线. 容易验证，这两条直线的交点是所求的点.

7.32 过凸四边形每条对角线的中点引平行于另一条对角线的直线. 这两条直线相交于点 O，证明：联结点 O 与四边形各边中点的线段，把四边形的面积分成相等的部分.

提示 设四边形 $ABCD$ 对角线 AC 和 BD 的中点分别为 M 和 N，显然
$$S_{\triangle AMB}=S_{\triangle BMC}, S_{\triangle AMD}=S_{\triangle DMC}$$
即
$$S_{DABM}=S_{BCDM}$$
因为当点 M 沿平行于 BD 的直线移动时，四边形 $DABM$ 和 $BCDM$ 的面积不变，$S_{DABO}=S_{BCDO}$. 对于点 N，同理可证，$S_{ABCO}=S_{CDAO}$.

得到等式组
$$S_{\triangle ADO}+S_{\triangle ABO}=S_{\triangle BCO}+S_{\triangle CDO}, S_{\triangle ABO}+S_{\triangle BCO}=S_{\triangle CDO}+S_{\triangle ADO}$$
因此
$$S_{\triangle ADO}=S_{\triangle BCO}=S_1, S_{\triangle ABO}=S_{\triangle CDO}=S_2$$
从这可以看出，点 O 同四边形各边中点的连线，把四边形分成四部分，每一部分的面积都等于 $\dfrac{1}{2}(S_1+S_2)$.

7.33 设 D 和 E 分别是 $\triangle ABC$ 的边 AB 和 BC 的中点. 而点 M 在边 AC 上，证明：如果 $MD<AD$，则 $ME>EC$.

第7章 点的轨迹
DIQIZHANG DIAN DE GUIJI

提示 由点 B 作高线 BB_1,则 $AD = B_1D$ 且 $CE = B_1E$. 显然,如果 $MD < AD$,则点 M 在线段 AB_1 上,即在线段 B_1C 的外面,因此 $ME > EC$.

7.34 在凸多边形内取点 P 和 Q,证明:存在多边形的这样的顶点,由 Q 到它比由 P 到它的距离小一些.

提示 假设多边形的所有顶点由点 Q 到它的距离不小于由点 P 到它的距离,则多边形的所有顶点和点 P 位于由线段 PQ 的中垂线给出的同一个半平面中,而点 Q 在另一个半平面中,因此点 Q 在多边形的外面,与约定矛盾.

7.35 设有点 A,B 和 C,使得对任意第四个点 M,要么有 $MA \leqslant MB$,要么有 $MA \leqslant MC$,证明:点 C 在线段 BC 上.

提示 求满足条件 $MA > MB$ 和 $MA > MC$ 的点 M 的轨迹. 作线段 AB 和 AC 的垂直平分线 l_1 和 l_2. 对于满足 $MA > MB$ 的点,在已知直线 l_1 所确定的且不含点 A 的半平面内,因此所求点的轨迹是由已知直线 l_1, l_2 确定且不含点 A 的两个半平面的交集(不含边界). 如果点 A,B,C 不在一条直线上,那么这个点的轨迹总是非空的. 如果 A,B,C 在一条直线上,但 A 不在线段 BC 上,那么这个点的轨迹也是非空的. 如果点 A 也在线段 BC 上,那么这个点的轨迹是空的,即对于点 M,或者 $MA \leqslant MB$,或者 $MA \leqslant MC$.

7.36 已知四边形 $ABCD$ 并且 $AB < BC$, $AD < DC$. 点 M 在对角线 BD 上,证明: $AM < MC$.

提示 设 O 是对角线 AC 的中点. 点 B 和 D 在直线 AC 上的射影在线段 AO 上,所以点 M 的射影也在线段 AO 上.

§7 具有非零面积的轨迹

7.37 设 O 是矩形 $ABCD$ 的中心,求点 M 的轨迹,对于点 M 有 $AM \geqslant OM$, $BM \geqslant OM$, $CM \geqslant OM$ 和 $DM \geqslant OM$.

提示 引线段 AO 的中垂线 l,显然,当且仅当点 M 同点 O 在直线 l 的同侧

(或在直线 l 上)时,$AM \geq OM$,所以所求的轨迹是线段 AO, OB, OC 和 OD 的中垂线所形成的菱形.

7.38 求能够对圆上给定的弧 AB 引切线的点 X 的轨迹.

提示 所求的轨迹如图 7.3 中的阴影所示(在轨迹中包含边界).

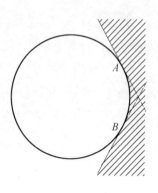

7.39 设 O 是正 $\triangle ABC$ 的中心,求满足下面条件的点 M 的轨迹:过点 M 引的任意直线要么与线段 AB 相交,要么与线段 CO 相交.

提示 设 A_1 和 B_1 分别是边 CB 和 AC 的中点.所求点的轨迹是四边形 OA_1CB_1 的内部.

图 7.3

7.40 在平面上给定两个不相交的圆.在这两个圆外面一定能找到使得过点 M 引的直线至少与这两个圆中的一个相交的点 M 吗?求满足这样条件的点 M 的轨迹.

(参见这样的问题 18.12,31.66 ~ 31.69.)

提示 对给定的两圆引公切线(图 7.4).容易检验,属于阴影区域的点(但不含它的边界)满足所需要的条件.而不在这些区域中的点不满足这个条件.

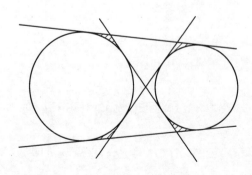

图 7.4

第7章 点的轨迹

§8 卡诺定理

7.41* 证明:当且仅当 $A_1B^2 + C_1A^2 + B_1C^2 = B_1A^2 + A_1C^2 + C_1B^2$ 时,由点 A_1, B_1, C_1 向 $\triangle ABC$ 的边 BC, CA, AB 引的垂线相交于一点.(卡诺)

提示 设由点 A_1, B_1, C_1 引向直线 BC, CA, AB 的垂线相交于点 M.因为点 B_1 和 M 在直线 AC 的一条垂线上,则(问题 7.6)
$$B_1A^2 - B_1C^2 = MA^2 - MC^2$$
类似地有 $\quad C_1B^2 - C_1A^2 = MB^2 - MA^2, A_1C^2 - A_1B^2 = MC^2 - MB^2$
这些等式相加,得到
$$A_1B^2 + C_1A^2 + B_1C^2 = B_1A^2 + A_1C^2 + C_1B^2$$

反过来,设 $A_1B^2 + C_1A^2 + B_1C^2 = B_1A^2 + A_1C^2 + C_1B^2$.用 M 表记由点 A_1 和 B_1 引向 BC 和 AC 的垂线的交点.过点 M 引直线 l 垂直于直线 AB.如果 C'_1 是在直线 l 上的点,则根据前述
$$A_1B^2 + {C'_1}A^2 + B_1C^2 = B_1A^2 + A_1C^2 + {C'_1}B^2$$
所以 $\quad {C'_1}A^2 - {C'_1}B^2 = C_1A^2 - C_1B^2$
根据问题 7.6,对满足 $XA^2 - XB^2 = k^2$ 的点 X 的轨迹是垂直于线段 AB 的直线,所以由点 C_1 引向直线 AB 的垂线过点 M.这就是需要证明的.

7.42* 证明:三角形的高线相交于一点.

提示 设 $A_1 = A, B_1 = B$ 和 $C_1 = C$.由显然的等式 $AB^2 + CA^2 + BC^2 = BA^2 + AC^2 + CB^2$,得到,由点 A, B 和 C 向边 BC, CA 和 AB 引的高线相交于一点.

7.43* 证明:由三个旁心向三角形的边引的垂线相交于一点.

提示 设 A_1, B_1 和 C_1 是内切圆同边 BC, CA 和 AB 的切点,则
$$A_1B = p - c = B_1A, C_1A = A_1C, B_1C = C_1B$$
所以 $\quad A_1B^2 + C_1A^2 + B_1C^2 = B_1A^2 + A_1C^2 + C_1B^2$

7.44* 点 A_1, B_1 和 C_1 使得 $AB_1 = AC_1, BC_1 = BA_1$ 和 $CA_1 = CB_1$,证

明：由点 A_1, B_1 和 C_1 向直线 BC, CA 和 AB 引的垂线相交于一点．

提示 利用问题 7.41 的结果就足够了．

7.45* （1）由 $\triangle ABC$ 的顶点向 $\triangle A_1B_1C_1$ 的对应边引的垂线相交于一点，证明：由 $\triangle A_1B_1C_1$ 的顶点向 $\triangle ABC$ 的对应边引的垂线也相交于一点．

（2）由 $\triangle ABC$ 的顶点引平行于 $\triangle A_1B_1C_1$ 对应边的直线相交于一点，证明：由 $\triangle A_1B_1C_1$ 的顶点引的平行于 $\triangle ABC$ 对应边的直线也相交于一点．

提示 （1）这个问题是问题 7.41 的明显的推论．

（2）设在关于某个点旋转 90° 时，$\triangle A_1B_1C_1$ 变为 $\triangle A_2B_2C_2$. $\triangle A_2B_2C_2$ 各边的垂线平行于 $\triangle A_1B_1C_1$ 的对应边，所以由 $\triangle ABC$ 的顶点向 $\triangle A_2B_2C_2$ 的边引的垂线相交于一点，因此由 $\triangle A_2B_2C_2$ 的顶点向 $\triangle ABC$ 的边引的垂线相交于一点．剩下注意，在变 $\triangle A_2B_2C_2$ 为 $\triangle A_1B_1C_1$ 的旋转 90° 的情况下，这些垂线变为过 $\triangle A_1B_1C_1$ 的顶点的平行于 $\triangle ABC$ 对应边的直线．

7.46* 在直线 l 上取点 A_1, B_1 和 C_1，又由 $\triangle ABC$ 的顶点向这条直线引垂线 AA_2, BB_2 和 CC_2，证明：当且仅当 $\dfrac{\overline{A_1B_1}}{\overline{B_1C_1}} = \dfrac{\overline{A_2B_2}}{\overline{B_2C_2}}$（有向线段的比）时，点 A_1, B_1 和 C_1 向直线 BC, CA 和 AB 引的垂线相交于一点．

提示 必须清楚，在怎样的情况下成立等式
$$AB_1^2 + BC_1^2 + CA_1^2 = BA_1^2 + CB_1^2 + AC_1^2$$
由这个等式两边减去 $AA_2^2 + BB_2^2 + CC_2^2$，变为关系式
$$A_2B_1^2 + B_2C_1^2 + C_2A_1^2 = B_2A_1^2 + C_2B_1^2 + A_2C_1^2$$
即
$$(b_1 - a_2)^2 + (c_1 - b_2)^2 + (a_1 - c_2)^2 = (a_1 - b_2)^2 + (b_1 - c_2)^2 + (c_1 - a_2)^2$$
其中 a_i, b_i 和 c_i 是点 A_i, B_i 和 C_i 在直线 l 上的坐标．约简后得到
$$a_2b_1 + b_2c_1 + c_2a_1 = a_1b_2 + b_1c_2 + c_1a_2$$
这意味着
$$(b_2 - a_2)(c_1 - b_1) = (b_1 - a_1)(c_2 - b_2)$$
即
$$\dfrac{\overline{A_2B_2}}{\overline{B_2C_2}} = \dfrac{\overline{A_1B_1}}{\overline{B_1C_1}}$$

第 7 章 点的轨迹
DIQIZHANG DIAN DE GUIJI

7.47* △ABC 是正三角形，P 是任意一点，证明：由 △PAB，△PBC 和 △PCA 的内切圆的中心向直线 AB，BC 和 CA 引的垂线相交于一点.

提示 可以认为，已知正三角形的边长等于 2. 设 $PA=2a$，$PB=2b$，$PC=2c$；A_1，B_1 和 C_1 是 △PBC，△PCA 和 △PAB 的内心在直线 BC，CA 和 AB 上的射影. 根据问题 3.2 有

$$AB_1^2 + BC_1^2 + CA_1^2 = (1+a-c)^2 + (1+b-a)^2 + (1+c-b)^2 =$$
$$3 + (a-c)^2 + (b-a)^2 + (c-b)^2 =$$
$$BA_1^2 + CB_1^2 + AC_1^2$$

7.48* 证明：如果由三角形角的平分线足作边的垂线相交于一点，则该三角形是等腰三角形.

提示 容易计算三角形的边被角平分线分得的线段. 由此得出，由角平分线足引的垂线相交，则

$$\left(\frac{ac}{b+c}\right)^2 + \left(\frac{ab}{a+c}\right)^2 + \left(\frac{bc}{a+b}\right)^2 = \left(\frac{ab}{b+c}\right)^2 + \left(\frac{bc}{a+c}\right)^2 + \left(\frac{ac}{a+b}\right)^2$$

即

$$0 = \frac{a^2(c-b)}{b+c} + \frac{b^2(a-c)}{a+c} + \frac{c^2(b-a)}{a+b} = -\frac{(b-a)(a-c)(c-b)(a+b+c)^2}{(a+b)(a+c)(b+c)}$$

§9 费马 - 阿波罗尼圆

7.49* 证明：具有性质 $k_1 A_1 X^2 + \cdots + k_n A_n X^2 = c$ 的点 X 的集合：

(1) 当 $k_1 + \cdots + k_n \neq 0$ 时是圆或是空集合.

(2) 当 $k_1 + \cdots + k_n = 0$ 时是直线，平面或者是空集合.

提示 设 (a_i, b_i) 是点 A_i 的坐标，(x, y) 是点 X 的坐标，则点 X 满足的方程改写为形如

$$c = \sum k_i((x-a_i)^2 + (y-b_i)^2) =$$
$$(\sum k_i)(x^2+y^2) - (2\sum k_i a_i)x - (2\sum k_i b_i)y + \sum k_i(a_i^2+b_i^2)$$

当 x^2+y^2 不为 0 时,这个方程给出圆或空集;当 x^2+y^2 等于 0 时,这个方程给出直线,平面或者空集.

注 如果在情况(1),点 $A_1,\cdots,A_n$ 在一条直线 l 上,则这条直线可以选作为 Ox 轴,则 $b_i = 0$,即 y 的系数等于 0,也就是圆心在直线 l 上.

7.50* 直线 l 交两个圆于四个点,证明:在这些点对一个圆引的切线交对另一个圆引的切线于四个点,这四个点共圆,并且这个圆的圆心在联结已知两圆圆心的直线上.

提示 设直线 l 截两个已知圆的弧 A_1B_1 和弧 A_2B_2 的度数为 $2\alpha_1$ 和 $2\alpha_2$,O_1 和 O_2 是两个圆的圆心,R_1 和 R_2 是它们的半径.设 K 是在点 A_1 和 A_2 的切线的交点.根据正弦定理有

$$\frac{KA_1}{KA_2} = \frac{\sin\alpha_2}{\sin\alpha_1}$$

即
$$KA_1\sin\alpha_1 = KA_2\sin\alpha_2$$

又因为
$$KO_1^2 = KA_1^2 + R_1^2 \text{ 和 } KO_2^2 = KA_2^2 + R_2^2$$

所以 $(\sin^2\alpha_1)KO_1^2 - (\sin^2\alpha_2)KO_2^2 = (R_1\sin\alpha_1)^2 - (R_2\sin\alpha_2)^2 = q$

类似可证,其余切线的交点属于满足 $(\sin^2\alpha_1)XO_1^2 - (\sin^2\alpha_2)XO_2^2 = q$ 的点 X 的轨迹.这个轨迹是中心在直线 O_1O_2 上的圆(问题 7.49 的注).

7.51* 点 M 和 N 使得 $AM:BM:CM = AN:BN:CN$,证明:直线 MN 过 $\triangle ABC$ 的外心 O.

(参见这样的问题 7.6, 7.14, 8.63~8.67.)

提示 设 $AM:BM:CM = p:q:r$. 满足关系式
$$(q^2-r^2)AX^2 + (r^2-p^2)BX^2 + (p^2-q^2)CX^2 = 0$$

的所有点 X 在一条直线上(问题 7.49),而点 M,N 和 O 满足这个关系式.

第7章 点的轨迹

§10 供独立解答的问题

7.52 在 $\triangle ABC$ 的边 AB 和 BC 上取点 D 和 E,求线段 DE 中点的轨迹.

7.53 两个圆和已知直线相切于两个已知点 A 和 B,且它们互相相切.设 C 和 D 是这两个圆同另一条外公切线的切点,求线段 CD 中点的轨迹.

7.54 证明:如果三角形一个角的平分线在三角形内部与对边中点作的边的垂线有公共点,则这个三角形是等腰三角形.

7.55 已知 $\triangle ABC$,求这个三角形的成立条件 $AM \geq BM \geq CM$ 的所有点 M 的集合.什么时候点 M 的集合是(1) 五边形;(2) 三角形?

7.56 已知正方形 $ABCD$,求在已知正方形中内接的正方形边的中点的轨迹.

7.57 已知等边 $\triangle ABC$,求使得 $\triangle AMB$ 和 $\triangle BCM$ 是等腰三角形的这样的点 M 的轨迹.

7.58 求两个端点在单位正方形的边上且长度为 $\dfrac{2}{\sqrt{3}}$ 的线段的中点的轨迹.

7.59 在已知 $\triangle ABC$ 的边 AB, BC 和 CA 上取点 P, Q 和 R,使得 $PQ \parallel AC$ 和 $PR \parallel BC$,求线段 QR 的轨迹.

7.60 已知直径为 AB 的半圆.对这个半圆上的任意点 X,在射线 XA 上作点 Y,使得 $XY = XB$,求点 Y 的轨迹.

7.61 已知 $\triangle ABC$.在它的边 AB, BC 和 CA 上分别取点 C_1, A_1 和 B_1,求 $\triangle AB_1C_1, \triangle A_1BC_1$ 和 $\triangle A_1B_1C$ 的外接圆的交点的轨迹.

第8章 作 图

基础知识

1. 解决作图问题要按一定的标准格式进行. 首先进行分析, 也就是假设所求作的图形已经作出, 并讨论它的性质. 寻求如何利用已知条件来作出所求的图形. 在此讨论的基础上写出作图的顺序. 然后需要证明, 指出作图的顺序能够导致所需要的结果. 同时要说明, 在怎样的情况下有多少个解.

在大多数情况下当完成分析之后证明已经完全明显了. 在类似的情况下证明可以省略不写, 然后应该记住, 证明是必须要独立进行的. 如果证明不完全显然, 则要指出如何克服发生的困难. 即使解法简略, 也要讨论作图问题中解的个数.

2. 某些作图问题, 可以利用几何变换来解, 它分布在本书相应的章节里.

3. 如果 A 和 B 是定点, 则满足条件 $\dfrac{AX}{BX} = k \neq 1$ 的点 X 的轨迹是圆(参见问题 7.14). 在解作图问题时有时要利用这个轨迹.

引导性问题

1. 已知边 a, 高 h_a 和 $\angle A$, 求作 $\triangle ABC$.
2. 已知一条直角边和斜边, 求作直角三角形.
3. 以一个已知点为圆心求作一个圆, 使其与一个已知圆相切.
4. 过一个已知点求作一条直线, 使其与一个已知圆相切.
5. 已知长为 a, b 和 c 的线段, 求作一条线段, 使其长等于(1) $\dfrac{ab}{c}$; (2) $\sqrt{ab}$.

§1 轨迹法

8.1 已知 a, h_a 和外接圆半径 R, 求作 $\triangle ABC$.

第 8 章 作 图
DIBAZHANG ZUOTU

提示 作线段 $BC = a$. $\triangle ABC$ 的外接圆的圆心 O 是以 B 和 C 为圆心,半径为 R 的两个圆的交点. 以 O 为圆心作 $\triangle ABC$ 的外接圆 S,则 A 是圆 S 和平行于直线 BC,且到 BC 的距离为 h_a 的直线的交点(这样的直线有两条).

8.2 在已知 $\triangle ABC$ 内求作一点 M,使得 $S_{\triangle ABM} : S_{\triangle BCM} : S_{\triangle ACM} = 1 : 2 : 3$.

提示 在边 BC 和 AC 上分别取点 A_1 和 B_1,使得
$$\frac{BA_1}{A_1C} = \frac{1}{3}, \frac{AB_1}{B_1C} = \frac{1}{2}$$
设点 X 在 $\triangle ABC$ 内. 显然,当且仅当点 X 在线段 BB_1 上时,$\dfrac{S_{\triangle ABX}}{S_{\triangle BCX}} = \dfrac{1}{2}$;当且仅当点 X 在线段 AA_1 上时,$\dfrac{S_{\triangle ABX}}{S_{\triangle ACX}} = \dfrac{1}{3}$. 因此所求的点 M 是线段 AA_1 和 BB_1 的交点.

8.3 过已知圆内的定点 P 求作一条弦,使得点 P 分该弦所成的两条线段长的差等于定长 a.

提示 设 O 是已知圆的圆心. AB 是过点 P 的弦,M 是弦 AB 的中点,显然 $|AP - BP| = 2PM$. 因为 $\angle PMO = 90°$,点 M 在以线段 OP 为直径的圆上.

作圆 S 的弦 PM,使得 $PM = \dfrac{a}{2}$(这样的弦有两个). 所求的弦就是直线 PM 所确定的弦.

8.4 求作一个半径为 r 的圆,使其与一条已知直线和一个已知圆都相切.

提示 设 R 是已知圆的半径,O 是它的圆心. 所求圆的圆心在以 O 为圆心,半径为 $|R \pm r|$ 的圆 S 上. 另一方面,所求圆的圆心在和已知直线平行且到它的距离为 r 的直线 l 上(这样的直线有两条). 显然,圆 S 和直线 l 的任意交点. 都能够作为所求圆的圆心.

8.5 已知点 A 和圆 S. 过点 A 作一条直线,使得这条直线截圆 S 所得

的弦等于已知长 d.

提示 假设圆 S 的半径为 R，圆心为 O。设圆 S 截过点 A 的直线 l 得弦 PQ，M 是弦 PQ 的中点，则

$$OM^2 = OQ^2 - MQ^2 = R^2 - \frac{1}{4}d^2$$

即所求的直线是过点 A 向圆心为 O，半径为 $\sqrt{R^2 - \frac{1}{4}d^2}$ 的圆所作的切线。

8.6* 已知四边形 $ABCD$，求作一个内接的平行四边形，使得它的边的方向是已知的。

提示 在直线 AB 和 CD 上取点 E 和 F，使得直线 BF 和 CE 有指定的方向。观察各种各样的 $\square PQRS$ 有指定方向的边，顶点 P 和 R 在射线 BA 和 CD 上，而顶点 Q 在边 BC 上（图 8.1），证明：顶点 S 的轨迹是线段 EF。事实上 $\frac{SR}{EC} = \frac{PQ}{EC} = \frac{BQ}{QC} = \frac{FR}{RC}$，即点 S 在线段 EF 上。相反的，如果点 S' 在线段 EF 上，那么作 $S'P' \parallel BF$，$P'Q' \parallel EC$，$Q'R' \parallel BF$（P'，Q'，R' 是在直线 AB，BC，CD 上的点），那么 $\frac{S'P'}{BF} = \frac{P'E}{BE} = \frac{Q'C}{BC} = \frac{Q'R'}{BF}$，即 $S'P' = Q'R'$ 且 $P'Q'R'S'$ 是平行四边形。

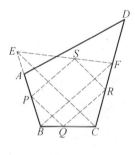

图 8.1

由此得出以下的作法：首先取点 E，F。顶点 S 是线段 AD 和 EF 的交点。进一步的作图是显然的。

§2 圆周角

8.7 已知 a，中线 m_c 和 $\angle A$，求作 $\triangle ABC$。

提示 假设已作出 $\triangle ABC$。设 A_1 和 C_1 是边 CB 和 AB 的中点。因为 $C_1A_1 \parallel AC$，那么 $\angle A_1C_1B = \angle A$。由此得出以下的作法：首先作线段 $BC = a$，取它的中点 A_1。点 C_1 是以 C 为圆心，m_c 为半径的圆和以线段 A_1B 的视角为 $\angle A$ 的圆弧的交点，作出点 C_1。在射线 BC_1 上截取线段 $BA = 2BC_1$，则点 A 是所求的三角形的

第8章 作 图
DIBAZHANG ZUOTU

顶点.

8.8 已知圆和它内部的两个点 A 和 B,求作该圆的内接直角三角形,使它的直角边分别过这两个已知点.

提示 假设已作出所求的三角形,C 是它的直角顶点.因为 $\angle ACB = 90°$,点 C 在以线段 AB 为直径的圆 S 上.因此 C 是圆 S 和已知圆的交点,作出点 C,并作直线 CA 和 CB,求出所求三角形余下的顶点.

8.9 矩形 $ABCD$ 的边 AB 和 CD 的延长线与某条直线相交于点 M 和 N,而边 AD 和 BC 的延长线交同一条直线于点 P 和 Q.如果已知点 M,N,P,Q 和边 AB 的长 a,求作矩形 $ABCD$.

提示 假设已作出矩形 $ABCD$,过点 P 作直线 BC 的垂线 PR,垂足是 R.因为点 R 在以线段 PQ 为直径的圆上,且 $PR = AB = a$,所以能够作出点 R.

作出点 R 之后,作直线 BC 和 AD,从点 M 和 N 向这些直线作垂线.

8.10* 已知由一个顶点引出的角平分线,中线和高线,求作三角形.

提示 假设 $\triangle ABC$ 已经作出,AH 是高线,AD 是角平分线,AM 是中线.根据问题 2.70,点 D 在点 M 和 H 之间.直线 AD 和由点 M 向边 BC 引的垂线的交点 E 在 $\triangle ABC$ 的外接圆上,所以外接圆圆心 O 是线段 AE 的中垂线与由 M 引的边 BC 的垂线的交点.

作图顺序如下:在任一直线(它以后是直线 BC 所在的直线)作点 H,然后顺序作点 A,D,M,E,O.所求 $\triangle ABC$ 的顶点 B 和 C 是开始作的直线与以 O 为圆心,OA 为半径的圆的两个交点.

8.11* 已知边 a,$\angle A$ 和内切圆半径 r,求作 $\triangle ABC$.

提示 假设 $\triangle ABC$ 已经作出,O 是它的内切圆圆心,则 $\angle BOC = 90° + \dfrac{\angle A}{2}$(问题 5.3).点 O 对线段 BC 的视角为 $90° + \dfrac{\angle A}{2}$,且它离直线 BC 的距离为 r,所以它可以作出.然后作内切圆并且由点 B 和 C 向它引切线.

§3 相似三角形与位似

8.12 已知 $\angle A$，$\angle B$ 和周长 P，求作 $\triangle ABC$.

提示 任作一个带有 $\angle A$ 和 $\angle B$ 的三角形，并求出它的周长为 P_1. 所求的三角形与所作的三角形相似且相似系数为 $\dfrac{P}{P_1}$.

8.13 已知 m_a, m_b 和 m_c，求作 $\triangle ABC$.

提示 假设 $\triangle ABC$ 为所求作. 设 AA_1, BB_1 和 CC_1 是它的中线，M 是这三条中线的交点. M' 是 M 关于点 A_1 的对称点，则 $MM' = \dfrac{2}{3}m_a$，$MC = \dfrac{2}{3}m_c$，$M'C = \dfrac{2}{3}m_b$，所以 $\triangle MM'C$ 可以作出，点 A 是 M' 关于点 M 的对称点，而点 B 是点 C 关于线段 MM' 中点的对称点.

8.14 已知 h_a, h_b 和 h_c，求作 $\triangle ABC$.

提示 显然 $BC:AC:AB = \dfrac{S}{h_a}:\dfrac{S}{h_b}:\dfrac{S}{h_c} = \dfrac{1}{h_a}:\dfrac{1}{h_b}:\dfrac{1}{h_c}$. 取任意的线段 $B'C'$ 和作 $\triangle A'B'C'$，使得 $\dfrac{B'C'}{A'C'} = \dfrac{h_b}{h_a}$，$\dfrac{B'C'}{A'B'} = \dfrac{h_c}{h_a}$. 设 h'_a 为 $\triangle A'B'C'$ 的由顶点 A' 引的高线. 所求的三角形与 $\triangle A'B'C'$ 相似且相似系数为 $\dfrac{h_a}{h'_a}$.

8.15 在已知的锐角 $\triangle ABC$ 内，求作内接正方形 $KLMN$，使得顶点 K 和 N 在边 AB 和 AC 上，而顶点 L 和 M 在边 BC 上.

提示 在边 AB 上任取一点 K'，由它向边 BC 引垂线 $K'L'$，然后在 $\angle ABC$ 内部作正方形 $K'L'M'N'$，设直线 BN' 交边 AC 于点 N. 显然，所求的正方形是正方形 $K'L'M'N'$ 在中心为 B，位似系数为 $\dfrac{BN}{BN'}$ 的位似变换下的像.

8.16* 已知 $h_a, b-c$ 和 r，求作 $\triangle ABC$.

第8章 作 图
DIBAZHANG ZUOTU

(参见同样的问题 19.16 ~ 19.21,19.40,19.41.)

提示 假设所求 $\triangle ABC$ 已作出. 设 Q 是内切圆与边 BC 的切点, PQ 是这个圆的直径, R 是旁切圆与边 BC 的切点. 显然, $BR = \dfrac{a+b+c}{2} - c = \dfrac{a+b-c}{2}$, $BQ = \dfrac{a+c-b}{2}$, 所以 $RQ = |BR - BQ| = |b-c|$. $\triangle ABC$ 的内切圆与旁切圆都与边 BC 相切, 以 A 为位似中心相位似, 所以点 A 在直线 PR 上(图8.2). 由此得出以下的作法:作直角 $\triangle PQR$, 使得已知的直角边 $PQ = 2r, RQ = |b-c|$. 然后作平行于直线 RQ, 且到它的距离为 h_a 的两条直线. 顶点 A 是其中的一条直线与射线 RP 的交点. 因为内切圆直径 PQ 的长是已知的, 从点 A 作这个圆的切线与直线 RQ 的交点, 就是 $\triangle ABC$ 的顶点 B 和 C.

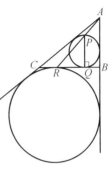

图 8.2

§4 根据不同的元素作三角形

在本节的问题中,需要根据指出的元素条件作三角形.

8.17 c, m_a 和 m_b.

提示 假设 $\triangle ABC$ 为所求作. 设 M 是中线 AA_1 和 BB_1 的交点, 则 $AM = \dfrac{2}{3}m_a$ 和 $BM = \dfrac{2}{3}m_b$. $\triangle ABM$ 根据边 $AB = c, AM$ 和 BM 可以作出. 然后在射线 AM 和 BM 上截取线段 $AA_1 = m_a$ 和 $BB_1 = m_b$. 顶点 C 是直线 AB_1 和 A_1B 的交点.

8.18 a, b 和 h_a.

提示 假设 $\triangle ABC$ 为所求作. 设 H 是由顶点 A 引的高线的垂足. 直角 $\triangle ACH$ 根据斜边 $AC = b$ 和直角边 $AH = h_a$ 可以作出. 然后在直线 CH 上作点 B, 使得 $CB = a$.

8.19 h_b, h_c 和 m_a.

提示 假设 $\triangle ABC$ 为所求作. 由边 BC 的中点向直线 AC 和 AB 分别引垂线

A_1B' 和 A_1C'. 显然 $AA_1 = m_a, A_1B' = \dfrac{h_b}{2}, A_1C' = \dfrac{h_c}{2}$. 由此得出下面的作法:作长为 m_a 的线段 AA_1. 然后根据已知的斜边和直角边作直角 $\triangle AA_1B'$ 和直角 $\triangle AA_1C'$, 使得它们位于直线 AA_1 的不同侧. 然后在 $\angle C'AB'$ 的边 AC' 和 AB' 上作点 B 和 C, 使得线段 BC 被点 A_1 所平分. 为此在射线 AA' 上截取线段 $AD = 2AA_1$, 然后过点 D 作 $\angle C'AB'$ 两边的平行线. 这些直线与 $\angle C'AB'$ 两边的交点是所求三角形的顶点(图 8.3).

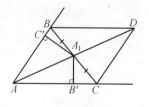

图 8.3

8.20 $\angle A, h_b$ 和 h_c.

提示 作 $\angle B'AC'$ 等于 $\angle A$. 点 B 作为射线 AB' 与平行于射线 AC' 且与它的距离为 h_b 的直线的交点可以作出. 点 C 的作法类似.

8.21 a, h_b 和 m_b.

提示 假设 $\triangle ABC$ 为所求作. 由点 B 引高线 BH 和中线 BB_1. 在直角 $\triangle CBH$ 和直角 $\triangle B_1BH$ 中, 已知直角边 BH 和斜边 CB 和 BB_1, 所以它们可以作出. 然后在射线 CB_1 上取线段 $CA = 2CB_1$. 因为 $\triangle CBH$ 和 $\triangle B_1BH$ 可以作在直线 BH 的同侧, 也可以是不同侧, 所以问题有两个解.

8.22 h_a, m_a 和 h_b.

提示 假设 $\triangle ABC$ 为所求作. 设 M 是线段 BC 的中点. 由点 A 引高线 AH, 又由点 M 向边 AC 引垂线 MD. 显然, $MD = \dfrac{h_b}{2}$, 所以 $\triangle AMD$ 和 $\triangle AMH$ 可以作出. 顶点 C 是直线 AD 和 MH 的交点. 在射线 CM 上截取线段 $CB = 2CM$. 因为 $\triangle AMD$ 和 $\triangle AMH$ 可以在直线 AM 的同侧或不同侧, 所以问题有两个解.

8.23 a, b 和 m_c.

提示 假设 $\triangle ABC$ 为所求作. 设 A_1, B_1 和 C_1 分别是边 BC, CA 和 AB 的中

第 8 章 作 图
DIBAZHANG ZUOTU

点.在 $\triangle CC_1B_1$ 中,已知三边 $CC_1 = m_c$,$C_1B_1 = \dfrac{a}{2}$,$CB_1 = \dfrac{b}{2}$,所以它可以作出.点 A 是 C 关于点 B_1 的对称点,而点 B 是 A 关于点 C_1 的对称点.

8.24* h_a,m_a 和 $\angle A$.

提示 假设 $\triangle ABC$ 为所求作,AM 是它的中线,AH 是它的高线.设点 A' 是 A 关于点 M 的对称点.

作线段 $AA' = 2m_a$.设 M 是它的中点.作直角 $\triangle AMC$ 使它的斜边为 AM 和直角边 $AH = h_a$.因为 $\angle ACA' = 180° - \angle CAB$,点 C 在以线段 AA' 为弦所含弓形角为 $180° - A$ 的圆弧上,所以点 C 是这段弧与直线 MH 的交点.点 B 是 C 关于点 M 的对称点.

8.25* a,b 和 l_c.

提示 假设 $\triangle ABC$ 为所求作.设 CD 是它的角平分线.引边 BC 的平行线 MD(点 M 在边 AC 上).因为 $\angle MCD = \angle DCB = \angle MDC$,$\triangle CMD$ 是等腰三角形.因为 $\dfrac{MC}{AM} = \dfrac{DB}{AD} = \dfrac{CB}{AC} = \dfrac{a}{b}$ 且 $AM + MC = b$,所以 $MC = \dfrac{ab}{a+b}$.根据底 $CD = l_c$ 和腰 $MD = MC = \dfrac{ab}{a+b}$ 作出等腰 $\triangle CMD$.然后在射线 CM 上截取线段 $CA = b$.又在射线 CM 关于直线 CD 对称的射线上截取线段 $CB = a$.

8.26* $\angle A$,h_a 和 p.

(参见同样的问题 17.6 ~ 17.8.)

提示 假设 $\triangle ABC$ 为所求作.设 S_1 是与边 BC 相切的旁切圆.用 K 和 L 表示边 AB 和 AC 的延长线与圆 S_1 的切点,用 M 表示 S_1 与边 BC 的切点.因为 $AK = AL$,$AL = AC + CM$,$AK = AB + BM$,所以 $AK = AL = p$.设 S_2 是圆心为 A,半径为 h_a 的圆.直线 BC 是圆 S_1 和 S_2 的内公切线.

由此得出下面的作法:作 $\angle KAL$ 等于 $\angle A$ 的度数,使得 $KA = LA = p$.作圆 S_1 切 $\angle KAL$ 的边于点 K,L 和圆心为 A 半径为 h_a 的圆 S_2.然后作圆 S_1 和 S_2 的内公切线.这条切线同 $\angle KAL$ 两边的交点就是所求作的三角形的顶点 B 与 C.

§5 根据不同的点作三角形

8.27 已知边 AB 所在的直线 l,边 BC 和边 AC 上的高的垂足 A_1 和 B_1,求作 $\triangle ABC$.

提示 点 A_1 和 B_1 在直径为 AB 的圆上.这个圆的圆心 O 在弦 A_1B_1 的中垂线上.由此得出以下作法:首先作点 O,它是弦 A_1B_1 的中垂线与直线 l 的交点.然后作圆心为 O 半径 $OA_1 = OB_1$ 的圆.顶点 A 和 B 是圆与直线 l 的交点.顶点 C 是直线 AB_1 和直线 BA_1 的交点.

8.28 给出等腰三角形的三条角平分线同各边的交点,求作该等腰三角形.

提示 设 $AB = BC$ 和 A_1, B_1, C_1 是三角形的三条角平分线与对边的交点,则 $\triangle CA_1C_1$ 是等腰三角形且 $A_1C = A_1C_1$.

由此得出下面的作法:过点 B_1 引直线 l 平行于 A_1C_1.在直线 l 上作点 C,使得 $CA_1 = C_1A_1$ 且 $\angle C_1A_1C > 90°$.点 A 是点 C 关于点 B_1 的对称点.而顶点 B 是直线 AC_1 与 A_1C 的交点.

8.29 (1)已知三角形的角平分线所在的直线与它的外接圆的交点 A', B', C',求作这个 $\triangle ABC$($\triangle ABC$ 和 $\triangle A'B'C'$ 都是锐角三角形).

(2)已知三角形的高所在的直线与它的外接圆的交点 A', B', C',求作这个 $\triangle ABC$($\triangle ABC$ 和 $\triangle A'B'C'$ 都是锐角三角形).

提示 (1)根据问题 2.20(1)点 A, B 和 C 是 $\triangle A'B'C'$ 三条高线的延长线与它的外接圆的交点.

(2)根据问题 2.20(2)点 A, B 和 C 是 $\triangle A'B'C'$ 的三条角平分线的延长线与它的外接圆的交点.

8.30 已知三角形外接圆的圆心关于边 BC, CA, AB 的对称点 A', B', C',求作这个 $\triangle ABC$.

第 8 章 作 图
DIBAZHANG ZUOTU

提示 用 A_1, B_1, C_1 分别表示三角形边 BC, CA, AB 的中点. 因为 $BC \parallel B_1C_1 \parallel B'C'$, $OA_1 \perp BC$, 所以 $OA' \perp B'C'$. 类似地, $OB' \perp A'C'$, $OC' \perp A'B'$, 即 O 是 $\triangle A'B'C'$ 高线的交点. 作点 O, 引线段 OA', OB', OC' 的中垂线, 这些直线形成 $\triangle ABC$.

8.31 已知三角形高的交点关于边 BC, CA, AB 的对称点 A', B', C', 求作这个 $\triangle ABC$($\triangle ABC$ 和 $\triangle A'B'C'$ 都是锐角三角形).

提示 根据问题 5.10, 这个问题与问题 8.29(2) 是一致的.

8.32 已知从顶点 C 所引的高、角平分线、中线与三角形外接圆的交点 P, Q, R, 求作 $\triangle ABC$.

提示 设 O 是外接圆圆心, M 是边 AB 的中点, H 是由点 C 引的高线足. 点 Q 是弧 AB 的中点, 所以 $OQ \perp AB$. 由此得出下面的作法: 首先根据三个已知点作 $\triangle PQR$ 的外接圆 S. 点 C 是过点 P 引的平行于 OQ 的直线和圆 S 的交点. 点 M 是直线 OQ 和直线 RC 的交点. 直线 AB 过点 M 且垂直于 OQ.

8.33 已知点 A_1, B_1, C_1 是 $\triangle ABC$ 的旁切圆的圆心, 求作 $\triangle ABC$.

提示 根据问题 5.2 知, 点 A, B 和 C 是 $\triangle A_1B_1C_1$ 的高线足.

8.34* 已知 $\triangle ABC$ 的外接圆的圆心 O、重心 M、高 CH 在底边上的垂足 H, 求作 $\triangle ABC$.

提示 设 H_1 是 $\triangle ABC$ 高线的交点. 根据问题 5.128, $\dfrac{OM}{MH_1} = \dfrac{1}{2}$ 和点 M 在线段 OH_1 上, 所以点 H_1 可以作出. 然后引直线 H_1H 且对这条直线在点 H 作垂线 l. 由点 O 引直线 l 的垂线, 得到点 C_1(线段 AB 的中点). 在射线 C_1M 上作点 C, 使得 $\dfrac{CC_1}{MC_1} = 3$. 点 A 和 B 是直线 l 与中心为 O 半径为 CO 的圆的交点.

8.35* 已知 $\triangle ABC$ 的内心、外心和一个旁切圆的圆心, 求作 $\triangle ABC$.

提示 设 O 和 I 是 $\triangle ABC$ 的外心和内心，I_C 是与边 AB 相切的旁切圆的圆心. $\triangle ABC$ 的外接圆平分线段 $I_C I$(问题 5.132(2))，而线段 $I_C I$ 平分弧 AB. 很显然，点 A 和 B 在直径为 $I_C I$ 的圆上，由此得出下面的作法：作以 $I_C I$ 为直径的圆 S 及中心为 O 半径为 OD 的圆 S_1，其中 D 是线段 $I_C I$ 的中点. 圆 S 与 S_1 相交于点 A 和 B. 现在可以作 $\triangle ABC$ 的内切圆，并且由点 A 和 B 向这个内切圆引切线.

§6 三角形

8.36 在 $\triangle ABC$ 的边 AB 和 BC 上分别求作点 X 和 Y，使得 $AX = BY$ 且 $XY \parallel AC$.

提示 假设在 $\triangle ABC$ 的边 AB 和 BC 上作出了点 X 和 Y，使得 $AX = BY$ 且 $XY \parallel AC$. 作 $YY_1 \parallel AB$，$Y_1 C_1 \parallel BC$(点 Y_1 和 C_1 在边 AC 和 AB 上)，则 $Y_1 Y = AX = BY$，即 $BYY_1 C_1$ 是菱形且 BY_1 是 $\angle B$ 的平分线.

由此得出下面的作法：作角平分线 BY_1，然后作直线 $Y_1 Y$ 平行于边 AB(Y 在 BC 上). 现在点 X 的作法是显然的了.

8.37 已知两边长 a 和 b，如果其中一边的对角是另一边所对的角的 3 倍，求作三角形.

提示 为确定起见设 $a < b$. 假设 $\triangle ABC$ 为所求作. 在边 AC 上取点 D，使得 $\angle ABD = \angle BAC$，则 $\angle BDC = 2\angle BAC$，$\angle CBD = 3\angle BAC - \angle BAC = 2\angle BAC$，即 $CD = CB = a$. 在 $\triangle BCD$ 中已知三边：$CD = CB = a$ 和 $DB = AD = b - a$，作出 $\triangle BCD$，引射线 BA，不与边 CD 相交，使得 $\angle DBA = \dfrac{\angle DBC}{2}$. 所求的顶点 A 是直线 CD 与这条射线的交点.

8.38 求作 $\triangle ABC$ 的一个内接矩形 $PQRS$(顶点 R 和 Q 在边 AB 和 BC 上，顶点 P 和 S 在边 AC 上)，使得矩形的对角线等于给定的长度.

提示 设点 B' 在过点 B 引的平行于 AC 的直线 l 上. $\triangle ABC$ 和 $\triangle AB'C$ 的边在平行于 AC 的直线上截出相等的线段. 如果点 R,Q,R' 和 Q' 在一条直线上，则分别内接于 $\triangle AB'C$ 和 $\triangle ABC$ 中的矩形 $P'R'Q'S'$ 和 $PRQS$ 是全等的.

第 8 章 作 图
DIBAZHANG ZUOTU

在直线 l 上取点 B',使得 $\angle B'AC = 90°$.在 $\triangle AB'C$ 中作给定对角线 $P'Q'$ 的内接矩形显然可以作出($P' = A$).引直线 $R'Q'$,可作出所求矩形的顶点 R 和 Q.

8.39 过给定点 M 作一条直线,使这条直线截一个给定的顶点为 A 的角得出的 $\triangle ABC$ 具有给定的周长 $2p$.

提示 假设 $\triangle ABC$ 为所求作.设 K 和 L 分别是与边 BC 相切的旁切圆与边 AB 和 AC 延长线的切点.因为 $AK = AL = p$,所以这个旁切圆可以作出.剩下由已知点 M 向所作的圆引切线.

8.40 已知 $\triangle ABC$ 的中线 m_c 和角平分线 l_c,并且 $\angle C = 90°$,求作 $\triangle ABC$.

提示 设角平分线 CD 的延长线交三角形($\angle C$ 是直角)的外接圆于点 P,PQ 是外接圆的直径,O 是它的中心,则 $\dfrac{PD}{PO} = \dfrac{PQ}{PC}$,即 $\dfrac{PD}{PC} = 2R^2 = 2m_c^2$,所以对直径为 CD 的圆引的切线长为 $\sqrt{2}m_c$,线段 PC 的长容易作出.现在在 $\triangle OPC$ 中三条边长都是已知的了.

8.41* 已知 $\triangle ABC$ 并且 $AB < BC$.在边 AC 上求作一点 D,使得 $\triangle ABD$ 的周长等于边 BC 之长.

提示 在边 AC 上取点 K,使得 $AK = BC - AB$.设点 D 在线段 AC 上,等式 $AD + BD + AB = BC$ 等价于等式 $AD + BD = AK$.若点 D 在线段 AK 上,则最后的等式变为 $AD + BD = AD + DK$;而若点 D 不在线段 AK 上,则最后的等式变为 $AD + BD = AD - DK$.在第一种情况,$BD = DK$,而第二种情况是不可能的.因此点 D 是线段 BK 的垂直平分线和线段 AC 的交点.

8.42* 已知外接圆半径,$\angle A$ 平分线的长及 $\angle B$ 与 $\angle C$ 之差等于 $90°$,求作 $\triangle ABC$.

提示 假设 $\triangle ABC$ 为所求作的三角形.作外接圆的直径 CD.设 O 是外接圆圆心,L 是角平分线 AK 的延长线同外接圆的交点(图 8.4).因为 $\angle ABC -$

$\angle ACB = 90°$,所以 $\angle ABD = \angle ACB$,所以 $\overset{\frown}{DA} = \overset{\frown}{AB}$. 同样显然,$\overset{\frown}{BL} = \overset{\frown}{LC}$,因此 $\angle AOL = 90°$.

由此得到以下的作法:作以 O 为圆心并且具有已知半径的圆 S. 在圆 S 上任取一点 A. 在圆 S 上取点 L 使得 $\angle AOL = 90°$. 在线段 AL 上使线段 AK 等于已知的角平分线的长. 过点 K 作直线 l 垂直于 OL. 直线 l 与圆 S 的交点是所求作 $\triangle ABC$ 的顶点 B 和 C.

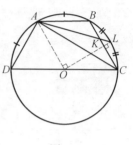

图 8.4

8.43* 在 $\triangle ABC$ 的边 AB 上给定点 P,求作一条过点 P 的直线(不同于 AB),交射线 CA 和 CB 于点 M 和 N,使得 $AM = BN$.

提示 在边 BC 和 AC 取点 A_1 和 B_1,使得 $PA_1 \parallel AC, PB_1 \parallel BC$. 然后在射线 A_1B 和 B_1A 上截取线段 $A_1B_2 = AB_1$ 和 $B_1A_2 = BA_1$. 我们证明,直线 A_2B_2 即为所求. 实际上,设 $k = \dfrac{AP}{AB}$,则

$$\frac{B_1A_2}{B_1P} = \frac{(1-k)a}{ka} = \frac{(1-k)a + (1-k)b}{ka + kb} = \frac{CA_2}{CB_2}$$

即 $\triangle A_2B_1P \backsim \triangle A_2CB_2$ 和直线 A_2B_2 过点 P. 此外,$AA_2 = |(1-k)a - kb| = BB_2$.

8.44* 求作 $\triangle ABC$,已知它的内切圆半径 r,线段 AO 和 AH 的长(非零),其中 O 是内切圆圆心,H 是垂心.

(参见这样的问题 15.14(2),17.12~17.15,18.11,18.33.)

提示 假设 $\triangle ABC$ 为所求作的三角形. 设 B_1 是内切圆同边 AC 的切点. 在直角 $\triangle AOB_1$ 中,已知直角边 $OB_1 = r$ 及斜边 AO,所以能够作 $\angle OAB_1$,即 $\angle BAC$. 设 O_1 是 $\triangle ABC$ 的外心,M 是边 BC 的中点. 在直角 $\triangle BO_1M$ 中,已知直角边 $O_1M = \dfrac{AH}{2}$(问题 5.128 的提示)和 $\angle BO_1M$(它等于 $\angle A$ 或 $180° - \angle A$),所以它可以作出. 然后能确定线段的长 $OO_1 = \sqrt{R(R-2r)}$(问题 5.12(1)). 于是可以作长为 R 和 $OO_1 = d$ 的线段.

此后取线段 AO 和作点 O_1,使 $AO_1 = R, OO_1 = d$(这样的点可能有两个). 由

点 A 向圆心为 O 半径为 r 的圆引切线,所求的点 B 和 C 在这些切线上与点 O_1 距离为 R,且不言而喻,与点 A 是不同的点.

§7 四边形

8.45 求作一个正方形,使它的三个顶点落在三条已知的平行直线上.

提示 设 a,b,c 是给定的三角形平行线,其中 b 在 a 和 c 之间.假设正方形 $ABCD$ 的顶点 A,B,C 分别在直线 a,b,c 上.

第一种解法:由 $\angle ABC = 90°$ 和 $AB = BC$ 得出以下作法.在直线 b 上取任意点 B 并且将直线 a 关于点 B 转动 $90°$(在一边或另一边).点 C 是直线 c 与直线 a 在指出旋转下的像的交点.

第二种解法:在直线 b 上任取点 B,由它向直线 a 引垂线 BA_1 并且向直线 c 引垂线 BC_1.直角 $\triangle BA_1A$ 和直角 $\triangle CC_1B$ 具有相等的斜边和锐角,所以它们全等.由此得出下面的作法:在直线 a 上作线段 A_1A 等于线段 BC_1,得出顶点 A.顶点 C 的作法类似.

8.46 求作一个菱形,使它的两条边落在两条已知的平行线上,而另外两条边过两个已知点.

提示 设已知平行直线间的距离等于 a.必须过点 A 和 B 作平行线,使得它们之间的距离等于 a.为此,以 AB 为直径作圆并且求得这个圆与圆心为 B 半径为 a 的圆的交点 C_1 和 C_2.所求菱形的边在直线 AC_1 上(第二解在直线 AC_2 上).然后过点 B 引直线平行于 AC_1(第二解,对应 AC_2).

8.47 已知四边形的四条边长,边 AB 和 CD 间的夹角,求作四边形 $ABCD$.

提示 假设已作出四边形 $ABCD$.设边 AB, BC, CD, DA 的中点分别为 P, Q, R, S;对角线 AC 和 BD 的中点分别是 K 和 L.在 $\triangle KSL$ 中,$KS = \frac{1}{2}CD$,$LS = \frac{1}{2}AB$,$\angle KSL$ 等于边 AB 和 CD 间的夹角.作出 $\triangle KSL$.因为知道 $\triangle KRL$ 的各边的

长,所以能够作出 △KRL. 在 △KSL 和 △KRL 作出来以后,作 ▱$KSLQ$ 和 ▱$KRLP$. 顶点 A, B, C, D 是 ▱$PLSA$, ▱$QKPB$, ▱$RLQC$, ▱$SKRD$ 的顶点(图 8.5).

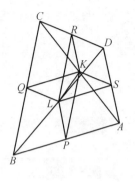

图 8.5

8.48 过凸四边形 $ABCD$ 的顶点 A,求作一条直线,把它分为两个等积的部分.

提示 从顶点 B 和 D 向对角线 AC 引垂线 BB_1 和 DD_1. 不妨设 $DD_1 > BB_1$. 作线段长 $a = DD_1 - BB_1$,作平行于直线 AC 且到 AC 的距离为 a 的一条直线,与边 CD 交于某点 E. 显然 $S_{\triangle AED} = \dfrac{ED}{CD} S_{\triangle ACD} = \dfrac{BB_1}{DD_1} S_{\triangle ACD} = S_{\triangle ABC}$. 因此 △$AEC$ 的中线在所求的直线上.

8.49 已知凸四边形的三条相等的边的中点,求作这个四边形.

提示 设 P, Q, R 分别是四边形 $ABCD$ 的相等的边 AB, BC, CD 的中点,作线段 PQ 和 QR 的垂直平分线 l_1 和 l_2. 因为 $AB = BC = CD$,点 B 和 C 在直线 l_1 和 l_2 上,且 $BQ = QC$.

由此得到以下的作法:作线段 PQ 和 QR 的垂直平分线 l_1 和 l_2. 使得 Q 是它的中点(问题 16.15).

8.50 已知一个内接且外切四边形的三个顶点,求作它的第四个顶点.

(内接且外切四边形,是指这个四边形既是圆内接四边形,又是圆外切四边形 —— 译注)

提示 设外切四边形 $ABCD$ 的给定的顶点为 A, B 和 C,并且 $AB \geq BC$,则 $AD - CD = AB - BC \geq 0$,所以在边 AD 上可以截取线段 DC_1 等于 DC. 在 △AC_1C 中已知边 AC 的长和 $AC_1 = AB - BC$ 及 $\angle AC_1C = 90° + \dfrac{\angle D}{2} = 180° - \dfrac{\angle B}{2}$. 因为 $\angle AC_1C$ 是钝角,△AC_1C 根据这些元素作出一个. 进一步的作法是显然的.

第8章 作 图
DIBAZHANG ZUOTU

8.51* 给出等腰的圆外切梯形 $ABCD$($AD \parallel BC$) 的顶点 A 和 C 的位置,又已知它两个底边的方向,求作顶点 B 和 D.

提示 设 $ABCD$ 是底边为 AD 和 BC 的圆外切等腰梯形.并且 $AD > BC$;C_1 是点 C 在直线 AD 上的射影.我们证明,$AB = AC_1$.实际上,如果点 P 和 Q 是边 AB 和 AD 同内切圆的切点,则 $AB = AP + PB = AQ + \dfrac{BC}{2} = AQ + QC_1 = AC_1$.

由此得出下面的作法:设 C_1 是点 C 在底 AD 上的射影,则 B 是直线 BC 和以 A 为圆心,AC_1 为半径的圆的交点.带有 $AD < BC$ 的梯形作法类似.

8.52* 在绘图板上画出梯形 $ABCD$($AD \parallel BC$),过对角线交点 O 向底边 AD 引垂线 OK,且画出中位线 EF.然后把梯形擦掉.当保留线段 OK 和 EF 时,如何恢复原图形?

提示 用 L 和 N 表示底 AD 和 BC 的中点,用 M 表示线段 EF 的中点.点 L, O, N 在一条直线上(问题 19.2).显然,点 M 同样在这条直线上.由此得到以下的作法:过点 K 作直线 l 垂直于直线 OK.底边 AD 在直线 l 上.点 L 是直线 l 和直线 OM 的交点.点 N 和 L 关于点 M 对称.过点 O 作直线平行于 EN 和 FN.这些直线同直线 l 的交点是梯形的顶点 A 和 D.顶点 B, C 和顶点 A, D 分别关于点 E, F 对称.

8.53* 已知凸四边形的所有边的长和一条中位线长(联结相对边中点的线段,称为四边形的中位线),求作此凸四边形.

提示 假设四边形 $ABCD$ 已经作出,它的各边等于已知的长,中位线 KP(K 和 P 是边 AB 和 CD 的中点) 是已知长.设 A_1 和 B_1 是点 A 和 B 关于点 P 的对称点.因为在 $\triangle A_1BC$ 中边 BC, $CA_1 = AD$ 和 $BA_1 = 2KP$ 是已知的,所以 $\triangle A_1BC$ 能够作出.以 $\triangle A_1BC$ 为基础构作 $\square A_1EBC$,因为已知 CD 和 $ED = BA$,现在点 D 能够作出.再利用 $\overrightarrow{DA} = \overrightarrow{A_1C}$,作出点 A.

8.54* 已知四条边,求作一个圆内接的四边形.(婆罗摩笈多)
(参见这样的问题 15.12,15.55,16.17,17.4,17.5.)

提示 利用问题 6.37 和 6.38 的公式,容易用圆内接四边形的边表示它的对角线.为了作对角线,可以利用所得到的公式(为了方便引入任意线段 e 为单位线段和作长为 pq,$\frac{p}{q}$ 和 $\sqrt{p}$ 作为 $\frac{pq}{e}$,$\frac{pe}{q}$ 和 $\sqrt{pe}$).

§8 圆

8.55 在角内已知两点 A 和 B,求作一圆,使其经过这两点,且同角的两边截得相等的线段.

提示 圆截角的两边成相等的线段,当且仅当它的圆心在该角的平分线上.因此所求的圆的圆心是线段 AB 的垂直平分线和已知角的平分线的交点.

8.56 已知圆 S 和它上面的一点 A 和直线 l,求作一圆,使其和圆 S 切于点 A,且和已知直线 l 相切.

提示 假设已作出圆 S',切已知圆 S 于点 A,且切已知直线 l 于某点 B.设 O 和 O' 分别是圆 S 和 S' 的圆心(图 8.6).显然,点 O,O' 和 A 在一条直线上,且 $O'B = O'A$.因此必须在直线 OA 上取一点 O',使得 $O'A = O'B$,其中 B 是从点 O' 向直线 l 所作垂线的垂足.为此作直线 l 的垂线 OB'.然后在直线 AO 上截取线段 $OA' = OB'$.过点 A 作直线 AB 平行于 $A'B'$(点 B 在直线 l 上).O' 是直线 OA 和过点 B 向直线 l 所作的垂线的交点.

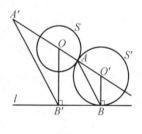

图 8.6

8.57 (1)已知两点 A,B 和直线 l,求作一圆,使其过点 A,B 且和直线 l 相切.

(2)已知两点 A 和 B 以及圆 S,求作一个圆,使其过点 A 和 B 且与圆 S 相切.

提示 (1)设 l_1 是线段 AB 的中垂线,C 是直线 l_1 和 l 的交点,而 l' 是直线 l 关于直线 l_1 的对称直线.问题转化为这样的问题,过点 A 作一个与直线 l 和 l' 都相切的圆(参见问题 19.16).

(2)可以认为,圆 S 的中心不在线段 AB 的中垂线上(另外的作法显然).取圆

第8章 作 图
DIBAZHANG ZUOTU

的任一点 C 和作 $\triangle ABC$ 的外接圆,它交 S 于点 D. 设 M 是直线 AB 和 CD 的交点. 对圆 S 引切线 MP 和 MQ. 因为 $MP^2 = MQ^2 = MA \cdot MB$,所以 $\triangle ABP$ 和 $\triangle ABQ$ 的外接圆即为所求.

8.58* 给定不共线的三个点. 过它们中每两个点作圆,使得所作的圆互相垂直(正交).

提示 设 A, B, C 是已知点,A', B', C' 是所求圆的中心(A' 是过点 B 和 C 的圆的中心,依此类推). $\triangle BA'C, \triangle AB'C, \triangle AC'B$ 是等腰三角形. 设 x, y, z 是它们的底角,则

$$\begin{cases} y + z + \angle A = \pm 90° \\ z + x + \angle B = \pm 90° \\ x + y + \angle C = \pm 90° \end{cases}$$

这个方程组容易解. 例如,求 x,必须后两个方程相加且由它们减去第一个方程. 如果还知道(有向)角 x, y, z,那么所求的圆的作图方法是显然的.

8.59* 求作一个圆到四个给定点等远.

提示 设 A, B, C, D 是已知的点,S 是所求作的圆. 在圆 S 的一侧有 k 个已知点,另一侧有 $(4-k)$ 个已知点. 假设已知四点不在一个圆上(此外,作为圆 S 能取也是这个圆心的任意的圆,得到无穷多的解). 因此,$1 \le k \le 3$. 得到存在点对于 S 的不同的点的位置:$2+2$ 与 $1+3$.

首先设点 A 和 B 位于圆 S 的一侧,而点 C 和 D 在另一侧. 圆 S 的中心是线段 AB 和 CD 的中垂线的交点 O. 圆 S 的半径等于线段 OA 和 OC 的算术平均. 四个点中取一对点能有三种选法,所以得到三个解.

现在设点 A, B 和 C 在圆 S 的一侧,而点 D 在另一侧. 过点 A, B 和 C 作圆. 设 O 和 R 是它的圆心和半径. 点 O 是所求作的圆的圆心,而所求作的圆的半径等于 R 和 OD 的算术平均. 四个点中的一个点可以有四种选法,所以得到四个解.

8.60* 给定两点 A 和 B 以及一个圆. 在该圆上求作点 X,使得直线 AX 和 BX 在圆中截得的弦 CD 平行于已知直线 MN.

提示 假设所求的点 X 已经作出. 设直线 AX 交给定的圆 S 于点 C, 而直线 BX 交给定圆 S 于点 D. 过点 D 引直线平行于直线 AB 交圆 S 于某点 K. 设直线 KC 交直线 AB 于点 P. 因为 $\angle A$ 是公用角且 $\angle APC = \angle CKD = \angle CXD$, $\triangle APC$ 和 $\triangle AXB$ 相似. 因这两个三角形相似得出 $AP \cdot AB = AC \cdot AX$.

由此得出下面的作法: 过点 A 引直线交圆 S 于点 C' 和 X', 则 $AP \cdot AB = AC \cdot AX = AC' \cdot AX'$, 所以能够作点 P. 进一步, 已知 $\angle CDK$ (它等于直线 AB 和 MN 之间的角), 所以知道弦 KC 的长, 这意味着, 能够作圆 S', 它与圆 S 有同一个圆心, 并且与弦 KC 相切. 由点 P 引圆 S 的切线, 求得点 C.

8.61* 已知三个点 A, B 和 C, 求作三个圆, 使其两两相切在这三个点.

提示 假设已作出圆 S_1, S_2, S_3, 两两地相切于已知点: S_1 和 S_2 相切于点 C, S_1 和 S_3 相切于点 B, S_2 和 S_3 相切于点 A. 设 O_1, O_2, O_3 分别是圆 S_1, S_2, S_3 的圆心, 则点 A, B, C 在 $\triangle O_1 O_2 O_3$ 的边上, 且 $O_1 B = O_1 C, O_2 C = O_2 A, O_3 A = O_3 B$, 因此点 A, B, C 是 $\triangle O_1 O_2 O_3$ 的内切圆和各边的切点.

由此得到以下的作法: 作 $\triangle ABC$ 的外接圆, 过点 A, B, C 作该外接圆的切线, 这些切线的交点就是所求圆的圆心.

8.62* 求作一个圆, 使从三个已知点 A, B 和 C 向它所作的切线长分别等于 a, b 和 c.

(参见这样的问题 $15.10, 15.11, 15.13, 15.14(1)$, $16.13, 16.14, 16.18 \sim 16.20, 18.27$.)

提示 假设已作出圆 S, 它的切线 AA_1, BB_1, CC_1 的长分别为 a, b, c (A_1, B_1, C_1 是切点). 作圆 S_a, S_b, S_c, 使其圆心分别为 A, B, C, 半径分别为 a, b, c (图 8.7). 如果 O 是圆 S 的圆心, 那么线段 OA_1, OB_1, OC_1 是圆 S 的半径, 且和圆 S_a, S_b, S_c 相切, 因此点 O 是圆 S_a, S_b, S_c 的根心.

由此得到以下的作法: 首先作圆 S_a, S_b, S_c. 然后作它们的根心 O. 所求的圆是以 O 为圆心, 半径等于从点

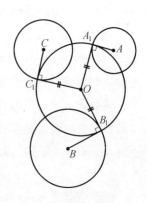

图 8.7

第8章　作　图
DIBAZHANG　ZUOTU

O 向 S_a 所引的切线的长.

§9　阿波罗尼圆

8.63　已知 a, h_a 和 $\dfrac{b}{c}$,求作 $\triangle ABC$.

提示　首先作长为 a 的线段 BC.然后作点 X 的轨迹,它使得 $\dfrac{CX}{BX} = \dfrac{b}{c}$(问题 7.14).点 A 可以取自这个轨迹与距直线 BC 等于 h_a 的直线的任一个交点.

8.64　已知角平分线 CD 的长及它分边 AB 所得线段 AD 和 BD 的长,求作 $\triangle ABC$.

提示　按照线段 AD 和 BD 的长能够作线段 AB 和在这线段上的点 D.点 C 是以 D 为中心半径为 CD 的圆与使得 $\dfrac{AX}{BX} = \dfrac{AD}{BD}$ 成立的点 X 的轨迹的交点.

8.65*　在直线上按指出的顺序给出 A, B, C, D 四个点,求作点 M,使点 M 对线段 AB, BC, CD 的视角相等.

提示　设 X 是不在直线 AB 上的点.显然,$\angle AXB = \angle BCX$ 当且仅当 $\dfrac{AX}{CX} = \dfrac{AB}{CB}$,所以点 M 是满足 $\dfrac{AX}{CX} = \dfrac{AB}{CB}$ 的点 X 的轨迹和满足 $\dfrac{BY}{DY} = \dfrac{BC}{DC}$ 的点 Y 的轨迹的交点(这两个轨迹可能不相交).

8.66*　在平面上给出两条线段 AB 和 $A'B'$,求作一点 O,使得 $\triangle AOB$ 和 $\triangle A'OB'$ 相似(一样的字母表示相似三角形的对应顶点).

提示　必须作点 O,使得 $\dfrac{AO}{A'O} = \dfrac{AB}{A'B'}$ 且 $\dfrac{BO}{B'O} = \dfrac{AB}{A'B'}$.点 O 是使得 $\dfrac{AX}{A'X} = \dfrac{AB}{A'B'}$ 的点 X 的轨迹与使得 $\dfrac{BY}{B'Y} = \dfrac{AB}{A'B'}$ 的点 Y 的轨迹的交点.

8.67*　点 A 和 B 在已知圆的一条直径上,求作过这两个点的具有公共端点的两条相等的弦.

提示 设 O 是已知圆的中心. 当且仅当 XO 是 $\angle PXQ$ 的平分线时, 过点 A 和 B 引的弦 XP 和 XQ 相等, 也就是 $\dfrac{AX}{BX} = \dfrac{AO}{BO}$. 所求的点 X 是对应的阿波罗尼圆同已知圆的交点.

§10 各种问题

8.68 (1) 在平行的直线 a 和 b 上给定点 A 和 B. 过已知点 C 作一直线 l 交直线 a 和 b 于点 A_1 和 B_1, 使得 $AA_1 = BB_1$.

(2) 过点 C 作直线与已知点 A 和 B 等远.

提示 (1) 如果直线 l 不与线段 AB 相交, 则 ABB_1A_1 是平行四边形且 $l \parallel AB$. 如果直线 l 与线段 AB 相交, 则 AA_1BB_1 是平行四边形且 l 过线段 AB 的中点.

(2) 所求直线之一平行于直线 AB, 而另一条过 AB 的中点.

8.69 求作正十边形.

提示 作半径为 1 的圆和它的两条垂直的直径 AB 和 CD. 设 O 是圆心, M 是线段 OC 的中点, P 是直线 AM 和以 OC 为直径的圆的交点 (图 8.8), 则 $AM^2 = 1 + \dfrac{1}{4} = \dfrac{5}{4}$, 这意味着, $AP = AM - PM = \dfrac{\sqrt{5}-1}{2} = 2\sin 18°$ (参见问题 5.52), 即 AP 是内接于已知圆中的正十边形的边长.

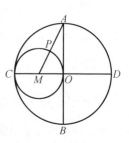

图 8.8

8.70* 已知矩形的长、宽之比以及每条边上一个点的位置, 求作这个矩形.

提示 假设已经作出了矩形 $PQRS$, 使得点 A, B, C, D 分别在边 PQ, QR, RS, SP 上并且 $\dfrac{PQ}{QR} = a$, 其中 a 是给定的边之比. 设 F 是过点 D 引向直线 AC 的垂线和直线 QR 的交点, 则 $\dfrac{DF}{AC} = a$.

由此得出下面的作法: 由点 D 引射线交线段 AC 成直角, 在这个射线上作点 F, 使得 $DF = a \cdot AC$. 边 QR 在直线 BF 上, 进一步的作法是显然的.

第8章 作 图
DIBAZHANG ZUOTU

8.71* 已知圆的直径 AB 和 AB 上面的点 C. 在这个圆上求作关于直线 AB 对称的点 X 和 Y, 使得直线 AX 和 YC 是垂直的.

(参见这样的问题 15.9, 16.15, 16.16, 16.21, 17.9 ~ 17.11, 17.28 ~ 17.30, 18.45.)

提示 假设具有所需性质的点 X 和 Y 已经作出. 用 M 表示直线 AX 和 YC 的交点, 而用 K 表示直线 AB 和 XY 的交点. 直角 △AXK 和直角 △YXM 具有公共锐角 ∠X, 所以 ∠XAK = ∠XYM. ∠XAB 和 ∠XYB 是同弧上的圆周角, 所以 ∠XAB = ∠XYB. 因此 ∠XYM = ∠XYB. 因为 XY ⊥ AB, 所以 K 是线段 CB 的中点.

反过来, 如果 K 是线段 CB 的中点, 则 ∠MYX = ∠BYX = ∠XAB. △AXK 和 △YXM 具有公共角 X 和 ∠XAK = ∠XYM, 所以 ∠YMX = ∠AKX = 90°.

由此得出下面的作法: 过线段 CB 的中点 K 引直线 l 垂直于直线 AB. 点 X 和 Y 是直线 l 同已知圆的交点.

§11 非常规的问题

8.72 利用圆规和直尺分 19° 的角为 19 个相等的部分.

提示 如果有一个角的度数是 α, 那么可以作度数为 $2\alpha, 3\alpha$ 的角, 依此类推. 因为 $19 \times 19° = 361°$, 则可以作 361° 角与作 1° 的角是一致的.

8.73 证明: 一个 $n°$ 的角, 其中 n 是整数且不能被 3 整除, 能用圆规和直尺分为 n 个相等的部分.

提示 首先作 36° 的角 (参见问题 8.69). 然后能够作一个角等于 $\dfrac{36° - 30°}{2} = 3°$. 如果 n 不被 3 整除, 则有 $n°$ 和 3° 的角能够作 1° 的角. 实际上, 如果 $n = 3k + 1$, 则 $1° = n° - k \cdot 3°$; 而如果 $n = 3k + 2$, 则 $1° = 2n° - (2k + 1) \cdot 3°$.

8.74* 在一小块纸上画可以形成角的两条直线, 而角的顶点在这小块纸的外面.用圆规和直尺画出这个角的平分线在小块纸上的部分.

提示 作图的顺序是这样的,在小块纸上选取任一点 O,并且进行以 O 为中心和足够小的位似系数 k 的位似变换,使得已知直线交点的像在这个位似下变到这个小纸片上.那么能够作像直线之间角的平分线.然后进行以前面的中心和位似系数为 $\frac{1}{k}$ 的位似变换.同时得到所求的角平分线的线段.

8.75* 借助双侧直尺作出已知圆的圆心,圆的直径大于尺的宽度.

提示 借助于双侧直尺作出两条平行弦 AB 和 CD.设 P 和 Q 是直线 AC 和 BD, AD 和 BC 的交点.则直线 PQ 过已知圆的圆心.类似地,再作一条这样的直线.就可以找到圆心了.

8.76* 已知彼此间距离大于 1 m 的点 A 和 B.仅利用一把长为 10 cm 的尺子作出线段 AB(直尺仅能画直线).

提示 过点 A 作两条射线 p 和 q.形成一个将点 B 包含在内部的一个小度数的角(射线在移动尺子的情况下可以作出).过点 B 作线段 PQ_1 和 P_1Q(图 8.9).如果 $PQ < 10$ cm 且 $P_1Q_1 < 10$ cm,则能够作出 PQ 和 P_1Q_1 的交点 O.过点 O 引直线 P_2Q_2.如果 $PQ_2 < 10$ cm 和 $P_2Q < 10$ cm,则可以作出直线 PQ_2 和 P_2Q 的交点 B'.如果 $BB' < 10$ cm,则可以作出直线 BB',而这条直线过点 A(参见问题 5.81).

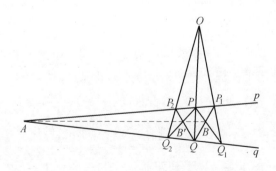

图 8.9

第8章 作 图
DIBAZHANG ZUOTU

8.77* 在半径为 a 的圆上给定一点.借助一枚半径为 a 的硬币作出该给定点的对径点.

提示 作法根据这个事实,如果 A 和 B 是以 P 和 Q 为中心的等圆的交点,则 $\overrightarrow{PA}=\overrightarrow{BQ}$.设 S_1 是已知的圆,A_1 是给定圆上的给定的点.过点 A_1 作圆 S_2,过圆 S_1 和 S_2 的交点 A_2 作圆 S_3,过圆 S_1 和 S_3 的交点 S_3 的交点作圆 S_4,最后,过两圆 S_1 和 S_3 同圆 S_4 的交点 B_1 和 A_4 画圆 S_5.我们证明,圆 S_5 和 S_1 的交点 B_2 即为所求.设 O_i 为圆 S_i 的中心,则 $\overrightarrow{A_1O_1}=\overrightarrow{O_2A_2}=\overrightarrow{A_3O_3}=\overrightarrow{O_4A_4}=\overrightarrow{B_1O_5}=\overrightarrow{O_1B_2}$.

注 圆 S_1 和 S_4 的交点有两个,点 B_1 可以选它们中的任一个.

§12 一把直尺的作图

本节的问题要求借助一把直尺而不用圆规来完成指定的作图.借助一把直尺几乎不能完成任何作图.例如,甚至不能作线段的中点(问题30.57).但如果在平面上引入不管怎样的辅助直线,则可以完成许多作图.如果在平面上画出辅助圆并描出它的圆心,借助直尺能够完成用尺规完成的所有作图.在这里假如作出了一个圆的圆心和圆上一点,这个圆就被认为真的作出了.

注 如果在平面上画圆,但没有标示出它的圆心,那么借助一把直尺不能作出这个圆心(问题30.58).

8.78* 给定两条平行的直线.利用一把直尺平分位于其中一条直线上的线段.

提示 设 AB 是给定的线段,P 是不在给定直线上的任意点,作第二条给定直线分别与直线 PA 和 PB 的交点 C 和 D 且 AD 和 BC 的交点 Q.根据问题 19.2,直线 PQ 过线段 AB 的中点.

8.79* 给定两条平行的直线和位于其中一条上的线段,求作等于这条线段 2 倍长的线段.

提示 设 AB 是给定的线段,而 C 和 D 是第二条已知直线上的任意点.根据前面的问题可以作线段 CD 的中点 M.设直线 AM 和 BD 的交点为 P,直线 PC 和

AB 的交点为 E. 我们证明,EB 即为所求作的线段. 因为 $\triangle PMC \backsim \triangle PAE$,$\triangle PMD \backsim \triangle PAB$,则

$$\frac{AB}{AE} = \frac{AB}{AP} : \frac{AE}{AP} = \frac{MD}{MP} : \frac{MC}{MP} = \frac{MD}{MC} = 1$$

8.80* 已知两条平行的直线,平分位于其中一条上的线段为 n 个相等的部分.

提示 设 AB 是给定的线段,而 C 和 D 是在第二条已知直线上的任意两点. 根据前面的问题可以作这样的点 $D_1 = D, D_2, \cdots, D_n$,使得所有的线段 D_iD_{i+1} 都等于线段 CD. 设 P 是直线 AC 和 BD_n 的交点,而 $B_1, \cdots, B_{n-1}$ 分别是直线 AB 和直线 $PD_1, \cdots, PD_{n-1}$ 的交点,显然,点 $B_1, \cdots, B_{n-1}$ 分线段 AB 为 n 等份.

8.81* 已知两条平行的直线和点 P. 过点 P 求作一条直线,使其平行于已知的直线.

提示 在一条已知直线上取线段 AB 并作出它的中点 M(问题 8.78). 设 A_1 和 M_1 是直线 PA 和 PM 同第二条已知直线的交点. Q 是直线 BM_1 和 MA_1 的交点. 容易检验直线 PQ 平行于已知的直线.

8.82* 已知圆,圆的直径 AB 及点 P,过点 P 求作直线 AB 的垂线.

提示 当点 P 不在直线 AB 上时,可以利用问题 3.37 来解. 如果点 P 在直线 AB 上,则首先可以由另外任意点引垂线 l_1 和 l_2,然后根据问题 8.81 过点 P 引直线平行于直线 l_1 和 l_2.

8.83* 证明:如果在平面上已知任一个圆 S 和它的中心 O,则利用一把直尺能够

(1) 由任一点引一条直线,平行于已知的直线,并且向已知直线引垂线.

(2) 在已知直线上由给定点画一条线段等于已知线段.

(3) 作长为 $\frac{ab}{c}$ 的线段,其中 a, b, c 是已知线段的长.

(4) 作已知直线 l 与圆的交点,这个圆的圆心是已知点 A,而它的半径等于

第8章 作 图

给定线段的长.

(5) 作两个圆的交点,这两个圆的圆心是给定的点,而半径是给定的线段.

(参见这样的问题 3.37,6.105.)

提示 (1) 设 A 是已知点, l 是已知直线. 首先考查点 O 不在直线 l 上的情况. 过点 O 引一条任意直线,交直线 l 于点 B 和 C. 根据问题 8.82, 在 $\triangle OBC$ 中可以引边 OB 和 OC 的高线. 设 H 是它们的交点,则可以引直线 OH,它垂直于直线 l. 根据问题 8.82 可以由点 A 向 OH 作垂线. 这就是所求作的过 A 且平行于 l 的直线. 为了由 A 向 l 作垂线,必须由 O 向 OH 作垂线 l',而然后由 A 引 l' 的垂线. 当点 O 在直线 l 上时,根据问题 8.82 可以立刻由点 A 向直线 l 引垂线 l',然后由同一点 A 对直线 l' 引垂线.

(2) 设 l 是已知直线, A 是它上面的已知点且 BC 是已知线段. 过点 O 作直线 OD 和 OE,分别平行于直线 l 和 BC(D 和 E 是这些直线与圆 S 的交点),过点 C 引直线平行于 OB,到同直线 OE 相交于点 F,过 F 引直线平行于 ED,到与 OD 相交于点 G. 最后,过 G 引直线平行于 OA,到与 l 交于点 H,则 $AH = OG = OF = BC$,即 AH 为所求的线段.

(3) 任取两条直线相交于点 P. 在其中一条上放置线段 $PA = a$,而在另一条上放置线段 $PB = b$ 和 $PC = c$. 设 D 是直线 PA 与过点 B 且平行于 AC 的直线的交点. 显然 $PD = \dfrac{ab}{c}$.

(4) 设 H 是圆心为 A 半径为 r 的圆变为圆 S(即给定的标出圆心 O 的圆)的位似(或者平移). 因为两个圆的半径是已知的,可以作任意点 X 在变换 H 下的像. 为此必须过点 O 引直线平行于直线 AX,在它上面放置线段等于 $\dfrac{r_s \cdot AX}{r}$,其中 r_s 是圆 S 的半径. 类似可作任意的点在映射 H^{-1} 下的像,所以能够作直线 $l' = H(l)$ 且求得它与圆 S 的交点. 然后作出这些点在映射 H^{-1} 下的像.

(5) 设 A 和 B 是已知圆的中心, C 是必须作的一个点, CH 是 $\triangle ABC$ 的高. 对 $\triangle ACH$ 和 $\triangle BCH$ 写出毕达哥拉斯定理,得出, $AH = \dfrac{b^2 + c^2 - a^2}{2c}$. 量 a,b 和 c 是已知的,所以能作出点 H 和 CH 与另一已知圆的交点.

§13 借助双侧直尺的作图

本节中的问题需要借助于有两条平行边的直尺(没有圆规)来完成作图,利用双侧直尺可以完成借助尺规完成的全部作图.

设 a 是双侧直尺的宽.借助于这种直尺可以完成下面的初等作图:

(1) 过两个已知点画直线.

(2) 作一条直线,平行于已知直线并且与已知直线的距离等于 a.

(3) 过两个已知点 A 和 B,其中 $AB \geqslant a$,引一对平行的直线,使它们之间的距离等于 a(这样的直线对有两个).

8.84 (1) 作给定 $\angle AOB$ 的平分线.

(2) 已知锐角 $\angle AOB$,求作 $\angle BOC$,使得它的角平分线是射线 OA.

提示 (1) 画平行于 OA 和 OB,且到它们的距离为 a 的两条直线,与角的边相交,则这两条直线的交点在所求作的角平分线上.

(2) 引直线平行于 OB 且与 OB 的距离等于 a,交射线 OA 于某一点 M.过点 O 和 M 引另外一对平行的直线,使它们之间的距离等于 a,过点 O 引包含角的所求边的直线.

8.85 在已知点 A 作已知直线 l 的垂线.

提示 过点 A 作任一直线,然后引直线 l_1 和 l_2 与它平行且和它的距离等于 a.这两条直线交直线 l 于点 M_1 和 M_2,过点 A 和 M_1 再引一对平行的直线 l_a 和 l_m,使它们之间的距离等于 a.直线 l_2 和 l_m 的交点在所求的垂线上.

8.86 (1) 过已知点引直线,使其平行于已知的直线.

(2) 求作已知线段的中点.

提示 作一条直线平行于已知直线且与它的距离等于 a.现在可以利用问题 8.81 和 8.78 的结果.

8.87 已知 $\angle AOB$,直线 l 及它上面的一点 P.过点 P 求作一条直线,使其与直线 l 形成的角等于 $\angle AOB$.

第8章 作 图

提示 过点 P 引直线 $PA_1 \parallel OA$ 和 $PB_1 \parallel OB$. 设直线 PM 平分直线 l 和 PA_1 之间的角. 在关于直线 PM 的对称下, 直线 PA_1 变为直线 l, 所以直线 PB_1 在这个对称变换下变为所求直线中的一条.

8.88 已知线段 AB, 平行于它的直线 l 和它上面的一点 M, 求作直线 l 与以 M 为中心半径为 AB 的圆的交点.

提示 添加 $\triangle ABM$ 到 $\square ABMN$. 过点 N 引直线, 使它平行于直线 l 与 MN 之间角的平分线.

8.89* 已知直线 l 和平行于 l 的线段 OA, 求作直线 l 同以 O 为圆心 OA 为半径的圆的交点.

提示 引平行于直线 OA 且到 OA 的距离等于 a 的直线 l_1. 在直线 l 上任取一点 B, 设 B_1 是直线 OB 与 l_1 的交点. 过点 B_1 引直线平行于 AB, 该直线交直线 OA 于点 A_1. 现在过点 O 和 A_1 引一对平行的直线, 它们的距离等于 a(这样的直线对可能有两个). 设 X 和 X_1 是过点 O 的直线与直线 l 和 l_1 的交点. 因为 $OA_1 = OX_1$ 和 $\triangle OA_1X_1 \backsim \triangle OAX$, 点 X 为所求.

8.90* 已知线段 O_1A_1 和 O_2A_2, 求作中心分别为 O_1 和 O_2, 半径分别为 O_1A_1 和 O_2A_2 的两个圆的根轴.

(参见问题 8.75.)

提示 在点 O_1 和 O_2 作直线 O_1O_2 的垂线且在它们上面放置线段 $O_1B_1 = O_2A_2$ 和 $O_2B_2 = O_1A_1$. 作线段 B_1B_2 的中点 M 且在点 M 作 B_1B_2 的垂线. 这垂线交直线 O_1O_2 于点 N, 则 $O_1N^2 + O_1B_1^2 = O_2N^2 + O_2B_2^2$. 这意味着 $O_1N^2 - O_1A_1^2 = O_2N^2 - O_2A_2^2$, 即点 N 在根轴上, 剩下在点 N 作 O_1O_2 的垂线.

§14 借助直角的作图

本节中的问题需要借助于直角完成指出的作图. 直角能够完成下列的初等作图:

(1) 放置直角,使得它的一条边在已知直线上,而另一个边过一个已知点.

(2) 放置直角,使得它的顶点在已知直线上,而它的边过两个已知点(当然,对已知直线和点一般存在这样的直角的位置).由指出的方法之一放置直角,可以引与它的边对应的射线.

8.91 过已知点 A 作直线,使它与已知的直线 l 平行.

提示 首先作任一直线 l_1 垂直于直线 l,然后过点 A 引直线垂直于 l_1.

8.92 已知线段 AB,求作:

(1) 线段 AB 的中点.

(2) 线段 AC,使它的中点是点 B.

提示 (1)过点 A 和 B 引直线 AP 和 BQ 垂直于直线 AB,然后对直线 AP 引任一条垂线.结果得到一个矩形.剩下由它的对角线的交点向直线 AB 引垂线.

(2) 由点 B 向直线 AB 引垂线 l,且过点 A 引两条垂线,它们交直线 l 于点 M 和 N.添加直角 $\triangle MAN$ 到矩形 $MANR$.由点 R 向 AB 引的垂线足是所求的点 C.

8.93 已知 $\angle AOB$,求作:

(1) 是 $\angle AOB$ 两倍大的一个角.

(2) 是 $\angle AOB$ 一半的一个角.

提示 (1) 由点 A 向直线 OB 引垂线且作线段 AC,使它的中点是 P,则 $\angle AOC$ 为所求.

(2) 在直线 OB 上取这样的点 B 和 B_1,使得 $OB = OB_1$.放置直角,使它的边过点 B 和 B_1,而顶点在射线 OA 上.当 A 是直角的顶点时,$\angle AB_1B$ 即为所求.

8.94* 已知 $\angle AOB$ 和直线 l,求作直线 l_1,使得直线 l 和 l_1 之间的角等于 $\angle AOB$.

提示 过点 O 引直线 l',平行于直线 l.由点 B 向直线 l' 和 OA 引垂线 BP 和 BQ.然后由点 O 向直线 PQ 引垂线 OX,则直线 XO 为所求作(问题 2.3).如果点 Y 是点 X 关于直线 l' 的对称点,则直线 YO 也为所求.

第 8 章 作 图

8.95* 已知线段 AB,直线 l 和它上面的点 O.在直线 l 上求作使得 $OX = AB$ 的点 X.

提示 添加 $\triangle OAB$ 到 $\square OABC$,然后作线段 CC_1,使点 O 是它的中点.放置直角使得它的边过点 C 和 C_1,而顶点在直线 l 上.直角的顶点与所求的点 X 重合.

8.96* 已知平行于直线 l 的线段 OA,求作以 O 为中心,OA 为半径的圆与直线 l 的交点.

提示 作线段 AB,它的中点是点 O,放置直角,使得它的边过点 A 和 B,而顶点在直线 l 上,则直角的顶点与所求的点重合.

§15 供独立解答的问题

8.97 求作与两个已知圆相切的直线(分出所有可能的情况).

8.98 已知三角形的一条高线分底边的线段,以及向侧边引的一条中线,求作该三角形.

8.99 已知顶点 A 和边 BC 和 CD 的中点,求作 $\square ABCD$.

8.100 求作梯形,它的两腰在已知的两条直线上,它的对角线交于给定的点,并且它的一个底具有已知的长.

8.101 给定两个圆,求作一条直线,使得这条直线与一个圆相切,而被第二个圆截出已知长度的弦.

8.102 过 $\triangle ABC$ 的顶点 C 求作直线 l,使得 $\triangle AA_1C$ 和 $\triangle BB_1C$ 的面积相等,其中 A_1 和 B_1 是点 A 和 B 在直线 l 上的射影.

8.103 已知角平分线 AD,中线 BM 和高线 CH 相交于一点,根据边 AB 和 AC 求作 $\triangle ABC$.

8.104 已知分三角形的边 BC,CA 和 AB 为 $1:2$ 两部分的分点 A_1,B_1 和 C_1,据此恢复 $\triangle ABC$.

第 9 章　几何不等式

基础知识

1. 对于 △ABC 的元素利用下面的记号表示：

a, b, c 表示 △ABC 的边 BC, CA, AB 的长；

α, β, γ 表示 △ABC 的顶点为 A, B, C 的角的度数；

m_a, m_b, m_c 表示 △ABC 的由顶点 A, B, C 引的中线的长；

h_a, h_b, h_c 表示 △ABC 的由顶点 A, B, C 引的高线的长；

l_a, l_b, l_c 表示 △ABC 的由顶点 A, B, C 引的角平分线的长；

r 和 R 表示 △ABC 的内切圆半径与外接圆的半径.

2. 如果 A, B, C 是任意点，则 $AB \leqslant AC + BC$，并且，当且仅当点 C 在线段 AB 上时取等号(三角形不等式).

3. 三角形的中线小于夹它的两边和的一半，即 $m_a < \dfrac{b+c}{2}$.(问题 9.1)

4. 如果一个凸多边形在另一个的内部，则外面多边形的周长大于内部多边形的周长.(问题 9.29(2))

5. 凸四边形对角线长的和大于它的任一组对边长的和.(问题 9.15)

6. 三角形中大边对大角.(问题 10.62)

7. 凸多边形内部的线段的长要么不超过这个凸多边形最大边的长，要么不超过它的最大的对角线的长.(问题 10.67)

8. 在解本章的某些问题时必须知道各种代数不等式.关于这些不等式的知识和它们的证明汇总在本章的 §13 中；对它们需要知道，但必须考虑到，仅对足够复杂的问题时才需要它们，而对解简单的问题，仅需要不等式 $\sqrt{ab} \leqslant \dfrac{a+b}{2}$ 和它的推论.

第9章　几何不等式
DIJIUZHANG　JIHE BUDENGSHI

引导性问题

1. 证明：$S_{\triangle ABC} \leq \dfrac{AB \cdot BC}{2}$.

2. 证明：$S_{ABCD} \leq \dfrac{1}{2}(AB \cdot BC + AD \cdot DC)$.

3. 证明：当且仅当点 B 在以 AC 为直径的圆的内部时，$\angle ABC > 90°$.

4. 两个圆的半径等于 R 和 r，而它们圆心之间的距离等于 d，证明：当且仅当 $|R - r| < d < R + r$ 时，这两个圆相交.

5. 证明：四边形任意一条对角线小于这个四边形周长的一半.

§1　三角形的中线

9.1　证明：$\dfrac{a + b - c}{2} < m_c < \dfrac{a + b}{2}$.

提示　设 C_1 是边 AB 的中点，则
$$CC_1 + C_1A > CA,\ BC_1 + C_1C > BC$$
所以
$$2CC_1 + BA > CA + BC$$
即
$$m_c > \dfrac{a + b - c}{2}$$

9.2　证明：在任意三角形中三条中线之和大于周长的 $\dfrac{3}{4}$，但小于周长.

提示　由上题得出 $m_a < \dfrac{b + c}{2}$，$m_b < \dfrac{a + c}{2}$，$m_c < \dfrac{a + b}{2}$，所以三条中线长的和小于周长.

9.3　已知 n 个点 $A_1, \cdots, A_n$ 和半径为 1 的圆，证明：在圆上可以选取点 M，使得 $MA_1 + \cdots + MA_n \geq n$.

提示　设 M_1 和 M_2 是圆的对径点，则
$$M_1A_k + M_2A_k \geq M_1M_2 = 2$$
对 $k = 1, \cdots, n$，将这些不等式相加，得到

$$(M_1A_1 + \cdots + M_1A_n) + (M_2A_1 + \cdots + M_2A_n) \geqslant 2n$$

所以要么当 $M = M_1$ 时,有

$$M_1A_1 + \cdots + M_1A_n \geqslant n$$

要么当 $M = M_2$ 时,有

$$M_2A_1 + \cdots + M_2A_2 \geqslant n$$

9.4 点 $A_1, \cdots, A_n$ 不在一条直线上. 设两个不同的点 P 和 Q 具有性质:$A_1P + \cdots + A_nP = A_1Q + \cdots + A_nQ = S$,证明:对某个点 K,有 $A_1K + \cdots + A_nK < S$.

提示 K 可以取线段 PQ 的中点. 其实,$A_iK \leqslant \dfrac{A_iP + A_iQ}{2}$(问题 9.1). 同时,因为点 A_i 不能全在直线 PQ 上,因此至少有一个不等边.

9.5* 桌上放着 50 块走时准确的表,证明:存在某个时刻由桌面中心到各表分钟端点的距离之和大于从桌面中心到各块表中心的距离之和.

提示 设 A_i 和 B_i 为第 i 块表在时刻 t 与 $t + 30$ 分钟时其分针端点的位置. O_i 为第 i 块表的中心,而 O 是桌面的中心,则对任意的 i 都有 $OO_i \leqslant \dfrac{OA_i + OB_i}{2}$(问题 9.1). 显然,在某时刻,点 A_i 和 B_i 不在直线 OO_i 上,即 n 个不等式中至少有一个是严格不等的,因此,要么 $OO_1 + \cdots + OO_n < OA_1 + \cdots + OA_n$,要么 $OO_1 + \cdots + OO_n < OB_1 + \cdots + OB_n$.

§2 在三角形不等式中的代数问题

在本节的问题里,a,b 和 c 表示任意三角形的边长.

9.6 证明:$a = y + z, b = x + z, c = x + y$,其中 x, y 和 z 是正数.

提示 解方程组 $x + y = c, x + z = b, y + z = a$,得出

$$x = \frac{-a + b + c}{2}, y = \frac{a - b + c}{2}, z = \frac{a + b - c}{2}$$

由三角形不等式得出 x, y, z 都是正数.

第9章　几何不等式
DIJIUZHANG　JIHE BUDENGSHI

9.7　证明:$a^2 + b^2 + c^2 < 2(ab + bc + ca)$.

提示　根据三角形不等式有
$$a^2 > (b-c)^2 = b^2 - 2bc + c^2, b^2 > a^2 - 2ac + c^2, c^2 > a^2 - 2ab + b^2$$
将这三个不等式相加,即得所证.

9.8　对任意自然数 n,数 a^n,b^n 和 c^n 可以构成三角形,证明:数 a,b 和 c 中有两个相等.

提示　可以认为 $a \geqslant b \geqslant c$.我们证明 $a = b$.实际上,如果 $b < a$,则 $b \leqslant \lambda a, c \leqslant \lambda a$,其中 $\lambda < 1$,所以 $b^n + c^n \leqslant 2\lambda^n a^n$.对充分大的 n 有 $2\lambda^n < 1$ 并且导致同三角形不等式相矛盾.

9.9　证明:$a(b-c)^2 + b(c-a)^2 + c(a-b)^2 + 4abc > a^3 + b^3 + c^3$.

提示　因为 $c(a-b)^2 + 4abc = c(a+b)^2$,所以
$$a(b-c)^2 + b(c-a)^2 + c(a-b)^2 + 4abc - a^3 - b^3 - c^3 =$$
$$a((b-c)^2 - a^2) + b((c-a)^2 - b^2) + c((a-b)^2 - c^2) =$$
$$(a+b-c)(a-b+c)(-a+b+c)$$
(最后的等式用简单的计算来检验).根据三角形不等式,全部三个因子都是正数.

9.10　证明:$\dfrac{a}{b+c-a} + \dfrac{b}{c+a-b} + \dfrac{c}{a+b-c} \geqslant 3$.

提示　设 $x = b+c-a, y = c+a-b, z = a+b-c$.根据三角形不等式这些数都是正的.显然,$a = \dfrac{y+z}{2}, b = \dfrac{x+z}{2}, c = \dfrac{x+y}{2}$,所以要证的不等式改写为 $\dfrac{y+z}{2x} + \dfrac{x+z}{2y} + \dfrac{x+y}{2z} \geqslant 3$.剩下注意 $\dfrac{x}{y} + \dfrac{y}{x} \geqslant 2$,依此类推.

9.11　设 $p = \dfrac{a}{b} + \dfrac{b}{c} + \dfrac{c}{a}, q = \dfrac{a}{c} + \dfrac{c}{b} + \dfrac{b}{a}$,证明:$|p-q| < 1$.

提示 容易检验
$$abc|p-q| = |(b-c)(c-a)(a-b)|$$
又因为 $|b-c| < a, |c-a| < b, |a-b| < c$
所以 $|(b-c)(c-a)(a-b)| < abc$

9.12* 在五条线段中，它们中的任意三条线段都能组成一个三角形，证明：在组成的三角形中至少有一个是锐角三角形.

提示 设五条线段的长等于 $a_1 \leqslant a_2 \leqslant a_3 \leqslant a_4 \leqslant a_5$. 如果由这些线段能构成的所有三角形中没有锐角三角形，则
$$a_3^2 \geqslant a_1^2 + a_2^2, a_4^2 \geqslant a_2^2 + a_3^2, a_5^2 \geqslant a_3^2 + a_4^2$$
所以 $a_5^2 \geqslant a_3^2 + a_4^2 \geqslant (a_1^2 + a_2^2) + (a_2^2 + a_3^2) \geqslant 2a_1^2 + 2a_2^2$
因为 $a_1^2 + a_2^2 \geqslant 2a_1 a_2$
所以 $2a_1^2 + 2a_2^2 > a_1^2 + 2a_1 a_2 + a_2^2 = (a_1 + a_2)^2$
得出不等式 $a_5^2 > (a_1 + a_2)^2$ 与三角形不等式矛盾.

9.13* 证明：$(a+b-c)(a-b+c)(-a+b+c) \leqslant abc$.

提示1 引入新的变量 $x = -a+b+c, y = a-b+c, z = a+b-c$，则
$$a = \frac{y+z}{2}, b = \frac{x+z}{2}, c = \frac{x+y}{2}$$
即需证不等式 $xyz \leqslant \frac{(x+y)(y+z)(z+x)}{8}$ 或 $6xyz \leqslant x(y^2+z^2) + y(x^2+z^2) + z(x^2+y^2)$. 因为 x, y, z 都是正数，又由 $2xyz \leqslant x(y^2+z^2), 2xyz \leqslant y(x^2+z^2), 2xyz \leqslant z(x^2+y^2)$ 即可得出最后一个不等式.

提示2 因为 $2S = ab \sin \gamma, \sin \gamma = \frac{c}{2R}$，所以 $abc = 4SR$. 根据海伦公式 $(a+b-c)(a-b+c)(-a+b+c) = \frac{8S^2}{p}$，所以必须证明 $\frac{8S^2}{p} \leqslant 4SR$，即 $2S \leqslant pR$. 因为 $S = pr$，导致不等式 $2r \leqslant R$（参见问题 10.28 或者 19.7）.

9.14* 证明：$a^2 b(a-b) + b^2 c(b-c) + c^2 a(c-a) \geqslant 0$.

第9章 几何不等式

提示 引入新的变量 $x = \dfrac{-a+b+c}{2}, y = \dfrac{a-b+c}{2}, z = \dfrac{a+b-c}{2}$，则数 x, y, z 是正数且 $a = y+z, b = x+z, c = x+y$. 不复杂，但有某种繁重的计算指出

$$a^2b(a-b) + b^2c(b-c) + c^2a(c-a) =$$
$$2(x^3z + y^3x + z^3y - xyz(x+y+z)) =$$
$$2xyz\left(\dfrac{x^2}{y} + \dfrac{y^2}{z} + \dfrac{z^2}{x} - x - y - z\right)$$

因为 $2 \leqslant \dfrac{x}{y} + \dfrac{y}{x}$，所以

$$2x \leqslant x\left(\dfrac{x}{y} + \dfrac{y}{x}\right) = \dfrac{x^2}{y} + y$$

类似可得 $2y \leqslant y\left(\dfrac{y}{z} + \dfrac{z}{y}\right) = \dfrac{y^2}{z} + z, 2z \leqslant z\left(\dfrac{z}{x} + \dfrac{x}{z}\right) = \dfrac{z^2}{x} + x$

将这些不等式相加，即得

$$\dfrac{x^2}{y} + \dfrac{y^2}{z} + \dfrac{z^2}{x} \geqslant x + y + z$$

§3 四边形对角线长的和

9.15 设 $ABCD$ 是凸四边形，证明：$AB + CD < AC + BD$.

提示 设 O 点四边形 $ABCD$ 对角线的交点，则
$$AC + BD = (AO + OC) + (BO + OD) =$$
$$(AO + OB) + (OC + OD) > AB + CD$$

9.16 设 $ABCD$ 是凸四边形，并且 $AB + BD \leqslant AC + CD$，证明：$AB < AC$.

提示 根据问题 9.15 有 $AB + CD < AC + BD$. 将这个不等式与不等式 $AB + BD \leqslant AC + CD$ 相加，得到 $2AB < 2AC$.

9.17* 在一个对角线长的和为 d 的凸四边形的内部放进了一个对角线长的和为 d' 的凸四边形，证明：$d' < 2d$.

提示 首先证明,如果 P 是凸四边形 $ABCD$ 的周长,而 d_1 和 d_2 是它的两条对角线的长,则

$$P > d_1 + d_2 > \frac{P}{2}$$

显然 $\qquad AC < AB + BC, AC < AD + DC$

所以 $\qquad AC < \dfrac{AB + BC + CD + AD}{2} = \dfrac{P}{2}$

类似可证 $BD < \dfrac{P}{2}$,因此 $AC + BD < P$.另一方面,将不等式 $AB + CD < AC + BD$ 和 $BC + AD < AC + BD$ 相加(参见问题 9.15),得到 $P < 2(AC + BD)$.

设 P 是外面四边形的周长,P' 是内部四边形的周长,则 $d > \dfrac{P}{2}$.而又因为 $P' < P$(问题 9.29(2)),则 $d' < P' < P < 2d$.

9.18* 给定一条封闭折线,并且与其具有相同顶点的任意的封闭折线具有更大的长度,证明:给定的这条折线是不自交的.

提示 设具有最小长度的折线是自交的.考查两个相交的线节.这两个线段的顶点可以用三种方法之一来联结(图 9.1),考查新的折线,将两条相交的线节用虚线节来替代(图 9.1).在此情况下重新得到封闭折线,但它的长度比原来的要小,因为凸四边形一组对边长度之和小于两对角线长度之和.得出了矛盾,所以具有最小长度的封闭折线不能有相交的线节.

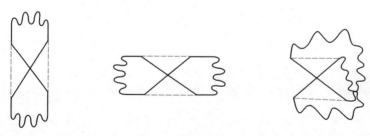

图 9.1

9.19* 所有对角线长度都相等的凸多边形能有多少条边?

提示 我们证明,这样的多边形的边数不大于 5.假设多边形 $A_1 \cdots A_n$ 的所

第 9 章　几何不等式

有对角线具有一样的长度,且 $n \geqslant 6$,则线段 A_1A_4, A_1A_5, A_2A_4 和 A_2A_5 具有一样的长度,因为它们都是这个多边形的对角线.但在凸四边形 $A_1A_2A_4A_5$ 中,线段 A_1A_5 和 A_2A_4 是一组对边,而 A_1A_4 和 A_2A_5 是对角线,所以 $A_1A_5 + A_2A_4 < A_1A_4 + A_2A_5$.得出矛盾.

9.20* 平面上给定 n 个红点和 n 个蓝点.任意三点不在同一直线上,证明:可以作出 n 条具有不同颜色端点的、不具有公共点的线段.

提示 考查将给定点分成不同颜色点对的所有分法,这些分法是有限个,所以存在这样的分法,在这个分法中每对点线段长度的和最小.我们证明,此时这些线段不相交.实际上,如果有两个线段相交,则将凸四边形的对角线用它的一组对边来替代(图9.2)可以选出具有线段长度之和更小的分法.

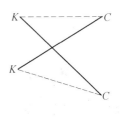

图9.2

9.21* 证明:任意凸多边形边长的算术平均小于它的所有对角线长的算术平均.

提示 设 A_pA_{p+1} 和 A_qA_{q+1} 是 n 边形 $A_1 \cdots A_n$ 不相邻的边(即 $|p - q| \geqslant 2$),则

$$A_pA_{p+1} + A_qA_{q+1} < A_pA_q + A_{p+1}A_{q+1}$$

写出所有这样的不等式并将它们相加.对于每条边恰存在 $(n-3)$ 个与它不相邻的边,所以对任意一条边都包含在 $(n-3)$ 个不等式中,即所得和式的左边是 $(n-3)P$,其中 P 是 n 边形边长的和.对角线 A_mA_n 包含于对 $p = n, q = m$ 和 $p = n-1, q = m-1$ 的两个不等式中,所以在右边是 $2d$,其中 d 是对角线长之和.于是 $(n-3)p < 2d$.因此 $\dfrac{P}{n} < \dfrac{d}{\dfrac{n(n-3)}{2}}$,即为所证.

9.22* 给定凸 $(2n+1)$ 边形 $A_1A_3A_5 \cdots A_{2n+1}A_2 \cdots A_{2n}$,证明:以它的顶点为顶点的所有封闭折线中,折线 $A_1A_2A_3 \cdots A_{2n+1}A_1$ 具有最大的长度.

(参见问题 6.93.)

提示 考查顶点在给定多边形顶点的任意的闭折线.如果它有两个不相交的线节,则将这两个线节替换为由它给出的四边形的两条对角线,于是增加了线节长度的和.在这种情况下,毕竟一条闭折线可以分裂为二.我们证明,在奇数个线节的情况下,全部这些操作完成后,得到封闭的折线(因为每一次线节长度之和都是增加的,这样的操作只可能是有限次).由所得的闭折线之一应当有奇数个线节,但那时由组成线节中任一个至少同这折线线节之一不交时(参见问题23.1(1)),即意味着,得到的只是一条封闭折线.

现在将顺次作出带有两两相交线节的折线(图9.3).例如,顶点 10 应当位于阴影三角形的内部,所以顶点的分布应如图 9.3 所示,即凸多边形 $A_1 A_3 A_5 \cdots A_{2n+1} A_2 \cdots A_n$ 对应折线 $A_1 A_2 A_3 \cdots A_{2n+1} A_1$.

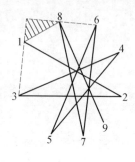

图 9.3

§4 三角形不等式的各种问题

9.23 在三角形中有两条边的长等于 3.14 和 0.67.如果第三边的长是个整数,求第三边的长.

提示 设第三条边的长等于 n.根据三角形不等式 $3.14 - 0.67 < n < 3.14 + 0.67$.因为 n 是整数,所以 $n = 3$.

9.24 证明:凸五边形 $ABCDE$ 的对角线长度之和大于周长,但小于 2 倍的周长.

提示 显然

$$AB + BC > AC, BC + CD > BD, CD + DE > CE$$
$$DE + EA > DA, EA + AB > EB$$

所有这些不等式相加,得出五边形对角线的和小于周长的 2 倍.

对角线长的和大于"五角星"边长的和,而同样地它又大于五边形的周长(图9.4).

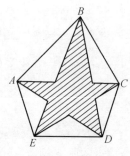

图 9.4

第9章 几何不等式
DIJIUZHANG JIHE BUDENGSHI

9.25 证明:如果三角形的边长满足不等式 $a^2 + b^2 > 5c^2$,则 c 是最小边的长.

提示 假设 c 不是最短边,例如 $a \leqslant c$,则
$$a^2 \leqslant c^2, b^2 < (a+c)^2 \leqslant 4c^2$$
所以
$$a^2 + b^2 < 5c^2$$
得出矛盾.

9.26 三角形的两条高线等于 12 和 30,证明:第三条高线小于 30.

提示 因为
$$c > |b - a|$$
且
$$a = \frac{2S}{h_a}, b = \frac{2S}{h_b}, c = \frac{2S}{h_c}$$
所以
$$\frac{1}{h_a} > \left| \frac{1}{h_a} - \frac{1}{h_b} \right|$$
这意味着在问题情况中 $h_c < \dfrac{20 \times 12}{8} = 30$.

9.27 已知 $\triangle ABC$ 和它内部一点 D,并且 $AC - DA > 1, BC - BD > 1$. 设 E 是线段 AB 内任意一点,证明:$EC - ED > 1$.

提示 线段 CE 与线段 AD 或线段 BD 相交.为确定起见,设它交线段 AD 于点 P,则
$$AP + PC > AC, EP + PD > ED$$
所以
$$DA + EC > AC + ED$$
因此
$$EC - ED > AC - DA > 1$$

9.28* 在 $\triangle ABC$ 的边 AB, BC, CA 上取点 C_1, A_1, B_1,使得 $BA_1 = \lambda \cdot BC, CB_1 = \lambda \cdot CA, AC_1 = \lambda \cdot AB$,并且 $\dfrac{1}{2} < \lambda < 1$,证明:$\triangle ABC$ 的周长 P 与 $\triangle A_1B_1C_1$ 的周长 P_1 满足不等式 $(2\lambda - 1)P < P_1 < \lambda P$.

提示 在边 AB, BC, CA 上取点 C_2, A_2, B_2,使得 $A_1B_2 \mathbin{/\mkern-5mu/} AB, B_1C_2 \mathbin{/\mkern-5mu/} BC, C_1A_2 \mathbin{/\mkern-5mu/} CA$(图9.5),则
$$A_1B_1 < A_1B_2 + B_2B_1 = (1-\lambda)AB + (2\lambda - 1)CA$$

类似可得
$$B_1C_1 < (1-\lambda)BC + (2\lambda-1)AB$$
$$C_1A_1 < (1-\lambda)CA + (2\lambda-1)BC$$
将这三个不等式相加,即得 $P_1 < \lambda P$.

显然,$A_1B_1 + A_1C > B_1C$,即
$$A_1B_1 + (1-\lambda)BC > \lambda \cdot CA$$

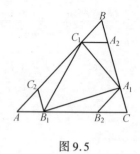

图 9.5

类似可得
$$B_1C_1 + (1-\lambda)CA > \lambda \cdot AB, C_1A_1 + (1-\lambda)AB > \lambda \cdot BC$$
将这些不等式相加,即得 $P_1 > (2\lambda-1)P$.

9.29* (1) 证明:当由非凸多边形向它的凸包变化时,周长减小.(多边形的凸包是指包含它的最小的凸多边形)

(2) 在凸多边形内部放有另一个凸多边形,证明:外多边形的周长大于内多边形的周长.

提示 (1) 当由非凸多边形向它的凸包变化时,由边形成的某些折线用直线段来替代(图 9.6).剩下注意,折线的长大于最终的这些线段的长.

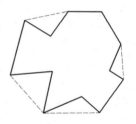

图 9.6

(2) 在内多边形的边上作半带形,如图 9.7 所示,半带形的平行的边垂直于多边形的对应边.用 P 来表记外多边形周长处在这些半带形内的部分,则内多边形的周长不超过 P,而外多边形周长大于 P.

9.30* 在周长为 P 的三角形内取点 O,证明:
$$\frac{P}{2} < AO + BO + CO < P.$$

提示 因为 $AO + BO > AB, BO + OC > BC, CO + OA > AC$,所以
$$AO + BO + CO > \frac{AB + BC + CA}{2}$$

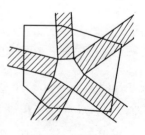

图 9.7

第9章 几何不等式
DIJIUZHANG JIHE BUDENGSHI

因为 $\triangle ABC$ 包含 $\triangle ABO$,所以(参见问题 9.29(2)).
$$AB + BO + OA < AB + BC + CA$$
即
$$BO + OA < BC + CA$$
类似地有 $\quad AO + OC < AB + BC, CO + OB < CA + AB$
这些不等式相加得到
$$AO + BO + CO < AB + BC + CA$$

9.31* 在梯形 $ABCD$ 的底边 AD 上存在的点 E 具有性质:使得 $\triangle ABE$,$\triangle BCE$ 和 $\triangle CDE$ 的周长相等,证明:$BC = \dfrac{AD}{2}$.

(参见同样的问题 13.43,20.12.)

提示 证明 $ABCE$ 和 $BCDE$ 是平行四边形就足够了. 添加 $\triangle ABE$ 成 $\square ABC_1E$,则 $\triangle BC_1E$ 和 $\triangle ABE$ 的周长相等,所以 $\triangle BC_1E$ 和 $\triangle BCE$ 的周长相等. 因此 $C_1 = C$,因为换句话说由 $\triangle BC_1E$ 和 $\triangle BCE$ 中的一个在另一个内部时它们的周长不能是相等的,所以 $ABCE$ 是平行四边形. 类似可证,$BCDE$ 也是平行四边形.

§5 三角形的面积不超过两边乘积的一半

9.32 给定边长满足 $a \leqslant b \leqslant c$ 面积为 1 的三角形,证明:$b \geqslant \sqrt{2}$.

提示 显然,$2 = 2S = ab\sin \gamma \leqslant ab \leqslant b^2$,即 $b \geqslant \sqrt{2}$.

9.33 设 E,F,G,H 是四边形 $ABCD$ 的边 AB,BC,CD 和 DA 的中点,证明:$S_{ABCD} \leqslant EG \cdot HF \leqslant \dfrac{1}{4}(AB + CD)(AD + BC)$.

提示 因为 EH 是 $\triangle ABD$ 的中位线,所以
$$S_{\triangle AEH} = \dfrac{S_{\triangle ABD}}{4}$$
类似可得
$$S_{\triangle CFG} = \dfrac{S_{\triangle CBD}}{4}$$
所以
$$S_{\triangle AEH} + S_{\triangle CFG} = \dfrac{S_{ABCD}}{4}$$

· 297 ·

类似有
$$S_{\triangle BFE} + S_{\triangle DGH} = \frac{S_{ABCD}}{4}$$

因此
$$S_{ABCD} = 2S_{EFGH} = EG \cdot HF \sin\alpha$$

其中 α 是直线 EG 和 HF 之间的角. 因为 $\sin\alpha \leqslant 1$,所以 $S_{ABCD} \leqslant EG \cdot HF$.

将等式 $\overrightarrow{EG} = \overrightarrow{EB} + \overrightarrow{BC} + \overrightarrow{CG}$ 和 $\overrightarrow{EG} = \overrightarrow{EA} + \overrightarrow{AD} + \overrightarrow{DG}$ 相加,得出
$$2\overrightarrow{EG} = (\overrightarrow{EB} + \overrightarrow{EA}) + (\overrightarrow{BC} + \overrightarrow{AD}) + (\overrightarrow{DG} + \overrightarrow{CG}) = \overrightarrow{BC} + \overrightarrow{AD}$$

所以
$$EG \leqslant \frac{BC + AD}{2}$$

类似可得
$$HF \leqslant \frac{AB + CD}{2}$$

因此
$$S_{ABCD} \leqslant EG \cdot HF \leqslant \frac{(AB+CD)(BC+AD)}{4}$$

9.34 凸四边形的周长等于 4,证明:它的面积不超过 1.

提示 根据问题 9.33 有
$$S_{ABCD} \leqslant \frac{(AB+CD)(BC+AD)}{4}$$

因为 $ab \leqslant \frac{(a+b)^2}{4}$,所以
$$S_{ABCD} \leqslant \frac{(AB+CD+AD+BC)^2}{16} = 1$$

9.35 $\triangle ABC$ 内取点 M,证明:$4S \leqslant AM \cdot BC + BM \cdot AC + CM \cdot AB$,其中 S 是 $\triangle ABC$ 的面积.

提示 由点 B 和 C 向直线 AM 引垂线 BB_1 和 CC_1. 因为
$$BB_1 + CC_1 \leqslant BC$$
所以
$$2S_{\triangle AMB} + 2S_{\triangle AMC} = AM \cdot BB_1 + AM \cdot CC_1 \leqslant AM \cdot BC$$
类似可得
$$2S_{\triangle BMC} + 2S_{\triangle BMA} \leqslant BM \cdot AC, 2S_{\triangle CMA} + 2S_{\triangle CMB} \leqslant CM \cdot AB$$
将这三个不等式相加,即得所证.

9.36* 在半径为 R 的圆中内接有面积为 S 的多边形,圆的圆心在多边

第9章 几何不等式
DIJIUZHANG JIHE BUDENGSHI

形内.在多边形每条边上各取一点,证明:以选择的点为顶点的凸多边形的周长不小于 $\frac{2S}{R}$.

提示 设在边 $A_1A_2, A_2A_3, \cdots, A_nA_1$ 上取点 $B_1, \cdots, B_n$, O 是圆心.再设 $S_k = S_{OB_kA_{k+1}B_{k+1}} = \frac{OA_{k+1} \cdot B_kB_{k+1}\sin\varphi}{2}$, 其中 φ 是 OA_{k+1} 和 B_kB_{k+1} 之间的角.因为 $OA_{k+1} = R, \sin\varphi \leqslant 1$,所以

$$S_k \leqslant \frac{R \cdot B_kB_{k+1}}{2}$$

所以 $S = S_1 + \cdots + S_n \leqslant \frac{R(B_1B_2 + \cdots + B_nB_1)}{2}$

即多边形 $B_1B_2\cdots B_n$ 的周长不小于 $\frac{2S}{R}$.

9.37* 在面积为 S 的凸四边形 $ABCD$ 内取一点 O,并且 $AO^2 + BO^2 + CO^2 + DO^2 = 2S$,证明:$ABCD$ 是以 O 为中心的正方形.

提示 显然 $2S_{\triangle AOB} \leqslant AO \cdot OB \leqslant \frac{AO^2 + BO^2}{2}$,并且仅当 $\angle AOB = 90°$ 且 $AO = BO$ 时取等号.类似有

$$2S_{\triangle BOC} \leqslant \frac{BO^2 + CO^2}{2}, 2S_{\triangle COD} \leqslant \frac{CO^2 + DO^2}{2}, 2S_{\triangle DOA} \leqslant \frac{DO^2 + AO^2}{2}$$

将这些不等式相加,得到 $2S = 2(S_{\triangle AOB} + S_{\triangle BOC} + S_{\triangle COD} + S_{\triangle DOA}) \leqslant AO^2 + BO^2 + CO^2 + DO^2$,并且仅当 $AO = BO = CO = DO$ 且 $\angle AOB = \angle BOC = \angle COD = \angle DOA = 90°$ 时取等号,也就是 $ABCD$ 是正方形且点 O 是它的中心.

§6 关于面积的不等式

9.38 设点 M 和 N 在 $\triangle ABC$ 的边 AB 和 AC 上,并且 $AM = CN, AN = BM$,证明:四边形 $BMNC$ 的面积至少是 $\triangle AMN$ 面积的 3 倍.

提示 必须证明,$\frac{S_{\triangle ABC}}{S_{\triangle AMN}} \geqslant 4$.因为

$$AB = AM + MB = AM + AN = AN + NC = AC$$

所以 $\dfrac{S_{\triangle ABC}}{S_{\triangle AMN}} = \dfrac{AB \cdot AC}{AM \cdot AN} = \dfrac{(AM + AN)^2}{AM \cdot AN} \geqslant 4$

9.39 $\triangle ABC, \triangle A_1B_1C_1, \triangle A_2B_2C_2$ 的面积分别等于 S, S_1, S_2，并且 $AB = A_1B_1 + A_2B_2, AC = A_1C_1 + A_2C_2, BC = B_1C_1 + B_2C_2$，证明：$S \leqslant 4\sqrt{S_1 S_2}$.

提示 利用海伦公式 $S^2 = p(p-a)(p-b)(p-c)$. 因为
$$p - a = (p_1 - a_1) + (p_2 - a_2)$$
而
$$(x + y)^2 \geqslant 4xy$$
所以
$$(p - a)^2 \geqslant 4(p_1 - a_1)(p_2 - a_2)$$
类似地有
$(p-b)^2 \geqslant 4(p_1-b_1)(p_2-b_2), (p-c)^2 \geqslant 4(p_1-c_1)(p_2-c_2), p^2 \geqslant 4p_1p_2$
将这些不等式相乘，即得所证.

9.40 $ABCD$ 是面积为 S 的凸四边形. 直线 AB 和 CD 之间的角等于 α，AD 和 BC 之间的角等于 β，证明
$$AB \cdot CD\sin\alpha + AD \cdot BC\sin\beta \leqslant 2S \leqslant AB \cdot CD + AD \cdot BC$$

提示 为确定起见可以认为射线 BA 和 CD，BC 和 AD 相交（图9.8），则如果添加 $\triangle ADC$ 成为 $\square ADCK$，点 K 应落在四边形 $ABCD$ 内部，所以
$$2S \geqslant 2S_{\triangle ABK} + 2S_{\triangle BCK} =$$
$$AB \cdot AK\sin\alpha + BC \cdot CK\sin\beta =$$
$$AB \cdot CD\sin\alpha + BC \cdot AD\sin\beta$$

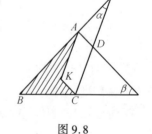

图 9.8

当点 D 在线段 AC 上时，取等号. 设点 D' 是 D 关于线段 AC 中垂线的对称点，则
$$2S = 2S_{ABCD'} = 2S_{\triangle ABD'} + 2S_{\triangle BCD'} \leqslant$$
$$AB \cdot AD' + BC \cdot CD' = AB \cdot CD + BC \cdot AD$$

9.41 过三角形内一点引三条直线平行于它的边. 这三条直线分三角形所成各部分的面积如图9.9中所标示的，证明

第9章　几何不等式
DIJIUZHANG　JIHE BUDENGSHI

$$\frac{a}{\alpha}+\frac{b}{\beta}+\frac{c}{\gamma}\geqslant \frac{3}{2}$$

提示　因为 $\alpha=2\sqrt{bc},\beta=2\sqrt{ca},\gamma=2\sqrt{ab}$(参见问题 1.34),根据几何平均与算术平均之间的不等式有

$$\frac{a}{\alpha}+\frac{b}{\beta}+\frac{c}{\gamma}\geqslant 3\sqrt[3]{\frac{abc}{\alpha\beta\gamma}}=\frac{3}{2}$$

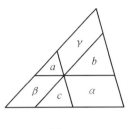

图 9.9

9.42　$\triangle ABC$ 和 $\triangle A_1B_1C_1$ 的面积等于 S 和 S_1,并且 $\triangle ABC$ 不是钝角三角形. $\frac{a_1}{a},\frac{b_1}{b}$ 和 $\frac{c_1}{c}$ 中最大的比等于 k,证明:$S_1\leqslant k^2 S$.

提示　不等式 $\alpha<\alpha_1,\beta<\beta_1$ 和 $\gamma<\gamma_1$ 不能同时成立,所以,例如 $\alpha_1\leqslant\alpha\leqslant 90°$,而这意味着 $\sin\alpha_1\leqslant\sin\alpha$. 因此,$2S_1=a_1b_1\sin\alpha_1\leqslant k^2 ab\sin\alpha=2k^2 S$.

9.43　(1) 点 B,C 和 D 分圆的(小)弧 AE 为四个相等的部分,证明:$S_{\triangle ACE}<8S_{\triangle BCD}$.

(2) 由点 A 引圆的切线 AB 和 AC.通过(小)弧 BC 的中点 D 引切线,交线段 AB 和 AC 于点 M 和 N,证明:$S_{\triangle BCD}<2S_{\triangle MAN}$.

提示　(1) 设弦 AE 和 BD 交直径 CM 于点 K 和 L,则
$$AC^2=CK\cdot CM,BC^2=CL\cdot CM$$

即
$$\frac{CK}{CL}=\frac{AC^2}{BC^2}<4$$

此外
$$\frac{AE}{BD}=\frac{AE}{AC}<2$$

因此
$$\frac{S_{\triangle ACE}}{S_{\triangle BCD}}=\frac{AE\cdot CK}{BD\cdot CL}<8$$

(2) 设 H 是线段 BC 的中点.因为
$$\angle CBD=\angle BCD=\angle ABD$$

所以 D 是 $\triangle ABC$ 的角平分线的交点,所以
$$\frac{AD}{DH}=\frac{AB}{BH}>1$$

因此
$$S_{\triangle MAN} > \frac{S_{\triangle ABC}}{4}$$
$$S_{\triangle BCD} = \frac{BC \cdot DH}{2} < \frac{BC \cdot AH}{4} = \frac{S_{\triangle ABC}}{2}$$

9.44* 凸多边形的所有边都向外侧移动距离 h，证明：在这种情况下，多边形的面积的增加量大于 $Ph + \pi h^2$，其中 P 是周长．

提示 在原来多边形的各边上向外作高为 h 的矩形（图 9.10），再加上几个四边形．这几个四边形可以组拼成一个多边形，其中可内切一个半径为 h 的圆．这些四边形面积之和大于半径为 h 的圆的面积．即大于 πh^2．同样显然，添加的矩形面积的和等于 Ph．

9.45* 将一个正方形分割为多个矩形，证明：所有这些矩形的外接圆面积之和不小于原来的正方形外接圆的面积．

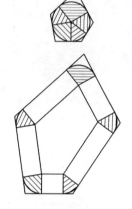

图 9.10

提示 设 $s, s_1, \cdots, s_n$ 是正方形及组成它的矩形的面积．$S, S_1, \cdots, S_n$ 是这个正方形及组成它的诸矩形的外接圆的面积，我们证明 $s_k \leqslant \frac{2S_k}{\pi}$．事实上，如果矩形的边等于 a 和 b，则 $s_k = ab$ 和 $S_k = \pi R^2$，其中 $R^2 = \frac{a^2}{4} + \frac{b^2}{4}$，所以
$$s_k = ab \leqslant \frac{a^2 + b^2}{2} = \frac{2\pi R^2}{\pi} = \frac{2S_k}{\pi}$$

因此
$$\frac{2S}{\pi} = s = s_1 + \cdots + s_k \leqslant \frac{2(S_1 + \cdots + S_n)}{\pi}$$

9.46* 证明：凸五边形每对相邻的边与相应的对角线所形成的五个三角形的面积之和大于整个五边形的面积．

提示 为确定起见，设 $\triangle ABC$ 是具有最小面积的三角形．对角线 AD 和 EC 的交点记为 F，则

第9章 几何不等式
DIJIUZHANG JIHE BUDENGSHI

$$S_{ABCDE} < S_{\triangle AED} + S_{\triangle EDC} + S_{ABCF}$$

因为点 F 在线段 EC 上,$S_{\triangle EAB} \geqslant S_{\triangle CAB}$,所以

$$S_{\triangle EAB} \geqslant S_{\triangle FAB}$$

类似地有

$$S_{\triangle DCB} \geqslant S_{\triangle FCB}$$

所以 $\quad S_{ABCF} = S_{\triangle FAB} + S_{\triangle FCB} \leqslant S_{\triangle EAB} + S_{\triangle DCB}$

因此 $S_{ABCDE} < S_{\triangle AED} + S_{\triangle EDC} + S_{\triangle EAB} + S_{\triangle DCB}$,这甚至是比要证的更强的不等式.

9.47* (1) 证明:在任意的面积为 S 的凸六边形中,存在截得的三角形的面积不大于 $\dfrac{S}{6}$ 的对角线.

(2) 证明:在任意的面积为 S 的凸八边形中,存在截得的三角形的面积不大于 $\dfrac{S}{8}$ 的对角线.

提示 (1) 分别用 P,Q,R 表示对角线 AD 和 CF,CF 和 BE,BE 和 AD 的交点(图 9.11).因为边 CP 和 QC 在直线 CF 上,而线段 AB 和 DE 在 CF 的不同侧,所以四边形 $ABCP$ 和 $CDEQ$ 不具有公共的内点.类似地,四边形 $ABCP$,$CDEQ$ 和 $EFAR$ 也没有公共内点,所以它们面积之和不超过 S. 因此,$\triangle ABP$,$\triangle BCP$,$\triangle CDQ$,$\triangle DEQ$,$\triangle EFR$,$\triangle FAR$ 面积之和不超过 S,这意味着它们中的一个,例如,$\triangle ABP$ 的面积不超过 $\dfrac{S}{6}$.点 P 在线段 CF 上,所以要么点 C,要么点 F 到直线 AB 的距离不大于点 P 到 AB 的距离,因此,要么 $S_{\triangle ABC} \leqslant S_{\triangle ABP} \leqslant \dfrac{S}{6}$,要么 $S_{\triangle ABF} \leqslant S_{\triangle ABP} \leqslant \dfrac{S}{6}$.

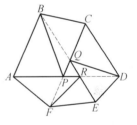

图 9.11

(2) 设 $ABCDEFGH$ 是凸八边形(图 9.12).首先证明,四边形 $ABEF$,$BCFG$,$CDGH$ 和 $DEHA$ 具有公共点.显然,$ABEF$ 和 $CDGH$ 的交点是某个凸

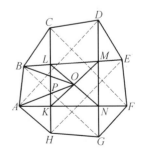

图 9.12

四边形 KLMN. 线段 AF 和 HC 分别在 ∠DAH 和 ∠AHE 的内部, 所以点 K 在四边形 DEHA 的内部. 类似可证, 点 M 在四边形 DEHA 内部, 即整个线段 KM 在它的内部. 类似地有线段 LN 在四边形 BCFG 的内部. 对角线 KM 和 LN 的交点记为 O, 属于所有前述的四边形的内部. 联结点 O 和八边形的顶点分八边形为三角形, 这些三角形中一个, 比如, △ABO 的面积不超过 $\frac{S}{8}$. 线段 AO 交线段 KL 于某个点 P, 所以 $S_{\triangle ABP} \leq S_{\triangle ABO} \leq \frac{S}{8}$. 因为点 P 在对角线 CH 上, 则要么 $S_{\triangle ABC} \leq S_{\triangle ABP} \leq \frac{S}{8}$, 要么 $S_{\triangle ABH} \leq S_{\triangle ABP} \leq \frac{S}{8}$.

9.48* 一个多边形在 Ox 轴, 第 Ⅰ, Ⅲ 象限角平分线. Oy 轴, 第 Ⅱ, Ⅳ 象限的角平分线上的射影分别等于 $4, 3\sqrt{2}, 5, 4\sqrt{2}$. 多边形的面积等于 S, 证明: $S \leq 17.5$.

(参见同样的问题 17.19.)

提示 把四个给定的多边形射影中的每一个看做是由在给定射影上投影的点组成的带形. 每个这样带形的边界都与其余的带形相交, 因为多边形另外的射影比需要的小, 所以已知多边形位于这样一个图形的内部, 它是大小为 4×5 的矩形剪去边为 $a, 3-a, b$ 和 $1-b$ 的四个等腰直角三角形(图 9.13), 剪掉的三角形面积之和等于

$\frac{1}{2}a^2 + \frac{1}{2}(3-a)^2 + \frac{1}{2}b^2 + \frac{1}{2}(1-b)^2 =$
$(a-\frac{3}{2})^2 + \frac{9}{4} + (b-\frac{1}{2})^2 + \frac{1}{4} \geq$
$\frac{10}{4} = 2.5$

所以图形的面积不超过 $20 - 2.5 = 17.5$.

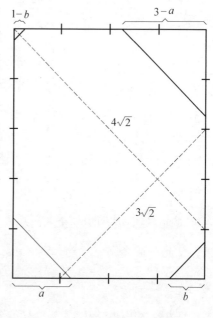

图 9.13

第9章 几何不等式
DIJIUZHANG JIHE BUDENGSHI

§7 面积,一个图形在另一个图形的内部

9.49 在边长为1的正方形内放有一个面积大于0.5的凸多边形,证明:在这个多边形的内部能平行于正方形的边放入一个长为0.5的线段.

提示 过多边形的所有顶点引直线,平行于正方形的一组对边,并且分这个正方形自身为带形区域.每个带形截多边形为梯形或者三角形.只需证明,这些梯形的底中有一个的长大于0.5就足够了.假设所有梯形的底长不超过0.5,则每个梯形的面积不超过包含它的带形高度的一半,所以多边形的面积等于它被分得的梯形与三角形面积之和,不超过带形高度和的一半,即不超过0.5,得出矛盾.

9.50* 在边长为1的正方形内给出 n 个点,证明:

(1) 以这些点或正方形顶点为顶点的三角形中,有某个三角形的面积不超过 $\dfrac{1}{2(n+1)}$.

(2) 以这些点为顶点的三角形中,有一个的面积不超过 $\dfrac{1}{n-2}$.

提示 (1) 设 $P_1, \cdots, P_n$ 是给定的点,联结点 P_1 和正方形的顶点.此时得出四个三角形.然后对 $k = 2, \cdots, n$ 进行下面的操作.如果是 P_k 严格地位于前面得到的三角形中一个的内部,则联结它与这个三角形的顶点.如果 P_k 位于两个三角形的公共边上,则联结它与这两个三角形中公共边所对的顶点.每次这样的操作之后,在两种情况中三角形的个数都增加两个.结果得到 $2(n+1)$ 个三角形.这些三角形面积之和等于1,所以它们中有一个的面积不超过 $\dfrac{1}{2(n+1)}$.

(2) 研究包含给定点的最小的凸多边形.设它具有 k 个顶点.如果 $k = n$,则这 k 边形可以用由一个顶点引出的对角线分为 $(n-2)$ 个三角形.如果 $k < n$,则 k 边形内部有 $(n-k)$ 个点且它能用在上题指出的方法分成三角形.此时,得到 $k + 2(n-k-1) = 2n - k - 2$ 个三角形.因为 $k < n$,所以 $2n - k - 2 > n - 2$.

被分成的三角形面积之和小于1,而小三角形数量不小于 $n-2$,所以它们中

至少有一个的面积不超过 $\dfrac{1}{n-2}$.

9.51* (1) 在面积为 S 的圆中内接有一个面积为 S_1 的正 n 边形,而围绕这个圆外切有一个面积为 S_2 的正 n 边形,证明:$S^2 > S_1 S_2$.

(2) 在周长等于 L 的圆中内接有一个周长为 P_1 的正 n 边形,而围绕这个圆外切有一个周长为 P_2 的正 n 边形,证明:$L^2 < P_1 P_2$.

提示 (1) 可以认为圆外切正 n 边形 $A_1 \cdots A_n$ 和圆内接正 n 边形 $B_1 \cdots B_n$ 这样放置,使得直线 $A_i B_i$ 相交于已知圆的中心 O. 设 C_i 和 D_i 是边 $A_i A_{i+1}$ 和 $B_i B_{i+1}$ 的中点,则

$$S_{\triangle OB_i C_i} = p \cdot OB_i \cdot OC_i,\ S_{\triangle OB_i D_i} = p \cdot OB_i \cdot OD_i,\ S_{\triangle OA_i C_i} = p \cdot OA_i \cdot OC_i$$

其中 $p = \dfrac{\sin \angle A_i O C_i}{2}$. 因为

$$\frac{OA_i}{OC_i} = \frac{OB_i}{OD_i}$$

所以
$$S^2_{\triangle OB_i C_i} = S_{\triangle OB_i D_i} \cdot S_{\triangle OA_i C_i}$$

剩下注意,包含于 $\angle A_i O C_i$ 内的圆的部分的面积大于 $S_{\triangle OB_i C_i}$,而包含于这个角内部的内接与外切多边形部分的面积等于 $S_{\triangle OB_i D_i}$ 和 $S_{\triangle OA_i C_i}$.

(2) 设圆的半径等于 R,则

$$P_1 = 2nR\sin\frac{\pi}{n},\ P_2 = 2nR\tan\frac{\pi}{n},\ L = 2\pi R$$

必须证明,当 $0 < x \leq \dfrac{\pi}{3}$ 时,$\sin x \tan x > x^2$. 因为(参见本章最后的 §13)

$$\left(\frac{\sin x}{x}\right)^2 \geq \left(1 - \frac{x^2}{6}\right)^2 = 1 - \frac{x^2}{3} + \frac{x^4}{36},\ 0 < \cos x \leq 1 - \frac{x^2}{2} + \frac{x^4}{24}$$

剩下检验,$1 - \dfrac{x^2}{3} + \dfrac{x^4}{36} \geq 1 - \dfrac{x^2}{2} + \dfrac{x^4}{24}$,即 $12x^2 > x^4$. 当 $x \leq \dfrac{\pi}{3}$ 时这个不等式成立.

9.52* 面积为 B 的多边形内接于面积为 A 的圆且外切于面积为 C 的圆,证明:$2B \leq A + C$.

提示 设 O 是变内切圆为外接圆的位似中心. 用点 O 引出的,过多边形的

第9章 几何不等式
DIJIUZHANG JIHE BUDENGSHI

顶点及它的边与内切圆的切点的射线来分割平面(图 9.14).只要证明所要证的不等式对包含在这些射线形成的角的内部的圆与多边形的部分成立就足够了.设角的两边交内切圆与外接圆分别于 P,Q 和 R,S,同时 P 是切点而 S 是多边形的顶点.圆的部分的面积大于 $\triangle OPQ$ 和 $\triangle ORS$ 的面积,所以证明,$2S_{\triangle OPS} \leqslant S_{\triangle OPQ} + S_{\triangle ORS}$ 就够了.因为 $2S_{\triangle OPS} = 2S_{\triangle OPQ} + 2S_{\triangle PQS}$,$S_{\triangle ORS} = S_{\triangle OPQ} + S_{\triangle PQS} + S_{\triangle PRS}$,剩下证明 $S_{\triangle PQS} \leqslant S_{\triangle PRS}$.这个不等式显然成立.因为 $\triangle PQS$ 和 $\triangle PRS$ 引向底边 RQ 和 RS 的高相等,而 $PQ < RS$.

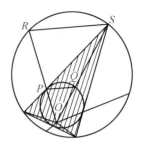

图 9.14

9.53* 在半径为 1 的圆中放入两个三角形,每个三角形的面积都大于 1,证明:这两个三角形一定相交.

提示 只需证明,两个三角形都包含圆心 O 就足够了.我们证明,如果 $\triangle ABC$ 放在半径为 1 的圆内,不包含圆心,则它的面积小于 1.其实,对位于三角形外的任一点,能找到过两个顶点的直线且分这个点与第三个顶点于直线的两侧.为确定起见,设直线 AB 分点 C 与 O 为两侧,则 $h_c < 1, AB < 2$,所以 $S = \dfrac{h_c \cdot AB}{2} < 1$.

9.54* (1) 证明:在面积为 S,周长为 P 的凸多边形内能够放入一个半径为 $\dfrac{S}{P}$ 的圆.

(2) 在面积为 S_1 周长为 P_1 的凸多边形内放入了一个面积为 S_2,周长为 P_2 的凸多边形,证明:$\dfrac{2S_1}{P_1} > \dfrac{S_2}{P_2}$.

提示 (1) 在多边形的边上向形内作宽度为 $R = \dfrac{S}{p}$ 的矩形,这些矩形没盖住全部的多边形(这些矩形相交并且可能在多边形边界外,而它们面积的和等于多边形面积).没被覆盖的点离多边形的所有边都比 R 要远,所以半径为 R 的圆,圆心放在没有被覆盖的一点,这个圆能完整地放在这个多边形的内部.

(2) 由问题(1)得出,在内多边形中能放入一个半径为 $\dfrac{S_2}{p_2}$ 的圆. 显然,这个圆在外多边形的内部. 剩下证明,如果在多边形内部放有半径为 R 的圆,则 $R \leqslant \dfrac{2S}{p}$. 为此,联结圆心 O 与各顶点,则多边形被分为面积为 $\dfrac{h_i a_i}{2}$ 的三角形,其中 h_i 是 O 到第 i 条边的距离,而 a_i 是第 i 条边的长. 因为 $h_i \geqslant R$,所以 $2S = \sum h_i a_i \geqslant \sum R a_i = RP$.

9.55* 证明:位于三角形内部的平行四边形的面积不超过三角形面积的一半.

提示 首先研究平行四边形的两边在直线 AB 和 AC 上,而顶点 X 在边 BC 上的情况. 如果 $\dfrac{BX}{CX} = \dfrac{x}{1-x}$,则平行四边形的面积与三角形面积之比等于 $2x(1-x) \leqslant \dfrac{1}{2}$.

在一般情况下作包含已知平行四边形一对边的平行线(图 9.15). 已知平行四边形的面积不超过阴影平行四边形面积的和. 而它们属于与前述不同的情况. 如果包含已知平行四边形一对边的直线只能与三角形的两个边相交,则可以限制在一个阴影平行四边形中.

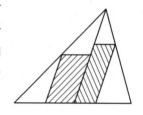

图 9.15

9.56* 证明:顶点位于平行四边形边上的三角形的面积不超过平行四边形面积的一半.

提示 首先考查这样的情况:$\triangle ABC$ 的两个顶点 A 和 B 在平行四边形的一条边 PQ 上,则 $AB \leqslant PQ$ 且引向边 AB 上的高线不大于平行四边形的高,所以 $\triangle ABC$ 的面积不大于平行四边形面积的一半.

如果三角形的顶点在平行四边形不同的边上,则三角形中有两个顶点在平行四边形的一组对边上. 过第三个顶点引这条边的平行线(图 9.16). 它分平行四边形为两个平行四边形,而三角形被分成了两个三角形,同时两个三角形都是有两个顶点在平行四边形一

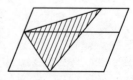

图 9.16

第9章　几何不等式

条边上的三角形.化归为所考查的情况.

* * *

9.57* 证明:任意面积为1的锐角三角形能够放入面积为 $\sqrt{3}$ 的直角三角形内.

提示 设 M 是已知锐角 $\triangle ABC$ 的最大边 BC 的中点.以 M 为圆心半径为 MA 的圆交射线 MB 和 MC 于点 B_1 和 C_1.因为 $\angle BAC < 90°$,所以 $MB < MB_1$.

为确定起见,设 $\angle AMB \leqslant \angle AMC$,即 $\angle AMB \leqslant 90°$,则

$$AM^2 + MB^2 \leqslant AB^2 \leqslant BC^2 = 4MB^2$$

即

$$AM \leqslant \sqrt{3} BM$$

如果 AH 是 $\triangle ABC$ 的高线,则

$$AH \cdot BC = 2$$

即

$$S_{\triangle AB_1C_1} = \frac{B_1C_1 \cdot AH}{2} = AM \cdot AH \leqslant \sqrt{3} BM \cdot AH = \sqrt{3}$$

9.58* (1) 证明:面积为 S 的凸多边形能够放入某个面积不大于 $2S$ 的矩形之中.

(2) 证明:在面积为 S 的凸多边形中能够内接一个面积不小于 $\frac{S}{2}$ 的平行四边形.

提示 (1) 设 AB 是多边形 M 中的边或对角线中最大者.多边形 M 包含在过点 A 和 B 线段 AB 的垂线形成的带形域内.对多边形 M 引两条平行于 AB 的支撑直线.设它们交多边形 M 于点 C 和 D.结果多边形 M 包含于矩形中,它的面积等于 $2S_{\triangle ABC} + 2S_{\triangle ABD} \leqslant 2S$.

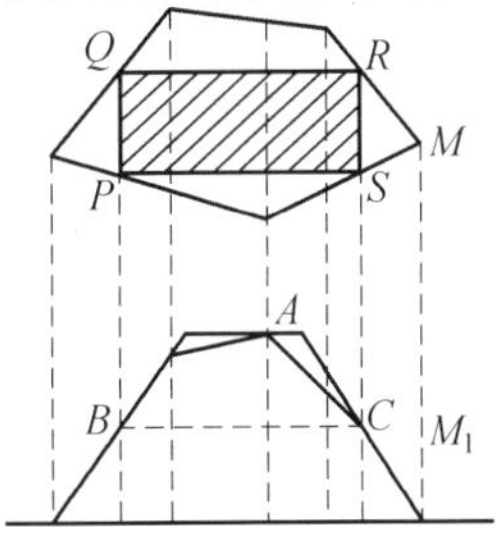

(2) 设 M 是原来的多边形,l 是任意直线.考查多边形 M_1,它的一条边是 M 在 l 上的射影,而垂直于 l 的任何直线截多边形 M 和 M_1 的长相等(图9.17).容易检验,多边形 M_1 也是凸的,并且它的面积等于 S.设 A 是多边形 M_1 中离 l 最远的点.距点 A 和直线 l 等远的直线交多边形 M_1 于点 B 和 C.过点 B 和 C 引支撑直线.

图9.17

结果围绕多边形 M_1 是个外接梯形(过点 A 也能引支撑直线);这个梯形的面积不小于 S.如果梯形的高(即由点 A 到直线 l 的距离)等于 h,则它的面积等于 $h \cdot BC$,即 $h \cdot BC \geqslant S$.考查过点 B 和 C 引的垂直于 l 的直线截多边形 M 的线段 PQ 和 RS.这些截线的长等于 $\dfrac{h}{2}$,所以 $PQRS$ 是个平行四边形且它的面积等于 $\dfrac{BC \cdot h}{2} \geqslant \dfrac{S}{2}$.

9.59* 证明:在任意面积为 1 的凸多边形中,可以放置一个三角形,它的面积不小于:(1) $\dfrac{1}{4}$;(2) $\dfrac{3}{8}$.

提示 (1) 将多边形夹在平行线之间.平行移动平行线,直到每条直线接触到多边形的某顶点 A 和 B.然后用平行于 AB 的平行线夹多边形,同样的办法得到接触的顶点 C 和 D(图 9.18).于是原来的多边形含于平行四边形之内,因此这个平行四边形的面积不小于 1.另一方面,$\triangle ACB$ 和 $\triangle ADB$ 的面积之和等于平行四边形面积之半,于是这两个三角形中,必有一个面积不小于 $\dfrac{1}{4}$.

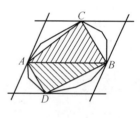

图 9.18

(2) 如同(1)中作法那样,将多边形夹在平行线限定的带内,且使 A 与 B 两顶点在平行的直线上.设这条带的宽度为 d.引三条平行线,将这条带分成宽度皆为 $\dfrac{d}{4}$ 的四条窄的带.令这三条平行线中的第一条与第三条与多边形的边分别交于 K, L 和 M, N(图 9.19).延长点 K, L, M, N 所在的边,使它们与原来的夹多边形的带的两条边界线相交,又与后引的三条平行线中的第二条相交,这时形成了两个梯形,它们分别以 KL 和 MN 为中位线,高皆为 $\dfrac{d}{2}$.由于这两个梯形完全覆盖了整个多边形,所以它们的面积之和不小于多边形的面积,故 $\dfrac{1}{2}d \cdot KL + \dfrac{1}{2}d \cdot MN \geqslant 1$. $\triangle AMN$ 和 $\triangle BKL$ 含在原来多边形之中,它们的面积之和等于

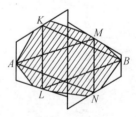

图 9.19

$$\frac{3d \cdot MN + 3d \cdot KL}{8} \geq \frac{3}{4},$$ 因此两个三角形中必有一个面积不小于 $\frac{3}{8}$.

9.60* 在边长为1的正方形内放入一个凸 n 边形,证明:能够找到这个 n 边形的这样的三个顶点 A, B 和 C,使 $\triangle ABC$ 的面积不超过. (1) $\frac{8}{n^2}$; (2) $\frac{16\pi}{n^2}$.

提示 我们证明,甚至存在三个相邻的顶点满足需要的条件. 设 α_i 是第 i 和第 $(i+1)$ 条边之间的角, $\beta_i = \pi - \alpha_i$, 而 a_i 是第 i 条边的长.

(1) 第 i 和 $(i+1)$ 条边形成的三角形的面积等于 $S_i = \dfrac{a_i a_{i+1} \sin \alpha_i}{2}$. 设 S 是这些三角形面积中的最小的面积,则

$$2S \leq a_i a_{i+1} \sin \alpha_i$$

所以 $$(2S)^n \leq (a_1^2 \cdots a_n^2)(\sin \alpha_1 \cdots \sin \alpha_n) \leq a_1^2 \cdots a_n^2$$

根据算术平均与几何平均之间的不等式 $(a_1 \cdots a_n)^{\frac{1}{n}} \leq \dfrac{a_1 + \cdots + a_n}{n}$, 有

$$2S \leq (a_1 \cdots a_n)^{\frac{2}{n}} \leq \frac{(a_1 + \cdots + a_n)^2}{n^2}$$

因为 $a_i \leq p_i + q_i$, 其中 p_i 和 q_i 是第 i 条边在正方形的垂直边和水平边上的射影, 所以

$$a_1 + \cdots + a_n \leq (p_1 + \cdots + p_n) + (q_1 + \cdots + q_n) \leq 4$$

所以 $$2S \leq 16 n^2$$

即 $$S \leq \frac{8}{n^2}$$

(2) 利用上面的不等式证明

$$2S \leq (a_1 \cdots a_n)^{\frac{2}{n}} (\sin \alpha_1 \cdots \sin \alpha_n)^{\frac{1}{n}} \leq \frac{16}{n^2} (\sin \alpha_1 \cdots \sin \alpha_n)^{\frac{1}{n}}$$

因为 $\sin \alpha_i = \sin \beta_i$ 且 $\beta_1 + \cdots + \beta_n = 2\pi$, 所以

$$(\sin \alpha_1 \cdots \sin \alpha_n)^{\frac{1}{n}} = (\sin \beta_1 \cdots \sin \beta_n)^{\frac{1}{n}} \leq \frac{\beta_1 + \cdots + \beta_n}{n} = \frac{2\pi}{n}$$

所以 $$2S \leq \frac{32\pi}{n^3}$$

即 $$S \leq \frac{16\pi}{n^3}$$

§8 正方形内的折线

9.61* 在边长为1的正方形内有一条长为1 000的不自身相交的折线,证明:总能找到一条平行于正方形一边的直线,交这条折线至少500个点.

提示 设 l_i 是折线第 i 个线节的长,a_i 和 b_i 是它在正方形边上的射影,则 $l_i \leq a_i + b_i$,因此 $1\,000 = l_1 + \cdots + l_n \leq (a_1 + \cdots + a_n) + (b_1 + \cdots + b_n)$,即要么 $a_1 + \cdots + a_n \geq 500$,要么 $b_1 + \cdots + b_n \geq 500$. 如果线节在长为1的边上射影长的和不小于500,则在边上有一点是不小于500个不同的折线线节的射影,即过这个点的边的垂线交折线至少500个点.

9.62* 在边长为1的正方形内有一条长为 L 的折线. 已知正方形的每个点与这条折线的某个点的距离小于 ε,证明: $L \geq \dfrac{1}{2\varepsilon} - \dfrac{\pi\varepsilon}{2}$.

提示 到已知线段距离不超过 ε 的点的轨迹如图 9.20 所示. 这个图形的面积等于 $\pi\varepsilon^2 + 2\varepsilon l$,其中 l 是线段的长. 对给定折线的全部 N 个线段都作这样的图形. 因为相邻的图形有 $(N-1)$ 个公共的半径为 ε 以折线的非端点的顶点为圆心的圆,则这些图形覆盖的面积不超过 $N\pi\varepsilon^2 + 2\varepsilon(l_1 + \cdots + l_n) - (N-1)\pi\varepsilon^2 = 2\varepsilon L + \pi\varepsilon^2$. 因为正方形的任一点到折线的某个点的距离小于 ε,这些图形覆盖全部正方形,所以 $1 \leq 2\varepsilon L + \pi\varepsilon^2$,即 $L \geq \dfrac{1}{2\varepsilon} - \dfrac{\pi\varepsilon}{2}$.

图 9.20

9.63* 在边长为1的正方形内放入 n^2 个点,证明:存在联结所有这些点的折线,其长度不超过 $2n$.

提示 将正方形分为 n 个竖直的带形小长方块,每块中包含 n 个点. 每个带状矩形中由上到下联结其内的点得到 n 条折线. 这些折线可以用两种方法联结成一条折线(图 9.21(a) 和 (b)). 考查联结不同带形的线段. 用两种方法得到的所有这样的线段的并想象为一对折线,并且它们中每个的线节水平射影的长

第9章 几何不等式

不超过 1,所以对于一种方法的联结线段水平射影长的和不超过 1,这就是考查的这个联结.对于联结线节水平射影长的和不超过 1,而对所有其余的线节不超过 $(n-1)(h_1 + \cdots + h_n)$,其中 h_i 是第 i 个带形的宽.显然,$h_1 + \cdots + h_n = 1$.折线所有线节竖直射影的和不超过 n.总计得到,所有线节竖直与水平射影的和不超过 $1 + (n-1) + n = 2n$,所以折线的长不超过 $2n$.

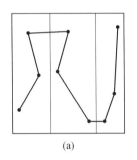 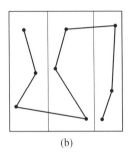

图 9.21

9.64* 在边长为 100 的正方形内放有折线 L,它具有这样的性质:正方形的任意点离开 L 不大于 0.5,证明:在 L 上存在两个点,它们之间的距离不大于 1,而沿着 L 它们之间的距离不小于 198.

提示 设 M 和 N 是折线的端点.沿着折线由 M 走到 N.设 A_1 是遇到的第一个折线上的点,它离正方形某个顶点的距离为 0.5.考查与这个顶点相邻的正方形的顶点.设 B_1 是折线上在点 A_1 以后离这两个顶点之一距离为 0.5 的第一个点.与点 A_1 和 B_1 邻近的正方形顶点分别用 A 和 B 来表示(图 9.22).用 L_1 表示由 M 到 A_1 的折线部分,用 L_2 表示由 A_1 到 N 的折线部分.设 X 和 Y 是在 AD 上的点的集合,且分别离 L_1 和 L_2 不超过

图 9.22

0.5.根据问题条件,X 和 Y 覆盖整个边 AD.显然,A 属于 X,而 D 不属于 X,所以 D 属于 Y,即两个集合 X 与 Y 非空.但它们每一个由某些线段组成,所以它们应当具有公共点 P.因此,在 L_1 和 L_2 上存在点 F_1 和 F_2,使得 $PF_1 \leqslant 0.5, PF_2 \leqslant 0.5$.

我们证明,F_1 和 F_2 即为所求的点.事实上,$F_1F_2 \leqslant F_1P + PF_2 \leqslant 1$.另一方面,从 F_1 走到 F_2,应当过点 B,而 $F_1B_1 \geqslant 99$ 且 $F_2B_1 \geqslant 99$,这是因为点 B_1 离边

BC 不大于 0.5,而 F_1 与 F_2 离边 AD 不大于 0.5.

§9 四边形

9.65 在四边形 $ABCD$ 中 $\angle A$ 和 $\angle B$ 相等,而 $\angle D > \angle C$,证明: $AD < BC$.

提示 设 $\angle A = \angle B$,只需证明,如果 $AD < BC$,则 $\angle D > \angle C$ 就足够了. 在边 BC 上取点 D_1,使得 $BD_1 = AD$,则 ABD_1D 是等腰梯形,所以 $\angle D > \angle D_1 DA = \angle DD_1 B > \angle C$.

9.66 在梯形 $ABCD$ 中,夹底边 AD 的两个角满足不等式 $\angle A < \angle D < 90°$,证明: $AC > BD$.

提示 设 B_1 和 C_1 是点 B 和 C 在底边 AD 上的射影. 因为
$$\angle BAB_1 < \angle CDC_1, BB_1 = CC_1$$
所以
$$AB_1 > DC_1$$
所以
$$B_1 D < AC_1$$
因此
$$BD^2 = B_1 D^2 + B_1 B^2 < AC_1^2 + CC_1^2 = AC^2$$

9.67 证明:如果四边形的两个对角是钝角,则联结这两个角的顶点的对角线比另一条对角线短.

提示 设 $\angle B$ 和 $\angle D$ 是四边形 $ABCD$ 中的钝角,则点 B 和 D 在以 AC 为直径的圆内. 因为圆内任两点之间的距离小于圆的直径,所以 $BD < AC$.

9.68 证明:由任意一点到一个等腰梯形三个顶点的距离之和大于这个点到第四个顶点的距离.

提示 在等腰梯形 $ABCD$ 中对角线 AC 和 BD 相等,所以对任意点 M 有
$$BM + (AM + CM) \geq BM + AC = BM + BD \geq DM$$

9.69 四边形 $ABCD$ 中 $\angle A$ 是钝角,F 是边 BC 的中点,证明:$2FA < $

第9章 几何不等式
DIJIUZHANG JIHE BUDENGSHI

$BD + CD$.

提示 设 O 是线段 BD 的中点. 点 A 在以 BD 为直径的圆内,所以 $OA < \dfrac{BD}{2}$,此外 $FO = \dfrac{CD}{2}$,因此

$$2FA \leqslant 2FO + 2OA < CD + BD$$

9.70 已知四边形 $ABCD$,证明:$AC \cdot BD \leqslant AB \cdot CD + BC \cdot AD$.(托勒密不等式)

提示 在射线 AB,AC 和 AD 上标注线段 AB',AC' 和 AD',它们的长度是 $\dfrac{1}{AB}$,$\dfrac{1}{AC}$ 和 $\dfrac{1}{AD}$,则

$$\frac{AB}{AC} = \frac{AC'}{AB'}$$

即
$$\triangle ABC \backsim \triangle AC'B'$$

这两个三角形的相似系数等于 $\dfrac{1}{AB \cdot AC}$,所以

$$B'C' = \frac{BC}{AB \cdot AC}$$

类似可得
$$C'D' = \frac{CD}{AC \cdot AD}, \quad B'D' = \frac{BD}{AB \cdot AD}$$

由这三个表达式组成不等式 $B'D' \leqslant B'C' + C'D'$ 并且两边乘以 $AB \cdot AC \cdot AD$,即得所证.

9.71 设 M 和 N 是凸四边形 $ABCD$ 的边 BC 和 CD 的中点,证明:$S_{ABCD} < 4S_{\triangle AMN}$.

提示 显然
$$S_{ABCD} = S_{\triangle ABC} + S_{\triangle ACD} = 2S_{\triangle AMC} + 2S_{\triangle ANC} = 2(S_{\triangle AMN} + S_{\triangle CMN})$$

如果线段 AM 交对角线 BD 于点 A_1,则
$$S_{\triangle CMN} = S_{\triangle A_1 MN} < S_{\triangle AMN}$$

即
$$S_{ABCD} < 4S_{\triangle AMN}$$

9.72 点 P 为凸四边形 $ABCD$ 内一点,证明:点 P 到四边形顶点距离的和小于四边形顶点之间两两距离之和.

提示 对角线 AC 和 BD 相交于点 O.为确定起见,设点 P 在 $\triangle AOB$ 内部,则 $AP + BP \leq AO + BO < AC + BD$(参见问题 9.30 的提示)且 $CP + DP < CB + BA + AD$.

9.73 凸四边形的两条对角线分它为四个三角形.设 P 是四边形的周长,Q 是分得的三角形的内切圆圆心形成的四边形的周长,证明:$P \cdot Q > 4S_{ABCD}$.

提示 设 r_i, S_i 和 p_i 是所得到的三角形的内切圆半径,面积和半周长,则

$$Q \geq 2\sum r_i = 2\sum \frac{S_i}{P_i} > 4\sum \frac{S_i}{P} = \frac{4S}{P}$$

9.74 证明:由凸四边形的一个顶点到所对的对角线的距离不超过这条对角线的一半.

提示 设 $AC \leq BD$.由顶点 A 和 C 向对角线 BD 引垂线 AA_1 和 CC_1,则 $AA_1 + CC_1 \leq AC \leq BD$,而这意味着 $AA_1 \leq \dfrac{BD}{2}$ 或者 $CC_1 \leq \dfrac{BD}{2}$.

9.75* 过四边形 $ABCD$ 的对角线的交点引线段 KL,而它的端点落在边 AB 和 CD 上,证明:线段 KL 的长不超过一条对角线的长.

提示 过线段 KL 的两个端点引与它垂直的两条直线并且考查四边形的顶点在这两条直线上的射影及直线 AC 和 BD 与这两条直线的交点(图 9.23).为确定起见,设点 A 在这两条直线给出的带形内,而点 B 在带形外面,则可以认为点 D 在带形内部,因为此外 $BD > KL$,并且完成证明.因为

$$\frac{AA'}{BB'} \leq \frac{A_1 K}{B_1 K} = \frac{C_1 L}{D_1 L} \leq \frac{CC'}{DD'}$$

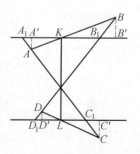

图 9.23

第 9 章 几何不等式
DIJIUZHANG JIHE BUDENGSHI

则要么 $AA' \leqslant CC'$(则 $AC > KL$),要么 $BB' \geqslant DD'$(则 $BD > KL$).

9.76* 在平行四边形 P_1 中内接有平行四边形 P_2,而在平行四边形 P_2 中内接有平行四边形 P_3,其中 P_3 的边与 P_1 的边平行,证明:P_1 中至少有一条边不超过 P_3 中平行于它的边的 2 倍.

(参见同类的问题 13.21,15.3(1).)

提示 引入如图 9.24 所示的表记.所有考查的平行四边形具有公共的中心(问题 1.7).平行四边形 P_3 的边长等于 $a + a_1$ 和 $b + b_1$,而平行四边形 P_1 的边长等于 $a + a_1 + 2x$ 和 $b + b_1 + 2y$,所以必须验证

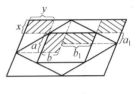

图 9.24

$$a + a_1 + 2x \leqslant 2(a + a_1)$$

或

$$b + b_1 + 2y \leqslant 2(b + b_1)$$

即

$$2x \leqslant a + a_1$$

或

$$2y \leqslant b + b_1$$

假设,$a + a_1 < 2x, b + b_1 < 2y$,则

$$\sqrt{aa_1} \leqslant \frac{a + a_1}{2} < x, \sqrt{bb_1} < y$$

另一方面,阴影平行四边形的面积相等(问题 4.19)指出 $ab = xy = a_1 b_1$,这就是说,$\sqrt{aa_1} \sqrt{bb_1} = xy$. 得出矛盾.

§10 多边形

9.77 证明:如果凸五边形的内角形成等差级数,则每个内角都大于 $36°$.

提示 设五边形的内角等于 $\alpha, \alpha + \gamma, \alpha + 2\gamma, \alpha + 3\gamma, \alpha + 4\gamma$,其中 $\alpha, \gamma \geqslant 0$. 因为五边形的内角和等于 3π,则 $5\alpha + 10\gamma = 3\pi$. 由凸五边形得出,所有内角都小于 π,即 $\alpha + 4\gamma < \pi$ 或者 $-\frac{5\alpha}{2} - 10\gamma > \frac{-5\pi}{2}$. 最后的不等式与等式 $5\alpha + 10\gamma = 3\pi$ 相加,得到 $\frac{5\alpha}{2} > \frac{\pi}{2}$,即 $\alpha > \frac{\pi}{5} = 36°$.

9.78* 设 $ABCDE$ 是内接于半径为1的圆内的凸五边形,并且 $AB = a$, $BC = b, CD = c, DE = d, AE = 2$,证明:$a^2 + b^2 + c^2 + d^2 + abc + bcd < 4$.

提示 显然

$$4 = AE^2 = |\vec{AB} + \vec{BC} + \vec{CD} + \vec{DE}|^2 =$$
$$|\vec{AB} + \vec{BC}|^2 + 2(\vec{AB} + \vec{BC}, \vec{CD} + \vec{DE}) + |\vec{CD} + \vec{DE}|^2$$

因为 $\angle ACE = 90°$,所以

$$(\vec{AB} + \vec{BC}, \vec{CD} + \vec{DE}) = (\vec{AC}, \vec{CE}) = 0$$

所以

$$4 = |\vec{AB} + \vec{BC}|^2 + |\vec{CD} + \vec{DE}| =$$
$$AB^2 + BC^2 + CD^2 + DE^2 + 2(\vec{AB}, \vec{BC}) + 2(\vec{CD}, \vec{DE})$$

即只需证明 $abc < 2(\vec{AB}, \vec{BC}), bcd < 2(\vec{CD}, \vec{DE})$ 就够了. 因为

$$2(\vec{AB}, \vec{BC}) = 2ab\cos(180° - \angle ABC) = 2ab\cos\angle AEC = ab \cdot CE$$

且
$$c < CE$$

所以
$$abc < 2(\vec{AB}, \vec{BC})$$

第二个不等式类似可证,因为可以引入新的记号 $A_1 = E, B_1 = D, C_1 = C, a_1 = d, b_1 = c, c_1 = b$,并且不等式 $bcd < 2(\vec{CD}, \vec{DE})$ 改变形式为 $a_1 b_1 c_1 < 2(\vec{A_1 B_1}, \vec{B_1 C_1})$.

9.79* 在边长为1的正六边形内取一点 P,证明:由点 P 到六边形某三个顶点的距离不小于1.

提示 设 B 是已知正六边形 $A_1 \cdots A_6$ 中边 $A_1 A_2$ 的中点,O 是它的中心. 可以认为,点 P 在 $\triangle A_1 OB$ 的内部. 因为由点 A_3 到直线 BO 的距离等于1,所以 $PA_3 \geq 1$. 因为,由点 A_4 和 A_5 到直线 $A_3 A_6$ 的距离等于1,则 $PA_4 \geq 1$ 和 $PA_5 \geq 1$①.

9.80* 证明:如果凸六边形 $ABCDEF$ 的边长等于1,则 $\triangle ACE$ 与 $\triangle BDF$

---

① 此句有误,应为"由 A_4 到过 $A_2 A_3$ 中点和 $A_5 A_6$ 中点的直线的距离等于1,则 $PA_4 \geq 1$,由 A_5 到过 $A_3 A_4$ 中点和 $A_1 A_6$ 中点的直线的距离等于1,则 $PA_5 \geq 1$."(译者注)

第9章　几何不等式
DIJIUZHANG JIHE BUDENGSHI

中有一个的外接圆半径不超过1.

提示　假设, $\triangle ACE$ 和 $\triangle BDF$ 的外接圆半径大于1. 设 O 是 $\triangle ACE$ 外接圆的中心,则
$$\angle ABC > \angle AOC, \angle CDE > \angle COE, \angle EFA > \angle EOA$$
这意味着, $\angle B + \angle D + \angle F > 2\pi$. 类似可得 $\angle A + \angle C + \angle E > 2\pi$,即六边形 $ABCDEF$ 的内角和大于 4π. 得到矛盾.

注　类似可证, $\triangle ACE$ 和 $\triangle BDF$ 中有一个的外接圆半径不小于1.

9.81* 凸六边形 $ABCDEF$ 的边长小于1,证明:对角线 AD, BE, CF 中有一个的长小于2.

提示　可以认为, $AE \leqslant AC \leqslant CE$. 根据问题 9.70, $AD \cdot CE \leqslant AE \cdot CD + AC \cdot DE < AE + AC \leqslant 2CE$, 即 $AD < 2$.

9.82* 七边形 $A_1 \cdots A_7$ 内接于圆,证明:如果圆心在七边形内,则顶点为 A_1, A_3, A_5 的三个内角的和小于 $450°$.

提示　因为
$$\angle A_1 = 180° - \frac{\overparen{A_2 A_7}}{2}, \angle A_3 = 180° - \frac{\overparen{A_4 A_2}}{2}, \angle A_5 = 180° - \frac{\overparen{A_6 A_4}}{2}$$
所以
$$\angle A_1 + \angle A_3 + \angle A_5 = 2 \times 180° + \frac{1}{2}(360° - \overparen{A_2 A_7} - \overparen{A_4 A_2} - \overparen{A_6 A_4}) = 2 \times 180° - \frac{\overparen{A_7 A_6}}{2}$$
因为圆心在七边形内部,所以 $\overparen{A_7 A_6} < 180°$, 所以
$$\angle A_1 + \angle A_3 + \angle A_5 < 360° + 90° = 450°$$

*　　　*　　　*

9.83 (1) 证明:如果一条线段在互相垂直的两条直线上的射影长等于 a 和 b,那么这条线段的长不小于 $\frac{a+b}{\sqrt{2}}$.

(2) 多边形在坐标轴上的射影长等于 a 和 b,证明:其周长不小于 $\sqrt{2}(a+b)$.

提示 (1) 必须证明,如果 c 是直角三角形的斜边,a 和 b 是它的直角边,则
$$c \geqslant \frac{a+b}{\sqrt{2}}$$
即
$$(a+b)^2 \leqslant 2(a^2+b^2)$$
显然 $(a+b)^2 = (a^2+b^2) + 2ab \leqslant (a^2+b^2) + (a^2+b^2) = 2(a^2+b^2)$

(2) 设 d_i 是多边形第 i 条边的长,而 x_i 和 y_i 是这条边在两条坐标轴上射影的长,则
$$x_1 + \cdots + x_n \geqslant 2a, \quad y_1 + \cdots + y_n \geqslant 2b$$
根据问题(1)有
$$d_i \geqslant \frac{x_i + y_i}{\sqrt{2}}$$
所以
$$d_1 + \cdots + d_n \geqslant \frac{x_1 + \cdots + x_n + y_1 + \cdots + y_n}{\sqrt{2}} \geqslant \sqrt{2}(a+b)$$

9.84* 证明:周长为 P 的凸多边形的边可以组成两条线段,这两条线段长度之差不大于 $\frac{P}{3}$.

提示 取一条长为 P 的线段并且在它上面以下列方式放置多边形的边:在线段的一端放置最大边,在另一端放置次大的边,而所有其余的边放在它们之间.因为多边形的任一边都小于 $\frac{P}{2}$,线段的中点 O 不能在这两条最大的边上.点 O 所在的边之长不超过 $\frac{P}{3}$(如若不然,前两边也大于 $\frac{P}{3}$,这三个边的和将大于 P),所以它有一个顶点离开点 O 不大于 $\frac{P}{6}$.这个顶点分长为 P 的线段为两条所求的线段,因为这两条线段的差不超过 $2 \cdot \frac{P}{6} = \frac{P}{3}$.

9.85* n 边形 $A_1A_2\cdots A_n$ 由 n 个刚性杆通过接头联结而成,证明:如果 $n > 4$,那么它能够变形为一个三角形.

提示 设 a 是给定多边形的最大边(如果最大边不止一个,则选其中任一

第9章 几何不等式

DIJIUZHANG   JIHE BUDENGSHI

个即可).研究选出边 a 以后剩下的多边形的部分.选取一点,平分这部分的周长.如果这个点是多边形的顶点,则显然可变形这个多边形为等腰三角形.现在假设,这个点在边 b 上,而包含在边 a 和 b 之间的多边形部分的周长等于 x 和 y,则 $x + b \geq y, y + b \geq x$.如果,例如 $x = 0$,则可以由 a, b, y 组成三角形.所以将认为 $x, y \neq 0$.假设无论由线段 $a, x, y + b$,还是由线段 $a, y, x + b$ 都不能组成三角形.联结折线端点的线段,所以 $a < x + y + b$.此外有 $x + b \geq y$ 和 $y + b \geq x$.这意味着成立不等式 $a + x \leq y + b, a + y \leq x + b$,所以 $x = y$ 且 $a \leq b$.但根据假设 $a \geq b$,这意味着 $a = b$.根据条件多边形的边数大于4,所以长为 x 的折线之一由周长为 x_1 和 x_2 两部分组成.容易检验,由长为 $x, a + x_1, a + x_2$ 的线段,其中 $x_1 + x_2 = x$,可以组成三角形.

9.86* 在凸多边形 $A_1 \cdots A_n$ 内部取一点 O.设 α_k 是顶点为 A_k 的角的度数,$x_k = OA_k, d_k$ 是点 O 到直线 $A_k A_{k+1}$ 的距离,证明:$\sum x_k \sin \frac{\alpha_k}{2} \geq \sum d_k$,$\sum x_k \cos \frac{\alpha_k}{2} \geq p$,其中 p 是多边形的半周长.

提示 设 $\beta_k = \angle OA_k A_{k+1}$,则
$$x_k \sin \beta_k = d_k = x_{k+1} \sin(\alpha_{k+1} - \beta_{k+1})$$

所以
$$2 \sum d_k = \sum x_k (\sin(\alpha_k - \beta_k) + \sin \beta_k) =$$
$$2 \sum x_k \sin \frac{\alpha_k}{2} \cos\left(\frac{\alpha_k}{2} - \beta_k\right) \leq 2 \sum x_k \sin \frac{\alpha_k}{2}$$

同样显然
$$A_k A_{k+1} = x_k \cos \beta_k + x_{k+1} \cos(\alpha_{k+1} - \beta_{k+1})$$

所以
$$2p = \sum A_k A_{k+1} = \sum x_k (\cos(\alpha_k - \beta_k) + \cos \beta_k) =$$
$$2 \sum x_k \cos \frac{\alpha_k}{2} \cos\left(\frac{\alpha_k}{2} - \beta_k\right) \leq 2 \sum x_k \cos \frac{\alpha_k}{2}$$

在两种情况下达到等式,仅当 $\alpha_k = 2\beta_k$,即 O 是内切圆中心的时候.

9.87* 边长为 a 的正 $2n$ 边形 M_1 位于边长为 $2a$ 的正 $2n$ 边形 M_2 的内部,证明:多边形 M_1 包含多边形 M_2 的中心.

提示 假设多边形 M_2 的中心在多边形 M_1 的外面.那么存在多边形 M_1 的使得多边形 M 和点 O 在直线 AB 的不同侧的边 AB.设 CD 是多边形 M_1 的平行于

AB 的边,直线 AB 和 CD 间的距离等于多边形 M_2 的内切圆 S 的半径.另一方面,线段 CD 在多边形 M_2 的内部,因此线段 CD 的长小于多边形 M_2 边长的一半(问题 10.69).得出矛盾.

9.88* 在正多边形 $A_1 \cdots A_n$ 内部取一点 O,证明:至少有一个 $\angle A_i O A_j$ 满足不等式 $\pi\left(1 - \dfrac{1}{n}\right) \leqslant \angle A_i O A_j \leqslant \pi$.

提示 设 A_1 是靠近点 O 的多边形的顶点,用过顶点 A_1 的对角线分多边形为三角形,则点 O 在这些三角形一个中,例如,在三角形 $A_1 A_k A_{k+1}$ 中.如果点 O 落在边 $A_1 A_k$ 上,则 $\angle A_1 O A_k = \pi$,问题得解,所以将认为点 O 在 $\triangle A_1 A_k A_{k+1}$ 内部,因为

$$A_1 O \leqslant A_k O, A_1 O \leqslant A_{k+1} O$$

所以
$$\angle A_1 A_k O \leqslant \angle A_k A_1 O, \angle A_1 A_{k+1} O \leqslant \angle A_{k+1} A_1 O$$

因此
$$\angle A_k O A_1 + \angle A_{k+1} O A_1 = (\pi - \angle O A_1 A_k - \angle O A_k A_1) + (\pi - \angle O A_1 A_{k+1} - \angle O A_{k+1} A_1) \geqslant$$
$$2\pi - 2\angle O A_1 A_k - 2\angle O A_1 A_{k+1} = 2\pi - 2\angle A_k A_1 A_{k+1} =$$
$$2\pi - \frac{2\pi}{n}$$

也就是 $\angle A_k O A_1$ 和 $\angle A_{k+1} O A_1$ 之一不小于 $\pi\left(1 - \dfrac{1}{n}\right)$.

9.89* 证明:当 $n \geqslant 7$ 时,在凸 n 边形内部存在一点,它到各顶点距离之和大于周长.

提示 设 d 是已知 n 边形的最大对角线(或者边)AB 的长,则该 n 边形的周长 P 不超过 πd(问题 13.45).设 A'_i 是顶点 A_i 在线段 AB 上的射影,则 $\sum AA'_i \geqslant \dfrac{nd}{2}$ 或者 $\sum BA'_i \geqslant \dfrac{nd}{2}$(问题 9.91).为确定起见,设成立第一个不等式,因为 $\dfrac{n}{2} \geqslant 3.5 > \pi$,则 $\sum AA_i > \sum AA'_i \geqslant \dfrac{nd}{2} > \pi d \geqslant P$. n 边形中任一个充分靠近顶点 A 的点,具有所需要的性质.

第9章 几何不等式

DIJIUZHANG JIHE BUDENGSHI

9.90* （1）凸多边形 $A_1\cdots A_n$ 与 $B_1\cdots B_n$ 的所有对应边，除 A_1A_n 和 B_1B_n 外都相等，且 $\angle A_2 \geq \angle B_2,\cdots,\angle A_{n-1} \geq \angle B_{n-1}$，同时至少有一个不等的边，证明：$A_1A_n > B_1B_n$.

（2）不全等的多边形 $A_1\cdots A_n$ 和 $B_1\cdots B_n$ 的对应边相等.在多边形 $A_1\cdots A_n$ 的每个顶点旁边写上 $\angle A_i - \angle B_i$ 差的符号，证明：当 $n \geq 4$ 时，带有不同符号的相邻的顶点至少有4对.（考查的表示差为0的两个顶点：只在顶点有零差值的两个顶点，认为是相邻接的.）

（参见同样的问题 4.38,4.54,13.45.）

提示 （1）首先假设 $\angle A_i > \angle B_i$，而对所有剩下的考查的角对成立等式.放置多边形，使得顶点 $A_1,\cdots,A_i$ 与 $B_1,\cdots,B_i$ 重合.在 $\triangle A_1 A_i A_n$ 和 $\triangle A_1 A_i B_n$ 中边 $A_i A_n$ 和 $A_i B_n$ 相等且 $\angle A_1 A_i A_n > \angle A_1 A_i B_n$，所以 $A_1 A_n > A_1 B_n$.

如果还有某个角不等，则多边形 $A_1\cdots A_n$ 和 $B_1\cdots B_n$ 能包含有多边形的小链，它的顺序的项正如各种形式上面的情况.

（2）当完整绕多边形时减号变为加号多少次反过来符号改变也是多少次，所以带有不同符号的相邻顶点的对数是偶数.剩下检验，符号的改变数不能等于两次（符号的改变数不等于0，因为两个多边形内角和是相同的）.

假设，符号改变数等于2.设 P 和 Q，P' 和 Q' 是多边形 $A_1\cdots A_n$ 和 $B_1\cdots B_n$ 中改变符号的边的中点.对多边形对于 M_1 和 M'_1，M_2 和 M'_2（图 9.25）可以应用问题(1)的论断；在一种情况下得出 $PQ > P'Q'$，而在另一种情况得 $PQ < P'Q'$，这是不能存在的.

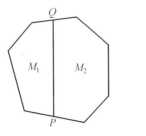 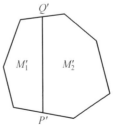

图 9.25

§11 各种问题

9.91 在长为 1 的线段上给出 n 个点,证明:线段上某个点到这些点的距离之和不小于 $\dfrac{n}{2}$.

提示 设 A 和 B 是线段的端点,$X_1,\cdots,X_n$ 是给定的点. 因为
$$AX_i + BX_i = 1$$
所以
$$\sum AX_i + \sum BX_i = n$$
因此
$$\sum AX_i \geqslant \dfrac{n}{2}$$
或
$$\sum BX_i \geqslant \dfrac{n}{2}$$

9.92* 树林中生长着圆柱形的树木. 电信员需要在距离为 l 的两点 A 和 B 之间架设电话线,证明:为此目的,$1.6l$ 长的电线对这块地区来说就足够了.

提示 沿线段 AB 接紧电话线,当遇到树木时,则以劣弧环绕它们(图 9.26). 只需证明,沿圆弧的路程不大于沿直线路程的 1.6 倍就够了. 弧度角为 2φ 对的弦长之比,等于 $\dfrac{\varphi}{\sin \varphi}$,因为 $0 < \varphi \leqslant \dfrac{\pi}{2}$ 时,所以 $\dfrac{\varphi}{\sin \varphi} \leqslant \dfrac{\pi}{2} < 1.6$(§13).

图 9.26

9.93* 在某个树林中,任意两棵树之间的距离都不超过它们的高度之差,所有树木的高度都小于 100 m,证明:这个树林能够用长度为 200 m 的栅栏围起来.

提示 设树高 $a_1 > a_2 > \cdots > a_n$ 生长在点 $A_1,\cdots,A_n$,则根据条件 $A_1A_2 \leqslant |a_1 - a_2| = a_1 - a_2,\cdots,A_{n-1}A_n \leqslant a_{n-1} - a_n$,因此折线 $A_1A_2\cdots A_n$ 的长不超过 $(a_1 - a_2) + (a_2 - a_3) + \cdots + (a_{n-1} - a_n) = a_1 - a_n < 100$ m. 这条折线能用不

第9章 几何不等式

超过 200 m 的栅栏围起来(图 9.27).

(译注:这里没有考虑栅栏与树间的距离.)

9.94* 把纸片剪成一个多边形(不一定是凸的).沿着某一条直线折叠多边形,使两个小片黏合在一起得到一个新的多边形,问所得多边形的周长能够大于原来多边形的周长吗?

图 9.27

提示 在得到的多边形中分出黏合的部分(在图 9.28 中这些部分划有细斜线).所有不属于划细斜线多边形的边,包含于原来多边形和所得到多边形的周长中.画有细斜线的多边形的边在直线上的折叠处,包含在所得到的多边形的周长中,而所有其余的边,包含于原来的多边形周长中.因为任何多边形的位于某条直线上的它的边的和小于其余边的和,所以原来多边形的周长总大于所得多边形的周长.

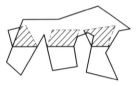

图 9.28

9.95* 在三角形中内切一个圆,围绕这个圆外切有一个正方形,证明:正方形在三角形外面的部分不超过正方形周长的一半.

提示 三角形与它的内切圆切于三个点,而正方形切这个圆于四个点,所以在三角形与圆的某两个切点之间有两个正方形与圆的切点,因此在三角形内部至少有一个正方形的"小角"(即正方形的顶点在由它出发的正方形边的一半处).如果这样的"小角"有两个,那么立刻得出,三角形内部有至少一半的正方形的周长.假设这样的"小角"只有一个,即三个其余的"小角"至少局部地位于三角形外面(则对应的正方形顶点也在三角形外面).我们证明,这三个"小角"每一个位于三角形内部不小于周长的 $\frac{1}{3}$.位于三角形外部"小角"的部分是直角边为 a 和 b 斜边为 c 的直角三角形,位于三角形内部的线段是 $1-a$ 和 $1-b$(假设正方形的边长等于2),显然

$$(1-a)+(1-b)=c, a \leqslant c, b \leqslant c$$

所以

$$a+b \leqslant 2c = 4-2(a+b)$$

即
$$a + b \leqslant \frac{4}{3}$$

这意味着,三角形外面有不多于 $\frac{2}{3}$ 的"小角"的周长. 于是三角形内部的图形,具有的周长至少是 $2 + 3 \times \frac{2}{3} = 4$,而整个正方形的周长等于 8.

* * *

9.96 证明:长为 1 的闭折线能放入半径为 0.25 的圆中.

提示 取折线上的两个点 A 和 B,它平分闭折线的周长,则 $AB \leqslant \frac{1}{2}$. 我们证明,折线上所有的点都位于以线段 AB 的中点 O 为圆心,半径为 $\frac{1}{4}$ 的圆内,设 M 是折线上任一点,而点 M_1 是它关于点 O 的对称点,则 $MO = \frac{M_1 M}{2} \leqslant \frac{M_1 A + AM}{2} = \frac{BM + AM}{2} \leqslant \frac{1}{4}$,因为 $BM + AM$ 不超过已知折线长的一半.

9.97* 将锐角三角形放置在一个圆内,证明:这个圆的半径不小于该三角形外接圆的半径.

这个结论对钝角三角形对吗?

提示 设锐角 $\triangle ABC$ 放在圆 S 内. 作 $\triangle ABC$ 的外接圆 S_1. 因为 $\triangle ABC$ 是锐角三角形,则圆 S_1 位于在圆 S 中的弧的度数,大于 $180°$,所以在这个弧上可以选取一组对径点,即圆 S 内包含有 S_1 的直径,因此圆 S 的半径不小于圆 S_1 的半径.

类似的论断对钝角三角形来说是不正确的. 钝角三角形位于以它的最大边 a 为直径所作的圆的内部. 这个圆的半径等于 $\frac{a}{2}$,而三角形外接圆的半径等于 $\frac{a}{2\sin\alpha}$. 显然 $\frac{a}{2} < \frac{a}{2\sin\alpha}$.

9.98* 证明:锐角三角形的周长不小于 $4R$.

(参见这样的问题 14.25,20.4.)

第9章 几何不等式

提示 1 任意周长为 P 的三角形能放在半径为 $\dfrac{P}{4}$ 的圆中(问题 9.96),而如果锐角三角形放在半径为 R_1 的圆中,则 $R_1 \geqslant R$(问题 9.97),所以 $\dfrac{P}{4} = R_1 \geqslant R$.

提示 2 如果 $0 < x < \dfrac{\pi}{2}$,则 $\sin x > \dfrac{2x}{\pi}$(参见 §13),所以

$$a + b + c = 2R(\sin \alpha + \sin \beta + \sin \gamma) > \dfrac{2R(2\alpha + 2\beta + 2\gamma)}{\pi} = 4R$$

§12 供独立解答的问题

9.99 两条线段分矩形 $ABCD$ 为四个小矩形,证明:邻近顶点 A 和 C 的两个小矩形中有一个的面积不超过 $ABCD$ 面积的 $\dfrac{1}{4}$.

9.100 证明:在凸四边形 $ABCD$ 中如果 $AB + BD = AC + CD$,则边 BC 的中垂线与线段 AD 相交.

9.101 证明:如果凸四边形的对角线 AC 被对角线 BD 所平分,且 $AB > BC$,则 $AD < DC$.

9.102 圆外切梯形的底等于 2 和 11,证明:梯形两腰的延长线相交成锐角.

9.103 梯形的两底等于 a 和 b,又高等于 h,证明:该梯形有一条对角线的长不小于 $\sqrt{h^2 + \dfrac{(b+a)^2}{4}}$.

9.104 n 边形 M_1 的顶点是凸 n 边形 M 的各边的中点,证明:当 $n \geqslant 3$ 时,M_1 的周长不小于 M 的周长的一半;而当 $n \geqslant 4$ 时,M_1 的面积不小于 M 的面积的一半.

9.105 在半径为 1 的圆中内接有一个多边形,它的边长都在 1 与 $\sqrt{2}$ 之间,求这个多边形的边数.

§13 某些不等式

1. 最经常利用的是两个数的算术平均与几何平均之间的不等式：$\sqrt{ab} \leqslant \dfrac{a+b}{2}$，其中 a 和 b 是正数.这个不等式可由 $a - 2\sqrt{ab} + b = (\sqrt{a} - \sqrt{b})^2 \geqslant 0$ 推出；仅当 $a = b$ 时取等号.

由这个不等式得出某些有益的不等式，例如

$$x(a - x) \leqslant \left(\dfrac{x + a - x}{2}\right)^2 = \dfrac{a^2}{4}$$

当 $a > 0$ 时，$a + \dfrac{1}{a} \geqslant 2\sqrt{a \cdot \dfrac{1}{a}} = 2$.

2. 在解某些问题时利用 n 个正数的算术平均与几何平均之间的不等式：$(a_1 a_2 \cdots a_n)^{\frac{1}{n}} \leqslant \dfrac{a_1 + a_2 + \cdots + a_n}{n}$，并且仅当 $a_1 = \cdots = a_n$ 时取等号.

首先对形如 $n = 2^m$ 的数，按照对 m 的归纳法证明这个不等式.当 $m = 1$ 时是前面证明了的不等式.假设不等式对 m 成立，我们对 $m + 1$ 对它进行证明.显然

$$a_k a_{k+2^m} \leqslant \left(\dfrac{a_k + a_{k+2^m}}{2}\right)^2$$

所以

$$(a_1 a_2 \cdots a_{2^{m+1}})^{\frac{1}{2^{m+1}}} \leqslant (b_1 b_2 \cdots b_{2^m})^{\frac{1}{2^m}}$$

其中 $b_k = \dfrac{a_k + a_{k+2^m}}{2}$，而根据归纳假设

$$(b_1 \cdots b_{2^m})^{\frac{1}{2^m}} \leqslant \dfrac{1}{2^m}(b_1 + \cdots + b_{2^m}) = \dfrac{1}{2^{m+1}}(a_1 + \cdots + a_{2^{m+1}})$$

现在设 n 为任意正整数，则对某个 m 有 $n < 2^m$.假设 $a_{n+1} = \cdots = a_{2^m} = \dfrac{a_1 + \cdots + a_n}{n} = A$，显然

$$(a_1 + \cdots + a_n) + (a_{n+1} + \cdots + a_{2^m}) = nA + (2^m - n)A = 2^m A$$

$$a_1 \cdots a_{2^m} = a_1 \cdots a_n \cdot A^{2^m - n}$$

所以 $a_1 \cdots a_n \cdot A^{2^m - n} \leqslant \left(\dfrac{2^m A}{2^m}\right)^{2^m} = A^{2^m}$

第9章　几何不等式

DIJIUZHANG　JIHE BUDENGSHI

即 $a_1 \cdots a_n \leqslant A^n$；仅当 $a_1 = \cdots = a_n$ 时取等号.

3. 对于任意的数 $a_1, \cdots, a_n$，不等式 $(a_1 + \cdots + a_n)^2 \leqslant n(a_1^2 + \cdots + a_n^2)$ 是正确的. 实际上

$$(a_1 + \cdots + a_n)^2 = \sum a_i^2 + 2\sum_{i<j} a_i a_j \leqslant \sum a_i^2 + \sum_{i<j}(a_i^2 + a_j^2) = n\sum a_i^2$$

4. 因为 $\int_0^\alpha \cos t \, dt = \sin \alpha$ 和 $\int_0^\alpha \sin t \, dt = 1 - \cos \alpha$，所以由不等式 $\cos t \leqslant 1$ 出发，得到 $\sin \alpha \leqslant \alpha$，然后 $1 - \cos \alpha \leqslant \dfrac{\alpha^2}{2}$（即 $\cos \alpha \geqslant 1 - \dfrac{\alpha^2}{2}$），$\sin \alpha \geqslant \alpha - \dfrac{\alpha^3}{6}$，$\cos \alpha \leqslant 1 - \dfrac{\alpha^2}{2} + \dfrac{\alpha^4}{24}$，依此类推（对所有的 $\alpha \geqslant 0$ 时不等式正确）.

5. 我们证明，当 $0 \leqslant \alpha \leqslant \dfrac{\pi}{2}$ 时，$\tan \alpha \geqslant \alpha$. 设 AB 是以 O 为圆心半径为 1 的圆的切线，并且 B 是切点；C 是射线 OA 与圆的交点，S 是扇形 BOC 的面积，$\alpha = \angle AOB$，则 $\alpha = 2S < 2S_{\triangle AOB} = \tan \alpha$.

6. 在由 0 到 $\dfrac{\pi}{2}$ 区间段函数 $f(x) = \dfrac{x}{\sin x}$ 单调增加，原因是 $f'(x) = \dfrac{\cos x (\tan x - x)}{\sin^2 x} > 0$. 特别地，$f(\alpha) \leqslant f\left(\dfrac{\pi}{2}\right)$，也就是，当 $0 \leqslant \alpha < \dfrac{\pi}{2}$ 时，$\dfrac{\alpha}{\sin \alpha} \leqslant \dfrac{\pi}{2}$.

7. 如果 $f(x) = a\cos x + b\sin x$，则

$$f(x) \leqslant \sqrt{a^2 + b^2}$$

实际上，存在这样的角 φ，使得

$$\cos \varphi = \dfrac{a}{\sqrt{a^2 + b^2}}, \sin \varphi = \dfrac{b}{\sqrt{a^2 + b^2}}$$

所以 $\qquad f(x) = \sqrt{a^2 + b^2}\cos(\varphi - x) \leqslant \sqrt{a^2 + b^2}$

仅当 $\varphi = x + 2k\pi$，即 $\cos \varphi = \dfrac{a}{\sqrt{a^2 + b^2}}, \sin \varphi = \dfrac{b}{\sqrt{a^2 + b^2}}$ 时取等号.

第 10 章   三角形元素的不等式

本章与前一章联系紧密.基础知识见前章.

§1 中 线

10.1 证明:如果 $a > b$,则 $m_a < m_b$.

提示 设中线 AA_1 和 BB_1 相交于点 M.因为 $BC > AC$,所以点 A 和 C 在线段 AB 的中垂线的同一侧,即中线 CC_1 和点 M 也在同一侧,所以 $AM < BM$,这意味着 $m_a < m_b$.

10.2 三角形的中线 AA_1 和 BB_1 相交于点 M,证明:如果四边形 A_1MB_1C 是圆外切的,则 $AC = BC$.

提示 假设,例如 $a > b$,则 $m_a < m_b$(问题 10.1).因为四边形 A_1MB_1C 是圆外切的,所以

$$\frac{a}{2} + \frac{m_b}{3} = \frac{b}{2} + \frac{m_a}{3}$$

即

$$\frac{a-b}{2} = \frac{m_a - m_b}{3}$$

得出矛盾.

10.3 $\triangle ABM$, $\triangle BCM$ 和 $\triangle ACM$ 的周长相等,其中 M 是 $\triangle ABC$ 中线的交点,证明:$\triangle ABC$ 是正三角形.

提示 设,例如 $BC > AC$,则 $MA < MB$(参见问题 10.1),所以

$$BC + MB + MC > AC + MA + MC$$

第10章 三角形元素的不等式

DISHIZHANG SANJIAOXING YUANSU DE BUDENGSHI

10.4 (1) 证明：如果 a, b, c 是任意三角形的边长，则 $a^2 + b^2 \geqslant \dfrac{c^2}{2}$.

(2) 证明：$m_a^2 + m_b^2 \geqslant \dfrac{9c^2}{8}$.

提示 (1) 因为 $c \leqslant a + b$，所以
$$c^2 \leqslant (a+b)^2 = a^2 + b^2 + 2ab \leqslant 2(a^2 + b^2)$$

(2) 设 M 是 $\triangle ABC$ 中线的交点，根据问题(1) 有
$$MA^2 + MB^2 \geqslant \dfrac{AB^2}{2}$$

即
$$\dfrac{4m_a^2}{9} + \dfrac{4m_b^2}{9} \geqslant \dfrac{c^2}{2}$$

10.5* (1) 证明：$m_a^2 + m_b^2 + m_c^2 \leqslant \dfrac{27R^2}{4}$.

(2) 证明：$m_a + m_b + m_c \leqslant \dfrac{9R}{2}$.

提示 (1) 设 M 是 $\triangle ABC$ 中线的交点，O 是 $\triangle ABC$ 的外接圆中心，则
$$AO^2 + BO^2 + CO^2 = (\overrightarrow{AM} + \overrightarrow{MO})^2 + (\overrightarrow{BM} + \overrightarrow{MO})^2 + (\overrightarrow{CM} + \overrightarrow{MO})^2 =$$
$$AM^2 + BM^2 + CM^2 + 2(\overrightarrow{AM} + \overrightarrow{BM} + \overrightarrow{CM}, \overrightarrow{MO}) + 3MO^2$$

因为 $\overrightarrow{AM} + \overrightarrow{BM} + \overrightarrow{CM} = \mathbf{0}$(问题 13.1(1))，所以
$$AO^2 + BO^2 + CO^2 = AM^2 + BM^2 + CM^2 + 3MO^2 \geqslant AM^2 + BM^2 + CM^2$$

即
$$3R^2 \geqslant \dfrac{4(m_a^2 + m_b^2 + m_c^2)}{9}$$

(2) 只要注意 $(m_a + m_b + m_c)^2 \leqslant 3(m_a^2 + m_b^2 + m_c^2)$ 就够了(参见第9章的 §13).

10.6* 证明：$\dfrac{|a^2 - b^2|}{2c} < m_c \leqslant \dfrac{a^2 + b^2}{2c}$.

提示 海伦公式可以改写为 $16S^2 = 2a^2b^2 + 2a^2c^2 + 2b^2c^2 - a^4 - b^4 - c^4$.

又因为 $m_c^2 = \dfrac{2a^2 + 2b^2 - c^2}{4}$(问题 12.11(1))，所以不等式 $m_c^2 \leqslant \left(\dfrac{a^2 + b^2}{2c}\right)^2$，$m_c^2 > \left(\dfrac{a^2 - b^2}{2c}\right)^2$ 分别等价于 $16S^2 \leqslant 4a^2b^2$，$16S^2 > 0$.

10.7* 设 $x = ab + bc + ca, x_1 = m_a m_b + m_b m_c + m_c m_a$,证明:$\frac{9}{20} < \frac{x_1}{x} < \frac{5}{4}$.

(参见这样的问题 9.1,10.77,10.79,17.17.)

提示 设 $y = a^2 + b^2 + c^2, y_1 = m_a^2 + m_b^2 + m_c^2$,则 $3y = 4y_1$(问题 12.11(2)),$y < 2x$(问题 9.7)和 $2x_1 + y_1 < 2x + y$,因为 $(m_a + m_b + m_c)^2 < (a + b + c)^2$(问题 9.2).不等式 $8x_1 + 4y_1 < 8x + 4y$ 的两边同等式 $3y = 4y_1$ 的两边分别相加,得到 $8x_1 < y + 8x < 10x$,即 $\frac{x_1}{x} < \frac{5}{4}$.

设 M 是 $\triangle ABC$ 中线的交点.添加 $\triangle AMB$ 到 $\square AMBN$.对 $\triangle AMN$ 应用所证的论断,得到 $\frac{\frac{x}{4}}{\frac{4x_1}{9}} < \frac{5}{4}$,即 $\frac{x}{x_1} < \frac{20}{9}$.

§2 高 线

10.8 证明:任意三角形中三条高线长的和小于周长.

提示 显然 $h_a \leqslant b, h_b \leqslant c, h_c \leqslant a$,并且这些不等式中至少有一个是严格的,所以 $h_a + h_b + h_c < a + b + c$.

10.9 三角形的两条高线大于 1,证明:该三角形的面积大于 $\frac{1}{2}$.

提示 设 $h_a > 1, h_b > 1$,则 $a \geqslant h_b > 1$,所以 $S = \frac{ah_a}{2} > \frac{1}{2}$.

10.10 在 $\triangle ABC$ 中,高线 AM 不小于 BC,而高线 BH 不小于 AC,求 $\triangle ABC$ 各角的度数.

提示 根据条件 $BH \geqslant AC$,又因为垂线短于斜线,所以 $BH \geqslant AC \geqslant AM$.类似地有 $AM \geqslant BC \geqslant BH$,所以 $BH = AM = AC = BC$.因为 $AC = AM$,所以线段 AC 与 AM 重合,即 $\angle C = 90°$.又因为 $AC = BC$,所以 $\triangle ABC$ 的角等于 $45°, 45°, 90°$.

第 10 章　三角形元素的不等式

DISHIZHANG　SANJIAOXING YUANSU DE BUDENGSHI

10.11　证明：$\dfrac{1}{2r} < \dfrac{1}{h_a} + \dfrac{1}{h_b} < \dfrac{1}{r}$.

提示　显然，$\dfrac{1}{h_a} + \dfrac{1}{h_b} = \dfrac{a+b}{2S} = \dfrac{a+b}{(a+b+c)r}$，$a+b+c < 2(a+b) < 2(a+b+c)$.

10.12　证明：$h_a + h_b + h_c \geqslant 9r$.

提示　因为 $ah_a = 2S = r(a+b+c)$，所以
$$h_a = r\left(1 + \dfrac{b}{a} + \dfrac{c}{a}\right)$$
将对 h_a，h_b 和 h_c 的这样的不等式相加，并且利用不等式 $\dfrac{x}{y} + \dfrac{y}{x} \geqslant 2$，即得所证.

10.13　设 $a < b$，证明：$a + h_a \leqslant b + h_b$.

提示　因为 $h_a - h_b = 2S\left(\dfrac{1}{a} - \dfrac{1}{b}\right) = \dfrac{2S(b-a)}{ab}$，$2S \leqslant ab$，所以 $h_a - h_b \leqslant b - a$.

10.14*　证明：$h_a \leqslant \sqrt{r_b r_c}$.

提示　根据问题 12.22 有
$$\dfrac{2}{h_a} = \dfrac{1}{r_b} + \dfrac{1}{r_c}$$
此外
$$\dfrac{1}{r_b} + \dfrac{1}{r_c} \geqslant \dfrac{2}{\sqrt{r_b r_c}}$$

10.15*　证明：$h_a \leqslant \dfrac{a}{2}\cot\dfrac{\alpha}{2}$.

提示　因为 $2\sin\beta\sin\gamma = \cos(\beta-\gamma) - \cos(\beta+\gamma) \leqslant 1 + \cos\alpha$，所以
$$\dfrac{h_a}{a} = \dfrac{\sin\beta\sin\gamma}{\sin\alpha} \leqslant \dfrac{1+\cos\alpha}{2\sin\alpha} = \dfrac{1}{2}\cot\dfrac{\alpha}{2}$$

10.16* 设 $a \leq b \leq c$,证明:$h_a + h_b + h_c \leq \dfrac{3b(a^2 + ac + c^2)}{4pR}$.
(参见这样的问题 10.30,10.57,10.77,10.83.)

提示 因为 $\dfrac{b}{2R} = \sin\beta$,所以不等式两边乘以 $2p$ 以后变为
$$(a + b + c)(h_a + h_b + h_c) \leq 3\sin\beta(a^2 + ac + c^2)$$
由两边减 $6S$,得到
$$a(h_b + h_c) + b(h_a + h_c) + c(h_a + h_b) \leq 3\sin\beta(a^2 + c^2)$$
因为,例如 $ah_b = a^2\sin\gamma = \dfrac{a^2c}{2R}$,变为不等式 $a(b^2 + c^2) - 2b(a^2 + c^2) + c(a^2 + b^2) \leq 0$.为了证明最后的不等式考查二次三项式
$$f(x) = x^2(a + c) - 2x(a^2 + c^2) + ac(a + c)$$
容易检验,$f(a) = -a(a - c)^2 \leq 0, f(c) = -c(a - c)^2 \leq 0$.又因为 x 项系数是正的并且 $a \leq b \leq c$,所以 $f(b) \leq 0$.

§3 角平分线

10.17 证明:$l_a \leq \sqrt{p(p - a)}$.

提示 根据问题 12.37(1) 有 $l_a^2 = \dfrac{4bcp(p - a)}{(b + c)^2}$,此外 $4bc \leq (b + c)^2$.

10.18* 证明:$\dfrac{h_a}{l_a} \geq \sqrt{\dfrac{2r}{R}}$.

提示 显然,$\dfrac{h_a}{l_a} = \cos\dfrac{\beta - \gamma}{2}$.根据问题 12.38(1) 有
$$\dfrac{2r}{R} = 8\sin\dfrac{\alpha}{2}\sin\dfrac{\beta}{2}\sin\dfrac{\gamma}{2} = 4\sin\dfrac{\alpha}{2}\left[\cos\dfrac{\beta - \gamma}{2} - \cos\dfrac{\beta + \gamma}{2}\right] = 4x(q - x)$$
其中 $x = \sin\dfrac{\alpha}{2}, q = \cos\dfrac{\beta - \gamma}{2}$.

剩下注意,$4x(q - x) \leq q^2$.

10.19* 证明:(1) $l_a^2 + l_b^2 + l_c^2 \leq p^2$.

第10章 三角形元素的不等式

DISHIZHANG SANJIAOXING YUANSU DE BUDENGSHI

(2) $l_a + l_b + l_c \leqslant \sqrt{3}p$.

提示 (1) 根据问题 10.17 有 $l_a^2 \leqslant p(p-a)$. 三个类似的不等式相加, 即得所证.

(2) 对任意数 l_a, l_b 和 l_c 成立不等式 $(l_a + l_b + l_c)^2 \leqslant 3(l_a^2 + l_b^2 + l_c^2)$.

10.20* 证明: $l_a l_b l_c \leqslant rp^2$.

提示 根据问题 10.17 有 $l_a l_b l_c \leqslant \sqrt{p^3(p-a)(p-b)(p-c)}$. 进一步, 根据海伦公式 $\sqrt{p(p-a)(p-b)(p-c)} = S = rp$.

10.21* 证明: $l_a^2 l_b^2 + l_b^2 l_c^2 + l_c^2 l_a^2 \leqslant rp^2(4R+r)$.

提示 根据问题 10.17 有
$$l_a^2 l_b^2 + l_b^2 l_c^2 + l_a^2 l_c^2 \leqslant p^2((p-a)(p-b) + (p-b)(p-c) + (p-a)(p-c)) =$$
$$p^2(3p^2 - 4p^2 + ab + bc + ac) = p^2(4Rr + r^2)$$
因为 $ab + bc + ac = p^2 + 4Rr + r^2$ (根据问题 12.32.)

10.22* 证明: $l_a + l_b + m_c \leqslant \sqrt{3}p$.

(参见这样的问题 6.42, 10.78, 10.98.)

提示 只需证明 $\sqrt{p(p-a)} + \sqrt{p(p-b)} + m_c \leqslant \sqrt{3}p$ 就够了. 可以认为, $p=1$. 设 $x = 1-a, y = 1-b$, 则
$$m_c^2 = \frac{2a^2 + 2b^2 - c^2}{4} = 1 - (x+y) + \frac{(x-y)^2}{4} = m(x,y)$$
研究函数 $f(x,y) = \sqrt{x} + \sqrt{y} + \sqrt{m(x,y)}$. 需要证明, 当 $x,y \geqslant 0$ 且 $x+y=1$ 时, $f(x,y) \leqslant \sqrt{3}$. 设 $g(x) = f(x,x) = 2\sqrt{x} + \sqrt{1-2x}$. 因为 $g'(x) = \frac{1}{\sqrt{x}} - \frac{1}{\sqrt{1-2x}}$, 则当 x 由 0 增加到 $\frac{1}{3}$ 时 $g(x)$ 由 1 增加到 $\sqrt{3}$, 而当 x 由 $\frac{1}{3}$ 增加到 $\frac{1}{2}$ 时 $g(x)$ 由 $\sqrt{3}$ 减少到 $\sqrt{2}$. 引进新的变量 $d = x-y, q = \sqrt{x} + \sqrt{y}$. 容易检验
$$(x-y)^2 - 2q^2(x+y) + q^4 = 0$$
即
$$x + y = \frac{d^4 + q^4}{2q^2}$$

所以
$$f(x,y) = q + \sqrt{1 - \frac{q^2}{2} - \frac{d^2(2-q^2)}{4q^2}}$$

现在注意 $q^2 = (\sqrt{x} + \sqrt{y})^2 \leq 2(x+y) \leq 2$,也就是 $\frac{d^2(2-q^2)}{4q^2} \geq 0$.因此,对固定 q 的值函数 $f(x,y)$ 取最大值,如果 $d=0$,即 $x=y$;$x=y$ 的情况如上面的分析.

§4 边　　长

10.23　证明:$\frac{9r}{2S} \leq \frac{1}{a} + \frac{1}{b} + \frac{1}{c} \leq \frac{9R}{4S}$.

提示　显然,$\frac{1}{a} + \frac{1}{b} + \frac{1}{c} = \frac{h_a + h_b + h_c}{2S}$.此外,$9r \leq h_a + h_b + h_c$(问题 10.12),$h_a + h_b + h_c \leq m_a + m_b + m_c \leq \frac{9R}{2}$(问题 10.5(2)).

10.24* 　证明:$\frac{2bc\cos\alpha}{b+c} < b+c-a < \frac{2bc}{a}$.

提示　首先证明,$b+c-a < \frac{2bc}{a}$.设 $2x = b+c-a, 2y = a+c-b$,$2z = a+b-c$.需要证明,$2x < \frac{2(x+y)(x+z)}{y+z}$,即 $xy + xz < xy + xz + x^2 + yz$.最后的不等式是显然的.

因为 $2bc\cos\alpha = b^2 + c^2 - a^2 = (b+c-a)(b+c+a) - 2bc$,则
$$\frac{2bc\cos\alpha}{b+c} = b+c-a + \left[\frac{(b+c-a)a}{b+c} - \frac{2bc}{b+c}\right]$$
因为 $b+c-a < \frac{2bc}{a}$,所以方括号中的表达式是负的.

10.25* 　证明:如果 a,b,c 是周长为 2 的三角形的边长,则 $a^2 + b^2 + c^2 < 2(1-abc)$.

提示　根据问题 12.32 有
$$a^2 + b^2 + c^2 = (a+b+c)^2 - 2(ab+bc+ac) = 4p^2 - 2r^2 - 2p^2 - 8rR =$$
$$2p^2 - 2r^2 - 8Rr$$

第 10 章 三角形元素的不等式

DISHIZHANG SANJIAOXING YUANSU DE BUDENGSHI

$$abc = 4prR$$

这样一来,必须证明不等式 $2p^2 - 2r^2 - 8rR < 2(1 - 4prR)$,其中 $p = 1$. 这个不等式是显然的.

10.26* 证明:$20Rr - 4r^2 \leqslant ab + bc + ca \leqslant 4(R + r)^2$.

提示 根据问题 12.32 有
$$ab + bc + ca = r^2 + p^2 + 4Rr$$
此外 $16Rr - 5r^2 \leqslant p^2 \leqslant 4R^2 + 4Rr + 3r^2$(问题 10.36).

§5 外接圆、内切圆、旁切圆的半径

10.27 证明:$rr_c \leqslant \dfrac{c^2}{4}$.

提示 设 $\varphi = \dfrac{\alpha}{2}, \psi = \dfrac{\beta}{2}$. 因为
$$r(\cot \varphi + \cot \psi) = c = r_c(\tan \varphi + \tan \psi)$$
所以
$$c^2 = rr_c\left(2 + \frac{\tan \varphi}{\tan \psi} + \frac{\tan \psi}{\tan \varphi}\right) \geqslant 4rr_c$$

10.28* 证明:$\dfrac{r}{R} \leqslant 2\sin \dfrac{\alpha}{2}\left(1 - \sin \dfrac{\alpha}{2}\right)$.

提示 利用问题 12.38(1) 和 10.47 的结果就足够了. 注意 $x(1 - x) \leqslant \dfrac{1}{4}$,所以 $\dfrac{r}{R} \leqslant \dfrac{1}{2}$.

10.29* 证明:$6r \leqslant a + b$.

提示 因为 $h_c \leqslant a, h_c \leqslant b$,所以
$$4S = 2ch_c \leqslant c(a + b)$$
所以
$$6r(a + b + c) = 12S \leqslant 4ab + 4S \leqslant (a + b)^2 + c(a + b) =$$
$$(a + b)(a + b + c)$$

10.30* 证明:$\frac{r_a}{h_a} + \frac{r_b}{h_b} + \frac{r_c}{h_c} \geq 3$.

提示 因为$\frac{2}{h_a} = \frac{1}{r_b} + \frac{1}{r_c}$(问题12.22),所以

$$\frac{r_a}{h_a} = \frac{1}{2}\left(\frac{r_a}{r_b} + \frac{r_a}{r_c}\right)$$

对$\frac{r_b}{h_b}$和$\frac{r_c}{h_c}$写出类似的等式.并且将它们相加.顾及$\frac{x}{y} + \frac{y}{x} \geq 2$,即得所证.

10.31* 证明:$27Rr \leq 2p^2 \leq \frac{27R^2}{2}$.

提示 因为$Rr = \frac{RS}{p} = \frac{abc}{4p}$(参见问题12.1),所以由不等式$27abc \leq 8p^3 = (a+b+c)^3$推出不等式$27Rr \leq 2p^3$. 因为对任意数$a,b$和$c$都有$(a+b+c)^2 \leq 3(a^2+b^2+c^2)$,所以$p^2 \leq \frac{3(a^2+b^2+c^2)}{4} = m_a^2 + m_b^2 + m_c^2$(参见问题12.11(2)).剩下注意,$m_a^2 + m_b^2 + m_c^2 \leq \frac{27R^2}{4}$(问题10.5(1)).

10.32* 设O是$\triangle ABC$的内心,且$OA \geq OB \geq OC$,证明:$OA \geq 2r$,$OB \geq r\sqrt{2}$.

提示 因为$OA = \frac{r}{\sin\frac{A}{2}}$,$OB = \frac{r}{\sin\frac{B}{2}}$,$OC = \frac{r}{\sin\frac{C}{2}}$,又$\frac{\angle A}{2}$,$\frac{\angle B}{2}$和$\frac{\angle C}{2}$是锐角,所以$\angle A \leq \angle B \leq \angle C$. 因此,$\angle A \leq 60°$,$\angle B \leq 90°$,这意味着$\sin\frac{A}{2} \leq \frac{1}{2}$,$\sin\frac{B}{2} \leq \frac{1}{\sqrt{2}}$.

10.33* 证明:三角形内任一点到它的顶点距离的和不小于$6r$.

提示 如果$\angle C \geq 120°$,由三角形内任一点到它的顶点距离的和不小于$a + b$(问题11.21);此外,$a + b \geq 6r$(问题10.29).

如果三角形所有的角小于$120°$,则到三角形顶点距离取最小和的点这个和的平方等于$\frac{a^2+b^2+c^2}{2} + 2\sqrt{3}S$(问题18.22).进一步$\frac{a^2+b^2+c^2}{2} \geq 2\sqrt{3}S$(问

题 10.55(2)) 并且 $4\sqrt{3}S \geqslant 36r^2$ (问题 10.55(1)).

10.34* 证明: $3\left(\dfrac{a}{r_a} + \dfrac{b}{r_b} + \dfrac{c}{r_c}\right) \geqslant 4\left(\dfrac{r_a}{a} + \dfrac{r_b}{b} + \dfrac{r_c}{c}\right).$

提示 设 $\alpha = \cos\dfrac{A}{2}, \beta = \cos\dfrac{B}{2}, \gamma = \cos\dfrac{C}{2}$. 根据问题 12.18(2) 有

$$\dfrac{a}{r_a} = \dfrac{\alpha}{\beta\gamma}, \dfrac{b}{r_b} = \dfrac{\beta}{\gamma\alpha}, \dfrac{c}{r_c} = \dfrac{\gamma}{\alpha\beta}$$

所以乘以 $\alpha\beta\gamma$ 以后需要的不等式改写为

$$3(\alpha^2 + \beta^2 + \gamma^2) \geqslant 4(\beta^2\gamma^2 + \gamma^2\alpha^2 + \alpha^2\beta^2)$$

因为 $\alpha^2 = \dfrac{1+\cos A}{2}, \beta^2 = \dfrac{1+\cos B}{2}, \gamma^2 = \dfrac{1+\cos C}{2}$, 则转变为不等式

$$\cos A + \cos B + \cos C + 2(\cos A\cos B + \cos B\cos C + \cos C\cos A) \leqslant 3$$

剩下利用问题 10.38 和 10.45 的结果.

10.35* (1) 证明: $5R - r \geqslant \sqrt{3}p.$

(2) 证明: $4R - r_a \geqslant (p-a)\left[\sqrt{3} + \dfrac{a^2 + (b-c)^2}{2S}\right].$

提示 (1) 等式 $4r + r = r_a + r_b + r_c$ (问题 12.25) 同不等式 $R - 2r \geqslant 0$ (问题 10.28) 相加并且利用关系式 $r_a(p-a) = pr$, 得到

$$5R - r \geqslant r_a + r_b + r_c = pr\left(\dfrac{1}{p-a} + \dfrac{1}{p-b} + \dfrac{1}{p-c}\right) \qquad (1)$$

考虑到

$$\dfrac{r}{(p-a)(p-b)(p-c)} = \dfrac{S}{p(p-a)(p-b)(p-c)} = \dfrac{1}{S}$$

式(1) 右部的表达式可以代换为

$$\dfrac{p(ab+bc+ca-p^2)}{S} = \dfrac{p(2(ab+bc+ca) - a^2 - b^2 - c^2)}{4S}$$

剩下注意, $2(ab+bc+ac) - a^2 - b^2 - c^2 \geqslant 4\sqrt{3}S$ (问题 10.56).

(2) 容易检验

$$4R - r_a = r_b + r_c - r = \dfrac{pr}{p-b} + \dfrac{pr}{p-c} - \dfrac{pr}{p} = \dfrac{(p-a)(p^2 - bc)}{S}$$

剩下注意

$$4(p^2 - bc) = a^2 + b^2 + c^2 + 2(ab - bc + ca) =$$
$$2(ab + bc + ac) - a^2 - b^2 - c^2 + 2(a^2 + b^2 + c^2 - 2bc) \geq$$
$$4\sqrt{3}S + 2(a^2 + (b - c)^2).$$

10.36* 证明:$16Rr - 5r^2 \leq p^2 \leq 4R^2 + 4Rr + 3r^3$.

提示 设 a, b 和 c 是三角形的边长,$F = (a - b)(b - c)(c - a) = A - B$,其中 $A = ab^2 + bc^2 + ca^2, B = a^2b + b^2c + c^2a$. 我们证明,需要的不等式可以变为由显然的不等式 $F^2 \geq 0$ 得到. 设 $\xi_1 = a + b + c = 2p, \xi_2 = ab + bc + ca = r^2 + p^2 + 4rR, \xi_3 = abc = 4prR$(参见问题 12.32). 可以检验
$$F^2 = \xi_1^2 \xi_2^2 - 4\xi_2^3 - 4\xi_1^3 \xi_3 + 18\xi_1 \xi_2 \xi_3 - 27\xi_3^2.$$

实际上
$$(\xi_1 \xi_2)^2 - F^2 = (A + B + 3abc)^2 - (A - B)^2 =$$
$$4AB + 6(A + B)\xi_3 + 9\xi_3^2 =$$
$$4(a^3b^3 + \cdots) + 4(a^4bc + \cdots) + 6(A + B)\xi_3 + 21\xi_3^2.$$

同样显然
$$4\xi_2^3 = 4(a^3b^3 + \cdots) + 12(A + B)\xi_3 + 24\xi_3^2$$
$$4\xi_1^3 \xi_3 = 4(a^4bc + \cdots) + 12(A + B)\xi_3 + 24\xi_3^2$$
$$18\xi_1 \xi_2 \xi_3 = 18(A + B)\xi_3 + 54\xi_3^2$$

用 p, r 和 R 表示 ξ_1, ξ_2 和 ξ_3,得到
$$F^2 = -4r^2((p^2 - 2R^2 - 10Rr + r^2)^2 - 4R(R - 2r)^2) \geq 0$$

因此,得到
$$p^2 \geq 2R^2 + 10Rr - r^2 - 2(R - 2r)\sqrt{R(R - 2r)} =$$
$$((R - 2r) - \sqrt{R(R - 2r)})^2 + 16Rr - 5r^2 \geq 16Rr - 5r^2$$
$$p^2 \leq 2R^2 + 10Rr + r^2 + 2(R - 2r)\sqrt{R(R - 2r)} =$$
$$4R^2 + 4Rr + 3r^2 - ((R - 2r) - \sqrt{R(R - 2r)})^2 \leq$$
$$4R^2 + 4Rr + 3r^2.$$

10.37* 证明:$r_a^2 + r_b^2 + r_c^2 \geq \dfrac{27R^2}{4}$.

第 10 章 三角形元素的不等式

DISHIZHANG SANJIAOXING YUANSU DE BUDENGSHI

(参见这样的问题 10.11,10.12,10.14,10.18,10.26,10.57,10.83,10.86,19.7.)

提示 因为 $r_a + r_b + r_c = 4R + r, r_a r_b + r_b r_c + r_c r_a = p^2$(问题 12.25 和 12.26),所以

$$r_a^2 + r_b^2 + r_c^2 = (4R + r)^2 - 2p^2$$

根据问题 10.36 有

$$p^2 \leqslant 4R^2 + 4Rr + 3r^2$$

所以

$$r_a^2 + r_b^2 + r_c^2 \geqslant 8R^2 - 5r^2$$

剩下注意,$r \leqslant \dfrac{R}{2}$(问题 10.28).

§6 对于三角形角的对称不等式

设 α, β 和 γ 是 $\triangle ABC$ 的角. 在本节的问题中,需要证明指出条件的不等式.

注 如果 α, β 和 γ 是某个三角形的角,则存在三个内角为 $\dfrac{\pi - \alpha}{2}, \dfrac{\pi - \beta}{2}$ 和 $\dfrac{\pi - \gamma}{2}$ 的三角形. 实际上,这三个数是正的且它们的和等于 π. 因此,如果某一个对称的不等式对于任意三角形的角的正弦、余弦、正切和余切是正确的,那么类似的不等式当 $\sin x$ 换为 $\cos \dfrac{x}{2}$,$\cos x$ 换为 $\sin \dfrac{x}{2}$,$\tan x$ 换为 $\cot \dfrac{x}{2}$ 和 $\cot x$ 换为 $\tan \dfrac{x}{2}$ 后仍是正确的. 反过来,由半角不等式变为整角的不等式,只对锐角三角形才可能. 实际上,如果 $\alpha' = \dfrac{\pi - \alpha}{2}$,则 $\alpha = \pi - 2\alpha'$,所以对内角为 α', β', γ' 的锐角三角形,存在内角为 $\pi - 2\alpha', \pi - 2\beta', \pi - 2\gamma'$ 的三角形. 在此时替换 $\sin \dfrac{x}{2}$ 变为 $\cos x$,依此类推,但得到的不等式只对锐角三角形是正确的.

10.38* (1) $1 < \cos \alpha + \cos \beta + \cos \gamma \leqslant \dfrac{3}{2}$.

(2) $1 < \sin \dfrac{\alpha}{2} + \sin \dfrac{\beta}{2} + \sin \dfrac{\gamma}{2} \leqslant \dfrac{3}{2}$.

提示 (1) 根据问题 12.40 有 $\cos \alpha + \cos \beta + \cos \gamma = \dfrac{R + r}{R}$. 此外 $r \leqslant \dfrac{R}{2}$(问

题 10.28).

(2) 由(1)推出(参见第 341 页的注).

10.39* (1) $\sin \alpha + \sin \beta + \sin \gamma \leqslant \dfrac{3\sqrt{3}}{2}$.

(2) $\cos \dfrac{\alpha}{2} + \cos \dfrac{\beta}{2} + \cos \dfrac{\gamma}{2} \leqslant \dfrac{3\sqrt{3}}{2}$.

提示 (1) 显然, $\sin \alpha + \sin \beta + \sin \gamma = \dfrac{p}{R}$. 此外 $p \leqslant \dfrac{3\sqrt{3}R}{2}$ (问题 10.31).

(2) 由(1)推出(参见第 341 页的注).

10.40* (1) $\cot \alpha + \cot \beta + \cot \gamma \geqslant \sqrt{3}$.

(2) $\tan \dfrac{\alpha}{2} + \tan \dfrac{\beta}{2} + \tan \dfrac{\gamma}{2} \geqslant \sqrt{3}$.

提示 (1) 根据问题 12.46(1) 有

$$\cot \alpha + \cot \beta + \cot \gamma = \dfrac{a^2 + b^2 + c^2}{4S}.$$

此外, $a^2 + b^2 + c^2 \geqslant 4\sqrt{3}S$ (问题 10.55(2)).

(2) 由(1)推出(参见第 341 页的注).

10.41* (1) $\cot \dfrac{\alpha}{2} + \cot \dfrac{\beta}{2} + \cot \dfrac{\gamma}{2} \geqslant 3\sqrt{3}$.

(2) 对于锐角三角形 $\tan \alpha + \tan \beta + \tan \gamma \geqslant 3\sqrt{3}$.

提示 (1) 根据问题 12.47(1) 有

$$\cot \dfrac{\alpha}{2} + \cot \dfrac{\beta}{2} + \cot \dfrac{\gamma}{2} = \dfrac{p}{r}.$$

此外 $p \geqslant 3\sqrt{3}r$ (问题 10.55(1)).

(2) 由(1)推出(参见第 341 页的注). 对于钝角三角形 $\tan \alpha + \tan \beta + \tan \gamma < 0$ (参见问题 12.48 的例).

10.42* (1) $\sin \dfrac{\alpha}{2} \sin \dfrac{\beta}{2} \sin \dfrac{\gamma}{2} \leqslant \dfrac{1}{8}$.

第 10 章 三角形元素的不等式

DISHIZHANG SANJIAOXING YUANSU DE BUDENGSHI

(2) $\cos\alpha\cos\beta\cos\gamma \leqslant \dfrac{1}{8}$.

提示 (1) 根据问题 12.38(1) 有
$$\sin\dfrac{\alpha}{2}\sin\dfrac{\beta}{2}\sin\dfrac{\gamma}{2} = \dfrac{r}{4R}$$

此外 $r \leqslant \dfrac{R}{2}$ (问题 10.28).

(2) 对于锐角三角形由(1) 推出(参见第 341 页的注). 对于钝角三角形 $\cos\alpha\cos\beta\cos\gamma < 0$.

10.43* (1) $\sin\alpha\sin\beta\sin\gamma \leqslant \dfrac{3\sqrt{3}}{8}$.

(2) $\cos\dfrac{\alpha}{2}\cos\dfrac{\beta}{2}\cos\dfrac{\gamma}{2} \leqslant \dfrac{3\sqrt{3}}{8}$.

提示 (1) 因为 $\sin x = 2\sin\dfrac{x}{2}\cos\dfrac{x}{2}$,所以利用问题 12.38(1) 和(3)的结果,得到
$$\sin\alpha\sin\beta\sin\gamma = \dfrac{pr}{2R^2}$$

此外,$p \leqslant \dfrac{3\sqrt{3}R}{2}$ (问题 10.31) 和 $r \leqslant \dfrac{R}{2}$ (问题 10.28).

(2) 由(1) 推出(参见第 341 页的注).

10.44* (1) $\cos^2\alpha + \cos^2\beta + \cos^2\gamma \geqslant \dfrac{3}{4}$.

(2) 对于钝角三角形 $\cos^2\alpha + \cos^2\beta + \cos^2\gamma > 1$.

提示 根据问题 12.41(2) 有
$$\cos^2\alpha + \cos^2\beta + \cos^2\gamma = 1 - 2\cos\alpha\cos\beta\cos\gamma$$

剩下注意,$\cos\alpha\cos\beta\cos\gamma \leqslant \dfrac{1}{8}$ (问题 10.42(2)),对于钝角三角形 $\cos\alpha\cos\beta\cos\gamma < 0$.

10.45* $\cos\alpha\cos\beta + \cos\beta\cos\gamma + \cos\gamma\cos\alpha \leqslant \dfrac{3}{4}$.

提示 显然,$2(\cos\alpha\cos\beta + \cos\beta\cos\gamma + \cos\gamma\cos\alpha) = (\cos\alpha + \cos\beta + \cos\gamma)^2 - \cos^2\alpha - \cos^2\beta - \cos^2\gamma$. 剩下注意,$\cos\alpha + \cos\beta + \cos\gamma \leq \frac{3}{2}$(问题 10.38(1)) 和 $\cos^2\alpha + \cos^2\beta + \cos^2\gamma \geq \frac{3}{4}$(问题 10.44(1)).

10.46* $\sin 2\alpha + \sin 2\beta + \sin 2\gamma \leq \sin(\alpha+\beta) + \sin(\beta+\gamma) + \sin(\gamma+\alpha)$.

提示 根据问题 12.42 有

$$\sin 2\alpha + \sin 2\beta + \sin 2\gamma = 4\sin\alpha\sin\beta\sin\gamma = \frac{2S}{R^2} = \frac{2pr}{R^2}$$

同样显然

$$\sin(\alpha+\beta) + \sin(\beta+\gamma) + \sin(\gamma+\alpha) = \sin\alpha + \sin\beta + \sin\gamma = \frac{p}{R}$$

因此要证的不等式等价于不等式 $\frac{2pr}{R^2} \leq \frac{p}{R}$,即 $2r \leq R$. 这个不等式的证明在问题 10.28 中已经解决了.

§7 对于三角形角的不等式

10.47 证明:$1 - \sin\frac{\alpha}{2} \geq 2\sin\frac{\beta}{2}\sin\frac{\gamma}{2}$.

提示 显然,$2\sin\frac{\beta}{2}\sin\frac{\gamma}{2} = \cos\frac{\beta-\gamma}{2} - \cos\frac{\beta+\gamma}{2} \leq 1 - \sin\frac{\alpha}{2}$.

10.48 证明:$\sin\frac{\gamma}{2} \leq \frac{c}{a+b}$.

提示 由顶点 A 和 B 向 $\angle ACB$ 的平分线引垂线 AA_1 和 BB_1,则

$$AB \geq AA_1 + BB_1 = b\sin\frac{\gamma}{2} + a\sin\frac{\gamma}{2}$$

10.49* 证明:如果 $a + b < 3c$,则 $\tan\frac{\beta}{2}\tan\frac{\gamma}{2} < \frac{1}{2}$.

提示 根据问题 12.34 有

$$\tan\frac{\alpha}{2}\tan\frac{\beta}{2} = \frac{a+b-c}{a+b+c}$$

又因为 $a + b < 3c$,所以
$$a + b - c < \frac{a + b + c}{2}$$

10.50* 设 α, β, γ 是锐角三角形的内角,证明:如果 $\alpha < \beta < \gamma$,则 $\sin 2\alpha > \sin 2\beta > \sin 2\gamma$.

提示 因为 $\pi - 2\alpha > 0, \pi - 2\beta > 0, \pi - 2\gamma > 0$ 和 $(\pi - 2\alpha) + (\pi - 2\beta) + (\pi - 2\gamma) = \pi$,所以存在三角形的内角为 $\pi - 2\alpha, \pi - 2\beta, \pi - 2\gamma$. 角 $\pi - 2\alpha, \pi - 2\beta, \pi - 2\gamma$ 对的边长与数 $\sin(\pi - 2\alpha) = \sin 2\alpha, \sin 2\beta, \sin 2\gamma$ 成比例. 因为 $\pi - 2\alpha > \pi - 2\beta > \pi - 2\gamma$ 和大角对大边,所以 $\sin 2\alpha > \sin 2\beta > \sin 2\gamma$.

10.51* 证明:$\cos 2\alpha + \cos 2\beta - \cos 2\gamma \leq \frac{3}{2}$.

提示 首先注意
$$\cos 2\gamma - \cos 2(\pi - \alpha - \beta) = \cos 2\alpha \cos 2\beta - \sin 2\alpha \sin 2\beta$$
所以
$$\cos 2\alpha + \cos 2\beta - \cos 2\gamma = \cos 2\alpha + \cos 2\beta - \cos 2\alpha \cos 2\beta + \sin 2\alpha \sin 2\beta$$

因为 $a\cos \varphi + b\sin \psi \leq \sqrt{a^2 + b^2}$(参见第 9 章的 §13),所以
$$(1 - \cos 2\beta)\cos 2\alpha + \sin 2\beta \sin 2\alpha + \cos 2\beta \leq \sqrt{(1 - \cos 2\beta)^2 + \sin^2 2\beta} + \cos 2\beta = 2|\sin \beta| + 1 - 2\sin^2 \beta$$

剩下注意,二次三项式 $2t + 1 - 2t^2$ 在点 $t = \frac{1}{2}$ 达到最大值为 $\frac{3}{2}$. 最大值对应着角 $\alpha = \beta = 30°, \gamma = 120°$.

10.52* 在 $\triangle ABC$ 的中线 BM 上取点 X,证明:如果 $AB < BC$,则 $\angle XAB > \angle XCB$.

提示 因为 $AB < CB, AX < CX, S_{\triangle ABX} = S_{\triangle BCX}$,所以 $\sin \angle XAB > \sin \angle XCB$. 顾及 $\angle XCB$ 是锐角,即得所证.

10.53* $\triangle ABC$ 的内切圆切三角形的边于点 A_1, B_1 和 C_1,证明:

$\triangle A_1B_1C_1$ 是锐角三角形.

提示 如果 $\triangle ABC$ 的角等于 α, β 和 γ，则 $\triangle A_1B_1C_1$ 的内角等于 $\dfrac{\beta+\gamma}{2}$，$\dfrac{\gamma+\alpha}{2}$ 和 $\dfrac{\alpha+\beta}{2}$.

10.54* 内角为 α, β 和 γ 的三角形的三条中线组成内角为 α_m, β_m 和 γ_m 的三角形(角 α_m 是中线 AA_1 所对的角，依此类推)，证明：如果 $\alpha > \beta > \gamma$，则 $\alpha > \alpha_m, \alpha > \beta_m, \gamma_m > \beta > \alpha_m, \beta_m > \gamma$ 和 $\gamma_m > \gamma$.

(参见这样的问题 10.94, 10.95, 10.97.)

提示 设 M 是中线 AA_1, BB_1 和 CC_1 的交点. 添加 $\triangle AMB$ 为 $\square AMBN$，得到
$$\angle BMC_1 = \alpha_m, \angle AMC_1 = \beta_m$$

容易检验
$$\angle C_1CB < \frac{\gamma}{2}, \angle B_1BC < \frac{\beta}{2}$$

因此
$$\alpha_m = \angle C_1CB + \angle B_1BC < \frac{\beta+\gamma}{2} < \beta$$

类似地有
$$\gamma_m = \angle A_1AB + \angle B_1BA > \frac{\alpha+\beta}{2} > \beta$$

首先假设 $\triangle ABC$ 是锐角三角形，则高线的交点 H 在 $\triangle AMC_1$ 内部. 因此
$$\angle AMB < \angle AHB$$

即
$$\pi - \gamma_m < \pi - \gamma, \angle CMB > \angle CHB$$

即
$$\pi - \alpha_m < \pi - \alpha$$

现在假设角 α 为钝角，则 $\angle CC_1B$ 也是钝角，这意味着角 α_m 是锐角，即 $\alpha_m < \alpha$. 由点 M 向 BC 引垂线 MX，则
$$\gamma_m > \angle XMB > 180° - \angle HAB > \gamma$$

因为 $\alpha > \alpha_m$，则 $\alpha + (\pi - \alpha_m) > \pi$，即点 M 在 $\triangle AB_1C_1$ 的外接圆内部. 因此
$$\gamma = \angle AB_1C_1 < \angle AMC_1 = \beta_m.$$

类似可得，因为
$$\gamma + (\pi - \gamma_m) < \pi, \alpha = \angle CB_1A_1 > \angle CMA_1 = \beta_m$$

第10章 三角形元素的不等式

DISHIZHANG SANJIAOXING YUANSU DE BUDENGSHI

§8 对于三角形面积的不等式

10.55 证明:(1) $3\sqrt{3}r^2 \leqslant S \leqslant \dfrac{p^2}{3\sqrt{3}}$.

(2) $S \leqslant \dfrac{a^2+b^2+c^2}{4\sqrt{3}}$.

提示 (1) 显然

$$\frac{S^2}{p} = (p-a)(p-b)(p-c) \leqslant \left(\frac{p-a+p-b+p-c}{3}\right)^3 = \frac{p^3}{27}$$

所以
$$pr = S \leqslant \frac{p^2}{3\sqrt{3}}$$

即
$$r \leqslant \frac{p}{3\sqrt{3}}$$

最后的不等式乘以 r 即得所证.

(2) 因为 $(a+b+c)^2 \leqslant 3(a^2+b^2+c^2)$,所以

$$S \leqslant \frac{p^2}{3\sqrt{3}} = \frac{(a+b+c)^2}{12\sqrt{3}} \leqslant \frac{a^2+b^2+c^2}{4\sqrt{3}}$$

10.56* 证明: $a^2+b^2+c^2 - (a-b)^2 - (b-c)^2 - (c-a)^2 \geqslant 4\sqrt{3}S$.

提示 设 $x = p-a, y = p-b, z = p-c$,则

$(a^2-(b-c)^2)+(b^2-(a-c)^2)+(c^2-(a-b)^2) =$
$4(p-b)(p-c)+4(p-a)(p-c)+4(p-a)(p-b) = 4(yz+zx+xy)$

$$4\sqrt{3}S = 4\sqrt{3p(p-a)(p-b)(p-c)} = 4\sqrt{3(x+y+z)xyz}$$

于是,必须证明不等式 $xy+yz+zx \geqslant \sqrt{3(x+y+z)xyz}$.最后不等式平方化简,得到

$$x^2y^2 + y^2z^2 + z^2x^2 \geqslant x^2yz + y^2xz + z^2xy$$

将不等式 $x^2yz \leqslant \dfrac{x^2(y^2+z^2)}{2}, y^2xz \leqslant \dfrac{y^2(x^2+z^2)}{2}, z^2xy \leqslant \dfrac{z^2(x^2+y^2)}{2}$ 相加,即得要证的不等式.

10.57* 证明：(1) $S^3 \leq \left(\dfrac{\sqrt{3}}{4}\right)^3 (abc)^2$.

(2) $\sqrt[3]{h_a h_b h_c} \leq \sqrt[4]{3}\sqrt{S} \leq \sqrt[3]{r_a r_b r_c}$.

提示 (1) 形如 $S = \dfrac{ab\sin\gamma}{2}$ 的三个等式相乘，得出

$$S^3 = \dfrac{(abc)^2 \sin\gamma \sin\beta \sin\alpha}{8}$$

剩下利用问题 10.43 的结果.

(2) 因为 $(h_a h_b h_c)^2 = \dfrac{(2S)^6}{(abc)^2}$, $(abc)^2 \geq \left(\dfrac{4}{\sqrt{3}}\right)^3 S^3$, 所以

$$(h_a h_b h_c)^2 \leq \dfrac{(2S)^6 (\dfrac{\sqrt{3}}{4})^3}{S^3} = (\sqrt{3}S)^3$$

因为 $(r_a r_b r_c)^2 = \dfrac{S^4}{r^2}$ (问题 12.19(3)) 和 $r^2(\sqrt{3})^3 \leq S$ (问题 10.55(1))，所以

$$(r_a r_b r_c)^2 \geq (\sqrt{3}S)^3$$

10.58* 设 a, b, c 和 a', b', c' 是 $\triangle ABC$ 和 $\triangle A'B'C'$ 的边长，S 和 S' 是它们的面积，证明：

$$a^2(-a'^2 + b'^2 + c'^2) + b^2(a'^2 - b'^2 + c'^2) + c^2(a'^2 + b'^2 - c'^2) \geq 16SS'$$

并且当且仅当这两个三角形相似时取等号.(匹多)

提示 在 $\triangle ABC$ 的边 BC 上向内作 $\triangle A''BC$ 与 $\triangle A'B'C'$ 相似. 在此情况下当且仅当 $\triangle ABC$ 与 $\triangle A'B'C'$ 相似 $A''A = 0$. 根据余弦定理有

$$A''A^2 = AC^2 + A''C^2 - 2AC \cdot A''C\cos(C - C') =$$
$$b^2 + \left(\dfrac{b'a}{a'}\right)^2 - 2 \cdot \dfrac{bb'a}{a'}\cos(C - C')$$

所以

$$a'^2 A''A^2 = b^2 a'^2 + a^2 b'^2 - 2aa'bb'\cos C \cos C' - 2aa'bb'\sin C \sin C' =$$
$$b^2 a'^2 + a^2 b'^2 - 2aa'bb'\cos C \cos C' - 8SS'$$

因此 $b^2 a'^2 + a^2 b'^2 - 2aa'bb'\cos C \cos C' \geq 8SS'$

即 $b^2 a'^2 + a^2 b'^2 - \dfrac{(b^2 + a^2 - c^2)(b'^2 + a'^2 - c'^2)}{2} \geq 8SS'$

第10章 三角形元素的不等式

DISHIZHANG SANJIAOXING YUANSU DE BUDENGSHI

这个不等式容易化为要证的形式.

10.59* 在 $\triangle ABC$ 的边 BC, CA 和 AB 上取点 A_1, B_1 和 C_1,并且 AA_1, BB_1 和 CC_1 相交于一点,证明: $\dfrac{S_{\triangle A_1 B_1 C_1}}{S_{\triangle ABC}} \leqslant \dfrac{1}{4}$.

提示 设 $p = \dfrac{BA_1}{BC}, q = \dfrac{CB_1}{CA}, r = \dfrac{AC_1}{AC}$,则

$$\dfrac{S_{\triangle A_1 B_1 C_1}}{S_{\triangle ABC}} = 1 - p(1-r) - q(1-p) - r(1-q) =$$
$$1 - (p+q+r) + (pq + qr + rp)$$

根据塞瓦定理(问题5.85)有

$$pqr = (1-p)(1-q)(1-r)$$

即 $$2pqr = 1 - (p+q+r) + (pq+qr+rp)$$

此外 $$(pqr)^2 = p(1-p)q(1-q)r(1-r) \leqslant \left(\dfrac{1}{4}\right)^3$$

因此 $$\dfrac{S_{\triangle A_1 B_1 C_1}}{S_{\triangle ABC}} = 2pqr \leqslant \dfrac{1}{4}$$

10.60* 在 $\triangle ABC$ 的边 BC, CA 和 AB 上取任意点 A_1, B_1 和 C_1. 设 $a = S_{\triangle AB_1 C_1}, b = S_{\triangle A_1 BC_1}, c = S_{\triangle A_1 B_1 C}, u = S_{\triangle A_1 B_1 C_1}$,证明: $u^3 + (a+b+c)u^2 \geqslant 4abc$.

提示 可以认为 $\triangle ABC$ 的面积等于1,则 $a+b+c = 1-u$,所以已知的不等式变形为 $u^2 \geqslant 4abc$. 设 $x = \dfrac{BA_1}{BC}, y = \dfrac{CB_1}{CA}, z = \dfrac{AC_1}{AB}$,则 $u = 1 - (x+y+z) + xy + yz + zx$, $abc = xyz(1-x)(1-y)(1-z) = v(u-v)$ 其中 $v = xyz$. 所以改变为不等式 $u^2 \geqslant 4v(u-v)$,即 $(u-2v)^2 \geqslant 0$. 最后的不等式是显然的.

10.61* 在 $\triangle ABC$ 的边 BC, CA 和 AB 上取点 A_1, B_1 和 C_1,证明: $\triangle AB_1 C_1, \triangle A_1 BC_1, \triangle A_1 B_1 C$ 中一个的面积不超过(1) $\dfrac{S_{\triangle ABC}}{4}$; (2) $S_{\triangle A_1 B_1 C_1}$.

(参见这样的问题 9.35, 9.39, 9.42, 10.9, 20.1, 20.7.)

提示 (1) 设 $x = \dfrac{BA_1}{BC}, y = \dfrac{CB_1}{CA}, z = \dfrac{AC_1}{AB}$. 可以认为, 三角形的面积等于 1, 则

$$S_{\triangle AB_1C_1} = z(1-y), S_{\triangle A_1BC_1} = x(1-z), S_{\triangle A_1B_1C} = y(1-x)$$

因为 $x(1-x) \leqslant \dfrac{1}{4}, y(1-y) \leqslant \dfrac{1}{4}, z(1-z) \leqslant \dfrac{1}{4}$, 所以 $S_{\triangle AB_1C_1}, S_{\triangle A_1BC_1}$ 和 $S_{\triangle A_1B_1C}$ 的数值之积不超过 $\left(\dfrac{1}{4}\right)^3$, 这意味着, 它们中的一个不超过 $\dfrac{1}{4}$.

(2) 为确定起见设 $x \geqslant \dfrac{1}{2}$. 如果 $y \leqslant \dfrac{1}{2}$, 则在以 C 为中点系数为 2 的位似变换下, 点 A_1 和 B_1 变为边 BC 和 AC 的内点, 即 $S_{\triangle A_1B_1C} \leqslant S_{\triangle AB_1C_1}$, 所以可以认为, $y \geqslant \dfrac{1}{2}$ 且类似有 $z \geqslant \dfrac{1}{2}$. 设 $x = \dfrac{1+\alpha}{2}, y = \dfrac{1+\beta}{2}, z = \dfrac{1+\gamma}{2}$, 则

$$S_{\triangle AB_1C_1} = \dfrac{1+\gamma-\beta-\beta\gamma}{4}, S_{\triangle A_1BC_1} = \dfrac{1+\alpha-\gamma-\alpha\gamma}{4}, S_{\triangle A_1B_1C} = \dfrac{1+\beta-\alpha-\alpha\beta}{4}$$

即 $S_{\triangle A_1B_1C_1} = \dfrac{1+\alpha\beta+\beta\gamma+\alpha\gamma}{4} \geqslant \dfrac{1}{4}, S_{\triangle AB_1C_1} + S_{\triangle A_1BC_1} + S_{\triangle A_1B_1C} \leqslant \dfrac{3}{4}$.

§9 大角对大边

10.62 证明: 当且仅当 $AC < BC$ 时 $\angle ABC < \angle BAC$, 即三角形中大角对大边, 且反过来大边对大角.

提示 只需证明, 如果 $AC < BC$, 则 $\angle ABC < \angle BAC$. 因为 $AC < BC$, 则在边 BC 上可以取点 A_1 使得 $A_1C = AC$, 则 $\angle BAC > \angle A_1AC = \angle AA_1C > \angle ABC$.

10.63 证明: 在三角形中 $\angle A$ 是锐角, 当且仅当 $m_a > \dfrac{a}{2}$.

提示 设 A_1 是边 BC 的中点. 如果 $AA_1 < \dfrac{BC}{2} = BA_1 = A_1C$, 则

$$\angle BAA_1 > \angle ABA_1, \angle CAA_1 > \angle ACA_1$$

所以

$$\angle A = \angle BAA_1 + \angle CAA_1 > \angle B + \angle C$$

即 $\angle A > 90°$. 类似可得, 如果 $AA_1 > \dfrac{BC}{2}$, 则 $\angle A < 90°$.

第 10 章　　三角形元素的不等式

10.64* 　设 $ABCD$ 和 $A_1B_1C_1D_1$ 是对应边相等的两个凸四边形,证明:如果 $\angle A > \angle A_1$,则 $\angle B < \angle B_1, \angle C > \angle C_1, \angle D < \angle D_1$.

提示　如果固定三角形的两条边,则它们之间的夹角大对的第三边也大,所以由不等式 $\angle A > \angle A_1$ 推出 $BD > B_1D_1$,即 $\angle C > \angle C_1$. 现在假设, $\angle B \geqslant \angle B_1$,则 $AC \geqslant A_1C_1$,即 $\angle D > \angle D_1$,所以
$$360° = \angle A + \angle B + \angle C + \angle D > \angle A_1 + \angle B_1 + \angle C_1 + \angle D_1 = 360°$$
得出矛盾.因此,$\angle B < \angle B_1, \angle D < \angle D_1$.

10.65* 　在锐角 $\triangle ABC$ 中,最大的高线 AH 等于中线 BM,证明:$\angle B \leqslant 60°$.

提示　设点 B_1 是 B 关于点 M 的对称点.因为由点 M 引向边 BC 的高线等于 AH 的一半,即 BM 的一半,所以 $\angle MBC = 30°$.因为 AH 是最大的高线,BC 是最小的边,所以
$$AB_1 = BC \leqslant AB$$
即　　　　　　$\angle ABB_1 \leqslant \angle AB_1B = \angle MBC = 30°$
因此　　　　　$\angle ABC = \angle ABB_1 + \angle MBC \leqslant 30° + 30° = 60°$

10.66* 　证明:边都相等且角满足不等式 $\angle A \geqslant \angle B \geqslant \angle C \geqslant \angle D \geqslant \angle E$ 的凸五边形 $ABCDE$ 是正五边形.

提示　首先假设 $\angle A > \angle D$,则 $BE > EC, \angle EBA < \angle ECD$. 因为在 $\triangle EBC$ 中边 BE 大于边 EC,所以 $\angle EBC < \angle ECB$,所以 $\angle B = \angle ABE + \angle EBC < \angle ECD + \angle ECB = \angle C$.与问题的条件矛盾,即这意味着 $\angle A = \angle B = \angle C = \angle D$.类似的假设 $\angle B > \angle E$ 导致不等式 $\angle C < \angle D$,所以 $\angle B = \angle C = \angle D = \angle E$.

§10　三角形内部的线段小于最大边

10.67 　(1)在 $\triangle ABC$ 内部放有线段 MN,证明:MN 的长不超过三角形的最大边.

(2) 在凸多边形内部放有线段 MN,证明:MN 的长不超过这个多边形的最大边或最大的对角线.

提示 立即对一般情况进行证明.设直线 MN 交多边形的边于点 M_1 和 N_1. 显然, $MN \leqslant M_1N_1$. 设点 M_1 在边 AB 上, 而点 N_1 在边 PQ 上. 因为 $\angle AM_1N_1 + \angle BM_1N_1 = 180°$, 所以这两个角之一不小于 $90°$. 为确定起见, 设 $\angle AM_1N_1 \geqslant 90°$. 因为大角对大边, 所以 $AN_1 \geqslant M_1N_1$. 类似可证, 要么 $AN_1 \leqslant AP$, 要么 $AN_1 \leqslant AQ$, 因此线段 MN 的长不超过端点在多边形顶点的线段的长.

10.68* 在半径 $R = AO = BO$ 的圆扇形 AOB 的内部放有线段 MN, 证明: $MN \leqslant R$ 或 $MN \leqslant AB$ (假设 $\angle AOB < 180°$).

提示 能够假设线段与扇形的边界相交.因为在这种情况下它的长度只能增加,所以可以认为,点 M 和 N 在扇形的边界上,可以有三种情况.

(1) 点 M 和 N 在圆弧上,因为
$$\frac{\angle MON}{2} \leqslant \frac{\angle AOB}{2} \leqslant 90°$$
所以
$$MN = 2R\sin\frac{\angle MON}{2} < 2R\sin\frac{\angle AOB}{2} = AB$$

(2) 点 M 和 N 在线段 AO 和 BO 上,则 MN 不超过 $\triangle AOB$ 的最大边.

(3) 点 M 和 N 中一个在圆弧上,而另一个在线段 AO 或 BO 上.为确定起见, 设 M 在 AO 上, 而 N 在圆弧上, 则 MN 不超过 $\triangle ANO$ 的最大边.剩下注意, $AO = NO = R$ 和 $AN \leqslant AB$.

10.69* 一个圆切顶点为 A 的角的两边于点 B 和 C.在线段 AB, AC 与劣弧 BC 所限定的区域中放有一个线段,证明:这个线段的长不超过 AB.

提示 如果已知线段与圆不具有公共点,则可以借助以 A 为中心(系数大于 1) 的位似,它能变为与弧 BC 具有公共点的线段,并且在我们的区域中.过点 X 引圆的切线 DE(点 D 和 E 在线段 AB 和 AC 上),则线段 AD 和 AE 小于 AB 且 $DE < \dfrac{DE + AD + AE}{2} = AB$, 即 $\triangle ADE$ 的三条边都小于 AB.因为我们的线段在 $\triangle ADE$ 的内部(或在它的边 DE 上).它的长度不超过 AB.

第10章 三角形元素的不等式
DISHIZHANG SANJIAOXING YUANSU DE BUDENGSHI

10.70* 在圆内放入一个凸五边形,证明:它的边中至少有一条不大于在这个圆中内接的正五边形的边.

提示 首先假设,圆心 O 在已知五边形 $A_1A_2A_3A_4A_5$ 的内部. 考查 $\angle A_1OA_2, \angle A_2OA_3, \cdots, \angle A_5OA_1$. 这五个角的和为 2π,所以它们中有一个,例如,$\angle A_1OA_2$ 不超过 $\dfrac{2\pi}{5}$,则线段 A_1A_2 可以放在扇形 OBC 内,其中 $\angle BOC = \dfrac{2\pi}{5}$,点 B 和 C 在圆上. 在 $\triangle OBC$ 中最大边是 BC,所以 $A_1A_2 \leqslant BC$.

如果点 O 不属于已知的五边形,则 $\angle A_1OA_2, \cdots, \angle A_5OA_1$ 给出角的并小于 π,并且这个角内每个点覆盖它们两次,所以这五个角的和小于 2π,即它们中有一个小于 $\dfrac{2\pi}{5}$,进一步的证明类似于前述情况.

如果点 O 在五边形的边上,则所考查的角中有一个不大于 $\dfrac{\pi}{4}$,又如果它是它的顶点,则它们中有一个不大于 $\dfrac{\pi}{3}$,显然,$\dfrac{\pi}{4} < \dfrac{\pi}{3} < \dfrac{2\pi}{5}$.

10.71* $\triangle ABC$ 中,边 $a > b > c$ 且 O 为其内部任意一点. 设直线 AO, BO, CO 交三角形的边于点 P, Q, R,证明:$OP + OQ + OR < a$.

提示 在边 BC, CA, AB 上取点 A_1 和 A_2, B_1 和 B_2, C_1 和 C_2,使得 $B_1C_2 \parallel BC, C_1A_2 \parallel CA, A_1B_2 \parallel AB$(图10.1). 在 $\triangle A_1A_2O, \triangle B_1B_2O, \triangle C_1C_2O$ 中,最大的边分别是 A_1A_2, B_1O, C_2O,所以

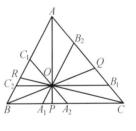

图 10.1

$$OP < A_1A_2, OQ < B_1O, OR < C_2O$$

即
$$OP + OQ + OR < A_1A_2 + B_1O + C_2O =$$
$$A_1A_2 + CA_2 + BA_1 = BC$$

§11 对于直角三角形的不等式

在本节的所有问题中 $\triangle ABC$ 表示 $\angle C$ 为直角的直角三角形.

10.72 证明:当 $n > 2$ 时,$c^n > a^n + b^n$.

提示 因为 $c^2 = a^2 + b^2$，所以
$$c^n = (a^2 + b^2)c^{n-2} = a^2 c^{n-2} + b^2 c^{n-2} > a^n + b^n$$

10.73 证明：$a + b < c + h_c$.

提示 任意三角形的高线大于 $2r$. 此外，在直角三角形中 $2r = a + b - c$（问题 5.18）.

10.74* 证明：$0.4 < \dfrac{r}{h} < 0.5$，其中 h 是由直角顶点引的高线.

提示 因为 $ch = 2S = r(a + b + c), c = \sqrt{a^2 + b^2}$，所以
$$\frac{r}{h} = \frac{\sqrt{a^2 + b^2}}{a + b + \sqrt{a^2 + b^2}} = \frac{1}{x + 1}$$

其中 $x = \dfrac{a + b}{\sqrt{a^2 + b^2}} = \sqrt{1 + \dfrac{2ab}{a^2 + b^2}}$. 因为 $0 < \dfrac{2ab}{a^2 + b^2} \leqslant 1$，所以
$$1 < x \leqslant \sqrt{2}$$

因此
$$\frac{2}{5} < \frac{1}{1 + \sqrt{2}} \leqslant \frac{r}{h} < \frac{1}{2}$$

10.75* 证明：$\dfrac{c}{r} \geqslant 2(1 + \sqrt{2})$.

提示 显然，$a + b \geqslant 2\sqrt{ab}, c^2 = a^2 + b^2 \geqslant 2ab$，所以
$$\frac{c^2}{r^2} = \frac{(a + b + c)^2 c^2}{a^2 b^2} \geqslant \frac{(2\sqrt{ab} + \sqrt{2ab})^2 \cdot 2ab}{a^2 b^2} = 4(1 + \sqrt{2})^2$$

10.76* 证明：$m_a^2 + m_b^2 > 29 r^2$.

提示 根据问题 12.11(1) 有
$$m_a^2 + m_b^2 = \frac{4c^2 + a^2 + b^2}{4} = \frac{5c^2}{4}$$

此外 $\dfrac{5c^2}{4} \geqslant 5(1 + \sqrt{2})^2 r^2 = (15 + 10\sqrt{2}) r^2 > 29 r^2$（参见问题 10.75）.

第 10 章　三角形元素的不等式

§12　对于锐角三角形的不等式

10.77　证明:对于锐角三角形有 $\dfrac{m_a}{h_a} + \dfrac{m_b}{h_b} + \dfrac{m_c}{h_c} \leqslant 1 + \dfrac{R}{r}$.

提示　设 O 是外接圆中心,A_1, B_1, C_1 分别是边 BC, CA, AB 的中点,则
$$m_a = AA_1 \leqslant AO + OA_1 = R + OA_1$$
类似可得
$$m_b \leqslant R + OB_1, m_c \leqslant R + OC_1$$
因此
$$\dfrac{m_a}{h_a} + \dfrac{m_b}{h_b} + \dfrac{m_c}{h_c} \leqslant R\left(\dfrac{1}{h_a} + \dfrac{1}{h_b} + \dfrac{1}{h_c}\right) + \dfrac{OA_1}{h_a} + \dfrac{OB_1}{h_b} + \dfrac{OC_1}{h_c}$$
剩下利用问题 12.23 的结果和问题 4.47 的提示.

10.78　证明:对于锐角三角形有 $\dfrac{1}{l_a} + \dfrac{1}{l_b} + \dfrac{1}{l_c} \leqslant \sqrt{2}\left(\dfrac{1}{a} + \dfrac{1}{b} + \dfrac{1}{c}\right)$.

提示　根据问题 4.48 有 $\dfrac{1}{b} + \dfrac{1}{c} = \dfrac{2\cos\dfrac{\alpha}{2}}{l_a} \geqslant \dfrac{\sqrt{2}}{l_a}$.将三个类似的不等式相加,即得所证.

10.79　证明:如果三角形是非钝角的三角形,则 $m_a + m_b + m_c \geqslant 4R$.

提示　用 M 表示三条中线的交点,而用 O 表示外接圆中心.如果 $\triangle ABC$ 不是钝角三角形,则点 O 在三角形内部(或者在它的边上),为确定起见,将认为点 O 在 $\triangle AMB$ 的内部,则
$$AO + BO \leqslant AM + BM$$
即
$$2R \leqslant \dfrac{2m_a}{3} + \dfrac{2m_b}{3}$$
或
$$m_a + m_b \geqslant 3R$$
剩下注意,因为 $\angle COC_1$ 是钝角(C_1 是 AB 中点),则 $CC_1 \geqslant CO$,即 $m_c \geqslant R$.

只对退化的三角形取等号.

10.80* 证明:如果在锐角三角形中 $h_a = h_b = h_c$,则这个三角形是正三角形.

提示 在任意三角形中 $h_b \leq l_b \leq m_b$（参见问题 2.70），所以 $h_a = l_b \geq h_b$, $m_c = l_b \leq m_b$, 因此 $a \leq b, b \leq c$（参见问题 10.1），即 c 是最大边，而 γ 是最大角。

由等式 $h_a = m_c$ 推出 $\gamma \leq 60°$（参见问题 10.65）。因为 $\triangle ABC$ 的最大角 γ 不超过 $60°$，所以三角形的所有内角都等于 $60°$。

10.81* 在锐角 $\triangle ABC$ 中引高线 AA_1, BB_1 和 CC_1, 证明：$\triangle A_1B_1C_1$ 的周长不超过 $\triangle ABC$ 周长的一半。

提示 根据问题 1.60 $\triangle A_1B_1C_1$ 与 $\triangle ABC$ 的周长之比等于 $\dfrac{r}{R}$。此外 $r \leq \dfrac{R}{2}$（问题 10.28）。

注 利用问题 12.74 和 2.20 的结果，容易检验 $\dfrac{S_{\triangle A_1B_1C_1}}{S_{\triangle ABC}} = \dfrac{r_1}{2R_1} \leq \dfrac{1}{4}$。

10.82* 设 $\angle A < \angle B < \angle C < 90°$，证明：$\triangle ABC$ 的外接圆中心在 $\triangle BOH$ 内部，其中 O 是外接圆中心，H 是高线的交点。

提示 设 AA_1 和 BB_1 是 $\triangle OAH$ 和 $\triangle OBH$ 的角平分线。根据问题 2.1，它们是 $\angle A$ 和 $\angle B$ 的平分线，即直线 AA_1 和 BB_1 的交点是内切圆的中心。由不等式 $AC > BC$ 推出 $AH > BH$，所以

$$\dfrac{A_1H}{A_1O} = \dfrac{AH}{AO} > \dfrac{BH}{BO} = \dfrac{B_1H}{B_1O}$$

即在直线 OH 上的点是这样的次序：O, A_1, B_1, H。点 O 在 $\triangle ABH$ 内部，所以直线 AA_1 和 BB_1 的交点在 $\triangle BOH$ 的内部。

10.83* 设 h 是非钝角三角形的最大的高线，证明：$r + R \leq h$。

提示 设 $90° \geq \alpha \geq \beta \geq \gamma$，则 CH 是最大的高线。用 I 与 O 表示内切圆圆心与外接圆圆心，内切圆与边 BC, CA, AB 的切点分别用 K, L, M 来表记（图 10.2）。

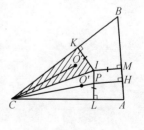

图 10.2

第 10 章   三角形元素的不等式

首先证明,点 O 在 $\triangle KCI$ 的内部. 为此证明 $CK \geq KB, \angle BCO \leq \angle BCI$ 就足够了. 显然

$$CK = r\cot\frac{\gamma}{2} \geq r\cot\frac{\beta}{2} = KB$$

$$2\angle BCO = 180° - \angle BOC = 180° - 2\alpha \leq$$
$$180° - \alpha - \beta = \gamma = 2\angle BCI$$

因为 $\angle BCO = 90° - \alpha = \angle ACH$,在关于 CI 的对称下直线 CO 变为直线 CH. 设 O' 是点 O 在这个对称下的像,P 是 CH 和 IL 的交点,则 $CP \geq CO' = CO = R$. 剩下证明 $PH \geq LH = r$. 这可由 $\angle MIL = 180° - \alpha \geq 90°$ 推得.

10.84* 在锐角 $\triangle ABC$ 的边 BC, CA 和 AB 上取点 A_1, B_1 和 C_1,证明:

$$2(B_1C_1\cos\alpha + C_1A_1\cos\beta + A_1B_1\cos\gamma) \geq a\cos\alpha + b\cos\beta + c\cos\gamma$$

提示   设 B_2C_2 是线段 B_1C_1 在边 BC 上的射影,则

$$B_1C_1 \geq B_2C_2 = BC - BC_1\cos\beta - CB_1\cos\gamma$$

类似地有
$$A_1C_1 \geq AC - AC_1\cos\alpha - CA_1\cos\gamma$$
$$A_1B_1 \geq AB - AB_1\cos\alpha - BA_1\cos\beta$$

这些不等式分别乘以 $\cos\alpha, \cos\beta$ 和 $\cos\gamma$ 并且将它们相加,得到

$$B_1C_1\cos\alpha + C_1A_1\cos\beta + A_1B_1\cos\gamma \geq a\cos\alpha + b\cos\beta + c\cos\gamma -$$
$$(a\cos\beta\cos\gamma + b\cos\alpha\cos\gamma + c\cos\alpha\cos\beta)$$

因为 $c = a\cos\beta + b\cos\alpha$,则

$$c\cos\gamma = a\cos\beta\cos\gamma + b\cos\alpha\cos\gamma$$

写出三个类似的等式并且将它们相加,得到

$$a\cos\beta\cos\gamma + b\cos\alpha\cos\gamma + c\cos\alpha\cos\beta = \frac{a\cos\alpha + b\cos\beta + c\cos\gamma}{2}$$

*   *   *

10.85* 证明:当且仅当 $a^2 + b^2 + c^2 > 8R^2$ 时,边为 a, b 和 c 的三角形是锐角三角形.

提示   因为 $\cos^2\alpha + \cos^2\beta + \cos^2\gamma + 2\cos\alpha\cos\beta\cos\gamma = 1$(问题 12.41(2)),所

以当且仅当 $\cos^2\alpha + \cos^2\beta + \cos^2\gamma < 1$ 时，$\triangle ABC$ 是锐角三角形，即 $\sin^2\alpha + \sin^2\beta + \sin^2\gamma > 2$. 最后的不等式的两边乘以 $4R^2$，即得所证.

10.86* 证明：一个三角形当且仅当 $p > 2R + r$ 时，是锐角三角形.

提示 注意 $p^2 - (2R+r)^2 = 4R^2\cos\alpha\cos\beta\cos\gamma$ 就够了(参见问题12.43(2)).

10.87* 证明：当且仅当在 $\triangle ABC$ 的边 BC, CA 和 AB 上能取到使得 $AA_1 = BB_1 = CC_1$ 的内点 A_1, B_1 和 C_1 时，$\triangle ABC$ 是锐角三角形.

提示 设 $\angle A \le \angle B \le \angle C$. 如果 $\triangle ABC$ 不是锐角三角形，则对于在边 BC 和 AB 上的任意点 A_1 和 C_1 有 $CC_1 < AC < AA_1$. 现在证明，对于锐角三角形可以选取点 A_1, B_1 和 C_1 具有需要的性质. 为此，只需检验，存在数 x 满足下列不等式就足够了：$h_a \le x < \max(b,c) = c$, $h_b \le x < \max(a,c) = c$ 和 $h_c \le x < \max(a,b) = b$. 剩下注意，$\max(h_a, h_b, h_c) = h_a$, $\min(b,c) = b$ 和 $h_a < b$.

10.88* 证明：$\triangle ABC$ 是锐角三角形，当且仅当它在三个不同方向的射影的长相等.

(参见这样的问题 9.98, 10.41, 10.46, 10.50, 10.65.)

提示 设 $\angle A \le \angle B \le \angle C$. 首先假设 $\triangle ABC$ 是锐角三角形. 当直线 l 由原来平行于 AB 的位置旋转时，三角形在 l 上的射影长开始由 c 到 h_b，然后由 h_b 到 a，由 a 到 h_c，由 h_c 到 b，由 b 到 h_a. 并且最后由 h_a 到 c 单调变化. 因为 $h_b < a$，则存在这样的数 x，使 $h_b < x < a$. 容易检验，长为 x 的线段在前面四个单调区间都会遇到.

现在假设 $\triangle ABC$ 不是锐角三角形. 当直线 l 由平行于 AB 的原来位置旋转时，三角形在 l 上的射影长由 c 到 h_b 单调减少，然后由 h_b 到 h_c；此后它开始 h_c 到 h_a，然后由 h_a 到 c 单调增加. 总是得到两个单调区间.

§13 在三角形中的不等式

10.89 过 $\triangle ABC$ 中线的交点 O 引直线，交它的边于点 M 和 N，证明：$NO \le 2MO$.

第 10 章　三角形元素的不等式

DISHIZHANG　SANJIAOXING YUANSU DE BUDENGSHI

提示　设点 M 和 N 分别在边 AB 和 AC 上,过点 C 引平行于边 AB 的直线. 设 N_1 是这条直线与直线 MN 的交点,则 $\frac{N_1O}{MO} = 2$,但 $NO \leqslant N_1O$,所以 $\frac{NO}{MO} \leqslant 2$.

10.90　证明:如果 $\triangle ABC$ 在 $\triangle A'B'C'$ 的内部,则 $r_{\triangle ABC} < r_{\triangle A'B'C'}$.

提示　位于 $\triangle A'B'C'$ 内部的 $\triangle ABC$ 中内切有圆 S. 对这个圆引平行于 $\triangle A'B'C'$ 各边的切线,可以得到与 $\triangle A'B'C'$ 相似的 $\triangle A''B''C''$,圆 S 也是它的内切圆,所以 $r_{\triangle ABC} = r_{\triangle A''B''C''} < r_{\triangle A'B'C'}$.

10.91　在 $\triangle ABC$ 中边 c 最大,而 a 最小,证明: $l_c \leqslant h_a$.

提示　角平分线 l_c 分 $\triangle ABC$ 为两个三角形,它们面积的 2 倍等于 $al_c\sin\frac{\gamma}{2}$ 和 $bl_c\sin\frac{\gamma}{2}$,所以 $ah_a = 2S = l_c(a+b)\sin\frac{\gamma}{2}$. 由问题的条件推出,$\frac{a}{a+b} \leqslant \frac{1}{2} \leqslant \sin\frac{\gamma}{2}$.

10.92　$\triangle ABC$ 的中线 AA_1 和 BB_1 互相垂直,证明: $\cot A + \cot B \geqslant \frac{2}{3}$.

提示　显然,$\cot A + \cot B = \frac{c}{h_c} \geqslant \frac{c}{m_c}$. 设 M 是中线的交点,N 是线段 AB 的中点. 因为 $\triangle AMB$ 是直角三角形,$MN = \frac{AB}{2}$,因此 $c = 2MN = \frac{2m_c}{3}$.

10.93　过底为 AC 的等腰三角形的顶点 A 的圆切边 BC 于点 M,且交边 AB 于点 N,证明: $AN > CM$.

提示　因为 $BN \cdot BA = BM^2$,$BM < BA$,则 $BN < BM$,这意味着 $AN < CN$.

10.94*　在锐角 $\triangle ABC$ 中角平分线 AD,中线 BM 和高线 CH 相交于一点. $\angle A$ 的值在怎样的范围变化?

提示　过点 B 引边 AB 的垂线. 设 F 是这条垂线与边 AC 延长线的交点(图 10.3).

我们证明，角平分线 AD，中线 BM 和高线 CH 相交于一点，当且仅当 $AB = CF$. 实际上，设 L 是 BM 和 CH 的交点. 角平分线 AD 过点 L，当且仅当 $\dfrac{BA}{AM} = \dfrac{BL}{LM}$，但 $\dfrac{BL}{LM} = \dfrac{FC}{CM} = \dfrac{FC}{AM}$.

如果在某个直角 $\triangle ABF (\angle ABF = 90°)$ 的边 AF 上取线段 $CF = AB$，则 $\angle BAC$ 和 $\angle ABC$ 是锐角. 剩下很清楚，在怎样的情况下 $\angle ACB$ 将是锐角. 由点 B 向边 AF 引垂线. 如果 $FP > FC = AB$，即 $BF\sin A > BF\cot A$，$\angle ACB$ 是锐角，因此

$$1 - \cos^2 A = \sin^2 A > \cos A$$

即

$$\cos A < \dfrac{\sqrt{5} - 1}{2}$$

结果

$$90° > \angle A > \arccos \dfrac{\sqrt{5}-1}{2} \approx 51°50'$$

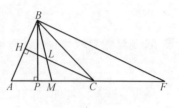

图 10.3

10.95* 在 $\triangle ABC$ 中，边等于 a, b, c，对应的角（弧度）等于 α, β, γ，证明：$\dfrac{\pi}{3} \leqslant \dfrac{a\alpha + b\beta + c\gamma}{a + b + c} < \dfrac{\pi}{2}$.

提示 因为大角对大边，所以

$$(a-b)(\alpha-\beta) \geqslant 0, (b-c)(\beta-\gamma) \geqslant 0, (a-c)(\alpha-\gamma) \geqslant 0$$

这三个不等式相加，得到

$$2(a\alpha + b\beta + c\gamma) \geqslant a(\beta+\gamma) + b(\alpha+\gamma) + c(\alpha+\beta) =$$
$$(a+b+c)\pi - a\alpha - b\beta - c\gamma$$

即

$$\dfrac{\pi}{3} \leqslant \dfrac{a\alpha + b\beta + c\gamma}{a+b+c}$$

由三角形不等式得出

$$\alpha(b+c-a) + \beta(a+c-b) + \gamma(a+b-c) > 0$$

即

$$a(\beta+\gamma-\alpha) + b(\alpha+\gamma-\beta) + c(\alpha+\beta-\gamma) > 0$$

因为 $\alpha + \beta + \gamma = \pi$，所以

$$a(\pi - 2\alpha) + b(\pi - 2\beta) + c(\pi - 2\gamma) > 0$$

即

$$\dfrac{a\alpha + b\beta + c\gamma}{a+b+c} < \dfrac{\pi}{2}$$

第 10 章　三角形元素的不等式

DISHIZHANG　SANJIAOXING YUANSU DE BUDENGSHI

10.96* 在 $\triangle ABC$ 内取点 O，证明：$AO\sin\angle BOC + BO\sin\angle AOC + CO\sin\angle AOB \leqslant p$.

提示 在射线 OB 和 OC 上取这样的点 C_1 和 B_1，使得 $OC_1 = OC$，$OB_1 = OB$. 设 B_2 和 C_2 是点 B_1 和 C_1 在垂直于 AO 的直线上的射影，则
$$BO\sin\angle AOC + CO\sin\angle AOB = B_2C_2 \leqslant BC$$
三个类似的不等式相加得到要证的不等式. 容易检验，条件 $B_1C_1 \perp AO$，$C_1A_1 \perp BO$ 和 $A_1B_1 \perp CO$ 等价于点 O 是角平分线的交点.

10.97* 在 $\triangle ABC$ 的最大边 AC 的延长线上点 C 的外面取点 D，使得 $CD = CB$，证明：$\angle ABD$ 是非锐角.

提示 因为 $\angle CBD = \dfrac{\angle C}{2}$，$\angle B \geqslant \angle A$，所以
$$\angle ABD = \angle B + \angle CBD \geqslant \dfrac{\angle A + \angle B + \angle C}{2} = 90°$$

10.98* 在 $\triangle ABC$ 中引角平分线 AK 和 CM，证明：如果 $AB > BC$，则 $AM > MK > KC$.

提示 根据角平分线性质有
$$\dfrac{BM}{MA} = \dfrac{BC}{CA}, \dfrac{BK}{KC} = \dfrac{BA}{AC}$$
所以
$$\dfrac{BM}{MA} < \dfrac{BK}{KC}$$
即
$$\dfrac{AB}{AM} = 1 + \dfrac{BM}{MA} < 1 + \dfrac{BK}{KC} = \dfrac{CB}{CK}$$
因此，点 M 到直线 AC 比点 K 要远，即
$$\angle AKM > \angle KAC = \angle KAM, \angle KMC < \angle MCA = \angle MCK$$
所以 $AM > MK$ 和 $MK > KC$（参见问题 10.62）.

10.99* 在 $\triangle ABC$ 的边 BC，CA，AB 上取点 X，Y，Z，使得直线 AX，BY，CZ 相交于一点 O，证明：$\dfrac{OA}{OX}$，$\dfrac{OB}{OY}$，$\dfrac{OC}{OZ}$ 中至少有一个不大于 2 且有一个不小于 2.

提示 假设所有的给出的比都小于 2，则

$$S_{\triangle ABO} + S_{\triangle AOC} < 2S_{\triangle XBO} + 2S_{\triangle XOC} = 2S_{\triangle OBC}$$

$$S_{\triangle ABO} + S_{\triangle OBC} < 2S_{\triangle AOC}, S_{\triangle AOC} + S_{\triangle OBC} < 2S_{\triangle ABO}$$

将这些不等式相加,得出矛盾.类似可证给出的比中有一个不大于 2.

10.100* 圆 S_1 与 $\triangle ABC$ 的边 AC 和 AB 相切,圆 S_2 与 BC 和 AB 相切,此外圆 S_1 和 S_2 彼此外切,证明:这两个圆半径的和大于内切圆 S 的半径.

(参见这样的问题 14.26,17.16,17.18.)

提示 记圆 S, S_1 和 S_2 的半径为 r, r_1 和 r_2.设 $\triangle AB_1C_1$ 和 $\triangle A_2BC_2$ 与 $\triangle ABC$ 相似,并且相似系数分别等于 $\frac{r_1}{r}$ 和 $\frac{r_2}{r}$.圆 S_1 和 S_2 是 $\triangle AB_1C_1$ 和 $\triangle A_2BC_2$ 的内切圆,因此这些三角形相交,因为此外圆 S_1 和 S_2 没有公共点,所以 $AB_1 + A_2B > AB$,也就是 $r_1 + r_2 > r$.

§14 供独立解答的问题

10.101 设 a, b 和 c 是三角形的边长,$P = a+b+c$,$Q = ab+bc+ca$,证明:$3Q \leqslant P^2 < 4Q$.

10.102 证明:三角形的任意两个边的乘积大于 $4Rr$.

10.103 在 $\triangle ABC$ 中引角平分线 AA_1,证明:$A_1C < AC$.

10.104 证明:如果 $a > b$ 且 $a + h_a \leqslant b + h_b$,则 $\angle C = 90°$.

10.105 设 O 是 $\triangle ABC$ 的内切圆中心,证明:$ab + bc + ca \geqslant (AO + BO + CO)^2$.

10.106 以 $\triangle ABC$ 的边为边向形外作中心为 D, E 和 F 的等边三角形,证明:$S_{\triangle DEF} \geqslant S_{\triangle ABC}$.

10.107 在平面上给出 $\triangle ABC$ 和 $\triangle MNK$,同时直线 MN 过边 AB 和 AC 的中点.而这两个三角形的交是一个两两对边平行的面积为 S 的六边形,证明:$3S < S_{\triangle ABC} + S_{\triangle MNK}$.

第 11 章 最大与最小问题

基础知识

1. 最大与最小的几何问题同几何不等式联系紧密,因为为了解这些问题总必须证明相应的几何不等式,并且证明,这个不等式在确定的条件下变为等式. 所以,在解最大最小问题之前,应再次看一看第 9 章的 §13,同时要特别注意非严格不等式变为等式的条件.

2. 对于三角形的元素同样利用在第 9 章给出的记号.

3. 最大最小问题有时称为极值问题(极值名称出自拉丁语 extremum,意思为极限的,极端的).

引导性问题

1. 求给定边 AB 和 AC 的三角形的最大面积.

2. 在 $\triangle ABC$ 中找一点,使这点对边 AB 有最小的视角.

3. 证明:在所有的具有给定边 a 和高 h_a 的三角形中,等腰三角形的顶角 α 最大.

4. 在具有给定边 AB 和 $AC(AB < AC)$ 的所有的三角形中,找出外接圆半径最大的三角形.

5. 凸四边形的对角线等于 d_1 和 d_2. 它的面积的最大值是多少?

§1 三角形

11.1 证明:在角 α 和面积 S 为固定值的所有的三角形中,边长 BC 最小的是以 BC 为底边的等腰三角形.

提示 根据余弦定理有
$$a^2 = b^2 + c^2 - 2bc\cos\alpha = (b-c)^2 + 2bc(1-\cos\alpha) =$$

$$(b-c)^2 + 4S \cdot \frac{1-\cos\alpha}{\sin\alpha}$$

因为第二个加项是常值,所以如果 $a = b$,那么 a 最小.

11.2 证明:在角 α 和半周长 p 为固定值的所有的 $\triangle ABC$ 中,面积最大的是以 BC 为底边的等腰三角形.

提示 设旁切圆切边 AB 和 AC 的延长线于点 K 和 L. 因为 $AK = AL = p$,所以旁切圆 S_a 固定. 内切圆的半径 r 最大,当它与圆 S_a 相切时,$\triangle ABC$ 是等腰三角形. 同样显然, $S = pr$.

11.3 证明:在半周长 p 为固定值的所有的三角形中,面积最大的是正三角形.

提示 根据问题 10.55(1) 有 $S \leqslant \dfrac{p^2}{3\sqrt{3}}$,并且仅对于正三角形取得等号.

11.4 考查所有的给定边 a 和角 α 的锐角三角形. 边长 b 和 c 的平方和的最大值等于什么?

提示 根据余弦定理有
$$b^2 + c^2 = a^2 + 2bc\cos\alpha$$
因为
$$2bc \leqslant b^2 + c^2, \cos\alpha > 0$$
所以
$$b^2 + c^2 \leqslant a^2 + (b^2 + c^2)\cos\alpha$$
即 $b^2 + c^2 \leqslant \dfrac{a^2}{1-\cos\alpha}$, 当 $b = c$ 时取等号.

11.5 在内接于给定圆的所有的三角形中,求其边长的平方和的最大值.

提示 设 O 是半径为 R 的圆的中心,A,B 和 C 是三角形的顶点, $\boldsymbol{a} = \overrightarrow{OA}$, $\boldsymbol{b} = \overrightarrow{OB}$, $\boldsymbol{c} = \overrightarrow{OC}$, 则
$$AB^2 + BC^2 + CA^2 = |\boldsymbol{a}-\boldsymbol{b}|^2 + |\boldsymbol{b}-\boldsymbol{c}|^2 + |\boldsymbol{c}-\boldsymbol{a}|^2 =$$
$$2(|\boldsymbol{a}|^2 + |\boldsymbol{b}|^2 + |\boldsymbol{c}|^2) - 2(\boldsymbol{a},\boldsymbol{b}) - 2(\boldsymbol{b},\boldsymbol{c}) - 2(\boldsymbol{c},\boldsymbol{a})$$

第11章 最大与最小问题

因为
$$|a+b+c|^2 = |a|^2 + |b|^2 + |c|^2 + 2(a,b) + 2(b,c) + 2(c,a)$$
所以 $AB^2 + BC^2 + CA^2 = 3(|a|^2 + |b|^2 + |c|^2) - |a+b+c|^2 \leq$
$$3(|a|^2 + |b|^2 + |c|^2) = 9R^2$$
并且仅当如果 $a+b+c=0$ 时取等号. 这个等式意味着 $\triangle ABC$ 是正三角形.

11.6* $\triangle ABC$ 的周长等于 $2p$. 在边 AB 和 AC 上取点 M 和 N, 使得 $MN \parallel BC$ 且 MN 与 $\triangle ABC$ 的内切圆相切, 求线段 MN 长度的最大值.

提示 用 h 表示引向边 BC 的高线之长. 因为 $\triangle AMN \backsim \triangle ABC$, 所以
$$\frac{MN}{BC} = \frac{h-2r}{h}$$
即
$$MN = a\left(1 - \frac{2r}{h}\right)$$
因为 $r = \frac{S}{p} = \frac{ah}{2p}$, 所以
$$MN = a\left(1 - \frac{a}{p}\right)$$
表达式 $a\left(1 - \frac{a}{p}\right) = \frac{a(p-a)}{p}$, 当 $a = \frac{p}{2}$ 时达到最大值为 $\frac{p}{4}$. 剩下注意, 存在边 $a = \frac{p}{2}$, 周长为 $2p$ 的三角形 (假设 $b = c = \frac{3p}{4}$).

11.7* 在给定的三角形中放入一个具有最大面积的中心对称的多边形.

提示 设 O 是在三角形 T 内部的多边形 M 的对称中心, $S(T)$ 是在关于点 O 的对称下三角形 T 的像, 则 M 既在 T 里且在 $S(T)$ 里, 所以带有给定对称中心在 T 中的所有中心对称的多边形, 最大面积是 T 和 $S(T)$ 的交. 因为 T 和 $S(T)$ 的交是凸多边形, 而凸多边形永远包含自己的对称中心, 则 O 在三角形 T 内.

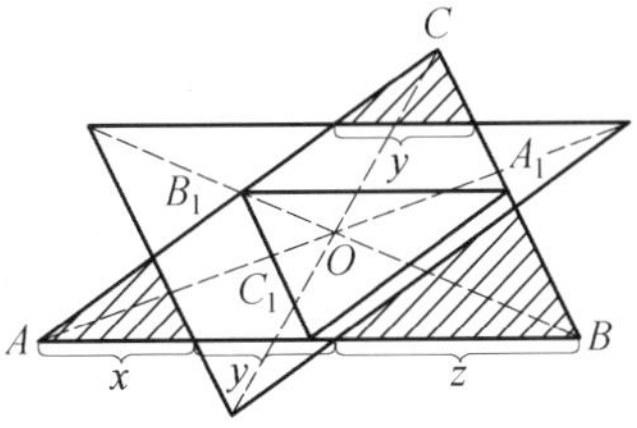

设 A_1, B_1 和 C_1 是三角形 $T = \triangle ABC$ 的边 BC, CA 和 AB 的中点. 首先假设, 点 O 在 $\triangle A_1 B_1 C_1$ 内部, 则 T 与 $S(T)$ 的交是个六边形 (图 11.1). 设边 AB 被三角形 $S(T)$ 的边分为比

图 11.1

$x:y:z$，其中 $x+y+z=1$，则阴影三角形面积之和对 $\triangle ABC$ 面积的比等于 $x^2+y^2+z^2$；必须求这个式子的最小值. 因为

$$1=(x+y+z)^2=3(x^2+y^2+z^2)-(x-y)^2-(y-z)^2-(z-x)^2$$

所以 $x^2+y^2+z^2 \geqslant \dfrac{1}{3}$，并且仅当 $x=y=z$ 时取等号；最后的等式意味着，O 是 $\triangle ABC$ 三条中线的交点.

现在研究另外的情况：当 O 位于 $\triangle AB_1C_1$，$\triangle A_1BC_1$，$\triangle A_1B_1C$ 中一个内部. 在这种情况下，T 与 $S(T)$ 的交是平行四边形. 并且如果用直线 AO 和 B_1C_1 的交点来替代点 O，那么这个平行四边形的面积只是增大. 如果点 O 在边 B_1C_1 上，则这种情况已经固定是研究过的（必须假定 $x=0$）.

所求的多边形是个六边形，它的顶点把三角形各边分为三个相等的部分，它的面积等于三角形面积的 $\dfrac{2}{3}$.

11.8* $\triangle ABC$ 的面积等于 1. 设 A_1, B_1, C_1 分别是边 BC, CA, AB 的中点. 在线段 AB_1, CA_1, BC_1 上分别取点 K, L, M. $\triangle KLM$ 和 $\triangle A_1B_1C_1$ 公共部分面积的最小值等于多少？

提示 设直线 KM 和 BC 相交于点 T，而 $\triangle A_1B_1C_1$ 和 $\triangle KLM$ 各边的交点如图 11.2 所示，则

$$\frac{TL}{RZ}=\frac{KL}{KZ}=\frac{LC}{ZB_1}$$

因为 $TL \geqslant BA_1 = A_1C \geqslant LC$，所以

$$RZ \geqslant ZB_1$$

即

$$S_{\triangle RZQ} \geqslant S_{\triangle ZB_1Q}$$

类似可得

$$S_{\triangle QYP} \geqslant S_{\triangle YA_1P},\ S_{\triangle PXR} \geqslant S_{\triangle XC_1R}$$

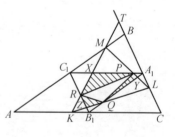

图 11.2

所有这些不等式和不等式 $S_{\triangle PQR} \geqslant 0$ 相加，得到六边形 $PXRZQY$ 的面积不小于 $\triangle A_1B_1C_1$ 中剩下部分的面积，即它的面积不小于 $\dfrac{S_{\triangle A_1B_1C_1}}{2}=\dfrac{1}{8}$. 如果点 K 与 B_1 重合，而点 M 与点 B 重合，则取等号.

第 11 章　最大与最小问题

11.9* 用无限长的带形纸条能剪出面积为 1 的任何一个三角形,纸条的最小宽度应是多少?

提示 因为边长为 a 的正三角形面积等于 $\frac{a^2\sqrt{3}}{4}$,面积为 1 的正三角形边长等于 $\frac{2}{\sqrt{3}}$,而它的高线等于 $\sqrt[4]{3}$.我们证明,宽度小于 $\sqrt[4]{3}$ 的带形不能剪出面积为 1 的正三角形.

设正 $\triangle ABC$ 在宽小于 $\sqrt[4]{3}$ 的带形里.为了确定起见,可以认为位于带界上的顶点 B 的投影在 A,C 的投影之间.过 B 作垂直于带形边界的直线交 AC 于点 M,则 $\triangle ABC$ 的高线不超过 BM,而 BM 不大于带形的宽度,所以 $\triangle ABC$ 的高线小于 $\sqrt[4]{3}$,即它的面积小于 1.

还须证明:用宽为 $\sqrt[4]{3}$ 的纸条可以剪出任何一个面积为 1 的三角形.我们证明,任何一个面积为 1 的三角形,有不超过 $\sqrt[4]{3}$ 的高.对此只要证明,它有一条边不小于 $\frac{2}{\sqrt{3}}$.假设 $\triangle ABC$ 各边都小于 $\frac{2}{\sqrt{3}}$,设 α 为这个三角形中最小的角,则 $\alpha \leqslant 60°$ 且 $S_{\triangle ABC} = \frac{1}{2} AB \cdot AC \cdot \sin \alpha < \left(\frac{2}{\sqrt{3}}\right)^2 \frac{\sqrt{3}}{4} = 1$.这与面积为 1 矛盾.因此,高不超过 $\sqrt[4]{3}$ 的三角形可放置在宽为 $\sqrt[4]{3}$ 的带形里,把做高线的这条边放在纸条的边上.

*　　*　　*

11.10 证明:边长为 a,b,c 和 a_1,b_1,c_1 的两个三角形当且仅当 $\sqrt{aa_1} + \sqrt{bb_1} + \sqrt{cc_1} = \sqrt{(a+b+c)(a_1+b_1+c_1)}$ 时,这两个三角形相似.

提示 将已知等式的两边平方,容易将它变形为
$$(\sqrt{ab_1} - \sqrt{a_1 b})^2 + (\sqrt{ca_1} - \sqrt{c_1 a})^2 + (\sqrt{bc_1} - \sqrt{cb_1})^2 = 0$$
即
$$\frac{a}{a_1} = \frac{b}{b_1} = \frac{c}{c_1}$$

11.11* 证明:如果 α,β,γ 和 $\alpha_1,\beta_1,\gamma_1$ 是两个三角形的内角,那么
$$\frac{\cos \alpha_1}{\sin \alpha} + \frac{\cos \beta_1}{\sin \beta} + \frac{\cos \gamma_1}{\sin \gamma} \leqslant \cot \alpha + \cot \beta + \cot \gamma$$

提示 固定角 α,β 和 γ. 设 $\triangle A_1B_1C_1$ 是三个内角为 α_1,β_1 和 γ_1 的三角形. 考查与向量 $\overrightarrow{B_1C_1}, \overrightarrow{C_1A_1}$ 和 $\overrightarrow{A_1B_1}$ 共线且长为 $\sin\alpha, \sin\beta$ 和 $\sin\gamma$ 的向量 $\boldsymbol{a}, \boldsymbol{b}$ 和 $\boldsymbol{c}$, 则

$$\frac{\cos\alpha_1}{\sin\alpha} + \frac{\cos\beta_1}{\sin\beta} + \frac{\cos\gamma_1}{\sin\gamma} = -\frac{(\boldsymbol{a},\boldsymbol{b}) + (\boldsymbol{b},\boldsymbol{c}) + (\boldsymbol{c},\boldsymbol{a})}{\sin\alpha\sin\beta\sin\gamma}$$

又因为 $2[(\boldsymbol{a},\boldsymbol{b}) + (\boldsymbol{b},\boldsymbol{c}) + (\boldsymbol{c},\boldsymbol{a})] = |\boldsymbol{a}+\boldsymbol{b}+\boldsymbol{c}|^2 - |\boldsymbol{a}|^2 - |\boldsymbol{b}|^2 - |\boldsymbol{c}|^2$, 则量 $(\boldsymbol{a},\boldsymbol{b}) + (\boldsymbol{b},\boldsymbol{c}) + (\boldsymbol{c},\boldsymbol{a})$, 当 $\boldsymbol{a}+\boldsymbol{b}+\boldsymbol{c}=\boldsymbol{0}$ 时最小, 也就是 $\alpha_1 = \alpha, \beta_1 = \beta, \gamma_1 = \gamma$.

11.12* 设 a,b 和 c 是面积为 S 的三角形的边长, α_1,β_1 和 γ_1 是某个另外三角形的内角, 证明: $a^2\cot\alpha_1 + b^2\cot\beta_1 + c^2\cot\gamma_1 \geqslant 4S$, 并且仅当考查的两个三角形相似时达到等式.

提示 设 $x = \cot\alpha_1, y = \cot\beta_1$, 则 $x+y > 0$(因为 $\alpha_1+\beta_1 < \pi$), $\cot\gamma_1 = \frac{1-xy}{x+y} = \frac{x^2+1}{x+y} - x$, 所以

$$a^2\cot\alpha_1 + b^2\cot\beta_1 + c^2\cot\gamma_1 = (a^2-b^2-c^2)x + b^2(x+y) + \frac{c^2(x^2+1)}{x+y}$$

对固定的 x 这个表达式对这样的 y, 使得 $b^2(x+y) = \frac{c^2(x^2+1)}{x+y}$ 取最小值. 也就是 $\frac{c}{b} = \frac{x+y}{\sqrt{1+x^2}} = \sin\alpha_1(\cot\alpha_1 + \cot\beta_1) = \frac{\sin\gamma_1}{\sin\beta_1}$. 类似的讨论证明, 如果 $a:b:c = \sin\alpha_1:\sin\beta_1:\sin\gamma_1$, 那么所考查的表达式最小. 在这种情况两个三角形相似, 并且 $a^2\cot\alpha + b^2\cot\beta + c^2\cot\gamma = 4S$(参见问题 12.46(2)).

11.13* 已知边长为 a,b 和 c 的三角形, 并且 $a \geqslant b \geqslant c$. x,y 和 z 是某个另外三角形的内角, 证明: $bc + ca - ab < bc\cos x + ca\cos y + ab\cos z \leqslant \frac{a^2+b^2+c^2}{2}$.

(参见同样的问题 17.21.)

提示 设 $f = bc\cos x + ca\cos y + ab\cos z$. 因为

$$\cos x = -\cos y\cos z + \sin y\sin z$$

所以 $$f = c(a - b\cos z)\cos y + bc\sin y\sin z + ab\cos z$$
研究两边长等于 a 和 b,这两边夹角等于 z 的三角形. 设 ξ 和 η 是边 a 和 b 的对角,t 是角 z 对的边长,则
$$\cos z = \frac{a^2 + b^2 - t^2}{2ab}, \cos \eta = \frac{t^2 + a^2 - b^2}{2at}$$
所以
$$\frac{a - b\cos z}{t} = \cos \eta$$
此外 $\frac{b}{t} = \frac{\sin \eta}{\sin z}$,所以
$$f = ct\cos(\eta - y) + \frac{a^2 + b^2 - t^2}{2}$$
因为 $\cos(\eta - y) \leqslant 1$,所以
$$f \leqslant \frac{a^2 + b^2 + c^2}{2} - \frac{(c - t)^2}{2} \leqslant \frac{a^2 + b^2 + c^2}{2}$$
因为 $a \geqslant b$,所以 $\xi \geqslant \eta$,而这意味着
$$-\xi \leqslant -\eta < y - \eta < \pi - z - \eta = \xi$$
即
$$\cos(y - \eta) > \cos \xi$$
所以
$$f > ct\cos \xi + \frac{a^2 + b^2 - t^2}{2} = \frac{c - b}{2b}t^2 + \frac{c(b^2 - a^2)}{2b} + \frac{a^2 + b^2}{2} = g(t)$$
t^2 的系数是负数或者等于 0;此外 $t < a + b$. 因此
$$g(t) \geqslant g(a + b) = bc + ca - ab$$

§2 三角形的极值点

11.14 在直角 $\triangle ABC$ 的斜边 AB 上取点 X,M 和 N 是它在直角边 AC 和 BC 上的射影.

(1) 点 X 在什么位置时线段 MN 的长最小?

(2) 点 X 在什么位置时四边形 $CMXN$ 的面积最大?

提示 (1) 因为 $CMXN$ 是矩形,所以 $MN = CX$,所以当 CX 是高时,线段 MN 的长将最小.

(2) 设 $S_{\triangle ABC} = S$,则

$$S_{\triangle AMX} = \frac{AX^2 \cdot S}{AB^2}, S_{\triangle BNX} = \frac{BX^2 \cdot S}{AB^2}$$

因为 $AX^2 + BX^2 \geq \frac{AB^2}{2}$（并且仅当 X 是线段 AB 的中点时达到等式），所以

$$S_{CMXN} = S - S_{\triangle AMX} - S_{\triangle BNX} \leq \frac{S}{2}$$

当 X 是边 AB 的中点时，四边形 $CMXN$ 的面积最大．

11.15 由位于锐角 $\triangle ABC$ 的边 AB 上的点 M，向边 BC 和 AC 引垂线 MP 和 MQ．点 M 在怎样的位置时线段 PQ 的长最小？

提示 点 P 和 Q 在以线段 CM 为直径作的圆上．在这个圆上在弦 PQ 上对的 $\angle C$ 是常值，所以当圆的直径 CM 最小时，即 CM 是 $\triangle ABC$ 的高线时，弦 PQ 的长最小．

11.16 已知 $\triangle ABC$．在直线 AB 上找一点 M，使得 $\triangle ACM$ 和 $\triangle BCM$ 的外接圆的半径之和最小．

提示 根据正弦定理，$\triangle ACM$ 和 $\triangle BCM$ 的外接圆半径分别等于 $\frac{AC}{2\sin\angle AMC}$，$\frac{BC}{2\sin\angle BMC}$．容易检验 $\sin\angle AMC = \sin\angle BMC$，所以

$$\frac{AC}{2\sin\angle AMC} + \frac{BC}{2\sin\angle BMC} = \frac{AC + BC}{2\sin\angle BMC}$$

当 $\sin\angle BMC = 1$，即 $CM \perp AB$ 时，最后的表达式取最小值．

11.17 由 $\triangle ABC$ 的外接圆上的一点 M，向边 AB 和 AC 引垂线 MP 和 MQ．点 M 在怎样的位置时线段 PQ 的长最大？

提示 点 P 和 Q 在以 AM 为直径的圆上，所以

$$PQ = AM\sin\angle PAQ = AM\sin A$$

这意味着，当 AM 是外接圆直径时，线段 PQ 的长最大．

11.18* 在 $\triangle ABC$ 内取一点 O，设 d_a, d_b, d_c 是由它到直线 BC, CA, AB 的距离．点 O 在怎样的位置时 $d_a d_b d_c$ 最大？

第11章 最大与最小问题

DISHIYIZHANG ZUIDA YU ZUIXIAO WENTI

提示 显然,$2S_{\triangle ABC} = ad_a + bd_b + cd_c$,所以当 $ad_a = bd_b = cd_c$ 时,$(ad_a)(bd_b)(cd_c)$ 最大(第9章§13).因为 abc 是固定不变的,当且仅当 $d_a d_b d_c$ 最大时,$(ad_a)(bd_b)(cd_c)$ 最大.

我们指出,等式 $ad_a = bd_b = cd_c$,意味着 O 是 $\triangle ABC$ 三条中线的交点.用 A_1 表示直线 AO 和 BC 的交点,则

$$\frac{BA_1}{A_1C} = \frac{S_{\triangle ABA_1}}{S_{\triangle ACA_1}} = \frac{S_{\triangle ABO}}{S_{\triangle ACO}} = \frac{cd_c}{bd_b} = 1$$

即 AA_1 是中线.类似可证,点 O 在中线 BB_1 和 CC_1 上.

11.19* 在 $\triangle ABC$ 的边 BC,CA 和 AB 上取点 A_1,B_1 和 C_1,并且线段 AA_1,BB_1 和 CC_1 交于点 M.点 M 在怎样的位置时,$\dfrac{MA_1}{AA_1} \cdot \dfrac{MB_1}{BB_1} \cdot \dfrac{MC_1}{CC_1}$ 的值最大?

提示 设 $\alpha = \dfrac{MA_1}{AA_1}$,$\beta = \dfrac{MB_1}{BB_1}$,$\gamma = \dfrac{MC_1}{CC_1}$.因为 $\alpha + \beta + \gamma = 1$(参见问题4.49(1)),所以 $\sqrt[3]{\alpha\beta\gamma} \leqslant \dfrac{\alpha + \beta + \gamma}{3} = \dfrac{1}{3}$,并且当 $\alpha = \beta = \gamma = \dfrac{1}{3}$ 时取等号,也就是 M 为三条中线的交点.

11.20* 由位于已知 $\triangle ABC$ 内部的点 M 向直线 BC,CA,AB 引垂线 MA_1,MB_1,MC_1.对已知 $\triangle ABC$ 内部怎样的点 M,$\dfrac{a}{MA_1} + \dfrac{b}{MB_1} + \dfrac{c}{MC_1}$ 取最小值?

提示 设 $x = MA_1$,$y = MB_1$,$z = MC_1$,则

$$ax + by + cz = 2S_{\triangle BMC} + 2S_{\triangle AMC} + 2S_{\triangle AMB} = 2S_{\triangle ABC}$$

所以

$$\left(\frac{a}{x} + \frac{b}{y} + \frac{c}{z}\right) \cdot 2S_{\triangle ABC} = \left(\frac{a}{x} + \frac{b}{y} + \frac{c}{z}\right)(ax + by + cz) =$$
$$a^2 + b^2 + c^2 + ab\left(\frac{x}{y} + \frac{y}{x}\right) +$$
$$bc\left(\frac{y}{z} + \frac{z}{y}\right) + ac\left(\frac{z}{x} + \frac{x}{z}\right) \geqslant$$
$$a^2 + b^2 + c^2 + 2ab + 2bc + 2ac$$

并且仅当 $x = y = z$ 时取等号,也就是 M 是 $\triangle ABC$ 的内切圆圆心.

11.21* 已知 △ABC. 在它的内部求一点 O，使得线段长 OA, OB, OC 之和最小.（注意一个角大于 120° 的钝角三角形的情况）

提示 首先假设，△ABC 的内角都小于 120°. 则在三角形内部存在一点 O，由它看各边的视角都是 120°. 过顶点 A, B 和 C 引直线垂直于线段 OA, OB 和 OC. 这三条直线交成正 △$A_1B_1C_1$（图 11.3）. 设 O' 是 △ABC 内且不同于点 O 的任意一点，我们证明，当 $O'A + O'B + O'C > OA + OB + OC$ 时, O 为所求的点. 设 A'，B' 和 C' 是由点 O' 引向 B_1C_1, C_1A_1 和 A_1B_1 的垂线足, a 是正 △$A_1B_1C_1$ 的边长，则

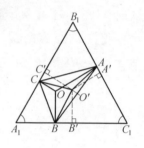

图 11.3

$$O'A' + O'B' + O'C' = \frac{2(S_{\triangle O'B_1C_1} + S_{\triangle O'A_1B_1} + S_{\triangle O'A_1C_1})}{a} =$$

$$\frac{2S_{\triangle A_1B_1C_1}}{a} = OA + OB + OC$$

因为斜线长大于垂线长，所以

$$O'A + O'B + O'C > O'A' + O'B' + O'C' = OA + OB + OC$$

现在设 △ABC 中有一个角，例如 $\angle C$，大于或等于 120°. 过点 A 和 B 向线段 CA 和 CB 引垂线 B_1C_1 和 C_1A_1，又过点 C 引直线 A_1B_1，垂直于 $\angle ACB$ 的平分线（图 11.4）. 因为 $\angle AC_1B = 180° - \angle ACB < 60°$，所以 $B_1C_1 > A_1B_1$. 设 O' 是位于 △$A_1B_1C_1$ 内的任意点. 因为

$$B_1C_1 \cdot O'A' + C_1A_1 \cdot O'B' + A_1B_1 \cdot O'C' = 2S_{\triangle A_1B_1C_1}$$

所以

$$(O'A' + O'B' + O'C') \cdot B_1C_1 =$$
$$2S_{\triangle A_1B_1C_1} + (B_1C_1 - A_1B_1) \cdot O'C'$$

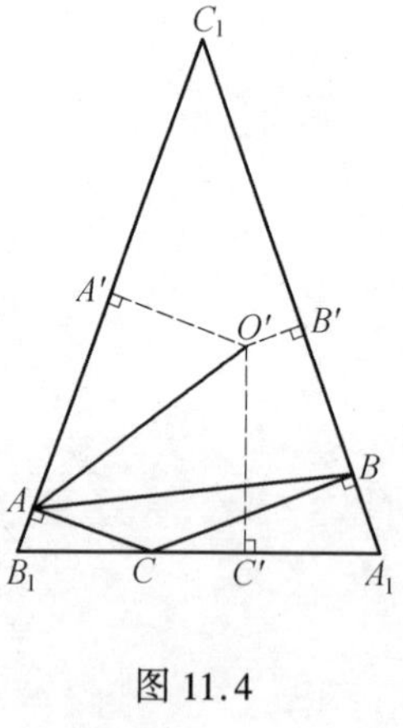

图 11.4

因为 $B_1C_1 > A_1B_1$，则对于位于边 B_1A_1 上的点, $O'A' + O'B' + O'C'$ 最小. 同样显然, $O'A + O'B + O'C \geq O'A' + O'B' + O'C'$. 因此，所求的点是顶点 C.

第 11 章　最大与最小问题

DISHIYIZHANG　ZUIDA YU ZUIXIAO WENTI

11.22* 在 $\triangle ABC$ 内部求一点 O,使得由点 O 到三角形各边距离的平方和最小.

(参见这样的问题 18.22(1).)

提示 设点 O 到边 BC,CA 和 AB 的距离分别等于 x,y 和 z,则

$$ax + by + cz = 2(S_{\triangle BOC} + S_{\triangle COA} + S_{\triangle AOB}) = 2S_{\triangle ABC}$$

同样显然

$$x : y : z = \frac{S_{\triangle BOC}}{a} : \frac{S_{\triangle COA}}{b} : \frac{S_{\triangle AOB}}{c}$$

方程式 $ax + by + cz = 2S$ 在坐标为 x,y,z 的三维空间中表示一张平面,并且向量 (a,b,c) 垂直于这张平面,因为如果

$$ax_1 + by_1 + cz_1 = 2S, ax_2 + by_2 + cz_2 = 2S$$

则

$$a(x_1 - x_2) + b(y_1 - y_2) + c(z_1 - z_2) = 0$$

必须找到这张平面上的点 (x_0, y_0, z_0),对于这个点,使得表达式 $x^2 + y^2 + z^2$ 达到最小值,并且要检验,这个点对应着三角形的某个内点. 因为 $x^2 + y^2 + z^2$ 是由坐标原点到点 (x,y,z) 距离的平方,则所求的点是由坐标原点引向平面的垂线的垂足,即

$$x : y : z = a : b : c$$

剩下检验,三角形内存在点 O,使得

$$x : y : z = a : b : c$$

这个等式等价于条件 $\frac{S_{\triangle BOC}}{a} : \frac{S_{\triangle COA}}{b} : \frac{S_{\triangle AOB}}{c} = a : b : c$,即

$$S_{\triangle BOC} : S_{\triangle COA} : S_{\triangle AOB} = a^2 : b^2 : c^2$$

又因为等式 $\frac{S_{\triangle BOC}}{S_{\triangle AOB}} = \frac{a^2}{c^2}$ 可由等式 $\frac{S_{\triangle BOC}}{S_{\triangle COA}} = \frac{a^2}{b^2}$ 和 $\frac{S_{\triangle COA}}{S_{\triangle AOB}} = \frac{b^2}{c^2}$ 推出,则所求的点 —— 这个点是分边 AB 和 BC 分别为比 $\frac{BC_1}{C_1A} = \frac{a^2}{b^2}$ 和 $\frac{CA_1}{A_1B} = \frac{b^2}{c^2}$ 的直线 CC_1 和 AA_1 的交点(列姆扬点).

§3　角

11.23 在锐角的一边上给定点 A 和 B.在角的另一边上求作点 C,使得由点 C 向线段 AB 的视角最大.

提示 设 O 是给定角的顶点. 点 C 是过点 A 和 B 作的圆与角的边的切点,即 $OC^2 = OA \cdot OB$. 为了求得线段 OC 的长,只需对过点 A 和 B 的任意圆作切线就足够了.

11.24 给定 $\angle XAY$ 和它内部的一点 O. 过点 O 引直线,使得这条直线截给定角所得的三角形面积最小.

提示 考查 $\angle XAY$ 关于点 O 对称的 $\angle X'A'Y'$. 设 B 和 C 是这两个角的边的交点. 过点 O 的直线与 $\angle XAY$ 和 $\angle X'A'Y'$ 边的交点分别记为 B_1, C_1 和 B'_1, C'_1 (图 11.5). 因为

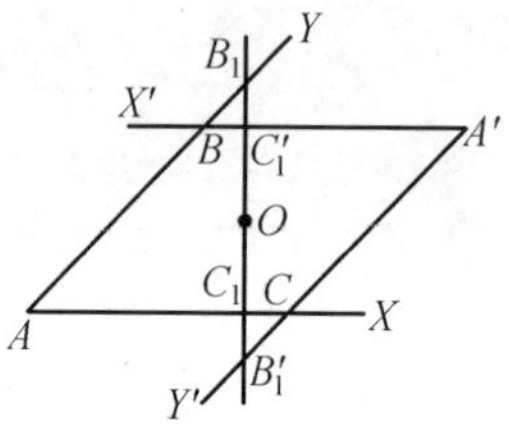

$$S_{\triangle AB_1C_1} = S_{\triangle A'B'_1C'_1}$$

所以 $S_{\triangle AB_1C_1} = \dfrac{S_{ABA'C} + S_{\triangle BB_1C'_1} + S_{\triangle CC_1B'_1}}{2}$

图 11.5

当 $B_1 = B$ 且 $C_1 = C$ 时,$\triangle AB_1C_1$ 的面积最小,即所求的直线是 BC.

11.25 过位于 $\angle AOB$ 内部的给定点 P 引直线 MN (点 M 和 N 在边 OA 和 OB 上),使得 $OM + ON$ 最大.

提示 在边 OA 和 OB 上取点 K 和 L,使得 $KP \parallel OB, LP \parallel OA$,则

$$\frac{KM}{KP} = \frac{PL}{LN}$$

这意味着 $KM + LN \geqslant 2\sqrt{KM \cdot LN} = 2\sqrt{KP \cdot PL} = 2\sqrt{OK \cdot OL}$

并且当 $KM = LN = \sqrt{OK \cdot OL}$ 时取等号,同样显然, $OM + ON = (OK + OL) + (KM + LN)$.

11.26 给定 $\angle XAY$ 和它内部的一个圆,求作圆上一点,使得由这点到直线 AX 和 AY 的距离之和最小.

提示 在射线 AX 和 AY 上截取相等的线段 AB 和 AC. 如果点 M 在线段 BC 上,则由它到直线 AB 和 AC 的距离之和等于

$$\frac{2(S_{\triangle ABM} + S_{\triangle ACM})}{AB} = \frac{2S_{\triangle ABC}}{AB}$$

所以点到直线 AX 和 AY 距离之和越小，则点在 $\angle XAY$ 的平分线上的射影到点 A 的距离越小.

11.27* 锐角 $\angle BAC$ 内部给定点 M. 在边 BA 和 AC 上求作点 X 和 Y，使得 $\triangle XYM$ 的周长最小.

提示 设点 M_1 和 M_2 是点 M 关于直线 AB 和 AC 的对称点. 因为

$$\angle BAM_1 = \angle BAM, \angle CAM_2 = \angle CAM$$

所以 $\angle M_1 AM_2 = 2\angle BAC < 180°$

所以线段 $M_1 M_2$ 交射线 AB 和 AC 于点 X 和 Y (图 11.6).
我们证明，X 和 Y 是所求的点. 实际上，如果 X_1 和 Y_1 在射线 AB 和 AC 上，则

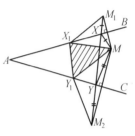

图 11.6

$$MX_1 = M_1 X_1, MY_1 = M_2 Y_1$$

即 $\triangle MX_1 Y$ 的周长等于折线 $M_1 X_1 Y_1 M_2$ 的长. 在端点在 M_1 和 M_2 的所有折线中，线段 $M_1 M_2$ 具有最小的长度.

11.28* 给定 $\angle XAY$. 长为 1 的线段 BO 和 CO 的端点 B 和 C 沿射线 AX 和 AY 移动，求作具有最大面积的四边形 $ABOC$.

提示 最大面积的四边形 $ABOC$ 是凸四边形. 带有固定的 $\angle A$ 和边 BC 的所有 $\triangle ABC$ 中，以底为 BC 的等腰三角形具有最大面积(问题 11.1)，即在所考查的带有固定对角线 BC 的所有四边形 $ABOC$ 中，以 $AB = AC$ 的四边形具有最大面积，即点 O 在 $\angle A$ 的平分线上. 进一步研究，固定 $\angle BAO$ 等于 $\frac{\angle A}{2}$，和边 BO 的 $\triangle ABO$. 这个三角形当 $AB = AO$ 时面积最大.

§4 四边形

11.29 在凸四边形内找一个点，使得从这点到各顶点距离的和最小.

提示 设 O 是凸四边形 $ABCD$ 的对角线的交点，而 O_1 是另外任意一点，则

$$AO_1 + CO_1 \geqslant AC = AO + CO, BO_1 + DO_1 \geqslant BD = BO + DO$$

并且这两个不等式中至少有一个是严格的不等式,因此 O 是所求的点.

11.30 凸四边形 $ABCD$ 的对角线交于点 O. 如果 $\triangle AOB$ 的面积等于 4, 而 $\triangle COD$ 的面积等于 9, 那么这个四边形能有的最小面积是多少?

提示 因为
$$\frac{S_{\triangle AOB}}{S_{\triangle BOC}} = \frac{AO}{OC} = \frac{S_{\triangle AOD}}{S_{\triangle DOC}}$$
所以 $S_{\triangle BOC} \cdot S_{\triangle AOD} = S_{\triangle AOB} \cdot S_{\triangle DOC} = 36$
因此 $S_{\triangle BOC} + S_{\triangle AOD} \geq 2\sqrt{S_{\triangle BOC} \cdot S_{\triangle AOD}} = 12$
并且当 $S_{\triangle BOC} = S_{\triangle AOD}$ 时,取等号.也就是 $S_{\triangle ABC} = S_{\triangle ABD}$,线段 $AB \parallel AD$.在这种情况下,四边形的面积等于 $4+9+12=25$.

11.31 以 AD 为底的梯形 $ABCD$ 被对角线 AC 分为两个三角形.平行于底的直线 l 分这两个三角形为两个三角形和两个四边形.当直线 l 在怎样的位置时所得到的三角形的面积之和最小?

提示 设 S_0 和 S 是对于过梯形对角线交点引的直线 l_0 以及对于另外的某条直线 l 来说所研究的三角形面积之和.容易检验,$S = S_0 + s$,其中 s 是对角线 AC 和 BD 及直线 l 形成的三角形的面积,所以 l_0 为所求的直线.

11.32 梯形的面积等于 1.这个梯形的最长的对角线能够有怎样的最小值?

提示 梯形对角线长用 d_1 和 d_2 表示,它们在底上的射影,用 p_1 和 p_2 表示,两底用 a 和 b 表示,高用 h 表示.为确定起见,设 $d_1 \geq d_2$,则 $p_1 \geq p_2$.显然,$p_1 + p_2 \geq a + b$,所以
$$p_1 \geq \frac{a+b}{2} = \frac{S}{h} = \frac{1}{h}$$
因此
$$d_1^2 = p_1^2 + h^2 \geq \frac{1}{h^2} + h^2 \geq 2$$
并且仅当 $p_1 = p_2 = h = 1$ 时取等号.此时 $d_1 = \sqrt{2}$.

11.33* 在梯形 $ABCD$ 的底边 AD 上给定一点 K. 在底边 BC 上求一点 M,使得 $\triangle AMD$ 和 $\triangle BKC$ 的公共部分的面积最大.

提示 我们证明,所求的点是点 M,它分边 BC 为比 $\dfrac{BM}{MC} = \dfrac{AK}{KD}$. 用 P, Q 分别表示线段 AM 和 BK 及 DM 和 CK 的交点,则

$$\frac{KQ}{QC} = \frac{KD}{MC} = \frac{KA}{MB} = \frac{KP}{PB}$$

即直线 PQ 平行于梯形的底.

设 M_1 是边 BC 上另外任意一点. 为确定起见可以认为, M_1 在线段 BM 上. 分别记 AM_1 和 BK, DM_1 和 CK, AM_1 和 PQ, DM_1 和 PQ, AM 和 DM_1 的交点为 P_1, Q_1, P_2, Q_2, O(图 11.7). 必须证明, $S_{MPNQ} > S_{M_1P_1KQ_1}$,

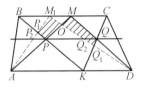

图 11.7

即 $S_{MOQ_1Q} > S_{M_1OPP_1}$. 显然, $S_{MOQ_1Q} > S_{MOQ_2Q} = S_{M_1OPP_2} > S_{M_1OPP_1}$.

11.34* 证明:有着固定边长的四边形中,圆内接四边形具有最大的面积.

(参见同样的问题 9.37, 15.3(2).)

提示 根据问题 4.46(1) 有

$$S^2 = (p-a)(p-b)(p-c)(p-d) - abcd\cos^2\frac{B+D}{2}$$

当 $\cos\dfrac{B+D}{2} = 0$, 即 $\angle B + \angle D = 180°$ 时,这个量最大.

§5 多边形

11.35 多边形具有对称中心 O,证明:点 O 到各顶点的距离之和最小.

提示 如果多边形的顶点 A 和 A' 关于点 O 对称,则到点 A 和 A' 的距离之和对线段 AA' 的所求点都是一样的,而对所有其他点,这个和变大. 点 O 属于所有这样的线段.

11.36 在给定的圆的所有内接多边形中,找出边长的平方和最大的多

边形.

提示 如果在 $\triangle ABC$ 中 $\angle B$ 是钝角或直角,则根据余弦定理有 $AC^2 \geqslant AB^2 + BC^2$,所以如果在多边形中顶点 B 的角不是锐角,那么删除顶点 B,得到的多边形,其边长的平方和不会变小.当 $n \geqslant 3$ 时有非锐角,利用这个操作将它变为三角形.在给定圆中内接的所有三角形中正三角形的边长平方和最大(参见问题 11.5).

11.37* 给定凸多边形 $A_1 \cdots A_n$,证明:如果由多边形的一点到所有顶点距离之和最大,那么这个点是这个多边形的顶点.

(参见同样的问题 6.74.)

提示 如果点 X 将某条线段 PQ 分为比 $\dfrac{\lambda}{1-\lambda}$,则

$$\overrightarrow{A_iX} = (1-\lambda)\overrightarrow{A_iP} + \lambda\overrightarrow{A_iQ}$$

即
$$A_iX \leqslant (1-\lambda)f(P) + \lambda f(Q)$$

因此
$$f(X) = \sum A_iX \leqslant (1-\lambda)\sum A_iP + \lambda \sum A_iQ = (1-\lambda)f(P) + \lambda f(Q)$$

设,例如 $f(P) \leqslant f(Q)$,则 $f(X) \leqslant f(Q)$,所以函数 f 在线段 PQ 的一个端点取最大值.精确地说,线段内部不能有函数 f 的严格的最大值点.因此,X 是多边形的任一点,则 $f(X) \leqslant f(Y)$,其中 Y 是多边形边上的某个点,又 $f(Y) \leqslant f(Z)$,其中 Z 是某个顶点.

§6 各类杂题

11.38 圆心为 O 的圆内给定一点 A,求圆的点 M,使得 $\angle OMA$ 最大.

提示 使得 $\angle OXA$ 为常量的点 X 的轨迹,是关于直线 OA 为对称的圆 S_1 和 S_2 的两个弧.研究当圆 S_1 和 S_2 的直径等于已知圆半径的情况,即这两个圆切已知圆于点 M_1 和 M_2,$\angle OAM_1 = \angle OAM_2 = 90°$.点 M_1 和 M_2 是所求的点,因为如果 $\angle OXA > \angle OM_1A = \angle OM_2A$,那么点 X 严格地在圆 S_1 和 S_2 形成的圆形的内部且不能在原来的圆上.

第 11 章　最大与最小问题

DISHIYIZHANG　ZUIDA YU ZUIXIAO WENTI

11.39　在平面上给定直线 l 及位于直线 l 不同侧的点 A 和 B. 过点 A 和 B 求作一个圆, 使得直线 l 被该圆截出的弦长最小.

提示　直线 l 与线段 AB 的交点记为 O. 研究过点 A 和 B 的任意的圆 S. 该圆交直线 l 于点 M 和 N. 因为 $MO \cdot NO = AO \cdot BO$ 是个常量, 所以 $MN = MO + NO \geq 2\sqrt{MO \cdot NO} = 2\sqrt{AO \cdot BO}$, 并且仅当 $MO = NO$ 时取等号. 在此时圆 S 的中心是线段 AB 的中垂线与过点 O 引的直线 l 的垂线的交点.

11.40　给定直线 l 及位于直线 l 同侧的点 P 和 Q. 在直线 l 上取点 M 和在 $\triangle PQM$ 中引高线 PP' 和 QQ'. 点 M 在什么位置时线段 $P'Q'$ 的长最小?

提示　以 PQ 为直径作圆. 如果这个圆与直线 l 相交, 那么任一个交点都为所求, 因为在此时 $P' = Q'$. 如果圆不与直线 l 相交, 那么对直线 l 上的任意点 M, $\angle PMQ$ 是锐角并且 $\angle P'PQ' = 90° \pm \angle PMQ$. 现在容易确信, 当 $\angle PMQ$ 最大时, 线段 $P'Q'$ 的长最小. 为了求点 M 的位置剩下过 P 和 Q 作与直线 l 相切的圆 (参见问题 8.57(1)), 必须由切点中选取.

11.41　点 A, B 和 O 不在一条直线上. 过点 O 引直线 l, 使得由点 A 和 B 到这条直线距离的和 (1) 最大; (2) 最小.

提示　设由点 A 和 B 到直线 l 距离的和等于 $2h$. 如果直线 l 交线段 AB 于点 X, 那么 $S_{\triangle AOB} = h \cdot OX$, 所以当量 OX 取极值时, 量 h 取极值, 即直线 OX 是对应 $\triangle AOB$ 的边或高. 如果直线 l 不与线段 AB 相交, 则量 h 等于由点 A 和 B 向直线 l 引的垂线限定的梯形的中位线. 当直线 l 垂直于 $\triangle AOB$ 的中线 OM 或者对应 $\triangle AOB$ 的边时, 这个量取极值. 剩下由所得的四条直线中选取两条.

*　　　*　　　*

11.42　如果在平面上给出五个点, 考查这些点所有可能的三点组, 能够形成 30 个角. 这些角中最小的角记为 α, 求 α 的最大值.

提示　首先假设, 这五个点是凸五边形的顶点. 五边形内角和等于 $540°$, 所以它有一个内角不超过 $\dfrac{540°}{5} = 108°$. 又对角线分这个角为 3 个角, 所以它们中有

一个不超过 $\frac{108°}{3} = 36°$. 在这种情况下 $\alpha \leqslant 36°$.

如果这五个点不是凸五边形的顶点,那么它们中有一点在另外三点组成的三角形的内部.这个三角形中有一个角不超过 $60°$.联结对应的顶点与内部的点的线段分这个角为两个角,所以这两个角中有一个不超过 $30°$. 在这种情况下 $\alpha \leqslant 30°$. 在所有情况下 $\alpha \leqslant 36°$. 显然,对正五边形 $\alpha = 36°$.

11.43* 在一个城市里有 10 条彼此平行的街道,还有 10 条与它们相交成直角的街道.能通过所有十字路口的闭合的汽车路线的最少的拐弯次数是多少?

提示 通过全部十字路口的闭合汽车路线能有 20 个拐弯处(图 11.8).

剩下证明:这条路线的拐弯处不可能少于 20 个.在每次拐弯后,都要从横向街道拐向竖向街道,或者从竖向街道拐向横向街道,所以闭合汽车路线横向环节的数目等于竖向环节的数目,且等于拐弯数目的一半.假设闭合路线的拐弯处少于 20 个,那么就会有两个方向的街道,汽车沿着两个方向的街道是不能运行的,所以这条路线不能通过所有街道的十字路口.

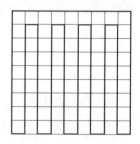

图 11.8

11.44* 一条直线穿过 8×8 规模的棋盘,这条直线能穿过棋盘的小方格的最大个数是多少?

提示 一条直线可以穿过 15 个小方格(图 11.9).现在证明,一条直线穿过的小方格不能多于 15 个.一条直线穿过的小方格数,比这条直线交小方格边的线段数少 1. 在正方形内有 14 条这样的线段,所以在正方形内直线与小方格的边不多于 14 个交点.任何直线与棋盘边界的交点不多于两个,所以直线同方格线段的交点数不超过 16 个.因此一条直线可以穿过 8×8 的棋盘的小方格的最大数目是 15.

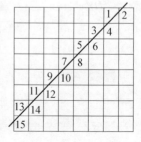

图 11.9

第 11 章　最大与最小问题

DISHIYIZHANG　ZUIDA YU ZUIXIAO WENTI

11.45* 在长为 1 的线段上可以放入怎样最大数目的点,使得包含在这个线段中的任何长为 d 的线段都放有不大于 $(1+1\,000d^2)$ 个点?

(参见同样的问题 15.1,17.20.)

提示 首先证明,用这种方法不能放入 33 个点.事实上,如果在长为 1 的线段上存在有 33 个点,那么这些点中任两点之间的距离不超过 $\frac{1}{32}$.在这些点里带有端点的线段包含两个点,而它应包含不多于 $(1+\frac{1\,000}{32^2})$ 个点,即小于两个点.

现在证明,放入 32 个点是可能的.取分线段为相等部分的 32 个点(已知线段的两个端点包含在这 32 个点中).则长为 d 的线段包含要么 $[31d]$ 个点,要么 $([31d]+1)$ 个点.必须证明,$[31d] \leqslant 1\,000d^2$.如果 $31d < 1$,那么 $[31d] = 0 < 1\,000d^2$.如果 $31d > 1$,那么 $[31d] \leqslant 31d \leqslant (31d)^2 = 961d^2 < 1\,000d^2$.

注 $[x]$ 为数 x 的整数部分,即不超过 x 的最大整数.

§7　正多边形的极值性质

11.46* (1) 证明:与给定圆外切的所有的 n 边形中,正 n 边形具有最小的面积.

(2) 证明:与给定圆外切的所有的 n 边形中,正 n 边形具有最小的周长.

提示 (1) 设非正 n 边形是圆 S 的外切 n 边形.圆 S 的外切正 n 边形内接于圆 S_1 中(图 11.10).我们证明,包含在圆 S_1 内的非正 n 边形部分的面积大于正 n 边形的面积.对圆 S 的所有切线被圆 S_1 截出相等的弓形,所以圆 S_1 中被正 n 边形的边截出的弓形面积之和,等于圆 S_1 中被非正 n 边形的边或它们的延长线截出的弓形面积的和.但对于正 n 边形来说,这些弓形不相交(精确地说,不具有公共的内点),而对非正 n 边形它们的

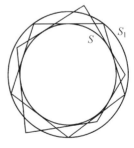

图 11.10

某些弓形必定相交,所以对于正 n 边形来说这些弓形面积的并大于非正 n 边形的弓形面积的并.因此,包含在圆 S_1 中的非正 n 边形部分的面积大于正 n 边形的面积,即所有的非正 n 边形面积将大于正 n 边形的面积.

(2) 这个问题由(1)推出,因为半径为 R 的圆外切多边形的周长等于 $\frac{2S}{R}$,其中 S 是多边形的面积.

11.47* $\triangle ABC_1$ 和 $\triangle ABC_2$ 有公共的底边 AB 和 $\angle AC_1B = \angle AC_2B$,证明:如果 $|AC_1 - C_1B| < |AC_2 - C_2B|$,则

(1) $\triangle ABC_1$ 的面积大于 $\triangle ABC_2$ 的面积.

(2) $\triangle ABC_1$ 的周长大于 $\triangle ABC_2$ 的周长.

提示 $\triangle ABC$ 的边与 $\sin\alpha, \sin\beta, \sin\gamma$ 成比例. 如果角 γ 是固定的,那么量 $|\sin\alpha - \sin\beta| = 2\left|\sin\dfrac{\alpha-\beta}{2}\sin\dfrac{\gamma}{2}\right|$ 越大,量 $\varphi = |\alpha - \beta|$ 越大. 剩下注意,量 $S = 2R^2\sin\alpha\sin\beta\sin\gamma = R^2\sin\gamma(\cos(\alpha-\beta) + \cos\gamma) = R^2\sin\gamma(\cos\varphi + \cos\gamma)$ 和 $\sin\alpha + \sin\beta = 2\cos\dfrac{\gamma}{2}\cos\dfrac{\varphi}{2}$,当 φ 增加时单调减小.

11.48* (1) 证明:内接于给定圆的所有的 n 边形中,正 n 边形具有最大的面积.

(2) 证明:内接于给定圆的所有的 n 边形中,正 n 边形具有最大的周长.

提示 (1) 用 a_n 表示内接在给定圆中的正 n 边形的边长. 考查内接于这个圆中的任意的非正 n 边形,必定能找到一条边的长小于 a_n. 为确定起见,不妨设 $a'_1 < a_n$,而若其余的 $a'_i \leqslant a_n(i = 2,3,\cdots,n)$,则 a'_1 所对的圆心角 $\theta_1 < \dfrac{2\pi}{n}$,而其余的 $a'_2, \cdots, a'_n$ 所对的圆心角 $\theta_2, \cdots, \theta_n$ 都不超过 $\dfrac{2\pi}{n}$,则将 n 个圆心角相加,应恰为一个周角,得出 $2\pi = \theta_1 + \theta_2 + \cdots + \theta_n < 2\pi$,矛盾,所以考查的这个圆中的非正 n 边形中有边长小于 a_n 的边,也必有边长大于 a_n 的边.

可以互换 n 边形相邻边的位置,即取多边形 $A_1A'_2A_3\cdots A_n$ 代替多边形 $A_1A_2A_3\cdots A_n$,其中点 A'_2 是点 A_2 关于线段 A_1A_3 中垂线的对称点(图11.11).此时这两个多边形内接于同一个圆中并且它们的面积相等,显然,借助于这种操作能使多边形任意两边成为相邻的边,所以我们认为,所考查的 n 边形中 $A_1A_2 > a_n$, $A_2A_3 < a_n$. 设 A'_2 是 A_2 关于线段 A_1A_3 中垂线的对称点. 如果点 A''_2 位于弧 $A_2A'_2$

上,那么在以 A_1A_3 为底边的三角形中,$\triangle A_1A''_2A_3$ 的两底角之差,小于 $\triangle A_1A_2A_3$ 的两底角之差,因为 $\angle A_1A_3A''_2$ 和 $\angle A_3A_1A''_2$ 包含在 $\angle A_1A_3A_2$ 和 $\angle A_3A_1A_2$ 之间. 因为 $A_1A'_2 < a_n$ 且 $a_1a_2 > a_n$,所以在弧 $A_2A'_2$ 上存在一点 A''_2,使得 $A_1A''_2 = a_n$,$\triangle A_1A''_2A_3$ 的面积大于 $\triangle A_1A_2A_3$ 的面积(参见问题 11.47(1)). 多边形 $A_1A''_2A_3\cdots A_n$ 的面积大于原来多边形的面积,并且它等于 a_n 的边的数目至少增加了 1 个. 经过有限步骤将化

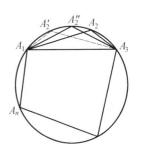

图 11.11

为正 n 边形,并且每一步骤之后面积都是增加的,因此圆内接的任意非正 n 边形的面积小于内接于同一个圆的正 n 边形的面积.

(2) 问题证明与前面类似,必须仅利用问题 11.47(2) 而不是 11.47(1) 的结果.

§8 供独立解答的问题

11.49 在顶点为 A 的锐角的一边上给定点 B. 在它的另一边上求作这样的点 X,使得 $\triangle ABX$ 的外接圆的半径最小.

11.50 过圆内的给定点,求作一条最小长度的弦.

11.51 在给定三条角平分线长的和的所有的三角形中,求高线长的和最大的三角形.

11.52 在凸四边形内找一个点,使这点到四个顶点距离的平方和最小.

11.53 在给定的圆中内接的所有的三角形中,找出使 $\dfrac{1}{a} + \dfrac{1}{b} + \dfrac{1}{c}$ 最小的那个三角形.

11.54 在通常涂色的国际象棋盘上划一个最大半径的圆,使得这个圆不与任何一个白格相交.

11.55 在正方形内给定点 O. 过点 O 引任意直线分正方形为两部分. 过点 O 引一条直线,使分得的这两部分面积之差最大.

11.56 在给定的正方形中内接的三角形的最短边能有怎样的最大长度?

11.57 在给定的正方形中内接的正三角形能有怎样的最大的面积?

第 12 章 计算与度量的关系

引导性问题

1. 证明余弦定理：$BC^2 = AB^2 + AC^2 - 2AB \cdot AC\cos A$.

2. 证明正弦定理：$\dfrac{a}{\sin \alpha} = \dfrac{b}{\sin \beta} = \dfrac{c}{\sin \gamma} = 2R$.

3. 平行四边形的边等于 a 和 b，而对角线等于 d 和 e，证明：$2(a^2 + b^2) = d^2 + e^2$.

4. 证明：凸四边形 $ABCD$ 的面积等于 $\dfrac{1}{2}AC \cdot BD \sin \varphi$，其中 φ 是对角线之间的夹角.

§1 正弦定理

12.1 证明：三角形的面积 S 等于 $\dfrac{abc}{4R}$.

提示 根据正弦定理 $\sin \gamma = \dfrac{c}{2R}$，所以 $S = \dfrac{ab\sin \gamma}{2} = \dfrac{abc}{4R}$.

12.2 点 D 在等腰 $\triangle ABC$ 的底边 AC 上，证明：$\triangle ABD$ 和 $\triangle CBD$ 的外接圆半径相等.

提示 $\triangle ABD$ 和 $\triangle CBD$ 的外接圆半径等于 $\dfrac{AB}{2\sin \angle ADB}$ 和 $\dfrac{BC}{2\sin \angle BDC}$. 剩下注意，$AB = BC$，$\sin \angle ADB = \sin \angle BDC$.

12.3 用边 BC 的长和 $\angle B$ 和 $\angle C$ 的度数表示 $\triangle ABC$ 的面积.

提示 根据正弦定理 $b = \dfrac{a\sin \beta}{\sin \alpha} = \dfrac{a\sin \beta}{\sin(\beta + \gamma)}$，所以

第 12 章　计算与度量的关系

DISHIERZHANG　JISUAN YU DULIANG DE GUANXI

$$S = \frac{ab\sin \gamma}{2} = \frac{a^2\sin \beta \sin \gamma}{2\sin(\beta + \gamma)}$$

12.4　证明：$\dfrac{a + b}{c} = \dfrac{\cos \dfrac{\alpha - \beta}{2}}{\sin \dfrac{\gamma}{2}}, \dfrac{a - b}{c} = \dfrac{\sin \dfrac{\alpha - \beta}{2}}{\cos \dfrac{\gamma}{2}}.$

提示　根据正弦定理有

$$\frac{a + b}{c} = \frac{\sin \alpha + \sin \beta}{\sin \gamma}$$

此外

$$\sin \alpha + \sin \beta = 2\sin \frac{\alpha + \beta}{2} \cos \frac{\alpha - \beta}{2} = 2\cos \frac{\gamma}{2} \cos \frac{\alpha - \beta}{2}$$

$$\sin \gamma = 2\sin \frac{\gamma}{2} \cos \frac{\gamma}{2}$$

第二个等式的证明类似．

12.5　在锐角 $\triangle ABC$ 中引高线 AA_1 和 CC_1．点 A_2 和 C_2 与 A_1 和 C_1 关于边 BC 和 AB 的中点对称，证明：联结顶点 B 和外心 O 的直线平分线段 A_2C_2．

提示　在 $\triangle A_2BC_2$ 中，边 A_2B 和 BC_2 的长等于 $b\cos \gamma$ 和 $b\cos \alpha$；直线 BO 分 $\angle A_2BC_2$ 为 $90° - \gamma$ 和 $90° - \alpha$．设直线 BO 交线段 A_2C_2 于点 M．根据正弦定理有

$$A_2M = \frac{A_2B\sin \angle A_2BM}{\sin \angle A_2MB} = \frac{b\cos \gamma \cos \alpha}{\sin \angle C_2MB} = C_2M$$

12.6*　过点 S 引直线 a, b, c 和 d，直线 l 交它们于点 A, B, C 和 D，证明：$\dfrac{AC \cdot BD}{BC \cdot AD}$ 的值与直线 l 的选取无关．

提示　设 $\alpha = \angle(a, c), \beta = \angle(c, d), \gamma = \angle(d, b)$，则

$$\frac{\dfrac{AC}{AS}}{\dfrac{BC}{BS}} = \frac{\sin \alpha}{\sin(\beta + \gamma)}, \frac{\dfrac{BD}{BS}}{\dfrac{AD}{AS}} = \frac{\sin \gamma}{\sin(\alpha + \beta)}$$

所以 $$\frac{AC\cdot BD}{BC\cdot AD}=\frac{\sin\alpha\sin\gamma}{\sin(\alpha+\beta)\sin(\beta+\gamma)}.$$

12.7* 给定相交于点 O 的直线 a 和 b 与任意一点 P. 过点 P 引直线 l 交直线 a 和 b 于点 A 和 B, 证明: $\dfrac{\frac{AO}{OB}}{\frac{PA}{PB}}$ 与直线 l 的选取无关.

提示 因为 $\dfrac{OA}{PA}=\dfrac{\sin\angle OPA}{\sin\angle POA}, \dfrac{OB}{PB}=\dfrac{\sin\angle OPB}{\sin\angle POB}$, 所以

$$\dfrac{\frac{OA}{OB}}{\frac{PA}{PB}}=\dfrac{\sin\angle POB}{\sin\angle POA}.$$

12.8* 非正五角星形的顶点和环点如图 12.1 所示, 证明: $A_1C\cdot B_1D\cdot C_1E\cdot D_1A\cdot E_1B = A_1D\cdot B_1E\cdot C_1A\cdot D_1B\cdot E_1C.$

提示 只要将形如 $\dfrac{D_1A}{D_1B}=\dfrac{\sin B}{\sin A}$ 的五个等式连乘就足够了.

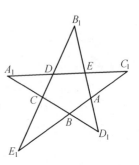

图 12.1

12.9* 两个相似的等腰三角形具有公共顶点, 证明: 它们的底边在联结底边中点的直线上的射影相等.

提示 设 O 是已知三角形的公共顶点, M 和 N 是底的中点, k 是底与高的比. 已知三角形的底在直线 MN 的射影等于 $k\cdot OM\sin\angle OMN$ 和 $k\cdot ON\sin\angle ONM$. 剩下注意 $\dfrac{OM}{\sin\angle ONM}=\dfrac{ON}{\sin\angle OMN}$.

12.10* 在以 AB 为直径的圆上取点 C 和 D. 直线 CD 和切圆于点 B 的切线相交于点 X. 用圆的半径 R 和角 $\varphi=\angle BAC, \psi=\angle BAD$ 表示 BX.

(参见这样的问题 2.87(3), 3.32(2), 4.44, 5.27, 5.59, 5.74(1), 5.94, 5.98, 5.120.)

第12章 计算与度量的关系

提示 根据正弦定理有

$$\frac{BX}{\sin\angle BDX} = \frac{BD}{\sin\angle BXD} = \frac{2R\sin\psi}{\sin\angle BXD}$$

此外，$\sin\angle BDX = \sin\angle BDC = \sin\varphi$。$\angle BXD$ 的度数容易计算：如果点 C 和 D 在 AB 同侧，那么 $\angle BXD = \pi - \varphi - \psi$；而如果点 C 和 D 在 AB 不同侧，那么 $\angle BXD = |\varphi - \psi|$。即 $BX = \dfrac{2R\sin\varphi\sin\psi}{\sin|\varphi \pm \psi|}$。

§2 余弦定理

12.11 证明：

(1) $m_a^2 = \dfrac{2b^2 + 2c^2 - a^2}{4}$.

(2) $m_a^2 + m_b^2 + m_c^2 = \dfrac{3(a^2 + b^2 + c^2)}{4}$.

提示 (1) 设 A_1 是线段 BC 的中点。将等式 $AB^2 = AA_1^2 + A_1B^2 - 2AA_1 \cdot BA_1 \cos\angle BA_1A$ 和 $AC^2 = AA_1^2 + A_1C^2 - 2AA_1 \cdot A_1C\cos\angle CA_1A$ 相加，并顾及 $\cos\angle BA_1A = -\cos\angle CA_1A$，即得所证。

(2) 由问题(1)明显的方式推出。

12.12 证明：$4S = (a^2 - (b-c)^2)\cot\dfrac{\alpha}{2}$.

提示 根据余弦定理

$$a^2 - (b-c)^2 = 2bc(1 - \cos\alpha) = \frac{4S(1-\cos\alpha)}{\sin\alpha} = 4S\tan\frac{\alpha}{2}$$

12.13 证明：$\sin^2\dfrac{\alpha}{2} = \dfrac{(p-b)(p-c)}{bc}, \cos^2\dfrac{\alpha}{2} = \dfrac{p(p-a)}{bc}$.

提示 根据余弦定理有

$$\cos\alpha = \frac{b^2 + c^2 - a^2}{2bc}$$

剩下利用公式 $\sin^2\dfrac{\alpha}{2} = \dfrac{1-\cos\alpha}{2}, \cos^2\dfrac{\alpha}{2} = \dfrac{1+\cos\alpha}{2}$。

12.14 平行四边形的边长等于 a 和 b. 对角线的长等于 m 和 n, 证明: 当且仅当平行四边形的锐角等于 $45°$ 时, $a^4 + b^4 = m^2 n^2$.

提示 设 α 是平行四边形的顶点处的角. 根据余弦定理有
$$m^2 = a^2 + b^2 + 2ab\cos\alpha, \quad n^2 = a^2 + b^2 - 2ab\cos\alpha$$
所以 $m^2 n^2 = (a^2 + b^2)^2 - (2ab\cos\alpha)^2 = a^4 + b^4 + 2a^2 b^2(1 - 2\cos^2\alpha)$
即当且仅当 $\cos^2\alpha = \dfrac{1}{2}$ 时, $m^2 n^2 = a^4 + b^4$.

12.15 证明: 当且仅当 $a^2 + b^2 = 5c^2$ 时, $\triangle ABC$ 的中线 AA_1 和 BB_1 互相垂直.

提示 设 M 是中线 AA_1 和 BB_1 的交点. $\angle AMB$ 当且仅当 $AM^2 + BM^2 = AB^2$ 时是直角, 即 $\dfrac{4(m_a^2 + m_b^2)}{9} = c^2$, 根据问题 12.11(1) 有 $m_a^2 + m_b^2 = \dfrac{4c^2 + a^2 + b^2}{4}$.

12.16* 设 O 是 $\triangle ABC$ 的外接圆中心, M 是中线的交点, 并且 O 与 M 不重合, 证明: 当且仅当 $a^2 + b^2 = 2c^2$ 时, 直线 OM 垂直于中线 CC_1.

提示 如果 $m = C_1 M$ 和 $\varphi = \angle C_1 MO$, 那么
$$OC_1^2 = C_1 M^2 + OM^2 - 2OM \cdot C_1 M \cos\varphi$$
$$BO^2 = CO^2 = OM^2 + MC^2 + 2OM \cdot CM\cos\varphi =$$
$$OM^2 + 4C_1 M^2 + 4OM \cdot C_1 M\cos\varphi$$
所以 $BC_1^2 = BO^2 - OC_1^2 = 3C_1 M^2 + 6OM \cdot C_1 M\cos\varphi$
即 $c^2 = 4BC_1^2 = 12m^2 + 24OM \cdot C_1 M\cos\varphi$

同样显然, $18m^2 = 2m_c^2 = a^2 + b^2 - \dfrac{c^2}{2}$ (参见问题 12.11(1)), 所以等式 $a^2 + b^2 = 2c^2$ 等价于 $18m^2 = \dfrac{3c^2}{2}$, 即 $c^2 = 12m^2$. 因为 $c^2 = 12m^2 + 24OM \cdot C_1 M\cos\varphi$, 等式 $a^2 + b^2 = 2c^2$ 等价于 $\angle C_1 MO = \varphi = 90°$, 即 $CC_1 \perp OM$.

12.17* 半径为 t_a, t_b, t_c 的三个圆与 $\triangle ABC$ 的外接圆内切于它的顶点

$A,B,C.$ 并且彼此外切,证明: $t_a = \dfrac{Rh_a}{a+h_a}, t_b = \dfrac{Rh_b}{b+h_b}, t_c = \dfrac{Rh_c}{c+h_c}.$

(参见这样的问题 $4.45, 4.46, 5.9, 5.60, 6.21, 7.9, 7.10, 11.1, 11.4.$)

提示 设 O 是外接圆圆心. 对 $\triangle AOB$ 应用余弦定理,得 $\cos 2\gamma = 1 - \dfrac{c^2}{2R^2}.$ 如果半径为 t_a 和 t_b 的圆内切外接圆于顶点 A 和 B 并且这两圆彼此外切. 根据余弦定理有

$$(R-t_a)^2 + (R-t_b)^2 - 2(R-t_a)(R-t_b)\left(1 - \dfrac{c^2}{2R^2}\right) = (t_a + t_b)^2$$

所以 $\dfrac{c^2}{2R^2} = 1 - \dfrac{(R-t_a)^2 + (R-t_b)^2 - (t_a+t_b)^2}{2(R-t_a)(R-t_b)} = \dfrac{4t_a t_b}{2(R-t_a)(R-t_b)}$

即

$$c^2 = \dfrac{4t_a t_b R^2}{(R-t_a)(R-t_b)}$$

类似地有

$$a^2 = \dfrac{4t_b t_c R^2}{(R-t_b)(R-t_c)}, b^2 = \dfrac{4t_a t_c R^2}{(R-t_a)(R-t_c)}$$

因此

$$\dfrac{b^2 c^2}{a^2} = \dfrac{4t_a^2 R^2}{(R-t_a)^2}$$

所以

$$\dfrac{t_a}{R-t_a} = \dfrac{bc}{2Ra}$$

这意味着

$$t_a = \dfrac{Rbc}{2Ra+bc} = \dfrac{Rabc}{2Ra^2 + abc} = \dfrac{4R^2 S}{2Ra^2 + 4RS} =$$

$$\dfrac{2RS}{a^2 + 2S} = \dfrac{R_a h_a}{a^2 + ah_a} = \dfrac{Rh_a}{a+h_a}$$

§3 内切、外接和旁切圆及它们的半径

12.18 证明:

(1) $a = r\left(\cot \dfrac{\beta}{2} + \cot \dfrac{\gamma}{2}\right) = \dfrac{r\cos\dfrac{\alpha}{2}}{\sin\dfrac{\beta}{2}\sin\dfrac{\gamma}{2}}.$

(2) $a = r_a\left(\tan\dfrac{\beta}{2} + \tan\dfrac{\gamma}{2}\right) = \dfrac{r_a \cos\dfrac{\alpha}{2}}{\cos\dfrac{\beta}{2}\cos\dfrac{\gamma}{2}}$

(3) $p - a = r\cot\frac{\beta}{2} = r_a\tan\frac{\gamma}{2}$.

(4) $p = r_a\cot\frac{\alpha}{2}$.

提示 (1)和(2). 设内切圆切边 BC 于点 K,而旁切圆切 BC 于点 L,则

$$BC = BK + KC = r\cot\frac{\beta}{2} + r\cot\frac{\gamma}{2}$$

$$BC = BL + LC = r_a\cot\angle LBO_a + r_a\cot\angle LCO_a =$$

$$r_a\tan\frac{\beta}{2} + r_a\tan\frac{\gamma}{2}$$

此外有 $\cos\frac{\alpha}{2} = \sin\left(\frac{\beta}{2} + \frac{\gamma}{2}\right)$

(3) 根据问题 3.2,有

$$p - b = BK = r\cot\frac{\beta}{2}, p - b = CL = r_a\tan\frac{\gamma}{2}$$

(4) 如果旁切圆切边 AB 和 AC 的延长线于点 P 和 Q,那么

$$p = AP = AQ = r_a\cot\frac{\alpha}{2}$$

12.19 证明:

(1) $rp = r_a(p - a), rr_a = (p - b)(p - c), r_br_c = p(p - a)$.

(2) $S^2 = p(p - a)(p - b)(p - c)$(海伦公式).

(3) $S^2 = rr_ar_br_c$.

提示 (1) 根据问题 12.18 有, $p = r_a\cot\frac{\alpha}{2}$ 和 $r\cot\frac{\alpha}{2} = p - a; r\cot\frac{\beta}{2} = p - b$ 和 $r_a\tan\frac{\beta}{2} = p - c; r_c\tan\frac{\beta}{2} = p - a$ 和 $r_b\cot\frac{\beta}{2} = p$. 这些式子两两相乘,即得所证.

(2) 将等式 $rp = r_a(p - a)$ 和 $rr_a = (p - b)(p - c)$ 相乘,得到

$$r^2p = (p - a)(p - b)(p - c)$$

同样显然 $S^2 = p(r^2p)$.

(3) 只需将等式 $rr_a = (p - b)(p - c)$ 和 $r_br_c = p(p - a)$ 相乘并且利用海伦公式.

第 12 章　计算与度量的关系
DISHIERZHANG　JISUAN YU DULIANG DE GUANXI

12.20　证明：$S = r_c^2 \tan\dfrac{\alpha}{2} \tan\dfrac{\beta}{2} \cot\dfrac{\gamma}{2}$.

提示　根据问题 12.18 有
$$r = r_c \tan\dfrac{\alpha}{2} \tan\dfrac{\beta}{2}, p = r_c \cot\dfrac{\gamma}{2}$$

12.21　证明：$S = \dfrac{cr_a r_b}{r_a + r_b}$.

提示　根据问题 12.19(1) 有
$$r_a = \dfrac{rp}{p-a}, r_b = \dfrac{rp}{p-b}$$

所以
$$cr_a r_b = \dfrac{cr^2 p^2}{(p-a)(p-b)}, r_a + r_b = \dfrac{rpc}{(p-a)(p-b)}$$

即
$$\dfrac{cr_a r_b}{r_a + r_b} = rp = S$$

12.22　证明：$\dfrac{2}{h_a} = \dfrac{1}{r_b} + \dfrac{1}{r_c}$.

提示　根据问题 12.19(1) 有
$$\dfrac{1}{r_b} = \dfrac{p-b}{pr}, \dfrac{1}{r_c} = \dfrac{p-c}{pr}$$

所以
$$\dfrac{1}{r_b} + \dfrac{1}{r_c} = \dfrac{a}{pr} = \dfrac{a}{S} = \dfrac{2}{h_a}$$

12.23　证明：$\dfrac{1}{h_a} + \dfrac{1}{h_b} + \dfrac{1}{h_c} = \dfrac{1}{r_a} + \dfrac{1}{r_b} + \dfrac{1}{r_c} = \dfrac{1}{r}$.

提示　容易检验，$\dfrac{1}{h_a} = \dfrac{a}{2pr}, \dfrac{1}{r_a} = \dfrac{p-a}{pr}$. 相加类似的等式，即得所证.

12.24　证明：$\dfrac{1}{(p-a)(p-b)} + \dfrac{1}{(p-b)(p-c)} + \dfrac{1}{(p-c)(p-a)} = \dfrac{1}{r^2}$.

提示　根据问题 12.19(1) 有 $\dfrac{1}{(p-b)(p-c)} = \dfrac{1}{rr_a}$. 剩下将类似的等式相

加并且利用问题 12.23 的结果.

12.25 证明:$r_a + r_b + r_c = 4R + r$.

提示 根据问题 12.1 有,$4SR = abc$.同样显然
$$abc = p(p-b)(p-c) + p(p-c)(p-a) + $$
$$p(p-a)(p-b) - (p-a)(p-b)(p-c) = $$
$$\frac{S^2}{p-a} + \frac{S^2}{p-b} + \frac{S^2}{p-c} - \frac{S^2}{p} = S(r_a + r_b + r_c - r)$$

12.26 证明:$r_a r_b + r_b r_c + r_c r_a = p^2$.

提示 根据问题 12.19(1) 有
$$r_a r_b = p(p-c), r_b r_c = p(p-a), r_c r_a = p(p-b)$$
将这些等式相加,即得所证.

12.27 证明:$\frac{1}{r^3} - \frac{1}{r_a^3} - \frac{1}{r_b^3} - \frac{1}{r_c^3} = \frac{12R}{S^2}$.

提示 因为 $S = rp = r_a(p-a) = r_b(p-b) = r_c(p-c)$,所以表达式左边等于 $\frac{p^3 - (p-a)^3 - (p-b)^3 - (p-c)^3}{S^3} = \frac{3abc}{S^3}$. 剩下注意 $\frac{abc}{S} = 4R$(问题 12.1).

12.28* 证明:$a(b+c) = (r+r_a)(4R + r - r_a), a(b-c) = (r_b - r_c)(4R - r_b - r_c)$.

提示 设 $\triangle ABC$ 的角等于 $2\alpha, 2\beta$ 和 2γ.根据问题 12.38(1) 和 12.39(2) 有
$$r = 4R\sin\alpha\sin\beta\sin\gamma, r_a = 4R\sin\alpha\cos\beta\cos\gamma$$
所以
$(r + r_a)(4R + r - r_a) =$
$16R^2\sin\alpha(\sin\beta\sin\gamma + \cos\beta\cos\gamma)(1 + \sin\alpha(\sin\beta\sin\gamma - \cos\beta\cos\gamma)) =$
$16R^2\sin\alpha\cos(\beta-\gamma)(1 - \sin\alpha\cos(\beta+\gamma)) =$
$16R^2\sin\alpha\cos(\beta-\gamma)\cos^2\alpha$

第12章　计算与度量的关系

DISHIERZHANG JISUAN YU DULIANG DE GUANXI

剩下注意

$4R\sin\alpha\cos\alpha = a, 4R\sin(\beta+\gamma)\cos(\beta-\gamma) = 2R(\sin 2\beta + \sin 2\gamma) = b+c.$
第二个等式类似证明.

12.29* 设 O 是 $\triangle ABC$ 的内切圆圆心,证明: $\dfrac{OA^2}{bc} + \dfrac{OB^2}{ac} + \dfrac{OC^2}{ab} = 1.$

提示 因为 $OA = \dfrac{r}{\sin\dfrac{\alpha}{2}}, bc = \dfrac{2S}{\sin\alpha}$,所以 $\dfrac{OA^2}{bc} = \dfrac{r^2\cot\dfrac{\alpha}{2}}{S} = \dfrac{r(p-a)}{S}$(参见问题 12.18(1)).剩下注意,$r(p-a+p-b+p-c) = rp = S.$

12.30* (1) 证明:如果对某个三角形成立 $p = 2R + r$,那么这个三角形是直角三角形.

(2) 证明:如果 $p = 2R\sin\varphi + r\cot\dfrac{\varphi}{2}$(假设 $0 < \varphi < \pi$),那么 φ 是三角形的一个内角.

提示 马上解问题(2),问题(1)是它的特殊情况.因为 $\cot\dfrac{\varphi}{2} = \dfrac{\sin\varphi}{1-\cos\varphi}$,所以已知的关系式可以写为 $p^2(1-x)^2 = (1-x^2)(2R(1-x)+r)^2$ 的形式,其中 $x = \cos\varphi$.这个方程的根 $x_0 = 1$,我们不感兴趣.因为在这种情况下 $\cot\dfrac{\varphi}{2}$ 没有定义,所以方程两边约去 $1-x$,化为三次方程.利用问题 12.40,12.43(2) 和(3) 的结果,可以检验,这个方程与方程$(x-\cos\alpha)(x-\cos\beta)(x-\cos\gamma) = 0$ 是一致的,其中 α,β 和 γ 是三角形的角,即角 φ 的余弦等于三角形一个内角的余弦.此外,余弦在区间 0 到 π 是单调的.

12.31* 证明:如果 $\sin\alpha + \sin\beta + \sin\gamma = \sqrt{3}(\cos\alpha + \cos\beta + \cos\gamma)$,那么 $\triangle ABC$ 的一个内角等于 $60°$.

提示 根据正弦定理得

$$\sin\alpha + \sin\beta + \sin\gamma = \dfrac{p}{r}$$

根据问题 12.40 有

$$\cos\alpha + \cos\beta + \cos\gamma = \frac{R+r}{r}$$

所以在问题条件中引入的关系式可以改写为 $p = (R+r)\sqrt{3}$ 的形式. 对于 $\varphi = 60°$ 有

$$(R+r)\sqrt{3} = 2R\sin\varphi + \gamma\cot\frac{\varphi}{2}$$

剩下利用问题 12.30(2) 的结果.

§4 边、高、角平分线的长

12.32 证明: $abc = 4prR$, $ab + bc + ca = r^2 + R^2 + 4rR$.

提示 显然 $2pr = 2S = ab\sin\gamma = \dfrac{abc}{2R}$

即 $4prR = abc$

为了证明第二个等式利用海伦公式 $S^2 = p(p-a)(p-b)(p-c)$, 即

$$pr^2 = (p-a)(p-b)(p-c) =$$
$$p^3 - p^2(a+b+c) + p(ab+bc+ca) - abc =$$
$$-p^3 + p(ab+bc+ca) - 4prR$$

约去 p, 即得所证.

12.33 证明: $\dfrac{1}{ab} + \dfrac{1}{bc} + \dfrac{1}{ca} = \dfrac{1}{2Rr}$.

提示 因为 $abc = 4RS$ (问题 12.1), 所以表达式左部等于 $\dfrac{c+a+b}{4RS} = \dfrac{2p}{4Rpr} = \dfrac{1}{2Rr}$.

12.34 证明: $\dfrac{a+b-c}{a+b+c} = \tan\dfrac{\alpha}{2}\tan\dfrac{\beta}{2}$.

提示 只需注意, $\dfrac{p-c}{p} = \dfrac{r}{r_c}$ (问题 12.19(1)), $r = c\sin\dfrac{\alpha}{2}\sin\dfrac{\beta}{2}\sin\dfrac{\gamma}{2}$, $r_c = \dfrac{c\cos\dfrac{\alpha}{2}\cos\dfrac{\beta}{2}}{\cos\dfrac{\gamma}{2}}$ (问题 12.18).

第12章　计算与度量的关系

DISHIERZHANG JISUAN YU DULIANG DE GUANXI

12.35　证明：$h_a = \dfrac{bc}{2R}$.

提示　根据问题 12.1 有，$S = \dfrac{abc}{4R}$. 另一方面，$S = \dfrac{ah_a}{2}$，所以 $h_a = \dfrac{bc}{2R}$.

12.36　证明

$$h_a = 2(p-a)\cos\frac{\beta}{2}\cos\frac{\gamma}{2}\cos\frac{\alpha}{2} = 2(p-b)\sin\frac{\beta}{2}\sin\frac{\gamma}{2}\sin\frac{\alpha}{2}$$

提示　因为 $ah_a = 2S = 2(p-a)r_a$，$\dfrac{r_a}{a} = \cos\dfrac{\beta}{2}\cos\dfrac{\gamma}{2}\cos\dfrac{\alpha}{2}$（问题 12.18(2)），所以

$$h_a = 2(p-a)\cos\frac{\beta}{2}\cos\frac{\gamma}{2}\cos\frac{\alpha}{2}$$

考虑到 $(p-a)\cot\dfrac{\beta}{2} = r_c = (p-b)\cot\dfrac{\alpha}{2}$（问题 12.18(2)），得到

$$h_a = \frac{2(p-b)\sin\dfrac{\beta}{2}\cos\dfrac{\gamma}{2}}{\sin\dfrac{\alpha}{2}}$$

12.37　证明：角平分线 l_a 能由下列公式计算.

(1) $l_a = \sqrt{\dfrac{4p(p-a)bc}{(b+c)^2}}$.

(2) $l_a = \dfrac{2bc\cos\dfrac{\alpha}{2}}{b+c}$.

(3) $l_a = \dfrac{2R\sin\beta\sin\gamma}{\cos\dfrac{\beta-\gamma}{2}}$.

(4) $l_a = \dfrac{4p\sin\dfrac{\beta}{2}\sin\dfrac{\gamma}{2}}{\sin\beta + \sin\gamma}$.

提示　(1) 设角平分线 AD 的延长线交 $\triangle ABC$ 的外接圆于点 M，则

$$AD \cdot DM = BD \cdot DC$$

又因为

$$\triangle ABD \backsim \triangle AMC$$

所以　　$AB \cdot AC = AD \cdot AM = AD(AD + DM) = AD^2 + BD \cdot DC$

此外，$BD = \dfrac{ac}{b+c}$ 和 $DC = \dfrac{ab}{b+c}$，即

$$AD^2 = bc - \dfrac{bca^2}{(b+c)^2} = \dfrac{4p(p-a)bc}{(b+c)^2}$$

(2) 参见问题 4.48 的解．

(3) 设 AD 是角平分线，AH 是 $\triangle ABC$ 的高线，则

$$AH = C\sin\beta = 2R\sin\beta\sin\gamma$$

另一方面

$$AH = AD\sin\angle ADH = l_a\sin(\beta + \dfrac{\alpha}{2}) = l_a\sin\dfrac{\pi + \beta - \gamma}{2} = l_a\cos\dfrac{\beta - \gamma}{2}$$

(4) 考虑到 $p = 4R\cos\dfrac{\alpha}{2}\cos\dfrac{\beta}{2}\cos\dfrac{\gamma}{2}$（问题 12.38(1)），$\sin\beta + \sin\gamma = 2\sin\dfrac{\beta+\gamma}{2}\cos\dfrac{\beta-\gamma}{2} = 2\cos\dfrac{\alpha}{2}\cos\dfrac{\beta-\gamma}{2}$．化归为问题(3)．

§5　三角形的角的正弦与余弦

设 α,β 和 γ 是 $\triangle ABC$ 的内角．本节的问题需要证明公式指出的关系．

12.38　(1) $\sin\dfrac{\alpha}{2}\sin\dfrac{\beta}{2}\sin\dfrac{\gamma}{2} = \dfrac{r}{4R}$．

(2) $\tan\dfrac{\alpha}{2}\tan\dfrac{\beta}{2}\tan\dfrac{\gamma}{2} = \dfrac{r}{p}$．

(3) $\cos\dfrac{\alpha}{2}\cos\dfrac{\beta}{2}\cos\dfrac{\gamma}{2} = \dfrac{p}{4R}$．

提示　(1) 设 O 是内切圆圆心，K 是内切圆与边 AB 的切点，则

$$2R\sin\gamma = AB = AK + KB = \gamma\left(\cot\dfrac{\alpha}{2} + \cot\dfrac{\beta}{2}\right) = $$

$$\gamma\sin\dfrac{\alpha+\beta}{2}\sin\dfrac{\alpha}{2}\sin\dfrac{\beta}{2}$$

顾及 $\sin\gamma = 2\sin\dfrac{\gamma}{2}\cos\dfrac{\gamma}{2}$ 及 $\sin\dfrac{\alpha+\beta}{2} = \cos\dfrac{\gamma}{2}$，即得所证．

(2) 根据问题 3.2 有

$$p - a = AK = r\cot\dfrac{\alpha}{2}$$

第12章　计算与度量的关系

DISHIERZHANG　JISUAN YU DULIANG DE GUANXI

类似地 $\quad p - b = r\cot\dfrac{\beta}{2}, p - c = r\cot\dfrac{\gamma}{2}$

将这些等式相乘并且考虑到 $p(p - a)(p - b)(p - c) = S^2 = (pr)^2$，即得所证.

(3) 用明显的方式由问题(1)和(2)推出.

12.39 $(1)\cos\dfrac{\alpha}{2}\sin\dfrac{\beta}{2}\sin\dfrac{\gamma}{2} = \dfrac{p - a}{4R}$.

$(2)\sin\dfrac{\alpha}{2}\cos\dfrac{\beta}{2}\cos\dfrac{\gamma}{2} = \dfrac{r_a}{4R}$.

提示 (1) 将等式 $\dfrac{r\cos\dfrac{\alpha}{2}}{\sin\dfrac{\alpha}{2}} = p - a, \sin\dfrac{\alpha}{2}\sin\dfrac{\beta}{2}\sin\dfrac{\gamma}{2} = \dfrac{r}{4R}$（参见问题 12.18(3) 和 12.38(1)）相乘，即得所证.

(2) 根据问题 12.18(3) 有

$$r_a = \tan\dfrac{r}{2} = r\cot\dfrac{\beta}{2}$$

将这个等式乘以等式 $\dfrac{r}{4R} = \sin\dfrac{\alpha}{2}\sin\dfrac{\beta}{2}\sin\dfrac{\gamma}{2}$，即得所证.

12.40 $\cos\alpha + \cos\beta + \cos\gamma = \dfrac{R + r}{R}$.

提示 将等式 $\cos\alpha + \cos\beta = 2\cos\dfrac{\alpha + \beta}{2}\cos\dfrac{\alpha - \beta}{2}$ 和 $\cos\gamma = -\cos(\alpha + \beta) = -2\cos^2\dfrac{\alpha + \beta}{2} + 1$ 相加，并考虑到 $\cos\dfrac{\alpha - \beta}{2} - \cos\dfrac{\alpha + \beta}{2} = 2\sin\dfrac{\alpha}{2}\sin\dfrac{\beta}{2}$，得到 $\cos\alpha + \cos\beta + \cos\gamma = 4\sin\dfrac{\alpha}{2}\sin\dfrac{\beta}{2}\sin\dfrac{\gamma}{2} + 1 = \dfrac{r}{R} + 1$（参见问题 12.38(1)）.

12.41 $(1)\cos 2\alpha + \cos 2\beta + \cos 2\gamma + 4\cos\alpha\cos\beta\cos\gamma + 1 = 0$.

$(2)\cos^2\alpha + \cos^2\beta + \cos^2\gamma + 2\cos\alpha\cos\beta\cos\gamma = 1$.

$(3)\cos 2\alpha + \cos 2\beta + \cos 2\gamma = \dfrac{OH^2}{2R^2} - \dfrac{3}{2}$，其中 O 是外接圆的圆心，H 是高线的交点.

提示 (1) 将等式 $\cos 2\alpha + \cos 2\beta = 2\cos(\alpha + \beta)\cos(\alpha - \beta) = -2\cos\gamma\cos(\alpha - \beta)$ 和 $\cos 2\gamma = 2\cos^2\gamma - 1 = -2\cos\gamma\cos(\alpha + \beta) - 1$ 并且考虑到 $\cos(\alpha + \beta) + \cos(\alpha - \beta) = 2\cos\alpha\cos\beta$，即得所证。

(2) 必须在问题(1)得到的等式中代换 $\cos 2\alpha = 2\cos^2\alpha - 1$。

(3) 根据问题 13.13 有
$$\vec{OH} = \vec{OA} + \vec{OB} + \vec{OC}$$

所以
$$OH^2 = (\vec{OA} + \vec{OB} + \vec{OC})^2 = 3R^2 + 2R^2(\cos 2\alpha + \cos 2\beta + \cos 2\gamma)$$

在最后一个等式的写法中，利用 $(\vec{OA}, \vec{OB}) = 2R\cos\angle AOB = 2R\cos 2\gamma$ 依此类推。

12.42 $\sin 2\alpha + \sin 2\beta + \sin 2\gamma = 4\sin\alpha\sin\beta\sin\gamma$。

提示 将等式 $\sin 2\alpha + \sin 2\beta = 2\sin(\alpha + \beta)\cos(\alpha - \beta) = 2\sin\gamma\cos(\alpha - \beta)$ 和 $\sin 2\gamma = 2\sin\gamma\cos\gamma = -2\sin\gamma\cos(\alpha + \beta)$ 相加，并顾及 $\cos(\alpha - \beta) - \cos(\alpha + \beta) = 2\sin\alpha\sin\beta$，即得所证。

12.43 (1) $\sin^2\alpha + \sin^2\beta + \sin^2\gamma = \dfrac{p^2 - r^2 - 4rR}{2R^2}$。

(2) $4R^2\cos\alpha\cos\beta\cos\gamma = p^2 - (2R + r)^2$。

(3) $\cos\alpha\cos\beta + \cos\beta\cos\gamma + \cos\alpha\cos\gamma = \dfrac{p^2 + r^2 - 4R^2}{4R^2}$。

提示 (1) 显然 $\sin^2\alpha + \sin^2\beta + \sin^2\gamma = \dfrac{a^2 + b^2 + c^2}{4R}$ 和 $a^2 + b^2 + c^2 = (a + b + c)^2 - 2(ab + bc + ca) = 4p^2 - 2(r^2 + p^2 + 4rR)$（参见问题 12.32）。

(2) 根据问题 12.41(2) 有，$2\cos\alpha\cos\beta\cos\gamma = \sin^2\alpha + \sin^2\beta + \sin^2\gamma - 2$。剩下再利用问题(1)的结果。

(3) 将问题 12.40 的恒等式平方，在得到的恒等式中以 $1 - 2\cos\alpha\cos\beta\cos\gamma$ 代换 $\cos^2\alpha + \cos^2\beta + \cos^2\gamma$（问题 12.41(2)），然后利用问题(2)，得到要证的结果。

12.44 $ab\cos\gamma + bc\cos\alpha + ca\cos\beta = \dfrac{a^2 + b^2 + c^2}{2}$。

提示 余弦定理可以表示为 $ab\cos\gamma = \dfrac{a^2 + b^2 - r^2}{2}$。三个类似的等式相

加，即得所证．

12.45 $\dfrac{\cos^2\dfrac{\alpha}{2}}{a} + \dfrac{\cos^2\dfrac{\beta}{2}}{b} + \dfrac{\cos^2\dfrac{\gamma}{2}}{c} = \dfrac{p}{4Rr}.$

提示 根据问题 12.13 有

$$\dfrac{\cos^2\dfrac{\alpha}{2}}{a} = \dfrac{p(p-a)}{abc}.$$

剩下注意

$$p(p-a) + p(p-b) + p(p-c) = p^2, abc = 4SR = 4prR$$

§6 三角形的角的正切与余切

设 α, β 和 γ 是 $\triangle ABC$ 的内角．本节的问题需要证明公式指出的关系．

12.46 $(1) \cot\alpha + \cot\beta + \cot\gamma = \dfrac{a^2 + b^2 + c^2}{4S}.$

$(2)\, a^2\cot\alpha + b^2\cot\beta + c^2\cot\gamma = 4S.$

提示 (1) 因为 $bc\cos\alpha = 2S\cot\alpha$，所以 $a^2 = b^2 + c^2 - 4S\cot\alpha$．三个类似的等式相加，即得所证．

(2) 对于锐角三角形 $a^2\cot\alpha = 2R^2\sin 2\alpha = 4S_{\triangle BOC}$，其中 O 是外接圆圆心．剩下将三个类似的等式相加．对于带钝角 α 的三角形，$S_{\triangle BOC}$ 的量必须取减号．

12.47 $(1) \cot\dfrac{\alpha}{2} + \cot\dfrac{\beta}{2} + \cot\dfrac{\gamma}{2} = \dfrac{p}{r}.$

$(2) \tan\dfrac{\alpha}{2} + \tan\dfrac{\beta}{2} + \tan\dfrac{\gamma}{2} = \dfrac{\dfrac{a}{r_a} + \dfrac{b}{r_b} + \dfrac{c}{r_c}}{2}.$

提示 根据问题 12.18 有

$$\cot\dfrac{\alpha}{2} + \cot\dfrac{\beta}{2} = \dfrac{c}{r}, \tan\dfrac{\alpha}{2} + \tan\dfrac{\beta}{2} = \dfrac{c}{r_c}$$

剩下将三角形中所有成对的角的这样的等式相加．

12.48 $\tan\alpha + \tan\beta + \tan\gamma = \tan\alpha\tan\beta\tan\gamma.$

提示 显然

$$\tan\gamma = -\tan(\alpha+\beta) = -\frac{\tan\alpha+\tan\beta}{1-\tan\alpha\tan\beta}.$$

两边乘以 $1-\tan\alpha\tan\beta$，即得所证。

12.49 $\tan\frac{\alpha}{2}\tan\frac{\beta}{2} + \tan\frac{\beta}{2}\tan\frac{\gamma}{2} + \tan\frac{\gamma}{2}\tan\frac{\alpha}{2} = 1.$

提示 $\tan\frac{\gamma}{2} = \cot\left(\frac{\alpha}{2}+\frac{\beta}{2}\right) = \frac{1-\tan\frac{\alpha}{2}\tan\frac{\beta}{2}}{\tan\frac{\alpha}{2}+\tan\frac{\beta}{2}}.$ 剩下两边乘以 $\tan\frac{\alpha}{2} + \tan\frac{\beta}{2}$。

12.50 (1) $\cot\alpha\cot\beta + \cot\beta\cot\gamma + \cot\alpha\cot\gamma = 1.$

(2) $\cot\alpha + \cot\beta + \cot\gamma - \cot\alpha\cot\beta\cot\gamma = \frac{1}{\sin\alpha\sin\beta\sin\gamma}.$

提示 (1) 等式两边乘以 $\sin\alpha\sin\beta\sin\gamma$。下一步这样进行证明

$$\cos\gamma(\sin\alpha\cos\beta + \sin\beta\cos\alpha) + \sin\gamma(\cos\alpha\cos\beta - \sin\alpha\sin\beta) =$$
$$\cos\gamma\sin(\alpha+\beta) + \sin\gamma\cos(\alpha+\beta) =$$
$$\cos\gamma\sin\gamma - \sin\gamma\cos\gamma = 0$$

(2) 等式两边乘以 $\sin\alpha\sin\beta\sin\gamma$。下一步这样进行证明

$$\cos\alpha(\sin\beta\sin\gamma - \cos\beta\cos\gamma) + \sin\alpha(\cos\beta\sin\gamma + \cos\gamma\sin\beta) =$$
$$\cos^2\alpha + \sin^2\alpha = 1.$$

12.51 对于非直角三角形有 $\tan\alpha + \tan\beta + \tan\gamma = \frac{4S}{a^2+b^2+c^2-8R^2}.$

提示 因为 $\sin^2\alpha + \sin^2\beta + \sin^2\gamma - 2 = 2\cos\alpha\cos\beta\cos\gamma$（参见问题 12.41(2)），$S = 2R^2\sin\alpha\sin\beta\sin\gamma$，剩下检验

$$(\tan\alpha + \tan\beta + \tan\gamma)\cos\alpha\cos\beta\cos\gamma = \sin\gamma\sin\beta\sin\alpha$$

最后的等式证明在问题 12.50(1) 的解中.

§7 角的计算

12.52 已知两个半径为 R 的圆相交,并且它们圆心之间的距离大于 R,证明: $\beta = 3\alpha$(图 12.2).

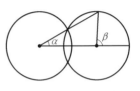

图 12.2

提示 设 A 和 B 是角 α 和 β 的顶点,P 是这两个角不重合的边的交点,Q 是两圆在线段 PA 上的公共点. $\triangle AQB$ 是等腰三角形,所以 $\angle PQB = 2\alpha$. 又因为 $\angle PQB + \angle QPB = \beta + \angle QBA$,所以 $\beta = 3\alpha$.

12.53 证明:如果 $\dfrac{1}{b} + \dfrac{1}{c} = \dfrac{1}{l_a}$,那么 $\angle A = 120°$.

提示 根据问题 4.48 有

$$\frac{1}{b} + \frac{1}{c} = \frac{2\cos\dfrac{\alpha}{2}}{l_a}$$

所以
$$\cos\frac{\alpha}{2} = \frac{1}{2}$$

即
$$\alpha = 120°$$

12.54 在 $\triangle ABC$ 中,高线 AH 等于中线 BM,求 $\angle MBC$.

提示 由点 M 向直线 BC 引垂线. 则 $MD = \dfrac{AH}{2} = \dfrac{BM}{2}$. 在直角 $\triangle BDM$ 中直角边 MD 等于斜边 BM 的一半,所以 $\angle MBC = \angle MBD = 30°$.

12.55 在 $\triangle ABC$ 中引角平分线 AD 和 BE. 如果 $AD \cdot BC = BE \cdot AC$ 且 $AC \neq BC$,求 $\angle C$ 的度数.

提示 $AD \cdot BC\sin\angle ADB$ 和 $BE \cdot AC\sin\angle AEB$ 相等,因为它们都等于 $\triangle ABC$ 面积的 2 倍. 所以 $\sin\angle ADB = \sin\angle AEB$. 可分两种情况.

(1) $\angle ADB = \angle AEB$. 在这种情况点 A,E,D,B 四点共圆,所以 $\angle EAD =$

∠EBD,即 ∠A = ∠B,根据条件这不可能.

(2) ∠ADB + ∠AEB = 180°,在这种情况下 ∠ECD + ∠EOD = 180°,其中 O 是角平分线的交点.因为 ∠EOD = 90° + $\frac{\angle C}{2}$(问题 5.3),所以 ∠C = 60°.

12.56 在 △ABC 中,如果高线 CH 的长等于边 AB 长的一半,而 ∠BAC = 75°,求 ∠B.

提示 设 B' 是线段 AC 的中垂线与直线 AB 的交点,则
$$AB' = CB', \angle AB'C = 180° - 2 \times 75° = 30°$$
所以 $$AB' = CB' = 2CH = AB$$
即 $$B' = B, \angle B = 30°.$$

12.57* 在 ∠A 为直角的直角 △ABC 中以高线 AD 为直径作圆,与边 AB 交于点 K 且与边 AC 交于点 M.线段 AD 和 KM 相交于点 L.如果已知 $\frac{AK}{AL} = \frac{AL}{AM}$,求 △ABC 的锐角.

提示 显然,AKDM 是矩形,且 L 是它对角线的交点.因为 AD ⊥ BC,AM ⊥ BA,所以 ∠DAM = ∠ABC.类似地有 ∠KAD = ∠ACB.由点 A 向直线 KM 引垂线 AP,为确定起见,设 ∠B < ∠C,则点 P 落在线段 KL 上.由 △AKP 和 △MKA 相似,得到 $\frac{AK}{AP} = \frac{MK}{MA}$,所以 AK · AM = AP · MK = AP · AD = 2AP · AL. 根据条件 AL^2 = AK · AM,因此 AL = 2AP,即 ∠ALP = 30°.显然,∠KMA = $\frac{\angle ALP}{2}$ = 15°,所以 △ABC 的锐角等于 15° 和 75°.

12.58* 在 △ABC 中,∠C 是 ∠A 的 2 倍且 b = 2a,求这个三角形的角.

提示 设 CD 是角平分线,则 BD = $\frac{ac}{a+b}$.另一方面,△BDC ∽ △BCA,所以
$$\frac{BD}{BC} = \frac{BC}{BA}$$

第 12 章 计算与度量的关系

DISHIERZHANG JISUAN YU DULIANG DE GUANXI

即
$$BD = \frac{a^2}{c}$$

因此
$$c^2 = a(a+b) = 3a^2$$

△ABC 的边等于 $a,2a$ 和 $\sqrt{3}a$,所以它的内角等于 $30°,90°$ 和 $60°$.

12.59* 在 △ABC 中引角平分线 BE,在边 BC 上取点 K,使得 $\angle AKB = 2\angle AEB$. 如果 $\angle AEB = \alpha$,求 $\angle AKE$ 的度数.

提示 设 $\angle ABC = 2x$,则 △ABE 中 $\angle A$ 的外角等于 $\angle ABE + \angle AEB = x + \alpha$. 进一步,$\angle BAE - \angle BAK = (180° - x - \alpha) - (180° - 2x - 2\alpha) = x + \alpha$. 因此,AE 是 △ABK 中 $\angle A$ 外角的平分线. 又因为 BE 是这个三角形内 $\angle B$ 的平分线,那么 E 是与边 AK 相切的旁切圆圆心,所以 $\angle AKE = \dfrac{\angle AKC}{2} = 90° - \alpha$.

* * *

12.60* 在底为 BC 的等腰 △ABC 中的顶角 $\angle A$ 等于 $80°$. 在 △ABC 内取点 M,使得 $\angle MBC = 30°, \angle MCB = 10°$,求 $\angle AMC$ 的度数.

提示 设 $A_1 \cdots A_{18}$ 是正十八边形. 可以取 △$A_{14}A_1A_9$ 作为 △ABC. 根据问题 6.64(2) 对角线 A_1A_{12}, A_2A_{14} 和 A_9A_{18} 相交于一点,所以 $\angle AMC = \dfrac{\overset{\frown}{A_{18}A_2} + \overset{\frown}{A_9A_{14}}}{2} = 70°$.

12.61* 在底为 AC 的等腰 △ABC 中的顶角 $\angle B$ 等于 $20°$. 在边 BC 和 AB 上分别取点 D 和 E,使得 $\angle DAC = 60°, \angle ECA = 50°$,求 $\angle ADE$ 的度数.

提示 设 $A_1 \cdots A_{18}$ 是正十八边形,O 是它的中心. 可以取 △A_1OA_{18} 作为 △ABC. 对角线 A_2A_{14} 和 $A_{18}A_6$ 关于直径 A_1A_{10} 对称,又对角线 A_2A_{14} 过对角线 A_1A_{12} 和 A_9A_{13} 的交点(问题 12.60 的提示),所以

$$\angle ADE = \frac{\overset{\frown}{A_1A_2} + \overset{\frown}{A_{12}A_{14}}}{2} = 30°$$

12.62* 在锐角 △ABC 中,O 是外接圆的圆心. 线段 BO 和 CO 延长到同

边 AC 和 AB 交于点 D 和 E, 出现 $\angle BDE = 50°$, $\angle CED = 30°$, 求 $\triangle ABC$ 各角的度数.

(参见这样的问题 1.33.)

提示 因为 $\angle BDE = 50°$, $\angle CED = 30°$, 所以
$$\angle BOC = \angle EOD = 180° - 50° - 30° = 100°$$
我们将认为, 固定圆的直径 BB' 和 CC', 同时 $\angle BOC = 100°$. 又点 A 沿弧 $B'C'$ 运动. 设 D 是 BB' 和 AC 的交点, E 是 CC' 和 AB 的交点(图 12.3). 因为当点 A 由 B' 向 C' 运动时线段 OE 增加, 而 OD 减小, 所以 $\angle OED$ 减小, 而 $\angle ODE$ 增加, 所以存在点 A 的唯一位置, 对于它 $\angle CED = \angle OED = 30°$, $\angle BDE = \angle ODE = 50°$.

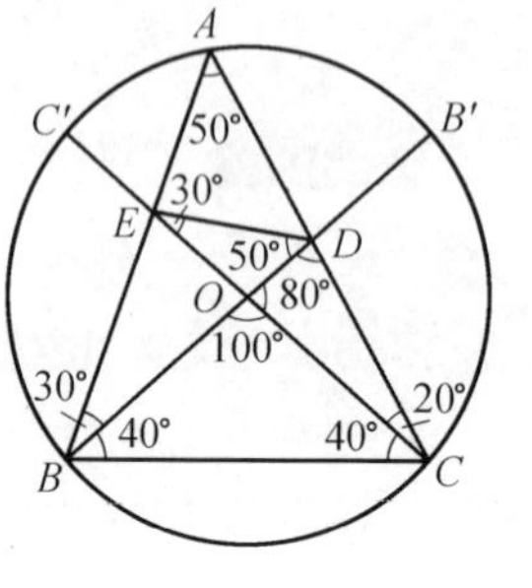

图 12.3

现在证明, 角 $\angle A = 50°$, $\angle B = 70°$, $\angle C = 60°$ 的 $\triangle ABC$ 具有需要的性质. 设 $A_1 \cdots A_{18}$ 是正十八边形. 可以取 $\triangle A_2 A_{14} A_9$ 作为 $\triangle ABC$. 对角线 $A_1 A_{12}$ 过点 E (问题 12.60 的提示). 设 F 是直线 $A_1 A_{12}$ 和 $A_5 A_{14}$ 的交点. 直线 $A_9 A_{16}$ 与 $A_1 A_{12}$ 关于直线 $A_5 A_{14}$ 为对称, 所以它们过点 F. 在 $\triangle CDF$ 中射线 CE 是 $\angle C$ 的平分线, 而直线 FE 是在点 F 的外角平分线, 所以 DE 是 $\angle ADB$ 的平分线, 即 $\angle ODE = \dfrac{\overset{\frown}{A_2 A_{14}} + \overset{\frown}{A_5 A_9}}{4} = 50°$.

§8 圆

12.63 圆心 O 在等腰 $\triangle ABC$ 的底边 BC 上的圆 S 与两腰 AB 与 AC 相切. 在边 AB 与 AC 上取点 P 和 Q, 使得线段 PQ 与圆 S 相切, 证明: $4PB \cdot CQ = BC^2$.

提示 设 D, E 和 F 是圆同 BP, PQ 和 QC 的切点, $\angle BOD = 90° - \angle B = 90° - \angle C = \angle COF = \alpha$, $\angle DOP = \angle POE = \beta$, $\angle EOQ = \angle QOF = \gamma$, 则
$$180° = \angle BOC = 2\alpha + 2\beta + 2\gamma$$
即
$$\alpha + \beta + \gamma = 90°$$
因为 $\angle BPO = 90° - \beta$, $\angle QOC = \gamma + \alpha = 90° - \beta$, 所以
$$\angle BPO = \angle COQ$$

第12章 计算与度量的关系

同样显然 $\angle PBO = \angle OCQ$

所以 $\triangle BPO \backsim \triangle COQ$

即 $PB \cdot CQ = BO \cdot CO = \dfrac{BC^2}{4}$

12.64* 设 E 是正方形 $ABCD$ 的边 AB 的中点,而在边 BC 和 CD 上取点 F 和 G,使得 $AG \parallel EF$,证明:线段 FG 与正方形 $ABCD$ 的内切圆相切.

提示 设 P 和 Q 分别是边 BC 和 CD 的中点.点 P 和 Q 是内切圆与边 BC 和 CD 的切点,所以只需检验 $PF + GQ = FG$ 就够了.实际上,如果 $F'G'$ 是平行于 FG 且与内切圆相切的线段,那么 $PF' + G'Q = F'G'$,所以 $F' = F$ 和 $G' = G$.

可以认为,正方形的边长等于 2. 设 $GD = x$. 因为 $\dfrac{BF}{EB} = \dfrac{AD}{GD}$,所以 $BF = \dfrac{2}{x}$,
所以

$$CG = 2 - x, GQ = x - 1, CF = 2 - \dfrac{2}{x}, FP = \dfrac{2}{x} - 1$$

即

$$PF + GQ = x + \dfrac{2}{x} - 2$$

$$FG^2 = CG^2 + CF^2 = (2-x)^2 + (2-\dfrac{2}{x})^2 =$$

$$4 - 4X + x^2 + 4 - \dfrac{8}{x} + \dfrac{4}{x^2} =$$

$$(x + \dfrac{2}{x} - 2)^2 = (PF + GQ)^2$$

12.65* 圆的弦与圆心的距离等于 h. 由这条弦产生的每个弓形中都内接一个正方形,使得正方形两个相邻的顶点在圆弧上,而两个另外的顶点在弦或它的延长线上(图 12.4).这两个正方形边长的差等于什么?

提示 按图 12.5 所示表示正方形顶点. 设 O 是圆心,H 是已知弦的中点,K 是线段 AA_1 的中点. 因为 $\tan\angle AHB = 2 = \tan\angle A_1HD_1$,点 H 在直线 AA_1 上. 设 $\alpha = \angle AHB = \angle A_1HD_1$,则

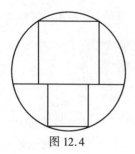
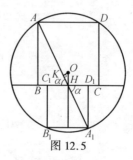

图 12.4　　　　　图 12.5

$$AB - A_1D_1 = (AH - A_1H)\sin \alpha = 2KH\sin \alpha = 2OH\sin^2\alpha$$

显然，$\sin^2\alpha = \dfrac{4}{5}$，所以正方形边长的差等于 $\dfrac{8h}{5}$.

12.66* 　　已知三角形的一条中线被内切圆三等分，求这个三角形三条边的比.

提示　　设 $\triangle ABC$ 的中线 BM 交内切圆于点 K 和 L，并且 $BK = KL = LM = x$. 为确定起见设内切圆与边 AC 的切点在线段 MC 上，则因为关于线段 BM 的中垂线的对称变换下点 B 与 M 彼此互变. 又内切圆变为自身，切线 MC 变为切线 BC，因此

$$BC = MC = \dfrac{AC}{2}$$

即

$$b = 2a$$

因为 $BM^2 = \dfrac{2a^2 + 2c^2 - b^2}{4}$（见问题 12.11(1)），所以

$$9x^2 = \dfrac{2a^2 + 2c^2 - 4a^2}{4} = \dfrac{c^2 - a^2}{2}$$

设点 P 是内切圆与边 BC 的切点，则

$$BP = \dfrac{a + c - b}{2} = \dfrac{c - a}{2}$$

另一方面，根据切线的性质，$BP^2 = BK \cdot BL$，即 $BP^2 = 2x^2$，所以

$$2x^2 = \left(\dfrac{c - a}{2}\right)^2$$

第 12 章　　计算与度量的关系

DISHIERZHANG　　JISUAN YU DULIANG DE GUANXI

等式 $9x^2 = \dfrac{c^2-a^2}{2}$ 和 $\left(\dfrac{c-a}{2}\right)^2 = 2x^2$ 相乘,得到 $\dfrac{c+a}{c-a} = \dfrac{9}{4}$,即 $\dfrac{c}{a} = \dfrac{13}{5}$.结果得到 $a:b:c = 5:10:13$.

*　　　　*　　　　*

12.67* 在圆中内接一个正方形,由这个正方形的一条边截圆所得的弓形中内接另一个正方形,求这两个正方形边长之比.

提示 设 $2a$ 和 $2b$ 是第一个正方形与第二个正方形的边长,则由圆心到第二个正方形在圆上的顶点的距离等于 $\sqrt{(a+2b)^2 + b^2}$.另一方面,这个等式等于 $\sqrt{2}a$.因此

$$(a+2b)^2 + b^2 = 2a^2$$

即
$$a = 2b \pm \sqrt{4b^2 + 5b^2} = (2 \pm 3)b$$

只有 $a = 5b$ 是求得的解.

12.68* 在线段 AB 上取点 C 并且以线段 AC, BC 和 AB 为直径在直线 AB 的同一侧作三个半圆.过点 C 引直线垂直于 AB,且在所形成的曲边 $\triangle ACD$ 和 BCD 中作内切圆 S_1 和 S_2(图 12.6),证明:这两个圆的半径相等.

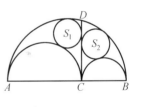

图 12.6

提示 设 P 和 Q 是线段 AC 和 AB 的中点,R 是圆 S_1 的中心,$a = \dfrac{AC}{2}$,$b = \dfrac{BC}{2}$,x 是圆 S_1 的半径.容易检验,$PR = a + x$,$QR = a + b - x$,$PQ = b$.在 $\triangle PQR$ 中引高线 RH.由点 R 到直线 CD 的距离等于 x,所以 $PH = a - x$,这意味着 $QH = |b - a + x|$,因此

$$(a+x)^2 - (a-x)^2 = RH^2 = (a+b-x)^2 - (b-a+x)^2$$

即
$$ax = b(a-x)$$

结果得到 $x = \dfrac{ab}{a+b}$.对于圆 S_2 的半径得到也是这个表达式.

12.69* 半径为 1,3 和 4 的圆的中心,在矩形 $ABCD$ 的边 AD 和 BC 上.这

些圆彼此相切且与直线 AB 和 CD 也相切,如图 12.7 所示,
证明:存在一个圆与所有这些圆和直线 AB 都相切.

提示 设 x 是与圆 S_1 和 S_2 及射线 AB 相切的圆 S 的半径,y 是与圆 S_2 和 S_3 及射线 BA 相切的圆 S' 的半径. 与圆 S_1 和射线 AB(对应地 S_3 和射线 BA)相切的圆的位置用它的半径单值确定,所以检验 $x = y$ 就足够了.

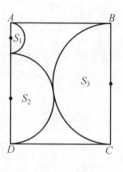

图 12.7

由圆 S 的中心到直线 AD 的距离平方的两个表达式相等得出 $(x+1)^2 - (x-1)^2 = (3+x)^2 - (5-x)^2$,即 $x = \frac{4}{3}$.

考查圆 S_2 和 S_3,容易检验 $AB^2 = (3+4)^2 - 1^2 = 48$. 另一方面,由圆 S' 的中心到直线 AD 和 BC 的距离的平方分别等于 $(y+3)^2 - (5-y)^2 = 16(y-1)$ 和 $(4+y)^2 - (4-y)^2 = 16y$. 因此 $4\sqrt{y-1} + 4\sqrt{y} = \sqrt{48}$,也就是 $y = \frac{4}{3}$.

§9 各类问题

12.70 求所有的这样的三角形,它的内角形成算术级数,而它的边:(1) 成算术级数;(2) 成几何级数.

提示 如果三角形的角成算术级数,那么它们等于 $\alpha - \gamma, \alpha, \alpha + \gamma$,其中 $\gamma \geqslant 0$. 因为三角形内角和等于 $180°$,所以 $\alpha = 60°$. 这个三角形的边等于 $2R\sin(\alpha - \gamma), 2R\sin\alpha, 2R\sin(\alpha + \gamma)$,因为大角对大边,则
$$\sin(\alpha - \gamma) \leqslant \sin\alpha \leqslant \sin(\alpha + \gamma)$$
(1) 如果数 $\sin(\alpha - \gamma) \leqslant \sin\alpha \leqslant \sin(\alpha + \gamma)$ 形成算术级数,则
$$\sin\alpha = \frac{\sin(\alpha + \gamma) + \sin(\alpha - \gamma)}{2} = \sin\alpha\cos\gamma$$
即 $\cos\gamma = 1$ 或者 $\gamma = 0$. 因此三角形的所有角都等于 $60°$.

(2) 如果数 $\sin(\alpha - \gamma) \leqslant \sin\alpha \leqslant \sin(\alpha + \gamma)$ 成几何级数,则
$$\sin^2\alpha = \sin(\alpha - \gamma)\sin(\alpha + \gamma) = \sin^2\alpha\cos^2\gamma - \sin^2\gamma\cos^2\alpha \leqslant \sin^2\alpha\cos^2\gamma$$
所以 $\cos\gamma = 1$,即三角形的所有角都是 $60°$.

第 12 章 计算与度量的关系

DISHIERZHANG JISUAN YU DULIANG DE GUANXI

12.71 已知梯形的底 AB 和 CD 等于 a 和 $b(a<b)$,对角线之间的夹角等于 $90°$,两腰延长线之间的交角等于 $45°$,求梯形的高 h.

提示 添加 $\triangle ABC$ 到 $\square ABCE$(图 12.8).设 $BC = x, AD = y$,则

$$(b-a)h = 2S_{\triangle AED} = xy\sin 45°$$
$$(b-a)^2 = x^2 + y^2 - 2xy\cos 45° = x^2 + y^2 - 2xy\sin 45°$$

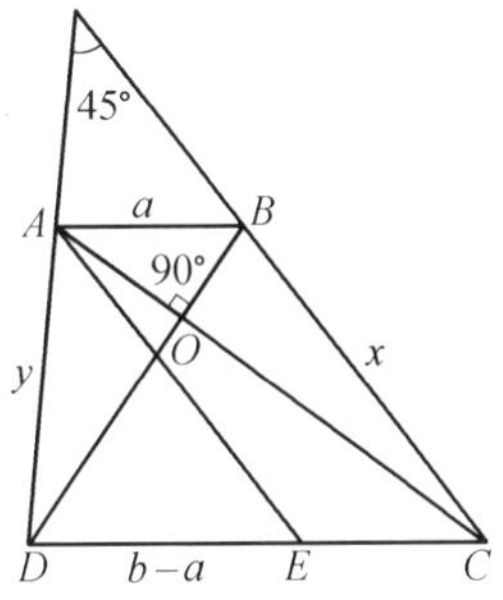

根据勾股定理有

$$a^2 + b^2 = (AO^2 + BO^2) + (CO^2 + DO^2) + (BO^2 + CO^2) + (DO^2 + AO^2) = x^2 + y^2$$

因此 $(b-a)^2 = x^2 + y^2 - 2xy\sin 45° = a^2 + b^2 - 2(b-a)h$

即

$$h = \frac{ab}{b-a}$$

图 12.8

12.72 $\triangle ABC$ 的内切圆切边 BC 于点 K,证明:三角形的面积等于 $BK \cdot KC\cot\frac{\alpha}{2}$.

提示 因为 $BK = \frac{a+c-b}{2}, KC = \frac{a+b-c}{2}$(问题 3.2),那么 $BK \cdot KC = \frac{a^2 - (b-c)^2}{4} = S\tan\frac{\alpha}{2}$(问题 12.12).

12.73 证明:如果 $\cot\frac{\alpha}{2} = \frac{b+c}{a}$,那么这个三角形是直角三角形.

提示 因为 $\frac{b+c}{a} = \frac{\cos\frac{\beta-\gamma}{2}}{\sin\frac{\alpha}{2}}$(问题 12.4),则

$$\cos\frac{\beta-\gamma}{2} = \cos\frac{\alpha}{2}$$

即 $\beta - \gamma = \pm\alpha$. 如果 $\beta = \gamma + \alpha$,那么 $\beta = 90°$;而如果 $\beta + \alpha = \gamma$,那么 $\gamma = 90°$.

12.74 延长 $\triangle ABC$ 的三条角平分线交外接圆于点 A_1, B_1 和 C_1,证明:

$\dfrac{S_{\triangle ABC}}{S_{\triangle A_1B_1C_1}} = \dfrac{2r}{R}$,其中 r 和 R 是 $\triangle ABC$ 的内切圆和外接圆的半径.

提示   容易检验,$S_{\triangle ABC} = 2R^2\sin\alpha\sin\beta\sin\gamma$,类似地

$$S_{\triangle A_1B_1C_1} = 2R^2\sin\dfrac{\beta+\gamma}{2}\sin\dfrac{\alpha+\gamma}{2}\sin\dfrac{\alpha+\beta}{2} = 2R^2\cos\dfrac{\alpha}{2}\cos\dfrac{\beta}{2}\cos\dfrac{\gamma}{2}$$

所以 $\dfrac{S_{\triangle ABC}}{S_{\triangle A_1B_1C_1}} = 8\sin\dfrac{\alpha}{2}\sin\dfrac{\beta}{2}\sin\dfrac{\gamma}{2} = \dfrac{2r}{R}$(问题 12.38(1)).

12.75   证明:$\triangle ABC$ 的各内角的余切的和等于由 $\triangle ABC$ 的三条中线组成的三角形各内角的余切的和.

提示   三角形内角余切的和等于 $\dfrac{a^2+b^2+c^2}{4S}$(问题 12.46(1)).$m_a^2 + m_b^2 + m_c^2 = \dfrac{3(a^2+b^2+c^2)}{4}$(问题 12.11(2)).并且由 $\triangle ABC$ 的三条中线组成的三角形的面积等于 $\triangle ABC$ 面积的 $\dfrac{3}{4}$(问题 1.37).

12.76*   设 A_4 是 $\triangle A_1A_2A_3$ 的垂心,证明:存在数 $\lambda_1, \cdots, \lambda_4$,使得 $A_iA_j^2 = \lambda_i + \lambda_j$,并且,如果三角形不是直角三角形,那么 $\sum \dfrac{1}{\lambda_i} = 0$.

提示   某个点 A_i 位于由另外的三点组形成的三角形内部,所以可以认为 $\triangle A_1A_2A_3$ 是锐角三角形(或者直角三角形),数 λ_1, λ_2 和 λ_3 容易从相应的方程组求出.结果得到

$$\lambda_1 = \dfrac{b^2+c^2-a^2}{2}, \lambda_2 = \dfrac{a^2+c^2-b^2}{2}, \lambda_3 = \dfrac{a^2+b^2-c^2}{2}$$

其中 $a = A_2A_3, b = A_1A_3$ 和 $c = A_1A_2$.根据问题 5.51(2) 有 $A_1A_4^2 = 4R^2 - a^2$,其中 R 是 $\triangle A_1A_2A_3$ 的外接圆半径,所以

$$\lambda_4 = A_1A_4^2 - \lambda_1 = 4R^2 - \dfrac{a^2+b^2+c^2}{2} = \lambda_2A_4^2 - \lambda_2 = \lambda_3A_4^2 - \lambda_3$$

现在检验,$\sum \dfrac{1}{\lambda_i} = 0$.因为

$$\dfrac{b^2+c^2-a^2}{2} = bc\cos\alpha = 2S\cot\alpha$$

第 12 章　计算与度量的关系
DISHIERZHANG JISUAN YU DULIANG DE GUANXI

所以
$$\frac{1}{\lambda_1} = \frac{\tan \alpha}{2S}$$

剩下注意 $\dfrac{2}{a^2 + b^2 + c^2 - 8R^2} = \dfrac{\tan \alpha + \tan \beta + \tan \gamma}{2S}$（问题 12.51）.

§10　坐标方法

12.77　证明：点 (x_0, y_0) 到直线 $ax + by + c = 0$ 的距离等于 $\dfrac{|ax_0 + by_0 + c|}{\sqrt{a^2 + b^2}}$.

提示　如果 $ax_1 + by_1 + c = 0, ax_2 + by_2 + c = 0$，那么 $a(x_1 - x_2) + b(y_1 - y_2) = 0$. 所以向量 (a, b) 垂直于考查的直线，因此由点 (x_0, y_0) 引向被考查直线的垂线由坐标为 $(x_0 + \lambda a, y_0 + \lambda b)$ 的点组成. 如果 $a(x_0 + \lambda_0 a) + b(y_0 + \lambda_0 b) + c = 0$，即 $\lambda_0 = \dfrac{ax_0 + by_0 + c}{a^2 + b^2}$，那么得到被考查直线上的点. 剩下注意，由点 (x_0, y_0) 到直线 $ax + by + c = 0$ 的距离等于 $|\lambda_0| \sqrt{a^2 + b^2}$.

12.78　(1) 证明：顶点在 $(0, 0), (x_1, y_1)$ 和 (x_2, y_2) 的三角形的面积等于 $\dfrac{1}{2} |x_1 y_2 - x_2 y_1|$.

(2) 证明：顶点在 $(x_1, y_1), (x_2, y_2)$ 和 (x_3, y_3) 的三角形的面积等于 $\dfrac{1}{2} |x_1 y_2 + x_2 y_3 + x_3 y_1 - x_2 y_1 - x_1 y_3 - x_3 y_2|$.

提示　(1) 过点 $(0,0)$ 和 (x_1, y_1) 的直线由方程 $y_1 x - x_1 y = 0$ 给出，所以根据问题 12.77，由点 (x_2, y_2) 到这条直线的距离等于 $\dfrac{|y_1 x_2 - x_1 y_2|}{\sqrt{x_1^2 + y_1^2}}$. 这个距离等于所考查的三角形中引向长为 $\sqrt{x_1^2 + y_1^2}$ 的边上的高线.

(2) 所考查的三角形的面积等于顶点在点 $(0,0), (x_1 - x_3, y_1 - y_3)$ 和 $(x_2 - x_3, y_2 - y_3)$ 的三角形的面积. 利用问题 (1) 得到的公式，即得所证.

12.79　三角形各顶点坐标是有理数，证明：它的外接圆圆心的坐标也是有理数.

提示 设 $(a_1, b_1), (a_2, b_2)$ 和 (a_3, b_3) 是三角形顶点的坐标,它的外接圆中心的坐标由方程组

$$(x - a_1)^2 + (y - b_1)^2 = (x - a_2)^2 + (y - b_2)^2$$
$$(x - a_1)^2 + (y - b_1)^2 = (x - a_3)^2 + (y - b_3)^2$$

给出.容易检验,这两个方程是线性的,而这意味着,所考查的方程组的解是有理数.

12.80 圆 S 的直径 AB 垂直于直径 CD. 弦 EA 交直径 CD 于点 K, 弦 EC 交直径 AB 于点 L, 证明:如果 $\frac{CK}{KD} = 2$, 那么 $\frac{AL}{LB} = 3$.

提示 在线段 AB 和 CD 上取点 K 和 L, 分它们为所指出的比. 只需证明, 直线 AK 和 CL 的交点在圆 S 上就够了. 引入原点在圆 S 的圆心 O 的坐标系, 并且 Ox 轴和 Oy 轴沿着射线 OB 和 OD 的方向. 圆 S 的半径可以认为等于 1. 直线 AK 和 CL 分别由方程 $y = \frac{x+1}{3}$ 和 $y = 2x - 1$ 给出, 所以它们的公共点的坐标是 $x_0 = \frac{4}{5}$ 和 $y_0 = \frac{3}{5}$. 显然, $x_0^2 + y_0^2 = 1$.

12.81 在 $\triangle ABC$ 中 $\angle C$ 是直角, 证明:在以点 C 为位似心, 位似系数为 2 的位似下, 内切圆变为与外接圆相切的圆.

提示 设 d 是外接圆圆心到内切圆圆心在所研究的位似下的像之间的距离. 只需检验, $R = d + 2r$ 就够了. 设 $(0,0), (2a,0)$ 和 $(0,2b)$ 是已知三角形顶点的坐标, 则 (a,b) 是外接圆中心的坐标, (r,r) 是内切圆中心的坐标, 并且 $r = a + b - R$ (问题 5.18). 因为 $a^2 + b^2 = R^2$, 所以 $d^2 = (2r-a)^2 + (2r-b)^2 = a^2 + b^2 - 4r(a+b-r) + 4r^2 = (R-2r)^2$.

12.82* 正方形 $ABCD$ 绕自己不动的中心旋转, 求线段 PQ 中点的轨迹, 其中 P 是由点 D 引向不动直线 l 的垂线足, 而 Q 是边 AB 的中点.

提示 考查原点在正方形中心和 Ox 轴平行于直线 l 的坐标系. 设正方形的

第 12 章　计算与度量的关系

顶点具有下列坐标:$A(x,y)$,$B(y,-x)$,$C(-x,-y)$ 和 $D(-y,x)$;直线 l 由方程 $y = a$ 给出,则点 Q 的坐标是 $(\frac{x+y}{2},\frac{y-x}{2})$,而点 P 的坐标是 $(-y,a)$,因此所求的轨迹由点 $(t,-t+\frac{a}{2})$ 组成,其中 $t = \frac{x-y}{4}$. 剩下注意,量 $x-y$ 由 $-\sqrt{2(x^2+y^2)} = -AB$ 到 AB 变化.

12.83* 　给定 $\triangle A_1A_2A_3$,在它外面的直线 l 与边 A_1A_2,A_2A_3,A_3A_1 的延长线形成的角为 α_1,α_2,α_3. 分别过点 A_1,A_2,A_3 引的直线与 l 形成的角为 $\pi - \alpha_1$, $\pi - \alpha_2$,$\pi - \alpha_3$,证明:这些直线相交在一点.(所有的角由直线 l 在一个方向数出)

(参见这样的问题 3.58,3.75,7.6,7.14,7.49,18.26,22.36,30.29.)

提示　在平面上引入坐标系,选取直线 l 作为 x 轴. 设 (a_1,b_1),(a_2,b_2), (a_3,b_3) 是顶点 A_1,A_2,A_3 的坐标. 直线 A_2A_3 由方程

$$\frac{x-a_2}{a_3-a_2} = \frac{y-b_2}{b_3-b_2}$$

给出. 过点 A_1 引的直线用这样的方程给出:在方程中 x 和 y 的系数比绝对值相同,但符号相反. 这样一来,这条直线用方程 $\frac{x-a_1}{a_3-a_2} + \frac{y-b_1}{b_3-b_2} = 0$ 给出. 类似地写出过顶点 A_2 和 A_3 的直线方程. 这三个方程右部分别乘以 $(a_3-a_2)(b_3-b_2)$, $(a_1-a_3)(b_1-b_3)$,$(a_2-a_1)(b_2-b_1)$ 且将它们相加. 容易检验,指出的和恒等于 0. 由此推出,这三个方程给出的直线相交于一点.

§11　供独立解答的问题

12.84　两个圆的每一个都与给定的直角的两边相切,如果已知其中的一个圆过另一个圆的圆心,求这两个圆的半径之比.

12.85　延长凸四边形 $ABCD$ 的边 AB 和 CD,BC 和 AD 分别交于点 K 和 M,证明:$\triangle ACM$,$\triangle BDK$,$\triangle ACK$,$\triangle BDM$ 的外接圆的半径满足 $R_{\triangle ACM} \cdot R_{\triangle BDK} = R_{\triangle ACK} \cdot R_{\triangle BDM}$.

12.86　半径为 1,2,3 的三个圆彼此外切,求过这些圆的切点的圆的半

径.

12.87 设点 K 在 $\triangle ABC$ 的边 BC 上,证明:$AC^2 \cdot BK + AB^2 \cdot CK = BC(AK^2 + BK \cdot KC)$.

12.88 证明:$\triangle ABC$ 的 $\angle A$ 的外角平分线的长等于 $\dfrac{2bc\sin\dfrac{\alpha}{2}}{|b-c|}$.

12.89 半径为 R 和 r 的两个圆这样放置,使得它们的内公切线互相垂直,求这两条切线与一条外公切线形成的三角形的面积.

12.90 证明:对任意的(非正的)五角星形其顶角度数的和等于 $180°$.

12.91 证明:在任意三角形中 $S = (p-a)^2 \tan\dfrac{\alpha}{2} \cot\dfrac{\beta}{2} \cot\dfrac{\gamma}{2}$.

12.92 设 $a < b < c$ 是三角形的边长,l_a, l_b, l_c 和 l'_a, l'_b, l'_c 是它的角平分线的长和外角平分线的长,证明:$\dfrac{1}{al_a l'_a} + \dfrac{1}{cl_c l'_c} = \dfrac{1}{bl_b l'_b}$.

12.93 在三角形的每个角内,都切有一个与三角形的内切圆相切的圆.如果已知这三个圆的半径,求三角形内切圆的半径.

12.94 三角形的内切圆与边 AB, BC, CA 分别切于点 K, L, M,证明:

(1) $S = \dfrac{1}{2}\left(\dfrac{MK^2}{\sin\alpha} + \dfrac{KL^2}{\sin\beta} + \dfrac{LM^2}{\sin\gamma}\right)$.

(2) $S^2 = \dfrac{1}{4}(bc MK^2 + caML^2 + abLM^2)$.

(3) $\dfrac{MK^2}{h_b h_c} + \dfrac{KL^2}{h_c h_a} + \dfrac{LM^2}{h_a h_b} = 1$.

第13章　向　量

基础知识

1.将利用下面的记号:

(1) $\overrightarrow{AB}$ 和 a —— 向量.

(2) AB 和 $|a|$ —— 向量的长;有时向量 a 的长表示为 a.

(3) $(\overrightarrow{AB},\overrightarrow{CD})$,$(a,b)$ 和 $(\overrightarrow{AB},a)$ —— 向量的数量积.

(4) (x,y) —— 坐标为 x,y 的向量.

(5) $\vec{0}$ 或 $\mathbf{0}$ —— 零向量.

2.非零向量 a 和 b 之间的有向角(记作 $\angle(a,b)$),是指逆时针旋转向量 a,使它同向量 b 的方向一致时转过的一个角.相差 $360°$ 的角认为是相等的.容易验证向量之间的有向角有下列的性质:

(1) $\angle(a,b) = -\angle(b,a)$.

(2) $\angle(a,b) + \angle(b,c) = \angle(a,c)$.

(3) $\angle(-a,b) = \angle(a,b) + 180°$.

3.数 $(a,b) = |a||b|\cos\angle(a,b)$ 称为向量 a 和 b 的数量积(如果这两个向量之一是零向量,则 $(a,b) = 0$).容易验证数量积的下列性质:

(1) $(a,b) = (b,a)$.

(2) $|(a,b)| \leqslant |a| \cdot |b|$.

(3) $(\lambda a + \mu b, c) = \lambda(a,c) + \mu(b,c)$.

(4)如果 $a = (x_1, y_1)$ 和 $b = (x_2, y_2)$,那么 $(a,b) = x_1 x_2 + y_1 y_2$.

(5)如果 $a, b \neq 0$,那么当且仅当 $a \perp b$ 时,$(a,b) = 0$.

4.许多向量不等式的证明要借助于下列事实.

设给定两组向量,同时已知第一组向量在任一直线上射影长的和不大于第二组向量在同一直线上射影长的和,则第一组向量长的和不大于第二组向量长的和(问题 13.42). 这就把平面上的问题转化为直线上的问题, 通常使问题容易解决了.

引导性问题

1. 设 AA_1 是 $\triangle ABC$ 的中线, 证明: $\overrightarrow{AA_1} = \frac{1}{2}(\overrightarrow{AB} + \overrightarrow{AC})$.

2. 证明: $|\boldsymbol{a} + \boldsymbol{b}|^2 + |\boldsymbol{a} - \boldsymbol{b}|^2 = 2(|\boldsymbol{a}|^2 + |\boldsymbol{b}|^2)$.

3. 证明: 如果向量 $\boldsymbol{a} + \boldsymbol{b}$ 和 $\boldsymbol{a} - \boldsymbol{b}$ 垂直, 那么 $|\boldsymbol{a}| = |\boldsymbol{b}|$.

4. 设 $\overrightarrow{OA} + \overrightarrow{OB} + \overrightarrow{OC} = \vec{0}$ 和 $OA = OB = OC$, 证明: $\triangle ABC$ 是正三角形.

5. 设 M 和 N 是线段 AB 和 CD 的中点, 证明: $\overrightarrow{MN} = \frac{1}{2}(\overrightarrow{AC} + \overrightarrow{BD})$.

§1 多边形的边向量

13.1 (1) 证明: 三角形的三条中线可以构成三角形.

(2) 由 $\triangle ABC$ 的三条中线组成 $\triangle A_1B_1C_1$, 由 $\triangle A_1B_1C_1$ 的三条中线组成 $\triangle A_2B_2C_2$, 证明: $\triangle ABC$ 与 $\triangle A_2B_2C_2$ 相似, 并且相似系数等于 $\frac{3}{4}$.

提示 (1) 设 $\boldsymbol{a} = \overrightarrow{BC}, \boldsymbol{b} = \overrightarrow{CA}$ 和 $\boldsymbol{c} = \overrightarrow{AB}$; AA', BB' 和 CC' 是 $\triangle ABC$ 的三条中线, 则

$$\overrightarrow{AA'} = \frac{\boldsymbol{c} - \boldsymbol{b}}{2}, \overrightarrow{BB'} = \frac{\boldsymbol{a} - \boldsymbol{c}}{2}, \overrightarrow{CC'} = \frac{\boldsymbol{b} - \boldsymbol{a}}{2}$$

所以

$$\overrightarrow{AA'} + \overrightarrow{BB'} + \overrightarrow{CC'} = \boldsymbol{0}$$

(2) 设 $\boldsymbol{a}_1 = \overrightarrow{AA'}, \boldsymbol{b}_1 = \overrightarrow{BB'}$ 和 $\boldsymbol{c}_1 = \overrightarrow{CC'}$, 则 $\frac{\boldsymbol{c}_1 - \boldsymbol{b}_1}{2} = \frac{\boldsymbol{b} - \boldsymbol{a} - \boldsymbol{a} + \boldsymbol{c}}{4} = -\frac{3\boldsymbol{a}}{4}$ 是 $\triangle A_2B_2C_2$ 的边向量.

13.2 三角形 T 的边平行于三角形 T_1 的中线, 证明: 三角形 T 的中线平行于三角形 T_1 的边.

提示 1 设 $\boldsymbol{a}, \boldsymbol{b}$ 和 $\boldsymbol{c}$ 是三角形 T 的边向量, 则 $\frac{\boldsymbol{b} - \boldsymbol{a}}{2}, \frac{\boldsymbol{a} - \boldsymbol{c}}{2}$ 和 $\frac{\boldsymbol{c} - \boldsymbol{b}}{2}$ 是它的中线向量. 可以认为, $\boldsymbol{a}, \boldsymbol{b}$ 和 $\boldsymbol{c}$ 是由三角形 T 的中线交点向它的顶点引出的向量,

第 13 章 向 量

DISHISANZHANG XIANGLIANG

则 $b-a, a-c$ 和 $c-b$ 是它的边向量.

提示 2 设 A_1 是三角形 $T=\triangle ABC$ 的边 BC 的中点, M 是它的中线的交点, P 是点 M 关于点 A_1 的对称点. 作为 T_1 可以取 $\triangle BPM$. 它的中线 BA_1 平行于 BC. 对于三角形 T_1 其余的中线证明类似.

13.3 $M_1, M_2, \cdots, M_6$ 是凸六边形 $A_1A_2\cdots A_6$ 各边的中点, 证明: 存在这样的三角形, 它的边相等, 并且平行于线段 M_1M_2, M_3M_4, M_5M_6.

提示 显然

$$2\overrightarrow{M_1M_2} = \overrightarrow{A_1A_2} + \overrightarrow{A_2A_3} = \overrightarrow{A_1A_3}, 2\overrightarrow{M_3M_4} = \overrightarrow{A_3A_5}$$

$$2\overrightarrow{M_5M_6} = \overrightarrow{A_5A_1}$$

所以

$$\overrightarrow{M_1M_2} + \overrightarrow{M_3M_4} + \overrightarrow{M_5M_6} = \mathbf{0}$$

13.4 由位于凸 n 边形内一点引垂直于它各边的射线, 并且与边(或它们的延长线)相交. 在这些射线上放置向量 $a_1, \cdots, a_n$, 它们的长等于对应的边长, 证明: $a_1 + \cdots + a_n = \mathbf{0}$.

提示 旋转 $90°$ 以后, 向量 $a_1, \cdots, a_n$ 变为 n 边形的边向量.

13.5 四个单位向量的和等于零, 证明: 它们能够分为两对相反的向量.

提示 由给定的向量能够组成凸四边形. 这个四边形的所有边长都等于 1, 所以它是个菱形; 它们的两对对边满足需要的分法.

13.6 设 E 和 F 是四边形 $ABCD$ 的边 AB 和 CD 的中点. K, L, M 和 N 是线段 AF, CE, BF 和 DE 的中点, 证明: $KLMN$ 是平行四边形.

提示 设 $a = \overrightarrow{AE}, b = \overrightarrow{DF}, v = \overrightarrow{AD}$, 则

$$2\overrightarrow{AK} = b + v, 2\overrightarrow{AL} = a + v + 2b$$

所以

$$\overrightarrow{KL} = \overrightarrow{AL} - \overrightarrow{AK} = \frac{a+b}{2}$$

类似有

$$\overrightarrow{NM} = \frac{a+b}{2}$$

13.7 给定 $n(n \geq 3)$ 个两两不同向的向量,它们的和等于零,证明:存在凸 n 边形,它们的边向量的组成同给定向量的组成相同.

提示 由一个点并且沿顺时针走向放置给定的向量,将它们按顺序编号为 $a_1, \cdots, a_n$. 研究闭折线 $A_1 \cdots A_n$,对于它来说 $\overrightarrow{A_i A_{i+1}} = a_i$. 我们证明,$A_1 \cdots A_n$ 是凸多边形. 引入坐标系,使 Ox 的指向沿着向量 a_1 的方向. 设向量 $a_2, \cdots, a_k$ 在 Ox 轴的同一侧,而向量 $a_{k+1}, \cdots, a_n$ 在 Ox 轴另一侧(如果有向量与 a_1 的方向相反,那么它可以算做这两组中的任一组). 第一组向量在 Oy 轴上的射影具有一种符号,而第二组向量在 Oy 轴上的射影具有另一种符号,所以无论点 $A_2, A_3, \cdots, A_{k+1}$,还是点 $A_{k+1}, \cdots, A_n, A_1$ 第二个坐标的变化是单调的:在第一种情况由 0 到某个量 d,而在第二种情况由 d 变到 0. 因为单调区间只有两个,多边形所有顶点都在直线 A_1A_2 的一侧. 对于过多边形边的其余直线,证明类似进行.

13.8 给定四个两两不平行的向量,它们的和等于零,证明:它们能够组成(1) 非凸的四边形;(2) 自交的四节折线.

提示 根据问题 13.7,由给定的向量可以组成凸四边形. 进一步,由图 13.1 显然可得.

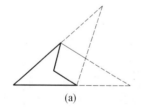
(a)

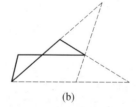
(b)

图 13.1

13.9* 给定四个两两不平行的向量 a, b, c 和 d,它们的和等于零,证明:$|a|+|b|+|c|+|d| > |a+b|+|a+c|+|a+d|$.

提示 根据问题 13.8(2) 由给定向量可以组成自交的四边形折线. 它能表示为凸四边形的两条对角线和两条对边. 可以有两种情况:向量 a 可以化为边或是作为这个四边形的对角线. 但在一般情况下,不等式左边部分表示四边形的两个对边长与两对角线长的和,而在右边的和中包含这些对边向量和的长和另外

第 13 章　向　量

两个对边的长.剩下注意,两个向量长的和不小于它们和的长,而凸四边形对角线长的和大于两个对边长的和(问题 9.15).

13.10* 在凸五边形 ABCDE 中,边 BC 平行于对角线 AD,CD ∥ BE,DE ∥ AC 和 AE ∥ BD,证明:AB ∥ CE.

(参见这样的问题 5.49.)

提示 设对角线 BE 交对角线 AD 和 AC 于点 F 和 G,△AFE 和 △BCD 的边平行,所以它们相似且 $\frac{AF}{FE} = \frac{BC}{CD}$,因此

$$\frac{AD}{BE} = \frac{AF + BC}{EF + CD} = \frac{BC}{CD}$$

类似有

$$\frac{AE}{BD} = \frac{DE}{AC}$$

由 △BED 和 △EGA 相似得出

$$\frac{AE}{DB} = \frac{EG}{BE} = \frac{CD}{BE}$$

于是

$$\frac{BC}{AD} = \frac{CD}{BE} = \frac{AE}{BD} = \frac{DE}{AC} = \lambda$$

显然

$$\vec{BC} + \vec{CD} + \vec{DE} + \vec{EA} + \vec{AB} = \mathbf{0}$$

$$\vec{AD} + \vec{BE} + \vec{CA} + \vec{DB} + \vec{EC} = \mathbf{0}$$

$$\vec{BC} = \lambda \vec{AD}, \vec{CD} = \lambda \vec{BE}, \vec{DE} = \lambda \vec{CA}, \vec{EA} = \lambda \vec{DB}$$

因此　　　$\mathbf{0} = \lambda(\vec{AD} + \vec{BE} + \vec{CA} + \vec{DB}) + \vec{AB} = -\lambda \vec{EC} + \vec{AB}$

即　　　　　　　　　　　$\vec{AB} = \lambda \vec{EC}$

所以　　　　　　　　　　$AB \parallel EC$

§2 数量积、对应

13.11 证明:如果四边形 ABCD 的对角线垂直,那么带有同样边长的任意另外的四边形的对角线垂直.

提示 设 $\mathbf{a} = \vec{AB}, \mathbf{b} = \vec{BC}, \mathbf{c} = \vec{CD}$ 和 $\mathbf{d} = \vec{DA}$.只需检验,当且仅当 $a^2 + b^2 = b^2 + d^2$ 时 $AC \perp BD$.显然

$$d^2 = |\boldsymbol{a}+\boldsymbol{b}+\boldsymbol{c}|^2 = a^2+b^2+c^2+2[(\boldsymbol{a},\boldsymbol{b})+(\boldsymbol{b},\boldsymbol{c})+(\boldsymbol{c},\boldsymbol{a})]$$

所以条件 $AC \perp BD$,即 $0 = (\boldsymbol{a}+\boldsymbol{b}, \boldsymbol{b}+\boldsymbol{c}) = b^2 + (\boldsymbol{b},\boldsymbol{c}) + (\boldsymbol{a},\boldsymbol{c}) + (\boldsymbol{a},\boldsymbol{b})$,等价于 $d^2 = a^2 + b^2 + c^2 - 2b^2$.

13.12 (1) 设 A,B,C 和 D 任意四点,证明:$(\overrightarrow{AB},\overrightarrow{CD}) + (\overrightarrow{BC},\overrightarrow{AD}) + (\overrightarrow{CA},\overrightarrow{BD}) = 0$.

(2) 证明:三角形的高线交于一点.

提示 (1) 在所指出公式中的所有向量都用 $\overrightarrow{AB},\overrightarrow{BC}$ 和 $\overrightarrow{CD}$ 来表示,即
$$\overrightarrow{AD} = \overrightarrow{AB} + \overrightarrow{BC} + \overrightarrow{CD}, \overrightarrow{CA} = -\overrightarrow{AB} - \overrightarrow{BC}, \overrightarrow{BD} = \overrightarrow{BC} + \overrightarrow{CD}$$
化简后即得所证.

(2) 设 D 是由 $\triangle ABC$ 的顶点 A 和 C 引的高线的交点,所以在问题(1)的证明中公式的前两个加项是零,所以后面的加项也是零,即 $BD \perp AC$.

13.13 设 O 是 $\triangle ABC$ 的外接圆圆心,而点 H 具有这样的性质:$\overrightarrow{OH} = \overrightarrow{OA} + \overrightarrow{OB} + \overrightarrow{OC}$,证明:$H$ 是 $\triangle ABC$ 三条高线的交点.

提示 我们证明,$AH \perp BC$.显然
$$\overrightarrow{AH} = \overrightarrow{AO} + \overrightarrow{OH} = \overrightarrow{AO} + \overrightarrow{OA} + \overrightarrow{OB} + \overrightarrow{OC} = \overrightarrow{OB} + \overrightarrow{OC}$$
$$\overrightarrow{BC} = \overrightarrow{BO} + \overrightarrow{OC} = -\overrightarrow{OB} + \overrightarrow{OC}$$

因为 O 是外接圆圆心,所以
$$(\overrightarrow{AH},\overrightarrow{BC}) = OC^2 - OB^2 = R^2 - R^2 = 0$$
类似可证 $BH \perp AC$ 和 $CH \perp AB$.

13.14 证明:$OH^2 = R^2(1 - 8\cos\alpha\cos\beta\cos\gamma)$.

提示 显然
$$OH^2 = |\overrightarrow{OA} + \overrightarrow{OB} + \overrightarrow{OC}| = 3R^2 + 2R^2(\cos 2\alpha + \cos 2\beta + \cos 2\gamma)$$
剩下注意,根据问题 12.41(1) 有
$$\cos 2\alpha + \cos 2\beta + \cos 2\gamma = -1 - 4\cos\alpha\cos\beta\cos\gamma$$

13.15 设 $A_1 \cdots A_n$ 是正 n 边形,X 是任意一点.考查点 X 在直线

第13章 向 量
DISHISANZHANG XIANGLIANG

$A_1A_2,\cdots,A_nA_1$ 上的射影 $X_1,\cdots,X_n$. 设 x_i 是线段 A_iX_i 考虑到符号的长(当射线 A_iX_i 和 A_iA_{i+1} 同向的情况取加号),证明:和 $x_1+\cdots+x_n$ 等于多边形 $A_1\cdots A_n$ 周长的一半.

提示 考查多边形 $A_1\cdots A_n$ 的边长等于 1 的情况就足够了. 在这种情况下 $x_i=(\overrightarrow{A_iX},\overrightarrow{A_iA_{i+1}})$. 设 O 是正多边形 $A_1\cdots A_n$ 的中心,则

$$\sum_{i=1}^n x_i = \sum_{i=1}^n(\overrightarrow{A_iO},\overrightarrow{A_iA_{i+1}}) + (\overrightarrow{OX},\sum_{i=1}^n\overrightarrow{A_iA_{i+1}}) = \sum_{i=1}^n(\overrightarrow{A_iO},\overrightarrow{A_iA_{i+1}})$$

因为对任意多边形 $\sum_{i=1}^n\overrightarrow{A_iA_{i+1}}=\mathbf{0}$. 剩下注意,对所有的 i,$(\overrightarrow{A_iO},\overrightarrow{A_iA_{i+1}})=\frac{1}{2}$.

13.16 设 $\boldsymbol{a}_1,\cdots,\boldsymbol{a}_n$ 是 n 边形的边向量,$\varphi_{ij}=\angle(\boldsymbol{a}_i,\boldsymbol{a}_j)$,证明:$a_1^2=a_2^2+\cdots+a_n^2+2\sum_{i>j>1}a_ia_j\cos\varphi_{ij}$,其中 $a_i=|\boldsymbol{a}_i|$.

提示 设 $\alpha_i=\angle(\boldsymbol{a}_i,\boldsymbol{a}_1)$. 考查在平行于 $\boldsymbol{a}_1$ 和垂直于 $\boldsymbol{a}_1$ 的直线上的射影,分别得到 $a_1=\sum_{i>1}a_i\cos\alpha_i$ 和 $0=\sum_{i>1}a_i\sin\alpha_i$. 这些等式乘方再将它们相加,得到

$$a_1^2=\sum_{i>1}a_i^2(\cos^2\alpha_i+\sin^2\alpha_i)+2\sum_{i>j>1}a_ia_j(\cos\alpha_i\cos\alpha_j+\sin\alpha_i\sin\alpha_j)=$$
$$a_2^2+\cdots+a_n^2+2\sum_{i>j>1}a_ia_j\cos(\alpha_i-\alpha_j)$$

剩下注意 $\alpha_i-\alpha_j=\angle(\boldsymbol{a}_i,\boldsymbol{a}_1)-\angle(\boldsymbol{a}_j,\boldsymbol{a}_1)=\angle(\boldsymbol{a}_i,\boldsymbol{a}_j)=\varphi_{ij}$.

13.17 已知四边形 $ABCD$. 设 $u=AD^2, v=BD^2, w=CD^2, U=BD^2+CD^2-BC^2, V=AD^2+CD^2-AC^2, W=AD^2+BD^2-AB^2$,证明:$uU^2+vV^2+wW^2=UVW+4uvw$.(高斯)

提示 设 $\boldsymbol{a}=\overrightarrow{AD}, \boldsymbol{b}=\overrightarrow{BD}$ 和 $\boldsymbol{c}=\overrightarrow{CD}$. 因为

$$BC^2=|\boldsymbol{b}-\boldsymbol{c}|^2=BD^2+CD^2-2(\boldsymbol{b},\boldsymbol{c})$$

所以
$$U=2(\boldsymbol{b},\boldsymbol{c})$$

类似可得 $V=2(\boldsymbol{a},\boldsymbol{c})$ 和 $W=2(\boldsymbol{a},\boldsymbol{b})$. 设 $\alpha=\angle(\boldsymbol{a},\boldsymbol{b})$ 和 $\beta=\angle(\boldsymbol{b},\boldsymbol{c})$. 等式 $\cos^2\alpha+\cos^2\beta+\cos^2(\alpha+\beta)=2\cos\alpha\cos\beta\cos(\alpha+\beta)+1$(问题 12.41(2))的两

边乘以 $4uvw = 4|a|^2|b|^2|c|^2$，即得所证．

13.18* 点 A,B,C 和 D 是这样的四点，对于任意点 M，数 $(\overrightarrow{MA},\overrightarrow{MB})$ 和 $(\overrightarrow{MC},\overrightarrow{MD})$ 都不同，证明：$\overrightarrow{AC}=\overrightarrow{DB}$．

提示 固定任意点 O．设 $m=\overrightarrow{OM}, a=\overrightarrow{OA}, \cdots, d=\overrightarrow{OD}$，则
$$(\overrightarrow{MA},\overrightarrow{MB}) - (\overrightarrow{MC},\overrightarrow{MD}) = (a-m,b-m) - (c-m,d-m) =$$
$$(c+d-a-b,m) + (a,b) - (c,d).$$

如果 $v = c+d-a-b \neq 0$，那么当点 M 跑过全平面，量 (v,m) 取所有的实数值，特别地，它取值 $(c,d)-(a,b)$．因此，$v=0$，即 $\overrightarrow{OC}+\overrightarrow{OD}=\overrightarrow{OA}+\overrightarrow{OB}$，也就是 $\overrightarrow{AC}=\overrightarrow{DB}$．

13.19* 证明：在凸 k 边形中由任意内点到边的距离之和是常数，当且仅当单位外法线向量的和等于零．

提示 设 $n_1,\cdots,n_k$ 是对多的单位外法线，而 $M_1,\cdots,M_k$ 是在这些边上的任意点．对在多边形内的任意点 X，到第 i 条边的距离等于 $(\overrightarrow{XM_i},n_i)$．所以由多边形内点 A 和 B 到各边的距离之和相等，当且仅当 $\sum_{i=1}^{k}(\overrightarrow{AM_i},n_i) = \sum_{i=1}^{k}(\overrightarrow{BM_i},n_i) = \sum_{i=1}^{k}(\overrightarrow{BA},n_i) + \sum_{i=1}^{k}(\overrightarrow{AM_i},n_i)$，即 $(\overrightarrow{BA},\sum_{i=1}^{n}n_i) = 0$．因此，由多边形内的点到各边距离之和为常量，当且仅当 $\sum n_i = 0$．

13.20* 在凸四边形中由顶点到边的距离的和对所有顶点都相同，证明：这个四边形是平行四边形．

(参见这样的问题 6.72, 6.73, 6.75 ~ 6.80, 6.89, 7.3.)

提示 设 l 是任意直线，n 是垂直于直线 l 的单位向量．如果点 A 和 B 在由直线 l 和向量 n 给出的同一半平面上，那么 $\rho(B,l) - \rho(A,l) = (\overrightarrow{AB},n)$，其中 $\rho(X,l)$ 表示由点 X 到直线 l 的距离．

设 n_1, n_2, n_3 和 n_4 是顺次垂直于四边形 $ABCD$ 各边且方向向内的单位向量．用 $\sum(X)$ 表示由点 X 到四边形 $ABCD$ 各边距离之和，则

第13章 向量

DISHISANZHANG XIANGLIANG

$$0 = \sum(B) - \sum(A) = (\overrightarrow{AB}, n_1 + n_2 + n_3 + n_4)$$

类似地$(\overrightarrow{BC}, n_1 + n_2 + n_3 + n_4) = 0$. 因为点 A, B 和 C 在一条直线上，则 $n_1 + n_2 + n_3 + n_4 = 0$. 剩下利用问题 13.5 的结果.

§3 不 等 式

13.21 已知点 A, B, C 和 D，证明：$AB^2 + BC^2 + CD^2 + DA^2 \geqslant AC^2 + BD^2$，并且仅当 $ABCD$ 是平行四边形的时候取等号.

提示 设 $a = \overrightarrow{AB}, b = \overrightarrow{BC}$ 和 $c = \overrightarrow{CD}$，则
$$\overrightarrow{AD} = a + b + c, \overrightarrow{AC} = a + b, \overrightarrow{BD} = b + c$$

同样显然，
$$|a|^2 + |b|^2 + |c|^2 + |a+b+c|^2 - |a+b|^2 - |b+c|^2 =$$
$$|a|^2 + 2(a,c) + |c|^2 = |a+c|^2 \geqslant 0$$

仅当 $a = -c$，即 $ABCD$ 是平行四边形时取等号.

13.22 证明：由五个向量中总能选取两个向量，使得它们长的和不超过其余三个向量和的长.

提示 考查五个向量 a_1, a_2, a_3, a_4, a_5 并且假设，它们当中任两个之和的长大于其余三个之和的长. 因为
$$|a_1 + a_2| > |a_3 + a_4 + a_5|$$

则
$$|a_1|^2 + 2(a_1, a_2) + |a_2|^2 > |a_3|^2 + |a_4|^2 + |a_5|^2 +$$
$$2(a_3, a_4) + 2(a_4, a_5) + 2(a_3, a_5)$$

对所有十对向量的这样的不等式相加，得到
$$4(|a_1|^2 + \cdots) + 2((a_1, a_2) + \cdots) > 6(|a_1|^2 + \cdots) + 6((a_1, a_2) + \cdots)$$
即 $|a_1 + a_2 + a_3 + a_4 + a_5|^2 < 0$，导致矛盾.

13.23 这样的十个向量，它们中任意九个和的长小于所有的十个向量和的长，证明：存在一个轴，十个向量中的每一个在它上面的射影都是正的.

提示 已知向量表示为 $e_1,\cdots,e_{10}$. 设 $\overrightarrow{AB} = e_1 + \cdots + e_{10}$. 我们证明,射线 AB 给出所求的轴. 显然

$$|\overrightarrow{AB} - e_i|^2 = AB^2 - 2(\overrightarrow{AB}, e_i) + |e_i|^2$$

即

$$(\overrightarrow{AB}, e_i) = \frac{AB^2 + |e_i|^2 - |\overrightarrow{AB} - e_i|^2}{2}$$

根据条件 $AB > |\overrightarrow{AB} - e_i|$,所以 $(\overrightarrow{AB}, e_i) > 0$. 即向量 e_i 在射线 AB 上的射影是正的.

13.24 点 $A_1,\cdots,A_n$ 在以 O 为中心的圆上,并且 $\overrightarrow{OA_1} + \cdots + \overrightarrow{OA_n} = \mathbf{0}$,证明:对任意点 X,不等式 $XA_1 + \cdots + XA_n \geq nR$ 都正确,其中 R 是圆的半径.

提示 设 $a_i = \overrightarrow{OA_i}, x = \overrightarrow{OX}$,则

$$|a_i| = R, \overrightarrow{XA_i} = a_i - x_i$$

所以

$$\sum XA_i = \sum |a_i - x| = \sum \frac{|a_i - x| \cdot |a_i|}{R} \geq \sum \frac{(a_i - x, a_i)}{R} =$$

$$\sum \frac{(a_i, a_i)}{R} - \frac{(x, \sum a_i)}{R}$$

剩下注意,$(a_i, a_i) = R^2$ 和 $\sum a_i = \mathbf{0}$.

13.25 已知八个实数 a, b, c, d, e, f, g, h,证明:六个数 $ac + bd, ae + bf, ag + bh, ce + df, cg + dh, eg + fh$ 中至少有一个是非负的.

提示 考查在平面上的四个向量 $(a,b),(c,d),(e,f)$ 和 (g,h). 这些向量之间的角中有一个不超过 $\frac{360°}{4} = 90°$. 如果向量之间的角不超过 $90°$,那么它们的数量积是非负的. 已知的六个数是四个向量的所有对子的数量积,所以它们之一是非负的.

13.26* 在圆心为 O 半径为 1 的圆上给出 $(2n+1)$ 个点 $P_1,\cdots,P_{2n+1}$,位于某条直径的同一侧,证明:$|\overrightarrow{OP_1} + \cdots + \overrightarrow{OP_{2n+1}}| \geq 1$.

提示 用数学归纳法证明这个论断. 对 $n = 0$ 论断显然是对的. 假设论断对

第13章 向 量

DISHISANZHANG XIANGLIANG

$2n+1$ 证明是对的. 考查由 $(2n+3)$ 个向量组中两个边缘的向量(即它们之间夹角最大的两个向量). 为确定起见, 认为是向量 $\overrightarrow{OP_1}$ 和 $\overrightarrow{OP_{2n+1}}$. 根据归纳假设向量 $\overrightarrow{OR} = \overrightarrow{OP_2} + \cdots + \overrightarrow{OP_{2n+2}}$ 的长不小于 1. 向量 $\overrightarrow{OR}$ 在 $\angle P_1 O P_{2n+3}$ 的内部, 所以它与向量 $\overrightarrow{OS} = \overrightarrow{OP_1} + \overrightarrow{OP_{2n+3}}$ 形成的角是锐角, 因此 $|\overrightarrow{OS} + \overrightarrow{OR}| \geqslant OR \geqslant 1$.

13.27* 设 $a_1, a_2, \cdots, a_n$ 是长不超过 1 的向量, 证明: 在和 $c = \pm a_1 \pm a_2 \pm \cdots \pm a_n$ 中能够选取符号, 使得 $|c| \leqslant \sqrt{2}$.

提示 首先证明, 如果 a, b 和 c 为长不超过 1 的向量. 那么向量 $a \pm b, a \pm c, b \pm c$ 中至少有一个的长不超过 1. 实际上, 由向量 $\pm a, \pm b, \pm c$ 中两个形成的角不超过 $60°$, 所以这两个向量的差的长度不超过 1(如果在三角形中, $AB \leqslant 1, BC \leqslant 1$ 且 $\angle ABC \leqslant 60°$, 那么 AC 不是最大边且 $AC \leqslant 1$)

这样一来, 可以归结为两个向量 a 和 b. 向量 a 和 b 或向量 a 和 $-b$ 之间的夹角不超过 $90°$, 所以或者 $|a - b| \leqslant \sqrt{2}$, 或者 $|a + b| \leqslant \sqrt{2}$.

13.28* 由点 O 引出 n 个单位长的向量, 并且在过点 O 引的直线限定的任意半平面中, 包含有不少于 k 个向量(假设分界的直线包含在半平面中), 证明: 这些向量和的长不超过 $n - 2k$.

(参见这样的问题 9.78, 10.5, 11.5, 11.11.)

提示 可以认为, 已知向量的和 a 不是零向量. 因为不然的话问题的论断显然成立. 引入坐标系, Oy 轴沿向量 a 的方向. 下半平面的向量按顺时针方向依次编号为 e_1, $e_2, \cdots$(图 13.2). 根据问题条件这些向量不小于 k 个. 我们证明, 给定的向量中还能找到这样的向量 $v_1, \cdots, v_k$, 使对任意的 $i = 1, \cdots, k$ 向量 $v_i + e_i$ 具有非正的第二个坐标. 将证明这些所需要的论断. 事实上, 所有给定向量和的长等于第二坐标的和(即在所引入的坐标系中). 向量 $e_1, v_1, \cdots, e_k, v_k$ 的和具有非正的第二坐标, 而由其余 $(n - 2k)$ 个向量中任意一个的第二坐标不超过 1. 所以, 全部给定向量之和的第二坐标不超过 $n - 2k$.

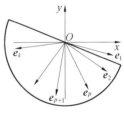

图 13.2

设向量 $e_1, \cdots, e_p$ 在第四象限. 开始它们与向量 $v_1, \cdots, v_p$ 的方向一致. 必须转动由第二坐标为非正的点组成的半平面.转动 Ox 轴按顺时针方向以 $0° \sim 90°$ 的角.如果位于这样转动的半平面中的两个向量之一在第四象限,那么它们的和具有非正的第二坐标.转动平面刚好移到 Ox 轴后面是向量 e_1,对位于其上的向量 $e_2, \cdots, e_k$.应当至少再添加一个向量,所以在 e_k 后面的按次序应当取向量作为 v_1.类似地,当 Ox 轴移动刚好后面是向量 v_2 时,得到向量 v_2.依此类推,这样的讨论到现在为止依然是正确的,暂时,Ox 轴仍在第四象限.对于位于在第三象限的向量 $e_{p+1}, \cdots, e_k$,类似可以进行证明.(如果向量 e_{p+1} 的第一坐标是零,那么讨论首先选取它,而然后作为与它配对的可以取任意剩下的向量).

§4 向量的和

13.29 证明:当且仅当 $\overrightarrow{OX} = t\overrightarrow{OA} + (1-t)\overrightarrow{OB}$ 对某个 t 和任意点 O 成立时,点 X 在直线 AB 上.

提示 当且仅当 $\overrightarrow{AX} = \lambda\overrightarrow{AB}$,也就是 $\overrightarrow{OX} = \overrightarrow{OA} + \overrightarrow{AX} = (1-\lambda)\overrightarrow{OA} + \lambda\overrightarrow{OB}$ 时,点 X 位于直线 AB 上.

13.30 已知某些个点和这些点中的某些对 (A, B) 取向量 $\overrightarrow{AB}$,同时在每个点是多少个向量的始点,也是多少个向量的终点,证明:所有的选取的向量的和等于 **0**.

提示 取任意点 O 并且记录所有选取的向量为 $\overrightarrow{A_iA_j} = \overrightarrow{OA_j} - \overrightarrow{OA_i}$ 的形式.根据问题的条件,每个向量 $\overrightarrow{OA_i}$ 在所有选取向量的和中,包含"$+$"多少次,包含"$-$"也是多少次.

13.31 在 $\triangle ABC$ 内取点 O,证明:$S_{\triangle BOC} \cdot \overrightarrow{OA} + S_{\triangle AOC} \cdot \overrightarrow{OB} + S_{\triangle AOB} \cdot \overrightarrow{OC} = \mathbf{0}$.

提示 设 e_1, e_2 和 e_3 是单位向量,它们的方向与向量 $\overrightarrow{OA}, \overrightarrow{OB}$ 和 $\overrightarrow{OC}$ 一致;$\alpha = \angle BOC, \beta = \angle COA$ 和 $\gamma = \angle AOB$.需要证明,$e_1\sin\alpha + e_2\sin\beta + e_3\sin\gamma = \mathbf{0}$.

考查 $\triangle A_1B_1C_1$,它的边平行于直线 OC, OA 和 OB,则

第 13 章 向 量

DISHISANZHANG XIANGLIANG

$$0 = \overrightarrow{A_1B_1} + \overrightarrow{B_1C_1} + \overrightarrow{C_1A_1} = \pm 2R(e_1\sin\alpha + e_2\sin\beta + e_3\sin\gamma)$$

其中 R 是 $\triangle A_1B_1C_1$ 外接圆的半径.

13.32 点 A 和 B 沿着有公共始点 O 的两条固定的射线运动,使得 $\dfrac{p}{OA} + \dfrac{q}{OB}$ 保持常数,证明:在这个过程中直线 AB 过固定的点.

提示 设 a 和 b 是同射线 OA 和 OB 方向一致的单位向量, $\lambda = OA$ 且 $\mu = OB$. 直线 AB 由所有这样的点 X 组成, $\overrightarrow{OX} = t\overrightarrow{OA} + (1-t)\overrightarrow{OB} = t\lambda a + (1-t)\mu b$. 需要找到这样的数 x_0 和 y_0, 对所有考查的 λ 和 μ 的值,使 $\dfrac{x_0}{\lambda} = t = 1 - (\dfrac{y_0}{\mu})$. 设 $x_0 = \dfrac{p}{c}$ 和 $y_0 = \dfrac{q}{c}$. 总之得到,如果 $\dfrac{p}{OA} + \dfrac{q}{OB} = c$,那么直线 AB 过满足 $\overrightarrow{OX} = \dfrac{pa + qb}{c}$ 的点 X.

13.33 过 $\triangle ABC$ 的中线的交点引直线,交直线 BC, CA 和 AB 于点 A_1, B_1 和 C_1, 证明: $\dfrac{1}{MA_1} + \dfrac{1}{MB_1} + \dfrac{1}{MC_1} = 0$. (线段 MA_1, MB_1 和 MC_1 认为是有向的)

提示 设 $a = \overrightarrow{MA}, b = \overrightarrow{MB}$ 和 $c = \overrightarrow{MC}$, 则
$$e = \overrightarrow{MC_1} = pa + (1-p)b$$
$$\overrightarrow{MA_1} = qc + (1-q)b = -qa + (1-2q)b$$

另一方面, $\overrightarrow{MA_1} = \alpha e$. 类似的, $\beta e = \overrightarrow{MB_1} = -rb + (1-2r)a$. 需要证明, $1 + \dfrac{1}{\alpha} + \dfrac{1}{\beta} = 0$. 因为
$$\alpha pa + \alpha(1-p)b = \alpha e = -pa + (1-2q)b$$

所以 $\alpha p = -q$ 且 $\alpha(1-p) = 1 - 2q$. 这意味着 $\dfrac{1}{\alpha} = 1 - 3p$. 类似地, $\beta p = 1 - 2r$ 和 $\beta(1-p) = -r$, 即 $\dfrac{1}{\beta} = 3p - 2$.

13.34 在 $\triangle ABC$ 的边 BC, CA 和 AB 上取点 A_1, B_1 和 C_1. 线段 BB_1 和

CC_1, CC_1 和 AA_1, AA_1 和 BB_1 分别交于点 A_2, B_2 和 C_2, 证明:如果 $\overrightarrow{AA_2} + \overrightarrow{BB_2} + \overrightarrow{CC_2} = \mathbf{0}$,那么 $\dfrac{AB_1}{B_1C} = \dfrac{CA_1}{A_1B} = \dfrac{BC_1}{C_1A}$.

提示 将等式 $\overrightarrow{AA_2} + \overrightarrow{BB_2} + \overrightarrow{CC_2} = \mathbf{0}$ 和 $\overrightarrow{A_2B_2} + \overrightarrow{B_2C_2} + \overrightarrow{C_2A_2} = \mathbf{0}$ 相加,得到

$$\overrightarrow{AB_2} + \overrightarrow{BC_2} + \overrightarrow{CA_2} = \mathbf{0}$$

因此 $\overrightarrow{AB_2} = \lambda \overrightarrow{C_2B_2}, \overrightarrow{BC_2} = \lambda \overrightarrow{A_2C_2}, \overrightarrow{CA_2} = \lambda \overrightarrow{B_2A_2}$.

设 E 是直线 BC 上使得 $A_2E \parallel AA_1$ 的点,则

$$\overrightarrow{BA_1} = \lambda \overrightarrow{EA_1}, \overrightarrow{EC} = \lambda \overrightarrow{EA_1}$$

所以 $\overrightarrow{A_1C} = \overrightarrow{EC} - \overrightarrow{EA_1} = (\lambda - 1)\overrightarrow{EA_1}$

因此 $\dfrac{\overline{A_1C}}{\overline{BA_1}} = \dfrac{\lambda - 1}{\lambda}$

类似可得 $\dfrac{\overline{AB_1}}{\overline{B_1C}} = \dfrac{\overline{BC_1}}{\overline{C_1A}} = \dfrac{\lambda - 1}{\lambda}$

13.35 四边形 $ABCD$ 是圆内接的.设 H_a 是 $\triangle BCD$ 的垂心,M_a 是线段 AH_a 的中点,点 M_b, M_c 和 M_d 的定义类似,证明:点 M_a, M_b, M_c 和 M_d 是重合的.

提示 设 O 是给定四边形的外接圆的圆心,$\mathbf{a} = \overrightarrow{OA}$, $\mathbf{b} = \overrightarrow{OB}$, $\mathbf{c} = \overrightarrow{OC}$ 和 $\mathbf{d} = \overrightarrow{OD}$. 如果 H_a 是 $\triangle BCD$ 的垂心,那么 $\overrightarrow{OH_a} = \mathbf{b} + \mathbf{c} + \mathbf{d}$(参见问题 13.13),所以 $\overrightarrow{OM_a} = \dfrac{\mathbf{a} + \mathbf{b} + \mathbf{c} + \mathbf{d}}{2} = \overrightarrow{OM_b} = \overrightarrow{OM_c} = \overrightarrow{OM_d}$.

13.36* 四边形 $ABCD$ 内接在半径为 R 的圆中.

(1) 设 S_a 是圆心是 $\triangle BCD$ 的垂心,半径为 R 的圆. 圆 S_b, S_c 和 S_d 的定义类似,证明:这四个圆相交于一点.

(2) 证明:$\triangle ABC$, $\triangle BCD$, $\triangle CDA$ 和 $\triangle DAB$ 的九点圆相交于一点.

提示 设 O 是给定四边形外接圆的中心,$\mathbf{a} = \overrightarrow{OA}$, $\mathbf{b} = \overrightarrow{OB}$, $\mathbf{c} = \overrightarrow{OC}$ 和 $\mathbf{d} = \overrightarrow{OD}$. 如果 H_d 是 $\triangle ABC$ 的垂心,那么 $\overrightarrow{OH_d} = \mathbf{a} + \mathbf{b} + \mathbf{c}$(问题 13.13).

(1) 取点 K,使得 $\overrightarrow{OK} = \mathbf{a} + \mathbf{b} + \mathbf{c} + \mathbf{d}$,则

$$KH_d = |\overrightarrow{OK} - \overrightarrow{OH_d}| = |\mathbf{d}| = R$$

也就是点 K 在圆 S_d 上.类似可证,点 K 在圆 S_a, S_b 和 S_c 上.

第13章 向量

DISHISANZHANG XIANGLIANG

(2) 设 O_d 是 $\triangle ABC$ 的九点圆的中心, 也就是线段 OH_d 的中点, 则

$$\overrightarrow{OO_d} = \frac{\overrightarrow{OH_d}}{2} = \frac{\boldsymbol{a} + \boldsymbol{b} + \boldsymbol{c}}{2}$$

取点 X, 使得 $\overrightarrow{OX} = \frac{\boldsymbol{a} + \boldsymbol{b} + \boldsymbol{c} + \boldsymbol{d}}{2}$, 则 $XO_d = \frac{|\boldsymbol{d}|}{2} = \frac{R}{2}$, 即点 X 在 $\triangle ABC$ 的九点圆上. 类似可证, 点 X 在 $\triangle BCD$, $\triangle CDA$ 和 $\triangle DAB$ 的九点圆上.

§5 辅助射影

13.37 点 X 在 $\triangle ABC$ 的内部, $\alpha = S_{\triangle BXC}$, $\beta = S_{\triangle CXA}$ 和 $\gamma = S_{\triangle AXB}$. 设 A_1, B_1 和 C_1 是点 A, B 和 C 在任意直线 l 上的射影, 证明: 向量 $\alpha\overrightarrow{AA_1} + \beta\overrightarrow{BB_1} + \gamma\overrightarrow{CC_1}$ 的长等于 $(\alpha + \beta + \gamma)d$, 其中 d 是由点 X 到直线 l 的距离.

提示 设 X_1 是点 X 在直线 l 上的射影. 向量 $\alpha\overrightarrow{AA_1} + \beta\overrightarrow{BB_1} + \gamma\overrightarrow{CC_1}$ 是向量 $\alpha\overrightarrow{AX_1} + \beta\overrightarrow{BX_1} + \gamma\overrightarrow{CX_1}$ 在与直线 l 垂直的直线上的射影. 顾及 $\alpha\overrightarrow{AX_1} + \beta\overrightarrow{BX_1} + \gamma\overrightarrow{CX_1} = \alpha\overrightarrow{AX} + \beta\overrightarrow{BX} + \gamma\overrightarrow{CX} + (\alpha + \beta + \gamma)\overrightarrow{XX_1}$, $\alpha\overrightarrow{AX} + \beta\overrightarrow{BX} + \gamma\overrightarrow{CX} = \boldsymbol{0}$(问题 13.31), 即得所需证明的结论.

13.38 凸 $2n$ 边形 $A_1A_2\cdots A_{2n}$ 内接在半径为 1 的圆中, 证明

$$|\overrightarrow{A_1A_2} + \overrightarrow{A_3A_4} + \cdots + \overrightarrow{A_{2n-1}A_{2n}}| \leqslant 2$$

提示 设 $\boldsymbol{a} = \overrightarrow{A_1A_2} + \overrightarrow{A_3A_4} + \cdots + \overrightarrow{A_{2n-1}A_{2n}}$, 并且 $\boldsymbol{a} \neq \boldsymbol{0}$. 引入坐标系, 使 Ox 轴沿向量 $\boldsymbol{a}$ 的方向. 因为向量 $\overrightarrow{A_1A_2}, \overrightarrow{A_3A_4}, \cdots, \overrightarrow{A_{2n-1}A_{2n}}$ 在 Oy 轴上的射影之和等于 0, 则向量 $\boldsymbol{a}$ 的长等于这些向量在 Ox 轴上的正射影长的和与它们负射影长的和之差的绝对值. 因此, 向量 $\boldsymbol{a}$ 的长不超过要么是向量正射影长的和, 要么是它们负射影长的和. 容易检验, 在任意轴上已知向量的无论正射影长的和, 还是负射影长的和都不超过圆的直径, 也就是不超过 2.

13.39* 设 $\boldsymbol{a}_1, \boldsymbol{a}_2, \cdots, \boldsymbol{a}_{2n+1}$ 都是长为 1 的向量, 证明: 在和 $\boldsymbol{c} = \pm \boldsymbol{a}_1 \pm \boldsymbol{a}_2 \pm \cdots \pm \boldsymbol{a}_{2n+1}$ 中能够选取符号, 使得 $|\boldsymbol{c}| \leqslant 1$.

提示 改变已知向量的编号并且必须改变向量 $\boldsymbol{x}$ 为 $-\boldsymbol{x}$, 可以认为, 由一个

点引出的向量 $a_1, a_2, \cdots, a_{2n+1}, \cdots, -a_1, -a_2, \cdots, -a_{2n+1}$ 的终端,是凸$(4n+2)$边形 $A_1A_2\cdots A_{4n+2}$ 的顶点. 在此情况下,$\overrightarrow{A_1A_2} = a_1 - a_2, \overrightarrow{A_3A_4} = a_3 - a_4, \cdots,$
$\overrightarrow{A_{2n-1}A_{2n}} = a_{2n-1} - a_{2n}, \overrightarrow{A_{2n+1}A_{2n+2}} = a_{2n+1} + a_1, \overrightarrow{A_{2n+3}A_{2n+4}} = -a_2 + a_3,$
$\overrightarrow{A_{2n+5}A_{2n+6}} = -a_4 + a_5, \cdots, \overrightarrow{A_{4n+1}A_{4n+2}} = -a_{2n} + a_{2n+1}$. 根据问题 13.38 这些向量之和的长不超过 2. 另一方面,这些向量之和等于 $2(a_1 - a_2 + a_3 - a_4 + \cdots + a_{2n+1})$.

13.40* 设 a, b 和 c 是 $\triangle ABC$ 的边长,n_a, n_b 和 n_c 是分别垂直于边的方向在外侧的单位长的向量,证明:$a^3 n_a + b^3 n_b + c^3 n_c = 12S \cdot \overrightarrow{MO}$,其中 S 是 $\triangle ABC$ 的面积,M 是中线的交点,O 是外接圆圆心.

提示 为了证明向量等式只需检验它们在直线 BC, CA 和 AB 上的射影(顾及符号)等式就足够了. 我们进行,例如,对在直线 BC 上射影的证明. 在此情况将认为射线 BC 的方向是正的. 设 P 是点 A 在直线 BC 上的射影,N 是线段 BC 的中点,则

$$|\overrightarrow{PN}| = |\overrightarrow{PC} + \overrightarrow{CN}| = \frac{b^2 + a^2 - c^2}{2a} - \frac{a}{2} = \frac{b^2 - c^2}{2a}$$

(PC 由方程 $AB^2 - BP^2 = AC^2 - CP^2$ 求得). 因为 $\frac{NM}{NA} = \frac{1}{3}$,则向量 $\overrightarrow{MO}$ 在直线 BC 上的射影等于 $\left|\frac{\overrightarrow{PN}}{3}\right| = \frac{b^2 - c^2}{6a}$. 剩下注意,向量 $a^3 n_a + b^3 n_b + c^3 n_c$ 在直线 BC 上的射影等于

$$b^3 \sin \gamma - c^3 \sin \beta = \frac{b^3 c - c^3 b}{2R} = \frac{abc}{2R} \cdot \frac{b^2 - c^2}{a} = 2S \frac{b^2 - c^2}{a}$$

13.41* 设 O 和 R 是 $\triangle ABC$ 的外接圆圆心和半径,Z 和 r 是内切圆圆心和半径,K 是以内切圆与 $\triangle ABC$ 的边的切点为顶点的三角形三条中线的交点,证明:点 Z 在线段 OK 上,并且 $\frac{OZ}{ZK} = \frac{3R}{r}$.

(参见这样的问题 4.26.)

提示 设内切圆切边 AB, BC 和 CA 于点 U, V 和 W. 需要证明,$\overrightarrow{OZ} = \frac{3R}{r} \overrightarrow{ZK}$,

即 $\overrightarrow{OZ} = \dfrac{R}{r}(\overrightarrow{ZU} + \overrightarrow{ZV} + \overrightarrow{ZW})$. 我们证明, 例如, 这些向量在直线 BC 上的射影(顾及符号)相等. 在此情况下认为射线 BC 的方向是正的. 设 N 是点 O 在直线 BC 上的射影, 则向量 $\overrightarrow{OZ}$ 在直线 BC 上的射影等于 $|\overrightarrow{NV}| = |\overrightarrow{NC} + \overrightarrow{CV}| = \dfrac{a}{2} - \dfrac{a+b-c}{2} = \dfrac{c-b}{2}$. 而向量 $\overrightarrow{ZU} + \overrightarrow{ZV} + \overrightarrow{ZW}$ 在这直线上的射影等于向量 $\overrightarrow{ZU} + \overrightarrow{ZW}$ 的射影, 即等于 $-r\sin\angle VZU + r\sin\angle VZW = -r\sin B + r\sin C = \dfrac{r(c-b)}{2R}$.

§6 均值方法

13.42* 给定两组向量 $a_1, \cdots, a_n$ 和 $b_1, \cdots, b_n$, 并且第一组向量在任意直线上射影长的和不大于第二组向量在同一条直线上射影长的和, 证明: 第一组向量长的和不大于第二组向量长的和.

提示 引入坐标系 xOy. 设 l_φ 是过点 O 引的直线并且同 Ox 轴形成角 $\varphi (0 < \varphi < \pi)$, 即如果点 A 在 l_φ 上且点 A 的第二坐标是正的, 则 $\angle AOx = \varphi$; $l_0 = l_\pi = Ox$.

如果向量 a 同 Ox 轴形成角 α(由 Ox 轴沿逆时针方向到向量 a 的角), 那么向量 a 在直线 l_φ 上的射影长等于 $|a| \cdot |\cos(\varphi - \alpha)|$. 积分 $\int_0^\pi |a| \cdot |\cos(\varphi - \alpha)| \mathrm{d}\varphi = 2|a|$ 与 α 无关.

设向量 $a_1, \cdots, a_n, b_1, \cdots, b_n$ 与 Ox 形成的角是 $\alpha_1, \cdots, \alpha_n, \beta_1, \cdots, \beta_n$. 则根据条件, 对任意角 φ 有

$$|a_1| \cdot |\cos(\varphi - \alpha_1)| + \cdots + |a_n| \cdot |\cos(\varphi - \alpha_n)| \leqslant$$
$$|b_1| \cdot |\cos(\varphi - \beta_1)| + \cdots + |b_n| \cdot |\cos(\varphi - \beta_n)|$$

这些不等式按 φ 由 0 到 π 积分, 得到

$$|a_1| + \cdots + |a_n| \leqslant |b_1| + \cdots + |b_n|$$

注 量 $\dfrac{1}{b-a}\int_a^b f(x)\mathrm{d}x$ 称为函数 f 在区间 $[a,b]$ 上的均值. 等式

$$\int_0^\pi |a| \cdot |\cos(\varphi - \alpha)| \mathrm{d}\varphi = 2|a|$$

意味着,向量 a 的射影长的均值等于 $\frac{2|a|}{\pi}$,精确地说,等于向量 a 在直线 l_φ 上射影长的函数 $f(\varphi)$ 在区间 $[0,\pi]$ 上的均值等于 $\frac{2|a|}{\pi}$.

13.43* 证明:如果一个凸多边形位于在另一个凸多边形的内部,那么内部多边形的周长不超过外部多边形的周长.

提示 凸多边形的边在任意直线上的射影长的和等于凸多边形在这直线上射影长的 2 倍,所以对于内部多边形在任意直线上边向量的射影长的和不大于外部多边形边向量的射影长的和,因此,根据问题 13.42,内多边形边向量长的和,也就是周长,不大于外多边形的周长.

13.44* 在平面上某些向量长的和等于 L,证明:由这些向量中可以选出某个数目的向量(可以只是一个),使得它们和的长不小于 $\frac{L}{\pi}$.

提示 如果向量长的和等于 L,则根据问题 13.42 的注,这些向量射影长的和的均值等于 $\frac{2L}{\pi}$.

函数 f 在区间 $[a,b]$ 上不能处处小于自己的均值 c,因为不然的话
$$c = \frac{1}{b-a}\int_a^b f(x)\,\mathrm{d}x < \frac{(b-a)c}{b-a} = c$$

所以,存在这样的直线 l,原来的向量在它上面射影长的和不小于 $\frac{2L}{\pi}$.

在直线 l 上给定方向,则或者在这方向上正射影长的和,或者负射影长的和不小于 $\frac{L}{\pi}$,因此要么给出正射影的向量和的长,要么给出负射影的向量和的长,不小于 $\frac{L}{\pi}$.

13.45* 证明:如果凸多边形的所有的边和对角线的长都小于 d,那么它的周长小于 πd.

提示 用 AB 来表示多边形在直线 l 上的射影. 显然,点 A 和 B 是多边形某些顶点 A_1 和 B_1 的射影,所以 $A_1 B_1 \geq AB$,即多边形射影的长不大于 $A_1 B_1$,而根

第13章 向量
DISHISANZHANG XIANGLIANG

据条件 $A_1B_1 < d$. 因为多边形的边在直线 l 上射影长的和等于 $2AB$, 它不超过 $2d$.

各边射影长的和的均值等于 $\dfrac{2p}{\pi}$, 其中 p 是周长(问题 13.42). 均值不超过最大值, 因此 $\dfrac{2p}{\pi} < 2d$, 也就是 $p < \pi d$.

13.46* 在平面上给出四个向量 a, b, c 和 d, 它们的和等于零, 证明:
$$|a|+|b|+|c|+|d| \geqslant |a+d|+|b+d|+|c+d|$$

提示 根据问题 13.42, 不等式 $|a|+|b|+|c|+|d| \geqslant |a+d|+|b+d|+|c+d|$ 只需对向量在直线上的射影证明就足够了. 也就是, 可以认为 a, b, c 和 d 是平行于一条直线上的向量, 即简单的数, 并且 $a+b+c+d=0$. 将认为 $d \geqslant 0$, 因为若不是如此, 可以改变所有数的符号.

可以认为 $a \leqslant b \leqslant 0$. 必须分三种情况: ① $a, b, c \leqslant 0$; ② $a \leqslant 0$ 且 $b, c \geqslant 0$; ③ $a, b \leqslant 0, c \geqslant 0$. 所有提出的不等式检验足够简单. 在所分的三种情况需要分开考查 $|d| \leqslant |b|$, $|b| \leqslant |d| \leqslant |a|$ 和 $|a| \leqslant |d|$ 的情况(在最后的情况需要顾及 $|d| = |a|+|b|-|c| \leqslant |a|+|b|$).

13.47* 在凸 n 边形 $A_1A_2\cdots A_n$ 的内部取点 O, 使得 $\overrightarrow{OA_1}+\cdots+\overrightarrow{OA_n}=\mathbf{0}$. 设 $d = OA_1+\cdots+OA_n$, 证明: 当 n 为偶数时, 多边形的周长不小于 $\dfrac{4d}{n}$; n 为奇数时, 多边形的周长不小于 $\dfrac{4dn}{n^2-1}$.

提示 根据问题 13.42, 不等式对向量在任意直线上的射影来证明就足够了. 设向量 $\overrightarrow{OA_1},\cdots,\overrightarrow{OA_n}$ 在直线 l 上的射影等于(顾及符号) $a_1,\cdots,a_n$. 分数 $a_1,\cdots,a_n$ 为两组: $x_1 \geqslant x_2 \geqslant \cdots \geqslant x_k \geqslant 0$ 和 $y'_1 \leqslant y'_2 \leqslant \cdots \leqslant y'_{n-k} \leqslant 0$. 设 $y_i = -y'_i$, 则
$$x_1+x_2+\cdots+x_k = y_1+\cdots+y_{n-k} = a$$
即
$$x_1 \geqslant \dfrac{a}{k}, y_1 \geqslant \dfrac{a}{n-k}$$

在射影中周长对应数 $2(x_1+y_1)$. 向量 $\overrightarrow{OA_i}$ 长的和在射影中对应着数 $x_1+\cdots+$

$x_k + y_1 + \cdots + y_{n-k} = 2a$. 又因为

$$\frac{2(x_1 + y_1)}{x_1 + \cdots + y_{n-k}} \geq \frac{2}{2a}\left(\frac{a}{k} + \frac{a}{n-k}\right) = \frac{n}{k(n-k)}$$

则剩下注意, 量 $k(n-k)$, 对偶数 n, 当 $k = \frac{n}{2}$ 时且对奇数 n, 当 $k = \frac{n \pm 1}{2}$ 时取得最大值.

13.48* 封闭的凸曲线在任意直线上的射影长都等于1, 证明: 曲线的长等于 π.

提示 曲线长是内接于它的多边形周长的极限. 我们考查周长为 P 的内接多边形且它在直线 l 上的射影长等于 d_l. 设对所有直线 l 有 $1 - \varepsilon < d_l < 1$. 多边形可以选择, 使得 ε 是随便任意的小. 因为多边形是凸的, 所以多边形在直线 l 上边的射影长的和等于 $2d_l$. 量 $2d_l$ 的均值等于 $\frac{2P}{\pi}$ (参见问题 13.42), 所以 $2 - 2\varepsilon < \frac{2P}{\pi} < 2$, 也就是 $\pi - \pi\varepsilon < P < \pi$. 使 ε 趋向于零, 得到, 曲线长等于 π.

13.49* 已知某些凸多边形, 同时不能引直线, 使得这直线不与任何一个多边形相交, 且至少有一个多边形在它的两侧, 证明: 这些多边形能够包含在周长不超过这些多边形的周长之和的一个多边形内.

提示 我们证明, 已知多边形所有顶点凸包的周长不超过它的周长的和. 为此, 只需注意, 根据条件已知多边形在任意直线上的射影覆盖凸包的射影.

§7 伪数量积

数 $c = |\boldsymbol{a}| \cdot |\boldsymbol{b}| \sin\angle(\boldsymbol{a}, \boldsymbol{b})$ 称为非零向量 $\boldsymbol{a}$ 和 $\boldsymbol{b}$ 的伪数量积. 如果向量 $\boldsymbol{a}$ 和 $\boldsymbol{b}$ 至少有一个是零向量, 那么 $c = 0$. 向量 $\boldsymbol{a}$ 和 $\boldsymbol{b}$ 的伪数量积表示为 $\boldsymbol{a} \vee \boldsymbol{b}$, 显然, $\boldsymbol{a} \vee \boldsymbol{b} = -\boldsymbol{b} \vee \boldsymbol{a}$.

向量 $\boldsymbol{a}$ 和 $\boldsymbol{b}$ 的伪数量积的绝对量等于以两个向量为边的平行四边形的面积. 数 $S(A, B, C) = \frac{(\overrightarrow{AB} \vee \overrightarrow{AC})}{2}$ 称为同这个有向面积相联系的三点组 A, B 和 C, 数 $S(A, B, C)$ 的绝对量等于 $\triangle ABC$ 的面积.

第13章 向量

DISHISANZHANG XIANGLIANG

13.50 证明:$(1)(\lambda a) \vee b = (\lambda a \vee b)$.

(2)$a \vee (b + c) = a \vee b + a \vee c$.

提示 (1) 如果 $\lambda < 0$,那么

$$(\lambda a) \vee b = -\lambda |a| \cdot |b| \sin\angle(-a, b) =$$
$$\lambda |a| \cdot |b| \sin\angle(a, b) = \lambda(a \vee b)$$

当 $\lambda > 0$ 时,证明显然.

(2) 设 $a = \overrightarrow{OA}, b = \overrightarrow{OB}$ 和 $c = \overrightarrow{OC}$. 引入坐标系,Oy 轴沿射线 OA 的方向. 设 $A = (0, y_1), B = (x_2, y_2)$ 和 $C = (x_3, y_3)$,则

$$a \vee b = -x_2 y_1, a \vee c = -x_3 y_1$$
$$a \vee (b + c) = -(x_2 + x_3) y_1 = a \vee b + a \vee c$$

13.51 设 $a = (a_1, a_2)$ 和 $b = (b_1, b_2)$,证明:$a \vee b = a_1 b_2 - a_2 b_1$.

提示 设 e_1 和 e_2 是沿轴 Ox 和 Oy 方向的单位向量,则

$$e_1 \vee e_2 = -e_2 \vee e_1 = 1, e_1 \vee e_1 = e_2 \vee e_2 = 0$$

所以 $a \vee b = (a_1 e_1 + a_2 e_2) \vee (b_1 e_1 + b_2 e_2) = a_1 b_2 - a_2 b_1$

13.52 (1) 证明:$S(A, B, C) = -S(B, A, C) = S(B, C, A)$.

(2) 证明:对任意点 A, B, C 和 D,成立等式 $S(A, B, C) = S(D, A, B) + S(D, B, C) + S(D, C, A)$.

提示 (1) 显然,$\overrightarrow{AB} \vee \overrightarrow{AC} = \overrightarrow{AB} \vee (\overrightarrow{AB} + \overrightarrow{BC}) = -\overrightarrow{BA} \vee \overrightarrow{BC} = \overrightarrow{BC} \vee \overrightarrow{BA}$.

(2) 为了证明利用等式 $\overrightarrow{AB} \vee \overrightarrow{AC} = (\overrightarrow{AD} + \overrightarrow{DB}) \vee (\overrightarrow{AD} + \overrightarrow{DC}) = \overrightarrow{AD} \vee \overrightarrow{DC} + \overrightarrow{DB} \vee \overrightarrow{AD} + \overrightarrow{DB} \vee \overrightarrow{DC} = \overrightarrow{DC} \vee \overrightarrow{DA} + \overrightarrow{DA} \vee \overrightarrow{DB} + \overrightarrow{DB} \vee \overrightarrow{DC}$ 就足够了.

13.53 三个人 A, B 和 C 沿着平行的小路以固定的速度跑动. 开始时 $\triangle ABC$ 的面积等于 2,在 5 秒以后等于 3,再过 5 秒 $\triangle ABC$ 的面积等于什么?

提示 设在初始时刻,即 $t = 0$ 时,$\overrightarrow{AB} = v$ 和 $\overrightarrow{AC} = w$,则在时刻 t 得到

$$\overrightarrow{AB} = v + t(b - a), \overrightarrow{AC} = w + t(c - a)$$

其中 a, b 和 c 是 A, B 和 C 三个跑步者的速度向量. 因为向量 a, b 和 c 是平行的,所以

$$(b-a)\vee(c-a)=0$$

这意味着 $|S(A,B,C)|=\dfrac{\overrightarrow{AB}\vee\overrightarrow{AC}}{2}=|x+yt|$

其中 x 和 y 是某个常数. 解方程组 $|x|=2, |x+5y|=3$，得到两个解，给出的表达式 $|2+\dfrac{t}{5}|$ 和 $|2-t|$ 来记录时间 t 的 $\triangle ABC$ 面积，所以当 $t=10$ 时，面积可以取值 4 和 8.

13.54 三个竞走者沿着三条直线以固定的速度行走. 在开始的时刻他们不在一条直线上，证明: 他们在运动中呈现在一条直线的状态不超过两次.

提示 设 $v(t)$ 和 $w(t)$ 是第一个竞走者同第二个和第三个竞走者在时刻 t 联结的向量. 显然, $v(t)=ta+b$ 和 $w(t)=tc+d$. 竞走者处于一条直线上当且仅当 $v(t)\parallel w(t)$ 的时候，也就是 $v(t)\vee w(t)=0$. 函数 $f(t)=v(t)\vee w(t)=t^2 a\vee c+t(a\vee d+b\vee c)+b\vee d$ 是二次三项式，并且 $f(0)\ne 0$. 不恒等于零的二次三项式不超过两个根.

13.55 利用伪数量积来解问题 4.29(2).

提示 设 $\overrightarrow{OC}=a, \overrightarrow{OB}=\lambda a, \overrightarrow{OD}=b$ 和 $\overrightarrow{OA}=\mu b$, 则

$$\pm S_{\triangle OPQ}=\overrightarrow{OP}\vee\overrightarrow{OQ}=\left(\dfrac{a+\mu b}{2}\right)\vee\left(\dfrac{\lambda a+b}{2}\right)=\dfrac{(1-\lambda\mu)(a\vee b)}{4}$$

$$\pm 2S_{ABCD}=\pm 2(S_{\triangle COD}-S_{\triangle AOB})=$$

$$\pm(a\vee b-\lambda a\vee\mu b)=\pm(1-\lambda\mu)a\vee b$$

13.56* 点 P_1, P_2 和 P_3 在凸 $2n$ 边形 $A_1\cdots A_{2n}$ 的内部，但不在一条直线上，证明: 如果 $\triangle A_1 A_2 P_i, \triangle A_3 A_4 P_i, \cdots, \triangle A_{2n-1}A_{2n}P_i$ 的面积之和对 $i=1,2,3$ 等于同一个数 c, 那么对任一个内点 P 这些三角形面积的和都等于 c.

提示 设 $a_j=\overrightarrow{P_1 A_j}$, 则对任意内点 P 所指出的三角形面积和的 2 倍等于

$$(x+a_1)\vee(x+a_2)+(x+a_3)\vee(x+a_4)+\cdots+(x+a_{2n-1})\vee(x+a_{2n})$$

其中 $x=\overrightarrow{PP_1}$. 它与对于点 P_1 这些三角形面积和的 2 倍相差

$$x\vee(a_1-a_2+a_3-a_4+\cdots+a_{2n-1}-a_{2n})=x\vee a$$

第13章 向量

DISHISANZHANG XIANGLIANG

根据条件,当 $x = \overrightarrow{P_2P_1}$ 和 $x = \overrightarrow{P_3P_1}$ 时 $x \vee a = 0$,同时这些向量不平行,因此,$a = 0$,即对任意向量 x,有 $x \vee a = 0$.

13.57* 给定 $\triangle ABC$ 和点 P. 点 Q 使得 $CQ \parallel AP$,而点 R 使得 $AR \parallel BQ$ 和 $CR \parallel BP$,证明:$S_{\triangle ABC} = S_{\triangle PQR}$.

提示 设 $a = \overrightarrow{AP}, b = \overrightarrow{BQ}$ 和 $c = \overrightarrow{CR}$,则

$$\overrightarrow{QC} = \alpha a, \overrightarrow{RA} = \beta b, \overrightarrow{PB} = \gamma c$$

并且

$$(1+\alpha)a + (1+\beta)b + (1+\gamma)c = 0$$

只需检验 $\overrightarrow{AB} \vee \overrightarrow{CA} = \overrightarrow{PQ} \vee \overrightarrow{RP}$ 就足够了. 这些量之间的差等于

$$(a + \gamma c) \vee (c + \beta b) - (\gamma c + b) \vee (a + \beta b) =$$
$$a \vee c + \beta a \vee b + a \vee b + \gamma a \vee c =$$
$$a \vee ((1+\gamma)c + (1+\beta)b) = -a \vee (1+\alpha)a = 0$$

13.58* 设 H_1, H_2 和 H_3 是 $\triangle A_2A_3A_4, \triangle A_1A_3A_4$ 和 $\triangle A_1A_2A_4$ 的垂心,证明:$\triangle A_1A_2A_3$ 和 $\triangle H_1H_2H_3$ 的面积相等.

提示 设 $a_i = \overrightarrow{A_4A_i}$ 和 $w_i = \overrightarrow{A_4H_i}$. 根据问题 13.52(2) 只需检验 $a_1 \vee a_2 + a_2 \vee a_3 + a_3 \vee a_1 = w_1 \vee w_2 + w_2 \vee w_3 + w_3 \vee w_1$ 就足够了. 向量 $a_1 - w_2$ 和 $a_2 - w_1$ 垂直于向量 a_3,所以它们平行,即 $(a_1 - w_2) \vee (a_2 - w_1) = 0$,这个等式同等式 $(a_2 - w_3) \vee (a_3 - w_2) = 0$ 和 $(a_3 - w_1) \vee (a_1 - w_3) = 0$ 相加,即得所证.

13.59* 在面积等于 S 的凸五边形 $ABCDE$ 中,$\triangle ABC, \triangle BCD, \triangle CDE, \triangle DEA$ 和 $\triangle EAB$ 的面积等于 a, b, c, d 和 e,证明:$S^2 - S(a+b+c+d+e) + ab + bc + cd + de + ea = 0$.

提示 设 $x = x_1 e_1 + x_2 e_2$,则

$$e_1 \vee x = x_2(e_1 \vee e_2), x \vee e_2 = x_1(e_1 \vee e_2)$$

即

$$x = \frac{(x \vee e_2)e_1 + (e_1 \vee x)e_2}{e_1 \vee e_2}$$

这个表达式右乘以 $(e_1 \vee e_2)y$,得到

$$(x \vee e_2)(e_1 \vee y) + (e_1 \vee x)(e_2 \vee y) + (e_2 \vee e_1)(x \vee y) = 0 \quad (1)$$

设 $e_1 = \overrightarrow{AB}, e_2 = \overrightarrow{AC}, x = \overrightarrow{AD}$ 和 $y = \overrightarrow{AE}$,则

$$S = a + x \vee e_2 + d = c + y \vee e_2 + a = d + x \vee e_1 + b$$

也就是 $x \vee e_2 = S - a - d, y \vee e_2 = S - c - a$ 和 $x \vee e_1 = S - d - b$. 这些表达式代换入(1)中,即得所证.

§8 供独立解答的问题

13.60 设 M 和 N 是线段 AB 和 AC 的中点,P 是线段 MN 的中点,O 是任意一点,证明:$2\overrightarrow{OA} + \overrightarrow{OB} + \overrightarrow{OC} = 4\overrightarrow{OP}$.

13.61 点 A,B 和 C 沿着三个圆以同样的角速度向同侧作匀速运动,证明:在此情况下 $\triangle ABC$ 的中线的交点也沿着圆运动.

13.62 A,B,C,D 和 E 为任意五点. 存在这样的点 O,使得 $\overrightarrow{OA} + \overrightarrow{OB} + \overrightarrow{OC} = \overrightarrow{OD} + \overrightarrow{OE}$ 吗?找出所有这样的点.

13.63 设 P 和 Q 是凸四边形 $ABCD$ 对角线的中点,证明:$AB^2 + BC^2 + CD^2 + DA^2 = AC^2 + BD^2 + 4PQ^2$.

13.64 联结线段 AB 和 CD,BC 和 DE 的中点,再联结所得线段的中点,证明:最后的线段平行于 AE 并且它的长等于 $\dfrac{AE}{4}$.

13.65 $\triangle ABC$ 的内切圆切边 BC,CA 和 AB 于点 A_1,B_1 和 C_1,证明:如果 $\overrightarrow{AA_1} + \overrightarrow{BB_1} + \overrightarrow{CC_1} = \mathbf{0}$,那么 $\triangle ABC$ 是正三角形.

13.66 四边形 $ABCD$,$AEFG$,$ADFH$,$FIJE$ 和 $BIJC$ 都是平行四边形,证明:四边形 $AFHG$ 也是平行四边形.

第14章 质量中心

基础知识

1. 设在平面上给出带有写出它们质量的点组,也就是有着组成为 (X_i, m_i) 的数对,其中 X_i 是平面的点,而 m_i 是正数. 对于带有质量 $m_1, \cdots, m_n$ 的点组 $X_1, \cdots, X_n$ 来说,如果点 O 满足等式 $m_1 \overrightarrow{OX_1} + \cdots + m_n \overrightarrow{OX_n} = \mathbf{0}$,则称点 O 为这个点组的质量中心.

任意点组都存在质量中心,并且只有一个.(问题 14.1)

2. 注意研究问题 14.1 的解,不难发现,正数 m_i 实际上并没有被利用,重要的只是它们的和不等于零. 研究点组时,有时把一部分点的质量当成正的,而把另一部分点的质量当成负的是方便的(但是质量和应不为零).

3. 质量中心的几乎全部的应用都基于一个最重要的性质——质量的归组定理:如果一部分点用一个点来代替,这个点位于它们的质量中心,并且它标写的质量等于它们的质量的和(问题 14.2),那么这个质量中心就代替了那部分质点.

4. 量 $I_M = m_1 MX_1^2 + \cdots + m_n MX_n^2$ 称为带有质量 $m_1, \cdots, m_n$ 的点组 $X_1, \cdots, X_n$ 的关于点 M 的惯性矩. 这个概念在几何中的应用基于关系式 $I_M = I_O + mOM^2$,点 O 是质量中心,$m = m_1 + \cdots + m_n$.(问题 14.19)

§1 质量中心的基本性质

14.1 (1) 证明:对于任意点组,质量中心存在且唯一.

(2) 证明:如果 X 是任意点,而 O 是带有质量 $m_1, \cdots, m_n$ 的点 $X_1, \cdots, X_n$ 的质量中心,那么 $\overrightarrow{XO} = \dfrac{1}{m_1 + \cdots + m_n}(m_1 \overrightarrow{XX_1} + \cdots + m_n \overrightarrow{XX_n})$.

提示 设 X 和 O 是任意两点,则
$$m_1 \overrightarrow{OX_1} + \cdots + m_n \overrightarrow{OX_n} = (m_1 + \cdots + m_n) \overrightarrow{OX} + m_1 \overrightarrow{XX_1} + \cdots + m_n \overrightarrow{XX_n}$$

所以点 O 是已知点组的质量中心,当且仅当
$$(m_1 + \cdots + m_n)\overrightarrow{OX} + m_1\overrightarrow{XX_1} + \cdots + m_n\overrightarrow{XX_n} = \mathbf{0}$$
也就是 $\overrightarrow{XO} = \dfrac{1}{m_1 + \cdots + m_n}(m_1\overrightarrow{XX_1} + \cdots + m_n\overrightarrow{XX_n})$. 由此得出两个问题的解.

14.2 证明:如果点组中一部分点用一个点来代替,这个点位于这部分点的质量中心且它标写的质量等于它们质量的和,那么整个点组的质量中心保持不变.

提示 设 O 是带有质量为 $a_1,\cdots,a_n,b_1,\cdots,b_m$ 的点组 $X_1,\cdots,X_n,Y_1,\cdots,Y_m$ 的质量中心,而 Y 是带有质量为 $b_1,\cdots,b_m$ 的点 $Y_1,\cdots,Y_m$ 的质量中心,则
$$a_1\overrightarrow{OX_1} + \cdots + a_n\overrightarrow{OX_n} + b_1\overrightarrow{OY_1} + \cdots + b_m\overrightarrow{OY_m} = \mathbf{0}$$
并且
$$b_1\overrightarrow{YY_1} + \cdots + b_m\overrightarrow{YY_m} = \mathbf{0}$$
由第一个等式计算第二个等式,得到
$$a_1\overrightarrow{OX_1} + \cdots + a_n\overrightarrow{OX_n} + (b_1 + \cdots + b_m)\overrightarrow{OY} = \mathbf{0}$$
也就是 O 是带有质量为 $a_1,\cdots,a_n,b_1+\cdots+b_m$ 的点组 $X_1,\cdots,X_n,Y$ 的质量中心.

14.3 证明:带有质量为 a 和 b 的点 A 和 B 的质量中心位于线段 AB 上并且分它为 $b:a$ 的位置上.

提示 设 O 是已知点组的质量中心,则 $a\overrightarrow{OA} + b\overrightarrow{OB} = \mathbf{0}$,所以点 O 位于线段 AB 上并且 $aOA = bOB$,即 $\dfrac{AO}{OB} = \dfrac{b}{a}$.

§2 质量的归组定理

14.4 证明:三角形的三条中线交于一点并且此点分中线由顶点算起为 $2:1$.

提示 在点 A,B 和 C 挂放单位质量.设 O 是这个点组的质量中心.点 O 是带有质量 1 的点 A 和带有质量 2 的点 A_1 的质量中心,其中 A_1 是带有单位质量的点 B 和 C 的质量中心,即 A_1 是线段 BC 的中点,所以点 O 位于中线 AA_1 上并且分它的比为 $\dfrac{AO}{OA_1} = 2$. 类似可证,其余两条中线通过点 O 且被它分为 $2:1$ 两部分.

14.5 设 $ABCD$ 是凸四边形,K,L,M 和 N 是边 AB,BC,CD 和 DA 的中

第14章 质量中心
DISHISIZHANG ZHILIANG ZHONGXIN

点,证明:线段 KM 和 LN 的交点是这两条线段的中点,并且也是联结对角线中点的线段的中点.

提示 在四边形 ABCD 的顶点挂放单位质量. 设 O 是这个点组的质量中心. 只要证明点 O 是线段 KM 和 LN 的中点,并且是联结对角线中点的线段的中点即可. 显然,K 是点 A 和 B 的质量中心,M 是点 C 和 D 的质量中心. 所以点 O 是带有质量2的点 K 和 M 的质量中心,即 O 是线段 KM 的中点. 类似可得 O 是线段 LN 的中点. 考查点对 (A,C) 和 (B,D) 的质量中心(即对角线的中点),得到,点 O 是联结对角线中点的线段的中点.

14.6 设 A_1,B_1,C_1,D_1,E_1 和 F_1 是任意六边形的边 AB,BC,CD,DE,EF 和 FA 的中点,证明:$\triangle A_1C_1E_1$ 与 $\triangle B_1D_1F_1$ 的中线的交点重合.

提示 在六边形的顶点挂放单位质量. 设 O 是我们得到的点组的质量中心. 因为点 A_1,C_1 和 E_1 是点对 $(A,B),(C,D)$ 和 (E,F) 的质量中心,那么点 O 是带有质量为2的点组 A_1,C_1 和 E_1 的质量中心,即 O 是 $\triangle A_1C_1E_1$ 的中线的交点(参见问题 14.4 的解). 类似可证,O 是 $\triangle B_1D_1F_1$ 的中线的交点.

14.7 借助于质量归组证明塞瓦定理(问题 4.49(2)).

提示 设直线 AA_1 和 CC_1 相交于点 O,$\frac{AC_1}{C_1B}=p$ 和 $\frac{BA_1}{A_1C}=q$. 需要证明,当且仅当 $\frac{CB_1}{B_1A}=\frac{1}{pq}$ 时,直线 BB_1 过点 O.

在点 A,B 和 C 分别挂放质量 $1,p$ 和 pq. 则点 C_1 是点 A 和 B 的质量中心. 而点 A_1 是点 B 和 C 的质量中心,所以带有给定质量的点 A,B 和 C 的质量中心是直线 CC_1 和 AA_1 的交点 O. 另一方面,点 O 位于在联结点 B 与点 A 和 C 的质量中心的线段上. 如果 B_1 是带有质量为 1 和 pq 的点 A 和 C 的质量中心,那么 $AB_1:B_1C=pq:1$. 剩下注意,在线段 AC 上存在唯一的点,分它为已知比 $AB_1:B_1C$.

14.8 在凸四边形 ABCD 的边 AB,BC,CD 和 DA 上分别取点 K,L,M 和 N,并且 $\frac{AK}{KB}=\frac{DM}{MC}=\alpha$ 和 $\frac{BL}{LC}=\frac{AN}{ND}=\beta$. 设 P 是线段 KM 和 LN 的交点,证明:$\frac{NP}{PL}=\alpha$ 且 $\frac{KP}{PM}=\beta$.

提示 在点 A,B,C 和 D 分别挂放质量 $1,\alpha,\alpha\beta$ 和 β,则点 K,L,M 和 N 分

别是点对 (A,B)，(B,C)，(C,D) 和 (D,A) 的质量中心．设 O 是带有指出质量的点 A,B,C 和 D 的质量中心，则 O 在线段 NL 上且 $\dfrac{NO}{OL}=\dfrac{\alpha\beta+\alpha}{1+\beta}=\alpha$，点 O 在线段 KM 上且 $\dfrac{KO}{OM}=\dfrac{\beta+\alpha\beta}{1+\alpha}=\beta$，所以 O 是线段 KM 和 LN 的交点，即 $O=P$ 且 $\dfrac{NP}{PL}=\dfrac{NO}{OL}=\alpha$，$\dfrac{KP}{PM}=\beta$．

14.9* 在 $\triangle ABC$ 内部求具有下述性质的一点 O：对于通过点 O 的任意直线交边 AB 于点 K，交边 BC 于点 L，成立等式 $p\dfrac{AK}{KB}+q\dfrac{CL}{LB}=1$，其中 p 和 q 是已知的正数．

提示 在顶点 A,B 和 C 分别挂放质量 $p,1$ 和 q．设 O 是这个点组的质量中心．将带有质量为 1 的点视为带有质量为 x_a 和 x_c 的两个点，其中 $x_a+x_c=1$．设 K 是带有质量 p 和 x_a 的点 A 和 B 的质量中心，而 L 是带有质量 q 和 x_c 的点 C 和 B 的质量中心，则 $\dfrac{AK}{KB}=\dfrac{x_a}{p}$，$\dfrac{CL}{LB}=\dfrac{x_c}{q}$，而点 O，是带有质量 $p+x_a$ 和 $q+x_c$ 的点 K 和 L 的质量中心，位于直线 KL 上．使 x_a 由 0 变到 1，得到过点 O 且与边 AB 和 BC 相交的所有的直线，所以对所有这些直线成立等式 $\dfrac{pAK}{KB}+\dfrac{qCL}{LB}=x_a+x_c=1$．

14.10* 三个质量相等的苍蝇沿着三角形的边爬行，使得它们的质量中心的位置保持不动．已知，一只苍蝇爬过了三角形的全部周界，证明：它们的质量中心与三角形中线的交点重合．

提示 我们通过 O 表示苍蝇的质量中心．设一个苍蝇处在顶点 A，而 A_1 是另外两个苍蝇的质量中心．显然，点 A_1 在 $\triangle ABC$ 的内部，而点 O 在线段 AA_1 上且分它为比 $\dfrac{AO}{OA_1}=2$，所以点 O 在由 $\triangle ABC$ 经过以 A 为位似心，系数为 $\dfrac{2}{3}$ 的位似得到的三角形的内部，对所有的三个顶点考查这样的三角形，我们得到，$\triangle ABC$ 中线的交点是它们唯一的公共点．因为一个苍蝇爬到过全部的三个顶点，而点 O 在此时的位置不动，点 O 应当属于全部三个这样的三角形，也就是 O 与 $\triangle ABC$ 的中线的交点是重合的．

14.11* 在 $\triangle ABC$ 的边 AB，BC 和 CA 上取点 C_1，A_1 和 B_1，使得直线 CC_1，AA_1 和 BB_1 交于某个点 O，证明：

第14章 质量中心
DISHISIZHANG ZHILIANG ZHONGXIN

(1) $\dfrac{CO}{OC_1} = \dfrac{CA_1}{A_1B} + \dfrac{CB_1}{B_1A}.$

(2) $\dfrac{AO}{OA_1} \cdot \dfrac{BO}{OB_1} \cdot \dfrac{CO}{OC_1} = \dfrac{AO}{OA_1} + \dfrac{BO}{OB_1} + \dfrac{CO}{OC_1} + 2 \geqslant 8.$

提示 (1) 设 $\dfrac{AB_1}{B_1C} = \dfrac{1}{p}, \dfrac{BA_1}{A_1C} = \dfrac{1}{q}$. 挂放在点 A, B, C 的质量分别为 $p, q, 1$, 则点 A_1 和 B_1 是点对 (B, C) 和 (A, C) 的质量中心, 所以点组 A, B 和 C 的质量中心不但在线段 AA_1 上, 还在线段 BB_1 上, 也就是重合于点 O, 因此点 C_1 是点 A 和 B 的质量中心, 所以 $\dfrac{CO}{OC_1} = p + q = \dfrac{CB_1}{B_1A} + \dfrac{CA_1}{A_1B}.$

(2) 根据问题(1)有

$$\dfrac{AO}{OA_1} \cdot \dfrac{BO}{OB_1} \cdot \dfrac{CO}{OC_1} = \dfrac{1+q}{p} \cdot \dfrac{1+p}{q} \cdot \dfrac{p+q}{1} =$$

$$p + q + \dfrac{p}{q} + \dfrac{q}{p} + \dfrac{1}{p} + \dfrac{1}{q} + 2 =$$

$$\dfrac{AO}{OA_1} + \dfrac{BO}{OB_1} + \dfrac{CO}{OC_1} + 2$$

同样显然, $p + \dfrac{1}{p} \geqslant 2, q + \dfrac{1}{q} \geqslant 2$ 和 $\dfrac{p}{q} + \dfrac{q}{p} \geqslant 2.$

14.12* 在 $\triangle ABC$ 的边 BC, CA 和 AB 上取点 A_1, B_1 和 C_1, 使得 $\dfrac{BA_1}{A_1C} = \dfrac{CB_1}{B_1A} = \dfrac{AC_1}{C_1B}$, 证明: $\triangle ABC$ 与 $\triangle A_1B_1C_1$ 的质量中心重合.

提示 设 M 是 $\triangle ABC$ 的质量中心, 则

$$\vec{MA} + \vec{MB} + \vec{MC} = \vec{0}$$

此外 $\vec{AB_1} + \vec{BC_1} + \vec{CA_1} = k(\vec{AC} + \vec{BA} + \vec{CB}) = \vec{0}$

相加这两个等式, 得到

$$\vec{MB_1} + \vec{MC_1} + \vec{MA_1} = \vec{0}$$

也就是 M 是 $\triangle A_1B_1C_1$ 的质量中心.

注 对任意的 n 边形同样可以证明类似的结论.

14.13* 在 $\triangle ABC$ 的各边的中点放置质量等于边长的质点, 证明: 这个点组的质量中心位于以 $\triangle ABC$ 的各边的中点为顶点的三角形的内切圆的中心.

注 问题 14.13 考查的点组的质量中点, 与由三个一样厚度的细杆制作的

图形的质量中心是重合的.实际上,细杆的质量中心可以用一个点来代替,这个点处于细杆的中点并且带有的质量等于细杆的质量.同样显然,细杆的质量与它的长度成比例.

提示 设 A_1, B_1 和 C_1 是边 BC, CA 和 AB 的中点.点 B 和 C 的质量中心在点 K,对于它有 $\dfrac{B_1K}{KC_1} = \dfrac{c}{b} = \dfrac{B_1A_1}{A_1C_1}$,所以 A_1K 是 $\angle B_1A_1C_1$ 的平分线.

14.14* 在圆上已知 n 个点.通过 $n-2$ 个点的质量中心引直线,与联结其余两个点的弦垂直,证明:所有这样的直线相交于一点.

提示 设 M_1 是 $(n-2)$ 个点的质量中心,K 是联结两个剩余点的弦的中点,O 是圆心,M 是全部已知点的质量中心.如果直线 OM 交过点 M_1 的直线于点 P,那么 $\dfrac{\overline{OM}}{\overline{MP}} = \dfrac{\overline{KM}}{\overline{MM_1}} = \dfrac{n-2}{2}$,而这意味着,点 P 被点 O 和 M 的位置单值确定(如果 $M = O$,那么 $P = O$).

14.15* 分别在直线 BC, CA, AB 上取点 A_1 和 A_2,B_1 和 B_2,C_1 和 C_2,使得 $A_1B_2 \parallel AB$,$B_1C_2 \parallel BC$ 和 $C_1A_2 \parallel CA$.设 l_a 是联结直线 BB_1 和 CC_2,BB_2 和 CC_1 的交点的直线;直线 l_b 和 l_c 的确定类似,证明:直线 l_a, l_b 和 l_c 相交于一点(或者平行).

提示 直线 A_1B_2 和 AB 的平行性意味着,如果 B_2 是带有质量为 1 和 γ 的点 A 和 C 的质量中心,那么,A_1 是质量为 1 和 γ 的点 B 和 C 的质量中心,数 α 和 β 的确定类似.

直线 BB_1 和 CC_2 相交于质量为 $\alpha, 1$ 和 1 的点 A, B 和 C 的质量中心.直线 BB_2 和 CC_1 相交于质量为 $1, \beta$ 和 γ 的点 A, B 和 C 的质量中心,所以直线 l_a 过质量为 $1 + \alpha, 1 + \beta$ 和 $1 + \gamma$ 的点 A, B 和 C 的质量中心.类似可证明,直线 l_b 和 l_c 通过这个点.如果质量的和等于 0,那么质量中心在无穷远点;在这种情况下,直线 l_a, l_b 和 l_c 平行.

14.16* 在 $\triangle ABC$ 的边 BC, CA 和 AB 上取点 A_1, B_1 和 C_1,并且线段 AA_1,BB_1 和 CC_1 相交于点 P.设 l_a, l_b, l_c 是联结线段 BC 和 B_1C_1,CA 和 C_1A_1,AB 和 A_1B_1 中点的直线,证明:直线 l_a, l_b 和 l_c 相交于一点,并且这个点位于线段 PM 上,其中 M 是 $\triangle ABC$ 的质量中心.

第 14 章　质量中心
DISHISIZHANG　ZHILIANG ZHONGXIN

提示　设 P 是质量为 a, b 和 c 的点 A, B 和 C 的质量中心, M 是在每个点质量为 $a+b+c$ 的点 A, B 和 C 的质量中心, Q 是这两个点组的并质量中心. 线段 AB 的中点是质量为 $a+b+c-\dfrac{ab}{c}$, $a+b+c-\dfrac{ab}{c}$ 和 0 的点 A, B 和 C 的质量中心, 而线段 A_1B_1 的中点是质量为 $\dfrac{a(b+c)}{c}$, $\dfrac{b(a+c)}{c}$ 和 $(b+c)+(a+c)$ 的点 A, B 和 C 的质量中心, 这些点组的并质量中心是点 Q.

14.17*　在 $\triangle ABC$ 的边 BC, CA 和 AB 上取点 A_1, B_1 和 C_1; 直线 B_1C_1, BB_1 和 CC_1 交直线 AA_1 分别于点 M, P 和 Q. 证明:

(1) $\dfrac{A_1M}{MA} = \dfrac{A_1P}{PA} + \dfrac{A_1Q}{QA}$.

(2) 如果 $P = Q$, 那么 $\dfrac{MC_1}{MB_1} = \dfrac{\frac{BC_1}{AB}}{\frac{CB_1}{AC}}$.

提示　(1) 在点 B, C 和 A 放置质量 β, γ 和 $b+c$, 使得 $\dfrac{CA_1}{BA_1} = \dfrac{\beta}{\gamma}$, $\dfrac{BC_1}{AC_1} = \dfrac{b}{\beta}$ 和 $\dfrac{AB_1}{CB_1} = \dfrac{\gamma}{c}$, 那么点 M 是这个点组的质量中心, 这意味着 $\dfrac{A_1M}{AM} = \dfrac{b+c}{\beta+\gamma}$. 点 P 是质量为 c, β 和 γ 的点 A, B 和 C 的质量中心, 所以 $\dfrac{A_1P}{PA} = \dfrac{c}{\beta+\gamma}$, 类似地有 $\dfrac{A_1Q}{AQ} = \dfrac{b}{\beta+\gamma}$.

(2) 正如在问题(1), 得到

$$\dfrac{MC_1}{MB_1} = \dfrac{c+\gamma}{b+\beta}, \quad \dfrac{BC_1}{AB} = \dfrac{b}{b+\beta}, \quad \dfrac{AC}{CB_1} = \dfrac{c+\gamma}{c}$$

此外, $b = c$, 因为直线 AA_1, BB_1 和 CC_1 相交于一点(参见问题 14.7).

14.18*　在直线 AB 上取点 P 和 P_1, 又在直线 AC 上取点 Q 和 Q_1. 联结点 A 同直线 PQ 与 P_1Q_1 交点的直线, 交直线 BC 于点 D, 证明

$$\dfrac{\overline{BD}}{\overline{CD}} = \dfrac{\dfrac{\overline{BP}}{\overline{PA}} - \dfrac{\overline{BP_1}}{\overline{P_1A}}}{\dfrac{\overline{CQ}}{\overline{QA}} - \dfrac{\overline{CQ_1}}{\overline{Q_1A}}}$$

提示　直线 PQ 和 P_1Q_1 的交点是质量为 a, b 和 c 的点 A, B 和 C 的质量中

心. 此时, P 是质量为 $a-x$ 和 b 的点 A 和 B 的质量中心, 而 Q 是质量为 x 和 c 的点 A 和 C 的质量中心. 设 $p = \dfrac{\overline{BP}}{\overline{PA}} = \dfrac{a-x}{b}, q = \dfrac{\overline{CQ}}{\overline{QA}} = \dfrac{x}{c}$, 则 $pb + qc = a$. 类似可得 $p_1 b + q_1 c = a$. 因此 $\dfrac{\overline{BD}}{\overline{CD}} = -\dfrac{c}{b} = \dfrac{p - p_1}{q - q_1}$.

§3 惯 性 矩

14.19 设 O 是点组的质量中心, 它的质量和等于 m, 证明: 这个点组关于点 O 的惯性矩与关于任意点 X 的惯性矩联系着关系式 $I_X = I_O + mXO^2$.

提示 我们对已知点组编号, 设 $\boldsymbol{x}_i$ 是始点为点 O 终点编号为 i 的向量, 并且这个点的质量为 m_i, 那么 $\sum m_i \boldsymbol{x}_i = \boldsymbol{0}$, 再设 $\boldsymbol{a} = \overrightarrow{XO}$, 则

$$I_O = \sum m_i \boldsymbol{x}_i^2$$
$$I_M = \sum m_i (\boldsymbol{x}_i + \boldsymbol{a})^2 = \sum m_i \boldsymbol{x}_i^2 + 2\left(\sum m_i \boldsymbol{x}_i, \boldsymbol{a}\right) + \sum m_i \boldsymbol{a}^2 = I_O + m\boldsymbol{a}^2$$

14.20 (1) 证明: 关于带有单位质量的点组的质量中心的惯性矩等于 $\dfrac{1}{n} \sum\limits_{i<j} a_{ij}^2$, 其中 n 是点的个数, a_{ij} 是角标为 i 和 j 的点之间的距离.

(2) 证明: 关于带有质量为 $m_1, \cdots, m_n$ 的点组的质量中心的惯性矩等于 $\dfrac{1}{m} \sum\limits_{i<j} m_i m_j a_{ij}^2$, 其中 $m = m_1 + \cdots + m_n$, a_{ij} 是角标为 i 和 j 的点之间的距离.

提示 (1) 设 $\boldsymbol{x}_i$ 是始点在质量中心 O 且终点的编号为 i 的向量, 则

$$\sum_{i,j} (\boldsymbol{x}_i - \boldsymbol{x}_j)^2 = \sum_{i,j} (\boldsymbol{x}_i^2 + \boldsymbol{x}_j^2) - 2 \sum_{i,j} (\boldsymbol{x}_i, \boldsymbol{x}_j)$$

其中对所有可能的点的编号对进行求和. 显然

$$\sum_{i,j} (\boldsymbol{x}_i^2 + \boldsymbol{x}_j^2) = 2n \sum_i \boldsymbol{x}_i^2 = 2nI_O, \quad \sum_{i,j} (\boldsymbol{x}_i, \boldsymbol{x}_j) = \sum_i \left(\boldsymbol{x}_i, \sum_j \boldsymbol{x}_j\right) = 0$$

所以 $2nI_O = \sum\limits_{i,j} (\boldsymbol{x}_i - \boldsymbol{x}_j)^2 = 2 \sum\limits_{i<j} a_{ij}^2$.

(2) 设 $\boldsymbol{x}_i$ 是始点在质量中心 O 且终点的编号为 i 的向量, 则

$$\sum_{i,j} m_i m_j (\boldsymbol{x}_i - \boldsymbol{x}_j)^2 = \sum_{i,j} m_i m_j (\boldsymbol{x}_i^2 + \boldsymbol{x}_j^2) - 2 \sum_{i,j} m_i m_j (\boldsymbol{x}_i, \boldsymbol{x}_j)$$

显然 $\sum\limits_{i,j} m_i m_j (\boldsymbol{x}_i^2 + \boldsymbol{x}_j^2) = \sum\limits_i m_i \sum\limits_j (m_j \boldsymbol{x}_i^2 + m_j \boldsymbol{x}_j^2) =$

$$\sum_i m_i (m\boldsymbol{x}_i^2 + I_O) = 2mI_O$$

第14章　质量中心
DISHISIZHANG　ZHILIANG ZHONGXIN

所以
$$\sum_{i,j} m_i m_j (\boldsymbol{x}_i, \boldsymbol{x}_j) = \sum_i m_i (\boldsymbol{x}_i, \sum_j m_j \boldsymbol{x}_j) = 0$$
$$2m I_O = \sum_{i,j} m_i m_j (\boldsymbol{x}_i - \boldsymbol{x}_j)^2 = 2 \sum_{i<j} m_i m_j a_{ij}^2$$

14.21 (1) $\triangle ABC$ 是正三角形,求满足方程 $AX^2 = BX^2 + CX^2$ 的点 X 的轨迹.

(2) 对于指出的轨迹中的点关于 $\triangle ABC$ 的垂足三角形是直角三角形.

提示 (1) 设 M 是点 A 关于直线 BC 的对称点,则 M 是质量为 $-1,1$ 和 1 的点 A,B 和 C 的质量中心,也就是
$$-AX^2 + BX^2 + CX^2 = I_X = I_M + (-1 + 1 + 1)MX^2 =$$
$$(-3 + 1 + 1)a^2 + MX^2$$

其中,a 是 $\triangle ABC$ 的边.结果得到所求的轨迹是以 M 为中心,半径为 a 的圆.

(2) 设 A', B', C' 是点 X 在直线 BC, CA 和 AB 上的射影.点 B' 和 C' 在直径为 AX 的圆上,所以
$$B'C' = AX \sin \angle B'AC' = \frac{\sqrt{3} AX}{2}$$

类似可得
$$C'A' = \frac{\sqrt{3} BX}{2}, \quad A'B' = \frac{\sqrt{3} CX}{2}$$

因此如果 $AX^2 = BX^2 + CX^2$,那么 $\angle B'A'C' = 90°$.

14.22 设 O 是 $\triangle ABC$ 的外接圆的中心,H 是高线的交点,证明:$a^2 + b^2 + c^2 = 9R^2 - OH^2$.

提示 设 M 是带有单位质量的 $\triangle ABC$ 顶点的质量中心,则
$$I_O = I_M + 3MO^2 = \frac{a^2 + b^2 + c^2}{3} + 3MO^2$$

(问题 14.19 和 14.20(1)),又因为 $OA = OB = OC = R$,那么 $I_O = 3R^2$,剩下注意,$OH = 3OM$(问题 5.128).

14.23 圆心为 O 的圆的弦 AA_1, BB_1 和 CC_1 交于点 X,证明:当且仅当点 X 在直径为 OM 的圆上时,$\frac{AX}{XA_1} + \frac{BX}{XB_1} + \frac{CX}{XC_1} = 3$,其中 M 是 $\triangle ABC$ 的质量中心.

提示 显然,$\frac{AX}{XA_1} = \frac{AX^2}{AX \cdot XA_1} = \frac{AX^2}{R^2 - OX^2}$,所以必须检验,$AX^2 + BX^2 +$

$CX^2 = 3(R^2 - OX^2)$ 当且仅当 $OM^2 = OX^2 + MX^2$. 为此只需注意 $AX^2 + BX^2 + CX^2 = I_X = I_M + 3MX^2 = I_O - 3MO^2 + 3MX^2 = 3(R^2 - MO^2 + MX^2)$ 就足够了.

14.24* 分别在 $\triangle ABC$ 的边 AB, BC, CA 上取点 A_1 和 B_2, B_1 和 C_2, C_1 和 A_2, 使得线段 A_1A_2, B_1B_2 和 C_1C_2 平行于三角形的边且交于点 P, 证明: $PA_1 \cdot PA_2 + PB_1 \cdot PB_2 + PC_1 \cdot PC_2 = R^2 - OP^2$, 其中 O 是外接圆的中心.

提示 设 P 是质量为 α, β 和 γ 的点 A, B 和 C 的质量中心, 可以认为, $\alpha + \beta + \gamma = 1$. 如果 K 是直线 CP 和 AB 的交点, 那么

$$\frac{BC}{PA_1} = \frac{CK}{PK} = \frac{CP + PK}{PK} = 1 + \frac{CP}{PK} = 1 + \frac{\alpha + \beta}{\gamma} = \frac{1}{\gamma}$$

类似的讨论指出所研究的量等于 $\beta\gamma a^2 + \gamma\alpha b^2 + \alpha\beta c^2 = I_P$ (见问题 14.20(2)). 又因为 $I_O = \alpha R^2 + \beta R^2 + \gamma R^2 = R^2$, 那么 $I_P = I_O - OP^2 = R^2 - OP^2$.

14.25* 在半径为 R 的圆内有 n 个点, 证明: 它们两两之间的距离的平方和不超过 $n^2 R^2$.

提示 在已知点放有单位质量, 正如由问题 14.20(1) 的结果得出, 这些点之间两两距离的平方和等于 nI, 其中 I 是点组关于质量中心的惯性矩. 现在我们研究点组关于圆的中心 O 的惯性矩. 一方面, $I \leq I_O$ (参见问题 14.19). 另一方面, 因为由点 O 到任意已知点的距离不超过 R, 那么 $I_O \leq nR^2$, 所以 $nI \leq nR^2$, 并且仅当 $I = I_O$ (即质量中心与圆心重合) 时达到相等和 $I_O = nR^2$ (即所有的点在已知圆上).

14.26* 在 $\triangle ABC$ 的内部取点 P. 设 d_a, d_b 和 d_c 是点 P 到三角形各边的距离, R_a, R_b 和 R_c 是点 P 到顶点的距离, 证明

$$3(d_a^2 + d_b^2 + d_c^2) \geq (R_a \sin A)^2 + (R_b \sin B)^2 + (R_c \sin C)^2$$

提示 设 A_1, B_1 和 C_1 是点 P 在边 BC, CA 和 AB 上的射影, M 是 $\triangle A_1B_1C_1$ 的质量中心, 则

$$3(d_a^2 + d_b^2 + d_c^2) = 3I_P \geq 3I_M = A_1B_1^2 + B_1C_1^2 + C_1A_1^2 =$$
$$(R_c \sin C)^2 + (R_a \sin A)^2 + (R_b \sin B)^2$$

因为, 例如, 线段 A_1B_1 是以 CP 为直径的圆的弦.

14.27* 点 $A_1, \cdots, A_n$ 在一个圆上, 而 M 是它们的质量中心. 直线

第14章 质量中心

$MA_1, \cdots, MA_n$ 交这个圆于点 $B_1, \cdots, B_n$(不同于 $A_1, \cdots, A_n$),证明:$MA_1 + \cdots + MA_n \leq MB_1 + \cdots + MB_n$.

(参见这样的问题 23.20.)

提示 设 O 是已知圆的中心,如果弦 AB 通过点 M,那么 $AM \cdot BM = R^2 - d^2$,其中 $d = OM$. 用 I_X 表示点组 $A_1, \cdots, A_n$ 关于点 X 的惯性矩,则 $I_O = I_M + nd^2$(参见问题 14.19),另一方面,因为 $OA_i = R$,则 $I_O = nR^2$,所以

$$A_iM \cdot B_iM = R^2 - d^2 = \frac{1}{n}(A_1M^2 + \cdots + A_nM^2)$$

这样一来,如果引进记号 $a_i = A_iM$,那么所需的不等式改写为形式

$$a_1 + \cdots + a_n \leq \frac{1}{n}(a_1^2 + \cdots + a_n^2)\left(\frac{1}{a_1} + \cdots + \frac{1}{a_n}\right)$$

为了证明这个不等式利用不等式 $x + y \leq \frac{x^2}{y} + \frac{y^2}{x}$ 推得(后一个不等式由不等式 $xy \leq x^2 - xy + y^2$ 两边乘以 $\frac{x+y}{xy}$ 得到).

§4 杂 题

14.28 证明:如果多边形有某些个对称轴,那么所有这些对称轴相交于同一点.

提示 在多边形各顶点放有单位质量. 在对称变换下,这个点组的对称轴变做自身. 所以它的质量中心也变做自身. 因此,所有的对称轴通过带有单位质量的各顶点的质量中心.

14.29 在网格纸上的中心对称图形由图 14.1 中的 n 个"拐角形"与 k 个大小为 1×4 的长方形组成,证明:n 是偶数.

提示 在组成"拐角形"和长方形的网格中心放有单位质量. 分每个原来的网格为四个小方格,得到新的网格纸. 容易检验,现在"拐角形"的质量中心在新网格的中心,而长方形的质量中心在小网格的顶点(图 14.2). 显然,图形的质量中心与它的对称中心重合,而由原来方格组成的图形的对称中心,只能在新方格的顶点. 因为"拐角形"的质量与方格相等,始点在图形的质量中心且终点在所有"拐角形"和平板的质量中心的所有的向量的和等于零. 如果"拐角形"的个数为奇数,那么向量的和具有半整数坐标是不等于零的. 因此"拐角形"是偶数个.

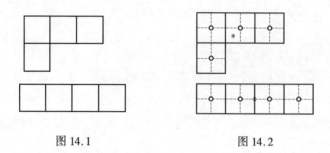

图 14.1　　　　　图 14.2

14.30 利用质量中心的性质解问题 13.47.

提示 在多边形 $A_1\cdots A_n$ 的各顶点都放有单位质量,则 O 是给定点组的质量中心,所以

$$\overrightarrow{A_iO} = \frac{\overrightarrow{A_iA_1} + \cdots + \overrightarrow{A_iA_n}}{n}$$

$$A_iO \leq \frac{A_iA_1 + \cdots + A_iA_n}{n}$$

因此
$$d = A_1O + \cdots + A_nO \leq \frac{1}{n}\sum_{i,j=1}^{n} A_iA_j$$

数 n 可以写做 $n=2m$ 的形式或 $n=2m+1$ 的形式. 设 P 是多边形的周长. 显然, $A_1A_2 + \cdots + A_nA_1 = P, A_1A_3 + A_2A_4 + \cdots + A_nA_2 \leq 2P, \cdots, A_1A_{m+1} + A_2A_{m+2} + \cdots + A_nA_m \leq mP$,并且这些不等式的左边遇到了所有的边和对角线. 因为在和 $\sum_{i,j=1}^{n} A_iA_j$ 中它们全被包含了两次,那么

$$d \leq \frac{1}{n}\sum_{i,j=1}^{n} A_iA_j \leq \frac{2}{n}(P + 2P + \cdots + mP) = \frac{m(m+1)}{n}P$$

当 n 是偶数时,这个不等式可以加强,由于在这种情况下,在和 $A_1A_{m+1} + \cdots + A_nA_{m+n}$ 中每条对角线包含了两次,即代替 mP 可以取 $\frac{mP}{2}$. 这意味着当 n 是偶数时

$$d \leq \frac{2}{n}\Big(P + 2P + \cdots + (m-1)P + \frac{m}{2}P\Big) = \frac{m^2}{n}P$$

因此,当 n 是偶数时, $d \leq \frac{m^2}{n}P = \frac{n}{4}P$,而当 n 是奇数时, $d \leq \frac{m(m+1)}{n}P = \frac{n^2-1}{4n}P$.

第14章 质量中心

14.31 在平行四边形 $ABCD$ 的边 BC 和 CD 上取点 K 和 L,使得 $\dfrac{BK}{KC} = \dfrac{CL}{LD}$,证明:$\triangle AKL$ 的质量中心在对角线 BD 上.

提示 设 $k = \dfrac{BK}{BC} = 1 - \dfrac{DL}{DC}$. 点 A, B, K 和 L 在垂直于对角线 BD 的直线上的射影为点 A', B', K' 和 L',使得 $B'K' + B'L' = kA'B' + (1-k)A'B' = A'B'$. 因此,点 A', K' 和 L' 的质量中心同点 B' 重合. 剩下注意,在射影下,质量中心变作为质量中心.

§5 重心坐标

设在平面上给出 $\triangle A_1 A_2 A_3$. 如果点 X 是这个三角形的顶点带有质量 m_1, m_2 和 m_3 的质量中心,那么 $(m_1 : m_2 : m_3)$ 称做是点 X 关于 $\triangle A_1 A_2 A_3$ 的重心坐标.

14.32 设给出 $\triangle A_1 A_2 A_3$,证明:

(1) 任意点 X 具有关于它的重心坐标.

(2) 当条件 $m_1 + m_2 + m_3 = 1$ 时点 X 的重心坐标是唯一确定的.

称满足条件 $m_1 + m_2 + m_3 = 1$ 的重心坐标 $(m_1 : m_2 : m_3)$ 为绝对重心坐标;它们的定义已经不是精确到成比例,而是唯一的.

提示 引入下面的表示:$e_1 = \overrightarrow{A_3 A_1}, e_2 = \overrightarrow{A_3 A_2}$ 和 $x = \overrightarrow{XA_3}$. 点 X 是顶点带有质量为 m_1, m_2, m_3 的 $\triangle A_1 A_2 A_3$ 的质量中心,当且仅当 $m_1(x + e_1) + m_2(x + e_2) + m_3 x = 0$,即 $mx = -(m_1 e_1 + m_2 e_2)$,其中,$m = m_1 + m_2 + m_3$. 我们将认为,$m = 1$. 在平面上的任意向量 x 都可以表示为 $x = -m_1 e_1 - m_2 e_2$. 并且数 m_1 和 m_2 是单值确定的. 数 m_3 根据公式 $m_3 = 1 - m_1 - m_2$ 求得.

14.33 证明:位于 $\triangle ABC$ 内部的点 X 的重心坐标等于 $(S_{\triangle BCX} : S_{\triangle CAX} : S_{\triangle ABX})$.

提示 这个问题是变形的问题 13.31.

注 如果 $\triangle BCX, \triangle CAX$ 和 $\triangle ABX$ 的面积认为是有向的,那么对于位于三角形外面的点问题的结论仍是对的.

14.34 点 X 位于 $\triangle ABC$ 内部. 通过点 X 引平行于 AC 和 BC 的直线分别交边 AB 于点 K 和 L,证明:点 X 的重心坐标等于 $(BL : AK : LK)$.

提示 向量 $u = \vec{XA}\cdot BL + \vec{XB}\cdot AK + \vec{XC}\cdot LK$ 在平行于直线 BC 的直线 AB 上的射影变为向量 $\vec{LA}\cdot BL + \vec{LB}\cdot AK + \vec{LC}\cdot LK$,因为 $LA = LK + KA$,这个向量是零向量.我们考查在平行于直线 AC 的直线 AB 上的射影,得到 $u = 0$.

14.35 求重心坐标:(1) 外接圆圆心;(2) 内切圆圆心;(3) 三角形的垂心.

提示 利用问题 14.33 的结果,容易检验下面的答案:$(1)(\sin 2\alpha : \sin 2\beta : \sin 2\gamma)$;$(2)(a:b:c)$;$(3)(\tan\alpha : \tan\beta : \tan\gamma)$.

如果需要使得重心坐标的和等于 1,那么答案如下:$(1)\left(\dfrac{\cos\alpha}{2\sin\beta\sin\gamma}:\cdots\right)$;$(3)(\cot\beta\cot\gamma:\cdots)$.

14.36 点 X 关于 $\triangle ABC$ 有绝对重心坐标 (α,β,γ),证明:$\vec{XA} = \beta\vec{BA} + \gamma\vec{CA}$.

提示 对等式 $\alpha\vec{XA} + \beta\vec{XB} + \gamma\vec{XC} = 0$ 两边添加向量 $(\beta + \gamma)\vec{XA}$,我们得到

$$\vec{XA} = (\beta + \gamma)\vec{XA} + \beta\vec{BX} + \gamma\vec{CX} = \beta\vec{BA} + \gamma\vec{CA}$$

14.37 设 (α,β,γ) 是点 X 的绝对重心坐标,M 是 $\triangle ABC$ 的质量中心,证明:$3\vec{XM} = (\alpha - \beta)\vec{AB} + (\beta - \gamma)\vec{BC} + (\gamma - \alpha)\vec{CA}$.

提示 根据问题 14.1(2) 有 $3\vec{XM} = \vec{XA} + \vec{XB} + \vec{XC}$.此外,$\vec{XA} = \beta\vec{BA} + \gamma\vec{CA}$,$\vec{XB} = \alpha\vec{AB} + \gamma\vec{CB}$ 和 $\vec{XC} = \alpha\vec{AC} + \beta\vec{BC}$(参见问题 14.36).

14.38* (1) 计算纳格尔点 N 的重心坐标.

(2) 设 N 是纳格尔点,M 是质量中心,I 是 $\triangle ABC$ 的内切圆圆心,证明:$\vec{NM} = 2\vec{MI}$;特别是,点 N 位于直线 MI 上.

提示 (1) 设直线 AN,BN 和 CN 交三角形的边于点 A_1,B_1 和 C_1,则

$$\frac{AB_1}{B_1C} = \frac{p-c}{p-a},\quad \frac{CA_1}{A_1B} = \frac{p-b}{p-c},\quad \frac{BC_1}{C_1B} = \frac{p-a}{p-b}$$

所以点 N 具有重心坐标 $(p-a:p-b:p-c)$.

(2) 点 N 和 I 的绝对重心坐标等于 $\left(\dfrac{p-a}{p},\dfrac{p-b}{p},\dfrac{p-c}{p}\right)$ 和 $\left(\dfrac{a}{2p},\dfrac{b}{2p},\dfrac{c}{2p}\right)$.所以,利用问题 14.37 即得所需的结果.

第14章 质量中心

14.39* 设 M 是 $\triangle ABC$ 的质量中心,X 是任意一点. 在直线 BC,CA 和 AB 上取点 A_1,B_1 和 C_1,使得 $A_1X \parallel AM$,$B_1X \parallel BM$ 和 $C_1X \parallel CM$,证明:$\triangle A_1B_1C_1$ 的质量中心 M_1 与线段 MX 的中点重合.

提示 设过点 X 且分别平行于 AC 和 BC 的直线交直线 AB 于点 K 和 L. 如果 (α,β,γ) 是点 X 的绝对重心坐标,那么(参见问题 14.34 的提示)
$$2\overrightarrow{XC_1} = \overrightarrow{XK} + \overrightarrow{XL} = \gamma\overrightarrow{CA} + \gamma\overrightarrow{CB}$$
所以(参见问题 14.37)
$$3\overrightarrow{XM_1} = \overrightarrow{XA_1} + \overrightarrow{XB_1} + \overrightarrow{XC_1} =$$
$$\frac{\alpha(\overrightarrow{AB}+\overrightarrow{AC})+\beta(\overrightarrow{BA}+\overrightarrow{BC})+\gamma(\overrightarrow{CA}+\overrightarrow{CB})}{2} = \frac{3\overrightarrow{XM}}{2}$$

14.40* 在重心坐标下求 $\triangle A_1A_2A_3$ 的外接圆的方程.

提示 设 X 是任意点,O 是已知三角形的外接圆的中心,$\boldsymbol{e}_i = \overrightarrow{OA_i}$ 和 $\boldsymbol{a} = \overrightarrow{XO}$. 如果点 X 具有重心坐标 $(x_1:x_2:x_3)$,那么 $\sum x_i(\boldsymbol{a}+\boldsymbol{e}_i) = \sum x_i\overrightarrow{XA_i} = \boldsymbol{0}$,因为 X 是带有质量为 x_1,x_2,x_3 的点 A_1,A_2,A_3 的质量中心,所以 $(\sum x_i)\boldsymbol{a} = -\sum x_i\boldsymbol{e}_i$. 点 X 属于三角形的外接圆,当且仅当 $|\boldsymbol{a}| = XO = R$,其中 R 是这个圆的半径. 这样一来,在重心坐标下,三角形的外接圆用方程 $R^2(\sum x_i)^2 = (\sum x_i\boldsymbol{e}_i)^2$ 给出,也就是 $R^2\sum x_i^2 + 2R^2\sum_{i<j}x_ix_j = R^2\sum x_i^2 + 2\sum_{i<j}x_ix_j(\boldsymbol{e}_i,\boldsymbol{e}_j)$,因为 $|\boldsymbol{e}_i| = R$. 这个方程改写形如 $\sum_{i<j}x_ix_j(R^2-(\boldsymbol{e}_i,\boldsymbol{e}_j)) = 0$. 现在注意,$2(R^2-(\boldsymbol{e}_i,\boldsymbol{e}_j)) = a_{ij}^2$,其中 a_{ij} 是边 A_iA_j 的长. 实际上
$$a_{ij}^2 = |\boldsymbol{e}_i - \boldsymbol{e}_j|^2 = |\boldsymbol{e}_i|^2 + |\boldsymbol{e}_j|^2 - 2(\boldsymbol{e}_i,\boldsymbol{e}_j) = 2(R^2-(\boldsymbol{e}_i,\boldsymbol{e}_j))$$
结果我们得到,在重心坐标下,$\triangle A_1A_2A_3$ 的外接圆用方程 $\sum_{i<j}x_ix_ja_{ij}^2 = 0$ 给出,其中 a_{ij} 是边 A_iA_j 的长.

14.41* (1) 证明:带有重心坐标 $(\alpha:\beta:\gamma)$ 与 $(\alpha^{-1}:\beta^{-1}:\gamma^{-1})$ 的两点关于 $\triangle ABC$ 等截共轭.

(2) $\triangle ABC$ 的边长等于 a,b 和 c,证明:带有重心坐标 $(\alpha:\beta:\gamma)$ 与 $\left(\dfrac{a^2}{\alpha}:\dfrac{b^2}{\beta}:\dfrac{c^2}{\gamma}\right)$ 的两点关于 $\triangle ABC$ 等角共轭.

提示 (1) 设 X 和 Y 是带有重心坐标 $(\alpha:\beta:\gamma)$ 和 $(\alpha^{-1}:\beta^{-1}:\gamma^{-1})$ 的两点;直线 CX 和 CY 交直线 AB 于点 X_1 和 Y_1,则

$$\frac{\overrightarrow{AX_1}}{\overrightarrow{BX_1}} = \frac{\beta}{\alpha} = \frac{\alpha^{-1}}{\beta^{-1}} = \frac{\overrightarrow{BY_1}}{\overrightarrow{AY_1}}$$

类似的讨论对直线 AX 和 BX 证明,点 X 和 Y 关于 $\triangle ABC$ 是等截共轭的.

(2) 设 X 是重心坐标为 (α,β,γ) 的点,则根据问题 14.36 有

$$\overrightarrow{AX} = \beta\overrightarrow{AB} + \gamma\overrightarrow{AC} = \beta c\left(\frac{\overrightarrow{AB}}{c}\right) + \gamma b\left(\frac{\overrightarrow{AC}}{b}\right)$$

设 Y 是点 X 关于 $\angle A$ 的平分线的对称点,$(\alpha':\beta':\gamma')$ 是点 Y 的重心坐标.

只需检验 $\dfrac{\beta'}{\gamma'} = \dfrac{\frac{b^2}{\beta}}{\frac{c^2}{\gamma}}$ 就足够了. 在关于 $\angle A$ 的平分线的对称变换下,单位向量 $\dfrac{\overrightarrow{AB}}{c}$ 和 $\dfrac{\overrightarrow{AC}}{b}$ 一个变做另一个,所以 $\overrightarrow{AY} = \beta c\left(\dfrac{\overrightarrow{AC}}{b}\right) + \gamma b\left(\dfrac{\overrightarrow{AB}}{c}\right)$. 因此

$$\frac{\beta'}{\gamma'} = \frac{\frac{\gamma b}{c}}{\frac{\beta c}{b}} = \frac{\frac{b^2}{\beta}}{\frac{c^2}{\gamma}}$$

14.42* 用重心坐标给出的两条直线的方程是 $a_1\alpha + b_1\beta + c_1\gamma = 0$ 和 $a_2\alpha + b_2\beta + c_2\gamma = 0$.

(1) 证明:这两条直线的交点的重心坐标是 $\left(\begin{vmatrix} b_1 & c_1 \\ b_2 & c_2 \end{vmatrix} : \begin{vmatrix} c_1 & a_1 \\ c_2 & a_2 \end{vmatrix} : \begin{vmatrix} a_1 & b_1 \\ a_2 & b_2 \end{vmatrix}\right)$.

(2) 证明:这两条直线平行,当且仅当 $\begin{vmatrix} b_1 & c_1 \\ b_2 & c_2 \end{vmatrix} + \begin{vmatrix} c_1 & a_1 \\ c_2 & a_2 \end{vmatrix} + \begin{vmatrix} a_1 & b_1 \\ a_2 & b_2 \end{vmatrix} = 0$.

提示 (1) 容易检验,指出的点在两条直线上.

(2) 不是重合的直线平行,当且仅当它们相交于无穷远点. 一个点是无穷远点,当且仅当它的重心坐标的和等于 0.

14.43* 在直线 AB,BC,CA 上给出点 C_1 和 C_2, A_1 和 A_2, B_1 和 B_2. 点 C_1 和 C_2 确定数 γ_1 和 γ_2,使得 $(1+\gamma_1)\overrightarrow{AC_1} = \overrightarrow{AB}$ 和 $(1+\gamma_2)\overrightarrow{C_2B} = \overrightarrow{AB}$. 数 α_1,α_2,

第14章 质量中心

β_1,β_2 可类似确定. 证明:直线 A_2B_1, B_2C_1 和 C_2A_1 相交于一点,当且仅当
$$\alpha_1\beta_1\gamma_1 + \alpha_2\beta_2\gamma_2 + \alpha_1\alpha_2 + \beta_1\beta_2 + \gamma_1\gamma_2 = 1$$

注 当 $\alpha_2 = \beta_2 = \gamma_2$ 时,点 A_2,B_2,C_2 同 B,C,A 重合;在这种情况下,我们得到塞瓦定理. 当 $\alpha_1\alpha_2 = \beta_1\beta_2 = \gamma_1\gamma_2 = 1$ 时点 A_1 和 A_2,B_1 和 B_2,C_1 和 C_2 重合. (实际上,点 A_1 和 A_2 重合等价于 $\dfrac{1}{1+\alpha_1} + \dfrac{1}{1+\alpha_2} = 1$,这个等式等价于等式 $\alpha_1\alpha_2 = 1$.) 直线 A_1B_1,B_1C_1 和 C_1A_1 相交于一点,当且仅当它们重合. 在这种情况下我们得到梅涅劳斯定理.

提示 点 A_2 和 B_1 具有重心坐标 $(0:1:\alpha_2)$ 和 $(1:0:\beta_1)$,所以在重心坐标 $(\alpha:\beta:\gamma)$ 下直线 A_2B_1 用方程 $\alpha\beta_1 + \beta\alpha_2 = \gamma$ 给出. 直线 B_2C_1 和 C_2A_1 用方程 $\beta\gamma_1 + \gamma\beta_2 = \alpha$ 和 $\gamma\alpha_1 + \alpha\gamma_2 = \beta$ 给出,这些直线相交于一点,当且仅当

$$\begin{vmatrix} \beta_1 & \alpha_2 & -1 \\ -1 & \gamma_1 & \beta_2 \\ \gamma_2 & -1 & \alpha_1 \end{vmatrix} = 0$$

这个等式作为需要的形式容易检验.

14.44* 设 $(\alpha_1,\beta_1,\gamma_1)$ 和 $(\alpha_2,\beta_2,\gamma_2)$ 是点 M 和 N 的绝对重心坐标,证明:
$$MN^2 = S_A(\alpha_1 - \alpha_2)^2 + S_B(\beta_1 - \beta_2)^2 + S_C(\gamma_1 - \gamma_2)^2$$
其中,对于任意角 ω,$S_\omega = 2S\cot\omega$,A,B,C 是已知三角形的内角,S 是它的面积.

提示 我们利用通过线段端点的绝对三线性坐标的线段长的平方的表达式(问题14.60). 绝对重心坐标 (α,β,γ) 同绝对三线性坐标用下列形式联系着: $\alpha = \lambda xa$,$\beta = \lambda yb$,$\gamma = \lambda zc$,并且 $\lambda(xa + yb + zc) = 1$. 显然,$xa + yb + zc = 2S$. 所以,$x = \dfrac{\alpha}{\lambda a} = \dfrac{2S}{a}\alpha$. 不复杂的检验指出,$\dfrac{\cos A}{\sin B \sin C}\left(\dfrac{2S}{a}\right)^2 = 2S\cot A$.

14.45* 证明:在问题14.44引入的量 S_ω 具有下列性质:

(1) $S_A = \dfrac{b^2 + c^2 - a^2}{2}$,$S_B = \dfrac{c^2 + a^2 - b^2}{2}$,$S_C = \dfrac{a^2 + b^2 - c^2}{2}$.

(2) $S_A + S_B = c^2$,$S_B + S_C = a^2$,$S_C + S_A = b^2$.

(3) $S_A + S_B + S_C = S_\varphi$,其中 φ 是布罗卡尔角.

(4) $S_AS_B + S_BS_C + S_CS_A = 4S^2$.

(5) $S_AS_BS_C = 4S^2S_\varphi - (abc)^2$.

提示 (1)根据余弦定理 $\cos A = \dfrac{b^2 + c^2 - a^2}{2bc}$,所以 $2S\cot A = bc\cos A = \dfrac{b^2 + c^2 - a^2}{2}$.

(2)显然由(1)推得.

(3)根据问题 5.140,$\cot A + \cot B + \cot C = \cot\varphi$.

(4)容易检验,$4(S_A S_B + S_B S_C + S_C S_A) = 2(a^2b^2 + b^2c^2 + c^2a^2) - a^4 - b^4 - c^4$.由海伦公式得出等式 $16S^2 = 2(a^2b^2 + b^2c^2 + c^2a^2) - a^4 - b^4 - c^4$.

(5)根据问题 12.46(1),$S_\varphi = \dfrac{a^2 + b^2 + c^2}{2}$,这样一来,我们的问题归结为检验恒等式 $(b^2 + c^2 - a^2)(c^2 + a^2 - b^2)(a^2 + b^2 - c^2) + 8a^2b^2c^2 = (2(a^2b^2 + b^2c^2 + c^2a^2) - a^4 - b^4 - c^4)(a^2 + b^2 + c^2)$.

这个恒等式容易检验.

14.46* 直线 l 通过重心坐标为 $(\alpha : \beta : \gamma)$ 的点 X.设 d_a, d_b, d_c 是由顶点 A, B, C 到直线 l 的顾及符号的距离(对于在直线 l 的不同侧的点符号不同),证明:$d_a\alpha + d_b\beta + d_c\gamma = 0$.

提示 设 A' 是直线 XA 和 BC 的交点,d'_a 是由点 A' 到直线 l 的距离.容易验证,$d'_a = \dfrac{d_b\beta + d_c\gamma}{\beta + \gamma}$ 和 $\dfrac{d'_a}{d_a} = -\dfrac{\alpha}{\beta + \gamma}$.由这两个等式推出要证的等式.

14.47* 直线 l 与 $\triangle ABC$ 的内切圆相切.设 $\delta_a, \delta_b, \delta_c$ 是由直线 l 到点 A, B, C 顾及符号的距离(如果点与内切圆圆心在直线 l 同一侧,距离是正的,在相反的情况距离是负的),证明:$a\delta_a + b\delta_b + c\delta_c = 2S_{\triangle ABC}$.

提示 通过内切圆的中心引直线 l' 平行于直线 l.设 $d_a = \delta_a - r, d_b = \delta_b - r, d_c = \delta_c - r$,其中 r 是内切圆的半径,则 d_a, d_b, d_c 是由点 A, B, C 到直线 l' 的顾及符号的距离.内切圆中心的重心坐标是 $(a : b : c)$,所以根据问题 14.46 有 $ad_a + bd_b + cd_c = 0$,也就是 $a\delta_a + b\delta_b + c\delta_c = r(a + b + c) = 2S_{\triangle ABC}$.

14.48* 直线 l 与 $\triangle ABC$ 的切于边 BC 的旁切圆相切.设 $\delta_a, \delta_b, \delta_c$ 是由直线 l 到点 A, B, C 顾及符号的距离(如果点与旁切圆圆心在直线 l 同一侧,距离是正的,在相反的情况距离是负的),证明:$-a\delta_a + b\delta_b + c\delta_c = 2S_{\triangle ABC}$.

提示 解法类似于问题 14.47 的解,只需要利用与边 BC 相切的旁切圆中心具有重心坐标$(-a:b:c)$.

14.49* 设S_a和S_b是$\triangle ABC$的与边BC和AC相切的旁切圆,d_{ab}和d_{ac}是由顶点B和C到与圆S_a和S_b相外切(且与直线BC不同)的直线l_a的距离;数d_{bc}和d_{ba},d_{cb}和d_{ca}定义类似,证明:$d_{ab}d_{bc}d_{ca}=d_{ac}d_{ba}d_{cb}$.

(见同样的问题 31.81.31.83.31.84.)

提示 由问题 14.48 对直线l_a和圆S_b和S_c写出等式.结果得出$ad_{aa}-bd_{ab}+cd_{ac}=2S_{\triangle ABC}$和$ad_{aa}+bd_{ab}-cd_{ac}=2S_{\triangle ABC}$,其中$d_{aa}$是由点$A$到直线$l_a$的距离.这样一来,$bd_{ab}=cd_{ac}$,即$\dfrac{d_{ab}}{d_{ac}}=\dfrac{c}{b}$.类似有$\dfrac{d_{bc}}{d_{ba}}=\dfrac{a}{c}$和$\dfrac{d_{ca}}{d_{cb}}=\dfrac{b}{a}$.将这三个等式相乘,得到需要的结果.

§6 三线性坐标

三线性坐标与重心坐标联系紧密,也就是,如果$(\alpha:\beta:\gamma)$是点X关于$\triangle ABC$的重心坐标,那么,$(x:y:z)=\left(\dfrac{\alpha}{a}:\dfrac{\beta}{b}:\dfrac{\gamma}{c}\right)$是它的三线性坐标.三线性坐标有如重心坐标那样,定义精确到成比例.

对于位于$\triangle ABC$内部的点X,作为重心坐标可以取三角形的面积$(S_{\triangle BCX}:S_{\triangle CAX}:S_{\triangle ABX})$.这意味着,作为三线性坐标可以取由点$X$到三角形各边的距离——绝对三线性坐标.如果点$X$位于三角形外面,那么到各边的距离必须取顾及的符号.例如,如果点X和A位于直线BC的同一侧,那么$x>0$;如果在不同侧,那么$x<0$.

在三线性坐标中等角共轭用公式$(x:y:z)\mapsto(x^{-1}:y^{-1}:z^{-1})$给出.在与这个三线性坐标的联系中,对等角共轭的研究工作经常是很方便的.

14.50* 凸四边形$ABCD$的边的延长线交于点P和Q,证明:在顶点A与C,B与D,P与Q的外角平分线的交点位于一条直线上.

提示 考查直线$l_1=AB$,$l_2=BC$,$l_3=CD$和$l_4=AD$.设x_i是由点X到直线l_i的顾及符号的距离(如果点X和四边形$ABCD$在直线l_i的一侧,那么符号为正).这样一来,$(x_1:x_2:x_3)$是点X关于由直线l_1,l_2,l_3形成的三角形三线性坐标.

在顶点A和C的外角平分线用方程$x_1+x_4=0$和$x_2+x_3=0$给出;在顶点

B 和 D 的外角平分线用方程 $x_1 + x_2 = 0$ 和 $x_3 + x_4 = 0$ 给出.在顶点 P 和 Q 的外角平分线用方程 $x_1 + x_3 = 0$ 和 $x_2 + x_4 = 0$ 给出.所以剩下只检验方程 $x_1 + x_2 + x_3 + x_4 = 0$ 给出直线.

如果在直角坐标系中直线 l_i 用方程 $x\cos\varphi + y\sin\varphi = d$ 给出,那么 $x_i = \pm(x\cos\varphi + y\sin\varphi - d)$,所以 x_1, x_2, x_3, x_4 通过 x 和 y 线性表示.

14.51* 在凸四边形 $ABCD$ 的边 AD 和 DC 上取点 P 和 Q,使得 $\angle ABP = \angle CBQ$.线段 AQ 和 CP 相交于点 E,证明:$\angle ABE = \angle CBD$.

提示 设 $(x:y:z)$ 是关于 $\triangle ABC$ 的三线性坐标.由等式 $\angle ABP = \angle CBQ$ 得出,点 P 和 Q 具有三线性坐标 $(p:u:q)$ 和 $(q:v:p)$.直线 AP 和 CQ 用方程 $\frac{y}{z} = \frac{u}{q}$ 和 $\frac{x}{y} = \frac{q}{v}$ 给出,所以它们的交点 D 具有三线性坐标 $\left(\frac{1}{v}:\frac{1}{q}:\frac{1}{u}\right)$.直线 AQ 和 CP 用方程 $\frac{y}{z} = \frac{v}{p}$ 和 $\frac{x}{y} = \frac{p}{u}$ 给出,所以它们的交点 E 具有三线性坐标 $\left(\frac{1}{u}:\frac{1}{p}:\frac{1}{v}\right)$.由点 D 和 E 三线性坐标的形式得出,$\angle CBD = \angle ABE$.

14.52* 求布罗卡尔点的三线性坐标.

提示 设 $(x:y:z)$ 是第一布罗卡尔点 P 的三线性坐标,则 $x:y:z = CP:AP:BP$.此外,$\frac{AP}{\sin\varphi} = \frac{AB}{\sin\alpha} = \frac{2Rc}{a}$(其中,$\varphi$ 是布罗卡尔角).类似有 $BP = \frac{2R(\sin\varphi)a}{b}$ 和 $CP = \frac{2R(\sin\varphi)b}{c}$.这样一来,第一布罗卡尔点具有三线性坐标 $\left(\frac{b}{c}:\frac{c}{a}:\frac{a}{b}\right)$,第二布罗卡尔点具有三线性坐标 $\left(\frac{c}{b}:\frac{a}{c}:\frac{b}{a}\right)$.

14.53* 在 $\triangle ABC$ 的边上向形外(形内)作正 $\triangle ABC_1, AB_1C$ 和 $\triangle A_1BC$,证明:直线 AA_1, BB_1 和 CC_1 相交于一点,并求这个点的三线性坐标.

这个点叫做第一(第二)等角中心.第一等角中心也称做托里拆利点或费马点.

提示 点 C_1 具有三线性坐标 $\left(\sin(\beta\pm\frac{\pi}{3}):\sin(\alpha\pm\frac{\pi}{3}):\mp\sin\frac{\pi}{3}\right)$,其中上面的符号对应向外作三角形,下面的符号对应向内作三角形,所以直线 CC_1 用方程 $x\sin(\alpha\pm\frac{\pi}{3}) = y\sin(\beta\pm\frac{\pi}{3})$ 给出,因此三线性坐标为

第 14 章 质量中心
DISHISIZHANG ZHILIANG ZHONGXIN

$$\left(\frac{1}{\sin(\alpha \pm \frac{\pi}{3})} : \frac{1}{\sin(\beta \pm \frac{\pi}{3})} : \frac{1}{\sin(\gamma \pm \frac{\pi}{3})}\right)$$

的点是直线 AA_1, BB_1 和 CC_1 的交点.

14.54* 求在三线性坐标下,(1) 外接圆的方程;(2) 内切圆的方程;(3) 旁切圆的方程.

提示 (1) 外接圆用方程 $ayz + bxz + cxy = 0$,即 $\frac{a}{x} + \frac{b}{y} + \frac{c}{z} = 0$ 给出(这里 a, b, c 是三角形的边长).这个论断的一个证明包含在问题 5.11 的提示中;另外的在问题 14.40 的提示中.还有一个证明,可以利用与无穷远直线等角共轭的外接圆方程 $ax + by + cz = 0$ 得出.

(2) 内切圆用方程 $\cos\frac{\alpha}{2}\sqrt{x} + \cos\frac{\beta}{2}\sqrt{y} + \cos\frac{\gamma}{2}\sqrt{z} = 0$ 给出,也就是

$$\cos^4\frac{\alpha}{2}x^2 + \cos^4\frac{\beta}{2}y^2 + \cos^4\frac{\gamma}{2}z^2 = 2\Big(\cos^2\frac{\beta}{2}\cos^2\frac{\gamma}{2}yz +$$
$$\cos^2\frac{\alpha}{2}\cos^2\frac{\beta}{2}xy + \cos^2\frac{\alpha}{2}\cos^2\frac{\gamma}{2}xz\Big)$$

为了得到这个方程,可以利用 $\triangle ABC$ 的内切圆是 $\triangle A_1B_1C_1$ 的外接圆,其中 A_1, B_1 和 C_1 是切点.设 $(x_1 : y_1 : z_1)$ 是 $\triangle A_1B_1C_1$ 的外接圆的点关于 $\triangle A_1B_1C_1$ 的三线性坐标.因为 $\triangle A_1B_1C_1$ 的角等于 $\frac{\beta + \gamma}{2}$, $\frac{\alpha + \gamma}{2}$, $\frac{\alpha + \beta}{2}$,则

$$\sin\frac{\beta + \gamma}{2}y_1z_1 + \sin\frac{\alpha + \gamma}{2}x_1z_1 + \sin\frac{\alpha + \beta}{2}x_1y_1 = 0$$

根据问题 2.61(1) $xy = z_1^2$.此外 $\sin\frac{\beta + \gamma}{2} = \cos\frac{\alpha}{2}$.

(3) 与边 BC 相切的旁切圆用方程 $\cos\frac{\alpha}{2}\sqrt{-x} + \cos\frac{\beta}{2}\sqrt{y} + \cos\frac{\gamma}{2}\sqrt{z} = 0$ 给出,也就是

$$\cos^4\frac{\alpha}{2}x^2 + \cos^4\frac{\beta}{2}y^2 + \cos^4\frac{\gamma}{2}z^2 = 2\Big(\cos^2\frac{\beta}{2}\cos^2\frac{\gamma}{2}yz -$$
$$\cos^2\frac{\alpha}{2}\cos^2\frac{\beta}{2}xy - \cos^2\frac{\alpha}{2}\cos^2\frac{\gamma}{2}xz\Big)$$

这个证明像对内切圆一样是精确的.

14.55* 求在三线性坐标下九点圆的方程.

提示 九点圆在三线性坐标中用方程
$$x^2\sin\alpha\cos\alpha + y^2\sin\beta\cos\beta + z^2\sin\gamma\cos\gamma = yz\sin\alpha + xz\sin\beta + xy\sin\gamma$$
给出. 为了证明这个,只需检验用这个方程给出的曲线与三角形每条边交于边的中点和高线足就够了.(二次曲线用五个点给出,而我们用六个点得出的.) 边 BC 的中点具有三线性坐标$(0:\sin\gamma:\sin\beta)$,而引向这条边的高线足具有三线性坐标$(0:\cos\gamma:\cos\beta)$. 容易检验,两个这样的点在给定的曲线上.

14.56* (1)证明:在三线性坐标下任意的圆用方程$(px+qy+rz)(x\sin\alpha+y\sin\beta+z\sin\gamma) = yz\sin\alpha+xz\sin\beta+xy\sin\gamma$给出.

(2)证明:用这种形式给出的两个圆的根轴用方程$p_1 x+q_1 y+r_1 z = p_2 x+q_2 y+r_2 z$给出.

提示 (1)方程$yz\sin\alpha+xz\sin\beta+xy\sin\gamma = 0$给出三角形的外接圆. 在笛卡儿坐标中任意圆的方程可以由确定的圆的方程减去某个线性函数得出. 在三线性坐标中为了保持齐次性, "线性函数" $px+qy+rz$ 必须添加 "常量" $x\sin\alpha+y\sin\beta+z\sin\gamma$ (如果x,y,z是绝对三线性坐标, 这个量是常量).

(2)根据问题3.56, 在笛卡儿坐标中点(x_0, y_0)关于圆$(x-a)^2+(y-b)^2 = R^2$的幂等于$(x_0-a)^2+(y_0-b)^2-R^2$, 所以(在笛卡儿坐标)用方程$x^2+y^2+P_1 x+Q_1 y+R_1 = 0$和$x^2+y^2+P_2 x+Q_2 y+R_2 = 0$给出的圆的根轴用方程$P_1 x+Q_1 y+R_1 = P_2 x+Q_2 y+R_2$给出. 对于任意的线性函数, 我们由确定的圆的方程减它, 得到类似的方程.

14.57* 证明:对内切圆在点$(x_0:y_0:z_0)$的切线用方程 $\dfrac{x}{\sqrt{x_0}}\cos\dfrac{\alpha}{2} + \dfrac{y}{\sqrt{y_0}}\cos\dfrac{\beta}{2} + \dfrac{z}{\sqrt{z_0}}\cos\dfrac{\gamma}{2} = 0$给出.

提示 设点$(x_0:y_0:z_0)$和$(x_1:y_1:z_1)$在内切圆上,则通过这两点的直线由方程 $x(\sqrt{y_0 z_1}+\sqrt{y_1 z_0})\cos\dfrac{\alpha}{2} + y(\sqrt{x_0 z_1}+\sqrt{x_1 z_0})\cos\dfrac{\beta}{2} + z(\sqrt{x_0 y_1}+\sqrt{x_1 y_0})\cos\dfrac{\gamma}{2} = 0$给出. 我们检验, 例如, 点$(x_0:y_0:z_0)$在这直线上, 为此利用恒等式

$$x(\sqrt{y_0 z_1}+\sqrt{y_1 z_0})\cos\dfrac{\alpha}{2}+\cdots = (\sqrt{x_0 y_0 z_1}+\sqrt{x_0 y_1 z_0}+\sqrt{x_1 y_0 z_0})(\sqrt{x_0}\cos\dfrac{\alpha}{2}+\cdots) - \sqrt{x_0 y_0 z_1}(\sqrt{x_1}\cos\dfrac{\alpha}{2}+\cdots)$$

第14章 质量中心

点$(x_0 : y_0 : z_0)$和$(x_1 : y_1 : z_1)$在内切圆上,所以根据问题 14.54(2)
$\sqrt{x_0}\cos\frac{\alpha}{2} + \cdots = 0$ 和 $\sqrt{x_1}\cos\frac{\alpha}{2} + \cdots = 0$.

为了得到在点$(x_0 : y_0 : z_0)$的切线方程,必须设 $x_1 = x_0, y_1 = y_0, z_1 = z_0$. 方程除以 $2\sqrt{x_0 y_0 z_0}$ 以后具有需要的形式.

14.58* 证明:内切圆与九点圆相切(费尔巴赫),求切点的三线性坐标.

提示 内切圆的方程可以写为

$$\left(x\frac{\cos^4\frac{\alpha}{2}}{\sin\alpha} + \cdots\right)(x\sin\alpha + \cdots) = \frac{4\cos^2\frac{\alpha}{2}\cos^2\frac{\beta}{2}\cos^2\frac{\gamma}{2}}{\sin\alpha\sin\beta\sin\gamma}(yz\sin\alpha + \cdots)$$

而九点圆的方程可以写为
$$(x\cos\alpha + \cdots)(x\sin\alpha + \cdots) = 2(yz\sin\alpha + \cdots)$$

所以根据问题 14.56(2) 它们的根轴由方程

$$2\cos^2\frac{\alpha}{2}\cos^2\frac{\beta}{2}\cos^2\frac{\gamma}{2}(x\cos\alpha + \cdots) = \sin\alpha\sin\beta\sin\gamma\left(x\frac{\cos^4\frac{\alpha}{2}}{\sin\alpha} + \cdots\right)$$

给出. 两边约去 $2\cos\frac{\alpha}{2}\cos\frac{\beta}{2}\cos\frac{\gamma}{2}$,考虑到

$$2\cos^3\frac{\alpha}{2}\sin\frac{\beta}{2}\sin\frac{\gamma}{2} - \cos\frac{\alpha}{2}\cos\frac{\beta}{2}\cos\frac{\gamma}{2}\cos\alpha = \cos\frac{\alpha}{2}\sin\frac{\alpha-\beta}{2}\sin\frac{\alpha-\gamma}{2}$$

得到的方程可以写为

$$\frac{x\cos\frac{\alpha}{2}}{\sin\frac{\beta-\gamma}{2}} + \frac{y\cos\frac{\beta}{2}}{\sin\frac{\gamma-\alpha}{2}} + \frac{z\cos\frac{\gamma}{2}}{\sin\frac{\alpha-\beta}{2}} = 0$$

根据问题 14.57,这个方程是在点 $\left(\sin^2\frac{\beta-\gamma}{2} : \sin^2\frac{\gamma-\alpha}{2} : \sin^2\frac{\alpha-\beta}{2}\right)$ 对内切圆的切线的方程(容易检验,这个点实际位于内切圆上). 如果两个圆的根轴切它们一个圆于某个点,那么两个圆也相切于这个点.

14.59* (1) 求布罗卡尔三角形顶点的三线性坐标.

(2) 求施坦纳点(问题 19.61)的三线性坐标.

提示 (1) 由问题 19.59 的提示得出,布罗卡尔三角形的顶点 A_1 是直线 CP 和 BQ 的交点,其中,P 和 Q 是第二布罗卡尔点,所以点 A_1 具有三线性坐标 $\left(1 : \frac{c^2}{ab} : \frac{b^2}{ac}\right) = (abc : c^3 : b^3)$,这个点的重心坐标是$(a^2 : c^2 : b^2)$.

(2) 引进重心坐标方便于计算. 在重心坐标$(\alpha : \beta : \gamma)$中直线$B_1C_1$由方程
$$0 = \begin{vmatrix} \alpha & \beta & \gamma \\ c^2 & b^2 & a^2 \\ b^2 & a^2 & c^2 \end{vmatrix} = \alpha(b^2c^2 - a^4) + \beta(a^2b^2 - c^4) + \gamma(a^2c^2 - b^4)$$
给出. 此外$\alpha + \beta + \gamma = 1$, 所以过点$A$平行于直线$B_1C_1$的直线由方程
$$\beta(a^2b^2 - c^4 + a^4 - b^2c^2) + \gamma(a^2c^2 - b^4 + a^4 - b^2c^2) = 0$$
给出. 也就是
$$(a^2 + b^2 + c^2)(\beta(a^2 - c^2) + \gamma(a^2 - b^2)) = 0$$
所以
$$\beta : \gamma = \frac{1}{c^2 - a^2} : \frac{1}{a^2 - b^2}$$

这样一来, 施坦纳点具有重心坐标$\left(\frac{1}{b^2 - c^2} : \frac{1}{c^2 - a^2} : \frac{1}{a^2 - b^2}\right)$. 施坦纳点具有三线性坐标$\left(\frac{1}{a(b^2 - c^2)} : \frac{1}{b(c^2 - a^2)} : \frac{1}{c(a^2 - b^2)}\right)$.

14.60* 设(x_1, y_1, z_1)与(x_2, y_2, z_2)是点M和N的绝对三线性坐标, 证明

$$MN^2 = \frac{\cos\alpha}{\sin\beta\sin\gamma}(x_1 - x_2)^2 + \frac{\cos\beta}{\sin\gamma\sin\alpha}(y_1 - y_2)^2 + \frac{\cos\gamma}{\sin\alpha\sin\beta}(z_1 - z_2)^2$$

(参见同样的问题$31.78, 31.81, 31.83, 31.84$.)

提示 我们引进直角坐标系uOv, 轴u的方向沿着射线BC并且选取轴v的方向, 使得点A具有正的坐标v, 则直角坐标(u, v)和三线性坐标$(x : y : z)$以下面的方式联系着: $v = x$和$u = \frac{x\cos\beta + z}{\sin\beta}$. 同样显然, $xa + yb + zc = 2S$, 即$y = \frac{2S - xa - zc}{b}$. 设$(u_1, v_1)$和$(u_2, v_2)$是点$M$和$N$的坐标, 则
$$MN^2 = (u_1 - u_2)^2 + (v_1 - v_2)^2 =$$
$$(x_1 - x_2)^2\frac{\cos^2\beta}{\sin^2\beta} + 2(x_1 - x_2)(z_1 - z_2)\frac{\cos\beta}{\sin^2\beta} + \frac{(z_1 - z_2)^2}{\sin^2\beta} + (x_1 - x_2)^2 =$$
$$\frac{(x_1 - x_2)^2}{\sin^2\beta} + \frac{(z_1 - z_2)^2}{\sin^2\beta} + 2(x_1 - x_2)(z_1 - z_2)\frac{\cos\beta}{\sin^2\beta}$$

如果利用$(y_1 - y_2)^2 = \left((x_1 - x_2)\frac{a}{b} + (z_1 - z_2)\frac{c}{b}\right)^2$, 那么需要的等式可以变做得到的等式; 变换过程必须利用$\frac{a}{b} = \frac{\sin\alpha}{\sin\beta}$和$\alpha + \beta + \gamma = \pi$.

第15章 平 移

基础知识

1. 将点 X 变为点 X', 使得 $\overrightarrow{XX'} = \overrightarrow{AB}$ 的变换, 叫做按照向量 $\overrightarrow{AB}$ 的平移.
2. 两个平移的合成(也就是依次完成)仍是平移.

引导性问题

1. 证明:在平移下,圆变做圆.
2. 半径为 R 的两个圆相切于点 K,由它们一个上取点 A,另一个上取点 B,并且使得 $\angle AKB = 90°$,证明: $AB = 2R$.
3. 半径为 R 的两个圆相交于点 M 和 N. 设 A 和 B 是线段 MN 的中垂线同这两个圆在直线 MN 一侧的交点,证明: $MN^2 + AB^2 = 4R^2$.
4. 在长方形 $ABCD$ 内取点 M,证明:存在这样的凸四边形,它的对角线互相垂直,长度分别等于 AB 和 BC 的长,并且它的边等于 AM, BM, CM, DM.

§1 平移帮助解题

15.1 两个村庄 A 和 B 被一条河流分开. 现要架设一座桥 MN,使得由 A 到 B 的道路 $AMNB$ 最短,问桥应架设在何处. (河两岸看做是平行线,桥垂直于两岸)

提示 设 A' 是点 A 按向量 $\overrightarrow{MN}$ 平移的像,则 $A'N = AM$,所以路径 $AMNB$ 的长等于 $A'N + NB + MN$. 因为线段 MN 的长是常值,那么必须求得点 N,使得 $A'N + NB$ 最小即可. 显然,当点 N 在线段 AB 上时它最小,即点 N 是靠近点 B 的河岸与线段 AB 的交点.

15.2 已知 $\triangle ABC$, 位于三角形内部的点 M, 平行于边 BC 运动到与边 AC 相交, 然后平行于 AB 运动到与 BC 相交, 然后平行于 AC 运动到与 AB 相交, 等等. 证明:通过若干步以后, 点运动的轨迹是封闭的.

提示　用 $A_1, B_1, B_2, C_2, C_3, A_3, A_4, B_4, \cdots$ (图 15.1) 表示在三角形边上轨迹序列的点. 因为 $A_1B_1 \parallel AB_2, B_1B_2 \parallel CA_1$ 和 $B_1C \parallel B_2C_2$, 则 $\triangle AB_2C_2$ 由 $\triangle A_1B_1C$ 平移而得到. 类似地 $\triangle A_3BC_3$ 由 $\triangle AB_2C_2$ 平移而得到, 又 $\triangle A_4B_4C$ 由 $\triangle A_3BC_3$ 平移而得到. 但 $\triangle A_1B_1C$ 也由 $\triangle A_3BC_3$ 平移而得到. 所以 $A_1 = A_4$, 也就是, 七步以后轨迹封闭(可能, 在这以前轨迹封闭).

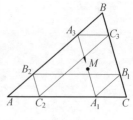

图 15.1

(译注: 当点 M 在 $\triangle ABC$ 的中位线上时, 一般的, 轨迹 4 步即可封闭; 当点 M 不在 $\triangle ABC$ 的中位线上时, 七步以后轨迹封闭).

15.3　设 K, L, M 和 N 是凸四边形 $ABCD$ 的边 AB, BC, CD 和 DA 的中点.

(1) 证明: $KM \leqslant \dfrac{BC + AD}{2}$, 并且仅当 $BC \parallel AD$ 时取等号.

(2) 当四边形 $ABCD$ 的边长固定时, 求线段 KM 和 LN 长度的最大值.

提示　(1) 添加 $\triangle CBD$ 到 $\square CBDE$, 则 $2KM = AE \leqslant AD + DE = AD + BC$, 并且仅当 $AD \parallel BC$ 时取等号.

(2) 设 $a = AB, b = BC, c = CD$ 和 $d = DA$. 如果 $|a - c| = |b - d| \neq 0$, 那么根据问题(1), 在退化的情形, 当所有的点 A, B, C 和 D 呈现在一条直线时, 达到最大值. 现在假设, 例如, $|a - c| < |b - d|$. 添加 $\triangle ABL$ 和 $\triangle LCD$ 到 $\square ABLP$ 和 $\square LCDQ$, 则 $PQ \geqslant |b - d|$, 也就是 $LN^2 = \dfrac{2LP^2 + 2LQ^2 - PQ^2}{4} \leqslant \dfrac{2(a^2 + c^2) - (b - d)^2}{4}$. 此外, 根据问题(1) $KM \leqslant \dfrac{b + d}{2}$, 当 $ABCD$ 是底为 AD 和 BC 的梯形时, 取等号.

15.4　在 $\square ABCD$ 内取点 O, 使得 $\angle OAD = \angle OCD$, 证明: $\angle OBC = \angle ODC$.

提示　我们考查点 O', 它由点 O 按向量 $\overrightarrow{AD}$ 平移而得到, 则 $\angle OAD = \angle OO'D$, 所以四边形 $OCO'D$ 是圆内接的, 而这意味着, $\angle ODC = \angle OO'C = \angle OBC$.

15.5　在梯形 $ABCD$ 中, 边 BC 和 AD 平行, M 是 $\angle A$ 和 $\angle B$ 的角平分线的交点, N 是 $\angle C$ 和 $\angle D$ 的角平分线的交点, 证明: $2MN = |AB + CD - BC -$

第15章 平移
DISHIWUZHANG PINGYI

$AD|$.

提示 作圆 S 与边 AB 和射线 BC 和 AD 都相切,平移 $\triangle CND$(在底 BC 和 AD 的方向),使得点 N 的像 N' 与点 M 重合,即边 $C'D'$(边 CD 的像)与圆 S 相切(图 15.2).对于圆外切梯形 $ABC'D'$,因为 $N' = M$,等式 $2MN' = |AB + C'D' - BC' - AD'|$ 显然成立.当由梯形 $ABC'D'$ 移动到梯形 $ABCD$ 时,这个等式的左边添加了 $2N'N$,而右边添加了 $CC' + DD' = 2NN'$,所以等式仍然成立.

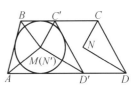

图 15.2

15.6* 由 □$ABCD$ 的顶点 B 引它的高线 BK 和 BH. 已知 $KH = a$ 和 $BD = b$,求由点 B 到 $\triangle BKH$ 的高线交点的距离.

提示 我们用 H_1 表示 $\triangle BKH$ 高线的交点. 因为 $HH_1 \perp BK$ 和 $KH_1 \perp BH$,则 $HH_1 // AD$ 和 $KH_1 // DC$,即 H_1HDK 是平行四边形,所以当按照向量 $\overrightarrow{H_1H}$ 平移时,点 K 变做点 D,又点 B 变做某个点 P(图 15.3).因为 $PD // BK$,则 $BPDK$ 是平行四边形且 $PK = BD = b$. 又因为 $BH_1 \perp KH$,那么 $PH \perp KH$.同样显然,$PH = BH_1$. 在直角 $\triangle PKH$ 中已知斜边 $KP = b$ 和直角边 $KH = a$,所以 $BH_1 = PH = \sqrt{b^2 - a^2}$.

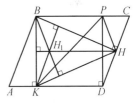

图 15.3

15.7* 在平行四边形每条边的内部取一点,联结具有公共顶点的边上选取的点,证明:四个所得到的三角形的外接圆的圆心是某个平行四边形的顶点.

提示 我们表示三角形各边的中垂线正如图15.4所指出的.所有直线 l_{ij} 平行且直线 l_{11} 和 l_{12} 之间的距离等于直线 l_{21} 和 l_{22} 之间的距离(它们等于平行四边形边长之半).所以使 l_{11} 变为 l_{12} 的平移,变 l_{21} 为 l_{22};又使 m_{11} 变为 m_{21} 的平移,变 m_{12} 为 m_{22}.因此,变直线 l_{11} 与 m_{11} 的交点为直线 l_{12} 与 m_{21} 的交点的平移,变直线 l_{21} 与 m_{12} 的交点为直线 l_{22} 与 m_{22} 的交点.

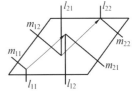

图 15.4

15.8* 在边长为1的正方形内放置一个图形,它任何两点间的距离不等于 0.001,证明:这个图形的面积不超过:$(1) 0.34$;$(2) 0.288$.

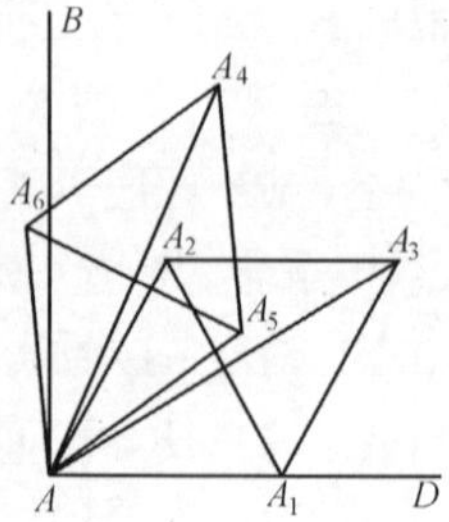

提示 (1) 位于边长为 1 的正方形 $ABCD$ 内部的图形我们表记为 F,而它的面积记为 S. 我们考查两个向量 $\overrightarrow{AA_1}$ 和 $\overrightarrow{AA_2}$,其中点 A_1 位于边 AD 上且 $AA_1 = 0.001$,而点 A_2 位于 $\angle BAD$ 的内部,$\angle A_2AA_1 = 60°$ 并且 $AA_2 = 0.001$(图 15.5).

设 F_1 和 F_2 是图形 F 按向量 $\overrightarrow{AA_1}$ 和 $\overrightarrow{AA_2}$ 平移下的像. 图形 F, F_1 和 F_2 不具有公共点,并且都在边长为 1.001 的正方形的内部,所以 $3S < 1.001^2$,即 $S < 0.335 < 0.34$.

图 15.5

(2) 我们研究向量 $\overrightarrow{AA_3} = \overrightarrow{AA_1} + \overrightarrow{AA_2}$. 绕着点 A 转动向量 $\overrightarrow{AA_3}$(逆时针转一个锐角),使得点 A_3 变做点 A_4,且 $A_3A_4 = 0.001$. 我们考查这样的长为 0.001 的向量 $\overrightarrow{AA_5}$ 和 $\overrightarrow{AA_6}$,它们同向量 $\overrightarrow{AA_4}$ 成 $30°$ 角并且位于它的不同侧(图 15.5).

记图形 F 按向量 $\overrightarrow{AA_i}$ 平移下的像为 F_i. 为确定起见,我们认为 $S(F_4 \cap F) \leq S(F_3 \cap F)$,则 $S(F_4 \cap F) \leq \dfrac{S}{2}$,所以 $S(F_4 \cup F) \geq \dfrac{3S}{2}$. 图形 F_5 和 F_6,既彼此不交,也与图形 F 和 F_4 不交,所以 $S(F \cup F_4 \cup F_5 \cup F_6) \geq \dfrac{7S}{2}$. (如果证明 $S(F_3 \cap F) \leq S(F_4 \cap F)$,那么必须取 F_1 和 F_2 代替图形 F_5 和 F_6). 因为向量 $\overrightarrow{AA_i}$ 的长不超过 $0.001\sqrt{3}$. 所有考查的图形都位于边为 $1 + 0.002\sqrt{3}$ 的正方形的内部,所以 $\dfrac{7S}{2} \leq (1 + 0.002\sqrt{3})^2$,即 $S < 0.288$.

注 $S(A \cup B)$ 表示图形 A 和 B 的并的面积,$S(A \cap B)$ 表示图形 A 和 B 的交的面积.

§2 作图与点的轨迹

15.9 给定 $\angle ABC$ 和直线 l. 求作一条与直线 l 平行的直线,使得它被 $\angle ABC$ 截出给定长为 a 的线段.

提示 具有两个向量 $\pm a$ 平行于直线 l 并且具有给定的长度 a. 我们考查射线 BC 按这两个向量平移下的像. 它们同射线 BA 的交点在所求的直线上(如果不存在交点,那么问题无解).

15.10 给定两圆 S_1, S_2 和直线 l. 引直线 l_1 与直线 l 平行,使得

第15章 平 移
DISHIWUZHANG   PINGYI

(1) l_1 与两圆 S_1 和 S_2 交点之间的距离等于定长 a.

(2) S_1 和 S_2 在 l_1 上截得等弦.

(3) S_1 和 S_2 在 l_1 上截得弦长的和(或差) 等于定长 a.

提示 (1) 设 S'_1 是圆 S_1 按着平行于直线 l 长为 a 的向量(这样的向量有两个) 平移下的像. 所求的直线通过圆 S'_1 和 S_2 的交点.

(2) 设 O_1 和 O_2 是圆 S_1 和 S_2 的中心在直线 l 上的射影. S'_1 是圆 S_1 按着向量 $\overrightarrow{O_1O_2}$ 平移下的像. 所求的直线通过圆 S'_1 和 S_2 的交点.

(3) 设 S'_1 是圆 S_1 按平行于直线 l 的某个向量平移下的像, 则直线 l_1 在圆 S_1 和 S'_1 截得的弦长相等, 而如果圆 S'_1 和 S_2 的中心在直线 l 上射影之间的距离等于 $\frac{a}{2}$, 那么通过圆 S'_1 和 S_2 的交点引的平行于直线 l 的直线截得弦长的和或差等于 a. 所需的圆 S'_1 容易作出.

15.11 给定圆中不相交的弦 AB 和 CD, 求作圆上的点 X, 使得弦 AX 和 BX 在弦 CD 上截得的线段 EF 等于定长 a.

提示 假设点 X 已作出. 按着向量 $\overrightarrow{EF}$ 移动点 A, 也就是作点 A', 使得 $\overrightarrow{EF} = \overrightarrow{AA'}$. 这个作图是可以作出的. 因为向量 $\overrightarrow{EF}$ 已知: 它的长等于 a 和它平行于 CD.

因为 $AX \parallel A'F$, 则 $\angle A'FB = \angle AXB$, 所以 $\angle A'FB$ 是已知的. 这样一来, 点 F 在线段 AB 和对线段 $A'B$ 的视角等于 $\angle AXB$ 的圆弧的交点上 (图 15.6).

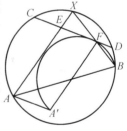

图 15.6

15.12 已知四个内角及边长 $AB = a$ 和 $CD = b$, 求作四边形 $ABCD$.

提示 假设四边形 $ABCD$ 是所求作的四边形. 我们通过 D_1 表示在按照向量 $\overrightarrow{CB}$ 平移下点 D 的像. 在三角形 ABD_1 中已知 AB, BD_1 和 $\angle ABD_1$. 由此得出下面的作图. 作任意的射线 BC', 然后引射线 BD_1 和 BA', 使得 $\angle D'_1BC' = 180° - \angle C$, $\angle A'BC' = \angle B$ 并且这些角放在与射线 BC' 的一边的一个半平面上. 在射线 BA' 和 BD_1 上分别放有线段 $BA = a$ 和 $BD_1 = b$. 引射线 AD', 使得 $\angle BAD' = \angle A$ 和射线 BC', AD' 在直线 AB 的一侧. 顶点 D 是射线 AD' 与由点 D_1 引的平行于射线 BC' 射线的交点. 顶点 C 是射线 BC' 与由点 D 引出的平行于射线 D_1B 的射线的交点.

15.13 给定两圆 S_1，S_2 和点 A. 通过点 A 引直线 l，使得 S_1 和 S_2 截它得到相等的弦.

提示 假设直线 l 交圆 S_2 于点 M 和 N 已经作出. 设 O_1 和 O_2 是圆 S_1 和 S_2 的中心；O'_1 是点 O_1 在沿着使得 $O'_1O_2 \perp MN$ 的直线 l 平移下的像，S'_1 是在这个平移下圆 S_1 的像. 对圆 S'_1 和 S_2 引切线 AP 和 AQ，则 $AQ^2 = AM \cdot AN = AP^2$，即 $O'_1A^2 = AP^2 + R^2$，其中，R 是圆 S'_1 的半径. 因为线段 AP 可以作图，那么线段 AO'_1 就可以作图. 剩下注意，点 O'_1 位于以 A 为中心、AO'_1 为半径的圆上并且在以 O_1O_2 为直径的圆上.

15.14 (1) 给定两圆 S_1 和 S_2，它们相交于点 A 和 B. 通过点 A 引直线 l，使得包含在圆 S_1 和 S_2 内的这条直线上的线段具有给定的长.

(2) 作已知 $\triangle ABC$ 的内接三角形，使它与给定的 $\triangle PQR$ 全等.

提示 (1) 过点 A 引直线 PQ（P 在圆 S_1 上，Q 在圆 S_2 上）. 由圆 S_1 和 S_2 的中心 O_1 和 O_2 作直线 PQ 的垂线 O_1M 和 O_2N. 平行于向量 $\overrightarrow{MO_1}$ 移动线段 MN. 设 C 是在这个平移下点 N 的像.

$\triangle O_1CO_2$ 是直角三角形且 $O_1C = MN = \dfrac{PQ}{2}$. 因此，为了作直线 PQ 对于它 $PQ = a$，必须作给定斜边为 O_1O_2 和直角边 $O_1C = \dfrac{a}{2}$ 的 $\triangle O_1CO_2$，然后通过点 A 引平行于 O_1C 的直线.

(2) 只需解决逆问题：围绕着已知 $\triangle PQR$ 外接一个三角形，与 $\triangle ABC$ 全等. 假设，$\triangle ABC$ 已经作出，它的边 AB，BC 和 CA 通过已知点 P，Q 和 R. 我们作圆弧，使得圆弧上的点对线段 RP 和 QP 的视角分别等于 $\angle A$ 和 $\angle B$. 点 A 和 B 在这两段弧上，并且线段 AB 的长是已知的. 根据问题(1)可以通过点 P 作直线 AP，它包含在圆 S_1 和 S_2 内的线段具有给定的长. 引直线 AR 和 BQ，得到 $\triangle ABC$，全等于已知的三角形，因为根据作法，这两个三角形有一边及夹它们的角对应相等.

15.15* 已知四个内角及两条对角线，求作四边形.

提示 假设四边形 $ABCD$ 为所求作的四边形. 设 D_1 和 D_2 分别是点 D 按向量 $\overrightarrow{AC}$ 和 $\overrightarrow{CA}$ 平移下的像. 围绕 $\triangle DCD_1$ 和 $\triangle DAD_2$ 作外接圆 S_1 和 S_2. 用 M 和 N 表示直线 BC 和 BA 与圆 S_1 和 S_2 的交点(图 15.7). 显然

$$\angle DCD_1 = \angle DAD_2 = \angle D, \angle DCM = 180° - \angle C$$

和

$$\angle DAN = 180° - \angle A$$

第15章 平 移
DISHIWUZHANG PINGYI

由此得出如下的作法:在任意直线 l 上取点 D 且在 l 上作点 D_1 和 D_2,使得 $DD_1 = DD_2 = AC$. 确定直线 l 给出的一个半平面 π,并且认为点 B 在这个半平面上.作圆 S_1,它在 π 上的点,对线段 DD_1 的视角为 $\angle D$. 类似地作圆 S_2. 在 S_1 上作点 M,使得在 π 上的圆的部分的所有的点,对线段 DM 的视角为 $180° - \angle C$. 类似地可作点 N. 由点 B 对线段 MN 的视角等于 $\angle B$. 也就是,B 是以 D 为中心 DB 为半径的圆和对线段 MN 的视角等于 $\angle B$ 的圆弧的交点(且它在半平面 π 上). 点 C 和 A 是直线 BM 和 BN 同圆 S_1 和 S_2 的交点.

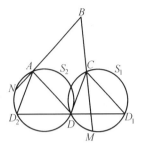

图 15.7

15.16* 求到两条给定直线距离的(1)和;(2)差等于定值的点的轨迹.

提示 由点 X 向已知直线 l_1 和 l_2 引垂线 XA_1 和 XA_2. 在射线 A_1X 上取点 B,使得 $A_1B = a$,则 $XA_1 \pm XA_2 = a$,我们得到 $XB = XA_2$. 设 l'_1 是直线 l_1 按向量 $\overrightarrow{A_1B}$ 平移下的像,M 是直线 l_1 和 l_2 的交点,则射线 MX 是 $\angle A_2MB$ 的平分线. 总之我们得到下面的解答:设直线 l_1 和 l_2 的交点同平行于直线 l_1 和 l_2 与它的距离为 a 的直线形成长方形 $M_1M_2M_3M_4$. 所求的轨迹,在问题(1)是这个长方形的边,而在问题(2)是边的延长线.

15.17* 移动一个用透明材料制成的角,使它的两边分别和角内部两个不相交的圆相切,证明:在角内能够描绘出在一个圆弧上的点.

(参见这样的问题 7.5.)

提示 设 $\angle BAC$ 的边 AB 与中心为 O_1 半径为 r_1 的圆相切,边 AC 与中心为 O_2 半径为 r_2 的圆相切. 向 $\angle BAC$ 内部平移直线 AB 以距离 r_1,平移直线 AC 以距离 r_2. 设 A_1 是两条平移直线的交点(图 15.8),则 $\angle O_1A_1O_2 = \angle BAC$. 向不动的线段 O_1O_2 的视角 $\angle O_1A_1O_2$ 是常值,所以点 A_1 描绘出一段圆弧.

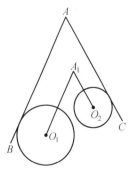

图 15.8

§3 供独立解答的问题

15.18 给定两对平行直线和点 P。通过点 P 引直线，使得两对平行直线在直线上截得相等的线段．

15.19 已知两边及对角线间的夹角，求作平行四边形．

15.20 在凸四边形 $ABCD$ 中，边 AB 和 CD 相等．证明：

(1) 直线 AB 和 CD 同联结边 AC 和 BD 中点的直线形成相等的角．

(2) 直线 AB 和 CD 同联结对角线 BC 和 AD 中点的直线形成相等的角．

15.21 在给定两对角线的长及它们之间的夹角的所有的四边形中，求出具有最小周长的四边形．

15.22 已知两个相邻的顶点，而另两个顶点在给定的圆上，求作平行四边形．

第16章 中心对称

基础知识

1. 平面上将点 X 变做点 X' 的变换,叫做关于点 A 的对称,其中 A 是线段 XX' 的中点. 这个变换的另一个名称叫做中心为 A 的中心对称或者简称中心为 A 的对称.

我们要注意,两个另外的变换是中心为 A 的对称的特殊情况:以 A 为中心旋转 $180°$,以及以 A 为中心、系数为 -1 的位似变换.

2. 如果关于点 A 的对称使一个图形变为自身,那么 A 称做这个图形的对称中心.

3. 在本章中对于变换利用下面的表示:

S_A——中心为 A 的对称;

T_a——按着向量 a 的平移.

4. 关于点 A 和 B 的对称的合成我们将表做 $S_B \circ S_A$. 在这里,首先完成对称 S_A,然后再完成 S_B. 好像不自然的这种运算次序,但对恒等式 $(S_B \circ S_A)(X) = S_B(S_A(X))$ 是正确的.

任何映射的合成都具有可结合性: $F \circ (G \circ H) = (F \circ G) \circ H$. 所以这个合成可以表示为 $F \circ G \circ H$.

5. 两个中心对称或者中心对称与平移的合成可按下面的公式计算(见问题16.9):

(1) $S_B \circ S_A = T_{\overrightarrow{2AB}}$;

(2) $T_a \circ S_A = S_B$ 和 $S_B \circ T_a = S_A$,其中 $a = 2\overrightarrow{AB}$.

引导性的问题

1. 证明:中心对称下将圆变做圆.

2. 证明:具有对称中心的四边形是平行四边形.

3.一个凸六边形的三组对边两两相等且平行,证明:这个六边形具有对称中心.

4.给定 □ABCD 和点 M.过点 A,B,C 和 D 分别引直线平行于直线 MC,MD,MA 和 MB,证明:所引的四条直线交于一点.

5.证明:由三角形的边及对它的内切圆的平行于各边的切线形成的六边形的对边相等.

§1 中心对称帮助解题

16.1 证明:如果在三角形中有一条中线与角平分线重合,那么该三角形是等腰三角形.

提示 设在 $\triangle ABC$ 中,中线 BD 是角平分线.我们考查点 B 关于点 D 的对称点 B_1.因为 D 是线段 AC 的中点,则四边形 $ABCB_1$ 是平行四边形.又因为 $\angle ABB_1 = \angle B_1BC = \angle AB_1B$,则 $\triangle B_1AB$ 是等腰三角形且 $AB = AB_1 = BC$.

16.2 两个游戏者轮流在长方形的桌面上放置5分的硬币.硬币只能放在空的位置上(注:不能与前面放的硬币重叠,也不能越过长方形的边界).当该谁放时他没地方放了,谁就算输.证明:先放硬币的游戏者总能够取胜.

提示 先放的游戏者将一个5分硬币放在桌面的中心,以后每次都将硬币放在对手所放硬币关于桌面中心的对称的位置.在这样的策略下第一个游戏者在轮换过程中总有放硬币的位置.同样显然,游戏在有限步数后结束.

16.3 一个圆分别交 $\triangle ABC$ 的边 BC,CA,AB 于点 A_1 和 A_2,B_1 和 B_2,C_1 和 C_2,证明:如果过点 A_1,B_1 和 C_1 引的三角形边的垂线相交于一点,那么过点 A_2,B_2 和 C_2 所引的边的垂线也相交于一点.

提示 设过点 A_1,B_1 和 C_1 引的三角形边的垂线相交于点 M.用 O 表示圆的中心.过点 A_1 引的边 BC 的垂线与过点 A_2 引的边 BC 的垂线关于点 O 对称,所以过点 A_2,B_2 和 C_2 所引的边的垂线的交点与点 M 关于点 O 对称.

16.4 证明:过圆内接四边形各边的中点引对边的垂线相交于一点.

提示 设 P,Q,R 和 S 是边 AB,BC,CD 和 DA 的中点;M 是线段 PR 和 QS 的交点(即这些线段中两个的中点,参见问题14.5);O 是外接圆的中心,而点 O'

第16章 中心对称
DISHILIUZHANG ZHONGXIN DUICHEN

是点 O 关于点 M 的对称点. 我们证明,在问题条件中谈及的直线通过点 O'. 实际上, $O'POR$ 是平行四边形,所以 $O'P \mathbin{/\mkern-2mu/} OR$,又因为 R 是弦 CD 的中点,则 $OR \perp CD$,即 $O'P \perp CD$. 对于直线 $O'Q$, $O'R$ 和 $O'S$ 可类似进行证明.

16.5 设 P 是凸四边形 $ABCD$ 的边 AB 的中点,证明:如果 $\triangle PCD$ 的面积等于四边形 $ABCD$ 面积的一半,那么 $BC \mathbin{/\mkern-2mu/} AD$.

提示 设点 D' 是 D 关于点 P 的对称点. 如果 $\triangle PCD$ 的面积等于四边形 $ABCD$ 面积的一半,那么它等于 $\triangle PBC$ 与 $\triangle PAD$ 面积的和,也就是 $\triangle PBC$ 与 $\triangle PBD'$ 面积的和. 因为 P 是线段 DD' 的中点,那么 $S_{\triangle PCD'} = S_{\triangle PCD} = S_{\triangle PBC} + S_{\triangle PBD'}$,所以点 B 在线段 $D'C$ 上,剩下注意 $D'B \mathbin{/\mkern-2mu/} AD$.

16.6 半径为1的两个圆 S_1 和 S_2 相切于点 A;半径为2的圆 S 的中心 O 属于 S_1. 圆 S_1 切圆 S 于点 B,证明:直线 AB 过圆 S_2 和 S 的交点.

提示 圆 S_1 和 S_2 关于点 A 对称. 因为 OB 是圆 S_1 的直径,故有 $\angle BAO = 90°$,所以在关于点 A 的对称下,点 B 重新落在圆 S 上. 因此,在关于点 A 的对称下,点 B 变为圆 S_1 和 S 的交点.

16.7* 在 $\triangle ABC$ 中引中线 AF 和 CE,证明:如果 $\angle BAF = \angle BCE = 30°$,那么 $\triangle ABC$ 是正三角形.

提示 因为 $\angle EAF = \angle ECF = 30°$,点 A, E, F 和 C 位于一个圆 S 上,并且如果 O 是它的中心,那么 $\angle BAO = 60°$. 点 B 关于点 E 与点 A 对称,所以它位于关于点 E 与圆 S 对称的圆 S_1 上. 类似地,点 B 位于关于点 F 与圆 S 对称的圆 S_2 上. 因为 $\triangle EOF$ 是正三角形,圆 S, S_1 和 S_2 的中心形成边为 $2R$ 的正三角形,其中 R 是这些圆的半径,所以圆 S_1 和 S_2 具有唯一的公共点 B,并且 $\triangle BEF$ 是正三角形. 因此, $\triangle ABC$ 也是正三角形.

16.8* 给定边两两不平行的凸 n 边形和它内部一点 O,证明:通过点 O 不能引多于 n 条的直线,它们中的每一条都平分凸 n 边形的面积.

(参见这样的问题 1.39, 4.41, 4.42.)

提示 考查原多边形关于点 O 对称的多边形. 因为多边形的边两两不平行,两个多边形的边界不可能有公共线段,但可能有公共点. 又因为多边形是凸的,在每条边上的交点不会多于两个,所以周界上的交点不超过 $2n$ (确切地说,

是 n 对关于 O 的对称点).

设 l_1 和 l_2 是过点 O 且平分原多边形面积的直线. 我们证明,由这些直线分平面的四个部分中每一部分的内部有周界的交点,假设直线 l_1 和 l_2 之间的一个部分没有这种点,直线 l_1 和 l_2 同多边形边的交点如图 16.1 所示. 设点 A', B', C' 和 D' 分别与点 A, B, C 和 D 关于点 O 对称. 为确定起见我们认为,点 A 比点 C' 距点 O 更近,因为线段 AB 与 $C'D'$ 不相交,交 B 比点 D' 距点 O 更近. 所以 $S_{ABO} < S_{C'D'O} = S_{CDO}$,其中 ABO 是由线段 AO 和 BO 与包含在点 A 和 B 之间的 n 边形周界部分限定的凸图形.

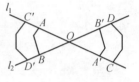

图 16.1

另一方面,因为直线 l_1 和 l_2 平分多边形面积,有 $S_{ABO} = S_{CDO}$. 得出矛盾. 所以在平分面积的每对直线之间,有一对对称的周界的交点,也就是,这样的直线不多于 n 条.

§2 中心对称的性质

16.9 (1) 证明:两个中心对称的合成是平移.

(2) 证明:平移与中心对称(按任意次序)的合成是中心对称.

提示 (1) 设点 A 在关于点 O_1 的中心对称下变为 A_1,点 A_1 在关于点 O_2 的中心对称下变为 A_2,则 O_1O_2 是 $\triangle AA_1A_2$ 的中位线,所以 $\overrightarrow{AA_2} = 2\overrightarrow{O_1O_2}$.

(2) 设 O_2 是点 O_1 按向量 $\dfrac{a}{2}$ 平移下的像. 根据问题(1) $S_{O_2} \circ S_{O_1} = T_a$. 这个等式左乘 S_{O_1} 或者右乘 S_{O_2} 并且顾及 $S_X \circ S_X$ 是恒等变换,得到 $S_{O_1} = S_{O_2} \circ T_a$ 和 $S_{O_2} = T_a \circ S_{O_1}$.

16.10 证明:如果点关于点 O_1, O_2 和 O_3 对称映射,然后再次关于同样这些点对称映射,那么,它仍回到原来的位置.

提示 根据前一个问题 $S_B \circ S_A = T_{\overrightarrow{2AB}}$,所以 $S_{O_3} \circ S_{O_2} \circ S_{O_1} \circ S_{O_3} \circ S_{O_2} \circ S_{O_1} = T_{2(\overrightarrow{O_2O_3} + \overrightarrow{O_3O_1} + \overrightarrow{O_1O_2})}$ 是恒等变换.

16.11 (1) 证明:有界图形不能有多于一个对称中心.

(2) 证明:任何图形不能恰好有两个对称中心.

第16章 中心对称
DISHILIUZHANG ZHONGXIN DUICHEN

(3) 设 M 是平面上点的有限集合. 我们称点 O 是集合 M 的"准对称中心", 如果由 M 能去掉一个点, 使得 O 是剩下集合的对称中心. M 能有多少个"准对称中心"?

提示 (1) 假设有界图形有两个对称中心 O_1 和 O_2. 引入横坐标轴沿射线 O_1O_2 方向的坐标系. 因为 $S_{O_2} \circ S_{O_1} = T_{2\overrightarrow{O_1O_2}}$, 图形在按向量 $2\overrightarrow{O_1O_2}$ 的平移下变做自身. 有界图形不能具有这个性质, 因为带有最大横坐标的点的像不属于图形.

(2) 设 $O_3 = S_{O_2}(O_1)$. 容易检验 $S_{O_3} = S_{O_2} \circ S_{O_1} \circ S_{O_2}$, 所以如果 O_1 和 O_2 是图形的对称中心, 那么 O_3 也是对称中心, 并且 $O_3 \neq O_1$ 且 $O_3 \neq O_2$.

(3) 我们证明, 有限集合只能具有 0,1,2 或 3 个"准对称中心". 对应的例子在图 16.2 中给出(粗点同时是点 M 和对称中心). 剩下证明, 有限集合不能有大于 3 个"准对称中心".

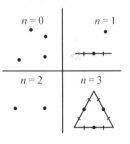

图 16.2

准对称中心是有限数, 因为它是联结集合的点的线段的中点. 所以可以选取一条直线, 使得准对称中心在它上面的射影不重合. 因此对于位于一条直线上的点进行证明就足够了.

设在直线上给出 n 个点, 其坐标满足 $x_1 < x_2 < \cdots < x_{n-1} < x_n$. 如果我们去掉点 x_1, 那么剩下集合的对称中心只能是点 $\frac{x_2 + x_n}{2}$; 如果我们去掉点 x_n, 那么剩下集合的对称中心只能是点 $\frac{x_1 + x_{n-1}}{2}$; 如果我们去掉另外任意一点, 那么剩下集合的对称中心只能是点 $\frac{x_1 + x_n}{2}$. 因此准对称中心的个数不超过 3.

16.12 在线段 AB 上给出关于它的中点对称的 n 对点; 将其中的 n 个点染成蓝色, 其余的点染成红色. 证明: 由点 A 到蓝点距离的和等于由点 B 到红点距离的和.

(参见这样的问题 5.49.)

提示 如果一对对称点染了不同颜色, 那么它们可以从考查的点中自然地去掉. 我们去掉所有这样的点对, 在剩余下的点的组成中蓝点对数等于红点对数. 此外, 无论由点 A 还是由点 B 到任意一对对称点距离的和都等于线段 AB 的长.

§3 在作图问题中的中心对称

16.13 过圆 S_1 和 S_2 的公共点 A 引直线,使得这两个圆在它上面截出相等的弦.

提示 考查圆 S_1 关于点 A 对称的圆 S'_1. 所求的直线过 S'_1 和 S_2 的交点.

16.14 过已知点 A 求作一条直线,使得包含在它同给定的直线以及给定的圆交点之间的线段被点 A 所平分.

提示 设 l' 是关于点 A 的对称下直线 l 的像. 所求作的直线过点 A 和直线 l' 与圆 S 的交点.

16.15 给定 $\angle ABC$ 和在它内部的点 D,求作端点在角两边上的一条线段,使得它的中点恰在点 D.

提示 作直线 BC 和 AB 关于点 D 的对称直线与直线 AB 和 BC 的交点 A' 和 C'(图 16.3). 显然,因为点 A' 和 C' 关于点 D 对称,点 D 是作出的线段 $A'C'$ 的中点.

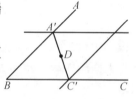

图 16.3

16.16 给定一个角和在它内部的点 A 和 B. 求作一个平行四边形,使得点 A 和 B 是它的相对的顶点,而两个另外的顶点位于角的边上.

提示 设 O 是线段 AB 的中点. 必须作位于角边上的点 C 和 D,使得点 O 是线段 CD 的中点. 这个作法在题 16.5 的提示中写出了.

16.17 给定四条两两不平行的直线和不在这些直线上的点 O,求作中心为点 O 的平行四边形,并且其顶点在给定的直线上,每条直线上有一个顶点.

提示 预先取一对直线. 这能够用三种方法作图. 设 $\square ABCD$ 的相对顶点 A 和 C 位于一对直线上,B 和 D 在另一对直线上. 我们考查第一对直线形成的角,有如在问题 16.15 的提示中写出的那样,作点 A 和 C,类似可作点 B 和 D.

16.18 给定两个同心圆 S_1 和 S_2. 请引这样的直线,使得这两个圆在它上面截得三段相等的弦.

提示 在较小的圆 S_1 上取点 X. 设 S'_1 是圆 S_1 在关于点 X 对称下的像,Y

第16章 中心对称
DISHILIUZHANG ZHONGXIN DUICHEN

是圆 S'_1 和 S_1 的交点,则 XY 为所求作的直线.

16.19* 已知圆中不相交的弦 AB, CD 和在弦 CD 上的点 J. 在圆上求一点 X,使得弦 AX 和 BX 在弦 CD 上截得的线段 EF 被点 J 所平分.

提示 假设点 X 为所求作. 点 A, B 和 X 在关于点 J 对称下的像用 A', B' 和 X' 表示(图 16.4). 已知 $\angle A'FB = 180° - \angle AXB$,所以点 F 是线段 CD 同对线段 BA' 的视角为 $180° - \angle AXB$ 的另外一个圆的交点. 点 X 是直线 BF 同已知圆的交点.

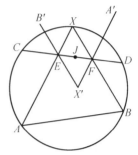

图 16.4

16.20* 通过圆 S_1 和 S_2 的公共点 A 引直线 l,使得圆 S_1 和 S_2 在 l 上截出的弦长的差等于给定的量值 a.

提示 假设直线 l 为所求作. 我们考查圆 S_1 关于点 A 对称的圆 S'_1. 设 O_1, O'_1 和 O_2 是圆 S_1, S'_1 和 S_2 的中心(图 16.5). 通过点 O'_1 和 O_2 作垂直于直线 l 的直线 l'_1 和 l_2. 直线 l'_1 和 l_2 之间的距离等于直线 l 被圆 S_1 和 S_2 截出的弦长之差的一半. 所以为了作直线 l 必须作以 O'_1 为中心、$\frac{a}{2}$ 为半径的圆;直线 l_2 是这个圆的切线. 作直线 l_2,由点 A 向它引垂线得到直线 l.

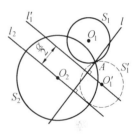

图 16.5

16.21* 已知 $m = 2n + 1$ 个点是某个 m 边形各边的中点. 请作出这个 m 边形的顶点.

(参见这样的问题 8.13,8.49,8.52,8.53,11.24.)

提示 设 B_1, B_2, $\cdots$, B_m 是多边形 $A_1A_2\cdots A_m$ 的边 A_1A_2, A_2A_3, $\cdots$, A_mA_1 的中点,则

$$S_{B_1}(A_1) = A_2, S_{B_2}(A_2) = A_3, \cdots, S_{B_m}(A_m) = A_1$$

所以

$$S_{B_m} \circ \cdots \circ S_{B_1}(A_1) = A_1$$

也就是 A_1 是对称合成 $S_{B_m} \circ S_{B_{m-1}} \circ \cdots \circ S_{B_1}$ 下的不动点. 根据问题 16.9 奇数个中心对称的合成是中心对称,也就是具有唯一的不动点. 这个点作为联结点 X 和 $S_{B_m} \circ S_{B_{m-1}} \circ \cdots \circ S_{B_1}(X)$ 的线段的中点可以作出,其中 X 是任意一点.

477

§4 供独立解答的问题

16.22 已知中线 m_a, m_b 和角 C,求作三角形.

16.23 (1) 给定平行四边形内不在对边中点联结线段上的点,存在多少条端点在平行四边形边上的线段被这个点所平分?

(2) 给定位于已知三角形的中位线形成的三角形内的一点,存在多少条端点在已知三角形边上的线段被这个点所平分?

16.24 (1) 求以给定正方形的顶点为各边的中点的凸四边形顶点的集合.

(2) 在平面上给定三个点,求凸四边形顶点的集合,使它的每三条边的中点是给定的三个点.

16.25 在直线上给定按指定顺序排列的 A, B, C, D 四个点,且 $AB = CD$,证明:对在平面上的任意点 P,$AP + DP \geqslant BP + CP$.

第17章 轴 对 称

基础知识

1. 平面上将点 X 变做点 X' 的变换,叫做关于直线 l 的对称(记作 S_l),其中 l 是线段 XX' 的中垂线.这个变换也称为轴对称,而 l 叫做对称轴.

2. 如果在关于直线 l 的对称下一个图形变为自身,那么 l 叫做这个图形的对称轴.

3. 两个轴对称的合成,如果它们的轴平行是平移,如果它们的轴不平行是旋转.(参见问题 17.22)

轴对称有如积木,由它能构建出所有另外的平面运动:任意运动是不超过三个轴对称的合成(问题17.37),所以轴对称的合成比中心对称的合成给出更加强有力的解决问题的方法.此外,旋转分解为两个轴对称的合成经常是方便的,并且一个轴可以取通过旋转中心的任意直线.

引导性问题

1. 证明:圆在轴对称下变为圆.

2. 四边形具有对称轴.证明:这个四边形或者是等腰梯形,或者是关于对角线对称的四边形.

3. 多边形的对称轴交它的边于点 A 和 B,证明:点 A 是多边形的顶点或垂直于对称轴的边的中点.

4. 证明:如果图形具有两条垂直的对称轴,那么它具有对称中心.

§1 轴对称帮助解题

17.1 点 M 在圆的直径 AB 上.通过点 M 的弦 CD 交 AB 成 $45°$ 角,证明: $CM^2 + DM^2$ 与点 M 的选取无关.

提示 点 C 和 D 关于直线 AB 的对称点分别用 C' 和 D' 来表示. $\angle C'MD =$

$90°$,所以 $CM^2 + DM^2 = C'M^2 + DM^2 = C'D^2$. 因为 $\angle C'CD = 45°$,弦 $C'D$ 有固定的长.

17.2 相等的圆 S_1 和 S_2 与圆 S 内切于点 A_1 和 A_2. 联结圆 S 的任意点 C 同点 A_1 和 A_2. 这两条线段交 S_1 和 S_2 于点 B_1 和 B_2,证明 $A_1A_2 \parallel B_1B_2$.

提示 引是圆 S_1 和 S_2 的对称轴的圆 S 的直径. 设点 C' 和 B'_2 与点 C 和 B_2 关于这条直径对称(图 17.1).

圆 S_1 和 S 在点 A_1 成位似,并且在这个位似下直线 $B_1B'_2$ 变为直线 CC',所以这两条直线平行. 同样显然, $B_2B'_2 \parallel CC'$,所以点 B_1, B'_2 和 B_2 在一条直线上,并且这条直线平行于直线 CC'.

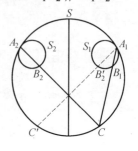

图 17.1

17.3 通过等腰 $\triangle ABC$ 的底边 AB 上的点 M 引直线,交它的腰(或它的延长线)于点 A_1 和 B_1,证明: $\dfrac{A_1A}{A_1M} = \dfrac{B_1B}{B_1M}$.

(参见同样的问题 2.16, 2.65, 2.93, 2.99, 4.11, 6.3, 6.29, 9.40, 11.27, 22.22, 22.23.)

提示 设直线 A_1B_1 关于直线 AB 对称的直线与边 CA 和 CB(或它们的延长线)交于点 A_2 和 B_2. 因为
$$\angle A_1AM = \angle B_2BM, \quad \angle A_1MA = \angle B_2MB$$
所以
$$\triangle A_1AM \backsim \triangle B_2BM$$
也就是
$$\dfrac{A_1A}{A_1M} = \dfrac{B_2B}{B_2M}$$
此外,因为 MB 是 $\triangle B_1MB_2$ 的角平分线,所以
$$\dfrac{B_2B}{B_2M} = \dfrac{B_1B}{B_1M}$$

§2 作 图

17.4 已知四边形 $ABCD$ 的边长,且对角线 AC 是 $\angle A$ 的平分线,求作这个四边形.

提示 假设四边形 $ABCD$ 为所求作. 为确定起见,设 $AD > AB$. 用 B' 表示

第17章 轴对称
DISHIQIZHANG ZHOUDUICHEN

点 B 关于对角线 AC 的对称点.点 B' 位于边 AD 上,并且 $B'D = AD - AB$. $\triangle B'CD$ 中的边长:$B'D = AD - AB$ 和 $B'C = BC$.作 $\triangle B'CD$,在边 $B'D$ 的延长线上点 B' 的外面作点 A.进一步的作图很显然了.

17.5 求作一个四边形 $ABCD$,它能够外切于圆.已知它的两个邻边 AB 和 AD 的长和顶角 $\angle B$ 和 $\angle D$.

提示 假设四边形 $ABCD$ 为所求作.为确定起见,将认为 $AD > AB$.设 O 是内切圆的中心;点 D' 与 D 关于直线 AO 对称;A' 是直线 AO 与 DC 的交点,C' 是直线 BC 与 $A'D'$ 的交点(图 17.2).

在 $\triangle BC'D'$ 中已知边 BD' 和夹它的角 $\angle D'BC' = 180° - \angle B$ 和 $\angle BD'C' = \angle D$.根据这些元素作 $\triangle BC'D'$.因为 $AD' = AD$,则点 A 能够作出.然后作 $\angle ABC'$ 和 $\angle BD'C'$ 的平分线的交点 O.已知点 O 的位置能够作点 D 和内切圆.点 C 是直线 BC' 与由点 D 引的圆的切线的交点.

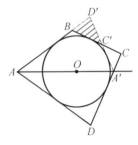

图 17.2

17.6 已知 a,b 和 $\angle A$ 与 $\angle B$ 的差,求作 $\triangle ABC$.

提示 假设 $\triangle ABC$ 为所求作.设 C' 是点 C 关于线段 AB 中垂线的对称点.在 $\triangle ACC'$ 中已知 $AC = b$,$AC' = a$ 和 $\angle CAC' = \angle A - \angle B$,所以能作出 $\triangle ACC'$. B 是点 A 关于线段 CC' 中垂线的对称点.

17.7 已知边 c,高 h_c 及 $\angle A$ 与 $\angle B$ 的差,求作 $\triangle ABC$.

提示 假设 $\triangle ABC$ 为所求作.我们用 C' 表示 C 关于边 AB 的中垂线的对称点,用 B' 表示 B 关于直线 CC' 的对称点.为确定起见,认为 $AC < BC$,则
$$\angle ACB' = \angle ACC' + \angle C'CB = 180° - \angle A + \angle C'CB = 180° - (\angle A - \angle B)$$
即 $\angle ACB'$ 已知.

$\triangle ABB'$ 可以作图,因为 $AB = c$,$BB' = 2h_c$ 和 $\angle ABB' = 90°$.点 C 是线段 BB' 的中垂线与对线段 AB' 张视角为 $180° - (\angle A - \angle B)$ 的圆弧的交点.

17.8 求作 $\triangle ABC$.根据条件:
(1) $c, a - b (a > b)$ 和 $\angle C$.

(2) c, $a+b$ 和 $\angle C$.

提示 (1) 假设 $\triangle ABC$ 为所求作,设 C' 是点 A 关于 $\angle C$ 的平分线的对称点,则

$$\angle BC'A = 180° - \angle AC'C =$$
$$180° - \frac{180° - \angle C}{2} = 90° + \frac{\angle C}{2}$$
$$BC' = a - b$$

在 $\triangle ABC'$ 中已知 $AB = c$, $BC' = a - b$ 和 $\angle C' = 90° + \frac{\angle C}{2}$. 因为 $\angle C' > 90°$, $\triangle ABC'$ 根据这些元素唯一地作出. 点 C 是线段 AC' 的中垂线与直线 BC' 的交点.

(2) 解法与问题(1)的解法类似. 作为点 C' 必须取点 A 关于 $\triangle ABC$ 的 $\angle C$ 外角平分线的对称点. 因为 $\angle AC'B = \frac{\angle C}{2} < 90°$, 问题能有两个解.

17.9 给定直线 l 和在它同侧的点 A 和 B. 在直线 l 上求作这样的点 X, 使得 $AX + BX = a$, 其中 a 是给定的量.

提示 设 S 是中心为 B 半径为 a 的圆, S' 是中心为 X 半径为 AX 的圆, A' 是点 A 关于直线 l 的对称点, 则圆 S' 与圆 S 相切, 而点 A' 位于圆 S' 上. 剩下通过已知点 A 和 A' 作与已知圆 S 相切的圆 S', 且它的中心 X 为所求(参见问题 8.57(2)).

17.10 已知锐角 $\angle MON$ 和角内部的点 A 和 B. 在边 OM 上求作一点 X, 使得 $\triangle XYZ$ 是等腰三角形, 即 $XY = XZ$, 其中, Y 和 Z 是直线 XA 和 XB 同 ON 的交点.

提示 设点 A 在直线 ON 上的射影比点 B 的射影更靠近点 O. 假设等腰 $\triangle XYZ$ 为所求作.

我们考查点 A 关于直线 OM 的对称点 A'. 由点 X 向直线 ON 引垂线 XH(图 17.3). 因为

$$\angle A'XB = \angle A'XO + \angle OXA + \angle YXH + \angle HXZ =$$
$$2\angle OXY + 2\angle YXH =$$
$$2\angle OXH = 180° - 2\angle MON$$

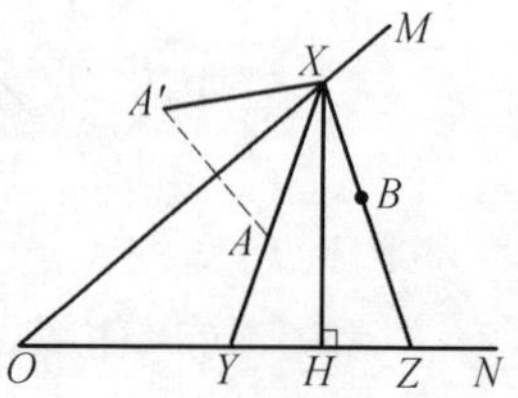

图 17.3

则 $\angle A'XB$ 已知. 点 X 是直线 OM 与对线段 $A'B$ 的视角为 $180° - 2\angle MON$ 的圆弧的交点. 此时点 X 在直线 ON 上的射影应位于点 A 和 B 的射影之间.

第17章 轴对称

反之,如果 $\angle AXB = 180° - \angle MON$ 且点 X 在直线 ON 上的射影位于点 A 和 B 的射影之间,那么 $\triangle XYZ$ 是等腰三角形.

17.11 已知直线 MN 和在它同侧的两个点 A 和 B.在直线 MN 上求作一点 X,使得 $\angle AXM = 2\angle BXN$.

提示 假设点 X 为所求作.设 B' 是点 B 关于直线 MN 的对称点;中心在 B' 半径为 AB' 的圆交直线 MN 于点 A',则射线 $B'X$ 是 $\angle AB'A'$ 的平分线.因此 X 是直线 $B'O$ 和 MN 的交点,其中 O 是线段 AA' 的中点.

17.12 已知三条直线 l_1, l_2 和 l_3 相交于一点,并且点 A_1 在直线 l_1 上,求作 $\triangle ABC$,使得点 A_1 是它的边 BC 的中点,而直线 l_1, l_2 和 l_3 是各边的中垂线.

提示 过点 A_1 引直线 BC 垂直于直线 l_1.所求的 $\triangle ABC$ 的顶点 A 是直线 BC 关于直线 l_2 和 l_3 为对称的直线的交点.

17.13 已知点 A, B 和 $\angle C$ 的平分线所在的直线,求作 $\triangle ABC$.

提示 设点 A' 是点 A 关于 $\angle C$ 的平分线的对称点,则 C 是直线 $A'B$ 和 $\angle C$ 的平分线所在直线的交点.

17.14 已知三条直线 l_1, l_2 和 l_3 相交于一点,并且点 A 在直线 l_1 上,求作 $\triangle ABC$,使得点 A 是它的顶点,而三角形的角平分线位于直线 l_1, l_2 和 l_3 上.

提示 设 A_2 和 A_3 是点 A 关于直线 l_2 和 l_3 的对称点,则点 A_2 和 A_3 在直线 BC 上,所以点 B 和 C 是直线 A_2A_3 与直线 l_2 和 l_3 的交点.

17.15 已知两边中点以及引向这两边中一个边上的角平分线所在的直线,求作这个三角形.

提示 假设 $\triangle ABC$ 为所求作,同时 N 是 AC 的中点,M 是 BC 的中点且 $\angle A$ 的平分线位于已知直线 l 上.作 N 关于直线 l 的对称点 N'.直线 BA 过点 N' 且平行于直线 MN.这样一来,我们找到顶点 A 和直线 BA.引直线 AN,得到直线 AC.剩下作端点在 $\angle BAC$ 的边上的线段及它的中点 M(参见问题 16.15 的提示).

§3 不等式与极值

17.16 在 $\triangle ABC$ 的 $\angle C$ 的外角的平分线上取与 C 不同的点 M,证明: $MA + MB > CA + CB$.

提示 设点 A' 与 A 关于直线 CM 为对称,则
$$AM + MB = A'M + MB > A'B = A'C + CB = AC + CB$$

17.17 在 $\triangle ABC$ 中引中线 AM,证明: $2AM \geqslant (b+c)\cos\dfrac{\alpha}{2}$.

提示 设点 B', C' 和 M' 与点 B, C 和 M 关于在顶点 A 的外角平分线对称,则
$$AM + AM' \geqslant MM' = \dfrac{BB' + CC'}{2} = (b+c)\sin\left(90° - \dfrac{\alpha}{2}\right) = (b+c)\cos\dfrac{\alpha}{2}$$

17.18 $\triangle ABC$ 的内切圆切边 AC 和 BC 于点 B_1 和 A_1,证明: 如果 $AC > BC$, 那么 $AA_1 > BB_1$.

提示 设点 B' 与 B 关于 $\angle ACB$ 的平分线对称,则 $B'A_1 = BB_1$, 即需要检验 $B'A_1 < AA_1$. 为此只要注意 $\angle AB'A_1 > \angle AB'B > 90°$ 就足够了.

17.19 证明: 任意凸四边形的面积不超过其对边乘积之和的一半.

提示 设 D' 是点 D 关于线段 AC 中垂线的对称点,则
$$S_{ABCD} = S_{ABCD'} = S_{\triangle BAD'} + S_{\triangle BCD'} \leqslant \dfrac{AB \cdot AD'}{2} + \dfrac{BC \cdot CD'}{2} = \dfrac{AB \cdot CD + BC \cdot AD}{2}$$

17.20 给定直线 l 和在它同一侧的两个点 A 和 B. 在直线 l 求一点 X, 使得折线 AXB 的长最小.

提示 设点 A' 与点 A 关于直线 l 对称. 设 X 是直线 l 上的点,则 $AX + XB = A'X + XB \geqslant A'B$, 并且仅当点 X 在线段 $A'B$ 上时取等号, 所以所求的点是直线 l 和线段 $A'B$ 的交点.

第17章 轴对称

17.21* 在给定的锐角三角形中内接一个周长最小的三角形.

提示 设 $\triangle PQR$ 是三角形的高线足形成的三角形,$\triangle P'Q'R'$ 是任意另外的 $\triangle ABC$ 中的内接三角形. 进一步设点 P_1 和 P_2(对应于 P'_1 和 P'_2)与点 P(对应 P')关于直线 AB 和 AC 对称(图17.4). 点 Q 和 R 在线段 P_1P_2 上(参见问题1.58),所以 $\triangle PQR$ 的周长等于线段 P_1P_2 的长. 而 $\triangle P'Q'R'$ 的周长等于折线 $P'_1R'Q'P'_2$,即它不小于线段 $P'_1P'_2$ 的长. 剩下注意 $(P'_1P'_2)^2 = P_1P_2^2 + 4d^2$,其中,$d$ 是由点 P'_1 到直线 P_1P_2 的距离.

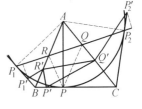

图 17.4

§4 对称的合成

17.22 (1) 直线 l_1 和 l_2 平行,证明:$S_{l_1} \circ S_{l_2} = T_{2a}$,其中 T_a 是将 l_1 变为 l_2 的平移,并且 $a \perp l_1$.

(2) 直线 l_1 和 l_2 相交于点 O,证明:$S_{l_2} \circ S_{l_1} = R_O^{2\alpha}$,其中 R_O^α 是将 l_1 变为 l_2 的旋转.

提示 设 X 是任意点,$X_1 = S_{l_1}(X)$ 和 $X_2 = S_{l_2}(X_1)$.

(1) 在直线 l_1 任取一点 O 和以 O 为原点横轴沿直线 l_1 方向的坐标系. 直线 l_2 在这个坐标系中用方程 $y = a$ 给出. 设 y, y_1 和 y_2 是点 X, X_1 和 X_2 的纵坐标. 显然,$y_1 = -y$ 和 $y_2 = (a - y_1) + a = y + 2a$. 因为点 X, X_1 和 X_2 具有相同的横坐标,那么 $X_2 = T_{2a}(X)$,其中 T_a 变直线 l_1 为 l_2 的平移,并且 $a \perp l_1$.

(2) 我们考查以 O 为原点横轴沿直线 l_1 方向的坐标系. 设在这个坐标系中由直线 l_1 到 l_2 的旋转角等于 α,由横坐标轴到射线 OX, OX_1 和 OX_2 的旋转角等于 φ, φ_1 和 φ_2. 显然,$\varphi_1 = -\varphi$ 和 $\varphi_2 = (\alpha - \varphi_1) + \alpha = \varphi + 2\alpha$. 因为 $OX = OX_1 = OX_2$,所以 $X_2 = R_O^{2\alpha}(X)$,其中 R_O^α 是变 l_1 为 l_2 的旋转.

17.23 已知三条直线 a, b, c,证明:对称的合成 $S_c \circ S_b \circ S_a$ 是关于某条直线的对称,当且仅当已知的直线相交于一点.

提示 首先假设对于某直线 $l, S_c \circ S_b \circ S_a = S_l$,则
$$S_b \circ S_a = S_c \circ S_c \circ S_b \circ S_a = S_c \circ S_l$$
变换 $S_b \circ S_a$ 的不动点是直线 a 和 b 的交点. 它也应当是变换 $S_c \circ S_l$ 的不动点,所以直线 c 应当过直线 a 和 b 的交点.

现在假设已知直线相交于点 O. 合成 $S_b \circ S_a$ 是中心为 O 的旋转,所以对由组成中心为 O 的旋转的直线 a 和 b 得到的,具有相同夹角的任意一对直线 a' 和 b',有 $S_b \circ S_a = S_{b'} \circ S_{a'}$. 可以达到使得在这个旋转中直线 b' 同直线 c 重合,则

$$S_c \circ S_b \circ S_a = S_c \circ S_{b'} \circ S_{a'} = S_c \circ S_c \circ S_{a'} = S_{a'}$$

17.24 已知三条直线 a, b, c. 设 $T = S_a \circ S_b \circ S_c$,证明:$T \circ T$ 是平移(或恒等变换).

提示 表示 $T \circ T$ 为三个变换合成的形式

$$T \circ T = (S_a \circ S_b \circ S_c) \circ (S_a \circ S_b \circ S_c) = (S_a \circ S_b) \circ (S_c \circ S_a) \circ (S_b \circ S_c)$$

在这时 $S_a \circ S_b, S_c \circ S_a$ 和 $S_b \circ S_c$ 的旋转角分别为 $2\angle(b, a), 2\angle(a, c)$ 和 $2\angle(c, b)$. 旋转角的和等于 $2(\angle(b, a) + \angle(a, c) + \angle(c, a)) = 2\angle(b, b) = 0°$,并且确定这个量精确到 $2 \times 180° = 360°$,因此这个旋转的合成是平移(参见问题 18.37).

17.25 设 $l_3 = S_{l_1}(l_2)$,证明:$S_{l_3} = S_{l_1} \circ S_{l_2} \circ S_{l_1}$.

提示 如果点 X 和 Y 关于直线 l_3 为对称,那么点 $S_{l_1}(X)$ 和 $S_{l_1}(Y)$ 关于直线 l_2 为对称,也就是

$$S_{l_1}(X) = S_{l_2} \circ S_{l_1}(Y)$$

所以

$$S_{l_1} \circ S_{l_3} = S_{l_2} \circ S_{l_1}$$

$$S_{l_3} = S_{l_1} \circ S_{l_2} \circ S_{l_1}$$

17.26 $\triangle ABC$ 的内切圆切边于点 A_1, B_1 和 C_1;点 A_2, B_2 和 C_2 关于三角形对应的角的平分线与这些点对称,证明:$A_2 B_2 \parallel AB$,且 AA_2, BB_2 和 CC_2 交于一点.

提示 设 O 是内切圆圆心,a 和 b 是直线 OA 和 OB,则

$$S_a \circ S_b(C_1) = S_a(A_1) = A_2$$

$$S_b \circ S_a(C_1) = S_b(B_1) = B_2$$

点 A_2 和 B_2 由点 C_1 作以 O 为中心旋转相反的角而得到,所以 $A_2 B_2 \parallel AB$. 类似的讨论指出,$\triangle ABC$ 和 $\triangle A_2 B_2 C_2$ 的边平行,这意味着这两个三角形位似. 直线 AA_2, BB_2 和 CC_2 通过变 $\triangle ABC$ 为 $\triangle A_2 B_2 C_2$ 的位似中心. 我们发现在这个位似下三角形 ABC 的外接圆变为它的内切圆,也就是位似中心在联结这两个圆心

第17章 轴对称

的直线上.

17.27* 两条直线的交角为 γ,一只蝈蝈从一条直线跳到另一条;每一跳跃的长等于 1 m,且蝈蝈不能往回跳,只要这是可能的.证明:当且仅当 $\frac{\gamma}{\pi}$ 是有理数时,跳跃的次序是周期的.

提示 对于跳跃的每个向量恰具有两个蝈蝈位置.对于每个位置由这些向量给出,所以跳跃的次序是周期的,当且仅当只具有有限个数的不同的跳跃向量.

设 a_1 是蝈蝈从直线 l_2 到直线 l_1 的跳跃向量;$a_2, a_3, a_4, \cdots$ 是后面的跳跃向量,则 $a_2 = S_{l_2}(a_1), a_3 = S_{l_1}(a_2), a_4 = S_{l_2}(a_3), \cdots$ 因为合成 $S_{l_1} \circ S_{l_2}$ 是旋转角为 2γ (或者为 $2\pi - 2\gamma$) 的旋转,向量 $a_3, a_5, a_7, \cdots$ 由向量 a_1 旋转 $2\gamma, 4\gamma, 6\gamma, \cdots$ (或者 $2(\pi-\gamma), 4(\pi-\gamma), 6(\pi-\gamma), \cdots$) 得到,所以组成 $a_1, a_3, a_5, \cdots$ 包含有限个数的不同的向量,当且仅当 $\frac{\gamma}{\pi}$ 是有理数,组成 $a_2, a_4, a_6, \cdots$ 可类似地研究.

17.28* (1) 在已知圆中内接一个 n 边形,使它的边平行于给定的 n 条直线.

(2) 通过圆的中心 O 引 n 条直线,求作圆的外切 n 边形,使它的顶点在这些直线上.

提示 (1) 假设多边形 $A_1 A_2 \cdots A_n$ 为所求作.弦 $A_1 A_2, A_2 A_3, \cdots, A_n A_1$ 对应的中垂线 $l_1, l_2, \cdots, l_n$ 过圆的中心 O. 直线 $l_1, \cdots, l_n$ 已知,因为它们过点 O 且与已知直线垂直.此外,$A_2 = S_{l_1}(A_1), A_3 = S_{l_2}(A_2), \cdots, A_1 = S_{l_n}(A_n)$,即点 A_1 是对称合成 $S_{l_n} \circ \cdots \circ S_{l_1}$ 下的不动点.当 n 是奇数时,在圆上恰有两个不动点;当 n 是偶数时,或者没有不动点,或者所有点都是不动点.

(2) 假设所求的多边形 $A_1 \cdots A_n$ 已经作出.我们考查圆的外切多边形的切点形成的多边形 $B_1 \cdots B_n$. 多边形 $B_1 \cdots B_n$ 的边与已知的直线垂直,即具有给定的方向,所以它们可以作出(参见问题(1));剩下在点 $B_1, \cdots, B_n$ 作圆的切线.

17.29* 给定 n 条直线.求作 n 边形,使这 n 条直线是 n 边形(1) 各边的中垂线;(2) 顶点的外角或内角的平分线.

提示 我们研究顺序的关于给定直线 $l_1, \cdots, l_n$ 的对称的合成.在问题(1)

作为所求 n 边形的顶点 A_1 取这个合成下的不动点,而在问题(2) 作为直线 A_1A_n 必须取不动直线.

17.30* 在已知圆中内接一个 n 边形,使它的一个边通过给定的点,而其余的边平行于给定的直线.

提示 在顺序的关于垂直于给定直线且通过圆心的直线 $l_1,\cdots,l_{n-1}$ 的对称的合成下,所求多边形的顶点 A_1 变做顶点 A_n. 如果 n 是奇数,那么这些对称的合成是旋转一个已知角,所以过点 M 需要引已知长度的弦 A_1A_n. 如果 n 是偶数,考查的合成是关于某条直线的对称,所以由点 M 需要引这条直线的垂线.

§5 轴对称的性质与对称轴

17.31 点 A 位于与半径为 1 cm 的圆的中心距离为 50 cm 处. 决定关于任意的与圆相交的直线为对称的点的映射. 证明:

(1) 在 25 次反射后点 A 能够"进入"已知圆的内部.

(2) 这在 24 次反射下不能作到.

提示 设 O 是已知圆的中心, D_R 是中心为 O 半径是 R 的圆. 我们证明, 在关于过 D_1 的直线的对称下, D_R 像点的集合是圆 D_{R+2}. 实际上,在所指出的对称下点 O 的像充满圆 D_2, 而中心在 D_2 半径为 R 的圆充满圆 D_{R+2}, 所以由点 D_1 的 n 次映射后能够得到由 D_{2n+1} 的任意点且只是这些点. 剩下注意, 点 A 在 n 次映射后能够"进入" D_1 内部, 当且仅当在 n 次映射后能够由 D_1 的某个点变为点 A.

17.32 在中心为 O 的圆上已知分圆为相等的弧的点 $A_1,\cdots,A_n$ 和点 X, 证明, X 关于直线 $OA_1,\cdots,OA_n$ 的对称点形成一个正多边形.

提示 用 $S_1,\cdots,S_n$ 表示关于直线 $OA_1,\cdots,OA_n$ 的对称. 设对 $k=1,\cdots,n, X_k = S_k(X)$. 必须证明,关于点 O 的某个旋转下, 点组 $X_1,\cdots,X_n$ 变做自身. 显然, $S_{k+1}\circ S_k(X_k) = S_{k+1}\circ S_k\cdot S_k(X) = X_{k+1}$. 变换 $S_{k+1}\circ S_k$ 是关于点 O 的带有角 $\dfrac{4\pi}{n}$ 的旋转(参见问题 17.22(2)).

注 当 n 是偶数时得到 $\dfrac{n}{2}$ 边形.

第17章 轴 对 称

17.33 七边形能有多少条对称轴?

提示 0,1 或 7.七边形的对称轴必定通过它的一个顶点(剩下的顶点分为成对的对称的顶点).设七边形有对称轴,则它有三对相等的角和三对相等的边.第二个对称轴能够有三种本质不同(不对称的)的安置方法.容易见到,由这三种情况的每一种七边形的所有的边成为相等且所有的角也相等.

17.34 证明:如果平面图形恰有两条对称轴,那么这两条轴是垂直的.

提示 设直线 l_1 和 l_2 是平面图形的对称轴.这意味着,如果点 X 属于图形,那么点 $S_{l_1}(X)$ 和 $S_{l_2}(X)$ 属于图形. 我们考查直线 $l_3 = S_{l_1}(l_2)$. 根据问题 17.25 $S_{l_3}(X) = S_{l_1} \circ S_{l_2} \circ S_{l_1}(X)$,所以 l_3 也是对称轴.

如果图形恰有两条对称轴,那么 $l_3 = l_1$ 或者 $l_3 = l_2$.显然, $l_3 \neq l_1$,所以 $l_3 = l_2$,即直线 l_2 垂直于直线 l_1.

17.35* 证明:如果多边形有某些(大于2)个对称轴,那么所有的对称轴交于一点.

提示 假设,多边形具有不交于一点的三条对称轴,即它们形成三角形.设 X 是多边形与这个三角形的某个内点 M 距离最远的点,则 X 和 M 位于所考查的一条对称轴 l 的同一侧.如果 X' 是 X 关于直线 l 的对称点,那么 $MX' > MX$ 且点 X' 比点 X 距离点 M 要远.得出矛盾,所以多边形的所有对称轴相交于一点.

17.36* 证明:如果多边形具有偶数个对称轴,那么这个多边形具有对称中心.

提示 所有的对称轴通过点 O(问题 17.35). 如果 l_1 和 l_2 是对称轴,那么 $l_3 = S_{l_1}(l_2)$ 也是对称轴(问题 17.25).取多边形的一个对称轴 l,其余的轴分成关于 l 对称的直线对.如果直线 l_1 垂直于 l 且通过点 O,不是对称轴,那么对称轴的个数是奇数,所以直线 l_1 是对称轴.显然, $S_{l_1} \circ S_l = R_O^{180°}$ 是中心对称,即 O 是对称中心.

§6 沙里定理

保持点之间的距离的变换叫做运动,即如果 A', B' 是点 A 和 B 的像,那么

$A'B' = AB$. 平面运动，有不在一条直线上不动的三个点，那么所有剩下的点都是不动点.

17.37* 证明：平面的任何运动都是不多于三个关于直线的对称的合成.

提示 设 F 是运动，它变点 A 为 A'，并且点 A 和 A' 不重合. S 是关于线段 AA' 的中垂线 l 的对称，则 $S \circ F(A) = A$，即 A 是变换 $S \circ F$ 的不动点. 此外，如果 X 是变换 F 的不动点，那么，$AX = A'X$，即点 X 在直线 l 上，这意味着，X 是变换 $S \circ F$ 的不动点. 这样一来，点 A 和变换 F 下的所有不动点是变换 $S \circ F$ 的不动点.

取不在一条直线上的点 A, B 和 C，并研究它们在给定运动 G 下的像. 能够作这样的变换 S_1, S_2 和 S_3，是关于直线的对称或恒等变换，使得变换 $S_3 \circ S_2 \circ S_1 \circ G$ 留下不动点 A, B 和 C，即它是恒等变换 E. 用 S_1, S_2 和 S_3 顺次左乘等式 $S_3 \circ S_2 \circ S_1 \circ G = E$，并且顾及 $S_i \circ S_i = E$，我们得到 $G = S_1 \circ S_2 \circ S_3$.

由偶数个关于直线的对称的合成的运动叫做第一类的运动或者保持平面定向的运动. 由奇数个关于直线的对称的合成的运动叫做第二类运动或者改变平面定向的运动. 第一类运动通常称为真的，而第二类运动通常称为非真的.

偶数个关于直线的对称的合成不能表为奇数个关于直线的对称的合成（问题 17.40）.

17.38* 证明：任意的第一类的运动是旋转或平移.

提示 根据问题 17.37 任何第一类运动是两个关于直线的对称的合成. 剩下利用问题 17.22 的结果.

关于某条直线 l 的对称和平行于 l 的向量（这个向量可以是零向量）的平移的合成称为滑动对称.

17.39* 证明：任意的第二类运动是滑动对称.

提示 根据问题 17.37，任意第二类运动可以表示为 $S_3 \circ S_2 \circ S_1$，其中 S_1，S_2 和 S_3 是关于直线 l_1, l_2 和 l_3 的对称. 首先假设，直线 l_2 和 l_3 不平行，则当直线 l_2 和 l_3 关于它们的交点旋转任意角的情况下，合成 $S_3 \circ S_2$ 不改变（参见问题 17.22(2)），所以可以认为，$l_2 \perp l_1$. 剩下关于它们的交点转动直线 l_1 和 l_2，使得直线 l_2 平行于直线 l_3.

现在假设 $l_2 \parallel l_3$. 如果直线 l_1 不平行这些直线，那么直线 l_1 和 l_2 能够关于它们的交点转动，使得直线 l_2 和 l_3 成为不平行. 又如果 $l_1 \parallel l_2$，那么直线 l_1 和 l_2

第17章 轴对称
DISHIQIZHANG ZHOUDUICHEN

能够转到平行,使得直线 l_2 和 l_3 重合.

17.40* 证明:偶数个关于直线的对称的合成不能表为奇数个关于直线的对称的合成.

提示 假设,某个运动能表示为无论是偶数个,还是奇数个关于直线对称的合成.则一方面,根据问题17.39这个运动是关于某直线 l 的滑动对称,所以它变直线 l 为自身.但平行于直线 l 的任意另外的直线,它自身不变.此外,滑动对称或者不留任何不动点,或者留下直线 l 的所有点是不动点.另一方面,根据问题17.38考查的运动是旋转或者平移.但旋转保留恰一个点是不动点,而平移将某一族平行线的每条直线变做自身.

注 如果利用这样的作为圆的绕行方向的概念,那么可以说,真运动保持绕行方向,而非真运动改变绕行方向.但如果试图给出这个概念认真的定义,那么据此基础解问题17.40就不是这样简短了.

17.41* 已知 $\triangle ABC$,证明:对称合成 $S = S_{AC} \circ S_{AB} \circ S_{BC}$ 是滑动对称,对此平移向量的长是 $4R\sin\alpha\sin\beta\sin\gamma$,其中 R 是已知三角形外接圆的半径,α, β, γ 是已知三角形的内角.

提示 设点 A_1 与 A 关于直线 BC 对称,则 $S_{BC}(A_1) = A$.而在关于直线 AB 和 AC 的对称下点 A 仍在原位,所以变换 S 变点 A_1 为 A.类似可检验,变换 S 变点 B 为 B 关于直线 AC 对称的点 B_1.

根据问题17.39变换 S 是滑动对称.这个滑动对称的轴通过线段 AA_1 和 BB_1 的中点,即过高线 AH_1 和 BH_2 的足.平移向量的长等于线段 AH_1 在直线 H_1H_2 上射影的长.直线 AH_1 和 H_1H_2 之间的角等于 $90° - \alpha$,所以线段 AH_1 在直线 H_1H_2 上射影的长等于

$$AH_1\cos(90° - \alpha) = AH_1\sin\alpha = AC\sin\alpha\sin\gamma = 2R\sin\alpha\sin\beta\sin\gamma$$

注 如果 $\angle C = 90°$,则点 H_1 和 H_2 重合.但是直线 H_1H_2 的极限位置是唯一确定的,因为这条直线与边 AB 逆平行.

17.42* 设平面运动变图形 F 为图形 F'.对于每对对应点 A 和 A',我们考查线段 AA' 的中点 X,证明:或者所有的点 X 重合,或者它们全在一条直线上,或者形成的图形相似于 F.

提示 如果运动非真,那么根据问题17.39,它是关于某直线 l 的滑动对称.

在这种情况下所有点 X 在直线 l 上.

如果运动是真的,那么根据问题 17.38,它要么是平移向量 a,要么是旋转角 α,其中 $0° < \alpha \leqslant 180°$(这个旋转要么是顺时针的,要么是逆时针的). 如果运动是平移向量 a,那么点 X 由点 A 按向量 $\dfrac{a}{2}$ 平移. 如果运动是旋转 $180°$,那么所有点 X 与旋转中心重合. 如果运动是旋转角 α,其中 $0° < \alpha < 180°$,那么点 X 由点 A 旋转角 $\dfrac{\alpha}{2}$ 和系数为 $\cos\dfrac{\alpha}{2}$ 的位似得到.

§7 供独立解答的问题

17.43 已知非凸四边形的周长为 P,证明:存在同样周长的凸四边形,但有更大的面积.

17.44 有界图形能有对称中心且恰有一个对称轴吗?

17.45 点 M 在 $\triangle ABC$ 的外接圆上,证明:直线 AM,BM 和 CM 关于 $\angle A$,$\angle B$ 和 $\angle C$ 的平分线对称的直线互相平行.

17.46 凸四边形的顶点在正方形不同的边上,证明:这个四边形的周长不小于 $2\sqrt{2}a$,其中 a 是正方形的边长.

17.47 在长方形的台球桌上放有一个球. 请作出这个球在对每个边框一次反射的运动中返回到原来位置的轨线.

第18章 旋　　转

基础知识

1. 我们不给出旋转的严格定义. 对于解题具有下面关于旋转的表述就足够了：以中心 O（或者关于点 O）旋转角 φ——这个平面变换，变点 X 为这样的点 X'，使得

(1) $OX' = OX$；

(2) 由向量 $\overrightarrow{OX}$ 到向量 $\overrightarrow{OX'}$ 的旋转角等于 φ.

2. 在本章对于变换和它们的合成利用下面的表示：

T_a——沿向量 a 的移动；

S_O——关于点 O 的对称；

S_l——关于直线 l 的对称；

R_O^φ——以中心 O 旋转角 φ；

$F \circ G$——变换 F 和 G 的合成，并且 $(F \circ G)(X) = F(G(X))$.

3. 利用旋转解的问题可以分为两大类：不利用旋转合成性质的问题，以及利用这些性质的问题. 为了利用旋转合成的性质解题，必须掌握问题 18.37 的结果：$R_B^\beta \circ R_A^\alpha = R_C^\gamma$，其中 $\gamma = \alpha + \beta$，$\angle BAC = \dfrac{\alpha}{2}$，$\angle ABC = \dfrac{\beta}{2}$.

引导性的问题

1. 证明：在旋转变换下圆变为圆.

2. 证明：凸 n 边形是正 n 边形，当且仅当在关于某点旋转 $\dfrac{360°}{n}$ 的角时它变为自身.

3. 证明：$\triangle ABC$ 是正三角形，当且仅当关于点 A 旋转 $60°$ 角时（或者顺时针，或者逆时针）顶点 B 变为顶点 C.

4. 证明：正多边形各边的中点形成正多边形.

5. 通过正方形的中心引两条垂直的直线,证明:它们同正方形各边的交点形成正方形.

§1 旋转 $90°$

18.1 在正方形 $ABCD$ 的边 BC 和 CD 上分别取点 M 和 K,并且 $\angle BAM = \angle MAK$,证明:$BM + KD = AK$.

提示 正方形 $ABCD$ 关于点 A 旋转 $90°$,使得点 B 变为点 D.在这个旋转下点 M 变做点 M',而点 K 变做点 K'.显然

$$\angle BMA = \angle DM'A$$

因为 $\qquad\qquad \angle MAK = \angle MAB = \angle M'AD$

那么 $\qquad\qquad \angle MAD = M'AK$

所以 $\qquad\qquad \angle M'AK = \angle MAD = \angle BMA = \angle DM'A$

而这意味着 $\qquad AK = KM' = KD + DM' = KD + BM$

18.2 在 $\triangle ABC$ 中引中线 CM 和高线 CH.通过平面上任意点 P 引的垂直于 CA, CM 和 CB 的直线,交直线 CH 于点 A_1, M_1 和 B_1,证明:$A_1M_1 = B_1M_1$.

提示 关于点 P 旋转 $90°$,直线 PA_1, PB_1, PM_1 和 CH 变为分别平行于 CA, CB, CM 和 AB 的直线.因此在 $\triangle PA_1B$ 的这个旋转下线段 PM_1 变为(转动的)三角形的中线.

18.3 两个正方形 $BCDA$ 和 $BKMN$ 具有公共顶点 B,证明:$\triangle ABK$ 的中线 BE 与 $\triangle CBN$ 的高线 BF 在一条直线上.(两个正方形的顶点按顺时针方向排列)

提示 我们考查关于点 B 旋转 $90°$,变顶点 K 为顶点 N,变顶点 C 为顶点 A. 在这个旋转下点 A 变做点 A',点 E 变做点 E'.因为 E' 和 B 是 $\triangle A'NC$ 的边 $A'N$ 和 $A'C$ 的中点,所以 $BE' \ /\!/ \ NC$,但 $\angle EBE' = 90°$,所以 $BE \perp NC$.

18.4 在正方形 $A_1A_2A_3A_4$ 内部取点 P.由顶点 A_1 向 A_2P,由 A_2 向 A_3P,由 A_3 向 A_4P,由 A_4 向 A_1P 引垂线,证明:所有四条垂线(或它们的延长线)相交于一点.

提示 关于正方形的中心旋转 $90°$,变点 A_1 为点 A_2,由点 A_1, A_2, A_3 和 A_4 引

第18章　旋　转
DISHIBAZHANG　XUANZHUAN

的垂线分别变做直线 A_2P, A_3P, A_4P 和 A_1P，所以它们的交点是点 P 在逆旋转下的像．

18.5　在正方形 $ABCD$ 的边 CB 和 CD 上取点 M 和 K，使得 $\triangle CMK$ 的周长等于正方形边长的 2 倍，求 $\angle MAK$ 的度数．

提示　已知正方形绕着点 A 旋转 $90°$，使得顶点 B 变为 D．设 M' 是点 M 在这个旋转下的像．因为根据条件 $MK + MC + CK = (BM + MC) + (KD + CK)$，则 $MK = BM + KD = DM' + KD = KM'$．此外，$AM = AM'$，所以 $\triangle AMK \cong \triangle AM'K$，这意味着 $\angle AMK = \angle AM'K = \dfrac{\angle MAM'}{2} = 45°$．

18.6　在平面上已知三个（同一定向的）正方形 $ABCD$，$AB_1C_1D_1$ 和 $A_2B_2CD_2$；第一个正方形同两个另外的正方形有公共点 A 和 C，证明：$\triangle BB_1B_2$ 的中线 BM 与线段 D_1D_2 垂直．

提示　设 R 是变向量 $\overrightarrow{BC}$ 为 $\overrightarrow{BA}$ 的 $90°$ 的旋转，设 $\overrightarrow{BC} = a$，$\overrightarrow{CB_2} = b$ 和 $\overrightarrow{AB_1} = c$，则

$$\overrightarrow{BA} = Ra, \overrightarrow{D_2C} = Rb, \overrightarrow{AD_1} = Rc$$

所以 $\overrightarrow{D_2D_1} = Rb - a + Ra + Rc, 2\overrightarrow{BM} = a + b + Ra + c$

因为 $R(Ra) = -a$

因此 $R(2\overrightarrow{BM}) = \overrightarrow{D_2D_1}$

18.7*　已知 $\triangle ABC$．在它的边 AB 和 AC 上向外作正方形 $ABMN$ 和 $BCPQ$，证明：这两个正方形的中心和线段 MQ 与 AC 的中点形成一个正方形．

提示　引入下面的表示：$a = \overrightarrow{BM}, b = \overrightarrow{BC}$；$Ra$ 和 Rb 是由向量 a 和 b 旋转 $90°$ 得到的向量：$Ra = \overrightarrow{BA}, Rb = \overrightarrow{BQ}$；$O_1, O_2, O_3$ 和 O_4 分别是线段 AM, MQ, QC 和 CA 的中点，则

$$\overrightarrow{BO_1} = \dfrac{a + Ra}{2}, \overrightarrow{BO_2} = \dfrac{a + Rb}{2}, \overrightarrow{BO_3} = \dfrac{b + Rb}{2}, \overrightarrow{BO_4} = \dfrac{b + Ra}{2}$$

所以 $\overrightarrow{O_1O_2} = \dfrac{Rb - Ra}{2} = -\overrightarrow{O_3O_4}, \overrightarrow{O_2O_3} = \dfrac{b - a}{2} = -\overrightarrow{O_4O_1}$

此外 $\overrightarrow{O_1O_2} = R(\overrightarrow{O_2O_3})$

18.8*　围绕正方形外接有一个平行四边形，证明：由平行四边形的顶点

引向正方形边的垂线,形成一个正方形.

(见这样的问题 1.43,1.47,4.25,8.45.)

提示 围绕正方形 $ABCD$ 外接有 $\square A_1B_1C_1D_1$(点 A 在边 A_1B_1 上,B 在 B_1C_1 上等).由顶点 A_1,B_1,C_1 和 D_1 向正方形的边引垂线 l_1,l_2,l_3 和 l_4.为了证明这些直线形成正方形,只需检验当关于正方形 $ABCD$ 的中心 O 旋转 $90°$ 时,直线 l_1,l_2,l_3 和 l_4 一个变做另一个.在关于点 O 旋转 $90°$ 时点 A_1,B_1,C_1 和 D_1 变做点 A_2,B_2,C_2 和 D_2(图 18.1).

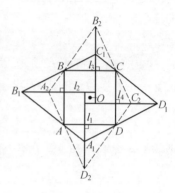

图 18.1

因为 $AA_2 \perp B_1B, BA_2 \perp B_1A$,所以 $B_1A_2 \perp AB$.这意味着,直线 l_1 在关于点 O 旋转 $90°$ 时变为直线 l_2,对于其余的直线证明类似.

§2 旋 转 $60°$

18.9 在 $\triangle ABC$ 的边上向形外作正 $\triangle A_1BC$,正 $\triangle AB_1C$ 和正 $\triangle ABC_1$,证明:$AA_1 = BB_1 = CC_1$.

提示 在围绕点 C 旋转 $60°$ 时点 A 变为 B_1,而点 A_1 变为 B,所以线段 AA_1 变为线段 B_1B.

18.10 在线段 AE 上在它的同侧作等边 $\triangle ABC$ 和 $\triangle CDE$,M 和 P 是线段 AD 和 BE 的中点,证明:$\triangle CPM$ 是等边三角形.

提示 考查关于点 C 变点 E 为 D 的 $60°$ 的旋转.在这种情况下点 B 变做点 A,也就是线段 BE 变为线段 AD,所以线段 BE 的中点 P 变为线段 AD 的中点 M,也就是 $\triangle CPM$ 是等边三角形.

18.11 求作等边 $\triangle ABC$,使它的三个顶点位于在三条给定的平行直线上.

提示 假设我们作出了 $\triangle ABC$,使得它的顶点 A,B 和 C 分别在直线 l_1,l_2 和 l_3 上.在中心为 A 旋转 $60°$ 时,点 B 变为点 C,所以 C 是直线 l_3 与在中心为 A

第18章 旋 转
DISHIBAZHANG XUANZHUAN

旋转 60° 时直线 l_2 的像的交点.

18.12 研究所有可能的等边 △PKM,它的顶点 P 固定,而顶点 K 在给定的正方形内,求顶点 M 的轨迹.

提示 所求的轨迹由已知的正方形在中心为 P 旋转 ±60° 时得到的两个正方形组成.

18.13 在 □ABCD 的边 BC 和 CD 上向外作正 △BCP 和 △CDQ,证明:△APQ 是正三角形.

提示 在旋转 60° 时,向量 $\overrightarrow{QC}$ 和 $\overrightarrow{CP}$ 变为 $\overrightarrow{QD}$ 和 $\overrightarrow{CB} = \overrightarrow{DA}$,因此,在这个旋转下,向量 $\overrightarrow{QP} = \overrightarrow{QC} + \overrightarrow{CP}$ 变为向量 $\overrightarrow{QD} + \overrightarrow{DA} = \overrightarrow{QA}$.

18.14 点 M 在正 △ABC 的外接圆的弧 AB 上,证明:MC = MA + MB.

提示 设 M′ 是在关于点 B 的变 A 为 C 的 60° 的旋转下点 M 的像,则
$$\angle CM'B = \angle AMB = 120°$$
△MM′B 是等边三角形,所以 ∠BM′M = 60°.因为 ∠CM′B + ∠BM′M = 180°,点 M′ 在线段 MC 上,所以 MC = MM′ + M′C = MB + MA.

18.15 求位于正 △ABC 的内部,使得 $MA^2 = MB^2 + MC^2$ 的点 M 的轨迹.

提示 以 A 为中心作 60° 的旋转变 B 为 C,点 M 变为某个点 M′,而点 C 变为点 D.等式 $MA^2 = MB^2 + MC^2$ 等价于等式 $M'M^2 = M'C^2 + MC^2$,即 ∠MCM′ = 90°,这意味着,∠MCB + ∠MBC = ∠MCB + ∠M′CD = 120° − 90° = 30°,即 ∠BMC = 150°,所求的轨迹是位于三角形的内部,对线段 BC 的视角为 150° 的圆弧.

18.16 六边形 ABCDEF 是正六边形,K 和 M 是 BD 和 EF 的中点,证明:△AMK 是正三角形.

提示 设 O 是六边形的中心.考查中心为 A 的变点 B 为 O 的 60° 的旋转.在这个旋转下线段 OC 变为线段 FE.点 K 是 □BCDO 对角线 BD 的中点,所以它是对角线 CO 的中点.因此,点 K 在旋转下变为点 M,即 △AMK 是正三角形.

18.17 设 M 和 N 是正六边形 $ABCDEF$ 的边 CD 和 DE 的中点,P 是线段 AM 和 BN 的交点.

(1) 求直线 AM 和 BN 之间的角的度数.

(2) 证明:$S_{\triangle ABP} = S_{MDNP}$.

提示 在关于已知六边形的中心作 $60°$ 的旋转将顶点 A 变为 B,线段 CD 变为 DE,所以点 M 变为 N.这样一来,在这个旋转下线段 AM 变为 BN,即这两条线段之间的角等于 $60°$.此外,在这个旋转下五边形 $AMDEF$ 变为 $BNEFA$,即它们的面积相等.由这两个等积的五边形除掉它们的公共部分,五边形 $APNEF$,得到两个等积的图形:$\triangle ABP$ 和四边形 $MDNP$.

18.18 在正 $\triangle ABC$ 的边 AB 和 BC 上取点 M 和 N,使得 $MN \parallel AC$,E 是线段 AN 的中点,D 是 $\triangle BMN$ 的中心,求 $\triangle CDE$ 各角的度数.

提示 我们考查中心为 C,变点 B 为 A 的 $60°$ 的旋转,此时点 M,N 和 D 变为 M',N' 和 D'.因为 $AMNN'$ 是平行四边形,对角线 AN 的中点 E 是它的对称中心,所以在关于点 E 的对称下 $\triangle BMN$ 变为 $\triangle M'AN'$,这意味着,点 D 变为 D',即 E 是线段 DD' 的中点.又因为 $\triangle CDD'$ 是正三角形,那么 $\triangle CDE$ 的角等于 $30°$,$60°$ 和 $90°$.

18.19 在 $\triangle ABC$ 的边上向外作正 $\triangle ABC_1$,正 $\triangle AB_1C$ 和正 $\triangle A_1BC$.设 P 和 Q 是线段 A_1B_1 和 A_1C_1 的中点,证明:$\triangle APQ$ 是正三角形.

提示 我们考查中心为 A 变点 C_1 为点 B 的旋转.在这个旋转下正 $\triangle A_1BC$ 变为 $\triangle A_2FB_1$,而线段 A_1C_1 变为线段 A_2B.剩下注意,$BA_1A_2B_1$ 是平行四边形,即线段 A_2B 的中点与线段 A_1B_1 的中点重合.

18.20 在 $\triangle ABC$ 的边 AB 和 AC 上向外作正 $\triangle ABC'$ 和正 $\triangle AB'C$.点 M 分边 BC 为 $\dfrac{BM}{MC} = 3$,K 和 L 是边 AC' 和 $B'C$ 的中点,证明:$\triangle KLM$ 的角等于 $30°$,$60°$ 和 $90°$.

提示 设 $\overrightarrow{AB} = 4\boldsymbol{a}$,$\overrightarrow{CA} = 4\boldsymbol{b}$.再设 R 是变向量 $\overrightarrow{AB}$ 为 $\overrightarrow{AC'}$ 的旋转(这就是说,向量 $\overrightarrow{CA}$ 变为 $\overrightarrow{CB'}$),则 $\overrightarrow{LM} = (\boldsymbol{a} + \boldsymbol{b}) - 2R\boldsymbol{b}$ 和 $\overrightarrow{LK} = -2R\boldsymbol{b} + 4\boldsymbol{b} + 2R\boldsymbol{a}$.容易检验,$\boldsymbol{b} + R^2\boldsymbol{b} = R\boldsymbol{b}$,所以 $2R(\overrightarrow{LM}) = \overrightarrow{LK}$,又由此关系式得出所求.

18.21 正 $\triangle ABC$,正 $\triangle CDE$,正 $\triangle EHK$(顶点按逆时针方向环绕) 排列

在平面上,使得 $\vec{AD} = \vec{DK}$,证明:△BHD 也是正三角形.

提示 关于点 C 作逆时针旋转 $60°$ 使点 A 变做点 B,点 D 变做点 E,这意味着,向量 $\vec{DK} = \vec{AD}$ 变为向量 $\vec{BE}$.因为在关于点 H 作逆时针旋转 $60°$ 时,点 K 变为点 E 且向量 $\vec{DK}$ 变为向量 $\vec{BE}$,则点 D 在这个旋转下变为点 B,即 △BHD 是正三角形.

18.22 (1) 对于给定的 △ABC,它的所有角均小于 $120°$,求到各顶点距离之和最小的点.

(2) 在所有内角小于 $120°$ 的 △ABC 的内部取点 O,由点 O 对三边的视角都等于 $120°$,证明:由点 O 到各顶点距离的和等于 $\sqrt{\dfrac{a^2+b^2+c^2}{2}+2\sqrt{3}S}$.

提示 (1) 设 O 是任意点.关于点 A 作 $60°$ 的旋转,使点 B,C 和 O 变为点 B',C' 和 O'(图 18.2).因为 $AO = OO'$,$OC = O'C'$,所以 $BO + AO + CO = BO + OO' + O'C'$.折线 $BOO'C'$ 的长最小,当且仅当这个折线是线段,即 $\angle AOB = \angle AO'C' = \angle AOC = 120°$.为了作出所求的点可以利用问题 2.8 的结果.三角形内存在要求的点,当且仅当它的所有内角小于 $120°$.如果一个角等于 $120°$,那么所求的点是这个角的顶点.

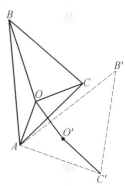

图 18.2

注 关于在三角形中有大于 $120°$ 角的情况,参见问题 18.31.

(2) 由点 O 到各顶点距离的和等于在问题(1)的解中得到的线段 BC' 的长,同样显然

$(BC')^2 = b^2 + c^2 - 2bc\cos(\alpha + 60°) = b^2 + c^2 - bc\cos\alpha + bc\sqrt{3}\sin\alpha = \dfrac{a^2+b^2+c^2}{2} + 2\sqrt{3}S$

18.23* 给定点 X 和正 △ABC,证明:由线段 XA,XB 和 XC 能够组成三角形,并且这个三角形是退化的,当且仅当点 X 在 △ABC 的外接圆上(波姆比亚).

提示 设 O 是正 △ABC 的中心,$x = \vec{XO}$,$a = \vec{OA}$,则

$$\vec{OB} = R^\alpha a, \vec{OC} = R^{2\alpha}a$$

其中 $\alpha = 120°$,所以

$\vec{XA} + R^\alpha(\vec{XB}) + R^{2\alpha}(\vec{XC}) = (x+a) + (R^\alpha x + R^{2\alpha}a) + (R^{2\alpha}x + R^\alpha a) =$

$$(x + R^{\alpha}x + R^{2\alpha}x) + (a + R^{\alpha}a + R^{2\alpha}a) = 0$$

这意味着,向量 $\overrightarrow{XA}$, $R^{\alpha}(\overrightarrow{XB})$ 和 $R^{2\alpha}(\overrightarrow{XC})$ 是某个三角形的边向量. 三角形的退化等价于它们的这些向量中的两个同向. 如果,例如向量 $\overrightarrow{XA}$, $R^{\alpha}(\overrightarrow{XB})$ 同向,那么 $\angle(AX, XB) = \angle(AC, CB)$,所以点 X 在 $\triangle ABC$ 的外接圆上. 当三角形是退化的情况,点 X 在外接圆上,证明在问题 18.14.

18.24* 六边形 $ABCDEF$ 内接于半径为 R 的圆,并且 $AB = CD = EF = R$,证明:边 BC, DE 和 FA 的中点形成一个正三角形.

提示 设 P, Q 和 R 是边 BC, DE 和 FA 的中点,O 是外接圆的中心. 假设,$\triangle PQR$ 是正三角形,我们证明,此时六边形 $ABCDE'F'$ 的边 BC, DE' 和 $F'A$ 的中点也是正三角形,其中六边形 $ABCDE'F'$ 的顶点 E' 和 F' 是由点 E 和 F 关于点 O 旋转某个角得到的. 由此推出所需的论断,因为对于正六边形边 BC, DE 和 FA 的中点形成正三角形,而任意的考查的六边形可以由正 $\triangle COD$ 和 $\triangle OEF$ 旋转而得到.

设 Q' 和 R' 是边 DE' 和 AF' 的中点(图 18.3). 当旋转 $60°$ 时向量 $\overrightarrow{EE'}$ 变为向量 $\overrightarrow{FF'}$. 因为 $\overrightarrow{QQ'} = \dfrac{\overrightarrow{EE'}}{2}$, $\overrightarrow{RR'} = \dfrac{\overrightarrow{FF'}}{2}$,所以在这个旋转下向量 $\overrightarrow{QQ'}$ 变为向量 $\overrightarrow{RR'}$. 根据假设 $\triangle PQR$ 是正三角形,也就是在旋转 $60°$ 时向量 $\overrightarrow{PQ}$ 变为向量 $\overrightarrow{PR}$,所以向量 $\overrightarrow{PQ'} = \overrightarrow{PQ} + \overrightarrow{QQ'}$ 在旋转 $60°$ 时变为向量 $\overrightarrow{PR'} = \overrightarrow{PR} + \overrightarrow{RR'}$,也就是 $\triangle PQ'R'$ 是正三角形.

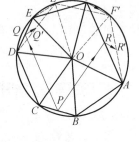

图 18.3

18.25* 在凸的中心对称的六边形 $ABCDEF$ 的边上向外作正三角形,证明:联结相邻三角形顶点的线段的中点,形成一个正六边形.

提示 设 K, L, M 和 N 是在边 BC, AB, AF 和 FE 上作的正三角形的顶点;B_1, A_1 和 F_1 是线段 KL, LM 和 MN 的中点(图 18.4). 再设 $a = \overrightarrow{BC} = \overrightarrow{FE}$, $b = \overrightarrow{AB}$ 和 $c = \overrightarrow{AF}$;R 是变向量 $\overrightarrow{BC}$ 为 $\overrightarrow{BK}$ 的 $60°$ 的旋转,则 $\overrightarrow{AM} = -R^2 c$ 和 $\overrightarrow{FN} = -R^2 a$,所以 $2\overrightarrow{A_1B_1} = R^2 c + Ra + b$ 和 $2\overrightarrow{F_1A_1} = R^2 a - c + Rb$,也就是 $\overrightarrow{F_1A_1} = R(\overrightarrow{A_1B_1})$.

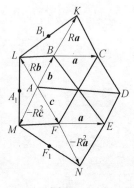

图 18.4

第18章 旋 转
DISHIBAZHANG XUANZHUAN

§3 旋转任意角

18.26 证明:坐标为(x,y)的点经过中心为坐标原点旋转角α,变为点$(x\cos\alpha - y\sin\alpha, x\sin\alpha + y\cos\alpha)$.

提示 如果点$X=(x,y)$位于与坐标原点O的距离为R且射线OX与轴Ox成角φ,则$x=R\cos\varphi, y=R\sin\varphi$,所以当旋转角$\alpha$时,点$X$变为坐标为
$$x' = R\cos(\varphi+\alpha) = R\cos\varphi\cos\alpha - R\sin\varphi\sin\alpha = x\cos\alpha - y\sin\alpha$$
$$y' = R\sin(\varphi+\alpha) = R\sin\varphi\cos\alpha + R\cos\varphi\sin\alpha = x\sin\alpha + y\cos\alpha$$
的点.

18.27 已知点A和B以及圆S.在圆S上求作这样的点C和D,使得$AC \parallel BD$并且弧CD等于给定的度数α.

提示 设以圆S的中心为中心旋转角α的旋转,变点C为点D,变点A为点A',则$\angle(BD, DA') = \angle(AC, A'D) = \alpha$,即点$D$在对线段$A'B$的视角等于有向角$\alpha$的圆上.

18.28 中心为O的旋转变直线l_1为直线l_2,又位于直线l_1上的点A_1变为点A_2,证明:直线l_1与l_2的交点在$\triangle A_1 O A_2$的外接圆上.

提示 设P是直线l_1和l_2的交点,则
$$\angle(OA_1, A_1P) = \angle(OA_1, l_1) = \angle(OA_2, l_2) = \angle(OA_2, A_2P)$$
所以点O, A_1, A_2和P在一个圆上.

18.29 在平面上放有两个同样的字母Γ,一个字母的"短横"的端点记为A,另一个的记为A'."长竖"用点$A_1,\cdots,A_{n-1}$;$A'_1,\cdots,A'_{n-1}$分为n个相等的部分(分点从"长竖"的端点开始编号).直线AA_i和$A'A'_i$相交于点X_i,证明:点$X_1,\cdots,X_{n-1}$形成凸多边形.

提示 同样的字母Γ能够通过对某个中心O的旋转而重合(如果它们通过平移而重合,那么$AA_i \parallel A'A'_i$).根据问题18.28,点X_i在$\triangle A'OA$的外接圆上.显然,位于一个圆上的点形成凸多边形.

18.30 有两个点沿着相交于点 P 的两条直线以同样的速度匀速运动：点 A 沿着一条直线，点 B 沿着另一条直线且它们不同时经过点 P，证明：在任意时刻 $\triangle ABP$ 的外接圆都通过不同于点 P 的某个固定的点。

提示 设 O 是变线段 $A(t_1)A(t_2)$ 为线段 $B(t_1)B(t_2)$ 的旋转 R 的中心，其中 t_1 和 t_2 是某两个时刻。(如果点 A 和 B 不同时通过点 P，那么点 O 不同于点 P)，则这个旋转在任意时刻 t 变 $A(t)$ 为 $B(t)$，所以，根据问题 18.28，点 O 在 $\triangle APB$ 的外接圆上。

18.31 对于给定的有一个内角大于 $120°$ 的 $\triangle ABC$，求到各顶点距离的和最小的点。

提示 为确定起见，设 $\angle A = \alpha > 120°$。我们证明，所求的点是顶点 A。考查以 A 为中心的 $\beta = 180° - \alpha$ 角的旋转，它使顶点 B 变到在边 AC 延长线上点 A 外面的点 B'。设不同于点 A 的点 O，在这个旋转下变为点 O'。$\triangle OAO'$ 是顶角 $\beta < 60°$ 的等腰三角形，所以 $OO' < AO$，这意味着，$OA + OB + OC > OO' + O'B' + OC \geqslant CB' = AC + AB$。但 $AC + AB$ 刚好是由点 A 到 $\triangle ABC$ 各顶点距离的和。

18.32 $\triangle A_1B_1C_1$ 由 $\triangle ABC$ 绕着它的外接圆中心旋转角 $\alpha(\alpha < 180°)$ 而得到，证明：边 AB 和 A_1B_1，BC 和 B_1C_1，CA 和 C_1A_1（或它们的延长线）的交点是相似于 $\triangle ABC$ 的三角形的顶点。

提示 设 A 和 B 是以 O 为中心的圆上的点，A_1 和 B_1 是这两点关于中心 O 作角 α 旋转下的像；P 和 P_1 是线段 AB 和 A_1B_1 的中点；M 是直线 AB 和 A_1B_1 的交点。直角 $\triangle POM$ 和 $\triangle P_1OM$ 有公共的斜边和相等的直角边 $PO = P_1O$，所以这两个三角形全等且 $\angle MOP = \angle MOP_1 = \dfrac{\alpha}{2}$。点 M 由点 P 旋转角 $\dfrac{\alpha}{2}$ 并且随后是中心为 O 系数为 $\dfrac{1}{\cos\dfrac{\alpha}{2}}$ 的位似而得到。

直线 AB 和 A_1B_1，AC 和 A_1C_1，BC 和 B_1C_1 的交点，是以系数为 $\dfrac{1}{\cos\dfrac{\alpha}{2}}$ 位似于 $\triangle ABC$ 的边的中点形成的三角形的那个三角形的顶点。显然，$\triangle ABC$ 的边的中点形成的三角形与 $\triangle ABC$ 相似。

18.33* 已知 $\triangle ABC$，求作一条直线平分它的面积和周长。

第18章 旋 转
DISHIBAZHANG XUANZHUAN

提示　根据问题 5.57 平分三角形面积与周长的直线通过它的内切圆的中心.同样显然,如果过三角形内切圆中心的直线平分它的周长,那么它平分三角形的面积,所以必须通过三角形内切圆中心引直线并且平分它的周长.

假设在 $\triangle ABC$ 的边 AB 和 AC 上作出了点 M 和 N,使得直线 MN 过内切圆的中心 O,并且平分三角形的周长.在射线 AC 上作点 D,使得 $AD = p$,其中 p 是 $\triangle ABC$ 的半周长,则有 $AM = ND$.设 Q 是变线段 AM 为线段 DN(点 A 变为 D,点 M 变为 N) 的旋转 R 的中心.因为直线 AM 和 CN 之间的角是已知的,点 Q 能够作出:它是等腰 $\triangle AQD$ 的顶点,$\angle AQD = 180° - \angle A$ 并且点 B 和 Q 位于直线 AD 的同一侧.在旋转 R 下线段 OM 变为线段 $O'N$.点 O' 能够作出.因为直线 OM 和 $O'N$ 之间的角等于 $\angle A$,显然,$\angle ONO' = \angle A$,所以点 N 是直线 AC 与对线段 OO' 的视角为 $\angle A$ 的圆弧的交点,引直线 ON 并且求得点 M.

容易检验,如果所作的点 M 和 N 在边 AB 和 AC 上,那么 MN 是所求的直线.证明中的主要之点在于证明:当关于点 Q 旋转 $180° - \angle A$ 时,点 M 变为点 N.为了证明这个事实必须利用 $\angle ONO' = \angle A$,即在这个旋转下直线 OM 变做直线 $O'N$.

18.34* 　在向量 $\overrightarrow{A_iB_i}$,其中 $i = 1,\cdots,k$ 上作同样定向的正 n 边形 $A_iB_iC_iD_i\cdots(n \geqslant 4)$,证明:$k$ 边形 $C_1\cdots C_k$ 和 $D_1\cdots D_k$ 是同样定向的正 k 边形,当且仅当 k 边形 $A_1\cdots A_k$ 和 $B_1\cdots B_k$ 是同样定向的正 k 边形.

提示　假设 k 边形 $C_1\cdots C_k$ 和 $D_1\cdots D_k$ 是正的一致定向的.设 C 和 D 是这两个正 k 边形的中心,$c_i = \overrightarrow{CC_i}$ 和 $d_i = \overrightarrow{DD_i}$,则
$$\overrightarrow{C_iD_i} = \overrightarrow{C_iC} + \overrightarrow{CD} + \overrightarrow{DD_i} = -c_i + \overrightarrow{CD} + d_i$$
在旋转 R^φ 下向量 $\overrightarrow{C_iD_i}$ 变为向量 $\overrightarrow{C_iB_i}$,其中 φ 是正 n 边形的顶角,所以
$$\overrightarrow{XB_i} = \overrightarrow{XC} + c_i + \overrightarrow{C_iB_i} = \overrightarrow{XC} + c_i + R^\varphi(-c_i + \overrightarrow{CD} + d_i)$$
取点 X,使得 $\overrightarrow{XC} + R^\varphi(\overrightarrow{CD}) = \mathbf{0}$,则
$$\overrightarrow{XB_i} = c_i + R^\varphi(d_i - c_i) = R^{i\psi}\mathbf{u}$$
其中 $\mathbf{u} = c_k + R^\varphi(d_k - c_k)$,$R^\psi$ 是变向量 c_k 为 c_1 的旋转.因此,$B_1\cdots B_k$ 是中心为 X 的正 k 边形.类似可证 $A_1\cdots A_k$ 是正 k 边形.

逆论断的证明类似.

18.35* 　证明:过三角形高线交点的任意直线关于三角形三边对称的三条直线相交于一点.

提示 设 H 是 $\triangle ABC$ 高线的交点，H_1，H_2 和 H_3 是点 H 关于边 BC，CA 和 AB 的对称点. 点 H_1，H_2 和 H_3 在 $\triangle ABC$ 的外接圆上(问题 5.10). 设 l 是通过点 H 引的直线. 直线 l 关于边 BC(对应 CA 和 AB)的对称直线交外接圆于点 H_1(对应 H_2 和 H_3)及点 P_1(对应 P_2 和 P_3).

我们考查通过 H 的任意另外的直线 l'. 设 φ 是 l 与 l' 之间的角. 对于直线 l' 我们用对直线 l 作点 P_1，P_2 和 P_3 的方法作点 P'_1，P'_2 和 P'_3，则 $\angle P_i H P'_i = \varphi$，即弧 $P_i P'_i$ 的量等于 2φ(由 P_i 到 P'_i 的旋转与由 l 到 l' 旋转方向反向)，所以点 P'_1，P'_2 和 P'_3 是点 P_1，P_2 和 P_3 在某个旋转下的像. 显然，选择由顶点 A 引的三角形的高作为 l'，那么 $P'_1 = P'_2 = P'_3 = A$，这意味着 $P_1 = P_2 = P_3$.

18.36* 狮子在半径为 10 m 的圆形的马戏院舞台上跑动. 狮子沿着折线跑了 30 km, 证明: 它的所有旋转角的和不小于 2 998 弧度.

(参见这样的问题 1.52, 6.69, 6.74, 6.81.)

提示 假设狮子沿折线 $A_1 A_2 \cdots A_n$ 奔跑. 用下面的方法将狮子运动的轨道"化直". 关于点 A_2 旋转马戏院的舞台和后面的轨道，使得点 A_3 落在射线 $A_1 A_2$ 上. 然后关于点 A_3 旋转马戏院的舞台和后面的轨道，使得点 A_4 落在射线 $A_1 A_2$ 上，以下类推. 马戏院的舞台的中心 O 在这种情况下顺次变为点 $O_1 = O, O_2, \cdots, O_{n-1}$；点 $A_1, \cdots, A_n$ 变为位于一条直线上的点 $A'_1, \cdots, A'_n$ (图 18.5).

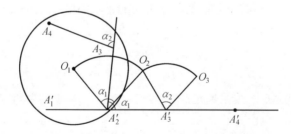

图 18.5

设 α_{i-1} 是狮子在点 A'_i 的旋转角，则 $\angle O_{i-1} A'_i O_i = \alpha_{i-1}$ 且 $A'_i O_{i-1} = A'_i O \leqslant 10$，所以 $O_i O_{i-1} \leqslant 10 \alpha_{i-1}$. 因此

$$30\,000 = A'_1 A'_n \leqslant A'_1 O_1 + O_1 O_2 + \cdots + O_{n-2} O_{n-1} + O_{n-1} A'_n \leqslant$$
$$10 + 10(\alpha_1 + \cdots + \alpha_{n-2}) + 10$$

也就是

$$\alpha_1 + \cdots + \alpha_{n-2} \geqslant 2\,998$$

第18章 旋 转
DISHIBAZHANG XUANZHUAN

§4 旋转的合成

18.37 证明:旋转角之和不是 $360°$ 的倍数的两个旋转的合成是旋转,它的中心在哪个点并且旋转角等于多少?研究旋转角的和为 $360°$ 的倍数的这种情形.

提示 考查旋转的合成 $R_B^\beta \circ R_A^\alpha$. 如果 $A = B$,那么问题的结论显然,所以我们认为 $A \neq B$. 设 $l = AB$,直线 a 和 b 分别过 A 和 B,并且 $\angle(a, l) = \dfrac{\alpha}{2}$, $\angle(l, b) = \dfrac{\beta}{2}$,则 $R_B^\beta \circ R_A^\alpha = S_b \circ S_l \circ S_l \circ S_a = S_b \circ S_a$.

如果 $a \ /\!/ \ b$,则 $S_b \circ S_a = T_{2u}$,其中 T_u 是变 b 为 a 的平移,并且 $u \perp a$. 而如果直线 a 和 b 不平行和 O 是它们的交点,那么 $S_b \circ S_a$ 的中心为 O,旋转角是 $\alpha + \beta$. 同样显然,$a \ /\!/ \ b$ 当且仅当 $\dfrac{\alpha}{2} + \dfrac{\beta}{2} = k\pi$,也就是 $\alpha + \beta = 2k\pi$.

* * *

18.38 在任意凸四边形的边上向外作正方形,证明:联结相对正方形中心的两条线段长度相等且互相垂直.

提示 设 P, Q, R 和 S 分别是在边 AB, BC, CD 和 DA 上向外作的正方形的中心. 在线段 QR 和 SP 上向内作顶点为 O_1 和 O_2 的等腰直角三角形,则
$$D = R_R^{90°} \circ R_Q^{90°}(B) = R_{O_1}^{180°}(B), \quad B = R_P^{90°} \circ R_S^{90°}(D) = R_{O_2}^{180°}(D)$$
也就是, $O_1 = O_2$ 是线段 BD 的中点.

在关于点 $O = O_1 = O_2$ 旋转 $90°$,变点 Q 为 R,变点 S 为 P,也就是,线段 QS 变为 RP,而这意味着,这两条线段相等且垂直.

18.39 在平行四边形的各边上向外作正方形,证明:它们的中心形成一个正方形.

提示 设 P, Q, R 和 S 分别是在 $\square ABCD$ 的边 AB, BC, CD 和 DA 上向外作的正方形的中心. 根据上面的问题 $PR = QS$, $PR \perp QS$. 此外,$\square ABCD$ 的对称中心是四边形 $PQRS$ 的对称中心,也就是,$PQRS$ 是对角线相等且垂直的平行四边形,这意味着它是正方形.

18.40 在 △ABC 的边上向外作中心分别为 P,Q 和 R 的正方形. 在 △PQR 的边上向内作正方形,证明:所作的正方形的中心恰是 △ABC 各边的中点.

提示 设 P,Q 和 R 分别是在边 AB,BC 和 CA 上向外作的正方形的中心. 考查中心为 R 的变 C 为 A 的 $90°$ 的旋转. 在中心为 P 的同样方向的 $90°$ 的旋转使点 A 变为 B. 这两个旋转的合成是旋转 $180°$,所以这个旋转的中心是线段 BC 的中点. 另一方面,这个旋转中心是底边为 PR 的等腰直角三角形的顶点,也就是在 PR 上作的正方形的中心. 这个正方形是在 △PQR 的边上向内作的.

18.41 在凸四边形 $ABCD$ 的内部作等腰直角 △ABO_1,等腰直角 △BCO_2,等腰直角 △CDO_3 和等腰直角 △DAO_4. 证明:如果 $O_1 = O_3$,那么 $O_2 = O_4$.

提示 如果 $O_1 = O_3$,那么
$$R_D^{90°} \circ R_C^{90°} \circ R_B^{90°} \circ R_A^{90°} = R_{O_3}^{180°} \circ R_{O_1}^{180°} = E$$
所以 $E = R_A^{90°} \circ E \circ R_A^{-90°} = R_A^{90°} \circ R_D^{90°} \circ R_C^{90°} \circ R_B^{90°} = R_{O_4}^{180°} \circ R_{O_2}^{180°}$
也就是 $O_4 = O_2$. (这里 E 是恒等变换.)

* * *

18.42* (1) 在任意三角形的边上向外作正三角形,证明:它们的中心形成正三角形.

(2) 对于向内作的形式,证明三角形的类似的论断.

(3) 证明:在问题(1)和(2)中得到的正三角形面积的差等于原来三角形的面积.

提示 (1) 参见更一般的问题 18.46 的解(只需着手 $\alpha = \beta = \gamma = 120°$ 就够了). 在(2)的情形证明类似.

(3) 设 Q 和 R(对应 Q_1 和 R_1)是在边 AC 和 AB 上向外(对应向内)作的正三角形的中心. 因为
$$AQ = \frac{b}{\sqrt{3}}, AR = \frac{c}{\sqrt{3}}, \angle QAR = 60° + \alpha$$

所以 $\quad 3QR^2 = b^2 + c^2 - 2bc\cos(\alpha + 60°)$

类似地 $\quad 3Q_1R_1^2 = b^2 + c^2 - 2bc\cos(\alpha - 60°)$

所以所得正三角形的面积之差等于

第18章 旋 转
DISHIBAZHANG XUANZHUAN

$$(QR^2 - Q_1R_1^2)\frac{\sqrt{3}}{4} = \frac{bc\sin\alpha\sin 60°}{\sqrt{3}} = S_{\triangle ABC}$$

18.43* 在 $\triangle ABC$ 的边上向外作正 $\triangle A'BC$ 和正 $\triangle B'AC$,向内作正 $\triangle C'AB$. M 是 $\triangle C'AB$ 的中心,证明: $\triangle A'B'M$ 是等腰三角形且 $\angle A'MB' = 120°$.

提示 关于点 A' 的变 B 为 C 的 $60°$ 的旋转,关于点 B' 的变 C 为 A 的 $60°$ 的旋转,与关于点 M 变 A 到 B 的 $120°$ 的旋转的合成,具有不动点 B. 因为前两个旋转实施的方向与最后的旋转的方向相反,所以这些旋转的合成是具有不动点的平移. 也就是恒等变换: $R_M^{-120°} \circ R_{B'}^{60°} \circ R_{A'}^{60°} = E$,所以 $R_{B'}^{60°} \circ R_{A'}^{60°} = R_M^{120°}$,即点 M 是旋转 $R_{B'}^{60°} \circ R_{A'}^{60°}$ 的中心,因此 $\angle MA'B' = \angle MB'A' = 30°$,也就是, $\triangle A'B'M$ 是等腰三角形,且 $\angle A'MB' = 120°$.

18.44* 设这样的三个角 α,β,γ 满足 $0 < \alpha,\beta,\gamma < \pi$ 且 $\alpha + \beta + \gamma = \pi$,证明:如果旋转的合成 $R_C^{2\gamma} \circ R_B^{2\beta} \circ R_A^{2\alpha}$ 是恒等变换,那么 $\triangle ABC$ 的角等于 α,β,γ.

提示 由问题条件得出, $R_C^{-2\gamma} = R_B^{2\beta} \circ R_A^{2\alpha}$,即点 C 是旋转的合成 $R_B^{2\beta} \circ R_A^{2\alpha}$ 的中心. 这意味着 $\angle BAC = \alpha$ 和 $\angle ABC = \beta$(参见问题 18.37),所以 $\angle ACB = \pi - \alpha - \beta = \gamma$.

18.45* 求作 n 边形,已知 n 个点是在这个 n 边形的边上作的等腰三角形的顶点,并且顶角分别为 $\alpha_1,\cdots,\alpha_n$.

提示 用 $M_1,\cdots,M_n$ 表示已知点. 假设已经作出了多边形 $A_1A_2\cdots A_n$,使得 $\triangle A_1M_1A_2, \triangle A_2M_2A_3, \cdots, \triangle A_nM_nA_1$ 是等腰三角形, $\angle A_iM_iA_{i+1} = \alpha_i$ 和多边形的边是这些等腰三角形的底边. 显然, $R_{M_n}^{\alpha_n} \circ \cdots \circ R_{M_1}^{\alpha_1}(A_1) = A_1$. 如果 $\alpha_1 + \cdots + \alpha_n \neq k \cdot 360°$,那么点 A_1 是旋转 $R_{M_n}^{\alpha_n} \circ \cdots \circ R_{M_1}^{\alpha_1}$ 的中心. 可以作出旋转合成的中心. 多边形其余顶点的作图可用显然的方法实施. 如果 $\alpha_1 + \cdots + \alpha_n = k \cdot 360°$,那么问题不确定:要么任意点 A_1 给出具有所需性质的多边形,要么问题没有解.

18.46* 在任意 $\triangle ABC$ 的边上向它的外部作等腰 $\triangle A'BC$,等腰 $\triangle AB'C$ 和等腰 $\triangle ABC'$. 点 A',B' 和 C' 是这些等腰三角形的顶点,其顶角分别等于 α,β 和 γ 且 $\alpha + \beta + \gamma = 2\pi$,证明: $\triangle A'B'C'$ 的内角等于 $\frac{\alpha}{2},\frac{\beta}{2},\frac{\gamma}{2}$.

提示 因为 $R_{C'}^\gamma \circ R_{B'}^\beta \circ R_{A'}^\alpha(B) = R_{C'}^\gamma \circ R_{B'}^\beta(C) = R_{C'}^\gamma(A) = B$，则 B 是旋转合成 $R_{C'}^\gamma \circ R_{B'}^\beta \circ R_{A'}^\alpha$ 的不动点. 又因为 $\alpha + \beta + \gamma = 2\pi$，所以这个合成是具有不动点的平移，也就是恒等变换，剩下利用问题 18.44 的结果.

18.47* 设 $\triangle AKL$ 和 $\triangle AMN$ 是相似的等腰三角形，它们的顶点为 A 顶角为 α. $\triangle GNK$ 和 $\triangle G'LM$ 是相似的等腰三角形，其顶角为 $\pi - \alpha$，证明：$G = G'$. (三角形的定向是一致的.)

提示 因为 $R_{C'}^{\pi-\alpha} \circ R_A^\alpha(N) = L$ 和 $R_G^{\pi-\alpha} \circ R_A^\alpha(L) = N$，则变换 $R_{G'}^{\pi-\alpha} \circ R_A^\alpha$ 和 $R_G^{\pi-\alpha} \circ R_A^\alpha$ 是关于线段 LN 中点的中心对称，也就是，$R_{G'}^{\pi-\alpha} \circ R_A^\alpha = R_G^{\pi-\alpha} \circ R_A^\alpha$. 因此，$R_{G'}^{\pi-\alpha} = R_G^{\pi-\alpha}$ 且 $G' = G$.

18.48* 在 $\triangle ABC$ 的边 AB，BC 和 CA 上分别取点 P，Q 和 R，证明：$\triangle APR$，$\triangle BPQ$ 和 $\triangle CQR$ 外接圆的中心形成的三角形与 $\triangle ABC$ 相似.

提示 设 A_1，B_1 和 C_1 是 $\triangle APR$，$\triangle BPQ$ 和 $\triangle CQR$ 的外接圆中心. 在以中心为 A_1，B_1 和 C_1 的顺序的旋转角为 2α，2β 和 2γ 的旋转使点 R 先变为 P，然后变为 Q，而后返还原位. 因为 $2\alpha + 2\beta + 2\gamma = 360°$，则指出的旋转的合成是恒等变换. 因此 $\triangle A_1B_1C_1$ 的角等于 α，β 和 γ (参见问题 18.44).

§5 供独立解答的问题

18.49 在平面上画出中心为 O 半径为 1 的圆. 正方形的两个相邻的顶点在这个圆上. 正方形的另外两个顶点与点 O 的最大距离是多少？

18.50 在凸四边形 $ABCD$ 的边上向外作正 $\triangle ABM$，正 $\triangle CDP$，向内作正 $\triangle BCN$，正 $\triangle ADK$，证明：$MN = AC$.

18.51 在凸四边形 $ABCD$ 的边上向外作中心分别为 M，N，P，Q 的四个正方形，证明：四边形 $ABCD$ 和 $MNPQ$ 的对角线的中点形成一个正方形.

18.52 正 $\triangle ABC$ 内部有一点 O. 已知 $\angle AOB = 113°$，$\angle BOC = 123°$，求边等于线段 OA，OB，OC 的三角形的各角.

18.53 在平面上引出 $n(n > 2)$ 条直线，并且它们中任两条不平行，任三条不相交于一点. 已知能够绕着点 O 将平面转动某个角度 $\alpha(\alpha < 180°)$，使得每条引出的直线与任何一条另外的引出的直线重合. 指出能使这是可能的全部

的 n 值.

18.54 沿着圆分布着10个不同尺寸的齿轮,第一个齿轮挂上第二个,第二个挂上第三个,依此类推,第十个挂上第一个.这样的系统总能够转动吗?由11个齿轮组成的这样的系统能够转动吗?

18.55 (1) 求作等边三角形,它的高线相交于已知点,而两个顶点在已知圆上.

(2) 求作正方形,使它的两个顶点在已知圆上,而对角线相交于已知点.

第 19 章　位似与旋转位似

基础知识

1. 把点 X 变为点 X' 的具有性质 $\overrightarrow{OX'} = k\overrightarrow{OX}$(点 O 和数 k 是固定的) 的平面变换叫做位似, 点 O 称为位似中心, 而数 k 叫做位似系数.

中心为 O 且系数为 k 的位似表示为 H_O^k.

2. 两个图形如果在某个位似下, 其中的一个变为另一个, 则这两个图形称为位似图形.

3. 具有共同中心的位似与旋转的合成称做旋转位似. 注意, 合成 $R_O^{\varphi} \circ H_O^k$ 和 $H_O^k \circ R_O^{\varphi}$ 给出的是同一个变换.

旋转位似的系数可以认为是正数, 因为 $R_O^{180°} \circ H_O^k = H_O^{-k}$.

4. 系数为 $k_1, k_2(k_1 k_2 \neq 1)$ 的两个位似的合成, 是系数为 $k_1 k_2$ 的位似, 并且它的中心在联结这两个位似中心的直线上. (参见问题 19.24)

5. 变线段 AB 为线段 CD 的旋转位似的中心是 $\triangle ACP$ 和 $\triangle BDP$ 的外接圆的交点, 其中 P 是直线 AB 和 CD 的交点. (参见问题 19.42)

引导性的问题

1. 证明: 在位似变换下圆变为圆.

2. 两个圆相切于点 K. 过点 K 引直线交这两圆于点 A 和 B, 证明: 过点 A 和 B 引所在圆的切线平行.

3. 两个圆相切于点 K. 过点 K 引两条直线交第一个圆于点 A 和 B, 交第二个圆于点 C 和 D, 证明: $AB \parallel CD$.

4. 证明: 任意一点关于正方形各边中点的对称点是某个正方形的顶点.

5. 在平面上给定点 A, B 和直线 l. 如果点 C 沿着直线 l 运动, 三角形中线的交点沿着怎样的轨迹运动?

第19章 位似与旋转位似
DISHIJIUZHANG WEISI YU XUANZHUAN WEISI

§1 位似的多边形

19.1 四边形被对角线分为四个三角形,证明:它们的中线的交点形成一个平行四边形.

提示 中心在四边形对角线的交点系数为 $\frac{3}{2}$ 的位似,变指出的三角形中线的交点为四边形边的中点,剩下利用问题 1.2 的结果.

19.2 梯形 $ABCD$ 的两腰 AB 和 CD 的延长线相交于点 K,而它的对角线交于点 L,证明:K, L, M 和 N 在一条直线上,其中 M 和 N 是底边 BC 和 AD 的中点.

提示 中心为 K,变 $\triangle KBC$ 为 $\triangle KAD$ 的位似,使点 M 变做点 N,所以点 K 在直线 MN 上.中心为 L,变 $\triangle LBC$ 为 $\triangle LDA$ 的位似,使点 M 变做点 N.所以点 L 在直线 MN 上.

19.3 在梯形中对角线的交点与两腰所在的直线距离等远,证明:这个梯形是等腰梯形.

提示 设腰 AB 和 CD 延长相交于点 K,而梯形的对角线相交于点 L.根据前题,直线 KL 通过线段 AD 的中点,而根据问题条件这条直线也平分 $\angle AKD$,所以 $\triangle AKD$ 是等腰三角形(参见问题 16.1).这意味着,梯形 $ABCD$ 也是等腰的.

19.4 $\triangle ABC$ 的中线 AA_1, BB_1 和 CC_1 相交于点 M;P 为任意一点.通过点 A 引直线 l_a 平行于直线 PA_1;直线 l_b 和 l_c 类似确定,证明:

(1) 直线 l_a, l_b 和 l_c 相交于一点 Q.

(2) 点 M 在线段 PQ 上并且 $\frac{PM}{MQ} = \frac{1}{2}$.

提示 中心为 M 和系数为 -2 的位似,使直线 PA_1, PB_1 和 PC_1 变为直线 l_a, l_b 和 l_c.这意味着,所求的点 Q 是点 P 在这个位似下的像.

19.5 圆 S 与等腰 $\triangle ABC$ 的两腰 AB 和 BC 相切于点 P 和 K,且内切于 $\triangle ABC$ 的外接圆,证明:线段 PK 的中点是 $\triangle ABC$ 的内切圆的中心.

提示 考查中心为 B 的变线段 AC 为与三角形的外接圆相切的线段 $A'C'$ 的

位似 H_B^k. 用 O_1 和 D 表示线段 PK 和 $A'C'$ 的中点，用 O 表示圆 S 的中心．

圆 S 是 $\triangle A'BC'$ 的内切圆，所以只需证明，在位似 H_B^k 下点 O_1 变为 O 就足够了．为此只需检验，$\dfrac{BO_1}{BO} = \dfrac{BA}{BA'}$．由此，这个等式得出，$PO_1$ 和 DA 是相似的直角 $\triangle BPO$ 和 $\triangle BDA'$ 的高线．

19.6* 凸多边形具有下面的性质：如果它的所有的边向外面都移动距离 1，那么所得到的直线形成与原来的多边形相似的多边形，证明：这个多边形是圆外切的．

提示 设 k 是多边形的相似系数，且 $k < 1$．向内依次按 $k, k^2, k^3, \cdots$，移动原多边形的边得到以 $k, k^2, k^3, \cdots$，为系数的与原多边形相似的嵌套的凸多边形组，这些多边形唯一的公共点是原三角形内切圆的中心．

19.7* 设 R 和 r 是三角形外接圆和内切圆的半径，证明：$R \geqslant 2r$，且仅当等边三角形时取等号．

提示 设 A_1, B_1 和 C_1 分别是边 BC, AC 和 AB 的中点．在中心为三角形中线的交点位似系数为 $-\dfrac{1}{2}$ 的位似下 $\triangle ABC$ 的外接圆 S 变为 $\triangle A_1B_1C_1$ 的外接圆 S_1．因为圆 S_1 与 $\triangle ABC$ 的所有的边相交，所以可以作其边分别平行于 $\triangle ABC$ 的边的 $\triangle A'B'C'$，使得 S_1 成为它的内切圆（图 19.1）．设 r 和 r' 是 $\triangle ABC$ 和 $\triangle A'B'C'$ 的内切圆的半径；R 和 R_1 是圆 S 和 S_1 的半径．显然，$r \leqslant r' = R_1 = \dfrac{R}{2}$．如果 $\triangle A'B'C'$ 与 $\triangle ABC$ 重合，即 S_1 是 $\triangle ABC$ 的内切圆时，达到等式．在这种情况下 $AB_1 = AC_1$，所以 $AB = AC$．类似地 $AB = BC$．

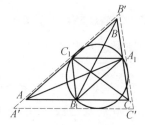

图 19.1

19.8* 设 M 是 n 边形 $A_1 \cdots A_n$ 的质量中心；$M_1, \cdots, M_n$ 是由这个 n 边形分别去掉顶点 $A_1, \cdots, A_n$ 得到的 $n-1$ 边形的质量中心，证明：多边形 $A_1 \cdots A_n$ 和 $M_1 \cdots M_n$ 位似．

提示 因为 $\overrightarrow{MM_i} = \dfrac{\overrightarrow{MA_1} + \cdots + \overrightarrow{MA_n} - \overrightarrow{MA_i}}{n-1} = -\dfrac{\overrightarrow{MA_i}}{n-1}$，则在中心为 M 系数为 $-\dfrac{1}{n-1}$ 的位似下点 A_i 变为点 M_i．

第 19 章　位似与旋转位似

19.9* 证明:任意凸多边形 Φ 包含两个不相交的多边形 Φ_1 和 Φ_2,以系数为 $\frac{1}{2}$ 与 Φ 相似.

(参见同样的问题 4.12,4.56,5.99,5.107,5.126,5.159(2),5.165,8.52.)

提示　设 A 和 B 是集合 Φ 中彼此距离最远的一对点,则 $\Phi_1 = H_A^{1/2}(\Phi)$ 和 $\Phi_2 = H_B^{1/2}(\Phi)$ 是所求的图形.实际上,因为 Φ_1 与 Φ_2 位于线段 AB 的中垂线的不同侧,所以它们不相交.此外,因为 Φ 是凸图形,所以 Φ_i 包含在 Φ 内.

§2　位似的圆

19.10　在圆上固定两个点 A 和 B,而点 C 沿着这个圆运动,求 $\triangle ABC$ 的中线交点的轨迹.

提示　设 M 是 $\triangle ABC$ 中线的交点,O 是线段 AB 的中点.显然,$3\overrightarrow{OM} = \overrightarrow{OC}$,所以点 M 填满由原来的圆在系数为 $\frac{1}{3}$ 且中心为 O 的位似下得到的圆.

19.11* (1)$\triangle ABC$ 的内切圆切边 AC 于点 D,DM 是它的直径.直线 BM 交边 AC 于点 K,证明:$AK = DC$.

(2) 在圆内引两条垂直的直径 AB 和 CD.由位于圆外的点 M 引圆的两条切线交直线 AB 于点 E 和 H,而直线 MC 和 MD 交直线 AB 于点 F 和 K,证明:$EF = KH$.

提示　(1)在以 B 为中心变内切圆为与边 AC 相切的旁切圆的位似下,点 M 变为某个点 M'.点 M' 是垂直于直线 AC 的直径的端点,所以 M' 是内切圆与边 AC 的切点,即是直线 BM 同边 AC 的交点,所以 $K = M'$ 且点 K 是旁切圆同边 AC 的交点.现在容易计算,$AK = \dfrac{a+b-c}{2} = CD$,其中 a,b 和 c 是已知 $\triangle ABC$ 的边.

(2) 考查中心为 M 变直线 EH 为与已知圆相切的直线的位似.在这个位似下点 E,F,K 和 H 变为点 E',F',K' 和 H'.根据问题(1)有 $E'F' = K'H'$,所以 $EF = KH$.

19.12* 设 O 是 $\triangle ABC$ 的内切圆的中心,D 是它同边 AC 的切点,B_1 是边

AC 的中点,证明:直线 B_1O 平分线段 BD.

提示 我们利用问题 19.11(1) 的表示和提示.因为 $AK=DC$,则 $B_1K=B_1D$,即 B_1O 是 $\triangle MKD$ 的中位线.

19.13* 圆 α,β 和 γ 具有相同的半径,且分别与 $\triangle ABC$ 的 $\angle A,\angle B$ 和 $\angle C$ 的边相切.圆 δ 与三个圆 α,β 和 γ 均外切,证明:圆 δ 的中心在过 $\triangle ABC$ 的内切圆与外接圆圆心的直线上.

提示 设 $O_\alpha,O_\beta,O_\gamma$ 和 O_δ 是圆 α,β,γ 和 δ 的中心;O_1 和 O_2 是 $\triangle ABC$ 的内切圆和外接圆的中心.在中心为 O_1 的位似下使 $\triangle ABC$ 变为 $\triangle O_\alpha O_\beta O_\gamma$.在这个位似下点 O_2 变做 $\triangle O_\alpha O_\beta O_\gamma$ 外接圆的中心,与点 O_3 重合,所以点 O_1,O_2 和 O_3 在一条直线上.

19.14* 给定 $\triangle ABC$.作四个半径都等于 ρ 的圆,使得其中的一个与另外三个相切,而这三个中的每一个都与三角形的两个边相切.如果三角形的内切圆与外接圆的半径分别等于 r 和 R,求 ρ.

提示 设 A_1,B_1 和 C_1 是与三角形边相切的已知圆的中心,O 是与这些圆相切的圆的中心,O_1 和 O_2 是 $\triangle ABC$ 的内切圆与外接圆的中心.直线 AA_1,BB_1 和 CC_1 是 $\triangle ABC$ 的角平分线,所以它们相交于点 O_1.因此,在 O_1 为中心位似系数等于由点 O_1 到 $\triangle ABC$ 和 $\triangle A_1B_1C_1$ 的边的距离之比,即等于 $\frac{r-\rho}{r}$ 的位似下,$\triangle ABC$ 变为 $\triangle A_1B_1C_1$.在这个位似下 $\triangle ABC$ 的外接圆变做 $\triangle A_1B_1C_1$ 的外接圆.因为 $OA_1=OB_1=OC_1=2\rho$,$\triangle A_1B_1C_1$ 的外接圆的半径等于 2ρ.因此,$\frac{R(r-\rho)}{r}=2\rho$,也就是 $\rho=\frac{rR}{2r+R}$.

19.15* 在 $\triangle ABC$ 每个角的内部内切的圆与外接圆相切.设 A_1,B_1 和 C_1 是这些圆与外接圆的切点,证明:直线 AA_1,BB_1 和 CC_1 相交于一点.

(参见同样的问题 2.58,5.7,5.129,12.81,17.2,17.26.)

提示 设 X 是变 $\triangle ABC$ 的内切圆为外接圆的位似的中心(带有正的系数).直线 AX 交内切圆于点 A' 和 A'',由它们的一个(为确定起见是 A'')在指出的位似下变为点 A,而另一个变为位于外接圆上的某个点 A_2.

考查中心为 A 变 A' 为 A_2 的位似.在这个位似下内切圆的中心变为在线段 OA_2 上的点,其中 O 是外接圆的中心.这意味着,内切圆变为切外接圆于点 A_2 的

第 19 章　位似与旋转位似

圆.因此,$A_2 = A_1$,所以直线 AA_1,BB_1 和 CC_1 过点 X.

§3　作图和轨迹

19.16　已知 $\angle ABC$ 和它内部的点 M.求作一个圆,与角的两边相切且过点 M.

提示　取 $\angle ABC$ 平分线上任意点 O 并作以 O 为圆心与角的边相切的圆 S.直线 BM 交圆于点 M_1 和 M_2.问题具有两个解:中心为 B 变 M_1 为 M 的位似和中心为 B 变 M_2 为 M 的位似,圆 S 变为通过点 M 且与角的边相切的圆.

19.17　在三角形中作两个等圆,使它们每一个都与三角形的两边相切并且和另一个圆相切.

提示　显然,两个圆切三角形的一个边.我们指出,如何作与边 AB 相切的圆.我们在 $\triangle ABC$ 的内部,以同一个半径作彼此相切的圆 S'_1 和 S'_2 并且与直线 $c' = AB$ 相切,对这两个圆分别作平行于直线 BC 和 AC 的切线 a' 和 b'.直线 a',b' 和 c' 形成的 $\triangle A'B'C'$ 与 $\triangle ABC$ 的边平行,所以存在变 $\triangle A'B'C'$ 为 $\triangle ABC$ 的位似.所求作的两个圆是在这个位似下圆 S'_1 和 S'_2 的像.

19.18　已知锐角 $\triangle ABC$,在边 AB 和 BC 上求作点 X 和 Y,使得(1)$AX = XY = YC$;(2)$BX = XY = YC$.

提示　(1)在 $\triangle ABC$ 的边 AB 和 BC 上截取长度等于 a 的线段 AX_1 和 CY_1.过点 Y_1 引平行于边 AC 的直线 l.设 Y_2 是直线 l 与位于三角形内部的以 X_1 为中心 a 为半径的圆的交点,则所求的点 Y 是直线 AY_2 与边 BC 的交点,X 是射线 AB 上使得 $AX = CY$ 这样的点.

(2)在边 AB 上取任意点 $X_1 \neq B$.中心为 X_1 半径为 BX_1 的圆交射线 BC 于点 B 和 Y_1.在直线 BC 上作这样的点 C_1,使得 $Y_1C_1 = BX_1$,并且点 Y_1 在 B 和 C_1 之间.在中心为 B 变点 C_1 为 C 的位似下,点 X_1 和 Y_1 变为所求的点 X 和 Y.

19.19　根据边 AB 与 AC 和角平分线 AD,求作 $\triangle ABC$.

提示　取线段 AD 和以 A 为中心分别以 AB 和 AC 为半径画圆 S_1 和 S_2.顶点 B 是圆 S_1 与圆 S_2 在中心为 D 且系数为 $-\dfrac{DB}{DC} = -\dfrac{AB}{AC}$ 的位似下的像的交点.

19.20 利用位似变换解问题 16.18.

提示 在大圆 S_2 上取任一点 X. 设 S'_2 是圆 S_2 在中心为 X 和系数为 $\frac{1}{3}$ 的位似下的像, Y 是圆 S'_2 和 S_1 的交点, 则 XY 为所求的直线.

19.21 在已知 $\triangle ABC$ 的边 BC 上求作这样的点, 使得从这个点向边 AB 和 AC 引垂线, 联结垂足的直线平行于 BC.

提示 由点 B 和 C 对直线 AB 和 AC 引直线; 设 P 是它们的交点, 则直线 AP 和 BC 的交点为所求.

* * *

19.22* 直角 $\triangle ABC$ 这样变动: 三角形的直角顶点 A 不改变自己的位置, 而顶点 B 和 C 沿着外切于点 A 的两个固定的圆 S_1 和 S_2 滑动, 求 $\triangle ABC$ 的高线 AD 的垂足 D 的轨迹.

(参见同样的问题 7.27 ~ 7.30, 8.15, 8.16, 8.74.)

提示 对圆 S_1 和 S_2 引外公切线 l_1 和 l_2, 直线 l_1 和 l_2 相交于点 K, 以点 K 为中心的位似 H 变圆 S_1 为圆 S_2. 设 $A_1 = H(A)$, 点 A 和 K 在联结圆心的直线上, 所以 AA_1 是圆 S_2 的直径, 即 $\angle ACA_1 = 90°$ 和 $A_1C /\!/ AB$. 因此, 线段 AB 在位似 H 下变为 A_1C, 所以直线 BC 过点 K 且 $\angle ADK = 90°$. 点 D 在以 AK 为直径的圆 S 上. 同样显然, 点 D 位于直线 l_1 和 l_2 形成的角的内部. 这样一来, 点 D 的轨迹是圆 S 被直线 l_1 和 l_2 截得的弧.

§4 位似的合成

19.23 变换 f 具有下列的性质: 如果 A' 和 B' 是点 A 和 B 的像, 那么 $\overrightarrow{A'B'} = k\overrightarrow{AB}$, 其中 k 是常数.

(1) 如果 $k = 1$, 那么变换 f 是平移.
(2) 如果 $k \neq 1$, 那么变换 f 是位似.

提示 由问题的条件推出, 映射 f 是一一映射.

(1) 设点 A 在映射 f 下变为点 A', 而 B 变做 B', 则 $\overrightarrow{BB'} = \overrightarrow{BA} + \overrightarrow{AA'} + \overrightarrow{A'B'} = -\overrightarrow{AB} + \overrightarrow{AA'} + \overrightarrow{AB} = \overrightarrow{AA'}$, 即变换 f 是平移.

(2) 考查不在一条直线上的三个点 A, B 和 C. 设 A', B' 和 C' 是它们在映射 f 下的像. 直线 AB, BC 和 CA 不能分别与直线 $A'B', B'C'$ 和 $C'A'$ 重合, 因为在这

第 19 章 位似与旋转位似

种情况下将有 $A = A'$, $B = B'$ 和 $C = C'$. 设 $AB \neq A'B'$. 直线 AA' 和 BB' 不平行,因为不然的话,四边形 $ABB'A'$ 是平行四边形且 $\overrightarrow{AB} = \overrightarrow{A'B'}$. 设 O 是直线 AA' 和 BB' 的交点. $\triangle AOB$ 和 $\triangle A'O'B'$ 相似且相似系数为 k,所以 $\overrightarrow{OA'} = k\overrightarrow{OA}$,即 O 是映射 f 的不动点. 因此,对于任意点 X, $\overrightarrow{Of(X)} = \overrightarrow{f(O)f(X)} = k\overrightarrow{OX}$,而这意味着,变换 f 是中心为 O 系数为 k 的位似.

19.24 证明:系数为 $k_1, k_2(k_1 k_2 \neq 1)$ 的两个位似的合成,是系数为 $k_1 k_2$ 的位似,并且它的位似中心在联结这两个位似中心的直线上,研究 $k_1 k_2 = 1$ 的情况.

提示 设 $H = H_2 \circ H_1$,其中 H_1 和 H_2 是中心为 O_1 和 O_2 且系数为 k_1 和 k_2 的位似. 我们表示 $A' = H_1(A)$, $B' = H_1(B)$, $A'' = H_2(A')$, $B'' = H_2(B')$,则 $\overrightarrow{A'B'} = k_1 \overrightarrow{AB}$, $\overrightarrow{A''B''} = k_2 \overrightarrow{A'B'}$,也就是 $\overrightarrow{A''B''} = k_1 k_2 \overrightarrow{AB}$. 由此借助前题得到,变换 H 当 $k_1 k_2 \neq 1$ 时是系数为 $k_1 k_2$ 的位似,而当 $k_1 k_2 = 1$ 时,是平移.

剩下检验,变换 H 的不动点在联结位似 H_1 和 H_2 中心的直线上. 因为
$$\overrightarrow{O_1 A'} = k_1 \overrightarrow{O_1 A}, \quad \overrightarrow{O_2 A''} = k_2 \overrightarrow{O_2 A'}$$
所以
$$\overrightarrow{O_2 A''} = k_2(\overrightarrow{O_2 O_1} + \overrightarrow{O_1 A'}) = k_2(\overrightarrow{O_2 O_1} + k_1 \overrightarrow{O_1 A}) =$$
$$k_2 \overrightarrow{O_2 O_1} + k_1 k_2 \overrightarrow{O_1 O_2} + k_1 k_2 \overrightarrow{O_2 A}$$
对于不动点 X 得到方程
$$\overrightarrow{O_2 X} = (k_1 k_2 - k_2) \overrightarrow{O_1 O_2} + k_1 k_2 \overrightarrow{O_2 X}$$
所以 $\overrightarrow{O_2 X} = \lambda \overrightarrow{O_1 O_2}$,其中 $\lambda = \dfrac{k_1 k_2 - k_2}{1 - k_1 k_2}$.

19.25 对圆偶 S_1 和 S_2, S_2 和 S_3, S_3 和 S_1 的外公切线的交点分别是 A, B 和 C,证明:点 A, B 和 C 在一条直线上.

提示 点 A 是变 S_1 为 S_2 的位似中心,点 B 是变 S_2 为 S_3 的位似中心. 这两个位似的合成变 S_1 为 S_3,并且它的中心在直线 AB 上. 另一方面,变 S_1 为 S_3 的位似中心是点 C. 实际上,带有正系数的位似对应外公切线的交点,而正系数的位似的合成是带有正系数的位似.

19.26 梯形 $ABCD$ 和 $APQD$ 具有公共底边 AD. 并且它们底边的长两两不等. 证明:下列的直线对的交点在一条直线上.

(1) AB 和 CD, AP 和 DQ, BP 和 CQ.

(2) AB 和 CD,AQ 和 DP,BQ 和 CP.

提示 (1) 设 K,L,M 是直线 AB 和 CD,AP 和 DQ,BP 和 CQ 的交点. 这些点是带有正系数且分别变线段 BC 为 AD,AD 为 PQ 和 BC 为 PQ 的位似 H_K,H_L 和 H_M 的中心. 显然,$H_L \circ H_K = H_M$,所以点 K,L 和 M 在一条直线上.

(2) 设 K,L,M 是直线 AB 和 CD,AQ 和 DP,BQ 和 CP 的交点. 这些点是分别变线段 BC 为 AD,AD 为 QP 和 BC 为 QP 的位似 H_K,H_L 和 H_M 的中心,其中第一个位似的系数是正的,而后两个位似系数是负的. 显然,$H_L \circ H_K = H_M$,所以点 K,L 和 M 在一条直线上.

§5 旋转位似

19.27 圆 S_1 和 S_2 相交于点 A 和 B. 过点 A 的直线 p 和 q 交圆 S_1 于点 P_1 和 Q_1,而交圆 S_2 于点 P_2 和 Q_2,证明:直线 P_1Q_1 和 P_2Q_2 之间的角等于圆 S_1 和 S_2 之间的角.

提示 因为 $\angle(P_1A, AB) = \angle(P_2A, AB)$,则有向角的量弧 BP_1 和 BP_2 相等. 所以,在中心为 B 变 S_1 为 S_2 的旋转位似下,点 P_1 变为 P_2,而直线 P_1Q_1 变为直线 P_2Q_2.

19.28 圆 S_1 和 S_2 相交于点 A 和 B. 在以 A 为中心的变 S_1 为 S_2 旋转位似下,变圆 S_1 的点 M_1 为 M_2,证明:直线 M_1M_2 过点 B.

提示 因为有向角的量弧 AM_1 和 AM_2 相等,那么 $\angle(M_1B, BA) = \angle(M_2B, BA)$,这就是说,点 M_1, M_2 和 B 在一条直线上.

19.29 圆 $S_1,\cdots,S_n$ 过点 O. 蜗蜗由圆 S_i 的点 X_i 跳跃到圆 S_{i+1} 上的点 X_{i+1},使得直线 X_iX_{i+1} 过圆 S_i 和圆 S_{i+1} 的异于点 O 的交点,证明:蜗蜗 n 次跳跃(从圆 S_1 到 S_2,从 S_2 和 S_3,$\cdots$,从 S_n 和 S_1) 后返回到原来的点.

提示 设 P_i 是中心为 O 变圆 S_i 为 S_{i+1} 的旋转位似,则 $X_{i+1} = P_i(X_i)$(参见问题 19.28). 剩下注意合成 $P_n \circ \cdots \circ P_2 \circ P_1$ 是中心为 O 变 S_1 为 S_1 旋转位似,即它是恒等变换.

19.30 两个圆 S_1 和 S_2 相交于点 A 和 B,而弦 AM 和 AN 与这两圆相切. 添加 $\triangle MAN$ 为 $\square MANC$ 并且线段 BN 和 MC 被点 P 和 Q 分为等比,证明:

第19章 位似与旋转位似
DISHIJIUZHANG　WEISI YU XUANZHUAN WEISI

$\angle APQ = \angle ANC$.

提示 因为 $\angle AMB = \angle NAB$，$\angle BAM = \angle BNA$，所以 $\triangle AMB \backsim \triangle NAB$，而这意味着，$\frac{AN}{AB} = \frac{MA}{MB} = \frac{CN}{MB}$. 此外，$\angle ABM = 180° - \angle MAN = \angle ANC$. 因此，$\triangle AMB \backsim \triangle ACN$，也就是中心为 A 的变 M 为 B 的旋转位似，变 C 为 N，也就是它变 Q 为 P.

19.31 已知两个不同心的圆 S_1 和 S_2，证明：恰存在两个旋转角为 90° 的旋转位似，变 S_1 为 S_2.

提示 设 O_1 和 O_2 是给定圆的中心，r_1 和 r_2 是它们的半径. 变 S_1 为 S_2 的旋转位似的系数 k 等于 $\frac{r_1}{r_2}$，而它的中心 O 在直径为 O_1O_2 的圆上，此外，$\frac{OO_1}{OO_2} = k = \frac{r_1}{r_2}$. 剩下检验，直径为 O_1O_2 的圆与使得 $OO_1 : OO_2 = k$ 的点 O 的轨迹恰具有两个公共点. 当 $k = 1$ 时这是显然的，而当 $k \neq 1$ 时，最后的轨迹写在问题 7.14 的提示中：它们是一个圆，并且它同直线 O_1O_2 的交点之一在线段 O_1O_2 内部，而另一个在它的外部.

* * *

19.32 给定正方形 $ABCD$. 点 P 和 Q 分别在边 AB 和 BC 上，并且 $BP = BQ$，设 H 是由点 B 引向线段 PC 的垂线足，证明：$\angle DHQ = 90°$.

提示 考查变 $\triangle BHC$ 为 $\triangle PHB$ 的变换，也就是关于点 H 的 90° 的旋转和系数为 $BP : CB$ 中心为 H 的位似的合成. 因为在这个变换下正方形的顶点变为某个另外的正方形的顶点，而点 C 和 B 变做点 B 和 P，那么点 D 变为点 Q，即 $\angle DHQ = 90°$.

19.33 在 $\triangle ABC$ 的边上向外作相似的 $\triangle A_1BC$，$\triangle B_1CA$ 和 $\triangle C_1AB$，证明：$\triangle ABC$ 与 $\triangle A_1B_1C_1$ 的中线的交点重合.

提示 设 P 是变向量 $\overrightarrow{CB}$ 为向量 $\overrightarrow{CA_1}$ 的旋转位似，则
$$\overrightarrow{AA_1} + \overrightarrow{CC_1} + \overrightarrow{BB_1} = \overrightarrow{AC} + P(\overrightarrow{CB}) + \overrightarrow{CB} + P(\overrightarrow{BA}) + \overrightarrow{BA} + P(\overrightarrow{AC}) = \mathbf{0}$$
这意味着，如果 M 是 $\triangle ABC$ 的质量中心，那么
$$\overrightarrow{MA_1} + \overrightarrow{MB_1} + \overrightarrow{MC_1} = (\overrightarrow{MA} + \overrightarrow{MB} + \overrightarrow{MC}) + (\overrightarrow{AA_1} + \overrightarrow{BB_1} + \overrightarrow{CC_1}) = \mathbf{0}$$

19.34 正 $\triangle ABC$ 与正 $\triangle A_1B_1C_1$ 的边 BC 和 B_1C_1 的中点重合(两个三角形的顶点按顺时针方向排列),求直线 AA_1 和 BB_1 之间角的度数,以及线段 AA_1 和 BB_1 长度的比值.

提示 设 M 是边 BC 和 B_1C_1 的公共中点,$x = \overrightarrow{MB}, y = \overrightarrow{MB_1}$. 再设,$P$ 是中心为 O 旋转角 $90°$ 且系数为 $\sqrt{3}$ 的变点 B 为 A,变点 B_1 为 A_1 的旋转位似,则
$$\overrightarrow{BB_1} = y - x, \quad \overrightarrow{AA_1} = P(y) - P(x) = P(\overrightarrow{BB_1})$$
所以向量 $\overrightarrow{AA_1}$ 和 $\overrightarrow{BB_1}$ 之间的角等于 $90°$ 且 $\dfrac{AA_1}{BB_1} = \sqrt{3}$.

19.35 $\triangle ABC$ 在旋转位似下变为 $\triangle A_1B_1C_1$;O 是任意点. 设 A_2 是 $\square OAA_1A_2$ 的顶点;点 B_2 和 C_2 类似定义,证明:$\triangle A_2B_2C_2 \backsim \triangle ABC$.

提示 设 P 是变 $\triangle ABC$ 为 $\triangle A_1B_1C_1$ 的旋转位似,则
$$\overrightarrow{A_2B_2} = \overrightarrow{A_2O} + \overrightarrow{OB_2} = \overrightarrow{A_1A} + \overrightarrow{BB_1} = \overrightarrow{BA} + \overrightarrow{A_1B_1} = -\overrightarrow{AB} + P(\overrightarrow{AB})$$
类似地,用变换 $f(a) = -a + P(a)$ 将 $\triangle ABC$ 其余的边向量变为 $\triangle A_2B_2C_2$ 的边向量.

19.36* 在长方形的地图上面放一张同一地区的但不同比例尺的小地图,证明:能够用细针刺穿这两张地图,使得刺穿的点在两张地图上表示的是同一个地点的位置.

提示 原来的地图是在平面上的长方形 K_0,小地图是包含在 K_0 中的长方形 K_1. 我们考查映射 K_0 为 K_1 的旋转位似 f. 设 $K_{i+1} = f(K_i)$. 因为顺序的 K_i 是集结的顺序包含的多边形,存在唯一的点 X,属于所有的长方形 K_i. 我们证明,X 是所求的点,即 $f(X) = X$. 实际上,因为点 X 属于 K_i,那么点 $f(X)$ 属于 K_{i+1},也就是,点 $f(X)$ 也属于所有的长方形 K_i. 因为只有一个点属于所有的长方形,所以 $f(X) = X$.

19.37* 中心为 A_1 和 A_2 的旋转位似 P_1 与 P_2 具有同一个旋转角,且它们的系数的乘积等于 1,证明:合成 $P_2 \circ P_1$ 是个旋转,并且它的中心与变 A_1 为 A_2 的和旋转角是 $2\angle(\overrightarrow{MA_1}, \overrightarrow{MN})$ 另一个旋转的中心重合,其中 M 是任意点且 $N = P_1(M)$.

提示 因为旋转位似 P_1 和 P_2 的系数的乘积等于 1,它们的合成是旋转(参见问题 17.38). 设 O 是旋转 $P_2 \circ P_1$ 的中心;$R = P_1(O)$. 因为 $P_2 \circ P_1(O) = O$,

第19章 位似与旋转位似

所以 $P_2(R) = O$. 因此,根据条件 $\frac{A_1O}{A_1R} = \frac{A_2O}{A_2R}$ 和 $\angle OA_1R = \angle OA_2R$,也就是 $\triangle OA_1R \backsim \triangle OA_2R$. 此外,$OR$ 是这两个相似三角形的公共边,意味着 $\triangle OA_1R \cong \triangle OA_2R$. 因此

$$OA_1 = OA_2, \angle(\overrightarrow{OA_1}, \overrightarrow{OA_2}) = 2\angle(\overrightarrow{OA_1}, \overrightarrow{OR}) = 2\angle(\overrightarrow{MA_1}, \overrightarrow{MN})$$

即 O 是旋转角为 $2\angle(\overrightarrow{MA_1}, \overrightarrow{MN})$,变点 A_1 为 A_2 的旋转中心.

19.38* $\triangle MAB$ 与 $\triangle MCD$ 相似,但具有相反的定向. 设 O_1 是旋转角为 $2\angle(\overrightarrow{BA}, \overrightarrow{BM})$ 变 A 为 C 的旋转中心,而 O_2 是旋转角为 $2\angle(\overrightarrow{AB}, \overrightarrow{AM})$ 变 B 为 D 的旋转中心,证明:$O_1 = O_2$.

提示 设 P_1 是以 B 为中心变 A 为 M 的旋转位似,而 P_2 是以 D 为中心变 M 为 C 的旋转位似. 因为这两个旋转位似系数的乘积等于 $\frac{BM}{BA} \cdot \frac{DC}{DM} = 1$,所以它们的合成 $P_2 \circ P_1$ 是旋转(变 A 为 C),旋转角为 $\angle(\overrightarrow{BA}, \overrightarrow{BM}) + \angle(\overrightarrow{DM}, \overrightarrow{DC}) = 2\angle(\overrightarrow{BA}, \overrightarrow{BM})$.

另一方面,旋转 $P_2 \circ P_1$ 的中心重合于转角为 $2\angle(\overrightarrow{AB}, \overrightarrow{AM})$ 变 B 为 D 的旋转的中心(参见问题 19.37).

* * *

19.39* 已知直径为 AB 的半圆. 对于这个半圆的每个点 X 在射线 XA 上放置一点 Y,使得 $XY = kXB$,求 Y 的轨迹.

提示 容易检验,$\tan\angle XBY = k, \frac{BY}{BX} = \sqrt{k^2+1}$,即由点 X 经过中心为 B 转角为 $\arctan k$ 和系数为 $\sqrt{k^2+1}$ 的旋转位似得到点 Y,所求的轨迹是给定的半圆在这个旋转位似下的像.

19.40* 在 $\triangle ABC$ 的边 AB 上已知点 P. 在 $\triangle ABC$ 中内接 $\triangle PXY$,使它相似于给定的 $\triangle LMN$.

提示 我们假设,作出 $\triangle PXY$,同时点 X 和 Y 分别在边 AC 和 CB 上. 我们知道变 X 为 Y 的变换,就是中心为 P,旋转角 $\varphi = \angle XPY = \angle MLN$ 和位似系数 $k = \frac{PY}{PX} = \frac{LN}{LM}$ 的旋转位似. 所求的点 Y 是线段 BC 和线段 AC 在这个变换下的像的交点.

19.41* 根据 $\angle B + \angle D, a = AB, b = BC, c = CD, d = DA$，求作四边形 $ABCD$.

(参见同样的问题 2.89,5.108(2),5.145,18.32.)

提示 假设四边形 $ABCD$ 已经作出. 考查中心为 A 变 B 为 D 的旋转位似. 设 C' 是点 C 在这个位似下的像，则

$$\angle CDC' = \angle B + \angle D, DC' = \frac{BC \cdot AD}{AB} = \frac{bd}{a}$$

根据 CD, DC' 和 $\angle CDC'$ 可以作出 $\triangle CDC'$. 点 A 是以 D 为中心半径为 d 的圆与点 X 的轨迹的交点，对于点 X 满足 $\frac{C'X}{CX} = \frac{d}{a}$（这个轨迹是圆，参见问题 7.14），下面的作图显然.

§6 旋转位似中心

19.42 (1) 设 P 是直线 AB 和 A_1B_1 的交点，证明：如果点 A, B, A_1, B_1 和 P 不重合，那么 $\triangle PAA_1$ 和 $\triangle PBB_1$ 外接圆的公共点是变点 A 为 A_1，变点 B 为 B_1 的旋转位似的中心，并且这个旋转位似是唯一的.

(2) 证明：变线段 AB 为线段 BC 的旋转位似中心是通过点 A 且切直线 BC 于点 B 的圆和通过点 C 且切直线 AB 于点 B 的圆的交点.

提示 (1) 如果 O 是变线段 AB 为线段 A_1B_1 的旋转位似的中心，那么

$$\angle(PA, AO) = \angle(PA_1, A_1O) \text{ 和 } \angle(PB, BO) = \angle(PB_1, B_1O) \quad (1)$$

也就是，点 O 是 $\triangle PAA_1$ 和 $\triangle PBB_1$ 外接圆的交点. 当这两个圆具有唯一的公共点 P 时，显然，在中心为 P 的位似下线段 AB 变为线段 A_1B_1. 如果 P 和 O 是被考查的圆的两个交点，那么由等式(1)得出，$\triangle OAB \backsim \triangle OA_1B_1$，这意味着，$O$ 是变线段 AB 为线段 A_1B_1 的旋转位似的中心.

(2) 只需注意，点 O 是变线段 AB 为线段 BC 的旋转位似的中心，当且仅当 $\angle(BA, AO) = \angle(CB, BO), \angle(AB, BO) = \angle(BC, CO)$.

19.43 点 A 和 B 沿着两条相交直线以固定的但不等的速度运动，证明：存在这样的点 P，在任意时刻都有 $\frac{AP}{BP} = k$，其中 k 是速度的比.

提示 设 A_1 和 B_1 是在一个瞬时点的位置，A_2 和 B_2 是在另一个时刻点的

第 19 章 位似与旋转位似

位置,则作为点 P 可以取变线段 A_1A_2 为线段 B_1B_2 的旋转位似中心.

19.44 求作带有给定系数 $k \neq 1$ 的,变直线 l_1 为直线 l_2,而位于直线 l_1 上的点 A_1 变为点 A_2 的旋转位似的中心 O.

提示 设点 P 是直线 l_1 和 l_2 的交点.根据问题 19.42 点 O 在 $\triangle A_1A_2P$ 的外接圆 S_1 上.另一方面,$\dfrac{OA_2}{OA_1} = k$.对于满足 $\dfrac{XA_2}{XA_1} = k$ 的点 X 的轨迹,是圆 S_2(问题 7.14).点 O 是圆 S_1 和 S_2 的交点(这样的点有两个).

19.45 证明:变线段 AB 为线段 A_1B_1 的旋转位似中心与变线段 AA_1 为线段 BB_1 的旋转位似中心重合.

提示 设 O 是变线段 AB 为线段 A_1B_1 的旋转位似中心,则
$$\triangle ABO \backsim \triangle A_1B_1O$$
也就是 $\angle AOB = \angle A_1OB_1, \dfrac{AO}{BO} = \dfrac{A_1O}{B_1O}$

因此 $\angle AOA_1 = \angle BOB_1, \dfrac{AO}{A_1O} = \dfrac{BO}{B_1O}$

即 $\triangle AA_1O \backsim \triangle BB_1O$

所以点 O 是变线段 AA_1 为线段 BB_1 的旋转位似中心.

19.46* 四条相交的直线形成四个三角形,证明:围绕这些三角形的四个外接圆具有公共点.

提示 设直线 AB 和 DE 相交于点 C,而直线 BD 和 AE 相交于点 F.变线段 AB 为线段 ED 的旋转位似中心是 $\triangle AEC$ 和 $\triangle BDC$ 的外接圆异于点 C 的交点(参见问题 19.42),而变 AE 为 BD 的旋转位似中心,是 $\triangle ABF$ 和 $\triangle EDF$ 的外接圆的交点.根据问题 19.45 这两个旋转位似中心重合,也就是,全部的四个外接圆具有公共点.

19.47* $\square ABCD$ 不是菱形.直线 AB 和 CD 分别关于对角线 AC 和 DB 对称的直线交于点 Q,证明:Q 是变线段 AO 为线段 OD 的旋转位似中心,其中 O 是平行四边形的中心.

提示 平行四边形的中心 O 与下列的直线对等距离:AQ 和 AB,AB 和 CD,CD 和 DQ,所以 QO 是 $\angle AQD$ 的平分线.设 $\alpha = \angle BAO, \beta = \angle CDO, \varphi = \angle AQO =$

$\angle DQO$，则 $\alpha + \beta = \angle AOD = 360° - \alpha - \beta - 2\varphi$，这意味着 $\triangle QAO \cong \triangle QOD$.

19.48* 已知两个有公共顶点的正五边形. 每个五边形的顶点用由 1 到 5 的数码按时针方向编号，并且在公共顶点放 1. 将同样编号的顶点用直线联结，证明：所得到的四条直线相交于一点.

提示 我们解某个更一般的形式的问题. 设在圆 S 上取点 O，H 是中心为 O 的位似. 我们证明：对所有的直线 XX'，其中 X 是圆 S 上的点且 $X' = H(X)$，相交于一点.

设 P 是直线 $X_1X'_1$ 和 $X_2X'_2$ 的交点. 根据问题 19.42，点 O,P,X_1 和 X_2 位于一个圆上并且点 O,P,X'_1 和 X'_2 也在一个圆上. 因此，P 是圆 S 和 $H(S)$ 的交点，也就是，所有的直线 XX' 过圆 S 和 $H(S)$ 的不同于点 O 的交点.

19.49* 在 $\triangle ABC$ 的边 BC,CA 和 AB 上取点 A_1,B_1 和 C_1，使得 $\triangle ABC \backsim \triangle A_1B_1C_1$. 线段对 BB_1 和 CC_1，CC_1 和 AA_1，AA_1 和 BB_1 分别交于点 A_2,B_2 和 C_2. 证明：$\triangle ABC_2$，$\triangle BCA_2$，$\triangle CAB_2$，$\triangle A_1B_1C_2$，$\triangle B_1C_1A_2$ 和 $\triangle C_1A_1B_2$ 的外接圆相交于一点.

（参见同样的问题 5.145.）

提示 设 O 是变 $\triangle A_1B_1C_1$ 为 $\triangle ABC$ 的旋转位似中心. 我们证明，例如，$\triangle ABC_2$ 和 $\triangle A_1B_1C_2$ 的外接圆通过点 O. 在考查的位似下线段 AB 变为线段 A_1B_1，所以点 O 与变线段 AA_1 为线段 BB_1 的旋转位似中心重合（参见问题 19.45）. 根据问题 19.42 最后的位似中心是 $\triangle ABC_2$ 和 $\triangle A_1B_1C_2$ 的外接圆的第二个交点（或者它们的切点）.

§7 旋转位似的合成

19.50 设 H_1 和 H_2 是两个旋转位似，证明：$H_1 \circ H_2 = H_2 \circ H_1$ 当且仅当这两个旋转位似的中心重合.

提示 设 O_1 和 O_2 是旋转位似 H_1 和 H_2 的中心. 显然，如果 O_1 和 O_2 重合，那么 $H_1 \circ H_2 = H_2 \circ H_1$. 现在假设 $H_1 \circ H_2 = H_2 \circ H_1$. 作为特例 $H_1 \circ H_2(O_1) = H_2 \circ H_1(O_1) = H_2(O_1)$，所以 $H_2(O_1)$ 是旋转位似 H_1 的中心，即 $H_2(O_1) = O_1$. 但那时 O_1 是旋转位似 H_2 的中心，这正是需要的.

第19章 位似与旋转位似

19.51 设 H_1 和 H_2 是两个旋转位似,证明:$H_1 \circ H_2 = H_2 \circ H_1$,当且仅当对某个点 A 有 $H_1 \circ H_2(A) = H_2 \circ H_1(A)$.

提示 只要证明,如果 $H_1 \circ H_2(A) = H_2 \circ H_1(A)$,那么 $H_1 \circ H_2 = H_2 \circ H_1$ 就足够了.考查变换 $(H_1 \circ H_2)^{-1} \circ H_2 \circ H_1$.这个变换是平移(位似系数的乘积等于 1,而旋转角的和等于 0).此外,这个变换具有不动点 A.具有不动点的平移是恒等变换.因此,$H_1 \circ H_2 = H_2 \circ H_1$.

19.52 (1)在 $\triangle ABC$ 的边上作真相似的 $\triangle A_1BC, \triangle CAB_1$ 和 $\triangle BC_1A$.设 A_2, B_2 和 C_2 是这些三角形的对应点,证明:$\triangle A_2C_2B_2 \backsim \triangle A_1BC$.

(2)证明:在 $\triangle ABC$ 的边上向外(内)作的正三角形的中心形成正三角形.

提示 (1)设 H_1 是变 $\triangle A_1BC$ 为 $\triangle CAB_1$ 的旋转位似,H_2 是变 $\triangle CAB_1$ 为 $\triangle BC_1A$ 的旋转位似,H 是变点 A_1 和 C 为点 A_2 和 B_2 的旋转位似,则

$$H_1 \circ H(A_1) = H_1(A_2) = B_2 = H(C) = H \circ H_1(A_1)$$

所以根据问题 19.51 $H_1 \circ H = H \circ H_1$,这意味着,根据问题 19.50 旋转位似 H 和 H_1 具有共同的中心.

同样显然,$H_1 \circ H_2(C) = H_1(B) = A = H_2(B_1) = H_2 \circ H_1(C)$,所以旋转位似 H_1 和 H_2 具有共同的中心.于是,全部三个旋转位似 H_1, H_2 和 H 具有共同的中心,所以

$$H_2 \circ H = H \circ H_2$$

因此 $H(B) = H \circ H_2(C) = H_2 \circ H(C) = H_2(B_2) = C_2$

这样一来,旋转位似 H 变 $\triangle A_1BC$ 为 $\triangle A_2C_2B_2$.

(2)这个问题是问题(1)的特殊情形.

§8 三个图形的相似圆

设 F_1, F_2 和 F_3 是三个相似的图形,O_1 是变 F_2 为 F_3 的旋转位似中心,点 O_2 和 O_3 类似地定义.如果点 O_1, O_2 和 O_3 不在一条直线上,那么 $\triangle O_1O_2O_3$ 称做图形 F_1, F_2 和 F_3 的相似三角形.而它的外接圆称做这些图形的相似圆.在点 O_1, O_2 和 O_3 重合的情况,相似圆退化为相似中心,而在这些点不重合,但在一条直线的情况,相似圆退化为相似轴.在本节的问题中我们假设,考查的图形的相似圆不是退化的.

19.53* 直线 A_2B_2 和 A_3B_3,A_3B_3 和 A_1B_1,A_1B_1 和 A_2B_2 分别相交于点

P_1, P_2, P_3.

(1) 证明:$\triangle A_1A_2P_3$,$\triangle A_1A_3P_2$ 和 $\triangle A_2A_3P_1$ 的外接圆相交于位于线段 A_1B_1,A_2B_2 和 A_3B_3 的相似圆上的一点.

(2) 设 O_1 是变线段 A_2B_2 为 A_3B_3 的旋转位似中心;点 O_2 和 O_3 类似地定义. 证明:直线 P_1O_1,P_2O_2 和 P_3O_3 相交于位于线段 A_1B_1,A_2B_2 和 A_3B_3 的相似圆上的一点.

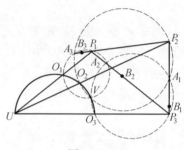

图 19.2

提示 点 A_1,A_2 和 A_3 在直线 P_2P_3,P_3P_1 和 P_1P_2 上(图 19.2),所以 $\triangle A_1A_2P_3$,$\triangle A_1A_3P_2$ 和 $\triangle A_2A_3P_1$ 的外接圆具有公共点 V(参见问题 2.83(1)),并且 O_3,O_2 和 O_1 位于这些圆上(参见问题 19.42). 类似地,$\triangle B_1B_2P_3$, $\triangle B_1B_3P_2$ 和 $\triangle B_2B_3P_1$ 的外接圆具有公共点 V'. 设 U 是直线 P_2O_2 和 P_3O_3 的交点. 我们证明,点 V 在 $\triangle O_2O_3U$ 的外接圆上,实际上

$$\angle(O_2V,VO_3) = \angle(VO_2,O_2P_2) + \angle(O_2P_2,P_3O_3) + \angle(P_3O_3,O_3V) =$$
$$\angle(VA_1,A_1P_2) + \angle(O_2U,UO_3) + \angle(P_3A_1,A_1V) =$$
$$\angle(O_2U,UO_3)$$

类似的讨论指出,点 V' 位于在 $\triangle O_2O_3U$ 的外接圆上. 特别是,点 O_2,O_3,V 和 V' 位于在一个圆上. 类似地,点 O_1,O_2,V 和 V' 位于在一个圆上,这意味着,点 V 和 V' 在 $\triangle O_1O_2O_3$ 的外接圆上;点 U 也在这个圆上. 类似可证,直线 P_1O_1 和 P_2O_2 的交点在相似圆上. 直线 P_2O_2 交相似圆于点 U 和 O_2,所以直线 P_1O_1 通过点 U.

点 A_1 和 A_2 称做相似图形 F_1 和 F_2 的对应点,如果在变 F_1 为 F_2 的旋转位似下点 A_1 变为 A_2. 类似可定义对应直线和线段.

19.54* 设 A_1B_1,A_2B_2 和 A_3B_3,而同样 A_1C_1,A_2C_2 和 A_3C_3 是相似图形 F_1,F_2 和 F_3 的对应线段,证明:由直线 A_1B_1,A_2B_2 和 A_3B_3 形成的三角形相似于由直线 A_1C_1,A_2C_2 和 A_3C_3 形成的三角形,并且变这两个三角形的一个为另一个的旋转位似中心,在图形 F_1,F_2 和 F_3 的相似圆上.

提示 设 P_1 是直线 A_2B_2 和 A_3B_3 的交点,P_1' 是直线 A_2C_2 和 A_3C_3 的交点;点 P_2,P_3,P_2' 和 P_3' 可类似确定. 在变 F_1 为 F_2 的旋转位似下,直线 A_1B_1 和 A_1C_1 变为 A_2B_2 和 A_2C_2,所以 $\angle(A_1B_1,A_2B_2) = \angle(A_1C_1,A_2C_2)$,也就是,在 $\triangle P_1P_2P_3$ 和 $P_1'P_2'P_3'$ 的顶点 P_3 和 P_3' 的角相等或组成和为 $180°$,类似的讨论

第 19 章　位似与旋转位似

指出,$\triangle P_1P_2P_3 \backsim \triangle P'_1P'_2P'_3$.

变线段 P_2P_3 和 $P'_2P'_3$ 的旋转位似中心位于在 $\triangle A_1P_3P'_3$ 的外接圆上(参见问题 19.42).又因为 $\angle(P_3A_1, A_1P'_3) = \angle(A_1B_1, A_1C_1) = \angle(A_2B_2, A_2C_2) = \angle(P_3A_2, A_2P'_3)$,所以 $\triangle A_1P_3P'_3$ 的外接圆同 $\triangle A_1A_2P_3$ 的外接圆重合.类似的讨论指出,被考查的旋转位似的中心是 $\triangle A_1A_2P_3, \triangle A_1A_3P_2$ 和 $\triangle A_2A_3P_1$ 的外接圆的交点,这点位于图形 F_1, F_2 和 F_3 的相似圆上(问题 19.53(1)).

19.55* 设相似图形 F_1, F_2 和 F_3 的对应直线 l_1, l_2 和 l_3 相交于点 W.

(1) 证明:点 W 在图形 F_1, F_2 和 F_3 的相似圆上.

(2) 设 J_1, J_2 和 J_3 是直线 l_1, l_2 和 l_3 同相似圆不同于点 W 的交点.证明:这些点只与图形 F_1, F_2 和 F_3 有关,和直线 l_1, l_2 和 l_3 的选取无关.

提示　(1) 设 l'_1, l'_2 和 l'_3 分别是图形 F_1, F_2 和 F_3 的直线,并且 $l'_i \parallel l_i$;这些直线形成 $\triangle P_1P_2P_3$.以 O_3 为中心变 F_1 为 F_2 的旋转位似,使直线 l_1 和 l'_1 变为 l_2 和 l'_2,所以以 O_3 为中心变直线 l_1 为 l'_1 的位似,使直线 l_2 变为 l'_2.因此,直线 P_3O_3 过点 W.类似地,直线 P_1O_1 和 P_2O_2 通过点 W,而这意味着,点 W 在图形 F_1, F_2 和 F_3 的相似圆上(参见问题 19.53(2)).

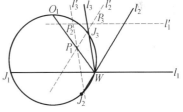

图 19.3

(2) 由点 O_1 到直线 l'_2 和 l'_3 的距离之比等于变 F_2 为 F_3 的旋转位似系数,而 $\triangle P_1P_2P_3$ 的 $\angle P_1$ 等于它的旋转角,所以 $\angle(O_1P_1, P_1P_2)$ 只依赖于图形 F_2 和 F_3.又因为 $\angle(O_1W, WJ_3) = \angle(O_1P_1, P_1P_2)$,则弧 O_1J_3 是固定的(图 19.3),而这意味着,点 J_3 是固定的,类似可证,点 J_1 和 J_2 是固定的.

点 J_1, J_2 和 J_3 叫做相似图形 F_1, F_2 和 F_3 的固定点,而 $\triangle J_1J_2J_3$ 叫做固定三角形.

19.56* 证明:三个相似图形的固定三角形,相似于它们的对应直线形成的三角形,并且这些三角形是反定向的.

提示　利用问题 19.55 的记号表示,显然 $\angle(J_1J_2, J_2J_3) = \angle(J_1W, WJ_3) = \angle(P_3P_2, P_2P_1)$.对于三角形另外的角类似可证.

19.57* 证明:三个相似图形的固定点是它们的对应点.

提示 我们证明,例如,在以 O_1 为中心变 F_2 为 F_3 的旋转位似下,点 J_2 变为 J_3. 事实上, $\angle(J_2O_1, O_1J_3) = \angle(J_2W, WJ_3)$. 此外,直线 J_2W 和 J_3W 是图形 F_2 和 F_3 的对应直线,所以由它们到 O_1 的距离之比等于相似系数 k_1,而这意味着 $\dfrac{O_1J_2}{O_1J_3} = k_1$.

线段 AB,线段 BC 和线段 CA(或者在这些线段上作的任意三个相似的三角形)的相似圆叫做 $\triangle ABC$ 的相似圆. 三个考查的图形的固定点叫做三角形的固定点.

19.58* 证明: $\triangle ABC$ 的相似圆是直径为 KO 的圆,其中 K 是列姆扬点, O 是外接圆中心.

提示 设 O_a 是过点 B 与直线 AC 相切于点 A 的圆和过点 C 与直线 AB 相切于点 A 的圆的交点. 根据问题 19.42(2),点 O_a 是变线段 BA 为线段 AC 的旋转位似中心. 点 O_b 和 O_c 类似确定,并且利用问题 19.53(2) 的结果,得到直线 AO_a, BO_b 和 CO_c 交于相似圆 S 上一点. 另一方面,这三条直线交于列姆扬点 K(参见问题 5.155).

三角形各边的中垂线是被考查的相似图形的对应直线. 它们相交于点 O,所以点 O 在相似圆 S 上(参见问题 19.55(1));此外,这些直线交圆 S 于 $\triangle ABC$ 的固定点 A_1, B_1 和 C_1(参见问题 19.55(2)). 另一方面,过点 K 的引的平行于 BC, CA 和 AB 的直线,也是被考查图形的对应直线. 实际上,列姆扬点 K 的三线性坐标等于 $(a:b:c)$,而后,它与具有三线性坐标为 $(a^{-1}:b^{-1}:c^{-1})$ 的中线的交点等角共轭;所以由点 K 到三角形各边的距离与边长成比例. 这样一来,指出的直线也交圆 S 于点 A_1, B_1 和 C_1. 因此, $OA_1 \perp A_1K$,也就是 OK 为圆 S 的直径.

19.59* 设 O 是 $\triangle ABC$ 的外接圆中心, K 是列姆扬点, P 和 Q 是布罗卡尔点, φ 是布罗卡尔角. 证明:点 P 和 Q 在直径为 KO 的圆上,并且 $OP = OQ$, $\angle POQ = 2\varphi$.

提示 如果 P 是 $\triangle ABC$ 的第一布罗卡尔点,那么 CP, AP 和 BP 是对于在边 BC, CA 和 AB 上作的相似图形的对应直线,所以点 P 位于在相似圆 S 上(参见问题 19.55(1)). 类似地,点 Q 位于在圆 S 上. 此外,直线 CP, AP 和 BP 交圆 S 于 $\triangle ABC$ 的固定点 A_1, B_1 和 C_1(参见问题 19.55(2)). 又因为 $KA_1 \parallel BC$(参见问题 19.58 的提示),则 $\angle(PA_1, A_1K) = \angle(PC, CB) = \varphi$,即 $\overset{\frown}{PK} = 2\varphi$. 类似有 $\overset{\frown}{KQ} =$

2φ,所以 $PK \perp KO$,这意味着,$OP = OQ$ 和 $\angle POQ = \dfrac{\stackrel{\frown}{PQ}}{2} = 2\varphi$.

顶点为三角形的固定点的三角形经常称为布罗卡尔三角形,而这个三角形的外接圆(也就是三角形的相似圆)称为布罗卡尔圆.这个圆的直径 KO 称为布罗卡尔直径.

19.60* 证明:布罗卡尔 $\triangle A_1B_1C_1$ 的顶点是布罗卡尔圆同过列姆扬点引的平行于 $\triangle ABC$ 的边的直线的交点.

提示 列姆扬点具有三线性坐标 $(a:b:c)$,所以,通过列姆扬点引平行于三角形边的直线,是在 $\triangle ABC$ 的边上作的图形的对应直线.(所指的是图形的相似系数等于边的比.)

19.61* (1)证明:过 $\triangle ABC$ 的顶点引的平行于布罗卡尔 $\triangle A_1B_1C_1$ 的边的直线(过 A 引的直线平行于 B_1C_1,以此类推),相交于一点 S(施坦纳点),并且这个点在 $\triangle ABC$ 的外接圆上.

(2)证明:施坦纳点的西摩松线平行于布罗卡尔直径.

提示 (1)两个结论直接由问题 5.115(1)得出.实际上,列姆扬点 K 位于 $\triangle A_1B_1C_1$ 的外接圆上并且 $KA_1 /\!/ BC$,依此类推.

(2)这由问题 5.115(2)得出.

§9 供独立解答的问题

19.62 在已知的 $\triangle ABC$ 中内接一个 $\triangle A_1B_1C_1$,使它的边平行于给定 $\triangle KLM$ 的边.

19.63 在平面上给定点 A 和 E,求作具有给定高线的菱形 $ABCD$,使得 E 是边 BC 的中点.

19.64 已知四边形.在它里面内接一个菱形,使得菱形的边平行于四边形的对角线.

19.65 已知锐角 $\angle AOB$ 和它内部一点 C.在边 OB 上求作点 M,使它与边 OA 和点 C 的距离等远.

19.66 已知锐角 $\triangle ABC$,O 是它高的交点,ω 是以 O 为中心位于这个三角形内部的圆,求作一个 $\triangle A_1B_1C_1$,外切于圆 ω 且内接于 $\triangle ABC$.

19.67 已知三条直线 a,b,c 和分别在直线 a,b,c 上的三个点 A,B,C. 在直线 a,b,c 上求作点 X,Y,Z, 使得 $\dfrac{BY}{AX}=2, \dfrac{CZ}{AX}=3$ 且点 X,Y,Z 在一条直线上.

第 20 章 极端性原理

基础知识

1.在解许多问题时,考查某些"极端的"、"边界的"元素是有益的,也就是某些量取最大或最小值的元素,例如,三角形最大或最小的边,最大或最小的角,等等.这种解决问题的方法有时叫做极端性原理(原则).这个称谓,实际上不是很通用的.

2.设 O 是凸四边形对角线的交点.若它的顶点能够满足 $CO \leqslant AO$,$BO \leqslant DO$,则关于点 O 的对称下 $\triangle BOC$ 落在 $\triangle AOD$ 的内部,即在某种意义下 $\triangle BOC$ 最小,而 $\triangle AOD$ 最大(参见 §4).

3.凸包的顶点和支撑直线在某种意义下也是极端元素,在 §5 中要利用到这些概念,在那里将给出它们的定义和性质.

§1 最小角或最大角

20.1 证明:如果三角形的所有边长都小于 1,那么它的面积小于 $\frac{\sqrt{3}}{4}$.

提示 设 α 是三角形的最小角,那么 $\alpha \leqslant 60°$,所以

$$S = \frac{bc \sin \alpha}{2} \leqslant \frac{\sin 60°}{2} = \frac{\sqrt{3}}{4}$$

20.2 证明:以凸四边形的边为直径作的圆完全覆盖这个四边形.

提示 设 X 是凸四边形内部任意一点.因为 $\angle AXB + \angle BXC + \angle CXD + \angle AXD = 360°$,所以这些角中的最大角不小于 $90°$.为确定起见,设 $\angle AXB \geqslant 90°$,则点 X 位于以 AB 为直径的圆的内部.

20.3 在某个国家有 100 个飞机场,并且它们两两之间的距离不等.从

每个机场起飞一架飞机飞向离它最近的机场,证明:在任何一个机场不能降落多于五架飞机.

提示 如果由点 A 和 B 起飞的飞机飞向点 O,那么 AB 是 $\triangle AOB$ 的最大边,即 $\angle AOB > 60°$.假设,由点 $A_1,\cdots,A_n$ 起飞的飞机飞向点 O,则 $\angle A_iOA_j$ 中的一个不超过 $\dfrac{360°}{n}$,所以 $\dfrac{360°}{n} > 60°$,也就是 $n < 6$.

20.4 在半径为 1 的圆内放有 8 个点,证明:其中某 2 个点间的距离小于 1.

提示 至少有 7 个点与圆的中心 O 不同,所以 $\angle A_iOA_j$ 中最小者,其中 A_i 和 A_j 是已知的点,不超过 $\dfrac{360°}{7} < 60°$.如果点 A 和 B 是对应最小角的点,则因为 $AO \leqslant 1, BO \leqslant 1$ 和 $\angle AOB$ 严格地小于 $\triangle AOB$ 的最大角,所以 $AB < 1$.

20.5 六个圆放在平面上,使得某个点 O 在它们每个圆的内部,证明:这些圆中有一个包含另外某个圆的圆心.

提示 点 O 与圆的圆心联结的六条线段之间的角中的一个角不超过 $\dfrac{360°}{6} = 60°$.设 $\angle O_1OO_2 \leqslant 60°$,其中 O_1 和 O_2 分别为半径为 r_1 和 r_2 的圆的圆心.因为 $\angle O_1OO_2 \leqslant 60°$,这个角不是 $\triangle O_1OO_2$ 的最大角,所以要么 $O_1O_2 \leqslant O_1O$,要么 $O_1O_2 \leqslant O_2O$.为确定起见,设 $O_1O_2 \leqslant O_1O$.因为点 O 在圆的内部,那么 $O_1O < r_1$,所以 $O_1O_2 \leqslant O_1O < r_1$,也就是,点 O_2 位于在以 O_1 为圆心 r_1 为半径的圆内.

20.6* 锐角三角形内取点 P,证明:点 P 到这个三角形各顶点距离的最大值不小于点 P 到它的各边距离的最小值的 2 倍.

提示 由点 P 向边 BC,CA 和 AB 引垂线 PA_1,PB_1 和 PC_1 并且选取这些垂线与射线 PA,PB 和 PC 形成的角中的最大角.为确定起见,设这个角是 $\angle APC_1$,则 $\angle APC_1 \geqslant 60°$,所以 $\dfrac{PC_1}{AP} = \cos \angle APC_1 \leqslant \cos 60° = \dfrac{1}{2}$,即 $AP \geqslant 2PC_1$.显然,如果以数 AP,BP 和 CP 中的最大者代替 AP,以数 PA_1,PB_1 和 PC_1 中的最小者替代 PC_1,不等式保持不变.

20.7* (1) 三角形的角平分线的长不超过 1,证明:它的面积不超过 $\dfrac{1}{\sqrt{3}}$.

第 20 章 极端性原理
DIERSHIZHANG JIDUANXING YUANLI

(2) 在 $\triangle ABC$ 的边 BC, CA 和 AB 上取点 A_1, B_1 和 C_1, 证明: 如果线段 AA_1, BB_1 和 CC_1 不超过 1, 那么 $\triangle ABC$ 的面积不超过 $\dfrac{1}{\sqrt{3}}$.

(参见同样的问题 13.26.)

提示 (1) 为确定起见, 设 α 为 $\triangle ABC$ 中的最小角, AD 是角平分线. 边 AB 和 AC 之一不超过 $\dfrac{AD}{\cos\dfrac{\alpha}{2}}$, 因为另外的线段 BC 不过点 D. 为确定起见, 设 $AB \leqslant \dfrac{AD}{\cos\dfrac{\alpha}{2}} \leqslant \dfrac{AD}{\cos 30°} \leqslant \dfrac{2}{\sqrt{3}}$, 则 $S_{\triangle ABC} = \dfrac{h_c AB}{2} \leqslant \dfrac{l_c AB}{2} \leqslant \dfrac{1}{\sqrt{3}}$.

(2) 首先假设 $\triangle ABC$ 是非锐角三角形, 例如, $\angle A \geqslant 90°$, 则 $AB \leqslant BB_1 \leqslant 1$. 同样显然, $h_c \leqslant CC_1 \leqslant 1$, 所以 $S_{\triangle ABC} \leqslant \dfrac{1}{2} < \dfrac{1}{\sqrt{3}}$.

现在假设 $\triangle ABC$ 是锐角三角形. 设 $\angle A$ 是它的最小角, 则 $\angle A \leqslant 60°$, 所以高 h_c 分 $\angle A$ 为两个角, 其中之一不超过 $30°$. 如果这个角附着于边 AB, 那么 $AB \leqslant \dfrac{h_a}{\cos 30°} \leqslant \dfrac{2}{\sqrt{3}}$, 即得所证.

§2 最小或最大距离

20.8 在平面上给定不全在一条直线上的 $n(n \geqslant 3)$ 个点, 证明: 存在过给定点中 3 个点的圆, 且内部不包含其余的任何一个点.

提示 设 A 和 B 是已知点中距离最小的两个点, 则以 AB 为直径的圆内没有已知点, 设 C 是剩下的点中对线段 AB 的视角最大的点, 则过点 A, B 和 C 的圆内没有已知的点.

20.9 在平面上分布着某些个点, 任何两点之间的距离都不相同. 这些点的每一个都与邻近的点联结. 在这种情况下能够得到闭折线吗?

提示 假设已经得到了封闭折线, 设 AB 是这个折线的最大的线节, 而 AC 和 BD 是与它相邻的线节, 则 $AC < AB$, 即 B 不是与 A 最近的点, 且 $BD < AB$, 即 A 不是与 B 最近的点, 所以点 A 和 B 不能是相邻的, 得出矛盾.

20.10 证明:由凸多边形内的一点向它的各边引垂线.垂足中至少有一个在其边上,而不在边的延长线上.

提示 设 O 是已知点,作包含多边形的边的直线,从所作的直线中选取与点 O 距离最小的一条.设这条直线位于边 AB 上.证明,由点 O 向边 AB 引的垂线足位于在边上.假设,由点 O 向直线 AB 引的垂线足是位于线段 AB 外面的点 P.因为点 O 在凸多边形的内部,线段 OP 交某条边 CD 于点 Q.显然 $OQ < OP$,而由点 O 到直线 CD 的距离小于 OQ,所以由点 O 到直线 CD 的距离比到直线 AB 的距离要小,与直线 AB 的选取相矛盾.

20.11 由多边形的每个顶点向不包含它的边引垂线,证明:对于一个顶点至少有一个垂足位于其所在边上,而不在边的延长线上.

提示 取已知多边形最大的边 AB 并且考查由使得区域中的点在直线 AB 上的射影落在线段 AB 上的点组成的带形区域.这个带形区域应该与多边形某个另外的边 CD(顶点 C 和 D 之一可以与 A 或 B 重合)相交.不等式 $CD \leq AB$ 表明,顶点 C 和 D 之一在带形区域的内部或边界上(如果 $C = A$ 或 B,那么顶点 D 位于带形区域的内部).位于带形区域内部或边界上的顶点与 A 和 B 不同,具有所需要的性质.

20.12* 证明:在任意凸五边形中能找到三条对角线,以它们为边可以构成三角形.

提示 设 BE 是五边形 $ABCDE$ 中最长的对角线.我们证明,线段 BE, EC 和 BD 能够组成三角形.为此,只需检验 $BE < EC + BD$ 就足够了.设 O 是对角线 BD 和 EC 的交点,则 $BE < BO + OE < BD + EC$.

20.13* 证明:多边形不能被与它位似的且相似系数为 k 的两个多边形所覆盖,其中 $0 < k < 1$.

提示 设 O_1 和 O_2 是变多边形 M 为多边形 M_1 和 M_2 的相似系数为 k 的位似中心,则多边形 M 与直线 O_1O_2 距离最远的点不被多边形 M_1 和 M_2 所覆盖.

20.14* 在平面上给出有限个点,并且过任何两个已知点的直线,还包含一个已知点,证明:所有的已知点都在同一条直线上.(西尔维斯特)

提示 设不是所有的已知点都在一条直线上.过每对已知点引直线(这些

直线是有限条)并且选取由已知点到这些直线的最小非零距离.设由点 A 到直线 BC 的距离最小,其中 B 和 C 是已知点.在直线 BC 上还有一个已知点——某个点 D.由点 A 向 BC 引垂线 AQ.点 B,C 和 D 中有两个,例如,点 C 和 D,位于点 Q 的同一侧,为确定起见,设 $CQ < DQ$(图 20.1),则由点 C 到直线 AD 的距离比由点 A 到直线 BC 的距离要小,与点 A 和直线 BC 的选择矛盾.

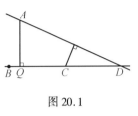

图 20.1

20.15* 在平面上给出有限条两两不平行的直线,并且它们中任两条的交点都有另一条已知直线通过,证明:所有这些直线过同一个点.

提示 假设不是所有的直线过一个点,考查直线的交点并且选取由这些点到已知直线的最小非零距离.设最小的是由点 A 到直线 l 的距离.过点 A 至少有三条直线,设它们交直线 l 于点 B,C 和 D,由点 A 引直线 l 的垂线 AQ.点 B,C 和 D 中有两个,例如,C 和 D,位于点 Q 的同一侧.为确定起见,设 $CQ < DQ$(图 20.2),则由点 C 到直线 AD 的距离小于由点 A 到直线 l 的距离,与 A 和 l 的选择矛盾.

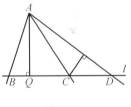

图 20.2

20.16* 在平面上给出 n 个点并且标出所有的以这些点为端点的线段的中点,证明:标出的不同的点数不少于 $2n - 3$.

(参见同样的问题 9.18,9.20,9.57,9.58,16.11,17.35,19.9.)

提示 设 A 和 B 是已知点中彼此距离最远的两点.点 A(对应点 B)同剩下的点联结线段的中点,全部不同并且位于以点 A(对应点 B)为圆心半径为 $\frac{AB}{2}$ 的圆的内部,所得到的两个圆只具有一个公共点,所以不同的被标出点的个数不小于 $2(n-1) - 1 = 2n - 3$.

§3 最小或最大面积

20.17* 在平面上放置着 n 个点,同时以这些点为顶点的任意三角形的面积不超过 1,证明:所有这些点能安放在一个面积为 4 的三角形内.

提示 在顶点为已知点的三角形中选取最大面积的三角形,设这个三角形是 $\triangle ABC$.过顶点 C 引直线 $l_c \parallel AB$.如果点 X 和 A 位于直线 l_c 的不同侧,那么 $S_{\triangle ABX} > S_{\triangle ABC}$,所以所有的已知点位于直线 l_c 的同一侧.类似地,过点 B 和 A 引直线 $l_b \parallel AC$ 和 $l_a \parallel BC$,得到所有的点位于直线 l_a, l_b 和 l_c 形成的三角形内部(或边界上).这个三角形的面积恰是 $\triangle ABC$ 面积的 4 倍,所以它不超过 4.

20.18* 多边形 M' 与多边形 M 位似,位似系数为 $-\frac{1}{2}$,证明:存在变多边形 M' 到多边形 M 内部的平移.

(参见同样的问题 9.46.)

提示 设 $\triangle ABC$ 是顶点为多边形 M 顶点的最大面积的三角形,则多边形 M 包含在 $\triangle A_1 B_1 C_1$ 的内部,$\triangle A_1 B_1 C_1$ 各边的中点是点 A, B 和 C.在中心为 $\triangle ABC$ 的质量中心和系数为 $-\frac{1}{2}$ 的位似下 $\triangle A_1 B_1 C_1$ 变为 $\triangle ABC$,所以多边形 M 变到 $\triangle ABC$ 的内部.

§4 最大的三角形

20.19* 设 O 是凸四边形 $ABCD$ 的对角线的交点,证明:如果 $\triangle ABO$, $\triangle BCO$, $\triangle CDO$ 和 $\triangle DAO$ 的周长相等,那么 $ABCD$ 是菱形.

提示 为了确定起见,可以认为,$AO \geq CO$, $DO \geq BO$.设点 B_1 和 C_1 是点 B 和 C 关于点 O 的对称点(图 20.3),因为 $\triangle B_1 O C_1$ 在 $\triangle AOD$ 的内部,所以 $\triangle AOD$ 的周长 $\geq \triangle B_1 O C_1$ 的周长 $= \triangle BOC$ 的周长,同时仅当 $B_1 = D$, $C_1 = A$ 时取等号(参见问题 9.29(2)),因此 $ABCD$ 是平行四边形,所以 $AB - BC = \triangle ABO$ 的周长 $- \triangle BCO$ 的周长 $= 0$,即 $ABCD$ 是菱形.

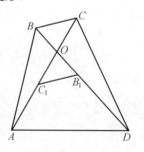

图 20.3

20.20* 证明:如果四边形的内切圆圆心与对角线的交点重合,那么四边形是菱形.

提示 设 O 是四边形 $ABCD$ 的对角线的交点,为确定起见可以认为,$AO \geq CO$, $DO \geq BO$.设点 B_1 和 C_1 是点 B 和 C 关于点 O 的对称点.因为点 O 是四边形内切圆的圆心,所以线段 B_1C_1 与这个圆相切,所以线段 AD 能与这个圆相切,仅当 $B_1 = D$ 和 $C_1 = A$,即当 $ABCD$ 是平行四边形时,在这个平行四边形中能够内切圆,所以它是菱形.

20.21* 设 O 是凸四边形 $ABCD$ 的对角线的交点,证明:如果 $\triangle ABO$,$\triangle BCO$,$\triangle CDO$ 和 $\triangle DAO$ 的内切圆的半径相等,那么 $ABCD$ 是菱形.

提示 为确定起见可以认为,$AO \geqslant CO$,$DO \geqslant BO$.设点 B_1 和 C_1 是点 B 和 C 关于点 O 的对称点,则 $\triangle C_1OB_1$ 包含在 $\triangle AOD$ 的内部,所以 $\triangle C_1OB_1$ 的内切圆 S 包含在 $\triangle AOD$ 的内部.假设线段 AD 不与线段 C_1B_1 重合,则在以 O 为中心系数大于1的位似下圆 S 变为 $\triangle AOD$ 的内切圆,也就是 $\triangle AOD$ 的内切圆半径 $>$ $\triangle C_1OB_1$ 的内切圆半径 $=$ $\triangle COB$ 的内切圆半径.得出矛盾,所以 $A = C_1$,$D = B_1$,即 $ABCD$ 是平行四边形.

在 $\square ABCD$ 中,$\triangle AOB$ 和 $\triangle BOC$ 的面积相等,所以,如果它们的内切圆半径相等,因为 $S = pr$,那么它们的周长相等.因此,$AB = BC$,即 $ABCD$ 是菱形.

§5 凸包和支撑直线

解决本节问题时需要考查点组的凸包和凸多边形的支撑直线.

包含有限点组的所有点的最小的凸多边形叫做这个有限点组的凸包("最小"是指不包含任何其他这样的多边形).任意有限点组存在唯一的凸包(图 20.4).

通过凸多边形的顶点且具有使多边形位于它的一侧这种性质的直线,叫做该凸多边形的支撑直线.容易检验,对于任意的凸多边形恰存在与已知直线平行的两条支撑直线(图 20.5).

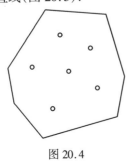

图 20.4

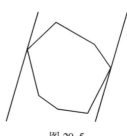

图 20.5

20.22 利用凸包的概念解问题 20.8.

提示 设 AB 是已知点的凸包的边，B_1 是位于 AB 上的全部已知的点中与 A 最近的点. 在剩余的点中选取对线段 AB_1 视角最大的点，设这个点是点 C，则 $\triangle AB_1C$ 的外接圆即为所求.

20.23* 在平面上给出 $(2n+3)$ 个点，它们中任三点不共线，任四点不共圆，证明：由这些点中可以选取三点，使得剩余的点中有 n 个点位于过选取的点作的圆的内部，而另 n 个点在圆的外部.

提示 设 AB 是已知点的凸包的一条边. 剩下的点按它们对线段 AB 的视角依增加的次序编号，即用 $C_1, C_2, \cdots, C_{2n+1}$ 表示它们，使得 $\angle AC_1B < \angle AC_2B < \cdots < \angle AC_{2n+1}B$，则点 $C_1, \cdots, C_n$ 在 $\triangle ABC_{n+1}$ 的外接圆的外部，而点 $C_{n+2}, \cdots, C_{2n+1}$ 在它的内部，即这是所求的圆.

20.24* 证明：任意面积为 1 的凸多边形可以放在一个面积为 2 的矩形中.

提示 设 AB 是多边形的最长的对角线（或边），过点 A 和 B 引直线 AB 的垂线 a 和 b. 如果 X 是多边形的顶点，那么 $AX \leq AB, XB \leq AB$，所以多边形的位置在直线 a 和 b 形成的带形区域的内部，引多边形的平行于 AB 的支撑直线. 设这两条直线过顶点 C 和 D 并且与直线 a 和 b 一起形成矩形 $KLMN$（图 20.6），则 $S_{KLMN} = 2S_{\triangle ABC} + 2S_{\triangle ABD} = 2S_{ABCD}$. 因为四边形 $ABCD$ 包含在原来的面积等于 1 的多边形中，则 $S_{KLMN} \leq 2$.

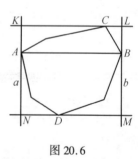

图 20.6

20.25* 在平面上给出有限个数的点，证明：由它们中总能选取一个点，与它最近的不多余三个已知点.

提示 从已知点之间所有的两两距离中选取最小的，并且考查邻近这个距离的点. 只需对这些点证明论断就足够了. 设 P 是它们的凸包的顶点. 如果 A_i 和 A_j 是邻近 P 的点，则 $A_iA_j \geq A_iP, A_iA_j \geq A_jP$，所以 $\angle A_iPA_j \geq 60°$，因此点 P 不能有四个最近的邻近点，因为不然的话 $\angle A_iPA_j$ 中有一个将小于 $\dfrac{180°}{3} = 60°$，所以 P 是所求的点.

第 20 章 极端性原理
DIERSHIZHANG JIDUANXING YUANLI

20.26* 在桌子上放置有 n 个硬纸正方形和 n 个塑料正方形,并且任何两个硬纸正方形和任何两个塑料正方形都没有公共点,其中也包含边界点.并且呈现硬纸正方形的顶点集合与塑料正方形的顶点集合相重合.每个硬纸正方形必定与某个塑料正方形重合吗?

提示 假设,有硬纸正方形不与塑料正方形重合,去掉所考查的所有重合的正方形并且考查剩下的正方形的顶点的凸包.设 A 是这个凸包的顶点,则 A 是硬纸的和塑料的两个不同正方形的顶点.容易检验,这两个正方形中小正方形的一个顶点在大正方形的内部 (图 20.7).为了确定起见,设硬纸正方形的顶点 B 位于塑料正方形的内部,则点 B 位于塑料正方形内部且是

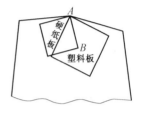

图 20.7

另一个塑料正方形的顶点,这是不可能的.得出矛盾,所以每个硬纸正方形与某个塑料正方形重合.

20.27* 在平面上给出 $n(n \geq 4)$ 个点,并且它们中的任三点都不共线,证明:如果对于它们中的任意三点,都能找到第四个(也是给出的)点,它们形成平行四边形的顶点,那么 $n = 4$.

提示 考查已知点的凸包,可能有两种情况:

(1) 凸包是 ▱$ABCD$,如果点 M 在 ▱$ABCD$ 的内部,那么三个顶点为 A,B 和 M 的平行四边形的第四个顶点在 $ABCD$ 的外部(图 20.8).这意味着,在这种情况下,除了点 A,B,C 和 D 之外,不能有任何另外的点.

(2) 凸包不是平行四边形,设 AB 和 BC 是凸包的两条边,作平行于 AB 和 BC 的支撑直线,设这些支撑直线过顶点 P 和 Q,则顶点为 B,P 和 Q 的全部三个平行四边形的第四个顶点位于凸包的外面(图 20.9).它们甚至在支撑直线形成的平行四边形的外面,当点 P 和 Q 是这个平行四边形的顶点的情况除外.在这种情况下,它的第四个顶点不属于凸包,因为那不是平行四边形.

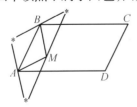

图 20.8

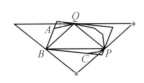

图 20.9

20.28* 在平面上给出某些个点,它们两两之间的距离不超过1,证明:这些点能被边长为$\sqrt{3}$的正三角形所覆盖.

(参见同样的问题 9.58,9.59.)

提示 考查两两形成$60°$角的三条直线,并且对已知点集作三对平行于选出的直线的支撑直线.引出的支撑直线给出了两个正三角形,它们每一个都覆盖已知的点组.我们证明,这两个正三角形中有一个的边不超过$\sqrt{3}$.

在每条支撑直线上至少有一个已知点,任何一对已知点之间的距离不超过1,所以任何一对支撑直线之间的距离不超过1.

取一个已知点,设a_1,b_1和c_1是这点到一个正三角形各边的距离,a_2,b_2和c_2是这点到另一个正三角形各边的距离.此时,假设a_1+a_2,b_1+b_2和c_1+c_2是支撑直线之间的距离.刚刚证明了$a_1+a_2\leqslant 1,b_1+b_2\leqslant 1,c_1+c_2\leqslant 1$.另一方面,$a_1+b_1+c_1=h_1$和$a_2+b_2+c_2=h_2$,其中$h_1$和$h_2$是所作的两个等边三角形的高(问题4.47),因此,$h_1+h_2\leqslant 3$,而这意味着,高h_1和h_2中有一个不超过$\frac{3}{2}$,但对应的这个正三角形的边长不超过$\sqrt{3}$.

§6 杂 题

20.29 在平面上给出多边形(不一定是凸的)的有限集合,它们中每两个多边形都具有公共点,证明:存在一条直线,同所有这些多边形都具有公共点.

提示 在平面上任取直线l并且所有的多边形在它上面投影.在此时得到某些线段,其中任意两条线段都有公共点.考查这些线段的左端点并选择出它们中最右的一个(为了显然地知道"右"和"左",在直线上需要给出方向),所得到的点属于所有的线段,所以过它引直线l的垂线与所有已知的多边形都相交.

20.30 能够在平面上放置1 000条线段,使得每条线段的两个端点都严格地落在另外线段的内部吗?

提示 设在平面上分布1 000条线段,取任意一条直线l,使它不与这些线段任一条垂直,并且将这些线段在直线l上投影.显然,所得到的点中最左边的对应的线段的端点,就怎么也不会严格地落在另外线段的内部.

20.31 在平面上给出不在一条直线上的四个点,证明:以这些点为顶点

第 20 章 极端性原理
DIERSHIZHANG　JIDUANXING YUANLI

的三角形中至少有一个不是锐角三角形.

提示　取四个点分布的两个预案.

(1) 四个点是凸四边形 ABCD 的顶点,选取它的顶点处的最大的角,设 ∠ABC 是这个角,则 ∠ABC ⩾ 90°,即 △ABC 是非锐角三角形.

(2) 点 D 位于在 △ABC 的内部,选取 ∠ADB, ∠BDC 和 ∠ADC 中的最大角.设 ∠ADB 是这个角,则 ∠ADB ⩾ 120°,即 △ADB 是钝角三角形.

可以用下面的方法证明,四个点的分布没有另外的方案,过三个已知点引直线分平面为七个部分(图 20.10),如果第四个已知点位于在第 2,第 4 或第 6 部分,那么成立第 1 预案;而如果在第 1,第 3,第 5 或第 7 部分,则成立第 2 预案.

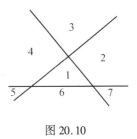

图 20.10

20.32　在平面上给出矩形的无限集合,它们每个的顶点位于坐标为 $(0,0),(0,m),(n,0),(n,m)$ 的点上,其中 n 和 m 是(对每个矩形而不同的)正整数,证明:由这些矩形中能够选出两个,使得一个矩形包含在另一个矩形中.

提示　顶点在点 $(0,0),(0,m),(n,0)$ 和 (n,m) 的矩形水平边等于 n,而竖直的边等于 m.由已知的矩形中选取最小的水平边.设它的竖直边等于 m_1.考查剩下的矩形中任意的 m_1 个矩形.可能有两种情形.

(1) 这 m_1 个矩形中有两个的竖直边相等,则它们的一个包含在另一个之中.

(2) 所有这些矩形的竖直边都不同,则它们中一个的竖直边不小于 m_1,所以它包含最小水平边的矩形.

20.33*　在平面上给出 n 个点,同时它们任意三个点都能被半径为 1 的圆覆盖,证明:这全部的 n 个点能被半径为 1 的圆覆盖.

提示　考查包含所有已知点的圆,将减少这个圆的半径,迄今为止,这暂时是可能的,设 R 是得到的圆的半径,在这个圆的边界上至少有两个已知点,研究当边界上恰有两个点 A 和 B 的情况.显然,它们是圆的一组对径点.取第三个点 C.包含点 A,B 和 C 的圆的最小的半径等于 R,所以 $R\leqslant 1$.现在研究当边界上恰有三个已知点 A,B 和 C 的情况,则 △ABC 是锐角三角形,因为不然的话,可以减少包含所有已知点的圆的半径,所以重新有包含点 A,B 和 C 的最小圆的半径,

等于 R. 研究最后的情况, 当在边界上至少有四个已知点. 设 $\alpha_1, \alpha_2, \cdots, \alpha_n$ 是圆的周界被已知点分得的弧的顺序的度数的量值. 如果两个顺序的弧的度数和不大于 $180°$, 那么作它们的公共点. 我们证明, 当 $n \geq 4$ 时这样顺序的弧的对子总能找到. 假设, $\alpha_1 + \alpha_2 > 180°, \alpha_2 + \alpha_3 > 180°, \cdots, \alpha_n + \alpha_1 > 180°$. 这些不等式相加, 得到 $2(\alpha_1 + \alpha_2 + \cdots + \alpha_n) > n \cdot 180°$, 这意味着, $4 \cdot 180° > n \cdot 180°$. 得出矛盾. 这样一来, 所得圆的周界上或者有两组对径的已知点, 或者是锐角三角形顶点的三个已知点. 这种情况已经分析过了.

20.34* 已知凸多边形 $A_1 \cdots A_n$, 证明: 某个 $\triangle A_i A_{i+1} A_{i+2}$ 的外接圆包含整个的多边形.

提示 考查过两个相邻顶点 A_i 和 A_{i+1} 和使得 $\angle A_i A_j A_{i+1} < 90°$ 的这样的顶点 A_j 作的所有的圆. 哪怕有一个这样的圆. 实际上, $\angle A_i A_{i+2} A_{i+1}$ 和 $\angle A_{i+1} A_i A_{i+2}$ 之一小于 $90°$; 在第一种情况设 $A_j = A_{i+2}$, 而在第二种情况 $A_j = A_i$. 从所有这样的圆(对所有的 i 和 j)中选取最大半径的圆 S; 为确定起见设这个圆过点 A_1, A_2 和 A_k.

假设顶点 A_p 位于圆 S 的外面, 则点 A_p 和 A_k 位于直线 $A_1 A_2$ 的一侧并且 $\angle A_1 A_p A_2 < \angle A_1 A_k A_2 < 90°$. 由正弦定理得出, $\triangle A_1 A_p A_2$ 的外接圆的半径大于 $\triangle A_1 A_k A_2$ 的外接圆的半径. 得出矛盾, 所以圆 S 包含整个多边形 $A_1 \cdots A_n$.

为确定起见设 $\angle A_2 A_1 A_k \leq \angle A_1 A_2 A_k$. 我们证明, 当 A_2 和 A_k 是邻近的顶点. 如果 $A_k \neq A_3$, 那么 $180° - \angle A_2 A_3 A_k \leq \angle A_2 A_1 A_k < 90°$, 所以 $\triangle A_2 A_3 A_k$ 的外接圆的半径大于 $\triangle A_1 A_2 A_k$ 的外接圆的半径. 得出矛盾, 所以圆 S 过相邻的顶点 A_1, A_2 和 A_3.

第21章 狄利克雷原则

基础知识

1. 狄利克雷原则的最常见的表述是:"如果在 n 个细胞上寄生有 m 个细菌,并且 $m > n$,那么总有一个细胞,它上面至少寄生有两个细菌." 初看起来,甚至不理解,为什么这个完全显然的论断竟然是解题的有效方法. 问题在于,在每个具体问题中并不是很容易弄明白什么相当于这里的"细菌",什么相当于这里的"细胞",以及为什么"细菌"比"细胞"多. 选择"细菌"和"细胞"常常不是显而易见的事,远远不是按照问题的样子就能断定能否利用狄利克雷原则. 而主要的是,这种方法能够提供非构造性的证明(我们,自然不能说出哪个细胞上寄生有两个细菌,而只知道,这个细胞是存在的). 而试图给出构造性的证明,也就是用明显地构作或者指出所需对象的方法来证明,往往会遇到极为巨大的困难.

2. 某些问题可以用极为类似于狄利克雷原则的这样的方法来解决. 下面简述相应的论断(所有这些论断用反证法都极易证明).

(1) 如果在长度为1的线段上放置某些线段,这些线段的长度和大于1,那么这些线段之中至少有两条具有公共点.

(2) 如果在半径为1的圆上放置某些圆弧,这些圆弧的长度和大于 2π,那么这些圆弧中至少有两段具有公共点.

(3) 如果在面积为1的图形内放置某些图形,这些图形的面积之和大于1,那么这些图形之中至少有两个具有公共点.

§1 有限个数的点,直线及其他

21.1 将无穷方格纸的格点涂上两种颜色,证明:存在两条水平的格子直线与两条竖直的格子直线,它们相交的格点同色.

提示 取三条竖直直线和九条水平直线. 仅研究这些直线的交点. 因为在3个点上涂两种颜色只有 $2^3 = 8$ 种方式,那么在九条水平直线中存在两条,它上面的三点组涂色方式相同. 涂两种颜色的三点组中存在两个点颜色相同. 通过这两个点的竖直直线和前面选取的两条水平直线即为所求.

21.2 在边长为 1 的等边三角形内放入五个点,证明:它们中有某两点的距离小于 0.5.

提示 边长为 1 的正三角形的三条中位线将它分成四个边长为 0.5 的正三角形,所以一个小正三角形的内部至少有两个已知点,并且这两个点不能落在三角形的顶点. 这两点之间的距离小于 0.5.

21.3 在 3×4 的矩形内放入 6 个点,证明:它们中存在两个点,这两点间的距离不超过 $\sqrt{5}$.

提示 分矩形为五个图形,如图 21.1 所示. 其中有一个图形至少落有两个点,而这些图形每一个的任意两点间的距离不超过 $\sqrt{5}$.

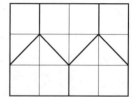

图 21.1

21.4 在 8×8 的棋盘上标出所有方格的中心点. 能否用十三条直线将棋盘分成若干部分,使得每一部分的内部都分布着不多于一个标出的点?

提示 在 8×8 的棋盘的边缘有 28 个小方格. 联结这些边缘相邻小方格的中心得到 28 条小线段. 每条直线能与不多于两条这样的小线段相交,所以 13 条直线能与不多于 26 条小线段相交. 也就是,至少有两条小线段不与所引的 13 条直线中的任一条相交. 因为不与直线相交的小线段的两个端点在一个部分中,所以用 13 条直线不能将棋盘分成若干部分,使得每一部分的内部都分布着不多于一个标出的点.

21.5 在平面上给出 25 个点,并且它们的任意三点中都存在两个点的距离小于 1,证明:存在半径为 1 的圆,包含这些点中的不少于 13 个点.

提示 设 A 是一个给出的点. 如果其余的点都位于以 A 为圆心半径为 1 的圆 S_1 内,那么结论不证自明. 现在设 B 为位于圆 S_1 外面的一个给出的点,即 $AB > 1$. 考查以 B 为圆心半径为 1 的圆 S_2. 若 C 是任意的给定点,则点 A, B 和 C 中存在两个点的距离小于 1,并且这两点不能是点 A 和 B,所以圆 S_1 和 S_2 包含全部的给出的点,也就是其中的一个圆包含不少于 13 个点.

第21章 狄利克雷原则
DIERSHIYIZHANG DIRICHLET YUANZE

21.6* 在边长为1的正方形内分布有51个点,证明:它们中的某三个点能被半径为 $\frac{1}{7}$ 的圆所覆盖.

提示 将已知的正方形分成为25个边长为0.2的同样的小正方形.其中一个小正方形内落入不少于3个点.边长为0.2的正方形的外接圆的半径等于 $\frac{1}{5\sqrt{2}} < \frac{1}{7}$,所以它能够被半径为 $\frac{1}{7}$ 的圆所覆盖.

21.7* 将两个圆盘的每一个都分成1 985个相等的扇形,并且以任意的方式将每个圆盘的200个扇形涂上同一种颜色.两个圆盘一个盖住另一个并且其中一个圆盘转动了的角度为 $\frac{360°}{1\,985}$ 的倍数,证明:至少存在80个位置,在该位置上有不多于20个涂色的扇形重合.

提示 取1 985个圆盘,像第二个圆盘那样涂色,并且放在第一个圆盘上面,使得它们占据所有可能的位置,则在第一个圆盘的每个涂色扇形的上面分布有200个涂色的扇形.也就是总计有 200^2 组重合的涂色扇形.设第二个圆盘具有 n 个位置,在这些位置上重合有不少于21组涂色扇形,则重合扇形的总数不少于 $21n$,所以 $21n \leq 200^2$,即 $n \leq 1\,904.8$.因为 n 是整数,则 $n \leq 1\,904$.因此,至少有 $1\,985 - 1\,904 = 81$ 个位置上有不多于20个涂色扇形重合.

21.8* 九条直线的每一条都分正方形为面积比为2∶3的两个四边形,证明:这九条直线中至少有三条过同一点.

提示 已知直线不能与正方形 $ABCD$ 相邻的边相交.因为不然的话,形成的不是两个四边形,而是三角形和五边形.设直线交边 BC 和 AD 于点 M 和 N.梯形 $ABMN$ 和 $CDNM$ 的高相等,所以它们面积的比等于中位线的比,即 MN 分联结边 AB 和 CD 中点的线段为2∶3的两段.把正方形中位线分成2∶3的分点恰有4个.因为已知的九条直线过这四个分点,则至少有三条直线过其中一个点.

21.9* 在公园中生长着10 000棵树,是按正方形窝种法(100行,每行100棵树)种植的.问最多可以砍掉多少棵树,还能满足下列条件:如果站在任意一个砍后留下的树桩上,不能看到其他的每一个树桩?(树木可以看做是足够细长的)

提示 如图21.2所示,把树分为2 500个四树组.在每个这样的四树组中不能砍掉多于一棵树.从另一方面,能够砍掉四树组形成的正方形左上角黑点标出的所有树木,所以能够砍掉树木的最大数量等于 2 500 棵.

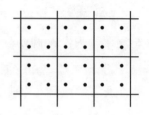

图 21.2

21.10* 在凸 n 边形内必须标记怎样最少数目的点,使得以 n 边形的顶点为顶点的任意三角形内包含至少一个标记的点?

提示 因为由一个顶点引出的对角线分 n 边形为 $(n-2)$ 个三角形, $(n-2)$ 个点是必不可少的.

由图 21.3 可以清楚,如何产生 $(n-2)$ 个点:只需在每个涂黑的三角形中标记一个点.事实上, $\triangle A_p A_q A_r$ 内部,其中 $p<q<r$, 总包含与顶点 A_q 邻接的涂黑的三角形.

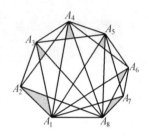

图 21.3

21.11* 在凸 $2n$ 边形内取点 P, 过每个顶点和 P 引直线,证明:存在多边形的边,它同所引的任一直线都没有公共内点.

提示 可能有两种情况:

(1) 点 P 位于某条对角线 AB 上,则直线 PA 与 PB 重合且不与边相交. 剩下 $(2n-2)$ 条直线,与它们交的边不多于 $(2n-2)$ 条.

(2) 点 P 不位于多边形 $A_1 A_2 \cdots A_{2n}$ 的对角线上.引对角线 $A_1 A_{n+1}$. 它的两侧都有 n 条边.为确定起见,设点 P 位于多边形 $A_1 \cdots A_{n+1}$ 的内部(图 21.4),则直线 $PA_{n+1}, PA_{n+2}, \cdots, PA_{2n}, PA_1$(这些直线的条数等于 $n+1$) 不能同边 $A_{n+1}A_{n+2}, A_{n+2}A_{n+3}, \cdots, A_{2n}A_1$ 相交,所以剩下的直线能与这些 n 条边中的不多于 $(n-1)$ 条边相交.

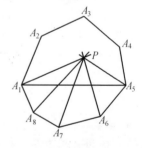

图 21.4

21.12* 证明:在任意凸 $2n$ 边形中存在不平行它的任一条边的对角线.

提示 凸 $2n$ 边形对角线的条数等于 $\dfrac{2n(n-3)}{2} = n(2n-3)$. 容易检验,平行于已知边的对角线不多于 $(n-2)$ 条,所以所有平行于边的对角线不多于 $2n(n-2)$ 条.又因为 $2n(n-2) < n(2n-3)$, 所以存在对角线不与任一条边平行.

第 21 章 狄利克雷原则
DIERSHIYIZHANG DIRICHLET YUANZE

21.13* 用三种颜色将无穷方格纸的格点染色,证明:存在顶点(以格点为顶点)同色的等腰直角三角形.

提示 假设,没有直角边平行于小方格边的等腰直角三角形的三个顶点同色.为了方便可以认为讨论的不是格点而是小方格.分析边长为 4 的正方形纸片,则在每个这样的正方形的对角线上存在两个小方格同色.设数 n 是大于边长为 4 的不同的正方形画片的数量.考查由 n^2 个边长为 4 的正方形组成的正方形.在它的对角线上存在两个边长为 4 的着色方式一样的正方形.最后,取正方形 K,在它的对角线上存在两个边长为 $4n$ 的着色方式一样的正方形.

研究边长为 $4n$ 的正方形且在它里面有两个边长为 4 的着色方式一样的正方形,得到四个小方格第一种颜色,两个小方格第二种颜色和一个小方格第三种颜色(参见图 21.5).类似地,研究正方形 K,得到小方格,它既不能是第一种颜色,也不能是第二种颜色,还不能是第三种颜色.

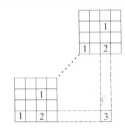

图 21.5

§2 角度和长度

21.14 在平面上给出 n 条两两不平行的直线,证明:它们中某两条之间角的度数不大于 $\dfrac{180°}{n}$.

提示 在平面上取任一点并且过它引平行于已知直线的直线.这些直线分平面为 $2n$ 个角,其和为 $360°$,所以这些角中有一个不超过 $\dfrac{180°}{n}$.

21.15 在半径为 1 的圆内引若干条弦.证明:如果每条直径与不多于 k 条弦相交,那么这些弦长之和小于 πk.

提示 假设弦长之和不小于 πk,我们证明,就会存在至少与 $(k+1)$ 条弦相交的直径.因为弦对的弧长大于这个弦长,所以给定弦的弧长的和大于 πk.如果对这些弧再添加它们关于圆的圆心对称的弧,那么全部被考查的弧长的和将大于 $2\pi k$,所以存在被这些弧中至少 $(k+1)$ 个弧覆盖的点.过这点引的直径至少与

$(k+1)$ 条弦相交.

21.16 在平面上标出点 O. 能否在平面上放置:(1)5 个圆;(2)4 个圆,不覆盖点 O,使得以点 O 为始点的任意射线与不少于两个圆相交?("相交"就是具有公共点)

提示 (1) 能. 设 O 是正五边形 $ABCDE$ 的中心,则在 $\angle AOC$, $\angle BOD$, $\angle COE$, $\angle DOA$ 和 $\angle EOB$ 中的内切圆具有所需的性质.

(2) 不能. 对四个圆中的每一个考查过点 O 对它引的切线形成的角. 因为这四个角的每一个都小于 $180°$,所以它们的和小于 $2 \times 360°$. 所以在平面上存在一点,被这四个角中不多于一个所覆盖. 通过这个点引的射线与不多于一个圆相交.

21.17* 在半径为 n 的圆内放置 $4n$ 条长为 1 的线段,证明:能够引平行或垂直于已知直线 l 的直线,且至少与两条已知的线段相交.

提示 设 l_1 是垂直于 l 的任意直线. 第 i 个线段在直线 l 和 l_1 上的射影分别表示为 a_i 和 b_i. 因为每个线段的长等于 1,所以 $a_i + b_i \geqslant 1$,所以 $(a_1 + \cdots + a_{4n}) + (b_1 + \cdots + b_{4n}) \geqslant 4n$. 为确定起见,设 $a_1 + \cdots + a_{4n} \geqslant b_1 + \cdots + b_{4n}$,则 $a_1 + \cdots + a_{4n} \geqslant 2n$. 因为给定的线段都位于半径为 n 的圆的内部,所以它们可向长为 $2n$ 的线段上射影. 如果给定的线段在直线 l 上的射影没有公共点,那么就成立不等式 $a_1 + \cdots + a_{4n} < 2n$,所以在 l 上存在这样的点,它至少是两条给定线段上点的射影. 过这个点引的 l 的垂线,至少与两条给定的线段相交.

21.18* 在边为 1 的正方形的内部放置着某些个圆,它们周长之和等于 10,证明:存在至少与其中 4 个圆相交的直线.

提示 将所有已知圆向正方形 $ABCD$ 的边 AB 上投影. 周长为 l 的圆的投影是长为 $\dfrac{l}{\pi}$ 的线段,所以所有已知圆投影长的和等于 $\dfrac{10}{\pi}$. 因为 $\dfrac{10}{\pi} > 3 = 3AB$,那么在线段 AB 上存在这样的点,它至少属于 4 个圆的投影点. 过这个点引 AB 的垂线至少与 4 个圆相交.

21.19 将长为 1 的线段上的某些小线段染色. 同时任意两个染色点之间的距离不等于 0.1,证明:这些被染色的小线段长度之和不超过 0.5.

第21章 狄利克雷原则
DIERSHIYIZHANG DIRICHLET YUANZE

提示 把线段分成长度为 0.1 的十条小线段,再将它们叠放在一起,并且向同一线段作投影(图 21.6).因为任意两个染色点之间的距离不等于 0.1,所以相邻小线段的染色点不能投影在同一个点,因此无论哪个点也不能是多于 5 条小线段上染色点的投影.因此,染色线段投影长度的和(等于它们长度的和)不超过 $5 \times 0.1 = 0.5$.

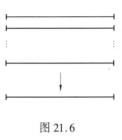

图 21.6

21.20* 给出两个圆,每个圆的周长等于 100 cm.在其中一个圆上标出 100 个点.在另一个圆上标出某些段弧,这些弧长的和小于 1 cm,证明:这两个圆可以这样的重合,使得标出的点一个也不落在标出的弧上.

提示 重叠这两个圆并且彩画匠坐在一个圆的固定点.转动这个圆并指派彩画匠,当过任一个标记的点各次位于在标记的弧上时,他不停留地涂色圆的这个点.必须证明,全部的圈数以后,圆上留下没被染色的部分.彩画匠最终的结果是这样的:当他被指派在第 i 圈对圆染色,那么第 i 个标点位于一个被标记的弧上,并且他做了 100 圈.因为在这种情况下每圈染色(的弧)小于 1 cm,100 圈后染色将小于 100 cm,所以圆上留下没被染色的部分.

译注 上面表述过于粗略,按译者的理解注释如下:

将两圆重合,将被标定弧的圆固定不动,转动标定点的圆.涂色者坐在不动圆的某一点处对转动的圆涂色.设标定的弧共 n 段,依次记为 $l_1, l_2, \cdots, l_n$.规定:当点 P_1 过弧 l_1 时,落下色笔对动圆着色(点 P_1 进入弧 l_1 时落笔着色直到离开弧 l_1 时停笔),着色出等于 l_1 的长的弧.接着,当点 P_1 进入弧 l_2 时落笔着色,离开弧 l_2 时停笔,着色出等于 l_2 的长的弧;$\cdots$;当点 P_1 进入弧 l_n 时落笔着色,离开弧 l_n 时停笔,着色出等于 l_n 的长的弧.这样的操作完成后,完成了一圈的转动,在动圆上有第 1 组(与点 P_1 有关)n 段被染色的弧,其长度之和小于 1 cm.其次,再考虑点 P_2,当点 P_2 进入弧 l_1 时起笔至离开弧 l_1 时停笔色笔在动圆上染出一段等于 l_1 的长的弧,$\cdots$,直到点 P_2 过弧 l_n 时也是如此染出一段等于 l_n 的长的弧,这是转动的第二圈,染上第 2 组与点 P_2 有关的 n 段被染色的弧,其长度之和仍小于 1 cm.接着对点 $P_3, P_4, \cdots, P_{100}$ 做如上同样的操作.总计完成了 100 圈转动,其最终的结果是:在动圆上有 100 组被染色的圆弧,每组弧长的和都小于 1 cm,因此这 100 组弧长的总和小于 100 cm,所以在动圆上必有没被染色的地方.在动圆上的弧被染色意味着:任意被标定的点进入被标定的弧内,被标定的点一定进入某段染色的弧内.因此,动圆上存在没被染色的点表明,任何标定的点不在任何标定的弧上.

21.21* 给出两个同样的圆.在它们每个上都标出 k 条弧,其中每条弧的度数都小于 $\frac{1}{k^2-k+1} \cdot 180°$,同时两圆能够这样重合,使得一个圆标出的弧与另一个圆标出的弧重合,证明:这两个圆也可以这样重合,使得全部标出的弧落在没有标出弧的地方.

提示 重叠这两个圆并且彩画匠坐在一个圆的固定点.转动这个圆并指派彩画匠,当任一个标记的弧各次相交时,他不停留地涂色圆的这个点.必须证明,全部的圈数以后,圆上留下没被染色的部分.彩画匠最终的结果是这样的:当他被指派在第 i 圈对圆染色,那么彩画匠坐的圆的第 i 个标记的弧与另一个圆的任一标记的弧相交,并且作完了 k 圈.

设 $\varphi_1,\cdots,\varphi_n$ 是标志的弧的度数.根据条件 $\varphi_1 < \alpha,\cdots,\varphi_n < \alpha$,其中 $\alpha = \frac{180°}{k^2-k+1}$.此后一直到脚码为 i 和 j 的标记的弧相交,彩画匠染出角度为 $\varphi_i + \varphi_j$ 的弧.彩画匠在第 i 圈染的弧的度数之和不超过 $k\varphi_i + (\varphi_1 + \cdots + \varphi_n)$,而在全部 k 圈后染色弧的度数和不超过 $2k(\varphi_1 + \cdots + \varphi_n)$.注意此时带有相同的脚码相交的弧事实上计算了 k 次.特别是彩画匠在这个瞬间不停通过的点 A,当标记的弧完全一样时显然染色了 k 次,所以合理的删去考查的这些圆弧,这些弧是彩画匠在任意相同脚码的弧相交的瞬间染色的.因为所有这样的弧包含点 A,所以实际删去的只是一个弧并且这个弧的度数不超过 2α.在第 i 圈染色弧剩余部分的度数不超过 $(k-1)\varphi_i + (\varphi_1 + \cdots + \varphi_k - \varphi_i)$ 而在全部 k 圈染色弧剩余部分的度数不超过 $(2k-2)(\varphi_1 + \cdots + \varphi_k) < (2k^2-2k)\alpha$.如果成立不等式 $(2k^2-2k)\alpha \leqslant 360° - 2\alpha$,也就是 $\alpha \leqslant \frac{180°}{k^2-k+1}$ 时,圆上留有没染色的部分.

译注 类似题 21.20 的解法.仍设想一个圆固定,另一个圆顺时针方向转动.开始位置这样选择:动圆的第 1 段弧与定圆的弧首尾相接且没有公共内点.这时开始转动,并按下面规则操作染色:第一圈,先考虑动圆的第 1 段弧 φ_1,当动圆的弧 φ_1 进入定圆的弧 φ_2 时开始在动圆上染色直到离开定圆的弧 φ_2 时停止染色,其染色弧的度数为 $\varphi_1 + \varphi_2$.接着,动圆的弧 φ_1 进入定圆的弧 $\varphi_3,\varphi_4,\cdots,\varphi_k$ 时开始直到离开它们时都进行染色,总共染色弧的度数之和为

$(\varphi_1 + \varphi_2) + (\varphi_1 + \varphi_3) + \cdots + (\varphi_1 + \varphi_k) = (k-2)\varphi_1 + (\varphi_1 + \varphi_2 + \cdots + \varphi_k)$

第 21 章 狄利克雷原则
DIERSHIYIZHANG DIRICHLET YUANZE

接着第 2 圈,考虑动圆的第 2 段弧 φ_2,当动圆的弧 φ_2 进入定圆的弧 φ_1 时开始在动圆上染色直到离开定圆的弧 φ_1 时停止染色,其染色弧的度数为 $\varphi_2 + \varphi_1$. 下面当动圆的弧 φ_2 进入定圆的弧 φ_3 时开始在动圆上染色直到离开定圆的弧 φ_3 时停止染色,其染色弧的度数为 $\varphi_2 + \varphi_3$,此后,动圆的弧 φ_2 进入定圆的弧 φ_4,φ_5,$\cdots$,φ_k 时开始直到离开它们时都进行染色,总共染色弧的度数之和为 $(k-2)\varphi_2 + (\varphi_1 + \varphi_2 + \cdots + \varphi_k)$.

下面考虑第 3 圈,定圆的第 3 段弧 φ_3;第 4 圈,定圆的第 3 段弧 φ_4;$\cdots$;第 k 圈,定圆的第 k 段弧 φ_k,都按上述的操作处理. 于是,每一圈染色弧的度数之和分别为下列各值

$$(k-2)\varphi_3 + (\varphi_1 + \varphi_2 + \cdots + \varphi_k)$$
$$\vdots$$
$$(k-2)\varphi_k + (\varphi_1 + \varphi_2 + \cdots + \varphi_k)$$

那么,全部 k 圈之后在动圆上被染色的弧的度数总和为

$$(k-2)(\varphi_1 + \varphi_2 + \cdots + \varphi_k) + k(\varphi_1 + \varphi_2 + \cdots + \varphi_k) =$$
$$2(k-1)(\varphi_1 + \varphi_2 + \cdots + \varphi_k) <$$
$$2(k-1) \cdot k \cdot \frac{180°}{k^2 - k + 1} =$$
$$\frac{k^2 - k}{k^2 - k + 1} \cdot 360° < 360°$$

因此,动圆上还有没染色的地方. 这就意味着必有这样的情形出现:动圆上任何标定的弧不与定圆上的任何标定的弧相交.

§3 面 积

21.22 在边长为 15 的正方形内放置 20 个两两不相交的边长为 1 的正方形,证明:在大正方形内能够放入一个半径为的圆,使得它不同任一个正方形相交.

提示 考查与边长为 1 的正方形距离不大于 1 的所有点组成的图形(图 21.7). 显然,中心在这个图形外面的半径为 1 的圆不与正方形相交. 这个图形的面积等于 $\pi +$ 5. 所需圆的中心也应该在大正方形,也就是边为 13 的正方形内部,与边距离大于 1 的地方. 因为 $20(\pi + 5) < 13^2$,

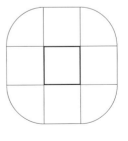

图 21.7

显然，20 个面积为 π+5 的图形不能覆盖住边长为 13 的正方形．以未被覆盖的点为中心的圆具有所需要的性质．

21.23* 给出无穷的方格纸和一个面积小于方格面积的图形，证明：这个图形能够放在纸上，而不覆盖任一个格点．

提示 用任意方式将图形贴在方格纸上，把纸沿着方格剪开，堆成一堆，堆放时平行移动不许调转．将这一堆图形在方格纸上投影．因为图形的面积小于方格的面积，图形部分的投影不能覆盖整个方格．现在记起图形是怎样分布在方格纸上的．并且平行移动方格纸，使得方格纸的顶点落在任一没被盖住的点的投影点上．结果得到所要求的图形位置．

21.24* 由边长为 1 的正方形的对角线形成的图形叫做十字形（图 21.8）．证明：在半径为 100 的圆内仅能放入有限个数的不相交的十字形．

提示 对每个十字形考查以十字形中心为圆心，半径为 $\frac{1}{2\sqrt{2}}$ 的圆．我们证明，如果两个这样的圆相交，那么十字形本身也相交．相交的两个等圆圆心之间的距离不超过它们半径的 2 倍，所以对应的十字形中心的距离不超过 $\frac{1}{\sqrt{2}}$．考查第一个十字形的横边与第二个十字形的中心给出的矩形（图 21.9）．使第二个十字形的横边过这个矩形，所以它与第一个十字形相交，这是因为横边的长等于 $\frac{1}{\sqrt{2}}$，而矩形对角线的长不超过 $\frac{1}{\sqrt{2}}$．在有限的半径的圆内只能放置有限个数的不相交的半径为 $\frac{1}{2\sqrt{2}}$ 的圆．

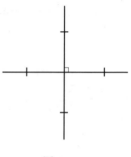

图 21.8

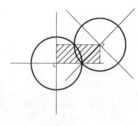

图 21.9

21.25* 点 $A_1,\cdots,A_n$ 之间两两的距离大于 2，证明：任意面积小于 π 的图形，可以沿长不大于 1 的向量移动，使得它不包含点 $A_1,\cdots,A_n$．

提示 设 Φ 是已知图形，$S_1,\cdots,S_n$ 是以点 $A_1,\cdots,A_n$ 为圆心半径为 1 的圆．因为圆 $S_1,\cdots,S_n$ 两两不相交，则图形 $V_i = \Phi \cap S_i$ 两两不相交，这意味着，它们

第21章 狄利克雷原则
DIERSHIYIZHANG DIRICHLET YUANZE

面积的和不超过图形 Φ 的面积,即面积小于 π. 设 O 是任意一点且 W_i 是图形 V_i 沿向量 $\overrightarrow{A_iO}$ 平移下的像. 图形 W_i 位于以 O 为圆心半径是 1 的圆 S 内部并且它们面积的和小于这个圆的面积,所以圆 S 的某个点 B 不属于任一个图形 W_i. 沿向量 $\overrightarrow{BO}$ 的平移为所求. 实际上,考查点 B_i,对于它 $\overrightarrow{BO} = \overrightarrow{B_iA_i}$. 沿着向量 $\overrightarrow{B_iA_i}$ 的移动,图形 Φ 变为包含点 A_i 的图形,当且仅当点 B_i 属于 V_i,也就是,点 B 属于 W_i.

21.26* 在半径为 16 的圆内放置有 650 个点,证明:存在内半径为 2 且外半径为 3 的圆环,在它里面有不小于 10 个已知点.

提示 首先注意,点 X 属于以 O 为中心的圆环,当且仅当点 O 属于以 X 为中心的圆环,所以只需证明,如果作以已知点为中心的圆环,考查的圆中有一点被不少于 10 个圆环所覆盖就足够了. 研究位于半径为 $16 + 3 = 19$ 的圆的内部的圆环,它的面积等于 361π. 剩下注意,$9 \times 361\pi = 3\,249\pi$,而圆环面积的和等于 $650 \times 5\pi = 3\,250\pi$.

21.27* 在平面上给出 n 个图形. 设 $S_{i_1\cdots i_k}$ 是足码为 $i_1,\cdots,i_k$ 的图形的交的面积,而 S 是已给图形覆盖的平面部分的面积,M_k 是所有 $S_{i_1\cdots i_k}$ 的和,证明:

(1) $S = M_1 - M_2 + M_3 - \cdots + (-1)^{n+1}M_n$.

(2) 当 m 是偶数时,$S \geq M_1 - M_2 + M_3 - \cdots + (-1)^{m+1}M_m$;当 m 是奇数时,$S \leq M_1 - M_2 + M_3 - \cdots + (-1)^{m+1}M_m$.

提示 (1) 设 C_n^k 是由 n 个元素中选取 k 个的方法数. 可以验证,$(x+y)^n = \sum_{k=0}^{n} C_n^k x^k y^{n-k}$(牛顿二项式).

用 W_m 表示恰有 m 个图形覆盖的平面部分的面积. 这个部分由小块图形组成,每一小块被 m 个图形确定的部分所覆盖. 每个这样小块图形的面积在计算 M_k 时计算了 C_m^k 次,因为由 m 个图形可以选取 C_m^k 个相交的 k 个图形,所以

$$M_k = C_k^k W_k + C_{k+1}^k W_{k+1} + \cdots + C_n^k W_n$$

因为

$$C_m^1 - C_m^2 + C_m^3 - \cdots - (-1)^m C_m^m =$$
$$(-1 + C_m^1 - C_m^2 + \cdots) + 1 = -(1-1)^m + 1 = 1$$

因此

$$M_1 - M_2 + M_3 - \cdots = C_1^1 W_1 + (C_2^1 - C_2^2)W_2 + \cdots +$$
$$(C_n^1 - C_n^2 + C_n^3 - \cdots)W_n = W_1 + \cdots + W_n$$

剩下注意 $S = W_1 + \cdots + W_n$.

(2) 根据问题(1) 有
$$S - (M_1 - M_2 + \cdots + (-1)^{m+1} M_m) =$$
$$(-1)^{m+2} M_{m+1} + (-1)^{m+3} M_{m+2} + \cdots + (-1)^{n+1} M_n =$$
$$\sum_{i=1}^{n} ((-1)^{m+2} C_i^{m+1} + \cdots + (-1)^{n+1} C_i^n) W_i$$

(认为,如果 $k > i$,那么 $C_i^k = 0$).

所以只需检验当 $i \leqslant n$ 时,$C_i^{m+1} - C_i^{m+2} + C_i^{m+3} - \cdots + (-1)^{m+n+1} C_i^n \geqslant 0$ 就足够了,由恒等式 $(x+y)^i = (x+y)^{i-1}(x+y)$ 得出等式 $C_i^j = C_{i-1}^{j-1} + C_{i-1}^j$,所以
$$C_i^{m+1} - C_i^{m+2} + \cdots + (-1)^{m+n+1} C_i^n = C_{i-1}^m \pm C_{i-1}^n$$

剩下注意,当 $i \leqslant n$ 时,$C_{i-1}^n = 0$.

21.28* (1) 在面积为 6 的正方形中放置三个面积等于 3 的多边形,证明:它们中存在两个多边形,它们公共部分的面积不小于 1.

(2) 在面积为 5 的正方形中放置 9 个面积等于 1 的多边形,证明:它们中存在两个多边形,它们公共部分的面积不小于 $\frac{1}{9}$.

提示 (1) 根据问题 21.27(1) 有
$$6 = 9 - (S_{12} + S_{23} + S_{13}) + S_{123}$$
也就是
$$S_{12} + S_{23} + S_{13} = 3 + S_{123} \geqslant 3$$
所以,数 S_{12}, S_{23}, S_{13} 中有一个不小于 1.

(2) 根据问题 21.27(2) 有 $5 \geqslant 9 - M_2$,即 $M_2 \geqslant 4$. 因为由 9 个多边形中能够形成 $\frac{9 \times 8}{2} = 36$ 对,这些对子之一的公共部分面积不小于 $\frac{M_2}{36} \geqslant \frac{1}{9}$.

21.29* 在面积为 1 的衣服上有 5 块补丁,并且每块补丁的面积不小于 0.5,证明:存在两块补丁,它们公共部分的面积不小于 0.2.

提示 设衣服的面积等于 M,带有角标为 $i_1, \cdots, i_k$ 的补丁的交的面积等于 $S_{i_1 \cdots i_k}$,而 $M_k = \sum S_{i_1 \cdots i_k}$. 根据问题 21.27(1) 因为 $M \geqslant S, M - M_1 + M_2 - M_3 + M_4 - M_5 \geqslant 0$,类似的不等式不只对所有的衣服能够写出,而且对每块补丁也能写出:如果把补丁 S_1 看做带有补丁 $S_{12}, S_{13}, S_{14}, S_{15}$ 的衣服,那么得到
$$S_1 - \sum S_{1i} + \sum S_{1ij} - \sum S_{1ijk} + S_{12345} \geqslant 0$$
将全部 5 块补丁的这样的不等式相加,得到 $M_1 - 2M_2 + 3M_3 - 4M_4 + 5M_5 \geqslant 0$(加

第 21 章 狄利克雷原则

项 $S_{i_1 \cdots i_k}$ 包含在对于补丁 $i_1, \cdots, i_k$ 的不等式中,所以在所有不等式的和中它包含在系数 k 中).将不等式 $3(M - M_1 + M_2 - M_3 + M_4 - M_5) \geqslant 0$ 和 $M_1 - 2M_2 + 3M_3 - 4M_4 + 5M_5 \geqslant 0$ 相加,得到不等式

$$3M - 2M_1 + M_2 - M_4 + 2M_5 \geqslant 0$$

对它添加不等式 $M_4 - 2M_5 \geqslant 0$(它由 S_{12345} 包含在所有的 $S_{i_1 i_2 i_3 i_4}$ 中得出,也就是,$M_4 \geqslant 5M_5 \geqslant 2M_5$),得到

$$3M - 2M_1 + M_2 \geqslant 0$$

即

$$M_2 \geqslant 2M_1 - 3M \geqslant 5 - 3 = 2$$

因为由 5 块补丁能够形成 10 对,这些对子之一的交的面积不小于 $\dfrac{M_2}{10} \geqslant 0.2$.

21.30* 在长为 1 的线段上放置两两不相交的线段,它们长度的和等于 p.记这个线段组为 A.设 B 是它的补线段组(线段组 A 与 B 不具有公共的内点且完整地覆盖给定的线段),证明:存在平移变换 T,它变 B 为由线段组成的 $T(A)$,这些线段的长度之和不小于 $\dfrac{p(p-1)}{2}$.

提示 设 $-1 \leqslant c \leqslant 1$.已知线段沿着自身移动 c,而然后它在正交的方向上移动 c.在图 21.10 中带斜线的区域分别与线段 A_i 和 B_i 相交.它的面积等于这些线段长的乘积.如果考查线段组 A 和 B 的所有的线段对,那么带斜线的区域的面积是 $p(1-p)$,所以带斜线的区域的某个水平截线的长不小于 $\dfrac{p(1-p)}{2}$.

注 如果代替线段考查圆(且用旋转代替平移),那么 $\dfrac{p(1-p)}{2}$ 能用 $p(1-p)$ 来代替.

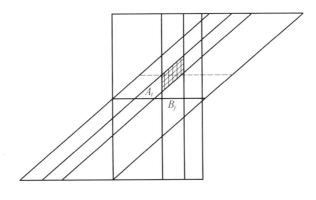

图 21.10

第 22 章 凸与非凸的多边形

基础知识

1. 有几个不同的(然而是初等的)凸多边形的定义. 引入其中最有名且经常遇到的. 多边形称为凸的, 如果下列的条件之一成立:

(1) 它位于自己的任一条边的一侧(也就是, 多边形边的延长线不与它的另外的边相交).

(2) 它是若干的半平面的交(即公共部分).

(3) 端点属于多边形的点的任意线段整个包含在这个多边形内.

2. 如果端点为图形中的点的任意线段整个包含在这个图形内, 这个图形称为凸图形.

3. 在解本章的某些问题时要利用凸包和撑托直线的概念.

§1 凸多边形

22.1 在平面上已知 n 个点, 并且它们任意的四个点都是凸四边形的顶点, 证明: 这些点是凸 n 边形的顶点.

提示 考查已知点的凸包. 它是个凸多边形. 需要证明, 所有的已知点是它的顶点. 假设有一个已知点(点 A) 不是顶点, 也就是, 它在这个多边形的内部或边上. 用由凸包的一个顶点引的对角线能分凸包为三角形; 点 A 属于它们中的一个三角形. 这个三角形的顶点和点 A 不能是凸四边形的顶点, 得出矛盾.

22.2 在平面上已知五个点, 并且它们中任意三个点都不共线, 证明: 这些点中有四个点是凸四边形的顶点.

提示 考查已知点的凸包. 如果它是五边形的四个顶点, 那么全部显然. 现在设凸包是 $\triangle ABC$, 而点 D 和 E 在它的内部. 点 E 位于在 $\triangle ABD$, $\triangle BCD$, $\triangle CAD$ 之一的内部. 为确定起见, 设点 E 在 $\triangle ABD$ 的内部. 用 H 表示直线 CD 和 AB 的交

第22章 凸与非凸的多边形
DIERSHIERZHANG TU YU FEITU DE DUOBIANXING

点. 点 E 在 $\triangle ADH$ 和 $\triangle BDH$ 之一的内部. 如果,例如, E 位于 $\triangle ADH$ 的内部,那么 $AEDC$ 是凸四边形(图 22.1).

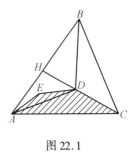

图 22.1

22.3 正方形 $A_1A_2A_3A_4$ 的内部有一个凸四边形 $A_5A_6A_7A_8$. 在 $A_5A_6A_7A_8$ 内选取一点 A_9,证明:由这 9 个点中能够选出 5 个点,是一个凸五边形的顶点.

提示 假设所需要的凸五边形不存在. 由点 A_9 过点 A_5, A_6, A_7, A_8 引射线. 这些射线分平面为 4 个角,它们每一个都小于 $180°$. 如果这四个角中有一个内有 A_1, A_2, A_3, A_4 中的两个点,那么立即得到需要的五边形,所以这些角的内部恰有一个指出的点,则射线 A_9A_5 和 A_9A_7 形成的两个角的每一个的内部有两个已知点. 考查这两个角中小于 $180°$ 的那个角,重新得到需要的五边形.

22.4 在平面上已知某些个正 n 边形,证明:它们顶点的凸包的角不少于 n 个.

提示 设已知 n 边形顶点的凸包是 m 边形并且 $\varphi_1, \cdots, \varphi_m$ 是它的角. 因为对凸包的每个角都附着正 n 边形的角,则 $\varphi_i \geqslant \left(1 - \dfrac{2}{n}\right)\pi$(右边是正 n 边形的角的量),所以

$$\varphi_1 + \cdots + \varphi_m \geqslant m\left(1 - \dfrac{2}{n}\right)\pi = \left(m - \dfrac{2m}{n}\right)\pi$$

另一方面

$$\varphi_1 + \cdots + \varphi_m = (m-2)\pi$$

因此

$$(m-2)\pi \geqslant \left(m - \dfrac{2m}{n}\right)\pi$$

也就是 $m \geqslant n$.

22.5 任意的凸 100 边形能够表示为 n 个三角形的交(也就是公共部分),求所有这样的数 n 中的最小者.

提示 首先注意,50 个三角形就足够了. 实际上,设 $\triangle_k$ 是边位于在射线 A_kA_{k-1} 和 A_kA_{k+1} 上的三角形,且它包含凸多边形 $A_1 \cdots A_{100}$,则这个多边形是 $\triangle_2$, $\triangle_4, \cdots, \triangle_{100}$ 的交. 另一方面,如图 22.2 绘出的 100 边形不能表示为少于 50 个三

角形的交.实际上,如果它的边的三个位于在一个三角形的边上,那么这些边的一个是边 A_1A_2. 这个多边形的所有的边位于 n 个三角形的边上,所以 $2n+1 \geq 100$,即 $n \geq 50$.

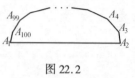

图 22.2

22.6 如果凸七边形的三条对角线相交于一点,则称这个七边形是奇异的,证明:稍微动一动奇异七边形的一个顶点,可以得到非奇异的七边形.

提示 设 P 是凸七边形 $A_1\cdots A_7$ 的对角线 A_1A_4 和 A_2A_5 的交点.对角线 A_3A_7 和 A_3A_6 的一条,为确定起见是对角线 A_3A_6 不过点 P. 六边形 $A_1\cdots A_6$ 对角线的交点是有限数,所以在点 A_7 的附近可以选取这样的点 A'_7,使得直线 $A_1A'_7,\cdots,A_6A'_7$ 不过这些点,也就是,七边形 $A_1\cdots A'_7$ 不是奇异的.

22.7 凸多边形 $A_1\cdots A_n$ 位于圆 S_1 的内部,而凸多边形 $B_1\cdots B_m$ 位于圆 S_2 的内部,证明:如果这两个多边形相交,那么点 $A_1,\cdots,A_n$ 中有一个位于圆 S_2 的内部,或者点 $B_1,\cdots,B_m$ 中有一个位于圆 S_1 的内部.

提示 假设点 $A_1,\cdots,A_n$ 位于在圆 S_2 外,而点 $B_1,\cdots,B_m$ 位于在圆 S_1 外,则圆 S_1 不能位于圆 S_2 内,而圆 S_2 不能位于圆 S_1 内. 圆 S_1 和 S_2 的位置不能互相外离(或者外切). 因为换言之,多边形 $A_1\cdots A_n$ 和 $B_1\cdots B_m$ 不能是相交的,因此圆 S_1 和 S_2 相交. 在这时多边形 $A_1\cdots A_n$ 位于在圆 S_1 内和圆 S_2 外,而多边形 $B_1\cdots B_m$ 位于在圆 S_2 内和圆 S_1 外,因此这两个多边形位于过圆 S_1 和 S_2 的交点引的直线的不同侧,则两个多边形不能相交. 导致矛盾.

22.8* 证明:存在这样的数 N,使得任意三个点都不共线的 N 个点中可以选出 100 个点是凸多边形的顶点.

提示 证明更为一般的论断. 设 p,q 和 r 是自然数,并且 $p,q \geq r$,则存在数 $N = N(p,q,r)$,具有下面的性质:如果 N 元集合 S 的所有 r 子集用任意方式分为两个不交的簇 α 和 β,那么,要么存在集合 S 的 p 元子集,它的全部 r 元子集包含在 α 中,要么存在 q 元子集,它的全部 r 元子集包含在 β 中(拉姆塞定理).

需要的论断容易从拉姆塞定理推出. 实际上,设 $N = N(n,5,4)$ 并且簇 α 由 N 元点集的这样的四元子集组成,它的凸包是四边形,则存在已知点集的 n 元子集,它的任意四元子集的凸包是四边形,因为五元子集它的任意四元子集的凸包不存在是三角形(参见问题 22.2),剩下利用问题 22.1 的结果.

第 22 章　凸与非凸的多边形
DIERSHIERZHANG　TU YU FEITU DE DUOBIANXING

现在证明拉姆塞定理,容易检验,作为 $N(p,q,1)$, $N(r,q,r)$ 和 $N(p,r,r)$ 可以分别取数 $p+q-1, p$ 和 q. 现在证明,如果 $p > r$ 和 $q > r$,那么作为 $N(p,q,r)$ 可以取数 $N(p_1, q_1, r-1)+1$,其中 $p_1 = N(p-1, q, r)$, $q_1 = N(p, q-1, r)$. 实际上,由 $N(p,q,r)$ 元集合的集合 S 中选取一个元素和划分余下的集合 S' 的 $(r-1)$ 元子集为两簇:簇 α'(相应的 β')由这样的子集组成,它的对象选自包含在簇 α(相应的 β)中的元素,则要么存在集合 S' 的 p_1 元子集,它的所有 $(r-1)$ 元子集包含在簇 α' 中,要么存在 q_1 元子集,它的所有 $(r-1)$ 元子集包含在簇 β' 中. 考查第一种情形,因为 $p_1 = N(p-1, q, r)$,则要么存在集合 S' 的 q 元子集,它的所有 r 元子集在 β 中(则这 q 个元素是所求的),要么存在集合 S' 的 $(p-1)$ 元子集,它的所有 r 元子集在 α 中(则这些 $(p-1)$ 元同选出的元素一起是所求的),第二种情形的讨论类似.

于是拉姆塞定理的证明可以对 r 进行归纳,并且在证明中利用对 $p+q$ 归纳的步骤.

22.9* 凸 n 边形被不相交的对角线分成三角形. 考查这样的分法变换,在这个变换下,$\triangle ABC$ 和 $\triangle ACD$ 替代为 $\triangle ABD$ 和 $\triangle BCD$. 设 $P(n)$ 是能够将任意分法变为任意另外分法的最小的变换数,证明:

(1) $P(n) \geq n - 3$.
(2) $P(n) \leq 2n - 7$.
(3) 当 $n \geq 13$ 时,$P(n) \leq 2n - 10$.

提示　(1) 设 A 和 B 是 n 边形相邻的顶点. 考查 n 边形由顶点 A 引出的对角线的分法,和由顶点 B 引出的对角线的分法. 这些分法没有共同的对角线,而每个变换改变的只是一条对角线.

(2) 对 n 的归纳容易证明,任意分法能变为由已知顶点 A 引出的对角线的分法,不多于 $(n-3)$ 次变换. 其实,当 $n=4$ 时这是显然的. 当 $n>4$ 时,总能作一次变换,使得出现由顶点 A 引出的对角线(如果这条对角线不是). 这条对角线分 n 边形为 k 边形和 l 边形,其中 $k+l = n+2$. 剩下注意 $(k-3) + (l-3) + 1 = n-3$.

同样显然,如果已经由顶点 A 引出的 m 条分法的对角线,那么需要不多于 $(n-3-m)$ 次变换,也就是能够节省 m 次变换.

如果给出两个分法,那么它们能够在 $2(n-3)$ 次变换后变为由顶点 A 引出的对角线的分法. 可以节省挑出 A 作为顶点的一次变换,它是一个分法的一条对角线引出的顶点,所以由任意分法不超过 $(2n-7)$ 次变换可以变为任何另外的分法(进行通过由顶点 A 引出的对角线的分法).

(3)两个分法包含 $2(n-3)$ 条对角线,所以由每个顶点引出两个已知分法的对角线 $\frac{4(n-3)}{n}=4-\frac{12}{n}$ 条.当 $n \geq 13$ 时,这个数大于3,所以存在一个顶点由它至少引出4条已知分法的对角线.选择它,能够节省不是一次,而是4次变换.

* * *

22.10* 证明:在任意的除了平行四边形的凸多边形中,能够选取三条边,当延长它们时形成包围已知多边形的三角形.

提示 如果多边形不是三角形和平行四边形,那么它存在两条不平行的不相邻的边.延长它们直到相交,得到包含原来多边形的具有更少边数的新的多边形.若干次这样操作以后得到三角形或平行四边形.如果得到的是三角形,那么全部证完了,所以认为得到的是 $\square ABCD$.在它的每条边上有原来的多边形的边,并且它的一个顶点,例如 A,不属于原来的多边形(图22.3).设 K 是位于 AD 上靠近 A 的多边形的顶点,而 KL 是不在 AD 上的多边形的边,则多边形包含在直线 KL,BC 和 CD 形成的三角形内.

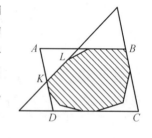

图 22.3

22.11* 给出凸 n 边形,它的任意两条边不平行,证明:在问题22.10谈到的三角形不少于 $(n-2)$ 个.

提示 对 n 进行归纳证明.当 $n=3$ 时,论断显然.根据问题22.10,存在直线 a,b 和 c,它们是已知 n 边形的边的延长线并且形成三角形 T,它包含已知的 n 边形.设直线 l 是已知 n 边形的任一另外边的延长线.n 边形的边(除去位于直线 l 的边以外)的延长线,形成位于三角形 T 内的凸 $(n-1)$ 边形.根据归纳假设,对于这个 $(n-1)$ 边形存在 $(n-3)$ 个需要的三角形.此外,直线 l 与直线 a,b 和 c 中的两条也形成三角形.

注 如果点 $A_2,\cdots,A_n$ 在以 A_1 为中心的圆上,并且 $\angle A_2A_1A_n < 90°$ 和 n 边形 $A_1\cdots A_n$ 是凸的,那么对这个 n 边形恰存在 $(n-2)$ 个需要的三角形.

22.12* 点 O 位于在凸 n 边形 $A_1\cdots A_n$ 的内部,证明:$\angle A_iOA_j$ 中不少于 $(n-1)$ 个不是锐角.

提示 对 n 进行归纳证明.当 $n=3$ 时,证明显然.现在考查 n 边形 $A_1\cdots A_n$,

第 22 章 凸与非凸的多边形
DIERSHIERZHANG TU YU FEITU DE DUOBIANXING

其中 $n \geqslant 4$. 点 O 位于某个 $\triangle A_p A_q A_r$ 的内部. 设 A_k 是已知多边形的不同于点 A_p, A_q 和 A_r 的顶点. 由 n 边形 $A_1 \cdots A_n$ 去掉 A_k 得到 $(n-1)$ 边形, 对它可以运用归纳假设. 此外, $\angle A_k O A_p$, $\angle A_k O A_q$ 和 $\angle A_k O A_r$ 不能全是锐角, 因为这些角中某两个的和大于 $180°$.

22.13* 在圆中内接有凸 n 边形 $A_1 \cdots A_n$, 同时它的顶点中没有对径点, 证明: 如果 $\triangle A_p A_q A_r$ 中至少有一个是锐角三角形, 那么这样的锐角三角形不少于 $(n-2)$ 个.

提示 对 n 进行归纳证明. 当 $n = 3$ 时, 论断显然. 设 $n \geqslant 4$, 固定一个锐角 $\triangle A_p A_q A_r$ 且去掉与这个三角形顶点不同的顶点 A_k. 对得到的 $(n-1)$ 边形可以运用归纳假设. 此外, 如果, 例如点 A_k 位于在弧 $A_p A_q$ 上并且 $\angle A_k A_p A_r \leqslant \angle A_k A_q A_r$, 那么 $\triangle A_k A_p A_r$ 是锐角三角形. 实际上, $\angle A_p A_k A_r = \angle A_p A_q A_r$, $\angle A_p A_r A_k < \angle A_p A_r A_q$, $\angle A_k A_p A_r \leqslant 90°$, 而这意味着, $\angle A_k A_p A_r < 90°$.

22.14* (1) 证明: 平行四边形不能被与它位似的三个小平行四边形所覆盖.

(2) 证明: 除平行四边形以外的任意凸多边形能被与它位似的三个小的多边形所覆盖.

提示 (1) 设 $ABCD$ 是已知的平行四边形. 在与它位似的小的平行四边形中, 平行于边 AB 的任意线段, 严格的小于 AB. 这不止对于边, 而且对于对角线也同样是对的, 所以平行四边形的四个顶点的每一个应当被自己的平行四边形所覆盖.

(2) 设凸多边形 M 不是平行四边形. 利用问题 22.10 的结果, 选取多边形 M 的三条边, 当它们延长以后形成包容多边形 M 的 $\triangle ABC$. 然后在这三条边上选取点 A_1, B_1 和 C_1, 区别于多边形的顶点 (点 A_1 位于直线 BC 上, 依此类推). 最后, 选取多边形 M 内部的任意点 O. 线段 OA_1, OB_1 和 OC_1 分割 M 为三部分. 考查中心为 A 的位似. 如果位似系数足够地接近 1, 那么多边形 M 的像完整地覆盖由 OB_1 和 OC_1 分割的这个部分, 两个其余的部分覆盖类似.

561

§2　等周不等式

将研究由光滑或者逐段光滑的①曲线界限的图形.界限这个图形的曲线的长叫做图形的周长.

22.15　证明:对于任意的非凸图形 ψ,存在周长比 ψ 小的凸图形且面积比 ψ 大.

提示　在每个方向对图形 ψ 引支撑直线并且考查由这些直线得到的包含 ψ 的所有的半平面的交.结果得到凸图形 Φ.它包含 ψ,所以它的面积比较大,Φ 的边界曲线与 ψ 的边界曲线不同,某些曲线(或折线)段被直线段所代替,所以,Φ 的周长小于 ψ 的周长.

22.16　证明:如果存在图形 Φ',它的面积不小于图形 Φ 的面积,而 Φ' 的周长小于 Φ 的周长,那么存在与 Φ 的周长相同而面积比它大的图形.

提示　设 P 和 P' 是图形 Φ 和 Φ' 的周长,S 和 S' 是它们的面积.在系数为 $\dfrac{P}{P'} > 1$ 的位似下图形 Φ' 变为周长等于 P 的图形,而面积等于 $\left(\dfrac{P}{P'}\right)^2 S' > S$.

22.17　证明:如果凸图形 Φ 的任意弦分它为周长相等但面积不等的两部分,那么存在凸图形 Φ' 与 Φ 具有同样的周长,但面积比 Φ 大.

提示　设弦 AB 分图形 Φ 为两个部分 Φ_1 和 Φ_2 它们的周长相等,而 Φ_1 的面积大于 Φ_2 的面积,则由 Φ_1 和由 Φ_1 关于 AB 对称的图形组成的图形,与 Φ 具有同样的周长,但更大的面积.

得到的图形能出现非凸的,在这种情形,利用问题 22.15 和 22.16 的结果,能够作同样的周长和更大面积的凸图形.

22.18*　证明:如果凸图形 Φ 不是圆,那么存在凸图形 Φ',与 Φ 具有同样的周长,但面积比 Φ 大.

提示　考查平分图形 Φ 的周长的弦 AB.如果 AB 分图形 Φ 为不同面积的两部分,那么根据问题 22.17 存在图形 Φ',它与 Φ 具有同样的周长,但有较大的面积.所以将认为,弦 AB 分图形 Φ 为相等面积的两部分.在 Φ 的边界上存在点 P,

---

①　由有限条光滑曲线弧组成.

第 22 章 凸与非凸的多边形

DIERSHIERZHANG TU YU FEITU DE DUOBIANXING

对点 P 有 $\angle APB \neq 90°$,因为不然的话,Φ 就是直径为 AB 的圆.作需要的图形 Φ'.作直角 $\triangle P_1 A_1 B_1$,它的直角边 $P_1 A_1 = PA$ 和 $P_1 B_1 = PB$ 并且把弦 PA 和 PB 截出的弓形靠在它的直角边上(图 22.4).如果现在用直线 $A_1 B_1$ 截断这个弓形,那么,它的一个部分关于边界同直线 $A_1 B_1$ 的交点的反射,得到位于直线 $A_1 B_1$ 同一侧的图形.附着在直角边 $A_1 P_1$ 和 $P_1 B_1$ 的弓形不能交叉,因为在点 P_1 的撑托直线间的角等于 $90° + \varphi_1 + \varphi_2 = 90° + (180° - \angle APB) < 270°$.

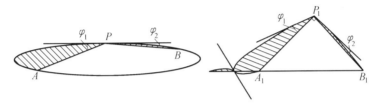

图 22.4

设 Φ' 是由作的图形和它关于直线 $A_1 B_1$ 对称的图形组成的图形,则 Φ' 与 Φ 具有同样的周长,但有大的面积,因为

$$S_{\triangle A_1 P_1 B_1} = \frac{1}{2} A_1 P_1 \cdot B_1 P_1 > \frac{1}{2} AP \cdot BP \sin \angle APB = S_{\triangle APB}$$

注 这些讨论没有证明,已知周长的所有图形中具有最大面积的是圆.没有证明,已知周长的所有图形中存在面积最大的图形.

22.19* (1)证明:在顶角和周长都给定的所有凸四边形中,圆外切四边形具有最大的面积.

(2)证明:在顶角 A_i 和周长都给定的所有凸 n 边形 $A_1 \cdots A_n$ 中,圆外切 n 边形具有最大的面积.

提示 因为所有的相似的多边形面积与周长的平方之比为常值,所以只需证明,在所有给定顶角的凸多边形中面积与周长平方之比对圆外切多边形将有最大值.

(1)首先考查当四边形 $ABCD$ 是有一个角为 α 的平行四边形的情况.如果它的边等于 a 和 b,那么面积与周长平方之比等于

$$\frac{ab \sin \alpha}{4(a+b)^2} \leq \left(\frac{a+b}{2}\right)^2 \frac{\sin \alpha}{4(a+b)^2} = \frac{1}{16} \sin \alpha$$

同时仅当 $a = b$ 时,也就是,当 $ABCD$ 是菱形时,达到等式,而菱形是圆外切四边形.

现在认为 $ABCD$ 不是平行四边形,则它的两条边的延长线相交.为确定起

见,设射线 AB 和 DC 相交于点 E.引直线 $B'C' \parallel BC$,与 $\triangle AED$ 的内切圆相切(图 22.5,点 B' 和 C' 位于边 AE 和 DE 上).设 r 是 $\triangle AED$ 的内切圆的半径,O 是内切圆的中心,则

$$S_{\triangle EB'C'} = S_{\triangle EB'O} + S_{\triangle EOC'} - S_{\triangle OB'C'} =$$
$$\frac{r}{2}(EB' + EC' - B'C') = qr$$

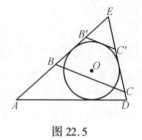

图 22.5

其中,$q = \frac{1}{2}(EB' + EC' - B'C')$,所以

$$S_{ABCD} = S_{\triangle AED} - S_{\triangle EBC} = S_{\triangle AED} - k^2 S_{\triangle EB'C'} = pr - k^2 qr$$

其中,p 是 $\triangle AED$ 的半周长,$k = \frac{EB}{EB'}$.现在计算 $ABCD$ 的周长.$ABCD$ 和 $\triangle EBC$ 的周长的和等于 $\triangle AED$ 的周长与 $2AB$ 的和,所以 $ABCD$ 的周长等于 $2p - (EB + EC - BC) = 2p - 2kq$.因此,四边形 $ABCD$ 的面积对它的周长平方之比等于 $\frac{pr - k^2 qr}{4(p - kq)^2}$.对于圆外切四边形 $AB'C'D$,这个比等于 $\frac{pr - qr}{4(p - q)^2}$,因为对它 $k = 1$.剩下证明不等式 $\frac{pr - k^2 qr}{4(p - kq)^2} \leq \frac{pr - qr}{4(p - q)^2}$,也就是 $\frac{pr - k^2 qr}{4(p - kq)^2} \leq \frac{1}{p - q}$(由于 $p > q$,能约去 $p - q$).不等式 $(p - k^2 q)(p - q) \leq (p - kq)^2$ 是对的,因为它能化为形式 $-pq(1 - k)^2 \leq 0$.仅当 $k = 1$,也就是当四边形 $ABCD$ 是圆外切四边形的情况,达到等式.

(2) 对 n 引进归纳法的证明,对 $n = 4$ 论断的证明在问题(1)中,从 $n \geq 5$ 开始归纳步骤的证明,任意 n 边形有这样的边,附着于它的两个角的和大于 $180°$.实际上,全部附着于边的各对角的和,等于 n 边形所有角之和的 2 倍,所以,对于一个边,附着于它的两个角的和不小于 $\frac{(n-2) \cdot 360°}{n} \geq 360° \times \frac{3}{5} > 180°$.

为确定起见,设顶角 $\angle A_1$ 和 $\angle A_2$ 的和大于 $180°$,则射线 $A_n A_1$ 和 $A_3 A_2$ 相交在点 B(图 22.6).考查这样的辅助的圆外切 n 边形 $A'_1 \cdots A'_n$,它的边平行于 n 边形 $A_1 \cdots A_n$ 的边.

用 B' 表示射线 $A'_n A'_1$ 和 $A'_3 A'_2$ 的交点,为了简化计算,将认为 $(n - 1)$ 边形 $BA_3 A_4 \cdots A_n$ 和 $B'A'_3 A'_4 \cdots A'_n$ 周长一样并等于 P(这从多边形的相似变换能够得到).

设 r 是多边形 $A'_1 \cdots A'_n$ 内切圆的半径,则多边形 $B'A'_3 A'_4 \cdots A'_n$ 的面积等于 $\frac{rP}{2}$.根据归纳假设,$(n-1)$ 边形 $BA_3 A_4 \cdots A_n$ 的面积不大于 $B'A'_3 A'_4 \cdots A'_n$ 的面

第22章 凸与非凸的多边形

DIERSHIERZHANG TU YU FEITU DE DUOBIANXING

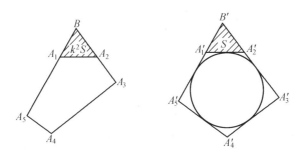

图 22.6

积,也就是,它等于 $\dfrac{\alpha rP}{2}$,其中 $\alpha \leqslant 1$,并且 $\alpha = 1$ 只在多边形 $B'A'_3A'_4\cdots A'_n$ 是圆外切多边形的情况.

设 $\triangle A'_1A'_2B'$ 的面积等于 S,而 $\triangle A_1A_2B$ 和 $\triangle A'_1A'_2B'$ 的相似系数等于 k,则 $\triangle A_1A_2B$ 的面积等于 k^2S,显然

$$S = \frac{1}{2}rA'_1B' + \frac{1}{2}rA'_2B' - \frac{1}{2}rA'_1A'_2 = \frac{1}{2}rq$$

其中 $q = A'_1B' + A'_2B' - A'_1A'_2$,所以多边形 $A_1\cdots A_n$ 和 $A'_1\cdots A'_n$ 的面积分别等于 $\dfrac{r(P-q)}{2}$ 和 $\dfrac{r(\alpha P - k^2 q)}{2}$,而它们的周长等于 $P-q$ 和 $P-kq$,剩下证明

$$\frac{\alpha P - k^2 q}{(P-kq)^2} \leqslant \frac{P-q}{(P-q)^2} = \frac{1}{P-q}$$

并且仅当 $\alpha = 1$ 和 $k = 1$ 时取等号(如果 $\alpha = 1$,那么多边形 $BA_3A_4\cdots A_n$ 和 $B'A'_3A'_4\cdots A'_n$ 全等,而如果在这种情况下还有 $k = 1$,那么 $\triangle A_1A_2B \cong \triangle A'_1A'_2B'$,也即多边形 $A_1\cdots A_n$ 和 $A'_1\cdots A'_n$ 全等). 不复杂的计算表明, 不等式 $(P-q)(\alpha P - k^2 q) \leqslant (P-kq)^2$ 等价于不等式 $0 \leqslant Pq(1-k)^2 + (1-\alpha)(P-q)P$. 后一个不等式是正确的,并且仅当 $\alpha = 1$ 和 $k = 1$ 时达到等式.

22.20* 证明:圆的面积大于任意的同样周长的其他图形的面积. 换言之,如果图形的面积等于 S,而周长等于 P,那么 $S \leqslant \dfrac{P^2}{4\pi}$,并且仅在圆的情形达到相等(等周不等式).

提示 对于任意的非凸图形存在与它的周长相等但面积更大的凸图形(问题 22.15 和 22.16),所以仅限于凸图形来讨论即可.

设 Φ 是不同于圆的凸图形, K 是圆. 必须证明, K 的面积对周长平方的比,较

Φ 来得大. Φ 和 K 的面积与周长能够作为围绕 Φ 和 K 的外切多边形的面积与周长,当它所有顶点的角趋于零时的极限来确定. 设圆 K 有某个外切多边形. 考查另一个多边形,它的边分别与第一个多边形的边平行,而又围绕外切于 Φ. 对第一个多边形的面积对周长平方的比,大于第二个多边形的对应比值(问题 22.19). 取极限,得到,对 K 的面积与周长平方的比值不小于对 Φ 的相应的比值.

如果不同于圆的图形 Φ 的周长为 1,那么它的面积不能等于周长为 1 的圆的面积,因为此时存在周长为 1 的图形 Φ′,它的面积大于 Φ 的面积(问题 22.18),也就是大于周长为 1 的圆的面积.

注 另外的证明需要引进在问题 22.30(2) 的结论.

22.21* 证明:如果凸多边形 $A_1 \cdots A_n$ 和 $B_1 \cdots B_n$ 的对应边相等,并且多边形 $B_1 \cdots B_n$ 是圆外切的,那么它的面积不小于多边形 $A_1 \cdots A_n$ 的面积.

提示 设 K 是内接有多边形 $B_1 \cdots B_n$ 的圆. 在多边形 $A_1 \cdots A_n$ 的每个边 A_iA_{i+1} 上向形外作弓形,是它等于在圆 K 上由边 B_iB_{i+1} 截下的弓形. 并且考查由多边形 $A_1 \cdots A_n$ 和这些弓形组成的图形 Φ. 两个这样的弓形仅当 $\angle A_{i-1}A_iA_{i+1} - \angle B_{i-1}B_iB_{i+1} > 180°$ 时才能相交(图 22.7),而这是不可能的,因为多边形 $A_1 \cdots A_n$ 是凸的,所以 $S_\Phi = S_{A_1 \cdots A_n} + S$ 和 $S_K = S_{B_1 \cdots B_n} + S$,其中 S 是弓形的面积之和. 同样显然,$P_\Phi = P_K$. 因此,等周不等式有 $S_K \geq S_\Phi$,即 $S_{B_1 \cdots B_n} \geq S_{A_1 \cdots A_n}$,而仅当 Φ 是圆,而多边形 $A_1 \cdots A_n$ 是圆内接四边形的情况达到等式.

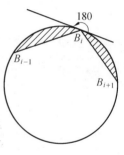

图 22.7

22.22* 不自交的折线分布在给定的半平面上,并且折线的两端在这半平面的边界上. 折线的长等于 L,而折线与半平面的边界围成的多边形的面积等于 S,证明:$S \leq \dfrac{L^2}{2\pi}$.

提示 对已知的多边形添加它关于半平面的边界对称的多边形. 得到的多边形的面积为 $2S$,周长为 $2L$,所以根据等周不等式有 $2S \leq \dfrac{(2L)^2}{4\pi}$,也就是 $S \leq \dfrac{L^2}{2\pi}$.

22.23* 求分等边三角形为两个面积相等的图形的最小曲线的长.

提示 考查分等边 $\triangle ABC$ 为面积为 $\dfrac{S}{2}$ 的两个图形的曲线.能有两种情形:要么曲线由三角形的一个顶点(为确定起见由顶点 A)分它的对边,要么曲线是封闭的.在第二种情形根据问题 22.20 曲线的长不小于 $\sqrt{2\pi S}$.现在考查第一种情形.曲线的形式当依次关于直线 AC, AB_1, AC_2, AB_2 和 AC_1 对称(图 22.8)形成限制的图形的面积为 $3S$ 的封闭的曲线,所以所求的曲线是圆心在点 A 半径为 $\sqrt{\dfrac{3S}{\pi}}$ 的圆弧.它的长等于 $\sqrt{\dfrac{\pi S}{3}} < \sqrt{2\pi S}$.

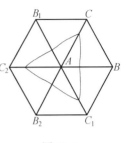

图 22.8

§3 施泰纳对称化

设 M 是凸图形, l 是某条直线.多边形 M 关于直线 l 的施泰纳对称化是由下列方式得到的图形 Φ.过直线 l 的每个点 X 引垂直于 l 的直线 m.如果直线 m 交多边形 M 得长为 a 的线段,那么在 m 上作长为 a 的线段使其中点在点 X.所作的线段形成的图形就是 Φ.

22.24* 证明:凸多边形的施泰纳对称化是凸多边形.

提示 设 M' 是凸图形 M 关于直线 l 的施泰纳对称化.需要证明,如果 A 和 B 是 M' 的点,那么整个的线段 AB 属于 M'.考查过点 A 和 B 的垂直于 l 的直线交 M' 的两条线段.这两条直线交 M 为两条这样长的线段.这些线段的凸包是整个位于 M 中的梯形.这个梯形在对称化后得到位于 M' 中的梯形.线段 AB 属于得到的梯形,所以它属于 M'.

22.25* 证明:在施泰纳对称化后多边形的面积不改变,而它的周长不增加.

提示 过多边形 M 的每个顶点引垂直于直线 l 的直线,这些直线分割多边形为梯形(某些梯形可能退化为三角形).在施泰纳对称化以后每个这样的梯形改变为还是这些底边且高相同的等腰梯形.显然,在这个替代下梯形的面积不变.剩下检验周长不会增加.在此时,只需考查当梯形退化为三角形的情形就够了.实际上,如果 $ABCD$ 是底为 AB 和 CD 的梯形,其中 $AB \leqslant CD$,那么由它可以截

出 $\square ABCD'$.

于是，设 ABC 是三角形，它的边 AB 固定，而顶点 C 沿平行于 AB 的直线 m 运动. 设 B' 是点 B 关于直线 m 的对称点，则 $AC + CB = AC + CB' \geq AB'$. 当且仅当 $AC = CB$ 时取等号.

§4 闵可夫斯基和

22.26* 设 A 和 B 是固定点，λ 和 μ 是固定的数. 选取任意点 X 并用等式 $\overrightarrow{XP} = \lambda \overrightarrow{XA} + \mu \overrightarrow{XB}$ 给出点 P，证明：当且仅当 $\lambda + \mu = 1$ 时，点 P 的位置与点 X 的选取无关. 同时证明，在这种情况下点 P 在直线 AB 上.

提示 如果 $\overrightarrow{XP} = \lambda \overrightarrow{XA} + \mu \overrightarrow{XB}$，则
$$\overrightarrow{AP} = \overrightarrow{AX} + \overrightarrow{XP} = (\lambda - 1)\overrightarrow{XA} + \mu \overrightarrow{XB} = (\lambda - 1 + \mu)\overrightarrow{XA} + \mu \overrightarrow{AB}$$
所以，当且仅当 $\lambda - 1 + \mu = 0$ 时，向量 $\overrightarrow{AP}$ 与点 X 的选取无关. 在这种情况下 $\overrightarrow{AP} = \mu \overrightarrow{AB}$，所以点 P 在直线 AB 上.

如果 $\lambda + \mu = 1$，那么由问题 22.26 点 P 将表示为 $\lambda A + \mu B$.

设 M_1 和 M_2 是凸多边形，λ_1 和 λ_2 是正数，它们的和等于 1. 图形 $\lambda_1 M_1 + \lambda_2 M_2$ 由形为 $\lambda_1 A_1 + \lambda_2 A_2$ 的点组成，其中 A_1 是 M_1 的点，A_2 是 M_2 的点，称为多边形 M_1 和 M_2 的闵可夫斯基和. 不仅对于凸多边形，而且对于任意图形（不必是凸的）都可以考查闵可夫斯基和.

类似的对正数 $\lambda_1, \cdots, \lambda_n$，它们的和等于 1，可以研究图形 $\lambda_1 M_1 + \cdots + \lambda_n M_n$. 可以对于 $\lambda_1 + \cdots + \lambda_n \neq 1$ 研究图形 $\lambda_1 M_1 + \cdots + \lambda_n M_n$，但在这种情况，图形在平移下是精确的：当图形的点 X 变化是沿某个向量移动的.

22.27* (1) 证明：如果 M_1 和 M_2 是凸多边形，那么 $\lambda_1 M_1 + \lambda_2 M_2$ 是凸多边形，它的边数不超过多边形 M_1 和 M_2 的边数的和.

(2) 设 P_1 和 P_2 是多边形 M_1 和 M_2 的周长，证明：多边形 $\lambda_1 M_1 + \lambda_2 M_2$ 的周长等于 $\lambda_1 P_1 + \lambda_2 P_2$.

提示 设 $\lambda_1 A_1 + \lambda_2 A_2$ 和 $\lambda_1 B_1 + \lambda_2 B_2$ 是图形 $\lambda_1 M_1 + \lambda_2 M_2$ 的点（这里 A_i 和 B_i 是多边形 M_i 的点），则图形 $\lambda_1 M_1 + \lambda_2 M_2$ 包含顶点为 $\lambda_1 A_1 + \lambda_2 A_2, \lambda_1 B_1 + \lambda_2 A_2, \lambda_1 B_1 + \lambda_2 B_2, \lambda_1 A_1 + \lambda_2 B_2$ 的平行四边形. 由此推出，凸图形 $\lambda_1 M_1 + \lambda_2 M_2$ 包含这个平行四边形的对角线.

第 22 章　凸与非凸的多边形

假设多边形 M_1 和 M_2 位于某条直线 l 的同一侧. 将这条直线平行于自身移动, 直到它第一次不接触 M_1 和 M_2（一般说来, 在不同的时刻）. 设 a_1 和 a_2 是直线 l 在接触 M_1 和 M_2 的瞬间沿着它交得的线段长度（当直线 l 不平行于多边形 M_i 的边时, $a_i = 0$）, 则直线 l 在同图形 $\lambda_1 M_1 + \lambda_2 M_2$ 接触的瞬间交它的线段长为 $\lambda_1 a_1 + \lambda_2 a_2$. 数 $\lambda_1 a_1 + \lambda_2 a_2$ 不为零, 仅在数 a_1 和 a_2 之一不为零的情况.

22.28* 设 S_1 和 S_2 是多边形 M_1 和 M_2 的面积, 证明: 多边形 $\lambda_1 M_1 + \lambda_2 M_2$ 的面积 $S(\lambda_1, \lambda_2)$ 等于 $\lambda_1^2 S_1 + 2\lambda_1 \lambda_2 S_{12} + \lambda_2^2 S_2$, 其中 S_{12} 只与 M_1 和 M_2 有关.

提示　取多边形 M_i 内部的点 O_i, 并且以 O_i 为顶点分它为三角形. 多边形 $\lambda_1 M_1 + \lambda_2 M_2$ 以 $O = \lambda_1 O_1 + \lambda_2 O_2$ 为顶点分为三角形. 重新作为在问题 22.27 的解, 取直线 l 并且考查直线 l 在同图形 M_1 和 M_2 首次接触的瞬间交它的线段. 设 a_1 和 a_2 是这两条线段的长. 底边为 a_1 和 a_2 且高为 h_1 和 h_2 的三角形对与底为 $\lambda_1 a_1 + \lambda_2 a_2$ 且高为 $\lambda_1 h_1 + \lambda_2 h_2$ 的三角形相对应. 剩下注意

$$(\lambda_1 a_1 + \lambda_2 a_2)(\lambda_1 h_1 + \lambda_2 h_2) = \lambda_1^2 a_1 h_1 + \lambda_1 \lambda_2 (a_1 h_2 + a_2 h_1) + \lambda_2^2 a_2 h_2$$

22.29* 证明: $S_{12} \geq \sqrt{S_1 S_2}$, 也就是 $\sqrt{S(\lambda_1, \lambda_2)} \geq \lambda_1 \sqrt{S_1} + \lambda_2 \sqrt{S_2}$. （布伦）

提示　首先考查 M_1 和 M_2 是具有平行的边的长方形的情况. 设 a_1 和 b_1 是长方形 M_1 的边长, a_2 和 b_2 是长方形 M_2 的边长（边 a_1 平行于边 a_2）, 则 $\lambda_1 M_1 + \lambda_2 M_2$ 是边为 $\lambda_1 a_1 + \lambda_2 a_2$ 和 $\lambda_1 b_1 + \lambda_2 b_2$ 的长方形. 这样一来, 必须检验不等式

$$(\lambda_1 a_1 + \lambda_2 a_2)(\lambda_1 b_1 + \lambda_2 b_2) \geq (\lambda_1 \sqrt{a_1 b_1} + \lambda_2 \sqrt{a_2 b_2})^2$$

也就是, $a_1 b_2 + a_2 b_1 \geq 2\sqrt{a_1 a_2 b_1 b_2}$, 这是两个数之间的算术平均与几何平均不等式.

现在考查这样的情形, 当多边形 M_1 用下面的方式作出: $(n-1)$ 条水平的直线分它为 n 个面积为 $\dfrac{S_1}{n}$ 的长方形; 多边形 M_2 的作法类似. 则带有一致的号码数的和的面积不小于

$$\left(\lambda_1 \sqrt{\frac{S_1}{n}} + \lambda_2 \sqrt{\frac{S_2}{n}}\right)^2 = \frac{1}{n}(\lambda_1 \sqrt{S_1} + \lambda_2 \sqrt{S_2})^2$$

每个这样的和都包含在多边形 $\lambda_1 M_1 + \lambda_2 M_2$ 中. 同样显然, 所有 n 个这样的长方形的和不彼此重叠, 因为平行直线 l_1 和 l'_1 限制的带形与平行直线 l_2 和 l'_2 限制的带形的和, 是直线 $\lambda_1 l_1 + \lambda_2 l_2$ 和 $\lambda_1 l'_1 + \lambda_2 l'_2$ 限制的带形（假设直线 l_1 位置在

l'_1 上面,而直线 l_2 在 l'_2 上面).因此,多边形 $\lambda_1 M_1 + \lambda_2 M_2$ 的面积不小于 $(\lambda_1\sqrt{S_1} + \lambda_2\sqrt{S_2})^2$.

多边形 M_1 和 M_2 可以用考查的上面形式的多边形任意地精确地逼近,所以在一般形式的凸多边形的情形需要的不等式用极限过程来证明.

注 不等式 $S_{12} \geq \sqrt{S_1 S_2}$ 称为布伦-闵克夫斯基不等式.与此联系,闵克夫斯基证明了,这个不等式当且仅当多边形 M_1 和 M_2 位似时变为等式.

22.30* (1) 设 M 是凸多边形,它的面积等于 S,而周长等于 P,D 是半径为 R 的圆,证明:图形 $\lambda_1 M + \lambda_2 D$ 的面积等于 $\lambda_1^2 S + \lambda_1 \lambda_2 PR + \lambda_2^2 \pi R^2$.

(2) 证明:$S \leq \dfrac{P^2}{4\pi}$.

提示 (1) 图形 $\lambda_1 M + \lambda_2 D$ 是由与以系数 λ_1 位似于 M 的多边形的距离不大于 $\lambda_2 R$ 的点组成的.这个图形的面积等于 $\lambda_1^2 S + \lambda_1 \lambda_2 PR + \lambda_2^2 \pi R^2$(参见问题 9.44 的解).

(2) 根据布伦不等式 $\lambda_1^2 S + \lambda_1 \lambda_2 PR + \lambda_2^2 \pi R^2 \geq (\lambda_1\sqrt{S} + \lambda_2\sqrt{\pi R^2})^2$,即 $PR \geq 2\sqrt{S\pi R^2}$,所以 $S \leq \dfrac{P^2}{4\pi}$.

22.31* 证明:凸多边形当且仅当它能表示为某些线段之和的形式时具有对称中心.

提示 如果 $l_1,\cdots,l_n$ 是分布在平面上的线段,而 $O_1,\cdots,O_n$ 是它们的中点,那么多边形 $\lambda_1 l_1 + \cdots + \lambda_n l_n$ 关于点 $\lambda_1 O_1 + \cdots + \lambda_n O_n$ 对称.

现在考查具有对称中心 O 的凸多边形 $A_1\cdots A_{2n}$.平行地移动线段 $A_1 A_2$,$A_2 A_3$,$\cdots$,$A_n A_{n+1}$,使得它们的中点与点 O 重合.这些线段增加了 n 次,剩下它们的中点不动.设 $l_1,\cdots,l_n$ 是得到的线段,则和 $\dfrac{1}{n}l_1 + \cdots + \dfrac{1}{n}l_n$ 是原来的多边形.

§5 赫利定理

22.32* (1) 在平面上给出四个凸图形,并且它们中任意三个具有公共点,证明:这时全部四个图形具有公共点.

(2) 在平面上给出 n 个凸图形,并且它们中任意三个具有公共点.证明:这时全部 n 个图形具有公共点.(赫利定理)

第 22 章　凸与非凸的多边形
DIERSHIERZHANG　TU YU FEITU DE DUOBIANXING

提示　(1) 用 M_1, M_2, M_3 和 M_4 表示给出的图形. 设 A_i 是除 M_i 以外的所有图形的交点. 点 A_i 的分布可能有两种变式.

① A_i 中的一个点, 不妨例如 A_4, 它位于其余三个点形成的三角形的内部. 因为点 A_1, A_2, A_3 属于凸图形 M_4, 那么 $\triangle A_1 A_2 A_3$ 的所有点属于 M_4, 所以点 A_4 属于 M_4, 而根据自己的定义它属于其余的图形.

② $A_1 A_2 A_3 A_4$ 是凸四边形. 设 C 是对角线 $A_1 A_3$ 和 $A_2 A_4$ 的交点. 我们证明, 点 C 属于所有给出的图形. 两个点 A_1 和 A_3 属于图形 M_2 和 M_4, 所以线段 $A_1 A_3$ 属于这些图形. 类似地, 线段 $A_2 A_4$ 属于图形 M_1 和 M_3, 因此线段 $A_1 A_3$ 和 $A_2 A_4$ 的交点属于所有给出的图形.

(2) 对图形的个数进行归纳证明. 对 $n=4$ 的论断在上问已经证明. 我们证明, 如果论断对 $n \geqslant 4$ 个图形成立, 那么对 $(n+1)$ 个图形它也是对的. 设给出凸图形 $\Phi_1, \cdots, \Phi_n, \Phi_{n+1}$, 它们中每三个都具有公共点. 考查替换它们的图形 $\Phi_1, \cdots, \Phi_{n-1}, \Phi'_n$, 其中 Φ'_n 是 Φ_n 与 Φ_{n+1} 的交. 显然, 图形 Φ'_n 也是凸的. 我们将证明, 新图形中的任意三个具有公共点. 在此时能够产生怀疑的只是对于包含 Φ'_n 的三图形组, 但由前面的问题得出, 图形 Φ_i, Φ_j, Φ_n 和 Φ_{n+1} 总具有公共点, 因此根据归纳假设 $\Phi_1, \cdots, \Phi_{n-1}, \Phi'_n$ 具有公共点, 也就是, $\Phi_1, \cdots, \Phi_n, \Phi_{n+1}$ 具有公共点.

22.33* 借助于赫利定理解问题 20.33.

提示　圆心为 O 半径为 1 的圆覆盖某些点, 当且仅当以这些点为圆心半径为 1 的圆包含点 O, 所以问题准许下面的表述: "在平面上给出 n 个点, 并且圆心在这些点半径为 1 的任意三个圆都具有公共点, 证明: 所有这些圆具有公共点." 这个论断显然可由赫利定理推出.

22.34* (1) 给出凸多边形. 已知对于它的任意三条边能够选取多边形内的点 O, 使得由点 O 向这三条边引的垂线落在边的本身, 而不在它们的延长线上, 证明: 这个点 O 能对所有的边同时选取.

(2) 证明: 在凸四边形的情形, 这个点 O 能够选取, 如果它对于任意两条边可以选取的话.

提示　(1) 对于已知多边形的每个边 AB, 考查过点 A 和 B 引的直线 AB 的垂线限定的带形. 对此组成的凸图形再增加多边形本身. 根据条件, 这些图形中任意三个具有公共点, 所以根据赫利定理所有这些图形具有公共点.

(2) 设 $ABCD$ 是给定的凸四边形. 根据问题(1)只需检验, 需要的点 O 可以对它的任意选取的三条边就足够了. 我们证明, 例如, 它可以对选取的边 AB, BC 和 CD 来进行. 设 X 是四边形所有这样点的集合, 由这样的点引向边 AB 和 CD 的垂线足位于在自身的边上. 考查三种情形.

①$\angle B$ 和 $\angle C$ 两个是非钝角, 则过集合 X 的任意点.

②$\angle B$ 和 $\angle C$ 是两个钝角, 则过由点 B 和 C 对 AB 和 CD 引的垂线的交点.

③$\angle B$ 是非钝角, $\angle C$ 是钝角, 则过位于点 C 引的直线 CD 的垂线上的集合 X 的任意点.

22.35* 证明: 任意凸七边形的内部存在着不属于任一个由它的相邻四个顶点形成的四边形的点.

提示 考查删去七边形一对相邻顶点剩下的五边形, 只需检验它们中任意三个具有公共点. 对于三个五边形删去的不多于六个不同的顶点, 也就是, 还剩下一个顶点. 如果顶点 A 没被删去, 那么在图 22.9 中涂斜线的三角形属于全部三个五边形.

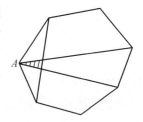

22.36* 给出某些平行的线段, 并且对于它们

图 22.9

中的任意三条存在同它们相交的直线, 证明: 存在与所有的线段都相交的直线.

提示 引入 Oy 轴平行于已知线段的坐标系. 对于每条线段, 考查所有这样的点 (a,b) 的集合, 使得直线 $y = ax + b$ 与它相交. 只需检验. 这些集合是凸的, 且对它们运用赫利定理. 对于端点为 (x_0, y_1) 和 (x_0, y_2) 的线段, 考查的集合是包含在平行直线 $ax_0 + b = y_1$ 和 $ax_0 + b = y_2$ 之间的带形.

§6 非凸多边形

22.37 任意五边形位于自己的某条边的一侧, 这样的边不少于两条, 这种说法对吗?

提示 不对, 如图 22.10 所示.

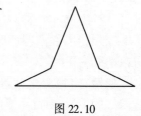

图 22.10

第 22 章 凸与非凸的多边形
DIERSHIERZHANG TU YU FEITU DE DUOBIANXING

22.38 (1)试画一个多边形和它内部的一点 O,使得从点 O 看它的任意一条边都看不到完整的边.

(2)试画一个多边形和它外部的一点 O,使得从点 O 看它的任意一条边都看不到完整的边.

提示 需要的多边形和点画在图 22.11 中.

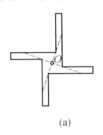 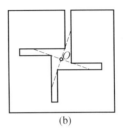

(a) (b)

图 22.11

22.39 证明:如果多边形由某个点 O 能看全它的边界,那么由平面上任意点能看全它的至少一条边.

提示 设由点 O 看到多边形 $A_1 \cdots A_n$ 的整个周界轮廓,则 $\angle A_i O A_{i+1}$ 不包含多边形除 $A_i A_{i+1}$ 之外的其余的边,所以点 O 位于在多边形的内部(图 22.12),平面上的任意点 X 属于 $\angle A_i O A_{i+1}$ 中的一个,所以由它能看到边 $A_i A_{i+1}$.

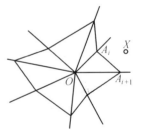

图 22.12

22.40 证明:任意多边形的与小于 180° 的内角邻接的外角之和不小于 360°.

提示 因为凸 n 边形全部内角都小于 180°,且它们的和等于 $(n-2) \cdot 180°$,所以外角和等于 360°,也就是,在凸多边形的情况下达到等式.

现在设 M 是多边形 N 的凸包.每个 M 的角包含 N 的小于 180° 的角,且 M 的角能够只大于 N 的角.也就是,N 的外角不小于 M 的外角(图 22.13),所以其至局限在只是与 M 的角重合的 N 的角,已经得到它们的外角和不小于 360°.

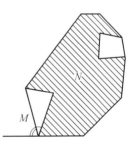

图 22.13

22.41* (1)证明:任意 $n(n \geqslant 4)$ 边形至少有一条对角线整个位于这个

多边形的内部.

(2) 请说明,n 边形中能有这样的(整个位于这个多边形内部的)对角线的最小的条数.

提示 (1) 如果多边形是凸的,那么结论显然. 现在假设,多边形在顶点 A 的内角大于 $180°$. 由点 A 看能看到的边的部分的视角小于 $180°$,所以,由点 A 至少能看到两个边的部分.因此,存在由点 A 引出的射线,由点 A 望去,从一边变到另一边(在图 22.14 中画出了全部这样的射线).这些射线的每一条给出的对角线,都整个的位于多边形的内部.

(2) 由图 22.15 看出,正如所作的多边形,位于这个多边形内部的对角线恰有 $(n-3)$ 条.剩下证明,任意 n 边形至少有 $(n-3)$ 条对角线.当 $n=3$ 时,这个结论显然.假设,对所有的 k 边形,其中 $k<n$,结论是对的,证明对于 n 边形结论也是对的.根据问题(1) n 边形能够用对角线分割成两个多边形: $(k+1)$ 边形和 $(n-k+1)$ 边形,并且 $k+1<n, n-k+1<n$.它们至少分别有 $(k+1)-3$ 和 $(n-k+1)-3$ 条对角线位于其所在多边形的内部,所以对于 n 边形至少有 $1+(k-2)+(n-k-2)=n-3$ 条位于多边形内部的对角线.

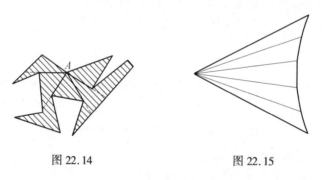

图 22.14　　　　　图 22.15

22.42* 在非凸 n 边形中,不能引对角线的顶点的最大个数等于什么?

提示 首先证明,如果 A 和 B 是 n 边形相邻接的顶点,那么由 A 或者由 B 能引对角线.当多边形在顶点 A 的内角大于 $180°$ 的情况,拆析在问题 22.41(1) 的解中.现在假设,顶点 A 的内角小于 $180°$,设 B 和 C 是与 A 相邻的顶点.如果 $\triangle ABC$ 内没有多边形的顶点,那么 BC 是对角线,而如果 P 是位于 $\triangle ABC$ 内靠近 A 的多边形的顶点,那么 AP 是对角线.因此,n 边形中不能引对角线顶点的个数不超过 $\left[\dfrac{n}{2}\right]$(即数 $\dfrac{n}{2}$ 的整数部分),另一方面,存在 n 边形,这个估值可以达到(图 22.16).

第22章 凸与非凸的多边形

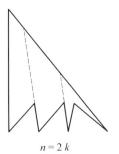
$n = 2k$

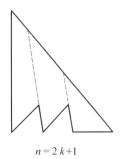
$n = 2k+1$

图 22.16

22.43* 证明:任意 n 边形能用不相交的对角线分割为三角形.

提示 用对 n 的归纳证明这个论断.当 $n = 3$ 时它是显然的,假设对所有的 k 边形,其中 $k < n$,论断已经证明,并且对任意的 n 边形证明它.任意的 n 边形可以用对角线分为两个多边形(参见问题 22.41(1)),并且它们每个的顶点数严格地小于 n,也就是,根据归纳假设,它们能分割为三角形.

22.44* 证明:任意 n 边形的内角和等于 $(n - 2) \cdot 180°$.

提示 用归纳法证明这个论断.当 $n = 3$ 时它是显然的,假设对所有的 k 边形,其中 $k < n$,论断已经证明,并且对任意的 n 边形证明它.任意的 n 边形可以用对角线分为两个多边形(参见问题 22.41(1)),如果它们之一的边数等于 $k + 1$,则第二个的边数等于 $n - k + 1$.并且这两个数都小于 n,所以这两个多边形的内角和分别等于 $(k - 1) \cdot 180°$ 和 $(n - k - 1) \cdot 180°$.同样显然,n 边形的内角和等于这两个多边形的内角和,即它等于 $(k - 1 + n - k - 1) \cdot 180° = (n - 2) \cdot 180°$.

22.45* 证明:用不相交的对角线分 n 边形所得三角形的个数等于 $n - 2$.

提示 得到的三角形所有角的和等于 n 边形的内角和,即它等于 $(n - 2) \cdot 180°$(参见问题 22.44),所以三角形的个数等于 $n - 2$.

22.46* 用不相交的对角线分多边形为三角形,证明:由这些对角线中至少有两个截它为三角形.

提示 设 k_i 是已知分法中恰有 i 个边是多边形的边的三角形的个数.需要

证明，$k_2 \geq 2$。n 边形的边的数目等于 n，而分割三角形的数目等于 $n-2$（参见问题 22.45），所以 $2k_2 + k_1 = n$，$k_2 + k_1 + k_0 = n - 2$。由第一个等式减第二个，得到 $k_2 = k_0 + 2 \geq 2$。

22.47* 证明：对任意的 13 边形能求出恰包含它的一条边的直线。但当 $n > 13$ 时，存在 n 边形，对于它这个结论是不对的。

提示 假设存在 13 边形，满足在任何一条包含它的边的直线上都还至少有一条边。过这个多边形的每条边都引直线。因为它有 13 条边，那么在所引直线中有一条上有奇数条边，即在一条直线上至少有 3 条边。它们有 6 个顶点并且过每个顶点引的直线上至少有两条边，所以这个 13 边形整个不少于 $3 + 2 \times 6 = 15$ 条边，这是不可能的。

对于偶数 $n \geq 10$ 需要的例子是"星形"（图 22.17(a)）；对于奇数 n 构造例子的想法如图 22.17(b) 所示。

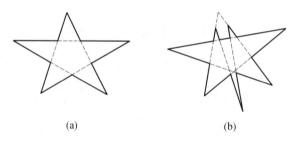

图 22.17

22.48* 在非凸 n 边形中锐角的最大个数等于多少？

提示 设 k 是 n 边形中的锐角个数，则 n 边形的角的和小于 $k \cdot 90° + (n-k) \cdot 360°$。另一方面 n 边形的内角和等于 $(n-2) \cdot 180°$（参见问题 22.44），所以
$$k \cdot 90° + (n-k) \cdot 360° > (n-2) \cdot 180°$$
即 $3k < 2n + 4$。因此，$k \leq \left[\dfrac{2n}{3}\right] + 1$，其中用 $[x]$ 表示不超过 x 的最大整数。具有 $\left[\dfrac{2n}{3}\right] + 1$ 个锐角的 n 边形的例子，如图 22.18 所示。

第22章 凸与非凸的多边形

DIERSHIERZHANG TU YU FEITU DE DUOBIANXING

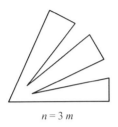 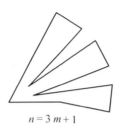 

$n=3m$ 　　　　　$n=3m+1$ 　　　　　$n=3m+2$

图 22.18

22.49* 在非凸且边不自交的多边形中进行下面的操作. 如果多边形位于直线 AB 的一侧, 其中 A 和 B 是不相邻的顶点, 那么点 A 和 B 分多边形的周界的一个部分关于线段 AB 的中点作反射, 证明: 经过若干次这样的操作以后, 多边形成为凸的.

提示 在进行这些操作时, 多边形的边向量变成和自己一样的向量, 而只是它们的顺序有所变化(图 22.19), 所以能够得到的只是有限个多边形. 此外, 每次变化以后, 多边形的面积严格增加. 因此, 过程有限.

图 22.19

22.50* 数 $\alpha_1,\cdots,\alpha_n$, 满足不等式 $0<\alpha_i<2\pi$, 它们的和等于 $(n-2)\pi$, 证明: 存在 n 边形 $A_1\cdots A_n$ 在它的顶点 $A_1,\cdots,A_n$ 的角是 $\alpha_1,\cdots,\alpha_n$.

(参见同样的问题 9.29(1), 9.94, 23.1, 23.35.)

提示 进行对 n 归纳的证明. 当 $n=3$ 时, 论断显然, 如果数 α_i 中有一个等于 π, 那么归纳的步骤显然, 所以可以认为, 如果 $n\geqslant 4$, 那么 $\dfrac{1}{n}\sum_{i=1}^{n}(\alpha_i+\alpha_{i+1})=\dfrac{2(n-2)\pi}{n}\geqslant\pi$, 并且只在四边形时取等号. 这意味着, 在任意情况下, 除平行四边形外 $(\alpha_1=\pi-\alpha_2=\alpha_3=\pi-\alpha_4)$, 存在两个相邻的数, 它们的和大于 π. 不但如此, 存在这样的数 α_i 和 α_{i+1}, 满足 $\pi<\alpha_i+\alpha_{i+1}<3\pi$. 事实上, 如果全部给出的数都小于 π, 那么能够取到上面指出的数对; 如果 $\alpha_j>\pi$, 那么能够取这样的数 α_i 和 α_{i+1}, 使得 $\alpha_i<\pi$ 和 $\alpha_{i+1}>\pi$. 设 $\alpha_i^*=\alpha_i+\alpha_{i+1}-\pi$, 则 $0<\alpha_i^*<2\pi$, 所以根据归纳假设存在 $(n-1)$ 边形 M 带有角 $\alpha_1,\cdots,\alpha_{i-1},\alpha_i^*,\alpha_{i+2},\cdots,\alpha_n$.

可能有三种情况: ① $\alpha_i^*<\pi$; ② $\alpha_i^*=\pi$; ③ $\pi<\alpha_i^*<2\pi$. 在第一种情况, $\alpha_i+\alpha_{i+1}<2\pi$, 所以这两个数之一, 例如 α_i, 小于 π. 如果 $\alpha_{i+1}<\pi$, 那么由 M 映射

带有角 $\pi-\alpha_i, \pi-\alpha_{i+1}, \alpha_i^*$(图 22.20(a))的三角形,如果 $\alpha_{i+1}>\pi$,那么对 M 紧挨着放角为 $\alpha_i, \alpha_{i+1}-\pi, \pi-\alpha_i^*$ 的三角形(图 22.20(b)). 在第二种情况,由 M 映射为底位于边 $A_{i-1}A_i^*A_{i+2}$ 上的梯形(图 22.20(c)). 在第三种情况,$\alpha_i+\alpha_{i+1}>\pi$,所以这两个数之一,例如 α_i,大于 π. 如果 $\alpha_{i+1}>\pi$,那么对 M 紧挨着放角为 $\alpha_i-\pi, \alpha_{i+1}-\pi, 2\pi-\alpha_i^*$ 的三角形(图 22.20(d)). 如果 $\alpha_{i+1}<\pi$,那么由 M 映射带有角 $2\pi-\alpha_i, \pi-\alpha_{i+1}$ 和 $\alpha_i^*-\pi$ 的三角形(图 22.20(e)).

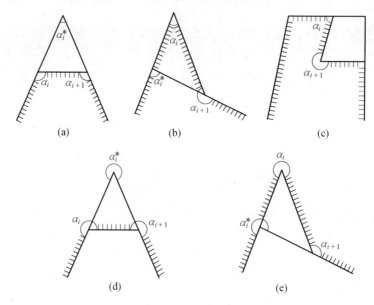

图 22.20

第 23 章　整除性、不变性、染色

基础知识

1. 在一系列的问题中经常遇到下列的情况：某个系统依次改变自己的状态，并且需要弄清楚它的最终状态是什么. 完全追踪整个的变化是一件复杂的事情，有时借助与系统状态联系的在全部变化中保持不变的某些量的计算来回答需要的问题(这个量对于考查的系统称为不变量). 显然，这个量在最终状态的值与在初始状态的值相同. 也就是系统不能出现使不变量取其他值的状态.

2. 在实践中这种方法归结为用两种方式计算某个量：首先在初始和最终状态中简单计算它，而然后，在依次微小的变化中追踪它的改变.

3. 最简单和经常遇到的不变量是数的奇偶性；不变量不只是被 2 除的余数，也可以是被任意其他数除的余数.

为了构作不变量，有时借助于用染色是有益的，也就是将考查的对象分为某些组(每一组由一种颜色的对象组成).

§1　奇数与偶数

23.1　(1) 直线能与非凸 $(2n+1)$ 边形的所有边都相交于内点吗？
(2) 直线能与非凸 $2n$ 边形的所有边都相交于内点吗？

提示　(1) 设直线与多边形的所有边相交. 考查位于直线同一侧的所有的顶点. 由这些顶点的每一个能够对应着由该点引出的一对边，此时，得到多边形的所有边按对的分类法，所以如果直线交 m 边形的所有的边，那么 m 是偶数.

(2) 从图 23.1 看出，对于任意的 n，有如构作的 $2n$ 边形那样，直线与它的所有边都相交.

图 23.1

23.2 在平面上给出有限个数线节的封闭折线.直线 l 同它有 1 985 个交点,证明:存在交这折线多于 1 985 个点的直线.

提示 直线 l 给出两个半平面,其中一个称为上半平面,另一个称为下半平面.设 n_1(相应的 n_2)是在直线 l 上的折线的顶点数,从这样的顶点可以引出两条位于上半平面或下半平面的线节,而 m 是直线 l 与折线的其余的交点数.由不在直线 l 的某个点出发又返回到这个点,完成了折线的回路.此时,由一个半平面变到另一个半平面,仅过 m 个交点的一个.因为返回到的这个点是回路的起点,所以 m 是偶数.根据条件 $n_1+n_2+m=1\ 985$,所以数 n_1+n_2 是奇数;特别是 $n_1\neq n_2$.为确定起见,设 $n_1>n_2$,则在上半平面引直线 l_1 平行于 l,并且与它的距离小于折线顶点到 l 的任何非零的距离(图 23.2).折线同直线 l_1 的交点数等于 $2n_1+m>n_1+n_2+m=1\ 985$,即 l_1 为所求的直线.

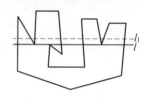

图 23.2

23.3 在平面上有三个冰球 A,B 和 C.打跑其中的一个冰球,使得它过另外两个冰球之间并且停留在某一点.问打击 25 次以后全部冰球能回到自己的位置吗?

提示 不能.每次打击后改变 $\triangle ABC$ 的定向(环道的方向).

23.4 能对方格纸上的 25 个方格进行染色,使得每个方格都有奇数个染色方格与其相邻吗?(有公共边的方格认为是相邻的方格)

提示 设在方格纸中有某些染色的方格,并且 n_k 是恰具有 k 个相邻染色方格的染色方格的个数.设 N 是染色方格公共边的数目.因为它们每一个恰属于两个染色方格,所以

$$N=\frac{n_1+2n_2+3n_3+4n_4}{2}=\frac{n_1+n_3}{2}+n_2+n_3+2n_4$$

因为 N 是整数,所以 n_1+n_3 是偶数.

23.5* 用点将圆分成 $3k$ 条弧:其中长为 $1,2$ 和 3 的弧各有 k 条,证明:存在两个对径的点(译注:一条直径的两个端点)是分点.

第23章 整除性、不变性、染色
DIERSHISANZHANG ZHENGCHUXING、BUBIANXING、RANSE

提示 假设圆按指出的方式分成弧,并且对径点不是分点,则任意长为1的弧的端点对的不是分点,所以它对的是长为3的弧.选取一个长为1的弧和它对的长为3的弧.此时圆被分成两段"大弧".如果其中的一段"大弧"上有 m 个长为1的弧和 n 个长为3的弧,那么在另一段"大弧"上有 m 个长为3的弧和 n 个长为1的弧.位于这两段"大弧"上的长为1和3的弧的总的数量等于 $2(k-1)$,所以 $n+m=k-1$.因为除长为1和3的弧外只有偶数长度的弧,所以考查的两个大弧中每一个的长的奇偶性与数 $k-1$ 的奇偶性一致.另一方面,它们每一个的长等于 $\frac{6k-1-3}{2}=3k-2$.因为数 $k-1$ 与 $3k-2$ 具有不同的奇偶性,得出矛盾.

23.6* 在平面上给出不自交的封闭折线,它的任意三个顶点都不在一条直线上.如果折线上一对不相邻的线节中的一个的延长线与另一个相交,则这对线节叫做奇异对,证明:奇异对的个数是偶数.

提示 取相邻的线节 AB 和 BC,$\angle ABC$ 关于点 B 对称的角(在图23.3中斜线的小角)称为"小角块",可以对折线的所有顶点考查这样的"小角块".显然,奇异对的数目等于"小角块"的线节交点的数目.剩下要指出,与一个"小角块"相交的折线线节的数目是偶数,因为按由点 A 到点 C 的路线折线进"小角块"多少次也由它走出多少次.

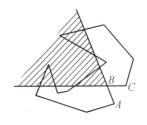

图23.3

23.7* 三角形的顶点用数码0,1和2标记.这个三角形分割为某些三角形,使得任一个分割出的三角形的顶点都不在另一个的边上.原来三角形的顶点保留原有的标记,而添加的顶点得到标记0,1,2,但是在原来三角形边上的顶点应当标记这个边原顶点的标记之一(图23.4).证明:在分割出的三角形中,存在标记数码0,1,2的三角形.(施佩纳引理)

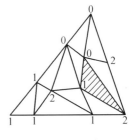

图23.4

提示 考查边01被分得的线段.设 a 是形式为00的线段数,b 是形式为01的线段数.对于每条线段研究在它的端点的0的个数,并且将所有这些数目加起来,结果得到 $2a+b$.另一方面,所有"内部的"(原三角形除顶点外)的0在这个和中被加了两次,而还有一个0在原三角形的顶点上,

所以数 $2a+b$ 是奇数,即 b 是奇数.

现在转到对三角形的剖分.设 a_1 是形式为 001 和 011 的三角形的总数,而 b_1 是形式为 012 的三角形的总数.对于每个三角形研究它的形式为 01 的边的个数,并且把所有这些个数加起来,结果得到 $2a_1+b_1$.另一方面,所有"内部的"的边在这个和中包含了两次,而位于原三角形"周界"上所有 01 的边,根据上面的讨论它是奇数个,所以 $2a_1+b_1$ 是奇数,特别地,$b_1 \neq 0$.

23.8* 正 $2n$ 边形 $A_1 \cdots A_{2n}$ 的顶点分为 n 对,证明:如果 $n=4m+2$ 或 $n=4m+3$,那么有两对顶点是不同线段的端点.

提示 假设给出不同长度线段的所有顶点对.使线段 A_pA_q 与数 $|p-q|$ 和 $2n-|p-q|$ 的最小者相对应.结果对于给出的 n 对顶点得到数 $1,2,\cdots,n$.设这些数中有 k 个偶数和 $(n-k)$ 个奇数.线段 A_pA_q 对应着奇数,其中数 p 和 q 的奇偶性不同,所以剩余的顶点中有 k 个顶点带有偶数号码且 k 个顶点带有奇数号码,同时带有相同奇偶性的顶点联结成线段.因此 k 是偶数.对于形如 $4m,4m+1,4m+2$ 和 $4m+3$ 的数 n,量 k 是分别等于 $2m,2m,2m+1$ 和 $2m+1$ 的偶数,所以 $n=4m$ 或 $n=4m+1$.

§2 整除性

23.9* 在图 23.5 中画出的六边形,被分割成黑色和白色的三角形,使得任意两个三角形或者有公共边(这时它们涂有不同的颜色),或者有公共顶点,或者没有公共点,而六边形的每条边都是某个黑三角形的边,证明:十边形不能有这样的分割法.

图 23.5

提示 假设已经剖分十边形为所需要的形式.设 n 是黑三角形的边数,m 是白三角形的边数.因为黑三角形的每条边(除去多边形的边)也是白三角形的边,所以 $n-m=10$,另一方面,数 n 和 m 被 3 整除,得出矛盾.

23.10* 一片正方形的方格纸(方格的边长等于 1),用沿着方格边的线段将其分为小的正方形,证明:这些线段长的和被 4 整除.

第23章 整除性、不变性、染色
DIERSHISANZHANG ZHENGCHUXING、BUBIANXING、RANSE

提示 设 Q 是正方形纸片，$L(Q)$ 是位于它内部的方格的边长的和. 则 $L(Q)$ 被 4 整除，因为所有考查的边分成四组，它们彼此间是关于正方形中心旋转 $\pm 90°$ 和 $180°$ 得到的.

如果正方形 Q 分割为正方形 $Q_1,\cdots,Q_n$，那么用来分割的线段的和等于 $L(Q) - L(Q_1) - \cdots - L(Q_n)$. 显然，这个数被 4 整除，因为数 $L(Q), L(Q_1),\cdots,L(Q_n)$ 被 4 整除.

§3 不变量

23.11 给出一个 8×8（黑白格数目相间）的棋盘. 准许同时改变任意横行或竖列的所有方格为另一种颜色的操作. 此时，能得到恰有一个黑格的棋盘吗？

提示 当包含 k 个黑格和 $(8-k)$ 个白格的横行或竖列改变染色时，得到 $(8-k)$ 个黑格和 k 个白格，所以黑格的个数改变了 $(8-k) - k = 8 - 2k$，即改变了偶数个. 因为黑格个数的奇偶性保持不变，由原来的 32 个黑格不能得到一个黑格.

23.12 给出一个 8×8（黑白格数目相间）的棋盘，准许进行改变大小为 2×2 的正方形内的全部方格为另一种颜色的操作. 此时，能得到恰有一个黑格的棋盘吗？

提示 当包含 k 个黑格和 $(4-k)$ 个白格的 2×2 的正方形改变染色时，得到 $(4-k)$ 个黑格和 k 个白格，所以黑格的个数改变了 $(4-k) - k = 4 - 2k$，即改变了偶数个. 因为黑格个数的奇偶性保持不变，由原来的 32 个黑格不能得到一个黑格.

23.13* 已知凸 $2m$ 边形 $A_1\cdots A_{2m}$. 在它的内部取不在任一条对角线上的点 P，证明：点 P 属于以 $A_1,\cdots,A_{2m}$ 中的点为顶点的偶数个三角形.

提示 用对角线分割多边形为某些个部分. 把具有公共边的部分叫做相邻部分. 显然，由多边形内部的任意点通过每次只走进相邻的部分，就能够走进任意其他的部分. 位于多边形外面的平面部分也能认为是这些部分之一. 对于这部分里的点考查的三角形的个数等于零，所以只需证明，当转移到相邻部分时三角形个数的奇偶性保持不变.

设两个相邻部分的公共边位于对角线(或边)PQ上,则这些部分的两个要么同时属于,要么同时不属于除去以PQ为边的三角形以外的考查的全部三角形,所以当从一个部分转移到另一个部分时三角形的个数改变为$k_1 - k_2$,其中,k_1是位于PQ一侧的多边形的顶点数,k_2是位于PQ另一侧的多边形的顶点数. 因为$k_1 + k_2 = 2m - 2$,所以数$k_1 - k_2$是偶数.

23.14* 在棋盘的每个方格的中心放有筹码. 重新排布筹码,使得它们每对之间的距离不减小,证明:实际上每对之间的距离没有改变.

提示 如果筹码之间的距离至少有一个减少了,那么全部的筹码之间两两距离之和也减少,但是全部的筹码之间两两距离之和当任何重新排布时不会改变.

23.15* 将多边形分割为某些个多边形. 设 p 是得到的多边形的个数, q 是作为多边形边的线段的条数, r 是它的顶点的个数,证明: $p - q + r = 1$. (欧拉公式)

提示 设 n 是原来多边形顶点的个数, $n_1, \cdots, n_p$ 是所得到的多边形顶点的个数(列入已知多边形的顶点和位于它边上的另外多边形的顶点). 表示数 r 为 $r = n + r_1 + r_2$,其中 r_1 和 r_2 是位于原来多边形的边上和它的内部的所得多边形顶点的个数. 一方面,全部得到的多边形的内角和等于 $\sum_{i=1}^{p}(n_i - 2)\pi = \sum_{i=1}^{p} n_i \pi - 2p\pi$. 另一方面,它等于 $(n - 2)\pi + r_1\pi + 2r_2\pi$. 剩下注意 $\sum_{i=1}^{p} n_i = 2(q - n - r_1) + n + r_1$.

23.16* 凸多边形分为 p 个三角形,使得它们的边上没有另外三角形的顶点. 设 n 和 m 是位于原多边形的周界和它的内部的这些三角形的数量,证明:

(1) $p = n + 2m - 2$.

(2) 得到的三角形边的线段的数量等于 $2n + 3m - 2$.

提示 (1) 一方面,得到的三角形的所有角的和等于 $p\pi$. 另一方面,它等于 $(n - 2)\pi + 2m\pi$,所以 $p = n + 2m - 2$.

(2) 利用问题 23.15 的结果. 在考查的情况下 $p = n + 2m - 2, r = n + m$;需要计算 q. 根据欧拉公式 $q = p + r - 1 = 2n + 3m - 3$.

第23章 整除性、不变性、染色
DIERSHISANZHANG ZHENGCHUXING、BUBIANXING、RANSE

23.17* 正方形分割为100个一样的小正方形以后,其中有9个小正方形里长了莠草.已知每过一年以后,莠草都向与它所在小正方形相邻(即具有公共边的未长莠草的小正方形传播,如果这个未长莠草的小正方形有不少于两个相邻小正方形已经长有莠草的话.证明:无论多久以后都不能完全长满莠草.

提示 容易检验,所有长满莠草的地区(或某些地区)边界的长不增加.在开始的时刻周界长不超过 $9 \times 4 = 36$,所以最后的时刻周界长不能等于40.

23.18* 证明:存在等积的多边形,它们不能分割为互相之间通过平行移动变来的多边形(可能是非凸的).

提示 在平面上固定某条射线 AB.使任意多边形 M 用下面的方式与数 $F(M)$(依赖于 AB)相对应.考查 M 中所有垂直于AB 的边,使它们中的每一条与数 $\pm l$ 相对应,其中 l 是这条边的长,并且如果由这条边沿着射线 AB 的方向行走,进入 M 的内部,则取"+",如果进入外部则取"−"(图 23.6).所有得到的数的和表示为 $F(M)$,如果 M 中没有垂直于AB 的边,那么 $F(M) = 0$.

容易看出,如果多边形 M 分为多边形 M_1 和 M_2,那么 $F(M) = F(M_1) + F(M_2)$,如果 M' 由M平行移动得到,那么 $F(M') = F(M)$,所以,如果 M_1 和 M_2 能分割成通过平行移动彼此互相得到的部分,那么 $F(M_1) = F(M_2)$.

在图23.7中画出了相等的正 $\triangle PQR$ 和 $\triangle PQS$ 以及垂直于边PQ 的射线AB.容易检验,$F(PQR) = a$ 和 $F(PQS) = -a$,其中,a 是这两个正三角形的边长,所以相等的正 $\triangle PQR$ 和正 $\triangle PQS$ 不能分割为彼此可通过平行移动而变来的部分.

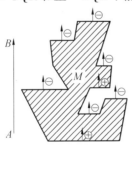

图 23.6

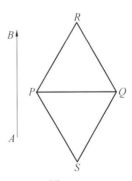

图 23.7

23.19* 证明:凸多边形不能分割为有限个数的非凸四边形.

提示 假设凸多边形 M 能分割为非凸的四边形 $M_1,\cdots,M_n$. 每个多边形 N 与数 $f(N)$ 相对应,它等于多边形小于 $180°$ 的内角和与它的大于 $180°$ 的角关于 $360°$ 的补角的和之间的差. 比较数 $A = f(M)$ 和 $B = f(M_1) + \cdots + f(M_n)$. 为此考查四边形 $M_1,\cdots,M_n$ 的所有顶点. 它们可以分为四种类型:

(1) 多边形 M 的顶点,这些点在 A 和 B 中给予同样的值.

(2) 在多边形 M 或四边形 M_i 边上的点. 每个这样的点给予 B 的值比给予 A 的值大 $180°$.

(3) 多边形 M 内部的点,在这点引出四边形的小于 $180°$ 的角,每个这样的点给予 B 的值比给予 A 的值大 $360°$.

(4) 多边形 M 内部的点,在这点引出四边形的角,并且有一个大于 $180°$,这样的点给予 A 和 B 的值为零.

总计得到 $A \leqslant B$. 另一方面, $A > 0$, 而 $B = 0$. 不等式 $A > 0$ 是显然的, 而对于等式 $B = 0$ 的证明, 只需检验, 如果 N 是非凸四边形, 那么 $f(N) = 0$ 就足够了, 设 N 的角 $\alpha \geqslant \beta \geqslant \gamma \geqslant \delta$. 任意的非凸四边形恰有一个角大于 $180°$, 所以

$$f(N) = \beta + \gamma + \delta - (360° - \alpha) = \alpha + \beta + \gamma + \delta - 360° = 0°$$

导致了矛盾, 所以凸多边形不能分割成有限个数的非凸四边形.

23.20* 给出点 $A_1,\cdots,A_n$. 考查包含它们某些点的半径为 R 的圆. 然后作中心在位于第一个圆内部的点的质量中心, 半径为 R 的圆. 以此类推, 证明: 这个过程会停止, 即与开始的圆重合.

提示 设 S_n 是在第 n 步作的圆, O_n 是它的圆心. 考查量 $F_n = \sum(R^2 - O_nA_i^2)$, 这里只对出现在圆 S_n 内部的点进行求和. 用带有下标的字母 B 表示位于圆 S_n 与 S_{n+1} 内部的点; 位于圆 S_n 内部, 但在圆 S_{n+1} 外部的点用字母 C 表示; 而位于圆 S_{n+1} 内部, 但在圆 S_n 外部的点用字母 D 表示, 则

$$F_n = \sum(R^2 - O_nB_i^2) + \sum(R^2 - O_nC_i^2)$$

$$F_{n+1} = \sum(R^2 - O_{n+1}B_i^2) + \sum(R^2 - O_{n+1}D_i^2)$$

因为点 O_{n+1} 是点组 B 和 C 的质量中心, 所以

$$\sum O_nB_i^2 + \sum O_nC_i^2 = qO_nO_{n+1}^2 + \sum O_{n+1}B_i^2 + \sum O_{n+1}C_i^2$$

其中 q 是点 B 和 C 的总数, 因此

$$F_{n+1} - F_n = qO_nO_{n+1}^2 + \sum(R^2 - O_{n+1}D_i^2) - \sum(R^2 - O_{n+1}C_i^2)$$

第 23 章 整除性、不变性、染色
DIERSHISANZHANG ZHENGCHUXING、BUBIANXING、RANSE

所有三个加项都是非负的,所以 $F_{n+1} \geqslant F_n$. 特别地, $F_n \geqslant F_1 > 0$, 也就是 $q > 0$.

不同组成的已知点的质量中心是有限数,所以圆 S_i 的不同位置是有限数. 因此,对于某个 n 有 $F_{n+1} = F_n$, 而这意味着, $q O_n O_{n+1}^2 = 0$, 即 $O_n = O_{n+1}$.

§4 在棋盘次序中辅助染色

23.21 在 5×5 棋盘上的每个方格上栖息着甲虫. 在某一时刻所有的甲虫向相邻(沿水平或竖直)的方格爬行,这时一定会出现空格吗?

提示 因为 5×5 方格棋盘的方格总数是奇数,所以黑与白的方格不能是成对的. 为确定起见,设黑格多,则在白格栖息的甲虫比黑格栖息的甲虫少. 因为爬到黑格的只是在白格栖息的甲虫,所以至少有一个黑格会是空的.

23.22 (1) 从面积为 8×8 的棋盘上去掉两个对角的方格,能用面积为 1×2 的骨牌铺满吗?

(2)* 证明:如果从面积为 8×8 的棋盘上去掉任意两个不同颜色的方格,那么棋盘剩下的部分永远能用面积为 1×2 的骨牌铺满.

提示 (1) 剪掉的两个对角方格是同色的格,为确定起见,设为黑色格,所以剩下的是 32 个白格与 30 个黑格. 因为一个骨牌总是覆盖一个白格与一个黑格,所以从 8×8 的棋盘去掉两个对角的方格后的缺角棋盘不能用骨牌铺满.

(2) 图 23.8 指出,棋盘的方格能循环次序绕行,使得从一个方格开始沿回路返回到同一位置. 此时得到的回路走廊能用多米诺骨牌铺满,任意放置第一个骨牌有两种方法(在转折处有两种方法放置骨牌).

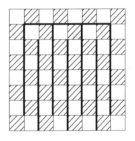

图 23.8

在指出的回路中方格的颜色互相交替,所以,如果去掉两个不同颜色的方格,那么循环被分离为由偶数个方格组成的两个节段(如果去掉两个相邻的方格,那么能够得到一个节段),这两个节段的每一个,都能以显然的方式用 1×2 的骨牌铺满.

23.23 证明:大小为 10×10 的方格板不能全部剪成由四个方格组成的

T 字形的图形.

提示 假设 10×10 的方格板分割成这样的图形. 每个图形中包含要么 1 个, 要么 3 个黑格, 即总是奇数个黑格. 这样的图形应该有 $\frac{100}{4} = 25$ 个, 所以它们包含着奇数个黑格, 而所有的黑格为 $\frac{100}{2} = 50$ 个, 得出矛盾.

23.24* 玩具铁路的路轨的部件是半径为 R 的圆周的 $\frac{1}{4}$, 证明: 顺次联结这些部件的端点, 使得它们平稳的彼此通行, 不能组成首尾重合的道路, 也就是第一与最后的小节出现如图 23.9 所示的死岔路.

提示 将平面分成以 $2R$ 为边长的同样的正方形, 并且如棋盘的次序将它们染色. 在每一个正方形里画内切圆, 则路轨的部件可以认为位于在这些圆上, 并且从起点到终点行走的火车在白色的方格里沿顺时针方向行进. 而在黑色方格里相反 (或者相对, 参见图 23.10), 所以绝路是不可能出现的, 这是因为沿着绝路的路段绕行的运动是一个方向的.

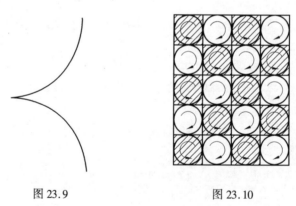

图 23.9　　　　　图 23.10

23.25* 在正方形的三个顶点有做跳背游戏的三个蚂蚱. 在此时如果蚂蚱 A 跳过蚂蚱 B, 那么, 跳后的位置与跳前蚂蚱 B 的距离相同, 且自然在同一直线的另一边. 其中一个蚂蚱跳跃若干次以后, 能落在正方形的第四个顶点吗?

提示 考查在图 23.11 表示的筛子, 并将它染上两种颜色, 正如在这个图中指出的那样 (白色节点在这个图中没染色, 原来的正方形用斜线表示, 并且蚂蚱栖息在它的白色的顶点上). 我们证明, 蚂蚱仅能落在白色的节点上, 即关于白色节点作对称时, 白色节点变到白色节点. 为此只需证明, 当关于白色节点对称时

第 23 章 整除性、不变性、染色
DIERSHISANZHANG ZHENGCHUXING、BUBIANXING、RANSE

黑色节点变到黑色节点就足够了. 设 A 是黑色节点，B 是白色节点，而 A_1 是点 A 关于点 B 对称的像. 点 A_1 是黑色节点，当且仅当 $\overrightarrow{AA_1} = 2me_1 + 2ne_2$，其中 m 和 n 是整数. 显然，$\overrightarrow{AA_1} = 2\overrightarrow{AB} = 2(me_1 + ne_2)$，所以 A_1 是黑色节点. 这样一来，蚂蚱不能落在正方形的第四个顶点上.

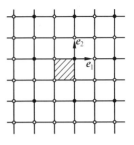

图 23.11

23.26* 给出大小为 100×100 的正方形方格纸片. 引进沿着方格而又与方格无公共点的某些不自交的折线. 这些折线严格地在正方形的内部，而走出的端点必定在边界上，证明：除了正方形的顶点外，还有不属于任何一条折线的节点.

提示 对方格纸的节点按棋盘的次序染色（图 23.12）. 因为任何单位线段的两个端点颜色不同，所以同色端点的折线包含奇数个节点，而不同色端点的折线包含偶数个节点. 假设周界上的全部节点（正方形顶点除外）引进折线. 我们证明，此时所有的折线一起包含偶数个节点. 为此只需证明带有同色端点的折线条数是偶数就足够了. 设在正方形的周界上放置有 $4m$ 个白节点和 $4n$ 个黑节点（不涉及正方形顶点）. 两个端点为白色的折线条数用 k 来表示，则有 $(4m - 2k)$ 条折线

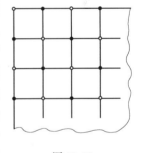

图 23.12

具有不同颜色的端点，和 $\dfrac{4n - (4m - 2k)}{2} = 2(n - m) + k$ 条折线具有两个黑色的端点，所以具有同色端点的折线有 $k + 2(n - m) + k = 2(n - m + k)$ 条，是偶数. 剩下注意，大小为 100×100 个方格的正方形纸片包含奇数个节点，所以包含总和为偶数个节点的各条折线不能过所有的节点.

§5 其他的辅助染色

23.27 将正三角形分割为 n^2 个同样的小正三角形（图 23.13）. 把这些小正三角形中的一部分编上 $1, 2, \cdots, m$ 的号码，并且号码相邻的三角形具有相邻的边，证明：$m \leqslant n^2 - n + 1$.

提示 三角形按图 23.14 所示染色,则黑色的三角形有 $1+2+\cdots+n = \frac{n(n+1)}{2}$ 个,而白色三角形有 $1+2+\cdots+(n-1) = \frac{n(n-1)}{2}$ 个. 按题意对小三角形编号 $1,2,\cdots,m$,显然,编号相邻的两个三角形不同色,所以在编号的三角形中黑色三角形只能比白色三角形多一个,因此标号三角形的总数不超过 $n(n-1)+1$.

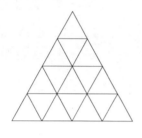

图 23.13

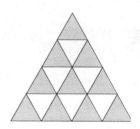

图 23.14

23.28 已知矩形盒子的底面摆满大小为 2×2 和 1×4 的方块. 由盒子中倒出这些方块并且丢掉了一个 2×2 的方块. 用 1×4 的方块来代替,证明:现在不能用方块摆满已知盒子的底面.

提示 盒子的底面按图 23.15 所示涂上两种颜色,则每个 2×2 的方块恰覆盖一个黑色方格,而 1×4 方块覆盖 2 或 0 个黑色方格,所以盒子的底面黑格数的奇偶性与 2×2 的方块数的奇偶性保持一致. 因为,用 1×4 的方块代替 2×2 的方块时,改变了 2×2 的方块个数的奇偶性,所以现在不能用这些方块铺满盒子底面.

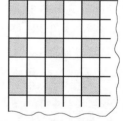

图 23.15

23.29 由大小为 29×29 个方格的方格纸片剪掉 99 个大小为 2×2 个方格的正方形,证明:由它还能剪掉一个这样的正方形.

提示 在已知正方形方格纸上用阴影画出 2×2 的正方形,如图 23.16 所示. 此时得到 100 个阴影画出的正方形. 每个剪掉的 2×2 的正方形恰触及一个阴影画出的正方形,所以至少完整地剩下了一个阴影画出的正方形,还能剪掉它.

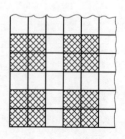

图 23.16

第 23 章 整除性、不变性、染色
DIERSHISANZHANG ZHENGCHUXING、BUBIANXING、RANSE

23.30 凸 n 边形用不相交的对角线分割成三角形,并且在多边形的每个顶点都聚敛着奇数个三角形,证明:n 被 3 整除.

提示 如果多边形用某些对角线分割为部分,那么这些部分能够染两种颜色,使得具有公共边的部分染不同的颜色.这可用下面的方式作出,有顺序地引对角线,每条对角线分多边形为两部分.在其中的一部分保持原来的颜色,而另一部分改变颜色,将白色处处变为黑色,而黑色处处变为白色.对所有需要的对角线完成这个操作,得到所要求的染色.因为在我们的情况下每个顶点积聚着奇数个三角形,所以在这种染色下多边形所有边属于同色的,例如,同是黑色的三角形(图 23.17).用 m 表示白色三角形的边数.显然,m 被 3 整除.因为白三角形的每条边也是黑三角形的边,而多边形的所有边是黑三角形的边,那么黑三角形的边数等于 $n+m$,所以 $n+m$ 被 3 整除,又因为 m 被 3 整除,则 n 被 3 整除.

图 23.17

* * *

23.31 能用大小为 1×4 的方块铺成大小为 10×10 的棋盘吗?

提示 在棋盘格上按图 23.18 所示染四种颜色.容易数出第二种颜色的方格有 26 个,而第四种颜色的方格有 24 个.每个 1×4 的方块覆盖每种颜色的方格各一个,所以用 1×4 的方块不能覆盖住 10×10 的棋盘,因为,不然的话,每种颜色的方格数是均等的.

23.32 在方格纸上给出任意的 n 个方格,证明:从中能够选出不小于 $\frac{n}{4}$ 个不具有公共点的方格.

提示 方格纸按图 23.19 所示染为四种颜色.在给出的 n 个方格中存在不小于 $\frac{n}{4}$ 的同色的方格,而同色的方格没有公共点.

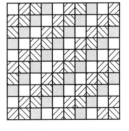

□ 第一种颜色
▨ 第二种颜色
◩ 第三种颜色
▦ 第四种颜色

图 23.18

23.33* 证明:如果凸 n 边形的顶点在方格纸的格点上,而它的内部和边上没有其他的格点,那么 $n \leq 4$.

提示 将方格纸的格点按这样的次序染四种颜色,正如图 23.19 所示的那样.如果 $n \geq 5$,那么 n 边形存在两个同色的顶点.以同色格点为端点的线段的中点是格点.因为 n 边形是凸的,那么以它的顶点为端点的线段的中点,要么在多边形的内部,要么在多边形的边上.

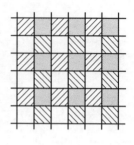

图 23.19

23.34* 用 16 块大小为 1×3 和 1 块大小为 1×1 的方块拼成一个边长为 7 的正方形,证明:1×1 的方块位于在正方形的中心或者毗连正方形的边界.

提示 分割得到的正方形为大小 1×1 的方格,并且染它们为三种颜色,如图 23.20 所示.容易检验,1×3 的方块可以划分为两种类型:第 1 种类型的方块覆盖一个第一种颜色的方格与两个第二种颜色的方格,而第 2 种类型的方块覆盖一个第二种颜色的方格与两个第三种颜色的方格.假设全部第一种颜色的方格用 1×3 的方块覆盖了,则共用 9 个第一种类型的方块,而第二种类型的方块用 7 个.因此,它们覆盖 $9 \times 2 + 7 = 25$ 个第二种颜色的方格以及 $7 \times 2 = 14$ 个第三种颜色的方格.得出矛盾,所以有一个第一种颜色的方格要用 1×1 的方块覆盖.

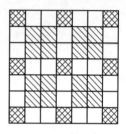

第一种颜色

第二种颜色

第三种颜色

图 23.20

注 根据染色方法知,用 1×1 的方块覆盖的第一种颜色的方格在正方形的中心或边界上.

23.35* 绘画陈列馆是个非凸 n 边形,证明:要监视到陈列馆内的各个角落,只需安排 $\left[\dfrac{n}{3}\right]$ 个守卫就足够了.

提示 用不相交的对角线分割给出的 n 边形为三角形(参见问题 22.43).n 边形的顶点可以染三种颜色,使得每个得到的三角形的所有顶点有不同的颜色(问题 23.41).任何一种颜色的顶点将不多余 $\left[\dfrac{n}{3}\right]$;在这些顶点安放守卫就足够了.

第 23 章 整除性、不变性、染色
DIERSHISANZHANG ZHENGCHUXING、BUBIANXING、RANSE

§6 关于染色的问题

23.36 将平面染两种颜色,证明:存在两个同色的点,它们之间的距离等于 1.

提示 研究边长为 1 的正三角形.它的三个顶点不能全是不同的颜色,所以有两个顶点具有同一种颜色,它们之间的距离等于 1.

23.37* 将平面染三种颜色,证明:存在两个同色的点,它们之间的距离等于 1.

提示 假设任意两个距离为 1 的点都染有不同的颜色,考查边长为 1 的正 $\triangle ABC$,它的所有顶点都不同色.设点 A_1 是 A 关于直线 BC 的对称点.因为 $A_1B = A_1C = 1$,所以点 A_1 的颜色与点 B 和 C 的颜色不同,即它与点 A 染的是相同的颜色.这个结论指出,如果 $AA_1 = \sqrt{3}$,那么点 A 和 A_1 同色,所以以 A 为圆心 $\sqrt{3}$ 为半径的圆上的所有点都同色.显然,在这个圆上存在距离为 1 的两个点同色,得到矛盾.

23.38* 将平面染七种颜色.必定能找到两个同色的点,使它们之间的距离等于 1 吗?

提示 举出平面染有七种颜色而任何两个同色点之间的距离不等于 1 的例子.将平面分成为边长为 a 的相等的正六边形并且对它们染色,如图 23.21 所示(对属于两个或三个六边形的点可以染这些六边形中的任何一种颜色).位于在一个六边形中的同色点之间的最大距离不超过 $2a$,而位于不同的六边形中同色点之间的最小距离不小于线段 AB 的长(参见 23.21).显然,$AB^2 = AC^2 + BC^2 = 4a^2 + 3a^2 = 7a^2 > (2a)^2$.所以,如果 $2a < 1 < \sqrt{7}a$,也就是,$\dfrac{1}{\sqrt{7}} < a < \dfrac{1}{2}$,那么同色点之间的距离不能等于 1.

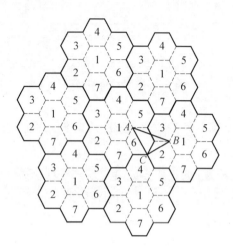

图 23.21

23.39* 将正三角形各边的点染两种颜色,证明:存在三个顶点同色的直角三角形.

提示 假设没有直角三角形的三个顶点同色.用两个点分正三角形的每个边为三个相等的部分.这些点形成正六边形.如果它的两个相对的顶点染第一种颜色,那么所有剩下的顶点将是第二种颜色.而这意味着,存在三个顶点同为第二种颜色的直角三角形.因此,六边形相对的顶点不同色,所以存在两个相邻的不同色的顶点.它们相对的顶点也是不同色的.由这些不同色的顶点对有一对顶点位于三角形的边上.这个边上不同于六边形顶点的点,不能是第一种颜色,也不能是第二种颜色,得出矛盾.

*　　　*　　　*

23.40* 把多边形分割成具有下列性质的三角形叫做多边形的三角剖分.这些三角形或具有公共边,或具有公共顶点,或不具有公共点(即一个三角形的顶点不能在其他三角形的边上),证明:三角剖分成的三角形能够染三种颜色,使得具有公共边的三角形染有不同的颜色.

提示 按照三角剖分成的三角形的个数归纳证明这个结论.对于一个三角形存在需要的染色.现在假设,对于由少于 n 个三角形构成的任意三角剖分结论成立.我们证明,对于由 n 个三角形构成的任意三角剖分结论也成立.选取一个三角形,它的一条边位于在图形的三角剖分的边上.剩下的部分可以按归纳假设染色(当然,它能由某些小块组成,但这混搅在一起).选择的三角形只有两条边

第23章 整除性、不变性、染色
DIERSHISANZHANG ZHENGCHUXING、BUBIANXING、RANSE

能够接境剩余的三角形,所以它能染成与它相邻的两个三角形的颜色不同的颜色.

23.41* 多边形用不相交的对角线分割成三角形,证明:多边形的顶点能够染三种颜色,使得到的每个三角形的所有顶点都同色.

提示 证明类似于问题 23.40 的提示.主要的区别在于,选取需要的三角形时,摆脱了两个边在多边形的周界上(参见问题 22.46).

23.42* 任两个都不彼此重叠的同一半径的某些圆放在桌子上,证明:可将这些圆染四种颜色,使得任意两个相切的圆染不同的颜色.

(参见同样的问题 24.11.)

提示 按照圆的个数 n 进行归纳证明.当 $n = 1$ 时结论显然.设 M 是任一点,O 是与它距离最远的圆的中心,则同圆心为 O 的圆相切的不多于三个另外的给出的圆,去掉这个圆并根据归纳假设对剩下的圆染色,这个圆能染与它相切的圆不同的颜色.

第24章 整数格点

基础知识

考查平面上由方程 $x = m$ 和 $y = n$ 所给出的直线系,这里 m 和 n 是整数.这些直线形成正方形点阵或整数点阵.这些正方形的顶点,也就是带有整数坐标的点,称为整数点阵的格点.

§1 以格点为顶点的多边形

24.1* 存在以格点为顶点的正三角形吗?

提示 假设正三角形的三个顶点都是格点,则边 AB 和 AC 同格线形成的所有角的正切是有理数.对任意位置的 $\triangle ABC$,某两个这样的角 α 和 β 的和或差等于 $60°$,因此 $\sqrt{3} = \tan 60° = \tan(\alpha \pm \beta) = \dfrac{\tan\alpha \pm \tan\beta}{1 \mp \tan\alpha\tan\beta}$ 是有理数,得出矛盾.

24.2* 证明:当 $n \neq 4$ 时,不能放置正 n 边形,使得它的顶点都是格点.

提示 对于 $n = 3$ 和 $n = 6$ 论断由题 24.1 得出,所以下面认为,$n \neq 3,4,6$.假设存在以格点为顶点的正 n 边形($n \neq 3,4,6$).在所有这样的 n 边形中能够选出边长最短的那个 n 边形(为了证明只需发现,如果 a 是以格点为端点的线段的长,那么 $a = \sqrt{n^2 + m^2}$,其中 n 和 m 是整数,所以以格点为端点的线段的长只能取到有限个小于给出长度的不同值).设 $\overrightarrow{A_iB_i} = \overrightarrow{A_{i+1}A_{i+2}}$,则 $B_1\cdots B_n$ 是顶点位于格点的正 n 边形,而它的边小于正 n 边形 $A_1\cdots A_n$ 的边长.对于 $n = 5$,如图 24.1 所示;对于 $n \geq 7$,如图 24.2 所示.与正 n 边形 $A_1\cdots A_n$ 的选取矛盾.

第 24 章 整数格点

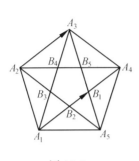

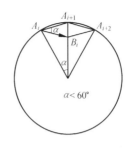

图 24.1

图 24.2

24.3* 能放置一个边长都是整数的直角三角形,使得它的顶点都是格点,而它的每一条边都不沿着格线吗?

提示 容易检验,以坐标为 $(0,0)$,$(12,16)$ 和 $(-12,9)$ 的点为顶点的三角形具有所需要的性质.

24.4* 存在由奇数个长度相等的线节组成的闭折线,它的所有顶点都是格点吗?

提示 假设存在由奇数个长度相等的线节组成的闭折线,它的所有顶点都是格点. 设 a_i 和 b_i 是向量 $\overrightarrow{A_iA_{i+1}}$ 在水平与竖直轴上射影的坐标. 用 c 表示每个折线线节的长,则 $c^2 = a_i^2 + b_i^2$,所以 c^2 被 4 除余数为 0,1 或 2. 如果 c^2 被 4 整除,那么 a_i 和 b_i 被 2 整除(这个用简单地轮换取 a_i 和 b_i 被 2 除给出的所有可能的余数来证明),所以在以 A_1 为中心系数为 0.5 的位似下折线变为线节长度较小的折线,折线的顶点如前所述仍是格点. 若干次这样的操作以后对折线变到 c^2 不被 4 整除,也就是被 4 除的余数为 1 或 2. 分析这些变式,预先注意, $a_1 + \cdots + a_m = b_1 + \cdots + b_m = 0$.

(1) 当 c^2 被 4 除余数为 2 的情形,则数 a_i 和 b_i 是两个奇数,所以数 $a_1 + \cdots + a_m$ 是奇数且不能等于零.

(2) 当 c^2 被 4 除余数为 1 的情形,则数 a_i 和 b_i 中一个是奇数,而另一个是偶数,所以数 $a_1 + \cdots + a_m + b_1 + \cdots + b_m$ 是奇数且不能等于零.

24.5* 在方格纸上选取处在方格顶点的三个点 A,B,C,证明: 如果 $\triangle ABC$ 是锐角三角形,那么它的内部或在边上至少还有一个格点.

提示 作以方格纸的格线为边的长方形,使得顶点 A,B,C 在这个长方形的边上.顶点 A,B,C 的任一个都不能在这个长方形的内部,因为否则在这个顶点的角可能出现钝角.在长方形边上的点 A,B,C 中至少有一个不在长方形的顶点上.因为不然的话,$\triangle ABC$ 将会是直角三角形.为确定起见,设顶点 A 在长方形的边上.选取点 A 为坐标原点,而这条长方形的边作为 Ox 轴引进坐标平面,取 Oy 轴的方向使得长方形在半平面 $y \geq 0$.顶点 B 和 C 中每一个都不在 Ox 轴上,因为不然的话,顶点 A 处的角将是个钝角.这样一来,如果点 B 和 C 具有坐标 (x_1,y_1) 和 (x_2,y_2),那么 $y_1,y_2 \geq 1$,而数 x_1 和 x_2 具有不同的符号,所以坐标为 $(0,1)$ 的点在 $\triangle ABC$ 的内部或者在它的边 BC 上.

24.6* 凸多边形的顶点安置在格点上,并且它的每一边都不沿着格线,证明:在多边形内部包含的格线的水平线段长的和等于竖直线段长的和.

(参见同样的问题 21.13, 23.33.)

提示 我们证明,这两个和中的每一个都等于多边形的面积.水平的格线分多边形为底为 a_1 和 a_n 的两个三角形和底为 a_1 和 a_2,a_2 和 a_3,$\cdots$,a_{n-1} 和 a_n 的 $(n-1)$ 个梯形.这些三角形和梯形的高都等于 1,所以它们面积的和等于

$$\frac{a_1}{2} + \frac{a_1+a_2}{2} + \frac{a_2+a_3}{2} + \cdots + \frac{a_{n-1}+a_n}{2} + \frac{a_n}{2} = a_1 + a_2 + \cdots + a_n$$

对于竖直格线的证明类似.

§2 皮卡公式

24.7* 多边形(不一定是凸的)顶点都在格点上.它的内部有 n 个格点,而在边界上有 m 个格点,证明:这个多边形的面积等于 $n + \frac{m}{2} - 1$.(皮卡公式)

提示 每个顶点在格点的多边形 M 与数 $f(M) = \sum_i \frac{\varphi_i}{2\pi}$ 建立对应,其中,对于属于 M 的所有格点进行求和,而角 φ_i 用如下方式确定:对于多边形内部的点,$\varphi_i = 2\pi$,对于边界上不是顶点的格点,$\varphi_i = \pi$;如果已知格点是顶点,φ_i 是这个顶点的角.容易检验,$f(M) = n + \frac{(m-2)\pi}{2\pi} = n + \frac{m}{2} - 1$.剩下检验,数 $f(M)$ 等于多边形 M 的面积.

设多边形 M 分为顶点在格点的多边形 M_1 和 M_2,则 $f(M) = f(M_1) +$

第24章 整数格点

$f(M_2)$. 因为对每个格点相加,所以如果皮卡公式对多边形 M,M_1 和 M_2 中两个是对的,那么它对于第三个也是对的.

如果 M 是沿着格线方向的边长为 p 和 q 的长方形,那么

$$f(M) = (p-1)(q-1) + \frac{2(p-1)}{2} + \frac{2(q-1)}{2} + \frac{4}{4} = pq$$

在这种情况皮卡公式是正确的.用对角线分割长方形 M 为三角形 M_1 和 M_2 并且利用 $f(M) = f(M_1) + f(M_2)$ 和 $f(M_1) = f(M_2)$,容易证明,皮卡公式对于直角边沿着格线的直角三角形是正确的,由长方形剪掉某些个这样的三角形,能得到任意的三角形(图 24.3).

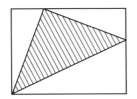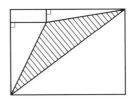

图 24.3

为了完成皮卡公式的证明剩下注意,任意多边形能用不相交的对角线分割为三角形(问题 22.43).

24.8* 由既约分数 $\frac{a}{b}$(其中 $0 < a < b \leqslant n$)组成的增序列叫做法雷序列.列 $\frac{a}{b}$ 和 $\frac{c}{d}$ 是法雷序列中的相邻项,证明:$|ad - bc| = 1$.

提示 将每个既约分数 $\frac{a}{b}$ 同坐标为 (a,b) 的点相比照.如果 $\frac{a}{b}$ 和 $\frac{c}{d}$ 是法雷序列的相邻项,那么顶点为 $(0,0),(a,b)$ 和 (c,d) 的三角形不包含不同于顶点的格点.实际上,如果格点 (p,q) 属于这个三角形,那么数 p 和 q 不超过 n 并且分数 $\frac{p}{q}$ 包含在 $\frac{a}{b}$ 和 $\frac{c}{d}$ 之间,所以根据皮卡公式,这个三角形的面积等于 $\frac{1}{2}$.另一方面,根据问题 12.78 它的面积等于 $\frac{1}{2}|ad - bc|$.

24.9* $\triangle ABC$ 的顶点都在格点上,并且在它的边上没有另外的格点,而它的内部恰有一个格点 O,证明:O 是 $\triangle ABC$ 中线的交点.

提示 根据皮卡公式 $S_{\triangle AOB} = S_{\triangle BOC} = S_{\triangle COA} = \frac{1}{2}$,而这意味着,$O$ 是

△ABC 中线的交点(参见问题 4.2).

24.10 证明:边长为 n 的正方形不能覆盖多于 $(n+1)^2$ 个格点.

提示 设 M 是边长为 n 的正方形覆盖格点的凸包,根据皮卡公式它的面积等于 $p+\frac{q}{2}-1$,其中 p 是 M 内的格点的个数,q 是在 M 的周界上格点的个数,所以 $p+\frac{q}{2}-1 \leqslant n^2$.

M 的周长不超过已知正方形的周长(问题 9.29(2)).此外,在 M 的周界上相邻的格点之间的距离不小于 1,所以 $q \leqslant 4n$.

将不等式 $p+\frac{q}{2}-1 \leqslant n^2$ 与 $\frac{q}{2} \leqslant 2n$ 相加,得到需要的不等式 $p+q \leqslant (n+1)^2$.

§3 杂 题

24.11* 在无穷大的方格纸上有 N 个方格被染成黑色.证明:由这张方格纸上能剪出有限个数的满足下列两个条件的正方形.

(1) 所有的黑色方格都在剪出的正方形内.

(2) 在任意剪出的正方形 K 中,黑色方格的面积不小于 $0.2K$ 的面积且不大于 $0.8K$ 的面积.

提示 取任意的充分大的边长为 2^n 的正方形,使得在它内部的所有黑色方格不小于它面积的 0.2.剪开这个正方形为四个同样的正方形.它们的每一个染色比 0.8 小.在它们中染色格大于 0.2 的留下,而剩余的情况继续同样的方法做下去.得到的 2×2 的正方形将染了 $\frac{1}{4}$,$\frac{1}{2}$,$\frac{3}{4}$ 或者全没染色.在纸片中选出那些得到的有染色方格的正方形.

24.12* 证明:对任意的 n 存在这样的圆,它的内部恰有 n 个格点.

提示 首先证明,在中心为 $A = \left(\sqrt{2}, \frac{1}{3}\right)$ 的圆上不能有多于一个的格点.如果 m 和 n 是整数,那么

$$(m-\sqrt{2})^2 + \left(n-\frac{1}{3}\right)^2 = q - 2m\sqrt{2}$$

第 24 章 整数格点
DIERSHISIZHANG ZHENGSHU GEDIAN

其中 q 是有理数,所以由等式

$$(m_1 - \sqrt{2})^2 + \left(n_1 - \frac{1}{3}\right)^2 = (m_2 - \sqrt{2})^2 + \left(n_2 - \frac{1}{3}\right)^2$$

得出 $m_1 = m_2$. 根据韦达定理,方程 $\left(n - \frac{1}{3}\right)^2 = d$ 的两个根之和等于 $\frac{2}{3}$,所以只有一个根能是整数.

现在安排圆心为 A 过格点的圆的半径,使其按递增排列:$R_1 < R_2 < R_3 < \cdots$,如果 $R_n < R < R_{n+1}$,那么圆心为 A 半径为 R 的圆内恰有 n 个格点.

24.13* 证明:对任意的 n 存在这样的圆,在它上面恰有 n 个格点.
(参见同样的问题 21.1,21.23,23.4.)

提示 首先证明,方程 $x^2 + y^2 = 5^k$ 恰具有 $4(k+1)$ 个整数解. 当 $k = 0$ 和 $k = 1$ 时这个论断显然. 我们证明,方程 $x^2 + y^2 = 5^k$ 恰具有 8 个这样的解 (x, y),使得 x 和 y 不被 5 整除;同 $4(k-1)$ 个形如 $(5a, 5b)$ 的解一起,其中 a 和 b 是方程 $a^2 + b^2 = 5^{k-2}$ 的解,它们给出了需要的解的数量. 彼此交换 x 和 y 并且改变符号得到的这些解,将称它们为非平凡解.

设 $x^2 + y^2$ 被 5 整除,则 $(x + 2y)(x - 2y) = x^2 + y^2 - 5y^2$ 也被 5 整除,所以数 $x + 2y$ 和 $x - 2y$ 之一被 5 整除. 同样容易检验,如果 $x + 2y$ 和 $x - 2y$ 被 5 整除,那么 x 和 y 被 5 整除.

如果 (x, y) 是方程 $x^2 + y^2 = 5^k$ 的非平凡解,那么 $(x + 2y, 2x - y)$ 和 $(x - 2y, 2x + y)$ 是方程 $\xi^2 + \eta^2 = 5^{k+1}$ 的解,并且它们中恰有一个非平凡解. 我们证明,精确到交换 x 和 y 与改变符号的情况下,非平凡解是唯一的. 设 (x, y) 是方程 $x^2 + y^2 = 5^k$ 的非平凡解,则无论数对 $\left(\pm \frac{2x - y}{5}, \pm \frac{x + 2y}{5}\right)$ 和 $\left(\pm \frac{x + 2y}{5}, \pm \frac{2x - y}{5}\right)$,还是数对 $\left(\pm \frac{2x + y}{5}, \pm \frac{x - 2y}{5}\right)$ 和 $\left(\pm \frac{x - 2y}{5}, \pm \frac{2x + y}{5}\right)$ 是方程 $\xi^2 + \eta^2 = 5^{k-1}$ 的解,但是这些形式中恰有一对是整数,因为数 $x + 2y$ 和 $x - 2y$ 恰有一个被 5 整除. 此时得到非平凡解,所以 $(x + 2y)(x - 2y) = x^2 + y^2 - 5y^2$ 当 $k \geqslant 2$ 时被 5 整除,但不被 25 整除. 这样一来,方程 $x^2 + y^2 = 5^k$ 的 8 个非平凡解的每一个给出方程 $\xi^2 + \eta^2 = 5^{k-1}$ 的 8 个非平凡解,并且解的一半需要利用第一形式的公式,而对于解的另一半需要利用第二形式的公式.

现在直接进行问题的解. 设 $n = 2k + 1$. 我们证明,在圆心为 $\left(\frac{1}{3}, 0\right)$,半径为

$\dfrac{5^k}{3}$ 的圆上恰有 n 个格点. 方程 $x^2 + y^2 = 5^{2k}$ 具有 $4(2k+1)$ 个整数解. 此外, 5^{2k} 被 3 除余 1, 所以数 x 和 y 之一被 3 整除, 而另一个被 3 除的余数为 ± 1. 因此, 数对 $(x,y), (x,-y), (y,x)$ 和 $(-y,x)$ 恰有一个的第一个数与第二个数被 3 除的余数分别是 -1 与 0, 所以方程 $(3z-1)^2 + (3t)^2 = 5^{2k}$ 恰具有 $(2k+1)$ 个整数解.

设 $n = 2k$. 我们证明, 以 $\left(\dfrac{1}{2}, 0\right)$ 为圆心, $\dfrac{5^{\frac{k-1}{2}}}{2}$ 为半径的圆上恰有 n 个格点. 方程 $x^2 + y^2 = 5^{k-1}$ 恰具有 $4k$ 个整数解, 并且数 x 和 y 之一是偶数, 而另一个是奇数, 所以方程 $(2z-1)^2 + (2t)^2 = 5^{k-1}$ 恰具有 $2k$ 个整数解.

§4 围绕闵可夫斯基定理

24.14* 坐标原点是面积大于 4 的凸图形的对称中心, 证明: 这个图形中包含至少一个不同于坐标原点的坐标为整数的点. (闵可夫斯基)

提示 考查由已知凸图形移动两个坐标为偶数的向量得到的所有凸图形. 我们证明, 这些图形中至少有两个相交. 原来的图形能够包含在圆心在坐标原点半径为 R 的圆中, 并且 R 可以选为整数. 由考查的图形中取中心的坐标是不超过 $2n$ 的非负数的这一种. 这些图形恰有 $(n+1)^2$ 个并且它们全部在边长为 $2(n+R)$ 的正方形内. 如果它们不相交, 那么对意的 n 成立不等式 $(n+1)^2 S < 4(n+R)^2$, 其中 S 是已知图形的面积. 但因为 $S > 4$, 所以可以选取 n, 使得成立不等式 $\dfrac{n+R}{n+1} < \sqrt{\dfrac{S}{4}}$.

任现在设中心为 O_1 和 O_2 的两个图形有公共点 A (图 24.4). 我们证明, 线段 O_1O_2 的中点 M 属于两个图形 (显然, 点 M 具有整数坐标). 设 $\overrightarrow{O_1B} = -\overrightarrow{O_2A}$. 因为已知图形中心对称, 点 B 属于中心为 O_1 的图形. 这个图形是凸的, 且点 A 和 B 属于它, 所以线段 AB 的中点也属于它. 显然, 线段 AB 的中点与线段 O_1O_2 的中点重合.

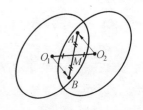

图 24.4

24.15* (1) 在所有的格点上, 除一个格点上站着一个猎人之外, 都生长

第24章 整数格点

着半径为 r 的树木,证明:猎人不能看到与他的距离大于 $\frac{1}{r}$ 处的兔子.

(2) 设 n 是自然数,在圆心为坐标原点半径为 $\sqrt{n^2+1}$ 的圆的严格的内部,除坐标原点外的所有格点处生长着半径为 r 的树木,证明:如果 $r < \frac{1}{\sqrt{n^2+1}}$,那么在指出的圆上有这样的点,由坐标原点能看到它.

提示 (1) 设猎人位于点 O,而兔子在点 A,A_1 是点 A 关于 O 的对称点.考查包含到线段 AA_1 的距离不超过 r 的所有点的图形 Φ(图24.5).只需证明,图形 Φ 至少包含一个格点(如果格点落在图中阴影部分,那么点 A 属于树干).

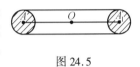

图24.5

Φ 的面积等于 $4rh + \pi r^2$,其中 h 是从猎人到兔子之间的距离,根据闵可夫斯基定理,Φ 包含格点.

(2) 考查顶点为 $(0,0)$,$(0,1)$,$(n,1)$ 和 $(n,0)$ 的长方形.我们证明,由坐标原点可以看到点 $(n,1)$.实际上由点 $(1,0)$ 和 $(n-1,1)$ 到过点 $(0,0)$ 和 $(n,1)$ 的直线的距离等于 $\frac{1}{\sqrt{n^2+1}}$,所以生长在这些点的树不与指出的直线相交.其余的树与指出的直线更不相交.

24.16* 面积为 S 且半周长为 p 的凸图形的内部没有格点,证明:$S \leqslant p$.

提示 首先证明,如果面积为 S,半周长为 p 的凸图形 Φ 的内部没有格点,那么存在面积为 $S' = S$,半周长 $p' \leqslant p$ 的凸图形 Φ',它的内部没有格点并且它关于直线 $x = \frac{1}{2}$ 和 $y = \frac{1}{2}$ 对称.然后对图形 Φ' 我们证明 $S' \leqslant p'$.

根据图形 Φ 作图形 Φ' 用下面的方法.首先取图形 Φ 关于直线 $x = \frac{1}{2}$ 的施泰纳对称化,然后对得到的图形考查关于直线 $y = \frac{1}{2}$ 的施泰纳对称化.当施泰纳对称化时重新得到凸图形(问题22.24),它的面积不改变,且周长不增加(问题22.25).假设中间的图形包含整数点 (m,n).这个图形关于直线 $x = \frac{1}{2}$ 对称,所以它包含点 $(-m+1,n)$.因此,直线 $y = n$ 交图形 Φ 的线段长不小于 $|2m-1| \geqslant 1$.则此时图形 Φ 应当包含格点.导致矛盾,对图形 Φ' 不包含格点类似可证.

现在证明,$S' \leqslant p'$.对此考查两种情况.

(1) 对于 $x > \frac{3}{2}$ 或者 $y > \frac{3}{2}$,图形 Φ' 不包含点 (x,y),则图形 Φ' 整个包含

在图24.6的阴影图形中,只需要说明,为什么在边长为2的正方形要剪掉角上的边长为$\frac{1}{2}$正方形.这联系着,如果对任意的角上正方形的点再考查它关于直线$x = \frac{1}{2}$和$y = \frac{1}{2}$以及关于点$\left(\frac{1}{2}, \frac{1}{2}\right)$的对称点,那么这四个点的凸包将包含着格点(例如,坐标原点).这样一来,$S' \leqslant 3$,所以根据等周不等式$\frac{S'}{p'} \leqslant \sqrt{\frac{S'}{\pi}} \leqslant \sqrt{\frac{3}{\pi}} < 1$.

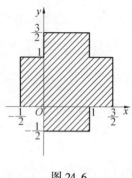

图24.6

(2) 对于$x > \frac{3}{2}$或者$y > \frac{3}{2}$,图形Φ'包含点(x, y).为确定起见,设图形Φ'的点最大的横坐标x等于$a > \frac{3}{2}$.考查图形Φ'具有最大纵坐标y的点(a, b).显然$b < 1$,因为不然的话,顶点为$(a, b), (-a+1, b), (-a+1, -b+1), (a, -b+1)$包含了格点.对于$x \geqslant \frac{1}{2}$和$y \geqslant \frac{1}{2}$时,由点$(x, y)$组成的图形$\Phi'$的部分属于在图24.7中阴影标出的梯形,所以这个部分的面积不超过$\frac{1}{2}\left(a - \frac{1}{2}\right)$.因此,$S' \leqslant 2\left(a - \frac{1}{2}\right)$.同样显然$p' \geqslant 2\left(a - \frac{1}{2}\right)$.

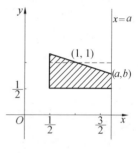

图24.7

24.17* 凸图形Φ的面积为S且半周长为p,证明:如果对于某个自然数n成立$S > np$,那么Φ包含有至少n个格点.

提示 根据问题24.16只需证明,如果$S > np$,那么Φ能够分割为n个凸图形,它们每一个的面积大于半周长.应用对n的归纳法;对$n = 1$时论断显然.假设它对于n证明成立,我们对$n + 1$证明它,设对于某个图形Φ有$S > (n+1)p$.用直线分割这个图形为两个图形Φ_1和Φ_2,它们的面积为$S_1 = \frac{1}{n+1}S$和$S_2 = \frac{n}{n+1}S$.设p_1和p_2是这两个图形的周长.显然,$p_1 < p$和$p_2 < p$,所以$S_1 > p > p_1$和$S_2 > np > np_2$.对图形Φ_2应用归纳假设,得到需要的结论.

24.18* 面积为S且半周长为p的凸图形的内部有n个格点,证明:$n > S - p$.

第24章 整数格点

DIERSHISIZHANG ZHENGSHU GEDIAN

提示 考查用方程 $x = k + \dfrac{1}{2}$ 和 $y = l + \dfrac{1}{2}$ 给出的方格,其中 k 和 l 是整数. 我们证明,这个方格的每个正方形在量 $n - S + p$ 中给出非负的(贡献)值. 考查两种情况.

(1) 图形包含正方形的中心,则 $n' = 1, S' \leqslant 1$,所以 $n' - S' + p' \geqslant 0$.

(2) 图形与正方形相交,但不包含正方形的中心. 我们证明,在这种情况 $S' \leqslant p'$. 如果图形整个位于在这个正方形内,那么根据等周不等式 $\dfrac{S'}{p'} \leqslant \sqrt{\dfrac{S'}{\pi}} \leqslant \sqrt{\dfrac{1}{\pi}} < 1$. 如果考查的图形被正方形的边和某条曲线所限定,那么根据问题 22.22 有 $\dfrac{S'}{p'} \leqslant \sqrt{\dfrac{2S'}{\pi}} \leqslant \sqrt{\dfrac{2}{\pi}} < 1$,所以剩下考查的情况,当被正方形的边和联结或是正方形的对边、或是邻边的曲线所限定的考查的图形部分. 在此时可以认为,正方形的中心 O 位于图形的边界上(图 24.8). 实际上,对于联结对边的曲线,可以运用平行移动,而对于联结邻边的曲线,运用中心在它们公共顶点的位似,在两种情况下比值 $\dfrac{S'}{p'}$ 都增加.

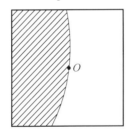 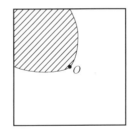

图 24.8

因为由正方形的中心到它边的距离等于 $\dfrac{1}{2}$,所以 $p' \geqslant \dfrac{1}{2}$. 过点 O 对已知图形引支撑直线,得到 $S' \leqslant \dfrac{1}{2}$.

同样显然,正方形的所有的(贡献)值不能同时为零.

第 25 章 分割、划分、覆盖

基础知识

1. 本章的所有问题只研究直线分割.

2. 如果两个图形之一能分割成若干部分,并且由它们可以拼成第二个图形(不难相信,这时的第二个图形也能分割成若干部分,由它们可以拼成第一个图形),称这样的两个图形是等组成的.显然,等组成的图形有相等的面积.还要指出,对于多边形,其逆命题也是正确的,即任意两个等积的多边形是等组成的(参见问题 25.8(2)).

3. 如果图形 Φ 包含在图形 $\Phi_1, \cdots, \Phi_n$ 的并之内,也就是,图形 Φ 的任意一点至少属于图形 $\Phi_1, \cdots, \Phi_n$ 中的一个,就说图形 Φ 被图形 $\Phi_1, \cdots, \Phi_n$ 所覆盖.如果图形 $\Phi_1, \cdots, \Phi_n$ 不相交(精确地说,它们不具有公共的内点)并且它们的并与 Φ 重合,那么就说 Φ 被图形 $\Phi_1, \cdots, \Phi_n$ 铺满.

§1 等组成的图形

25.1 分割任意三角形为三个部分,且由它们能拼成一个长方形.

提示 设 $\angle A$ 是 $\triangle ABC$ 的最大角,则 $\angle B$ 和 $\angle C$ 是锐角,以过边 AB 和 AC 的中点引的 BC 的垂线为分割线,把所得部分重新安排,如图 25.1 所示.

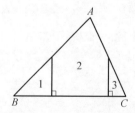

图 25.1

第25章 分割、划分、覆盖
DIERSHIWUZHANG FENGE、HUAFEN、FUGAI

25.2 分割任意三角形为某些部分，且由它们能拼成一个三角形，使这个三角形关于某条直线与原来的三角形对称(这些部分不能翻折)．

提示 设 $\angle A$ 是三角形的最大角，分割 $\triangle ABC$ 为等腰三角形并将它们重新排布，如图 25.2 所示．

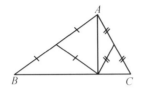
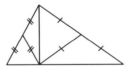

图 25.2

25.3 用六条直线分割正三角形为若干个部分，并由它们拼成 7 个相同的正三角形．

提示 如图 25.3，将 7 个一样的正三角形拼在一起，则 $\triangle ABC$ 是正三角形．显然，标有斜线的三角形全等．现在容易明白，在图 25.3 中事实上已经表示出用六条直线将正 $\triangle ABC$ 分割成若干部分，由这些部分能够拼成 7 个同样的正三角形．

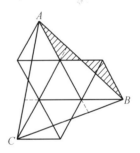

图 25.3

25.4* 分割正六边形为 5 个部分，且由它们拼成一个正方形．

提示 所需的分割如图 25.4 所示．线段 AB 等于正方形的边，这个正方形的面积等于六边形的面积，剩下得分割线引入方式是显然的．

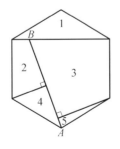
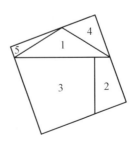

图 25.4

* * *

25.5* 分割正方形为 6 个部分,且由它们拼成三个同样的正方形.

提示 将解决相反的问题:分割三个边长为 a 的正方形并由它们拼成边长为 $\sqrt{3}a$ 的正方形,所需的分割如图 25.5 所示.

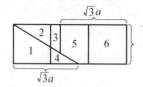

图 25.5

25.6* 给出具有公共边面积相等的两个平行四边形,证明:第一个平行四边形能分割为若干部分,由它们能拼成第二个平行四边形.

提示 在图 25.6 中指出了完成的作法.

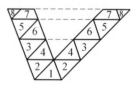

图 25.6

25.7* 证明:任意的长方形能分割为若干部分,并且由它们拼成有一边为 1 的长方形.

提示 需要证明:如果有两个边长为 a,b 和 c,d 的长方形,并且 $ab = cd = S$,那么第一个长方形能够分割为若干部分由它们拼成第二个长方形.为确定起见,设 $a \leq b$ 和 $c \leq d$.则 $c \leq \sqrt{S} \leq b, a \leq d$.从两个长方形上切掉直角边为 a 和 c 的两个直角三角形,如图 25.7 所示.阴影平行四边形等积并且具有长为 $\sqrt{a^2 + c^2}$ 的边,所以一个平行四边形可以分割为若干部分并由它们拼成第二个平行四边形(参见问题 25.6).

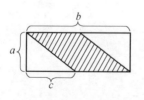
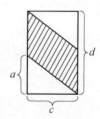

图 25.7

25.8* (1)证明:任意多边形能分割为若干部分,并且由它们拼成有一

第25章 分割、划分、覆盖

DIERSHIWUZHANG　FENGE、HUAFEN、FUGAI

边为1的长方形.

(2) 给出两个面积相等的多边形,证明:第一个多边形能分割为若干部分,且由它们拼成第二个多边形.

(参见同样的问题23.18.)

提示 (1)为了解这个问题必须利用问题22.43,25.1和25.7的结果.首先,用不相交的对角线分割多边形为三角形.由这些三角形的每一个分割为部分并且由它们拼成长方形.所得到的长方形分割为部分并且由它们拼成有一个边长为1的长方形.显然,由某些个一个边长为1的长方形可以拼成一个有一边为1的长方形.

(2) 分割第一个多边形为部分并且由它们拼成有一个边为1的长方形.因为第二个多边形能分割为部分并且由它们能拼成这个长方形,因此,长方形能分割为部分并且由它们能拼成第二个多边形(此时的部分,是第一个多边形分割所得的,将分割为更细小的部分).

§2 分割为具有专门性质的部分

25.9 分割图25.8的图形为4个全等的部分.

提示 需要的分割线如图25.9所示.

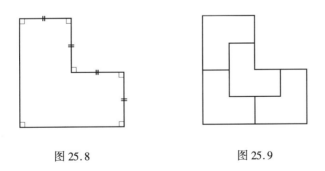

图25.8　　　　　图25.9

25.10 存在这样的三角形吗?它可以分割为(1)3个;(2)5个与原三角形相似的全等的三角形.

提示 (1)存在.由三个同样的带有60°角的直角三角形,能够拼合成一个含60°角的直角三角形,如图25.10所示.

(2) 任意的直角三角形都能够分割为所需要的方式(图25.11).

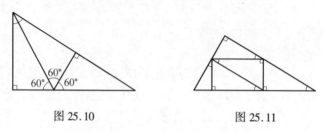

图 25.10　　　　　　图 25.11

25.11* (1) 证明:任意的不等边三角形能够分割为与原三角形相似的不全等的三角形.

(2) 证明:正三角形不能分割为不全等的正三角形.

提示 (1) 可以认为 $\frac{BC}{AC} = k > 1$,对 $\triangle ABC$ 标上三角形 1,2,3,4 和 5(参见图25.12).发现三角形 4 和 5 全等,即 $k + k^3 = k^4$.在这个情况下,补充构造三角形 6 和 7,而三角形 5 代替为三角形 8,则三角形 7 和 8 不全等,也就是 $k^6 \neq k + k^3 + k^5$.实际上,因为 $k + k^3 = k^4$,所以 $k^6 = k^2(k + k^3) = k^3 + k^5 < k + k^3 + k^5$.

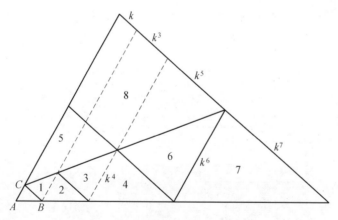

图 25.12

(2) 假设正三角形分割为不等的正三角形.两个分割三角形的边不能重合.只考查位于原三角形内部(不在边界上)的分割三角形的边,设 N 是这样的边数.发生三种类型的分割三角形的顶点(参见图25.13).由第1,第2,第3类型的每个顶点分别引出 4,12 和 6 个边.设 n_1,n_2 和 n_3 是第1,第2,第3类型点的个数,

第 25 章　分割、划分、覆盖
DIERSHIWUZHANG　FENGE、HUAFEN、FUGAI

则

$$N = \frac{4n_1 + 12n_2 + 6n_3}{2} = 2n_1 + 6n_2 + 3n_3.$$

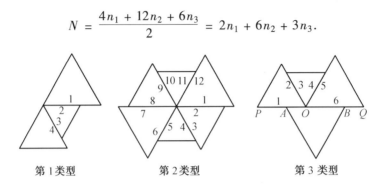

图 25.13

每个第 3 类型的点能够对照 3 条边(在图 25.13 中这些边是 AB, OP 和 OQ). 容易检验, 每个边将对应至少一个第 3 类型的点. 因此, $N \leqslant 3n_3$, 这意味着 $2n_1 + 6n_2 \leqslant 0$. 特别的, $n_1 = 0$, 即分割只由原来的三角形组成.

25.12* 　分割正方形为 8 个锐角三角形.

提示　所需要的分割法如图 25.14 所示. 虚线的半圆指出, 所有得到的三角形都是锐角三角形.

25.13* 　能够分割任意非凸 5 边形为两个全等的 5 边形吗?

提示　可以. 参见图 25.15(a) 或图 25.15(b).

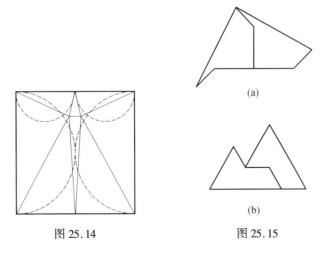

图 25.14　　　　图 25.15

25.14* 分割任意钝角三角形为 7 个锐角三角形.

提示 设 $\angle ACB > 90°$ 和 O 是 $\triangle ABC$ 的内切圆 S 的圆心. 过圆 S 与线段 OA 和 OB 的交点对圆 S 引切线并且表示所得到的角, 如图 25.16 所示. 依次计算这些角得到

$$\varphi_1 = \frac{\pi - \alpha}{2} < \frac{\pi}{2}, \varphi_2 = \frac{\pi - \varphi_1}{2} = \frac{\pi + \alpha}{4} < \frac{\pi}{2}$$

类似有
$$\varphi'_2 = \frac{\pi + \beta}{4}$$

$$\varphi_3 = \pi - \varphi_2 - \frac{\gamma}{2} = \frac{3\pi}{4} - \frac{\alpha}{4} - \frac{\gamma}{2} < \frac{\pi}{2} + \left(\frac{\pi}{4} - \frac{\gamma}{2}\right) < \frac{\pi}{2}$$

$$\varphi_4 = \pi - 2\varphi_2 = \frac{\pi - \alpha}{2} < \frac{\pi}{2}$$

$$\varphi_5 = \pi - \varphi_2 - \varphi'_2 = \frac{\pi}{2} - \frac{\alpha}{4} - \frac{\beta}{4} < \frac{\pi}{2}$$

类似可证, 图 25.16 表示的七个三角形所有剩下的角都小于 90°.

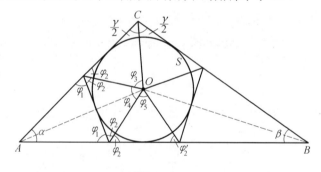

图 25.16

25.15* 分割不等边三角形为 7 个等腰三角形, 且它们中有三个全等. (参见同样的问题 3.71.)

提示 设 AB 是 $\triangle ABC$ 的最大边且 $AC \geqslant BC$. 首先在边 AB 上取点 D, 使得 $AD = AC$, 然后在 BC 上取点 E, 使得 $BE = BD$, 然后在 AC 上取点 F, 使得 $CF = CE$, 然后在 AB 上取点 G, 使得 $AG = AF$ (图 25.17), 则 $GD = FC = CE$. 设 O 是 $\triangle ABC$ 的内切圆中心, 因为

$$\angle CAO = \angle DAO, \quad CA = DA$$

所以
$$\triangle CAO \cong \triangle DAO$$

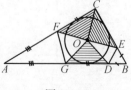

图 25.17

第25章 分割、划分、覆盖
DIERSHIWUZHANG FENGE、HUAFEN、FUGAI

所以 $\qquad OC = OD$

类似地有 $\qquad OF = OG, OC = OG, OD = OE$

所以 $\qquad OE = OD = OC = OG = OF$

也就是,在图 25.17 中所示的分割法.

§3 分割所得到部分的性质

25.16 (1) 在凸 n 边形中引所有的对角线,它们分割它为某些个多边形,证明:每一个分割成的多边形不多于 n 条边.

(2) 证明:如果 n 是偶数,那么得到的多边形的每一个不多于 $(n-1)$ 条边.

提示 (1) 位于分割多边形边上的直线过原多边形的两个顶点,而过原多边形的每个顶点可以引不多于两个这样的直线,所以分割多边形的边数不多于原多边形的顶点数.

(2) 与问题(1)的解同样的讨论指出,得到的多边形具有不多于 n 条边,并且如果它的边数等于 n,那么由原多边形的每个顶点恰引出过所得多边形边界的两条对角线.设由顶点 A_1 引出的过所得多边形边界的两条对角线为 A_1A_p 和 A_1A_q,则 A_p 和 A_q 是相邻的顶点,因为不然的话 $\angle A_pA_1A_q$ 内部有分割所得多边形的对角线.实际上,位于 A_p 和 A_q 之间的顶点,必须是同位于 A_1 和 A_p 之间或者 A_1 和 A_q 之间的顶点联结.在不必要的方向上改变顶点的编号,可以认为,$q = p + 1$ 和 $p \leq \frac{n}{2}$.如果删除对角线 A_1A_{p+1},那么任意另外的过所得多边形边界的对角线,由号码 2 到 p 的一个顶点同某个顶点联结,所以所有的得到的多边形能够有不多于 $1 + \left(\frac{n}{2} - 1\right) \cdot 2 = n - 1$ 条边.为了得到 n 边形的例子,当分割它时得到 $(n-1)$ 边形,可以取正 $(n-1)$ 边形并且由它切下小的三角形,也就是,代替顶点 A_1 取两个顶点 A'_1 和 A_n,位置在靠近顶点 A_1 的边 A_1A_2 和 A_1A_{n-1} 上.

25.17 证明:如果 n 边形用任意方法分割为 k 个三角形,那么 $k \geq n - 2$.

提示 如果 n 边形分割为 k 个三角形,那么每个三角形的角由这些三角形的角组成,所以多边形的内角和不大于这些三角形内角的和,即 $(n-2)\pi \leq k\pi$ 或者 $n - 2 \leq k$.

25.18* 在正方形纸片上画出 n 个长方形,使长方形的边平行于纸片的边,这些长方形的任意两个都没有公共内点,证明:如果割掉这些长方形,那么落在纸片剩余部分的小块的数量不超过 $n+1$.

提示 多边形中与小于 π 的内角毗邻的外角之和不小于 2π(参见问题 22.40),图形的外角,作为纸片剪掉它剩余的部分,要么是正方形的外角,要么是被剪掉长方形的内角,所以这个图形所有的外角之和不超过 $2\pi(n+1)$,也就是图形的个数不超过 $n+1$.

25.19* 证明:如果凸四边形 $ABCD$ 能分割为两个相似的四边形,那么 $ABCD$ 是梯形或平行四边形.

提示 设线段 MN 分割四边形 $ABCD$ 为两个相似的四边形,其中点 M 和 N 位于边 AB 和 CD 上,则四边形 $AMND$ 的 $\angle AMN$ 等于四边形 $NMBC$ 的一个角.另一方面,$\angle NMB = 180° - \angle AMN$,所以如果 $\angle AMN = \angle NMB$,那么 $\angle NMB = 90°$,而如果 $\angle AMN$ 等于四边形 $NMBC$ 另外的角,那么在这个四边形中有两个角其和为 $180°$.对于 $\angle MND$ 进行类似的讨论,得出或者 $AB \perp MN, CD \perp MN$(则 $AB \parallel CD$),或者在四边形 $NMBC$ 中有两个角其和为 $180°$,不失一般性可以认为,它们中的一个角是 $\angle BMN$.

如果 $\angle BMN + \angle MNC = 180°$,那么 $BM \parallel CN$.

如果 $\angle BMN + \angle MBC = 180°$,那么 $MN \parallel BC$,所以或者 $AD \parallel MN$,或者 $ND \parallel MA$.

如果 $\angle BMN + \angle BCN = 180°$,那么四边形 $NMBC$ 和 $AMND$ 是圆内接四边形,因此,$\angle BCN = 180° - \angle BMN$,$\angle ADN = 180° - \angle AMN = \angle BMN$,也就是 $BC \parallel AD$.

25.20* 在边长为1的正方形中引有限条平行于它的边的线段,并且这些线段能够彼此相交.线段长的和等于18,证明:它们分正方形的部分之一的面积不小于 0.01.

提示 所有由正方形分得的图形周界长的和等于 $2 \times 18 + 4 = 40$. 实际上,在这个和中引进的线段贡献 2 倍的值,而正方形的边贡献 1 倍的值. 设对于第 i 个图形周界水平部分长度的和等于 $2x_i$,竖直部分长度的和等于 $2y_i$ 而它的面积等于 s_i,则这个图形能够包含在边长为 x_i 和 y_i 的长方形内,所以 $x_i y_i \geq s_i$,这意味着,$x_i + y_i \geq 2\sqrt{x_i y_i} \geq 2\sqrt{s_i}$,因此

第 25 章　分割、划分、覆盖
DIERSHIWUZHANG　FENGE、HUAFEN、FUGAI

即
$$40 = \sum(2x_i + 2y_i) \geqslant 4\sum\sqrt{s_i}$$
$$\sum\sqrt{s_i} \leqslant 10$$

假设对于所有的 i，有 $s_i < 0.01$，则
$$\sqrt{s_i} < 0.1, 1 = \sum s_i < 0.1\sum\sqrt{s_i}$$

即 $\sum\sqrt{s_i} > 10$. 得出矛盾.

25.21* 将所有的角都不超过 120° 的三角形分割为某些三角形，证明：至少有一个分得的三角形中所有的角都不超过 120°.

（参见同样的问题 4.54, 22.45, 22.46, 23.15, 23.30, 23.40, 23.41.）

提示 考查不同于原三角形顶点，并且是得到的三角形顶点的所有的点. 设这些点中 m 个在原三角形内部，n 个在它边界上. 得到的三角形所有内角之和等于 $\pi + n\pi + 2\pi m$，即这些三角形的个数等于 $1 + n + 2m$. 另一方面，对内点来说，毗邻超过 120° 的角不多于两个，而对在边界上的点来说，不超过一个，所以，得到的三角形的个数大于它们的超过 120° 的角的数目.

§4　分割为平行四边形

25.22* 证明：具有下列性质的凸多边形 F 等价，① F 具有对称中心；② F 能分割为平行四边形.

提示 考查凸多边形 $A_1\cdots A_n$. 我们证明：性质 ① 和 ② 中每一个都等价于性质 ③：对于任意向量 $\overrightarrow{A_iA_{i+1}}$ 存在向量 $\overrightarrow{A_jA_{j+1}} = -\overrightarrow{A_iA_{i+1}}$.

显然，由性质 ① 可以推出性质 ③. 我们证明，由性质 ③ 也可推得性质 ①，如果凸多边形 $A_1\cdots A_n$ 具有性质 ③，那么 $n = 2m$ 且 $\overrightarrow{A_iA_{i+1}} = -\overrightarrow{A_{m+i}A_{m+i+1}}$. 设 O_i 是线段 A_iA_{m+i} 的中点. 因为 $A_iA_{i+1}A_{m+i}A_{m+i+1}$ 是平行四边形，则 $O_i = O_{i+1}$. 所以所有的点 O_i 都重合，并且这个点是多边形的对称中心.

我们证明，由性质 ② 推出性质 ③，设凸多边形 F 分割为平行四边形. 必须证明，对任何凸多边形 F 的边存在平行且等于它的边. 由多边形 F 的每个边走出一串平行四边形，即这个边好像沿着它们平行移动并且它可以分解为某些部分（图 25.18）. 因为凸多边形可以存在还只有一条边平行于已知的边，那么所有的一串分支处遇到同一个边，并且它们的长不小于走出一串的边的长. 无论由第一边向第二边，还是由第二边向第一边，能够放出一串平行四边形，所以这些边长

相等.

剩下证明,由性质③推出性质②,分割多边形是如图25.19指出的用与对边相等且平行的方法.每次这样的操作以后得到的多边形边数变小,按照前面的性质③,完成同它们一样的操作,直到对平行四边形时不再进行.

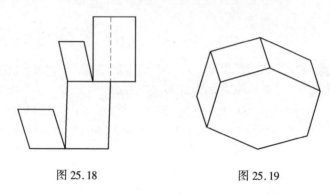

图 25.18　　　　　　图 25.19

25.23* 证明:如果凸多边形能够分割为中心对称的多边形,那么它具有对称中心.

提示 利用问题25.22的结果,如果凸多边形 M 分割成凸的中心对称的多边形,那么它能够分割为平行四边形,所以 M 能分割为平行四边形,即 M 具有对称中心.

25.24* 证明:任意的凸 $2n$ 边形能够分割为菱形.

提示 对 n 归纳证明,任意的 $2n$ 边形,它的边具有同一个长度且对边平行,能够分割为菱形,对 $n = 2$ 这是显然的,而由图25.19,作为完成归纳步骤是很清楚的.

25.25* 将边长为1的正八边形分割为平行四边形,证明:它们中至少有两个是长方形,并且所有长方形面积的和等于2.

提示 在正八边形中分出两个互相垂直的一对对边,并且有如图25.19那样,考查一串联结对边的平行四边形.在这些串的交叉处出现长方形.考查两个另外的一对对边,至少还存在一个长方形.

每串平行四边形能够补充分割,使得一串形成某个"道路",并且在每个道路上联结的平行四边形彼此毗邻完整的边,而不是边的一部分.新分割的长方形的

第 25 章 分割、划分、覆盖
DIERSHIWUZHANG FENGE、HUAFEN、FUGAI

并与原来分割的长方形的并重合,所以只需引进对新分割法的证明就足够了.每条道路有固定的宽度;意味着,包含在道路中每个长方形的一条边长等于道路的宽,而所有其余边长的和等于与第二对边对应的所有道路宽的和.因此,包含在一个道路的所有长方形的面积,等于道路宽与多边形边长的乘积,即数值上等于道路的宽,所以对应两个垂直的一对对边的所有长方形的面积等于 1,而所有长方形的总面积等于 2.

§5 用直线分割的平面

25.26 用 99 条直线分割平面为 n 部分,求所有可能的小于 199 的 n 的值.

提示 对 m 的归纳容易证明,m 条直线分割平面为 $(1 + m + x)$ 个部分,其中 x 是这些直线考虑到重数的交点个数(这意味着,k 条直线的交点看做是 $(k - 1)$ 条直线交点的后面).

利用这个公式并对 m 归纳,能够证明,如果已知的 m 直线中有三条直线相交于三个不同的点,那么这 m 条直线分割平面至少为 $(2m + 1)$ 个部分.归纳基础:$m = 3$,进一步利用引进每条新直线至少增加两个新的部分.

转向问题条件,我们看到,我们感兴趣的只是构形的直线,它们中没有交于三个不同点的三条直线.这样一来,要么全部 99 条直线平行,要么全部 99 条直线交于一点,要么 98 条直线平行且一条与它们相交.第一种构形分割平面为 100 个部分,而另外两种情况分割平面为 198 个部分.

设在平面上引 n 条两两不平行的直线,它们中任三条不交于一点,在问题 25.27 ~ 25.31 中考查这些直线分割平面的图形的性质.如果图形的周界有 p 个线节(即线段或射线),此时这个图形叫做 p 节图形.

25.27 证明:当 $n = 4$ 时,得到的部分中有四边形.

提示 已知直线中的一条同其余三条的交点用 A,B 和 C 表示,为确定起见,认为点 B 在 A 和 C 之间.设 D 是过点 A 与 C 的直线的交点,引过点 B 且不过点 D 的任意直线分割 $\triangle ACD$ 为一个三角形和一个四边形.

25.28 (1) 求全部得到的图形的个数.

(2) 求有周界图形(即多边形)的个数.

提示 (1) 设 n 条直线分割平面为 a_n 个部分. 再引一条直线. 此时部分数增加 $n+1$, 因为新直线与已经引的直线有 n 个交点, 所以
$$a_{n+1} = a_n + n + 1$$
因为 $a_1 = 2$, 所以
$$a_n = 2 + 2 + 3 + \cdots + n = \frac{n^2 + n + 2}{2}$$

(2) 已知直线的全部交点包含在圆内, 容易检验无界图形的数量等于 $2n$, 所以有界图形的数量等于 $\frac{n^2+n+2}{2} - 2n = \frac{n^2-3n+2}{2}$.

25.29 (1) 证明: 当 $n = 2k$ 时, 所得到的图形中有不多于 $(2k-1)$ 个角状部分.

(2) 当 $n = 100$ 时, 所得到的图形中能只有 3 个角状部分吗?

提示 (1) 已知直线的所有交点能够包含在某个圆中. 这些直线分这个圆为 $4k$ 段弧. 显然, 两段相邻的弧不能同时属于一个角状部分, 所以角状部分的个数不超过 $2k$, 并且仅当属于角状部分的两段弧依次替换时等式可以达到. 剩下证明, 等式不能达到. 假设属于角状部分的两段弧可以互换. 因为在任一已知直线的两旁都有 $2k$ 段弧, 所以(两条直线给出的)相对的弧段应当同时属于角状部分(图 25.20), 这是不可能的.

(2) 对于任意的 n 得到的图形中能够有 3 个角状部分, 在图 25.21 中指出了怎样作相应的平面分割.

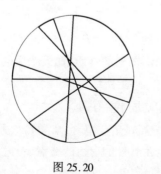

图 25.20

图 25.21

25.30* 证明: 如果所得到的图形中有 p 节图形与 q 节图形, 那么 $p + q \leqslant$

第 25 章 分割、划分、覆盖
DIERSHIWUZHANG FENGE、HUAFEN、FUGAI

$n + 4$.

提示 如果一条直线是一个图形边界上的线段的延长线或者是射线,则这条直线叫做已知图形的边界直线.只需证明,两个考查的图形不能有多于四条公共的边界直线就够了.如果两个图形有四条公共的边界直线,那么一个图形位于在区域 1,而另一个位于在区域 2(图 25.22).位于在区域 1 的图形的第五条边界直线,应当交四边形 1 的两个相邻的边,但此时它不能是位于区域 2 的图形的边界直线.

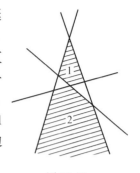

图 25.22

25.31* 证明:当 $n \geqslant 3$ 时,所得的部分中有不少于 $\dfrac{2n-2}{3}$ 个三角形.

提示 考查已知直线的所有交点,我们证明,这些点可以位于不多于两条已知直线的同一侧.假设所有的交点位于三条已知直线的同一侧.这些直线形成 $\triangle ABC$. 第四条直线不能只交这个三角形的边,即它至少与一个边的延长线相交. 为了确定起见,设它交边 AB 的延长线点 B 外面的某个点 M, 则点 A 和 M 位于在直线 BC 的不同侧,得到矛盾,所以至少有 $(n-2)$ 条直线它们的两侧都有交点.

如果选出在已知直线 l 的半平面上最靠近 l 的交点,那么这个点将是毗邻直线 l 的三角形的顶点. 这样一来,有不少于 $(n-2)$ 条直线,它至少毗邻两个三角形,以及有两条直线对其中每一条毗邻至少一个三角形. 因为每个三角形恰毗邻三条直线,所以三角形个数不少于 $\dfrac{2(n-2)+2}{3} = \dfrac{2n-2}{3}$ 个.

现在放弃考查的直线中任三条不交于一点的假设,如果 P 是两条或某些条直线的交点,那么在已知直线系中过点 P 引的直线的条数,将用 $\lambda(P)$ 来表示.

25.32* 证明:已知直线被它们的交点分割所得线段的条数等于 $-n + \sum \lambda(P)$.

提示 如果 P 是已知直线的交点,那么由 P 走出 $2\lambda(P)$ 条线段或射线. 此外,x 条线段的每一个有两个界点,而 $2n$ 条射线的每一条有一个界点,所以 $2x + 2n = 2\sum \lambda(P)$,也就是,$x = -n + \sum \lambda(P)$.

25.33* 证明:已知直线分平面所得部分的数量等于 $1 + n + \sum (\lambda(P) -$

1),并且这些部分中有 $2n$ 个是无界的区域.

提示 对 n 进行归纳证明.对于两条直线论断显然.假设论断对 $(n-1)$ 条直线为真,并且考查由 n 条直线组成的系统.设 f 是给出的 n 条直线分割平面的部分数;$g = 1 + n + \sum(\lambda(P) - 1)$.由已知系统中删去一条直线并且对得到的直线系统用类似的方式定义数 f' 和 g'.如果在删去的直线上有 k 个直线的交点,那么

$$f' = f - k - 1, g' = 1 + (n-1) + \sum(\lambda'(P) - 1)$$

容易检验

$$\sum(\lambda(P) - 1) = -k + \sum(\lambda'(P) - 1)$$

根据归纳假设 $f' = g'$,所以

$$f = f' + k + 1 = g' + k + 1 = g$$

同样显然,无界部分的数量等于 $2n$.

25.34* 将用直线分割平面所成的部分染成红色和蓝色,使得相邻的部分染不同颜色(参见问题 27.1).设 a 是红色部分的数量,b 是蓝色部分的数量.证明:$a \leq 2b - 2 - \sum(\lambda(P) - 2)$,并且,当且仅当红色区域是三角形和角状部分时取等号.

提示 设 a'_k 是红 k 边形的数量,a' 是有界红区域的数量.已知直线被它们的交点分割成的线段的数量等于 $\sum \lambda(P) - n$(参见问题 25.32).每一个线段是不多于一个红色多边形的边,所以 $3a' \leq \sum_{k \geq 3} k a'_k \leq \sum \lambda(P) - n$,同时达到一个不等式,当且仅当没有红色的 k 边形,其中 $k > 3$,而达到另外的不等式,当且仅当任意线段是红色的 k 边形的边,也就是,任意无界红色区域是角.

有界区域的数量等于 $1 - n + \sum(\lambda(P) - 1) = c$(参见问题 25.33),所以有界蓝色区域的数量 b' 等于

$$c - a' \geq 1 - n + \sum(\lambda(P) - 1) - \frac{\sum \lambda(P) - n}{3} = 1 - \frac{2n}{3} + \sum\left(\frac{2\lambda(P)}{3} - 1\right)$$

依次替换 $2n$ 个无界区域的颜色,所以

$$b = b' + n \geq 1 + \frac{n}{3} + \sum\left(\frac{2\lambda(P)}{3} - 1\right), a = a' + n \leq \frac{2n + \sum \lambda(P)}{3}$$

而这意味着

$$2b - a \geq 2 + \sum(\lambda(P) - 2)$$

第25章 分割、划分、覆盖
DIERSHIWUZHANG FENGE、HUAFEN、FUGAI

§6 分割的杂题

25.35* 用两条直线能分割非凸的四边形为6个部分吗?

提示 能. 在图 25.23 中画出了例子.

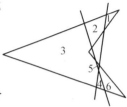

图 25.23

25.36* 证明:任意的凸 n 边形,其中 $n \geq 6$,能分割为凸五边形.

提示 按归纳证明,任意凸 n 边形,其中 $n \geq 5$,能够分割为五边形. 对于 $n = 5$ 这是显然的,而对于 $n = 6$ 和 7,作法如图 25.24 所示. 现在假设 $n \geq 8$ 并且任何凸 m 边形,其中 $5 \leq m \leq n$,可以分割为五边形. 由 n 边形可以分割成五个顺序的顶点形成的五边形. 此时剩下 $(n-3)$ 边形,因为 $5 \leq (n-3) < n$,则根据归纳假设,$(n-3)$ 边形能够分割为五边形.

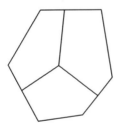 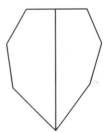

图 25.24

25.37* 证明:七边形不能分割为凸六边形.

提示 假设七边形分割为 f 个凸六边形. 一方面,这些六边形的内角和等于 $4\pi f$. 另一方面,它等于 $(7-2)\pi + (m-7)\pi + 2n\pi$,其中 m 是位于七边形的边上(或在顶点)的六边形顶点的数量,n 是位于七边形内部的六边形顶点的数量,这样一来

$$4f = m - 2 + 2n \tag{1}$$

设 k 是位于七边形内部的六边形边的数量,m_1 是由 m 个顶点中恰引出两条边的顶点的数量,$m_2 = m - m_1$,则 $6f = m + 2k$ 且 $2k \geq 3n + m_2$,所以

$$6f \geq 3n + m_2 + m \tag{2}$$

由(1)和(2)推出 $m - 2m_2 \geq 6$,也就是 $m_1 - m_2 \geq 6$.

显然,$m_2 \geq 2$,因为在七边形至少有两个点引出的线段是向内部,因此 $m_1 \geq 8$.引出矛盾,因为能够只由七边形的顶点引出恰有两个边.

25.38* 证明:对任意的自然数 n,其中 $n \geq 6$,一个正方形可以分割为 n 个正方形.

提示 设正方形被分割为 m 个正方形.将这些正方形中的一个分割为 4 个正方形.此时的正方形已被分割为 $(m + 3)$ 个正方形.剩下注意,正方形可以分割为 6,7 和 8 个正方形(图 25.25).

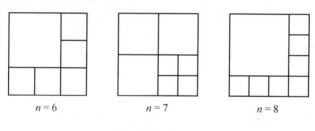

图 25.25

25.39* 证明:凸 22 边形不能用对角线分割成 7 个五边形.

提示 用归纳法证明,$(3k + 1)$ 边形不能用对角线分割为 k 个五边形.对 $k = 1$,这个结论显然.现在假设,它对于 $(3k + 1)$ 边形已经证明,并且对 $(3k + 4)$ 边形进行证明.假设 $(3k + 4)$ 边形用对角线分割成 $(k + 1)$ 个五边形.如果它们每一个具有不多于 3 条边在周界上,那么多边形的边数不超过 $3k + 3$,所以存在 4 条边在周界上的五边形.剪掉它得到 $(3k + 1)$ 边形,用对角线分割为 k 个五边形,得出矛盾.

25.40* 能够分割正三角形为 1 000 000 个凸多边形,使得任意直线与它们中的公共点不多于 40 个吗?

提示 如果邻近凸 n 边形的顶点进行分割,那么能够截出 n 个三角形和得到一个凸 $2n$ 边形.容易检验,此时,任意直线与不多余两个截得的三角形相交.

由正三角形截出 3 个三角形,然后由所得到的六边形截出 6 个三角形,依此继续,没得出 3×2^{19} 边形不能停止.任意直线能与在每步截出的不多于两个三角形相交,所以所有的直线能与不多于 $1 + 2 \times 19 = 39$ 个多边形相交.分割正三角

第 25 章　分割、划分、覆盖

形所得的多边形的总数，等于 $1+3+3\times 2+\cdots+3\times 2^{18}=1+3(2^{19}-1)>2^{20}=(2^{10})^2>1\,000^2$. 显然，可以截出不全是三角形，使得恰得到 1 000 000 个多边形.

25.41* 用直线将正方形纸片分割成两部分，将得到的一个部分再分割成两部分，这样进行若干次. 为了使得到的部分中出现 100 个二十边形，需要作怎样的最小次数的分割？

提示　显然，n 次分割后得到 $(n+1)$ 小片. 因为每次分割后所得图形的顶点总数增加 2, 3 或 4，所以 n 次分割后顶点总数不超过 $4n+4$. 如果 n 次分割后得到 100 个二十边形，那么因为小片总数为 $n+1$，除二十边形以外还有 $(n+1-100)$ 个小片. 因为每个小片不小于三个顶点，总的顶点数不小于 $100\times 20+(n-99)\times 3=1\,703+3n$，因此 $1\,703\leqslant 4n+4$，即 $n\geqslant 1\,699$.

剩下证明，在 1 699 次分割以后能够分割正方形为所需的形式，为了分割正方形为 100 个长方形，分割 99 次就足够了，而为了分割这些长方形的每一个为 16 个三角形和转变它们为二十边形，需 1 600 次截割就足够了.

25.42* (1) 证明：由五个大小两两不同的正方形不能拼成一个长方形.
(2) 由六个大小两两不同的正方形不能拼成一个五边形.

提示　(1) 假设由某些大小两两不同的正方形可以拼成长方形，考查最小的正方形 Q. 它的一个边与某个大正方形 A 的边具有公共部分. 正方形 A 的边超出在正方形 Q 的边的界限外面. 形成的角应被某个正方形 B 充满，它的边又大于正方形 Q 的边. 再得到一个角，它应被正方形 C 充满，而然后还有一个角，它应被正方形 D 充满. 此时正方形 A 和 D 之间不能有"空洞"(也就是，正方形 A 和 D 应当具有公共的边界)，因为不然的话，为了充满"空洞"需要的正方形，小于最小的正方形 Q.

于是，如果由五个大小两两不同的正方形可以拼成长方形，那么我们知道，它们应当这样接拼：最小的正方形处在中心，而对它相邻接的四个其他的正方形，形成图 25.26 所示的结构(或者与它对称)：设 q, a, b, c, d 是正方形的边长，则 $a=b+q, b=c+q, c=d+q, d=a+q$. 这些等式相加，得出 $5q=0$. 这是不可能的.

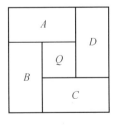

图 25.26

(2) 继续问题(1)的解,利用已经有的证明,已经知道,怎样放置最小的正方形和与它毗邻的正方形,所以如果由六个两两不等的正方形能够拼成一个长方形,那么它应当放置如图 25.27 所示,但此时正方形 D 和 E 有公共边,所以它们相等,而根据条件所有的正方形是两两不等的.

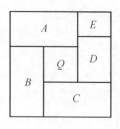

图 25.27

25.43* 长方形分割成某些个长方形,每个分得的长方形都有一边的长是整数,证明:原来的长方形的一条边是整数.

(参见同样的问题 23.18,23.19.)

提示 引进原点在初始的长方形的一个顶点且坐标轴平行于长方形的边的坐标系.用直线 $x = \dfrac{n}{2}$ 和 $y = \dfrac{n}{2}$,分割坐标平面,其中 m 和 n 是整数,并且染得到的部分为棋盘次序.如果长方形的边平行于坐标轴,而长方形的长为 1,那么它的白色与黑色的部分的面积相等.实际上,对每个平行于长方形一条边的长为 1 的线段,它的白色部分的长等于黑色部分的长.对于边为整数的长方形类似的论断是正确的,所以它能分割为有一边为 1 的长方形.剩下证明,如果白色部分面积和与黑色部分的面积和相等,那么长方形的一条边是整数.假设初始的长方形的两边都不是整数.直线 $x = m$ 和 $y = n$ 分割它为三个长方形,它们每一个都有一个边是整数长,并且长方形的两个边小于 1.容易检验,在最后的长方形白色部分面积和与黑色部分面积和不能是相等的.

§7 划分图形为线段

25.44 证明:四边形(带有周界和内部)能够划分为线段,也就是能表示为不相交的线段的并的形式.

提示 在边 AB 和 DC 上取点 M_t 和 N_t,使得 $\dfrac{AM_t}{M_tB} = \dfrac{DN_t}{N_tC} = \dfrac{t}{1-t}$,其中 $0 < t < 1$,则线段簇 M_tN_t,而同线段 AD 和 BC 形成所求的划分(图 25.28).

25.45* 证明:三角形能够划分为线段.

提示 在 $\triangle ABC$ 的边 AC 上取点 D."退化四边形"$ABCD$ 能够划分为线段,这正如题 25.44 所做的那样(图 25.29).

第 25 章　分割、划分、覆盖
DIERSHIWUZHANG　FENGE、HUAFEN、FUGAI

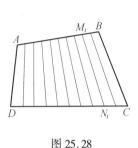

图 25.28

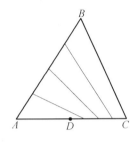

图 25.29

25.46* 证明:圆能够划分为线段.

提示　用点 C,D,E 和 F 分直径 AB 为 5 个相等的部分.设点 M_t 和 P_t 位于线段 CD 和 EF 上,并且 $\dfrac{CM_t}{M_tD} = \dfrac{FP_t}{P_tE} = \dfrac{t}{1-t}$,其中 $0 < t < 1$,而点 Q_t 和 N_t 位于由点 A 和 B 给出的不同的圆弧上.并且分这些弧为 $\dfrac{t}{1-t}$(图 25.30).线段 M_tN_t 和 P_tQ_t 同线段 AC,DE 和 FB 一起给出需要的分割法.

25.47* 证明:平面能够划分为线段.

提示　分割平面为线段如图 25.31 所示.分划的折线由分割线段的端点组成,折线的线节,自然不是分割的线段.

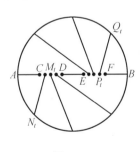

图 25.30

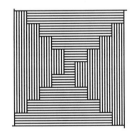

图 25.31

§8　覆　盖

25.48* 在长度为 1 的线段上放置某些线段,将它完全覆盖住,证明:可以

· 625 ·

从中选出某些线段,使得它们仍能覆盖原来的线段,并且它们长度的和不超过 2.

提示 在所有覆盖原线段左端点的线段中,选出其右端点在最右边的线段,并用 l_1 表示这个线段.在这样选取线段 l_k 以后,在所有覆盖原线段右端点的线段中,选出其右端点在最右边的线段.这样一来,选取的某些线段完全覆盖原来的线段.剩下证明,它们长度的和不超过 2.线段 l_{k+2} 与 l_k 不具有公共点,因为不然的话,应当选取 l_{k+2} 代替 l_{k+1},所以原来长为 1 的线段的每个点被不多于两个线段 l_k 所覆盖,也就是,这些线段长的和不超过 2.

25.49* 长度为 1 的线段被某些放置其上的线段所覆盖,证明:在这些线段中可以选出某些两两不相交的线段,它们长度的和不小于 0.5.

提示 依次地去掉被一条或几条其余线段盖住的线段,只要这是可能就不停止.坐标轴指向沿着已知线段并且用 a_k 和 $b_k(a_k < b_k)$ 表示其余线段端点的坐标.在具有同一左端点的两个线段中总是选取其中的一个,所以可以认为,$a_1 < a_2 < a_3 < \cdots < a_n$.我们证明,$b_k < a_{k+2}$,也就是,偶数号线段不相交且奇数号线段也不相交.假设 $b_k \geq a_{k+2}$,则可能有两种情况.

(1)$b_{k+1} \leq b_{k+2}$,则具有脚码 $k+1$ 的线段被脚码为 k 和 $k+2$ 的线段所覆盖,得到矛盾.

(2)$b_{k+1} \geq b_{k+2}$,则具有脚码 $k+2$ 的线段被脚码为 $k+1$ 的线段所覆盖,得到矛盾.

剩下注意,或者偶数脚码线段长的和,或者奇数脚码线段长的和不小于 0.5.

25.50* 已知凸五边形所有的角都是钝角,证明:存在两条这样的对角线,以它们为直径作的两个圆能完全覆盖住整个的五边形.

提示 设 AB 是五边形的最大边,考查过点 A 和 B 引边 AB 的垂线给出的带形.因为 $\angle EAB$ 和 $\angle ABC$ 是钝角,点 E 和 C 位于在这个带形外面,所以点 D 位于在带形内部,因为不然的话,线段 ED 和 DC 中有一个的长将大于线段 AB 的长,用 D_1 表示点 D 在线段 AB 上的射影(图 25.32),则以 AD 和 BD 为直径的两个圆完全盖住四边形 $AEDD_1$ 和 $BCDD_1$.

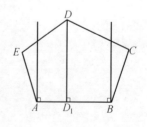

图 25.32

25.51* (1)边长为 1 的正方形被其边与正方形的边平行的某些个小正方

第 25 章 分割、划分、覆盖

DIERSHIWUZHANG FENGE、HUAFEN、FUGAI

形所覆盖,证明:从中可以选出不相交的正方形,它们面积的和不小于 $\frac{1}{9}$.

(2) 某些圆的并的面积等于 1,证明:从中可以选出一些两两不相交的圆,它们的总面积不小于 $\frac{1}{9}$.

提示 (1) 考查最大的覆盖正方形 K 并且删去同它相交的所有的正方形. 它们位于在边为 K 的边 3 倍大的正方形内部,所以它们在 K 的外面占据部分的面积不大于 $8s$,其中 s 是 K 的面积. 正方形 K 是被选取的,下面已经不再考查它. 对剩下的正方形按同样步骤进行下去,直到所有的正方形要么被选取,要么被删去为止. 如果被选取的正方形面积的和等于 S,那么删去的正方形位于被选取的正方形外面部分的总面积不超过 $8S$,所以 $1 \leqslant S + 8S$,即 $S \geqslant \frac{1}{9}$.

(2) 选取最大半径的圆,将其膨胀为 3 倍半径的圆并且删去整个位于这个膨胀后的圆内的所有的圆. 剩下的圆与第一个圆不相交,对它们同样地去做,依此类推. 所有选出的膨胀的圆包含所有的已知圆,而膨胀圆的面积是原来圆的面积的 9 倍大,所以 $9S \geqslant 1$,其中 S 是所有选取的圆的总面积,因此 $S \geqslant \frac{1}{9}$.

25.52* 探照灯照亮的角度为 $90°$,证明:在任意给定的四个点可以放置 4 个探照灯,使得它们照亮整个平面.

提示 引进直线 l,使得两个已知点位于它的一侧,另两个已知点在它的另一侧. 设点 A 和 B 位于直线 l 的一侧,C 和 D 在另一侧. 设 A_1 和 B_1 是点 A 和 B 在直线 l 上的射影. 在点 A 放置探照灯,使得它照亮由射线 AA_1 以及平行于 l 且与直线 BB_1 相交的射线所成的角. 在点 B 的探照灯类似地安放(图 25.33(a)). 这两个探照灯照亮了包含点 C 和 D 的半平面. 类似地在点 C 和 D 放置探照灯照亮另一个半平面(如果 $AB \perp l$,那么探照灯的需要指向,正如在图 25.33(b) 所示的那样).

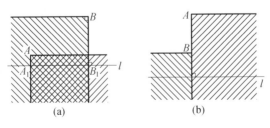

图 25.33

25.53* 图形 Φ 在任意直线上的射影长不超过 1. Φ 能被直径为：(1)1；(2)1.5 的圆覆盖吗？

提示 (1) 不能. 设 Φ 是边长为 1 的正三角形. 容易检验，在任意直线上 Φ 的射影长不大于 1. 另一方面，因为三角形 Φ 是锐角三角形，它不能被半径小于三角形外接圆半径的圆所覆盖（参见问题 9.97），三角形 Φ 的外接圆直径等于 $\frac{2}{\sqrt{3}} > 1$.

(2) 能. 如果图形 Φ 在两条互相垂直的直线上的射影等于 a 和 b，那么它能够包含在边长为 a 和 b 的长方形中，这个长方形的外接圆的直径等于 $\sqrt{a^2+b^2}$. 但 $\sqrt{a^2+b^2} \leqslant \sqrt{1+1} = \sqrt{2} < 1.5$.

25.54* 证明：在平面上的任意 n 个点总能被某些直径的和小于 n 的不相交的圆所覆盖，并且它们任两个之间的距离大于 1.

提示 作圆心在已知点半径 $a = \frac{1}{2} + \frac{1}{2n}$ 的圆. 显然，两个相交的半径为 R_1 和 R_2 的圆能够包含在半径不大于 $R_1 + R_2$ 的圆中.

25.55* 在半径为 R 的圆桌上没有重叠地放置 n 个半径为 r 的硬币，并且多到不能再放入任何一个硬币，证明：$\frac{R}{r} \leqslant 2\sqrt{n} + 1$.

（参见同样的问题 20.13，20.17，20.28，20.34，22.5，22.10，22.33，22.35.）

提示 将所有的硬币膨胀 2 倍，也就是，对于它们每一个考查圆心相同半径为 $2r$ 的圆. 如果一个硬币的圆心不属于第二个膨胀后的硬币，那么它们圆心间的距离大于 $2r$，而这意味着，这些硬币不相交. 此外，如果硬币圆心与桌子边缘距离不比 r 小，那么硬币位于桌子内部，所以膨胀的这些硬币完全盖住半径为 $R - r$ 的圆. 因为不然的话将能够放置硬币的中心在某个点，因此 $4\pi r^2 n \geqslant \pi (R-r)^2$，也就是，$2\sqrt{n} \geqslant \frac{R-r}{r}$.

§9 铺设骨牌和方块

25.56 用图 25.34 所示的小方块铺成通常的国际象棋棋盘.

第 25 章 分割、划分、覆盖

DIERSHIWUZHANG FENGE、HUAFEN、FUGAI

提示 需要的铺设法如图 25.35 所示.

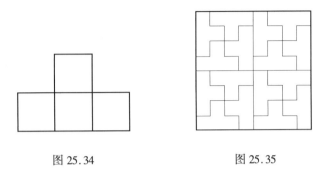

图 25.34　　　　　图 25.35

25.57* 由边长为(1)2^n;(2)$6n+1$ 的国际象棋棋盘上剪掉一个小方格,证明:棋盘剩下的部分能用如图 25.36 所示的方块铺满.

提示 (1)用归纳法证明这个论断.对于边长为 2 的正方形,结论显然.现在假设,能够铺设任意的边长为 2^n 但缺少一个方格的正方形,并且证明,怎样能够铺设边长为 2^{n+1} 但缺少一个方格的正方形.分这个正方形为 4 个边长为 2^n 的正方形.去掉的落在其中一个正方形中,而在剩下的三个正方形中的一个方格可以用一个图形覆盖(图 25.37).现在在这四个边长为 2^n 的每一个都去掉了一个方格,所以它们能够铺成给定的图形.

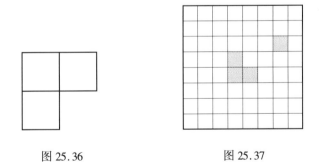

图 25.36　　　　　图 25.37

(2)首先对 $n=1$,也就是,对边长为 7 的正方形证明需要的结论.可以认为,去掉的方格位于在图 25.38 中带斜线的正方形;所需的铺设也画在这个图中.

现在证明,如何借助于铺设边长为 $6n+1$ 的正方形作出铺设边长为 $6n+7$ 的正方形.对边长为 $6n+7$ 的正方形的顶点毗邻四个边长为 $6n+1$ 的正方形完全盖住这个正方形,所以去掉的方格位于在这些正方形的一个中;我们铺设它.剩余的部分能够分割为边长为 6 的正方形和大小为 6×7 的长方形.这些正方形

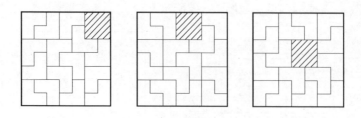

图 25.38

和长方形能够分割为大小为 2×3 的长方形,它们每一个由两个方块组成.

25.58* 由通常的国际象棋棋盘剪掉一个方格,使得剩下的部分能用大小为 1×3 的方块铺满.

提示 所需要的覆盖如图 25.39 所示.

25.59* 大小为 $2n \times 2m$ 的长方形被 1×2 的多米诺骨牌铺满,证明:在这层骨牌上可以放置第二层,使得第二层的任何一个骨牌都不同第一层的骨牌重合.

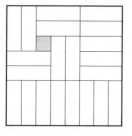

图 25.39

提示 我们分割边长为 $2n$ 和 $2m$ 的长方形为边长为 2 的正方形,并且第二层骨牌将在每个这样的正方形上各自铺设.正方形要么可以铺满两个水平的多米诺骨牌,要么铺满两个竖直的多米诺骨牌.显然,这两种铺设之一适合我们,因为在边长为 2 的正方形中不能同时包含水平与竖直铺设的骨牌.

25.60* 长方形被两层 1×2 的小卡片覆盖(在每个方格上面恰有两个小卡片),证明:小卡片能划分为两个不相交的集合,使得每个集合都能覆盖整个的长方形.

提示 对任意图形,而不只对长方形证明这个结论.取任意的小卡片 A_0.由它的方格之一用另一个小纸片的 A_1 的方格,A_1 的第二个方格用小纸片 A_2 覆盖,依此类推.一串小纸片 $A_0, A_1, A_2, \cdots$ 是闭合的,并且就在小纸片 A_0,因为不然的话任何一个方格将被覆盖三回(没有例外,这一串只由两个小纸片 A_0 和 A_1 组成).闭合的小纸片串由偶数个小纸组成(为了证明可以看做折线,它的每个线节联结一个小纸片方格的中心;这条折线水平的和竖直的线节都是偶数个).所以对于包含在闭合串中的小纸片所求的分法是在带有偶数脚码和奇数脚码的小纸

第25章 分割、划分、覆盖
DIERSHIWUZHANG FENGE、HUAFEN、FUGAI

片上的分法. 去掉所有这些小纸片和对剩下的小纸片完成同样的操作,依此类推.

25.61* （1）用 1×2 的多米诺骨牌能否铺满 6×6 的正方形,使得没有"切缝",即任意沿棋盘网格的直线不剪断骨牌?

（2）证明:任意 $m\times n$ 的长方形,其中 m 和 n 大于6且 mn 是偶数,能用多米诺骨牌铺满,使得没有"切缝".

（3）证明: 6×8 的长方形能用多米诺骨牌铺满,使得没有"切缝".

提示 （1）不能. 假设 6×6 的正方形能被 1×2 的多米诺骨牌铺满,使得没有"切缝". 考查分正方形为36个方格的10条线段(正方形本身的边不考查). 这些线段的每一条切割不少于两个骨牌. 实际上,如果这个线段切割一个骨牌,那么它的两边位于整数个骨牌且还有半个骨牌,也就是奇数个方格. 这是不可能的. 因为由线段分正方形得到的每个部分的面积是偶数. 同样显然,一个骨牌不能被不同的线段切割,所以应当至少有20个骨牌,而它总共有18个骨牌.

（2）图25.40表明,如何铺满 5×6 和 8×8 的长方形(在铺设 8×8 的长方形时利用了铺设 5×6 的长方形的方法).

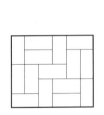
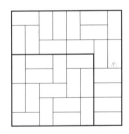

图 25.40

现在只需证明,如果能够铺设长方形 $m\times n$,那么就可以铺设长方形 $m\times(n+2)$. 为此,需要将已经铺满骨牌的长方形 $m\times n$ 分成两部分,但不切割骨牌. 因此需将右边部分向右移动距离2,并用水平骨牌铺满间隔(图25.41).

（3）所需的铺设法如图25.42所示.

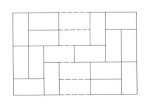
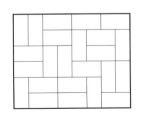

图 25.41 　　　　　图 25.42

25.62* 有无限数量的形为多边形 M 的板块. 我们说, 由这些板块能够拼成镶木地板, 如果它们能覆盖无论多么大半径的圆, 使得既没有一丝缝隙也没有改变铺设.

(1) 证明: 如果 M 是凸 n 边形, 其中 $n \geq 7$, 那么镶木地板不能拼成.

(2) 引进有两两不平行的边的凸五边形的能够拼铺镶木地板的例子.

(参见同样的问题 23.22.)

提示 (1) 假设半径为 R 的圆 K 用同样的凸 n 边形组成的板块所覆盖, 考查位于圆 K 内的并且是 n 边形顶点的所有的点, 这些点有两类: 第 1 类点在另外的 n 边形的边上且收敛于它的角的和等于 $180°$; 第 2 类点收敛于它的角的和等于 $360°$, 设 p 和 q 分别是第 1 类点和第 2 类点的数量. 在每个第 1 类点收敛不少于两个 n 边形的角, 而在每个第 2 类点收敛不少于三个 n 边形的角, 所以 $2p + 3q \leq 2nL_1$, 其中 L_1 是同 K 相交的 n 边形的个数. 收敛于第 1 类点与第 2 类点的角的和分别等于 $180°$ 和 $360°$, 所以 $p + 2q \geq (n-2)L_2$, 其中 L_2 是位于 K 的内部的 n 边形的个数. 不等式 $4p + 6q \leq 4nL_1$ 和 $-3p - 6q \leq 6L_2 - 3nL_2$ 相加, 得到

$$p \leq 6L_2 - n(4L_1 - 3L_2)$$

也就是
$$\frac{p}{L_2} \leq 6 - n\left(\frac{4L_1}{L_2} - 3\right)$$

因为
$$\lim_{R \to \infty} \frac{L_1}{L_2} = 1$$

所以
$$\lim_{R \to \infty} \frac{p}{L_2} = 6 - n$$

意味着, 如果由给定的凸 n 边形能组成板块, 那么 $6 - n \geq 0$, 也就是 $n \leq 6$.

(2) 如图 25.43 所示.

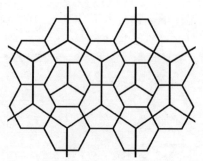

图 25.43

第 25 章　分割、划分、覆盖

§10　在平面上图形的放置

25.63* 证明:对正方形不能附贴多于8个不彼此相靠的与原正方形同样大小的正方形.

提示　设 $ABCD$ 是原来的正方形, $A_1B_1C_1D_1$ 是与原正方形的中心相同,边平行于原正方形的边并且是原正方形边长2倍的正方形.为了确定起见认为,原正方形的边长等于2,则正方形 $A_1B_1C_1D_1$ 的周长等于 16.所以只需证明,正方形 $A_1B_1C_1D_1$ 的周界被附加正方形截出的部分的长,不能小于 2.考查安排正方形 $A_1B_1C_1D_1$ 和附加的正方形的两种可能的方案.

(1) 正方形 $A_1B_1C_1D_1$ 的任一顶点都不落在附加正方形内部.在这种情况考查周界的部分是 PQ. 如果正方形 $A_1B_1C_1D_1$ 内部只有一个附加正方形的顶点(是的,它紧连原来的正方形),那么线段 PQ 的长等于 $\tan\alpha + \dfrac{1}{\tan\alpha} \geqslant 2$;这里 α 是原正方形的边与附加正方形的边之间的角.如果正方形 $A_1B_1C_1D_1$ 内部有附加正方形的两个顶点,那么线段 PQ 是直角边为 2 的直角三角形的斜边.

(2) 正方形 $A_1B_1C_1D_1$ 的一个顶点落在附加正方形内部,则考查的周界部分的长等于 $a + \tan\alpha + 1 - a\tan\alpha$(图 25.44).需要证明, $a + \tan\alpha + 1 - a\tan\alpha \geqslant 2$,也就是 $(a-1)\tan\alpha \leqslant (a-1)$,但是 $a \geqslant 1$ 和 $\tan\alpha \leqslant 1$.

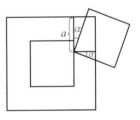

图 25.44

第 26 章　点系与线段系、例与反例

§1　点　系

26.1　(1) 建筑师想建设四座高楼,使得在城市中散步时能够以任何次序看到这些高楼的尖顶(即对高楼能够任选编号 i,j,k,l,都可以站在某个点按顺时针或逆时针方向转身,使开始看到楼 i 的尖顶,然后看到 j,k,l 的尖顶),这能做到吗?

(2) 同样的问题对五座高楼会如何呢?

提示　(1) 容易检验,建筑第四座高楼在三座另外的高楼形成的三角形的内部,得到所需要的配置.

(2) 对于五座楼所需要的这样的配置是不可能的.实际上,如果依次看到楼房 $A_1,A_2,\cdots,A_n$,那么 $A_1A_2\cdots A_n$ 是不自交的折线,所以如果 $ABCD$ 是凸四边形,那么它的顶点不能按下列的次序 A,C,D,B 看到.剩下注意,对任意三点都不共线的五个点,总能选出四个点,是一个凸四边形的顶点(问题 22.2).

26.2　在平面上给定 n 个点,同时这些点中的任意四个点都能去掉一个点,使其余三个点位于一条直线上,证明:从给定的点中可以去掉一个点,使得所有其余的点都在同一直线上.

提示　可以认为,$n \geqslant 4$ 且不是所有的点都位于一条直线上,则可以选取四个点 A,B,C 和 D 不在一条直线上.根据条件,它们中的三个位于一条直线上.为确定起见,设点 A,B 和 C 在直线 l 上,而 D 不在 l 上.需要证明,除 D 以外的所有的点都在直线 l 上.假设点 E 不属于 l.考查四个点 A,B,D,E.三点组 A,B,D 与 A,B,E 不位于一条直线上,所以位于一条直线上的要么是三点组 A,D,E,要么是三点组 B,D,E.为确定起见,设点 A,D,E 在一条直线上,则由点 B,C,D,E 中任三个点都不在一条直线上,得出矛盾.

第26章 点系与线段系、例与反例

26.3* 在平面上给出400个点,证明:它们之间不同的距离不小于15种.

提示 设点之间不同的距离的数量等于 k. 固定两个点,则所有其余的点是各包含有 k 个圆的两簇同心圆的交点,因此点的总数量不超过 $2k^2+2$. 剩下注意 $2 \times 14^2 + 2 = 394 < 400$.

26.4* 在平面上给出 $n(n \geq 3)$ 个点. 设 d 是这些点两两之间的最大距离,证明:具有不多于 n 对点,它们之间的距离等于 d.

提示 联结一对给定点的长为 d 的线段称为直径. 由点 A 引出的所有直径的端点,位于圆心为 A 和半径为 d 的圆上,因为任何两点之间的距离不超过 d,由点 A 引出的所有直径的端位于不超过 $60°$ 的一段弧上,因此如果由点 A 引出三条直径 AB, AC 和 AD,那么这些直径的端点有一个位于两个另外直径形成的角的内部. 为确定起见,设点 C 位于 $\angle BAD$ 的内部. 我们证明,由点 C 引出不多于一条直径. 假设还有直径 CP 以及点 B 和 P 位于直线 AC 的不同侧(图 26.1),则 $ABCP$ 是凸四边形,所以 $AB + CP < AC + BP$(参见问题 9.15),也就是 $d + d < d + BP$,这意味着 $BP > d$,这是不可能的.

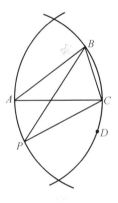

图 26.1

总之得到,要么由每一点引出不多于两条直径,要么存在点,由它引出不多于一条直径. 现在,需要的结论可以根据点数归纳证明了. 对于 $n = 3$ 它是显然的,假设论断对任意 n 个点已经证明,对 $(n+1)$ 个点的系统证明它. 在这个系统中要么存在点,由它引出不多于一条直径,要么每一点引出不多余两条直径. 在第一种情况,抛开这个点,利用剩下的点系不多于 n 条直径,便得到所需的结论,第二种情况是显然的.

26.5* 在平面上给出 4 000 个点,它们中任三点都不共线,证明:存在 1 000 个以这些点为顶点的不相交的四边形(可能是非凸的).

提示 引联结每对已知点的所有的直线,并且选择不平行于它们任一条的直线 l,用平行于 l 的直线能分已知点为四点组,以这些四点组为顶点的四边形即为所求(图 26.2).

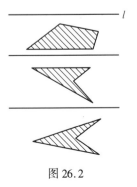

图 26.2

26.6* 在平面上给出 22 个点,并且它们中任三点都不共线,证明:它们可以划分成对,使得联结给定对的线段至少相交于五个点.

提示 将给定的点以任意方式分为六组:四个点的有四组,五个点的有一组,一个点的有一组.考查五个点的一组.由这五个点可以选出四个点,是某个凸四边形 $ABCD$ 的顶点(参见问题 22.2).联结点对 A,C 和 B,D,则作为已知点对的线段 AC 和 BD 相交.这五个点中尚留下一个自由点.把它与一个四点组合并,并用得到的五点组进行同样的操作,依此类推,经过 5 次这样的操作后剩下两个点,将它们并为一对.

26.7* 证明:对任意的自然数 N,存在 N 个点,它们中任三点都不共线并且它们之间两两的距离都是整数.

(参见同样的问题,9.20,9.50,9.63,20.3,20.4,20.8,20.9,20.14,20.16,20.17,20.22,20.23,20.25,20.27,20.28,21.2,21.3,21.5,21.6,21.8,21.10,21.25,21.26,22.1,22.8,22.33,23.20,26.16,26.20,27.11,28.35,31.75.)

提示 因为 $\left(\frac{2n}{n^2+1}\right)^2 + \left(\frac{n^2-1}{n^2+1}\right)^2 = 1$,所以存在角 φ,具有使得 $\sin\varphi = \frac{2n}{n^2+1}$ 和 $\cos\varphi = \frac{n^2-1}{n^2+1}$ 的性质,并且对充分大的 N,$0 < 2N\varphi < \frac{\pi}{2}$.考查圆心为 O 半径为 R 的圆和在它上面取点 $A_0, A_1, \cdots, A_{N-1}$,使得 $\angle A_0 O A_k = 2k\varphi$,则 $A_i A_j = 2R\sin(|i-j|\varphi)$.利用公式 $\sin(m+1)\varphi = \sin m\varphi \cos\varphi + \sin\varphi \cos m\varphi$,$\cos(m+1)\varphi = \cos m\varphi \cos\varphi - \sin m\varphi \sin\varphi$,容易证明,对所有的自然数 m,数 $\sin m\varphi$ 和 $\cos m\varphi$ 是有理数.作为 R 取所有有理数 $\sin\varphi, \cdots, \sin(N-1)\varphi$ 分母的最大公约数,则 $A_0, A_1, \cdots, A_{N-1}$ 是所需要的点系.

§2 线段、直线和圆系

26.8 求作封闭的六节折线,使所有的线节每一个恰相交一次.

提示 需要的例子如图 26.3 所示.

26.9 能在平面上画出六个点,并用不相交的线段将它们联结,使得每个点恰与另外的四个点联结吗?

提示 能.如图 26.4 所示.

第26章 点系与线段系、例与反例
DIERSHILIUZHANG DIANXI YU XIANDUANXI、LI YU FANLI

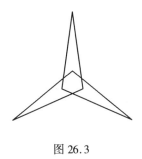

图 26.3

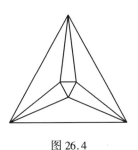

图 26.4

26.10* 点 O 在凸多边形 $A_1\cdots A_n$ 的内部,具有这样的性质:使得任意直线 OA_i 还包含一个顶点 A_j,证明:除点 O 以外,任何其他的点不具有这个性质.

提示 由条件推出,多边形的所有顶点可用过点 O 的对角线 A_iA_j 划分成对,所以顶点数是偶数,并且每个这样的对角线 A_iA_j 的两侧有相等个数的顶点,因此 $j=i+m$,其中 m 是顶点数的一半.这样一来,点 O 是联结相对位置顶点的对角线的交点.显然,这些对角线的交点是唯一的.

26.11* 在圆上标出 $4n$ 个点并且将它们一个红、一个蓝交替染色.每种颜色的点分成对,而每对点联结同点一样颜色的线段,证明:如果任意三条线段不交于一点,那么至少存在 n 个点,是红线段与蓝线段的交点.

提示 如果 AC 和 BD 是相交的红色线段,那么任何直线同线段 AB 和 CD 的交点数不超过这条直线同线段 AC 和 BD 的交点数.所以,代替红色线段 AC 和 BD 为线段 AB 和 CD,不增加红色线段同蓝色线段的交点数.而红色线段同红色线段的交点数将减少,因为 AC 和 BD 的交点消失了.若干次这样的操作以后,所有的红色线段成为不相交的,并且剩下证明,在这种情况下红色线段同蓝色线段的交点数不小于 n.考查任意的红色线段.因为另外的红色线段与它不相交,那么根据它的两侧各有偶数个红点,也就是,有奇数个蓝点.因此,存在与已知红色线段相交的蓝色线段,所以红色线段同蓝色线段的交点数不小于红色线段的条数,也就是,不小于 n.

26.12* 在平面上放置 $n(n\geqslant 5)$ 个圆,使得其中任意三个圆都有公共点,证明:所有这些圆相交于一点.

(参见同样的问题 20.5,20.15,20.30,21.14,21.15,21.17 ~ 21.19,23.42,

25.5~25.12,28.37~28.42.)

提示 设 A 是前三个圆 S_1,S_2 和 S_3 的公共点.用 B,C,D 分别表示圆 S_1 和 S_2,圆 S_2 和 S_3,圆 S_3 和 S_1 的交点.假设存在不过点 A 的圆 S,则圆 S 过点 B,C 和 D.设 S' 是第五个圆.A,B,C,D 中每一对点都是由圆 S_1,S_2,S_3,S 中的两圆的一对交点,所以圆 S' 过 A,B,C,D 每个点对中的一个点.另一方面,圆 S' 不能过 A,B,C,D 中的三个点.因为这些点的每个三点组给出圆 S_1,S_2,S_3,S 中的一个,所以圆 S' 不能过这些点中的任意两个,得到矛盾.

§3 例与反例

有许多不真的论断,一眼看上去好像是对的,为了反驳这种类型的论断,必须建构相应的例子,这种例子就称做反例.

26.13 存在这样的三角形吗?它的所有高线都小于 1 cm,而面积大于 1 m².

提示 考查边 $AB=1$ cm 和 $BC=500$ m 的长方形 $ABCD$,设 O 是它的对角线的交点.容易检验,$\triangle AOD$ 的面积大于 1 m²,而它的所有的高线小于 1 cm.

26.14 在四边形 $ABCD$ 中边 AB 和 CD 相等并且 $\angle A$ 与 $\angle C$ 也相等.这个四边形必定是平行四边形吗?

提示 不一定,图 26.5 指出怎样得到需要的四边形 $ABCD$.

26.15* 一个凸四边形的边与对角线的长按增加的次序整理成的序列与另一个四边形同样整理的序列重合一致.这两个四边形必定全等吗?

提示 不一定,容易检验,对于高为 1 和底为 2 和 4 的等腰梯形的边与对角线长的递增序列与长为 2 和 4 的对角线互相垂直且被交点分为长为 1 和 1,1 和 3 的线段的四边形的同样的序列重合一致(图 26.6).

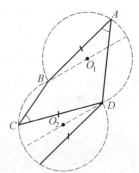

图 26.5

26.16* 设 $n \geq 3$.存在不在一条直线上的 n 个点,它们两两之间的距离

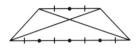 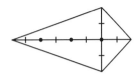

图 26.6

是无理数,而所有以这些点为顶点的三角形的面积是有理数吗?

提示 存在.考查点 $P_i(i,i^2)$,其中 $i = 1,\cdots,n$.顶点在整数格点的所有三角形的面积都是有理数(参见问题 24.7),而数 $P_iP_j = |i-j|\sqrt{1+(i+j)^2}$ 是无理数.

26.17* 在平面上存在三个这样的点 A,B 和 C 吗?使得对任意点 X,线段 XA,XB 和 XC 中至少有一个的长是无理数.

提示 存在.设 C 是线段 AB 的中点,则
$$XC^2 = \frac{2XA^2 + 2XB^2 - AB^2}{2}$$
如果数 AB^2 是无理数,那么数 XA,XB 和 XC 不能同时都是有理数.

26.18* 在锐角 $\triangle ABC$ 中引中线 AM,角平分线 BK 和高 CH.这些线段交点构成的三角形的面积能大于 $0.499 S_{\triangle ABC}$ 吗?

提示 能.考查直角边 $AB = 1$ 和 $BC_1 = 2n$ 的直角 $\triangle ABC_1$.对它引中线 AM_1,角平分线 BK_1 和高 C_1H_1.这些线段形成的三角形的面积大于 $S_{\triangle ABM_1} - S_{\triangle ABK_1}$.显然,$S_{\triangle ABK_1} < \frac{1}{2}$,$S_{\triangle ABM_1} = \frac{n}{2}$,也就是,$S_{\triangle ABM_1} - S_{\triangle ABK_1} > \frac{S}{2} - \frac{S}{2n}$,其中 $S = S_{\triangle ABC_1}$,所以当 n 充分大时,线段 AM_1,BK_1 和 C_1H_1 形成的三角形的面积将大于 $0.499 S$.

点 C_1 可以稍微移动,使得直角 $\triangle ABC_1$ 变为锐角 $\triangle ABC$,而线段的交点形成的三角形的面积仍大于 0.499 的 $\triangle ABC$ 的面积.

26.19* 在无界的(大小为 1×1 的)方格纸上铺设大小为 1×2 的多米诺骨牌,使得它们覆盖所有的方格,此时能够做到使任何沿着方格线的直线仅切割有限个数的骨牌吗?

提示 可以.铺满的例子,无穷个结点,如图 26.7 所示.

26.20* 能够找到有限个点组成的点组,它包含对每个自己的点恰有与它距离为1的100个点吗?

提示 可以.以 n 代替100,用归纳法证明这个论断.当 $n=1$ 时可以取长为1的线段的端点.假设,论断对 n 已经证明并且 $A_1,\cdots,A_k$ 是需要选取的点.设 $A'_1,\cdots,A'_k$ 是点 $A_1,\cdots,A_k$ 平移单位向量 a 时的像.对于归纳步骤单位向量 a 只需选取使得,当 $i\neq j$ 时,$a\neq \overrightarrow{A_iA_j}$ 和 $A_jA'_i\neq 1$ 就足够了,也就是,当 $i\neq j$ 时,$|\overrightarrow{A_jA_i}+a|\neq 1$.由单位圆除去每个这些限制不多于一个点.

图 26.7

26.21* 在平面上放置某些不相交的线段,总能联结它们中某些线段的端点,得到封闭的不自交的折线吗?

提示 不是总能办到的.考查图 26.8 画出的线段,它们每条线段的端点能够只与对它邻近的长线段的端点联结,显然,在这种情况下不能得到封闭的不自交的折线.

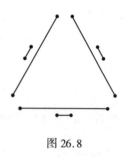

图 26.8

26.22* 如果一个三角形的内切圆的中心到它两个边的中点的距离相等,这个三角形必定是等腰三角形吗?

提示 不一定.我们证明,边 $AB=6$, $BC=4$ 和 $AB=8$ 的 $\triangle ABC$ 内切圆的中心 O 与边 AC 和 BC 的中点的距离相等.用 B_1 和 A_1 表示边 AC 和 BC 的中点,而由点 O 引向 AC 和 BC 的垂线足用 B_2 和 A_2 表示(图 26.9).因为 $A_1A_2=1=B_1B_2$(参见问题 3.2)和 $OA_2=OB_2$,所以 $\triangle OA_1A_2\cong\triangle OB_1B_2$,即 $OA_1=OB_1$.

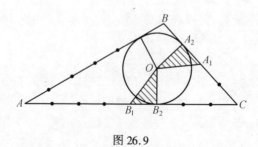

图 26.9

第 26 章　点系与线段系、例与反例

26.23* 杂技场的舞台用 n 个不同的探照灯照明,每个探照灯照亮一个凸图形.已知,如果关闭任一个探照灯,那么舞台将像原来一样被完全照亮,而如果关闭任意两个探照灯,那么舞台就会不完全被照亮,对怎样的 n 这是可能的?

(参见同样的问题 6.81,6.92 ~ 6.95,22.37 ~ 22.39,22.47,22.48,22.50,23.38,24.12,24.13.)

提示　当 $n \geq 3$ 时这是可能的.在舞台上写入正 k 边形,其中 k 是能由 n 个探照灯组成的不同的对数,即 $k = \dfrac{n(n-1)}{2}$,则能够建立 k 边形的边截出的弓形和一对探照灯之间的相互的单值对应,设每个探照灯照亮整个 k 边形和它包含在一对探照灯对应的弓形,容易检验,这个照明具有所要求的性质.

第 27 章 归纳法与组合分析

基础知识

在解几何问题时有时要利用数学归纳法. 它的内容如下, 设有某个命题 $A(n)$, 其中 n 是自然数. 为了证明这个命题对所有的 $n \geq k$ 为真, 只需证明它对 $n = k$ 为真并且由命题对 $n = m$ 真, 推出它对 $n = m + 1$ 真就足够了, 其中 m 是任意不小于 k 的自然数.

证明命题 $A(n)$ 当 $n = k$ 时为真, 称为归纳基础, 而由命题对 $n = k$ 为真, 推出它对 $n = m + 1$ 真, 称为归纳递推.

§1 归 纳 法

27.1 证明: 如果平面被直线和圆划分为部分, 那么得到的图形可以染两种颜色, 使得以弧或线段为分界的部分有不同的颜色.

提示 对直线和圆的总数用归纳法证明. 对一条直线或一个圆命题显然. 现在假设, 对 n 条直线和圆给出的任意图形能够染成要求的方式, 我们证明, 对 $(n+1)$ 条直线和圆给出的图形同样可以染色. 由这些直线(或者圆)中去掉一个并对余下的 n 条直线和圆给出的图形染色. 然后保留位于去掉的直线(或者圆)一侧的所有部分的颜色不变, 而位于另一侧的所有部分的颜色替换为相反的颜色.

27.2* 证明: 在凸 n 边形中不能选出多于 n 条对角线, 使得它们任意两条都具有公共点.

提示 对 n 归纳证明, 在凸 n 边形中不能选出多于 n 条边或对角线, 使得它们任意两条都有公共点. 当 $n = 3$ 时这显然真. 假设命题对任意的凸 n 边形是对的, 并且对 $(n+1)$ 边形来证明它. 如果由 $(n+1)$ 边形的每个顶点引出不多于两条选出的边或者对角线, 那么它们总的选出不多于 $n+1$, 所以将认为, 由某个顶

第 27 章　归纳法与组合分析
DIERSHIQIZHANG　GUINAFA YU ZUHEFENXI

点 A 引出三条选出的边或对角线 AB_1, AB_2 和 AB_3,并且 AB_2 位于 AB_1 和 AB_3 之间. 因为由点 B_2 引出的且与 AB_2 不同的对角线或边不能同时交 AB_1 和 AB_3,那么由 B_2 引出的只有一条选出的对角线,所以可以同对角线 AB_2 一起删掉点 B_2 并应用归纳假设.

27.3* 设 E 是梯形 $ABCD$ 的腰 AD 和 BC 的交点,B_{n+1} 是直线 A_nC 和 BD 的交点 $(A_0 = A)$,A_{n+1} 是直线 EB_{n+1} 和 AB 的交点,证明:$A_nB = \dfrac{AB}{n+1}$.

提示　显然,$A_0B = AB$. 设 C_n 是直线 EA_n 和 DC 的交点,$\dfrac{DC}{AB} = k$,$AB = a$,$A_nB = a_n$,$A_{n+1}B = x$. 因为

$$\frac{CC_{n+1}}{A_nA_{n+1}} = \frac{DC_{n+1}}{BA_{n+1}}$$

但

$$\frac{kx}{a_n - x} = \frac{ka - kx}{x}$$

即

$$x = \frac{aa_n}{a + a_n}$$

如果 $a_n = \dfrac{a}{n+1}$,那么 $x = \dfrac{a}{n+2}$.

27.4* 在直线上已知点 $A_1, \cdots, A_n$ 和 $B_1, \cdots, B_{n-1}$,证明: $\displaystyle\sum_{i=1}^{n} \dfrac{\prod_{k=1}^{n-1} \overline{A_iB_k}}{\prod_{j \neq i} \overline{A_iA_j}} = 1$.

提示　首先需要对 $n = 2$ 证明命题. 因为

$$\overrightarrow{A_1B_1} + \overrightarrow{B_1A_2} + \overrightarrow{A_2A_1} = \mathbf{0}$$

所以

$$\frac{\overline{A_1B_1}}{A_1A_2} + \frac{\overline{A_2B_1}}{A_2A_1} = 1$$

为了证明,用如下的方式归纳递推. 固定点 $A_1, \cdots, A_n$ 和 $B_1, \cdots, B_{n-2}$,而点 B_{n-1} 将认为是变动的. 研究函数 $f(B_{n-1}) = \displaystyle\sum_{i=1}^{n} \dfrac{\prod_{k=1}^{n-1} \overline{A_iB_k}}{\prod_{j \neq i} \overline{A_iA_j}}$. 这个函数是线性的,并且根据归纳假设 $f(B_{n-1}) = 1$,如果 B_{n-1} 同点 $A_1, \cdots, A_n$ 中的一个重合的话. 因此,这个函数恒等于 1.

27.5* 证明:如果 n 个点不位于一条直线上,那么在联结它们的直线中有不少于 n 条是不同的.

(参见同样的问题 2.13,5.119,13.26,22.8,22.9,22.11 ~ 22.13,22.32, 22.41(2),22.43,22.44,22.50,23.40 ~ 23.42,24.17,25.24,25.26,25.33,25.36, 25.39,25.57,26.4,26.20,28.37,28.38.)

提示 对 n 进行归纳证明.当 $n = 3$ 时结论显然.假设它对于 $(n-1)$ 个点已经证明,将对 n 个点来证明它.如果在过两个已知点的每条直线上还有一个已知点,那么所有已知点位于在一条直线上(参见问题 20.14),所以存在恰有两个已知点 A 和 B 位于其上的直线.去掉点 A,有两种可能的情况.

(1) 所有剩下的点都在一条直线 l 上,则恰有 n 条不同的直线:$(n-1)$ 条直线过点 A,以及直线 l.

(2) 剩下的点不在一条直线上,则根据归纳假设,联结它们的直线中有不少于 $(n-1)$ 条是不同的,并且它们全与直线 l 不同.同直线 AB 一起它们组成了不少于 n 条直线.

§2 组合分析

27.6 在圆上标出某些点,A 是其中一点.以这些点为顶点的凸多边形中,是包含点 A 的凸多边形的数量多,还是不包含点 A 的凸多边形的数量多?

提示 不包含顶点 A 的任意多边形,对它们添加顶点 A,能与包含顶点 A 的多边形建立对应.而逆向操作,也就是,去掉顶点 A,只能对 $n \geq 4$ 的 n 边形进行,所以包含点 A 的多边形个数比不包含点 A 的多边形个数要多,并且多出的正是以 A 为顶点的三角形的个数,即 $\frac{(n-1)(n-2)}{2}$ 个.

27.7 在圆上标出十个点.存在多少条以这些点为顶点的不封闭的并且不自交的九节折线?

提示 第一个点的选取可以有十种方法.由最后的八个点每一个的选取能有两种方法,因为它应该联结前面选出点中的一个(不然的话得到自交的折线).因为在这个计算中起点与终点是不同的,结果必须除以2,因此全部具有 $\frac{10 \times 2^8}{2} = 1\,280$ 条折线.

第27章 归纳法与组合分析

DIERSHIQIZHANG GUINAFA YU ZUHEFENXI

27.8* 在凸 $n(n \geq 4)$ 边形中引所有的对角线,并且它们任三条不交于一点,求这些对角线交点的个数.

提示 对角线的任意交点确定作为它的交点的两条对角线,而这两条对角线的端点确定凸四边形.反之,多边形的任意四个顶点确定一个对角线的交点.所以对角线的交点数等于由 n 个点中选取四个的方法数,也就是,等于 $\dfrac{n(n-1)(n-2)(n-3)}{2 \times 3 \times 4}$.

27.9* 在凸 $n(n \geq 4)$ 边形中引所有的对角线.如果它们任三条不交于一点,这些对角线分 n 边形为多少个部分?

提示 轮流引对角线.假如引当前的对角线,引前面的对角线分多边形的部分数增加为 $m+1$,其中 m 是新对角线同前引的对角线的交点数,也就是每个新对角线和每个新的对角线的交点增加部分数为 1.所以,对角线分 n 边形的部分总数,等于 $D+P+1$,其中 D 是对角线数,P 是对角线的交点数.显然,$D = \dfrac{n(n-3)}{2}$.根据前一个问题 $P = \dfrac{n(n-1)(n-2)(n-3)}{24}$.

27.10* 在平面上给出了 n 个点,它们中任三点都不共线,证明:存在以这些点为顶点的不同的凸四边形不少于 $\dfrac{C_n^5}{n-4}$ 个(数 C_n^k 的定义参见问题 21.27 的提示).

提示 如果选出任意五个点,那么存在以这些点为顶点的凸四边形(问题 22.2).剩下注意,四点组可以用 $(n-4)$ 种不同的方法补充为五点组.

27.11* 证明:以正 n 边形的顶点为顶点的不相等的三角形的个数等于与 $\dfrac{n^2}{12}$ 最接近的整数.

(参见同样的问题 21.27 ~ 21.29,25.6.)

提示 设以正 n 边形的顶点为顶点总共具有 N 个不相等的三角形,同时它们中有 N_1 个正三角形,N_2 个不是正三角形的等腰三角形和 N_3 个不等边三角形.每个正三角形等于一个固定顶点 A 的三角形,不是正三角形的等腰三角形是以 A 为顶点的三个三角形,而不等边的三角形六个.因为顶点为 A 的三角形总

共有 $\frac{(n-1)(n-2)}{2}$ 个,则
$$\frac{(n-1)(n-2)}{2} = N_1 + 3N_2 + 6N_3$$

显然,不等的正三角形数等于 0 或者 1,而不等的等腰三角形数等于 $\frac{n-1}{2}$ 或 $\frac{n}{2} - 1$,即 $N_1 = 1 - c, N_1 + N_2 = \frac{n-2+d}{2}$,其中 c 和 d 等于 0 或者 1,所以
$12N = 12(N_1 + N_2 + N_3) = 2(N_1 + 3N_2 + 6N_3) + 6(N_1 + N_2) + 4N_1 =$
$(n-1)(n-2) + 3(n-2+d) + 4(1-c) = n^2 + 3d - 4c$

因为 $|3d - 4c| < 6$,则 N 与最接近 $\frac{n^2}{12}$ 的整数一致.

第 28 章 反　演

基础知识

1.在本书中,遇到过的所有变换都是把直线变为直线,而把圆变为圆的几何变换.反演是另一种类型的同样保持直线和圆的变换,但可以直线变为圆,而圆变为直线.反演的这些和另外的美妙性质基于它在解各种各样的几何问题时惊人的有效性.

2.定义.设在平面上给定一个以 O 为圆心,半径为 R 的圆.将任意不同于点 O 的点 A 变为位于射线 OA 上的点 A^* 的变换叫做关于圆 S 的反演,其中 A^* 与点 O 的距离 $OA^* = \frac{R^2}{OA}$.关于圆 S 的反演同样也称为 O 为中心和 R^2 为幂的反演,而圆 S 称为反演圆.

3.直接由反演的定义看出,圆 S 上的点仍留在原处,位于圆 S 内的点变到圆 S 外部,而位于圆 S 外的点变到圆 S 内部.如果在反演下点 A 变为 A^*,那么这个反演变点 A^* 为点 A,即 $(A^*)^* = A$.过反演中心的直线的像是这条直线本身.

在这个地方必须事先声明,反演不是严格意义的平面变换词语,因为点 O 不变到任何地方,所以形式上无权说"过点 O 的直线的像",而应当考查由直线删去点 O 得到的两个半直线的并.类似的是包含点 O 的圆的情况.然而下面遵循这些不严格的,但是比较直观的叙述,期望读者容易建立精确的意义.

4.在本章里,点 A 在反演下的像用 A^* 表示.

5.下面简述在解题时经常运用的反演最重要的性质.

在以 O 为中心的反演下:

(1) 不包含 O 的直线 l,变为过 O 的圆(问题 28.2).

(2) 过 O 的圆心为 C 的圆,变为垂直于 OC 的直线(问题 28.3).

(3) 不过 O 的圆,变为不过 O 的圆(问题 28.3).

(4) 如果只是切点不与反演中心重合,则圆与直线保持相切;如果切点与反演中心重合,则得到一对平行的直线(问题 28.4).

(5) 保持两圆之间(或者圆与直线之间,或者两条直线之间)的角的度数(问题 28.5);两圆之间的角的定义见第 3 章的基础知识 4.

§1 反演的性质

28.1 设在中心为 O 的反演下,点 A 变为 A^*,而点 B 变为 B^*,证明:$\triangle OAB$ 与 $\triangle OB^*A^*$ 相似.

提示 设 R^2 为反演幂,则
$$OA \cdot OA^* = OB \cdot OB^* = R^2$$
由此得
$$\frac{OA}{OB} = \frac{OB^*}{OA^*}$$
因为
$$\angle AOB = \angle B^*OA^*$$
所以
$$\triangle OAB \backsim \triangle OB^*A^*$$

28.2 证明:在中心为 O 的反演下,不过 O 的直线 l 变为过 O 的圆.

提示 由点 O 向直线 l 引垂线 OC 并且在 l 上取任意点 M.由 $\triangle OCM$ 与 $\triangle OM^*C^*$ 相似(问题28.1)推出,$\angle OM^*C^* = \angle OCM = 90°$,即点 M^* 位于在直径为 OC^* 的圆 S 上.如果 X 是圆 S 上不同于 O 的任意点,那么它是直线 l 和 OX 的交点 Y 在反演下的像(因为点 Y 的像,一方面在射线 OX 上,而另一方面,正如已经证明的,在圆 S 上).于是反演变直线 l 为圆 S(没有点 O).

28.3 证明:在中心为 O 的反演下,过 O 的圆变为直线,而不过 O 的圆变为圆.

提示 圆 S 过点 O 的情况,事实上在问题 28.3 已经分析过了(因为 $(M^*)^* = M$,由它形式地推出).现在假设,点 O 不属于 S.设 A 和 B 是圆 S 同过 O 和圆 S 的圆心引的直线的交点,而 M 是 S 的任一点.我们证明,S 的像是直径为 A^*B^* 的圆.为此只需证明 $\angle A^*M^*B^* = 90°$ 就足够了.但根据问题 28.1 有
$$\triangle OAM \backsim \triangle OM^*A^*, \triangle OBM \backsim \triangle OM^*B^*$$
因此
$$\angle OMA = \angle OA^*M^*, \angle OMB = \angle OB^*M^*$$
精确地说
$$\angle(OM, MA) = -\angle(OA^*, M^*A^*)$$
$$\angle(OM, MB) = -\angle(OB^*, M^*B^*)$$
(为了不考查点的位置的不同情况,利用在第 2 章叙述的直线之间有向角的性

第 28 章 反 演

质),所以
$$\angle(A^*M^*, M^*B^*) = \angle(A^*M^*, OA^*) + \angle(OB^*, M^*B^*) =$$
$$\angle(OM, MA) + \angle(MB, OM) =$$
$$\angle(MB, MA) = 90°.$$

28.4 证明:相切的圆(圆和直线)在反演下变为相切的圆或者相切的圆和直线,或者一对平行的直线.

提示 如果切点不与反演中心重合,那么反演后这两个圆(圆和直线)首先具有一个公共点,也就是保持相切.

如果圆心为 A 和 B 的两个圆相切于点 O,那么在中心为 O 的反演下它们变为一对垂直于 AB 的直线.最后,如果直线 l 切中心为 A 的圆于点 O,那么在中心为 O 的反演下直线 l 变为自身,而圆变为垂直于 OA 的直线.在这些情况的每一种都得到一对平行的直线.

28.5* 证明:在反演下,两圆之间(圆和直线之间,两直线之间)的角保持不变.

提示 过两圆的交点引两圆的引线 l_1 和 l_2.因为相切的圆与直线在反演下仍然相切(参见问题 28.4),则两圆的像之间的角等于对它们的切线之间的角.在以 O 为中心的反演下直线 l_1 变为自身或者变为与平行于 l_1 的直线在点 O 相切的圆,所以在以 O 为中心的反演下直线 l_1 和 l_2 的像之间的角等于这两条直线之间的角.

28.6* 证明:两个不相交的圆 S_1 和 S_2(或者圆和直线)能够借助反演变为一对同心圆.

提示 在联结已知圆的中心 O_1 和 O_2 的直线上取点 C,使得由点 C 对圆引的切线是相等的.这个点 C 引圆的根轴可以作出(参见问题 3.58).设 l 是这些切线的长.以 C 为中心半径为 l 的圆 S 与 S_1 和 S_2 垂直,所以在中心为 O 的反演下,其中 O 是圆 S 同直线 O_1O_2 的任一个交点,圆 S 变为正交于圆 S_1^* 和 S_2^* 的直线,因此是过它们的中心的直线.但直线 O_1O_2 也过圆 S_1^* 和 S_2^* 的圆心,所以圆 S_1^* 和 S_2^* 是同心的,即 O 是所求的反演中心.

当 S_2 不是圆而是直线的情况,由点 O_1 向 S_2 引的垂线起直线 O_1O_2 的作用,点 C 是它与 S_2 的交点,而 l 是由 C 对 S_1 引的切线长.

注 点 O 是用圆 S_1 和 S_2 给出的圆束的极点.

28.7* 过点 A 引直线 l,与圆心为 O 的圆 S 交于点 M 和 N 并且不过点 O. 设 M' 和 N' 是 M 和 N 关于 OA 的对称点,而 A' 是直线 MN' 和 $M'N$ 的交点,证明: A' 与 A 关于圆 S 的反演下的像重合(且因此不依赖于直线 l 的选取).

提示 设点 A 位于在圆 S 外,则 A' 在圆 S 内并且 $\angle MA'N = \dfrac{\overparen{MN}+\overparen{M'N'}}{2} = \overparen{MN} = \angle MON$,即四边形 $MNOA'$ 是圆内接的. 但是在关于圆 S 的反演下直线 MN 变为过点 M,N,O 的圆(问题 28.2),所以点 A'(A 在反演下的像)位于四边形 $MNOA'$ 的外接圆上. 根据同样的理由点 A' 和 A^* 属于过点 M',N' 和 O 的圆. 但这两个圆不能具有除 O 与 A' 以外的另外的公共点,因此,$A^* = A'$.

28.8* 证明:在关于三角形外接圆的反演下,三角形的两个等力心彼此互相为像.

提示 利用问题 7.16 的表示法. 我们证明,在关于外接圆的反演下圆 S_a 变做自身. 这等价于外接圆与圆 S_a 正交,即在关于圆 S_a 的反演下外接圆变做自身. 在关于圆 S_a 的反演下点 A 变为自身,所以只需检验,点 B 变为点 C,即 $OB \cdot OC = OD^2$,其中 O 是线段 DE 的中点. 为了确定起见,设 $b < c$,则

$$OD = \frac{1}{2}\left(\frac{ab}{c-b} + \frac{ab}{c+b}\right) = \frac{abc}{c^2-b^2}$$

$$OB = OD + DB = \frac{ac^2}{c^2-b^2}, OC = \frac{ab^2}{c^2-b^2}$$

§2 圆的作图

在解答本节的问题时,经常说"作反演……",翻译成形式化的语言,就是"借助圆规和直尺作直线与圆的所有点关于已知圆反演下的像". 从反演的性质和问题 28.9 得出这样的作图是可行的.

在作图问题中经常利用存在变两个不相交的圆为同心圆的反演. 由问题 28.6 的解答推出,这个反演的中心和半径(而这意味着,圆的像)能够用圆规和直尺作图.

第 28 章 反 演

28.9 求作点 A 在关于圆心为 O 的圆 S 反演下的像.

提示 设点 A 位于圆 S 的外部,过点 A 引直线切圆 S 于点 M.设 MA' 是 $\triangle OMA$ 的高.直角 $\triangle OMA$ 和直角 $\triangle OA'M$ 相似,所以 $\dfrac{A'O}{OM} = \dfrac{OM}{OA}$ 且 $OA' = \dfrac{R^2}{OA}$,即点 A' 为所求.如果点 A 在圆 S 的内部,那么按相反的次序完成作图:向 OA 引垂线 AM(点 M 在圆上),则对圆 S 在点 M 的切线同射线 OA 交于所求的点 A^*. 证明逐字逐句重复即可.

28.10 求作过两个已知点的圆并与已知圆(或直线)相切.

提示 如果两个已知点 A 和 B 位于已知圆 S(或直线)上,那么问题无解.现在设点 A 不在圆 S 上.在中心为 A 的反演下所求的圆变为过点 B^* 且与 S^* 相切的直线.由此得出下面的作法:关于以 A 为中心的任意圆作反演.过 B^* 对圆 S^* 引切线 l.再作一次反演,则直线 l 变为所求作的圆.

如果点 B^* 位于在圆 S^* 上,那么问题具有一个解;如果 B^* 位于在圆 S^* 外,那么有两个解;如果 B^* 位于在圆 S^* 内,那么一个解也没有.

28.11* 过已知点作圆与两个已知圆(或圆与直线)相切.

提示 在以已知点为中心的反演以后,圆 S_1 和 S_2 变为一对圆 S_1^* 和 S_2^*(圆 S^* 和直线 l;一对平行直线 l_1 和 l_2),而与它们相切的圆变为对圆 S_1^* 和 S_2^* 的公切线(相应的,圆 S^* 的平行于 l 的切线;平行于 l_1 和 l_2 的直线),所以为了作所求的圆必须作与圆 S_1^* 和 S_2^* 相切的(切圆 S^* 且平行于 l;平行于 l_1 和 l_2)直线,并且再作一次反演.

28.12* 求作一个圆,与三个已知圆相切.(阿波罗尼问题)

提示 归结这个问题为问题 28.11,设半径为 r 的圆与半径分别为 r_1, r_2, r_3 的圆 S_1, S_2, S_3 相切.圆 S 同每个圆 $S_i (i = 1, 2, 3)$ 相切可以不只有外切,而且有内切,所以全部有八种不同的相切的情况.设,例如,圆 S 与 S_1 和 S_3 外切,而和圆 S_2 内切(图 28.1).代替圆 S, S_2, S_3 为它们的同心圆 S', S'_2, S'_3,使得 S' 与 S'_2 和 S'_3 相切并且过圆 S_1 的中心 O_1.为此只需使 S', S'_2, S'_3 的半径等于 $r + r_1, r_2 + r_1, |r_3 - r_1|$ 就足够了.反过来,根据圆 S' 过 O_1 和圆 S'_2

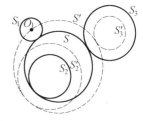

图 28.1

及 S'_3 相切(如果 $r_3 - r_1 \geq 0$,外切;如果 $r_3 - r_1 < 0$ 内切),能够从圆 S' 的半径减少 r_1,作出圆 S,从而给出问题的解.这个圆 S' 的作图写在问题 28.11 的提示中(如果见到给出相切的情况,那么圆的作图是唯一的).用同样的方法可以完成在其余的相切预案的作图.

28.13* 过已知点作圆与两个已知圆正交.

提示 在中心为已知点 A 的反演下所求的圆变为与已知圆 S_1 和 S_2 的像正交的直线,也就是,联结圆 S_1^* 和 S_2^* 圆心的直线.这样一来,所求的圆是在这个反演下过圆 S_1^* 和 S_2^* 圆心的任意直线的像.

28.14* 求作与已知圆 S 相切并与两个已知圆 S_1 和 S_2 正交的圆.

提示 作反演,变圆 S_1 和 S_2 为一对直线(如果它们具有公共点)或者为一对有共同圆心 A 的同心圆(参见问题 28.6).在后一种情况,与它们正交的两个圆,变为过 A 的直线(因为不存在与两个同心圆正交的圆);由 A 对 S^* 引的切线,是所求的圆在这个反演下的像.如果 S_1^* 和 S_2^* 是平行的直线,那么所求圆的像是与 S_1^* 和 S_2^* 正交且与 S^* 相切的两条直线中的任意一条.最后,如果 S_1^* 和 S_2^* 是相交于某个点 B 的两条直线,那么所求的圆是以 B 为圆心的两个与 S^* 相切的圆的任意一个在反演下的像.

28.15* 过已知点 A 和 B 作圆,交已知圆 S 成 α 角.

提示 在以 A 为中心的反演后问题归结为过 B^* 作直线 l,交圆 S^* 成的角为 α,即在圆 S^* 上作点 X,使得 $\angle B^*XO = 90° \pm \alpha$,其中 O 是圆 S^* 的圆心.这个点位于线段 B^*O 截圆 S^* 的弧上,它对线段 B^*O 的视角为 $90° \pm \alpha$.

§3 一支圆规的作图

按照古希腊的传统,在几何中通常研究圆规与直尺的作图,但也可以借助其他的工具进行作图,还可以,例如,研究只借助一支圆规不用直尺的作图.自然,借助一支圆规不能一下子作出直线上所有的点,所以允许认为,如果作出了直线上的两个点,就认为作出了该直线.看来,在这个约定下,借助于圆规能够完成用圆规和直尺能够完成的所有的作图.这由借助一支圆规作已知两个点的直线与

第 28 章 反 演

圆的交点(问题28.22(1))和两条直线的交点(问题28.22(2))的可能性推得,因为任何用圆规和直尺的作图是求圆和直线的交点的序列.

在本节中研究用一支圆规不借助直尺的作图,也就是"求作"一词意味着"只利用一支圆规的作图".当此情况下,如果作出了一条线段的端点,就认为作出了线段.

28.16 (1) 求作一条线段,使其等于已知线段长的 2 倍.

(2) 求作一条线段,使其等于已知线段长的 n 倍.

提示 (1) 设 AB 是已知线段.以 B 为圆心,AB 为半径作圆.在这个圆上作等于 AB 长度的弦 AX,XY 和 YZ,得到等边 $\triangle ABX$,等边 $\triangle XBY$ 和等边 $\triangle YBZ$,所以 $\angle ABZ = 180°$,$AZ = 2AB$.

(2) 在解问题(1)中写出了如何在直线 AB 上作线段 BZ 等于 AB.重复这个步骤 $(n-1)$ 次,得到线段 AC,并且 $AC = nAB$.

28.17 求作点 A 关于过已知点 B 和 C 的直线的对称点.

提示 作圆心在 B 和 C 的圆过点 A,则这两个圆的不同于 A 的交点即为所求.

28.18* 求作点 A 在关于给定中心 O 的已知圆 S 的反演下的像.

提示 首先假设,点 A 位于在圆 S 的外部.设 B 和 C 是圆 S 和圆心为 A 半径为 AO 的圆的两个交点.以 B 和 C 为圆心半径 $BO = CO$ 画圆,设 O 和 A' 是它们的交点.我们证明,A' 就是所求的点.实际上,在关于直线 OA 的对称下圆心在 B 和 C 的圆一个变为另一个,所以 A' 的位置保持不变.因此,点 A' 位于在直线 OA 上.等腰 $\triangle OAB$ 和等腰 $\triangle OBA'$ 相似,原因是它们对底边的角相等,所以 $\dfrac{OA'}{OB} = \dfrac{OB}{OA}$ 或者 $OA' = \dfrac{OB^2}{OA}$,这就是需要的.

现在设点 A 在 S 内部.借助问题28.26(1)的作图,在射线 OA 上放置长为 OA 的线段 $AA_2, A_2A_3, \cdots, A_{n-1}A_n, \cdots$ 直到一个点 A_n 不出现在圆 S 外部,对点 A_n 运用上面写出的作法,得到在 OA 上的点 A_n^*,使得 $OA_n^* = \dfrac{R^2}{nOA} = \dfrac{OA^*}{n}$.对此为了作点 A^*,只剩下将线段 OA_n^* 增加 n 倍(参见问题28.16(2)).

28.19* 求作给定端点的线段的中点.

提示 设 A 和 B 是已知点,如果点 C 在射线 AB 上且 $AC=2AB$,那么在关于圆心为 A 半径为 AB 的圆的反演下点 C 变为线段 AB 的中点.归结为问题 28.16(1) 和 28.18 的作图.

28.20* 求作关于已知圆心 O 的已知圆的反演下已知直线变的圆.

提示 这个圆的圆心是 O 关于 AB 的对称点 O' 在反演下的像,剩下应用问题 28.17 和 28.18.

28.21* 求作过三个已知点的圆.

提示 设 A,B,C 是已知点,作(问题 28.18)点 B 和 C 在中心为 A 和任意反演幂的反演下的像,则过 A,B 和 C 的圆是在这个反演下直线 B^*C^* 的像,并且它的圆心按照题 28.20 作图.

28.22* (1) 求作已知圆 S 和过已知点 A 和 B 的直线的交点.

(2) 求作直线 A_1B_1 和 A_2B_2 的交点,其中 A_1,B_1,A_2 和 B_2 是已知点.

提示 (1) 利用上题作出圆 S 的圆心 O.然后作点 A^* 和 B^*——点 A 和 B 在关于圆 S 反演下的像.直线 AB 的像是过点 A^*,B^* 和 O 的圆 S_1,所求的点是圆 S 与 S_1 的交点的像,即自然是圆 S 与 S_1 的交点.

(2) 考查某个中心为 A_1 的反演.直线 A_2B_2 在这个反演下变为过点 A_1,A_2^* 和 B_2^* 的圆 S.圆 S 可以利用 28.20 作图.然后,利用问题(1)的解作出 S 同直线 A_1B_1 的交点,所求的点是在考查的反演下不同于 A_1 的交点的像.

§4 作反演

28.23 在弓形中内切所有可能的一对相切的圆(图 28.2),求两圆的切点的集合.

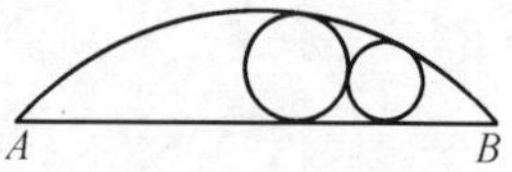

提示 在图 28.2 所示的顶点 A 为中心的反演下,内切在顶点为 B^* 的角.变为弓形构形一对相切的圆.

图 28.2

显然,这样的圆切点的集合是这个角的平分线,而所求的集合是它在反演下的像,即平分弦 AB 和弓形弧之间的角各半的带有 AB 端点的圆弧.

28.24 求与已知角的边相切于已知点 A 和 B 的一对圆切点的集合.

第28章 反 演

DIERSHIBAZHANG FANYAN

提示 设 C 是已知角的顶点.在中心为点 A 的反演下直线 CB 变为圆 S,而 S_1 和 S_2 变为以 O_1 为圆心,与圆 S 切于 B^* 的圆 S^*,和平行于 C^*A,切圆 S_1^* 于点 X 的直线 l(图28.3).在圆 S 中引半径 $OD \perp C^*A$.点 O, B^* 和 O_1 在一条直线上,而 $OD \parallel O_1X$,所以 $\angle OB^*D = 90° - \dfrac{\angle DOB^*}{2} = 90 - \dfrac{\angle XO_1B^*}{2} = \angle O_1B^*X$,因此点 X 在直线 DB^* 上.再一次应用反演,得到所求切点的集合是过点 A, B 和 D^* 的圆的弧 AB.

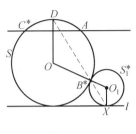

图 28.3

28.25 证明:中心为等腰 $\triangle ABC(AB = AC)$ 的顶点 A 且幂为 AB^2 的反演变三角形的底边 BC 为外接圆的弧 BC.

提示 给出的反演变直线 BC 为过点 A, B 和 C 的圆,并且线段 BC 的像应当留在 $\angle BAC$ 的内部.

28.26* 在弓形中内切所有可能的一对相交的圆,对每对圆过它们的交点引直线,证明:所有这些直线过一点.

提示 设 S_1 和 S_2 是内切于弓形的圆,M, N 是它们的交点(图28.4).我们证明,直线 MN 过弓形圆上与它的端点 A 和 B 等远的点 P.实际上,根据问题28.25,中心为 P 幂为 PA^2 的反演变线段 AB 为弧 AB,而圆 S_1 和 S_2 变为圆 S_1^* 和 S_2^*,如前内切在弓形中.但由点 P 对圆 S_1 引的切线也切圆 S_1^*,所以 $S_1^* = S_1$(因为这些圆的两个一样的形式与三条固定的直线相切).类似有 $S_2^* = S_2$,因此,点 M 和 N 在反演下变换位置,即 $M^* = N$ 和直线 MN 过反演中心.

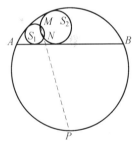

图 28.4

注 关于另外的解法参见问题3.45.

28.27* 四个点 A, B, C, D 中的任意三点都不在一条直线上,证明:$\triangle ABC$ 和 $\triangle ABD$ 外接圆之间的角等于 $\triangle ACD$ 和 $\triangle BCD$ 外接圆之间的角.

提示 作中心为 A 的反演.感兴趣的角将分别等于(参见问题28.5)直线 B^*C^* 和 B^*D^* 之间的角和直线 C^*D^* 与 $\triangle B^*C^*D^*$ 的外接圆之间的角,这

两个角等于弧 C^*D^* 的一半.

28.28* 过点 A 和 B 作圆 S_1 和 S_2 与圆 S 相切,并且圆 S_3 与圆 S 垂直,证明:圆 S_3 同圆 S_1 和 S_2 形成相等的角.

提示 作中心为 A 的反演,得到过点 B 的三条直线:与圆 S^* 相切的直线 S_1^* 和 S_2^*,而 S_3^* 是它们的垂线.这样一来,直线 S_3^* 过圆 S^* 的圆心并且是 S_1^* 和 S_2^* 形成的角的平分线.因此,圆 S_3 平分 S_1 和 S_2 之间的角.

28.29* 相交于点 A 的两个圆,切圆(或直线)S_1 于点 B_1 和 C_1,而切圆(或直线)S_2 于点 B_2 和 C_2(同时切线在 B_2 和 C_2 如同在 B_1 和 C_1 一样),证明:$\triangle AB_1C_1$ 和 $\triangle AB_2C_2$ 的外接圆彼此相切.

提示 由切线类型的条件推出,经过中心为 A 的反演后得到内切于同一个角或者内切于一对对顶角的两个圆.在任意情况下在以 A 为中心的位似下圆 S_1^* 和 S_2^* 一个变为另一个.这个位似将联结切点的一条线段变为另一条,所以直线 $B_1^*C_1^*$ 和 $B_2^*C_2^*$ 平行,而它们在反演下的像在点 A 相切.

28.30* 圆 S_A 过点 A 和 C,圆 S_B 过点 B 和 C,两个圆的圆心位于直线 AB 上.圆 S 切圆 S_A 和 S_B,而此外,它切线段 AB 于点 C_1,证明:CC_1 是 $\triangle ABC$ 的一条角平分线.

提示 作中心为 C 的反演,此时直线 AB 变为过圆 S_A 和 S_B(区别于点 C 的)交点的圆 S'.在这个反演下圆 S_A 和 S_B 变为过圆 S' 的中心 O 的直线(图 28.5).显然,圆 S^* 切圆 S' 于弧 A^*B^* 的中点.

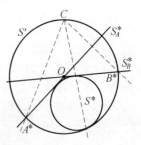

图 28.5

28.31* (1)证明:过三角形三边中点的圆与三角形的内切圆和三个旁切圆都相切.(费尔巴赫)

(2)在 $\triangle ABC$ 的边 AB 和 AC 上取点 C_1 和 B_1,使得 $AC_1 = B_1C_1$ 且 $\triangle ABC$ 的内切圆 S 是 $\triangle AB_1C_1$ 的旁切圆,证明:$\triangle AB_1C_1$ 的内切圆与通过 $\triangle ABC$ 各边中点的圆相切.

提示 (1)设 A_1,B_1 和 C_1 是边 BC,CA 和 AB 的中点.我们证明,例如,$\triangle A_1B_1C_1$ 的外接圆与内切圆 S 和与边 BC 相切的旁切圆 S_a 都相切.设点 B' 和 C'

是 B 和 C 关于 $\angle A$ 平分线的对称点(也就是,$B'C'$ 是圆 S 与 S_a 的第二条内公切线),P 和 Q 是圆 S 与 S_a 同边 BC 的切点,D 和 E 是直线 A_1B_1 和 A_1C_1 同直线 $B'C'$ 的交点.根据问题 3.2 有 $BQ = CP = p - c$,就是说 $A_1P = A_1Q = \dfrac{|b-c|}{2}$.只需证明,在以 A_1 为中心,A_1P^2 为反演幂的反演下点 B_1 和 C_1 变为 D 和 E 就足够了(在这个反演下圆 S 与 S_a 变为自身,而 $\triangle A_1B_1C_1$ 的外接圆变为直线 $B'C'$).

设 K 是线段 CC' 的中点.点 K 在直线 A_1B_1 上,同时

$$A_1K = \frac{BC'}{2} = \frac{|b-c|}{2} = A_1P$$

此外

$$\frac{A_1D}{A_1K} = \frac{BC'}{BA} = \frac{A_1K}{A_1B_1}$$

即

$$A_1D \cdot A_1B_1 = A_1K^2 = A_1P^2$$

类似有

$$A_1E \cdot A_1C_1 = A_1P^2$$

(2) 过 $\triangle ABC$ 各边中点的圆 S',还过高线足(问题 5.129).设 H 是由顶点 B 引出的高线足,B_2 是边 AC 的中点.只需检验,在以 A 为中心,反演幂为 $AB_2 \cdot AH = \dfrac{b}{2}c\cos A = pr\cot A$ 的反演下变旁切圆 S_a 为 $\triangle AB_1C_1$ 的内切圆.实际上,这个反演将圆 S' 变为自身,而根据问题(1) 圆 S' 和 S_a 相切.

设 X 是线段 AB_1 的中点,则 $C_1X = r$,$AX = r\cot A$.剩下注意,点 A 对圆 S_a 的切线长等于 p.

§5 共圆点与共点圆

28.32 已知四个圆,并且圆 S_1 和 S_3 同两个圆 S_2 和 S_4 相交,证明:如果 S_1 同 S_2 以及 S_3 同 S_4 的交点位于一个圆或直线上,那么 S_1 同 S_4 以及 S_2 同 S_3 的交点位于在一个圆或直线上(图 28.6).

提示 经过中心在 S_1 和 S_2 的交点的反演后,得到直线 l_1,l_2 和 l 相交于一点.直线 l_1 交圆 S_4^* 于点 A 和 B,直线 l_2 交圆 S_3^* 于点 C 和 D,而直线 l 过这些圆的交点,所以点 A,B,C,D 位于在一个圆上(问题 3.10).

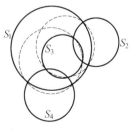

图 28.6

28.33* 已知四个圆 S_1, S_2, S_3, S_4. 设 S_1 和 S_2 相交于点 A_1 和 A_2, S_2 和 S_3 相交于点 B_1 和 B_2, S_3 和 S_4 相交于点 C_1 和 C_2, S_4 和 S_1 相交于点 D_1 和 D_2(图 28.7). 证明: 如果点 A_1, B_1, C_1, D_1 位于一个圆 S(或直线)上, 那么点 A_2, B_2, C_2, D_2 位于一个圆(或直线)上.

提示 作中心在点 A_1 的反演, 则圆 S_1, S_2 和 S 变为直线 $A_2^* D_1^*$, $B_1^* A_2^*$ 和 $D_1^* B_1^*$, 圆 S_3 和 S_4 变为 $\triangle B_2^* C_1^* B_1^*$ 和 $\triangle C_1^* D_1^* D_2^*$ 的外接圆 S_3^* 和 S_4^* (图 28.8). 过点 B_2^*, D_2^*, A_2^* 作圆. 根据问题 2.83(1) 它过圆 S_3^* 和 S_4^* 的交点 C_2^*. 这样一来, 点 $A_2^*, B_2^*, C_2^*, D_2^*$ 位于一个圆上. 因此, 点 A_2, B_2, C_2, D_2 位于一个圆上或直线上.

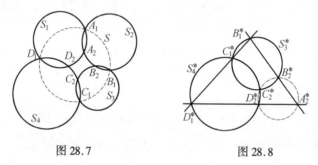

图 28.7　　　　图 28.8

28.34* 延长凸五边形 $ABCDE$ 的边, 使得形成五角星形 $AHBKCLDMEN$ (图 28.9). 作围绕射线节形成的三角形的外接圆, 证明: 这些圆不同于 A, B, C, D, E 的五个交点, 位于在一个圆上.

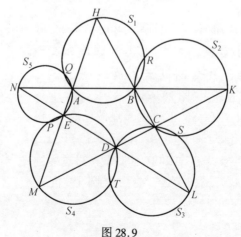

图 28.9

第 28 章　反　演
DIERSHIBAZHANG　FANYAN

提示　设 P, Q, R, S, T 是圆 S_1, S_2, S_3, S_4, S_5 如问题条件说的交点(图 28.9). 作 $\triangle NKD$ 的外接圆 ε, 对四边形 $AKDE$ 和 $BNDC$ 运用问题 2.88(1) 的结果(同 19.46 一致), 得到, 圆 S_4, S_5 和 ε 相交于一点(在点 P) 和圆 S_2, S_3, ε 也相交于一点(在点 S). 因此, 圆 ε 过点 P 和 S. 现在注意, 由圆 $\varepsilon, S_1, S_2, S_5$ 相交的八个点中有四个, 也就是, N, A, B, K 位于一条直线上. 因此, 根据问题 28.33, 剩下的四个点 P, Q, R, S 位于一个圆上.

28.35* 　在平面上取六个点 $A_1, A_2, A_3, B_1, B_2, B_3$, 证明: 若 $\triangle A_1 A_2 B_3$, $\triangle A_1 B_2 A_3$ 和 $\triangle B_1 A_2 A_3$ 的外接圆过一个点, 那么 $\triangle B_1 B_2 A_3$, $\triangle B_1 A_2 B_3$ 和 $\triangle A_1 B_2 B_3$ 的外接圆相交于一点.

提示　经过中心在 $\triangle A_1 A_2 B_3$, $\triangle A_1 B_2 A_3$ 和 $\triangle B_1 A_2 A_3$ 的外接圆的交点的反演后, 这些圆变为直线, 而问题的结论归结为: 证明 $\triangle B_1^* B_2^* A_3^*$, $\triangle B_1^* A_2^* B_3^*$ 和 $\triangle A_1^* B_2^* B_3^*$ 的外接圆过一点, 也就是, 问题 2.83(1) 的结论.

28.36* 　在平面上取六个点 $A_1, A_2, B_1, B_2, C_1, C_2$, 证明: 如果 $\triangle A_1 B_1 C_1$, $\triangle A_1 B_2 C_2, \triangle A_2 B_1 C_2, \triangle A_2 B_2 C_1$ 的外接圆过一个点, 那么 $\triangle A_2 B_2 C_2$, $\triangle A_2 B_1 C_1, \triangle A_1 B_2 C_1, \triangle A_1 B_1 C_2$ 的外接圆也过一个点.

提示　经过中心在 $\triangle A_1 B_1 C_1$, $\triangle A_1 B_2 C_2$, $\triangle A_2 B_1 C_2$ 和 $\triangle A_2 B_2 C_1$ 的外接圆的交点的反演后, 得到四条直线和围绕三角形的这些直线形成的四个外接圆. 根据问题 2.83(1), 这些圆过一点.

28.37* 　在这个问题中, 将研究 n 条直线组成的一般位置, 也就是, 在组成中任意两条直线不平行并且任三条直线不过同一点.

由两条直线组成的一般位置与它们的交点相对应, 而由三条直线组成的一般位置与过三个交点的圆相对应. 如果 l_1, l_2, l_3, l_4 是四条直线的一般位置, 那么与去掉直线 l_i 得到的四个三直线组对应的四个圆 S_i 过同一点(参见问题 2.88(1)), 建立它与四条直线相对应, 这个结构能够继续下去.

(1) 设 $l_i (i = 1, \cdots, 5)$ 是五条直线的一般位置, 证明: 与去掉直线 l_i 得到的四直线组对应的五个点 A_i 位于在一个圆上.

(2) 证明: 这一个串可以延续, 与由 n 条直线每个组成的一般位置对应的是, 当 n 为偶数时是点, 且当 n 为奇数时是圆, 使得与对应由 $(n-1)$ 条直线的组成的 n 个圆(点) 过这个点(位于这个圆上).

· 659 ·

提示 （1）用 M_{ij} 表示直线 l_i 和 l_j 的交点，而用 S_{ij} 表示剩下的三条直线对应的圆，则点 A_1 是不同于点 M_{34} 的圆 S_{15} 和 S_{12} 的交点.

对所有的点 A_i 重复这个讨论得到，根据问题 28.34，它们位于在一个圆上.

（2）用归纳法证明问题的论断，区分 n 为偶数和奇数的情况进行考查. 设 n 为奇数. 用 A_i 表示对应去掉直线 l_i 得到的 $(n-1)$ 条直线组成的点，而用 A_{ijk} 表示对应已知的 n 条直线没有直线 l_i, l_j 和 l_k 的组成的点. 类似地用 S_{ij} 和 S_{ijkm} 表示去掉直线 l_i, l_j 和 l_i, l_j, l_k, l_m 得到的由 $(n-2)$ 和 $(n-4)$ 条直线的组成对应的圆.

对此为了证明，n 个点 $A_1, A_2, \cdots, A_n$ 位于一个圆上，只需证明，它们的任意四点在一个圆上就够了. 例如，对点 A_1, A_2, A_3 和 A_4 进行证明. 因为点 A_i 和 A_{ijk} 在 S_{ij} 上，所以圆 S_{12} 和 S_{23} 交于点 A_2 和 A_{123}，圆 S_{23} 和 S_{34} 交于点 A_3 和 A_{234}，圆 S_{34} 和 S_{41} 交于点 A_4 和 A_{134}，圆 S_{41} 和 S_{12} 交于点 A_1 和 A_{124}. 但点 $A_{123}, A_{234}, A_{134}$ 和 A_{124} 位于一个圆 —— 圆 S_{1234} 上，所以，根据问题 28.33，点 A_1, A_2, A_3 和 A_4 位于一个圆上.

现在设 n 为偶数. $S_i, A_{ij}, S_{ijk}, A_{ijkm}$ 是分别对应由 $(n-1), (n-2), (n-3)$ 和 $(n-4)$ 条直线组成的圆和点. 对此为了证明圆 $S_1, S_2, \cdots, S_n$ 相交于一点，指出对它们的任意三个都是对的.（这只需对 $n \geq 5$，参见问题 26.12）我们证明，例如，S_1, S_2 和 S_3 相交于一点. 根据点 A_{ij} 以及圆 S_i 和 S_{ijk} 的定义，点 A_{12}, A_{13} 和 A_{14} 在圆 S_1 上；A_{12}, A_{23} 和 A_{24} 在圆 S_2 上；A_{13}, A_{14} 和 A_{34} 在圆 S_3 上；A_{12}, A_{14} 和 A_{24} 在圆 S_{124} 上；A_{13}, A_{14} 和 A_{34} 在圆 S_{134} 上；A_{23}, A_{24} 和 A_{34} 在圆 S_{234} 上. 但是三个圆 S_{124}, S_{134} 和 S_{234} 过点 A_{1234}，所以根据问题 28.35 圆 S_1, S_2 和 S_3 相交于一点.

28.38* 设在两条相交的直线 l_1 和 l_2 上选出不与这两条直线的交点 M 重合的点 M_1 和 M_2. 建立过 M_1, M_2 和 M 的圆与它们相对应.

如果 $(l_1, M_1), (l_2, M_2), (l_3, M_3)$ 是作为直线同选出的点的一般位置，那么根据问题 $(2.83(1))$ 对应"线点对" (l_1, M_1) 和 $(l_2, M_2), (l_2, M_2)$ 和 $(l_3, M_3), (l_3, M_3)$ 和 (l_1, M_1) 的三个圆相交于一点，建立它与"三线组"同在它们上选出的点相对应.

（1）设 l_1, l_2, l_3, l_4 是四条直线的一般位置，在每个由它们给出的点，同时这些点位于在一个圆上，证明：由直线中去掉一条得到的"三线组"对应的四个点，位于在一个圆上.

（2）证明：由 n 条直线的组成的一般位置的每条直线同由它给出的位于在一个圆上的每个点，能对应于点（当 n 为奇数时）或圆（当 n 为偶数时），使得对应

第28章 反演
DIERSHIBAZHANG FANYAN

于由 $(n-1)$ 条直线组成的 n 个圆(点,当 n 为偶数时),过这个点(当 n 为偶数时位于这个圆上).

提示 (1)用 M_{ij} 表示直线 l_i 和 l_j 的交点,则对应于三线组 l_2,l_3,l_4 的点 A_1,这是 $\triangle M_2M_3M_{23}$ 和 $\triangle M_3M_4M_{34}$ 外接圆的交点.对点 A_2,A_3 和 A_4 类似讨论,根据问题 28.33,因为 M_1,M_2,M_3,M_4 位于一个圆上,得到,点 A_1,A_2,A_3 和 A_4 位于一个圆上.

(2)正如在问题 28.37(2),用归纳法证明的论断,区分 n 为偶数和奇数的情况进行考查.

设 n 为偶数且 A_i,S_{ij},A_{ijk} 表示对应于由 $(n-1),(n-2),(n-3)$ 和 $(n-4)$ 条直线的组成的点和圆.我们证明,点 A_1,A_2,A_3,A_4 位于一个圆上.根据点 A_i 和 A_{ijk} 的定义,圆 S_{12} 和 S_{23} 相交于点 A_2 和 A_{123};S_{23} 和 S_{34} 相交于点 A_3 和 A_{234};S_{34} 和 S_{41} 相交于点 A_4 和 A_{134};S_{41} 和 S_{12} 相交于点 A_1 和 A_{124}.点 A_{123},A_{234},A_{134} 和 A_{124} 位于圆 S_{1234} 上,所以根据问题 28.33,点 A_1,A_2,A_3,A_4 位于一个圆上.类似可证,由点 A_i 中任意四个(因此,它们全部)位于在一个圆上.

在 $n \geq 5$ 的奇数的情况,逐字逐句地重复问题 28.37(2)对于 n 为偶数时对论断的证明就可以了.

§6 圆 链

28.39* 圆 $S_1,S_2,\cdots,S_n$ 切两个圆 R_1 和 R_2,且此外,S_1 切 S_2 于点 A_1,S_2 切 S_3 于点 $A_2,\cdots,S_{n-1}$ 切 S_n 于点 A_{n-1},证明:点 $A_1,A_2,\cdots,A_{n-1}$ 位于一个圆上.

提示 如果圆 R_1 和 R_2 相交或相切,那么中心在它们交点的反演将圆 S_1,$S_2,\cdots,S_n$ 变为与一对直线相切的圆并且彼此切于点 $A_1^*,A_2^*,\cdots,A_{n-1}^*$,如果 R_1^* 和 R_2^* 相交,在直线 R_1^* 和 R_2^* 形成的角的平分线上,如果 R_1^* 和 R_2^* 不相交,则在平行于 R_1^* 和 R_2^* 的直线上.再次运用反演,得到点 $A_1^*,A_2^*,\cdots,A_{n-1}^*$ 位于一个圆上.

如果圆 R_1 和 R_2 不相交,那么根据问题 28.6,存在反演,变它们为一对同心圆.在这种情况下点 $A_1^*,A_2^*,\cdots,A_{n-1}^*$ 位于与 R_1^* 和 R_2^* 同心的圆上,这意味着,点 $A_1^*,A_2^*,\cdots,A_{n-1}^*$ 位于一个圆上.

28.40* 证明,如果存在圆链 $S_1,S_2,\cdots,S_n$,它们每个与两个相邻的圆相切(S_n 切 S_{n-1} 和 S_1)并且与两个不交的圆 R_1 和 R_2 相切,那么这个圆链有无穷多个圆,即对任意的与 R_1 和 R_2 相切的圆 T_1(一致的形式,如果 R_1 和 R_2 不是一个在另一个的外部并且内部的形式作为相反的情况),存在类似的 n 个相切的圆的 $T_1, T_2, \cdots, T_n$.(施泰纳细孔)

提示 作变 R_1 和 R_2 为一对同心圆的反演,则圆 $S_1^*, S_2^*, \cdots, S_n^*$ 和 T_1^* 彼此相等(图 28.10).围绕 R_1^* 的中心转动圆链 $S_1^*, \cdots, S_n^*$,使得 S_1^* 变到 T_1^*,并且再作一次反演,得到所需要的圆链 $T_1, T_2, \cdots, T_n$.

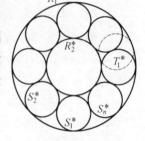

图 28.10

28.41* 证明:对于两个不相交的圆 R_1 和 R_2 存在由 n 个相切的圆组成的链(参见问题 28.40),当且仅当切圆 R_1 和 R_2 于它们同联结中心的直线的交点的圆 T_1 和 T_2 之间的角,等于 $\dfrac{360°}{n}$ 的整数倍(图 28.11).

提示 将圆 R_1 和 R_2 变为一对同心圆的反演中心位于它们的连心线上(参见问题 28.6 的提示),所以作这个反演并且计算在这时切线保持的圆之间的角,对圆心为 O 半径为 r_1 和 r_2 的同心圆 R_1 和 R_2 引入证明.

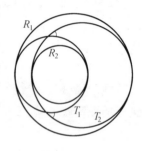

图 28.11

作圆心为 P 半径为 $\dfrac{r_1 - r_2}{2}$ 的圆 S,与 R_1 内切且与 R_2 外切,并且中心为 A 和 B 半径为 $\dfrac{r_1 + r_2}{2}$ 的两个圆 S' 和 S'' 切 R_1 和 R_2 于它们同直线 OP 的交点(图 28.12).设 OM 和 ON 是由点 O 对 S 引的切线,显然,由与 R_1 和 R_2 相切的 n 个圆的链存在,当且仅当 $\angle MON$ 等于 $\dfrac{m360°}{n}$(在这种情况圆链 m 次跑过圆 R_2),所以剩下证明,圆 S' 和 S'' 之间的角等于 $\angle MON$.但 S' 和 S'' 之间的角等于由交点 C 引的它们的半径之间的角.此外,$\triangle ACO \cong \triangle PON$(因为 $OP = r_1 - \dfrac{r_1 - r_2}{2} = \dfrac{r_1 + r_2}{2} = AC, PN = \dfrac{r_1 - r_2}{2} = r_1 - \dfrac{r_1 + r_2}{2} = OA, \angle PNO = \angle AOC = 90°$),所以 $\angle ACB = 2\angle ACO = 2\angle PON = \angle NOM$.

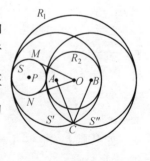

图 28.12

28.42* 六个圆中的每一个都与剩下的五个圆中的四个相切(图 28.13),

第28章 反　演
DIERSHIBAZHANG　FANYAN

证明:(由这六个圆中)任何一对不毗邻的圆的半径与圆心之间的距离满足下面的关系式 $d^2 = r_1^2 + r_2^2 \pm 6r_1r_2$(如果两个圆没有一个在另一个的内部取"+",在相反的情况取"-").

提示 设 R_1 和 R_2 是任意一对不相切的圆.剩下的四个圆形成圆链,所以根据题 28.41,圆 S' 和 S'',切 R_1 和 R_2 于它们同连心线的交点,且相交成直角(图 28.14).如果 R_2 位于在 R_1 的内部,那么圆 S' 和 S'' 的半径 r' 和 r'' 等于 $\dfrac{r_1 + r_2 + d}{2}$ 和 $\dfrac{r_1 + r_2 - d}{2}$,而它们圆心之间的距离为 $d' = 2r_1 - r_1 - r_2 = r_1 - r_2$. S' 和 S'' 之间的角等于在交点引的它们的半径之间的角,所以 $(d')^2 = (r')^2 + (r'')^2$ 或者变换以后,$d^2 = r_1^2 + r_2^2 - 6r_1r_2$.

当 R_1 和 R_2 不是一个在另一个内部时,圆 S' 和 S'' 的半径等于 $\dfrac{d + (r_1 - r_2)}{2}$ 和 $\dfrac{d - (r_1 - r_2)}{2}$,而圆心之间的距离为 $d' = r_1 + r_2 + d - (r'_1 - r'_2) = r_1 + r_2$.结果得到 $d^2 = r_1^2 + r_2^2 + 6r_1r_2$.

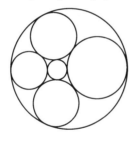

图 28.13

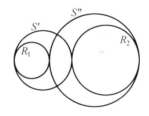

图 28.14

第 29 章 仿射变换

§1 仿射变换

定义 如果平面变换是连续的,互相单值的并且任何直线的像是直线,则称这样的平面变换为仿射变换.

注 实际上,这里连续性的要求是多余的,连续性可由互相单值和直线变为直线推出,其中的理由参见问题 29.18.

定义 将平面上每个点 M 变为点 M',使得 $\overrightarrow{OM'} = k\overrightarrow{OM}$,其中 O 是点 M 在直线 l 上的射影.这样的平面变换称为关于轴 l 系数为 k 的拉伸.(系数小于 1 的拉伸叫做压缩)

29.1 证明:平面拉伸是仿射变换.

提示 应当证明,如果 A', B', C' 是点 A, B, C 在关于直线 l 以系数 k 的拉伸下的像,且点 C 位于在直线 AB 上,则点 C' 位于在直线 $A'B'$ 上.设 $\overrightarrow{AC} = k\overrightarrow{AB}$. 用 A_1, B_1, C_1 表示点 A, B, C 在直线 l 上的射影,并设 $\boldsymbol{a} = \overrightarrow{A_1 A}, \boldsymbol{b} = \overrightarrow{B_1 B}, \boldsymbol{c} = \overrightarrow{C_1 C}, \boldsymbol{a'} = \overrightarrow{A_1 A'}, \boldsymbol{b'} = \overrightarrow{B_1 B'}, \boldsymbol{c'} = \overrightarrow{C_1 C'}, \boldsymbol{x} = \overrightarrow{A_1 B_1}, \boldsymbol{y} = \overrightarrow{A_1 C_1}$. 由此,当在直线 l 上射影保持成比例的向量长度关系,得出

$$\boldsymbol{y} = t\boldsymbol{x}, \quad \boldsymbol{y} + (\boldsymbol{c} - \boldsymbol{a}) = t(\boldsymbol{x} + (\boldsymbol{b} - \boldsymbol{a}))$$

由第二个等式计算第一个等式,得到

$$(\boldsymbol{c} - \boldsymbol{a}) = t(\boldsymbol{b} - \boldsymbol{a})$$

按照拉伸的定义

$$\boldsymbol{a'} = k\boldsymbol{a}, \quad \boldsymbol{b'} = k\boldsymbol{b}, \quad \boldsymbol{c'} = k\boldsymbol{c}$$

所以

$$\overrightarrow{A'C'} = \boldsymbol{y} + k(\boldsymbol{c} - \boldsymbol{a}) = t\boldsymbol{x} + k(t(\boldsymbol{b} - \boldsymbol{a})) = t(\boldsymbol{x} + k(\boldsymbol{b} - \boldsymbol{a})) = t\overrightarrow{A'B'}$$

第29章 仿射变换

29.2 证明:在仿射变换下,平行线变为平行线.

提示 根据定义,直线的像是直线,而由仿射变换的互相单值性得出,不相交的直线的像不相交.

29.3 设 A_1, B_1, C_1, D_1 是点 A, B, C, D 在仿射变换下的像,证明:如果 $\overrightarrow{AB} = \overrightarrow{CD}$,那么 $\overrightarrow{A_1B_1} = \overrightarrow{C_1D_1}$.

提示 设 $\overrightarrow{AB} = \overrightarrow{CD}$. 首先考查当点 A, B, C, D 不在一条直线上的情况. 此时 $ABCD$ 是平行四边形. 由上题得出 $A_1B_1C_1D_1$ 也是平行四边形,所以 $\overrightarrow{A_1B_1} = \overrightarrow{C_1D_1}$.

现在设点 A, B, C, D 在一条直线上,取不在这条直线上的点 E 和 F,使得 $\overrightarrow{EF} = \overrightarrow{AB}$. 设 E_1 和 F_1 是它们的像,则 $\overrightarrow{A_1B_1} = \overrightarrow{E_1F_1} = \overrightarrow{C_1D_1}$.

由问题29.3得出,可以定义向量 $\overrightarrow{AB}$ 的仿射变换 L 下的像作为 $\overrightarrow{L(A)L(B)}$,并且这个定义与点 A 和 B 的选取无关.

29.4 证明:如果 L 是仿射变换,那么

(1) $L(\boldsymbol{0}) = \boldsymbol{0}$.

(2) $L(\boldsymbol{a} + \boldsymbol{b}) = L(\boldsymbol{a}) + L(\boldsymbol{b})$.

(3) $L(k\boldsymbol{a}) = kL(\boldsymbol{a})$.

提示 (1) $L(\boldsymbol{0}) = L(\overrightarrow{AA}) = \overrightarrow{L(A)L(A)} = \boldsymbol{0}$.

(2) $L(\overrightarrow{AB} + \overrightarrow{BC}) = L(\overrightarrow{AC}) = \overrightarrow{L(A)L(C)} = \overrightarrow{L(A)L(B)} + \overrightarrow{L(B)L(C)} = L(\overrightarrow{AB}) + L(\overrightarrow{BC})$.

(3) 首先假设,数 k 是自然数,则

$$L(k\boldsymbol{a}) = L(\underbrace{\boldsymbol{a} + \cdots + \boldsymbol{a}}_{k \uparrow \boldsymbol{a}}) = \underbrace{L(\boldsymbol{a}) + \cdots + L(\boldsymbol{a})}_{k \uparrow L(\boldsymbol{a})}) = kL(\boldsymbol{a})$$

$$L(k\boldsymbol{a}) + L(-k\boldsymbol{a}) = L(k\boldsymbol{a} - k\boldsymbol{a}) = L(\boldsymbol{0}) = \boldsymbol{0}$$

所以 $\qquad L(-k\boldsymbol{a}) = -L(k\boldsymbol{a}) = -kL(\boldsymbol{a})$

现在设 $k = \dfrac{m}{n}$ 是有理数,则

$$nL(k\boldsymbol{a}) = L(nk\boldsymbol{a}) = L(m\boldsymbol{a}) = mL(\boldsymbol{a})$$

所以 $\qquad L(k\boldsymbol{a}) = \dfrac{mL(\boldsymbol{a})}{n} = kL(\boldsymbol{a})$

最后,如果 k 是任意的实数,那么总能找到有理数的序列 k_n 收敛于 k(例如,十进小数序列逼近 k). 因为 L 连续,则

$$L(k\boldsymbol{a}) = L(\lim_{n\to\infty} k_n\boldsymbol{a}) = \lim_{n\to\infty} k_n L(\boldsymbol{a}) = kL(\boldsymbol{a})$$

29.5 设 A', B', C' 是点 A, B, C 在仿射变换 L 下的像,证明:如果 C 分线段 AB 为 $\dfrac{AC}{CB} = \dfrac{p}{q}$,那么 C' 分线段 $A'B'$ 为同样的比例.

提示 根据问题 29.4(3) 由条件 $q\overrightarrow{AC} = p\overrightarrow{CB}$ 得出
$$q\overrightarrow{A'C'} = qL(\overrightarrow{AC}) = L(q\overrightarrow{AC}) = L(p\overrightarrow{CB}) = pL(\overrightarrow{CB}) = p\overrightarrow{C'B'}$$

29.6 (1) 证明:存在唯一的仿射变换,它变已知点 O 为给定点 O',而已知向量的基 $\boldsymbol{e}_1, \boldsymbol{e}_2$ 变为给定的基 $\boldsymbol{e}'_1, \boldsymbol{e}'_2$.

(2) 已知两个 $\triangle ABC$ 和 $\triangle A_1B_1C_1$,证明:存在唯一的仿射变换,变 A 为 A_1, B 为 B_1, C 为 C_1.

(3) 已知两个平行四边形,证明:存在唯一的仿射变换,使得一个平行四边形变为另一个平行四边形.

提示 用下面的方式给出映射 L.设 X 是任意点.因为 $\boldsymbol{e}_1, \boldsymbol{e}_2$ 是基底,存在单值确定的这样的数 x_1 和 x_2,使得 $\overrightarrow{OX} = x_1\boldsymbol{e}_1 + x_2\boldsymbol{e}_2$.建立对应点 X 的这样的点 $X' = L(X)$,使得 $\overrightarrow{O'X'} = x_1\boldsymbol{e}'_1 + x_2\boldsymbol{e}'_2$.因为 $\boldsymbol{e}'_1, \boldsymbol{e}'_2$ 也是基底,得到的映射是互相单值的.(逆映射类似建立) 我们证明,任意直线 AB 在映射 L 下变为直线.设 $A' = L(A), B' = L(B)$ 和 a_1, a_2, b_1, b_2 是点 A 和 B 在基底 $\boldsymbol{e}_1, \boldsymbol{e}_2$ 下的坐标,即这样的数 $\overrightarrow{OA} = a_1\boldsymbol{e}_1 + a_2\boldsymbol{e}_2, \overrightarrow{OB} = b_1\boldsymbol{e}_1 + b_2\boldsymbol{e}_2$.考查直线 AB 上任意点 C,则对某个 k 有
$$\overrightarrow{AC} = k\overrightarrow{AB}$$
也就是
$$\overrightarrow{OC} = \overrightarrow{OA} + k(\overrightarrow{OB} - \overrightarrow{OA}) = ((1-k)a_1 + kb_1)\boldsymbol{e}_1 + ((1-k)a_2 + kb_2)\boldsymbol{e}_2$$

因此,如果 $C' = L(C)$,那么
$$\overrightarrow{O'C'} = ((1-k)a_1 + kb_1)\boldsymbol{e}'_1 + ((1-k)a_2 + kb_2)\boldsymbol{e}'_2 = \overrightarrow{O'A'} + k(\overrightarrow{O'B'} - \overrightarrow{O'A'})$$
也就是点 C' 在直线 $A'B'$ 上.

由问题 29.4 的结果推出映射 L 的单值性.其实,$L(\overrightarrow{OX}) = x_1 L(\boldsymbol{e}_1) + x_2 L(\boldsymbol{e}_2)$,也就是,点 X 的像被向量 $\boldsymbol{e}_1, \boldsymbol{e}_2$ 和点 O 的像单值确定.

(2) 为了证明,可以利用上面的问题,放置 $O = A, \boldsymbol{e}_1 = \overrightarrow{AB}, \boldsymbol{e}_2 = \overrightarrow{AC}, O' = A_1, \boldsymbol{e}'_1 = \overrightarrow{A_1B_1}, \boldsymbol{e}'_2 = \overrightarrow{A_1C_1}$.

(3) 由问题(2)得出由此平行的直线变为平行的直线.

第29章 仿射变换

29.7* 凸五边形的每条对角线都平行于它的一条边,证明:用仿射变换可以将这个五边形变为正五边形.

提示 设 $ABCDE$ 是正五边形,根据问题 29.6(2) 存在仿射变换,它将五边形三个顺序的顶点变为点 A, B, C. 设 D', E' 是剩下的两个顶点在这个变换下的像.我们证明,它们同点 D 和 E 重合.

一方面,$AD' \parallel BC$,$CE' \parallel AB$,所以点 D' 位于直线 AD 上,而 E' 在直线 CE 上.在另一方面,$E'D' \parallel AC \parallel ED$,所以,如果点 D' 和 E' 不同点 D 和 E 重合,那么要么它们两个在直线 AE 和 BD 限定的带形的外部(图 29.1(a)),要么两个在这个带形的内部(图 29.1(b)).在这两种情况直线 AE' 和 BD' 不是平行的.

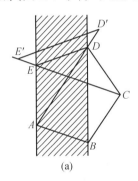 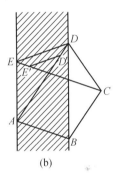

(a)　　　　　　　　(b)

图 29.1

29.8* 证明:如果在仿射(非恒等)变换 L 下,某条直线 l 上的每个点变为自身,那么所有 $ML(M)$ 型的直线彼此平行.其中 M 跑遍不位于直线 l 上的任意点.

提示 设 M 和 N 是不在直线 l 上的任意点,用 M_0 和 N_0 表示它们在直线 l 上的射影,而用 M' 和 N' 表示点 M 和 N 在映射 L 下的像.直线 M_0M 和 N_0N 平行,因为它们两个垂直于 l,即存在这样的数 k,使得 $\overrightarrow{M_0M} = k\overrightarrow{N_0N}$,则根据问题 29.4(3) 有 $\overrightarrow{M_0M'} = k\overrightarrow{N_0N'}$,所以在沿向量 $\overrightarrow{M_0N_0}$ 的平行移动及系数为 k 的位似下,$\triangle M_0MM'$ 的像为 $\triangle N_0NN'$,因此直线 MM' 和 NN' 平行.

29.9* 证明:任意的仿射变换能够表示为两个拉伸的合成,并且仿射变换将任意三角形变为与它相似的三角形.

提示 设 $\triangle ABC$ 是任意三角形,BN 是 $\angle B$ 毗邻边 BC 的外角的平分线,则

在关于 BN 的系数为 $\dfrac{\tan 45°}{\tan \angle CBN}$ 的拉伸下由 $\triangle ABC$ 得到带有直角 $\angle B'$ 的 $\triangle A'B'C'$. 由直角 $\triangle A'B'C'$ 借助于关于它的一条直角边的拉伸总能得到等腰直角 $\triangle A''B''C''$.

选出作为 $\triangle ABC$ 的三角形, 它在已知的仿射变换下变为带有直角 $\angle B_1$ 的等腰 $\triangle A_1B_1C_1$. 等腰直角 $\triangle A''B''C''$, 由 $\triangle ABC$ 两次拉伸的合成得到, 可以通过变任意三角形为与它相似的三角形的仿射变换变为 $\triangle A_1B_1C_1$. 结果得到需要的给出的仿射变换的表示法, 因为根据问题 29.6(2) 变 $\triangle ABC$ 为 $\triangle A_1B_1C_1$ 的仿射变换是唯一的.

29.10* 在平面上给出多边形 $A_1A_2\cdots A_n$ 和它内部一点 O, 证明: 等式

$$\overrightarrow{OA_1} + \overrightarrow{OA_3} = 2\cos\dfrac{2\pi}{n}\overrightarrow{OA_2}$$

$$\overrightarrow{OA_2} + \overrightarrow{OA_4} = 2\cos\dfrac{2\pi}{n}\overrightarrow{OA_3}$$

$$\vdots$$

$$\overrightarrow{OA_{n-1}} + \overrightarrow{OA_1} = 2\cos\dfrac{2\pi}{n}\overrightarrow{OA_n}$$

成立必需且只需, 存在仿射变换将给出的多边形变为以点 O 为中心的正多边形.

一个多边形在仿射变换下能变为正多边形, 这个多边形称为仿射正多边形.

提示 首先证明, 如果 $A_1A_2\cdots A_n$ 是内接在单位圆中的正多边形, 而 O 是它的中心, 那么在问题条件中指出的等式成立, 即

$$\overrightarrow{OA_{i-1}} + \overrightarrow{OA_{i+1}} = 2k\overrightarrow{OA_i} \quad (i = 1,\cdots,n) \tag{1}$$

(我们认为, $A_0 = A_n$ 和 $A_{n+1} = A_1$; 用 k 表示数 $\cos\dfrac{2\pi}{n}$). 为此对每个固定的 i 在平面上选取坐标系, 它的中心在点 O, Ox 轴沿着射线 OA_i 的方向, 则点 A_{i-1}, A_i 和 A_{i+1} 分别具有坐标 $(k, -\sin\dfrac{2\pi}{n})$, $(1,0)$ 和 $(k, \sin\dfrac{2\pi}{n})$. 等式 (1) 对给定的 i 容易检验.

根据问题 29.4(1) 对正 n 边形在仿射变换下的像同样成立.

反过来, 设对于多边形 $A_1A_2\cdots A_n$ 和它内部的点 O 成立等式 (1). 取中心为 O 的正多边形 $B_1B_2\cdots B_n$ 并且考查变 $\triangle OB_1B_2$ 为 $\triangle OA_1A_2$ 的仿射变换 L. 对 i 归纳证明, 对所有的 $i \geq 2, L(B_i) = A_i$. 当 $i = 2$ 时这个论断由映射 L 的定义得出. 假设, 对不超过 i 的所有数证明了它, 对 $(i+1)$ 进行证明, 因为对正多边形等式

第 29 章 仿射变换
DIERSHIJIUZHANG　FANGSHE BIANHUAN

(1) 已经证明,而对多边形 $A_1 A_2 \cdots A_n$ 根据假设它们成立,则
$$\overrightarrow{OA_{i+1}} = 2k\overrightarrow{OA_i} - \overrightarrow{OA_{i-1}} = 2kL(\overrightarrow{OB_i}) - L(\overrightarrow{OB_{i-1}}) =$$
$$L(2k\overrightarrow{OB_i} - \overrightarrow{OB_{i-1}}) = L(\overrightarrow{OB_{i+1}})$$

29.11* 证明:任意的仿射变换能够表示为拉伸(压缩)的合成,并且仿射变换将任意三角形变为与它相似的三角形.

提示 设 L 是已知的仿射变换,O 是任意点,T 是位移向量 $\overrightarrow{L(O)O}$,且 $L_1 = T \circ L$,则 O 是变换 L_1 的不动点.从圆心为 O 的单位圆的所有的点中取点 A,它使向量 $L(\overrightarrow{OA})$ 的长最大.设 H 是中心为 O 的旋转位似,它使点 $L_1(A)$ 变为点 A,并且设 $L_2 = H \circ L_1 = H \circ T \circ L$,则 L_2 是仿射变换,它留下点 O 和 A 位置的,而这意味着,根据问题 29.4(3),留下直线 OA 的所有点,同时,根据点 A 的选取,对于所有的点 M 成立不等式 $|\overrightarrow{OM}| \geq |L(\overrightarrow{OM})|$.

我们证明(由此将得出问题的论断),L_2 是关于直线 OA 的压缩.如果变换 L_2 是恒等变换,那么它是系数为 1 的压缩,所以将认为,L_2 不是恒等变换.根据问题 29.8 所有形式为 $ML_2(M)$ 的直线互相平行,其中 M 是不在直线 OA 上的任意点.设 $\overrightarrow{OB}$ 是垂直于所有这些直线的单位向量,则 B 是变换 L_2 下的不动点,因为不然的话有
$$|\overrightarrow{OL_2(B)}| = \sqrt{OB^2 + BL_2(B)^2} > |OB|$$

如果 B 不位于直线 OA 上,那么根据问题 29.6(2) 变换 L_2 是恒等变换.如果 B 位于直线 OA 上,那么所有形式为 $ML_2(M)$ 的直线垂直于变换 L_2 的不动直线.借助于问题 29.4(3) 不复杂的证明,具有这些性质的映射是拉伸或压缩.

29.12* 证明:如果仿射变换变某个圆为自身,那么它要么是旋转,要么是对称.

提示 首先证明,变已知圆为自身的仿射变换 L,变对径点为对径点.为此注意,在点 A 对圆的切线变为直线,根据变换 L 的互相单值性,这直线同圆交于唯一的点 $L(A)$,即是在 $L(A)$ 的切线,所以如果在点 A 和 B 的切线平行(也就是,AB 是直径),那么在点 $L(A)$ 和 $L(B)$ 的切线也平行,即 $L(A)L(B)$ 也是直径.

确立已知圆的任意直径 AB,因为 $L(A)L(B)$ 也是直径,则存在是旋转或对称的运动 P,它变 A 和 B 为 $L(A)$ 和 $L(B)$,而点 A 和 B 分已知圆的弧 α 和 β 的每一个,变为在映射 L 下这些弧的像.

我们证明,映射 $F = P^{-1} \circ L$ 是恒等映射.事实上,$F(A) = A$ 和 $F(B) = B$,

因此直线 AB 上所有的点成为不动的,所以如果 X 是圆上任意点,那么在点 X 的切线变为直线 AB,同样是在点 $X' = F(X)$ 的切线,因为切点保留不动. 而因为 X 和 X' 位于在由两个弧 α 和 β 的同一个上,那么点 X 同点 X' 重合. 于是, $P^{-1} \circ L$ 是恒等变换,即 $L = P$.

29.13* 证明:如果 M' 和 N' 是多边形 M 和 N 在仿射变换下的像,那么 M 和 N 面积的比等于 M' 和 N' 面积的比.

提示 设 a_1 和 a_2 是任意两条垂直的直线. 因为仿射变换保持平行线段长度的比,则平行于一条直线的所有线段乘以同一个系数. 用 k_1 和 k_2 表示对于直线 a_1 和 a_2 的这些系数. 设 φ 是这两条直线形成的角. 我们证明,已知的仿射变换改变多边形面积 k 次,其中 $k = k_1 k_2 \cos \varphi$.

对于边平行于 a_1 和 a_2 长方形和直角边平行于 a_1 和 a_2 的直角三角形,这个结论显然. 任意另外的三角形可以由边平行于 a_1 和 a_2 长方形,剪掉几个直角边平行于 a_1 和 a_2 的直角三角形得出(图 29.2),最后,根据问题 22.43,任意多边形能够分割为三角形.

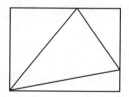 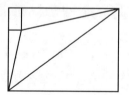

图 29.2

29.14* 证明:除梯形以外的任意凸四边形,用仿射变换可以变为对角是直角的四边形.

提示 对梯形和平行四边形的情形容易分析,所以将假设凸四边形 $ABCD$ 没有平行的边. 为确定起见,认为射线 AB 和 DC, BC 和 AD 相交. 设 $\overrightarrow{AB} = \boldsymbol{a}$, $\overrightarrow{BC} = \boldsymbol{b}$, $\overrightarrow{CD} = p\boldsymbol{a} + q\boldsymbol{b}$, $\overrightarrow{DA} = u\boldsymbol{a} + v\boldsymbol{b}$,则 $p < 0, q > 0, u < 0, v < 0$.

考查变向量 $\boldsymbol{a}$ 和 $\boldsymbol{b}$ 为正交的向量 $\boldsymbol{a}'$ 和 $\boldsymbol{b}'$ 的仿射变换,它们的长等于 λ 和 μ. 必须使得数量积 $(p\boldsymbol{a}' + q\boldsymbol{b}', u\boldsymbol{a}' + v\boldsymbol{b}') = pu\lambda^2 + qv\mu^2$ 变为零. 因为 $pu > 0, qv < 0$,所以这个选取 λ 和 μ 总能够达到.

我们发现,在任意仿射变换下在顶点 C 的角的像大于在顶点 A 的角的像;这两个角不能作成相等的.

第 29 章 仿射变换

29.15* 证明:每条边都与对边平行的任意凸六边形 $ABCDEF$,用仿射变换能够变为对角线 AD,BE 和 CF 相等的六边形.

提示 设 $A_1,B_1,\cdots,F_1$ 是边 $AB,BC,\cdots,FA$ 的中点.对角线 AD 和 BE 相等等价于直线 A_1D_1 垂直于直线 AB 和 DE.设 O 是直线 A_1D_1 和 B_1E_1 的交点.需要作仿射变换,变四边形 A_1BB_1O 的 $\angle A_1$ 和 $\angle B_1$ 为直角.为此可以利用问题 29.14 的结果,则四边形 A_1BB_1O 边的延长线的交点位置,必须由凸六边形推出.

29.16* 在平面上给出三个向量 a,b,c,并且 $\alpha a+\beta b+\gamma c=0$,证明:这些向量在仿射变换下能够变为等长的向量,当且仅当长为 $|\alpha|,|\beta|,|\gamma|$ 的线段能够组成三角形.

提示 假设存在仿射变换变向量 a,b,c 为等长的向量 a',b',c'.由等式 $\alpha a'+\beta b'+\gamma c'=0$ 得出,由长为 $|\alpha|,|\beta|,|\gamma|$ 的线段可以组成三角形.

现在假设,由长为 $|\alpha|,|\beta|,|\gamma|$ 的线段可以组成三角形,则对于某些单位长的向量 a',b',c' 有 $\alpha a'+\beta b'+\gamma c'=0$.考查变向量 a 和 b 为 a' 和 b' 的仿射变换.由等式 $\alpha a+\beta b+\gamma c=0$ 和 $\alpha a'+\beta b'+\gamma c'=0$ 推出,考查的仿射变换变向量 c 为 c'(假设 $\gamma\neq 0$).

29.17* 在平面上给出两条相交成锐角的直线,在一条直线的方向进行系数为 $\frac{1}{2}$ 的压缩,证明:存在到直线交点的距离增加的点.

提示 设 e_1 和 e_2 是在已知直线 l_1 和 l_2 上的单位向量.在直线 l_1 方向上系数为 $\frac{1}{2}$ 的压缩变向量 $\lambda e_1+\mu e_2$ 为向量 $\lambda e_1+\frac{\mu}{2}e_2$.设 φ 是向量 e_1 和 e_2 之间的角.第一个向量的长等于 $\lambda^2+\mu^2+2\lambda\mu\cos\varphi$,而第二个向量的长等于 $\lambda^2+\frac{\mu^2}{4}+\lambda\mu\cos\varphi$.必须选取数 λ 和 μ,使得 $\lambda^2+\frac{\mu^2}{4}+\lambda\mu\cos\varphi>\lambda^2+\mu^2+2\lambda\mu\cos\varphi$,也就是 $\frac{3}{4}\mu^2<-\lambda\mu\cos\varphi$.当 $\mu=1$ 时,这个不等式等价于不等式 $\frac{3}{4}<-\lambda\cos\varphi$.

29.18* 设 L 是平面到自身的互相单值映射.假设它具有下列性质:如果有三点共线,那么它们的像也共线,证明:此时 L 是仿射变换.

提示 首先总要注意,变换 L 是任意直线变为某条直线的互相单值映射.

实际上,设 A_1 和 B_1 是两个不同点 A 和 B 的像,则直线 AB 上任意点的像在直线 A_1B_1 上.剩下证明,如果 C_1 是直线 A_1B_1 上的点,那么它的原像 C 位于在直线 AB 上.假设点 C 不在直线 AB 上,则直线 AC 和 BC 不同,而它们的像位于直线 A_1B_1 上.设 X 是平面上任一点.过 X 引直线交直线 AC 和 BC 于不同的点 A' 和 B'.点 A' 和 B' 的像位于直线 A_1B_1 上,所以点 X 的像也位于直线 A_1B_1 上.这违反了,映射 L 的像是全平面的.

于是,设 L 是平面到自身的变任意直线为某条直线的互相单值映射,将依次证明,这个映射的性质,每次利用的前面步骤证明了的性质.前 5 步的证明已经在问题 29.2~29.4 的提示中,使人独立地确信无一处不需要连续性.

步骤 1:映射 L 变平行直线为平行直线.

步骤 2:适当地用向量定义运算 L,即如果 $\overrightarrow{AB} = \overrightarrow{CD}$,那么 $\overrightarrow{A_1B_1} = \overrightarrow{C_1D_1}$,其中 A_1, B_1, C_1, D_1 是点 A, B, C, D 的像.

步骤 3:$L(\mathbf{0}) = \mathbf{0}$.

步骤 4:$L(\mathbf{a}+\mathbf{b}) = L(\mathbf{a}) + L(\mathbf{b})$.

步骤 5:对有理数 k,$L(k\mathbf{a}) = kL(\mathbf{a})$.

对于连续的映射 L 解决问题已经完成,因为任何实数 k 可以用有理数逼近,但如果不需要映射 L 的连续性,那么证明最困难的部分只是开始.

设 $\mathbf{a} = \overrightarrow{OA}$ 和 $\mathbf{b} = \overrightarrow{OB}$ 是基底向量,在映射 L 下它们变为向量 $\mathbf{a}_1 = \overrightarrow{O_1A_1}$ 和 $\mathbf{b}_1 = \overrightarrow{O_1B_1}$.在直线 OA 和 OB 上分别取点 X 和 Y.它们分别变为位于直线 O_1A_1 和 O_1B_1 上的点 X_1 和 Y_1.这意味着,$L(x\mathbf{a}) = \varphi(x)\mathbf{a}_1$ 和 $L(y\mathbf{b}) = \psi(y)\mathbf{b}_1$,其中 φ 和 ψ 是某些互相单值的实数集合到自身的映射.

步骤 6:$\varphi(t) = \psi(t)$.

实际上,如果 $\overrightarrow{OX} = t\overrightarrow{OA}$ 和 $\overrightarrow{OY} = t\overrightarrow{OB}$,那么直线 XY 和 AB 平行,这意味着,直线 X_1Y_1 和 A_1B_1 也平行,也就是,$\varphi(t) = \psi(t)$.

我们证明了,$L(x\mathbf{a}+y\mathbf{b}) = \varphi(x)\mathbf{a}_1 + \varphi(y)\mathbf{b}_1$.剩下证明,对所有的实数 x,$\varphi(x) = x$.我们提醒 $\varphi(x) = x$ 对有理数 x 成立根据步骤 5,所以只需证明,如果 $x < y$,那么 $\varphi(x) < \varphi(y)$.

步骤 7:对所有的实数 x, y,$\varphi(xy) = \varphi(x)\varphi(y)$.

考查成比例的向量 $x\mathbf{a}+y\mathbf{b}$ 和 $\dfrac{x}{y}\mathbf{a}+\mathbf{b}$,它们的像 $\varphi(x)\mathbf{a}_1 + \varphi(y)\mathbf{b}_1$ 和 $\varphi\left(\dfrac{x}{y}\right)\mathbf{a}_1 + \mathbf{b}_1$ 也成比例,所以 $\varphi\left(\dfrac{x}{y}\right) = \dfrac{\varphi(x)}{\varphi(y)}$.

第 29 章 仿射变换

DIERSHIJIUZHANG FANGSHE BIANHUAN

特别地，$\varphi\left(\dfrac{1}{y}\right) = \dfrac{\varphi(1)}{\varphi(y)} = \dfrac{1}{\varphi(y)}$，$\varphi\left(\dfrac{x}{\dfrac{1}{y}}\right) = \dfrac{\varphi(x)}{\varphi\left(\dfrac{1}{y}\right)} = \varphi(x)\varphi(y)$.

步骤 8：如果 $x < y$，那么 $\varphi(x) < \varphi(y)$.

根据步骤 4 得到 $\varphi(y) = \varphi(y - x + x) = \varphi(y - x) + \varphi(x)$，所以只需检验，如果 $t = y - x > 0$，那么 $\varphi(t) > 0$ 就足够了. 正数 t 可以表示为形式 $t = s^2$，其中 s 是某个实数，所以 $\varphi(t) = \varphi(s)^2 > 0$.

29.19* 设 L 是平面到自身的互相单值映射，它变任意圆为某个圆，证明：L 是仿射变换.

提示 利用问题 29.18，变换 L^{-1} 变位于一条直线上的任意三点 $L(A)$，$L(B)$，$L(C)$ 为位于一条直线上的三点 A，B，C. 实际上，如果点 A，B，C 不位于一条直线上，那么它们两两不同且过它们可以作圆，所以 $L(A)$，$L(B)$，$L(C)$ 两两不同且位于一个圆上，因此这些点不在一条直线上. 这样一来，变换 L^{-1} 是仿射的，这意味着，变换 L 也是仿射的.

§2 借助仿射变换解题

29.20 过三角形的每个顶点引两条直线，分三角形的对边为三个相等的部分，证明：联结这些直线形成的六边形相对顶点的对角线相交于一点.

提示 因为仿射变换将任意三角形变为正三角形 (问题 29.6(2)) 和保持平行的线段长的比 (问题 29.5)，只需对正 $\triangle ABC$ 证明问题的论断就足够了，设点 A_1，A_2，B_1，B_2，C_1，C_2 分三角形的边为相等的部分，而 A'，B'，C' 是边的中点 (图 29.3). 在关于 AA' 的对称下直线 BB_1 变为 CC_2，而直线 BB_2 变为 CC_1. 因为对称的直线相交于对称轴，AA' 包含所考查的六边形的对角线. 类似地，剩下的对角线位于在 BB' 和 CC' 上. 显然，中线 AA'，BB'，CC' 相交于一点.

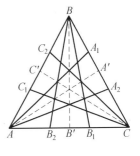

图 29.3

29.21 在 $\square ABCD$ 的边 AB，BC 和 CD 上分别取点 K，L 和 M，分这些边为相同的比. 设 b，c，d 是过 B，C，D 引的分别平行于 KL，KM，ML 的直线，证明：直线 b，c，d 过一个点.

提示 根据问题 29.6(3) 任意的平行四边形能在仿射变换下变为正方形. 因为在这时保持平行的线段长的比(问题 29.5),只需在 $ABCD$ 是正方形的情况证明问题的论断就足够了. 用 P 表示直线 b 和 d 的交点. 只需证明 $PC \parallel MK$. 当绕正方形的中心旋转 90° 时线段 KL 变为 LM,所以分别平行于这两条线段的直线 b 和 d 垂直. 就是说,P 位于 $ABCD$ 的外接圆上,则 $\angle CPD = \angle CBD = 45°$,因此直线 CP 和 b 之间的角等于 45°,但直线 MK 和 KL 之间的角也等于 45°,且 $b \parallel KL$,因此,$CP \parallel MK$.

29.22 已知 $\triangle ABC$. O 是它的中线的交点,M,N 和 P 是边 AB,BC 和 CA 上分这些边为相同比例的点(即 $\dfrac{AM}{MB} = \dfrac{BN}{NC} = \dfrac{CP}{PA} = \dfrac{p}{q}$),证明:

(1) O 是 $\triangle MNP$ 中线的交点.

(2) O 是直线 AN,BP 和 CM 形成的三角形中线的交点.

提示 (1) 考查变 $\triangle ABC$ 为正 $\triangle A'B'C'$ 的仿射变换. 设 O',M',N',P' 是点 O,M,N,P 的像. 当绕点 O' 旋转 120° 时,$\triangle M'N'P'$ 变为自身,所以这个三角形是正三角形和 O' 是它的中线的交点,因为在仿射变换下中线变为中线,O 是 $\triangle MNP$ 中线的交点.

(2) 解与上面问题的解类似.

29.23 在底为 AD 和 BC 的梯形 $ABCD$ 中,过点 B 引平行于边 CD 的直线且交对角线 AC 于点 P,而过点 C 平行于边 AB 的直线交对角线 BD 于点 Q,证明:直线 PQ 平行于梯形的底边.

提示 考查变 $ABCD$ 为等腰梯形 $A'B'C'D'$ 的仿射变换,作为这样的变换,可以取变 $\triangle ADE$ 为等腰三角形(E 是直线 AB 和 CD 的交点)的仿射变换,则在关于对 $A'D'$ 中垂线的对称下点 P' 变为点 Q',所以直线 $P'Q'$ 和 $A'D'$ 平行.

29.24 在 $\square ABCD$ 中,点 A_1,B_1,C_1,D_1 分别在边 AB,BC,CD,DA 上. 在四边形 $A_1B_1C_1D_1$ 的边 A_1B_1,B_1C_1,C_1D_1,D_1A_1 上分别取点 A_2,B_2,C_2,D_2. 已知 $\dfrac{AA_1}{BA_1} = \dfrac{BB_1}{CB_1} = \dfrac{CC_1}{DC_1} = \dfrac{DD_1}{AD_1} = \dfrac{A_1D_2}{D_1D_2} = \dfrac{D_1C_2}{C_1C_2} = \dfrac{C_1B_2}{B_1B_2} = \dfrac{B_1A_2}{A_1A_2}$,证明:$A_2B_2C_2D_2$ 是边平行于 $ABCD$ 的边的平行四边形.

提示 任意的 $\square ABCD$ 在仿射变换下可以变为正方形(为此,必须 $\triangle ABC$ 变为等腰直角三角形). 因为问题说的是关于直线的平行性和位于一条直线上的

第29章 仿射变换

DIERSHIJIUZHANG FANGSHE BIANHUAN

线段的比,可以认为,$ABCD$ 是正方形,考查变 $ABCD$ 为自身的 $90°$ 的旋转.在这个旋转下四边形 $A_1B_1C_1D_1$ 和 $A_2B_2C_2D_2$ 也变为自身,因此它们也是正方形.此时

$$\tan\angle BA_1B_1 = \frac{BB_1}{BA_1} = \frac{A_1D_2}{A_1A_2} = \tan\angle A_1A_2D_2$$

也就是,$AB \parallel A_2D_2$(图 29.4).

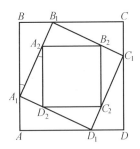

图 29.4

29.25* 在 $\triangle ABC$ 的边 AB, BC 和 AC 上分别给出点 M, N 和 P,证明:

(1) 如果点 M_1, N_1 和 P_1 是点 M, N 和 P 关于对应边中点的对称点,那么 $S_{\triangle MNP} = S_{\triangle M_1N_1P_1}$.

(2) 如果 M_1, N_1 和 P_1 是边 AC, BA 和 CB 上使得 $MM_1 \parallel BC, NN_1 \parallel CA$ 和 $PP_1 \parallel AB$ 的点,那么 $S_{\triangle MNP} = S_{\triangle M_1N_1P_1}$.

提示 (1) 因为任意三角形通过仿射变换变为正三角形且在这种情况下边的中点变为边的中点,中心对称点变为中心对称点,而等积三角形变为等积三角形(问题 29.13),则认为,$\triangle ABC$ 是边长为 a 的等边三角形.用 p, q, r 表示线段 AM, BN, CP 的长,则

$$S_{\triangle ABC} - S_{\triangle MNP} = S_{\triangle AMP} + S_{\triangle BMN} + S_{\triangle CNP} =$$
$$\frac{\sin 60°(p(a-r) + q(a-p) + r(a-q))}{2} =$$
$$\frac{\sin 60°(a(p+q+r) - (pq+qr+rp))}{2}$$

类似有

$$S_{\triangle ABC} - S_{\triangle M_1N_1P_1} = \frac{\sin 60°(r(a-p) + p(a-q) + q(a-r))}{2} =$$
$$\frac{\sin 60°(a(p+q+r) - (pq+qr+rp))}{2}$$

(2) 如上面(1)的问题一样,认为 $\triangle ABC$ 是正三角形,设 $\triangle M_2N_2P_2$ 是 $\triangle M_1N_1P_1$ 在绕着 $\triangle ABC$ 的中心,由 A 向 B 的方向旋转 $120°$ 下的像(图 29.5),则 $AM_2 = CM_1 = BM$. 类似有 $BN_2 = CN, CP_2 = AP$,也就是,点 M_2, N_2, P_2 是 M, N, P 关于对应边中点的对称点,从而问题归结为题(1).

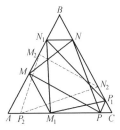

图 29.5

§3 复　数

形如 $a+bi$ 的表示式叫做复数,其中 a 和 b 是实数,而 i 是满足关系式 $i^2=-1$ 的记号. 如果 $z=a+bi$,那么数 a 和 b 分别称为数 z 的实部和虚部(表示为 $a=\mathrm{Re}\,z, b=\mathrm{Im}\,z$),而复数 $a-bi$ 称为数 z 的共轭数(表示为 $\bar{z}$). 复数的乘法按照通常的展开括号与合并同类项法则,每次 i^2 都以 -1 代替,即

$$(a+bi)(c+di)=(ac-bd)+(ad+bc)i$$

每个实数 a 可以看做复数 $a+0i$.

如果在平面上选择坐标系,那么能够建立复数与平面的点之间的互相单值的对应. 当此,数 $a+bi$ 对应坐标为 (a,b) 的点. 在这种情况下,乘以复数 z 获得下面的几何解释. 设 r 是由零到 z 的距离, φ 是为了得到射线 Oz,包含正实数的射线围绕零必须旋转的角,则乘以复数 z 是系数为 r(中心在零)的位似和转角为 φ 的旋转的合成. 数 r 和 φ 分别称为数 z 的模和辐角(表示为 $r=|z|, \varphi=\arg z$). 复数乘积的另一种几何解释可以简述为: 复数的乘法指它们的模相乘,而辐角相加.

知晓复数的几何解释学习它们的除法: 为此必须模相除和辐角相减. 除法可以这样纯代数地进行. 对每个复数 $z=a+bi$ 成立明显的等式

$$z\bar{z}=(a+bi)(a-bi)=a^2-b^2i^2=a^2+b^2=|z|^2$$

所以

$$\frac{w}{z}=\frac{w\bar{z}}{|z|^2}$$

这个事实,复数的乘积,一方面是纯代数的计算,而另一方面,具有几何解释,在解平面几何问题时有时是有益的. 作为利用复数解的法则,在实际上利用的只是向量和旋转. 但有时复数允许用新的观点看待平面几何理论,对深刻明了它们的本性有着巨大的重要性.

中心在零的反演用复数语言有很简单的解释: 它映射复数 z 为 $\dfrac{R^2}{\bar{z}}$,其中 R^2 是反演幂.

29.26 设 a,b,c,d 是复数,同时 $\angle a0b$ 和 $\angle c0d$ 相等且定向相反,证明: $\mathrm{Im}\,ab\bar{c}\bar{d}=0$.

提示　设 $A=\dfrac{a}{|a|}, B=\dfrac{b}{|b|}, C=\dfrac{c}{|c|}, D=\dfrac{d}{|d|}$. 这些点位于单位圆上. 存在这样的旋转 R^{α},使得 $B=R^{\alpha}(A)$ 和 $C=R^{\alpha}(D)$. 但 R^{α} 就是乘以复数

第29章 仿射变换

DIERSHIJIUZHANG FANGSHE BIANHUAN

$w = \cos\alpha + i\sin\alpha$. 因此,$\dfrac{B}{A} = \dfrac{C}{D} = w$. 设 $k = |abcd|$,则 $ac\overline{bd} = kACB\overline{D} = kACB^{-1}D^{-1} = k$.

如果存在旋转位似,它变 A 为 A',B 为 B',C 为 C',则说 △ABC 与 △$A'B'C'$ 是本原相似的.

29.27 证明:在复平面上如果 △abc 和 △$a'b'c'$ 本原相似,那么 $\dfrac{b-a}{c-a} = \dfrac{b'-a'}{c'-a'}$.

提示 已知三角形分别沿向量 $-a$ 和 $-a'$ 移动.结果得到顶点为 $0, b-a, c-a$ 和 $0, b'-a', c'-a'$ 的三角形本原相似.此时点 $b-a$ 变为点 $c-a$ 的旋转位似,将点 $b'-a'$ 变为点 $c'-a'$.由此推出问题的结论.

29.28 证明:当且仅当 $a'(b-c) + b'(c-a) + c'(a-b) = 0$ 时,△abc 和 △$a'b'c'$ 本原相似.

提示 如果 △abc 和 △$a'b'c'$ 本原相似,那么
$$a' = az + w, b' = bz + w, c' = cz + w$$
其中 z 和 w 是某个复数.在这种情况
$$a'(b-c) + b'(c-a) + c'(a-b) = (az+w)(b-c) + (bz+w)(c-a) + (cz+w)(a-b) = 0$$
现在假设
$$a'(b-c) + b'(c-a) + c'(a-b) = 0 \tag{1}$$
设 $z = \dfrac{a'-b'}{a-b}$,$w = \dfrac{ab'-a'b}{a-b}$,则
$$a' = az + w \text{ 和 } b' = bz + w$$
考查复数 $c'' = cz + w$. △abc 和 △$a'b'c''$ 本原相似,所以
$$a'(b-c) + b'(c-a) + c''(a-b) = 0 \tag{2}$$
由等式(1)和(2)推出,$c'' = c'$.

29.29 设 a 和 b 是位于圆心在零的圆上的复数,u 是在点 a 和 b 对这个圆的切线的交点,证明:$u = \dfrac{2ab}{a+b}$.

提示 设 $v = \dfrac{a+b}{2}$ 是线段 ab 的中点,则直角 △$0au$ 和直角 △$0vb$ 本原相

似,因为在顶点 0 具有相等的角,所以根据问题 29.27 有 $\frac{a}{u} = \frac{v}{b}$. 意味着, $u = \frac{ab}{v} = \frac{2ab}{a+b}$.

29.30 设 a 是位于圆心在零的单位圆 S 上的复数,t 是实数(位于实轴上的点). 再设 b 是直线 at 与圆 S 的不同于 a 的交点,证明: $\bar{b} = \frac{1-ta}{t-a}$.

提示 分别由点 $0, \frac{\bar{a}+\bar{b}}{2}, t$ 和 $a, \frac{a+\bar{a}}{2}, t$ 构成的直角三角形本原相似. 根据问题 29.27 有

$$\frac{\bar{a}+\bar{b}}{2t} = \frac{\frac{a+\bar{a}}{2} - a}{t-a} = \frac{\bar{a}-a}{2(t-a)}$$

也就是,$\bar{a}t - 1 + \bar{b}(t-a) = \bar{t}a - ta$(这里利用了等式 $a\bar{a} = |a|^2 = 1$). 也即 $\bar{b} = \frac{1-ta}{t-a}$.

29.31 设 a,b 和 c 是位于圆心在零的单位圆上的复数,证明: 复数 $\frac{1}{2}(a+b+c-\overline{abc})$ 对应着由顶点 a 向边 bc 引的高线足.

提示 利用两个事实: (1) △abc 的垂心是点 $a+b+c$(问题 13.13); (2) 垂心关于三角形边的对称点位于外接圆上(问题 5.10).

设 z 是由顶点 a 引的高的延长线与外接圆的交点,则 $z\bar{z} = 1$ 且数 $\frac{a-z}{b-c}$ 是纯虚数,所以

$$\frac{a-z}{b-c} = \overline{\frac{a-z}{b-c}} = -\frac{\frac{1}{a}-\frac{1}{z}}{\frac{1}{b}-\frac{1}{c}} = -\frac{a-z}{b-c} \cdot \frac{bc}{az}$$

这样一来,$z = -\frac{bc}{a} = -\overline{abc}$.

所求的点 x 是联结点 z 和 $a+b+c$ 的线段的中心,所以

$$x = \frac{1}{2}(a+b+c-\overline{abc})$$

29.32 证明: 过点 a_1 和 a_2 的直线用方程 $z(\bar{a}_1 - \bar{a}_2) - \bar{z}(a_1 - a_2) +$

第 29 章 仿射变换

$(a_1 \bar{a}_2 - \bar{a}_1 a_2) = 0$ 给出.

提示 过点 a_1 和 a_2 的直线用参数给出下面的形式:$z = a_1 + t(a_2 - a_1)$,其中 t 跑遍全体实数,其等价的写法是:$\bar{z} = \bar{a}_1 + t(\bar{a}_2 - \bar{a}_1)$.由第一个方程表示 t 并且代入第二个方程,得到需要的结果.

29.33 (1) 证明:所有的圆和直线给出形如 $Az\bar{z} + cz + \bar{c}\bar{z} + D = 0$ 的方程,其中 A 和 D 是实数,而 c 是复数.反过来,证明:任何这种形式的方程给出要么是圆,要么是直线,要么是点,要么是空集合.

(2) 证明:在反演下圆和直线变为圆和直线.

提示 (1) 圆和直线给出带有实数 A, B, C, D 的方程
$$A(x^2 + y^2) + Bx + Cy + D = 0$$
(当 $A = 0$ 时这个方程给出直线,而当 $A \neq 0$ 时是圆,点或者空集合).反过来,任意这样的方程给出要么是圆,要么是直线,要么是点,要么是空集合.但 $z = x + iy$,所以 $x^2 + y^2 = z\bar{z}$ 和 $Bx + Cy = cz + \bar{c}\bar{z}$,其中 $c = \dfrac{B - Ci}{2}$.

(2) 在中心为零幂为 1 的反演下数 z 的像是数 $w = \dfrac{1}{\bar{z}}$.由问题(1)的方程除以 $z\bar{z}$ 得到,如果 w 是点 z 在这个反演下的像,那么
$$Dw\bar{w} + cw + \bar{c}\bar{w} + A = 0$$
即数 w 满足同样形式的方程.

29.34 (1) 设 $\varepsilon = \dfrac{1}{2} + \dfrac{i\sqrt{3}}{2}$,证明:当且仅当 $a + \varepsilon^2 b + \varepsilon^4 c = 0$ 或 $a + \varepsilon^4 b + \varepsilon^2 c = 0$ 时,点 a, b, c 是正三角形的顶点.

(2) 证明:当且仅当 $a^2 + b^2 + c^2 = ab + bc + ac$ 时,点 a, b, c 是正三角形的顶点.

提示 (1) 顶点为 a, b, c 的三角形是正三角形,当且仅当
$$c = \frac{1}{2}(a+b) \pm \frac{i\sqrt{3}}{2}(a-b) = \left(\frac{1}{2} \pm \frac{i\sqrt{3}}{2}\right)a + \left(\frac{1}{2} \mp \frac{i\sqrt{3}}{2}\right)b$$
即 $c = \varepsilon a + \bar{\varepsilon} b$ 或 $c = \bar{\varepsilon} a + \varepsilon b$,因为 $\varepsilon\bar{\varepsilon} = 1$,$\varepsilon^3 = -1$,所以这两个等式等价于等式 $a + \varepsilon^2 b + \varepsilon^4 c = 0$ 和 $a + \varepsilon^4 b + \varepsilon^2 c = 0$.

注 如果 $a + \varepsilon^2 b + \varepsilon^4 c = 0$,那么 $\triangle abc$ 的顶点是逆时针走向的;如果 $a + \varepsilon^4 b + \varepsilon^2 c = 0$,那么 $\triangle abc$ 的顶点是顺时针走向的.

(2) 根据问题(1)点 a, b 和 c 是正三角形的顶点,当且仅当

$$0 = (a + \varepsilon^2 b + \varepsilon^4 c)(a + \varepsilon^4 b + \varepsilon^2 c) =$$
$$a^2 + b^2 + c^2 + (\varepsilon^2 + \varepsilon^4)(ab + bc + ac)$$

剩下证明,$\varepsilon^2 + \varepsilon^4 = -1$.为此注意,$(1-\varepsilon^2)(1+\varepsilon^2+\varepsilon^4) = 1-\varepsilon^6 = 0$ 和 $\varepsilon^2 \neq 1$.

29.35 设点 A^*, B^*, C^*, D^* 是点 A, B, C, D 在反演下的像,证明:

(1) $\dfrac{AC}{AD} : \dfrac{BC}{BD} = \dfrac{A^*C^*}{A^*D^*} : \dfrac{B^*C^*}{B^*D^*}$.

(2) $\angle(DA, AC) - \angle(DB, BC) = \angle(D^*B^*, B^*C^*) - \angle(D^*A^*, A^*C^*)$.

提示 建立平面的点和复数之间的对应,使得反演中心处在零,则在幂为 R 的反演下数 z 的像是 $\dfrac{R}{z}$.复数 a, b, c, d 的交叉比是复数

$$(abcd) = \dfrac{a-c}{a-d} : \dfrac{b-c}{b-d}$$

如果 a^*, b^*, c^*, d^* 是数 a, b, c, d 在反演下的像,那么

$$\overline{(a^*b^*c^*d^*)} = \dfrac{\dfrac{R}{a} - \dfrac{R}{c}}{\dfrac{R}{a} - \dfrac{R}{d}} : \dfrac{\dfrac{R}{b} - \dfrac{R}{c}}{\dfrac{R}{b} - \dfrac{R}{d}} = \dfrac{\dfrac{R(c-a)}{ac}}{\dfrac{R(d-a)}{ad}} : \dfrac{\dfrac{R(c-b)}{bc}}{\dfrac{R(d-b)}{bd}} =$$

$$\dfrac{a-c}{a-d} : \dfrac{b-c}{b-d} = (abcd)$$

问题(1)由这些数的模的等式推出,而问题(2)由它们的辐角的等式推出.

29.36 (1)证明:当且仅当数 $\dfrac{a-b}{a-c}$(称为这三个复数的简比)是实数时,复数 a, b, c 对应的点位于一条直线上.

(2) 证明:当且仅当数 $\dfrac{a-c}{a-d} : \dfrac{b-c}{b-d}$(称为这四个复数的交叉比)是实数时,复数 a, b, c, d 对应的点位于一个圆上.

提示 (1)设 A, B, C 是数 a, b, c 对应的点.当且仅当向量 $\vec{AB}$ 和 $\vec{AC}$ 成比例时,复数 $\dfrac{a-b}{a-c}$ 是实数,.

(2)设 S 是圆(或直线),在它上面有点 b, c, d.如果需要,对所有四个数添加同一个复数(这不改变交叉比),可以认为,圆 S 过 O.这意味着,它在反演下的像是直线.在问题 29.35 的提示中表明,在反演下保持交叉比,所以剩下解这样的问题,点(即复数)b, c, d 在一条直线上;必须证明,数 a 位于在同一条直线上,当

第 29 章 仿射变换

DIERSHIJIUZHANG FANGSHE BIANHUAN

且仅当数 $\dfrac{a-c}{a-d} : \dfrac{b-c}{b-d}$ 是实数,这由问题(1)推出.

29.37* (1)证明:如果 A,B,C 和 D 是平面上任意的点,那么 $AB \cdot CD + BC \cdot AD \geq AC \cdot BD$.(托勒密不等式)

(2)证明:如果 $A_1, A_2, \cdots, A_6$ 是平面上任意的点,那么 $A_1A_4 \cdot A_2A_5 \cdot A_3A_6 \leq A_1A_2 \cdot A_3A_6 \cdot A_4A_5 + A_1A_2 \cdot A_3A_4 \cdot A_5A_6 + A_2A_3 \cdot A_1A_4 \cdot A_5A_6 + A_2A_3 \cdot A_4A_5 \cdot A_1A_6 + A_3A_4 \cdot A_2A_5 \cdot A_1A_6$.

(3)证明:当且仅当 $ABCD$ 是(凸的)圆内接四边形时,(非严格的)托勒密不等式变为等式.

(4)证明:当且仅当 $A_1 \cdots A_6$ 是正六边形时,问题(2)的不等式变为等式.

提示 (1)问题的论断由下列的复数的性质推得:① $|zw| = |z| \cdot |w|$;② $|z+w| \leq |z| + |w|$. 实际上,如果 a,b,c,d 是任意的复数,那么
$$(a-b)(c-d) + (b-c)(a-d) = (a-c)(b-d)$$
所以 $|a-b| \cdot |c-d| + |b-c| \cdot |a-d| \geq |a-c| \cdot |b-d|$

(2)必须只检验对于复数 $a_1, \cdots, a_6$ 相应的恒等式(这个恒等式由在写出的不等式的条件中,用记号"="代替"≤",和每个乘数替换为乘数 $(a_i - a_j)$).

(3)当且仅当复数 z 和 w 成比例且比例系数是正实数时,不严格的不等式 $|z+w| \leq |z| + |w|$ 变为等式. 所以,正如由问题(1)的解中所见,托勒密不等式变为等式,当且仅当数 $\dfrac{(a-b)(c-d)}{(b-c)(a-d)}$ 是实数且是正的,即数 $q = \dfrac{a-b}{a-d} : \dfrac{c-b}{c-d}$ 是实数且是负的. 数 q 是数 a,b,c,d 的交叉比,根据问题 29.36(2) 当且仅当已知的点在同一个圆上时它是实数. 剩下证明,如果已知点在一个圆上,那么当且仅当折线 $abcd$ 不自交时 q 是负的. 最后的条件等价于点 b 和 d 位于由点 a 和 c 分成的不同的弧上. 借助于反演映射圆变为直线,在问题 29.35 的提示中表明,在反演下保持交叉比,所以如果 a^*, b^*, c^*, d^* 是点的像对应的复数,那么它们的交叉比等于 q. 考查所有可能的(精确到次序)点 a^*, b^*, c^*, d^* 在直线上的排列方法,容易确信,当且仅当在线段 $a'c'$ 上恰有点 b' 和 d' 中的一个点时 $q < 0$.

(4)问题(2)可以用下面的方式借助于托勒密不等式来解
$$A_1A_2 \cdot A_3A_6 \cdot A_4A_5 + A_1A_2 \cdot A_3A_4 \cdot A_5A_6 + A_2A_3 \cdot A_1A_4 \cdot A_5A_6 +$$
$$A_2A_3 \cdot A_4A_5 \cdot A_1A_6 + A_3A_4 \cdot A_2A_5 \cdot A_1A_6 =$$

俄罗斯平面几何问题集
ELUOSI PINGMIAN JIHE WENTIJI

$$A_1A_2 \cdot A_3A_6 \cdot A_4A_5 + (A_1A_2 \cdot A_3A_4 + A_2A_3 \cdot A_1A_4) \cdot A_5A_6 +$$
$$(A_2A_3 \cdot A_4A_5 + A_3A_4 \cdot A_2A_5) \cdot A_1A_6 \geqslant$$
$$A_1A_2 \cdot A_3A_6 \cdot A_4A_5 + A_1A_3 \cdot A_2A_4 \cdot A_5A_6 + A_2A_4 \cdot A_3A_5 \cdot A_1A_6 =$$
$$A_1A_2 \cdot A_3A_6 \cdot A_4A_5 + (A_1A_3 \cdot A_5A_6 + A_3A_5 \cdot A_1A_6) \cdot A_2A_4 \geqslant$$
$$A_1A_2 \cdot A_3A_6 \cdot A_4A_5 + A_1A_5 \cdot A_3A_6 \cdot A_2A_4 =$$
$$(A_1A_2 \cdot A_4A_5 + A_1A_5 \cdot A_2A_4) \cdot A_3A_6 \geqslant A_1A_4 \cdot A_2A_5 \cdot A_3A_6$$

当且仅当四边形 $A_1A_2A_3A_4$, $A_2A_3A_4A_5$, $A_1A_3A_5A_6$ 和 $A_1A_2A_4A_5$ 是圆内接时,所有利用的不严格不等式变为等式.容易看到,这等价于六边形 $A_1\cdots A_6$ 是圆内接的.

29.38* 证明:如果 a, b, c 和 d 是凸四边形 $ABCD$ 顺次的边长,而 m 和 n 是它的对角线的长,那么 $m^2n^2 = a^2c^2 + b^2d^2 - 2abcd\cos(A+C)$. (布列特施列捷尔)

提示 首先证明,如果 u, v, w, z 是复数,并且 $u + v + w + z = 0$,那么
$$|uw - vz|^2 = |u + v|^2 |v + w|^2$$

其实
$$|uw - vz| = |uw + v(u + v + w)| = |u + v| \cdot |v + w|$$

设复数 u, v, w, z 对应向量 $\overrightarrow{AB}$, $\overrightarrow{BC}$, $\overrightarrow{CD}$, $\overrightarrow{DA}$,则
$$|u + v|^2 |v + w|^2 = m^2n^2$$
$$|uw - vz|^2 = (uw - vz)(\overline{uw} - \overline{vz}) = |uw|^2 + |vz|^2 - (uw\bar{v}\bar{z} - \bar{u}\bar{w}vz)$$
因为 $|uw|^2 = a^2c^2$, $|vz|^2 = b^2d^2$,所以剩下证明
$$uw\bar{v}\bar{z} - \bar{u}\bar{w}vz = 2abcd\cos(A + C)$$
为此只需检验数 $uw\bar{v}\bar{z}$ 的辐角等于 $\pm(\angle A + \angle C)$ 就够了.剩下注意,数 $u\bar{v}$ (对应的是 $w\bar{z}$) 的辐角等于 $\pm\varphi$,其中 φ 是向量 u 和 v (对应的是 w 和 z) 之间的角.

29.39* 给定 $\triangle ABC$ 和过内切圆圆心 O 的直线 l. 用 A_1 (对应的 B_1, C_1) 表示过点 A (对应的 B, C) 引向直线 l 的垂线足,而用 A_2 (对应的 B_2, C_2) 表示内切圆上边 BC (对应的 CA, AB) 的切点的对径点,证明:直线 A_1A_2, B_1B_2, C_1C_2 相交于一点,且这个交点在内切圆上.

提示 用 A_3 (相应的 B_3, C_3) 表示直线 A_1A_2 (相应的 B_1B_2, C_1C_2) 同内切圆的不同于 A_2 (相应的 B_2, C_2) 的交点. 必须证明,这三个点是重合的. 放置 $\triangle ABC$ 在复平面上,使得内切圆同中心在零的单位圆重合,而直线 l 作为实轴,设 a, b, c 是内切圆分别同边 BC, CA, AB 的切点,则根据问题 29.29 有 $A = \dfrac{2bc}{b+c}$,所以

第29章 仿射变换

$$A_1 = \operatorname{Re} A = \frac{A+\bar{A}}{2} = \frac{bc}{b+c} + \frac{\bar{b}\bar{c}}{\bar{b}+\bar{c}}$$

但

$$\frac{\bar{b}\bar{c}}{\bar{b}+\bar{c}} = \frac{b\bar{b}\bar{c}+\bar{b}c\bar{c}}{(b+c)(\bar{b}+\bar{c})} = \frac{|b|^2\bar{c}+|c|^2\bar{b}}{(b+c)(\bar{b}+\bar{c})} = \frac{1}{b+c}$$

就是说

$$A_1 = \frac{bc}{b+c} + \frac{1}{b+c} = \frac{1+bc}{b+c}$$

很明了,$A_2 = -a$,所以根据问题 29.30 有

$$A_3 = \frac{1+\dfrac{1+bc}{b+c}}{\dfrac{1+bc}{b+c}+a} = \frac{a+b+c+abc}{1+ab+bc+ca}$$

类似可证,B_3 和 C_3 也等于这个复数.

29.40* 在圆内接四边形 $ABCD$ 中,点 A 关于 $\triangle BCD$ 的西摩松线垂直于 $\triangle BCD$ 的欧拉线,证明:点 B 关于 $\triangle ACD$ 的西摩松线垂直于 $\triangle ACD$ 的欧拉线.

提示 只需考查当点 A,B,C,D 对应的复数 a,b,c,d 位于圆心为零的单位圆上就足够了.根据问题 29.31,由点 A 向直线 BC 和 CD 引的垂线足是点 $x = \dfrac{1}{2}(a+b+c-\bar{a}bc)$ 和 $y = \dfrac{1}{2}(a+c+d-\bar{a}cd)$.点 A 关于 $\triangle BCD$ 的西摩松线的方向用数 $2(x-y) = (1-\bar{a}c)(b-d) = \bar{a}(a-c)(b-d)$ 给出.$\triangle BCD$ 的欧拉线的方向用数 $b+c+d$ 给出.当且仅当数 $\dfrac{\bar{a}(a-c)(b-d)}{b+c+d}$ 是纯虚数时这两条直线垂直,即

$$\frac{1}{a} \cdot \frac{(a-c)(b-d)}{b+c+d} = -a \frac{\left(\dfrac{1}{a}-\dfrac{1}{c}\right)\left(\dfrac{1}{b}-\dfrac{1}{d}\right)}{\dfrac{1}{b}+\dfrac{1}{c}+\dfrac{1}{d}}$$

这个等式约简以后化为

$$ab + ac + ad + bc + bd + cd = 0$$

29.41* (1) 已知点 X 和 $\triangle ABC$,证明:$\dfrac{XB}{b} \cdot \dfrac{XC}{c} + \dfrac{XC}{c} \cdot \dfrac{XA}{a} + \dfrac{XA}{a} \cdot \dfrac{XB}{b} \geq 1$,其中 a,b,c 是三角形的边长.

(2) 在边 BC,CA,AB 上取点 A_1,B_1,C_1.设 a,b,c 是 $\triangle ABC$ 的边长,a_1,b_1,c_1 是 $\triangle A_1B_1C_1$ 的边长,S 是 $\triangle ABC$ 的面积,证明:$4S^2 \leq a^2 b_1 c_1 + b^2 c_1 a_1 + c^2 a_1 b_1$.

提示 (1)考查在复平面上的 $\triangle ABC$,使得点 X 同零重合.设 α,β,γ 是对应三角形顶点的复数,由恒等式
$$\frac{\beta}{\alpha-\gamma}\cdot\frac{\gamma}{\alpha-\beta}+\frac{\gamma}{\beta-\alpha}\cdot\frac{\alpha}{\beta-\gamma}+\frac{\alpha}{\gamma-\beta}\cdot\frac{\beta}{\gamma-\alpha}=1$$
推出所需的不等式.

(2)$\triangle AB_1C_1$,$\triangle A_1BC_1$ 和 $\triangle A_1B_1C$ 的外接圆相交于点 X(问题 2.83(1)).设 R_a,R_b,R_c 是这些圆的半径,R 是 $\triangle ABC$ 外接圆的半径,则
$$a^2b_1c_1+b^2a_1c_1+c^2a_1b_1=8R\sin A\sin B\sin C(aR_bR_c+bR_cR_a+cR_aR_b)=$$
$$\frac{4S}{R}(aR_bR_c+bR_cR_a+cR_aR_b)$$
显然 $2R_a\geqslant XA,2R_b\geqslant XB,2R_c\geqslant XC$
所以
$$\frac{4S}{R}(aR_bR_c+bR_cR_a+cR_aR_b)\geqslant\frac{abcS}{R}\Big(\frac{XB}{b}\cdot\frac{XC}{c}+$$
$$\frac{XC}{c}\cdot\frac{XA}{a}+\frac{XA}{a}\cdot\frac{XB}{b}\Big)\geqslant\frac{abcS}{R}=4S^2$$

29.42* 已知不等边的 $\triangle ABC$.选取点 A_1,B_1 和 C_1,使得 $\triangle BA_1C$,$\triangle CB_1A$ 和 $\triangle AC_1B$ 本原相似,证明:当且仅当指出的相似三角形是在顶点 A_1,B_1 和 C_1 的角为 $120°$ 的等腰三角形时,$\triangle A_1B_1C_1$ 是等边三角形.

提示 设点 A,B,C,A_1,B_1 和 C_1 对应复数 a,b,c,a_1,b_1 和 c_1.由 $\triangle BA_1C$,$\triangle CB_1A$ 和 $\triangle AC_1B$ 本原相似,推出,对某些复数 z 成立 $a_1=b+(c-b)z$,$b_1=c+(a-c)z$,$c_1=a+(b-a)z$,所以
$$a_1^2+b_1^2+c_1^2-a_1b_1-b_1c_1-c_1a_1=(a^2+b^2+c^2-ab-bc-ca)(3z^2-3z+1)$$
根据问题 29.34(2) 当且仅当这个等式左边的表达式等于零时,$\triangle A_1B_1C_1$ 是等边三角形.$\triangle ABC$ 不是等边三角形,所以应当表达式 $3z^2-3z+1$ 等于零.对于带有 $120°$ 角的等腰三角形成立 $z_0=\frac{1}{2}\pm\frac{i}{2\sqrt{3}}$.容易检验,$z_0^2-z_0=-\frac{1}{3}$(在表达式中 z_0 的不同符号对应在三角形的边上我们是向形外还是向形内作三角形).

29.43* 在中心为 O 的仿射正多边形 $A_1A_2\cdots A_n$ 的边上向形外作正方形 $A_{j+1}A_jB_jC_{j+1}(j=1,\cdots,n)$,证明:线段 B_jC_j 和 OA_j 垂直,而它们的比等于 $2\Big(1-\cos\frac{2\pi}{n}\Big)$.

第29章 仿射变换

DIERSHIJIUZHANG FANGSHE BIANHUAN

提示 建立平面的点与复数之间的对应,使得点 O 与零重合,则 $B_j - A_j = -\mathrm{i}(A_{j+1} - A_j)$ 和 $C_j - A_j = -\mathrm{i}(A_j - A_{j-1})$(参见图29.6,我们认为,$A_0 = A_n, A_{n+1} = A_1$). 由第一个等式减第二个等式,得到 $B_j - C_j = -\mathrm{i}(A_{j-1} + A_{j+1} - 2A_j)$. 但根据29.10有 $A_{j-1} + A_{j+1} = 2\cos\dfrac{2\pi}{n} A_j$. 意味着 $B_j - C_j = 2\mathrm{i}\left(1 - \cos\dfrac{2\pi}{n}\right)A_j$.

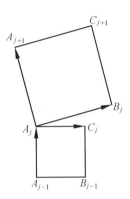

图 29.6

29.44* 在凸 n 边形的边上向形外作正 n 边形,证明:当且仅当原来的 n 边形是仿射正 n 边形时,它们的中心形成正 n 边形.

提示 设 $A_1\cdots A_n$ 是原来的 n 边形,同时它的顶点按逆时针编号,B_j 是在边 $A_j A_{j+1}$ 上作的正 n 边形的中心. 我们将认为,平面上的点同复数混为一谈. 用 w 表示复数 $\cos\dfrac{2\pi}{n} + \mathrm{i}\sin\dfrac{2\pi}{n}$. 乘以 w(对应乘以 $\bar{w}$)是围绕零作逆时针(对应的按顺时针)旋转 $\dfrac{2\pi}{n}$ 的角. 点 A_j 当绕 B_{j-1} 逆时针旋转 $\dfrac{2\pi}{n}$ 的角时变为点 A_{j-1},而当绕 B_j 顺时针旋转 $\dfrac{2\pi}{n}$ 的角时变为点 A_{j+1},所以成立等式

$$A_{j-1} - B_{j-1} = w(A_j - B_{j-1})$$
$$A_{j+1} - B_j = \bar{w}(A_j - B_j)$$

对于所有的 $j = 1,\cdots,n$(这里再进一步认为,$A_0 = A_n, A_{n+1} = A_1$),因此

$$B_{j-1}(w - 1) = wA_j - A_{j-1}$$
$$B_j(\bar{w} - 1) = \bar{w}A_j - A_{j+1}$$

这些等式相加,考虑到 $w - 1 = -w(\bar{w} - 1)$,对所有的 $j = 1,\cdots,n$,得到

$$(B_j - wB_{j-1})(\bar{w} - 1) = (w + \bar{w})A_j - A_{j-1} - A_{j+1} \qquad (1)$$

多边形 $B_0 B_1 \cdots B_n$ 是正多边形,当且仅当平面上的点和复数能建立对应,使得对所有的 $j = 1,\cdots,n$,有 $B_j = wB_{j-1}$,也就是,对所有的 j,式(1)的左部等于零.

另一方面,根据问题29.10,多边形 $A_1 A_2 \cdots A_n$ 是仿射正多边形,当且仅当平面的点与复数之间能建立对应时,使得对所有的 $j = 1,\cdots,n$,成立 $\cos\dfrac{2\pi}{n} A_j = A_{j-1} + A_{j+1}$. 因为 $w + \bar{w} = \cos\dfrac{2\pi}{n}$,后一个条件等价于式(1)的右边等于零.

29.45* 三角形的顶点对应的复数 a,b 和 c 位于圆心在零的单位圆上,证明:如果点 z 和 w 等角共轭,那么 $z+w+abc\bar{z}\bar{w}=a+b+c$.(莫莱)

提示 根据问题 29.26 有
$$\mathrm{Im}\,(a-z)(a-w)(\bar{a}-\bar{b})(\bar{a}-\bar{c})=0$$
分别用点 A,B 和 C 表示 $(\bar{a}-\bar{b})(\bar{a}-\bar{c})$,$(\bar{b}-\bar{a})(\bar{b}-\bar{c})$ 和 $(\bar{c}-\bar{a})(\bar{c}-\bar{b})$,则
$$\mathrm{Im}\,a^2 A - \mathrm{Im}\,aA(z+w) + \mathrm{Im}\,Azw = 0 \qquad (1)$$
注意 $a(b+c)A$ 是实数,实际上
$$a(b+c)A = 2\mathrm{Re}\,(\overline{a(b+c)}) - |a(b+c)|^2$$
(为了检验这个等式,必须利用 $\mathrm{Re}\,\zeta = \dfrac{\zeta+\bar{\zeta}}{2}$,以及 $a\bar{a}=b\bar{b}=c\bar{c}=1$,因为点 a,b,c 位于单位圆上),这样一来
$$\mathrm{Im}\,a^2 A = \mathrm{Im}\,((a+b+c)aA) - \mathrm{Im}\,(a(b+c)A) = \mathrm{Im}\,(aA(a+b+c))$$
进一步
$$abc\cdot aA = ab(\bar{a}-\bar{b})\cdot ac(\bar{a}-\bar{c}) = (a-b)(a-c) = \bar{A}$$
因此
$$\mathrm{Im}\,Azw = -\mathrm{Im}\,\bar{A}\overline{zw} = -\mathrm{Im}\,aA\cdot abc\cdot \bar{z}\bar{w}$$
在(1)中代入这些等式,得到
$$\mathrm{Im}\,aA[a+b+c-(z+w)-abc\cdot\bar{z}\bar{w}] = \mathrm{Im}\,aAp = 0$$
(通过 p 表示方括号中的表达式).

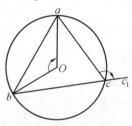

图 29.7

类似可证,$\mathrm{Im}\,bBp=\mathrm{Im}\,cCp=0$.这样一来,要么 $p=0$ 且证明问题的论断,要么 aA,bB 和 cC 以实比例系数成比例.但是第二种情况是不可能的,因为不然的话,数 $\dfrac{aA}{bB}=\dfrac{a}{b}\cdot\dfrac{\bar{a}-\bar{c}}{\bar{c}-\bar{b}}$ 是实数,也就是 $\angle bOa = \angle acc_1 = \pi n$(有定向的角,图 29.7).毕竟根据圆内接四边形角的定理 $\angle acc_1 = \pi - \angle c$ 和 $\angle bOa = 2\angle c$,所以 $\angle c = \pi(n-1)$,这是不可能的.

29.46* 点 Z 和 W 关于正三角形等角共轭.在关于外接圆的反演下点 Z 和 W 变为 Z^* 和 W^*,证明:线段 Z^*W^* 的中点位于内切圆上.

提示 放置已知正三角形在复平面上,使得它的外接圆圆心在零且一个顶点是点 1.设 z 和 w 是与点 Z 和 W 对应的复数.根据问题 29.45 有
$$z+w+\bar{z}\bar{w}=0$$

第 29 章 仿射变换
DIERSHIJIUZHANG FANGSHE BIANHUAN

即 $\bar{z} + \bar{w} = -zw$

显然 $z^* = \dfrac{1}{z}, w^* = \dfrac{1}{w}$

因此 $\dfrac{1}{2}(z^* + w^*) = \dfrac{1}{2}\left(\dfrac{1}{z} + \dfrac{1}{w}\right) = \dfrac{1}{2}\dfrac{z+w}{zw} = -\dfrac{1}{2}\dfrac{\bar{z}}{z}\dfrac{\bar{w}}{w}$

这个数的模等于 $\dfrac{1}{2}$.

29.47* 点 Z 和 W 关于中心为 O 的正 $\triangle ABC$ 等角共轭. M 是线段 ZW 的中点,证明:$\angle AOZ + \angle AOW + \angle AOM = n\pi$(定向角).
(参见同样的问题 31.43,31.61,31.70.)

提示 放置已知三角形,使得外接圆圆心在零,而点 A 在 1. 设 z 和 w 是与点 Z 和 W 对应的复数.围绕零转动平面以指出的对应于乘以复数 $\dfrac{z}{w}, \dfrac{w}{w}$ 和 $\dfrac{z+w}{z+w}$ 的角. 但根据问题 29.45 有 $z + w = -\bar{z}\bar{w}$. 这意味着,这三个复数的乘积等于 1.

§4 施泰纳椭圆

根据问题 29.6(2) 对于已知的 $\triangle ABC$ 存在唯一的仿射变换,它变正三角形为已知的三角形. 在这个变换下正三角形内切圆的像叫做施泰纳内切椭圆,而外接圆的像叫做施泰纳外接椭圆.

施泰纳内切椭圆在所有内切在已知三角形的椭圆中具有最大的面积,而施泰纳外接椭圆在所有的已知三角形的外接椭圆中具有最小的面积.这容易证明,只要进行椭圆到圆的仿射变换,并且利用在仿射变换下保持面积的比.

29.48* 求在重心坐标系下施泰纳椭圆的方程.

提示 在仿射变换下不改变点的重心坐标,所以作为内切圆和外接圆给出施泰纳椭圆的方程,在重心坐标 $(\alpha : \beta : \gamma)$ 下用方程 $\beta\gamma + \alpha\gamma + \alpha\beta = 0$ 给出施泰纳外接椭圆(问题 14.40),而施泰纳内切椭圆由方程 $2\beta\gamma + 2\alpha\gamma + 2\alpha\beta = \alpha^2 + \beta^2 + \gamma^2$ 给出(问题 14.54(2)).

施泰纳外接椭圆同三角形的外接圆不同于三角形顶点的交点叫做施泰纳点.

29.49* 求施泰纳点的重心坐标.

注 我们发现无须证明,在内切圆和九点圆切点的切线也与施泰纳内切椭圆相切.对于旁切圆同样也是对的.

提示 施泰纳外接椭圆用方程 $\beta\gamma + \alpha\gamma + \alpha\beta = 0$ 给出(问题 29.48),而外接圆的方程是 $a^2\beta\gamma + b^2\alpha\gamma + c^2\alpha\beta = 0$,其中 a,b,c 是边长(问题 14.40).由第一个方程得到 $\gamma = \dfrac{-\alpha\beta}{\alpha+\beta}$.在第二个方程代入这个表达式,得到 $\alpha:\beta = (c^2 - a^2):(b^2 - c^2)$.这样一来,施泰纳点具有重心坐标 $\left(\dfrac{1}{b^2-c^2}:\dfrac{1}{c^2-a^2}:\dfrac{1}{a^2-b^2}\right)$.

注 在问题 19.61 中给出了另外的施泰纳点的定义,问题 14.59 指出这两个定义是等价的.

第 30 章 射影变换

§1 直线的射影变换

1. l_1 和 l_2 是在平面上的两条直线,O 是不在这两条直线任一条上的点. 使直线 l_1 上的点 A_1 与直线 OA_1 同直线 l_2 的交点相对应的映射,叫做以 O 为中心的直线 l_1 在直线 l_2 上的中心射影.

2. l_1 和 l_2 是在平面上的两条直线,l 是不平行于这两条直线中任一条的直线,使直线 l_1 上的点 A_1 与直线 l_2 同过点 A_1 平行于直线 l 的直线的交点相对应的映射,叫做沿直线 l 直线 l_1 在直线 l_2 的平行射影.

3. 如果由直线 a 向直线 b 的映射 P 是中心或平行射影的合成,则称映射 P 是由直线 a 向直线 b 的射影变换. 也就是,如果存在直线 $a_0 = a, a_1, \cdots, a_n = b$ 和由直线 a_i 到直线 a_{i+1} 上的映射 P_i,它们每一个要么是中心射影,要么是平行射影,并且 P 是变换 P_i 的合成. 当直线 b 同直线 a 重合时,映射 P 叫做直线 a 的射影变换.

30.1* 证明:存在将一条直线上的三个已知点变为另一条直线上三个已知点的射影映射.

提示 用 l_0 和 l 表示已知直线,用 A_0, B_0, C_0 表示在直线 l_0 上的已知点,用 A, B, C 表示在直线 l 上的已知点. 设 l_1 是不过点 A 的任意直线. 取不在直线 l_0 和 l_1 上的任意点 Q_0. 用 P_0 表示中心在 Q_0 的直线 l_0 在直线 l_1 上的中心投影,而用 A_1, B_1, C_1 表示点 A_0, B_0, C_0 的投影. 设 l_2 是过点 A 不与直线 l 重合且不过 A_1 的任意直线. 在直线 AA_1 上取某个点 O_1 并且考查中心为 O_1 直线 l_1 在 l_2 上的中心投影 P_1. 用 A_2, B_2, C_2 表示点 A_1, B_1, C_1 的投影. 显然,A_2 同 A 重合. 最后,设 P_2 是直线 l_2 在直线 l 上的投影,它在直线 BB_2 和 CC_2 不平行时,是中心在这些直线的交点的中心投影,而在直线 BB_2 和 CC_2 平行时,是沿这些直线之一的平行投影. 合成 $P_2 \circ P_1 \circ P_0$ 是需要的射影映射.

定义 数$(ABCD) = \dfrac{c-a}{c-b} : \dfrac{d-a}{d-b}$ 称为位于一条直线上的四个点 A,B,C,D 的交叉比。其中用 a,b,c,d 分别表示点 A,B,C,D 的坐标。容易检验，交叉比与在直线上坐标的选取无关。我们将同样写为 $(ABCD) = \dfrac{AC}{BC} : \dfrac{AD}{BD}$，所指的是，如果向量 $\overrightarrow{AC}$ 和 $\overrightarrow{BC}$（对应的 $\overrightarrow{AD}$ 和 $\overrightarrow{BD}$）共线，用 $\dfrac{AC}{BC}$（对应的 $\dfrac{AD}{BD}$）表示线段长的比；或者如果这些向量方向相反，那么线段长的比取"$-$"。

定义 数$(abcd) = \pm \dfrac{\sin(a,c)}{\sin(b,c)} : \dfrac{\sin(a,d)}{\sin(b,d)}$ 称为过一个点引的四条直线的交叉比。它的符号用下面的形式选取：如果直线 a 和 b 形成的角的一个与直线 c 和 d 中任一条都不相交（在这种情况说，直线对 a 和 b 不分开直线对 c 和 d），那么 $(abcd) > 0$；在相反的情况 $(abcd) < 0$。

30.2* (1) 已知直线 a,b,c,d 过一点，且不过这个点引直线 l。设 A,B,C,D 是直线 l 分别同直线 a,b,c,d 的交点，证明：$(abcd) = (ABCD)$。

(2) 证明：在射影变换下保持四个点的交叉比。

提示 (1) 用 O 表示四条已知直线的交点。设 H 是这个点在直线 l 上的射影且 $h = OH$，则

$$2S_{\triangle OAC} = OA \cdot OC\sin(a,c) = h \cdot AC$$
$$2S_{\triangle OBC} = OB \cdot OC\sin(b,c) = h \cdot BC$$
$$2S_{\triangle OAD} = OA \cdot OD\sin(a,d) = h \cdot AD$$
$$2S_{\triangle OBD} = OB \cdot OD\sin(b,d) = h \cdot BD$$

第一个等式除以第二个，而第三个除以第四个，得到

$$\dfrac{OA\sin(a,c)}{OB\sin(b,c)} = \dfrac{AC}{BC}, \quad \dfrac{OA\sin(a,d)}{OB\sin(b,d)} = \dfrac{AD}{BD}$$

得到的等式相除，得到 $|(ABCD)| = |(abcd)|$。为了证明数 $(ABCD)$ 和 $(abcd)$ 具有一致的符号，可以，例如，写出点在直线上放置的所有可能的方法（24 种方法），且在每种情况确认 $(ABCD)$ 是正的，当且仅当直线对 a,b 不分开直线对 c,d 的时候。

(2) 是问题(1) 的直接推论。

30.3* 证明：如果 $(ABCX) = (ABCY)$，那么 $X = Y$（所有的点两两不同，此外，能够有点 X 和 Y 在一条直线上）。

提示 设 a,b,c,x,y 是点 A,B,C,X,Y 的坐标，则

第 30 章 射影变换
DISANSHIZHANG　SHEYING BIANHUAN

$$\frac{x-a}{x-b}:\frac{c-a}{c-b}=\frac{y-a}{y-b}:\frac{c-a}{a-b}$$

因为所有的点是不同的,因此
$$(x-a)(y-b)=(x-b)(y-a)$$
打开括号并合并同类项,得到
$$ax-bx=ay-by$$
这个等式约去 $(a-b)$,得到 $x=y$.

30.4* 证明:直线的射影变换单值确定三个任意点的像.

提示 设三个已知点的每一个的像在一个射影变换下同这个点在另外的射影变换下的像重合.我们证明,那时,在这些变换下任意另外的点的像重合.用 A,B,C 表示已知点的像.取任意点且用 X 和 Y 表示在已知的射影变换下的像,则根据问题 30.2 有 $(ABCX)=(ABCY)$,所以根据问题 30.3 有 $X=Y$.

30.5* 证明:非恒等的射影变换有不多于两个不动点.

提示 这个问题是题 30.4 的推论.

30.6* 已知直线 a 到直线 b 的映射保持任意四个点的交叉比,证明:这个映射是射影的.

提示 在直线 a 上固定三个不同的点.根据问题 30.1 存在射影映射 P,它将这些点映射得与已知映射一样,但在问题 30.4 的提示中证明了,任意保持交叉比的映射用三个点的像唯一确定,所以已知映射同 P 重合.

30.7* 证明:数直线上的变换 P 是射影变换,当且仅当它表示为 $P(x)=\dfrac{ax+b}{cx+d}$ 的形式,其中,a,b,c,d 是使 $ad-bc\neq 0$ 的数.(这样的变换叫做分式线性的)

提示 首先证明,分式线性变换 $P(x)=\dfrac{ax+b}{cx+d}$,$ad-bc\neq 0$ 保持交叉比.实际上,设 x_1,x_2,x_3,x_4 是任意的数且 $y_i=P(x_i)$,则
$$y_i-y_j=\frac{ax_i+b}{cx_i+d}-\frac{ax_j+b}{cx_j+d}=\frac{(da-bc)(x_i-x_j)}{(cx_i+d)(cx_j+d)}$$
因此
$$(y_1y_2y_3y_4)=(x_1x_2x_3x_4)$$

在问题 30.4 的提示中证明了，如果直线的变换保持交叉比，那么，它唯一用三个不同点的像给出．根据问题 30.2(2) 射影变换保持交叉比．剩下证明，对于任何两两不同的点 x_1, x_2, x_3 和两两不同的点 y_1, y_2, y_3 存在分式线性变换 P，使得 $P(x_i) = y_i$．为此，又只需证明，对于任意三个不同的点存在分式线性变换，变它们为三个固定的点 $z_1 = 0, z_2 = 1, z_3 = \infty$．实际上，如果 P_1 和 P_2 是分式线性变换，对于它们 $P_1(x_i) = z_i$ 和 $P_2(y_i) = z_i$，那么 $P_2^{-1}(P_1(x_i)) = y_i$．（分式线性变换的逆变换是分式线性变换，因为如果 $y = \dfrac{ax+b}{cx+d}$，那么 $x = \dfrac{dy-b}{-cy+a}$；那么分式线性变换的合成是分式线性变换，请自己独立检验．）

于是，必须证明，如果 x_1, x_2, x_3 是任意不同的数，那么存在这样的数 a, b, c, d，使得 $da - bc \neq 0$ 且 $ax_1 + b = 0, ax_2 + b = cx_2 + d, cx_3 + d = 0$．由第一个和第三个方程求 b 和 d 且代入第二个方程，得到方程
$$a(x_2 - x_1) = c(x_2 - x_3)$$
由它求得解
$$a = (x_2 - x_3), b = x_1(x_3 - x_2), c = (x_2 - x_1), d = x_3(x_1 - x_2)$$
此时
$$ad - bc = (x_1 - x_2)(x_2 - x_3)(x_3 - x_1) \neq 0$$

30.8* 点 A, B, C, D 位于一条直线上，证明：如果 $(ABCD) = 1$，那么或者 $A = B$，或者 $C = D$．

提示 1　设 a, b, c, d 是已知点的坐标，则根据条件 $(c-a)(d-b) = (c-b)(d-a)$．打开括号并合并同类项，得出 $cb + ad = ca + bd$．移所有的项到左边并且分解因式，得到 $(d-c)(b-a) = 0$，也就是，要么 $a = b$，要么 $c = d$．

提示 2　假设，$C \neq D$，我们证明，在这种情况下 $A = B$．考查已知直线到另外直线的中心投影，在这个投影下使点 D 变为无穷远点．设 A', B', C' 是点 A, B, C 的投影．根据问题 30.2 有 $(ABCD) = (A'B'C'\infty) = 1$，也就是，$\vec{AC} = \vec{BC}$．这意味着 $A = B$．

30.9* 已知直线 l，圆和位于圆上且不在直线 l 上的点 M, N．考查直线 l 到自身的映射 P，是直线 l 由点 M 向已知圆的射影和圆由点 N 向直线的射影的合成（如果点 X 在直线 l 上，那么 $P(X)$ 是直线 NY 同直线 l 的交点，其中 Y 是直线 MX 同已知圆不同于 M 的交点），证明：变换 P 是射影的．

提示　根据问题 30.6 只需证明，变换 P 保持四个点的交叉比．设 A, B, C, D 是直线 l 上的任意点．用 A', B', C', D' 表示它们在变换 P 下的像，而用 $a, b, c,$

d 和 a', b', c', d' 分别表示直线 MA, MB, MC, MD 和 NA', NB', NC', ND'，则根据问题 30.2(1) 有
$$(ABCD) = (abcd), (A'B'C'D') = (a'b'c'd')$$
而根据圆周角定理有
$$\angle(a, c) = \angle(a', c'), \angle(b, c) = \angle(b', c')$$
依此类推. 而这意味着
$$(abcd) = (a'b'c'd')$$

30.10* 已知直线 l，圆和位于圆上且不在直线 l 上的点 M. 设 P_M 是直线 l 由点 M 向已知圆上的射影（直线的点 X 映射为直线 XM 同圆的不同于 M 的交点），R 是保持已知圆的平面的运动（也就是平面绕圆的中心或者关于直径对称的转动），证明：合成 $P_M^{-1} \circ R \circ P_M$ 是射影变换.

注 如果认为，已知圆同直线 l 由点 M 的射影变换混为一谈，那么问题 30.10 的结论可以改述为如下形式：圆借助于平面运动到自身的映射是射影变换.

提示 设 $N = R^{-1}(M), m = R(l), P_N$ 是直线 l 由点 N 在圆上的投影，Q 是直线 m 由点 M 在直线 l 上的投影，则 $P_M^{-1} \circ R \circ P_M = Q \circ R \circ P_N^{-1} \circ P_M$. 但根据问题 30.9 变换 $P_N^{-1} \circ P_M$ 是射影变换.

§2 平面的射影变换

定义 设 α_1 和 α_2 是空间的两张平面，O 是不在这两张平面任何一个上的一点. 使平面 α_1 的点 A_1 同直线 OA_1 与平面 α_2 的交点相对应的映射称为以 O 为中心平面 α_1 到平面 α_2 的中心投影.

30.11* 证明：如果平面 α_1 和 α_2 相交，那么以 O 为中心 α_1 到 α_2 的中心投影给出去掉直线 l_1 的平面 α_1 到去掉直线 l_2 的平面 α_2 的互相单值映射，其中 l_1 和 l_2 是平面 α_1 和 α_2 分别同过 O 引的平行于 α_2 和 α_1 的平面的交线. 此时在 l_1 上的映射没有定义.

提示 过点 O 引直线平行于平面 α_1（对应的 α_2），交平面 α_2（对应的 α_1）于直线 l_2（对应的 l_1），所以如果点位于平面 α_1, α_2 之一上且不在直线 l_1, l_2 上，那么它在另一平面上的射影是确定的. 显然，不同的点投影于不同的点.

定义 在中心投影下没有定义的直线叫做已知投影的影消直线.

30.12* 证明:不是影消线的直线,在中心投影下的投影是直线.

提示 在中心为 O 的到平面 α_2 上的中心投影,直线 l 投影在过 O 和 l 的平面同平面 α_2 的交线.

为了使得中心投影处处有定义,方便地认为,在每条直线上除普通的点以外还有一个叫做无穷远的点.此时如果两条直线平行,那么它们的无穷远点重合,换句话说,平行直线相交在无穷远点.

同样认为,在每张平面上除了通常的直线外还有无穷远直线,在它上面有已知平面的直线的所有的无穷远点.无穷远直线同位于同一平面的普通直线 l 相交于直线 l 的无穷远点.

如果引进无穷远点和直线,那么以 O 为中心平面 α_1 到平面 α_2 的中心投影将对平面 α_1 的所有点有定义.此时影消直线将投影到平面 α_2 的无穷远直线,而就是说,影消直线的点 M 的像是直线 OM 的无穷远点;在平面 α_2 上的平行于直线 OM 的直线相交于这个点.

30.13* 证明:如果除了普通的点与直线外研究无穷远的点和直线,那么

(1) 过任意两点引唯一的直线.

(2) 位于一张平面的任意两条直线相交于唯一的点.

(3) 一张平面到另一张平面的中心投影是互相单值的映射.

提示 这个问题是几何公理和定义的直接推论.

定义 平面 α 到平面 β 的映射 P 叫做射影变换,如果它是中心投影和仿射变换的合成.也就是,如果存在平面 $\alpha_0 = \alpha, \alpha_1, \cdots, \alpha_n = \beta$ 和平面 α_i 到 α_{i+1} 的映射 P_i,它们中的每一个要么是中心投影,要么是仿射变换,同时 P 是变换 P_i 的合成.当平面 α 同平面 β 重合时,映射 P 称为平面 α 的射影变换.无穷远直线的像叫做给出的射影变换的影消直线.

30.14* (1)证明:变无穷远直线为无穷远直线的平面的射影变换 P,是仿射变换.

(2) 证明:如果点 A, B, C, D 在与平面 α 的射影变换 P 的影消直线平行的直线上,那么 $\dfrac{P(A)P(B)}{P(C)P(D)} = \dfrac{AB}{CD}$.

(3) 证明:如果射影变换 P 变平行直线 l_1 和 l_2 为平行直线,那么或者 P 是仿射变换,或者 P 的影消直线平行于 l_1 和 l_2.

第30章 射影变换
DISANSHIZHANG SHEYING BIANHUAN

(4) 设 P 是平面上所有有限的点与无限点集合的互相单值变换,它将每条直线变为直线.证明:P 是射影变换.

提示 (1) 由问题 30.13(3) 推出,如果除普通点外考查无穷远,那么变换 P 是互相单值的.在这时,无穷远直线映射为无穷远直线,所以有限点的集合也互相单值地映射为有限点的集合.又因为在映射 P 下直线变为直线,所以 P 是仿射变换.

(2) 用 l 表示点 A,B,C,D 所在的直线,而用 l_0 表示变换 P 的影消直线.取在平面 α 外的任意点 O,并且考查平面 β,它过直线 l 且与过直线 l_0 和点 O 的平面平行.设 Q 是以 O 为中心的平面 α 在平面 β 的中心投影和随后绕轴 l 的变平面 β 为平面 α 的空间旋转的合成.变换 Q 的影消直线是直线 l_0,所以平面 α 的射影变换 $R = P \circ Q^{-1}$ 变无穷远直线为无穷远直线,并且根据问题(1)是仿射变换,特别地,保持在直线 l 上线段的比.剩下注意,Q 保持直线 l 上的点不动.

(3) 平行的直线 l_1 和 l_2 变为平行直线,这意味着,这条直线的无穷远点 A 变为无穷远点,即 A 位于在无穷远直线 l 的像上,因此要么 l 是无穷远直线,且根据问题(1)变换 P 是仿射变换,要么直线 l 平行于直线 l_1 和 l_2.

(4) 用 l_∞ 表示无穷远直线.如果 $P(l_\infty) = l_\infty$,那么 P 给出互相单值的平面变换,它将每条直线变为直线,并意味着,根据定义是仿射变换.在相反的情况,用 a 表示 $P(l_\infty)$ 并且考查任意的影消直线是 a 的射影变换 Q.用 R 表示 $Q \circ P$,则 $R(l_\infty) = l_\infty$,并意味着,正如上面指出的,R 是仿射的,因此 $P = Q^{-1} \circ R$ 是射影变换.

30.15* 已知点 A,B,C,D,它们中的任意三个点都不在一条直线上,并且点 A_1,B_1,C_1,D_1 满足同样的条件.

(1) 证明:存在射影变换,将点 A,B,C,D 分别变为点 A_1,B_1,C_1,D_1.

(2) 证明:问题(1)的变换是唯一的.也就是,平面射影变换用在一般位置的四个点的像来决定(参见问题 30.4).

(3) 如果点 A,B,C 位于一条直线 l 上,而点 A_1,B_1,C_1 在一条直线 l_1 上,证明:问题(1)的结论.

(4) 问题(3)的变换唯一吗?

提示 (1) 只需证明,点 A,B,C,D 能够用射影变换变为正方形的顶点就足够了.设 E 和 F 分别是直线 AB 同直线 CD,直线 BC 同直线 AD 的交点(可能是无穷远点).如果直线 EF 是有限的,那么存在平面 ABC 在某个平面 α 上的中心投影,对于它 EF 是影消直线.作为射影中心可以取平面 ABC 外面的任意点 O,而

作为平面 α 可以取平行于平面 OEF 且不与它重合的任意平面. 此时点 A, B, C, D 投影为平行四边形的顶点, 它已经能借助于仿射变换变为正方形. 如果直线 EF 是无穷远直线, 那么 $ABCD$ 已经是平行四边形.

(2) 根据问题(1)只需分析, 当 $ABCD$ 和 $A_1B_1C_1D_1$ 是同一个平行四边形的情况就够了. 在这种情况它的顶点是不动的, 这意味着, 无穷远直线上的两个点, 它是对边延长线的交点, 是不动的, 所以根据问题 30.14(1) 映射应当是仿射的, 且因此, 根据问题 29.6 是恒等变换.

(3) 因为直线 l 和 l_1 可以投影为无穷远直线(参见问题(1)的解), 只需证明, 存在仿射变换将已知点 O 映射为已知点 O_1, 而分别平行于已知直线 a, b, c 的直线, 映射为分别平行于已知直线 a_1, b_1, c_1 的直线. 可以认为, 直线 a, b, c 过点 O, 而直线 a_1, b_1, c_1 过点 O_1. 在 c 和 c_1 上选取任意点 C 和 C_1 并且过它们每个点引两条直线 a', b' 和 a'_1, b'_1 分别平行于直线 a, b 和 a_1, b_1, 则仿射变换将直线 a, a', b, b' 界限的平行四边形, 变为直线 a_1, a'_1, b_1, b'_1 界限的平行四边形(参见问题 29.6(3)), 是所求的.

(4) 不一定. 由问题 30.21 的变换(正如恒等变换)留下不动点 O 和直线 a.

考查在空间中心在坐标原点的单位球. 设 $N(0,0,1)$ 是它的北极. 球面每个点 M 对应于直线 MN 同平面 Oxy 的交点的映射叫做在平面上的球面测地投影. (参见, 例如问题 16.19(2) 在 В.В. 波拉索洛夫, И.Ф. 沙雷金的书《立体几何问题》, 莫斯科. 科学出版社, 1989) 自然在球面测地投影下在球面上的圆变为平面上的圆(或直线). 在解问题 30.16 和 30.17 时利用这个事实.

30.16* (1) 证明: 存在射影变换, 它将已知圆变为圆, 而位于圆内的已知点变为像的中心.

(2) 证明: 如果射影变换将已知圆变为圆, 而点 M 变为它的中心, 那么影消直线垂直于过 M 的直径.

提示 (1) 在坐标平面 Oxz 上考查点 $O(0,0), N(0,1), E(1,0)$. 对于在单位圆的弧 NE 上的任意点 M(图 30.1), 用 P 表示线段 EM 的中点, 而用 M^* 和 P^* 分别表示直线 NM 和 NP 同直线 OE 的交点.

我们证明, 对于任意的数 $k > 2$ 能够

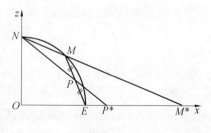

图 30.1

第 30 章 射影变换
DISANSHIZHANG SHEYING BIANHUAN

选取这样形式的点 M，使得 $\dfrac{M^*E}{P^*E} = k$. 设 $A(a,b)$ 是平面上的任意点，$A^*(t,0)$ 是直线 NA 和 OE 的交点，$B(0,b)$ 是点 A 在直线 ON 上的射影，则 $t = \dfrac{A^*O}{ON} = \dfrac{AB}{BN} = \dfrac{a}{1-b}$，所以，如果 (x,z) 是点 M 的坐标，那么点 P, M^*, P^* 具有对应的坐标 $P\left(\dfrac{x+1}{2}, \dfrac{z}{2}\right), M^*\left(\dfrac{x}{1-z}, 0\right), P^*\left(\dfrac{\frac{x+1}{2}}{1-\frac{z}{2}}, 0\right)$，也就是

$$\frac{M^*E}{P^*E} = \left(\frac{x}{1-z} - 1\right) : \left(\frac{x+1}{2-z} - 1\right) = \frac{x+z-1}{1-z} : \frac{x+z-1}{2-z} = \frac{2-z}{1-z}$$

显然，方程 $\dfrac{2-z}{1-z} = k$ 有解 $z = \dfrac{k-2}{k-1}$，同时如果 $k > 2$，那么 $0 < z < 1$，因此，点 $M(\sqrt{1-z^2}, z)$ 是需求的.

现在证明问题的基本论断，用 S 和 C 分别表示已知圆和它内部的点. 如果点 C 是圆 S 的圆心，那么所需求的射影变换是恒等变换，所以将认为，点 C 不是圆心，用 AB 表示包含点 C 的直径. 为确定起见设 $BC > CA$. 假设 $k = \dfrac{BA}{AC}$. 当 $k > 2$，正如已经证明的，在平面 Oxz 上的单位圆上可以放置点 M，使得 $\dfrac{M^*E}{P^*E} = k = \dfrac{BA}{CA}$，所以相似变换将圆 S 变为在平面 Oxy 上作的以线段 EM^* 为直径的圆 S_1，使得点 A, B, C 分别变为点 E, M^*, P^*. 在测地投影下圆 S_1 投影到在单位球面上的圆 S_2，它关于平面 Oxz 对称，这意味着，关于直线 EM 对称，所以 EM 是圆 S_2 的直径，而它的中点 P 是圆 S_2 的圆心. 设 α 是包含圆 S_2 的平面. 显然，在平面 Oxy 上由单位球的北极的中心投影下圆 S_1 变为圆 S_2，而点 P^* 变为它的中心 P.

(2) 过点 M 的直径 AB 变为直径，所以在点 A 和 B 的切线变为切线，但如果平行直线变为平行直线，那么它们的影消直线平行(参见问题 30.14(3)).

30.17* 在平面上已知一个圆和不与这个圆相交的直线，证明：存在射影变换，变已知圆为一个圆，而变已知直线为无穷远直线.

提示 在坐标平面 Oxz 上考查点 $O(0,0), N(0,1), E(1,0)$. 对于在单位圆的弧 NE 上的任意点 M，用 P 表示射线 EM 同直线 $z = 1$ 的交点. 显然，点 M 沿弧 NE 运动，能够作比 $\dfrac{EM}{MP}$ 等于任意数，所以相似变换能够将已知圆 S 变为垂直于

697

Oxz 的平面 α 上以线段 EM 为直径所作的圆 S_1，使得已知直线 l 变为过点 P 垂直于平面 Oxz 的直线．圆 S_1 位于在中心在坐标原点的单位球面上，因此，在测地投影下它射影为平面 Oxy 上的圆 S_2．这样一来，当由 N 从平面 α 到平面 Oxy 的中心投影下圆 S_1 变为 S_2，而直线 l 变为无穷远直线．

30.18* 证明：存在射影变换，它变已知圆为圆，而变已知的弦为它的直径．

提示 设 M 是已知弦上的任意点，根据问题 30.16 存在射影变换，变已知圆为圆，而点 M 变为它的中心，因为在射影变换下直线变为直线，已知弦变为直径．

30.19* 已知圆 S 和它内部的点 O．考查所有的射影变换，它将 S 映射为圆，而 O 为它的中心，证明：所有这些变换将无穷大映射为同一条直线．

这条直线称为点 O 关于圆 S 的极线．

提示 过点 O 引两条任意的弦 AC 和 BD．设 P 和 Q 是四边形 $ABCD$ 的两组对边延长线的交点，考查任意的射影变换，它将 S 映射为中心为 O 的圆．显然，四边形 $ABCD$ 在这个变换下变为长方形，因此直线 PQ 变为无穷远直线．

30.20* 射影变换将某个圆变为自身，而它的中心仍在原处，证明：这样的变换是旋转或对称．

提示 射影变换将直线变为直线，而因为圆的中心仍留在原来的位置，每条直径变为直径，所以每个无穷远点，作为在对径点与圆相切的直线的交点，变为无穷远点，因此根据问题 30.14(1) 给出仿射变换，而根据问题 29.12 它是旋转或对称．

30.21* 已知两条平行直线 a, b 和点 O，则对于每个点 M 能完成下列的作图．过 M 引不过 O 且交直线 a 和 b 的任意直线 l．用 A 和 B 分别表示交点，且设 M' 是直线 OM 同过 A 引的平行于 OB 的直线的交点．

(1) 证明：点 M' 与直线 l 的选取无关．
(2) 证明：变点 M 为点 M' 的平面变换是射影变换．

提示 (1) 点 M' 在直线 OM 上，所以它的位置用比 $\dfrac{MO}{OM'}$ 唯一确定．但根据

第30章　射影变换
DISANSHIZHANG SHEYING BIANHUAN

$\triangle MBO$ 和 $\triangle MAM'$ 相似,$\dfrac{MO}{OM'} = \dfrac{MB}{BA}$,而根据泰勒斯定理最后的比与直线 l 的选取无关.

(2) 第一种解法:如果已知变换(将它表示为 P) 在点 O 补充定义,设 $P(O) = O$,那么容易检验,P 给出平面的所有的有限和无限点的集合的互相单值变换(为了根据点 M' 作点 M,必须在直线 a 上取任意点 A,引直线 AM',OB // AM' 和 AB).显然,过 O 的每条直线变为自身,不过 O 的每条直线 l 变为平行于 OB 且过 A 的直线,剩下利用问题 30.14(4).

第二种解法(草稿).用 π 表示已知平面,且设 $\pi' = R(\pi)$,其中 R 是绕着轴 a 的某个空间旋转.用 O' 表示 $R(O)$,并设 P 是由直线 OO' 同过 b 平行于 π' 的平面的交点将平面 π 变到平面 π' 的射影,则变换 $R^{-1} \circ P$ 同在问题叙述中说的变换重合(请独立证明).

30.22* 证明:坐标平面上,将每个坐标为 (x,y) 的点映射为坐标为 $\left(\dfrac{1}{x}, \dfrac{y}{x}\right)$ 的点的变换,是射影变换.

提示1 用 P 表示已知变换,补充它在直线 $x = 0$ 的点和在无穷远点的定义,设 $P(0,k) = M_k$,$P(M_k) = (0,k)$,其中 M_k 是在直线 $y = kx$ 上的无穷远点.容易见到,补充定义的这样的映射 P 是互相单值的.我们证明,每条直线变为直线.实际上,直线 $x = 0$ 和无穷远直线变一个为另一个.设 $ax + by + c = 0$ 是任意另外的直线(即 b 或 c 不等于零).因为 $P \circ P$ 是恒等变换,任何直线的像同它的原像重合.显然,点 $P(x,y)$ 在考查的直线上,当且仅当 $\dfrac{x}{a} + \dfrac{by}{x} + c = 0$,即 $cx + by + a = 0$.剩下利用问题 30.14(4).

提示2 (草稿)如果直线 $x = 1$ 和 $x = 0$ 分别用 a 和 b 表示,而点 $(-1,0)$ 用 O 表示,那么已知变换同上个问题的变换重合.

30.23* 设 O 是透镜的中心,π 是过它的光轴引的某个平面,a 和 f 是平面 π 分别同透镜平面和焦点平面的交线(a // f).在学校的物理教程中指出,如果不考虑透镜的厚度,那么位于平面 π 的点 M 的映像 M',用下面的形式作出(图 30.2).过点 M 引任意直线 l.设 A 是直线 a 和 l 的交点,B 是直线 f 同过 O 引的平行于 l 的直线的交点,则 M' 是直线 AB 和 OM 的交点,证明:使平面 π 的每个点与它的映像相对应的变换是射影变换.

这样一来,通过放大镜看到我们的世界在射影变换下的像.

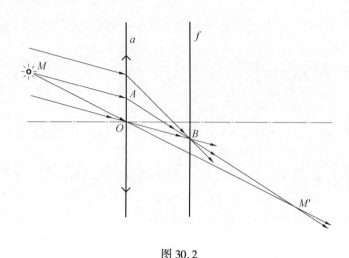

图 30.2

提示 如果直线 f 用 b 表示,那么这个问题的变换是问题 30.21 的逆变换.

§3 变已知直线为无穷远

30.24* 四边形 $ABCD$ 的边 AB 和 CD 分别在两条已知直线 l_1 和 l_2 上,而边 BC 和 AD 相交于给定点 P,证明:四边形 $ABCD$ 对角线交点的轨迹是过直线 l_1 和 l_2 的交点 Q 的直线.

提示 考查射影变换,直线 PQ 是它的影消直线. 直线 l_1 和 l_2 在这个射影变换下的像 l'_1 和 l'_2 平行,而考查的四边形的像是平行四边形,它的两条边在直线 l'_1 和 l'_2 上,而两条另外的边平行于某条固定的直线(这条直线上的无穷远点是 P 的像). 显然,这个平行四边形对角线交点的轨迹是与直线 l'_1 和 l'_2 距离等远的直线.

30.25* 设 O 是四边形 $ABCD$ 对角线的交点,而 E,F 分别是边 AB 和 CD, BC 和 AD 延长线的交点. 直线 EO 交边 AD 和 BC 于点 K 和 L,而直线 FO 交边 AB 和 CD 于点 M 和 N. 证明:直线 KN 和 LM 的交点 X 在直线 EF 上.

提示 作影消直线为 EF 的射影变换,则四边形 $ABCD$ 变为平行四边形,而直线 KL 和 MN 是平行于它的边且过对角线交点的直线,也就是,中位线,所以点 K,L,M,N 的像是平行四边形各边的中点,因此,直线 KN 和 LM 平行,即点 X 变为无穷远点,这意味着,X 位于影消直线 EF 上.

第30章 射影变换

30.26* 直线 a,b,c 相交于一点 O. 在 $\triangle A_1B_1C_1$ 和 $\triangle A_2B_2C_2$ 中顶点 A_1 和 A_2 在直线 a 上;B_1 和 B_2 在直线 b 上;C_1 和 C_2 在直线 c 上. 设 A,B,C 分别是直线 B_1C_1 和 B_2C_2,C_1A_1 和 C_2A_2,A_1B_1 和 A_2B_2 的交点,证明:点 A,B,C 在一条直线上.(德扎尔格)

提示 作影消直线为 AB 的射影变换,在这个变换下点的像将用带撇的字母来表示. 考查中心在点 O' 的位似(或者平行移动,如果 O' 是无穷远点),变点 C'_1 为 C'_2. 在这个位似下线段 $B'_1C'_1$ 变为线段 $B'_2C'_2$,因为 $B'_1C'_1 \mathbin{/\mkern-6mu/} B'_2C'_2$. 类似地 $C'_1A'_1$ 变为 $C'_2A'_2$,所以 $\triangle A'_1B'_1C'_1$ 和 $\triangle A'_2B'_2C'_2$ 的对应边平行,也就是,所有三个点 A',B',C' 位于无穷远直线上.

30.27* 点 A,B,C 在直线 l 上,而点 A_1,B_1,C_1 在直线 l_1 上,证明:直线 AB_1 和 BA_1,BC_1 和 CB_1,CA_1 和 AC_1 在一条直线上.(帕普斯)

提示 考查射影变换,它的影消直线过直线 AB_1 和 BA_1,BC_1 和 CB_1 的交点,并且用 $A',B',\cdots$ 表示点 $A,B,\cdots$ 的像,则 $A'B'_1 \mathbin{/\mkern-6mu/} B'A'_1$,$B'C'_1 \mathbin{/\mkern-6mu/} C'B'_1$,并且必须证明,$C'A'_1 \mathbin{/\mkern-6mu/} A'C'_1$(参见问题1.12(1)).

30.28* 已知凸四边形 $ABCD$. 设 E,F 分别是对边 AB 和 CD,AD 和 BC 延长线的交点,M 是四边形内部任一点. 设 S 是直线 AD 和 EM 的交点,P 是直线 AB 和 FM 的交点,证明:直线 BS,PD 和 MC 相交于一点.

提示 由于带有影消直线 PQ 的射影变换,问题归结为问题4.55.

30.29* 给出两个三角形 $\triangle ABC$ 和 $\triangle A_1B_1C_1$. 已知直线 AA_1,BB_1 和 CC_1 相交于一点 O,且直线 AB_1,BC_1 和 CA_1 相交于一点 O_1,证明:直线 AC_1,BA_1 和 CB_1 也相交于一点 O_2.(二次透视三角形定理)

提示 首先运用带有影消直线为 OO_1 的射影变换,然后通过仿射变换,可以认为,A 和 C_1 是正方形相对的顶点,而剩下的已知点位于在它的边或边的延长线上,所以可以认为,已知点具有下面的坐标:$C_1(0,0),A(1,1),B(b,0)$,$B_1(b,1),C(0,a)$ 和 $A_1(1,a)$. 求直线 BA_1 和 CB_1 的交点坐标 (x_0,y_0) 作为方程组 $\dfrac{x_0-b}{y_0}=\dfrac{1-b}{a},\dfrac{x_0}{y_0-a}=\dfrac{b}{1-a}$,也就是 $ax_0+(b-1)y_0=ab,(a-1)x_0+by_0=ab$ 的解. 由一个方程减另一个方程,得到 $x_0=y_0$,这意味着,点 (x_0,y_0) 位于 AC_1 上.

30.30* 已知四边形 $ABCD$ 和直线 l. 用 P,Q,R 表示直线 AB 和 CD, AC 和 BD, BC 和 AD 的交点, 而用 P_1, Q_1, R_1 表示这些直线对在直线 l 上截得的线段的中点, 证明: 直线 PP_1, QQ_1 和 RR_1 相交于一点.

提示 作影消直线平行于 l 且过直线 PP_1 和 QQ_1 交点的射影变换, 然后仿射变换使直线 l 和 PP_1 的像成为垂直的, 可以认为, 直线 PP_1 和 QQ_1 垂直于直线 l, 而我们的问题在于证明, 直线 RR_1 也垂直于 l (点 P_1, Q_1, R_1 成为相应的线段的中点, 因为这些线段平行于影消直线, 参见问题 30.14(2)). 线段 PP_1 是中线和高线, 而意味着, 是在直线 l, AB 和 CD 形成的三角形中的角平分线. 类似地, QQ_1 是直线 l, AC 和 BD 形成的三角形中的角平分线. 由此和由 $PP_1 \parallel QQ_1$, 推出 $\angle BAC = \angle BDC$. 因此, 四边形 $ABCD$ 是圆内接的, 且 $\angle ADB = \angle ACB$. 用 M 和 N 表示 l 同直线 AC 和 BD 的交点(图 30.3), 则 l 和 AD 之间的角等于 $\angle ADB - \angle QNM = \angle ACB - \angle QMN$, 也就是, 它等于 l 和 BC 之间的角, 因此, 由直线 l, AD 和 BC 限定的三角形是等腰三角形, 且线段 RR_1 是它的中线, 也是它的高线, 即它垂直于直线 l, 这就是需要证明的.

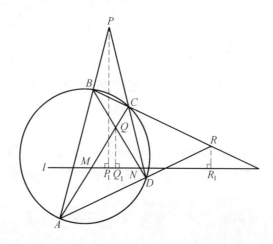

图 30.3

30.31* 已知 $\triangle ABC$ 和直线 l. 用 A_1, B_1, C_1 表示 $\angle A, \angle B, \angle C$ 在直线 l 上截得的线段的中点, 而用 A_2, B_2, C_2 表示直线 AA_1 和 BC, BB_1 和 AC, CC_1 和 AB 的交点, 证明: 点 A_2, B_2, C_2 在一条直线上.

提示 作带有影消直线平行于 l 且过点 A 的射影变换, 可以认为, 点 A 是无

第30章 射影变换
DISANSHIZHANG SHEYING BIANHUAN

穷远,即直线 AB 和 AC 平行.此时,根据问题 30.14(2) 点 A_1,B_1,C_1 按照前面说的是对应线段的中点.因为这些线段位于在影消直线的平行线上.直线 l,AB,BC 和 l,AC,BC 形成的两个三角形位似,因此这两个三角形中线的直线 BB_1 和 CC_1 平行,这样一来,四边形 BB_2CC_2 是平行四边形,因为它的对边是平行的.剩下注意,点 A_2 在这个平行四边形对角线 BC 的中点,也就是说,在对角线 B_2C_2 上.

30.32 已知四个点 A,B,C,D.设 P,Q,R 分别是直线 AB 和 CD,AD 和 BC,AC 和 BD 的交点.K 和 L 是直线 QR 分别同直线 AB 和 CD 的交点,证明:$(QRKL) = -1$.(完全四边形定理)

提示 作影消直线是直线 PQ 的射影变换.用 $A',B',\cdots$ 表示点 $A,B,\cdots$ 的像,则 $A'B'C'D'$ 是平行四边形,R' 是它的对角线的交点,Q' 是直线 $Q'R'$ 的无穷远点,K' 和 L' 是平行四边形的边在直线 $Q'R'$ 上截出的点.显然,点 K' 和 L' 关于点 R' 对称,因此

$$(Q'R'K'L') = \frac{Q'K'}{Q'L'} : \frac{R'K'}{R'L'} = 1 : \frac{R'K'}{R'L'} = -1$$

剩下注意,根据问题 30.2(2) 有 $(QRKL) = (Q'R'K'L')$.

30.33* 圆交直线 BC,CA,AB 于点 A_1 和 A_2,B_1 和 B_2,C_1 和 C_2.设 l_a 是联结直线 BB_1 和 CC_2,BB_2 和 CC_1 交点的直线,直线 l_b 和 l_c 类似定义,证明:直线 l_a,l_b 和 l_c 相交于一点(或平行).

提示 根据帕斯卡定理,直线 A_1B_2 和 C_1C_2,B_1C_2 和 A_1A_2,C_1A_2 和 B_1B_2 的交点在一条直线上,变这条直线为无穷远,此后可以利用问题 14.15 的结果.

30.34* 证明:对于任何的奇数 $n(n \geqslant 3)$,在平面上可以指出 $2n$ 个不在一条直线上的不同的点,并分它们为对,使得过不同对子中的两个点引的任意直线还过这 $2n$ 个点中的一个点.

提示 设 $A_1 \cdots A_n$ 是正 n 边形,l_i 是含有它的顶点 A_i 所对的边的直线,B_i 是直线 l_i 同无穷远直线的交点.分开点 $A_1,\cdots,A_n,B_1,\cdots,B_n$ 为对子 (A_i,B_i).我们证明,这个分法具有需要的性质,为此需要考查直线 B_iB_j,A_iA_j 和 $A_iB_j(i \neq j)$.

(1) 直线 B_iB_j 包含所有点 $B_1,\cdots,B_n$.因为 $n \geqslant 3$,它们中有不同于 B_i 和 B_j 的点.

(2) 直线 A_iA_j 平行于直线 l_k 之一,因为数 n 是奇数,因此直线 A_iA_j 过点 B_k.

(3) 如果 $i \neq j$,那么过顶点 A_i 的直线平行于包含某个顶点 $A_k(k \neq i)$ 的直线 l_j,所以直线 A_iB_j 过点 A_k.

对点的组成 $A_1, \cdots, A_n, B_1, \cdots, B_n$ 运用射影变换,可以得到,所有的这些点不是无穷远.

§4 射影变换的应用,保圆性

解本节问题的基本手段是问题 30.16 和 30.17.

30.35* 证明:联结圆外切四边形相对切点的直线过对角线的交点.

提示 作射影变换,将内切圆变为圆,而联结相对切点直线的交点变为它的中心(参见问题 30.16(1)).现在问题的论断由此推得,得到的四边形关于圆的圆心对称.

30.36* 证明:联结三角形的顶点和内切圆与对边切点的直线相交于一点.

提示 作射影变换,将内切圆变为圆,而由三条考查的直线两个的交点,变为它的中心(参见问题 30.16(1)),则这两条直线的交点同时是已知三角形像的角平分线和高,因此它是正三角形,对于正三角形问题的论断显然.

30.37* (1) 过点 P 向已知圆 S 引所有可能的割线,求从圆同割线的两个交点对圆 S 引的切线的交点的轨迹.

(2) 过点 P 向圆 S 引所有可能的割线对 AB 和 $CD(A, B, C, D$ 是同圆的交点),求直线 AC 和 BD 交点的轨迹.

提示 分开考查两种情况.

① 点 P 在 S 外部,作射影变换,它使圆 S 变为圆,而点 P 变为无穷远点(参见问题 30.17),也就是,所有过点 P 的直线的像,是彼此平行的,则在问题(2)中所求轨迹的像是直线 l,它们是过圆的中心引的公垂线,而在问题(1) 直线 l,由它截出圆的直径.(为了证明必须利用关于直线 l 的对称.)因此,对于问题(2)所求轨迹本身是过 S 同由点 P 引的切线的切点的直线,而对于问题(1)是这条直线位于 S 外面的部分.

② 点 P 在 S 内部.作射影变换,它将圆 S 变为圆,而点 P 变为它的中心(参见

第30章 射影变换

问题30.16(1)),则两个给出的所求轨迹的像是无穷远直线,因此所求的轨迹本身是直线.

在两种情况下得到的直线同点 P 关于 S 的极线是重合的(参见问题30.19).

30.38* 已知圆 S,直线 l,位于 S 上且不在 l 上的点 M,以及不在 S 上的点 O.考查直线 l 的变换 P,它是由 M 将 l 变到 S,由 O 将 S 变为自身和由 M 将 S 变到 l 的投影的合成,也就是,$P(A)$ 是直线 l 和 MC 的交点,其中 C 是 S 同 OB 的异于 B 的交点,而 B 是 S 同直线 MA 的异于 M 的交点,证明:变换 P 是射影变换.

注 如果认为,圆 S 同直线 l 的映射是由点 M 用射影的方法,那么问题最后的论断可以改述为下面的形式:圆到自身的中心投影是射影变换.

提示 用 m 表示点 O 关于圆 S 的极线,而用 N 表示 S 同直线 OM 不同于 M 的交点.用 Q 表示由 M 将 l 变为 S 和由 N 变 S 为 m 的投影的合成.根据问题30.9这个映射是射影的.我们证明,P 是 Q 同由 M 将 m 变为 l 的投影的合成.设 A 是 l 上任意点,B 是它由 M 在 S 上的投影,C 是由 O 将 B 在 S 上的投影,D 是直线 BN 和 CM 的交点.根据问题30.37(2)点 D 位于直线 m 上,也就是,$D = Q(A)$.显然,$P(A)$ 是由 M 将 D 在 l 上的投影.

30.39* 已知圆 S,在 S 外放置的点 P,过点 P 引的直线 l 交圆于点 A 和 B.点 A 和 B 对圆的切线的交点表示为 K.

(1) 考查过点 P 引的所有可能的直线并且交 AK 和 BK 于点 M 和 N,证明:由点 M 和 N 对 S 引的不同于 AK 和 BK 的切线的交点的轨迹,是过 K 引的某条直线,由它除去它同 S 内部的交.

(2) 将在圆上用不同的方法取点 R 并且用直线联结 PK 和 RP 同 S 的不同于 R 的交点,证明:所有得到的直线过一个点,且这个点在 l 上.

提示 两个问题当经过变圆 S 为圆,直线 KP 为无穷远的射影变换(参见问题30.17)后成为显然.

(1) 所需求的点的轨迹在与直线 AK 和 BK 的像距离等远的直线上.

(2) 需要的点是 S 的像的中心.

30.40* $\triangle ABC$ 的旁切圆切边 BC 于点 D,而切边 AB 和 AC 的延长线于点 E 和 F.设 T 是直线 BF 和 CE 的交点,证明:点 A,D 和 T 在一条直线上.

提示 设 A',B',$\cdots$ 是点 A,B,$\cdots$ 在射影变换下的像,这个射影变换将

△ABC 的旁切圆变为圆,而弦 EF 变为直径(参见问题 30.18),则 A' 是垂直于直径 $E'F'$ 的直线的无穷远点,并且必须证明,直线 $D'T'$ 包含这个点,也就是,也垂直于 $E'F'$. 因为 △$T'B'E' \sim$ △$T'F'C'$,所以

$$\frac{C'T'}{T'E'} = \frac{C'F'}{B'E'}$$

但作为由一个点引的切线 $C'D' = C'F', B'D' = B'E'$,因此

$$\frac{C'T'}{T'E'} = \frac{C'D'}{D'B'}$$

即

$$D'T' \parallel B'E'$$

30.41* 设 ABCDEF 是圆外切六边形,证明:对角线 AD, BE 和 CF 交于一点. (布利安桑)

提示 根据问题 30.16(1) 只需考查对角线 AD 和 BE 过圆的中心的情况,剩下利用问题 6.88 对于 $n = 3$ 的结果.

30.42* 在圆 S 中内接六边形 ABCDEF,证明:直线 AB 和 DE, BC 和 EF, CD 和 FA 的交点位于一条直线上. (帕斯卡)

提示 考查射影变换,它变圆 S 为圆,而直线 AB 和 DE, BC 和 EF 的交点变为无穷远点(参见问题 30.17),问题归结为问题 2.12.

30.43* 设 O 是圆 S 的弦 AB 的中点, MN 和 PQ 是过 O 引的任意两条弦,同时点 P 和 N 在 AB 的一侧, E 和 F 是弦 AB 分别同弦 MP 和 NQ 的交点. 证明:点 O 是线段 EF 的中点. (蝴蝶问题)

提示 考查射影变换,它将圆 S 变为圆,而点 O 变为它的中心 O'(参见问题 30.16(1)). 设 $A', B', \cdots$ 是点 $A, B, \cdots$ 的像,则 $A'B', M'N'$ 和 $P'Q'$ 是直径,所以在关于 O' 中心对称下点 E' 变为 F', 即 O' 是线段 $E'F'$ 的中点. 因为弦 AB 垂直于过 O 的直径,所以根据问题 30.16(2) 它变为影消直线,因此根据 30.14(2) 位于直线 AB 上的线段的比保持不变,这意味着, O 是线段 EF 的中点.

30.44* 点 A, B, C, D 在一个圆上, SA 和 SD 是对这个圆的切线, P 和 Q 分别是直线 AB 和 CD, AC 和 BD 的交点,证明:点 P, Q 和 S 在一条直线上.

提示 考查射影变换,它变已知圆为圆,而线段 AD 变为它的直径(参见问题 30.18). 设 $A', B', \cdots$ 是点 $A, B, \cdots$ 的像,则 S 变为垂直于直线 $A'D'$ 的直线的

无穷远点 S'. 但 $A'C'$ 和 $B'D'$ 是 $\triangle A'D'P'$ 的高线,因此 Q' 是这个三角形的垂心,所以直线 $P'Q'$ 也是高线,因此,它过点 S'.

§5 直线的射影变换在证明问题中的应用

30.45 在四边形 $ABCD$ 的边 AB 上取点 M_1. 设 M_2 是 M_1 由 D 向直线 BC 上的投影,M_3 是 M_2 由 A 向 CD 上的投影,M_4 是 M_3 由 B 向 DA 上的投影,M_5 是 M_4 由 C 向 AB 上的投影,依此类推,证明:$M_{13} = M_1$(这意味着,$M_{14} = M_2$,$M_{15} = M_3$,依此类推).

提示 根据问题 30.15 只需考查仅只当 $ABCD$ 是正方形的情况就够了. 应当证明,在射影的条件下外切结构是恒等变换. 根据问题 30.4 射影变换是恒等的,假如它具有三个不动点. 并不复杂的检验,点 A,B 和直线 AB 上的无穷远点是对已知变换的不动点.

30.46* 利用直线的射影变换证明完全四边形定理(问题 30.32).

提示 由点 A 将直线 QR 向直线 CD 投影,使点 Q,R,K,L 分别投影为 D,C,P,L. 因此,根据问题 30.2(2) 有 $(QRKL) = (DCPL)$. 类似地,由点 B 将直线 CD 向直线 QR 投影,得到 $(DCPL) = (RQKL)$,因此,$(QRKL) = (RQKL)$. 另一方面

$$(RQKL) = \frac{RK}{RL} : \frac{QK}{QL} = \left(\frac{QK}{QL} : \frac{RK}{RL}\right)^{-1} = (QRKL)^{-1}$$

由这两个等式推得,$(QRKL)^2 = 1$,也就是或者 $(QRKL) = 1$,或者 $(QRKL) = -1$. 但根据问题 30.8 不同点的交叉比不能等于 1.

30.47* 利用直线的射影变换证明帕普斯定理(问题 30.27).

提示 直线 AB_1 和 BA_1,BC_1 和 CB_1,CA_1 和 AC_1 的交点,分别用 P,Q,R 来表示,而直线 PQ 和 CA_1 的交点用 R_1 表示. 应当证明,点 R 和 R_1 重合. 设 D 是 AB_1 和 CA_1 的交点. 考查投影的合成:由点 A 直线 CA_1 向直线 l_1,由点 B 直线 l_1 向 CB_1 和由点 P 直线 CB_1 向 CA_1. 容易见到,得到的射影变换,直线 CA_1 上的点 C,D 和 A_1 是不动点,而点 R 变为 R_1. 但根据问题 30.5 有三个不动点的射影变换是恒等变换,因此 $R_1 = R$.

30.48*　利用直线的射影变换解蝴蝶问题(问题 30.43).

提示　设 F' 是 F 关于 O 的对称点.应当证明,$F' = E$.根据问题 30.9 直线 AB 由点 M 到圆 S,然后逆向 S 由点 Q 向 AB 投影的合成是直线 AB 的射影变换.考查这个投影同关于点 O 的对称的合成.当此,点 A,B,O,E 分别变为 B,A,F',O,因此根据问题 30.2(2),$(ABOE) = (BAF'O)$.另一方面,显然

$$(BAF'O) = \frac{BF'}{AF'} : \frac{BO}{AO} = \frac{AO}{BO} : \frac{AF'}{BF'} = (ABOF').$$

也就是
$$(ABOE) = (ABOF')$$

因此根据问题 30.3,$E = F'$.

30.49*　点 A,B,C,D,E,F 位于在一个圆上,证明:直线 AB 和 DE,BC 和 EF,CD 和 FA 的交点位于一条直线上.(帕斯卡)

提示　直线 AB 和 DE,BC 和 EF,CD 和 FA 的交点分别用 P,Q,R 表示,直线 PQ 和 CD 的交点用 R' 表示.应当证明,点 R 和 R' 重合.设 G 是 AB 和 CD 的交点.考查由点 A 直线 CD 到已知圆的投影,然后由点 E 圆到直线 BC 投影的合成.根据问题 30.9 这个映射是射影的.容易检验,它同由点 P 直线 BC 到 CD 的投影合成使点 C,D 和 G 留在原处,而点 R 变为 R'.但根据问题 30.5 有三个不动点的射影变换是恒等变换,因此 $R' = R$.

§6　直线的射影变换在作图问题中的应用

30.50*　已知圆,直线和位于这条直线上的点 A,A',B,B',C,C',M.根据问题 30.1 和 30.4 存在唯一的将已知直线变到自身的射影变换,使点 A,B,C 分别映射为 A',B',C'.用 P 表示这个变换.借助于一个直尺求作:(1) 点 $P(M)$;(2) 映射 P 的不动点.(施泰纳问题)

射影变换的不动点的作图问题是本节在这个意义上的钥匙,使剩下的问题用这个或另外的方法都化归于它(参见,问题 30.10 和 30.38 后面的注).

提示　分别用 l 和 S 表示已知的直线和圆.设 O 是已知圆上的任意点,并设 A_1,A'_1,B_1,B'_1,C_1,C'_1 是点 A,A',B,B',C,C' 在由点 O 直线 l 在圆 S 上的投影的像.也就是,A_1(对应 A'_1,B_1,$\cdots$) 是直线 AO(对应 $A'O$,BO,$\cdots$) 同圆 S 的不同于 O 的交点.用 B_2 表示直线 A'_1B_1 和 $A_1B'_1$ 的交点,用 C_2 表示直线 A'_1C_1 和 $A_1C'_1$ 的交点.设 P_1 是由 O 直线 l 到圆 S 投影,然后由点 A'_1 圆 S 到直线 B_2C_2 投

第 30 章 射影变换

DISANSHIZHANG SHEYING BIANHUAN

影的合成; P_2 是由点 A_1 直线 B_2C_2 到 S 的投影, 然后由点 O 将 S 到 l 投影的合成. 则根据问题 30.9 变换 P_1 和 P_2 是射影变换, 同时它们的合成映射点 A,B,C 分别为 A',B',C'.

显然, 所有考查的点能够借助一根直尺作图(按次序对它们实施).

(1) 设 M_1 是直线 MO 同圆 S 不同于 O 的交点, $M_2 = P_1(M)$ 是直线 $A'_1 M_1$ 和 $B_2 C_2$ 的交点, M_3 是直线 $M_2 A_1$ 同圆 S 不同于 A_1 的交点, $P(M) = P_2(P_1(M))$ 是直线 l 和 OM_3 的交点.

(2) 设 M_1 和 N_1 是圆 S 同直线 $B_2 C_2$ 的交点, 则变换 P 的不动点是直线 OM_1 和 ON_1 同直线 l 的交点.

30.51* 已知两条直线 l_1 和 l_2 和不位于这两条直线上的两个点 A 和 B, 用圆规和直尺在直线 l_1 上求作点 X, 使得直线 AX 和 BX 在直线 l_2 上截出的线段: (1) 具有给定长 a; (2) 被直线 l_2 上的点 E 所平分.

提示 (1) 所求的点 X 是 l_1 由点 A 到 l_2 的投影, 沿着直线 l_2 距离为 a 的移动和 l_2 由点 B 到 l_1 的投影的合成的不动点. 射影变换的不动点的作法在问题 30.50 中.

(2) 在问题(1)的解中的位移应当代替为关于点 E 的对称.

30.52* 点 A 和 B 分别在直线 a 和 b 上, 而点 P 不在这两条直线的任一个上. 用圆规和直尺过 P 引直线, 分别交直线 a 和 b 于点 X 和 Y, 使得线段 AX 和 BY 的长具有:(1) 已知比;(2) 已知的积.

提示 (1) 用 k 表示 $\dfrac{AX}{BY}$. 考查直线 a 的射影变换, 它是直线 a 由点 P 到直线 b 的投影, 变 b 到 a 和 B 到 A 的平面运动, 最后是中心为 A 系数为 k 的位似的合成. 所求的点 X 是这个变换的不动点, 点 Y 的作图很明显.

(2) 用 k 表示 $AX \cdot BY$, 用 Q 表示分别过点 A 和 B 引的平行于直线 b 和 a 的直线的交点, 且设 $p = AQ \cdot BQ$. 考查直线 a 的射影变换, 它是直线 a 由点 P 到直线 b 的投影, b 由点 Q 到 a 的投影, 和中心为 A 系数为 $\dfrac{k}{p}$ 的位似的合成. 设 X 是这个变换的不动点, Y 是在第一个投影下的像, 而 X_1 是 Y 在第二个投影下的像. 我们证明, 直线 XY 为所求. 实际上, 由 $\triangle AQX_1$ 和 $\triangle BYQ$ 相似得出

$$AX_1 \cdot BY = AQ \cdot BQ = p$$

而这意味着

$$AX \cdot BY = \frac{k}{p}AX_1 \cdot BY = k$$

30.53* 用圆规和直尺过已知点引直线,使三条已知直线在它上面截出相等的线段.

提示 设 P 是已知点,A,B,C 是已知直线 a,b,c 两两的交点;X,Y,Z 是已知直线同所求直线 l 的交点(图30.4).按照假设,$XZ=ZY$.设 T 是直线 c 同过点 X 平行于 b 的直线的交点.显然 $XT=AY$.由 $\triangle XTB$ 和 $\triangle CAB$ 相似推得,$\frac{XB}{XT}=\frac{CB}{CA}$,由此 $\frac{BX}{YA}=\frac{CB}{CA}$,即此 $\frac{BY}{YA}$ 已知.这样一来,问题归结为问题 30.52(1).

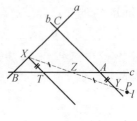

图 30.4

30.54* 已知圆 S 和两条弦 AB 和 CD.用圆规和直尺在圆上求作点 X,使得直线 AX 和 BX 在 CD 上截得的线段:(1) 具有已知长 a;(2) 被 CD 上的点 E 所平分.

提示 (1) 根据问题 30.9,CD 由 A 到 S 的投影和 S 由 B 到 CD 的投影的合成是直线 CD 的射影变换.设 M 是这个变换和沿着直线 CD 的距离为 a 的移动的合成的不动点,则 M 由点 A 到 S 的投影是所求的点,射影变换不动点的作图在问题 30.50 中.

(2) 在问题(1)的解中的位移应当代替为关于点 E 的对称.

30.55* (1)已知直线 l 和它上面的点 P.用圆规和直尺在 l 上求作已知长的线段 XY,使得由 P 看它的视角等于已知角 α.

(2)已知两条直线 l_1 和 l_2 以及不在这些直线上的点 P 和 Q.用圆规和直尺在直线 l_1 上求作点 X 和在直线 l_2 上求作点 Y,使得由点 P 看线段 XY 的视角等于已知角 α,而由点 Q 看的视角等于已知角 β.

提示 (1)过点 P 作任意的圆 S.根据问题 30.10,l 由 P 在 S 上的投影,围绕圆 S 中心作 2α 角的旋转和 S 由 P 到 l 的投影的合成是直线 l 的射影变换,则(按照圆周角定理)所求的点是这个变换和沿着直线 CD 为已知距离 XY 的移动的合成的不动点.射影变换不动点的作图在问题 30.50 中.

(2) 作任意的圆 S_1 和 S_2 分别过点 P 和 Q.考查 l_1 由点 P 到 S_1 的投影,围绕圆 S_1 的中心作 2α 角的旋转和 S_1 由 P 到 l_2 的投影的合成,根据问题 30.10,这个

第30章 射影变换
DISANSHIZHANG SHEYING BIANHUAN

映射是射影. 类似地, l_2 由点 Q 到 S_2 的投影, 围绕圆 S_2 的中心作 2β 角的旋转和 S_2 由 Q 到 l_1 的投影的合成是射影映射. 根据圆周角定理所求点 X 是这些映射合成的不动点, 并且对于它的作法可以利用问题 30.50.

30.56* （1）已知某个圆, 借助一根直尺求作 n 边形, 使它的边过已知的 n 个点, 而它的顶点在 n 条已知直线上.

（2）借助一根直尺在已知圆中求作内接 n 边形, 使它的边过 n 个已知的点.

（3）借助圆规和直尺在已知圆中求作内接的多边形, 使它的某些边过已知点, 某些另外的边平行于已知直线, 而剩下的边具有已知的长（关于每个边的信息具有三个列举的类型中的一个）.

提示 （1）表示已知点为 $M_1,\cdots,M_n$, 而已知直线表示为 $l_1,\cdots,l_n$. 所求多边形的顶点是直线 l_1 的射影变换的不动点, 这个射影变换是 l_1 由 M_1 到 l_2, l_2 由 M_2 到 $l_3,\cdots,l_n$ 由 M_n 到 l_1 的合成. 射影变换不动点的作图在问题 30.50 中.

（2）在已知圆上选取任意点且借助于选取的点的投影已知圆同某条直线 l 同样对待. 根据问题 30.38 在已知的同样对待下圆到自身的中心投影是直线 l 的射影变换. 显然, 所求多边形的顶点是由已知点一系列的已知圆到自身的投影的合成. 射影变换不动点的作图在问题 30.50 中.

（3）在问题（2）的解中应当某些中心投影或者替换为围绕圆的中心的旋转, 当对应边具有已知长的时候, 或者替换为对称, 当对应边具有已知方向的时候（对称轴是垂直于已知方向的直径）.

§7 借助一根直尺作图的不可能性

30.57* 证明: 借助一根直尺不能平分已知线段.

提示 假设得以找到需要的作法, 也就是, 写一种说明, 完成它的结果总可以得到已知线段的中点. 完成这个作法同时考查使已知线段的端点成为不动点, 而中点变为其他的点的射影变换. 这个变换可以这样选取, 使得影消直线不过作为中间作图得到的任何的点.

就像是再次完成存在的指令, 但现在是任意次, 当遇到 "取任意一点（对应直线）" 这个词时, 将取在前一次作图完成的这样的点（对应直线）的像. 因为在射影变换下直线变为直线, 而直线的交点变为它们像的交点, 同时根据射影变换的选取这个交点是有限点, 那么在第二次作图中的每一步将得到第一次作图结果的像.所以,最后没有得到线段的中点,而是它的像,得到了矛盾.

注 事实上,证明了下面的论断,如果存在射影变换,它把对象 $A_1,\cdots,A_n$ 中每一个变为自身,而对象 B 不变为自身,则由对象 $A_1,\cdots,A_n$ 出发,对象 B 不能借助一根直尺作图.

30.58* 平面上的已知圆,证明:借助一根直尺不能作出它的中心.

提示 问题的论断直接由问题 30.57 的注和问题 30.16(1) 得出来.

第31章 椭圆、抛物线、双曲线

设 Oxy 是平面上的某个直角坐标系,而 $Q(x,y)$ 代表形式为 $ax^2 + 2bxy + cy^2$ 的表达式,其中数 a,b,c 至少有一个不是零. 在本章中将研究用形如

$$Q(x,y) + 2dx + 2ey = f \tag{1}$$

的方程给出的曲线的性质,这样的曲线称为二次曲线.

§1 二次曲线的分类

如果存在平面的运动变一条曲线为另一条曲线则说在平面上的一条曲线与另一条曲线等距. 最近的目的是借助于运动变曲线(1)为最简的形式.

31.1 证明:如果 $ac - b^2 \neq 0$,那么借助于平行移动 $x' = x + x_0, y' = y + y_0$ 方程(1)能够化为

$$ax'^2 + 2bx'y' + cy'^2 = f' \tag{2}$$

的形式,其中 $f' = f - Q(x_0, y_0) + 2(dx_0 + ey_0)$.

具有形式(2)的曲线方程的坐标系的原点叫做二次曲线的中心. 显然,曲线的中心是它的对称中心.

提示 显然

$$\begin{aligned}Q(x,y) + 2dx + 2ey &= a(x' - x_0)^2 + 2b(x' - x_0)(y' - y_0) + \\&\quad c(y' - y_0)^2 + 2d(x' - x_0) + 2e(y' - y_0) = \\&\quad ax'^2 + 2bx'y' + cy'^2 + 2(-ax_0 - by_0 + d)x' + \\&\quad 2(-bx_0 - cy_0 + e)y' + Q(x_0, y_0) - 2(dx_0 + ey_0)\end{aligned}$$

如果 $ac - b^2 \neq 0$,那么方程组 $ax_0 + by_0 = d, bx_0 + cy_0 = e$ 具有(唯一)解. 解这个方程组并设 $f' = f - Q(x_0 + y_0) + 2(dx_0 + ey_0)$,化(1)为需要的形式.

31.2 证明:借助于旋转

$$x' = x'' \cos\varphi + y'' \sin\varphi, \quad y' = -x'' \sin\varphi + y'' \cos\varphi \tag{3}$$

能在方程(2)中使 $x''y''$ 项的系数等于零.

提示 显然

$$Q(x', y') = Q(x''\cos\varphi + y''\sin\varphi, -x''\sin\varphi + y''\cos\varphi) =$$
$$x''^2(a\cos^2\varphi - 2b\cos\varphi\sin\varphi + c\sin^2\varphi) +$$
$$2x''y''(a\sin\varphi\cos\varphi + b(\cos^2\varphi - \sin^2\varphi) - c\cos\varphi\sin\varphi) +$$
$$y''^2(a\sin^2\varphi + 2b\sin\varphi\cos\varphi + c\cos^2\varphi)$$

为了消去 $x''y''$ 的系数,必须解方程 $\dfrac{a-c}{2b} = -\cot 2\varphi$ 和求需要的角 φ.

31.3 证明:在旋转(3)下,表达式 $ax'^2 + 2bx'y' + cy'^2$ 变为 $a_1x''^2 + 2b_1x''y'' + c_1y''^2$,同时 $a_1c_1 - b_1^2 = ac - b^2$.

提示 解问题 31.2 时得到

$$a_1 = a\cos^2\varphi - 2b\cos\varphi\sin\varphi + c\sin^2\varphi$$
$$b_1 = a\cos\varphi\sin\varphi + b(\cos^2\varphi - \sin^2\varphi) - c\cos\varphi\sin\varphi$$
$$c_1 = a\sin^2\varphi + 2b\cos\varphi\sin\varphi + c\cos^2\varphi$$

所以

$$a_1c_1 - b_1^2 = (a^2 + c^2)\sin^2\varphi\cos^2\varphi + ac(\sin^4\varphi + \cos^4\varphi) -$$
$$2b(a-c)\sin\varphi\cos\varphi(\sin^2\varphi - \cos^2\varphi) - 4b^2\sin^2\varphi\cos^2\varphi -$$
$$(a^2 + c^2)\sin^2\varphi\cos^2\varphi + 2ac\sin^2\varphi\cos^2\varphi -$$
$$2b(a-c)\sin\varphi\cos\varphi(\cos^2\varphi - \sin^2\varphi) -$$
$$b^2(\cos^2\varphi - \sin^2\varphi)^2 = ac - b^2$$

31.4 证明:如果 $ac - b^2 \neq 0$,那么曲线(1)要么与曲线 $\dfrac{x^2}{\alpha^2} + \dfrac{y^2}{\beta^2} = 1$(叫做椭圆)等距,要么与曲线 $\dfrac{x^2}{\alpha^2} - \dfrac{y^2}{\beta^2} = 1$(叫做双曲线)等距,要么是一对相交直线 $\dfrac{x^2}{\alpha^2} = \dfrac{y^2}{\beta^2}$,要么是一个点或者空集合.

(具有问题 31.4 的条件这种形式的曲线的方程的坐标系的轴,叫做曲线的轴.显然,二次曲线的轴是它的对称轴.对于双曲线 $\dfrac{x^2}{\alpha^2} - \dfrac{y^2}{\beta^2} = 1$ 直线 $\dfrac{x}{\alpha} = \pm\dfrac{y}{\beta}$ 叫做渐近线.)

提示 如果 $b = 0$,那么需要的表示可以借助于平行移动得到(问题31.1).如果 $b \neq 0$,那么除平行移动之外必须应用旋转(问题31.2).此后引入显然的变

第31章 椭圆、抛物线、双曲线
DISANSHIYIZHANG   TUOYUAN、PAOWUXIAN、SHUANGQUXIAN

换,得到方程形如
$$\frac{x''^2}{\alpha^2} \pm \frac{y''^2}{\beta^2} = 0$$

或
$$\frac{x''^2}{\alpha^2} \pm \frac{y''^2}{\beta^2} = 1$$

这里两个数 α^2 和 β^2 不等于零,因为根据问题 31.3 有 $\alpha^2\beta^2 = \pm(ac - b^2)$.

31.5 证明:如果 $ac - b^2 = 0$,那么曲线(1)要么与曲线 $y^2 = 2px$(叫做抛物线)等距,要么是一对平行直线 $y^2 = c^2$,要么是一对合并的直线 $y^2 = 0$,要么是空集合.

具有形式为 $y^2 = 2px$ 抛物线方程的坐标系的 Ox 轴,叫做抛物线的轴.显然,抛物线的轴是它的对称轴.

椭圆、抛物线和双曲线叫做圆锥曲线,这个名称联系着,它们是用平面对圆锥的截线.

提示 如果 $b = 0$,那么 $a = 0$ 或者 $c = 0$.作必要的坐标代换 $x' = y$ 和 $y' = x$,可以认为 $a = 0$.在旋转 $x = x'\cos\varphi + y'\sin\varphi, y = -x'\sin\varphi + y'\cos\varphi$ 下表达式 $ax^2 + 2bxy + cy^2$ 变为 $a_1 x'^2 + 2b_1 x'y' + c_1 y'^2$,其中 $a_1 = a\cos^2\varphi - 2b\cos\varphi\sin\varphi + c\sin^2\varphi$.根据条件 $ac = b^2$,如果 $\tan\varphi = \sqrt{\dfrac{a}{c}}$,那么 $a_1 = 0$.

于是,在两种情况下化得形式为 $y^2 + 2dx + 2ey = f$ 的方程,作代换 $x' = x + x_0, y' = y + e$.结果得到方程 $y'^2 - e^2 + 2d(x' - x_0) = f$.如果 $d = 0$,那么得到的方程形式为 $y^2 = \lambda$,而如果 $d \neq 0$,那么当适当地选取 x_0 得到方程 $y'^2 + 2dx' = 0$.

§2 椭 圆

31.6 证明:与两个已知点 F_1 和 F_2 距离的和为常量的点的集合是椭圆.点 F_1 和 F_2 叫做椭圆的焦点.

提示 取坐标原点在点 F_1 和 F_2 的正中间,轴 Ox 指向沿线段 F_1F_2,而轴 Oy 垂直于 Ox 轴.设 F_1 和 F_2 分别具有坐标 $(c,0)$ 和 $(-c,0)$,而由点 $X = (x,y)$ 到 F_1 和 F_2 的距离的和等于 $2a$,则

$$\sqrt{(x-c)^2 + y^2} = 2a - \sqrt{(x+c)^2 + y^2}$$

两边平方得

俄罗斯平面几何问题集
ELUOSI PINGMIAN JIHE WENTIJI

$$(x-c)^2 + y^2 = 4a^2 - 4a\sqrt{(x+c)^2+y^2} + (x+c)^2 + y^2$$

即

$$a\sqrt{(x+c)^2+y^2} = a^2 + xc$$

两边平方得

$$a^2(x^2+2xc+c^2) + a^2y^2 = a^4 + 2a^2xc + x^2c^2 \Rightarrow$$

即

$$(a^2-c^2)x^2 + a^2y^2 = a^2(a^2-c^2)$$

结果,表示 $b^2 = a^2 - c^2$,得到 $\dfrac{x^2}{a^2} + \dfrac{y^2}{b^2} = 1$.

31.7 证明:椭圆平行弦的中点在一条直线上.

(过椭圆中心引的任意弦叫做椭圆的直径,具有下列形式的椭圆的一对直径:平行于第一条直径的弦的中点位于第二条直径上,这样的两条直径叫做椭圆的共轭直径.问题 31.7 指出,平行于第二条直径的弦的中点位于第一条直径上. 如果在仿射变换下椭圆是圆的像,那么它的共轭直径是这个圆的两条垂直直径的像.)

提示 点 (x',y') 和 (x'',y'') 是我们求的椭圆 $\dfrac{x^2}{a^2} + \dfrac{y^2}{b^2} = 1$ 和直线 $y = px + q$ 的交点. 解二次方程 $\dfrac{x^2}{a^2} + \dfrac{(px+q)^2}{b^2} = 1$,根据韦达定理 $\dfrac{x'+x''}{2} = -\dfrac{a^2pq}{b^2+a^2p^2}$ 和 $\dfrac{y'+y''}{2} = p\dfrac{x'+x''}{2} + q = \dfrac{b^2q}{b^2+a^2p^2}$.

这样一来,平行于直线 $y = px$ 的椭圆的弦的中点位于直线 $y = -\dfrac{b^2}{pa^2}x$ 上.

31.8 证明:在点 $X(x_0, y_0)$ 对椭圆 $\dfrac{x^2}{a^2} + \dfrac{y^2}{b^2} = 1$ 引的切线的方程具有形式 $\dfrac{x_0 x}{a^2} + \dfrac{y_0 y}{b^2} = 1$.

提示 这个方程能够利用椭圆的切线得到,这直线交椭圆恰于一个点. 实际上,如果

$$\dfrac{x_0^2}{a^2} + \dfrac{y_0^2}{b^2} = 1, \dfrac{x^2}{a^2} + \dfrac{y^2}{b^2} = 1, \dfrac{x_0 x}{a^2} + \dfrac{y_0 y}{b^2} = 1$$

那么

$$\dfrac{(x_0-x)^2}{a^2} + \dfrac{(y_0-y)^2}{b^2} = 0$$

第 31 章 椭圆、抛物线、双曲线
DISANSHIYIZHANG TUOYUAN、PAOWUXIAN、SHUANGQUXIAN

所以
$$(x_0, y_0) = (x, y)$$

31.9 证明:椭圆镜具有这样的性质,由一个焦点发出的光的射线束聚敛于另一个焦点.

提示 在椭圆上的点 X 作切线,以及 $\triangle F_1 X F_2$ 的顶点 X 的外角的平分线. 如果角平分线不与切线重合,那么它交椭圆于另外的点 $M \neq X$. 将 F_2 关于角平分线反射,得到点 F'_2,有
$$F_1 M + F_2 M = F_1 M + F'_2 M > F_1 F'_2 = F_1 X + F_2 X$$
即 M 位于椭圆外,得出矛盾. 意味着,角平分线同切线重合. 因此,入射角(即直线 $F_1 X$ 和切线之间的角)等于反射角(即直线 $F_2 X$ 和切线之间的角). 这样一来,证明了,由 F_1 出发的光线聚敛于 F_2.

31.10 (1) 证明:对任意的平行四边形存在椭圆,切平行四边形各边于它们的中点.

(2) 证明:对任意的三角形存在椭圆,切三角形各边于它们的中点.

提示 任意平行四边形是在仿射变换下正方形的像,而任意三角形是正三角形的像.

31.11 设 AA' 和 BB' 是中心为 O 的椭圆的共轭直径,证明:

(1) $\triangle AOB$ 的面积与共轭直径的选取无关.

(2) $OA^2 + OB^2$ 与共轭直径的选取无关.

提示 (1) 椭圆是圆在仿射变换下的像,椭圆的共轭直径是圆的垂直直径的像,同样显然,在仿射变换下保持图形面积的比.

(2) 可以认为,点 O, A 和 B 具有坐标 $(0,0), (a\cos\varphi, b\sin\varphi)$ 和 $(-a\sin\varphi, b\cos\varphi)$.

31.12* (1) 证明:椭圆焦点在所有切线上的射影位于一个圆上.

(2) 设 d_1 和 d_2 是椭圆的焦点到切线的距离,证明:$d_1 d_2$ 与切线的选取无关.

提示 设 O 是椭圆的中心,P_1 和 P_2 是焦点 F_1 和 F_2 在切线上的射影,A 是切点,则 $\angle P_1 A F_1 = \angle P_2 A F_2 = \varphi$. 设 $x = F_1 A, y = F_2 A$. 量 $x + y = c$ 与点 A 无关,所以
$$P_1 O^2 = P_2 O^2 = \left(\frac{x+y}{2}\cos\varphi\right)^2 + \left(\frac{x+y}{2}\sin\varphi\right)^2 = \frac{c^2}{4}$$

此外 $F_1F_2^2 = x^2 + y^2 + 2xy\cos 2\varphi = c^2 - 4xy\sin^2\varphi$
所以 $xy\sin^2\varphi = d_1d_2$ 是常量.

31.13* 由点 O 对焦点为 F_1 和 F_2 的椭圆引切线 OA 和 OB,证明: $\angle AOF_1 = \angle BOF_2, \angle AF_1O = \angle BF_1O$.

提示 设点 G_1 和 G_2 分别与 F_1 和 F_2 关于直线 OA 和 OB 对称.点 F_1,B 和 G_2 在一条直线上且 $F_1G_2 = F_1B + BG_2 = F_1B + BF_2$.$\triangle G_2F_1O$ 和 $\triangle G_1F_2O$ 各边对应相等,所以 $\angle G_1OF_1 = \angle G_2OF_2, \angle AF_1O = \angle AG_1O = \angle BF_1O$.

31.14* 椭圆内切在三角形中,证明:椭圆的两个焦点关于这个三角形等角共轭.

提示 设焦点为 F_1 和 F_2 的椭圆内切于顶点为 X 的角内,则根据问题 31.13 直线 XF_1 和 XF_2 关于 $\angle X$ 的平分线对称.

31.15* 焦点为 F 的椭圆内切于四边形 $ABCD$ 中,证明:$\angle AFB + \angle CFD = 180°$.

提示 设 A_1,B_1,C_1,D_1 分别是椭圆同边 AB,BC,CD,DA 的切点.根据问题 31.13 有

$$\angle A_1FB = \angle BFB_1 = \alpha, \angle B_1FC = \angle CFC_1 = \beta$$
$$\angle C_1FD = \angle DFD_1 = \gamma, \angle D_1FA = \angle AFA_1 = \delta$$

这里 $\alpha,\beta,\gamma,\delta$ 是某些角,它们的和等于 180°.同样显然,$\angle AFB + \angle CFD = (\delta + \alpha) + (\beta + \gamma)$.

31.16* 围绕椭圆外切有平行四边形,证明:平行四边形的两条对角线包含椭圆的共轭直径.

提示 考查变椭圆为圆的仿射变换.它变已知的平行四边形为菱形,菱形的对角线包含得到的圆中的一对垂直的直径.

对于椭圆 $\dfrac{x^2}{a^2} + \dfrac{y^2}{b^2} = 1$,其中 $a \geq b$,数 $e = \sqrt{1 - \dfrac{b^2}{a^2}}$ 叫做离心率.直线 $x = \pm\dfrac{a}{e}$ 叫做准线.(椭圆有两条准线.)

第31章 椭圆、抛物线、双曲线

DISANSHIYIZHANG TUOYUAN、PAOWUXIAN、SHUANGQUXIAN

31.17* （1）证明：椭圆上的点到焦点和到一条准线距离之比等于离心率e.

（2）已知点F和直线l,证明：点X到F的距离和点X到l的距离之比等于常数$e < 1$的点X的集合是椭圆.

提示 （1）设$d = \dfrac{a}{e}$,则

$$de^2 = \frac{a^2}{\sqrt{a^2 - b^2}} \cdot \frac{a^2 - b^2}{a^2} = c$$

在这种情况下量d是由坐标原点到准线的距离.检验点$X = (x, y)$的集合,它的点到焦点$(c, 0)$的距离对到准线$x = d$的距离之比等于e,也就是,用方程

$$\frac{(x - c)^2 + y^2}{(x - d)^2} = e^2 \tag{1}$$

给出点的集合是椭圆,等式(1)在条件$c = de^2$时等价于等式

$$\frac{x^2}{d^2 e^2} + \frac{y^2}{d^2 e^2 (1 - e^2)} = 1$$

同圆锥曲线的椭圆方程一致,因为$d^2 e^2 = a^2$和$d^2 e^2 (1 - e^2) = b^2$.

（2）设直线l用方程$x = d$给出,而点F具有坐标$(c, 0)$,则考查的集合属于坐标为$(x, 0)$的满足方程$\dfrac{x - c}{x - d} = \pm e$的两个点.在这两个点的正中间放置坐标原点,则

$$\frac{de + c}{1 + e} + \frac{-de + c}{1 - e} = 0$$

也就是,$c = de^2$,在这种情况下方程(1)等价于圆锥曲线的椭圆方程.

31.18* 围绕椭圆外切一个长方形,证明：长方形的对角线的长与它的位置无关.

提示 设O是已知长方形的一个顶点,OA和OB是对椭圆的切线,考查在问题31.13的提示中已知长方形情况的$\triangle F_1 O G_2$.因此,$F_1 O^2 + F_2 O^2 = F_1 G_2^2$是常量.如果$M$是椭圆的中心,那么量$OM^2 = \dfrac{1}{4}(2F_1 O^2 + 2F_2 O^2 - F_1 F_2^2)$也是常量.

31.19* 圆心为O的圆$x^2 + y^2 = a^2 + b^2$的弦PQ与椭圆$\dfrac{x^2}{a^2} + \dfrac{y^2}{b^2} = 1$相切,证明：直线$PO$和$QO$包含椭圆的共轭直径.

提示 对于考查的椭圆,围绕它的边分别平行于椭圆的长短轴的外切长方形的顶点位于所考查的圆上.根据问题 31.18 围绕椭圆的所有的其余的外切长方形的顶点位于所考查的圆上,所以弦 PQ 是椭圆外切长方形的边,根据问题 31.16 这个长方形的对角线包含椭圆的共轭直径.

31.20* (1) 设 AA' 和 BB' 是中心为 O 的椭圆的共轭直径.过点 B 对直线 OA 引垂线并且在它上面截取等于 OA 的线段 BP 和 BQ,证明:椭圆的主轴是直线 OP 和 OQ 之间的角的平分线.

(2) 在平面上画出椭圆的一对共轭直径.借助于圆规和直尺作出椭圆的轴.

提示 (1) 点 A 和 B 具有坐标 $(a\cos\varphi, b\sin\varphi)$ 和 $(a\sin\varphi, -b\cos\varphi)$ 点 P 和 Q 具有坐标 $((a+b)\sin\varphi, -(a+b)\cos\varphi)$ 和 $((a-b)\sin\varphi, (a-b)\cos\varphi)$.

(2) 需要的作法,其实已经描述在问题(1)中了.

31.21* 椭圆在点 A 的法线交短半轴于点 Q,P 是椭圆中心在法线上的射影,证明:$AP \cdot AQ = a^2$,其中,a 是长半轴.

提示 点 Q 位于 $\triangle AF_1F_2$ 的外接圆上,其中 F_1 和 F_2 是椭圆的焦点.此时,Q 是弧 F_1F_2 的中点,即 QS 是直径.如果 R 是外接圆的半径,α 和 β 是顶点在 F_1 和 F_2 的角,那么

$$AQ = 2R\cos\frac{\alpha-\beta}{2}, \quad OS = 2R\sin^2\frac{\alpha+\beta}{2}$$

$$AP = OS\cos\frac{\alpha-\beta}{2} = 2R\sin^2\frac{\alpha+\beta}{2}\cos\frac{\alpha-\beta}{2}$$

所以

$$AP \cdot AQ = \left(2R\sin\frac{\alpha+\beta}{2}\cos\frac{\alpha-\beta}{2}\right)^2 = (R\sin\alpha + R\cos\alpha)^2 = \left(\frac{AF_1+AF_2}{2}\right)^2$$

31.22* 证明:椭圆的所有内接的菱形外切于同一个圆.

提示 设菱形 $ABCD$ 内接于中心为 O 的椭圆,则菱形的内切圆的半径 r 是直角 $\triangle AOB$ 的高线,也就是

$$\frac{1}{r^2} = \frac{1}{OA^2} + \frac{1}{OB^2}$$

对于椭圆 $\frac{x^2}{a^2} + \frac{y^2}{b^2} = 1$ 直线 OA 和 OB 具有方程 $y = kx$ 和 $y = -\frac{x}{k}$,而点 A 和 B

第31章 椭圆、抛物线、双曲线

DISANSHIYIZHANG TUOYUAN、PAOWUXIAN、SHUANGQUXIAN

具有坐标 (x_0, y_0) 和 (x_1, y_1),其中 $x_0^2\left(\dfrac{1}{a^2} + \dfrac{k^2}{b^2}\right) = 1, x_1^2\left(\dfrac{1}{a^2} + \dfrac{1}{k^2 b^2}\right) = 1$,所以

$$\dfrac{1}{OA^2} + \dfrac{1}{OB^2} = \dfrac{\dfrac{1}{a^2} + \dfrac{k^2}{b^2}}{1 + k^2} + \dfrac{\dfrac{1}{a^2} + \dfrac{1}{k^2 b^2}}{1 + \dfrac{1}{k^2}} = \dfrac{1}{a^2} + \dfrac{1}{b^2}$$

也就是,半径 r 与菱形的位置无关.

31.23* 中心在椭圆上的圆,与两条共轭直径相切,证明:圆的半径与共轭直径的选取无关.

提示 共轭直径可以表示为中心为 O 的椭圆的外切平行四边形对角线的结果.设 $\angle AOB, \angle BOC, \angle COD, \angle DOA$ 的平分线分别交这个平行四边形的边于点 A_1, B_1, C_1, D_1,而射线 OA_1, OB_1, OC_1, OD_1 交椭圆于点 A_2, B_2, C_2, D_2,则点 A_2, B_2, C_2, D_2 是所考查的圆的中心.

只需证明,A_2, B_2, C_2, D_2 是边平行于直线 AC 和 BD 的平行四边形.实际上,这个平行四边形对角线垂直,所以它是菱形.根据问题 31.22 这个菱形内切圆的半径只与椭圆有关而与菱形的位置无关.由直线 $A_2 B_2$ 和 AC 的平行性推出,菱形内切圆的半径等于点 A_2 到直线 AC 的距离,也就是,它等于以 A_2 为中心的所考查的圆的半径.

作为例子,我们证明,$A_2 B_2 \parallel AC$. 首先发现,因为

$$\dfrac{AA_1}{A_1 B} = \dfrac{AO}{BO} = \dfrac{CO}{BO} = \dfrac{CB_1}{BB_1}$$

所以 $\qquad\qquad\qquad A_1 B_1 \parallel AC$

作仿射变换,变所考查的共轭直径为圆的直径.在这种情况下直线 $A_1 O$ 和 $B_1 O$ 的像将关于直线 OB 对称,所以直线 $A_2 B_2$ 的像将平行于直线 AC 的像.

31.24* (1)由点 O 对焦点为 F_1 和 F_2 的椭圆引切线 OP 和 OQ,证明:$\angle POQ = \pi - \dfrac{1}{2}(\angle PF_1 Q + \angle PF_2 Q)$.

(2)由焦点 F_1 和 F_2 对线段 AB 的视角分别为 φ_1 和 φ_2,证明:$\varphi_1 + \varphi_2 = \alpha + \beta$(图31.1).

提示 (1)设 $\angle PF_1 Q = 2\alpha, \angle PF_2 Q = 2\beta$,$\angle POF_1 = p, \angle F_1 OF_2 = q$.根据问题 31.13 有

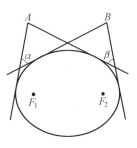

图 31.1

$\angle PF_1O = \alpha, \angle PF_2O = \beta, \angle F_2OQ = p$
由最后的等式推出,$\angle POQ = 2p + q$.

线段 PF_1 和 PF_2 同切线 PO 形成相等的角,所以
$$\alpha + p = \angle F_2PO = \pi - \beta - (p + q)$$
即
$$\angle POQ = 2p + q = \pi - (\alpha + \beta) =$$
$$\pi - \frac{1}{2}(\angle PF_1Q + \angle PF_2Q)$$

(2) 如图 31.2,引进切点的表示,根据问题(1) 有
$$\alpha = \frac{1}{2}(\angle KF_1L + \angle KF_2L)$$
$$\beta = \frac{1}{2}(\angle MF_1N + \angle MFN_2)$$

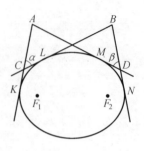

图 31.2

射线 F_1A 和 F_1B 分别是 $\angle KF_1M$ 和 $\angle LF_1N$ 的平分线,所以
$$2\varphi_1 = 2\angle AF_1B = (\angle AF_1L + \angle LF_1B) + (\angle AF_1M + \angle MF_1B) =$$
$$(\angle AF_1L + \angle BF_1N) + (\angle KF_1A + \angle MF_1B) =$$
$$\angle KFL_1 + \angle MF_1N$$

类似地
$$\varphi_2 = \angle AF_2B = \frac{1}{2}(\angle KF_2L + \angle MF_2N)$$

31.25* 对中心为 O 的椭圆引两条平行的切线 l_1 和 l_2.中心为 O_1 的圆切椭圆(外切) 和直线 l_1 和 l_2,证明:线段 OO_1 的长等于椭圆半轴的和.

提示 设 φ 是任意考查的切线和轴 Ox 之间的角,考查以 $((a + b)\cos \varphi, (a + b)\sin \varphi)$ 为圆心,过点 $A(a\cos \varphi, b\sin \varphi)$ 的圆 S.点 A 对椭圆的切线给出方程
$$\frac{a\cos \varphi}{a^2}x + \frac{b\sin \varphi}{b^2}y = 1$$

这条直线垂直于用方程 $y = \frac{a\sin \varphi}{b\cos \varphi}x + c$ 给出的直线 AO_1,所以圆 S 与椭圆相切.

现在证明,圆 S 与直线 l_1 和 l_2 相切.设直线 l_1 切椭圆于点 $(-a\cos \alpha, b\sin \alpha)$,则它具有方程
$$\frac{-x\cos \alpha}{a} + \frac{y\sin \alpha}{b} = 1$$

特别地,这意味着 $\tan \varphi = \frac{b\cos \alpha}{a\sin \alpha}$.由坐标原点到直线 l_1 的距离的平方等于

第 31 章 椭圆、抛物线、双曲线

$$b^2 \frac{\cos^2\varphi}{\sin^2\alpha} = b^2\cos^2\varphi\left(1 + \frac{a^2\sin^2\varphi}{b^2\cos^2\varphi}\right) = b^2\cos^2\varphi + a^2\sin^2\varphi$$

最后的表达式与圆 S 半径的平方一致. 对于直线 l_2 得到完全一样的表达式.

31.26* 圆心 C 在椭圆的长半轴上,半径为 r 的圆,切椭圆于两个点,O 是椭圆的中心,a 和 b 是它的半轴,证明:$OC^2 = \dfrac{(a^2-b^2)(b^2-r^2)}{b^2}$.

提示 对椭圆在点 (x_0,y_0) 的法线用方程

$$\frac{-y_0}{b^2}x + \frac{x_0}{a^2}y = x_0 y_0 \left(\frac{1}{a^2} - \frac{1}{b^2}\right)$$

给出. 它交长半轴于坐标为 $x_1 = b^2 x_0 \left(\dfrac{1}{b^2} - \dfrac{1}{a^2}\right) = x_0 \dfrac{a^2-b^2}{a^2}$ 的点. 在这种情况

$$r^2 = y_0^2 + (x_0 - x_1)^2 = y_0^2 + x_0^2 \frac{b^4}{a^4} = b^2 - \frac{b^2 x_0^2}{a^2} + x_0^2 \frac{b^4}{a^4} =$$

$$b^2 - b^2 x_0^2 \left(\frac{1}{a^2} - \frac{b^2}{a^4}\right)$$

容易检验

$$\frac{(a^2-b^2)(b^2-r^2)}{b^2} = x_1^2$$

31.27* 圆心在椭圆长轴上的三个圆与椭圆相切,其中半径为 r_2 的圆外切半径为 r_1 和 r_3 的圆,证明:$r_1 + r_3 = \dfrac{2a^2(a^2 - 2b^2)}{a^4} r_2$.

提示 根据问题 31.26 有

$$r_1 + r_2 = |OC_1 \pm OC_2| = \frac{\sqrt{a^2-b^2}}{b}\left|\sqrt{b^2 - r_1^2} \pm \sqrt{b^2 - r_2^2}\right|$$

这个关系式可以变归为形式

$$a^4 r_1^2 - 2a^2(a^2 - 2b^2) r_1 r_2 + a^4 r_2^2 - 4b^4(a^2 - b^2) = 0$$

考查得到的表达式作为关于 r_1 的二次方程,它具有根 r_1 和 r_3,所以

$$r_1 + r_3 = \frac{2a^2(a^2 - 2b^2)}{a^4} r_2$$

31.28* 圆心在椭圆的长半轴上的 N 个圆与椭圆相切. 其中半径为 $r_i (2 \leq i \leq N-1)$ 的圆与半径为 r_{i-1} 和 r_{i+1} 的圆相切,证明:如果 $3n - 2 \leq N$,

那么 $r_{2n-1}(r_1 + r_{2n-1}) = r_n(r_n + r_{3n-2})$.

提示 根据问题 31.27 数 r_1 满足递推方程
$$r_{i+2} - kr_{i+1} + r_i = 0$$
所以 $r_p = a\lambda_1^p + b\lambda_2^p$，其中 λ_1 和 λ_2 是方程 $x^2 - kx + 1 = 0$ 的根. 显然, $\lambda_1\lambda_2 = 1$, 即 $r_p = a\lambda^p + b\lambda^{-p}$. 现在需要的公式容易检验.

§3 抛 物 线

31.29 证明:借助于中心在 $(0,0)$ 的位似, 抛物线 $2py = x^2$ 可以变为抛物线 $y = x^2$.

提示 设 $x = 2pX$ 和 $y = 2pY$, 则方程 $2py = x^2$ 和 $Y = X^2$ 等价.

31.30 圆交抛物线于四个点, 证明:这些点的质量中心在抛物线的轴上.

提示 将抛物线 $y = x^2$ 的方程代入圆的方程 $(x-a)^2 + (y-b)^2 = R^2$, 得到 x^3 系数为零的 4 次方程. 这个方程根的和等于零.

31.31 轴互相垂直的两条抛物线相交于四个点, 证明:这四个点位于一个圆上.

提示 将方程 $x^2 + py = 0$ 和 $(y - y_0)^2 + ax + b = 0$ 相加.

31.32 证明:抛物线平行弦的中点位于平行于抛物线的轴的一条直线上.

提示 对于抛物线的证明与对椭圆的证明一样(参见问题 31.7).

对于抛物线 $2py = x^2$, 点 $(0, \frac{p}{2})$ 叫做焦点, 而直线 $y = -\frac{p}{2}$ 叫做准线.

31.33 (1) 证明:抛物线上任意点到焦点和到准线的距离相等.

(2) 证明:到某个固定点和到某条固定直线的距离相等的点的集合是抛物线.

提示 (1) 设 $x^2 = 2py$, 则由点 (x, y) 到点 $(0, \frac{p}{2})$ 距离的平方等于

第31章 椭圆、抛物线、双曲线

$$x^2 + \left(y - \frac{p}{2}\right)^2 = 2py + y^2 - py + \frac{p^2}{4} = \left(y + \frac{p}{2}\right)^2$$

而由点 (x, y) 到直线 $y = -\frac{p}{2}$ 的距离等于 $\left| y + \frac{p}{2} \right|$.

(2) 可以认为,固定点具有坐标 $\left(0, \frac{p}{2}\right)$,而固定直线用方程 $y = -\frac{p}{2}$ 给出,则到固定点的距离等于到固定直线距离的点 (x, y) 的集合,用方程

$$x^2 + \left(y - \frac{p}{2}\right)^2 = \left(y + \frac{p}{2}\right)^2$$

给出,也就是 $x^2 = 2py$.

31.34 证明:平行于抛物线的轴的光的射线束由抛物线反射后聚敛于它的焦点.

提示 设点 X 在焦点为 F 的抛物线上且 H 是它在准线上的射影,则 $FX = XH$(问题 31.33). 引 $\angle FXH$ 的平分线. 如果它不与切线重合,那么它交抛物线于点 $M \neq X$. 但 $FM = MH \neq MH'$,其中 H' 是 H 在直径上的射影. 得出矛盾. 由它得出平行于轴的光线的入射角等于切线和 FX 之间的角,也就是,平行的光线束聚敛于焦点,这正是要证的.

31.35 证明:抛物线 $4y = x^2$ 在点 $(2t_1, t_1^2)$ 和 $(2t_2, t_2^2)$ 的切线相交于点 $(t_1 + t_2, t_1 t_2)$.

提示 在点 $(2t_i, t_i^2)$ 的切线用方程 $y = xt_i - t_i^2$ 给出. 容易检验,指出的点位于两条切线上.

31.36 由点 O 对焦点为 F 的抛物线引切线 OA 和 OB,证明:$\angle AFB = 2\angle AOB$,并且射线 OF 是 $\angle AFB$ 的平分线.

提示 设 A_1 和 B_1 是点 A 和 B 在准线上的射影,则 AO 和 BO 是对线段 A_1F 和 B_1F 的中垂线,所以 $A_1O = FO = B_1O$,就是说 $\angle A_1B_1O = \angle B_1A_1O = \varphi$. 不复杂的角的计算证明 $\angle OFA = \angle OFB = 90° + \varphi$,$\angle AFB = 180° - 2\varphi = \angle A_1OB_1 = 2\angle AOB$.

31.37 证明:抛物线的切线 OA 和 OB 垂直,当且仅当下列的等价条件之一成立:

(1) 线段 AB 过抛物线的焦点.

(2) 点 O 在抛物线的准线上.

提示 利用问题 31.36 的表示. 根据这个问题 $\angle AFB = \angle A_1OB_1 = 2\angle AOB$, 所以条件 $\angle AOB = 90°$ 等价于 $\angle AFB = 180°$ 和 $\angle A_1OB_1 = 180°$.

31.38* 抛物线在点 α, β, γ 处的切线形成 $\triangle ABC$(图 31.3), 证明:

(1) $\triangle ABC$ 的外接圆过抛物线的焦点.

(2) $\triangle ABC$ 的高线的交点在抛物线的准线上.

(3) $S_{\triangle \alpha\beta\gamma} = 2S_{\triangle ABC}$.

(4) $\sqrt[3]{S_{\triangle \alpha\beta C}} + \sqrt[3]{S_{\triangle \beta\gamma A}} = \sqrt[3]{S_{\triangle \alpha\gamma B}}$.

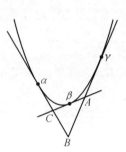

图 31.3

提示 (1) 由焦点 F 对抛物线的切线上的射影位于垂直于轴的抛物线的切线上, 所以焦点在直线 BC, CA, AB 上的射影在一条直线上. 这就是说, 点 F 在 $\triangle ABC$ 的外接圆上. 实际上, $\angle AFC' = \angle AB'C' = \angle A'B'C = \angle A'FC'$, 所以 $\angle CFA = \angle A'FC' = 180° - \angle B$.

(2) 对抛物线 $x^2 = 4y$ 在点 $(2t_i, t_i^2)$ 的切线用方程 $y = t_i x - t_i^2$ 给出. 它们交于点 $(t_i + t_j, t_i t_j)$. 容易检验, 顶点在三个这样的点的三角形的垂心是点 $(t_1 + t_2 + t_3 + t_1 t_2 t_3, -1)$.

(3) 可以认为, 抛物线的方程是 $x^2 = 4y$. 在这样的情况下点 α, β, γ 具有坐标 $(2t_i, t_i^2)$, $t = 1, 2, 3$. 容易检验

$$S_{\triangle \alpha\beta\gamma} = \frac{1}{2}\begin{vmatrix} 2t_1 & t_1^2 & 1 \\ 2t_2 & t_2^2 & 1 \\ 2t_3 & t_3^2 & 1 \end{vmatrix}, \quad S_{\triangle ABC} = \frac{1}{2}\begin{vmatrix} t_2 + t_3 & t_2 t_3 & 1 \\ t_3 + t_1 & t_3 t_1 & 1 \\ t_1 + t_2 & t_1 t_2 & 1 \end{vmatrix}$$

(4) 存在仿射变换, 变抛物线的轴和直线 AC 为一对垂直的直线, 所以可以认为, 点 α, β, γ 具有坐标 $(2t_1, t_1^2), (0, 0), (2t_3, t_3^2)$, 并且 $t_1 < 0$ 和 $t_3 > 0$. 实际上

$$S_{\triangle \alpha\beta C} = -\frac{1}{2}t_1^3, \quad S_{\triangle \beta\gamma A} = \frac{1}{2}t_3^3,$$

$$S_{\triangle \alpha\beta B} = \frac{1}{2}\begin{vmatrix} 2t_3 & t_3^2 & 1 \\ 2t_1 & t_1^2 & 1 \\ t_1 + t_3 & t_1 t_3 & 1 \end{vmatrix} = \frac{(t_3 - t_1)^3}{2}$$

第31章　椭圆、抛物线、双曲线

31.39* 在中心为抛物线的焦点和系数为2的位似下,由抛物线的准线得到直线 l.由直线 l 的点 O 对抛物线引切线 OA 和 OB,证明:$\triangle AOB$ 的垂心是抛物线的顶点.

提示 抛物线 $x^2 = 4y$ 在点 $A(2t_1, t_1^2)$ 和 $B(2t_2, t_2^2)$ 的切线相交于点 $O(t_1 + t_2, t_1 t_2)$.在所考查的情况 $t_1 t_2 = -2$.现在已经容易检验,点 $(0,0)$ 是 $\triangle AOB$ 的垂心.

31.40* 由曲线 C 反射光的平行射线束收敛于点 F,证明:C 是焦点为 F 且轴平行于光的射线的抛物线.

提示 考查焦点在已知点 F 且轴平行于光的射线的所有的抛物线簇.精确地说,抛物线的轴的指向,使得已知的光的射线束由抛物线反射以后收敛于点 F.

设由曲线 C 的点 M 反射的光的射线落入点 F,则 C 在点 M 引的切线同在点 M 引的过点 M 的抛物线的切线重合.这个性质能够对曲线 C 的所有点成立,只在当它与考查的抛物线簇中的一条重合时.

§4　双曲线

方程 $y = \dfrac{1}{x}$ 给出的双曲线叫做等轴双曲线.

任意双曲线由等轴双曲线通过仿射变换得到.

31.41 点 A 和 B 位于双曲线上,直线 AB 交双曲线的渐近线于点 A_1 和 B_1,证明:

(1) $AA_1 = BB_1$,$AB_1 = BA_1$.

(2) 如果直线 $A_1 B_1$ 切双曲线于点 X,那么 X 是线段 $A_1 B_1$ 的中点.

提示 (1) 证明只需对等轴双曲线检验就足够了.设点 A 和 B 具有坐标 $\left(x_1, \dfrac{1}{x_1}\right)$ 和 $\left(x_2, \dfrac{1}{x_2}\right)$,则直线 AB 用方程 $x + x_1 x_2 y = x_1 + x_2$ 给出,所以点 A_1 和 B_1 具有坐标 $\left(0, \dfrac{1}{x_1} + \dfrac{1}{x_2}\right)$ 和 $(x_1 + x_2, 0)$.现在需要的等式容易证明,因为它只需对点在一个坐标轴上的射影检验就足够了.

(2) 由(1)直接推得.

31.42 证明:顶点位于等轴双曲线上的 $\triangle ABC$ 的九点圆过双曲线的中心 O.

提示 设 A_1, B_1 和 C_1 是边 BC, CA 和 AB 的中点. 根据问题 31.41 点 A_1, B_1 和 C_1 是两个坐标轴和直线 BC 形成的直角三角形的斜边, CA 和 AB 的中点,所以
$$\angle(C_1O, Oy) = \angle(Oy, AB), \angle(Oy, OB_1) = \angle(AC, Oy)$$
因此 $\quad \angle(C_1O, OB_1) = \angle(AC, AB) = \angle(C_1A_1, A_1B_1)$
这意味着,点 O 在 $\triangle A_1B_1C_1$ 的外接圆上.

31.43 三角形的顶点位于双曲线 $xy = 1$ 上,证明:它的垂心也在这个双曲线上.

提示 设 $a = \alpha + i\alpha^{-1}, b = \beta + i\beta^{-1}, c = \gamma + i\gamma^{-1}$ 是在复平面上已知三角形的顶点. 检验 $h = -\alpha\beta\gamma - i(\alpha\beta\gamma)^{-1}$ 是它的垂心. 证明数 $\dfrac{a-h}{b-c}$ 是纯虚数.

31.44 圆心为 (x_0, x_0^{-1}) 半径为 $2\sqrt{x_0^2 + x_0^{-2}}$ 的圆交双曲线 $xy = 1$ 于点 $(-x_0, -x_0^{-1})$ 和点 A, B, C,证明: $\triangle ABC$ 是等边三角形.

提示 设 $A = (a, a^{-1}), B = (b, b^{-1}), C = (c, c^{-1})$,则当 $x = -x_0, a, b, c$ 得到
$$(x_0 - x)^2 + (x_0^{-1} - x^{-1})^2 = 4x_0^2 + 4x_0^{-2}$$
这样一来,数 $-x_0, a, b, c$ 是形如 $x^4 - 2x_0 x^3 + \cdots$ 的多项式的根,所以 $-x + a + b + c = 2x_0$,也就是 $a + b + c = 3x_0$. 类似有 $a^{-1} + b^{-1} + c^{-1} = 3x_0^{-1}$,因此点 (x_0, x_0^{-1}) 不止是 $\triangle ABC$ 的外接圆中心,而且是它的质量中心. 这只在 $\triangle ABC$ 为等边三角形时才可能.

31.45 证明:双曲线 $ax^2 + 2bxy + cy^2 + dx + ey + f = 0$ 的渐近线正交,当且仅当 $a + c = 0$.

提示 设 $ax^2 + bxy + cy^2 = (px + qy)(rx + sy)$,则直线 $px + qy = 0$ 和 $rx + sy = 0$ 平行于所考查的双曲线的渐近线. 这两条直线正交当且仅当 $pr + qs = 0$,也就是 $a + c = 0$.

31.46 证明:到两个已知点 F_1 和 F_2 距离的差是常量的点的集合是双曲线.

第 31 章 椭圆、抛物线、双曲线

点 F_1 和 F_2 叫做双曲线的焦点.

提示 对于双曲线的证明同对椭圆的证明一样(参见问题 31.6).

31.47 证明:双曲线平行弦的中点在一条直线上.

过双曲线中心引的任意弦叫做双曲线的直径.具有下面性质的一对双曲线的直径叫做它的共轭直径:平行于第一条直径的弦的中点在第二条直径上,则平行于第二条直径的弦的中点在第一条直径上.

提示 对于双曲线的证明同对椭圆的证明一样(参见问题 31.7).

31.48 证明:双曲线的两条渐近线和切线形成的三角形的面积,对所有的切线都是相同的.

提示 切线 $\dfrac{x_0 x}{a^2} - \dfrac{y_0 y}{b^2} = 1$ 交渐近线 $y = \pm \dfrac{b}{a} x$ 于坐标为 $x_{1,2} = a\left(\dfrac{x_0}{a} \pm \dfrac{y_0}{b}\right)^{-1}$ 的点,所以 $x_1 x_2 = a^2$.同样显然,所考查的三角形的面积与 $x_1 x_2$ 成比例.

对于双曲线 $\dfrac{x^2}{a^2} - \dfrac{y^2}{b^2} = 1$,数 $e = \sqrt{1 + \dfrac{b^2}{a^2}}$ 叫做离心率.直线 $x = \pm \dfrac{a}{e}$ 叫做准线.(双曲线有两条准线)

31.49* (1) 证明:双曲线的点到焦点和到一条准线距离的比等于离心率 e.

(2) 已知点 F 和直线 l,证明:点 X 到 F 的距离和点 X 到 l 的距离之比等于常数 $e > 1$ 的点 X 的集合是双曲线.

提示 对于双曲线的解正如对椭圆的解一样(参见问题 31.17).

31.50* 求对双曲线所有成对垂直的切线的交点的集合.

提示 设 φ 是双曲线包含的渐近线之间的角的量,则当 $\varphi \geqslant 90°$ 时,所求的集合是空集合;而当 $\varphi < 90°$ 时,它是圆(中心在双曲线的中心),由它删去同渐近线的 4 个交点.为了证明这个论断可以利用问题 31.18 的提示.

§5 圆锥曲线束

为了方便引进下列的表示,我们将认为,直线 AB 用方程 $l_{AB} = 0$ 给出,这个方程的确定精确到成比例.对坐标 x,y 函数 l_{AB} 具有形式 $l_{AB}(x,y) = ax + by + c$,并且在点 A 和 B, l_{AB} 等于零.

31.51 设点 A,B,C 和 D 位于用二次方程 $f = 0$ 给出的圆锥曲线上,证明:$f = \lambda l_{AB} l_{CD} + \mu l_{BC} l_{AD}$,其中,$\lambda$ 和 μ 是某些数.

用圆锥曲线 $f = 0$ 和 $g = 0$ 生成的圆锥曲线束叫做圆锥曲线簇 $\lambda f + \eta g = 0$. 问题 31.51 的结果能够解释下面的性质:圆锥曲线束是过 4 个固定点的圆锥曲线簇.

提示 1 设 X 是已知圆锥曲线上不同于点 A,B,C 和 D 的点.选取数 λ_1 和 μ_1,使得
$$\lambda_1 l_{AB}(X) l_{CD}(X) + \mu_1 l_{BC}(X) l_{AD}(X) = 0$$
并且考查用方程 $f_1 = 0$ 给出的曲线,其中 $f_1 = \lambda_1 l_{AB} l_{CD} + \mu_1 l_{BC} l_{AD}$.这条曲线用二次方程给出且过 A,B,C,D 和 X.但如果二次曲线交圆锥曲线于五个不同的点,那么这条曲线同圆锥曲线一致(问题 31.74),就是说,$f = \alpha f_1$,其中 α 是某个数.

提示 2 引入轴为 AB 和 AD 的斜角坐标系,则 AB 和 AD 分别用方程 $y = 0$ 和 $x = 0$ 给出,而给出圆的方程 $f = 0$ 是关于 x 和 y 的二次方程.函数 f 的限定和 $\lambda l_{AB} l_{CD} + \mu l_{BC} l_{AD} = \lambda y l_{CD} + \mu x l_{BC}$ 在任意的坐标轴上是有两个公共根的二次三项式(A 和 B,或 A 和 D),所以数 λ 和 μ 可以挑选,使得多项式
$$P(x,y) = f(x,y) - \lambda y l_{CD}(x,y) - \mu x l_{BC}(x,y)$$
无论当 $x = 0$,还是当 $y = 0$,均变为零.这意味着,它被 xy 整除,也就是 $P(x,y) = qxy$,其中 q 是常数.在点 C 多项式 P 变为零,而 $xy \neq 0$,所以 $q = 0$,即
$$f = \lambda l_{AB} l_{CD} + \mu l_{BC} l_{AD}$$

31.52* 证明:如果六边形 $ABCDEF$ 的顶点位于一个圆锥曲线上,那么它的对边的延长线(即直线 AB 和 DE,BC 和 EF,CD 和 AF)的交点位于一条直线上.(帕斯卡)

内接在圆锥曲线的六边形的各对对边的交点所在的直线叫做圆锥曲线内接六边形的帕斯卡直线,在这种情况下六边形可以认为是封闭的自交的折线.

提示 考查六边形 $ABCDEF$,它的顶点在圆锥曲线 $f = 0$ 上.四边形 $ABCD$,

第 31 章 椭圆、抛物线、双曲线

DISANSHIYIZHANG TUOYUAN、PAOWUXIAN、SHUANGQUXIAN

$AFED$ 和 $BEFC$ 内接于这个圆锥曲线,所以 f 能够表为任意的下列形式

$$f = \lambda_1 l_{AB} l_{CD} + \mu_1 l_{AD} l_{BC} \tag{1}$$

$$f = \lambda_2 l_{AF} l_{ED} + \mu_2 l_{AD} l_{EF} \tag{2}$$

$$f = \lambda_3 l_{BE} l_{CF} + \mu_3 l_{BC} l_{EF} \tag{3}$$

使表达式(1) 和(2) 相等,得到

$$\lambda_1 l_{AB} l_{CD} - \lambda_2 l_{AF} l_{ED} = (\mu_1 l_{BC} - \mu_2 l_{EF}) l_{AD}$$

设 X 是直线 AB 和 ED 的交点.在点 X 函数 $l_{AB} l_{CD}$ 和 $l_{AF} l_{ED}$ 变为零,而函数 l_{AD} 在这点不等于零.因此,在点 X 函数 $\mu_1 l_{BC} - \mu_2 l_{EF}$ 等于零,也就是,点 X 在直线 $\mu_1 l_{BC} = \mu_2 l_{EF}$ 上.类似地证明,直线 CD 和 AF 的交点在直线 $\mu_1 l_{BC} = \mu_2 l_{EF}$ 上.同样显然,直线 BC 和 EF 的交点在直线 $\mu_1 l_{BC} = \mu_2 l_{EF}$ 上.结果得到需要的论断.

31.53* (1) 设点 A,B,C,D,E 和 F 位于一条圆锥曲线上,证明:六边形 $ABCDEF$,$ADEBCF$ 和 $ADCFEB$ 的帕斯卡直线相交于一点.(施泰纳)

(2) 设点 A,B,C,D,E 和 F 位于一个圆上,证明:六边形 $ABFDCE$,$AEFBDC$ 和 $ABDFEC$ 的帕斯卡直线相交于一点.(基尔克曼)

提示 (1) 进一步继续问题 31.52 提示的讨论.使表达式(2) 和(3) 相等,得到,直线 AF 和 BE,ED 和 CF,AD 和 BC 的交点在直线 $\mu_2 l_{AD} = \mu_3 l_{BC}$ 上.而使表达式(1) 和(3) 相等,得到直线 AB 和 CF,CD 和 BE,AD 和 EF 的交点在直线 $\mu_1 l_{AD} = \mu_3 l_{EF}$ 上.容易检验,得到的直线 $\mu_1 l_{BC} = \mu_2 l_{EF}$,$\mu_2 l_{AD} = \mu_3 l_{BC}$,$\mu_1 l_{AD} = \mu_3 l_{EF}$ 相交于一点.实际上,如果 X 是这些直线前两个的交点,那么

$$\mu_1 \mu_2 l_{BC}(X) l_{AD}(X) = \mu_2 \mu_3 l_{EF}(X) l_{BC}(X)$$

约掉 $\mu_2 l_{BC}(X)$ 得到 $\mu_1 l_{AD} = \mu_3 l_{EF}$(我们没有谈到讨论表达式当 $\mu_2 l_{BC}(X) = 0$ 的情况).

(2) 证明施泰纳定理时从四边形 $ABCD$,$AFED$ 和 $BEFC$ 出发.同样可以从四边形 $ABFE$,$ABDC$ 和 $CDFE$ 出发,则得到基尔克曼定理.

31.54* 设过已知圆的弦 AB 的中点 O 引弦 KL 和 MN,证明:直线 KN 和 ML 交直线 AB 于与点 O 距离等远的点.(蝴蝶问题)

提示 设 $f = 0$ 是已知圆的方程,根据问题 31.51 有 $f = \lambda l_{KL} l_{MN} + \mu l_{KN} l_{ML}$.这个等式对于限定在直线 AB 上的所有考查的函数成立.在直线 AB 上取 O 为坐标原点引入坐标 x,则可以认为,$f = x^2 - a$ 和 $l_{KL} l_{MN} = x^2$,所以 $l_{KN} l_{ML} = bx^2 - c$,因此,方程 $l_{KN} l_{ML} = 0$ 的根与点 O 距离相等.

31.55* 设自交的四边形 $KLMN$ 和 $K'L'M'N'$ 的边内接在同一个圆中,分别交这个圆的弦 AB 于点 P,Q,R,S 和 P',Q',R',S' (交边 KL 于点 P, LM 于点 Q, 依此类推), 证明: 如果点 P,Q,R,S 中的三个点同点 P',Q',R',S' 中对应的三个点重合, 那么剩下的两个点也重合. (假设弦 AB 不过四边形的顶点)

提示 为确定起见, 设 $P=P', Q=Q', R=R'$. 根据问题 31.51 有
$$\lambda l_{KL} l_{MN} + \mu l_{KN} l_{ML} = f = \lambda' l_{K'L'} l_{M'N'} + \mu' l_{K'N'} l_{M'L'}$$
限定在直线 AB 上讨论这个等式, 得到等式形如
$$\alpha(x-p)(x-r) + \beta(x-r)(x-s) = \alpha'(x-p)(x-r) + \beta'(x-q)(x-s') \tag{1}$$
此时需要证明, $s=s'$.

等式(1) 可以变换形式为
$$\alpha''(x-p)(x-r) = (x-q)(\beta(x-s) - \beta'(x-s'))$$
点 Q 可以只同点 S 重合, 所以 $Q \neq P, Q \neq R$, 就是说, $(x-p)(x-r)$ 不被 $(x-q)$ 整除, 所以 $\beta(x-s) - \beta'(x-s') = 0$. 因此 $s=s'$.

31.56* 证明: 任意的过 $\triangle ABC$ 的顶点和它的高线的交点的双曲线, 是渐近线垂直的双曲线.

提示 根据问题 31.45 带有垂直渐近线的双曲线方程的线性组合也是带有垂直渐近线的双曲线方程. 过 A, B, C 和 H 的圆锥曲线束是两个带有垂直渐近线的退化的圆锥曲线: $l_{AB} l_{CH}$ 和 $l_{BC} l_{AH}$. 因此, 根据问题 31.51 这束所有的圆锥曲线将是带有垂直渐近线的双曲线.

31.57* 两条圆锥曲线具有 4 个公共点, 证明: 当且仅当两条圆锥曲线的轴垂直时, 这些点位于一个圆上.

提示 圆锥曲线轴的方向只影响它的方程的平方项, 所以将只估计它. 可以认为, 圆锥曲线中一个的方程具有形式 $ax^2 + by^2 + \cdots = 0$. 如果这个方程与方程 $a_1 x^2 + b_1 y^2 + c_1 xy + \cdots = 0$ 的线性组合具有形式 $x^2 + y^2 + \cdots = 0$, 那么 $c_1 = 0$, 即圆锥曲线的轴垂直. 相反设 $c_1 = 0$. 从 $\lambda = -\dfrac{a-b}{a_1 - b_1}$ 着手 (情况 $a_1 = b_1$ 对应圆), 则 $a + \lambda a_1 = b + \lambda b_1$. 剩下注意, 如果 $a + \lambda a_1 = b + \lambda b_1 = 0$, 那么考查的圆锥曲线具有不多于两个公共点, 因为线性组合中它们的方程是线性方程.

第31章 椭圆、抛物线、双曲线
DISANSHIYIZHANG TUOYUAN、PAOWUXIAN、SHUANGQUXIAN

31.58* 证明:过点 A,B,C 和 D 的圆锥曲线的中心,形成圆锥曲线 Γ.

提示 过点 A,B,C 和 D 的圆锥曲线,具有方程 $F=0$,其中 $F=\lambda l_{AB} \cdot l_{CD}+l_{BC} \cdot l_{AD}$. 正如问题 31.1 提示中所见,这个圆锥曲线的中心用按照 x,y 和 λ 是线性的方程组给出. 由第一个方程表达 λ 并代这个表达式于第二个方程,得到联系着 x 和 y 的二次方程.

31.59* 证明问题 31.58 的圆锥曲线 Γ 的下列性质.

(1) Γ 过联结已知点对的 6 条线段的中点,以及已知点对联结的直线的 3 个交点.

(2) Γ 的中心同点 A,B,C 和 D 的质量中心重合.

(3) 如果 D 是 $\triangle ABC$ 的高线的交点,那么 Γ 是这个三角形的九点圆.

(4) 如果四边形 $ABCD$ 是圆内接的,那么 Γ 是渐近线垂直的双曲线,在这种情况,所有的圆锥曲线束的轴平行于 Γ 的渐近线.

提示 (1) 设点 C' 和 D' 与点 C 和 D 关于线段 AB 的中点 M 对称,则点 A,B,C,D,C',D' 位于中心为 M 的一条圆锥曲线上,所以 M 属于 Γ.

设 O 是直线 AB 和 CD 的交点. 点 O 是由一对直线 AB 和 CD 组成的退化的圆锥曲线的中心,所以 O 属于 Γ.

(2) 四边形 $ABCD$ 各边的中点形成平行四边形,它的中心同点 A,B,C,D 的质量中心重合. 这个平行四边形内接于圆锥曲线 Γ,所以它的中心同圆锥曲线的中心重合.

(3) 由(1)推得.

(4) 在考查的圆锥曲线束中固定一个不是圆和抛物线的圆锥曲线. 由问题 31.57 推得,所有剩下的圆锥曲线的轴将垂直于固定的圆锥曲线的轴.(圆锥曲线的轴互相垂直,所以所有剩下的圆锥曲线的轴平行于固定的圆锥曲线的轴.)

圆锥曲线束中有椭圆和双曲线两个不同的类型:双曲线的包含点 A 的一支可以包含或者点 B,或者点 D,所以圆锥曲线束中有两个抛物线,同时它们的轴互相垂直,这两个抛物线的中心是两个互相垂直方向上的无穷远点.

31.60* 设圆锥曲线 Γ 和 Γ_1 切于点 A 和 B,而圆锥曲线 Γ 和 Γ_2 切于点 C 和 D,同时 Γ_1 和 Γ_2 具有四个公共点,证明:圆锥曲线 Γ_1 和 Γ_2 有一对公共弦过直线 AB 和 CD 的交点.

提示 问题 31.51 的结果可以运用在当某一对点合并的情况. 也就是,圆锥曲线不仅过四个已知点,而且彼此在这个点相切.

设 $p_1 = 0$ 和 $p_2 = 0$ 是对圆锥曲线 Γ 和 Γ_1 在点 A 和 B 的公切线的方程, $q = 0$ 是直线 AB 的方程,则圆锥曲线 Γ 和 Γ_1 能够表示为 $f = \lambda p_1 p_2 + \mu q^2 = 0$ 和 $f_1 = \lambda_1 p_1 p_2 + \mu_1 q^2 = 0$. f_1 乘以 $\dfrac{\lambda}{\lambda_1}$,可以认为 $\lambda = \lambda_1$,就是说, $f_1 = f + \alpha q^2$. 类似地, $f_2 = f + \beta r^2$,其中 $r = 0$ 是直线 CD 的方程.考查方程 $f_1 - f_2 = 0$,即 $\alpha q^2 - \beta r^2 = 0$. 圆锥曲线 Γ_1 和 Γ_2 的四个公共点满足它.另一方面,这个方程分解为线性方程 $\sqrt{\alpha} q + \sqrt{\beta} r = 0$ 和 $\sqrt{\alpha} q - \sqrt{\beta} r = 0$ 的乘积,因此直线 $\sqrt{\alpha} q \pm \sqrt{\beta} r = 0$ 包含圆锥曲线 Γ_1 和 Γ_2 的公共弦.

同样显然,这些直线的交点同直线 $q = 0$ 和 $r = 0$ 的交点重合.

§6 作为点的轨迹的圆锥曲线

31.61 设 a 和 b 是固定的复数,证明:当 φ 由 0 变化到 2π 时,形式为 $ae^{i\varphi} + be^{-i\varphi}$ 的点表示椭圆或者线段.

提示 考查映射 $z \mapsto az + b\bar{z}$. 在坐标 (x,y),其中 $x + iy = z$,这个映射是仿射的,同时它的行列式等于 $|a|^2 - |b|^2$. 圆 $|z| = 1$ 在非退化的仿射映射下的像是椭圆,而退化的仿射映射下的像是线段或者点.

31.62 设 a,b,c,d 是固定的数,证明:当角 φ 跑遍所有可能的值时,坐标为 $x = a\cos\varphi + b\sin\varphi$, $y = c\cos\varphi + d\sin\varphi$ 的点表示椭圆或者线段.

提示 简单的计算表明
$$(c^2 + d^2)x^2 - 2(ac + bd)xy + (a^2 + b^2)y^2 = (ad - bc)^2$$
显然,考查的曲线的所有点的坐标是限定的.如果 $ad \neq bc$,那么得到椭圆;如果 $ad = bc$,那么得到的是线段.

31.63 $\triangle ABC$ 的顶点 A 和 B 沿着直角的边滑动,证明:如果 $\angle C$ 不是直角,那么点 C 在此时沿着椭圆移动.

提示 设顶点 A 沿着轴 Ox 滑动,而顶点 B 沿着轴 Oy 滑动.由顶点 C 向边 AB 引高线 CH. 设 $AH = q$, $CH = h$, $\angle BAO = \varphi$,则点 C 具有坐标
$$x = h\sin\varphi + (c - q)\cos\varphi, \quad y = q\sin\varphi + h\cos\varphi$$
所以根据问题 31.62,点 C 沿曲线

第31章 椭圆、抛物线、双曲线

DISANSHIYIZHANG TUOYUAN、PAOWUXIAN、SHUANGQUXIAN

$$(q^2 + h^2)x^2 - 2chxy + (h^2 + (c-q)^2)y^2 = (h^2 - q(c-q))$$

运动,所以如果 $h^2 \neq q(c-q)$,那么点 C 沿椭圆运动.

$\angle C$ 是直角,当且仅当 $(h^2 + q^2) + (h^2 + (c-q)^2) = c^2$,也就是 $h^2 = q(c-q)$.

注 如果 $\angle C$ 是直角,那么点 C 沿线段运动(参见问题 2.5).

31.64 证明:与已知点和已知圆距离等远的点的集合是椭圆、双曲线或射线.

提示 点 X 与点 A 和圆心为 O 半径为 R 的圆距离等远,当点 A 在已知圆外部时,应当满足关系式 $OX - AX = R$;而当点 A 在已知圆内部时,应当满足关系式 $OX + AX = R$;当点 A 位于已知圆上时,点 X 应当在射线 OA 上.

31.65 证明:过已知点并且与不包含已知点的已知圆(或直线)相切的圆的所有圆心的集合是椭圆或双曲线(或抛物线).

提示 过已知点 A 且与已知圆 S 相切的圆的圆心到点 A 和圆 S 等远,所以可以利用问题 31.64 的结果.

31.66 在平面上给出点 $A_t(1+t, 1+t)$ 和 $B_t(-1+t, 1-t)$,求对于所有实数 t 直线 A_tB_t 形成的轨迹.

提示 直线 A_tB_t 用方程 $\dfrac{x-1-t}{y-1-t} = \dfrac{1+t+1-t}{1+t-1+t} = \dfrac{1}{t}$ 给出,即

$$y = 1 - t^2 + tx = -\left(t - \frac{x}{2}\right)^2 + \frac{x^2}{4} + 1$$

当固定 x 时,对于 t 跑遍所有实数,y 取的所有值不超过 $\dfrac{x^2}{4} + 1$. 这样一来,所求的集合用不等式 $y \leqslant \dfrac{x^2}{4} + 1$ 给出.

31.67 已知 O 和直线 l. 点 X 沿直线 l 运动,求由点 X 所作直线 XO 的垂线形成的轨迹.

提示 选取坐标系,使得直线 l 用方程 $x = 0$ 给出,而点 O 具有坐标 $(1, 0)$. 当且仅当直径为 OX 的圆与直线 l 相交时,点 $X(x, y)$ 属于所求的集合. 这意味着,这个圆的圆心到直线 l 的距离不超过它的半径,也就是

$$\left(\frac{x+1}{2}\right)^2 \leq \left(\frac{x-1}{2}\right)^2 + \frac{y^2}{4}$$

这样一来,所求的集合用不等式 $y^2 \geq 4x$ 给出.

31.68 点 X 和 X' 分别沿着直线 l 和 l' 以固定的速度 v 和 $v'(v \neq v')$ 运动,直线 XX' 扫过怎样的集合?

提示 真正的运动与位似的合成将叫做相似变换.设 X_1 和 X_2 是点 X 的两个位置;X'_1 和 X'_2 是点 X' 在同样的瞬时的两个位置.存在唯一的相似变换,变 X_1 为 X'_1,而 X_2 为 X'_2.这个变换在任意瞬时变点 X 为对应的点 X'.设 O 是所考查的相似变换的中心,OH 是 $\triangle XOX'$ 的高线.点 H 由点 X 在某个相似变换下得到,所以 H 沿着某条直线运动.顾及 $XX' \perp OH$,得到正如在问题 31.67 中这样的集合.

31.69 过位于已知圆 S 内部的每个点 X 引直线 XO 的垂线 l,其中 O 是位于圆 S 上的已知点,求所有直线 l 扫过的轨迹.

提示 可以认为,圆 S 的圆心在坐标原点,而点 O 具有坐标 $(c,0)$.点 $A(x,y)$ 属于所求的集合,当且仅当圆 S 与直径为 AO 的圆 S_1 相交.设 a 是圆 S 的半径,R 是圆 S_1 的半径,d 是这两个圆圆心之间的距离.当且仅当由线段 a,d,R 可以组成三角形时圆 S 和 S_1 相交,也就是

$$(R-a)^2 \leq d^2 \leq (R+a)^2$$

顾及 $4d^2 = (x+c)^2 + y^2, 4R^2 = (x-c)^2 + y^2$,不等式变为

$$a^2 - 2Ra \leq cx \leq 2Ra + a^2$$

它等价于不等式 $(cx - a^2)^2 \leq 4a^2R^2$,也就是

$$(c^2 - a^2)x^2 - a^2y^2 \leq a^2(c^2 - a^2)$$

31.70* 证明:内接在已知圆锥曲线的所有正三角形的中心在某个圆锥曲线上.

提示 可以认为,圆锥曲线的方程具有形式

$$A(z^2 + \bar{z}^2) + Bz\bar{z} + Cz + \bar{C}\bar{z} + D = 0 \tag{1}$$

其实,椭圆和双曲线可以由方程 $A(z^2 + \bar{z}^2) + Bz\bar{z} = 1$ 给出(当 $B < 2A$ 时得到椭圆,当 $B > 2A$ 时得到双曲线);抛物线可以用方程 $z^2 + \bar{z}^2 + 2z\bar{z} + 2iz - 2i\bar{z} = 0$ 给出.

第31章 椭圆、抛物线、双曲线

DISANSHIYIZHANG TUOYUAN、PAOWUXIAN、SHUANGQUXIAN

设 u 是顶点为 $u + v\epsilon^k$ 的正三角形的中心, 其中 $k = 1, 2, 3$, $\epsilon = \exp\left(\dfrac{2\pi i}{3}\right)$. 如果这个三角形内接于圆锥曲线(1)内, 那么数 $z_k = u + v\epsilon^k$, $k = 1, 2, 3$, 满足关系式(1), 三个这样的等式相加, 得到

$$A(u^2 + \bar{u}^2) + B(u\bar{u} + v\bar{v}) + Cu + \bar{C}\bar{u} + D = 0 \tag{2}$$

(利用 $\epsilon^1 + \epsilon^2 + \epsilon^3 = 0$). 将值 $z = z_3 = u + v$ 代入(1)中且由(2)减去得到的关系式. 结果得到 $\mathrm{Re}(Fv + \bar{A}\bar{v}^2) = 0$, 其中 $F = 2Au + \bar{B}\bar{u} + C$. 对于 $z = z_1 = u + v\epsilon$ 作类似的计算, 得出 $Fv + \bar{A}v^2 = 0$. 因为 $v \neq 0$, 那么当 $A \neq 0$ 时

$$|v|^2 = |2Au + \bar{B}\bar{u} + C|^2 A^{-2} \tag{3}$$

$A = 0$ 的情况对应圆. 将(3)代入(2), 得到需要的圆锥曲线的方程.

注意, 第二个圆锥曲线同原来的重合, 当且仅当 $B = 0$, 也就是在等轴双曲线的情况.

§7 有理参数化

31.71 证明: 对任意圆锥曲线可以选取多项式 $A(t)$, $P(t)$ 和 $Q(t)$, 使得当 t 由 $-\infty$ 到 $+\infty$ 变化时, 点 $\left(\dfrac{P(t)}{A(t)}, \dfrac{Q(t)}{A(t)}\right)$ 扫过除去可能是一个点以外的所有的圆锥曲线.

提示 在已知圆锥曲线上固定点 (x_0, y_0). 对于固定的 t 考查直线 $y = y_0 + t(x - x_0)$. 这条直线过点 (x_0, y_0). 求直线与圆锥曲线的其余的交点(正如现在弄清楚的, 直线差不多总交圆锥曲线还恰有一个点). 将表达式 $y = y_0 + t(x - x_0)$ 代入圆锥曲线方程中. 结果得到方程 $A(t)x^2 + B(t)x + C(t) = 0$, 其中 $A(t)$, $B(t)$, $C(t)$ 是多项式, 例如, $A(t) = ct^2 + a$. 考查的直线同圆锥曲线的交点符合得到的二次方程的根. 我们知道一个交点是固定点 (x_0, y_0), 所以方程 $A(t)x^2 + B(t)x + C(t) = 0$ 具有根 x_0. 根据韦达定理求第二个根: $x_1 = -x_0 - \dfrac{B(t)}{A(t)} = \dfrac{P(t)}{A(t)}$, 这里 $P(t)$ 重新是多项式. 进一步, $y = y_0 + t\left(\dfrac{P(t)}{A(t)} - x_0\right) = \dfrac{Q(t)}{A(t)}$, 其中 $Q(t)$ 是多项式.

得到了圆锥曲线的点与参数 t (直线倾斜角的正切) 之间的互相单值对应, 但要除去某些个别情况之外.

(1) 垂直的直线可以交圆锥曲线, 但它不对应任何有限的参数 t (可以认为它对应 $t = \pm\infty$).

(2) 对于参数 t 例外的值系数 $A(t) = ct^2 + a$ 能够变为零. 在这种情况二次方程变为线性方程, 它没有第二个根. 在这个情况下直线只交圆锥曲线于一个点 (可以认为, 第二个是无穷远交点).

我们发现, 二次方程的根重合对应于考查的直线是圆锥曲线的切线.

圆锥曲线借助于有理函数 $\dfrac{P(t)}{A(t)}$ 和 $\dfrac{Q(t)}{A(t)}$ 的表示叫做圆锥曲线的有理参数化.

31.72 引入过点 $(1,0)$ 的直线作出圆 $x^2 + y^2 = 1$ 的有理参数化.

提示 将表达式 $y = t(x - 1)$ 代入圆的方程. 结果得到方程
$$(1 + t^2)x^2 + (-2t^2)x + t^2 - 1 = 0$$
这个方程两根的积等于 $\dfrac{t^2 - 1}{t^2 + 1}$, 并且一个根等于 1, 所以另一个根等于 $\dfrac{t^2 - 1}{t^2 + 1}$. 进一步, $y = t(x - 1) = \dfrac{-2t}{t^2 + 1}$. 结果得到对于圆的有理参数 $\left(\dfrac{t^2 - 1}{t^2 + 1}, \dfrac{-2t}{t^2 + 1}\right)$.

31.73 设 $\left(\dfrac{P(t)}{A(t)}, \dfrac{Q(t)}{A(t)}\right)$ 是在问题 31.71 的提示中作的圆锥曲线的有理参数化, 证明: 多项式 A, P, Q 每一个的次数不超过 2.

提示 对于多项式 $A(t) = ct^2 + a$ 这直接看到. 对每一个固定的 λ 直线 $x = \lambda$ 交圆锥曲线不多于两个点, 所以方程 $P(t) = \lambda A(t)$ 具有不多于两个根, 因此多项式 P 的幂次不超过 2. 对于多项式 Q 证明类似.

31.74 证明: 两个不重合的圆锥曲线具有不多于四个公共点.

提示 设 $ax^2 + 2bxy + cy^2 + 2dx + 2ey = f$ 是一个圆锥曲线方程, 而 $\left(\dfrac{P(t)}{A(t)}, \dfrac{Q(t)}{A(t)}\right)$ 是第二个圆锥曲线的有理参数, 则它们的交点对应于方程
$$aP^2 + 2bPQ + cQ^2 + 2dPA + 2eQA - fA^2 = 0$$
的根. 根据问题 31.73 这个方程的幂次不超过 4. (一般说, 能够得到形式为 $g = 0$ 的方程, 其中 g 是某个数. 但这适合两个圆锥曲线重合或不相交时.) 剩下注意, 次数不超过 4 的方程具有不多于 4 个根.

注 如果谈的不是圆锥曲线, 而是任意的二次曲线, 那么不重合的退化的二次曲线可以是一般的直线.

第31章 椭圆、抛物线、双曲线

31.75* 证明:如果点的无穷集合具有性质:任意两个点之间的距离是整数,那么所有这些点位于一条直线上.

提示 设点 A,B,C 不在一条直线上.只需证明,只具有有限个点 P,由它们到 A,B,C 的距离是整数就够了.设 k 是数 AB 和 BC 中最大的.则 $|PA-PB|\leq AB\leq k$.满足 $|PA-PB|=d$ 的点 P 的轨迹是焦点为 A 和 B 的双曲线.因为 $0\leq d\leq k$,点 P 在焦点为 A 和 B 的 $(k+1)$ 条双曲线的一个上(这些双曲线中的一个退化为直线).类似地点 P 在焦点为 B 和 C 的 $(k+1)$ 条双曲线的一个上.因为两条双曲线具有不多于四个公共点(问题 31.74),而具有公共焦点的双曲线一般不具有公共点,那么总具有不多于 $4(k+1)^2$ 个双曲线的交点.

§8 圆锥曲线,同三角形的联系

31.76 (1) 证明:在三线性坐标下外接的圆锥曲线(也就是过三角形全部顶点的圆锥曲线)用形式为 $pxy+qxz+rzy=0$ 的方程给出.

(2) 证明:在三线性坐标下与三角形所有边或者它们的延长线相切的圆锥曲线,用形式为 $px^2+qy^2+rz^2=2(\pm\sqrt{pq}xy\pm\sqrt{pr}xz\pm\sqrt{qr}yz)$ 的方程给出.

提示 设圆锥曲线用方程
$$px^2+qy^2+rz^2+sxy+txz+uyz=0 \tag{1}$$
给出.这个圆锥曲线当且仅当 $p=0$ 时过点 $(1,0,0)$.

当且仅当表达式 qy^2+rz^2+uyz 是完全平方式,即 $u=\pm\sqrt{qr}$ 时,圆锥曲线 (1) 与直线 $x=0$ 相切.

注 1.与三角形所有的边都相切的椭圆的方程可以写成 $p_1\sqrt{x}+q_1\sqrt{y}+r_1\sqrt{z}=0$,其中 $p_1=\sqrt[4]{p}$ 依此类推.

2.在重心坐标下内接和外切的圆锥曲线方程具有同样的形式(虽然自身的系数是不同的).

31.77* 圆锥曲线用重心坐标的方程给出:$p\alpha\beta+q\alpha\gamma+r\beta\gamma=0$.证明:它的中心具有重心坐标 $(r(p+q-r):q(p+r-q):p(r+q-p))$.

提示 如果两个点具有绝对重心坐标 $(\alpha_1,\beta_1,\gamma_1)$ 和 $(\alpha_2,\beta_2,\gamma_2)$,那么以这两个点为端点的线段的中点具有绝对重心坐标 $\left(\dfrac{\alpha_1+\alpha_2}{2},\dfrac{\beta_1+\beta_2}{2},\dfrac{\gamma_1+\gamma_2}{2}\right)$,所

以在绝对重心坐标下关于点$(\alpha_0, \beta_0, \gamma_0)$对称给出公式
$$(\alpha, \beta, \gamma) \mapsto (2\alpha_0 - \alpha, 2\beta_0 - \beta, 2\gamma_0 - \gamma)$$

这样一来,必须检验,如果 $\alpha + \beta + \gamma = 1, p\alpha\beta + q\alpha\gamma + r\beta\gamma = 0$,那么
$$p(2\alpha_0 - \alpha)(2\beta_0 - \beta) + q(2\alpha_0 - \alpha)(2\gamma_0 - \gamma) + r(2\beta_0 - \beta)(2\gamma_0 - \gamma) = 0 \tag{1}$$

其中 $\alpha_0 = \dfrac{r(p+q-r)}{2pq + 2pr + 2qr - p^2 - q^2 - r^2}$,依此类推. 等式(1)等价于等式
$$2p\alpha_0\beta_0 + 2q\alpha_0\gamma_0 + 2r\beta_0\gamma_0 = \alpha(p\beta_0 + q\gamma_0) + \beta(p\alpha_0 + r\gamma_0) + \gamma(q\alpha_0 + r\beta_0) \tag{2}$$

等式(2)的左部的表达式等于
$$\frac{2pqr(2pq + 2pr + 2qr - p^2 - q^2 - r^2)}{(2pq + 2pr + 2qr - p^2 - q^2 - r^2)^2} = \frac{2pqr}{2pq + 2pr + 2qr - p^2 - q^2 - r^2}$$

进一步
$$p\beta_0 + q\gamma_0 = \frac{2pqr}{2pq + 2pr + 2qr - p^2 - q^2 - r^2} = p\alpha_0 + r\gamma_0 = q\alpha_0 + r\beta_0$$

而因为 $\alpha + \beta + \gamma = 1$,所以等式(2)的右部的表达式也等于
$$\frac{2pqr}{2pq + 2pr + 2qr - p^2 - q^2 - r^2}.$$

31.78* 证明:不过三角形顶点的直线的等角共轭曲线,是过三角形顶点的圆锥曲线.

提示 如果直线不过三角形的顶点,那么在三线性坐标下它用方程 $px + qy + rz = 0$ 给出,其中数 p, q, r 不等于零. 它在等角共轭下的像用方程 $\dfrac{p}{x} + \dfrac{q}{y} + \dfrac{r}{z} = 0$ 给出,也就是 $pyz + qxz + rxy = 0$. 这个方程给出过三角形顶点的某个圆锥曲线.

过顶点 A 的直线用方程 $qy + rz = 0$ 给出,它在等角共轭下的像用方程 $x(ry + qz) = 0$ 给出. 这个方程给出两条直线: $x = 0$(直线 BC)和 $ry + qz = 0$(这条直线与原来的直线关于 $\angle A$ 的平分线对称).

31.79* 已知 $\triangle ABC$ 和不过它的顶点的直线 l,证明:

(1) 如果 l 不与 $\triangle ABC$ 的外接圆相交,则直线 l 的等角共轭曲线是椭圆;如果 l 与 $\triangle ABC$ 的外接圆相切,则直线 l 的等角共轭曲线是抛物线;如果 l 交

第 31 章　椭圆、抛物线、双曲线

DISANSHIYIZHANG　TUOYUAN、PAOWUXIAN、SHUANGQUXIAN

△ABC 的外接圆于两个点,则直线 l 的等角共轭曲线是双曲线.

(2) 如果 l 不与 △ABC 的施泰纳外接椭圆相交,则直线 l 的等截共轭曲线是椭圆;如果 l 与 △ABC 的施泰纳外接椭圆相切,则直线 l 的等截共轭曲线是抛物线;如果 l 交 △ABC 的施泰纳外接椭圆于两个点,则直线 l 的等截共轭曲线是双曲线.

提示　(1) 在等角共轭下外接圆变为无穷远直线(问题 2.95),所以在等角共轭下直线 l 的像同无穷远直线交点的数量等于直线 l 同外接圆交点的数量.同样显然,若圆锥曲线不交无穷远直线,则是椭圆;若圆锥曲线与无穷远直线相切,则是抛物线;若圆锥曲线与无穷远直线相交于两个点,则是双曲线.

(2) 考查变 △ABC 为正 △A'B'C' 的仿射变换.对于正三角形等截共轭同时是等角共轭.同样显然,关于仿射变换的等截共轭是不变的,所以问题(2)由问题(1)推得.

31.80* (1) 证明:过外接圆圆心 O 的直线的等角共轭曲线是过三角形顶点的等轴双曲线.

(2) 证明:这个圆锥曲线的中心在九点圆上.

提示　(1) 根据问题 31.78 考查的曲线是过三角形的顶点的圆锥曲线.只必须证明,这个圆锥曲线是等轴双曲线.

解法 1:在等角共轭下点 O 变为垂心,如果圆锥曲线过三角形的顶点和它的垂心,那么它是带有垂直的渐近线的双曲线(问题 31.56).

解法 2:在等角共轭下外接圆的点变为无穷远点(问题 2.95).同样容易检验,如果点 P_1 和 P_2 在 △ABC 的外接圆上以及直线 AP_i,BP_i 和 CP_i 关于 ∠A,∠B 和 ∠C 的平分线对称的直线平行于直线 l_i,那么直线 l_1 和 l_2 之间的角等于 ∠P_1AP_2,所以点 P_1 和 P_2 对应于垂直直线 l_1 和 l_2 的对径点.

(2) 这直接由问题 31.59(3) 推得,因为考查的圆锥曲线过三角形的顶点和它的垂心.

直线 OK 的等角共轭曲线,其中 K 是列姆扬点,叫做基佩尔特双曲线.

欧拉直线 OH 的等角共轭曲线,叫做因热别克双曲线.

31.81* (1) 在三线性坐标下求基佩尔特双曲线的方程.

(2) 在重心坐标下求基佩尔特双曲线的方程.

提示　(1) 首先求在三线性坐标下直线 OK 的方程.点 O 具有三线性坐标

$(\cos A : \cos B : \cos C)$,而点 K 具有三线性坐标$(a : b : c)$. 容易检验,两个这样的点位于在直线

$$bc(b^2 - c^2)x + ac(c^2 - a^2)y + ab(a^2 - b^2)z = 0$$

上,所以基佩尔特双曲线(这条直线的等角共轭)用方程

$$\frac{bc(b^2 - c^2)}{x} + \frac{ac(c^2 - a^2)}{y} + \frac{ab(a^2 - b^2)}{z} = 0$$

给出,也就是 $bc(b^2 - c^2)yz + ac(c^2 - a^2)xz + ab(a^2 - b^2)xy = 0$.

(2) 在重心坐标下基佩尔特双曲线用方程

$$(b^2 - c^2)\beta\gamma + (c^2 - a^2)\alpha\gamma + (a^2 - b^2)\alpha\beta = 0$$

给出.

31.82* 在 $\triangle ABC$ 的边 AB, BC 和 CA 上作底角为 φ 的等腰 $\triangle AC_1B$,等腰 $\triangle BA_1C$,等腰 $\triangle AB_1C$(全部三个三角形同时向外或同时向内),证明:直线 AA_1, BB_1 和 CC_1 相交于在基佩尔特双曲线上的一点.

注 在基佩尔特双曲线上有下列点:垂心$(\varphi = \frac{\pi}{2})$,质量中心$(\varphi = 0)$,托里拆利点$(\varphi = \pm \frac{\pi}{3})$,三角形的顶点$(\varphi = -\alpha, -\beta, -\gamma)$.

提示 我们将认为,在向外作三角形的情况下 $0 < \varphi < \frac{\pi}{2}$,在向内作三角形的情况下 $-\frac{\pi}{2} < \varphi < 0$. 点 C_1 具有三线性坐标$(\sin(\beta + \varphi) : \sin(\alpha + \varphi) : -\sin \varphi)$,所以直线 CC_1 用方程 $x\sin(\alpha + \varphi) = y\sin(\beta + \varphi)$ 给出. 这样一来,具有三线坐标$(\sin(\beta + \varphi)\sin(\gamma + \varphi) : \sin(\alpha + \varphi)\sin(\gamma + \varphi) : \sin(\alpha + \varphi)\sin(\beta + \varphi))$ 的点是直线 AA_1, BB_1 和 CC_1 的交点. 必须检验,它的等角共轭点$(\sin(\alpha + \varphi) : \sin(\beta + \varphi) : \sin(\gamma + \varphi))$ 在直线 OK 上,也就是

$$bc(b^2 - c^2)(\sin \alpha \cos \varphi + \cos \alpha \sin \varphi) + \cdots = 0$$

但因为点 K 和 O 位于考查的直线上,所以 $bc(b^2 - c^2)\sin \alpha + \cdots = 0, bc(b^2 - c^2)\cos \alpha + \cdots = 0$.

31.83* (1) 在三线性坐标下求基佩尔特双曲线中心的坐标.

(2) 在重心坐标下求基佩尔特双曲线中心的坐标.

提示 基佩尔特双曲线在问题 13.81 中得到,所以利用问题 31.77 得到,基佩尔特双曲线中心的重心坐标等于$((b^2 - c^2)^2 : (c^2 - a^2)^2 : (a^2 - b^2)^2)$,相应的它的三线性坐标等于$\left(\frac{(b^2 - c^2)^2}{a} : \frac{(c^2 - a^2)^2}{b} : \frac{(a^2 - b^2)^2}{c}\right)$.

第31章 椭圆、抛物线、双曲线
DISANSHIYIZHANG   TUOYUAN、PAOWUXIAN、SHUANGQUXIAN

31.84* 在三线性坐标下求因热别克双曲线的方程.

提示 首先在三线性坐标下求欧拉直线的方程,中线的交点具有三线性坐标 $\left(\dfrac{1}{\sin A}:\dfrac{1}{\sin B}:\dfrac{1}{\sin C}\right)$,而高线的交点具有三线性坐标 $\left(\dfrac{1}{\cos A}:\dfrac{1}{\cos B}:\dfrac{1}{\cos C}\right)$.容易检验,这些点的两个在直线

$$\sin 2A\cos(B-C)x + \sin 2B\cos(C-A)y + \sin 2C\cos(A-B)z = 0$$

上,所以基佩尔特双曲线(这些直线的等角共轭)用方程

$$\dfrac{\sin 2A\cos(B-C)}{x} + \dfrac{\sin 2B\cos(C-A)}{y} + \dfrac{\sin 2C\cos(A-B)}{z} = 0$$

给出.

附 录

附录1 三次方程与几何的联系

对于任意三角形,不难证明关系式 $p - a = r\cot\dfrac{A}{2}$,其中 p 是半周长,r 是内切圆的半径.实际上,设 $u = AC_1 = AB_1, v = BC_1 = BA_1, w = CA_1 = CB_1$(图1),则

$$u + v = c, v + w = a, w + u = b$$

所以
$$u = \frac{b + c - a}{2} = p - a$$

剩下注意 $AB_1 = r\cot\dfrac{A}{2}$.

利用正弦定理且以 $2R\sin A$ 代换 a,其中 R 是外接圆的半径,结果得到

$$p = 2R\sin A + r\cot\frac{A}{2}$$

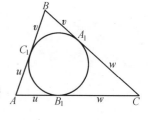

图1

考查三角形的带有某些值 p, R 和 r 的方程

$$p = 2R\sin\varphi + r\cot\frac{\varphi}{2} \tag{1}$$

这个方程具有根 $\varphi_1 = A, \varphi_2 = B, \varphi_3 = C$,即三角形角的度数,可以希望,方程(1)在怎样的意义下是一个三次方程.

在方程(1)中包含 $\sin\varphi$ 和 $\cot\dfrac{\varphi}{2}$.它们能够用某一种三角函数来表示,例如

$$\sin\varphi = \frac{2\tan\dfrac{\varphi}{2}}{1 + \tan^2\dfrac{\varphi}{2}}, \quad \cot\frac{\varphi}{2} = \frac{1}{\tan\dfrac{\varphi}{2}}$$

所以,当 $x = \tan\dfrac{\varphi}{2}$ 时,方程(1)具有形式 $p = \dfrac{4Rx}{1 + x^2} + \dfrac{r}{x}$ 也就是

$$x^3 - \frac{4R+r}{p}x^2 + x - \frac{r}{p} = 0 \tag{2}$$

方程(2)具有根 $x_1 = \tan\frac{A}{2}, x_2 = \tan\frac{B}{2}, x_3 = \tan\frac{C}{2}$. 当这些数不同时,根据韦达定理,得到

$$\tan\frac{A}{2} + \tan\frac{B}{2} + \tan\frac{C}{2} = \frac{4R+r}{p}$$

$$\tan\frac{A}{2}\tan\frac{B}{2} + \tan\frac{B}{2}\tan\frac{C}{2} + \tan\frac{C}{2}\tan\frac{A}{2} = 1$$

$$\tan\frac{A}{2}\tan\frac{B}{2}\tan\frac{C}{2} = \frac{r}{p}$$

借助极限过程容易确信这些公式在数 $\tan\frac{A}{2}, \tan\frac{B}{2}, \tan\frac{C}{2}$ 有相等的情况下仍然正确.

将 $\sin\varphi$ 和 $\cot\frac{\varphi}{2}$ 用 $x = \cos\varphi$ 表示为

$$\sin\varphi = \sqrt{1-\cos^2\varphi} = \sqrt{1-x^2}, \quad \cot\frac{\varphi}{2} = \frac{\sin\varphi}{1-\cos\varphi} = \frac{\sqrt{1-x^2}}{1-x}$$

在方程(1)中代入这些表达式,得到

$$p = \sqrt{1-x^2}\left(2R + \frac{r}{1-x}\right)$$

在 $x \neq 1$ 的情况下,这个方程化为

$$x^3 - \left(1 + \frac{r}{R}\right)x^2 + \left(\frac{p^2 + r^2 - 4R^2}{4R^2}\right)x - \frac{p^2 - (2R+r)^2}{4R^2} = 0$$

因此

$$\cos A + \cos B + \cos C = 1 + \frac{r}{R}$$

$$\cos A\cos B + \cos B\cos C + \cos C\cos A = \frac{p^2 + r^2 - 4R^2}{4R^2}$$

$$\cos A\cos B\cos C = \frac{p^2 - (2R+r)^2}{4R^2}$$

容易检验,当 $x = 2R\sin\varphi$ 时,方程(1)具有形式

$$x^3 - 2px^2 + (p^2 + 4Rr + r^2)x - 4Rrp = 0$$

所以

$$a + b + c = 2p, \quad ab + bc + ca = p^2 + 4Rr + r^2, \quad abc = 4Rrp$$

类似的形式 $\sin\varphi$ 和 $\cot\frac{\varphi}{2}$ 能够用另外的三角函数来表示并代替这个表达式

在方程(1)中

当 $x = \tan\varphi$ 时,得到方程
$$(p^2 - (2R + r)^2)x^3 - 2prx^2 + (p^2 - 4Rr - r^2)x - 2pr = 0$$

当 $x = \sin^2\dfrac{\varphi}{2}$ 时,得到方程
$$16R^2x^3 - 8R(2R - r)x^2 + (p^2 + r^2 - 8Rr)x - r^2 = 0$$

当 $x = \cos^2\dfrac{\varphi}{2}$ 时,得到方程
$$16R^2x^3 - 8R(4R + r)x^2 + (p^2 + (4R + r)^2)x - p^2 = 0$$

附录2 正多边形对角线的交点

已知有足够多的问题是关于有整数角度的三角形,下面就是两个这样问题的例子.

问题1 在底边为 BC 的等腰 $\triangle ABC$ 中顶角 $\angle A$ 等于 $80°$.在三角形内部取点 M,使得 $\angle MBC = 30°$,$\angle MCB = 10°$(图2(a)),证明:$\angle AMC = 70°$.

问题2 在底边为 AC 的等腰 $\triangle ABC$ 中顶角 $\angle B$ 等于 $20°$.在边 BC 和 AB 上分别取点 D 和 E,使得 $\angle DAC = 60°$,$\angle ECA = 50°$(图2(b)),证明:$\angle ADE = 30°$.

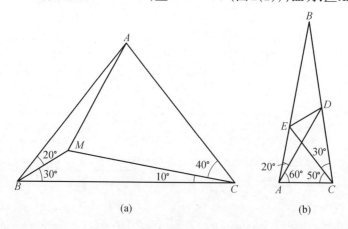

图2

这种类型的问题通常与正多边形的对角线的交点有联系,给出问题联系着正十八边形.

注意图3,这个图指明了问题1等价于下面的结论:在正十八边形中对角线 A_1A_{13},A_3A_{14} 和 A_6A_{15} 交于一点.实际上,这些对角线交于某个点 M,则

$$\angle A_1 M A_6 = \frac{1}{2}(\widehat{A_1 A_6} + \widehat{A_{13} A_{15}}) = 50° + 20° = 70°$$

显然，$\triangle A_1 A_6 A_{14}$ 的角等于 $80°, 50°, 50°$ 及 $\angle MA_{14}A_6 = 30°$，$\angle MA_6 A_{14} = 10°$．

问题2也是这样，它等价于下面的论断：在正十八边形中对角线 $A_1 A_{14}, A_7 A_{16}$ 和 $A_{11} A_{17}$ 交于一点（图4）．

但问题2能够借助于完全另外的三条相交的对角线，也就是对角线 $A_1 A_{13}, A_3 A_{14}$ 和 $A_6 A_{15}$ 来解（图5）．作为 $\triangle ABC$ 取 $\triangle A_{14} O A_{15}$．对角线 $A_1 A_{13}$ 和 $A_9 A_{15}$ 关于对角线 $A_5 A_{14}$ 对称，所以两条对角线交直径于一点．

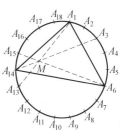

图3

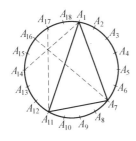

图4

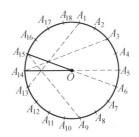

图5

但暂时没有证明，在图3～图5中的三条对角线组相交于一点．三条对角线交于一点吗？利用下面的定理检验是很方便的．

定理1 在 $\triangle ABC$ 的边上取点 A_1, B_1, C_1（A_1 在 BC 上，依此类推）．当且仅当 $\dfrac{\sin \angle BAA_1}{\sin \angle CAA_1} \cdot \dfrac{\sin \angle ACC_1}{\sin \angle BCC_1} \cdot \dfrac{\sin \angle CBB_1}{\sin \angle ABB_1} = 1$ 时，线段 AA_1, BB_1, CC_1 相交于一点．

证明 首先假设，线段 AA_1, BB_1, CC_1 相交于一点 O（图6），则

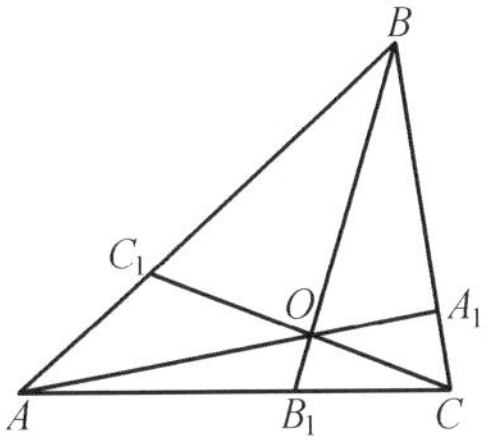

$$\frac{2 S_{\triangle AOB}}{2 S_{\triangle AOC}} = \frac{AB \cdot AO \sin \angle BAO}{AC \cdot AO \sin \angle CAO}$$

图6

因此

$$1 = \frac{S_{\triangle AOB}}{S_{\triangle AOC}} \cdot \frac{S_{\triangle COA}}{S_{\triangle COB}} \cdot \frac{S_{\triangle BOC}}{S_{\triangle BOA}} =$$

俄罗斯平面几何问题集
ELUOSI PINGMIAN JIHE WENTIJI

$$\left(\frac{AB}{AC}\cdot\frac{CA}{CB}\cdot\frac{BC}{BA}\right)\frac{\sin\angle BAO}{\sin\angle CAO}\cdot\frac{\sin\angle ACO}{\sin\angle BCO}\cdot\frac{\sin\angle CBO}{\sin\angle ABO}$$

即

$$\frac{\sin\angle BAA_1}{\sin\angle CAA_1}\cdot\frac{\sin\angle ACC_1}{\sin\angle BCC_1}\cdot\frac{\sin\angle CBB_1}{\sin\angle ABB_1}=1$$

现在假设,对于点 A_1, B_1 和 C_1 成立指出的关系式.设 O 是线段 AA_1 和 BB_1 的交点.必须证明,线段 CC_1 过点 O. 换言之,如果 C' 是线段 CO 和 AB 的交点,则 $C'_1=C_1$. 线段 AA_1, BB_1 和 CC'_1 相交于一点,所以正如必要条件中已经证明的

$$\frac{\sin\angle BAA_1}{\sin\angle CAA_1}\cdot\frac{\sin\angle CBB_1}{\sin\angle ABB_1}\cdot\frac{\sin\angle ACC'_1}{\sin\angle BCC'_1}=1$$

比较这个公式与定理的条件,得到

$$\frac{\sin\angle ACC_1}{\sin\angle BCC_1}=\frac{\sin\angle ACC'_1}{\sin\angle BCC'_1}$$

剩下证明,当点 X 沿线段 AB 运动时,$\frac{\sin\angle ACX}{\sin\angle BCX}$ 的变化是单调的,$\angle ACX$ 和 $\angle BCX$ 自身单调变化,但它们的正弦在 $\angle C$ 是钝角的情况下能够是非单调的.这不要紧,在任意三角形中都有锐角,我们从最开始取 $\angle C$ 作为三角形的锐角,定理的证明完毕.

现在检验在图 3 中画的三条对角线组交于一点. 化归为检验恒等式

$$\frac{\sin 10°}{\sin 70°}\cdot\frac{\sin 30°}{\sin 20°}\cdot\frac{\sin 40°}{\sin 10°}=1$$

它的证明不复杂

$$\sin 30°\sin 40°=\frac{1}{2}\sin 40°=\sin 20°\cos 20°=\sin 20°\sin 70°$$

在图 2 中画的三条对角线组对应恒等式

$$\sin 20°\sin 40°\sin 20°=\sin 30°\sin 60°\sin 10°$$

还有三个恒等式导致相交的三条对角线组

$$\sin 10°\sin 20°\sin 80°=\sin 20°\sin 20°\sin 30°$$
$$\sin 20°\sin 30°\sin 30°=\sin 10°\sin 40°\sin 50°$$
$$\sin 10°\sin 20°\sin 30°=\sin 10°\sin 10°\sin 100°$$

这三个不等式的检验留给读者.

转向注意,交换这些恒等式中的因子导致完全另外的相交的三条对角线组.我们对十八边形,而没对另外的正多边形感兴趣,与由十八边形导致的三角形的内角都是 $10°$ 的倍数有关.所有的顶点数小于 18 的正多边形中,我们感兴趣的对角线相交组只是十二边形.例如,正十二边形的对角线 A_1A_5, A_2A_6, A_3A_8

和 A_4A_{11} 相交于一点(图 7). 这个结论等价于下面的很著名的问题.

问题 3 在正方形 $ABCD$ 内取点 P, 使得 $\triangle ABP$ 是等边三角形, 证明: $\angle PCD = 15°$.

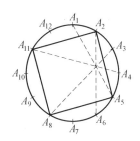

图 7

练习题

1. 已知 $\triangle ABC$ 中 $\angle A = 50°, \angle B = 60°, \angle C = 70°$.

(1) 在边 BA 和 AC 上取点 D 和 E, 使得 $\angle DCB = \angle EBC = 40°$, 证明: $\angle AED = 30°$.

(2) 在边 BA 和 BC 上取点 D 和 E, 使得 $\angle DCA = 50°, \angle EAC = 40°$, 证明: $\angle AED = 30°$.

2. 在 $\triangle ABC$ 中, $\angle A, \angle B$ 和 $\angle C$ 等于 $14°, 62°$ 和 $104°$. 在边 AC 和 AB 上分别取点 D 和 E, 使得 $\angle DBC = 50°, \angle ECB = 94°$, 证明: $\angle CED = 34°$.

3. 证明: 正 $2n$ 边形的对角线 $A_1A_{n+2}, A_{2n-1}A_3$ 和 $A_{2n}A_5$ 相交于一点.

4. 证明: 正 24 边形的对角线 A_1A_7, A_3A_{11} 和 A_5A_{21} 相交于一点, 这个交点在直径 A_4A_{16} 上.

5. 证明: 正三十边形的七条对角线 $A_1A_{13}, A_2A_{17}, A_3A_{21}, A_4A_{24}, A_5A_{26}, A_8A_{29}, A_{10}A_{30}$ 相交于一点.

附录 3 三次曲线与三角形的联系

每个三角形能够用许多种方法比对三次曲线, 即形如方程 $\sum_{i+j \leqslant 3} a_{ij} x^i y^j = 0$ 给出的曲线. 某些这样的三次曲线具有有趣的几何性质. 这些三次曲线或者立方曲线, 通常用首先研究它的几何学家的名字命名: 达布立方曲线, 汤姆森立方曲线, 马克-凯亚立方曲线, 诺伊贝格立方曲线.

立方曲线最多的有趣的性质联系着三角形, 或者换言之要利用关于这个三角形的等角共轭, 所以我们的叙述将依靠等角共轭的性质. 我们也将利用三线坐标. 不难理解, 在三线坐标 $(x : y : z)$ 中三次曲线是用形如 $\sum_{i+j+k=3} c_{ijk} x^i y^j z^k = 0$ 的方程给出的.

最初立方曲线同三角形联系, 借助不同形式的集合结构来确定. 但由这些立方曲线中最著名的能够得到统一的结构.这个结构根据下面的论断.

定理 2　设在平面上给定点 F,对于给定的 $\triangle ABC$ 考查所有可能的等角共轭点对 P 和 Q,使得直线 PQ 过点 F,则点 P 和 Q 落在立方曲线上,这立方曲线过三角形的各顶点,内心和三个旁心,也过点 F 自身.

证明　设点 F 的三线坐标是 $(f_1:f_2:f_3)$.如果点 P 的三线坐标是 $(x:y:z)$,则它的等角共轭点 Q 的三线坐标是 $(x^{-1}:y^{-1}:z^{-1})$,也就是 $(yz:zx:xy)$,所以点 P,Q,F 共线的条件写做形式

$$\begin{vmatrix} f_1 & f_2 & f_3 \\ x & y & z \\ yz & zx & xy \end{vmatrix} = 0$$

即

$$f_1 x(y^2 - x^2) + f_2 y(z^2 - x^2) + f_3 z(x^2 - y^2) = 0 \tag{1}$$

容易检验,点 $F(f_1:f_2:f_3)$,点 $A(1:0:0)$,点 $B(0:1:0)$,点 $C(0:0:1)$ 和点 $I(1:1:1)$,$I_a(-1:1:1)$,$I_b(1:-1:1)$,$I_c(1:1:-1)$ 在由方程(1)给出的曲线上,也就是,指出点的坐标满足这个方程.

直接由曲线(1)的几何定义看出,当等角共轭下它变为自身.实际上,如果点 P 在曲线(1)上,则它的等角共轭点 Q 也在曲线(1)上.

作立方曲线(1)借助的点 F 称做是这条曲线的旋转中心.

达布立方曲线

达布立方曲线的旋转中心是点 $\mathscr{H}$,它是高的交点 H 关于外接圆圆心 O 的对称点.容易检验,点 $\mathscr{H}$ 的三线坐标是

$$(\cos\alpha - \cos\beta\cos\gamma : \cos\beta - \cos\gamma\cos\alpha : \cos\gamma - \cos\alpha\cos\beta)$$

其中 α,β,γ 是三角形的角.

在三线坐标中达布立方曲线用方程

$$(\cos\alpha - \cos\beta\cos\gamma)x(y^2 - z^2) + \cdots = 0$$

给出.(只写了对 $x(y^2 - z^2)$ 的系数;对 $y(z^2 - x^2)$ 和 $z(x^2 - y^2)$ 的系数的书写方式是显然的.)

达布立方曲线过下面的点:垂心和外接圆圆心.

达布立方曲线允许用下面的几何描述.

定理 3　设 A_1,B_1,C_1 是点 D 在直线 BC,CA,AB 上的射影.当且仅当直线 AA_1,BB_1,CC_1 相交于一点时,点 D 在达布立方曲线上.

证明　根据塞瓦定理,当且仅当 $AC_1 \cdot BA_1 \cdot CB_1 = C_1B \cdot A_1C \cdot B_1A$ 时,直线 AA_1, BB_1, CC_1 相交于一点,其中 AC_1 是线段的有向长(即如果点 C_1 在线段 AB 上,数 AC_1 和 C_1B 具有相同的符号;而如果点 C_1 在线段 AB 外,则数 AC_1 和 C_1B 具有相反的符号),其余线段依此类推.

设 $(x:y:z)$ 是点 D 的绝对三线坐标,即 x, y, z 是由点 D 到直线 BC, CA, AB 的顾及符号的距离. 容易检验,$AC_1 = \dfrac{z\cos\alpha + y}{\sin\alpha}$,依此类推,所以当且仅当

$$(z\cos\alpha + y)(y\cos\gamma + x)(x\cos\beta + z) = (z\cos\beta + x)(x\cos\gamma + y)(y\cos\alpha + z)$$

时,直线 AA_1, BB_1, CC_1 相交于一点,得到的方程容易变换成达布立方曲线的方程.

注释 1　如果等式 $AC_1 \cdot BA_1 \cdot CB_1 = C_1B \cdot A_1C \cdot B_1A$ 对某个点 D 成立,则这个等式对点 D 关于外接圆圆心的对称点 D' 也成立,所以达布立方曲线关于外接圆圆心是对称的.

注释 2　不复杂的证明,当且仅当存在二次曲线与三角形的边(或它们的延长线)相切于点 A_1, B_1, C_1 时,直线 AA_1, BB_1, CC_1 相交于一点.

汤姆森立方曲线

汤姆森立方曲线的旋转中心是质心 M,注意三角形的质心的三线坐标是 $(bc:ca:ab)$.

在三线坐标中汤姆森立方曲线用方程

$$bcx(y^2 - x^2) + cay(z^2 - x^2) + abz(x^2 - y^2) = 0$$

给出. 另外这个方程可以写做 $(\cos\alpha + \cos\beta\cos\gamma)x(y^2 - z^2) + \cdots = 0$ 的形式.

汤姆森立方曲线过下列各点:垂心和外接圆圆心,边的中点,高线的中点.

由对定理 3 的注释 2 看出,达布立方曲线允许用下面的几何描述,考查所有可能的与已知三角形的边或它们的延长线相切的二次曲线,从它们中分出这样形式的二次曲线,对三角形的边垂直于切点的垂线相交于一点,则这些垂线的交点属于达布立方曲线. 可以证明,分出的这样形式的二次曲线的中心属于汤姆森立方曲线.

马克 – 凯亚立方曲线

马克 – 凯亚立方曲线的旋转中心是外接圆圆心 O,注意外接圆的中心的三线坐标是 $(\cos\alpha : \cos\beta : \cos\gamma)$.

在三线坐标中马克 – 凯亚立方曲线由方程

$$\cos \alpha x(y^2 - z^2) + \cos \beta y(z^2 - x^2) + \cos \gamma z(x^2 - y^2) = 0$$

给出.

马克 – 凯亚立方曲线过下列各点:垂心和外接圆圆心.

定理 4 设三角形的顶点在复平面上位于单位圆上的点 a,b,c. 对应复数 z 的点,当且仅当成立等式 $(z-a)(z-b)(z-c) = abc(\bar{a}z-1)(\bar{b}z-1)(\bar{c}z-1)$ 时,在马克 – 凯亚立方曲线上.

证明 设点 z 和 w 关于给定三角形等角共轭,则根据莫尔利定理(问题 29.45)点 z 和 w 联系着关系式

$$z + w + abc\bar{z}\bar{w} = a + b + c \tag{2}$$

因此

$$\bar{z} + \bar{w} + \overline{abc}zw = \bar{a} + \bar{b} + \bar{c} \tag{3}$$

关系式(3)两边乘以 $abc z$ 并用得到的表达式减去关系式(2),得到

$$w = \frac{a + b + c - z - (\bar{a} + \bar{b} + \bar{c} - \bar{z})abcz}{1 - |abcz|^2} \tag{4}$$

根据马克 – 凯亚立方曲线的定义,直线 zw 过外接圆圆心,即过坐标原点.这意味着,$\frac{w}{\bar{w}} = \frac{z}{\bar{z}}$.借助于关系式(4)表示 $\frac{w}{\bar{w}}$,经过不复杂的变换后得到需要的方程.

推论 马克 – 凯亚立方曲线交三角形外接圆的三个点,是正三角形的三个顶点.(我们考虑的只是不同于原来三角形顶点的交点.)

证明 我们将认为,三角形的顶点在复平面上是单位圆上的点,则对于位于三角形外接圆上的点 z,成立等式 $\bar{z} = z^{-1}$,所以马克 – 凯亚立方曲线同外接圆的交点满足方程

$$(z-a)(z-b)(z-c) = -z^{-3}abc(z-a)(z-b)(z-c)$$

如果排除三角形的顶点,则留下的点满足 $z^3 = -abc$. 这些点形成正三角形.

我们认为,$\angle PQR$ 的度数是向量 $\overrightarrow{QP}$ 按逆时针旋转使得它同向量 $\overrightarrow{QR}$ 一致时转过的角的度数.

定理 5 当且仅当 $\angle MAB + \angle MBC + \angle MCA = \frac{\pi}{2} + k\pi$ 时,点 M 在马克 – 凯亚立方曲线上.

证明 我们认为,三角形的顶点在复平面的单位圆上,假设 $\alpha = \angle MAB$, $\beta = \angle MBC$, $\gamma = \angle MCA$. 设 z 是与点 M 对应的复数,则

$$\frac{b-a}{z-a} \cdot \frac{\bar{z}-\bar{a}}{\bar{b}-\bar{a}} = e^{2i\alpha}$$

即
$$e^{2i\alpha} = -b\frac{a\bar{z}-1}{z-a}$$

所以
$$e^{2i(\alpha+\beta+\gamma)} = -abc\frac{(a\bar{z}-1)(b\bar{z}-1)(c\bar{z}-1)}{(z-a)(z-b)(z-c)}$$

这样一来,当且仅当 $e^{2i(\alpha+\beta+\gamma)} = -1$,即 $\alpha + \beta + \gamma = \frac{\pi}{2} + k\pi$ 时,点 z 在马克 – 凯亚立方曲线上.

容易检验,$\angle MAB + \angle MBC + \angle MCA + \angle MAC + \angle MCB + \angle MBA = (2n+1)\pi$. 所以当且仅当 $\angle MAB + \angle MBC + \angle MCA = \angle MAC + \angle MCB + \angle MBA = 2l\pi$ 时,点 M 在马克 – 凯亚立方曲线上.

我们不加证明注意马克 – 凯亚立方曲线下列的性质,它们是费尔巴哈定理的推广:以由马克 – 凯亚立方曲线上任意一点向 △ABC 的边(或它们的延长线)引的垂线的垂足为顶点的三角形的外接圆与 △ABC 的九点圆相切.

诺伊贝格立方曲线

诺伊贝格立方曲线的旋转中心是直线 OH 的无限远点. 换言之, 诺伊贝格立方曲线由这样的等角共轭点对 P 和 Q 组成,直线 PQ 平行于直线 OH.

在三线坐标中诺伊贝格立方曲线用方程
$$(\cos\alpha - 2\cos\beta\cos\gamma)x(y^2 - z^2) + \cdots = 0$$
给出.

诺伊贝格立方曲线按过三角形著名点来说是无可争议的领袖. 实际上, 这条曲线过下列各点: 外接圆圆心, 垂心, 在 △ABC 的边上作的正三角形的顶点(无论向外,还是向内), △ABC 的顶点关于它的边的对称点, 对 △ABC 的边的视角为 60° 或 120° 两个点(三角形的等角心), 成立关系式 $AX \cdot BC = BX \cdot CA = CX \cdot AB$ 的两个点(三角形的等力心).

另外描述的三次曲线

对于上面考查的达布,汤姆森,马克 – 凯亚,诺伊贝格立方曲线旋转中心在欧拉线 OH 上,三次曲线的旋转中心在欧拉线上,能够利用另外的几何结构来建构. 这个结构根据下面的论断.

定理 6 设 A_1, B_1, C_1 是由点 P 引向直线 BC, CA, AB 的垂线的垂足,而 △$A_2B_2C_2$ 由 △$A_1B_1C_1$ 经过位似心为 P, 位似系数为 k 的位似得到, 则当固定 $k \neq 0$ 和点 P, 直线 AA_2, BB_2, CC_2 相交于立方曲线上一点.

证明 设$(x:y:z)$是点P的三线坐标,则点A_2具有三线坐标$((1-k)x:y+kx\cos\gamma:z+kx\cos\beta)$,所以直线$AA_2$用系数为$(0,-z-kx\cos\beta,y+kx\cos\gamma)$线性方程给出,因此直线$AA_2,BB_2,CC_2$当且仅当行列式

$$\begin{vmatrix} 0 & -z-kx\cos\beta & ykx\cos\gamma \\ z+ky\cos\alpha & 0 & -x-ky\cos\gamma \\ -y-kz\cos\alpha & x+kz\cos\beta & 0 \end{vmatrix} =$$
$$k(\cos\alpha-k\cos\beta\cos\gamma)x(y^2-z^2)+\cdots$$

等于0时,相交于一点.

当$k=1$时,得到达布立方曲线;当$k=-1$时,得到汤姆森立方曲线;当$k=2$时,得到诺伊贝格立方曲线.如果形式地进行,马克-凯亚立方曲线不保持这个结构.则自然认为,它是$k=0$的情况.

现在研究在简述的定理中表述的另外的结构,这就是,固定点P且认为数k是变量.对于怎样的点P对所有的数k,直线AA_2,BB_2,CC_2相交于一点?这些直线的交点将在怎样的曲线上?

当且仅当对所有的k点P在三次曲线$(\cos\alpha-k\cos\beta\cos\gamma)x(y^2-z^2)+\cdots=0$上时,直线$AA_2,BB_2,CC_2$当对所有的$k$相交于一点.我们知道九个这样的点:$A,B,C,I,I_a,I_b,I_c,H,O$.两条立方曲线相交于有限个点,不能多余九个公共点,所以点P能具有需要的性质只在例外的情况.例如,在正三角形的情况下,在高或它的延长线上的所有点具有这些性质.

如果$P=A,B,C$或H,则直线AA_2,BB_2,CC_2对所有的k相交于点P.有趣的情形对应的只是外接圆圆心,内切圆圆心和三个旁切圆圆心.

定理7 (1) 如果$P=O$,则直线AA_2,BB_2,CC_2的交点在欧拉线OH上.

(2) 如果$P=I(P=I_a)$,则直线AA_2,BB_2,CC_2的交点在与直线OI(直线OI_a)等角共轭的双曲线上.

证明 (1) 设直线AA_2,BB_2,CC_2的交点的三线坐标是$(x':y':z')$,直线AA_2的方程指出

$$\frac{y'}{z'}=\frac{y+kx\cos\gamma}{z+kx\cos\beta}=\frac{\cos\beta+k\cos\alpha\cos\gamma}{\cos\gamma+k\cos\alpha\cos\beta}$$

因为点O的三线坐标是$(x:y:z)=(\cos\alpha:\cos\beta:\cos\gamma)$,所以$(x':y':z')=(\cos\alpha+k\cos\beta\cos\gamma:\cos\beta+k\cos\alpha\cos\gamma:\cos\gamma+k\cos\alpha\cos\beta)$所有这样的点在直线$OH$上.

(2) 仅限于分析 $P = I$ 的情况. 在这个情况下 $(x : y : z) = (1 : 1 : 1)$, 所以

$$\frac{y'}{z'} = \frac{y + kx\cos\gamma}{z + kx\cos\beta} = \frac{1 + k\cos\gamma}{1 + k\cos\beta}$$

这样一来, 点 $(x' : y' : z')$ 的等角共轭点具有三线坐标 $(1 + \cos\alpha : 1 + k\cos\beta : 1 + k\cos\gamma)$, 所有这样的点在直线 OI 上.

名词索引

逆平行性：5.151~5.153,5.158~5.161.

双曲线的渐近线：31.4 后注；31.41,31.45,31.48,31.56,31.59.

角平分线：1.13,1.17,1.28,1.57(1),2.4(1),2.20(1),2.25,2.28,2.35,2.24,2.68~2.72,2.95,2.96,3.44,4.35,4.48,4.57,5.14,5.22,5.42,5.54~5.56,5.70,5.74~5.76,5.124,5.107,6.42,6.100,7.48,10.17~10.22,10.78,10.91,10.98,12.37,16.1,28.30.

外角平分线：1.17,1.57(2),3.72(2),5.38,5.54,5.156,17.16.

向量：6.26,6.69~6.81,9.78,13.1~13.66.

多边形的边向量：13.1~13.10.

八边形：4.61,9.47(2).

高：1.20,1.53~1.60,1.64,2.1,2.20(2),2.51,5.56,2.63,2.64,2.68~2.70,2.93,3.72(1),4.52,4.58,5.5,5.7,5.9,5.47(1),5.59,5.165,6.6,6.100,7.25,9.26,10.8~10.16,10.77,10.81,10.83,10.91,12.35,12.36,18.3.

计算：12.52~12.82.

轨迹：第 7 章基础知识；2.5,2.39,3.58,7.1~7.51,12.82,14.21(1),15.16,18.12,18.15,19.10,19.22,19.39,30.37,30.39(1).

轨迹——直线：2.39,3.45,3.58,6.5,6.17,7.1~7.10,7.28,7.30,8.6,12.82,15.16,30.37.

轨迹——圆：2.14,2.67(2),5.156,7.11~7.18,7.27,7.29,14.21(1),18.15,28.23,28.24.

零面积的轨迹：7.37~7.40,18.12,31.66~31.69.

双曲线：31.4;31.41~31.50,31.81~31.84,31.56.

因热别克双曲线：31.80;31.84.

基佩尔特双曲线：31.81~31.83.

等轴双曲线：第 31 章 §4.

位似：第 19 章基础知识 1；2.28,4.12,4.56,5.7,5.99,5.107,5.126,5.129,5.159(2),5.165,6.29,7.27~7.30,8.15,8.16,8.52,8.74,12.81,17.2,17.26,

19.1~19.26,20.13,20.18.

位似旋转:第19章基础知识3;2.89,5.108(2),5.145,18.32,19.27~19.59.

十二边形:4.64,6.61,6.62.

运动:第17章§6.

第二型运动:第17章§6.

非本原运动:第17章§6.

第一型运动:第17章§6.

本原运动:第17章§6.

整除性:23.9,23.10.

十边形:8.69.

布罗卡尔直径:第19章§8;19.61.

双曲线的直径:第31章§4.

椭圆的直径:第31章§2.

双曲线的共轭直径:第31章§4.

椭圆的共轭直径:第31章§2;31.11,31.16,31.19,31.20,31.23.

双曲线的准线:第31章§4.

抛物线的准线:第31章§3;31.33,31.37~31.39.

椭圆的准线:第31章§2;31.17.

阿波罗尼问题:28.12.

婆罗摩笈多问题:5.45,8.54.

蝴蝶问题:2.66,2.99,30.43,30.48,31.54.

希波克拉底月形问题:3.39.

施泰纳问题:30.50.

最大与最小问题:2.84,6.74,11.1~11.48,15.1,15.3,18.22,18.31,20.17,20.18.

铺满:第25章基础知识3.

等角共轭(见等角共轭点).

三角形的等角中心:第14章§6;14.53.

三角形的等力中心:第7章§2;7.16,7.17,28.8.

不变量:第23章基础知识;23.11~23.20.

反演:第28章基础知识;28.1~28.42,29.33,29.35,29.36,29.46.

归纳法:2.13,5.119(2),13.26,22.8~22.13,22.32(2),22.41,22.44,22.50,23.40~23.42,24.17,25.24,25.26,25.33,25.36,25.39,25.57,26.4,26.20,

27.1~27.5,28.37,28.38.

切线:第 3 章基础知识 2;1.21(1),1.61,1.65,1.67,2.22~2.31,3.1~3.9,3.28~3.34,7.7,7.9,7.13,7.24,7.26,14.47~14.49,19.25.

圆相切:2.28,3.6,3.16~3.24,3.46,3.52,5.66,5.67,7.13,12.17.

正方形:1.19,1.41,1.42,1.47,2.6,2.37,2.58,2.97,4.25,4.42,5.26,5.27,5.32(2),5.59,5.60,6.43,6.50,6.61,7.20,6.45,9.37,9.45,9.95,12.64,12.65,12.67,12.82,18.1,18.3~18.8,18.12,18.38~18.40,19.32.

组合分析:21.27~21.29,25.6,27.6~27.11.

位似的合成:19.23~19.26.

平行移动的合成:第 15 章基础知识 2.

旋转的合成:18.37~18.48.

对称的合成:6.57(2),17.22~17.30.

圆锥曲线:31.5.

重心坐标:第 14 章§5;14.32~14.43,31.81,31.83,31.84.

绝对重心坐标:14.32.

三线性坐标:第 14 章§6;14.50~14.59,31.78,31.81,31.83,31.84.

绝对三线性坐标:第 14 章§6.

位似系数:第 19 章基础知识 1.

常宽曲线:13.48.

施佩纳引理:23.7.

正方形内折线:9.61~9.64.

希波克拉底月形:第 3 章基础知识 6;3.39.

中线:1.4,1.27,1.37,1.51,2.7,2.68~2.70,4.1,4.59,5.17,5.19~5.24,5.42,5.107,5.163,9.1~9.5,10.1~10.7,10.52,10.54,10.65,10.77,10.79,10.92,13.1,13.2,16.1,17.17,18.2,18.3.

轨迹法:4.17,6.5,6.17(2),7.31~7.36,8.1~8.6,8.24.

坐标法:3.58,3.75,7.6,7.14,7.49,12.79~12.82,18.26,22.36,30.29.

均值法:13.42~13.49.

多边形:4.50,6.1~6.106,9.36,9.52,9.77~9.90,11.3~11.37,13.16,13.19,16.21,17.28~17.30,17.35,17.36,18.45,19.8,20.11,20.13,20.18,23.15,24.7.

仿射正多边形:第 9 章§1;4.9,13.10,29.7,29.10,29.43,29.44.

内接多边形:第 6 章基础知识;1.45,2.12,2.13,2.62,5.119(1),6.82~

6.86,9.36,11.36,11.48(2),13.38,22.13.

凸多边形:第 6 章基础知识,第 22 章基础知识;3.71,4.38,4.39,4.51,6.92~6.96,7.34,9.19,9.21,9.22,9.29(2),9.44,9.49,9.54,9.58~9.60,9.77~9.86,9.89,9.90,10.67,11.37,13.4,13.7,13.43,13.45,13.47,13.49,13.56,14.51,16.8,18.29,19.6,19.9,20.10,20.34,21.10,21.11,22.1~22.13,23.13,23.19,23.30,23.33,26.10,27.2,27.8,27.9.

外切多边形:第 6 章基础知识;4.40(2),4.54,6.87~6.91,11.46(2),19.6.

非凸多边形:9.29(1),9.94,22.37~22.50,23.1,23.35.

正多边形:第 6 章基础知识;2.9,2.49,4.28,4.61,4.64,6.39,6.45,6.48~6.51,6.58~6.81,8.69,9.51,9.79,9.87,9.88,10.66,11.46,11.48,13.15,17.32,18.34,19.48,23.8,24.2,25.3,25.4,27.11,30.34.

位似多边形:19.1~19.9.

相似多边形:第 1 章基础知识 5.

惯性矩:第 14 章基础知识 4;14.19~14.26.

单调性:4.23,12.62,22.49.

连续性:4.39,6.50,6.86.

不等式:4.37,4.38,4.54,4.60,5.141,6.42,6.52(1),6.71,7.33~7.36,9.1~9.98,13.21~13.28,13.42~13.47,13.49,14.25~14.27,15.3(1),15.8,17.16~17.21,19.7,20.1,20.4,20.6,20.7,29.41(1).

三角形元素的不等式:10.1~10.100.

布伦不等式:22.29.

布伦 - 闵可夫斯基不等式:22.29 的提示.

等周不等式:第 22 章 §2;22.20,22.22,22.23,22.30(1).

尤弗不等式:5.146(2)

算术平均与几何平均间的不等式:第 9 章 §13.

匹多不等式:10.58.

托勒密不等式:9.70,29.37(1).

三角形不等式:6.93,9.6~9.31,10.95,13.43,20.12.

埃尔德什 - 莫德尔不等式:4.60(3).

凸包:第 20 章 §5;9.29,9.50,13.49,20.22,20.23,20.25~20.28,22.1~22.4,24.10.

在弓形中的内切圆:3.43~3.48,5.102,6.104,19.15,28.23,28.26.

似位圆:19.10~19.14.

相切的圆:1.65,2.28,2.31,3.16~3.24,28.33,28.35,28.38.

圆:1.65~1.67,2.2,2.9~2.11,2.15,2.18,2.20~2.33,2.39,2.53~2.55,
2.65~2.67,2.96,2.98,2.99,3.1~3.75,4.32,4.41,5.1~5.17,5.62,5.66~
5.68,5.73,5.100,6.1~6.20,6.31~6.35,6.37~6.47,6.51,7.1,7.7~7.9,
7.11~7.21,7.29,7.38,7.40,8.55~8.67,14.56,15.10,15.11,15.14,16.3,16.6,
16.13,16.14,16.18~16.20,17.2.

阿波罗尼圆:2.67(2),7.14,7.15,8.63~8.67,19.31,19.41,19.44.

三角形的阿波罗尼圆:5.156,7.16,7.51.

布罗卡尔圆:第19章§8;19.59,19.60.

内切圆:1.60,1.61,2.44,2.61(2),3.2,3.3,3.7,4.52,5.1,5.3,5.4,5.8,
5.9,5.33,5.92,5.101,5.136,6.11,6.84,6.100,10.53,10.100,12.72,14.47,
14.54(2),14.57,14.58,17.18,17.26,19.7,19.11,19.15,20.21,28.31,30.36.

旁切圆:3.2,3.7,5.2,5.3,5.6,14.48,14.54(3),28.31.

九点圆:第5章§11;3.72,5.129~5.132,5.134,5.137,13.36(2),14.55,
14.58,26.31,31.42,31.59,31.80.

反演圆:第28章基础知识2.

列姆扬圆:5.161.

涅别尔格圆:5.147.

外接圆:1.18,1.55,1.60,2.4(1),2.25,2.46,2.52,2.59,2.67,2.71,2.72,
2.82~2.88,2.94,2.95,3.47~3.49,3.52,3.69,5.10~5.16,5.71,5.72,5.97,
5.102,5.105~5.117,5.132,5.140(3),5.153~5.155,5.164,6.49(1),6.98,7.30,
9.97,14.40,14.54(1),18.28,18.30,19.7,19.15,19.49,19.53(1),28.27,28.29,
28.35,28.36,31.38.

垂足圆:第5章§10;5.125,5.127.

相似圆:第19章§8;19.53~19.59.

杜凯尔圆:5.159~5.161.

斯霍乌特圆:5.148.

费马-阿波罗尼圆:7.49~7.51.

线段的有向比:第5章§7.

垂心(见高线的交点).

双曲线的轴:31.5.

抛物线的轴:31.5;31.30~31.32,31.34,31.40.

相似轴:第19章§8.

三角形的相似轴:第 19 章 §8.

两个圆的根轴:第 3 章 §10;3.54~3.82,8.90,14.56(2),28.6.

对称轴:第 17 章基础知识 1;14.28,17.31~17.36.

椭圆的轴:第 31 章 §2.

交叉比:第 30 章 §1;12.6,29.36,30.2~30.6,30.32.

有向线段的交叉比:第 5 章 §7.

分式线性映射:30.7.

抛物线:第 31 章 §1;31.29~31.40.

平行四边形:1.2,1.6~1.8,1.22~1.24,1.46,1.47,1.49,2.23,2.24,2.30,2.45,2.60,3.7,3.13,3.27,4.19,4.23,4.26,4.27,4.51,4.55~4.57,4.63,5.24,6.25,6.44,6.48,7.10(1),8.6,9.55,9.56,9.76,12.14,13.20,15.4,15.7,15.8,16.17,18.8,18.39,19.47,25.1,25.4,29.21,29.24.

面积的归并:2.77,3.41,4.35,4.61~4.64,9.44.

平行移动:第 15 章基础知识 1;7.5,15.1~15.17,16.9,17.22(1),17.24,20.18.

图形的周长:第 22 章 §2 页.

面积:1.34~1.39,2.44,2.58,2.72,2.73,2.77,3.39~3.42,4.1~4.75,5.11,6.52,6.55,6.56,6.85,6.87,7.2,7.32,8.2,9.32~9.60,9.73,10.9,10.55~10.61,11.2,11.3,11.7~11.9,11.12,11.14,11.28,11.30~11.33,11.46,11.48,12.1,12.3,12.12,12.19~12.21,12.72,12.74,13.40,13.55~13.59,15.8,16.5,17.19,20.1,20.7,20.17,20.18,24.7,24.11,25.4,26.13,26.16,26.18,29.13,29.25,29.41(1).

八边形的面积:1.60,4.47~4.60,5.5,5.34,6.5,6.31,6.38,6.40,6.83,9.26,10.6,10.52,10.99,11.21,12.35,22.49.

有向面积:第 13 章 §7.

三角形的面积:5.46(2),5.57,5.60,5.123.

四边形的面积:4.43~4.46,11.34.

旋转:第 18 章基础知识 1;1.43,1.47,1.52,4.25,6.69,6.74,6.81,8.45,17.22(2),18.1~18.48,19.37,19.38.

覆盖:第 25 章基础知识 3;20.13,20.17,20.28,20.34,22.5,22.10,22.24,22.33,22.35,25.48~25.55.

关于圆的极点:第 3 章 §5;3.33,3.34,30.37,30.39.

施泰纳细孔:28.40.

法雷序列:24.8.

作图:3.37,3.62,8.1~8.96,16.13~16.21,17.4~17.15,18.11,18.27,18.33,18.45,19.16~19.21,19.40,19.41,28.9~28.15,30.50~30.58.

一只圆规的作图:28.16~28.31.

利用双边直尺作图:8.75,8.84~8.90.

借助于一根直尺的作图:3.37,6.105,8.78~8.83.

借助于直角的作图:8.91~8.96.

极限点:3.78.

仿射变换:29.1~29.25.

射影变换:第30章§2;30.1~30.58.

平面射影变换:30.13,30.24~30.44,30.57,30.58.

直线射影变换:30.45~30.58.

例与反例:6.81,6.92~6.95,22.37~22.39,22.47,22.48,22.50,23.38,24.12,24.13,26.13~26.20.

迪里赫勒原理:21.1~21.29.

极端性原理(原则):第20章基础知识1;9.49,9.57~9.59,13.26,16.11,17.35,19.9,20.1~20.34.

中心投影:第30章基础知识1,30.12.

平行投影:第30章基础知识2;6.70,6.78,7.3,13.16,13.37~13.49.

球极投影(球面测地投影):31.14.

伪标量积:第13章§7;13.50~13.59.

标量积:第13章基础知识;6.72,6.73,6.75~6.80,6.89,7.3,9.78,10.5,11.5,11.11,13.11~13.25.

无限远直线:30.12.

高斯直线:3.67,4.56.

影消直线:第30章§2;30.11,30.13.

支撑直线:第20章§5;9.59,9.60,20.24,20.28,22.27.

帕斯卡直线:31.52.

西摩松线:第5章§9;2.88(2),2.92,5.11,5.72,5.105~5.119,19.61,29.40.

沃里斯线(见西摩松线).

欧拉线:第5章§11;5.12,5.128,5.130,5.131,5.135,5.136,8.34,29.40.

长方形:1.65(2),1.66,2.47,4.10,4.24,6.16,6.33,7.4,7.22,7.28,7.37,

8.9,28.34.

分图形为等积部分的直线和曲线:2.73,4.36~4.42,6.55,6.56,16.8,18.33.

圆锥曲线束:第31章§5;31.51~31.60.

圆束:第3章§11;3.76~3.82.

双曲线圆束:第3章§11.

正交圆束:3.81.

抛物线圆束:3.78,3.79.

椭圆圆束:3.78,3.79.

五边形:2.62,4.9,6.48~6.51,6.60,6.95,9.24,9.46,9.77,9.78,10.66,10.70,12.8,13.10,13.59,20.12,29.7.

等积图形:第4章基础知识3.

等组成图形:第25章基础知识2.

分割:3.71,4.54,22.45,22.46,23.15,23.18,23.19,23.30,23.40,23.41,25.9~25.43.

分割为平行四边形:25.22~25.25.

染色:22.36~23.42,24.11.

辅助染色:23.21~23.35.

最大与最小距离:9.18,9.20,9.58,17.35,19.9,9.20,9.58,17.35,19.9,20.8~20.16,25.9.

拉伸:第29章§1.

有理参数:第31章§7.

整数格点:第24章基础知识;21.1,21.13,21.23,23.4,23.33,24.1~24.13.

菱形:1.52,2.43,2.76,7.5,20.19~20.21.

七边形:6.39,9.82,17.33,22.6.

压缩:第29章§1;29.17.

似中线(逆平行中线):第5章§13;5.149,5.150,5.153,5.154,5.156.

轴对称:第17章基础知识;1.58,2.16,2.42,2.65,2.87,2.93,2.95,2.99,3.69,4.11,5.10,5.95,6.3,6.6,6.29,9.40,11.27,17.1~17.39,22.22,22.23.

关于直线的对称(见轴对称).

关于点的对称(见中心对称).

滑动的对称:17.38.

中心对称:第16章基础知识;1.39,4.41,4.42,5.49,8.13,8.49,8.52,8.53,

11.7,11.24,11.35,16.1~16.21,22.49.

　　圆系：20.5,21.18,23.42,26.12,28.39~28.42.

　　线段系：20.30,21.15,21.17,21.19,22.36,26.8,26.9,26.11.

　　直线系：20.15,21.14,25.5~25.12,26.10,28.37,28.38.

　　点组：9.20,9.50,9.63,20.3,20.4,20.8,20.9,20.14,20.16,20.17,20.22,20.23,20.25,20.27,20.28,21.2,21.3,21.5,21.6,21.8,21.10,21.25,21.26,22.1,22.8,22.33,23.20,26.1~26.7,26.16,26.20,27.11,28.35,31.75.

　　度量关系：12.1~12.51.

　　梯形中位线：第1章基础知识3.

　　三角形中位线：第1章基础知识3.

　　反演幂：第28章基础知识2.

　　点关于圆的幂：3.54；5.17,3.55~3.58,3.75.

　　四边形对角线的和：9.15~9.22.

　　闵可夫斯基和：第22章§4.

　　向量和：13.29~13.36,13.38,13.39.

　　阿基米得定理：5.58(1)

　　布利安桑定理：3.73,5.84,30.33,30.41.

　　布列特施列捷尔定理：29.38.

　　高斯定理：13.17.

　　戴扎格定理：5.78,5.80~5.84,30.26.

　　卡诺定理：7.41~7.48.

　　基尔克曼定理：31.53(2).

　　余弦定理：第12章引导性问题；3.24(2),4.45,4.46,5.9,5.60,6.21,7.9,7.10,11.1,11.4,12.11~12.17.

　　梅涅劳斯定理：5.69~5.85,6.106,14.43.

　　闵可夫斯基定理：24.14.

　　莫莱定理：5.64,29.45.

　　拿破仑定理：1.48,18.42,19.52,29.42.

　　质量归组定理：第14章基础知识3.

　　关于二次透视三角形定理：30.29.

　　完全四边形定理：30.32,30.46.

　　七圆定理：5.67,5.68.

　　帕普斯定理：5.79,5.81~5.83,30.27,30.47.

帕斯卡定理:5.84,6.97~6.106,30.33,30.42,30.49,31.52.

毕达哥拉斯定理:3.24(1),3.39,3.51,4.8,5.28,5.43,5.47,6.51.

波姆比亚定理:18.23.

托勒密定理:6.37~6.47,9.70.

托勒密定理的推广:6.47.

拉姆塞定理:22.8的提示.

西尔维斯特定理:20.14.

正弦定理:第12章§1,287(1);3.32(2),4.44,5.27,5.59,5.74(1),5.94,5.98,5.120,12.1~12.10.

捷伯定理:3.49,3.50.

费尔巴哈定理:14.58,28.31.

赫利定理:22.32~22.36.

沙里定理:17.37~17.39.

施泰纳定理:5.126,31.53(1).

塞瓦定理:4.49(2),5.85~5.104,10.59,14.7,14.43.

无穷远点:30.12.

热尔刚点:5.86,6.41,30.36.

列姆扬点:第5章§13;5.148,5.157~5.165,6.41,7.17,11.22,19.58~19.60.

密克点:2.88~2.92,19.46,28.34,28.36,28.37.

纳格尔点:5.87,14.38.

角平分线的交点:1.57(2),2.34,2.35,2.48,2.52,5.14,5.50,7.19(2),8.29(2).

高线交点:1.56,2.85,2.89,2.94,3.25,3.35~3.38,3.66,3.67,5.10,5.31,5.38,5.40,5.51,5.61(1),5.88,8.117,5.118,5.128~5.130,6.17,6.30,6.36,7.19(1),7.42,8.29(1),8.30,8.31,10.82,12.76,13.12(2),13.13,13.14,13.35,13.58,14.22,14.35,15.6,18.35,31.38,31.39,31.43,31.59.

对角线交点:30.25,30.32.

中线交点:1.50(2),4.59,5.128,5.162,6.30,7.27,10.89,11.18,11.19,12.16,13.33,13.40,14.4,14.6,14.12,14.16,14.23,14.37,14.39,19.1,19.4,19.10,19.33,24.9,29.22.

托里拆利点:第2章§1,第14章§6;2.8,11.21,14.53,18.9,18.22,31.82.

费马点(见托里拆利点).

施泰纳点:第19章§8,第29章§4;14.59,19.61,29.49.

布罗卡尔点:第5章§12;5.138~5.145,14.52,19.59.

等角共轭点:第5章§8;2.1,2.95,5.95~5.97,5.125,5.127,5.140(2),5.164,14.41(2),29.45~29.47,31.14,31.78~31.84.

等截共轭点:第5章§8;5.93,14.41(1),31.79.

相似图形的不动点:第19章§8.

三角形的不动点:第19章§8.

对应点:19.53.

梯形:1.1,1.10,1.15,1.21,1.35,2.17,2.32,2.42,5.20,5.23,6.31,9.31,11.31~11.33,12.71,15.5,19.2,19.3,19.26,27.3,29.23.

三角形:5.1~5.165.

布罗卡尔三角形:第19章§8;14.59,19.60.

最大三角形:20.19~20.21.

毕达哥拉斯三角形:第5章§5;5.43,5.45,5.46.

垂足三角形:第5章§10;5.120~5.126,5.162,5.163,14.21(2).

相似三角形:第19章§8.

固定三角形:19.55.

正三角形:1.29,1.45,1.46,1.50(2),1.59,2.14,2.16,2.19,2.38,2.47,2.57,4.47,5.28~5.34,5.64,5.65,6.48,6.61,6.82,7.16(2),7.18,7.23,7.39,7.47,10.3,10.80,11.3,14.21(1),16.7,18.10~18.16,18.18~18.21,18.23~18.25,18.42,18.43,24.1,29.34,29.42,29.46,29.47,31.44,31.70.

直角三角形:1.40,1.43,1.50(1),2.5,2.41,2.68,2.69,3.39,5.18~5.27,5.35,5.43,5.46,5.75,5.157,6.82,11.14.

有一个角是60°或120°的三角形:2.34,2.35,5.35~5.41,12.55.

整数三角形:5.42~5.47,26.7.

正交三角形:5.126.

相似三角形:第1章基础知识1;1.1~1.67,2.53~2.67,6.35,7.16(1),7.26,8.12~8.14.

本原相似三角形:29.27,29.28.

相等的辅助三角形:1.23,1.40~1.52,3.1,3.22,5.15,5.16,7.24,7.25,8.45.

三角剖分:23.40;22.9,23.7,23.9,23.15,23.16,23.35,23.40,23.41.

三等分角线:5.64.

名词索引

布罗卡尔角:第5章§12;5.140,5.141,5.146~5.148,14.45,19.59.

圆周角:第2章基础知识;2.1~2.99,7.19~7.23,8.7~8.11,15.17,18.15.

圆之间的角:第3章基础知识;3.51,3.52,3.63,3.80~3.82,19.27.

直线之间的角:第2章基础知识.

最小或最大角:20.1~20.7.

有向角:第2章基础知识;第13章基础知识.

格角:第24章基础知识.

凸图形:第22章基础知识;24.18,26.23.

双曲线的焦点:第31章§4;31.46.

抛物线的焦点:第31章§3;31.33,31.34,31.36~31.40.

椭圆的焦点:第31章§2;31.12~31.15,31.24.

海伦公式:第12章§3;5.44,5.46(2),9.13,9.39,10.6,12.19(2),12.32.

皮卡公式:24.7~24.10.

欧拉公式:5.12(1),23.15,23.16.

旁切圆的中心:1.57(2),2.4(1),2.96,5.6,5.12,5.38(2),5.132,7.43.

内切圆的中心:1.30,2.4(1),2.52,2.67(2),2.96,3.47~3.49,3.72(2),4.40(1),5.4,5.7,5.12~5.16,5.38(2),5.50,5.57,5.132,6.16,6.104,7.47,9.73,10.32,10.82,11.20,12.29,13.41,14.13,14.35(2),19.12,19.13.

位似中心:第19章基础知识.

位似旋转中心:5.145,19.42~19.49.

反演中心:第28章基础知识.

圆锥曲线中心:31.1.

质量中心:第14章基础知识1;14.1~14.59,19.8,19.33,23.20,31.30.

外接圆的中心:1.32,1.55(2),2.1,2.38,2.51,2.86,2.87(3),2.89,2.93,3.72(2),4.58,5.12,5.13,5.16,5.17,5.38(2),5.40(2),5.61(1),5.123,5.128,5.132,6.40,7.16(1),7.17,7.51,10.82,12.16,12.79,13.13,13.40,13.41,14.24,14.35(1),15.7,18.32,18.48,19.13,19.58,19.59.

相似中心:第19章§8.

正多边形中心:第6章基础知识1.

根心:第3章§10;3.60~3.62,3.66~3.68,3.73,7.17,8.62.

对称中心:第16章基础知识;14.29,17.36,18.25,22.31,24.14,25.1,25.2.

偶数与奇数:23.1~23.8.

四条直线:2.88,2.89,2.92.

四边形:1.2,1.5,1.16,1.38,1.39,1.52,2.45,3.4,3.67,4.5,4.7,4.14~4.25,4.29,4.30,4.33,4.36,4.43~4.46,4.56,5.47(2),5.80~5.82,6.21~6.36,7.2,7.10(2),7.32,7.36,8.6,8.46~8.54,9.33,9.34,9.40,9.65~9.76,10.64,11.29~11.34,13.6,14.5,14.8,14.50,14.51,15.12,15.15,16.5,17.4,17.19,18.38,18.41,19.1,20.19~20.21,26.14,26.15,29.38,30.24,30.28,30.30,30.45.

内切-外接四边形:2.81,4.46(3),8.50.

内切四边形:1.9,1.44,2.15,2.18,2.43,2.48,2.73~2.81,2.90,2.91,3.10,3.23,3.32,3.50,4.46(2),5.45,5.118,6.15~6.20,6.24,6.37,6.38,6.101,6.102,8.54,13.35,13.36,16.4,30.44.

外切四边形:2.81(2),3.6,3.8,4.46(3),4.59,6.1~6.14,6.31,7.50,17.5,30.35.

复数:29.26~29.47,31.43,31.61,31.70.

六边形:1.45,2.12,2.21,2.49,3.73,4.6,4.28,4.31,5.17,5.84,5.98,6.52~6.56,6.97,9.47(1),9.79~9.81,13.3,14.6,18.16,18.17,18.24,18.25,29.37(1),30.41,30.42.

双曲线的离心率:第31章§4;31.49.

椭圆的离心率:第31章§2;31.17.

椭圆:第31章§2;31.6~31.28,31.61~31.63.

施泰纳椭圆:第29章§4;29.48,29.49,31.79.

几何选择的课程计划

为了方便教师选择几何作业,我们建议按下列的课程计划.我们提出的带有某些基础的问题进行目录.在每个作业中不一定选择所有的问题.

作业内容:精选的平面几何问题(18 小时)

作业 1. 15.1~15.5.
作业 2. 15.9~15.13.
作业 3. 16.1~16.5.
作业 4. 16.9~16.12.
作业 5. 1.40~1.44.
作业 6. 1.46~1.50.
作业 7. 1.53~1.57.
作业 8. 1.61~1.65.
作业 9. 2.1~2.5,2.8
作业 10. 2.22~2.26.
作业 11. 2.32~2.37.
作业 12. 2.32~2.37.
作业 13. 2.41~2.45.
作业 14. 2.53~2.57.
作业 15. 2.68~2.72.
作业 16. 4.1~4.5.
作业 17. 4.8~4.10,4.14,4.15.
作业 18. 4.47~4.51.

作业内容:圆的几何学(12 小时)

作业 1. 第3章基本问题 1~4,3.1~3.5.
作业 2. 3.10~3.15.
作业 3. 3.16~3.20.

作业 4. 3.21~3.23,3.25.
作业 5. 3.28~3.30,3.33.
作业 6. 3.35~3.37,3.39,3.40.
作业 7. 3.43~3.45,3.51~3.53.
作业 8. 3.54~3.58.
作业 9. 3.59~3.63.
作业 10. 28.1~28.5.
作业 11. 28.9,28,10,28.16,28.17.
作业 12. 28.18,28.19,28.23,28.24.

作业内容：轨迹与作图(18 小时)

作业 1. 7.1~7.4.
作业 2. 7.6~7.9.
作业 3. 7.11~7.15.
作业 4. 7.19~7.21,7.27,7.28.
作业 5. 7.31~7.36.
作业 6. 7.41~7.45,7.49.
作业 7. 8.1~8.5.
作业 8. 8.7~8.10.
作业 9. 8.12~8.16.
作业 10. 8.17~8.23.
作业 11. 8.27~8.32.
作业 12. 8.36~8.40.
作业 13. 8.45~8.50.
作业 14. 8.55~8.57,8.63,8.64.
作业 15. 8.72~8.77.
作业 16. 8.78~8.82.
作业 17. 8.83~8.86.
作业 18. 8.91~8.96.

作业内容：三角形与多边形(18 小时)

作业 1. 5.1~5.5.
作业 2. 5.10~5.14.

作业 3. 5.18~5.23.

作业 4. 5.28~5.32.

作业 5. 5.35~5.39.

作业 6. 5.42~5.46.

作业 7. 5.48~5.53.

作业 8. 5.69~5.71,5.78,5.79.

作业 9. 5.85~5.89.

作业 10. 5.93~5.97.

作业 11. 5.105~5.109.

作业 12. 5.120~5.123.

作业 13. 5.128~5.132.

作业 14. 5.138~5.141.

作业 15. 5.149~5.153.

作业 16. 6.1~6.3,6.37,6.38.

作业 17. 6.69~6.74.

作业 18. 6.83,6.89,6.90,6.97.

作业内容:几何变换(18小时)

作业 1. 15.1~15.5.

作业 2. 15.9~15.13.

作业 3. 16.1~16.5.

作业 4. 16.9~16.12.

作业 5. 16.13~16.18.

作业 6. 17.1~17.5.

作业 7. 17.6~17.11.

作业 8. 17.16~17.20.

作业 9. 17.22~17.26.

作业 10. 17.31~17.34.

作业 11. 17.37~17.40.

作业 12. 18.1~18.5.

作业 13. 18.9~18.14.

作业 14. 18.26~18.31.

作业 15. 18.37~18.41.

作业 16. 19.1~19.5.
作业 17. 19.10,19.11,19.16~19.18.
作业 18. 19.23~19.28.

作业内容：向量和质量中心(12小时)

作业 1. 13.1~13.5.
作业 2. 13.11~13.16.
作业 3. 13.21~13.25.
作业 4. 13.29~13.33.
作业 5. 13.37~13.40.
作业 6. 13.42~13.45,13.48.
作业 7. 13.50~13.54.
作业 8. 14.1~14.5.
作业 9. 14.6~14.10.
作业 10. 14.19~14.23.
作业 11. 14.29~14.31.
作业 12. 14.32~14.35,14.40.

作业内容：分割问题(12小时)

作业 1. 25.1~25.4.
作业 2. 25.5~25.8.
作业 3. 25.9~25.13.
作业 4. 25.16~25.19.
作业 5. 25.22~25.25.
作业 6. 25.26~25.30.
作业 7. 25.31~25.34.
作业 8. 25.35~25.39.
作业 9. 25.40~25.43.
作业 10. 25.44~25.47.
作业 11. 25.48~25.52.
作业 12. 25.56~25.59.

刘培杰数学工作室
已出版(即将出版)图书目录——初等数学

书　　名	出版时间	定　价	编号
新编中学数学解题方法全书(高中版)上卷(第2版)	2018—08	58.00	951
新编中学数学解题方法全书(高中版)中卷(第2版)	2018—08	68.00	952
新编中学数学解题方法全书(高中版)下卷(一)(第2版)	2018—08	58.00	953
新编中学数学解题方法全书(高中版)下卷(二)(第2版)	2018—08	58.00	954
新编中学数学解题方法全书(高中版)下卷(三)(第2版)	2018—08	68.00	955
新编中学数学解题方法全书(初中版)上卷	2008—01	28.00	29
新编中学数学解题方法全书(初中版)中卷	2010—07	38.00	75
新编中学数学解题方法全书(高考复习卷)	2010—01	48.00	67
新编中学数学解题方法全书(高考真题卷)	2010—01	38.00	62
新编中学数学解题方法全书(高考精华卷)	2011—03	68.00	118
新编平面解析几何解题方法全书(专题讲座卷)	2010—01	18.00	61
新编中学数学解题方法全书(自主招生卷)	2013—08	88.00	261
数学奥林匹克与数学文化(第一辑)	2006—05	48.00	4
数学奥林匹克与数学文化(第二辑)(竞赛卷)	2008—01	48.00	19
数学奥林匹克与数学文化(第二辑)(文化卷)	2008—07	58.00	36'
数学奥林匹克与数学文化(第三辑)(竞赛卷)	2010—01	48.00	59
数学奥林匹克与数学文化(第四辑)(竞赛卷)	2011—08	58.00	87
数学奥林匹克与数学文化(第五辑)	2015—06	98.00	370
世界著名平面几何经典著作钩沉——几何作图专题卷(共3卷)	2022—01	198.00	1460
世界著名平面几何经典著作钩沉(民国平面几何老课本)	2011—03	38.00	113
世界著名平面几何经典著作钩沉(建国初期平面三角老课本)	2015—08	38.00	507
世界著名解析几何经典著作钩沉——平面解析几何卷	2014—01	38.00	264
世界著名数论经典著作钩沉(算术卷)	2012—01	28.00	125
世界著名数学经典著作钩沉——立体几何卷	2011—02	28.00	88
世界著名三角学经典著作钩沉(平面三角卷Ⅰ)	2010—06	28.00	69
世界著名三角学经典著作钩沉(平面三角卷Ⅱ)	2011—01	38.00	78
世界著名初等数论经典著作钩沉(理论和实用算术卷)	2011—07	38.00	126
发展你的空间想象力(第3版)	2021—01	98.00	1464
空间想象力进阶	2019—05	68.00	1062
走向国际数学奥林匹克的平面几何试题诠释.第1卷	2019—07	88.00	1043
走向国际数学奥林匹克的平面几何试题诠释.第2卷	2019—09	78.00	1044
走向国际数学奥林匹克的平面几何试题诠释.第3卷	2019—03	78.00	1045
走向国际数学奥林匹克的平面几何试题诠释.第4卷	2019—09	98.00	1046
平面几何证明方法全书	2007—08	35.00	1
平面几何证明方法全书习题解答(第2版)	2006—12	18.00	10
平面几何天天练上卷·基础篇(直线型)	2013—01	58.00	208
平面几何天天练中卷·基础篇(涉及圆)	2013—01	28.00	234
平面几何天天练下卷·提高篇	2013—01	58.00	237
平面几何专题研究	2013—07	98.00	258
几何学习题集	2020—10	48.00	1217
通过解题学习代数几何	2021—04	88.00	1301

刘培杰数学工作室
已出版(即将出版)图书目录——初等数学

书　名	出版时间	定　价	编号
最新世界各国数学奥林匹克中的平面几何试题	2007—09	38.00	14
数学竞赛平面几何典型题及新颖解	2010—07	48.00	74
初等数学复习及研究(平面几何)	2008—09	68.00	38
初等数学复习及研究(立体几何)	2010—06	38.00	71
初等数学复习及研究(平面几何)习题解答	2009—01	58.00	42
几何学教程(平面几何卷)	2011—03	68.00	90
几何学教程(立体几何卷)	2011—07	68.00	130
几何变换与几何证题	2010—06	88.00	70
计算方法与几何证题	2011—06	28.00	129
立体几何技巧与方法	2014—04	88.00	293
几何瑰宝——平面几何500名题暨1500条定理(上、下)	2021—07	168.00	1358
三角形的解法与应用	2012—07	18.00	183
近代的三角形几何学	2012—07	48.00	184
一般折线几何学	2015—08	48.00	503
三角形的五心	2009—06	28.00	51
三角形的六心及其应用	2015—10	68.00	542
三角形趣谈	2012—08	28.00	212
解三角形	2014—01	28.00	265
探秘三角形:一次数学旅行	2021—10	68.00	1387
三角学专门教程	2014—09	28.00	387
图天下几何新题试卷.初中(第2版)	2017—11	58.00	855
圆锥曲线习题集(上册)	2013—06	68.00	255
圆锥曲线习题集(中册)	2015—01	78.00	434
圆锥曲线习题集(下册·第1卷)	2016—10	78.00	683
圆锥曲线习题集(下册·第2卷)	2018—01	98.00	853
圆锥曲线习题集(下册·第3卷)	2019—10	128.00	1113
圆锥曲线的思想方法	2021—08	48.00	1379
圆锥曲线的八个主要问题	2021—10	48.00	1415
论九点圆	2015—05	88.00	645
近代欧氏几何学	2012—03	48.00	162
罗巴切夫斯基几何学及几何基础概要	2012—07	28.00	188
罗巴切夫斯基几何学初步	2015—06	28.00	474
用三角、解析几何、复数、向量计算解数学竞赛几何题	2015—03	48.00	455
美国中学几何教程	2015—04	88.00	458
三线坐标与三角形特征点	2015—04	98.00	460
坐标几何学基础.第1卷,笛卡儿坐标	2021—08	48.00	1398
坐标几何学基础.第2卷,三线坐标	2021—09	28.00	1399
平面解析几何方法与研究(第1卷)	2015—05	18.00	471
平面解析几何方法与研究(第2卷)	2015—06	18.00	472
平面解析几何方法与研究(第3卷)	2015—07	18.00	473
解析几何研究	2015—01	38.00	425
解析几何学教程.上	2016—01	38.00	574
解析几何学教程.下	2016—01	38.00	575
几何学基础	2016—01	58.00	581
初等几何研究	2015—02	58.00	444
十九和二十世纪欧氏几何学中的片段	2017—01	58.00	696
平面几何中考.高考.奥数一本通	2017—07	28.00	820
几何学简史	2017—08	28.00	833
四面体	2018—01	48.00	880
平面几何证明方法思路	2018—12	68.00	913

刘培杰数学工作室
已出版(即将出版)图书目录——初等数学

书　　名	出版时间	定　价	编号
平面几何图形特性新析.上篇	2019—01	68.00	911
平面几何图形特性新析.下篇	2018—06	88.00	912
平面几何范例多解探究.上篇	2018—04	48.00	910
平面几何范例多解探究.下篇	2018—12	68.00	914
从分析解题过程学解题:竞赛中的几何问题研究	2018—07	68.00	946
从分析解题过程学解题:竞赛中的向量几何与不等式研究(全2册)	2019—06	138.00	1090
从分析解题过程学解题:竞赛中的不等式问题	2021—01	48.00	1249
二维、三维欧氏几何的对偶原理	2018—12	38.00	990
星形大观及闭折线论	2019—03	68.00	1020
立体几何的问题和方法	2019—11	58.00	1127
三角代换论	2021—05	58.00	1313
俄罗斯平面几何问题集	2009—08	88.00	55
俄罗斯立体几何问题集	2014—03	58.00	283
俄罗斯几何大师——沙雷金论数学及其他	2014—01	48.00	271
来自俄罗斯的5000道几何习题及解答	2011—03	58.00	89
俄罗斯初等数学问题集	2012—05	38.00	177
俄罗斯函数问题集	2011—03	38.00	103
俄罗斯组合分析问题集	2011—01	48.00	79
俄罗斯初等数学万题选——三角卷	2012—11	38.00	222
俄罗斯初等数学万题选——代数卷	2013—08	68.00	225
俄罗斯初等数学万题选——几何卷	2014—01	68.00	226
俄罗斯《量子》杂志数学征解问题100题选	2018—08	48.00	969
俄罗斯《量子》杂志数学征解问题又100题选	2018—08	48.00	970
俄罗斯《量子》杂志数学征解问题	2020—05	48.00	1138
463个俄罗斯几何老问题	2012—01	28.00	152
《量子》数学短文精粹	2018—09	38.00	972
用三角、解析几何等计算解来自俄罗斯的几何题	2019—11	88.00	1119
基谢廖夫平面几何	2022—01	48.00	1461
数学:代数、数学分析和几何(10—11年级)	2021—01	48.00	1250
立体几何.10—11年级	2022—01	58.00	1472
谈谈素数	2011—03	18.00	91
平方和	2011—03	18.00	92
整数论	2011—05	38.00	120
从整数谈起	2015—10	28.00	538
数与多项式	2016—01	38.00	558
谈谈不定方程	2011—05	28.00	119
解析不等式新论	2009—06	68.00	48
建立不等式的方法	2011—03	98.00	104
数学奥林匹克不等式研究(第2版)	2020—07	68.00	1181
不等式研究(第二辑)	2012—02	68.00	153
不等式的秘密(第一卷)(第2版)	2014—02	38.00	286
不等式的秘密(第二卷)	2014—01	38.00	268
初等不等式的证明方法	2010—06	38.00	123
初等不等式的证明方法(第二版)	2014—11	38.00	407
不等式·理论·方法(基础卷)	2015—07	38.00	496
不等式·理论·方法(经典不等式卷)	2015—07	38.00	497
不等式·理论·方法(特殊类型不等式卷)	2015—07	48.00	498
不等式探究	2016—03	38.00	582
不等式探秘	2017—01	88.00	689
四面体不等式	2017—01	68.00	715
数学奥林匹克中常见重要不等式	2017—09	38.00	845

— 3 —

刘培杰数学工作室
已出版（即将出版）图书目录——初等数学

书　名	出版时间	定　价	编号
三正弦不等式	2018—09	98.00	974
函数方程与不等式：解法与稳定性结果	2019—04	68.00	1058
数学不等式．第1卷，对称多项式不等式	2022—05	78.00	1455
数学不等式．第2卷，对称有理不等式与对称无理不等式	2022—05	88.00	1456
数学不等式．第3卷，循环不等式与非循环不等式	2022—05	88.00	1457
数学不等式．第4卷，Jensen不等式的扩展与加细	2022—05	88.00	1458
数学不等式．第5卷，创建不等式与解不等式的其他方法	2022—05	88.00	1459
同余理论	2012—05	38.00	163
$[x]$ 与 $\{x\}$	2015—04	48.00	476
极值与最值．上卷	2015—06	28.00	486
极值与最值．中卷	2015—06	38.00	487
极值与最值．下卷	2015—06	28.00	488
整数的性质	2012—11	38.00	192
完全平方数及其应用	2015—08	78.00	506
多项式理论	2015—10	88.00	541
奇数、偶数、奇偶分析法	2018—01	98.00	876
不定方程及其应用．上	2018—12	58.00	992
不定方程及其应用．中	2019—01	78.00	993
不定方程及其应用．下	2019—02	98.00	994
历届美国中学生数学竞赛试题及解答（第一卷）1950—1954	2014—07	18.00	277
历届美国中学生数学竞赛试题及解答（第二卷）1955—1959	2014—04	18.00	278
历届美国中学生数学竞赛试题及解答（第三卷）1960—1964	2014—06	18.00	279
历届美国中学生数学竞赛试题及解答（第四卷）1965—1969	2014—04	28.00	280
历届美国中学生数学竞赛试题及解答（第五卷）1970—1972	2014—06	18.00	281
历届美国中学生数学竞赛试题及解答（第六卷）1973—1980	2017—07	18.00	768
历届美国中学生数学竞赛试题及解答（第七卷）1981—1986	2015—01	18.00	424
历届美国中学生数学竞赛试题及解答（第八卷）1987—1990	2017—05	18.00	769
历届中国数学奥林匹克试题集（第3版）	2021—10	58.00	1440
历届加拿大数学奥林匹克试题集	2012—08	38.00	215
历届美国数学奥林匹克试题集：1972～2019	2020—04	88.00	1135
历届波兰数学竞赛试题集．第1卷，1949～1963	2015—03	18.00	453
历届波兰数学竞赛试题集．第2卷，1964～1976	2015—03	18.00	454
历届巴尔干数学奥林匹克试题集	2015—05	38.00	466
保加利亚数学奥林匹克	2014—10	38.00	393
圣彼得堡数学奥林匹克试题集	2015—01	38.00	429
匈牙利奥林匹克数学竞赛题解．第1卷	2016—05	28.00	593
匈牙利奥林匹克数学竞赛题解．第2卷	2016—05	28.00	594
历届美国数学邀请赛试题集（第2版）	2017—10	78.00	851
普林斯顿大学数学竞赛	2016—06	38.00	669
亚太地区数学奥林匹克竞赛题	2015—07	18.00	492
日本历届（初级）广中杯数学竞赛试题及解答．第1卷（2000～2007）	2016—05	28.00	641
日本历届（初级）广中杯数学竞赛试题及解答．第2卷（2008～2015）	2016—05	38.00	642
越南数学奥林匹克选：1962—2009	2021—07	48.00	1370
360个数学竞赛问题	2016—08	58.00	677
奥数最佳实战题．上卷	2017—06	38.00	760
奥数最佳实战题．下卷	2017—05	58.00	761
哈尔滨市早期中学数学竞赛试题汇编	2016—07	28.00	672
全国高中数学联赛试题及解答：1981—2019（第4版）	2020—07	138.00	1176
2021年全国高中数学联合竞赛模拟题集	2021—04	30.00	1302
20世纪50年代全国部分城市数学竞赛试题汇编	2017—07	28.00	797

刘培杰数学工作室
已出版(即将出版)图书目录——初等数学

书　　名	出版时间	定　价	编号
国内外数学竞赛题及精解:2018~2019	2020—08	45.00	1192
国内外数学竞赛题及精解:2019~2020	2021—11	58.00	1439
许康华竞赛优学精选集.第一辑	2018—08	68.00	949
天问叶班数学问题征解100题.Ⅰ,2016—2018	2019—05	88.00	1075
天问叶班数学问题征解100题.Ⅱ,2017—2019	2020—07	98.00	1177
美国初中数学竞赛:AMC8准备(共6卷)	2019—07	138.00	1089
美国高中数学竞赛:AMC10准备(共6卷)	2019—08	158.00	1105
王连笑教你怎样学数学:高考选择题解题策略与客观题实用训练	2014—01	48.00	262
王连笑教你怎样学数学:高考数学高层次讲座	2015—02	48.00	432
高考数学的理论与实践	2009—08	38.00	53
高考数学核心题型解题方法与技巧	2010—01	28.00	86
高考思维新平台	2014—03	38.00	259
高考数学压轴题解题诀窍(上)(第2版)	2018—01	58.00	874
高考数学压轴题解题诀窍(下)(第2版)	2018—01	48.00	875
北京市五区文科数学三年高考模拟题详解:2013~2015	2015—08	48.00	500
北京市五区理科数学三年高考模拟题详解:2013~2015	2015—09	68.00	505
向量法巧解数学高考题	2009—08	28.00	54
高中数学课堂教学的实践与反思	2021—11	48.00	791
数学高考参考	2016—01	78.00	589
新课程标准高考数学解答题各种题型解法指导	2020—08	78.00	1196
全国及各省市高考数学试题审题要津与解法研究	2015—02	48.00	450
高中数学章节起始课的教学研究与案例设计	2019—05	28.00	1064
新课标高考数学——五年试题分章详解(2007~2011)(上、下)	2011—10	78.00	140,141
全国中考数学压轴题审题要津与解法研究	2013—04	78.00	248
新编全国及各省市中考数学压轴题审题要津与解法研究	2014—05	58.00	342
全国及各省市5年中考数学压轴题审题要津与解法研究(2015版)	2015—04	58.00	462
中考数学专题总复习	2007—04	28.00	6
中考数学较难题常考题型解题方法与技巧	2016—09	48.00	681
中考数学难题常考题型解题方法与技巧	2016—09	48.00	682
中考数学中档题常考题型解题方法与技巧	2017—08	68.00	835
中考数学选择填空压轴好题妙解365	2017—05	38.00	759
中考数学:三类重点考题的解法例析与习题	2020—04	48.00	1140
中小学数学的历史文化	2019—11	48.00	1124
初中平面几何百题多思创新解	2020—01	58.00	1125
初中数学中考备考	2020—01	58.00	1126
高考数学之九章演义	2019—08	68.00	1044
化学可以这样学:高中化学知识方法智慧感悟疑难辨析	2019—07	58.00	1103
如何成为学习高手	2019—09	58.00	1107
高考数学:经典真题分类解析	2020—04	78.00	1134
高考数学解答题破解策略	2020—11	58.00	1221
从分析解题过程学解题:高考压轴题与竞赛题之关系探究	2020—08	88.00	1179
教学新思考:单元整体视角下的初中数学教学设计	2021—03	58.00	1278
思维再拓展:2020年经典几何题的多解探究与思考	即将出版		1279
中考数学小压轴汇编初讲	2017—07	48.00	788
中考数学大压轴专题微言	2017—09	48.00	846
怎么解中考平面几何探索题	2019—06	48.00	1093
北京中考数学压轴题解题方法突破(第7版)	2021—11	68.00	1442
助你高考成功的数学解题智慧:知识是智慧的基础	2016—01	58.00	596
助你高考成功的数学解题智慧:错误是智慧的试金石	2016—04	58.00	643
助你高考成功的数学解题智慧:方法是智慧的推手	2016—04	68.00	657
高考数学奇思妙解	2016—04	38.00	610
高考数学解题策略	2016—05	48.00	670
数学解题泄天机(第2版)	2017—10	48.00	850

刘培杰数学工作室
已出版(即将出版)图书目录——初等数学

书 名	出版时间	定 价	编号
高考物理压轴题全解	2017—04	58.00	746
高中物理经典问题25讲	2017—05	28.00	764
高中物理教学讲义	2018—01	48.00	871
高中物理答疑解惑65篇	2021—11	48.00	1462
中学物理基础问题解析	2020—08	48.00	1183
2016年高考文科数学真题研究	2017—04	58.00	754
2016年高考理科数学真题研究	2017—04	78.00	755
2017年高考理科数学真题研究	2018—01	58.00	867
2017年高考文科数学真题研究	2018—01	48.00	868
初中数学、高中数学脱节知识补缺教材	2017—06	48.00	766
高考数学小题抢分必练	2017—10	48.00	834
高考数学核心素养解读	2017—09	38.00	839
高考数学客观题解题方法和技巧	2017—10	38.00	847
十年高考数学精品试题审题要津与解法研究	2021—10	98.00	1427
中国历届高考数学试题及解答.1949—1979	2018—01	38.00	877
历届中国高考数学试题及解答.第二卷,1980—1989	2018—10	28.00	975
历届中国高考数学试题及解答.第三卷,1990—1999	2018—10	48.00	976
数学文化与高考研究	2018—03	48.00	882
跟我学解高中数学题	2018—07	58.00	926
中学数学研究的方法及案例	2018—05	58.00	869
高考数学抢分技能	2018—07	68.00	934
高一新生常用数学方法和重要数学思想提升教材	2018—06	38.00	921
2018年高考数学真题研究	2019—01	68.00	1000
2019年高考数学真题研究	2020—05	88.00	1137
高考数学全国卷六道解答常考题型解题诀窍:理科(全2册)	2019—07	78.00	1101
高考数学全国卷16道选择、填空题常考题型解题诀窍.理科	2018—09	88.00	971
高考数学全国卷16道选择、填空题常考题型解题诀窍.文科	2020—01	88.00	1123
新课程标准高中数学各种题型解法大全.必修一分册	2021—06	58.00	1315
高中数学一题多解	2019—06	58.00	1087
历届中国高考数学试题及解答:1917—1999	2021—08	98.00	1371
突破高原:高中数学解题思维探究	2021—08	48.00	1375
高考数学中的"取值范围"	2021—10	48.00	1429
新课程标准高中数学各种题型解法大全.必修二分册	2022—01	68.00	1471

书 名	出版时间	定 价	编号
新编640个世界著名数学智力趣题	2014—01	88.00	242
500个最新世界著名数学智力趣题	2008—06	48.00	3
400个最新世界著名数学最值问题	2008—09	48.00	36
500个世界著名数学征解问题	2009—06	48.00	52
400个中国最佳初等数学征解老问题	2010—01	48.00	60
500个俄罗斯数学经典老题	2011—01	28.00	81
1000个国外中学物理好题	2012—04	48.00	174
300个日本高考数学题	2012—05	38.00	142
700个早期日本高考数学试题	2017—02	88.00	752
500个前苏联早期高考数学试题及解答	2012—05	28.00	185
546个早期俄罗斯大学生数学竞赛题	2014—03	38.00	285
548个来自美苏的数学好问题	2014—11	28.00	396
20所苏联著名大学早期入学试题	2015—02	18.00	452
161道德国工科大学生必做的微分方程习题	2015—05	28.00	469
500个德国工科大学生必做的高数习题	2015—06	28.00	478
360个数学竞赛问题	2016—08	58.00	677
200个趣味数学故事	2018—02	48.00	857
470个数学奥林匹克中的最值问题	2018—10	88.00	985
德国讲义日本考题.微积分卷	2015—04	48.00	456
德国讲义日本考题.微分方程卷	2015—04	38.00	457
二十世纪中叶中、英、美、日、法、俄高考数学试题精选	2017—06	38.00	783

刘培杰数学工作室
已出版(即将出版)图书目录——初等数学

书　　名	出版时间	定　价	编号
中国初等数学研究　2009卷(第1辑)	2009—05	20.00	45
中国初等数学研究　2010卷(第2辑)	2010—05	30.00	68
中国初等数学研究　2011卷(第3辑)	2011—07	60.00	127
中国初等数学研究　2012卷(第4辑)	2012—07	48.00	190
中国初等数学研究　2014卷(第5辑)	2014—02	48.00	288
中国初等数学研究　2015卷(第6辑)	2015—06	68.00	493
中国初等数学研究　2016卷(第7辑)	2016—04	68.00	609
中国初等数学研究　2017卷(第8辑)	2017—01	98.00	712
初等数学研究在中国.第1辑	2019—03	158.00	1024
初等数学研究在中国.第2辑	2019—10	158.00	1116
初等数学研究在中国.第3辑	2021—05	158.00	1306
几何变换(Ⅰ)	2014—07	28.00	353
几何变换(Ⅱ)	2015—06	28.00	354
几何变换(Ⅲ)	2015—01	38.00	355
几何变换(Ⅳ)	2015—12	38.00	356
初等数论难题集(第一卷)	2009—05	68.00	44
初等数论难题集(第二卷)(上、下)	2011—02	128.00	82,83
数论概貌	2011—03	18.00	93
代数数论(第二版)	2013—08	58.00	94
代数多项式	2014—06	38.00	289
初等数论的知识与问题	2011—02	28.00	95
超越数论基础	2011—03	28.00	96
数论初等教程	2011—03	28.00	97
数论基础	2011—03	18.00	98
数论基础与维诺格拉多夫	2014—03	18.00	292
解析数论基础	2012—08	28.00	216
解析数论基础(第二版)	2014—01	48.00	287
解析数论问题集(第二版)(原版引进)	2014—05	88.00	343
解析数论问题集(第二版)(中译本)	2016—04	88.00	607
解析数论基础(潘承洞,潘承彪著)	2016—07	98.00	673
解析数论导引	2016—07	58.00	674
数论入门	2011—03	38.00	99
代数数论入门	2015—03	38.00	448
数论开篇	2012—07	28.00	194
解析数论引论	2011—03	48.00	100
Barban Davenport Halberstam 均值和	2009—01	40.00	33
基础数论	2011—03	28.00	101
初等数论100例	2011—05	18.00	122
初等数论经典例题	2012—07	18.00	204
最新世界各国数学奥林匹克中的初等数论试题(上、下)	2012—01	138.00	144,145
初等数论(Ⅰ)	2012—01	18.00	156
初等数论(Ⅱ)	2012—01	18.00	157
初等数论(Ⅲ)	2012—01	28.00	158

刘培杰数学工作室
已出版(即将出版)图书目录——初等数学

书　名	出版时间	定价	编号
平面几何与数论中未解决的新老问题	2013—01	68.00	229
代数数论简史	2014—11	28.00	408
代数数论	2015—09	88.00	532
代数、数论及分析习题集	2016—11	98.00	695
数论导引提要及习题解答	2016—01	48.00	559
素数定理的初等证明.第2版	2016—09	48.00	686
数论中的模函数与狄利克雷级数(第二版)	2017—11	78.00	837
数论:数学导引	2018—01	68.00	849
范氏大代数	2019—02	98.00	1016
解析数学讲义.第一卷,导来式及微分、积分、级数	2019—04	88.00	1021
解析数学讲义.第二卷,关于几何的应用	2019—04	68.00	1022
解析数学讲义.第三卷,解析函数论	2019—04	78.00	1023
分析・组合・数论纵横谈	2019—04	58.00	1039
Hall代数:民国时期的中学数学课本:英文	2019—08	88.00	1106
数学精神巡礼	2019—01	58.00	731
数学眼光透视(第2版)	2017—06	78.00	732
数学思想领悟(第2版)	2018—01	68.00	733
数学方法溯源(第2版)	2018—08	68.00	734
数学解题引论	2017—05	58.00	735
数学史话览胜(第2版)	2017—01	48.00	736
数学应用展观(第2版)	2017—08	68.00	737
数学建模尝试	2018—04	48.00	738
数学竞赛采风	2018—01	68.00	739
数学测评探营	2019—05	58.00	740
数学技能操握	2018—03	48.00	741
数学欣赏拾趣	2018—02	48.00	742
从毕达哥拉斯到怀尔斯	2007—10	48.00	9
从迪利克雷到维斯卡尔迪	2008—01	48.00	21
从哥德巴赫到陈景润	2008—05	98.00	35
从庞加莱到佩雷尔曼	2011—08	138.00	136
博弈论精粹	2008—03	58.00	30
博弈论精粹.第二版(精装)	2015—01	88.00	461
数学 我爱你	2008—01	28.00	20
精神的圣徒 别样的人生——60位中国数学家成长的历程	2008—09	48.00	39
数学史概论	2009—06	78.00	50
数学史概论(精装)	2013—03	158.00	272
数学史选讲	2016—01	48.00	544
斐波那契数列	2010—02	28.00	65
数学拼盘和斐波那契魔方	2010—07	38.00	72
斐波那契数列欣赏(第2版)	2018—08	58.00	948
Fibonacci数列中的明珠	2018—06	58.00	928
数学的创造	2011—02	48.00	85
数学美与创造力	2016—01	48.00	595
数海拾贝	2016—01	48.00	590
数学中的美(第2版)	2019—04	68.00	1057
数论中的美学	2014—12	38.00	351

刘培杰数学工作室
已出版(即将出版)图书目录——初等数学

书　名	出版时间	定　价	编号
数学王者　科学巨人——高斯	2015—01	28.00	428
振兴祖国数学的圆梦之旅:中国初等数学研究史话	2015—06	98.00	490
二十世纪中国数学史料研究	2015—10	48.00	536
数字谜、数阵图与棋盘覆盖	2016—01	58.00	298
时间的形状	2016—01	38.00	556
数学发现的艺术:数学探索中的合情推理	2016—07	58.00	671
活跃在数学中的参数	2016—07	48.00	675
数海趣史	2021—05	98.00	1314
数学解题——靠数学思想给力(上)	2011—07	38.00	131
数学解题——靠数学思想给力(中)	2011—07	48.00	132
数学解题——靠数学思想给力(下)	2011—07	38.00	133
我怎样解题	2013—01	48.00	227
数学解题中的物理方法	2011—06	28.00	114
数学解题的特殊方法	2011—06	48.00	115
中学数学计算技巧(第2版)	2020—10	48.00	1220
中学数学证明方法	2012—01	58.00	117
数学趣题巧解	2012—03	28.00	128
高中数学教学通鉴	2015—05	58.00	479
和高中生漫谈:数学与哲学的故事	2014—08	28.00	369
算术问题集	2017—03	38.00	789
张教授讲数学	2018—07	38.00	933
陈永明实话实说数学教学	2020—04	68.00	1132
中学数学学科知识与教学能力	2020—06	58.00	1155
怎样把课讲好:大罕数学教学随笔	2022—03	58.00	1484
中国高考评价体系下高考数学探秘	2022—03	48.00	1487
自主招生考试中的参数方程问题	2015—01	28.00	435
自主招生考试中的极坐标问题	2015—04	28.00	463
近年全国重点大学自主招生数学试题全解及研究.华约卷	2015—02	38.00	441
近年全国重点大学自主招生数学试题全解及研究.北约卷	2016—05	38.00	619
自主招生数学解证宝典	2015—09	48.00	535
中国科学技术大学创新班数学真题解析	2022—03	48.00	1488
中国科学技术大学创新班物理真题解析	2022—03	58.00	1489
格点和面积	2012—07	18.00	191
射影几何趣谈	2012—04	28.00	175
斯潘纳尔引理——从一道加拿大数学奥林匹克试题谈起	2014—01	28.00	228
李普希兹条件——从几道近年高考数学试题谈起	2012—10	18.00	221
拉格朗日中值定理——从一道北京高考试题的解法谈起	2015—10	18.00	197
闵科夫斯基定理——从一道清华大学自主招生试题谈起	2014—01	28.00	198
哈尔测度——从一道冬令营试题的背景谈起	2012—08	28.00	202
切比雪夫逼近问题——从一道中国台北数学奥林匹克试题谈起	2013—04	38.00	238
伯恩斯坦多项式与贝齐尔曲面——从一道全国高中数学联赛试题谈起	2013—03	38.00	236
卡塔兰猜想——从一道普特南竞赛试题谈起	2013—06	18.00	256
麦卡锡函数和阿克曼函数——从一道前南斯拉夫数学奥林匹克试题谈起	2012—08	18.00	201
贝蒂定理与拉姆贝克莫斯尔定理——从一个捡石子游戏谈起	2012—08	18.00	217
皮亚诺曲线和豪斯道夫分球定理——从无限集谈起	2012—08	18.00	211
平面凸图形与凸多面体	2012—10	28.00	218
斯坦因豪斯问题——从一道二十五省市自治区中学数学竞赛试题谈起	2012—07	18.00	196

刘培杰数学工作室
已出版(即将出版)图书目录——初等数学

书　名	出版时间	定　价	编号
纽结理论中的亚历山大多项式与琼斯多项式——从一道北京市高一数学竞赛试题谈起	2012—07	28.00	195
原则与策略——从波利亚"解题表"谈起	2013—04	38.00	244
转化与化归——从三大尺规作图不能问题谈起	2012—08	28.00	214
代数几何中的贝祖定理(第一版)——从一道IMO试题的解法谈起	2013—08	18.00	193
成功连贯理论与约当块理论——从一道比利时数学竞赛试题谈起	2012—04	18.00	180
素数判定与大数分解	2014—08	18.00	199
置换多项式及其应用	2012—10	18.00	220
椭圆函数与模函数——从一道美国加州大学洛杉矶分校(UCLA)博士资格考题谈起	2012—10	28.00	219
差分方程的拉格朗日方法——从一道2011年全国高考理科试题的解法谈起	2012—08	28.00	200
力学在几何中的一些应用	2013—01	38.00	240
从根式解到伽罗华理论	2020—01	48.00	1121
康托洛维奇不等式——从一道全国高中联赛试题谈起	2013—03	28.00	337
西格尔引理——从一道第18届IMO试题的解法谈起	即将出版		
罗斯定理——从一道前苏联数学竞赛试题谈起	即将出版		
拉克斯定理和阿廷定理——从一道IMO试题的解法谈起	2014—01	58.00	246
毕卡大定理——从一道美国大学数学竞赛试题谈起	2014—07	18.00	350
贝齐尔曲线——从一道全国高中联赛试题谈起	即将出版		
拉格朗日乘子定理——从一道2005年全国高中联赛试题的高等数学解法谈起	2015—05	28.00	480
雅可比定理——从一道日本数学奥林匹克试题谈起	2013—04	48.00	249
李天岩—约克定理——从一道波兰数学竞赛试题谈起	2014—06	28.00	349
整系数多项式因式分解的一般方法——从克朗耐克算法谈起	即将出版		
布劳维不动点定理——从一道前苏联数学奥林匹克试题谈起	2014—01	38.00	273
伯恩赛德定理——从一道英国数学奥林匹克试题谈起	即将出版		
布查特—莫斯特定理——从一道上海市初中竞赛试题谈起	即将出版		
数论中的同余数问题——从一道普特南竞赛试题谈起	即将出版		
范·德蒙行列式——从一道美国数学奥林匹克试题谈起	即将出版		
中国剩余定理:总数法构建中国历史年表	2015—01	28.00	430
牛顿程序与方程求根——从一道全国高考试题解法谈起	即将出版		
库默尔定理——从一道IMO预选试题谈起	即将出版		
卢丁定理——从一道冬令营试题的解法谈起	即将出版		
沃斯滕霍姆定理——从一道IMO预选试题谈起	即将出版		
卡尔松不等式——从一道莫斯科数学奥林匹克试题谈起	即将出版		
信息论中的香农熵——从一道近年高考压轴题谈起	即将出版		
约当不等式——从一道希望杯竞赛试题谈起	即将出版		
拉比诺维奇定理	即将出版		
刘维尔定理——从一道《美国数学月刊》征解问题的解法谈起	即将出版		
卡塔兰恒等式与级数求和——从一道IMO试题的解法谈起	即将出版		
勒让德猜想与素数分布——从一道爱尔兰竞赛试题谈起	即将出版		
天平称重与信息论——从一道基辅市数学奥林匹克试题谈起	即将出版		
哈密尔顿—凯莱定理:从一道高中数学联赛试题的解法谈起	2014—09	18.00	376
艾思特曼定理——从一道CMO试题的解法谈起	即将出版		

刘培杰数学工作室
已出版（即将出版）图书目录——初等数学

书　名	出版时间	定　价	编号
阿贝尔恒等式与经典不等式及应用	2018—06	98.00	923
迪利克雷除数问题	2018—07	48.00	930
幻方、幻立方与拉丁方	2019—08	48.00	1092
帕斯卡三角形	2014—03	18.00	294
蒲丰投针问题——从 2009 年清华大学的一道自主招生试题谈起	2014—01	38.00	295
斯图姆定理——从一道"华约"自主招生试题的解法谈起	2014—01	18.00	296
许瓦兹引理——从一道加利福尼亚大学伯克利分校数学系博士生试题谈起	2014—08	18.00	297
拉姆塞定理——从王诗宬院士的一个问题谈起	2016—04	48.00	299
坐标法	2013—12	28.00	332
数论三角形	2014—04	38.00	341
毕克定理	2014—07	18.00	352
数林掠影	2014—09	48.00	389
我们周围的概率	2014—10	38.00	390
凸函数最值定理:从一道华约自主招生题的解法谈起	2014—10	28.00	391
易学与数学奥林匹克	2014—10	38.00	392
生物数学趣谈	2015—01	18.00	409
反演	2015—01	28.00	420
因式分解与圆锥曲线	2015—01	18.00	426
轨迹	2015—01	28.00	427
面积原理：从常庚哲命的一道 CMO 试题的积分解法谈起	2015—01	48.00	431
形形色色的不动点定理：从一道 28 届 IMO 试题谈起	2015—01	38.00	439
柯西函数方程：从一道上海交大自主招生的试题谈起	2015—02	28.00	440
三角恒等式	2015—02	28.00	442
无理性判定：从一道 2014 年"北约"自主招生试题谈起	2015—01	38.00	443
数学归纳法	2015—03	18.00	451
极端原理与解题	2015—04	28.00	464
法雷级数	2014—08	18.00	367
摆线族	2015—01	38.00	438
函数方程及其解法	2015—05	38.00	470
含参数的方程和不等式	2012—09	28.00	213
希尔伯特第十问题	2016—01	38.00	543
无穷小量的求和	2016—01	28.00	545
切比雪夫多项式：从一道清华大学金秋营试题谈起	2016—01	38.00	583
泽肯多夫定理	2016—03	38.00	599
代数等式证题法	2016—01	28.00	600
三角等式证题法	2016—01	28.00	601
吴大任教授藏书中的一个因式分解公式：从一道美国数学邀请赛试题的解法谈起	2016—06	28.00	656
易卦——类万物的数学模型	2017—08	68.00	838
"不可思议"的数与数系可持续发展	2018—01	38.00	878
最短线	2018—01	38.00	879
幻方和魔方（第一卷）	2012—05	68.00	173
尘封的经典——初等数学经典文献选读（第一卷）	2012—07	48.00	205
尘封的经典——初等数学经典文献选读（第二卷）	2012—07	38.00	206
初级方程式论	2011—03	28.00	106
初等数学研究（Ⅰ）	2008—09	68.00	37
初等数学研究（Ⅱ）(上、下)	2009—05	118.00	46,47

刘培杰数学工作室
已出版（即将出版）图书目录——初等数学

书　名	出版时间	定　价	编号
趣味初等方程妙题集锦	2014—09	48.00	388
趣味初等数论选美与欣赏	2015—02	48.00	445
耕读笔记(上卷)：一位农民数学爱好者的初数探索	2015—04	28.00	459
耕读笔记(中卷)：一位农民数学爱好者的初数探索	2015—05	28.00	483
耕读笔记(下卷)：一位农民数学爱好者的初数探索	2015—05	28.00	484
几何不等式研究与欣赏.上卷	2016—01	88.00	547
几何不等式研究与欣赏.下卷	2016—01	48.00	552
初等数列研究与欣赏·上	2016—01	48.00	570
初等数列研究与欣赏·下	2016—01	48.00	571
趣味初等函数研究与欣赏.上	2016—09	48.00	684
趣味初等函数研究与欣赏.下	2018—09	48.00	685
三角不等式研究与欣赏	2020—10	68.00	1197
新编平面解析几何解题方法研究与欣赏	2021—10	78.00	1426
火柴游戏	2016—05	38.00	612
智力解谜.第1卷	2017—07	38.00	613
智力解谜.第2卷	2017—07	38.00	614
故事智力	2016—07	48.00	615
名人们喜欢的智力问题	2020—01	48.00	616
数学大师的发现、创造与失误	2018—01	48.00	617
异曲同工	2018—09	48.00	618
数学的味道	2018—01	58.00	798
数学千字文	2018—10	68.00	977
数贝偶拾——高考数学题研究	2014—04	28.00	274
数贝偶拾——初等数学研究	2014—04	38.00	275
数贝偶拾——奥数题研究	2014—04	48.00	276
钱昌本教你快乐学数学(上)	2011—12	48.00	155
钱昌本教你快乐学数学(下)	2012—03	58.00	171
集合、函数与方程	2014—01	28.00	300
数列与不等式	2014—01	38.00	301
三角与平面向量	2014—01	28.00	302
平面解析几何	2014—01	38.00	303
立体几何与组合	2014—01	28.00	304
极限与导数、数学归纳法	2014—01	38.00	305
趣味数学	2014—03	28.00	306
教材教法	2014—04	68.00	307
自主招生	2014—05	58.00	308
高考压轴题(上)	2015—01	48.00	309
高考压轴题(下)	2014—10	68.00	310
从费马到怀尔斯——费马大定理的历史	2013—10	198.00	I
从庞加莱到佩雷尔曼——庞加莱猜想的历史	2013—10	298.00	II
从切比雪夫到爱尔特希(上)——素数定理的初等证明	2013—07	48.00	III
从切比雪夫到爱尔特希(下)——素数定理100年	2012—12	98.00	III
从高斯到盖尔方特——二次域的高斯猜想	2013—10	198.00	IV
从库默尔到朗兰兹——朗兰兹猜想的历史	2014—01	98.00	V
从比勒巴赫到德布朗斯——比勒巴赫猜想的历史	2014—02	298.00	VI
从麦比乌斯到陈省身——麦比乌斯变换与麦比乌斯带	2014—02	298.00	VII
从布尔到豪斯道夫——布尔方程与格论漫谈	2013—10	198.00	VIII
从开普勒到阿诺德——三体问题的历史	2014—05	298.00	IX
从华林到华罗庚——华林问题的历史	2013—10	298.00	X

刘培杰数学工作室
已出版（即将出版）图书目录——初等数学

书　　名	出版时间	定　价	编号
美国高中数学竞赛五十讲.第1卷(英文)	2014—08	28.00	357
美国高中数学竞赛五十讲.第2卷(英文)	2014—08	28.00	358
美国高中数学竞赛五十讲.第3卷(英文)	2014—09	28.00	359
美国高中数学竞赛五十讲.第4卷(英文)	2014—09	28.00	360
美国高中数学竞赛五十讲.第5卷(英文)	2014—10	28.00	361
美国高中数学竞赛五十讲.第6卷(英文)	2014—11	28.00	362
美国高中数学竞赛五十讲.第7卷(英文)	2014—12	28.00	363
美国高中数学竞赛五十讲.第8卷(英文)	2015—01	28.00	364
美国高中数学竞赛五十讲.第9卷(英文)	2015—01	28.00	365
美国高中数学竞赛五十讲.第10卷(英文)	2015—02	38.00	366
三角函数(第2版)	2017—04	38.00	626
不等式	2014—01	38.00	312
数列	2014—01	38.00	313
方程(第2版)	2017—04	38.00	624
排列和组合	2014—01	28.00	315
极限与导数(第2版)	2016—04	38.00	635
向量(第2版)	2018—08	58.00	627
复数及其应用	2014—08	28.00	318
函数	2014—01	38.00	319
集合	2020—01	48.00	320
直线与平面	2014—01	28.00	321
立体几何(第2版)	2016—04	38.00	629
解三角形	即将出版		323
直线与圆(第2版)	2016—11	38.00	631
圆锥曲线(第2版)	2016—09	48.00	632
解题通法(一)	2014—07	38.00	326
解题通法(二)	2014—07	38.00	327
解题通法(三)	2014—05	38.00	328
概率与统计	2014—01	28.00	329
信息迁移与算法	即将出版		330
IMO 50年.第1卷(1959—1963)	2014—11	28.00	377
IMO 50年.第2卷(1964—1968)	2014—11	28.00	378
IMO 50年.第3卷(1969—1973)	2014—09	28.00	379
IMO 50年.第4卷(1974—1978)	2016—04	38.00	380
IMO 50年.第5卷(1979—1984)	2015—04	38.00	381
IMO 50年.第6卷(1985—1989)	2015—04	58.00	382
IMO 50年.第7卷(1990—1994)	2016—01	48.00	383
IMO 50年.第8卷(1995—1999)	2016—06	38.00	384
IMO 50年.第9卷(2000—2004)	2015—04	58.00	385
IMO 50年.第10卷(2005—2009)	2016—01	48.00	386
IMO 50年.第11卷(2010—2015)	2017—03	48.00	646

刘培杰数学工作室
已出版(即将出版)图书目录——初等数学

书　名	出版时间	定　价	编号
数学反思(2006—2007)	2020—09	88.00	915
数学反思(2008—2009)	2019—01	68.00	917
数学反思(2010—2011)	2018—05	58.00	916
数学反思(2012—2013)	2019—01	58.00	918
数学反思(2014—2015)	2019—03	78.00	919
数学反思(2016—2017)	2021—03	58.00	1286
历届美国大学生数学竞赛试题集.第一卷(1938—1949)	2015—01	28.00	397
历届美国大学生数学竞赛试题集.第二卷(1950—1959)	2015—01	28.00	398
历届美国大学生数学竞赛试题集.第三卷(1960—1969)	2015—01	28.00	399
历届美国大学生数学竞赛试题集.第四卷(1970—1979)	2015—01	18.00	400
历届美国大学生数学竞赛试题集.第五卷(1980—1989)	2015—01	28.00	401
历届美国大学生数学竞赛试题集.第六卷(1990—1999)	2015—01	28.00	402
历届美国大学生数学竞赛试题集.第七卷(2000—2009)	2015—08	18.00	403
历届美国大学生数学竞赛试题集.第八卷(2010—2012)	2015—01	18.00	404
新课标高考数学创新题解题诀窍:总论	2014—09	28.00	372
新课标高考数学创新题解题诀窍:必修1~5分册	2014—08	38.00	373
新课标高考数学创新题解题诀窍:选修2—1,2—2,1—1,1—2分册	2014—09	38.00	374
新课标高考数学创新题解题诀窍:选修2—3,4—4,4—5分册	2014—09	18.00	375
全国重点大学自主招生英文数学试题全攻略:词汇卷	2015—07	48.00	410
全国重点大学自主招生英文数学试题全攻略:概念卷	2015—01	28.00	411
全国重点大学自主招生英文数学试题全攻略:文章选读卷(上)	2016—09	38.00	412
全国重点大学自主招生英文数学试题全攻略:文章选读卷(下)	2017—01	58.00	413
全国重点大学自主招生英文数学试题全攻略:试题卷	2015—07	38.00	414
全国重点大学自主招生英文数学试题全攻略:名著欣赏卷	2017—03	48.00	415
劳埃德数学趣题大全.题目卷.1:英文	2016—01	18.00	516
劳埃德数学趣题大全.题目卷.2:英文	2016—01	18.00	517
劳埃德数学趣题大全.题目卷.3:英文	2016—01	18.00	518
劳埃德数学趣题大全.题目卷.4:英文	2016—01	18.00	519
劳埃德数学趣题大全.题目卷.5:英文	2016—01	18.00	520
劳埃德数学趣题大全.答案卷:英文	2016—01	18.00	521
李成章教练奥数笔记.第1卷	2016—01	48.00	522
李成章教练奥数笔记.第2卷	2016—01	48.00	523
李成章教练奥数笔记.第3卷	2016—01	38.00	524
李成章教练奥数笔记.第4卷	2016—01	38.00	525
李成章教练奥数笔记.第5卷	2016—01	38.00	526
李成章教练奥数笔记.第6卷	2016—01	38.00	527
李成章教练奥数笔记.第7卷	2016—01	38.00	528
李成章教练奥数笔记.第8卷	2016—01	48.00	529
李成章教练奥数笔记.第9卷	2016—01	28.00	530

刘培杰数学工作室
已出版(即将出版)图书目录——初等数学

书　名	出版时间	定　价	编号
第19～23届"希望杯"全国数学邀请赛试题审题要津详细评注(初一版)	2014－03	28.00	333
第19～23届"希望杯"全国数学邀请赛试题审题要津详细评注(初二、初三版)	2014－03	38.00	334
第19～23届"希望杯"全国数学邀请赛试题审题要津详细评注(高一版)	2014－03	28.00	335
第19～23届"希望杯"全国数学邀请赛试题审题要津详细评注(高二版)	2014－03	38.00	336
第19～25届"希望杯"全国数学邀请赛试题审题要津详细评注(初一版)	2015－01	38.00	416
第19～25届"希望杯"全国数学邀请赛试题审题要津详细评注(初二、初三版)	2015－01	58.00	417
第19～25届"希望杯"全国数学邀请赛试题审题要津详细评注(高一版)	2015－01	48.00	418
第19～25届"希望杯"全国数学邀请赛试题审题要津详细评注(高二版)	2015－01	48.00	419
物理奥林匹克竞赛大题典——力学卷	2014－11	48.00	405
物理奥林匹克竞赛大题典——热学卷	2014－04	28.00	339
物理奥林匹克竞赛大题典——电磁学卷	2015－07	48.00	406
物理奥林匹克竞赛大题典——光学与近代物理卷	2014－06	28.00	345
历届中国东南地区数学奥林匹克试题集(2004～2012)	2014－06	18.00	346
历届中国西部地区数学奥林匹克试题集(2001～2012)	2014－07	18.00	347
历届中国女子数学奥林匹克试题集(2002～2012)	2014－08	18.00	348
数学奥林匹克在中国	2014－06	98.00	344
数学奥林匹克问题集	2014－01	38.00	267
数学奥林匹克不等式散论	2010－06	38.00	124
数学奥林匹克不等式欣赏	2011－09	38.00	138
数学奥林匹克超级题库(初中卷上)	2010－01	58.00	66
数学奥林匹克不等式证明方法和技巧(上、下)	2011－08	158.00	134,135
他们学什么:原民主德国中学数学课本	2016－09	38.00	658
他们学什么:英国中学数学课本	2016－09	38.00	659
他们学什么:法国中学数学课本.1	2016－09	38.00	660
他们学什么:法国中学数学课本.2	2016－09	28.00	661
他们学什么:法国中学数学课本.3	2016－09	38.00	662
他们学什么:苏联中学数学课本	2016－09	28.00	679
高中数学题典——集合与简易逻辑·函数	2016－07	48.00	647
高中数学题典——导数	2016－07	48.00	648
高中数学题典——三角函数·平面向量	2016－07	48.00	649
高中数学题典——数列	2016－07	58.00	650
高中数学题典——不等式·推理与证明	2016－07	38.00	651
高中数学题典——立体几何	2016－07	48.00	652
高中数学题典——平面解析几何	2016－07	78.00	653
高中数学题典——计数原理·统计·概率·复数	2016－07	48.00	654
高中数学题典——算法·平面几何·初等数论·组合数学·其他	2016－07	68.00	655

刘培杰数学工作室
已出版(即将出版)图书目录——初等数学

书　　名	出版时间	定　价	编号
台湾地区奥林匹克数学竞赛试题.小学一年级	2017—03	38.00	722
台湾地区奥林匹克数学竞赛试题.小学二年级	2017—03	38.00	723
台湾地区奥林匹克数学竞赛试题.小学三年级	2017—03	38.00	724
台湾地区奥林匹克数学竞赛试题.小学四年级	2017—03	38.00	725
台湾地区奥林匹克数学竞赛试题.小学五年级	2017—03	38.00	726
台湾地区奥林匹克数学竞赛试题.小学六年级	2017—03	38.00	727
台湾地区奥林匹克数学竞赛试题.初中一年级	2017—03	38.00	728
台湾地区奥林匹克数学竞赛试题.初中二年级	2017—03	38.00	729
台湾地区奥林匹克数学竞赛试题.初中三年级	2017—03	28.00	730
不等式证题法	2017—04	28.00	747
平面几何培优教程	2019—08	88.00	748
奥数鼎级培优教程.高一分册	2018—09	88.00	749
奥数鼎级培优教程.高二分册.上	2018—04	68.00	750
奥数鼎级培优教程.高二分册.下	2018—04	68.00	751
高中数学竞赛冲刺宝典	2019—04	68.00	883
初中尖子生数学超级题典.实数	2017—07	58.00	792
初中尖子生数学超级题典.式、方程与不等式	2017—08	58.00	793
初中尖子生数学超级题典.圆、面积	2017—08	38.00	794
初中尖子生数学超级题典.函数、逻辑推理	2017—08	48.00	795
初中尖子生数学超级题典.角、线段、三角形与多边形	2017—07	58.00	796
数学王子——高斯	2018—01	48.00	858
坎坷奇星——阿贝尔	2018—01	48.00	859
闪烁奇星——伽罗瓦	2018—01	58.00	860
无穷统帅——康托尔	2018—01	48.00	861
科学公主——柯瓦列夫斯卡娅	2018—01	48.00	862
抽象代数之母——埃米·诺特	2018—01	48.00	863
电脑先驱——图灵	2018—01	58.00	864
昔日神童——维纳	2018—01	48.00	865
数坛怪侠——爱尔特希	2018—01	68.00	866
传奇数学家徐利治	2019—09	88.00	1110
当代世界中的数学.数学思想与数学基础	2019—01	38.00	892
当代世界中的数学.数学问题	2019—01	38.00	893
当代世界中的数学.应用数学与数学应用	2019—01	38.00	894
当代世界中的数学.数学王国的新疆域(一)	2019—01	38.00	895
当代世界中的数学.数学王国的新疆域(二)	2019—01	38.00	896
当代世界中的数学.数林撷英(一)	2019—01	38.00	897
当代世界中的数学.数林撷英(二)	2019—01	48.00	898
当代世界中的数学.数学之路	2019—01	38.00	899

刘培杰数学工作室
已出版(即将出版)图书目录——初等数学

书　　名	出版时间	定　价	编号
105个代数问题：来自AwesomeMath夏季课程	2019—02	58.00	956
106个几何问题：来自AwesomeMath夏季课程	2020—07	58.00	957
107个几何问题：来自AwesomeMath全年课程	2020—07	58.00	958
108个代数问题：来自AwesomeMath全年课程	2019—01	68.00	959
109个不等式：来自AwesomeMath夏季课程	2019—04	58.00	960
国际数学奥林匹克中的110个几何问题	即将出版		961
111个代数和数论问题	2019—05	58.00	962
112个组合问题：来自AwesomeMath夏季课程	2019—05	58.00	963
113个几何不等式：来自AwesomeMath夏季课程	2020—08	58.00	964
114个指数和对数问题：来自AwesomeMath夏季课程	2019—09	48.00	965
115个三角问题：来自AwesomeMath夏季课程	2019—09	58.00	966
116个代数不等式：来自AwesomeMath全年课程	2019—04	58.00	967
117个多项式问题：来自AwesomeMath夏季课程	2021—09	58.00	1409
紫色彗星国际数学竞赛试题	2019—02	58.00	999
数学竞赛中的数学：为数学爱好者、父母、教师和教练准备的丰富资源.第一部	2020—04	58.00	1141
数学竞赛中的数学：为数学爱好者、父母、教师和教练准备的丰富资源.第二部	2020—07	48.00	1142
和与积	2020—10	38.00	1219
数论：概念和问题	2020—12	68.00	1257
初等数学问题研究	2021—03	48.00	1270
数学奥林匹克中的欧几里得几何	2021—10	68.00	1413
数学奥林匹克题解新编	2022—01	58.00	1430
澳大利亚中学数学竞赛试题及解答(初级卷)1978～1984	2019—02	28.00	1002
澳大利亚中学数学竞赛试题及解答(初级卷)1985～1991	2019—02	28.00	1003
澳大利亚中学数学竞赛试题及解答(初级卷)1992～1998	2019—02	28.00	1004
澳大利亚中学数学竞赛试题及解答(初级卷)1999～2005	2019—02	28.00	1005
澳大利亚中学数学竞赛试题及解答(中级卷)1978～1984	2019—03	28.00	1006
澳大利亚中学数学竞赛试题及解答(中级卷)1985～1991	2019—03	28.00	1007
澳大利亚中学数学竞赛试题及解答(中级卷)1992～1998	2019—03	28.00	1008
澳大利亚中学数学竞赛试题及解答(中级卷)1999～2005	2019—03	28.00	1009
澳大利亚中学数学竞赛试题及解答(高级卷)1978～1984	2019—05	28.00	1010
澳大利亚中学数学竞赛试题及解答(高级卷)1985～1991	2019—05	28.00	1011
澳大利亚中学数学竞赛试题及解答(高级卷)1992～1998	2019—05	28.00	1012
澳大利亚中学数学竞赛试题及解答(高级卷)1999～2005	2019—05	28.00	1013
天才中小学生智力测验题.第一卷	2019—03	38.00	1026
天才中小学生智力测验题.第二卷	2019—03	38.00	1027
天才中小学生智力测验题.第三卷	2019—03	38.00	1028
天才中小学生智力测验题.第四卷	2019—03	38.00	1029
天才中小学生智力测验题.第五卷	2019—03	38.00	1030
天才中小学生智力测验题.第六卷	2019—03	38.00	1031
天才中小学生智力测验题.第七卷	2019—03	38.00	1032
天才中小学生智力测验题.第八卷	2019—03	38.00	1033
天才中小学生智力测验题.第九卷	2019—03	38.00	1034
天才中小学生智力测验题.第十卷	2019—03	38.00	1035
天才中小学生智力测验题.第十一卷	2019—03	38.00	1036
天才中小学生智力测验题.第十二卷	2019—03	38.00	1037
天才中小学生智力测验题.第十三卷	2019—03	38.00	1038

刘培杰数学工作室
已出版(即将出版)图书目录——初等数学

书　名	出版时间	定　价	编号
重点大学自主招生数学备考全书:函数	2020-05	48.00	1047
重点大学自主招生数学备考全书:导数	2020-08	48.00	1048
重点大学自主招生数学备考全书:数列与不等式	2019-10	78.00	1049
重点大学自主招生数学备考全书:三角函数与平面向量	2020-08	68.00	1050
重点大学自主招生数学备考全书:平面解析几何	2020-07	58.00	1051
重点大学自主招生数学备考全书:立体几何与平面几何	2019-08	48.00	1052
重点大学自主招生数学备考全书:排列组合·概率统计·复数	2019-09	48.00	1053
重点大学自主招生数学备考全书:初等数论与组合数学	2019-08	48.00	1054
重点大学自主招生数学备考全书:重点大学自主招生真题.上	2019-04	68.00	1055
重点大学自主招生数学备考全书:重点大学自主招生真题.下	2019-04	58.00	1056
高中数学竞赛培训教程:平面几何问题的求解方法与策略.上	2018-05	68.00	906
高中数学竞赛培训教程:平面几何问题的求解方法与策略.下	2018-06	78.00	907
高中数学竞赛培训教程:整除与同余以及不定方程	2018-01	88.00	908
高中数学竞赛培训教程:组合计数与组合极值	2018-04	48.00	909
高中数学竞赛培训教程:初等代数	2019-06	78.00	1042
高中数学讲座:数学竞赛基础教程(第一册)	2019-06	48.00	1094
高中数学讲座:数学竞赛基础教程(第二册)	即将出版		1095
高中数学讲座:数学竞赛基础教程(第三册)	即将出版		1096
高中数学讲座:数学竞赛基础教程(第四册)	即将出版		1097
新编中学数学解题方法1000招丛书.实数(初中版)	即将出版		1291
新编中学数学解题方法1000招丛书.式(初中版)	即将出版		1292
新编中学数学解题方法1000招丛书.方程与不等式(初中版)	2021-04	58.00	1293
新编中学数学解题方法1000招丛书.函数(初中版)	即将出版		1294
新编中学数学解题方法1000招丛书.角(初中版)	即将出版		1295
新编中学数学解题方法1000招丛书.线段(初中版)	即将出版		1296
新编中学数学解题方法1000招丛书.三角形与多边形(初中版)	2021-04	48.00	1297
新编中学数学解题方法1000招丛书.圆(初中版)	即将出版		1298
新编中学数学解题方法1000招丛书.面积(初中版)	2021-07	28.00	1299
高中数学题典精编.第一辑.函数	2022-01	58.00	1444
高中数学题典精编.第一辑.导数	2022-01	68.00	1445
高中数学题典精编.第一辑.三角函数·平面向量	2022-01	68.00	1446
高中数学题典精编.第一辑.数列	2022-01	58.00	1447
高中数学题典精编.第一辑.不等式·推理与证明	2022-01	58.00	1448
高中数学题典精编.第一辑.立体几何	2022-01	58.00	1449
高中数学题典精编.第一辑.平面解析几何	2022-01	68.00	1450
高中数学题典精编.第一辑.统计·概率·平面几何	2022-01	58.00	1451
高中数学题典精编.第一辑.初等数论·组合数学·数学文化·解题方法	2022-01	58.00	1452

联系地址:哈尔滨市南岗区复华四道街10号　哈尔滨工业大学出版社刘培杰数学工作室
网　　址:http://lpj.hit.edu.cn/
邮　　编:150006
联系电话:0451-86281378　　13904613167
E-mail:lpj1378@163.com